C. CIMELLI

Ancien élève de l'E.N.S. de Cachan.
Professeur agrégé.

R. BOURGERON

Ingénieur - Professeur d'électronique.

GUIDE DU TECHNICIEN EN ÉLECTRONIQUE

POUR MAÎTRISER L'ANALYSE ET LA CONCEPTION

À l'usage :
des élèves de l'enseignement technique industriel,
lycées techniques, lycées professionnels,
instituts universitaires de technologie,
sections de techniciens supérieurs…,
des auditeurs de la formation continue,
des techniciens en activité dans les entreprises.

HACHETTE
Technique

Avant-propos

Cet ouvrage est destiné aux élèves de lycées, aux techniciens et aux ingénieurs qui, au cours de travaux pratiques ou de projets sont confrontés à des choix et des calculs en **électronique**.

Pour donner à l'utilisateur une **autonomie suffisante**, les auteurs ont construit ce guide autour de trois niveaux d'approfondissement des connaisances.

- **La connaissance** des concepts fondamentaux permettant de comprendre la méthodologie de mise en œuvre des composants électroniques.
- **L'application** en donnant des calculs permettant le choix d'un montage ainsi que son dimensionnement.
- **L'information** par des tableaux réunissant de nombreuses valeurs numériques concernant l'ensemble des composants usuels.

Les utilisateurs ayant suivi un enseignement d'électronique peuvent entrer dans ce livre par n'importe quel chapitre ou mot de **l'index** dont l'indication de la nature ou de l'activité associée évoque l'un des trois niveaux ci-dessus.

En rédigeant ce guide, les auteurs ont voulu :

- Réserver une place importante à la modélisation, étape préalable à la compréhension et à la résolution de tout problème d'électronique,
- Assurer une continuité de la classe de première STI électronique aux STS et IUT,
- Éviter les excès de calcul qui n'amènent rien à la compréhension d'un phénomène physique ou au dimensionnement d'un composant,
- Utiliser le formalisme des asservissements quand cela est nécessaire pour faciliter la compréhension de certains phénomènes ou de certains choix.

Les auteurs ont jugé indispensable dans le cadre du « Guide du Technicien en électronique », de ne pas occulter les expressions anglaises utilisées dans l'ensemble des documentations fournies par les fabricants de composants. Ces expressions sont d'ailleurs couramment utilisées dans l'industrie comme un standard pour désigner des données technologiques.

Nous sommes conscients que ce guide est perfectible et nous remercions par avance les utilisateurs – élèves, enseignants, techniciens, ingénieurs – qui nous feront part de leurs remarques et suggestions.

Page	Modifications
9	Les résistances CMS, les dimensions normalisées
41	Les transformateurs toriques
96	Enlèvement des circuits L 121 et SLB 0586
148	Choix de régulateurs plus complet
196	Filtrage pour le respect des normes CEM sur les perturbations conduites
262	Module DRAM et guide de choix
263	Choix étendu en mémoire
274	La technologie BI CMOS
275	Description et positionnement des nouvelles technologies numériques

Réalisation et fabrication : SG Production
Dessins : SG Production
Photographie de couverture : SNECMA, Jean-Michel CAILLETTE
Photographies : Documents Radiospares

I.S.B.N. 2.01.16.7586.3

Table des matières

Éléments passifs

Éléments actifs

Capteurs

Fonctions analogiques

Conversion et numération

Fonctions numériques

Annexe

Index alphabétique

UNITÉS DE BASE

Le système S.I. est basé sur les 7 unités de base suivantes :

Grandeur	Dénomination	Symbole
Longueur	Mètre	m
Masse	Kilogramme	kg
Temps	Seconde	s
Courant électrique	Ampère	A
Température thermodynamique	Kelvin	K
Quantité de matière	Mole	mol
Intensité lumineuse	Candela	cd

UNITÉS COMPLÉMENTAIRES

Dans le système S.I., 2 unités ont été classées entre les unités de base et les unités dérivées.

Ces unités sont dénommées unités « complémentaires » et peuvent être utilisées comme des unités de base et/ou comme des unités dérivées.

Grandeur	Dénomination	Symbole
Angle plan	Radian	rad
Angle solide	Stéradian	sr

UNITÉS DÉRIVÉES

Ces unités dérivées s'expriment algébriquement en termes d'unités de base et/ou d'unités complémentaires. Leurs symboles sont obtenus au moyen des signes mathématiques de la multiplication ou de la division. Par exemple, la vitesse dans le système S.I. est le mètre par seconde (m/s) et la vitesse angulaire est le radian par seconde (rad/s).

Grandeur	Dénomination	Symbole	Expression en termes unités S.I. de base ou complémentaire ou en termes d'autres unités S.I. dérivées
Fréquence	Hertz	Hz	$1\ Hz = 1\ s^{-1}$
Force	Newton	N	$1\ N = 1\ kg.m/s^2$
Pression, contrainte	Pascal	Pa	$1\ Pa = 1\ N/m^2$
Énergie, travail ou quantité de chaleur	Joule	J	1 J = 1 N.m
Puissance	Watt	W	1 W = 1 J/s
Charge électrique, quantité d'électricité	Coulomb	C	1 C = 1 A.s
Potentiel électrique, différence de potentiel, tension, force électromotrice	Volt	V	1 V = 1 J/C
Capacité électrique	Farad	F	1 F = 1 C/V
Résistance électrique	Ohm	Ω	1 Ω = 1 V/A
Conductance électrique, pente	Siemens	S	$1\ S = 1\ \Omega^{-1}$
Flux d'induction magnétique, flux magnétique	Wéber	Wb	1 Wb = 1 V.s
Densité de flux magnétique, induction magnétique	Tesla	T	$1\ T = 1\ Wb/s^2$
Inductance (self induction ou auto-induction)	Henry	H	1 H = 1 Wb/A
Flux lumineux	Lumen	lm	1 lm = 1 cd.sr
Éclairement lumineux	Lux	lx	$1\ lx = 1\ lm/m^2$

CONSTANTES

c	Vitesse de propagation des ondes électromagnétiques dans le vide	$2{,}997.10^{8}\ m.s^{-1}$
g	Accélération conventionnelle dûe à la pesanteur	$9{,}806\ m.s^{-2}$
e	Charge électronique élémentaire	$1{,}6.10^{-19}\ C$
e	Base des logarithmes népériens (naturels)	2,718
π	Rapport de la circonférence au diamètre d'un cercle	3,14159
j	Unité imaginaire	$j^2 = -1$
h	Constante de Planck	$6{,}625.10^{-34}\ J.s$
k	Constante de Boltzmann	$1{,}38.10^{-23}\ J.K^{-1}$
ε_0	Permittivité du vide	$8{,}85.10^{-12}\ F^{-1}$
μ_0	Perméabilité du vide	$4.\pi.10^{-7}\ H.m^{-1}$
m	Masse au repos de l'électron	$0{,}91.10^{-30}\ kg$
m_p	Masse au repos du proton ou du neutron	$1{,}67.10^{-27}\ kg$
N	Nombre d'Avogadro	$6{,}022.10^{23}\ mol^{-1}$

1 Résistances

1 ▪ 1 Loi d'Ohm

La différence de potentiel ***U*** entre les extrémités d'un conducteur **(élément résistif ou résistor)** ne fournissant que de l'énergie calorifique est égale au produit de la résistance ***R*** de ce conducteur par l'intensité ***I*** du courant qui le traverse.

$$U = RI \qquad R = \frac{U}{I}$$

R : résistance en ohms (Ω).
I : courant en ampères (A).
U : différence de potentiel en volts (V).

1 ▪ 2 Association de résistors

1 ▪ 21 Résistors en série

$$R_{éq} = R_1 + R_2 \ldots + R_n$$

1 ▪ 22 Résistors en parallèle

$$\frac{1}{R_{éq}} = \frac{1}{R_1} + \frac{1}{R_2} \ldots + \frac{1}{R_n}$$

1 ▪ 3 Résistance d'un conducteur

$$R = \rho \frac{\ell}{s}$$

R : résistance en ohms.
ℓ : longueur en mètres (m).
ρ : résistivité en ohms.mètres (Ω.m).
s : section en mètres carrés.

La résistivité varie avec la température et entraîne une variation de la résistance avec la température.

$$\rho = \rho_0 (1 + \alpha . \theta)$$

ρ : résistivité en ohms.mètres (Ω.m).
ρ_0 : résistivité pour θ = 0 °C en Ω.m.
α : coefficient de température (°C^{-1}).
θ : température en degré Celsius (°C).

1 ▪ 4 Puissance dissipée

La puissance est uniquement dissipée par effet Joule.

En continu	$P = RI^2 = \frac{U^2}{R}$
En alternatif	$P = RI^2_{eff} = \frac{U^2_{eff}}{R}$

SYMBOLES

CONVENTION

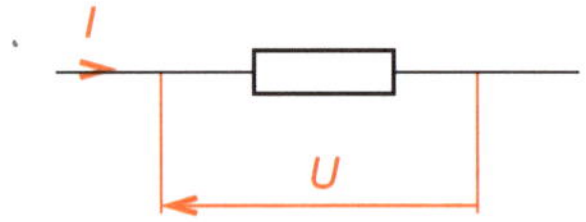

GROUPEMENT SÉRIE

GROUPEMENT PARALLÈLE

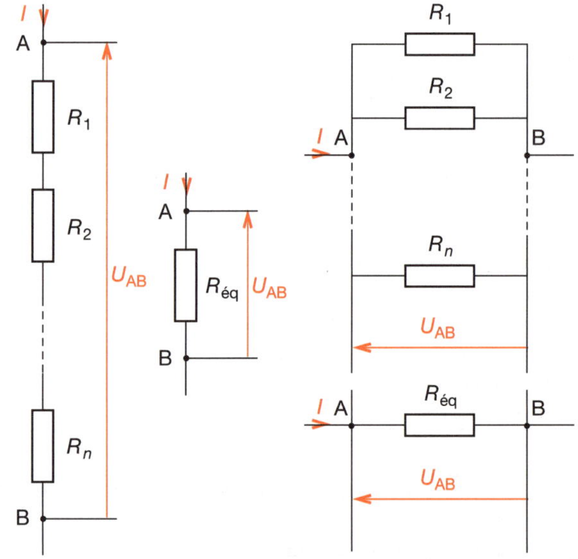

ORDRE DE GRANDEUR DE LA RÉSISTIVITÉ (Ω.m)			
Conducteur		**Alliage pour résistors bobinés**	**Isolant**
Argent	**Cuivre**		
$1{,}4.10^{-8}$	$1{,}72.10^{-8}$	100.10^{-8}	10^{21}

ORDRE DE GRANDEUR DU COEFFICIENT α (°C^{-1})		
Argent	**Cuivre**	**Constantan**
$3{,}8.10^{-3}$	$4{,}1.10^{-3}$	$\pm 0{,}002.10^{-3}$

1 ■ 5 Principaux types

1 ■ 51 Résistors bobinés

Ils sont obtenus par un bobinage de fil résistant (nichrom V) sur un support réfractaire ayant une bonne tenue en température.

1 ■ 52 Résistors bobinés de précision

Ils sont obtenus par un bobinage de fil en alliage tel le manganin ou le constantan, autour de bâtonnets en plastique ou en stéatite.

1 ■ 53 Résistors à couche de carbone

Ils sont obtenus par une dépose par pyrolyse de carbone sur un bâtonnet en céramique préalablement cuit au four.

1 ■ 54 Résistors à couche métallique

Ils sont obtenus par l'évaporation de différents métaux (or, platine, rhodium, paladium) sur un bâtonnet en céramique ou en verre.

1 ■ 55 Résistors verre-métal à couches épaisses

Ils sont obtenus par un dépôt par sérigraphie de pâtes résistantes sur des supports en céramique ou en alumine.

1 ■ 56 Résistors agglomérés

Ils sont obtenus par un moulage dans un tube en bakélite de pâte résistante composée de silice, de bakélite, ou de carbone.

PRINCIPAUX MODÈLES
Résistors bobinés de puissance
Valeurs limites 0,1 Ω-200 kΩ
Série E12
Puissance 3 W à 200 W
Résistors bobinés de précision
Valeurs limites 0,1 Ω-1 MΩ
Série E96
Puissance 0,1 W à 2 W

Résistors à couche de carbone
Résistors à couche métallique
Résistors agglomérés
Valeurs limites 0,1 Ω-100 MΩ
Série E12, E24, E48, E96
Puissance 0,1 W à 2 W

Minimelf

Résistors verre-métal
Valeurs limites 10 Ω-100 MΩ
Série E3, E6, E12, E24
Puissance 0,1 W à 2 W

Résistors CMS oxyde métallique
Valeurs limites 10 Ω-1 MΩ – Jumper
Série E12-E24
Puissance 0,06 W à 0,125 W

Dimensions des boîtiers CMS (en mm)

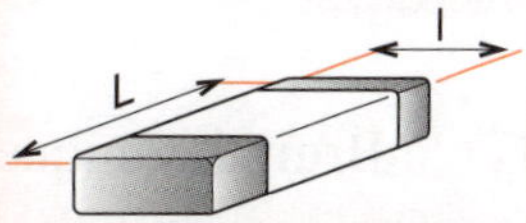

Type	Longueur L	Largeur l
0603	1,60	0,80
0805	2,00	1,25
1206	3,20	1,60
1210	3,20	2,50
1812	4,50	3,20

MODÈLE ÉQUIVALENT EN HAUTE FRÉQUENCE

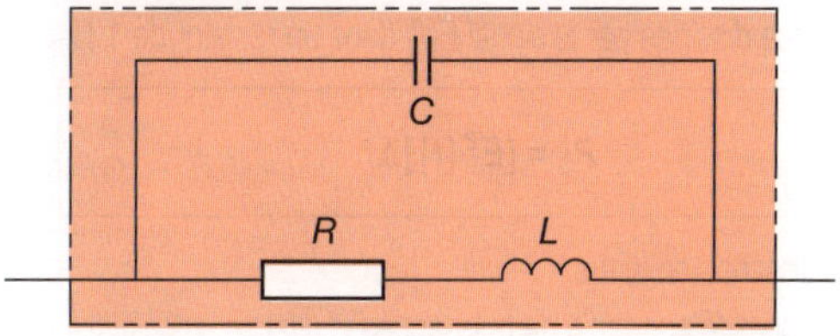

RÉACTANCE DES RÉSISTORS BOBINÉS DE PRÉCISION

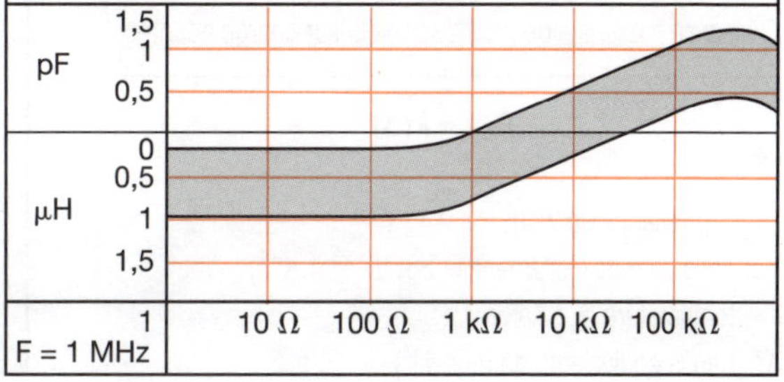

1 ■ 6 Principales caractéristiques

1 ■ 61 Comportement en fréquence

Le comportement des résistors varie en fonction de la fréquence.

COMPORTEMENT DES RÉSISTORS BOBINÉS DE PRÉCISION À 1 MHZ			
Valeurs ohmiques	30 à 50 Ω		1 kΩ à 3 kΩ
Comportement	Inductif	Variable	Capacitif

1 ■ 62 Comportement en tension

Le coefficient de tension, exprimé en ppm/V (10^{-6}/V), permet d'évaluer les variations de la valeur de la résistance causée par la différence de potentiel appliquée à ses bornes.

1■63 Comportement en température

$$R = R_0\,(1+\alpha t)$$

α : coefficient de température exprimé en ppm/°C (10^{-6}/°C).
t : température en degrés Celsius.
R_0 : résistance à 0 °C.
R : résistance à t °C.

1■64 Tension maximale et limite en puissance

Les résistors sont dimensionnés généralement pour pouvoir dissiper une puissance maximale, mais, pour certaines applications, le facteur limitant n'est plus la puissance mais la tension maximale admissible aux bornes de celle-ci.

Pour les faibles valeurs des résistors, la tension maximale est limitée par la puissance maximale admissible ($E_{max} = \sqrt{PR}$).

Pour les très fortes valeurs des résistors, la puissance à dissiper est limitée par la tension maximale (fixée par la rigidité du diélectrique).

1■65 Bruit thermique

Il est dû au mouvement désordonné des porteurs électriques d'un matériau sous l'influence d'une température et provoque une tension (ou un courant aléatoire) dont l'amplitude est fonction de la température du matériau.

1■66 Puissance et bruit thermique

Puissance dissipée par le signal $E(f)$ dans un résistor de 1 Ω.

$$P_D = [E^2(f)]\Delta f$$

P_D : puissance en watts.
$E^2(f)$: densité spectrale de puissance (V²/Hz).
Δf : bande équivalente de bruit (Hz).

Puissance maximale de bruit disponible sur charge adaptée.

$$P_{max} = kt\Delta f$$

P_{max} : puissance en watts.
k : constante de Boltzmann ($1{,}38.10^{-23}$ J.K^{-1}).
t : température (K : Kelvin).
Δf : bande équivalente de bruit (Hz).

LIMITE D'UTILISATION D'UN RÉSISTOR DE 0,5 W ADMETTANT 500 V

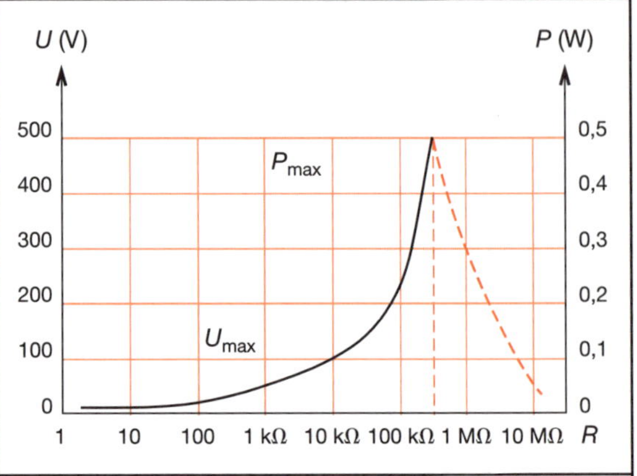

Tension maximale à ne pas dépasser (trait plein)
Puissance maximale à ne pas dépasser (tirets)

PUISSANCE ET BRUIT THERMIQUE

Résistor	Modèle série	Modèle parallèle
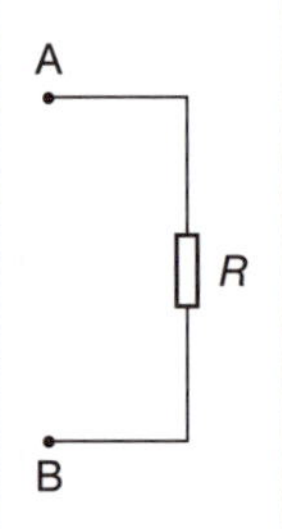	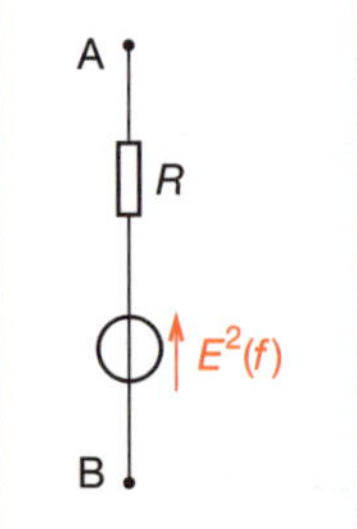	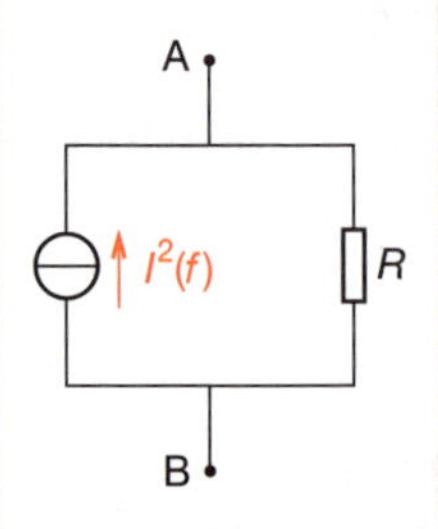
Valeur	**Densité spectrale**	**Densité spectrale**
$k = 1{,}38.10^{-23}$. t = K. R = Ω.	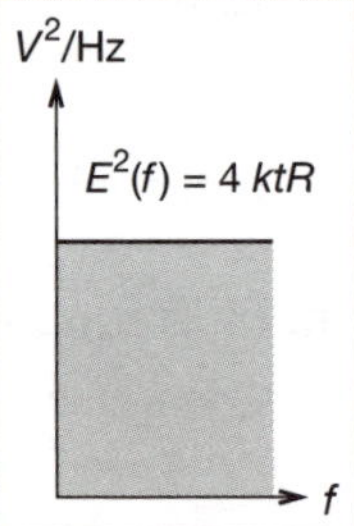	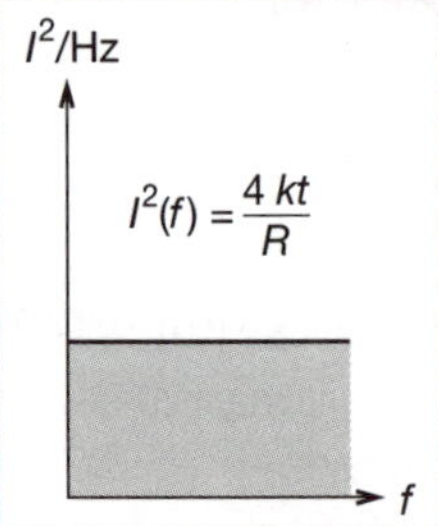
Dipôle	**Association série**	**Association parallèle**
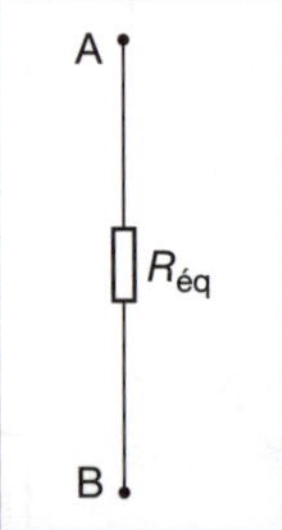	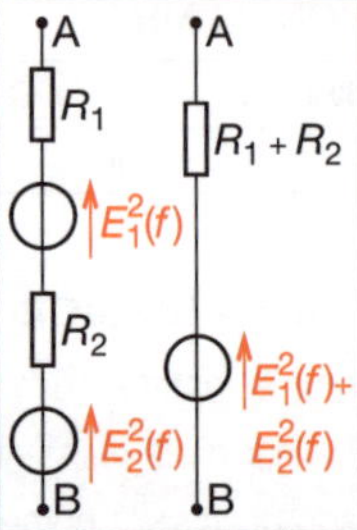	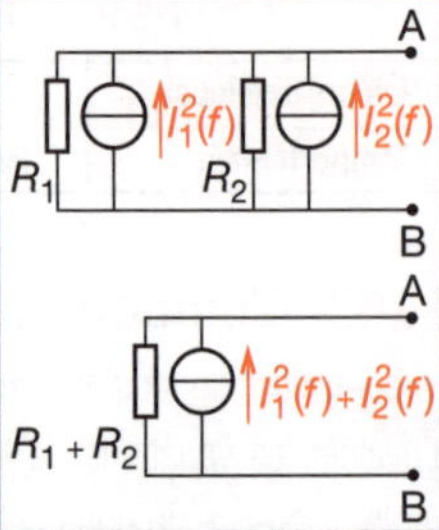

1 ■ 67 Bruit en excès et index de bruit

Le passage du courant électrique dans un élément résistif est à l'origine d'un bruit supplémentaire appelé bruit « Flickers ». Sa densité spectrale est en (f^{-1}) et son influence est importante en base fréquence.

Ce bruit en excès est quantifié par un index de bruit :

$$NI = \frac{\sqrt{\bar{e}^2_{\text{excès}}}}{V_D}$$

NI : Noise Index ou index de bruit en µV/V/décade.

$\bar{e}^2_{\text{excès}}$: valeur moyenne du carré de $e_{\text{excès}}$ (µV).

V_D : tension directe aux bornes du résistor (V).

DENSITÉ SPECTRALE DE BRUIT EN EXCÈS

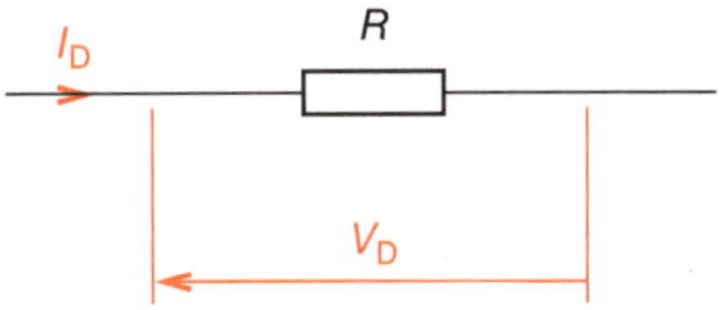

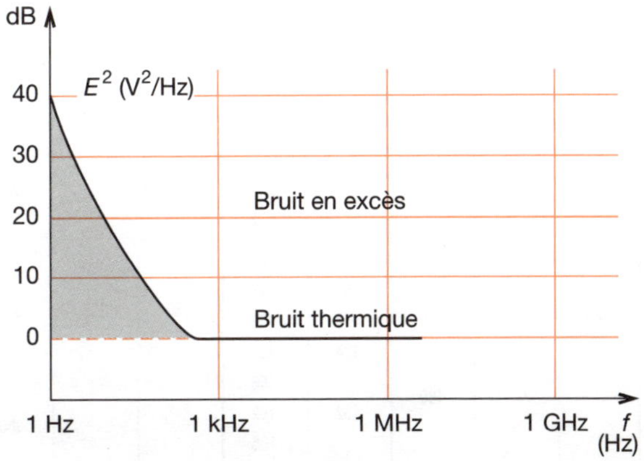

PUISSANCE LIMITE ET TENUE EN TENSION				
Puissance maximale	0,25 W	0,5 W	1 W	2 W
Tension maximale (résistors usuels)	250 V	350 V	500 V	500 V
Tension maximale (Résistor haute stabilité)	300 V	350 V	500 V	750 V

1 ■ 68 Résistance d'un conducteur cylindrique parcouru par un courant alternatif

$$k = \frac{R_a}{R_c} = 0{,}25\sqrt[6]{0{,}178 + \left(0{,}002\,\frac{s}{p}\sqrt{\frac{\mu_r f}{\rho}}\right)^6}$$

k : rapport entre la résistance en alternatif R_a et la résistance en continu R_c.

s : section en mm².

p : périmètre en mm.

μ_r : perméabilité relative.

f : fréquence en Hz.

ρ : résistivité en Ω.m.

1 ■ 7 PROPRIÉTÉS ET LIMITES DES RÉSISTORS

Types	Fiabilité	Coefficient de température	Stabilité	Tenue en haute fréquence	Coefficient de tension	Tension de bruit
Bobiné de précision	Bonne	± 2 à 3 ppm	10.10^{-6}/an à 30.10^{-6}/an	< 30 MHz	< 0,02%/V	Négligeable
Couche métallique	0,0008 %	± 100 ppm	0,5 %/an	R < 10 kΩ - 200 MHz R = 100 kΩ - 20 MHz	0,001 à $0{,}5.10^{-6}$/V	0,001 à 0,5 µV/V
Couche carbone*	0,001 % à 0,01 %	– 500 ppm	1 %/an	R < 10 kΩ - 100 MHz R = 10 MΩ - 1 MHz	0,5 à 2.10^{-6}/V	0,5 à 2 µV/V
Aggloméré	< 0,8 %	– 1 200 ppm	15 %	< 10 MHz	350.10^{-6}	1 à 10 µV/V
Verre ou époxy*		± 200 ppm	1 à 3 %/an	R < 200 Ω - 500 MHz	0,5 à 2.10^{-6}	0,5 à 2 µV/V

* Possibilité d'obtenir des résistors pour haute fréquence fonctionnant à 10 GHz pour le carbone ou 2 GHz pour verre ou époxy.

1 ■ 8 SÉRIES DE VALEURS RECOMMANDÉES ET TOLÉRANCES ASSOCIÉES

Une série se compose des valeurs arrondies des nombres $\sqrt[n]{10^m}$, *m* étant un nombre entier positif et *n* le nombre de valeurs par décade.
Exemple : la première valeur de la série E6 sera $R = \sqrt[6]{10^1} = 1{,}46 \approx 1{,}5\ \Omega$.

ÉCHELLES DE VALEURS				
E6	**E12**	**E24**	**E48**	**E96**
TOLÉRANCE SUR CAPACITÉ				
± 20 %	**± 10 %**	**± 5 %**	**± 2 %**	**± 1 %**
				102
			105	105
				107
		110	110	110
				113
			115	115
	120	120		118
			121	121
				124
			127	127
		130		130
			133	133
				137
			140	140
				143
			147	147
150	150	150		150
			154	154
				158
		160	162	162
				165
			169	169
				174
	180	180	178	178
				182
			187	187
				191
			196	196
		200		200
			205	205
				210
220	220	220	215	215
				221

ÉCHELLES DE VALEURS				
E6	**E12**	**E24**	**E48**	**E96**
TOLÉRANCE SUR CAPACITÉ				
± 20 %	**± 10 %**	**± 5 %**	**± 2 %**	**± 1 %**
			226	226
				232
		240	237	237
				243
			249	249
				255
			261	261
	270	270		267
			274	274
				280
			287	287
				294
		300	301	301
				309
			316	316
				324
330	330	330	332	332
				340
			348	348
		360		357
			365	365
				374
			383	383
	390	390		392
			402	402
				412
			422	422
		430		432
			442	442
				453
470	470	470	464	464
				475

ÉCHELLES DE VALEURS				
E6	**E12**	**E24**	**E48**	**E96**
TOLÉRANCE SUR CAPACITÉ				
± 20 %	**± 10 %**	**± 5 %**	**± 2 %**	**± 1 %**
			487	487
				499
		510	511	511
				523
			536	536
				549
	560	560	562	562
				576
			590	590
				604
		620	619	619
				634
			649	649
				665
680	680	680	681	681
				698
			715	715
				732
		750	750	750
				768
			787	787
				806
	820	820	825	825
				845
			866	866
				887
		910	909	909
				931
			953	953
				976
1 000	1 000	1 000	1 000	1 000

1 ■ 9 CODE DES COULEURS POUR LES RÉSISTORS

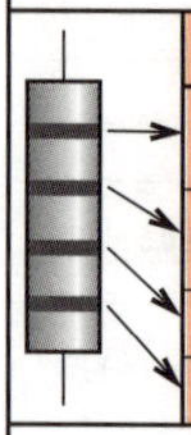

Couleurs	Noir	Marron	Rouge	Orange	Jaune	Vert	Bleu	Violet	Gris	Blanc	Or	Argent	Couleurs
1er chiffre / 2e chiffre	0	1	2	3	4	5	6	7	8	9			1er chiffre / 2e chiffre / 3e chiffre
Multiplicateur	1	10^1	10^2	10^3	10^4	10^5	10^6				10^{-1}	10^{-2}	Multiplicateur
Tolérance (± %)		1	2			0,25	0,2	0,1			5	10	Tolérance (± %)

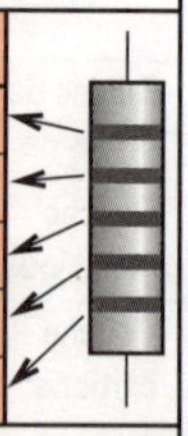

Exemple

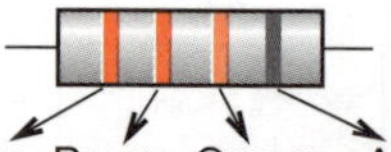

Rouge 2 — Rouge 2 — Orange 1 000 — Argent 10 % = 22 000 Ω ± 10 %

1 ■ 10 PRINCIPALES CARACTÉRISTIQUES

Les éléments résistifs d'usage courant sont livrés en bande avec le code de marquage « couleur ».
Les éléments de précision sont marqués en clair.
Les éléments de puissance sont marqués en clair et livrés à l'unité.

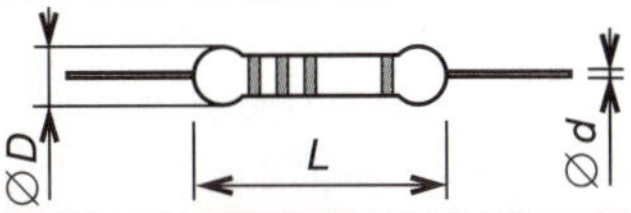

Application	Technologie	Puissance W	Tolérance ± %	Gamme de valeurs	Série	Dimensions L	Dimensions D	Dimensions d	Modèle RTC
Usage courant	Métal film	0,5	5	0 - 10 MΩ	E 24	6,5	2,5	0,6	SFR25
		0,5	5	1 - 3 MΩ	E 24	3,5	1,9	0,5	SFR16T
		0,6	1	1 - 10 MΩ	E 96	6,5	2,5	0,6	MRS25
		0,4	1	4,9 - 1 MΩ	E 96	3,5	1,9	0,5	MRS16T
Précision	Métal film	0,125	0,01	24 - 100 kΩ	E 192	6,5	2,5	0,6	MRP24
		0,25	0,1	4,9 - 1 MΩ	E 192	6,5	2,5	0,6	MPR24
		0,25	0,01	24 - 100 kΩ	E 192	10	3	0,6	MPR34
		0,4	0,1	4,9 - 1 MΩ	E 192	10	3	0,6	MPR34
Puissance	Métal film	1	5	1 - 1 MΩ	E 24	6,5	2,5	0,6	PRO1
		2	5	1 - 1 MΩ	E 24	10	3,9	0,8	PRO2
		3	5	1 - 1 MΩ	E 24	10	3,9	0,8	PRO3
	Bobinée	3,5	10	0,1 - 8,2 Ω	E 12	17	5,5	0,8	AC04
		3,5	5	10 - 6,8 kΩ	E 24	17	5,5	0,8	AC04
		5,8	10	0,1 - 8,2 Ω	E 12	25	7,5	0,8	AC07
		5,8	5	10 - 15 kΩ	E 24	25	7,5	0,8	AC07
		8,4	10	0,1 - 8,2 Ω	E 12	44	8	0,8	AC10
		8,4	5	10 - 15 kΩ	E 24	44	8	0,8	AC10
		12,5	10	0,1 - 8,2 Ω	E 12	51	10	0,8	AC15
		12,5	5	10 - 22 kΩ	E 24	51	10	0,8	AC15
		16	10	0,1 - 8,2 Ω	E 12	67	10	0,8	AC20
		16	5	10 - 33 kΩ	E 24	67	10	0,8	AC20
Haute tension	Métal verre	0,25	5	100 kΩ - 10 MΩ	E 24	6,5	2,5	0,6	VR25
		0,25	10	12 MΩ - 22 MΩ	E 12	6,5	2,5	0,6	VR25
		0,5	5	100 kΩ - 33 MΩ	E 24	9	3,7	0,7	VR37
		1	5	100 kΩ - 68 MΩ	E 24	16,5	6,8	0,8	VR68

RÉSEAUX DE RÉSISTANCES

Réseaux SIL (Single In Line)

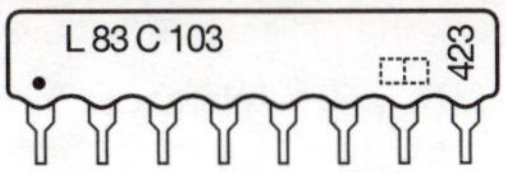

$R = 22\ \Omega$ à $1\ M\Omega$

Gamme de réseaux de résistances à couche métallique 1/8 W à 2 % en boîtier ÉPOXY, au pas de 2,54 mm.

- Dissipation par R : 1/8 W à 70 °C.
- Tolérance sur R : ± 2 %.
- Coefficient de température : 200 ppm/°C.
- Tension de service : 200 V maximum.
- Température de service : – 55 à + 125 °C.
- Type 1 : L 83 S BECKMAN ou équivalent.

Réseaux DIL (Dual In Line)

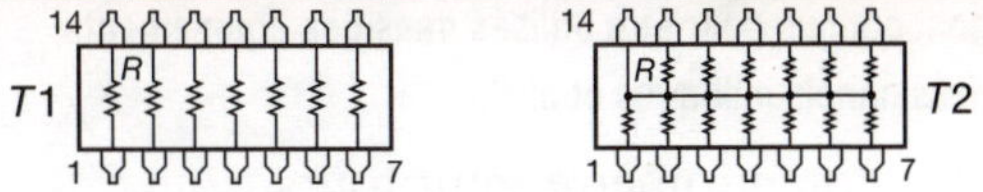

$R = 22\ \Omega$ à $1\ M\Omega$

Gamme de réseaux de résistances à couche métallique 1/8 W à 2 % en boîtier céramique, au pas de 2,54 mm.

- Dissipation par R : 1/8 W.
- Tolérance sur R : ± 2 %.
- Coefficient de température : 100 ppm/°C.
- Tension de service : 100 V maximum.
- Température de service : – 55 à + 125 °C.
- Modèle 898 BECKMAN ou équivalent.

Diviseur de tension (Caddock)

Diviseur de tension résistif à décade de haute précision recommandé dans des applications de laboratoire et d'instrumentation.

- Excellente stabilité en température.
- Diviseur 5 décades pour des ratios compris entre 10 : 1 et 10000 : 1.
- Tension d'utilisation : 1200 V_{cc} max.
- Coefficient de température : 30 ppm max. (– C62), 50 ppm max. (– C3).
- Température d'utilisation : 0 °C + 70 °C.

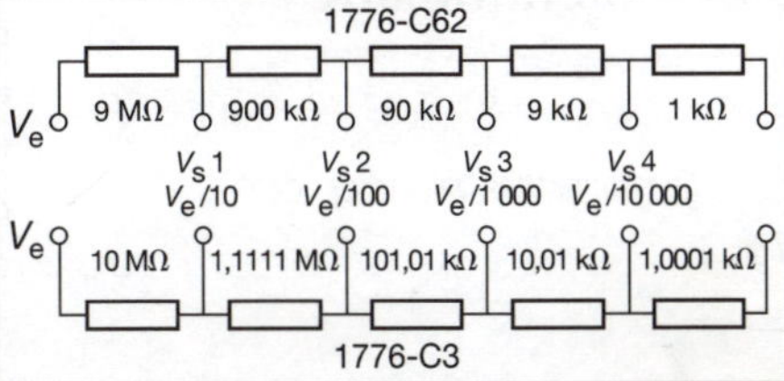

2 Potentiomètres

Un potentiomètre permet le réglage de la tension dans un circuit. C'est un élément résistif dont la résistance est variable mécaniquement.

2■1 Principaux types

2■11 Potentiomètre bobiné

Ces résistances variables peuvent être linéaires, logarithmiques ou de lois spéciales. Ces potentiomètres ne sont pas prévus pour un fonctionnement en HF.

Ces potentiomètres sont utilisés dans les circuits de puissance ou pour les circuits de précision (potentiomètres bobinés de précision).

2■12 Potentiomètre à couche de carbone

Leur fabrication est à rapprocher de celle des éléments résistifs à couche de carbone (voir § RÉSISTANCES). La valeur du bruit ainsi que le niveau de crachement sont relativement faibles (< 15 µV).

Ces potentiomètres sont utilisés dans les circuits Hi-Fi.

2■13 Potentiomètre à piste cermet

L'élément résistant est un émail chargé d'éléments conducteurs déposé par sérigraphie sur une plaquette de céramique.

Ces potentiomètres offrent les avantages suivants :

- faible encombrement,
- faible coefficient de température,
- faible variation de la résistance de contact (curseur),
- large gamme de valeur ohmique (10 Ω à 2,2 MΩ).

Ils sont conçus pour être utilisés dans des équipements professionnels militaires et civils.

2■14 Potentiomètre multitours

Ces potentiomètres sont généralement du type bobiné de précision. Ils peuvent être à variation linéaire ou logarithmique. Le réglage de la résistance peut se faire sur 3, 5, 10 ou 20 tours.

Ces potentiomètres sont utilisés pour le réglage fin des circuits électroniques professionnels.

2■2 Choix d'un potentiomètre

Un potentiomètre se définit essentiellement par :

- sa technologie,
- la valeur de sa résistance (la gamme des valeurs est dans la série E3 : 100-220-470),
- sa puissance,
- sa loi de variation.

SYMBOLES

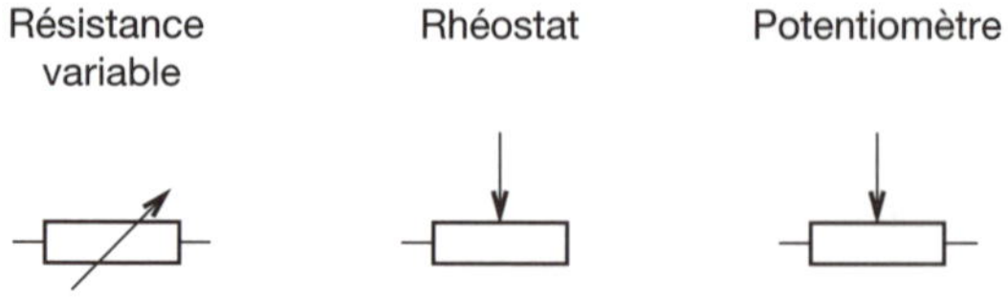

PRINCIPALES LOIS DE VARIATION

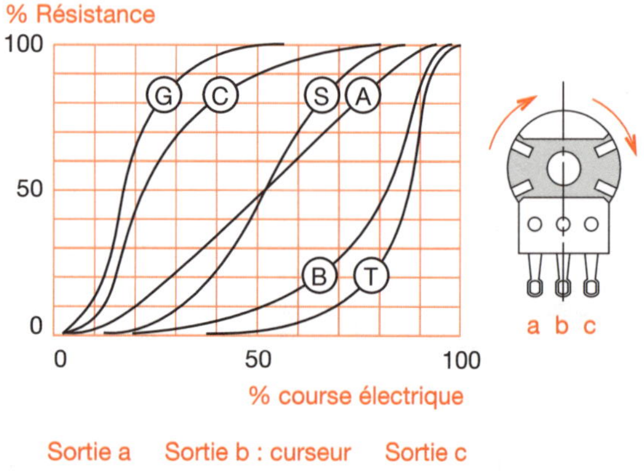

A linéaire
B logarithmique droite
C logarithmique inverse
S courbe en S
T exponentielle droite
G exponentielle inverse

PRINCIPAUX PARAMÈTRES

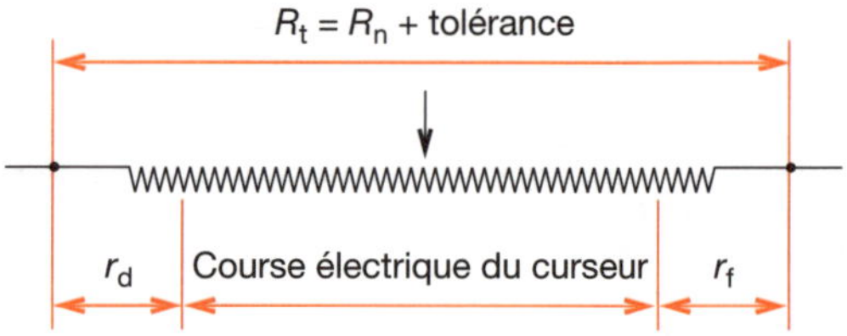

R_n : résistance nominale.
R_t : résistance totale.
r_d : résistance résiduelle début de course.
r_f : résistance résiduelle fin de course.
U_n : tension limite nominale aux bornes.
P_n : puissance nominale.
U_m : tension maximale de service $U_m = \sqrt{P_n . R_n}$.

2.3 PRINCIPAUX MODÈLES

Potentiomètres d'usage général

Piste moulée type MP (Ohmic)
Couche carbone type MRC23 (RTC)

Résistance nominale (R_n)	de 100 Ω à 4,7 MΩ
Tolérance	± 20 %
Loi de variation	A, B, C, S, T
Température maximale	+ 85 °C
Tension nominale	550 V
Puissance	0,5 W, 1 W

Simple à cosses

Linéaire à picots

Potentiomètres professionnels

Bobiné étanche type C12 (MCB)
Cermet type PK16 (MCB)

Résistance nominale (R_n)	de 100 Ω à 1 MΩ
Tolérance	± 5 %, ± 10 %
Loi de variation	A, B, C, S, T
Température maximale	+ 85 °C
Tension nominale	500 V
Puissance	0,25 W, 3 W

Étanche

Multitours

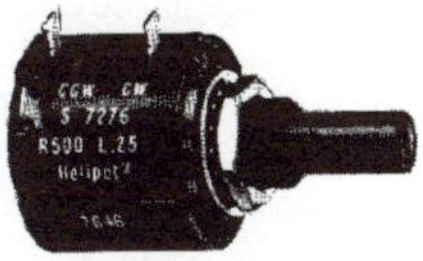

Potentiomètres de puissance

Bobiné type RT-RTE (Sfernice)
Bobiné type 3510 (Bourns)

Résistance nominale (R_n)	de 10 Ω à 100 kΩ
Tolérance	± 10 %, ± 20 %
Loi de variation	A, B
Température maximale	+ 125 °C
Tension nominale	500 V
Puissance	2 W, 500 W

Bobinés

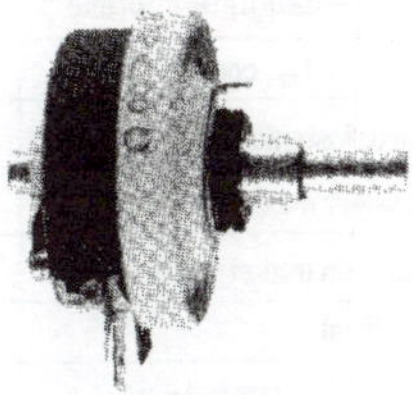

Éléments résistifs ajustables

Cermet type VA05 (Ohmic)
Cermet multitours type 3006 (Ohmic)

Résistance nominale (R_n)	de 100 Ω à 2,2 MΩ
Tolérance	± 10 %, ± 20 %
Loi de variation	A
Température maximale	+ 85 °C
Tension nominale	250 V
Puissance	0,1 W, 0,5 W

Simple

Multitours

Potentiomètre à levier

Potentiomètre à levier du type « joystick » équipé de deux potentiomètres de 10 kΩ linéaires à piste carbone.

Il peut être monté sur la face avant d'un boîtier par l'intermédiaire de quatre vis de 2,6 mm de diamètre.

Tolérance	± 20 %
Angle mécanique	± 20°
Découpe	25,4 × 25,4 mm
Puissance	0,5 W à 40 °C

3 Condensateurs

Deux conducteurs, séparés par un isolant, constituent un condensateur ; par conséquent, tout conducteur isolé possède une capacité par rapport aux autres conducteurs.

SYMBOLES

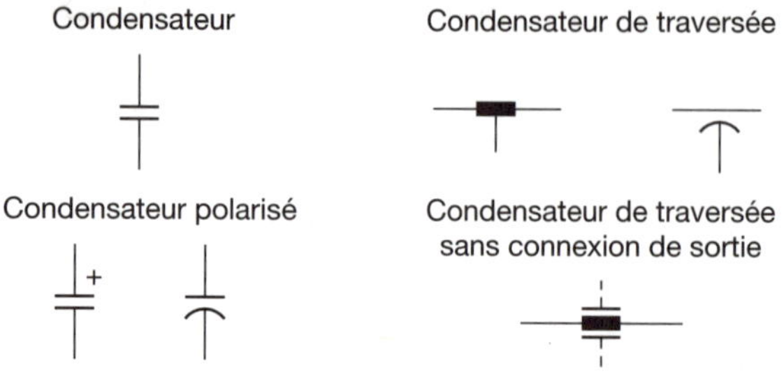

3.1 Relations fondamentales

Charge électrique d'un condensateur.

$$q_A = CU$$

q_A : charge de l'armature A en coulombs (C).
C : capacité du condensateur en farads (F).
U : tension aux bornes du condensateur en volts (V).

Intensité de charge (ou de décharge) du condensateur.

$$i = \frac{dq}{dt}$$

i en ampères (A).
dq/dt en coulombs par seconde ($C.s^{-1}$).

CONVENTION

Tension aux bornes d'un condensateur

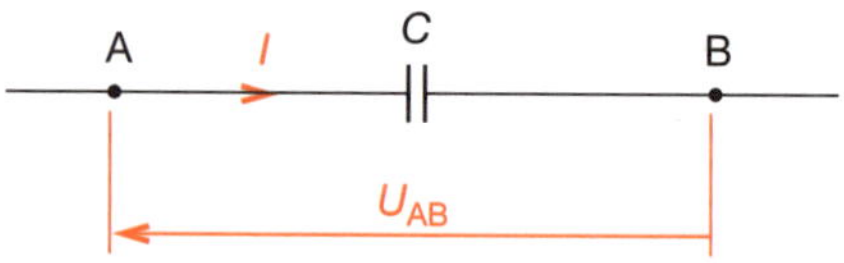

3.2 Comportement en alternatif

Représentation temporelle	Représentation de Fresnel
$i = I_{max} \cos \omega t$	
i : valeur instantanée (A)	i est représenté par $\vec{I}$
I_{max} : valeur maximale (A)	tel que $\lvert\vec{I}\rvert = I_{max}$
ω : pulsation (rad/s)	et $(\vec{Ox}, \vec{I}) = 0$
t : temps (s)	
$V = V_{max} \cos(\omega t - \varphi)$	
V : valeur instantanée (V)	V est représenté par $\vec{V}$
V_{max} : valeur maximale	tel que $\lvert\vec{V}\rvert = V_{max} = I_{max}/C\omega$
φ : déphasage courant-tension (rad) et $(\vec{Ox}, \vec{V}) = \varphi = \pi/2$	
Impédance complexe	**Représentation complexe**
$\underline{Z} = \frac{1}{jC\omega}$	$\underline{U} = \frac{1}{jC\omega} \cdot \underline{I}$
$\underline{Z}$: impédance complexe	$\underline{U}$: tension complexe
	$\underline{I}$: courant complexe

REPRÉSENTATION DE FRESNEL

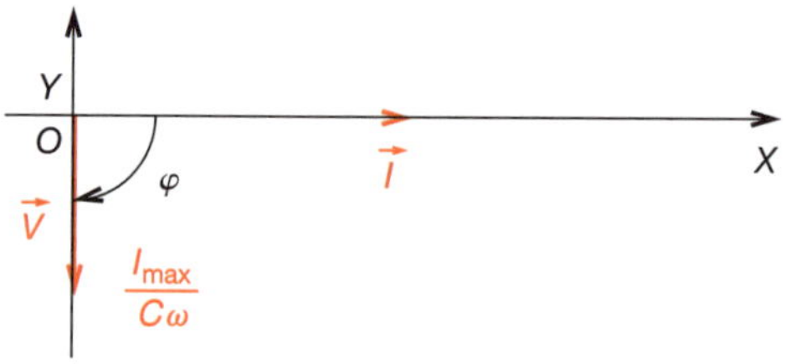

REPRÉSENTATION COMPLEXE

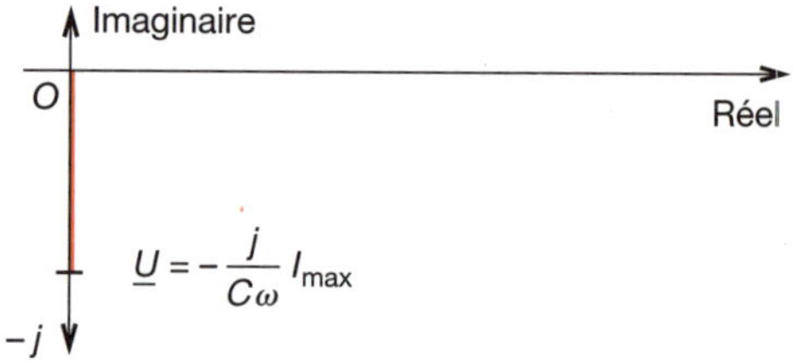

3.21 GROUPEMENT DE CONDENSATEURS

Groupement série	Groupement parallèle
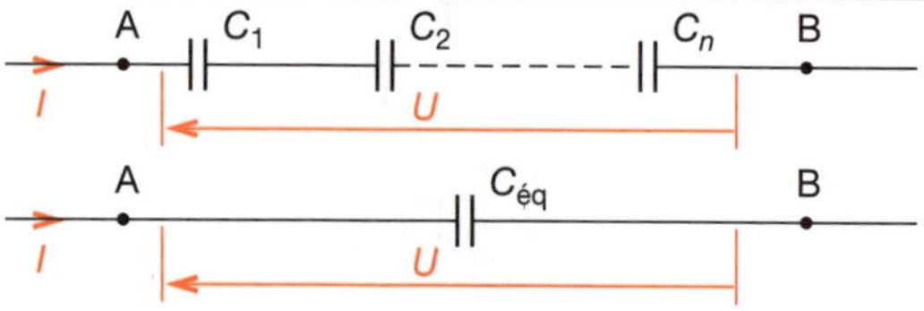	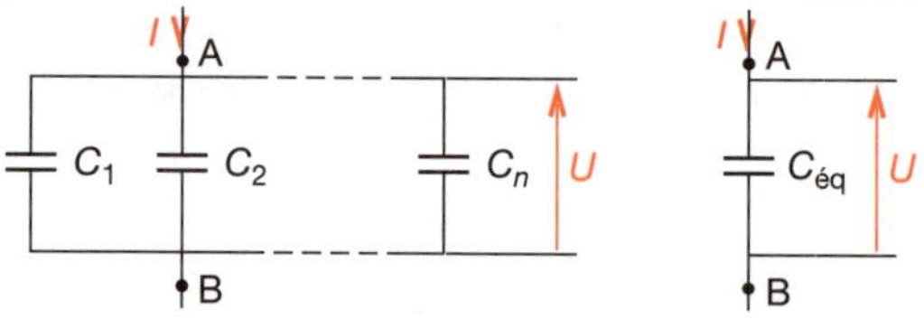
$\frac{1}{C_{éq}} = \frac{1}{C_1} + \frac{1}{C_2} + \ldots + \frac{1}{C_n}$	$C_{éq} = C_1 + C_2 + \ldots + C_n$

3 ■ 3 Capacité d'un condensateur plan

$$C = \varepsilon_0 \varepsilon_r \frac{S}{e}$$

ε_0 : permittivité du vide = $1/36\pi.10^9$.
ε_r : permittivité relative de l'isolant.
s : surface des armatures en regard (m^2).
e : épaisseur du diélectrique (m).

3 ■ 4 Capacité et énergie

Énergie emmagasinée

$$W = 1/2\, C\, V^2$$

Énergie échangée sur une période en sinusoïdal

$$W = 1/2\, C\, V^2_{max}$$

W : énergie (J).
C : capacité (F).
V : tension aux bornes (V).
V_{max} : tension maximale (V).

3 ■ 5 Caractéristiques principales

3 ■ 51 Comportement haute fréquence

Le modèle haute fréquence met en évidence la possibilité qu'a le condensateur de se comporter comme un circuit LC série.

3 ■ 52 Résistance d'isolement

La résistance d'isolement n'est fonction que des caractéristiques du diélectrique utilisé.

3 ■ 53 Coefficient de température

La température influence l'ensemble des caractéristiques du condensateur. La variation de sa valeur est donnée en ppm/°C.

3 ■ 54 Tenue en tension

Afin d'éviter le claquage du diélectrique, on limite la tension appliquée aux bornes du condensateur.

L'amplitude maximale de la tension crête en alternatif à appliquer est de 40 % de la tension maximale en continu.

Tenue en tension des diélectriques (10^3 kV/m)					
Air	Papier	Céramique	Mica	Alumine	Téflon
3,2	7	10	60	60	80

3 ■ 55 Angle de perte

L'angle de perte mesure la qualité de la capacité et évolue en fonction de la température et de la fréquence.

$$\tan \sigma = R_e C \omega$$

σ : angle de perte (rad).
ω : pulsation (rad/s).
R_e : résistance équivalente série (Ω).
C : valeur du condensateur (F).

CONDENSATEUR PLAN

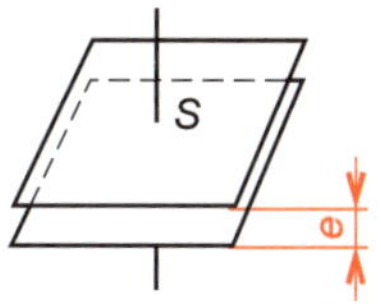

MODÈLE HAUTE FRÉQUENCE

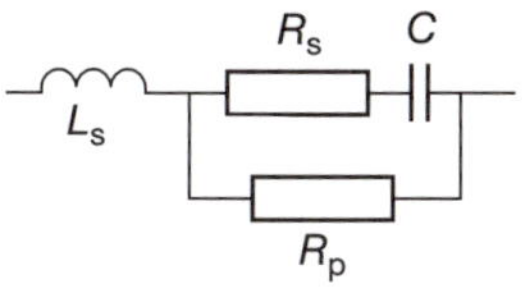

L_s : Inductance due aux liaisons (H).
R_s : Résistance due aux connexions des armatures et aux caractéristiques du diélectrique (Ω).
R_p : Résistance d'isolement (Ω).
C : Condensateur théorique (F).

COMPORTEMENT EN TEMPÉRATURE ET EN FRÉQUENCE DES CONDENSATEURS POLYSTYRÈNE ET POLYESTER

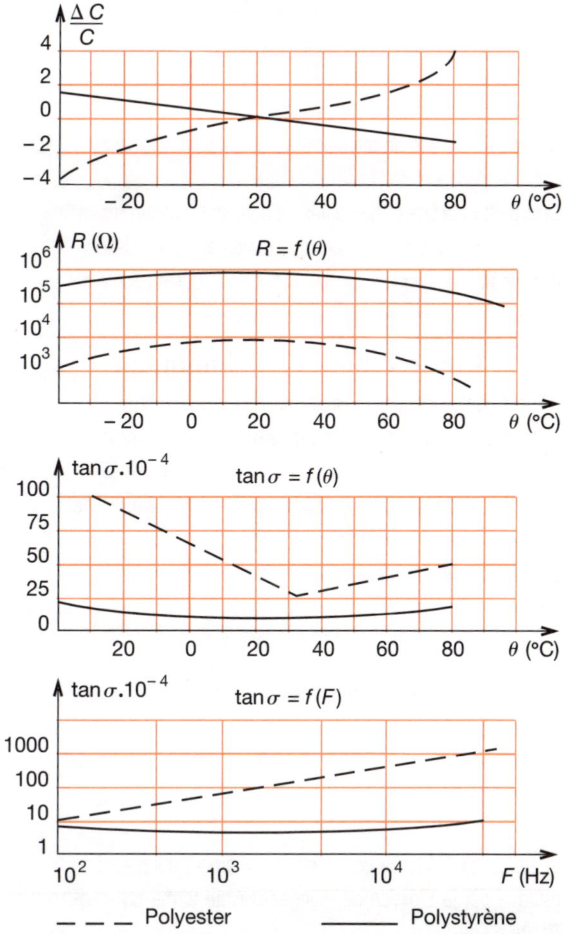

3■6 Principaux types de condensateurs

3■61 À diélectrique plastique (polystyrène, polyester, polypropylène, etc.)

Ces condensateurs sont constitués d'un bobinage de feuilles d'aluminium séparées par un ou plusieurs films plastiques.

3■62 À diélectrique plastique métallisé

Une fine couche d'aluminium est déposée sur le plastique. Pour ces condensateurs, si un défaut d'isolement se produit, une étincelle jaillit et vaporise le métal en contact. Il y a auto-cicatrisation.

3■63 À diélectrique mica

Ils sont constitués par un empilage de lames de mica argentées par sérigraphie, préalablement clivées et découpées aux bonnes dimensions.

3■64 À diélectrique céramique

Ces condensateurs sont constitués d'une plaquette ou d'un tube recouvert sur chaque face d'une fine couche d'aluminium. Il existe trois groupes de céramique :

Groupe I : titanate de magnésie ou de calcium. Diélectrique stable à coefficient de température défini.

Groupe II : titanate et zirconates de baryum ou de strontium. Diélectrique instable à coefficient de température non défini.

Groupe III : céramique à couche d'arrêt dans tout le volume de la plaquette. Il se forme un réseau complexe de condensateurs.

3■65 Électrolytiques à l'aluminium

Ce sont des condensateurs polarisés de forte capacité.

L'anode est constituée par une bande d'aliminium gravée (pour augmenter la surface) recouverte d'une couche d'alumine.

L'alumine et du papier spécial imprégné avec un électrolyte approprié forment le diélectrique.

La cathode est constituée par une bande d'aluminium non traitée.

L'ensemble est bobiné d'une façon classique.

3■66 Électrolytiques au tantale

Ces condensateurs ont une forte capacité pour un faible encombrement. L'anode est constituée d'une pastille de tantale fritté qui permet d'obtenir une très grande surface active.

La cathode est formée par un boîtier en argent qui n'est pas attaqué par le bioxyde de manganèse qui forme un électrolyte solide.

CONDENSATEUR AU DIÉLECTRIQUE MICA

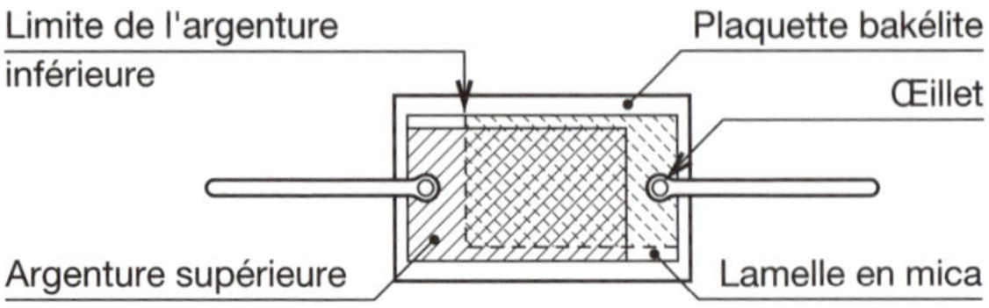

CONDENSATEUR AU DIÉLECTRIQUE CÉRAMIQUE

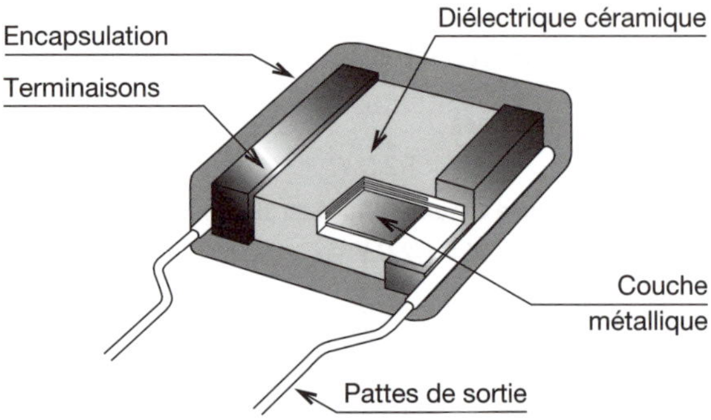

CONDENSATEUR ÉLECTROLYTIQUE À L'ALUMINIUM

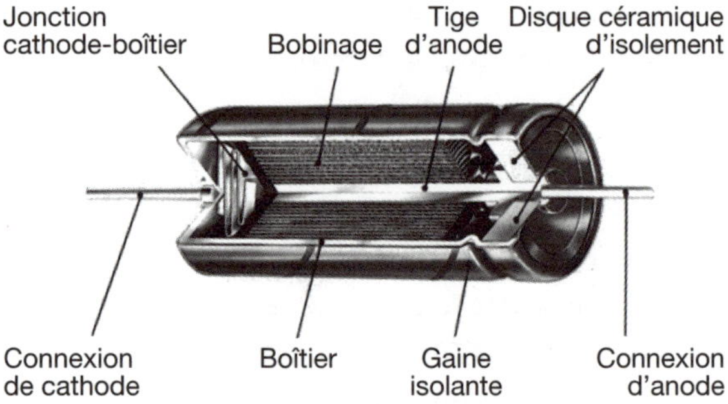

CONDENSATEUR ÉLECTROLYTIQUE AU TANTALE

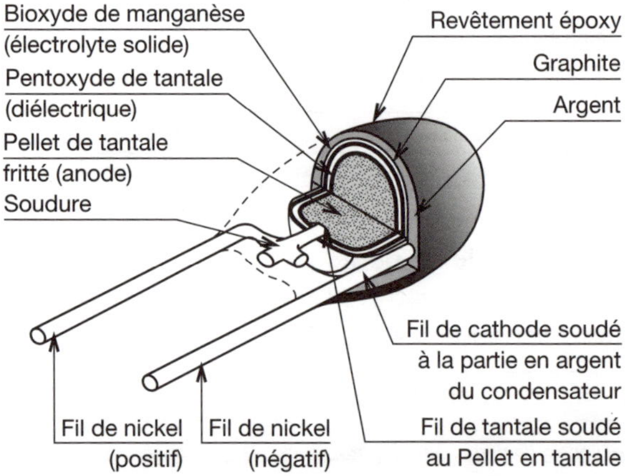

3.7 CARACTÉRISTIQUES ET LIMITES D'UTILISATION

3.71 CONDENSATEURS NON POLARISÉS

Type de diélectrique	Constante diélectrique	Angle de perte à 20 °C et 50 Hz	Résistance d'isolement	Coefficient de température	Limite en température	Tensions max. d'utilisation	Limite en fréquence
Polystyrène	2,4 à 2,6	8 à 10.10^{-4}	10^6 MΩ.µF	–120 ppm/°C	- 70 °C	63 à 1000 V	0 à 10 GHz
Polyester	3,25	20.10^{-4}	5.10^4 MΩ.µF	+ 300 ppm/°C	- 55 à + 125 °C	40 à 630 V	0 à 10 GHz
Polycarbonate	2,8	10.10^{-4}	5.10^4 MΩ.µF	± 75 ppm/°C	- 55 à + 125 °C	25 à 25 V	0 à 10 GHz
Polypropylène	2,2	10 à 20.10^{-4}	10^5 MΩ.µF	- 250 ppm/°C	- 55 à + 85 °C	160 à 3 500 V	0 à 10 GHz
Mica	6,8 à 7,5	2.10^{-4}	10^5 MΩ.µF	- 20 à 50 ppm/°C	- 55 à + 125 °C	63 à 630 V	1 kHz à 10 GHz
Céramique I	5 à 220	10.10^{-4}	10^5 MΩ.µF	- 2 200 à + 130 ppm/°C	- 55 à + 125 °C	25 à 250 V	10 Hz à 10 GHz
Céramique II	300 à 15 000	100.10^{-4}	10^4 à MΩ.µF	irrégulier	- 55 à + 85 °C	25 à 630 V	1 kHz à 200 MHz
Téflon	2,6	5 à 10.10^{-4}	10^6 MΩ.µF	± 100 ppm/°C	- 55 à + 200 °C	63 à 400 V	0 à 10 GHz

3.72 CONDENSATEURS ÉLECTROLYTIQUES POLARISÉS

Ce type de condensateur est souvent de forte valeur, il ne supporte pas les tensions négatives.

Le courant de fuite est élevé, ce qui les empêche de tenir longtemps la charge.

Bonne utilisation

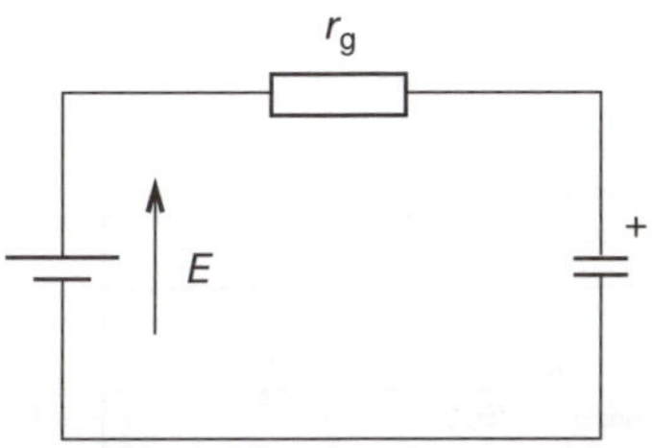

Mauvaise utilisation

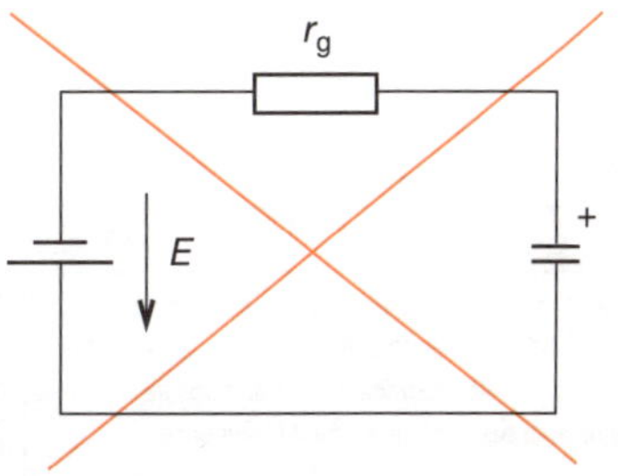

Type de diélectrique		Tension inverse continu max.	Angle de perte	Courant de fuite (I_F)	Durée de vie 85 °C air sec	Limite en température	Tensions de service (V_s)	Limite en fréquence
Aluminium et	électrolyte liquide	1 V	0,13 à 1,25	1 à 12 µA	2 000 h	- 55 à + 125 °C	63 à 500 V	1 kHz
	électrolyte solide	0,3 × V_s	0,35 à 1,25	-	5 000 h	- 55 à + 125 °C	63 à 500 V	1 kHz
Tantale et	électrolyte liquide	0,05 × V_s	0,6	0,3 à 0,5 µA	2 000 h	- 55 à + 85 °C	125 V	100 kHz
	électrolyte solide	0,05 × V_s	-	0,1 à 5 µA	2 000 h	- 55 à + 85 °C	63 V	100 kHz

3.73 APPLICATIONS ET CHOIX DU TYPE DE CONDENSATEUR

	Filtres secteurs	Découplages châssis	Alimentations continues	Alimentations à découpage	Protections des transistors	Transistors et commutations	Flashs électroniques	Liaisons basse fréquence	Découplages	Filtres basse fréquence	Accords circuits HF	Découplages liaisons HF	Puissances HF	Filtres haute tension	Lignes à retard	Impulsions	Impulsions de puissance	Hybrides
Polystyrène										■	■					■		
Polyester														■		■		
Polycarbonate																		
Polypropylène	■	■			■	■											■	
Mica											■		■		■			■
Céramique I											■		■					■
Céramique II												■						
Électrolytique à l'aluminium			■	■			■	■	■									
Électrolytique au tantale																		■

3 ■ 8 PRINCIPAUX MODÈLES

Polyester métallisé

■ Ces condensateurs sont destinés aux circuits électroniques à câblage imprimé.
Ils conviennent plus particulièrement à l'utilisation sous tension avec ou sans composante alternative.

Valeurs normalisées : série E3.

Tension continue nominale V_n :	400 V	250 V	100 V
Tension continue d'essai (1 min) :	640 V	400 V	160 V
Tension alternative nominale efficace à 50 Hz :	220 V	160 V	63 V
Tolérance :	10 %	10 %	10 %
Catégorie climatique (CEI 68,2) :	40/100/56		
Tension continue applicable : à 100 °C, la tension appliquée ne doit pas dépasser 0,75 V_n.			

Miniatures couche polyester

■ Condensateurs autorégénérables métallisés couche polyester.

Valeurs normalisées : 0,001 ; 0,047 ; 0,1 ; 0,22 ; 1 µF.

Classification humidité	: 55/100/21
Tolérance : ± 10 %	
Température d'utilisation	: – 55 °C à + 100 °C
Coefficient de température	: 200 ppm/°C
Résistance d'isolation	: > 10^{10} Ω à 20 °C

Céramique haute tension

■ Condensateurs de petites dimensions et de faible coût offrant de bonnes caractéristiques en stabilité thermique et de faibles pertes.
Valeurs normalisées : série E3.

Tension : 1 kV
Température d'utilisation : – 25 °C à + 85 °C
Tolérance : Type B : + 10 % Type E : + 20 % – 55 %

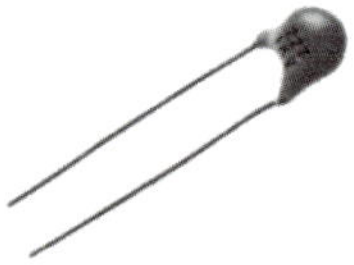

Céramique plats

■ Condensateurs miniatures pour usage varié nécessitant une grande stabilité comme la réalisation de filtres, circuits résonnants ou fonctions de couplage et découplage en haute fréquence.

■ Proposés aux pas de 2,54 et 5,08 mm.

Tolérance : ± 0,25 pF (valeur 10 pF) ± 2 % (pour les autres valeurs)
Tension nominale : 100 V
Catégorie climatique : 55/085/21
Homologation : CEI 384-8 type 18
Diélectrique : NPO (1,8 pF à 18 pF) N 150 (22 pF à 150 pF) N 750 (180 pF à 330 pF)

Électrolytiques aluminium

■ Une gamme de condensateurs électrolytiques répondant à la tendance de miniaturisation en offrant une haute performance, une haute qualité et deux variations des sorties.

■ Modèle SMT-Axial, Modèle SMEVB-Radial.

Valeurs normalisées : série E3.

Température d'utilisation : ⩽ 100 V : – 40 °C à + 85 °C > 100 V : – 25 °C à + 85 °C
Tolérance : ± 20 % à 20 °C, 120 Hz
Courant de fuite ⩽ 100 V : après 1 min : 0,03 CV (µA) ou 4 µA après 2 min : 0,01 CV (µA) ou 3 µA La plus grande des deux valeurs > 100 V : après 1 min : 0,1 CV (µA) (CV > 1000) 0,04 CV + 100 (µA) + 40 pA (CV > 1000)

Tantale goutte

■ Condensateurs tantale pour usage professionnel, à anode frittée et électrolyte solide possédant un courant de fuite et une impédance très faibles.
Valeurs normalisées : série E3.

Tolérance : ± 20 %
Catégorie climatique : 55/085/21
Pas : 5,08 mm

Céramique multicouches CMS

■ Condensateurs céramique CMS en boîtiers 0805 et 1206.

Tensions : 50 et 100 V
Diélectrique X7R et COG
Température d'utilisation : – 55 °C à + 125 °C
Résistance d'isolation : 100 GΩ
Catégorie climatique : 55/125/56
Tolérance : ± 10 %

3 ■ 9 CODE DES COULEURS POUR LES CONDENSATEURS

Condensateurs à film plastique

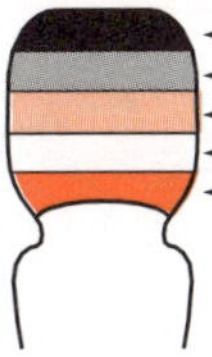

← 1er Chiffre = A Bleu = 6
← 2e Chiffre = B Gris = 8
← 3e Chiffre = C Jaune = × 10 000
← 4e Chiffre = D Blanc = + ou – 10%
← 5e Chiffre = E Rouge = 250 V

680 000 pF = 680 nF = 0.68 µF
10 % - 250 volts

	Couleurs		Noir	Brun	Rouge	Orange	Jaune	Vert	Bleu	Violet	Gris	Blanc	Or	Argent
1 2	Valeur	1er chiffre significatif 2e chiffre significatif	0	1	2	3	4	5	6	7	8	9		
3	Valeur	Multiplicateur	1	10	10^2	10^3	10^4	10^5	10^6				10^{-1}	10^{-2}
4	Tolérance		20 %									10 %		
5	Tension				250		400							

Condensateurs mica

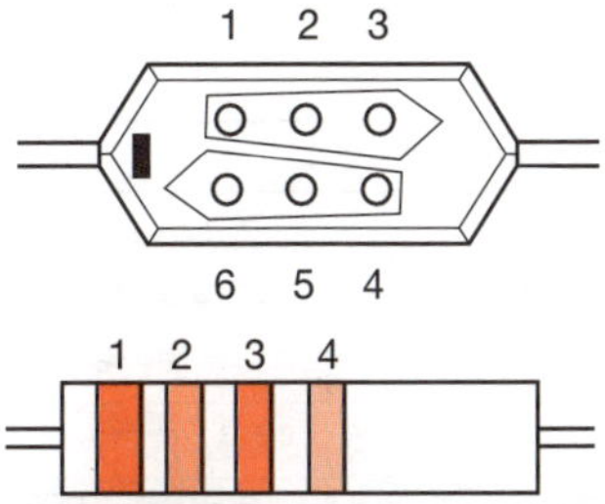

Marquage 6 points selon CCTU

	Couleurs		Noir	Brun	Rouge	Orange	Jaune	Vert	Bleu	Violet	Gris	Blanc	Or	Argent
1	Catégorie climatique*				454		434	435	424					
2 3	Capacité	1er chiffre significatif 2e chiffre significatif	0	1	2	3	4	5	6	7	8	9		
4	Capacité	Multiplicateur	1	10	10^2	10^3	10^4						10^{-1}	
5	Tolérance		± 20 % ± 2 pF	± 1 %	± 2 %								± 5 % ± 0,5 pF	± 10 % ± 1 pF
6	Classe	CCTU MIL			1 C	2 E	3	4						

Condensateurs céramique

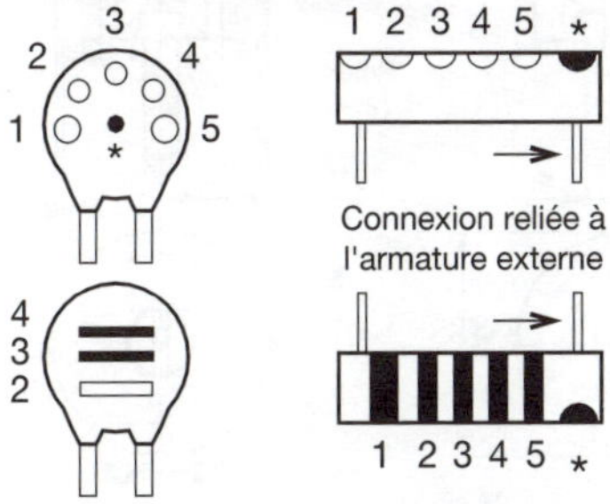

* Repère éventuel indiquant la conformité du condensateur avec le modèle de la spécification CCTU 02-04 (condensateurs types II).

	Couleurs		Noir	Brun	Rouge	Orange	Jaune	Vert	Bleu	Violet	Gris	Blanc	Or	Argent
1	Circuit : Coefficient de température		0	- 33	- 75	- 150		- 330		- 750			+ 100	
1	Découplage : Classe*				2	3	4	5	6					
2 3	Capacité	1er chiffre significatif 2e chiffre significatif	0	1	2	3	4	5	6	7	8	9		
4	Capacité	Multiplicateur	1	10	10^2	10^3	10^4	10^5			10^{-2}	10^{-1}		
5	Tolérance	C > 10 pF	20 %	1 %	2 %		0 + 100 %	5 %		- 20 % + 50 %		10 %		
5	Tolérance	C ≤ 10 pF	2 pF	0,1 pF	0,25 pF			0,5 pF				1 pF		

Condensateurs au tantale

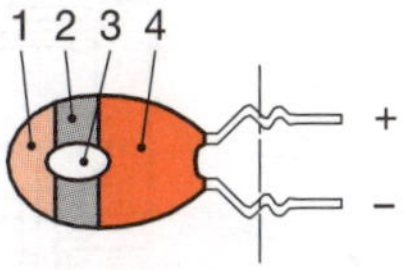

	Couleurs		Noir	Brun	Rouge	Orange	Jaune	Vert	Bleu	Violet	Gris	Blanc	Or	Argent
1 2	Valeur	1er chiffre significatif 2e chiffre significatif	0	1	2	3	4	5	6	7	8	9		Rose
3	Valeur	Multiplicateur	1	10						10^{-4}	10^{-2}	10^{-1}		
4	Tension		10	1,6	4	40	6,3	16	20		25	3		35

* CATÉGORIE CLIMATIQUE

Catégorie	Froid	Chaleur sèche	Jour de chaleur humide
455	- 55 °C	85 °C	21
454	- 55 °C	85 °C	56
435	- 55 °C	125 °C	21
434	- 55 °C	125 °C	56
424	- 55 °C	155 °C	56

* COEFFICIENT DE TEMPÉRATURE

Classe	Coefficient	Gamme de température
1	± 200 ppm/°C	4,7 à 22 pF
2	- 20 à + 100 ppm/°C	22 à 82 pF
3	- 20 à + 50 ppm/°C	100 à 470 pF
4	- 20 à + 30 ppm/°C	> 510 pF

4 Condensateurs ajustables

Les condensateurs miniatures ajustables sont utilisés sur les circuits imprimés des récepteurs de radio et des équipements industriels.

4 ■ 1 À diélectrique air

Ils sont essentiellement utilisés dans les récepteurs radio et télévision. Les modèles très haute fréquence ont un coefficient de surtension supérieur à 500 pour f = 250 MHz et une fréquence de résonance de l'ordre de 5 GHz.

4 ■ 2 À diélectrique plastique

On utilise ces condensateurs pour le matériel professionnel.

SYMBOLES

Condensateur variable

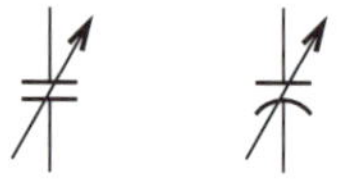

Condensateur ajustable

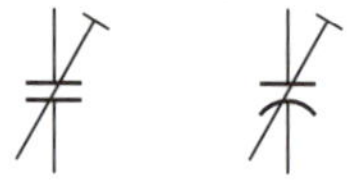

MODÈLE C 010

Miniature pour circuit imprimé : usage général.
Tension continue nominale modèle AA : 150 V, modèle EA : 250 V.
Tension continue d'essai : 300 V.
Résistance de contact : 10 mΩ. Résistance d'isolement : > 10 000 MΩ.
Catégorie climatique : - 40 °C/ + 85 °C/21 j.

Version	C_{min}/ C_{max} (pF)	max. C_{min}/ min. C_{max} (pF)	tan δ à C_{max} × 10^{-4} 1 MHz	tan δ à C_{max} × 10^{-4} 100 MHz	Coefficient de température × 10^{-6} pF/pF/K	Couleur de l'embase
AA**	1,2/5	1,5/5	≤ 10	≤ 25	- 200 ± 300	Gris
	1,4/10	2,0/10	≤ 10	≤ 25	- 200 ± 300	Jaune
	3,5/20	4,0/20	≤ 10	≤ 25	- 50 ± 300	Vert
EA	1,2/6	1,4/5,5	≤ 10	≤ 25	- 400 ± 300	Gris
	1,4/10	2,0/9	≤ 10	≤ 25	- 450 ± 350	Jaune
	1,8/22	2,0/22	≤ 10	≤ 25	- 250 ± 350	Vert
	1,8/27	2,0/27	≤ 50		- 250 ± 300	Rouge
	2,0/40	3,0/40	≤ 50		- 100 ± 300	Violet
ED	1,2/6	1,4/5,5	≤ 10	≤ 25	- 400 ± 300	Gris
	1,4/10	2,0/9	≤ 10	≤ 25	- 450 ± 350	Jaune
	1,8/22	2,0/22	≤ 10	≤ 25	- 250 ± 350	Vert
ED-CV	1,4/10	2,0/9	≤ 10	≤ 25	- 450 ± 350	Jaune
	1,8/22	2,0/22	≤ 10	≤ 25	- 250 ± 350	Vert
	2,0/40	3,0/40	≤ 50		- 100 ± 300	Violet
	3,0/50	3,0/50	≤ 50		- 100 ± 300	Noir

MODÈLE HAUTE FRÉQUENCE C 080 - C 090*

Miniature pour circuit imprimé ; usage professionnel.
Tension continue nominale : 300 V.
Catégorie climatique : - 40 °C/+ 125 °C/21 j.
Réglage dessus et dessous.

Appellation commerciale	max. C_{min}/ min. C_{max} (pF)	tan δ max. × 10^{-4} à 100 MHz	Coefficient de température 10^{-6} pF/pF/°C	Point de couleur
C 080/40E	4/40	25	- 250 ± 150	Jaune
C 080/60E	5/60	25	- 250 ± 150	Bleu
C 090/5E3C	1,4/5,5	15	- 250 ± 150	Vert
C 090/9E3C	2/9	15	- 250 ± 150	Blanc
C 090/18E3C	2/18	15	- 250 ± 150	Rouge

ENCOMBREMENT

Modèle C 010

Version EA et ED

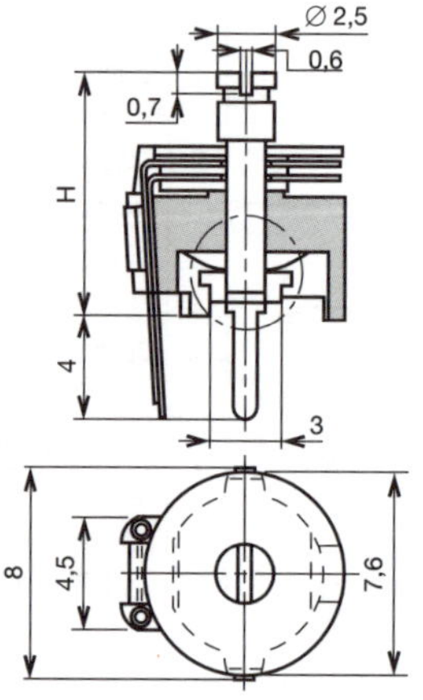

Version ED-CV

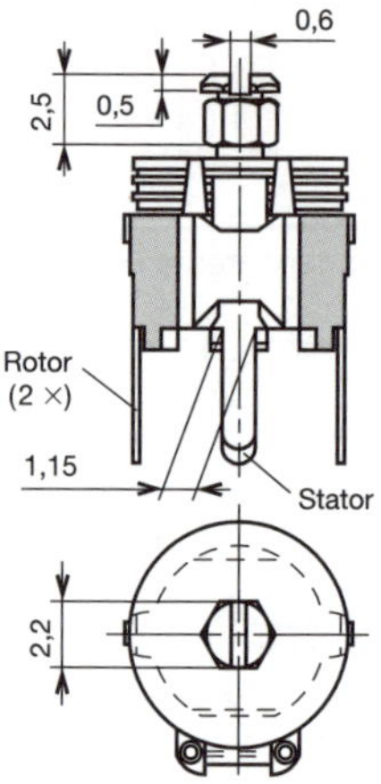

H : 10 mm pour C_{max} = 6 à 27 pF
11 mm pour C_{max} = 40 et 50 pF

Modèle C 080 - C 090

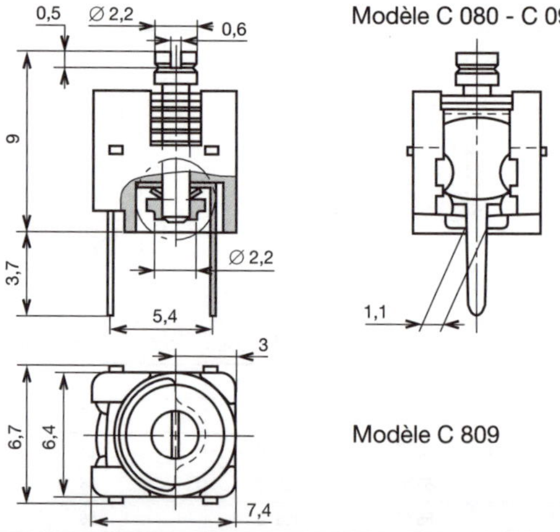

Modèle C 809

* D'après Philips-RTC

5 Conducteurs

5 ▪ 1 Conducteurs utilisés en basse fréquence

Les conducteurs sont isolés par de l'émail. L'émail est formé d'un mélange de résine et d'huiles synthétiques. Il recouvre les conducteurs sur une épaisseur allant de 9 µm pour des conducteurs de 0,1 mm à 43 µm pour des conducteurs de diamètre supérieur à 0,5 mm.

Les conducteurs de câblage sont isolés par une gaine en PVC (polychlorure de vinyle ou pour les hautes températures par une gaine de PTFE (polytétrafluoréthylène ou Téflon) ou encore par une gaine de fibre de verre.

5 ▪ 11 Matériaux conducteurs usuels

On utilise essentiellement des conducteurs de cuivre ou d'aluminium.

RELATION ENTRE LES DIAMÈTRES
- à chute de tension égale diamètre conducteur aluminium = diamètre conducteur de cuivre × 1,27
- à température égale pour une même intensité de courant diamètre conducteur aluminium = diamètre conducteur de cuivre × 1,19

5 ▪ 2 Conductance pour bobinages haute fréquence

Les bobinages haute fréquence sont soumis aux pertes par effet Joule, mais aussi aux pertes par courant de Foucault et par effet de peau.

5 ▪ 21 Effet de peau

On appelle effet de peau la distance δ d'atténuation dans les conducteurs. Elle augmente la résistance de fil en haute fréquence (R_{HF}).

5 ▪ 22 Types d'isolants

Gamme de fréquences	Type de fil	Diamètre
100 kHz à 10 MHz	Fil émaillé	0,02 à 1 mm
10 MHz à 1 GHz	Fil nu argenté	0,5 à 1 mm
$f < 1$ MHz	Fil à brin multiple	

5 ▪ 3 Câble coaxial

Un câble coaxial constitue un circuit à constantes réparties dont les éléments sont, par unité de longueur :

- l'inductance série L (H),
- la capacitance en parallèle C (F),
- la résistance série R (Ω),
- la conductance parallèle G (MΩ).

Ces constantes primaires dépendent des caractéristiques physiques du câble coaxial.

TENSION DE CLAQUAGE ENTRE 155 °C ET 160 °C

Diamètre (mm)	Grade 1 (V)	Grade 2 (V)
0,05	250	500
0,1	500	1 000
0,5	1 300	2 300
1	1 600	2 900
2,5	1 900	3 400

CARACTÉRISTIQUES DES CONDUCTEURS

	Cuivre	Aluminium
Densité à 20 °C	8,89 g/cm³	2,7 g/cm³
Température de fusion	1 080 °C	658 °C
Résistivité à 20 °C	17.10^{-9} Ω.m	28.10^{-9} Ω.m
Coefficient de température	0,00396	0,0047
Coefficient de dilatation linéaire	$16,5.10^{-9}$ mm/m	23.10^{-9} mm/m

EFFET DE PEAU

$$\delta = \sqrt{\frac{2}{\omega\sigma\mu}}$$

$\omega = 2\pi f$.
δ = épaisseur de peau.
σ = conductivité (Ω^{-1}.m).
μ = perméabilité du matériau.

ÉPAISSEUR DE L'EFFET DE PEAU

Fréquence	Cuivre	Aluminium	Argent
60 Hz	0,85 cm	1,1 cm	0,83 cm
1 kHz	2,1 mm	2,7 mm	2,03 mm
1 MHz	0,066 mm	0,085 mm	0,064 mm
1 GHz	1,6 µm	1,2 µm	1,2 µm

R_{HF} EN FONCTION DE R_0 (Fil de cuivre)

d (mm)	f (MHz)	R_{HF}/R_0	d (mm)	f (MHz)	R_{HF}/R_0
0,1	100	4	0,5	100	19
0,1	1 000	12	0,5	1 000	60
0,1	10 000	37	1	1	4
0,5	1	2,14	1	10	12
0,5	10	6,1	1	100	36

CÂBLE COAXIAL (EN HF)

Impédance Caractéristique	Inductance	
$Z_C = \sqrt{\frac{L}{C}}$	$L = \mu_0 \ln \frac{\frac{R_2}{R_1}}{2\mu_0}$	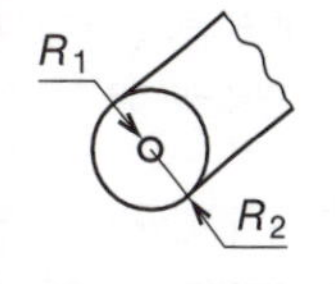
	Capacitance	
Pratiquement en Ω $Z_C = \frac{60}{\sqrt{\varepsilon}} \ln \frac{R_2}{R_1}$	$C = \frac{10^{-6}\,\varepsilon}{18 \ln \frac{R_2}{R_1}}$ en F/Pm.	$\mu_0 = 4\pi.10^{-7}$ ε = constante du diélectrique.

6 Matériaux magnétiques

6.1 Principes d'électromagnétisme

6.11 Propriétés magnétiques du courant électrique

Un courant électrique qui circule dans un conducteur crée un champ magnétique au voisinage de ce conducteur.

La **polarité** des faces d'une bobine dépend du sens du courant qui parcourt la bobine, et du sens de l'enroulement de ses spires.

Face nord : face en regard de laquelle il faut se placer pour voir le courant tourner dans le sens antihoraire.

Un tire-bouchon placé parallèlement à l'axe de la bobine et tournant dans le sens du courant se déplace dans le sens des lignes de force, c'est-à-dire de S vers N.

6.12 Champ d'induction dans l'air

$$\overrightarrow{dB} = \frac{\mu_0}{4\pi} \cdot \frac{I \overrightarrow{d\ell} \wedge \vec{u}}{\Gamma^2}$$

$\overrightarrow{dB}$: variation du champ magnétique en teslas (T).
I : courant parcourant le conducteur en ampères (A).
μ_0 : perméabilité du vide = $4\pi.10^{-7}$.
$\overrightarrow{d\ell}$: différentielle de la longueur du conducteur en mètres (m).
Γ : $\|\overrightarrow{OM}\|$ en mètres (m).
$\wedge$: représente le produit vectoriel.
$\vec{u}$: $\overrightarrow{OM}/\|\overrightarrow{OM}\|$.

6.13 Champ d'induction au centre d'une bobine longue

$$B = \frac{4.\pi.N.I.\mu_r}{10^7.\ell}$$

B : intensité de l'induction magnétique en teslas (T).
N : nombre de spires.
I : intensité en ampères (A).
ℓ : longueur de la bobine en mètres (m).
$N/\ell = N_1$ = nombre de spires par mètre.
NI = nombre d'ampèretours.
$H = NI/\ell$ = nombre d'ampèretours par mètre.

Le **tesla** est le champ d'induction au centre d'une bobine électrique infiniment longue baignée dans un milieu de perméabilité unité (air) et portant 1 ampèretour par mètre.

FORME DES LIGNES DE FORCE SUIVANT LE CONDUCTEUR

Conducteur rectiligne — Bobine longue (solénoïde)

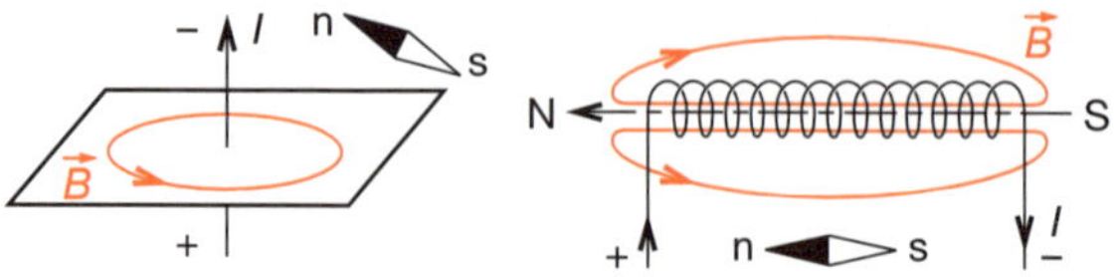

FACE D'UNE BOBINE

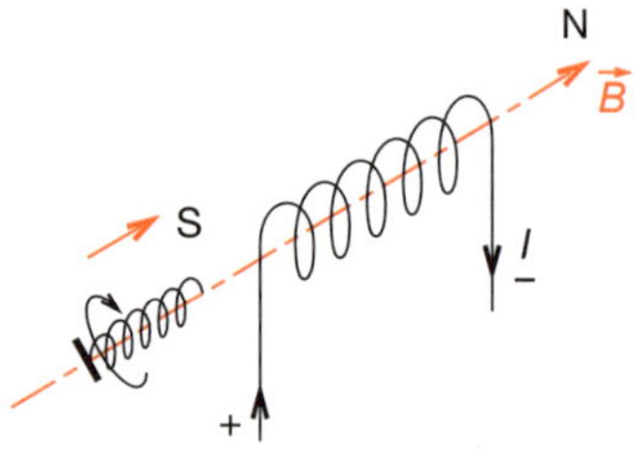

CHAMP D'INDUCTION DANS L'AIR

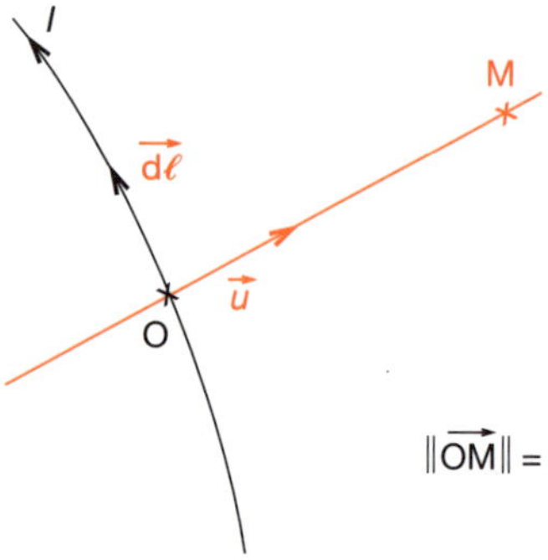

CHAMP D'INDUCTION DANS UN TORE

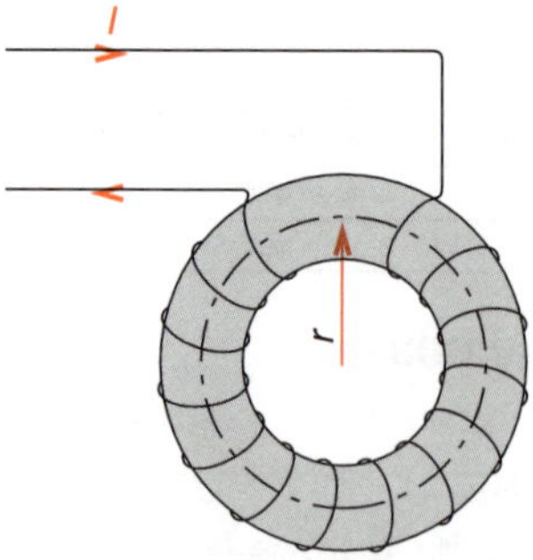

$$B_{moyen} = \frac{\mu_0 NI}{2\pi r}$$

6■14 Perméabilité magnétique

6■141 Champ magnétique dans un matériau quelconque

La densité de flux magnétique dans un matériau quelconque est proportionnelle à l'intensité du champ magnétique :

$$B = \mu H$$

B : densité de flux magnétique (T).
H : intensité du champ magnétique (A/m).
μ : perméabilité du matériau.

6■142 Perméabilité d'un matériau quelconque

La perméabilité relative d'une substance indique combien de fois (à égalité ampèretours/mètre) l'induction est plus grande dans ce corps que dans l'air.

$$\mu = \mu_r . \mu_0$$

μ = perméabilité absolue d'un matériau.
μ_r = perméabilité relative de ce matériau par rapport au vide ($\mu_0 = 4\pi . 10^{-7}$ H/m).

PERMÉABILITÉ RELATIVE DES MATÉRIAUX

Milieu	Air	Fer	Nickel
μ_r	1	2 500	250 000

6■15 Aimantation du fer

Un barreau de fer doux s'aimante quand on le place dans une bobine traversée par un courant. La présence d'un noyau de fer augmente le flux.

6■151 Courbe d'aimantation du fer

Partie Oa : le fer n'est pas saturé.
Partie ab : coude de saturation.
Partie bc : saturation.
H : intensité du champ magnétique ($\mu = B/H$).

6■152 Induction dans un champ alternatif

Hystérésis : retard à la désaimantation.

Cycle d'hystérésis : $B = f(H)$.

Trait gras : cycle d'un matériau à saturation peu élevée, faible perméabilité.

Trait rouge : cycle d'un matériau à saturation élevée et de grande perméabilité (acier doux).

Oa et Oc : induction rémanente du noyau (le métal reste aimanté après la disparition du courant).

Ob et Od : champ coercitif.

COURBE D'AIMANTATION DU FER

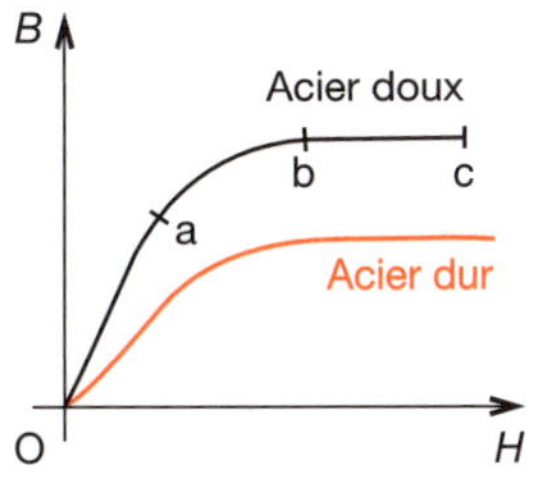

CYCLE D'HYSTÉRÉSIS

Énergie perdue (surface du cycle)

$$W = \int_{-B_0}^{+B_0} H \, dB.$$

(W en joules.)

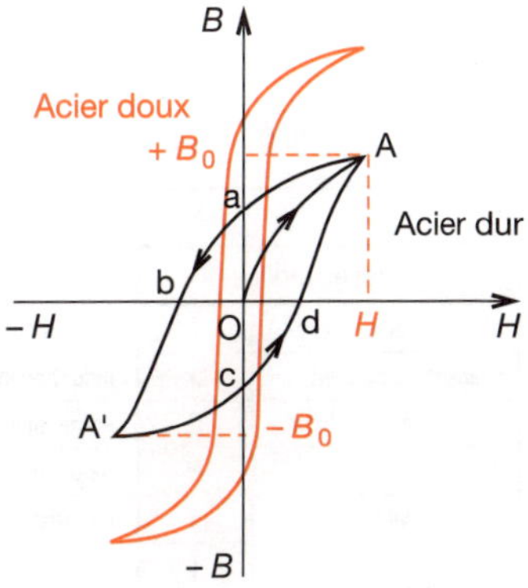

DÉSAIMANTATION D'UN NOYAU DE FER

Montage

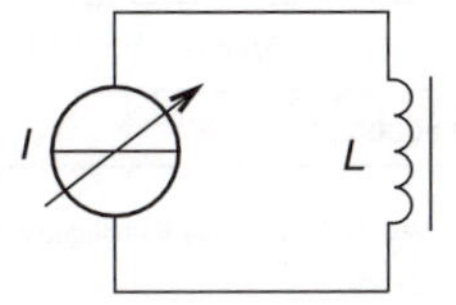

N = nombre de spires.
ℓ = longueur de la bobine.

Forme de l'onde

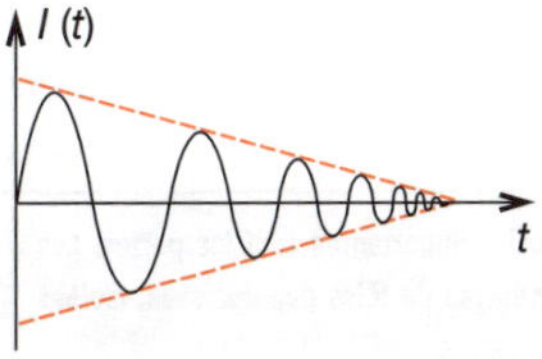

Cycle d'hystérésis

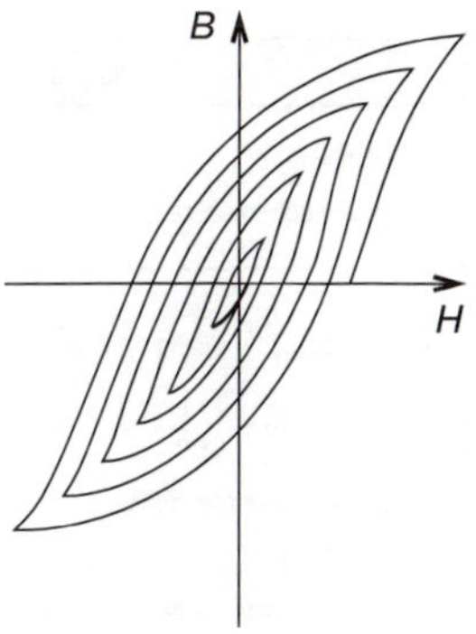

$$H = \frac{NI}{\ell}$$

6.16 Flux d'induction magnétique

$$\phi = \vec{B}.\vec{S} = B.S.\cos\alpha$$

ϕ : flux du champ magnétique (weber).
B : induction (tesla), $B = \|\vec{B}\|$.
S : surface (m^2), $S = \|\vec{S}\|$.
α : angle $\widehat{\vec{B},\vec{N}}$.

Énergie emmagasinée :

$$W = \frac{1}{2}B.H = \frac{1}{2}\mu H^2$$

B : densité de flux magnétique (T).
H : intensité du champ magnétique (A/m).
μ : perméabilité du matériau ($\mu = \mu_0 \mu_r$).

NOTA :
Le maximum d'énergie reste stockée dans l'entrefer.

ANALOGIES			
Circuit électrique		**Circuit magnétique**	
Intensité du courant	I	Flux d'induction	ϕ
Densité de courant	J	Induction magnétique	B
Force électromotrice	E	Force magnétomotrice	F_{mm}
Résistance	R	Réluctance	$\mathcal{R}$
Conductivité	γ	Perméabilité	μ
Conductance	$\frac{1}{R}$	Perméance	$\frac{1}{\mathcal{R}}$
Résistivité	$\rho = \frac{1}{\gamma}$	Réluctivité	$\frac{1}{\mu}$

FLUX D'INDUCTION MAGNÉTIQUE

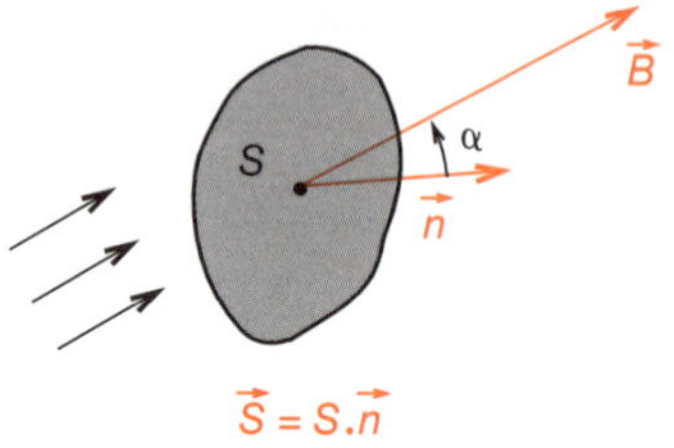

FER ET ENTREFER

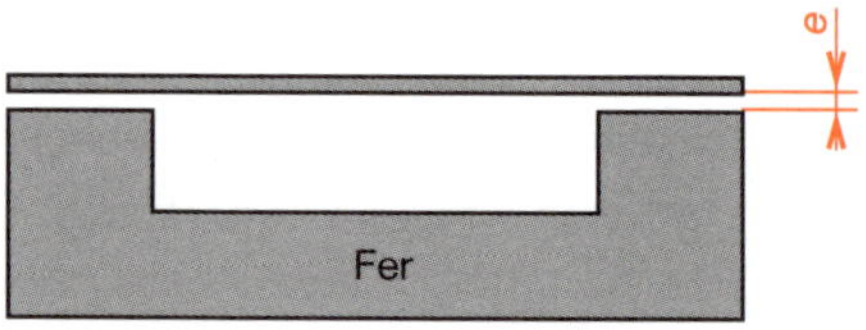

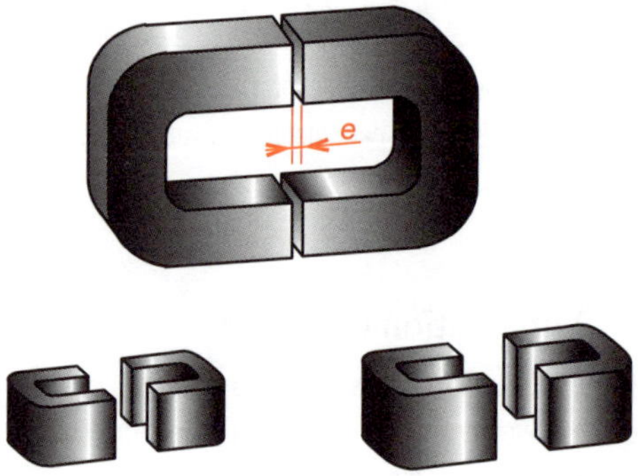

e = épaisseur de l'entrefer

PERTES DANS LES MATÉRIAUX MAGNÉTIQUES	
Pertes par courant de Foucault	**Pertes par hystérésis**
La variation de flux d'induction donne naissance dans toute la masse métallique à une force électromotrice induite qui engendre des courants.	Elles sont dues au manque de linéarité existant entre B (densité du champ magnétique) et H (intensité du champ magnétique), ainsi qu'au cycle d'hystérésis.
$P_f = K_f(efB_{max})^2$ (W/kg ou W/m³). $K_f = 0{,}2$ $\left(K_f = \frac{T^2}{6f}\right)$. e : épaisseur du matériau (m). f : fréquence (Hz). B_{max} : valeur maximale de l'induction (T).	$P_H = K_H.f.B^2$ (W/kg ou W/m³). $K_H = 0{,}6$. f : fréquence (Hz). B_{max} : valeur maximale de l'induction (T).
Moins la masse métallique est épaisse, moins importantes sont les pertes. Les masses métalliques importantes sont constituées de tôles peu épaisses, isolées les unes par rapport aux autres.	Les pertes par hystérésis représentent 75 % des pertes totales et les pertes par courant de Foucault 25 %.

6■2 Tôle pour transformateur

6■21 Tôle silicium

Les tôles silicium sont obtenues par adjonction de silicium au fer en subissant un traitement thermique. Ce traitement thermique crée une oxydation à la surface des tôles, ce qui permet de les isoler les unes des autres, et de diminuer les pertes par courant de Foucault.

6■22 Tôle silicium à grain orienté

Pour diminuer les pertes, on oriente les cristaux constituant la tôle par un laminage à froid. Un procédé de recuit final permet de créer une couche à base de silicate de magnésium qui isolera les tôles.

6■23 Alliage au nickel

Ce sont des alliages différenciés par les traitements thermiques et les orientations de cristaux. Ils sont très sensibles aux chocs mécaniques qui leur font perdre leurs propriétés magnétiques.

6■24 Découpe des tôles

Pour former un circuit magnétique, les tôles sont découpées soit en forme de EI, ce qui permet la réalisation d'un entrefer, soit suivant une découpe du type cuirassé qui permet un montage « semi-encastré ».

Les tôles en alliage de nickel (mumétal, anhyster) sont utilisées pour la réalisation des circuits magnétiques en C.

Après enroulement sur un gabarit rectangulaire de façon à former un anneau, le circuit est imprégné sous vide avec un plastique thermodurcissable. Il est ensuite scié avec beaucoup de soin en son milieu, ce qui donne deux C. Les deux moitiés sont numérotées de façon à les remonter dans le bon sens. Ils sont maintenus serrés par un serre-câble.

Les avantages de ces circuits sont :

- réduction de 75 % des VA magnétisant pour un même flux,
- réduction de 45 % des pertes dans le fer,
- amélioration du coefficient de remplissage,
- réduction du temps de montage.

REMARQUE :

On observe un meilleur rendement lorsque la section du circuit est carrée. Compte tenu du foisonnement, la section nette du fer est $s = 3{,}8\,a^2$.

La longueur moyenne des lignes de force est de $12\,a$.

Le volume du fer est de $48\,a^3$.

TÔLES TYPE EI (DIN 41302)

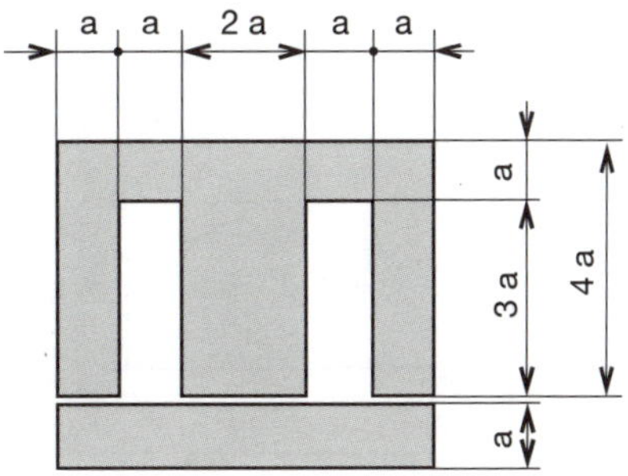

TÔLES TYPE CUIRASSÉ

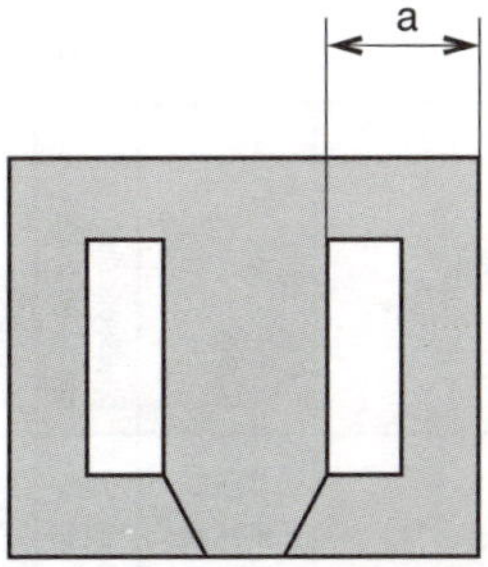

TÔLE TYPE ENCLIQUETABLE

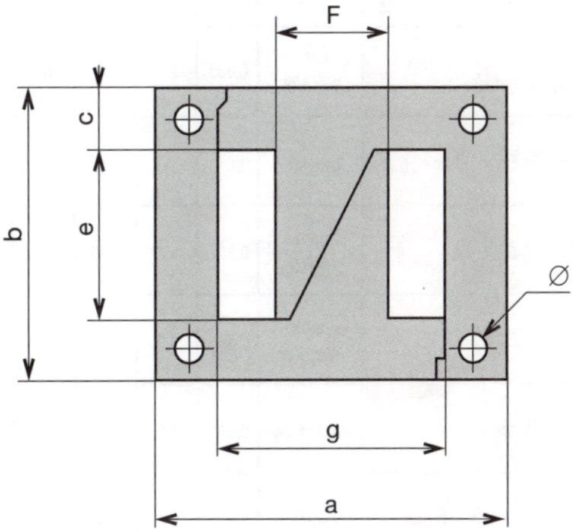

Type	a	b	c	e	f	g	Ø
EI 30/28	30	25	5	15	10	20	
EI 60/28	60	50	10	30	20	40	3,5
EI 96/28	96	80	16	68	32	64	5,5

6■25 DIMENSIONS DES TÔLES EI (DIN 41302)

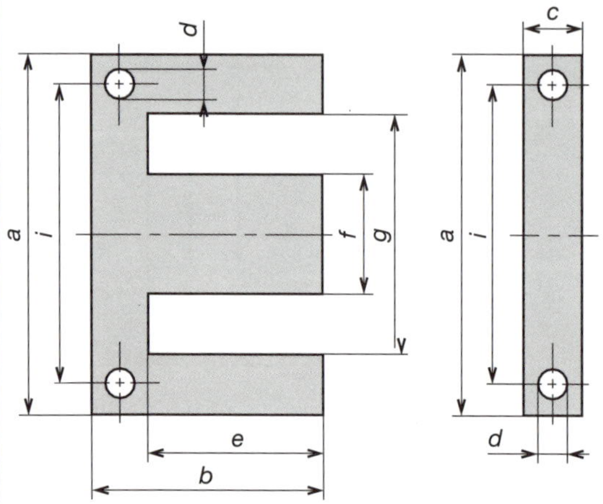

Type	*a*	*b*	*c*	*d*	*e*	*f*	*g*	*i*
EI 30	30	20	5		15	10	20	
EI 38	38,4	25,6	6,4		19,2	12,8	25,6	
EI 42	42	28	7	3,5	21	14	28	35
EI 48	48	32	8	3,5	24	16	32	40
EI 54	54	36	9	3,5	27	18	36	45
EI 60	60	40	10	3,5	30	20	40	50
EI 66	66	44	11	4,5	33	22	44	55
EI 75	75	50	12,5	4,5	37,5	25	50	64,5
EI 78	78	52	13	4,5	39	26	52	65
EI 84	84	56	14	4,5	42	28	56	70
EI 96	96	64	16	5,5	48	32	64	80
EI 108	108	72	18	5,5	54	36	72	90
EI 120	120	80	20	7	60	40	80	100
EI 150	150	100	25	8	75	50	100	125

6■26 DESCRIPTIF DES ALLIAGES CONSTITUTIFS DES TÔLES

Composition	Alliage	Épaisseur de bande (e) (mm)	Induction à saturation (T)	Champ rémanent (T)	Champ coercitif (A/m)	Perméabilité maximale en continu	Perméabilité maximale à 50 Hz	Pertes totales à 50 Hz (W/kg)	Masse spécifique (g/cm^3)	Résistivité (μΩ.cm)	Utilisations
Fe Si 3,5 % Si	Fer - silicium	0,1 à 0,35	2			7 500	7 000	B = 1 T 1	7,6	48	Transformateurs d'alimentation Bobines de fortes valeurs
Fe Si 1 % Si	Fer - silicium	0,5 à 0,3	1,9			4 500	4 000	B = 1 T 3,6	7,8	48	Transformateurs d'alimentation Bobines de fortes valeurs
Fe Si grains orientés	Fer - silicium	0,05	3	1,4	8	40 000	> 40 000	B = 1 T 0,2	7,65	48	Transformateurs d'impulsion < 1 MHz
Fe Si grains orientés	Fer - silicium	0,035	3	1,4	8	40 000	> 40 000	B = 1 T 0,7	7,65	48	Transformateurs d'alimentation
Ni 36 - Fe 64	Anhyster	0,5	1,3	0,6	56	6 000	6 000	B = 1 T 1,1	8,1	75	Transformateurs et filtres basse fréquence
Ni 36 - Fe 64	Supra - anhyster	0,3	1,3	0,55	16	20 000	17 000	B = 1 T 0,5	8,2	75	Filtres, transformateurs d'impulsion (*f* < 1 MHz)
Ni 50 - Fe 50	Supra - anhyster	0,3	1,6	1	5	90 000	55 000	B = 1 T 0,3	8	45	Transformateurs BF Pièces polaires
Ni 55 - Fe 45	Rectimphy	0,07	1,6	1,45	9	100 000		B = 1,5 T 0,5	8,2	45	Cycle d'hystérésis rectangulaire
Ni 80 - Mo 5 - Fe 15	Mumétal	0,3	0,8	0,4	1,6	110 000	70 000	B = 0,5 T 0,045	8,7	58	Transformateur BF, RF
Ni 80 - Mo 5 - Fe 15	Perminphy	0,1	0,8	0,4	1,2	160 000	140 000	B = 0,5 T 0,02	8,7	58	Filtres, inductances, relais
Ni 80 - Mo 5 - Fe 15	Perminphy	0,1	0,8	0,5	0,4	650 000	400 000	B = 0,5 T 0,008	8,7	58	Blindages, Têtes magnétiques

D'après Waeisner.

6■3 Ferrite

6■31 Constitution

Ce sont des matériaux céramiques, durs, cassants, de formule générale $MeFe_2O$ où Me représente plusieurs métaux bivalents comme le manganèse (Mn), le zinc (Zn), le nickel (Ni), le cobalt (Co), le cuivre (Cu), le fer (Fe) ou le magnésium (Mg).

Les combinaisons les plus courantes sont pour les hautes fréquences (> MHz), le manganèse-zinc.

6■32 Procédés d'obtention

Les ferrites sont un mélange de poudres d'oxydes et de carbonates des métaux. Ces poudres sont préfrittées à 1 000 °C et ensuite broyées, puis mises en forme à l'aide d'un liant organique et pour terminer frittées à 1 200 °C environ.

FACTEUR DE PERTE DES FERRITES (F)

Inductance bobinée sur une ferrite

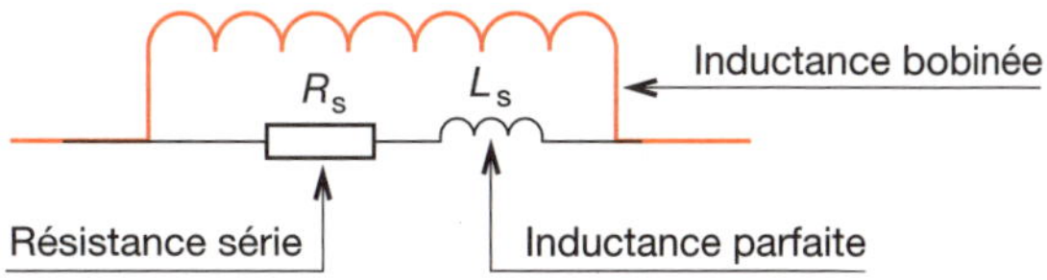

$$F = \frac{\text{tg}\,\varphi}{\mu r} = \frac{R_s}{L_s} \cdot \frac{1}{\mu r}$$

φ = angle de perte F : facteur de perte

FRÉQUENCE DE COUPURE

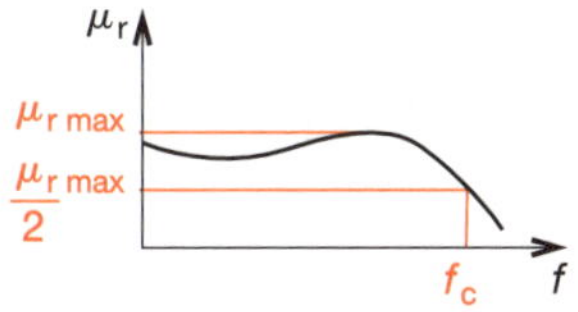

CARACTÉRISTIQUES PRINCIPALES										
Composition	**Forme des noyaux**	**Induction de saturation (T)**	**Champ rémanent (T)**	**Champ coercitif (A/T)**	**Perméabilité maximale μ_r**	**Facteur de perte (F)**	**Masse spécifique (g/cm³)**	**Résistivité (Ω.m)**	**Fréquence de coupure f_c (MHz)**	**Utilisations**
T4A	Tores	0,35	0,1	18	6 000	100 kHz $10{,}5.10^{-6}$	4,8	0,5	6,6	Antiparasitage $f < 1{,}3$ MHz Transformateurs large bande
T22	Tores Coupelles FC	0,48	0,15	30	2 500	100 kHz 4.10^{-6}	4,8	1	1,8	Antiparasitage $f < 3{,}5$ MHz Transformateurs d'impulsion
B10	Bâtonnets Tores	0,42	0,18	60	650	100 kHz 4.10^{-6}	4,5	10	5,5	Antiparasitage $f < 10$ MHz
B30	Bâtonnets, tores Coupelles FC	0,41	0,18	50	1 100	100 kHz 5.10^{-6}	4,7	2	2	Self de choc (0,1 à 4 MHz) Filtres pour enceintes Hi-Fi
B52	Noyaux E, ETD, RM, U	0,47	0,2	30	2 500	25 kHz 100 mW/m³	4,8	6	2,5	Électronique de puissance Transformateurs large bande
H10	Tores	0,3	0,15	30	700	10 MHz 15.10^{-6}	4,8	$> 10^3$	6	Filtres RF $0{,}5 < f < 12$ MHz
H30	Bâtonnets Tubes	0,35	0,12	200	100	10 MHz 40.10^{-6}	4,4	$> 10^3$	90	Bobines d'arrêts, inductances HF $10 < f < 180$ MHz
H50	Bâtonnets	0,3	0,1	400	40	10 MHz 103.10^{-6}	4,3	$> 10^3$	170	Self de choc, inductances HF $10 < f < 350$ MHz
H60	Bâtonnets Noyaux filetés	0,27	0,08	800	15	10 MHz 90.10^{-6}	4,3	$> 10^3$	400	Transformateurs et inductances HF 300 MHz $< f <$ 800 MHz

6■33 NOYAUX POUR APPLICATIONS DE PUISSANCE

Type	Géométrie	Matériaux	Avantages	Inconvénients
GER		T 8, B 50 B 52	Importante section effective Grande surface de refroidissement Utilisation de fils de gros diamètres Montage vertical ou horizontal ...	Section centrale carrée Blindage minimal
EC	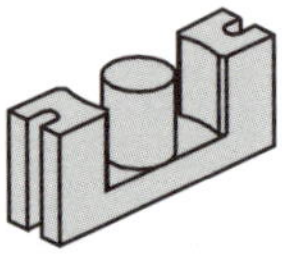	T 8, B 50 B 52	Section centrale carrée Grande surface de bobinage Utilisation de fils de gros diamètres Grande surface de refroidissement ...	Faible section de la partie centrale (A_{cp} - A_c) Blindage minimal Encombrant
ETD	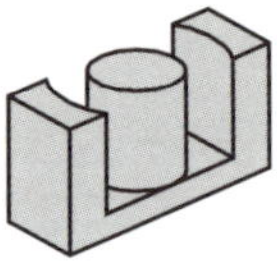	T 8, B 50 B 52	Section centrale ronde Dimensions optimisées : ■ du volume hors tout ■ de la surface de bobinage ■ de la puissance transmissible Bobinage sur machine automatique Permet l'utilisation de fils de gros diamètres	Blindage moyen
GUP		T 8, B 50 B 52	Grande puissance transmissible (noyaux empilables) Surface de bobinage accrue Montage vertical ou horizontal	Sections carrées (Bobinages de fils de gros diamètres) Blindage minimal Absence de carcasse pour les gros noyaux Encombrant
GETV	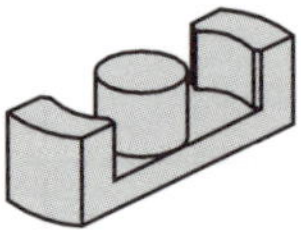	T 8, B 50 B 52	Section centrale ronde Grande surface de bobinage Grande surface de refroidissement Permet l'utilisation de fils de gros diamètres	Absence de carcasse Blindage moyen
GUTV	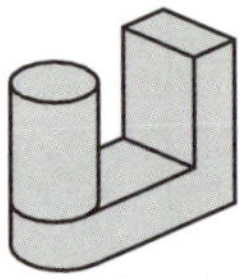	T 8, B 50 B 52	Section ronde facilitant le bobinage Grande surface de bobinage pour isolation primaire/secondaire (transformateurs de ligne TV) Volume hors tout optimisé pour un circuit U	Absence de carcasse Blindage minimal
RM	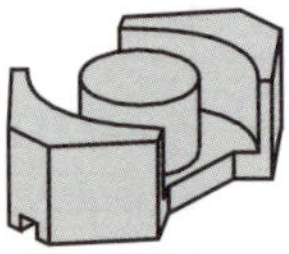	B 51 B 52	Section centrale ronde Bon blindage magnétique Faible section effective Faible encombrement ...	Faible surface de bobinage
PM	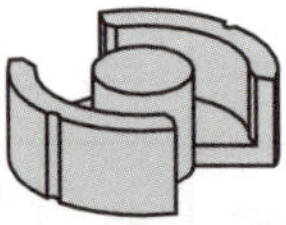	B 50	Section centrale ronde Grande puissance transmissible Grandes ouvertures pour fils de gros diamètre Bon blindage	Encombrant Absence d'habillage

6■34 NOYAUX E TYPE GER 30 × 13 × 8

CARACTÉRISTIQUES MÉCANIQUES

A = 30,25 mm
B = 13 mm
C = 7,85 mm
D = 8,65 mm
E = 4 mm
F = 7,2 mm
G = 7,85 mm
H = 22,25 mm

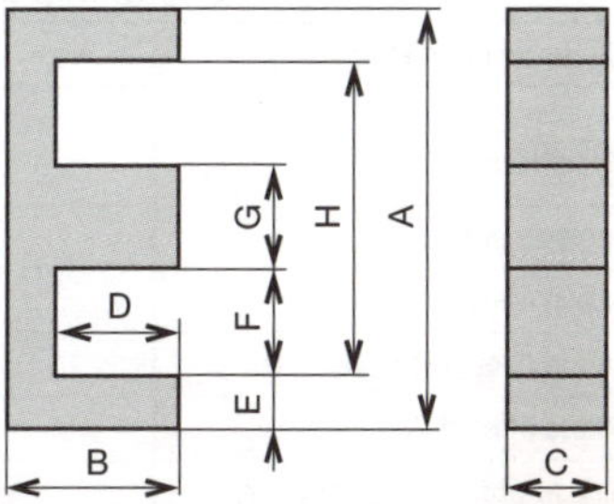

PARAMÈTRES MAGNÉTIQUES POUR UN CIRCUIT (2 noyaux)

Facteur de perméance *c*	1,25 nH
Constante du circuit $\Sigma \frac{l}{A}$	1 mm^{-1}
Longueur effective ℓ_e	64 mm
Section effective A_e	64 mm^2
Section minimale A_{mini}	53 mm^2
Volume effectif V_e	4 100 mm^3
Poids approximatif (2 noyaux)	20 g

CARACTÉRISTIQUES ÉLECTROMAGNÉTIQUES POUR UN CIRCUIT (2 noyaux)

			Matériaux ferrinox* B 50
Inductance spécifique A_L (nH)	Sans entrefer	25 °C	2 250 ± 25 %
Perméabilité effective μ_e	Approximativement	25 °C	1 800
Perméabilité d'amplitude μ_a	Induction à 320 mT	100 °C	> 1 000
Pertes totales (en watts)	16 kHz/200 mT	25 °C	< 45
		100 °C	< 45
	25 kHz/200 mT	25 °C	< 82
		100 °C	< 82
	100 kHz/100 mT	25 °C	
		100 °C	

COURBES TYPIQUES MESURÉES SUR UN CIRCUIT (2 noyaux)

A_L en fonction de l'entrefer (ε) et du Ni_{max}

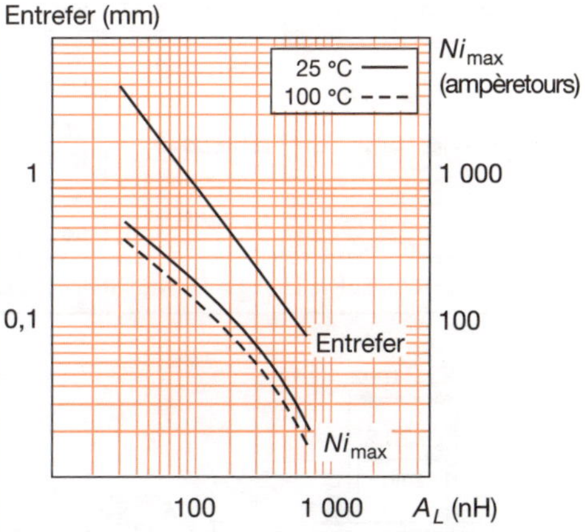

CARACTÉRISTIQUES DIMENSIONNELLES

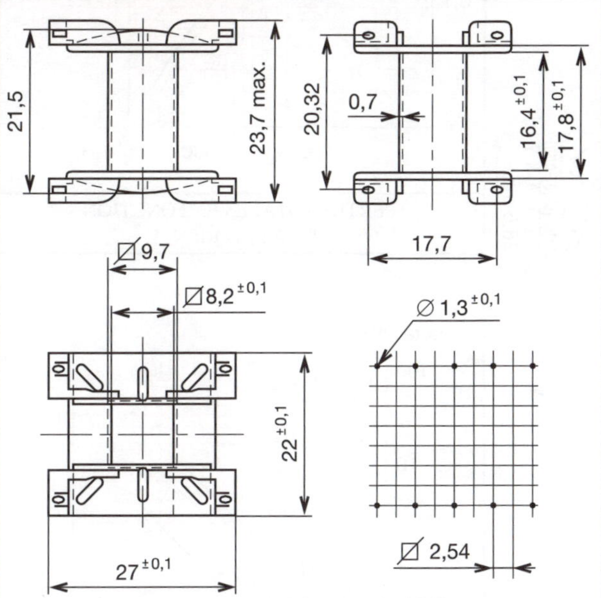

PIC 300
Picot pour montage sur Ci
épaisseur 0,5 mm

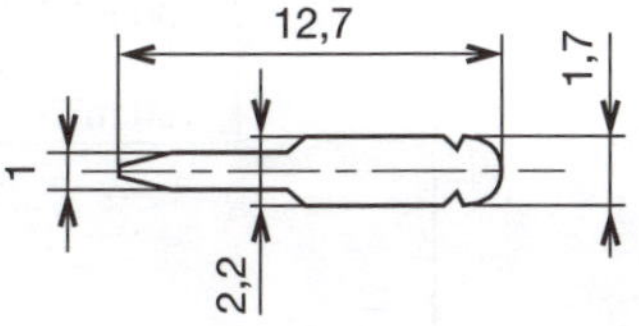

PERTES TOTALES EN FONCTION DE LA FRÉQUENCE

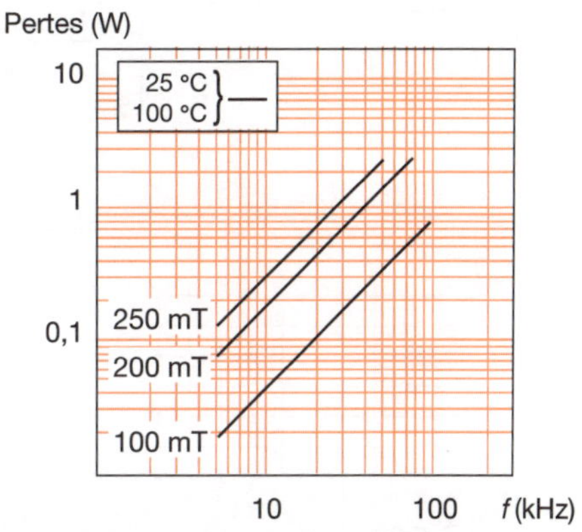

6■35 NOYAUX PM

CARACTÉRISTIQUES MÉCANIQUES

A = 49,15 mm
B = 38,8 mm
C > 23,4 mm
D = 26,8 mm
E = 4 + 1 mm
F = 1,2 mm
G = 19,7 mm
H = 39,65 mm
I = 5,4 mm
J = 37,55 mm max.

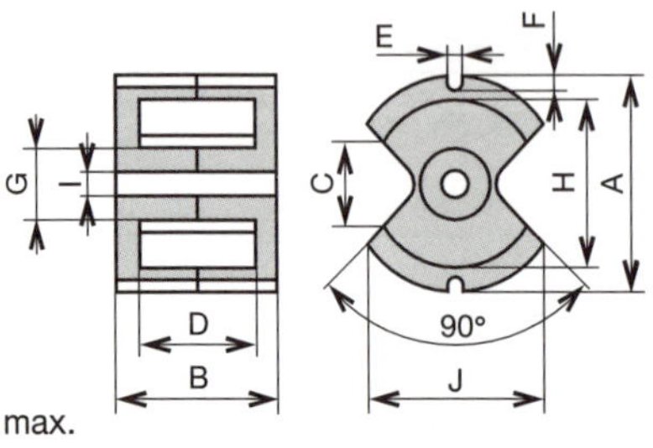

PARAMÈTRES MAGNÉTIQUES POUR UN CIRCUIT (2 noyaux)

Facteur de perméance *c*	4,9 nH
Constante du circuit $\Sigma \frac{l}{A}$	0,255 mm^{-1}
Longueur effective ℓ_e	87 mm
Section effective A_e	340 mm^2
Section minimale A_{mini}	280 mm^2
Volume effectif V_e	29 600 mm^3
Poids approximatif (2 noyaux)	140 g

CARACTÉRISTIQUES ÉLECTROMAGNÉTIQUES POUR UN CIRCUIT (2 noyaux)

			Matériaux ferrinox* B 50
Inductance spécifique A_L (nH)	Sans entrefer	25 °C	8 000 ± 25 %
Perméabilité effective μ_e	Approximativement	25 °C	1 630
Perméabilité d'amplitude μ_a	Induction à 320 mT	100 °C	> 1 000
Pertes totales (en watts)	16 kHz/200 mT	25 °C 100 °C	< 34 < 34
	25 kHz/200 mT	25 °C 100 °C	< 59 < 59
	100 kHz/100 mT	25 °C 100 °C	

COURBES TYPIQUES MESURÉES SUR UN CIRCUIT (2 noyaux)

A_L en fonction de l'entrefer (ε) et du Ni_{max}

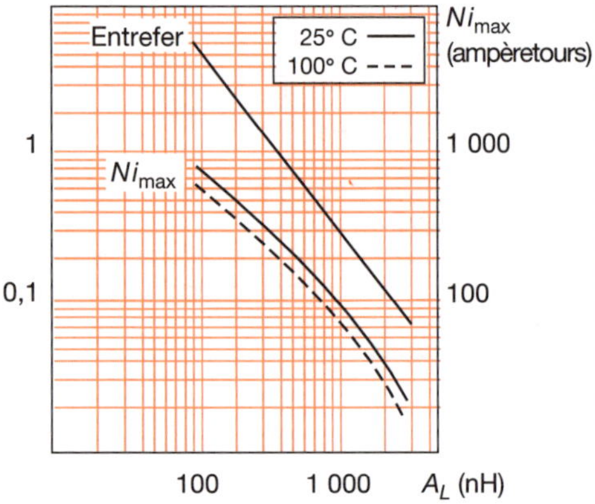

CARACTÉRISTIQUES DIMENSIONNELLES

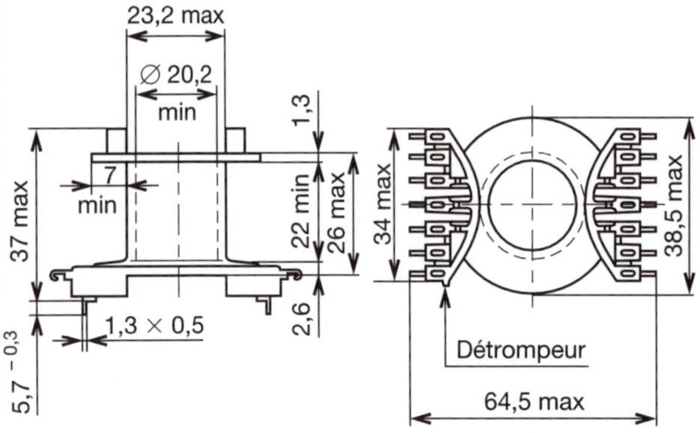

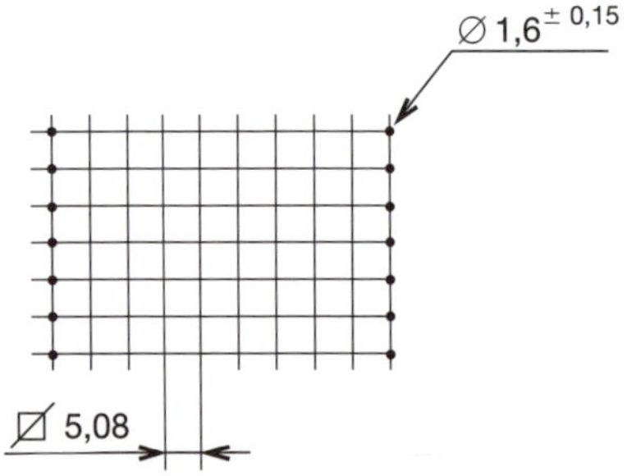

PERTES TOTALES EN FONCTION DE LA FRÉQUENCE

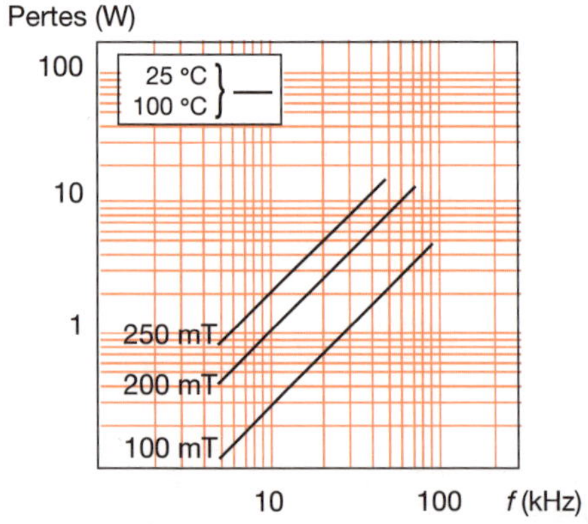

6■36 TORES ET NOYAUX POUR APPLICATION RF ET HF

TORES FT

Type	Fig.	A (mm)	H (mm)	C (mm)	Facteur de perméance c (nH)	Constante du noyau $\Sigma = \frac{\ell_e}{A_e}$ (mm^{-1})	Longueur effective ℓ_e (mm)	Section effective A_e (mm^2)	Volume effectif V_e (mm^3)	Poids (g)	A_L nH ± 20 % T4	A_L nH ± 20 % T22
FT 4,8 × 2,3 × 1,3 CO1	1	4,84	2,28	1,28	0,19	7	11,2	1,6	18,2	0,085	950	420
FT 12,7 × 7,9 × 6,04 CO1	2	12,7	7,92	6,35	0,6	2,13	32,4	15,2	490	2,3	3 000	1 620
FT 22,1 × 13,7 × 12,7 CO1	2	22,1	13,72	12,7	12	1,06	56,3	53,2	3 000	14	6 040	2 775

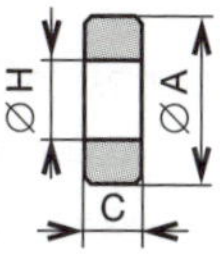

fig. 1
Angles arrondis

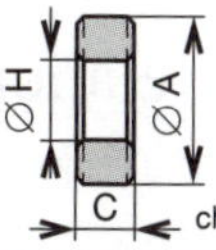

fig. 2
Angles chanfreinés

NOYAUX À DEUX TROUS GV2T

Les noyaux à deux trous sont utilisés pour :

- les transformateurs large bande $f < 250$ MHz ;
- les transformateurs d'adaptation et les circuits d'entrée des récepteurs radio et TV ;
- les transformateurs d'impulsions $t_{montée} < 0,1$ µs.

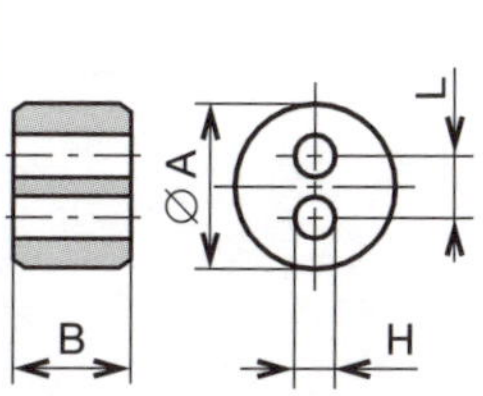

fig. 1

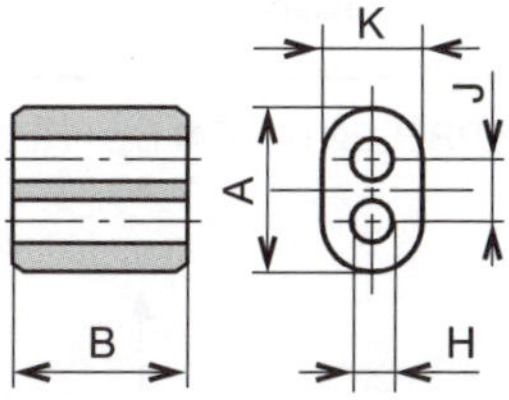

fig. 2

Désignation commerciale	Fig.	A (mm)	B (mm)	H (mm)	J (mm)	K (mm)	L (mm)	Poids (g)
H20 GV2T 5,5 × 2 × 2	1	5,7	2,15	1,1			1,85	0,2
H20 GV2T 14 × 8 × 8	2	14	8,25	3,7	5,25 nom.	8,1		2,4
H20 GV2T 14 × 8 × 14 H60 GV2T 14 × 8 × 14	2	14,4	14,4	3,9	5,5	8,25		4,2

NOYAUX À SIX TROUS GV6T

Les noyaux à six trous sont utilisés pour :

- les selfs d'arrêt (très efficaces) ;
- les filtres d'antiparasitage en VHF ;
- les transformateurs large bande $f < 600$ MHz.

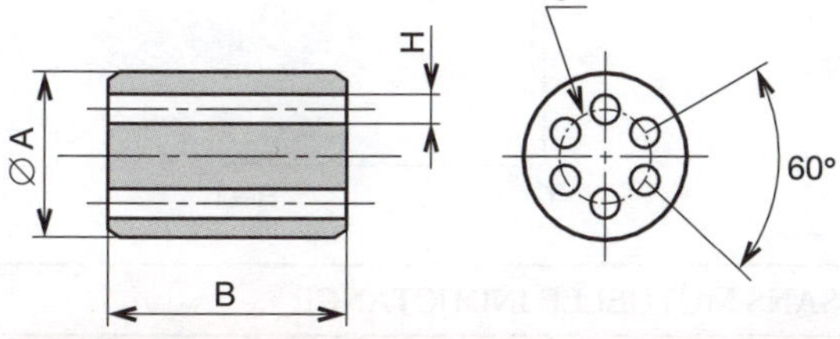

Désignation commerciale	A (mm)	B (mm)	H (mm)	J (mm)	Poids (g)
B30 GV6T 6 × 10 H20 GV6T 6 × 10 H60 GV6T 6 × 10	6,4	10,5	1	3,6 nom.	1,1

IMPÉDANCE EN FONCTION DE LA FRÉQUENCE POUR 1,5 TOURS ET 2,5 TOURS SUR NOYAU GV6T

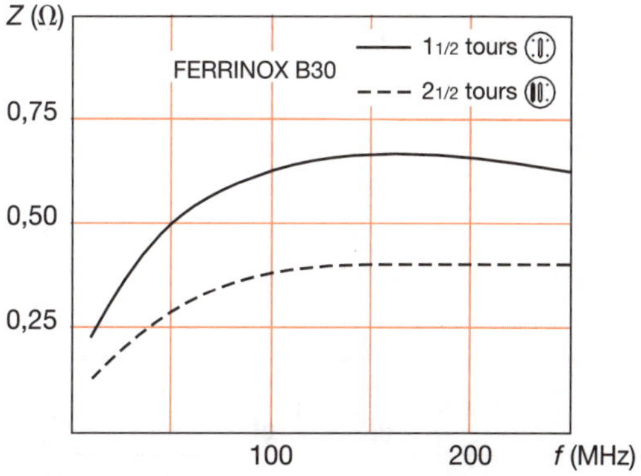

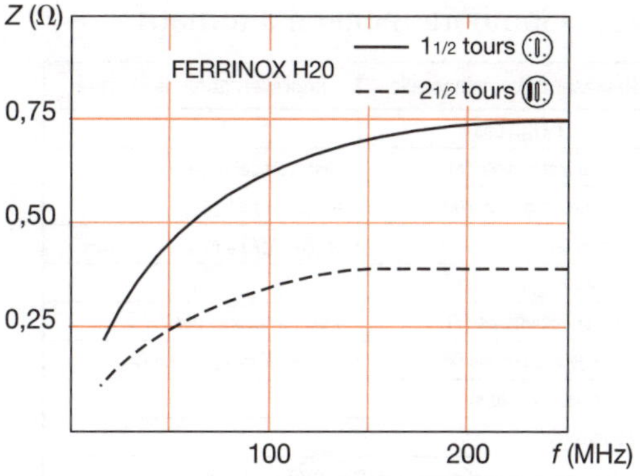

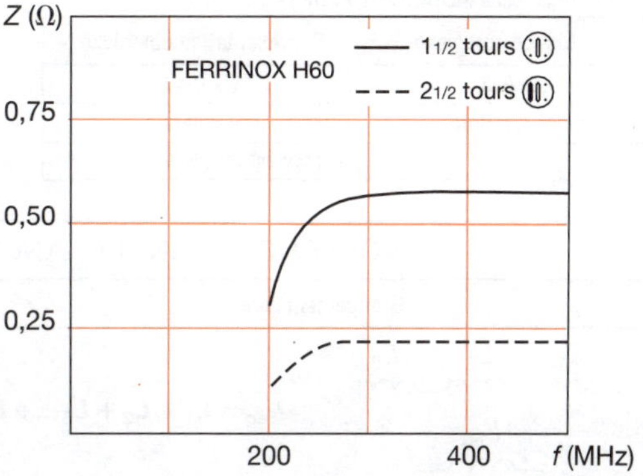

7 Inductances

Une inductance est constituée d'un fil électrique bobiné dans l'air ou sur un support. Cette bobine à propriété magnétique est appelée inductance, solénoïde ou bobine de self-induction.

7.1 Relations fondamentales

Flux du champ magnétique créé par une bobine :

$$\phi = L I$$

ϕ : flux en webers (Wb).
L : inductance en henrys (H).
I : intensité du courant en ampères (A).

7.11 Loi de Lenz

Le courant induit a un sens tel qu'il tend à s'opposer à la variation de flux qui l'a fait naître.
Une spire conductrice tournant sur elle-même dans un champ magnétique uniforme est le siège d'une force électromotrice induite.

$$e = -\frac{d\phi}{dt} = -L\frac{di}{dt}$$

7.22 Comportement en alternatif

Représentation temporelle	Représentation de Fresnel
$i = I_{max} \cos t$	
i : valeur instantanée (A)	i est représenté par $\vec{I}$
I_{max} : valeur maximale (A)	tel que $\lvert \vec{I} \rvert = I_{max}$
t : temps (s)	et $(\widehat{\vec{Ox}, \vec{OI}}) = 0$
$v = V_{max} \cos(\omega t - \varphi)$	
v : valeur instantanée (V)	v est représenté par $\vec{V}$
V_{max} : valeur maximale (V)	tel que $\lvert \vec{V} \rvert = V_{max} = L\omega I_{max}$
ω : pulsation (rad/s)	
t : temps (s)	
φ : déphasage courant-tension et $(\widehat{\vec{Ox}, \vec{OV}}) = \varphi = \pi/2$	
Impédance complexe	**Représentation complexe**
$\underline{Z} = jL\omega$	$\underline{v} = jL\omega I$
$\underline{Z}$: impédance complexe	$\underline{v}$: tension complexe
	$\underline{I}$: courant complexe

SYMBOLES

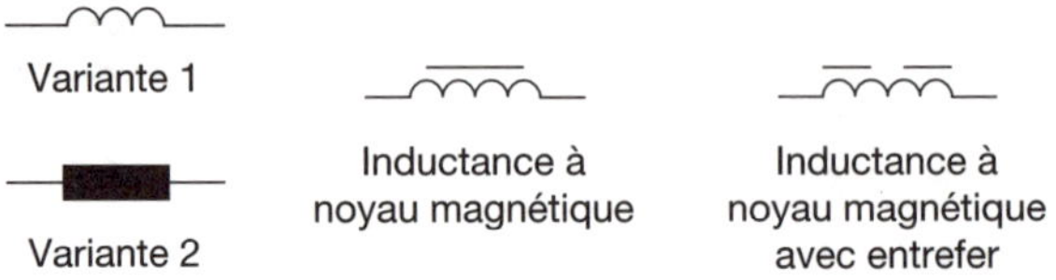

CONVENTION

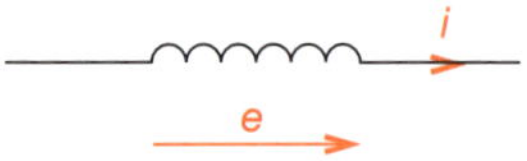

La tension induite est du même sens que le courant qui lui a donné naissance.

REPRÉSENTATION DE FRESNEL

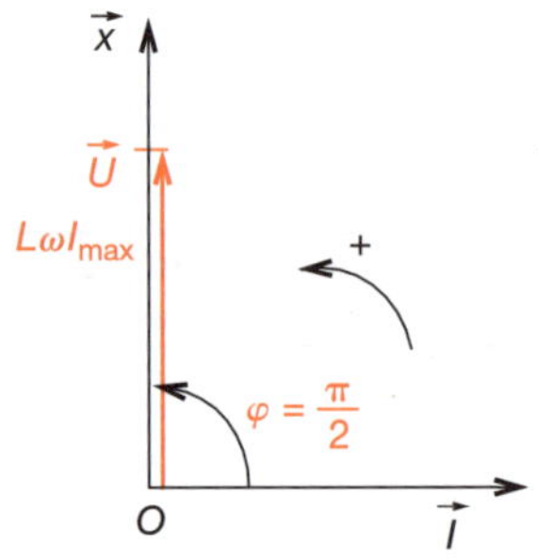

REPRÉSENTATION COMPLEXE

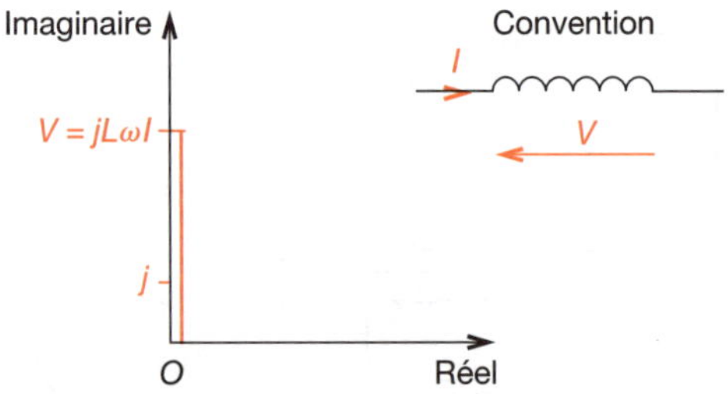

7.23 GROUPEMENT D'INDUCTANCES SANS MUTUELLE INDUCTANCE

Groupement série	Groupement parallèle
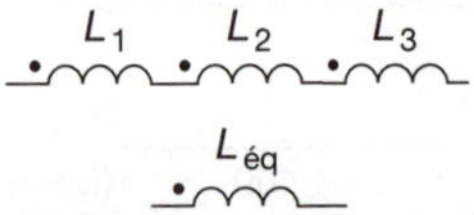 $L_{éq} = L_1 + L_2 + L_3 ... + L_n$	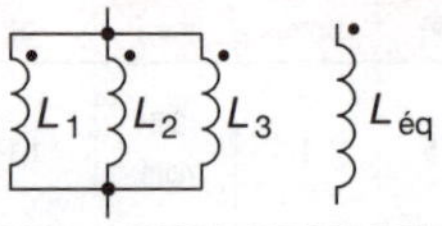 $\frac{1}{L_{éq}} = \frac{1}{L_1} + \frac{1}{L_2} + \frac{1}{L_3} ... + \frac{1}{L_n}$

7 ■ 2 Inductance et énergie

Énergie emmagasinée par une inductance

$$W = 1/2 . L . I^2$$

Énergie échangée sur une période en sinusoïdal

$$W = 1/2 . L . I^2_{max}$$

W : énergie (J).
L : inductance (H).
I : intensité (A).
I_{max} : intensité maximale (A).

7 ■ 3 Bobines à noyau de fer

Elles sont essentiellement utilisées en basse fréquence dans les filtres d'alimentation.

7 ■ 31 Modèle électrique (voir figure)

$R_{1\,fil}$: résistance du fil de cuivre constituant le bobinage (Ω).
ℓ_1 : inductance représentative du flux de fuite (H).
R_{fer} : résistance représentative de l'ensemble des pertes fer (Ω).
L_{mgn} : inductance magnétisante ou inductance principale de la bobine (H).

REMARQUE :
Les hypothèses de Kapp consistent à considérer que R_{1fil} et ℓ_1 sont négligeables pour l'étude du circuit.

7 ■ 32 Détermination des éléments du modèle

$$L_{mgn} = \frac{N^2}{\frac{1}{\mu_0}\left[\frac{1}{\mu_r}\cdot\frac{\ell}{s} + \frac{e}{s'}\right]}$$

N : nombre de spires.
L : inductance (H).
ℓ : longueur moyenne d'une ligne de champ (m).
s : section du noyau $s = a \times a$ (m²).
e : épaisseur de l'entrefer (m).
s' : section de l'entrefer $s' = (a + 4e)^2$ (m²).
μ_0 : perméabilité absolue $4\pi . 10^{-7}$ (H/m).
μ_r : perméabilité relative.

FUITES DES BOBINES À NOYAU

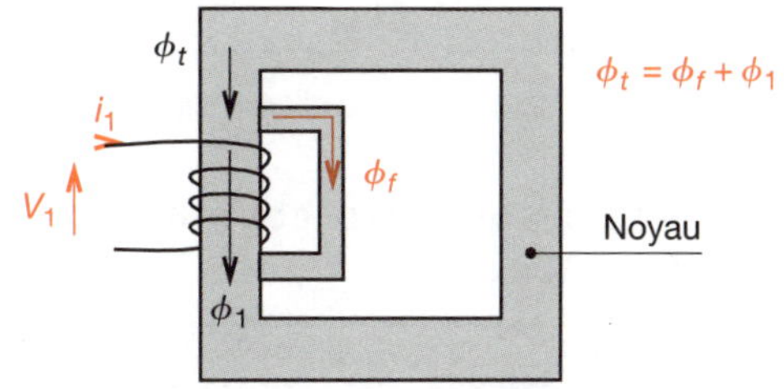

ϕ_f : flux de fuite rebouclant dans l'air.
ϕ_1 : flux principal passant dans le fer.

MODÈLE D'UNE BOBINE À NOYAU DE FER

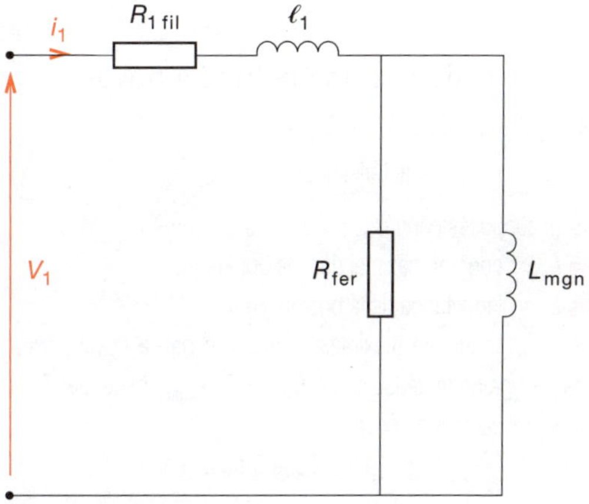

BOBINE RÉELLE

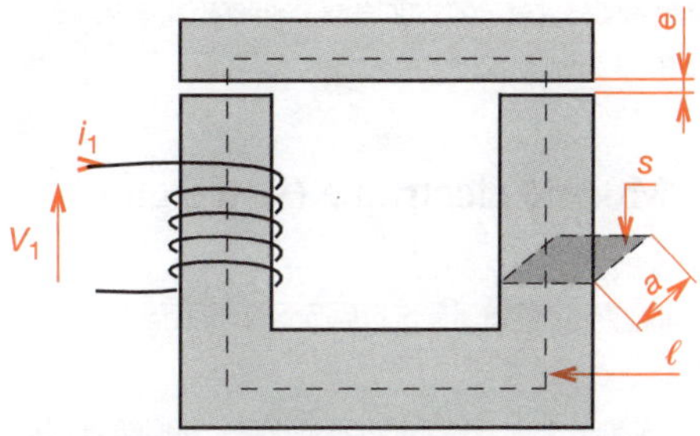

Cas des hypothèses de Kapp :

$$R_{fer} = \frac{U_{1\,eff}^2}{P_{fer}}$$

R_{fer} : résistance représentative de l'ensemble des pertes dans le fer (Ω).
$U_{1\,eff}$: tension efficace aux bornes de la bobine (V).
P_{fer} : pertes fer (W).

$$P_{fer} = M\left(\frac{B_{max}}{B_0}\right)^2 P \qquad (f = 50\ \text{Hz})$$

M : masse du noyau métallique (kg).
B_{max} : induction maximale admissible par le noyau avant saturation (T).
B_0 : induction à laquelle est spécifiée P (T).
P : puissance des pertes dissipées par le noyau, données par les constructeurs (W/kg) pour B_0 à 50 Hz.

7■33 Calcul d'une bobine à noyau

1° Choisir un noyau et un matériau.
2° Calculer les caractéristiques.

Sont supposés connus :

- I_{max} : courant maximal dans la bobine (A),
- L : inductance de la bobine (H),
- B_{max} : induction maximale admissible par le noyau, fixée par le type de matériau choisi $B_{max} < B_{saturation}$ matériau (T),
- s : section du noyau (m²),
- ℓ : longueur moyenne d'une ligne de champ (m).

PHASES DE CALCUL D'UNE BOBINE À NOYAU

Calculer la section de fer utile	$s_{fer} = s \cdot k$ $k = 0,9$
⇩	
Déterminer le flux maximal	$\phi_{max} = B_{max} \cdot s_{fer}$
⇩	
Calculer le nombre de spires	$N = \dfrac{L \cdot I_{max}}{\phi_{max}}$
⇩	
Déterminer l'épaisseur de l'entrefer	$e = s'\left(\dfrac{N^2\mu_0}{\ell} - \dfrac{1}{\mu_r} \cdot \dfrac{\ell}{s}\right)$
⇩	
Déterminer le diamètre des conducteurs	$d = 2\sqrt{\dfrac{I}{\pi\sigma}}$
⇩	
Réaliser	**σ : densité de courant admissible dans le conducteur.**

7■4 Bobine à noyau ferrite

Elles sont très utilisées, des basses fréquences aux très hautes fréquences. Les constructeurs donnent généralement le coefficient d'inductance A_L.

7■41 Modèle électrique (voir figure)

$R_{1\,fil}$ est souvent négligeable.
$C_{éq}$: capacité entre spires qui devient prépondérante aux hautes fréquences.
$R_{1\,fil}$: résistance du fil de cuivre constituant le bobinage (Ω).
$R_{ferrite}$: résistance représentative de l'ensemble des pertes.
Les constructeurs de ferrites donnent $\tan\delta = L_1\omega / R_{ts}$.

MODÈLE DES BOBINES À NOYAU FERRITE

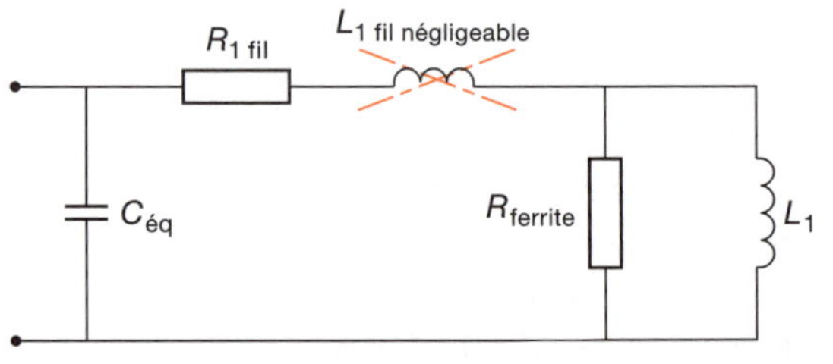

7■42 Calcul d'une bobine à noyau ferrite

Choisir la ferrite, la forme du noyau, puis calculer :

$$L = A_L . N^2 . 10^{-9}$$

L : inductance (H).
A_L : coefficient d'inductance (nH).
N : nombre de spires.

7■5 Bobines à noyau air

Ces bobines sont utilisées en haute et hyperfréquence. Elles sont constituées par un enroulement de fil rigide, bobiné sans aucun support matériel ou sur des supports ne possédant aucune qualité magnétique.
Ces supports sont : le téflon, le nylon, le rilsan, le polystyrène ou la bakélite moulée.

7■51 Calcul des bobines à air à une couche

$$L = \frac{d^2 N^2}{40\,d + 100\,\ell}$$

d, ℓ : en cm (voir figure). N : nombre de spires.
Nous obtenons un coefficient de surtension optimal pour $d/\ell = 2{,}5$.

7■52 Calcul des bobines à air, à plusieurs couches

$$L = \frac{0{,}08\,d^2 N^2}{3\,d + 9\,\ell + 10\,e}$$

d, ℓ, e : en cm (voir figure). N: nombre de spires.
Majorer le nombre de spires de 5 %.
Pour diminuer $C_{éq}$, faire $\ell = e$ et $d/\ell = 3$.

7■6 Bobines à bobinage imprimé carré

Ces bobinages sont utilisés en hyperfréquence.

$$L = 0{,}24 . b . N^{5/3} . \ln \frac{8\,b}{c}$$

$b = \dfrac{d_0 + d_i}{2}$ (cm) ; $c = \dfrac{d_0 - d_i}{2}$ (cm).

N : nombre de spires. ln : logarythme népérien.

MODÈLE DE BOBINE À NOYAU AIR

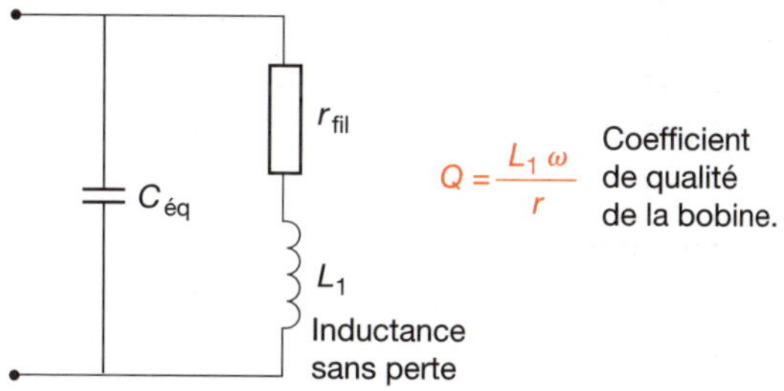

Attention en HF, r_{fil} dépend de l'effet de peau.

BOBINE À AIR UNE COUCHE

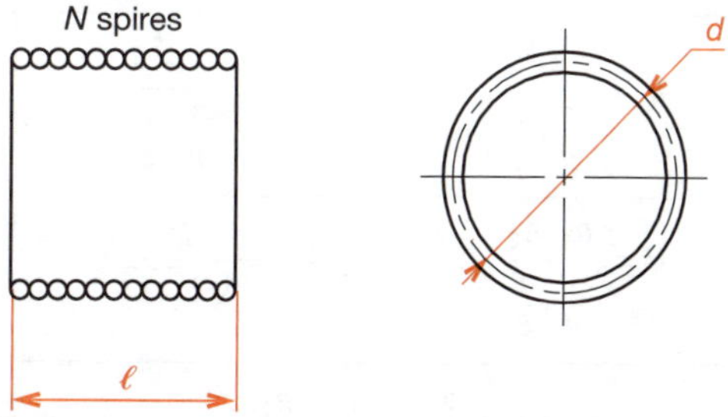

BOBINE À AIR PLUSIEURS COUCHES

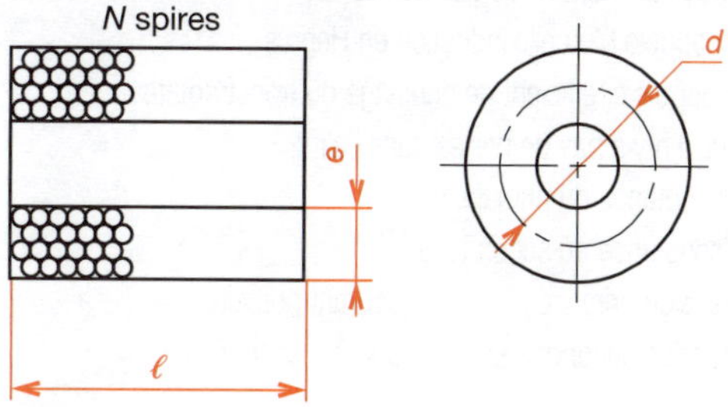

BOBINAGE IMPRIMÉ CARRÉ (2 spires)

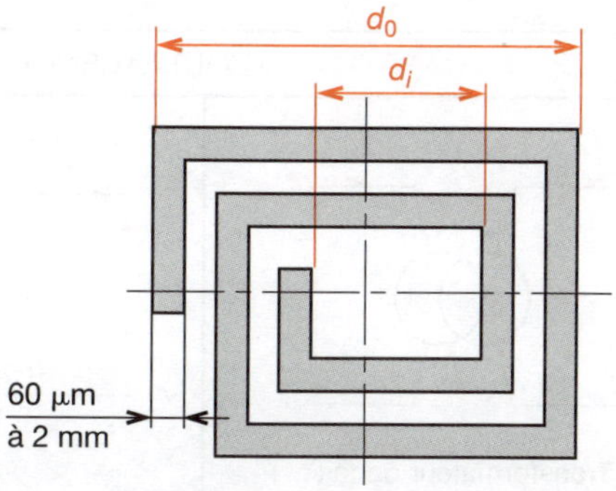

8 Transformateurs

Transformateur

C'est un appareil statique à induction électromagnétique destiné à modifier l'amplitude des signaux (courant et tension) en conservant la même fréquence.

Autotransformateur

C'est un transformateur dont le primaire et le secondaire ont une partie commune.

8 ■ 1 Relations fondamentales

$v_1 = L_1 \dfrac{di_1}{dt} + M \dfrac{di_2}{dt}$	$v_2 = M \dfrac{di_1}{dt} + L_2 \dfrac{di_2}{dt}$
$L_1 = \dfrac{n_1^2}{\dfrac{1}{\mu} \cdot \dfrac{\ell}{s}}$	$L_2 = \dfrac{n_2^2}{\dfrac{1}{\mu} \cdot \dfrac{\ell}{s}}$
$M = \dfrac{n_1 . n_2}{\dfrac{1}{\mu} \cdot \dfrac{\ell}{s}}$	$k = \dfrac{M}{\sqrt{L_1 . L_2}}$
$m = \dfrac{v_2}{v_1} = \dfrac{i_1}{i_2} = \dfrac{n_2}{n_1}$	

m est appelé rapport de transformation.
M est appelé Mutuelle induction en Henrys.
k est appelé coefficient de couplage du transformateur.
Lorsqu'il n'y a pas de pertes dans l'air $k = 1$.
L_1 : inductance du primaire (H).
L_2 : inductance du secondaire (H).
v_1 : tension primaire ; i_1 : courant primaire.
v_2 : tension secondaire ; i_2 : courant secondaire.
$\mu = \mu_0 . \mu_r$.
n_1 : nombre de spires primaire.
n_2 : nombre de spires secondaire.

SYMBOLES

Transformateur à deux enroulements (repère du sens du bobinage)

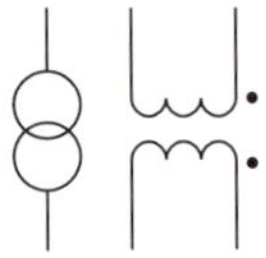

Transformateur de courant ou d'impulsions

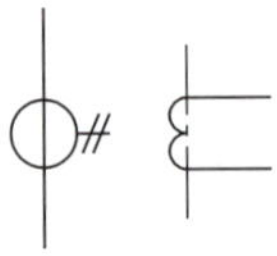

Transformateur avec écran

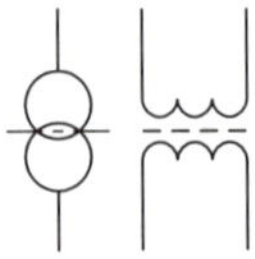

Transformateur à trois enroulements

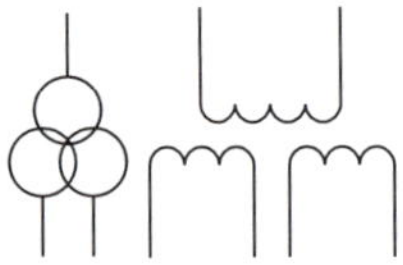

Transformateur à couplage réglable

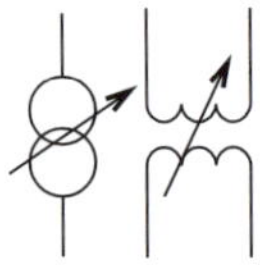

Autotransformateur

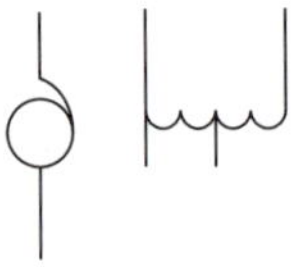

TRANSFORMATEUR RÉEL

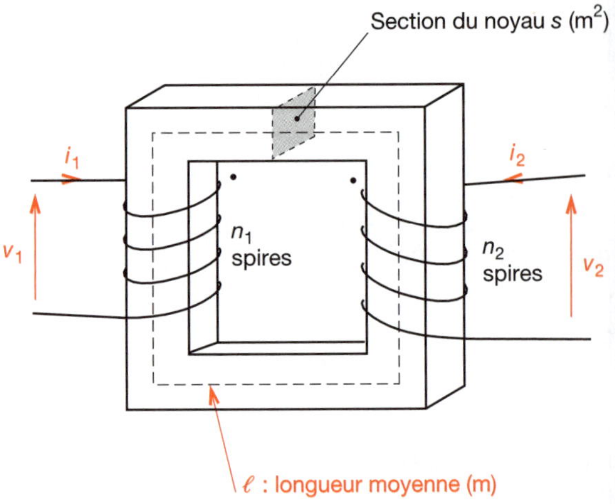

8 ■ 2 ÉQUIVALENCE DES REPRÉSENTATIONS

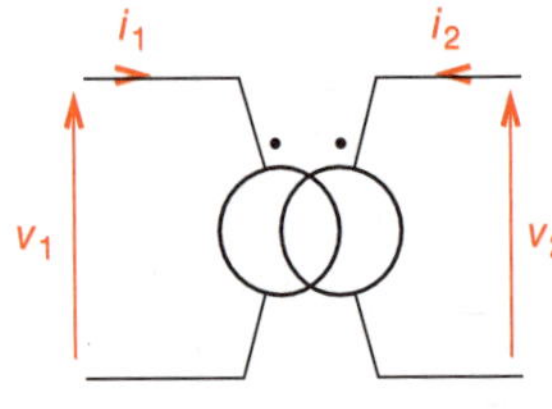

Transformateur parfait

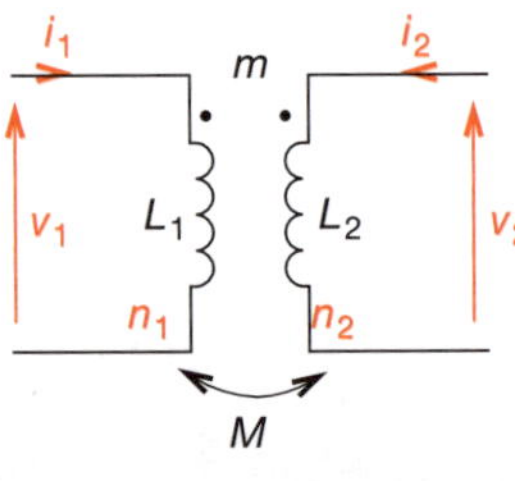

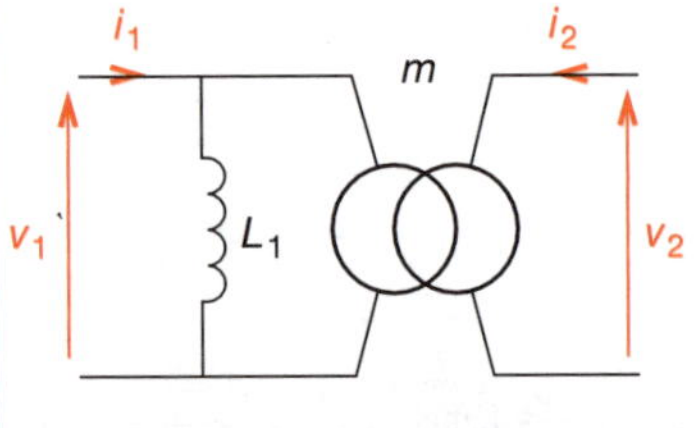

$k = 1$

8 ■ 3 IMPÉDANCE RAMENÉE D'UN TRANSFORMATEUR

$$\underline{v}_1 = jL_1\omega\,\underline{i}_1 - jM\omega\,\underline{i}_2.$$
$$\underline{v}_2 = jM\omega\,\underline{i}_1 - jL_2\omega\,\underline{i}_2.$$

$\underline{v}_1$ et $\underline{i}_1$ sont les expressions complexes de v_1 et i_1.

$$m = \frac{v_2}{v_1} = \frac{n_2}{n_1}$$

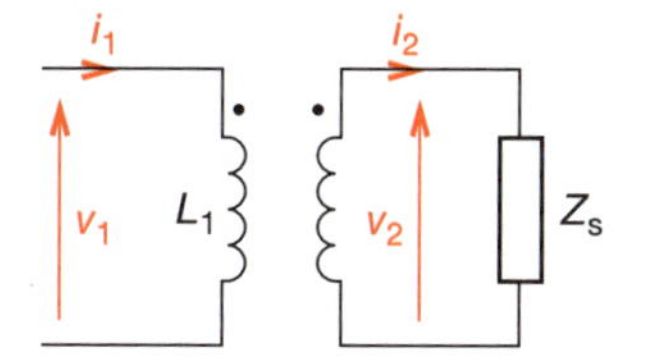

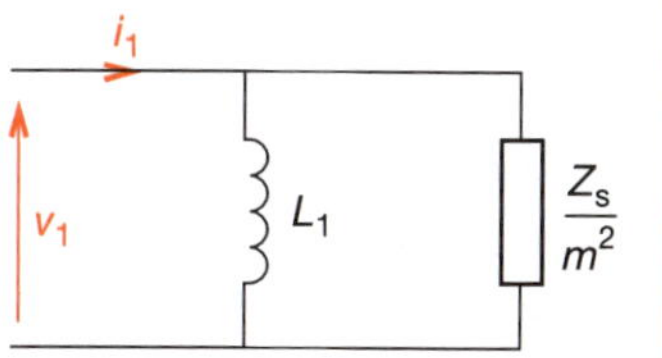

8 ■ 4 IMPÉDANCE RAMENÉE D'UN AUTOTRANSFORMATEUR

$$m = \frac{n_1}{n_1 + n_2} = \frac{v_2}{v_1} = \frac{i_1}{i_2}$$

$$L = \frac{(n_1 + n_2)^2}{\frac{L}{\mu}\cdot\frac{\ell}{s}}$$

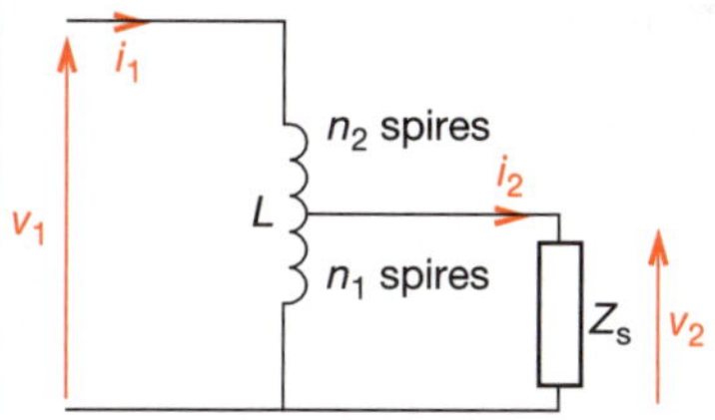

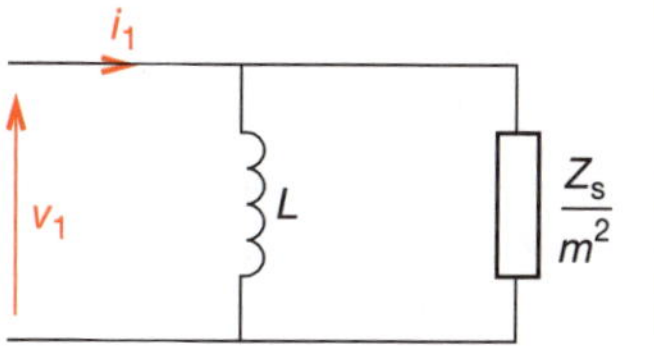

8 ■ 5 IMPÉDANCE RAMENÉE D'UN TRANSFORMATEUR ACCORDÉ

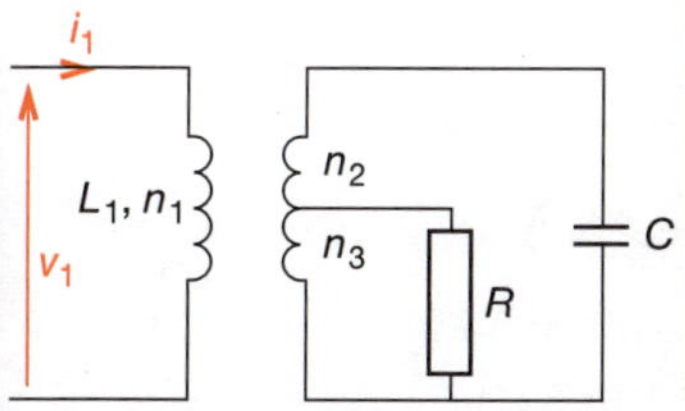

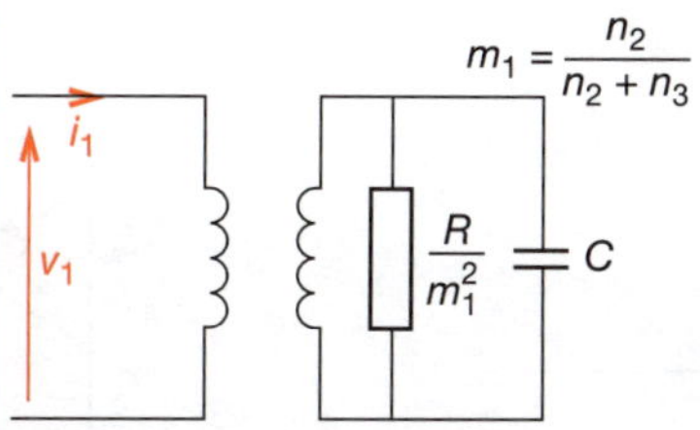

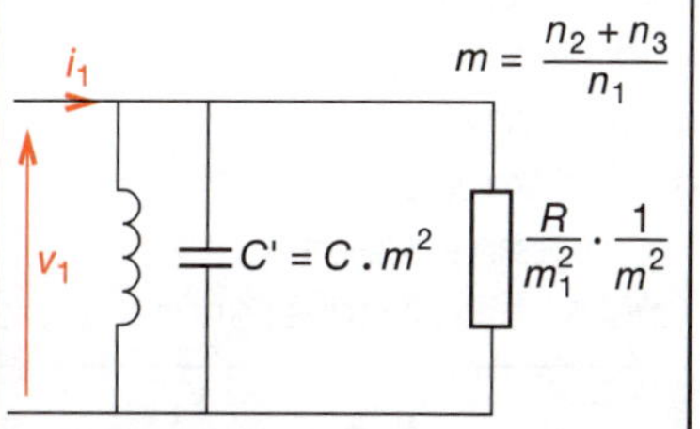

8 ■ 6 TRANSFORMATEUR DE PUISSANCE

Ce sont des transformateurs servant essentiellement aux alimentations, aux liaisons et aux adaptations d'impédances.
Ils fonctionnent à des fréquences allant de 50 Hz à quelques dizaines de Kilohertz.

8 ■ 61 MODÈLES ÉLECTRIQUES ÉQUIVALENTS

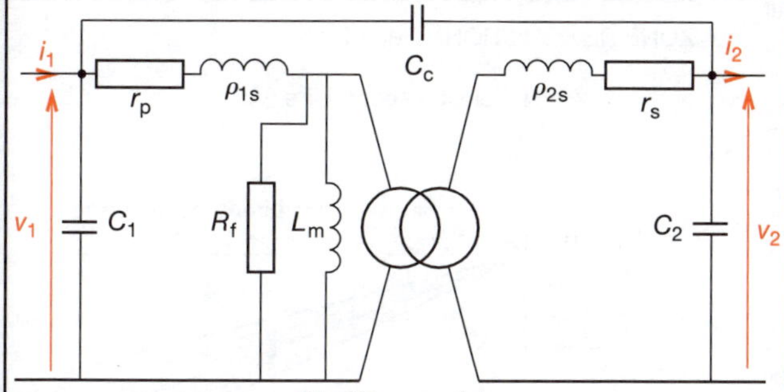

Modèle complet

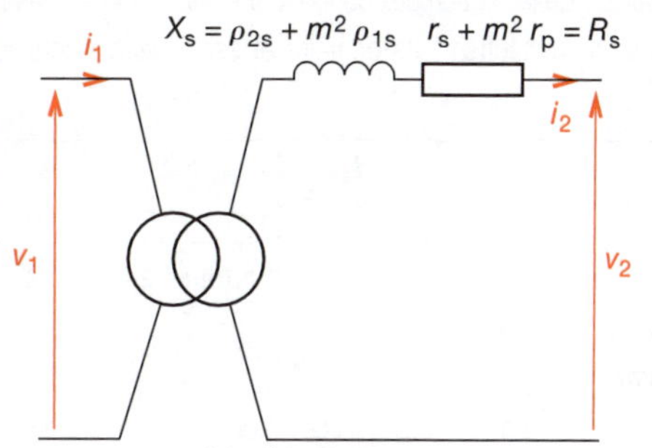

Modèle de Kapp

r_p, r_s : résistances des enroulements primaire et secondaire (Ω).
L_{1s}, L_{2s} : inductances de fuite des primaire et secondaire (H).
R_f : résistance rendant compte des pertes dans le fer (Ω).
L_m : inductance rendant compte du courant magnétisant (H).
C_1, C_2, C_c : capacités rendant compte des capacités entre spires et de couplage primaire-secondaire (F).

8.62 Modèle de Kapp

Le modèle de Kapp permet de calculer facilement la chute de tension secondaire.

Les hypothèses sont :

- le courant de magnétisation est nettement inférieur à $m I_2$,
- les angles φ_2 et φ'_2 sont égaux.

La chute de tension secondaire est (V) :

$$\Delta V_2 = R_s I_2 \cos \varphi_2 + X_s I_2 \sin \varphi_2$$

8.63 Calcul d'un transformateur de puissance

Choisir le matériau et la forme du noyau. Les constructeurs donnent les caractéristiques suivantes pour le noyau :

- section globale de cuivre,
- longueur d'une spire moyenne,
- section de fer,
- masse du noyau de fer après remplissage.

Choix de la section du fer :

- tôle ordinaire $s = 1{,}2\sqrt{S}$.
- tôle à grain orienté $s = 1{,}8\sqrt{S}$.
- s : section du fer (cm^2).
- S : puissance apparente ($S = V_1 . I_1$ (VA)).

Calcul du nombre de spires primaire et secondaire :

$$N_1 = \frac{V_1}{4{,}44 . f . B_{max} . s}$$

- V_1: valeur efficace de la tension (V).
- f : fréquence (Hz).
- B_{max} : induction maximale ($B_{max} < B_{sat}$) (T).
- s : section du noyau (m^2).

Calculs de la section des conducteurs. Ils sont effectués pour que les échauffements primaire et secondaire soient identiques.

$$\frac{I_1}{s_1} = \frac{I_2}{s_2}$$

- s_1 et s_2 : sections des conducteurs aux primaire et secondaire (m^2).

NOTA :

La tension secondaire en charge ne doit pas différer de plus de 5 % de la tension nominale afin d'éviter aux appareils de fonctionner en régime dangereux pour leurs performances.

La température de fonctionnement doit se stabiliser à 85 °C à 1,06 fois la tension nominale. Cette température ne doit pas dépasser 145 °C si l'on poursuit l'essai par une surcharge de 1,5 fois le courant nominal pendant 1 heure.

DIAGRAMME VECTORIEL DU TRANSFORMATEUR

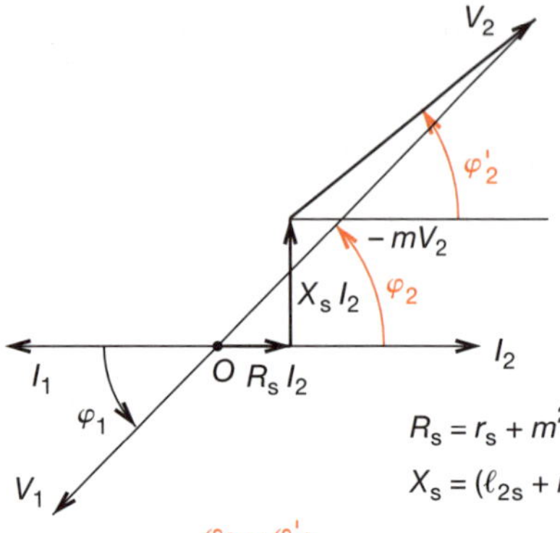

$R_s = r_s + m^2 r_p$

$X_s = (\ell_{2s} + m^2 \ell_{1s})\,\omega$

CALCUL DE ΔV_2

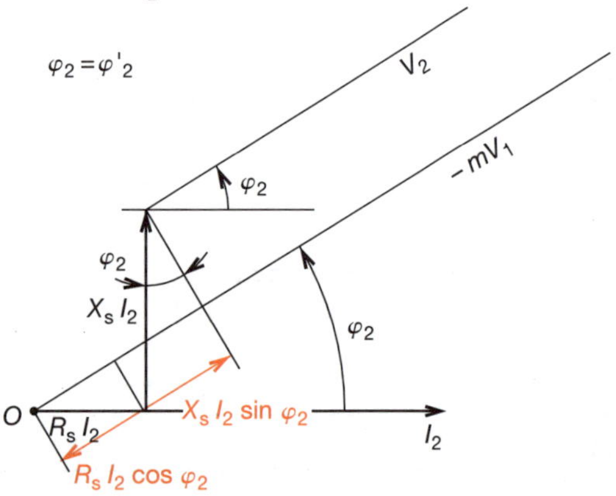

$\Delta V_2 = -mV_1 - V_2$

$\Delta V_2 = R_s I_2 \cos \varphi_2 + X_s I_2 \sin \varphi_2$

ZONE DE FONCTIONNEMENT

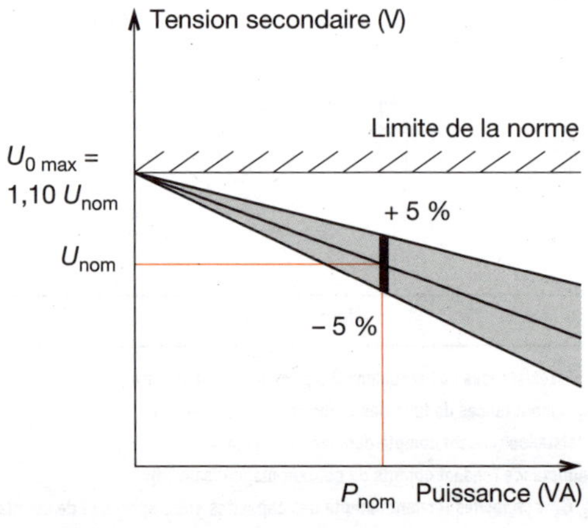

8 ■ 7 PRINCIPALES CARACTÉRISTIQUES

GÉNÉRALITÉS

1° Pour obtenir le courant nominal autorisé pour chaque secondaire, il suffit de diviser la puissance du transformateur par la tension maximum disponible au secondaire.

EXEMPLE : un transformateur 2 × 9 V - 75 VA peut débiter : 75 : 18 = 4,2 A environ par secondaire.

2° Combinaisons de secondaires :

MISE EN SÉRIE : la tension de sortie est doublée.

EXEMPLE : cas d'un transformateur 2 × 9 V - 75 VA : on obtient 1 × 18 V - 4,2 A.

MISE EN PARALLÈLE : le courant disponible au secondaire est doublé.

EXEMPLE : cas d'un transformateur 2 × 9 V - 75 VA : on obtient 1 × 9 V - 8,4 A.

3° Pour obtenir la tension continue théorique disponible après redressement double alternance et filtrage : il suffit de multiplier la tension du secondaire par $\sqrt{2}$ = 1,414. En pratique, il convient de diminuer le résultat de la chute de tension dans le pont de diodes, soit environ 2 volts.
EXEMPLE : la tension continue disponible à partir d'un transformateur 24 V sera : (24 × 1,414) – 2 = 32 V environ.

MONTAGE SUR CHASSIS 6 VA (3 VA PAR SECONDAIRE)

Clairtronic

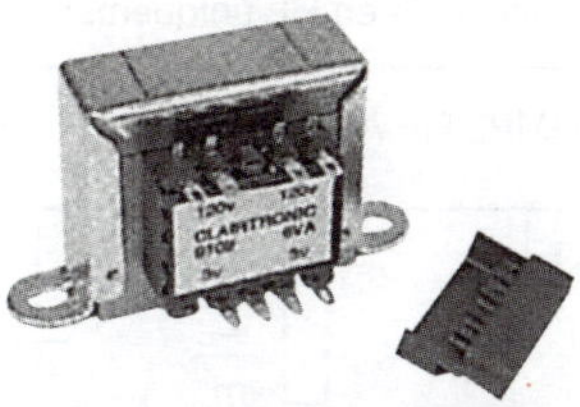

Isolateur

- Transformateurs faible tension à enroulements primaires doubles pouvant être connectés sur une alimentation 240 V c.a. ou 120 V c.a. 50/60 Hz.
- Les secondaires doubles peuvent être connectés en série ou en parallèle, offrant ainsi une vaste gamme de tensions et de courants de sortie.
- Les bobines à prises, entièrement enveloppées, assurent une isolation excellente du primaire au secondaire et des bobinages à la prise de terre.

Spécifications techniques

Tension primaire : 2 × 120 V (50-60 Hz).
Poids : 190 g.
Dimensions (mm) : L 45 × l 40 × h 37.
Chute de tension : 27 %.

Réf. Clairtronic	Secondaire *U* (V)	Secondaire *I* (mA)
9109	2 × 3	1 000
9110	2 × 6	500
9111	2 × 9	330
9112	2 × 12	250

TRANSFORMATEURS SURMOULÉS

Type EI 30 - 1 VA à 2,5 VA - Série 44000
Myrra

Couplage parallèle

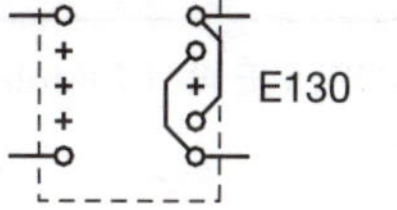

Brochage :
- primaire : 1-5
- 2 secondaires : 6-7
  9-10

Encombrement

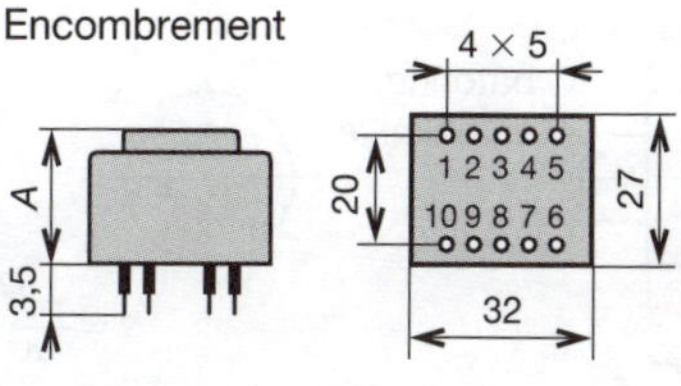

- Transformateurs professionnels de sécurité possédant un isolement supérieur à 4 000 V.
- Pour implantation sur circuit imprimé (suivant grille européenne).
- Couplage série ou parallèle.
- Emploi de matériaux ininflammables et auto-extinguibles.
- Remplissage de résine sous vide assurant la bonne tenue des matériaux au vieillissement.
- Contrôle unitaire et à 100 % sur chaîne automatisée.
- Les tensions secondaires sont des tensions nominales en charge sur charges résistives.

Spécifications techniques

Tension primaire : 230 V.
Isolement total P/S : > 4 000 V.
Hauteur A (mm) - 1 VA - type EI 30/10,5 = 21,8
- 1,2 VA - type EI 30/12,5 = 23,8
- 1,8 VA - type EI 30/15,5 = 26,8
- 2,5 VA - type EI 30/18 = 29,5.

Conformité aux normes UL 94-VO, VDE 0551, CEI 742.
Homologations : UL VDE.

Réf. Myrra	Tensions secondaires	Code commande
1 VA - type EI 30/10,5		
44055	2 × 6 V	173-9585
44056	2 × 9 V	173-9591
44057	2 × 12 V	173-9608
44058	2 × 15 V	173-9614
44059	2 × 18 V	173-9636
44060	2 × 24 V	173-9642
1,8 VA - type EI 30/15,5		
44127	2 × 6 V	173-9715
44128	2 × 9 V	173-9721
44129	2 × 12 V	173-9737
44130	2 × 15 V	173-9743
44131	2 × 18 V	173-9759
44132	2 × 24 V	173-9765
2,5 VA - type EI 30/18		
44163	2 × 6 V	173-9771
44164	2 × 9 V	173-9793
44165	2 × 12 V	173-9800
44166	2 × 15 V	173-9816
44167	2 × 18 V	173-9822
44168	2 × 24 V	173-9838

8 ▪ 8 Transformateurs à noyau ferrite

Ces transformateurs sont utilisés pour toutes les fréquences.

8 ▪ 81 Modèle électrique équivalent

Les pertes dues au noyau ferrite sont très faibles par rapport aux noyaux de fer et sont souvent négligeables.

8 ▪ 82 Choix du transformateur

Choisir le type de ferrite et la forme du noyau.

m_1 et L_1 étant fixés par les conditions extérieures, calculer le nombre de spires au primaire et au secondaire.

$$N_1 = \sqrt{\frac{L_1}{A_L} \cdot 10^{-9}}$$

N_1 : nombre de spires au primaire.
L_1 : inductance du primaire (H).
A_L : coefficient constructeur (nH/spire^2).

Vérifier que l'on n'est pas à saturation à l'aide des courbes de saturation.

$$NI_{max} = f(A_L)$$

Il est possible de changer A_L en introduisant un entrefer.

Calculer les sections s_1 et s_2 des conducteurs du primaire et du secondaire.

$$I_1/s_1 \, . \, I_2/s_2$$

8 ▪ 9 Transformateur à air

Ces transformateurs sont utilisés en haute et hyper fréquence. Ils sont constitués par un enroulement de fil rigide bobiné sans aucun support matériel, ou sur des supports ne possédant aucune qualité magnétique (téflon, nylon, rilsan, bakélite).

8 ▪ 91 Modèle électrique équivalent

Pour les très hautes fréquences, r_p et r_s sont déterminés en tenant compte de l'effet de peau. En haute fréquence et pour un nombre de spires restreint, r_p et r_s sont négligés.

$C_{éq}$ est utilisé pour modifier les transformateurs dans les fréquences proches de la fréquence de résonance.

8 ▪ 92 Calcul d'un transformateur à air

Le nombre de spires primaire et secondaire est calculé à l'aide des relations données dans le chapitre sur les inductances.

Calcul de la « mutuelle inductance » primaire, secondaire (M).

$L_3 = \dfrac{(n_1 + n_2)^2}{\dfrac{1}{\mu_0} \cdot \dfrac{\ell}{s}}$	$L_3 = 2M + L_1 + L_2$	$M = \dfrac{L_3 - (L_1 + L_2)}{2}$

L_x et M : inductance et mutuelle inductante (H).

MODÈLE ÉLECTRIQUE COMPLET

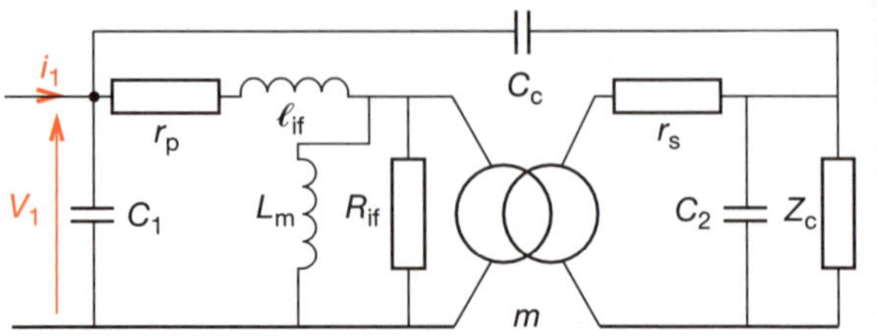

r_p, r_s : résistances primaire et secondaire.
ℓ_{if} : inductance de fuite négligeable pour les pots fermés.
L_m : inductance due à la magnétisation du noyau (H).
R_{if} : résistance symbolisant les pertes dans le fer (Ω).

$P_{fer} = f \, . \, vol \, . \, p$ (perte dans le fer)
vol : volume du circuit magnétique (cm^3).
p : puissance massique des pertes (μW/cm^3/Hz) pour B fixé
C_1, C_2, C_c : capacités dues aux spires jointives et au couplage primaire secondaire (utile en HF uniquement).

MODÈLE ÉLECTRIQUE SIMPLIFIÉ AU PRIMAIRE

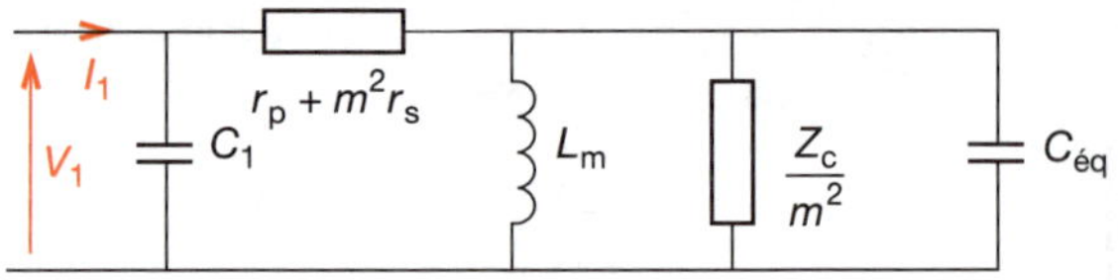

$$C_{éq} = m^2 (C_c + C_2)$$

MODÈLE ÉLECTRIQUE COMPLET (transformateur à air)

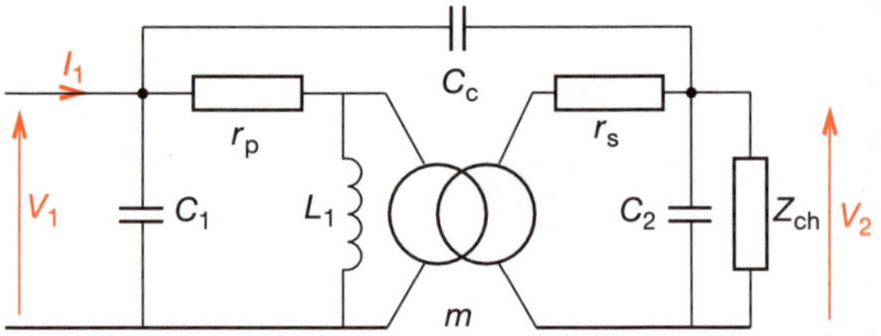

MODÈLE ÉLECTRIQUE SIMPLIFIÉ AU PRIMAIRE

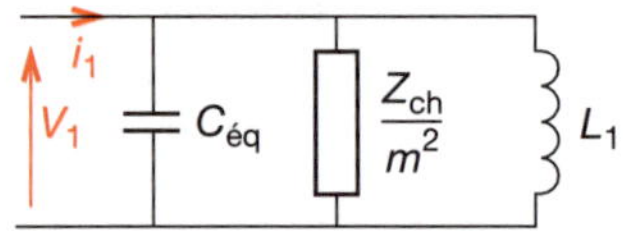

$$C_{éq} = C_1 + m^2 (C_2 + C_C)$$

TRANSFORMATEUR À SUPPORT BAKÉLITE

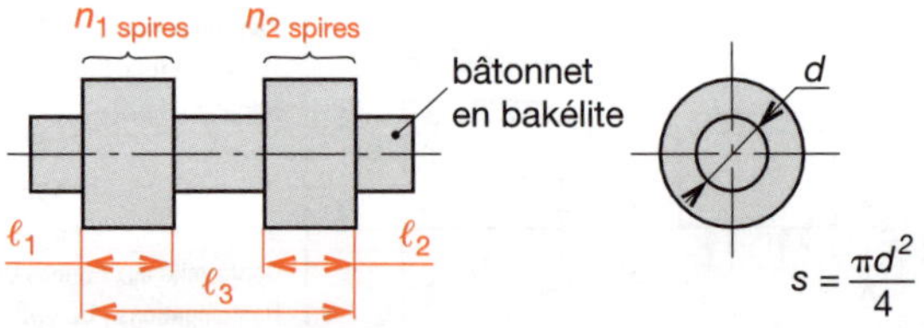

8 ▪ 10 Transformateurs spéciaux

8 ▪ 101 Transformateurs FI

Un transformateur FI est un transformateur accordé sur 455 kHz ou 480 kHz, possédant un coefficient de qualité à ces fréquences de $Q = 100$ et une impédance d'entrée de 20 kΩ.
Ces transformateurs servent de liaison entre les étages amplificateurs. Grâce aux pots fermés, leur coefficient de couplage K est voisin de 1.

TRANSFORMATEUR FI

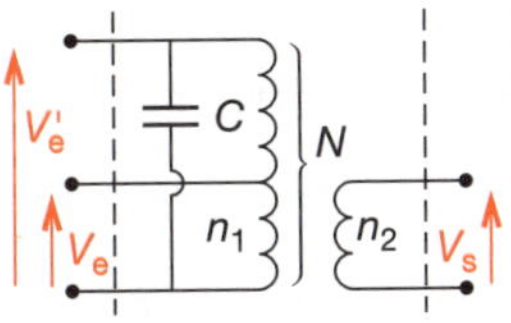

Deux possibilités d'entrée (V_e ou V'_e).
C : capacité d'accord.

MODÈLE RAMENÉ AU PRIMAIRE

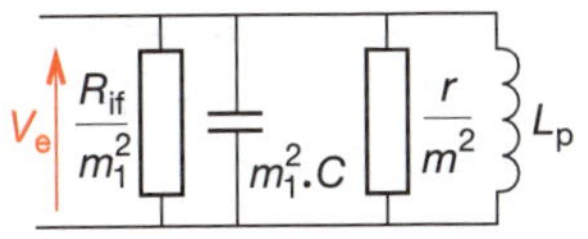

R_{if} : résistance due aux pertes fer.
$m_1 = N/n_1$ $m = n_2/n_1$.

8 ▪ 102 Transformateurs d'impulsions

Ces transformateurs sont chargés de transmettre des trains d'impulsions. Il faut donc éviter tous les phénomènes de saturation magnétique ($I_\ell < I_{\ell s}$).
Les constructeurs ne donnent pas $I_{\ell s}$ (courant de saturation), mais ils donnent $V_0.t_0$ mesuré à vide.

$$V_0.t_0 = \int_0^\infty V_1.dt = \int_0^\infty L_p \frac{dI_p}{dt}.dt = L_p.I_{\ell s} \quad (V.\mu s)$$

$$I_{\ell s} = \frac{V_0.t_0}{L_p}$$

Ils précisent également :
L_p : inductance primaire (H).
r_p, r_s : résistances des enroulements primaire et secondaire.
R_L : résistance de charge.
L_{str} : inductance de fuite primaire.
T_r : temps de montée, transformateur chargé par R_L, à 70 % de la valeur de la tension de l'impulsion (µs).
U_{eff} : tension maximale de service admissible.

MODÈLE ÉLECTRIQUE SIMPLIFIÉ

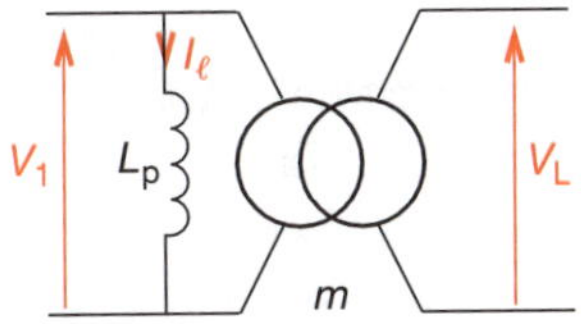

CARACTÉRISTIQUE DE SATURATION

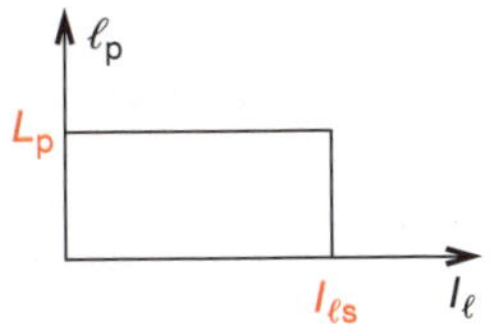

MODÈLE ÉLECTRIQUE CONSTRUCTEUR

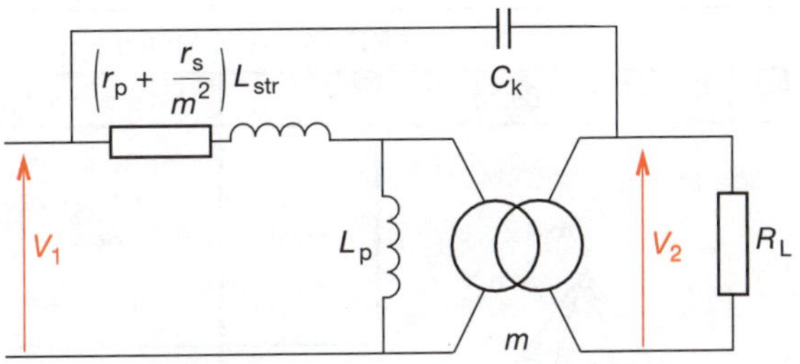

L_p mesurée à 1 kHz.
L_{str} mesurée à 10 kHz.
C_k : capacité de couplage.

m = Rapp SP (rapports de spires).

TRANSFORMATEURS D'IMPULSIONS

Tension de service :
380 V (IT 313)
500 V (IT 242, 247, 249, 253)
750 V (IT 245, 246, 248, 255, 258).
Tension d'essai :
2,5 KV (IT 313)
3,2 KV (IT 242, 247, 248, 249, 253, 258)
4 KV (IT 245, 246, 255).
Temps de montée T_r à R_L :
100 Ω (IT 242, 245, 246, 247)
40 Ω (IT 248, 249, 253, 255)
10 Ω (IT 258, 313).

Réf. SCHAFFNER	Rapp. SP.	$V_0.t$ (V/µs)	T_r (µs)	L_p (mH)	r_p (Ω)	r_s (Ω)	C_k (PF)	Boîtier	Sorties
25 mA - 100 mA									
IT 245	1:1	500	1,2	8	1,4	1,4	10	3	3
IT 242	1:1:1	250	0,9	2,5	0,6	0,6	7	3	3
IT 246	2:1	200	0,4	7	1,8	1	7	3	3
IT 247	2:1:1	200	0,7	7	1,8	1	7	3	4
100 mA - 250 mA									
IT 255	1:1	250	1,1	2,2	0,7	0,7	8	3	3
IT 253	1:1:1	180	1,3	1,1	0,5	0,5	6	3	4
IT 248	2:1	350	1,8	17	3	1,5	9	3	3
IT 249	2:1:1	330	3,3	17	2,7	1,3	9	3	4
250 mA - 1 A									
IT 258	1:1	250	0,25	2,5	0,6	0,7	80	3	3
IT 313	1:1:1	450	0,6	3	0,32	0,37	27	7	13

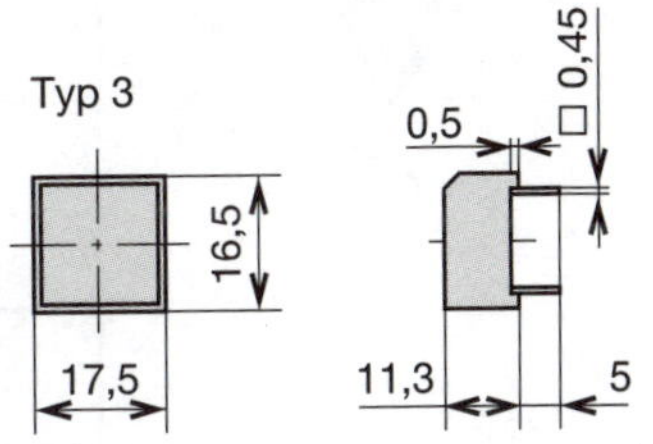

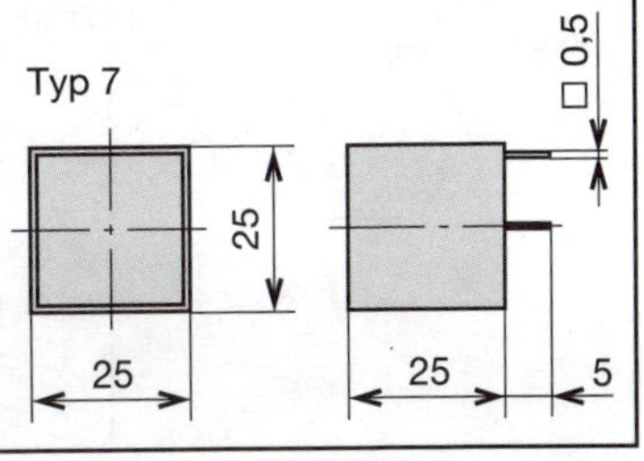

D'après Schaffner.

9 Quartz

Un quartz est composé de silice cristallisée (SiO_2) et possède des propriétés piézo-électriques.
Il est soumis à deux effets :

- l'effet piézo-électrique direct qui crée une polarisation électrique sur ses faces lorsqu'on lui applique une contrainte mécanique,
- l'effet piézo-électrique inverse qui crée une déformation mécanique lorsqu'on lui applique un champ électrique.

REMARQUE :

La combinaison de ces deux effets peut provoquer, pour certaines fréquences, des phénomènes de résonance.

SYMBOLES

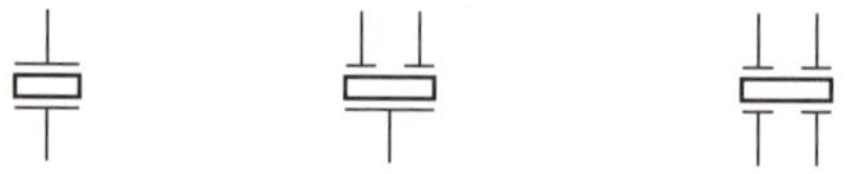

MONTAGE D'UN QUARTZ

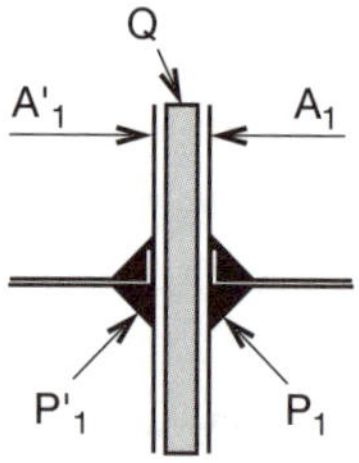

A'1 A1 : dépôt métallique
P'1 P1 : soudure à l'étain
Q : quartz

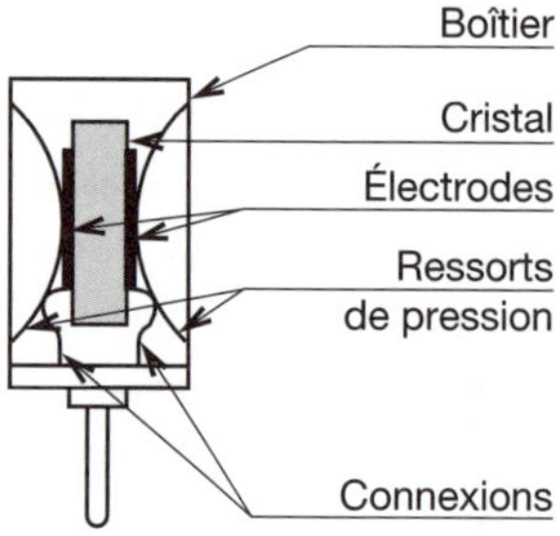

9 ■ 1 PRINCIPAUX MODES DE VIBRATION D'UN QUARTZ

Coupe		Mode de vibration	Déformée	Gamme de fréquence
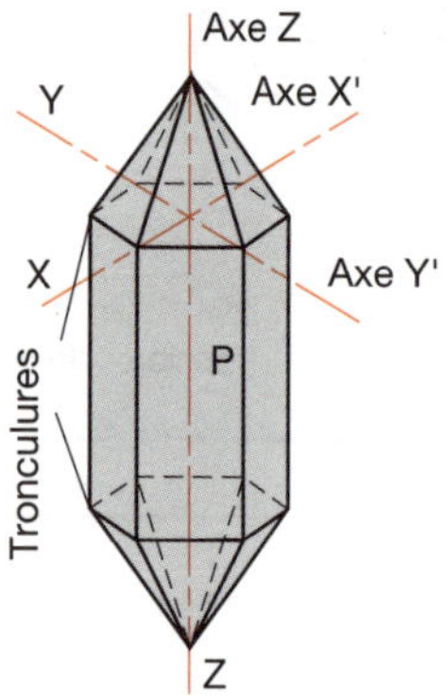	XY, NT	Flexion	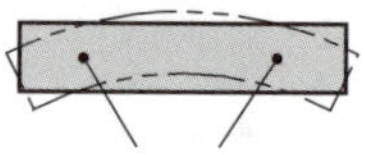	10 à 100 kHz
	X, X + 5°	Élongation	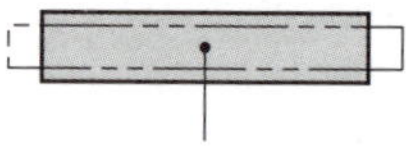	50 à 200 kHz 100 à 1000 kHz
	CT, DT	Cisaillement de surface	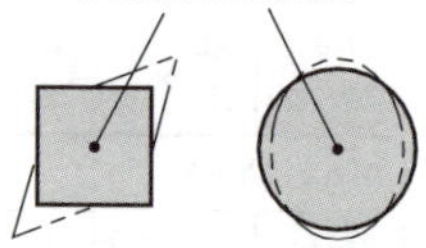	150 à 800 kHz
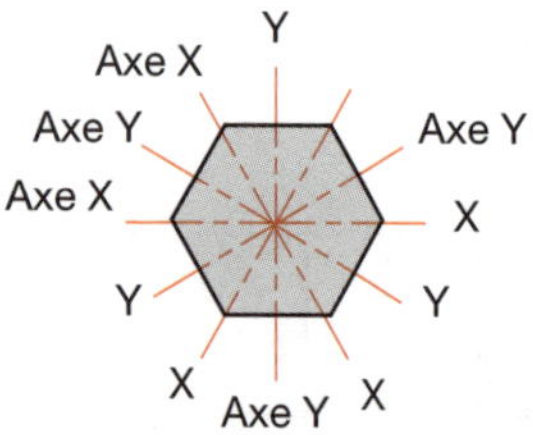	AT, BT, FC, SC	Cisaillement d'épaisseur	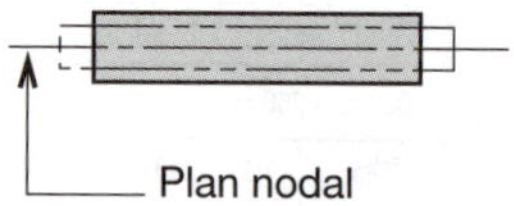	1 à 600 MHz 5 à 300 MHz 5 à 150 MHz
	AT, BT, FC, SC	Cisaillement d'épaisseur	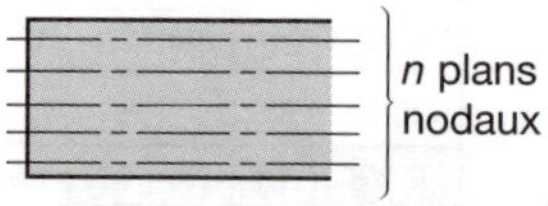	3 à 2 000 MHz 20 à 300 MHz

D'après « Les techniques de l'ingénieur ».

9 ■ 2 MODÈLES ÉLECTRIQUES DU QUARTZ

Quartz standard

$$F_{s1} = \frac{1}{2\pi\sqrt{L_1 C_1}}$$

$$F_{p1} = \frac{1}{2\pi\sqrt{L_1 \dfrac{C_1 C_0}{C_1 + C_0}}}$$

$$R_{s1} = R_1$$

$$\frac{\Delta f_1}{F_{s1}} = \frac{F_{p1} - F_{s1}}{F_{s1}} = \frac{C_1}{2C_0}$$

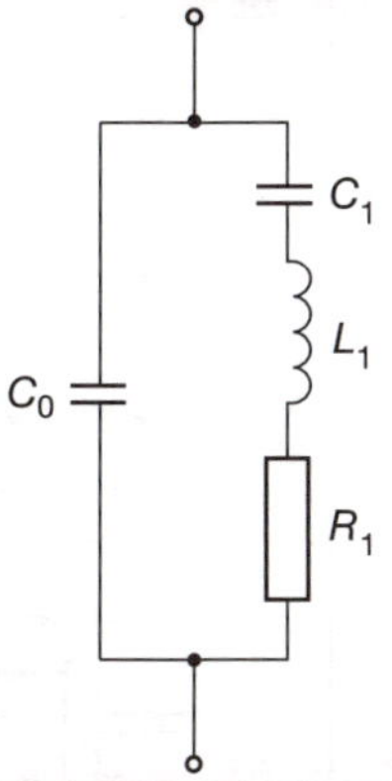

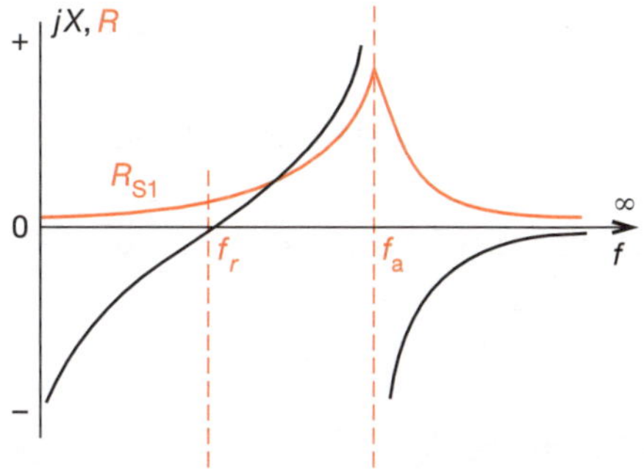

Quartz avec capacité additionnelle en série

$$F_{s2} = \frac{1}{2\pi\sqrt{L_1 \dfrac{C_1 (C_0 + C_L)}{C_1 + C_0 + C_L}}}$$

$$F_{p1} = F_{p2}$$

$$R_{s2} = R_1 (1 + \frac{C_0}{C_L})^2$$

$$\frac{\Delta f_2}{F_{s1}} = \frac{F_{s2} - F_{s1}}{F_{s1}} = \frac{C_1}{2(C_0 + C_L)}$$

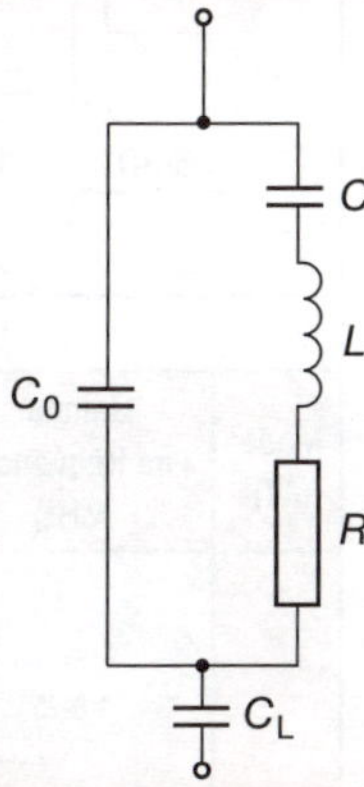

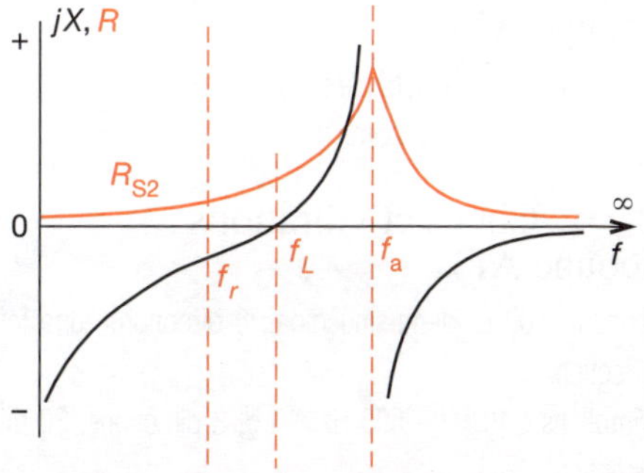

Quartz avec capacité additionnelle en parallèle

$$F_{s3} = F_{s1}$$

$$F_{p3} = F_{s2}$$

$$R_{s3} = \frac{1}{R_1 \omega_{s3}^2 (C_0 + C_L)^2}$$

$$\frac{\Delta f_3}{F_{s1}} = \frac{F_{p3} - F_{s1}}{F_{s1}} = \frac{f_2}{F_{s1}}$$

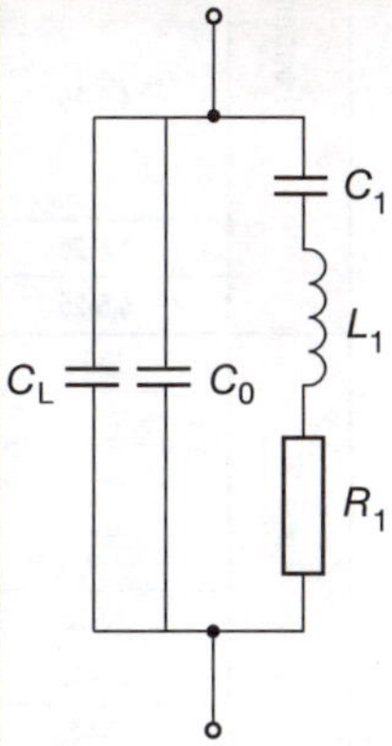

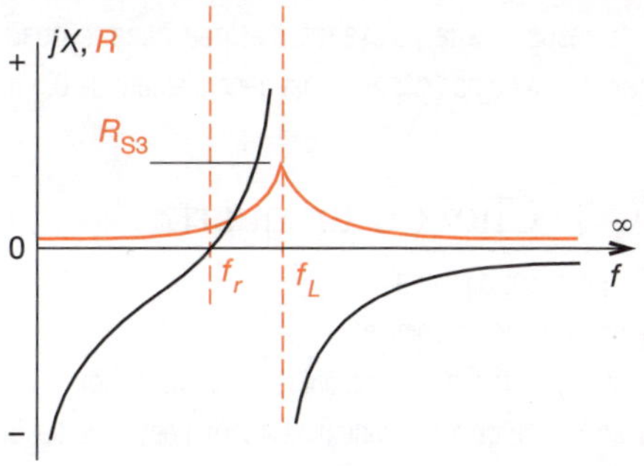

C_1 : capacité de la branche série (F).
C_0 : capacité de la branche parallèle (F).
L_1 : inductance de la branche série (H).
R_1 : résistance du quartz seul à $f = F_{s1}$.
C_L : capacité additionnelle extérieur (F).
F_{sx} : fréquence de résonance série (Hz).
F_{px} : fréquence de résonance parallèle (Hz).
R_{sx} : résistance équivalente aux points spécifiés (Ω).
$\frac{\Delta f_x}{F_{s1}}$: écart de fréquence par rapport à F_{s1}.

D'après RTC.

9.3 Caractéristiques techniques

9.31 Incidence de la température

Les fréquences de résonance série et parallèle, ainsi que les paramètres L_1, C_0, R etc. varient en fonction de la température.

$$\frac{\Delta f}{f} = a_1(\theta - \theta_1) + a_3(\theta - \theta_1)^3$$

Pour une coupe AT, nous avons :

$a_1 = 0{,}084\ \Delta\varphi\ (°C^{-1})$

variation de l'angle de coupe,

$a_3 = 10^{-4}\ (°C^{-1})$.

θ : température (°C).

θ_i : température d'inversion 22 °C < θ_i < 39 °C.

Δf, f : variation de fréquence à la fréquence f.

9.32 Vieillissement du quartz (coupe AT)

Boîtier à soudure électrique : 2 à 5 ppm.

Boîtier verre : 0,5 à 2 ppm.

9.33 Chocs et vibrations (coupe AT)

Chocs : 100 g, demi-sinusoïdal, 6 directions, une fois par direction.

Vibrations : 10 Hz – 500 Hz, 10 g, 3 directions, 30 min par direction.

Résultat : $\Delta f/f < \pm 5.10^{-6}$, R < 20 %.

9.34 Niveau d'excitation

Il correspond à la puissance dissipée dans le quartz. Le maximum à ne pas dépasser est généralement de 0,5 mW.

9.4 Choix d'un quartz

Un quartz est défini par :

- sa fréquence nominale,
- son type de fonctionnement (série ou parallèle),
- son mode de fonctionnement (fondamental, partiel 3 ou 5, etc.),
- sa tolérance (en 10^{-6} ou ppm),
- sa gamme de températures d'utilisation,
- sa dérive maximale de fréquence en température,
- son boîtier (métal ou verre ou encore CMS),
- son vieillissement,
- sa résistance aux chocs et vibrations.

BOÎTIERS

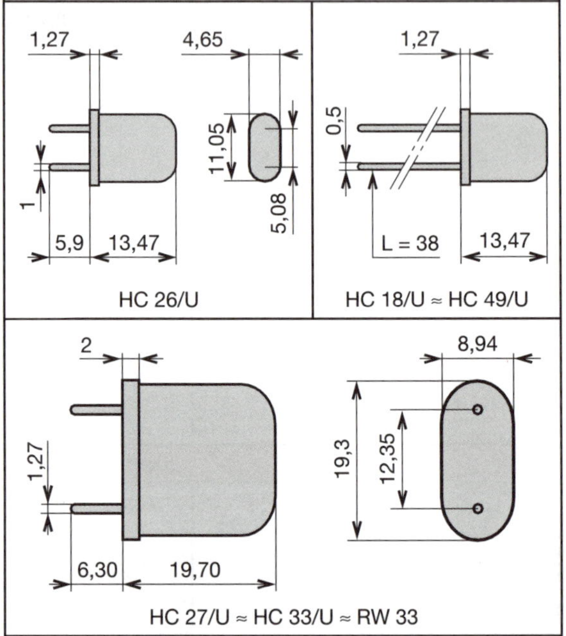

PRINCIPAUX MODÈLES

Mode (AT)	Gamme de fréquence (MHz)	Boîtier	Principaux modèles NFC93611 correspondants
Fondamental	1,8-25	RW-33 ou RW-36 (n° 3)	QA 18A QA 19A QB 501 QB 502 QB 614-615 QB 617/619
	4,5-25	RW-43 (n° 5)	QA 60A QA 64 QB 504 QB 622-623 QB 625/627
	1,8-25	HC-27/U (n° 8)	
	4,5-25	HC-26/U (n° 10)	
Partiel 3	10-75	RW-33 ou RW-36 (n° 3)	QA 52A
	17-75	RW-43 (n° 5)	QA 55 QA 81 QB 630-631 QB 633/635
	10-75	HC-27/U (n° 8)	
	20-75	HC-26/U (n° 10)	
Partiel 5	50-125	RW-33 ou RW-36 (n° 3)	QA 54A
	50-125	RW-43 (n° 5)	QA 56A QA 503 QB 638-639 QB 641/643
	50-125	HC-27/U (n° 8)	
	50-125	HC-26/U (n° 10)	

D'après RTC.

9■41 QUARTZ DANS BOÎTIER RW 33 (RTC)

Fréquence (série) (kHz)	Appellation commerciale 0143...	C_L (pF)	Précision de calage (< ± 10^{-8})	Gamme de température (°C)	Tolérance de fréquence (< ± 10^{-6})	R_1 (Ω)	C_0 (pF)	C_1 (fF)	S (10^{-6}/pF)	Exemple d'application
3 000,000	0441	20	40	– 20/+ 70	30	< 150	4,0	10,0	> 8	Automobile
3 276,800	0442	20	40	– 20/+ 70	30	< 100	4,3	13,5	> 7	Générale
3 439,593	0491	-	40	– 40/+ 80	30	< 100	4,3	13,5	-	Automobile
3 579,545	0439	20	40	– 20/+ 70	30	< 100	4,5	14,7	> 10	Vidéo/téléphonie
3 686,400	0437	30	40	– 10/+ 60	25	< 100	4,5	15,0	> 5	Générale
3 840,000	0444	30	20	– 20/+ 70	50	< 75	4,6	15,4	> 5	Générale
3 997,696	0448	20	40	0/+ 60	15	< 75	2,8	11,0	> 7	Générale
4 000,000	0409	30	40	– 10/+ 60	25	< 75	2,8	11,0	> 3	Générale
4 096,000	0477	30	40	– 10/+ 60	25	< 75	5,0	18,5	> 6	Générale
4 194,304	0407	12	40	– 10/+ 60	25	< 60	2,9	11,6	> 24	Horloge
4 233,600	0456	30	40	– 20/+ 70	30	< 60	5,2	16,7	> 6	Compact-disc
4 433,619	0404	20	40	– 10/+ 60	25	< 60	5,5	20,6	> 12	Générale
4 500,000	0411	13	30	– 10/+ 65	7	< 60	5,6	18,4	> 22	Vidéo
4 608,000	0434	-	30	– 0/+ 70	40	< 60	5,8	22,0	-	Générale
4 915,200	0414	30	20	+ 5/+ 45	20	< 60	3,2	13,6	> 5	Audio
5 000,000	0415	20	40	– 20/+ 70	20	< 60	3,2	13,8	> 12	Photographie
5 068,800	0433	20	40	– 20/+ 70	30	< 60	3,2	14,0	> 12	Générale
5 120,000	0416	20	40	– 20/+ 70	30	< 60	3,5	14,6	> 11	Autoradio
6 000,000	0410	20	40	– 20/+ 70	30	< 60	6,9	27,6	> 17	Télétext, VCR
6 041,957	0459	20	40	– 20/+ 70	30	< 60	6,9	27,6	> 17	Télétext (U.S.A.)
6 144,000	0432	20	50	0/+ 70	50	< 60	3,8	17,0	> 12	Microprocesseur
6 400,000	0431	20	40	– 20/+ 70	25	< 60	4,0	18,0	> 12	Générale
7 000,000	0479	20	40	– 10/+ 60	30	< 60	4,2	19,2	> 12	Générale, Minitel
7 151,223	0417	20	40	– 10/+ 60	25	< 60	4,4	19,5	> 14	TVC (sous-porteuse)
7 164,112	0419	20	40	– 20/+ 70	25	< 60	4,4	19,5	> 14	TVC (sous-porteuse)
7 372,800	0495	20	40	– 40/+ 115	80	< 60	4,4	20,0	> 14	Automobile (Hiral)
8 000,000	0430	20	40	– 20/+ 70	25	< 60	5,0	21,0	> 15	Générale
8 388,608	0482	20	40	–40/+115	80	< 60	4,4	19,0	> 10	Automobile (Hiral)
8 867,238	0405	20	40	– 10/+ 60	80	< 60	5,5	22,0	> 16	Vidéo
9 830,400	0461	-	50	0/+ 70	50	< 50	5,7	25,3	-	Générale
10 000,000	0462	20	40	– 40/+ 115	80	< 60	4,1	19,0	> 12	Automobile (Hiral)
11 059,000	0492	30	40	– 10/+ 60	30	< 60	6,1	28,5	> 8	CD-ROM
11 289,600	0503	30	50	– 20/+ 70	19	< 11	4,7	20,0	> 8	Compact-disc
13 875,000	0489	20	40	– 20/+ 70	30	< 40	5,8	24,5	> 14	Télétext

QUARTZ CMS (MEIDEN)

Quartz cristal dans un boîtier compact rectangulaire permettant l'implantation sur circuit imprimé CMS.

Température d'utilisation : – 10 °C à + 70 °C.

Stabilité à 25 °C : + 100 ppm.

Niveau d'excitation : 100 μW max.

Montage recommandé : phase vapeur 260 °C/10 s max.

Fréquence
32,768 KHz
4 MHz
6 MHz
8 MHz
10 MHz
16 MHz
20 MHz

10 Diodes

Une diode est un composant non contrôlable à semi-conducteur, permettant la circulation d'un courant dans un seul sens (fonctionnement unidirectionnel).

SYMBOLES

CONVENTION

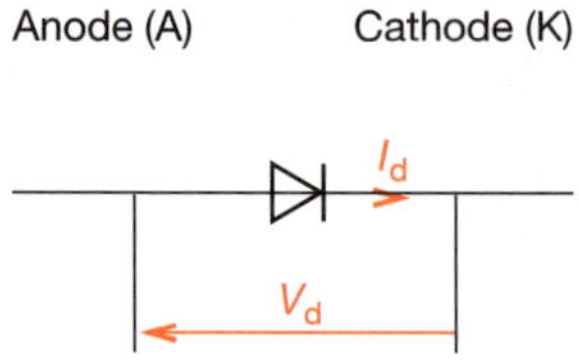

CARACTÉRISTIQUE

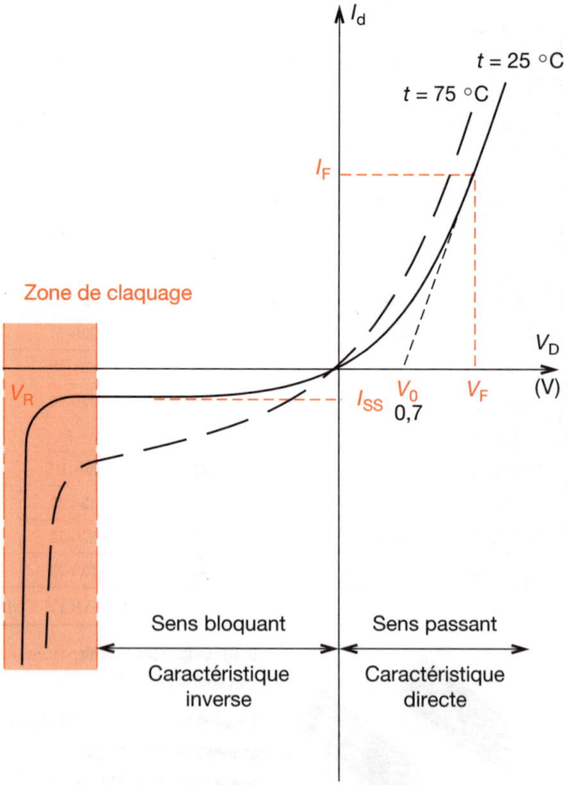

10.1 Caractéristique directe

Courant direct I_d (A).

$$I_d = I_{ss}\left(e^{\frac{V_d}{\eta V_t}} - 1\right)$$

avec $V_t = \dfrac{kT}{q}$.

I_{ss} : courant de saturation inverse (A).
k : constante de Boltzmann $1{,}38.10^{-23}$ J.K^{-1}.
q : charge d'un électron $1{,}36.10^{-19}$ C.
T : température (K).
V_d : tension directe (V).
η : coefficient de matériau $1 < \eta < 2$.
V_0 : tension de seuil (V).

REMARQUES :

- I_{ss} est proportionnel à T^3, il est de l'ordre de 100 nA à 25 °C.
- V_0 pour un substrat de silicium est de 0,7 V.
- η pour le silicium est de 1, il dépend du semi-conducteur et des conditions de fonctionnement.
- Pour un courant constant, la tension directe varie de - 2 mV/°C.

10.2 Caractéristique inverse

Polarisée en inverse, la diode atteint la zone de claquage, le coude s'appelle coude de Zener. Après le coude, le courant augmente très vite, c'est le claquage de la jonction. Ce phénomène n'est pas destructif si la température limite de la jonction n'est pas atteinte et si aucun arc électrique ne s'est produit autour de la jonction.

Dans les utilisations usuelles, cette zone ne doit jamais être atteinte, les constructeurs la spécifient par la valeur V_R ou V_{RRM}.

10■3 MODÈLES STATIQUES

CARACTÉRISTIQUE PARFAITE

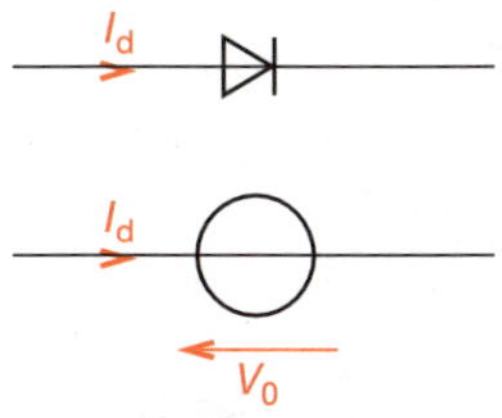

CARACTÉRISTIQUE IDÉALISÉE

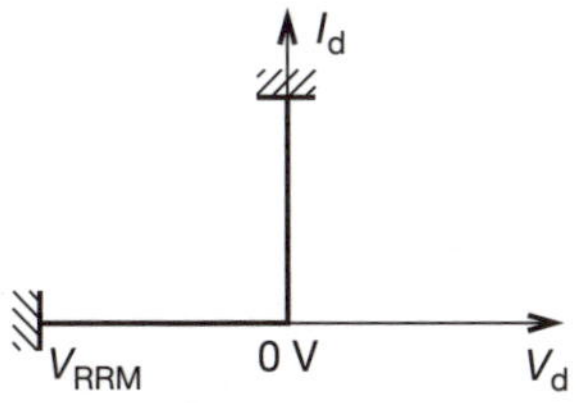

DIODE SANS RÉSISTANCE

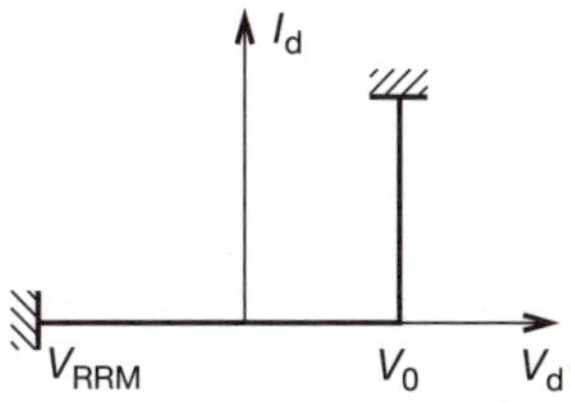

CARACTÉRISTIQUE RÉELLE SIMPLIFIÉE

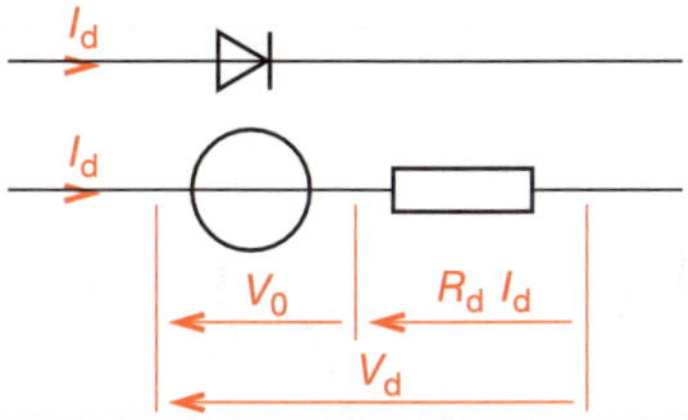

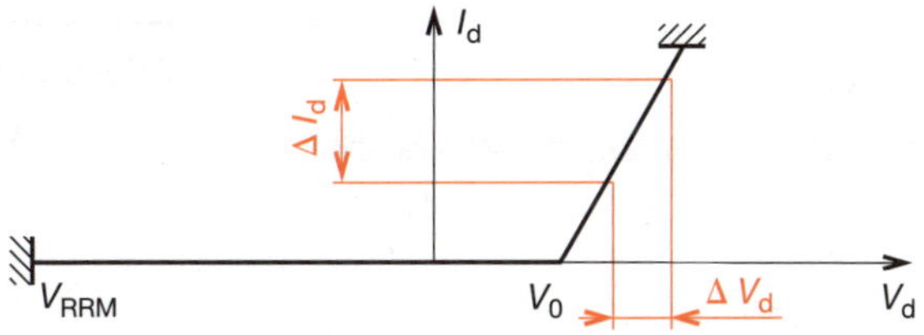

10■4 MODÈLE DYNAMIQUE

$$R_d = \frac{\Delta V_d}{\Delta I_d} = \frac{KT}{q} \cdot \frac{1}{I_d}$$

En polarisation directe, C_T est négligeable et C_d (capacité de diffusion) est prépondérante.

$$C_d = \frac{10^{-6}}{R_d} \qquad C_T = \frac{C_{(0)}}{(1 + V_R/V_0)^{\gamma}},$$

$C_{(0)}$: capacité de la jonction non polarisée,
V_R : tension inverse appliquée à la jonction,
V_0 : tension de seuil (0,7 V),
γ : facteur dépendant du dopage $\frac{1}{3} < \gamma < \frac{1}{2}$.
Dans le cas de la polarisation inverse, R_f représente le courant de fuite de la jonction ($R_f \approx$ quelques MΩ).

POLARISATION DIRECTE

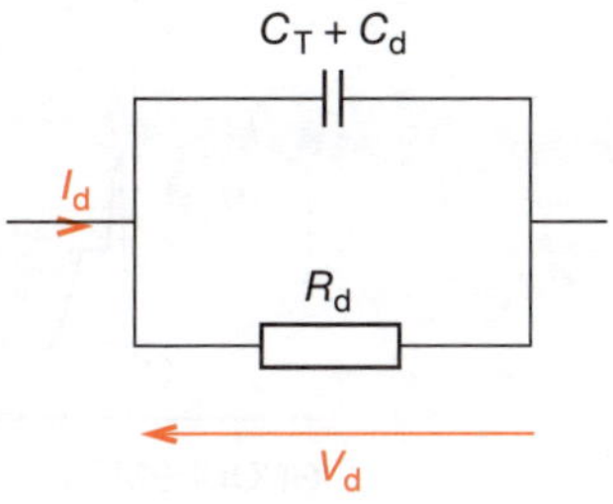

POLARISATION INVERSE

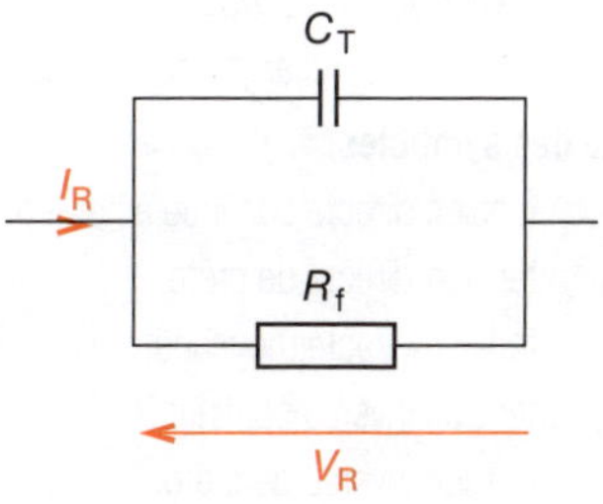

10■5 DIODES ET BRUITS

Une diode polarisée en direct est traversée par un courant $I_{(t)}$ qui est la somme d'un courant I_0 dû à la polarisation et d'un courant fluctuant $i_{(t)}$ dû au passage du courant dans la jonction. Le bruit généré est un bruit de grenaille, c'est un courant de valeur moyenne nulle et à densité spectrale constante.

$E_i^2(f) = 2.q.I_0$,
$E_i^2(f)$: densité spectrale de bruit (A²/Hz),
q : 1,6.10⁻¹⁹ C,
I_0 : courant de polarisation (A).

BRUIT D'UNE DIODE PASSANTE

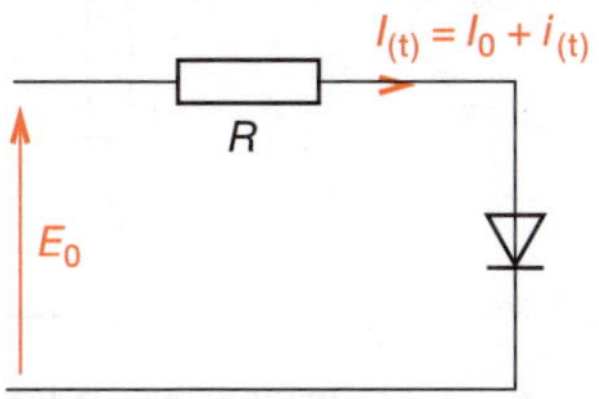

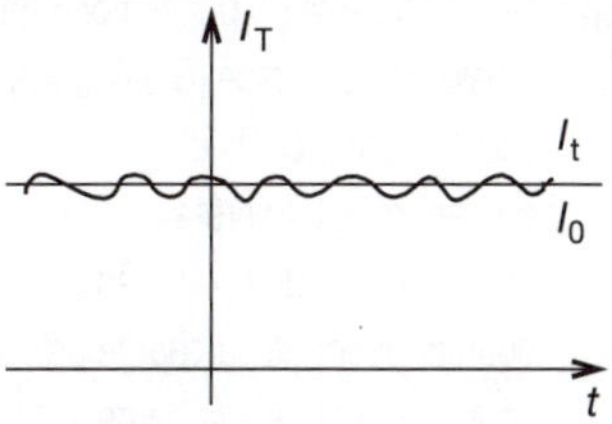

MODÈLE ÉQUIVALENT DE BRUIT

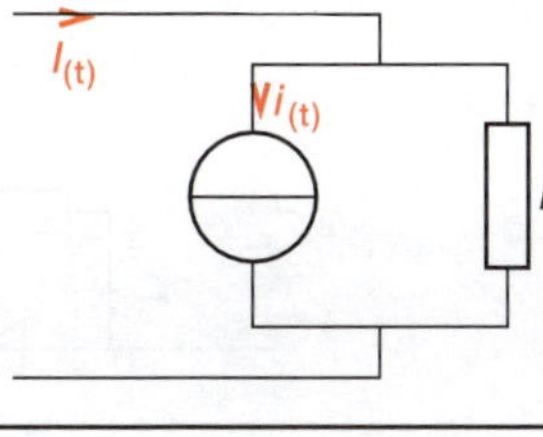

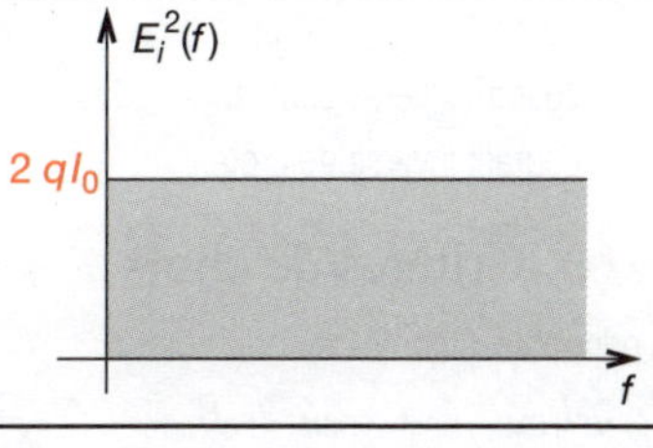

10■6 Diodes de redressement

10■61 Différents types

On distingue :

- les diodes normales pour le redressement du secteur,
- les diodes rapides pour les alimentations à découpage,
- les diodes protégées en avalanche pour le secteur 50 Hz,
- les diodes rapides protégées en avalanche.

10■62 Symboles

Minuscules : paramètres du dispositif.

Majuscules : paramètres extérieurs associés au dispositif.

Indices des symboles

Minuscules : pour les valeurs de composantes variables.

Majuscules : pour les valeurs continues ou instantanées.

F, f : direct (forward).
R, r : inverse (reverse).
AV, av : valeur moyenne (average).
M, m : valeur maximale.
OV, ov : valeur de surcharge prévisible (overload).
Rm : valeur de pointe répétitive.
SM : valeur de surcharge accidentelle.

Liste des symboles

V_F : tension directe continue à l'état passant.
V_{FM} : tension directe de crête.
$V_{F(AV)}$: tension directe moyenne.
V_R : tension inverse continue.
V_{RM} : tension inverse de crête.
V_{RS} : tension inverse de surcharge.
V_{RWM} : tension inverse de crête maximale.
V_{RRM} ou V_{RPM} : tension inverse de pointe répétitive.
V_{RSM} : tension inverse de pointe non répétitive.
V_{BR} : tension de claquage (Breakdown).
I_F : courant direct continu.
I_{FM} : courant direct de crête.
I_{FRM} : courant direct de pointe répétitif.
$I_{F(OV)}$: courant direct de surcharge prévisible.
I_{FS} : courant direct de surcharge.
I_{FSM} : courant direct non répétitif de surcharge accidentelle.
I_O : courant moyen redressé.
I_R : courant inverse continu.
I_{RM} : courant inverse de crête.

10■63 Critères de choix

Les principaux critères de choix sont :
I_F, I_{FRM}, I_{FSM}, V_{RRM}, V_{RSM}, V_F, R_{thJC}.

CONSTITUTION D'UNE DIODE

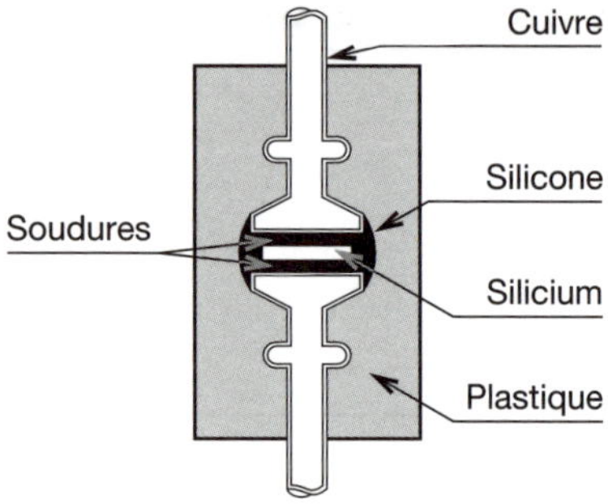

SYMBOLES

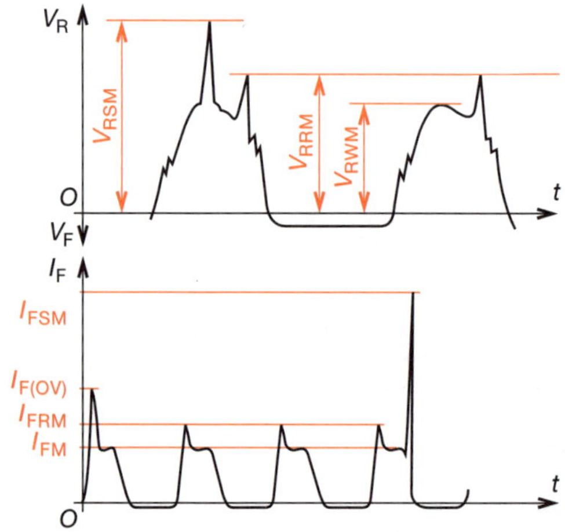

GROUPEMENT DES DIODES

Pour obtenir une plus grande intensité, les diodes sont **montées en parallèle** avec des éléments résistifs de faible valeur pour équilibrer les courants.

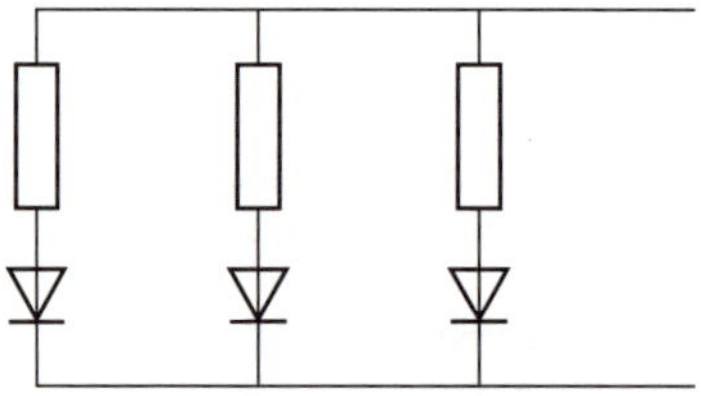

Groupement pour hautes tensions (> 1 200 V). On **monte des diodes en série** avec résistances (≈ 100 kΩ) et condensateurs (0,1 μF) en dérivation afin d'équilibrer les tensions inverses.

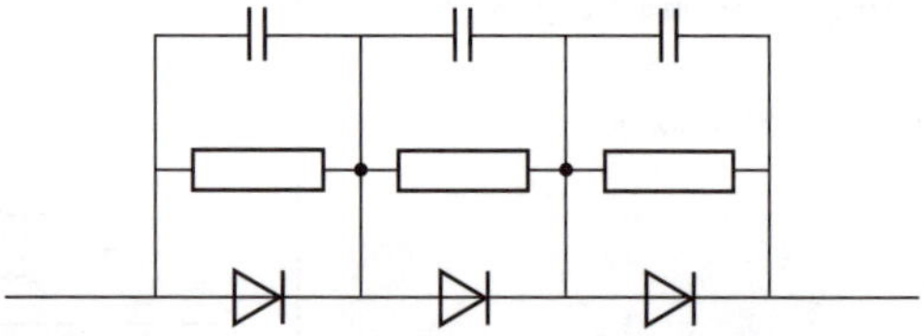

10 ■ 64 DIODES DE REDRESSEMENT STANDARD ET RAPIDE

I_O, I_{FAV} (A)	V_{RRM} (V)	I_{FSM} 10 ms (A)	Référence	V_F à I_F max. (V)	(A)	I_R à V_{RRM} max. (mA)	T_{rr} max. (ns)	T_j max. (°C)	I^2t 10 ms A^2s	Boîtier
1	100 600 1 000	50	1N4002 1N4005 1N4007	1,1	1	0,005	-	150		F 126
1	400 600 1 000	35	BA157 BA158 BA1559	1,3	1	0,005	300	150	3,12	F 126
3	400 600 800	100	BY252 BY253 BY254	1,1	3	0,005	-	150		DO 27A
3	200 400 800	100	BY397 BY398 BY399	1,3	3	0,01	500	150	28	DO 27A
10	200 400 600 800	140	BY239-200A BY239-400A BY239-600 BY239-800	1,45	30	0,5	-	125		DO 220
10	600 800	120	ESM765PI 600 ESM765PI 800	1,4	10	1	300	150		DO 220
20	400 600 800 1 000	400	1N1196A, (R)* 1N1198A, (R)* RN820, (R)* RN1120, (R)*	1,5	70	5	-	150		DO 5
20	400 500	225	1N3903, (R)* BYX62-600, (R)*	1,4	20	6	200	150	250	DO 5

* Le suffixe (R) indique la possibiité d'obtenir l'anode reliée au boîtier.

BOÎTIERS

F 126

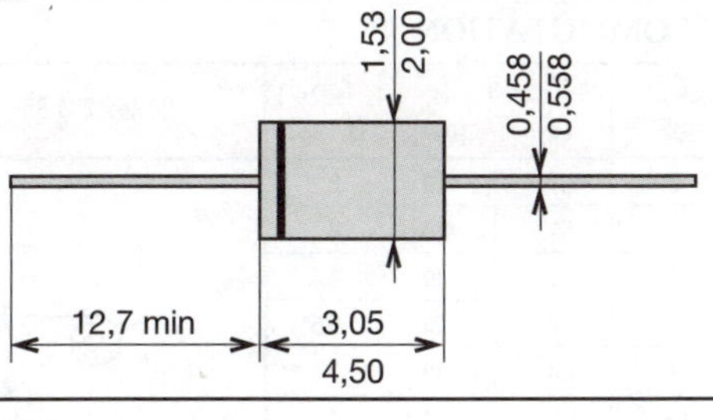

DO 27A

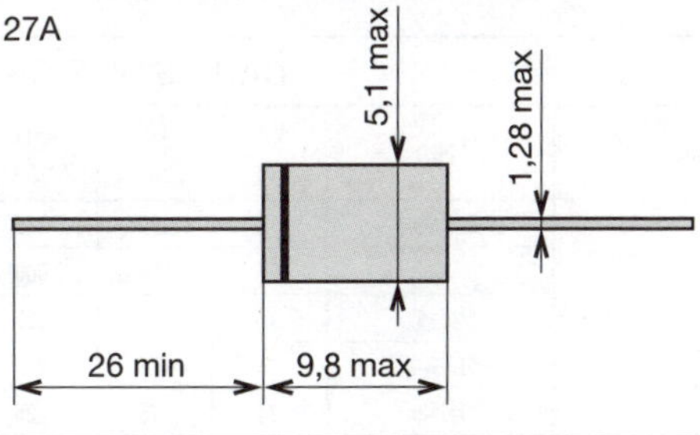

DO 220

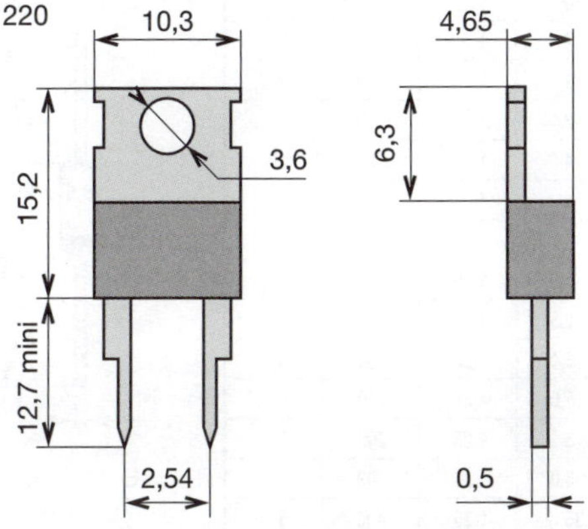

DO 5

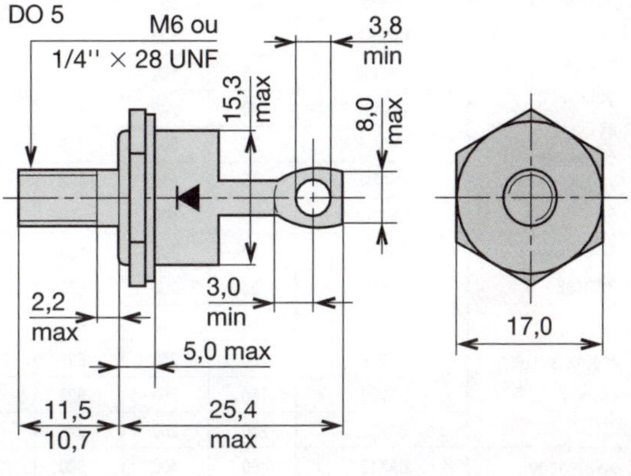

10■7 Diodes de signal et de commutation

On différencie les diodes de redressement des diodes de commutation par leur temps de recouvrement direct et inverse. Lorsqu'une diode conduit dans le sens direct, un excès de porteurs minoritaires se forme de part et d'autre de la jonction. Si on applique alors une tension inverse, la diode ne se bloque pas immédiatement.

Le temps de commutation : direct-inverse est le **temps de recouvrement inverse (t_{rr}).**

Pour les mêmes raisons, à la mise sous tension, la diode ne répond pas immédiatement à la montée du signal appliqué.

Le **temps de recouvrement direct (t_{fr})** ou temps de montée doit également être très faible pour redresser des signaux de haute fréquence.
Pour les diodes rapides, ces temps sont de l'ordre de quelques nanosecondes.

Le **courant de recouvrement inverse (i_{rr})** et la **charge recouvrée (Q_{rr})** caractérisent également ces diodes.

CARACTÉRISTIQUE À LA COMMUTATION

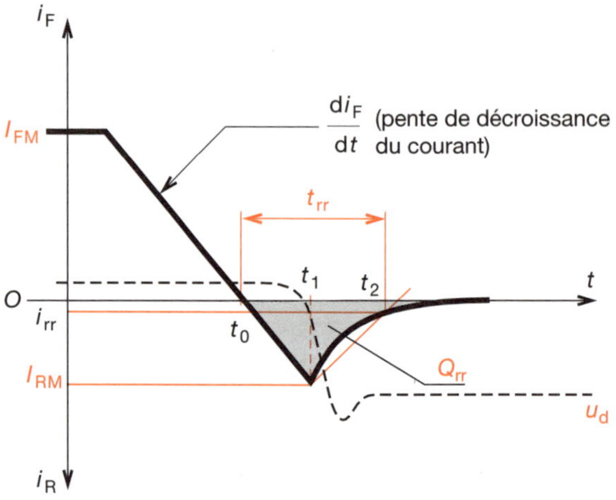

DIVERSES FORMES DE RECOUVREMENT

Diode à remontée rapide (snap off) — Diode à remontée progressive (soft recovery)

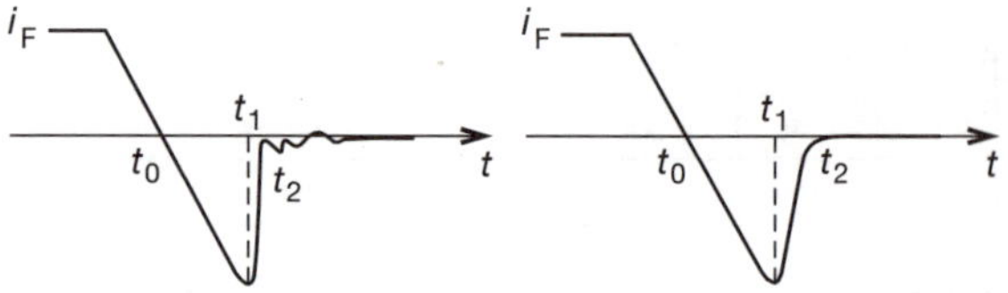

10■71	DIODES DE SIGNAL ET DE COMMUTATION									
Utilisation	**Type**	V_R (V)	I_F (mA)	I_{FRM} (mA)	t_{rr} (ns)	C_d (pF)	V_F (V) à	I_F (mA)	I_{FSM} (A1µs)	**Boîtier DO 35**
Usage général	BA318	50	100	225	4	2	1,1	100	2	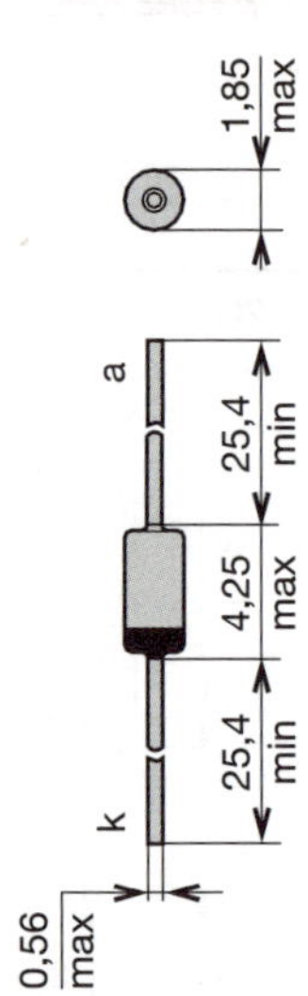
	BAX18	75	500	2 000	50	25	1,1	400	6	
	1N914	75	75	225	4	4	1,0	10	0,5	
	1N914A	75	75	225	4	4	1,0	20	0,5	
	1N916	75	75	225	4	2	1,0	10	0,5	
Avalanche	BAS11	300	350	2 000	1 000	10	1,1	300	4	
Usage général et commutation rapide	BAW62	75	100	450	4	2	1	100	2	
	1N4148	75	150	450	4	4	1	10	2	
	1N4151	50	200	450	2	2	1	50	2	
	1N4446	75	200	450	4	4	1	20	2	
	1N4448	75	200	450	4	4	1	100	2	
	1N4449	75	200	450	4	2	1	30	2	
Mémoires à tores	BAV10	60	300	600	6	2,5	1,25	500	4	
	1N4150	50	300	600	6	2,5	1	200	4	
Haute tension rapide	BAV18	50	250	625	50	5,0	1,25	200	5	
	BAV19	100	250	625	50	5,0	1,25	200	5	
	BAV20	150	250	625	50	5,0	1,25	200	5	
	BAV21	200	250	625	50	5,0	1,25	200	5	
Avalanche	BAX12	90	400	800	50	35	1,25	400	6	

10■8 Diodes Schottky

La jonction de ces diodes est réalisée à partir d'un semi-conducteur du type N ou P et d'un métal. Les caractéristiques courant tension de ces diodes ont la même allure que celle des diodes de redressement, mais pour un même courant direct, la tension directe est plus faible. De plus, du fait de l'absence de courant inverse lors de la commutation, le temps de recouvrement inverse (t_{rr}) est quasiment nul.

10■81 Caractéristiques

- Les caractéristiques statiques sont similaires à la diode de signal, la tension de seuil V_0 est de 0,3 V environ.
- Les caractéristiques dynamiques se déterminent de la même façon que pour les diodes de signal.
- Le facteur de bruit F est plus faible que pour les diodes de signal, du fait de la jonction Métal-semi-conducteur.

SYMBOLES

CARACTÉRISTIQUE COMPARÉE DES DIODES À JONCTION ET DES DIODES SCHOTTKY

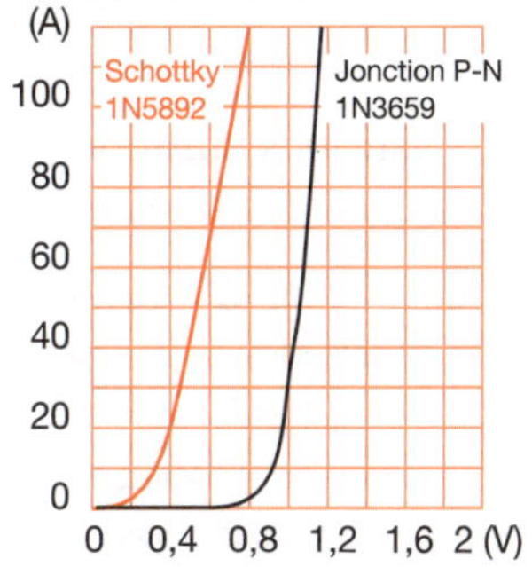

10■82 DIODES SCHOTTKY

Utilisation	Type	Valeur à ne pas dépasser V_{BR} (V)	I_F (mA)	Caractéristiques à T_{amb} = 25 °C V_F (mV)	à I_F (mA)	V_F (mV)	à I_F (mA)	I_R (µA)	à V_R (V)	C (pF)	à f (MHz)	Boîtier
U_{HF} / V_{HF}	BA481	4	30	< 450	1	< 600	10	10	4	< 1,1	1	DO 34
	BAT81	40	150	< 410	1	< 1 000	15	10	40	< 1,6	1	
	BAT82	50	150	< 410	1	< 1 000	15	10	50	< 1,6	1	
	BAT83	60	150	< 410	1	< 1 000	15	10	60	< 1,6	1	DO 34
	BAT85	30	600	< 400	10	< 800	100	2	25	< 10	1	
	BAT86	50	500	< 450	10	< 900	100	5	40	< 8	1	
Générale	BAS81	40	150	< 410	1	< 1 000	15	10	40	< 1,6	1	
	BAS82	50	150	< 410	1	< 1 000	15	10	50	< 1,6	1	
	BAS83	60	150	< 410	1	< 1 000	15	10	60	< 1,6	1	SOD 80
	BAS85	30	600	< 400	10	< 800	100	2	25	< 10	1	
	BAS86	50	500	< 450	10	< 900	100	5	40	< 8	1	
	BAT74	30	600	< 320	1	< 400	10	2	25	< 10	1	SOT 143
Alimentation à découpage	BYV10-20	20	1 A									
	BYV10-30	30	1 A	0,39 V	0,1	0,55 V	1 A	1 000	V_R	220		DO 41
	BYV10-40	40	1 A									

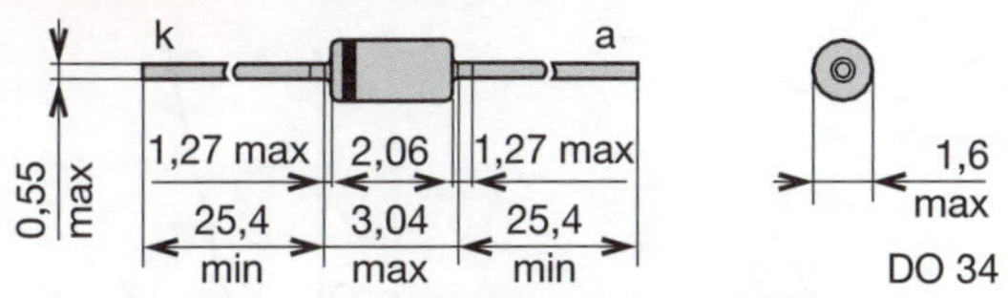

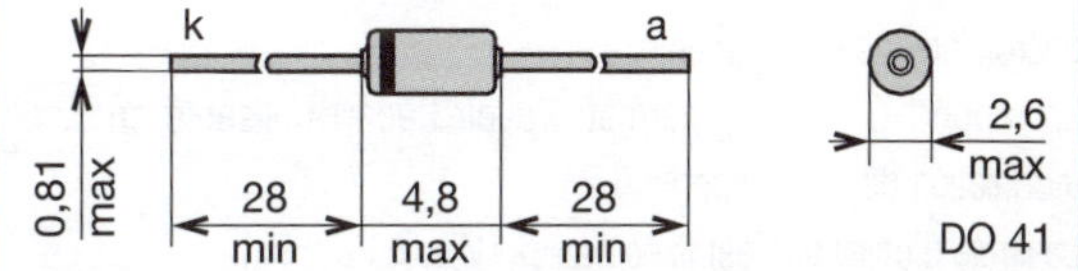

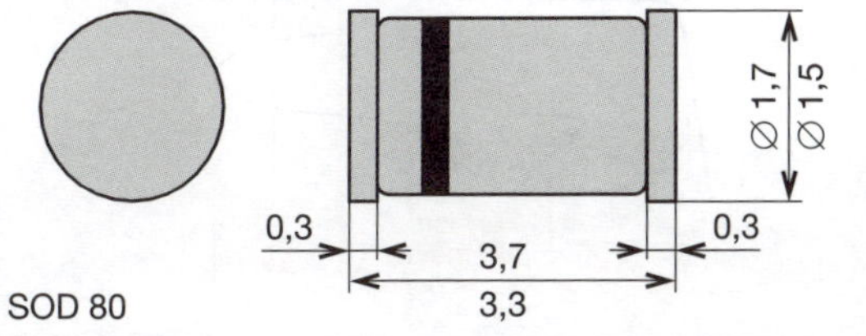

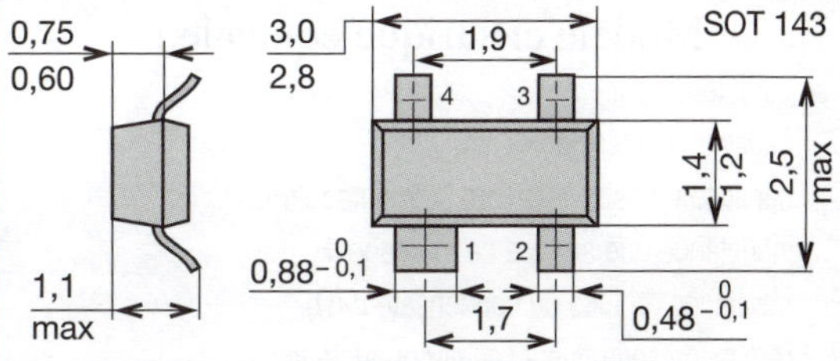

10.9 Diodes varicaps

Les **varicaps** sont des diodes à capacité variable.

Les **varactors** sont des diodes à capacité variable de puissance pour U_{HF} (250 GHz).

Utilisation :

- Accord des circuits oscillants en HF.
- Contrôle automatique de fréquence.

10.91 Caractéristiques statiques

Similaires aux diodes standard (redressement).

10.92 Caractéristiques dynamiques

Une jonction polarisée en sens inverse présente une zone neutre isolante dont l'épaisseur est fonction de la tension inverse. Cette zone joue le rôle d'un diélectrique et a un effet de capacité. La capacité de la diode dépend donc de la tension inverse V_R appliquée.

$$C_T = \frac{C_0}{(1 + V_R/V_0)^\gamma}$$

C_T : capacité à la tension V_R (F).

C_0 : capacité de la jonction non polarisée.

V_0 : tension de seuil (V) 0,3 V germanium,
0,7 V silicium,
1,1 V arséniure de gallium.

γ : facteur de forme 0,5 pour les jonctions abruptes,
0,33 pour les jonctions graduelles,
> 0,5 pour les jonctions hyperabruptes.

Le coefficient de surtension de la diode est :

$$Q = \frac{1}{2\pi f C_T R_s}$$

f : fréquence (Hz).

R_s : résistance série due au semi-conducteur. Cette résistance décroît lorsque V_R augmente.

Le rapport C_{max}/C_{min} permet d'avoir l'écart utilisable en modulation de fréquence.

La limite d'utilisation est fixée par V_R ($V_{BR} < V_R < V_0$).

10.93 Modèle électrique équivalent

Il se caractérise par :

C_T : capacité à la tension V_R (F),

C_p : capacité parasite inhérente au montage (F),

l_s : inductance due au type de montage (H),

R_f : résistance de fuite du condensateur (Ω),

R_s : résistance série due au semi-conducteur.

SYMBOLES

VARIATION DE C_T EN FONCTION DE V_R

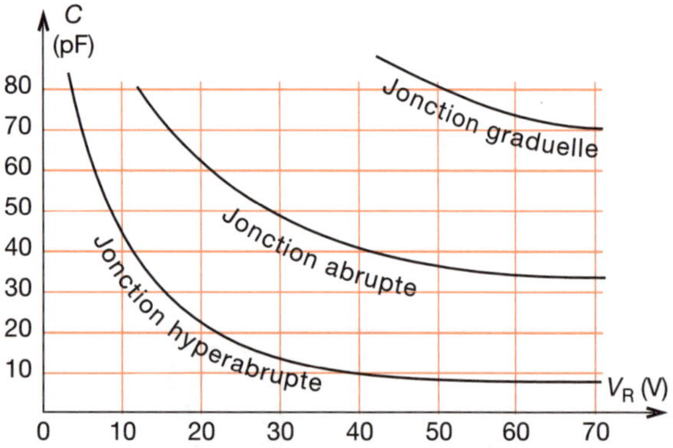

MODÈLE ÉLECTRIQUE COMPLET

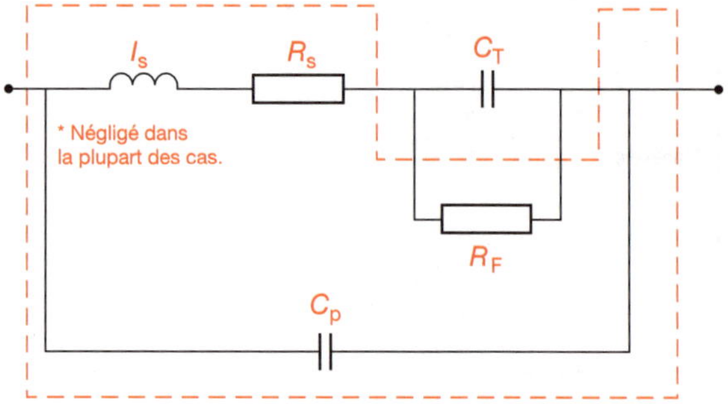

LIMITES D'UTILISATION

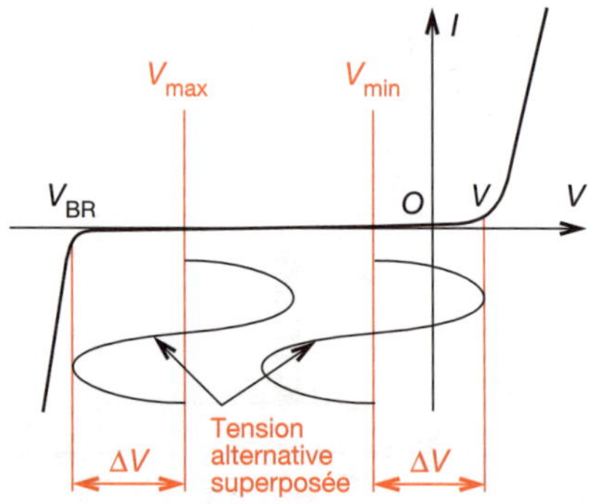

10 ■ 94 DIODES VARICAPS

Applications	Type	$U_{R\,max}$ (V)	C_D (pF)	U_R (V)	Rapport C_D (.V/.V)	à U_R (V)	Boîtier
	BA 102	20	20... 45	4	> 1,4	4/10	DO 7
	BA 111	20	45... 65	2	> 1,3	4/10	DO 7
	BA 121	30	5... 8,5	10	> 1,3	4/10	DO 7
	BA 124	30	27... 40	10	> 1,3	4/10	DO 7
	BA 125	30	19... 33	10	> 1,3	4/10	DO 7
VHF	BA 138	30	3,8... 4,9	30	2,4	3/30	DO 7
FM	BB 103	30	27... 31	3	2,65	3/30	DO 7
UHF	BB 104	30	34... 39 a)	3	2,5	3/30	
TV → 700 MHz	BB 105 A	28	2,3... 2,8 b)	25	4,0	3/25	SOD 23
TV → 860 MHz	BB 105 B	28	2,0... 2,3 b)	25	4,5	3/25	SOD 23
TV → 88 MHz	BB 105 G	28	1,8... 2,8 b)	25	4,0	3/25	SOD 23
TV → 230 MHz	BB 106	28	4,0... 5,6 b)	25	4,5	3/25	SOD 23
VHF	BB 109	28	26... 32	3	5	3/25	SOD 23
FM	BB 110 B	30	29... 33	3	2,65	3/30	SOD 23
FM	BB 110 G	30	27... 31	3	2,65	3/30	SOD 23
GO, LO, OC	BB 113	32	230... 260 c)	1	17	1/30	SOD 23
	BB 117	20	2,2... 4	15	> 2,0	4/15	
	BB 119	15	20... 25	15	> 1,3	4/10	
FM	BB 204 B	30	37... 42 a)	3	2,65	3/30	TO 92
FM	BB 204 G	30	34... 39 a)	3	2,65	3/30	
TV → 790 MHz	BB 205 A	28	2,0... 2,5 b)	25	4,3	3/25	
TV → 860 MHz	BB 205 B	28	1,9... 2,2 b)	25	5,0	3/25	
TV → 88 MHz	BB 205 G	28	1,8... 2,6 b)	25	4,3	3/25	
VHF	BB 209	28	typ. 21	3	6,8	3/25	SOD 23
VHF pour autoradio	BB 304	30	42... 47,5 a)	2	1,65	2/8	
TV par câble	BB 309	28	49... 56	1	12	1/28	
GO, PO, OC	BB 413	32	345... 410 c)	1	17	1/30	
	BB 501 BB 503	} 28	9... 14	3	> 1,3	3/25	
	BB 502 BB 504	} 28	26... 32	3	> 1,3	3/25	
TV → 860 MHz	BB 505 B	28	typ. 11	3	4,5	3/25	
VHF	BB 505 G	28	typ. 11	3	4,3	3/25	
Domaine basse VHF	BBY 30	30	29... 31	3	2,5	3/30	SOT 23
VHF et UHF	BBY 31	28	typ. 17,5	1	5	3/25	SOT 23
AM (3 éléments) d)	KV 1225	25	510... 620	1	20	1/25	
AM (2 éléments) d)	KV 1226	25	510... 620	1	20	1/25	
AM (3 éléments) d)	KV 1235	9	445... 535	1	16,5	1/9	
AM (3 éléments) d)	KV 1235 Z	8	445... 535	1	16,5	1/8	CMS
AM (2 éléments) d)	KV 1236	9	445... 535	1	16,5	1/9	
AM (2 éléments) d)	KV 1236 Z	8	445... 535	1	16,5	1/8	
FM	KV 1310	8	25... 30 a)	0,5	27	0,5/8	
FM	KV 1320	25	18... 23 a)	7	2,8	7/25	

a) 2 diodes dans un même boîtier ;
b) sont fournies par paires ;
c) 3 diodes dans un même boîtier ;
d) les éléments peuvent être séparés physiquement.

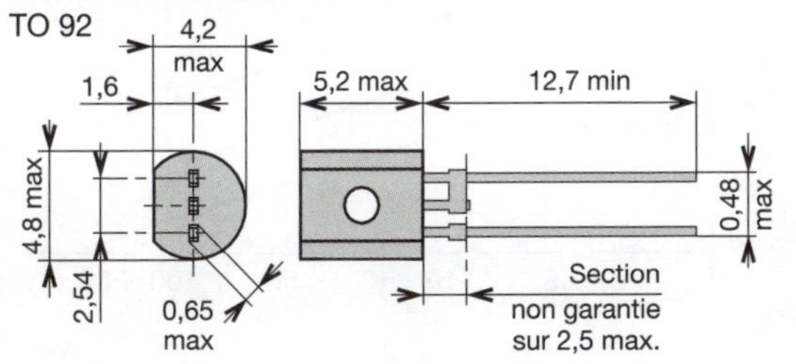

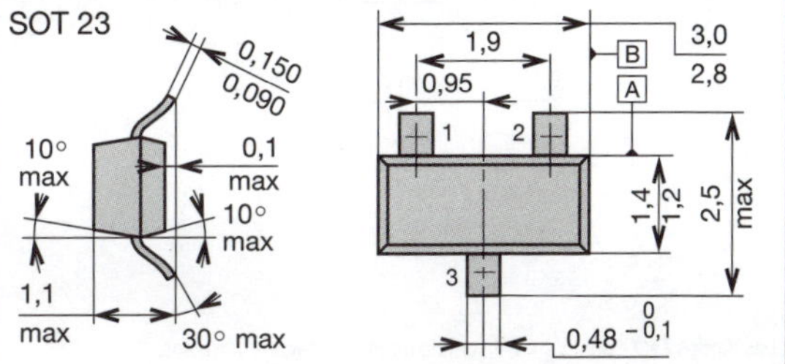

10 ■ 10 Diodes Zener

10 ■ 101 Caractéristiques

Dans le sens direct, cette diode conduit comme une diode de redressement, dans le sens inverse le courant reste nul jusqu'à la tension V_Z de Zener, puis cette tension reste pratiquement indépendante du courant.

■ La tension Zener, en fonction du type de diode choisie, peut varier entre 2,4 V et 270 V.

■ La variation de la caractéristique en fonction de la température se fait par rapport à l'effet utilisé pour le claquage de la jonction.

■ Pour les tensions Zener de fortes valeurs (> 10 V), c'est l'effet d'avalanche.

■ Pour les tensions Zener de faibles valeurs (de 2,4 V à 5 V), c'est l'effet Zener.

■ Entre ces tensions, c'est une combinaison de ces effets.

SYMBOLES

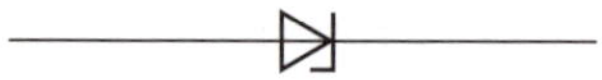

CARACTÉRISTIQUE STATIQUE

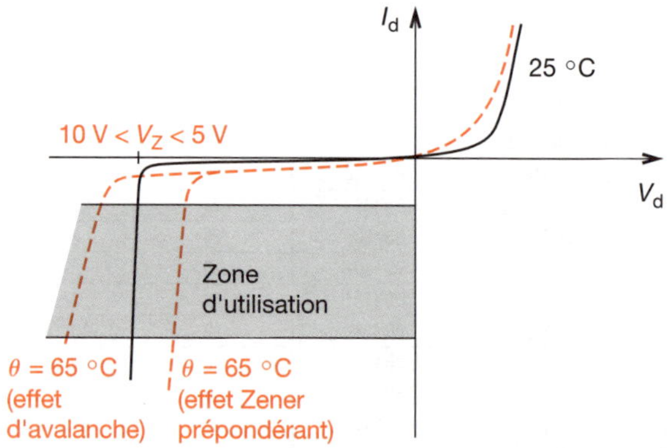

10 ■ 102 MODÈLE STATIQUE

C'est une source de tension de valeur V_Z en série avec une résistance interne R_Z. En convention système récepteur.

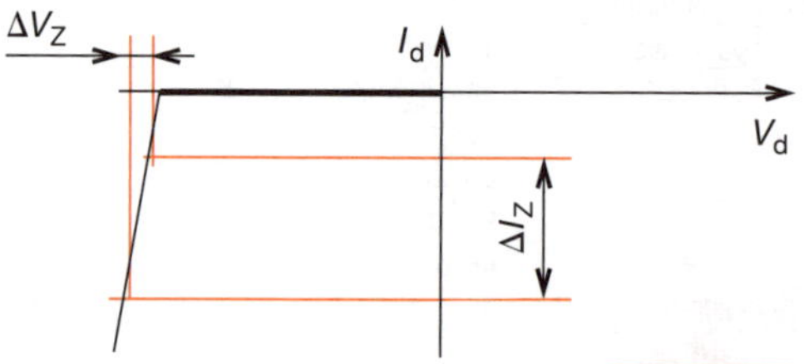

$$R_z = \frac{\Delta V_z}{\Delta I_z}$$

10 ■ 103 MODÈLE DYNAMIQUE

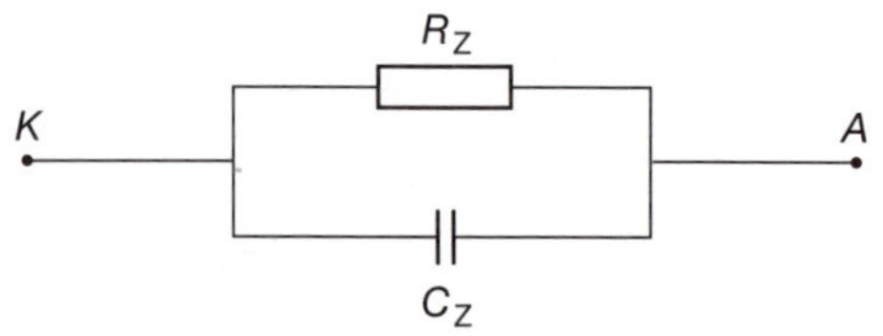

Les diodes Zener dont V_Z = 7 V sont de bonnes capacités variables.

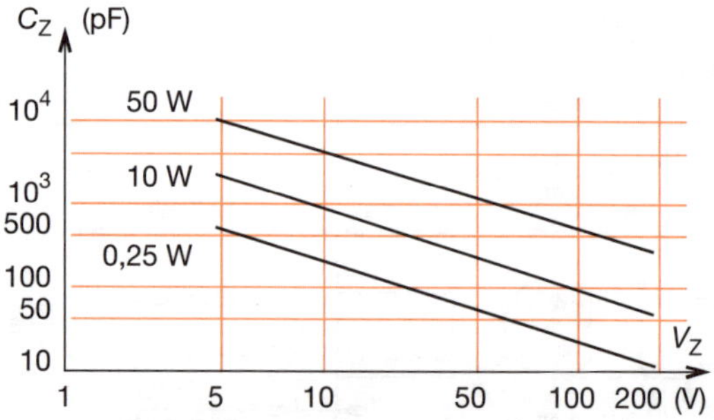

10 ■ 104 Diodes Zener et bruit

Les diodes Zener génèrent une tension de bruit particulièrement importante.

$$E_Z^2 = 2qR_Z^2 I_0$$

q : 1,6.10^{-19} coulombs (C).
R_Z : résistance interne (Ω).
I_0 : courant dans la diode (A).
E_Z : densité spectrale de bruit (V^2/Hz).
Les diodes de référence à faible tension ($V_Z < 5$ V) sont les moins bruyantes.

10 ■ 105 Coefficient thermique

$$\alpha = \frac{\Delta V_{ZT}}{V_{ZT}.\Delta T}$$

ΔV_{ZT} : variation de la tension de Zener pour une variation de température de ΔT.
α : coefficient thermique de tension (°C^{-1}).

Il existe des diodes de référence de tension compensées en température, elles sont constituées d'une diode polarisée en direct, dont le V_F diminue de 2,3 mV par degré, et d'une diode Zener dont le V_Z augmente avec la température.

10 ■ 106 Symboles

V_F : tension directe pour un courant direct I_F (V).
I_F : courant direct pour une tension directe V_F (A).
V_{ZT} : tension de stabilisation pour le I_{ZT} (V).
I_{ZT} : courant de stabilisation (A).
R_{ZT} : résistance différentielle pour I_{ZT} (Ω).
I_{ZK} : courant de mesure dans la région du coude (A).
r_{ZK} : résistance différentielle pour I_{ZK} (Ω).
α_{VZ} : coefficient de température.
I_R : courant inverse pour V_R (V).
V_R : tension de mesure du courant I_R (70 % de V_Z) (V).
I_{ZM} : valeur limite maximale du courant stabilisé (A).

Le choix d'une diode stabilisatrice se fera en fonction de la tension à stabiliser (**V_{ZT}**) et du courant traversant la diode (**I_{ZT}**) soit de la puissance (**P_Z**) dissipée par la diode.

BRUIT D'UNE DIODE ZENER

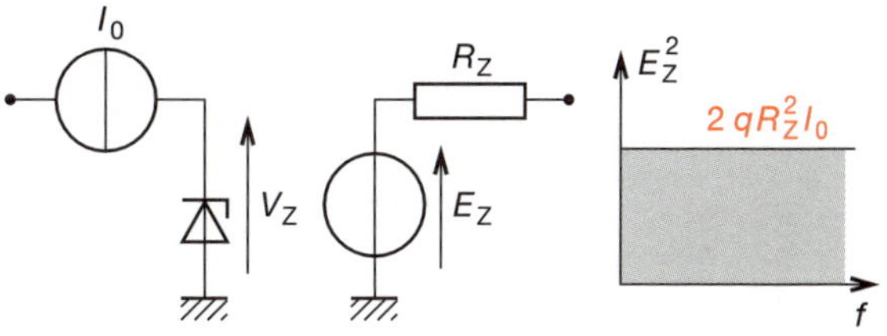

DENSITÉ SPECTRALE UNILATÉRALE

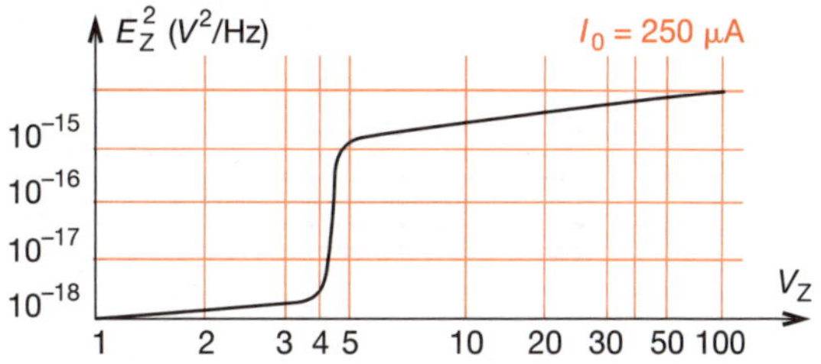

SYMBOLES

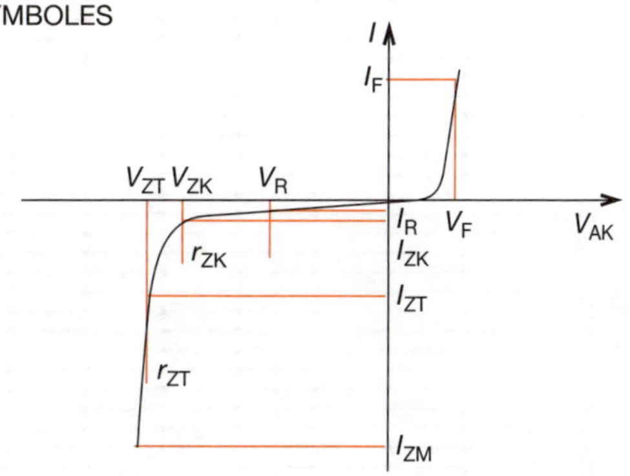

EXEMPLES D'APPLICATIONS

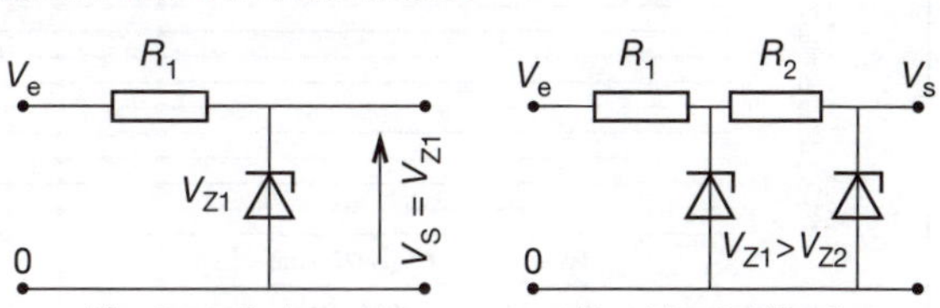

Montage de base — Double stabilisation

Création d'un seuil de tension

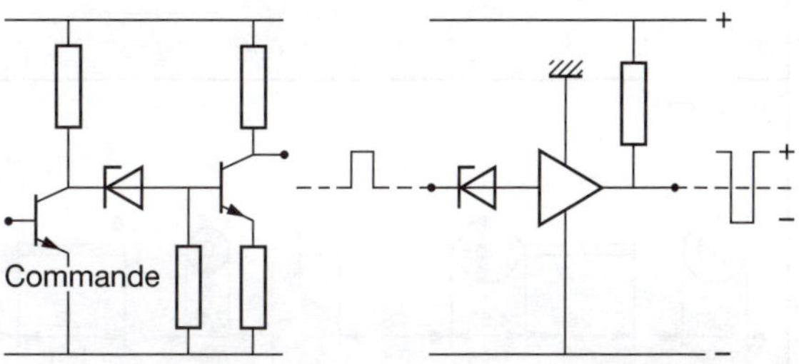

en liaison — en décalage d'échelle

10 ■ 107 DIODES STABILISATRICES

DIODES DE RÉGULATION

Type	P_{tot} max.	Boîtier
BZX84	300 mW	SOT23
PMBZ5226B (série)	300 mW	SOT23 (1)
BZV55	500 mW	SOD80
PMLL5225B (série)	500 mW	SOD80 (1)
BZV60	500 mW	DO34
BZX55	500 mW	DO35
BZX79	500 mW	DO35
1N5225B (série)	500 mW	DO35 (1)
BZV49	1 W	SOT89
BZV85	1,3 W	DO41
BZD27	2,3 W	SOD87
BZD23	2,5 W	SOD81
BZT03	3,25 W	SOD57
BZW03	6 W	SOD64
BZY93	20 W	DO4
BZY91	100 W	DO5

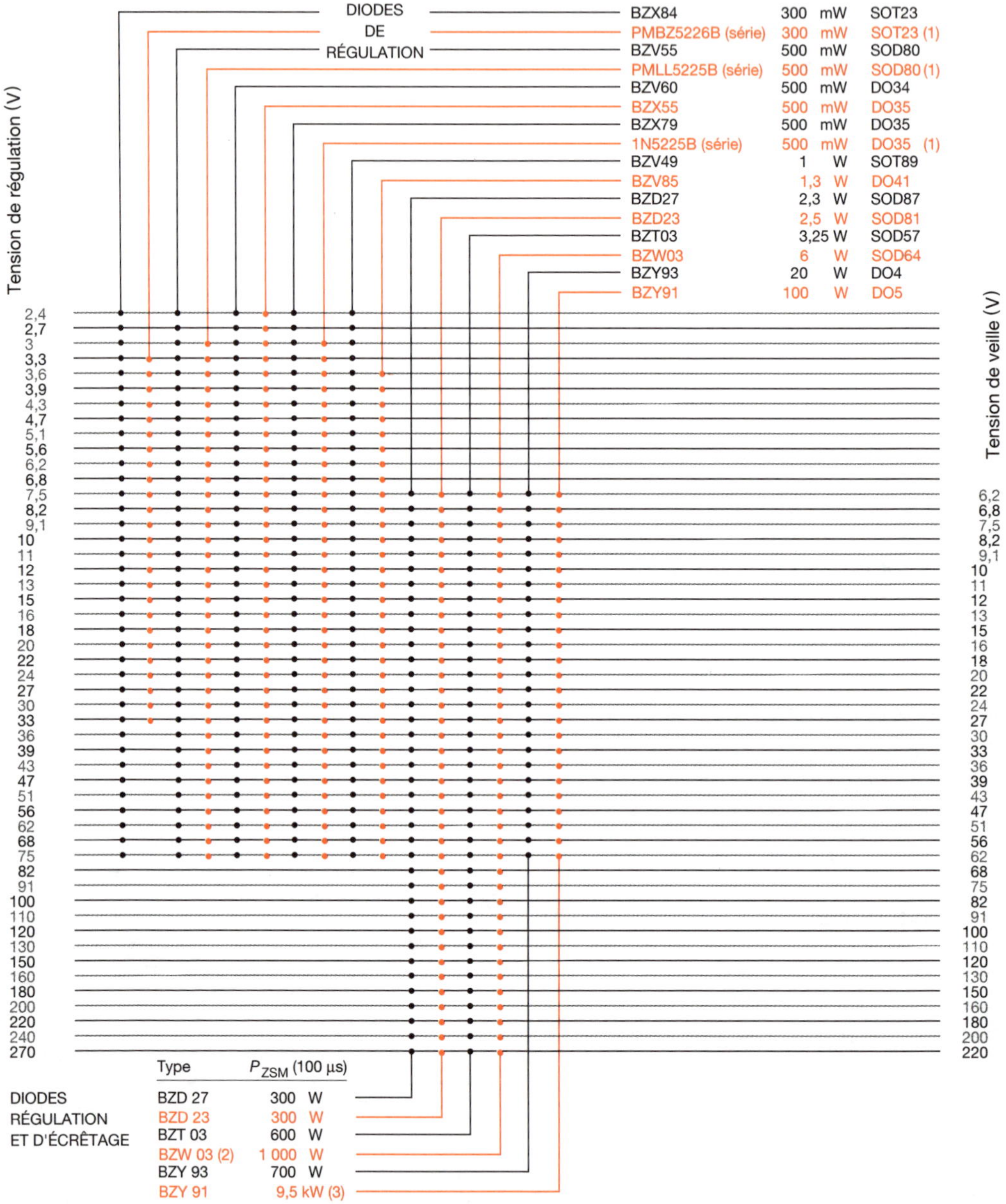

DIODES RÉGULATION ET D'ÉCRÊTAGE

Type	P_{ZSM} (100 µs)
BZD 27	300 W
BZD 23	300 W
BZT 03	600 W
BZW 03 (2)	1 000 W
BZY 93	700 W
BZY 91	9,5 kW (3)

SOD 57

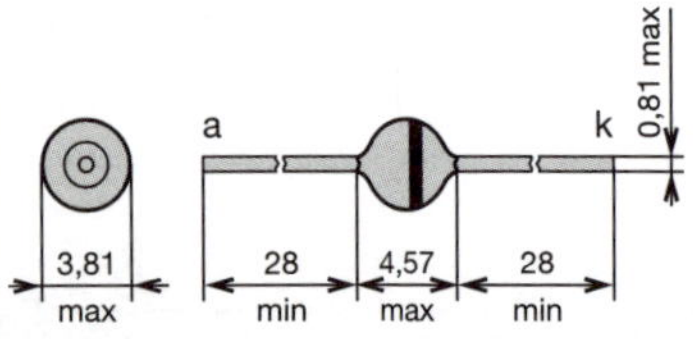

SOD 81

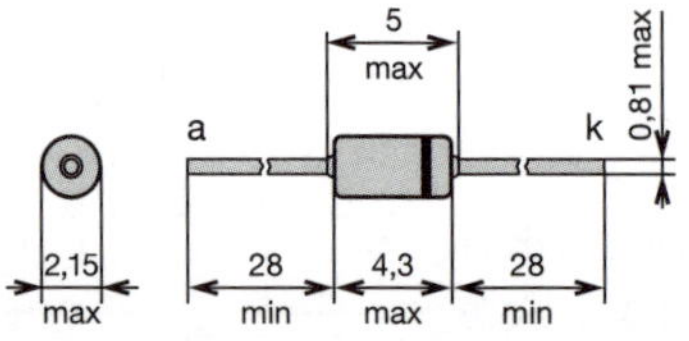

SOD 64

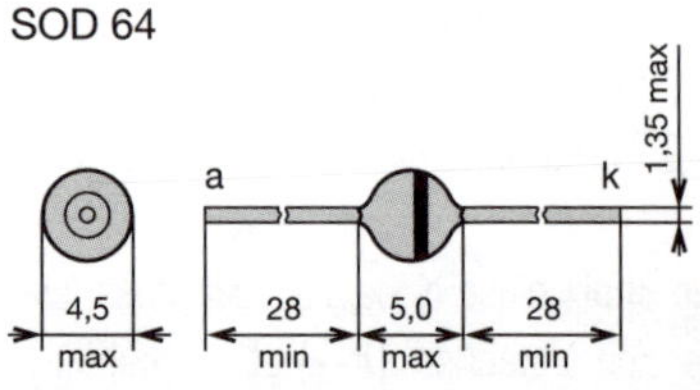

10 ■ 11 Diodes Tunnel

Les diodes Tunnel sont des jonctions PN qui utilisent l'effet Tunnel pour obtenir une résistance dynamique négative.

10 ■ 111 Caractéristiques statiques

I_p : courant de pic ≈ 1 mA.
I_v : courant de vallée ≈ 0,12 mA.
V_p : tension de pic ≈ 65 mV.
V_v : tension de vallée ≈ 320 mV.
V_{Fi} : tension d'égale hauteur ≈ 500 mV.

10 ■ 112 Caractéristiques dynamiques

r_n : résistance dynamique typique ≈ 140 Ω.
C_j : capacité de jonction ≈ 4 pF.
f_c : fréquence de coupure typique ≈ 2,5 GHz.

10 ■ 113 Fonctionnement en amplificateur

La diode est polarisée par l'intermédiaire de l'inductance L et de la charge R_{ch} au point de fonctionnement (I_s, V_s) ; en prenant une résistance dynamique de 140 Ω avec une résistance de charge de 220 Ω, nous obtenons :

$$G = \frac{V_s}{V_e} = \frac{R_{ch}}{R_{ch} - R_n} = \frac{220}{80} = 2{,}75.$$

10 ■ 114 Fonctionnement en oscillateur

La diode est polarisée par l'intermédiaire de R_1 qui est découplée par C_{dec}.
Le schéma équivalent montre la mise en parallèle d'une résistance R, qui est la résistance parasite de l'inductance L avec la résistance $-r_n$ de la diode Tunnel

$$R_{éq} = -\frac{r_n R}{R - r_n}.$$

Si $r_n < R$, nous avons démarrage d'oscillations à la fréquence

$$f_0 = \frac{1}{2\pi\sqrt{LC}}.$$

10 ■ 115 Exemples de diodes Tunnel

Référence	I_p (mA)	I_v (mA)	V_p (mV)	V_v (mV)	C (pF)
1N3712	1	0,18	65	350	10
1N3714	2,2	0,31	65	350	25
1N3718	10	2,2	65	350	90
1N3719	10	1,4	65	350	50
1N3720	20	4,8	65	350	150

SYMBOLISATION

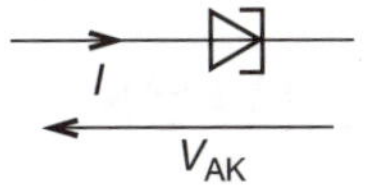

CARACTÉRISTIQUES STATIQUES

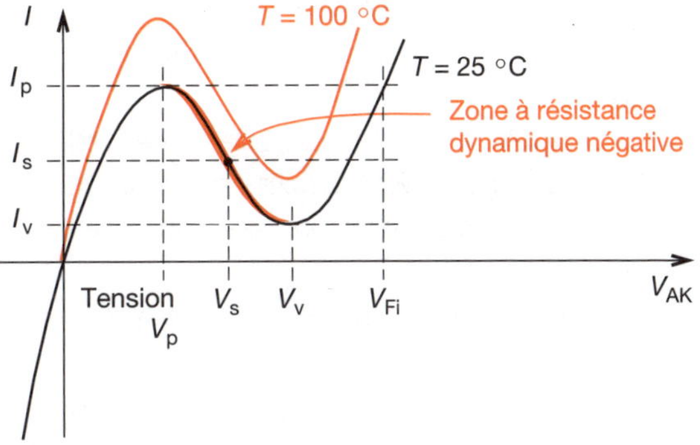

FONCTIONNEMENT EN AMPLIFICATEUR

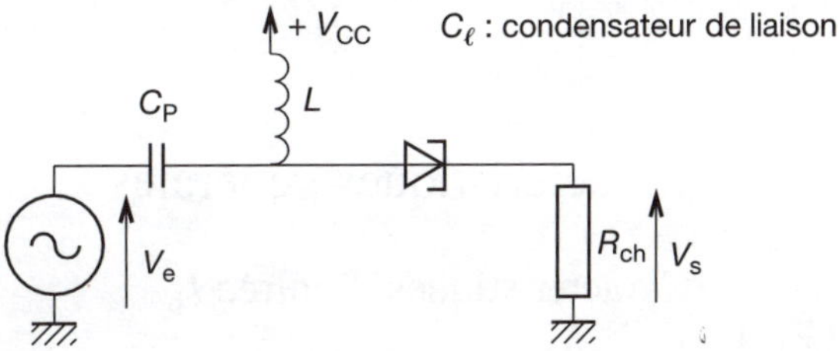

Modèle équivalent petits signaux

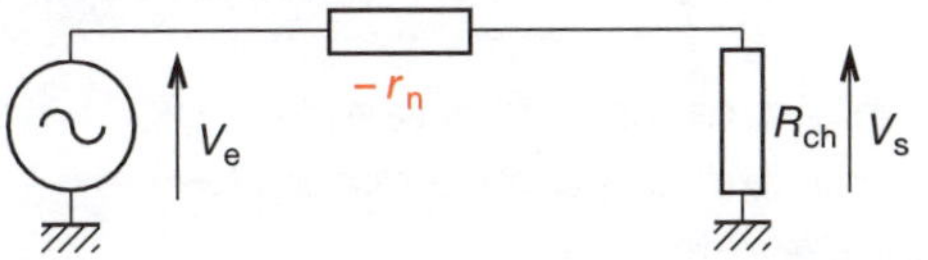

FONCTIONNEMENT EN OSCILLATEUR

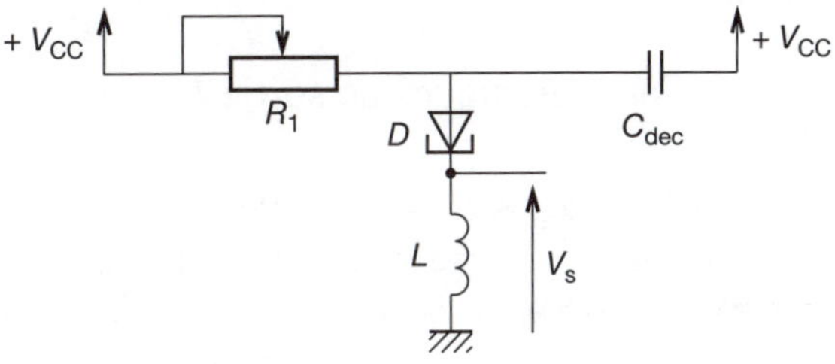

Schéma équivalent

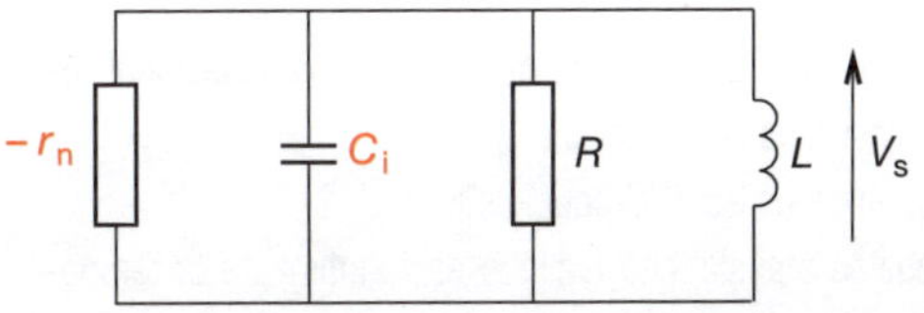

11 Transistors bipolaires

Un transistor comporte trois connexions :
l'**émetteur** e, la **base** b, le **collecteur** c.

On distingue deux types de transistors qui diffèrent par leur structure :

- le transistor **NPN** dans lequel la base, zone de type P, est située entre deux zones de type N, l'émetteur et le collecteur ;
- le transistor **PNP** dans lequel la base, zone de type N, est située entre deux zones de type P.

La flèche sur le symbole indique l'émetteur et le type de transistor.

Le transistor est un semi-conducteur contrôlable permettant deux types de fonctionnement. Un fonctionnement bloqué-saturé et un fonctionnement en amplificateur de courant (fonctionnement linéaire).

SYMBOLES

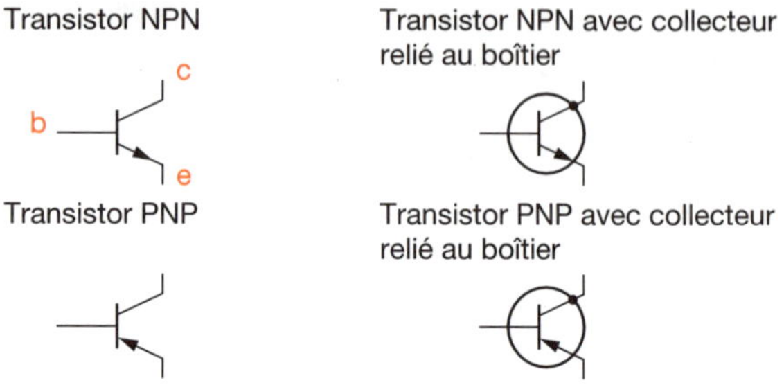

CONVENTIONS

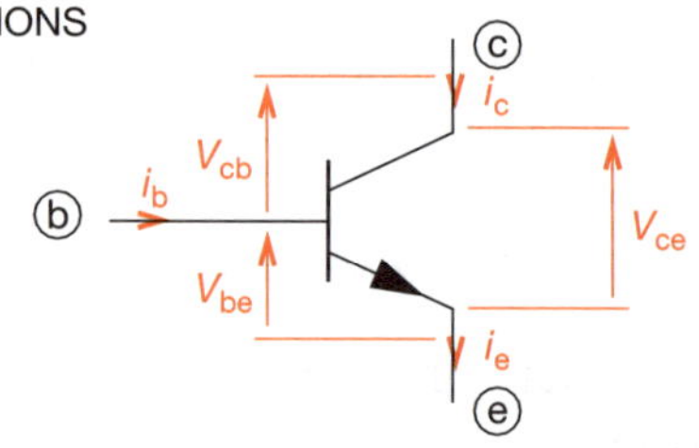

CARACTÉRISTIQUES D'ENTRÉE (2N1711)

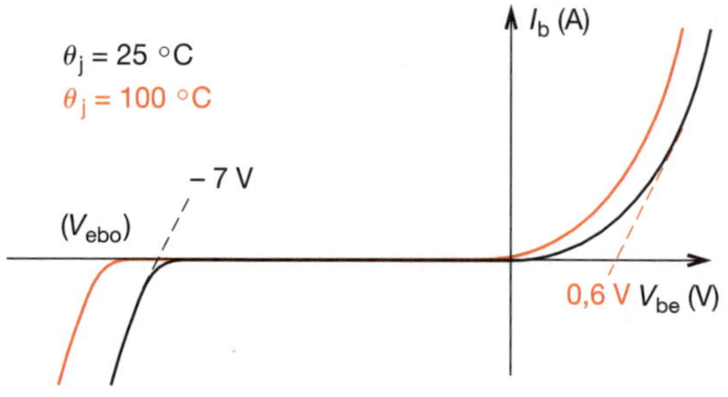

CARACTÉRISTIQUES DE SORTIE (2N1711)

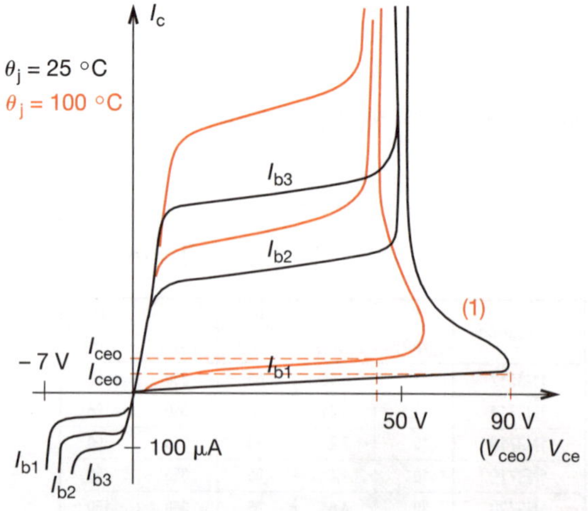

11 ■ 1 Caractéristiques générales

11 ■ 11 Caractéristiques d'entrée I_b (V_{be})

La caractéristique I_b (V_{be}) est donnée à V_{ce} constant, hors saturation.
V_{ebo} est la tension de claquage émetteur-base pour $I_c = 0$.
V_{cbo} est la tension de claquage collecteur-base pour $I_e = 0$.
(Utilisation possible en diode Zener.)
Lorsque la température augmente, la tension de seuil diminue de 2 mV/°C pour le silicium.

11 ■ 12 Caractéristiques de sortie I_c (V_{ce})

La caractéristique I_c (V_{ce}) est donnée à I_b constant.
La caractéristique 1 correspond à un montage où la base est reliée directement à l'émetteur (état bloqué).
La tension de 90 V correspond à une tension d'avalanche directe (V_{ceo}).
La température a pour effet de translater verticalement les caractéristiques horizontales.
I_{ceo} double tous les 7 °C pour le silicium.
La tension d'avalanche diminue en fonction de la température.

11 ■ 13 Caractéristique de transfert $I_c = f(I_b)$

La caractéristique de transfert permet de déterminer l'amplification en courant β.

$$\beta = \frac{I_c}{I_b}$$

I_c : courant collecteur (A).

I_b : courant base (A).

- β varie de 100 % lorsque I_c varie de 10^{-5} à 10^{-2} A.
- L'amplification en courant β augmente de 1 % par °C.

REMARQUE :

Le coefficient d'amplification entre I_c et I_e est α.

$$\alpha = \frac{I_c}{I_e}$$

AMPLIFICATION EN COURANT

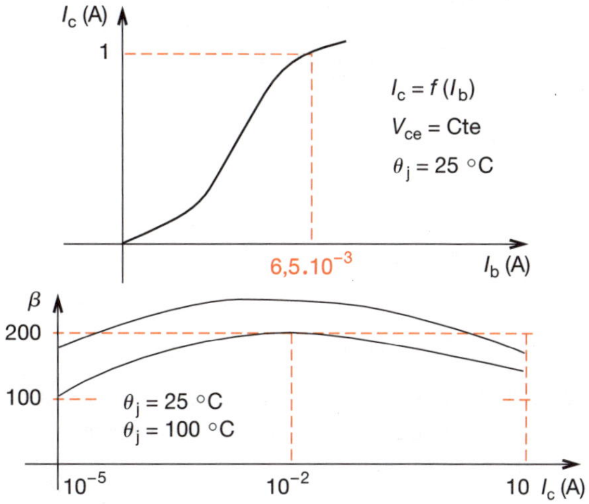

11 ■ 2 Courants de fuite

Lorsque l'on alimente la jonction collecteur base, on constate l'existence d'un courant de fuite I_{cbo} ($I_{cbo} \approx 0{,}1$ µA pour un 2N1711).

Relation entre I_{cbo} et I_{ceo} :

$$\begin{aligned} I_c &= \beta i_b + I_{ceo} \\ I_{ceo} &= (\beta + 1) I_{cbo} \end{aligned}$$

COURANTS DE FUITE

Caractérisation de I_{cbo}

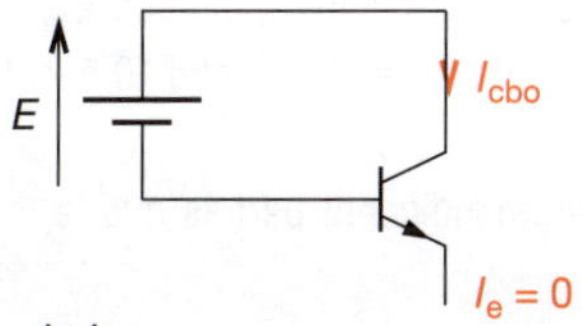

Caractérisation de I_{ceo}

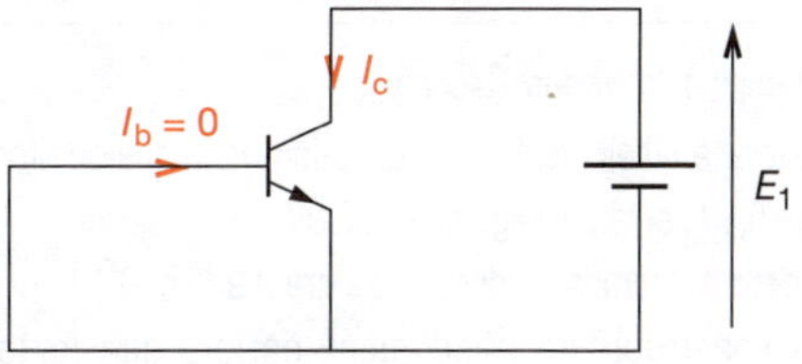

11 ■ 3 Relation I_c (V_{be}) grands signaux

Cette relation est appelée relation d'Ebers-moll.

$$I_c = I_s\left(e^{\frac{V_{be}}{V_T}} - 1\right)$$

$$I_s = \beta_0 I_{bs}$$

$$V_T = \eta \frac{kT}{q} \qquad V_T \approx 25 \text{ mV à } 300 \text{ K.}$$

$I_s \approx 10$ nA.

k : 1,38.10^{-23} J.K^{-1}.

q : 1,6.10^{-19} C.

T : température (K).

$1 < \eta < 2$: η coefficient fonction de la géométrie de la jonction. La plupart du temps, on utilise $\eta = 1$.

RELATION I_c (V_{be}) GRANDS SIGNAUX

Schéma d'application

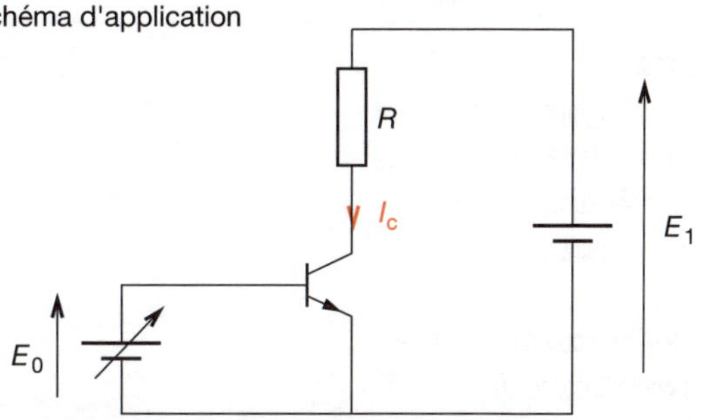

Lorsque $V_{be} > 30$ mV, $I_c \approx I_s e^{\frac{V_{be}}{V_T}}$.

11 ▪ 4 Transistors en régime de commutation

11 ▪ 41 États du transistor

■ État bloqué

C'est un état tel que $V_{ce} \approx U$ et $I_c \approx I_{ceo}$, cet état est obtenu pour un courant de base nul.

■ État saturé

i_c est limité par la charge, $i_c = \dfrac{U - V_{ce\,sat}}{R_{charge}}$.

Cet état est obtenu pour une intensité $i_b > \dfrac{i_c}{\beta}$, pour un transistor type 2N1711, la tension $V_{ce\ sat}$ aux bornes du transistor est de l'ordre de 0,3 V. Les constructeurs précisent ($V_{ce\ sat}$, $I_{c\ sat}$, $I_{b\ sat}$).

11 ▪ 42 Temps de la commutation

■ Temps à la fermeture (mise en conduction)

t_d (delay Time) ; temps de retard entre l'instant d'application de i_b et le passage de i_c à 10 % de sa valeur finale.

t_r (rise time), temps de montée de i_c entre 10 % et 90 % de sa valeur finale.

Les constructeurs n'indiquent parfois que le temps de fermeture t_{on} :

$$\mathbf{t_{on} = t_d + t_r}$$

■ Temps à l'ouverture (blocage)

t_s (storage time) : temps d'évacuation de la charge stockée, entre 0,9 I_b et le passage de i_c à 0,9 I_c.

t_f (fall time) : temps de descente entre 0,9 I_c et 0,1 I_c.

Les constructeurs n'indiquent parfois que le temps d'ouverture t_{off} :

$$\mathbf{t_{off} = t_s + t_f}$$

REMARQUE :

t_{on} et t_{off} augmentent avec :

- le niveau de saturation (i_c / i_{b1}),
- la température.

t_{on} et t_{off} diminuent avec :

- le rapport i_{b2}/i_{b1},
- la tension source du collecteur.

i_c : courant collecteur.

i_{b1} : courant direct de base du transistor en conduction.

i_{b2} : valeur maximale du courant inverse de base pour bloquer le transistor.

ÉTATS DE FONCTIONNEMENT

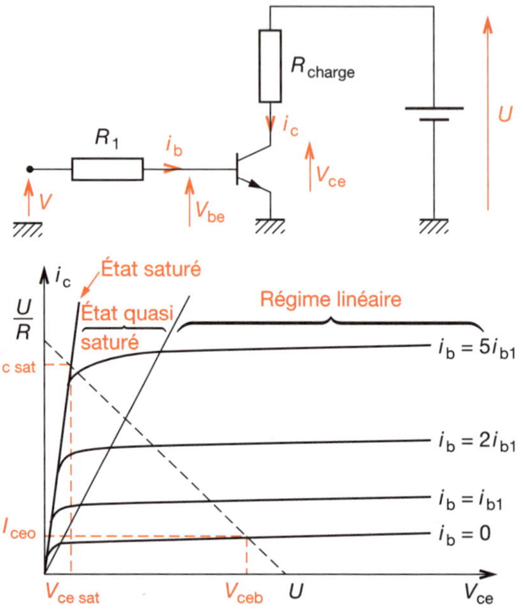

MISE EN CONDUCTION

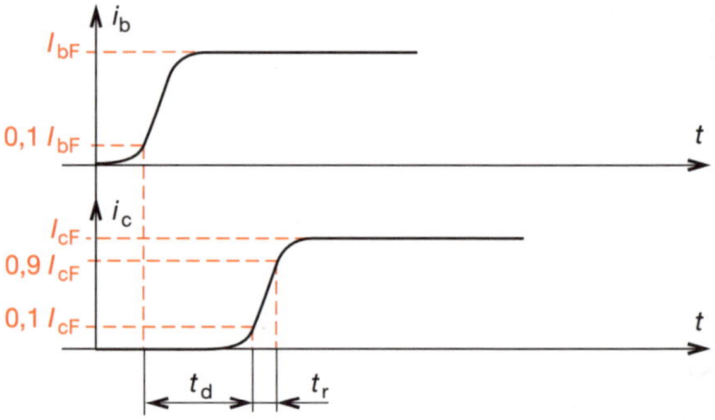

BLOCAGE

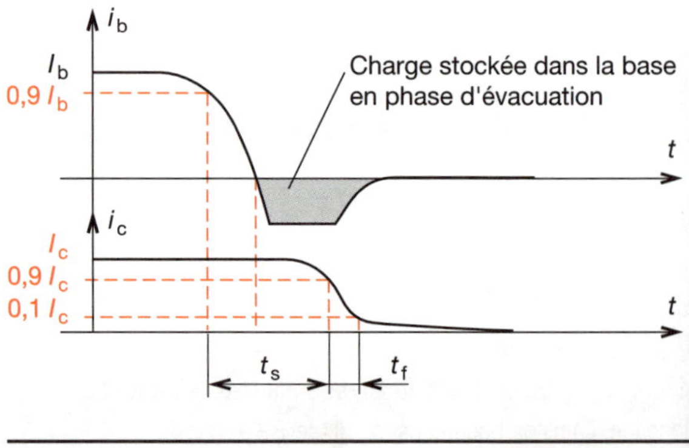

11 ▪ 43 Amélioration des temps de commutation

Cette amélioration consiste essentiellement à réduire t_{off}.

▪ Dispositif de limitation de la saturation

Le transistor est maintenu à la limite de la saturation.

$$V_{ce} = V_{be} + (V_d - V_{das})$$

comme $V_d - V_{das} \approx 0$,

$$V_{ce} = V_{be} > V_{ce\ sat}.$$

▪ Dispositifs de commande de base

Ces dispositifs assurent un courant i_b négatif jusqu'à son extinction et ensuite une tension V_{be} négative.

Par polarisation inverse de la base

Le principe est très simple, le courant évacué de la base dans la phase de blocage vaut $-\dfrac{V_2}{R}$,

en jouant sur l'importance de ce courant, on joue sur t_{off}.

Par pointe de courant

La pointe de courant est créée par le condensateur à l'instant du blocage, elle permet de réduire considérablement t_{off}.

Par contrôle de la variation du courant

t_{off} dépend de $\dfrac{di_b}{dt}$, il existe une vitesse de décroissance de i_b optimale.

$$\left(\frac{di_b}{d_t}\right)_{Opt} = \frac{1}{L}\,(-V_1 - V_{be})$$

L : inductance (H).

V_1 : tension appliquée (V).

$\left(\dfrac{di_b}{dt}\right)_{Opt}$: variation optimale de i_b (A/s).

REMARQUES :

Le montage darlington (voir § 12) utilise un premier transistor (driver) de commutation à faible courant i_c et un deuxième transistor de puissance. En commutation, seul le driver est saturé, ce qui permet de commuter une forte puissance avec un temps de commutation plus faible qu'un seul transistor de puissance.

Pour obtenir une bonne commutation avec ce montage, il faut :

- à l'état passant, veiller à bien saturer le transistor driver,
- à l'ouverture, comme on ne bénéficie pas de l'effet de multiplication des gains, il faut avoir recours au circuit extérieur pour réduire le temps de stockage et optimiser le temps de descente du courant collecteur,
- à la fermeture du circuit, il faut attaquer avec un courant de base suffisant et qui « monte » vite.

LIMITATION DE LA SATURATION

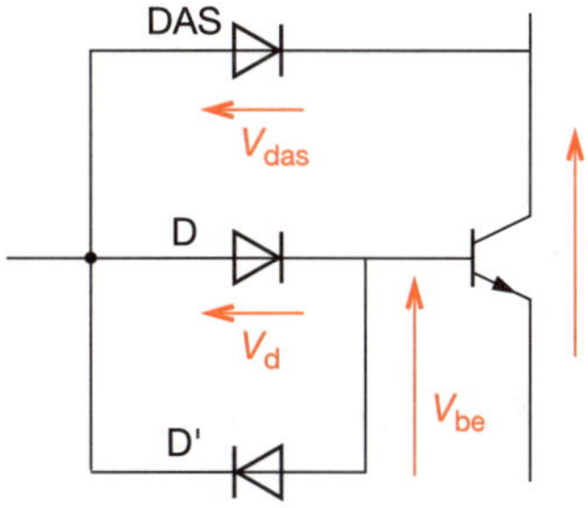

POLARISATION INVERSE DE LA BASE

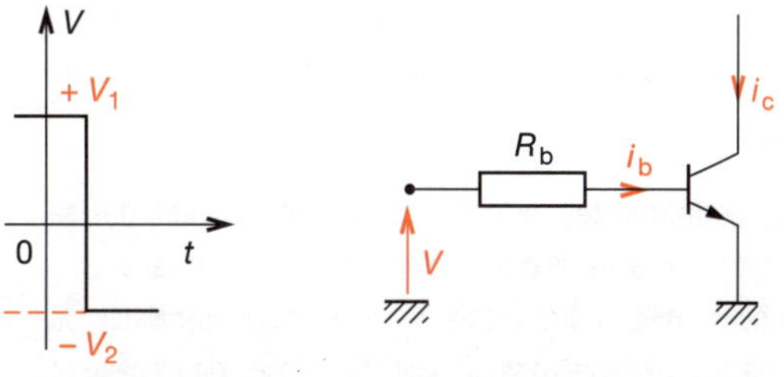

CRÉATION D'UNE POINTE DE COURANT

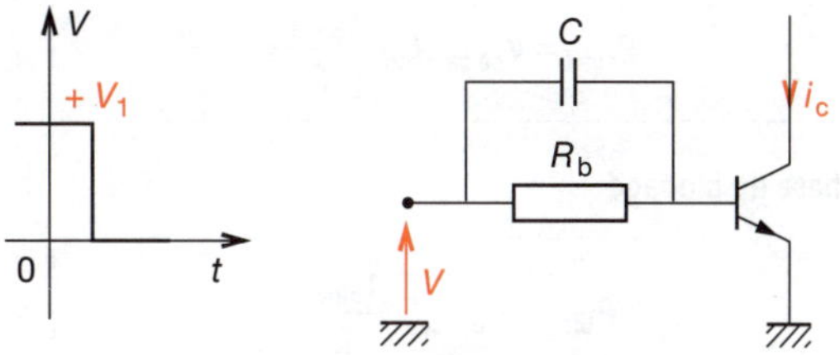

CONTRÔLE DE LA DÉCROISSANCE DU COURANT

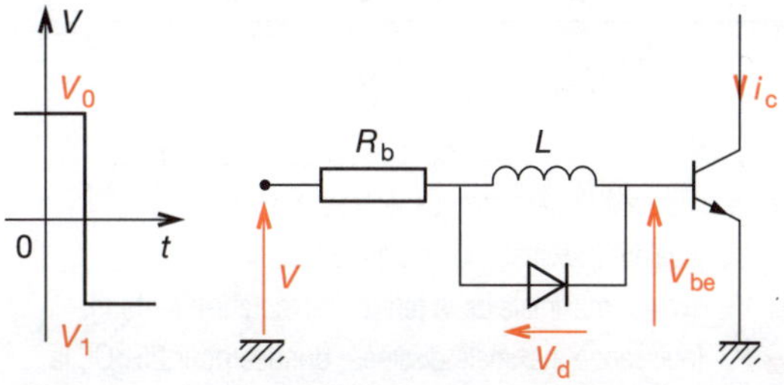

11 ■ 44 Problèmes de commutation

Le problème essentiel de la commutation est la dissipation d'énergie qui se produit lors des instants de fermeture et d'ouverture. Nous pouvons calculer la puissance moyenne sur une période (T) dissipée par le transistor sur charge inductive avec $\frac{L}{R} \gg T$ (pour I_{co} = Cte).

■ Fermeture

$$P_F = \frac{1}{2T}.U_o.I_{co}.t_r$$

■ Ouverture

$$P_O = \frac{1}{2T}.U_o.I_{co}.t_f$$

La puissance consommée lors des commutations est importante et augmente rapidement avec la fréquence de travail $\left(\frac{1}{T}\right)$.

Les performances de ce montage sont limitées par sa capacité à évacuer la chaleur créée par ces commutations.

Si nous voulons être précis, il est possible de calculer la puissance moyenne dissipée lors des phases de blocage et de conduction.

Phase de conduction

$$P_{cond} = V_{ce\,sat}.I_{co}.\frac{t_{cond}}{T}$$

Phase de blocage

$$P_{bloc} = U_o.I_{ceo}.\frac{t_{bloc}}{T}$$

Puissance totale dissipée

$$P_{tot} = P_F + P_O + P_{cond} + P_{bloc}$$

11 ■ 45 Aires de sécurité

Pour utiliser un transistor de puissance, quatre limites de fonctionnement doivent être respectées. Ce sont :

- $I_{c\,max}$ (valeur maximale du courant collecteur),
- V_{ceo} (valeur maximale de la tension collecteur-émetteur),
- P_{tot} (puissance maximale dissipée, donnée pour 25 °C), la limite du second claquage.

DISSIPATION D'ÉNERGIE DU TRANSISTOR

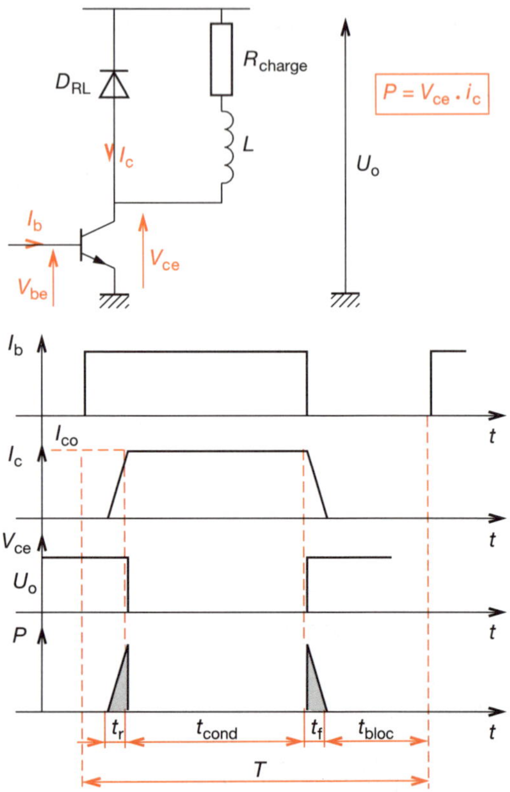

AIRES DE SÉCURITÉ

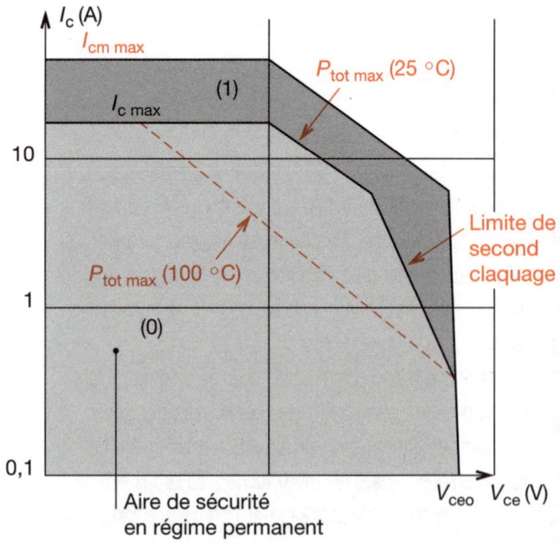

(1) Extension de l'aire de sécurité en régime impulsionnel, pour une impulsion calibrée.

11 ■ 46 Aide à la commutation

Nous allons aider le transistor à commuter pour réduire la puissance moyenne dissipée dans le transistor (C.A.L.C. Circuit d'Aide à la Commutation étudié dans le cas d'un hacheur abaisseur).

■ Aide à la fermeture

Le principe consiste à limiter la vitesse de montée de i_c et à faire chuter v_{ce}. Ceci se fait aisément par la mise en série d'une inductance pendant cette phase.

Courant dans le collecteur

$$i_c = \frac{U}{L}(t - t_F)$$

$$v_{ce} = U - L\frac{d}{dt}(i_L)$$

$$v_{ce} = U - L\frac{I_d}{t_r} \qquad t_r = t_{F2} - t_F.$$

Choix de *L*

$L \geqslant \frac{U}{I_d}.t_r$; mais L ne doit pas être trop importante pour ne pas augmenter trop t_r.

■ Aide à l'ouverture

Le principe consiste à limiter la vitesse de montée de v_{ce}, ceci se fait aisément par la mise en parallèle d'un condensateur.

Le condensateur C est l'élément de base de ce réseau (une diode et une résistance en dérivation, évitent de décharger brutalement toute l'énergie contenue dans le condensateur au moment de la fermeture du transistor). Le courant reste constant dans la charge pendant toute la commutation. Dans une première phase t_{01}-t_{02}, le courant dans le transistor décroît et le courant dans le condensateur croît (de façon telle que la somme reste constante).

Équations sur la période $[t_{01}, t_0]$

$$i_c(t) = I_d\left(1 - \frac{1}{t_f}(t - t_0)\right)$$

$$v_{ce}(t) = \frac{1}{2ct_f}.i_d.(t - t_0)^2$$

avec $\qquad t_f = t_{01} - t_0.$

Calcul de *C*

$$C \geqslant \frac{I_d t_f}{2kU}$$

Conditions

$v_{ce}(t_{01}) < kU$

$k \approx 0{,}1.$

CIRCUITS D'AIDE À LA COMMUTATION

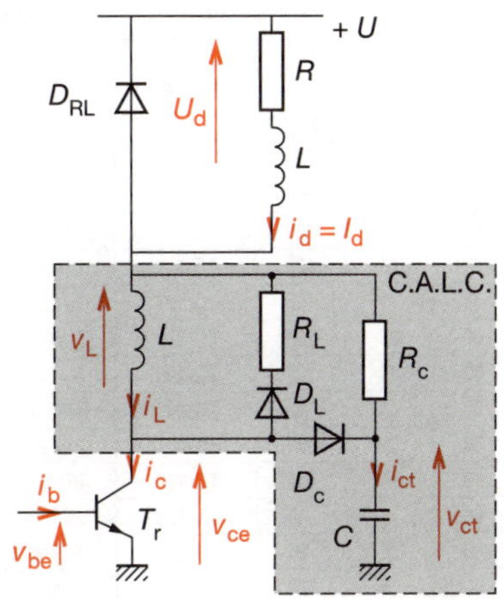

AIDE À LA FERMETURE

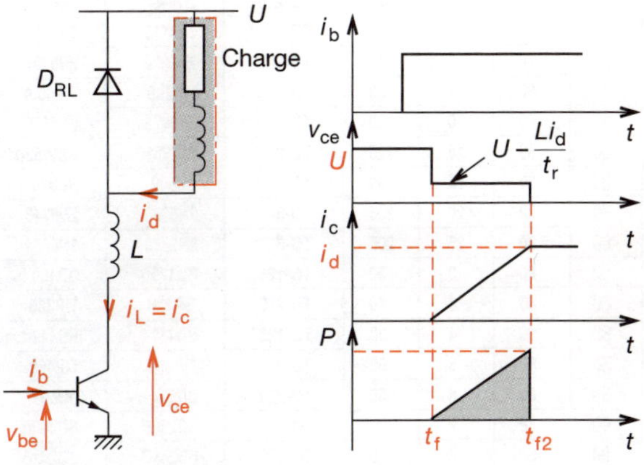

AIDE À L'OUVERTURE

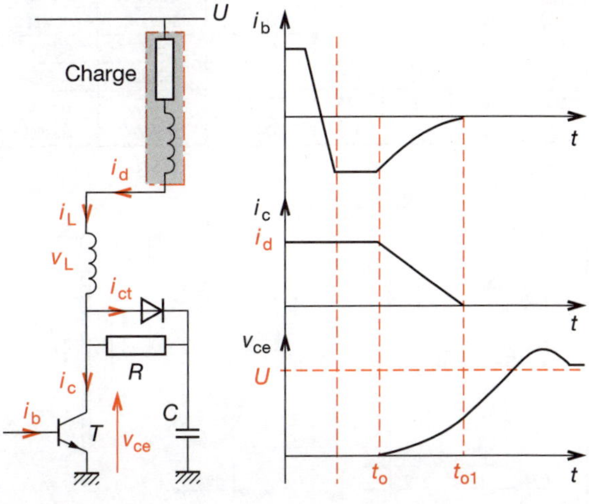

11 ■ 5 CHOIX DES TRANSISTORS DE PUISSANCE

Le choix se fait par rapport à V_{cbo}, V_{ceo}, I_{cmax}, P_{tot}, ainsi que β, $V_{ce\,sat}$, T_{on}, T_{off}.

V_{cbo} (V)	V_{ceo} (V)	I_{cmax} (A)	P_{tot} (W)	Boîtier	NPN	PNP	β (I_c/V_{ce}) min	(A)	(V)	$V_{ce\,sat}$ (I_c/I_b) (V)	(A)	(mA)	(T_{on}/T_{off}) (µs)	(µs)
60	60	1	30	TO-126	2N4922	2N4919	30	0,5	1	0,6	1	100		
60	60	10	150	TO-3	2N5877	2N5875	20	4	4	1	5	500		
60	60	15	100	TO-220	BD907	BD908	15	5	4	1	5	500		
60	60	15	125	TO-3	BDW51A	BDW52A	20	5	4	1	5	500		
60	60	2	25	TO-126	BD235	BD236	25	1	2	0,6	1	100	0,4	1,5
60	60	25	200	TO-3	2N5885	2N5883	35	3	4	1	15	1 500		
60	60	3	30	TO-126	BD177	BD178	40	0,15	2	0,8	1	100		
60	60	3	40	TO-220	TIP31A	TIP32A	25	1	4	1,2	3	375	0,3	1
60	60	30	200	TO-3	2N5302	2N4399	40	1	2	0,75	10	1 000		
60	60	4	36	TO-126	BD439	BD440	25	2	1	0,8	2	200		
60	60	4	40	TO-126	2N5191	2N5194	25	1,5	2	0,6	1,5	150		
60	60	6	65	TO-220	TIP41A	TIP42A	15	3	4	1,5	6	600	0,6	1
60	60	8	50	TO-220	BD535	BD536	25	2	2	0,8	2	200		
70	60	2	30	TO-220	BD239A	BD240A	15	1	4	0,7	1	200		
70	60	3	40	TO-220	BD241A	BD242A	25	1	4	1,2	3	600		
70	70	15	75	TO-220	2N6487	2N6490	20	5	4	1,3	5	500		
80	60	10	150	TO-3	2N3715	2N3791	30	3	2	0,8	5	500		
80	70	7	40	TO-220	2N6292	2N6107	30	4	2	1	2	200		
80	80	1	30	TO-220	TIP29B	TIP30B	15	1	4	0,7	1	125	0,3	1
80	80	10	150	TO-3	2N5878	2N5876	20	4	4	1	5	500		
80	80	15	125	TO-3	BDW51B	BDW52B	20	5	4	1	5	500	1	2
80	80	15	90	TO-220	BD909	BD910	15	5	4	1	5	500		
80	80	20	200	TO-3	2N5303	2N5745	40	1	2	1	10	1 000		
80	80	25	200	TO-3	2N5886	2N5884	35	3	4	1	15	1 500	1	3
80	80	3	30	TO-126	BD179	BD180	40	0,15	2	0,8	1	100		
80	80	3	40	TO-220	TIP31B	TIP32B	25	1	4	1,2	3	375	0,3	1
80	80	4	36	TO-126	BD441	BD442	15	2	1	0,8	2	200		
80	80	6	65	TO-220	TIP41B	TIP42B	15	3	4	1,5	6	600	0,6	1
80	80	8	50	TO-220	BD537	BD538	15	2	2	0,8	2	200		
90	80	2	30	TO-220	BD239B	BD240B	15	1	4	0,7	1	200		
90	80	3	40	TO-220	BD241B	BD242B	25	1	4	1,2	3	600		
90	90	15	75	TO-220	2N6488	2N6491	20	5	4	1,3	5	500		
100	100	1	30	TO-220	TIP29C	TIP30C	15	1	4	0,7	1	125	0,3	1
100	100	12	75	TO-220	BD711	BD712	15	4	4	1	4	400		
100	100	15	125	TO-3	BDW51C	BDW52C	20	5	4	1	5	500		
100	100	15	90	TO-220	BD911	BD912	15	5	4	1	5	500		
100	100	16	200	TO-3	2N5629	2N6029	25	8	2	1	10	1000		
100	100	6	65	TO-220	TIP41C	TIP42C	15	3	4	1,5	6	600	0,6	1
100	60	15	115	TO-3	2N3055	MJ2955	20	4	4	1,1	4	400		

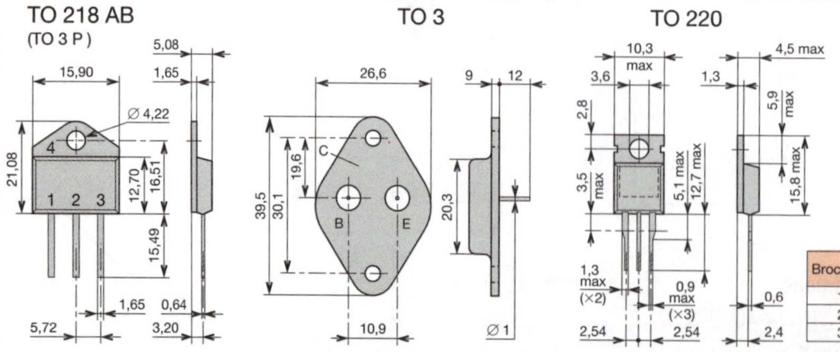

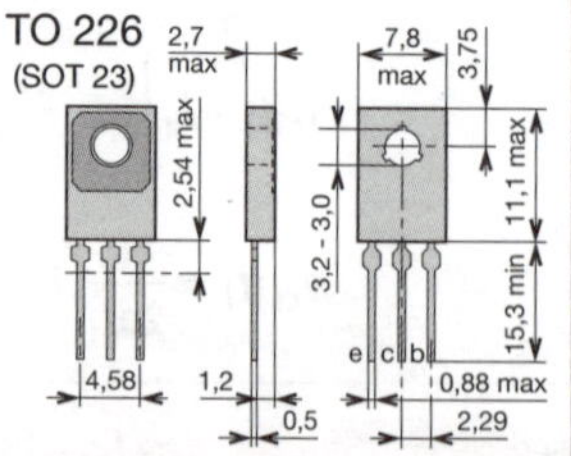

Brochage	Transistor	Triac	Thyristor	Diode	Double diode
1	b	T1	k	k	a1
2	c	T2	a	-	k
3	e	g	g	a	a2

D'après doc. SGS Thomson.

11 ■ 6 TRANSISTORS EN RÉGIME LINÉAIRE

11 ■ 61 AMPLIFICATEURS À TRANSISTOR

Le montage de base ne comporte qu'un seul transistor. L'amplification consiste à faire correspondre à une variation sinusoïdale d'un signal d'entrée, une variation sinusoïdale de même fréquence, dont l'amplitude est amplifiée en sortie.

Montage d'étude

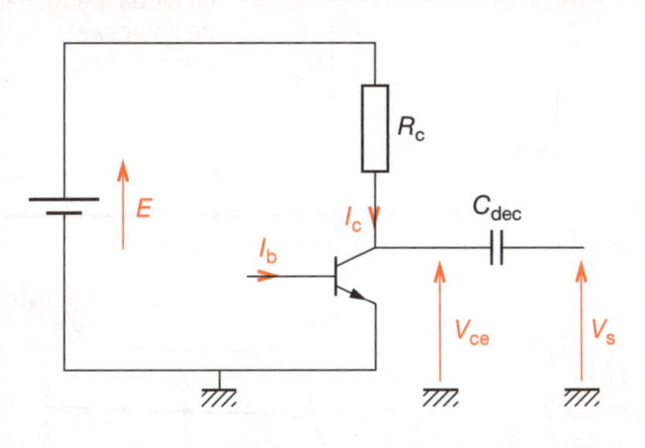

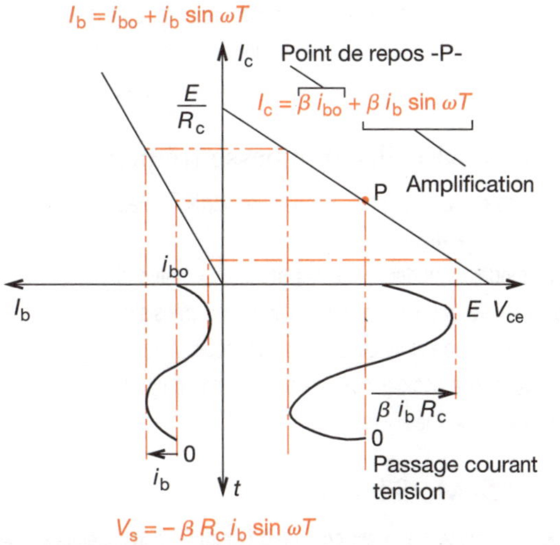

11 ■ 62 POLARISATION DES MONTAGES À TRANSISTOR

Pour pouvoir faire fonctionner un montage autour d'un point de repos, il faut fixer les conditions de celui-ci, cette opération est appelée polarisation.

Montage *a*

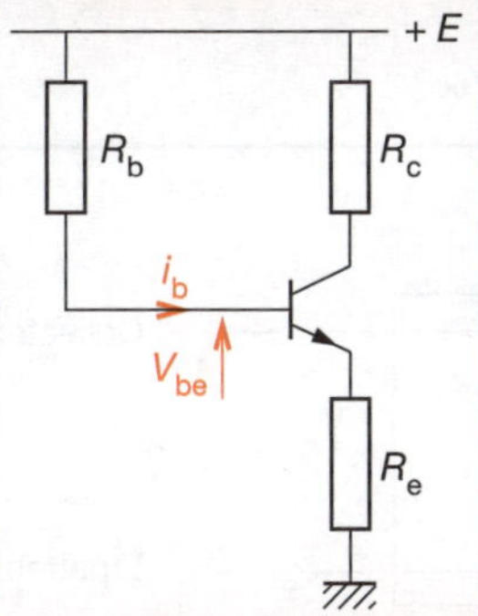

Montage équivalent

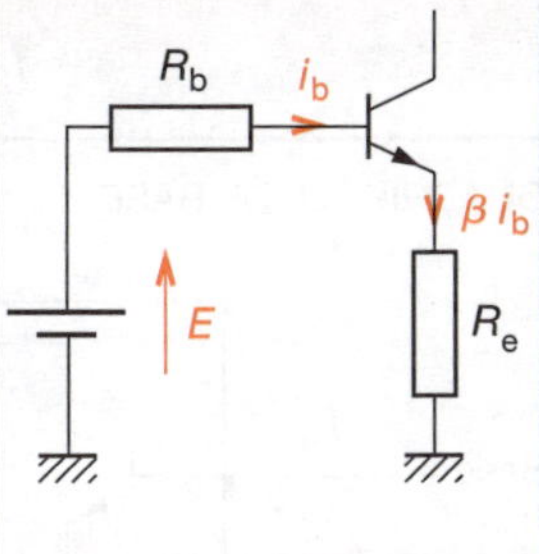

$V_{be} = E - (R_b + \beta R_e)\, i_b$

Montage *c*

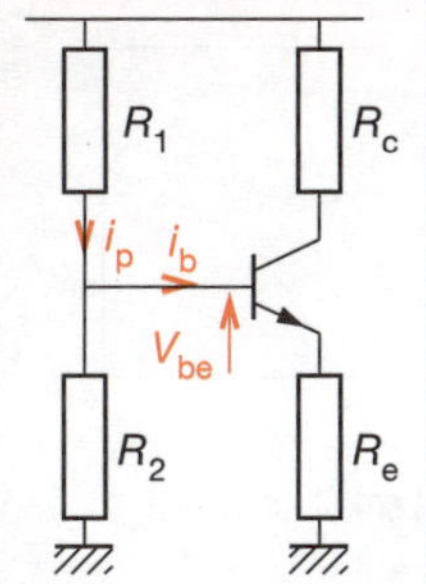

Montage équivalent

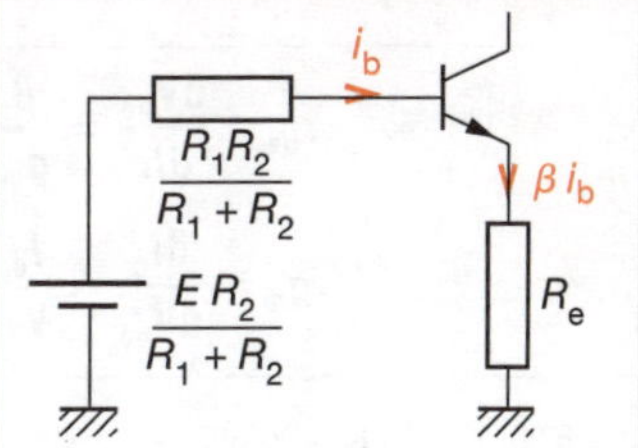

$V_{be} = \frac{E R_2}{R_1 + R_2} - \left(\frac{R_1 R_2}{R_1 + R_2} + \beta R_e\right) i_b$

Il est possible de considérer $I_p \gg I_b$ (quand $I_p \geqslant 10\, I_b$).

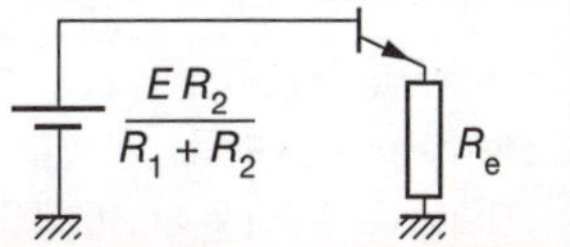

Montage *b*

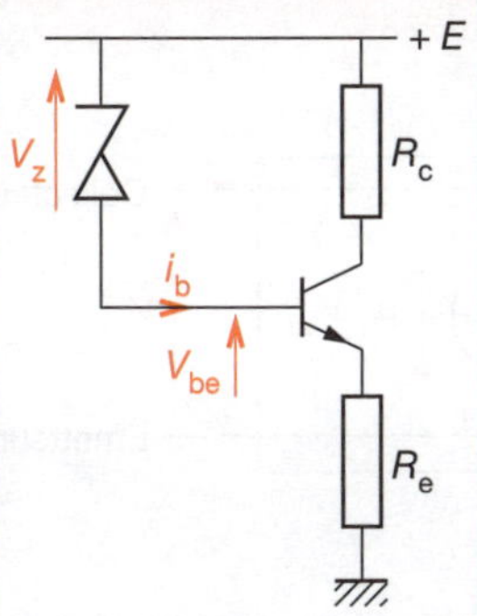

Montage équivalent

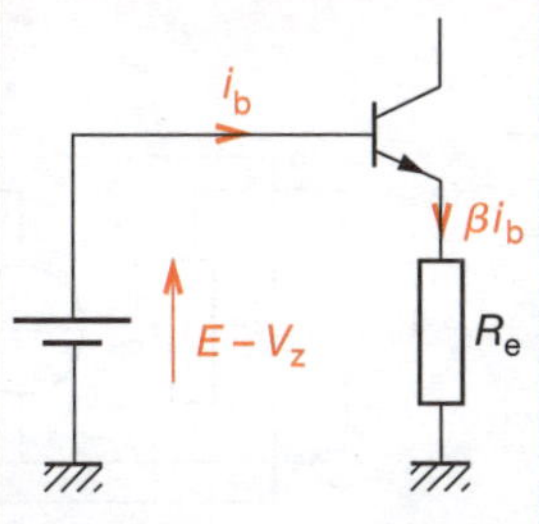

$V_{be} = (E - V_z) - R_e \cdot \beta\, i_b$

Comparaison des montages

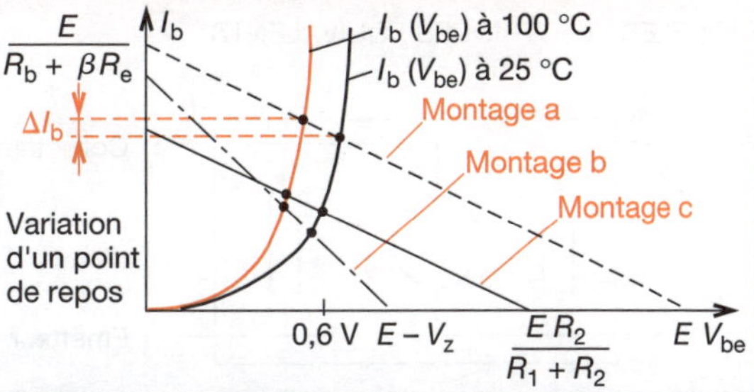

Le montage pour lequel le point de repos est le plus stable quand la température varie est le c.

11 ■ 63 Compensation des variations du point de repos

Une méthode de compensation consiste en l'introduction d'un transistor de même type dans le circuit de polarisation. Il est bien évident que le transistor introduit devra se trouver sur le même substrat que son voisin, il est dit appairé.

11 ■ 64 Modélisation basse fréquence

Le transistor est supposé polarisé, le modèle s'établit autour d'un point de repos.

Les modèles étudiés sont des modèles « petits signaux », c'est-à-dire que les signaux appliqués au transistor sont de faible amplitude et autour du point de repos.

Par rapport à ces signaux, le transistor se comporte comme un quadripôle linéaire.

11 ■ 65 Modèles de base

De façon générale, ρ est considéré comme grand (quelques centaines de kilo-ohms) et négligé. Et il est possible de faire intervenir un autre schéma comportant une source de courant commandée en tension.

$$r_{be} = \frac{dV_{be}}{dI_b} = \frac{\beta}{g_m}$$

$$g_m = \frac{dI_c}{dV_{be}} = \frac{I_e}{V_T}$$

β : amplification en courant.

I_e : courant de polarisation passant dans l'émetteur.

$V_T = \frac{kT}{q}$ soit 25 mV à 25 °C.

k : constante de Boltzmann $1{,}38.10^{-23}$ J.K^{-1}.

T : température en Kelvin.

q : charge de l'électron $1{,}6.10^{-19}$ C.

MONTAGE DE COMPENSATION

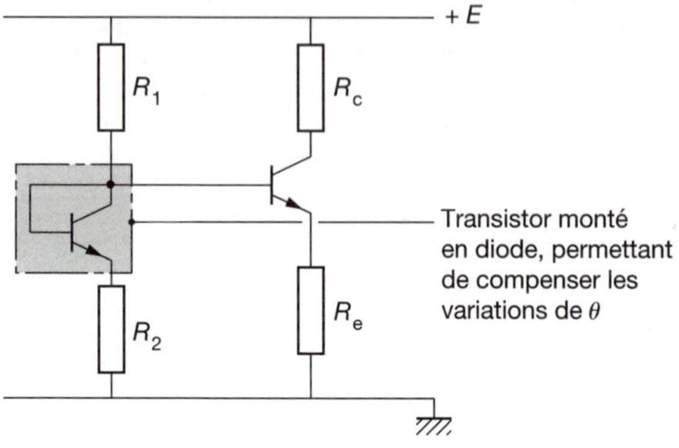

CARACTÉRISATION DU MODÈLE DYNAMIQUE

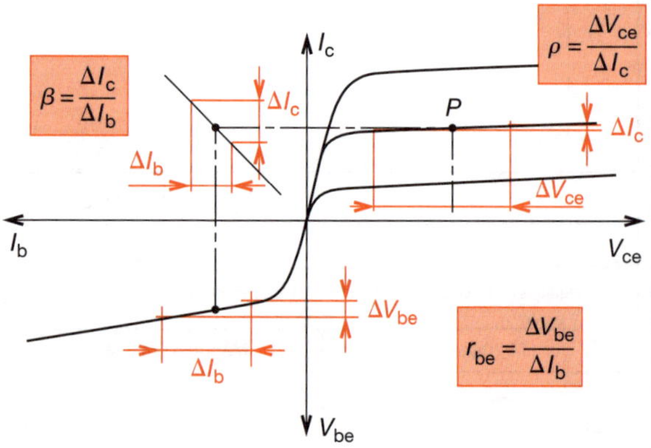

QUADRIPÔLE DE BASE

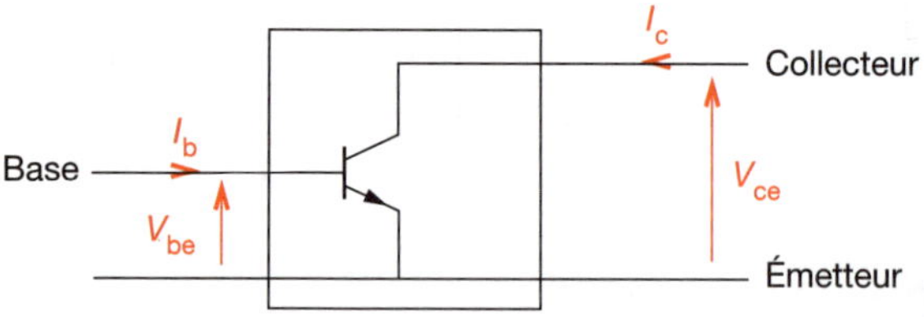

MODÈLES ÉLECTRIQUES ÉQUIVALENTS

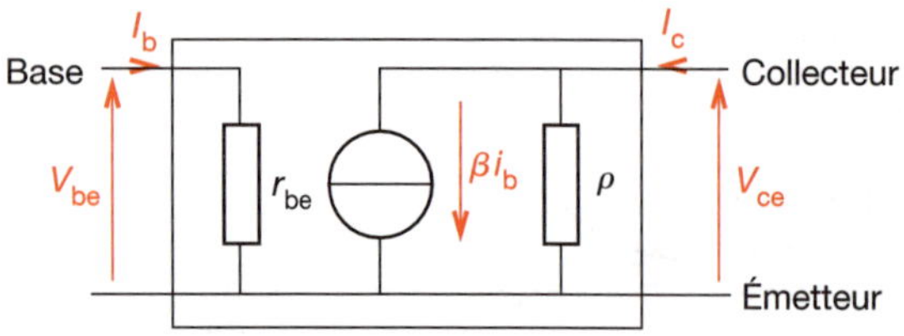

*ρ n'a pas été négligé

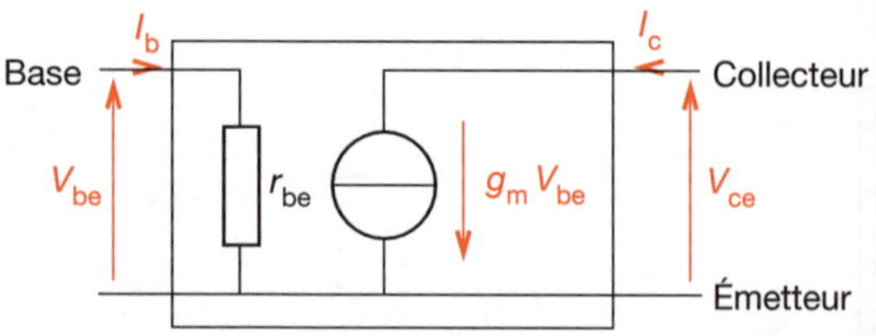

*ρ a été négligé

11 ▪ 66 Paramètres hybrides « *h* »

Ces paramètres sont très utilisés en basse fréquence.

$$V_{be} = h_{11e}\, i_b + h_{12e}\, V_{ce}$$
$$i_c = h_{21e}\, i_b + h_{22e} V_{ce}$$

e : signifie que le quadripôle est caractérisé en émetteur commun.

$h_{11e} = \dfrac{V_{be}}{i_b}$ à $V_{ce} = 0$ $h_{11e} = r_{be}$
$h_{12e} = \dfrac{V_{be}}{V_{ce}}$ à $i_b = 0$ $h_{12e} = 0\ (\approx 10^{-4})$
$h_{21e} = \dfrac{i_c}{i_b}$ à $V_{ce} = 0$ $h_{21e} = \beta$
$h_{22e} = \dfrac{i_c}{V_{ce}}$ à $i_b = 0$ $h_{22e} = \dfrac{1}{\rho}$

Les documents constructeurs donnent :

- *i* (à la place de 11) pour input = entrée.
- *o* (à la place de 22) pour output = sortie.
- *f* (à la place de 21) pour Forward = transfert direct.
- *r* (à la place de 12) pour Reverse = transfert inverse.

11 ▪ 67 Modélisation haute fréquence

Modèle de Giacoletto

Le modèle est relatif au quadripôle avec transistor en émetteur commun.

$r_{bb'}$: résistance d'entrée décrivant la liaison entre l'extérieur du transistor et la zone active (quelques ohms à quelques dizaines d'ohms), elle est souvent négligée.

$r_{b'e}$: résistance dynamique de la jonction base-émetteur

$$r_{b'e} = \frac{\beta}{g_m}.$$

$C_{b'e}$: capacité de la jonction base-émetteur.

$C_{b'c}$: capacité base-collecteur $x_{b'c} \approx 8\ \mu F$.

r_{ce} : $r_{ce} = \rho$, souvent négligé.

QUADRIPÔLE

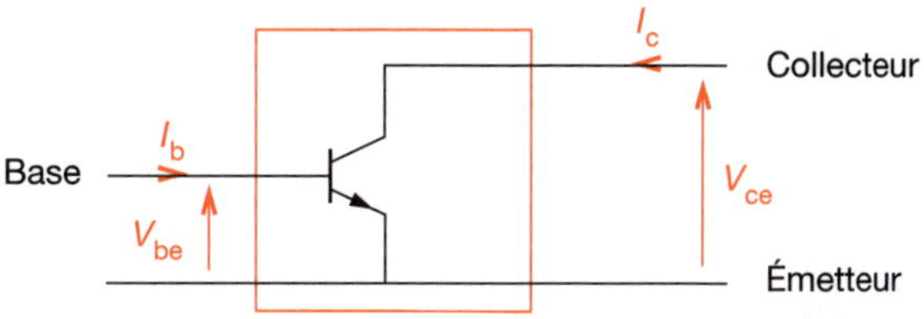

MODÈLE HYBRIDE COMPLET

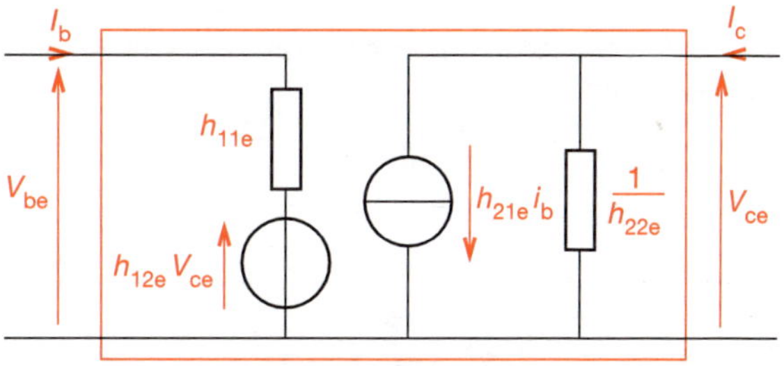

MODÈLE HYBRIDE USUEL

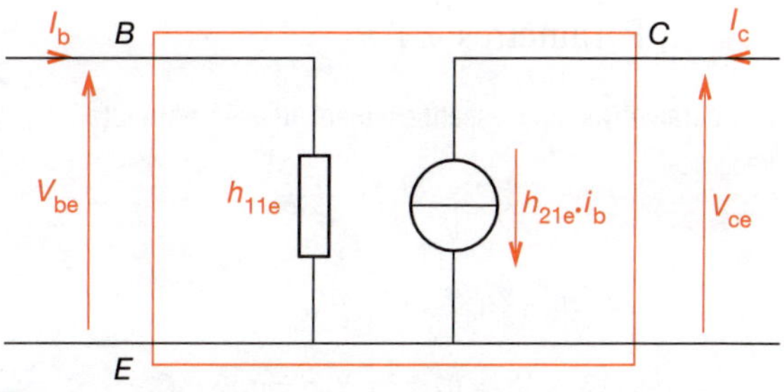

MODÈLE COMPLET DE GIACOLETTO

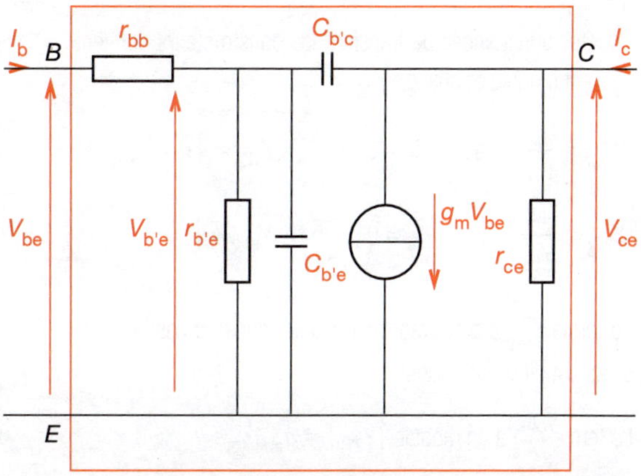

11■68 Fréquence de transition

Nous allons prendre le modèle de Giacoletto en court-circuit. $C_{b'c} \ll C_{b'e}$ et $r_{bb'}$ négligeable :

$$\underline{\beta} = \frac{\beta}{1 + j\, r_{b'e} C_{b'e}\, \omega}.$$

Fréquence de coupure de $\underline{\beta}$: f_β

$$f_\beta = \frac{1}{2\pi r_{b'e} C_{b'e}}.$$

En considérant le produit gain bande constant, f_T est appelée fréquence de transition.

$$f_T = \frac{\beta}{2\pi r_{b'e} C_{b'e}}.$$

$$\mathbf{C_{b'e} = \frac{\beta}{2\pi r_{b'e} f_T}}$$

MODÈLE, SORTIE COURT-CIRCUITÉE

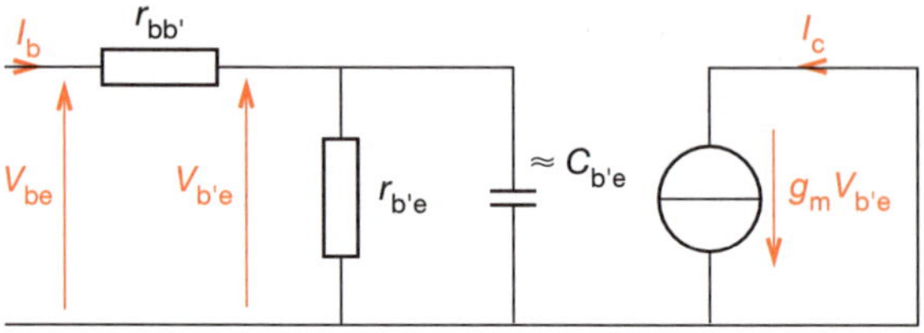

DIAGRAMME DE BODE DE $\underline{\beta}$

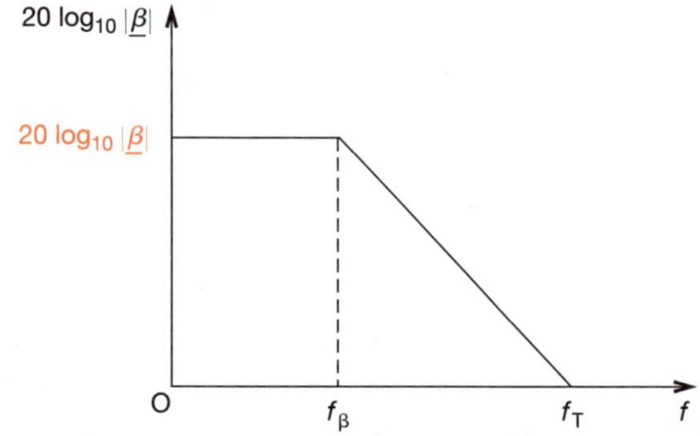

11■69 Paramètres « *Y* »

Les paramètres sont essentiellement utilisés en haute fréquence.

$$i_b = Y_{11_e} V_{be} + Y_{12_e} V_{ce}$$

$$i_c = Y_{21_e} V_{be} + Y_{22_e} V_{ce}$$

$$Y_{11_e} = \frac{i_b}{V_{be}} \quad \text{à} \quad V_{ce} = 0 \qquad Y_{11_e} = g_{11_e} + \overbrace{jC_{11_e}\omega}^{b_{11_e}}$$

$$Y_{22_e} = \frac{i_c}{V_{ce}} \quad \text{à} \quad V_{be} = 0 \qquad Y_{22_e} = g_{22_e} + \overbrace{jC_{22_e}\omega}^{b_{22_e}}$$

Pour les admittances de transfert, les constructeurs donnent souvent module et phase.

$$Y_{12_e} = \frac{i_b}{V_{ce}} \quad \text{à} \quad V_{be} = 0 \qquad Y_{12_e} = |Y_{12_e}|\ \varphi_{12_e}$$

$$Y_{21_e} = \frac{i_c}{V_{be}} \quad \text{à} \quad V_{ce} = 0 \qquad Y_{21_e} = |Y_{21_e}|\ \varphi_{21_e}$$

Le terme Y_{12_e} est souvent négligeable, dans ce cas, le transistor est dit unilatéralisé.

Le terme Y_{21_e} a un module $|Y_{21_e}| = g_m$.

φ_{xxx} : est le dépassage (argument) de Y_{xxx}.

QUADRIPÔLE

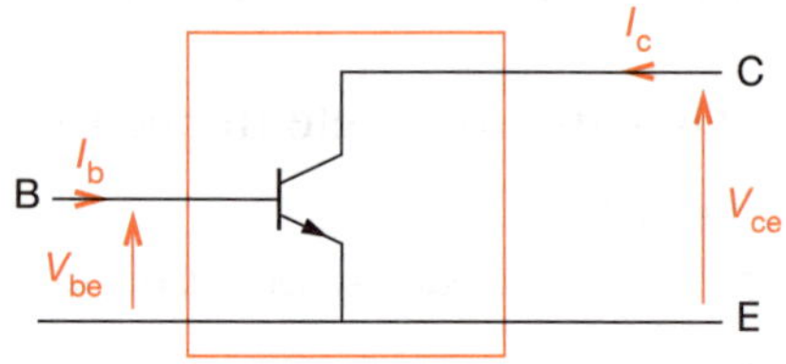

MODÈLE "Y" COMPLET

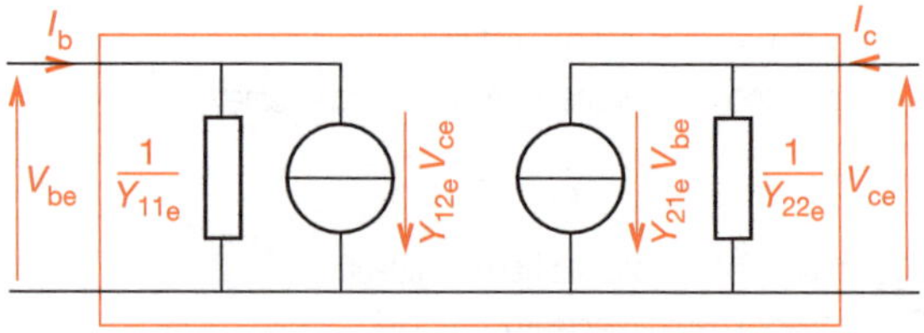

MODÈLE UNILATÉRALISÉ COURAMMENT UTILISÉ

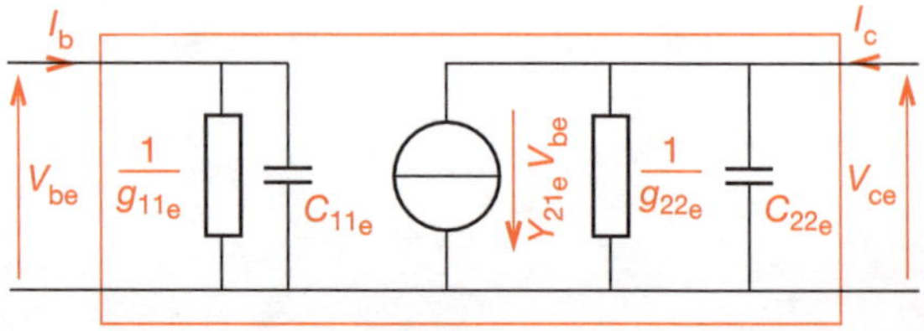

11 ■ 7 CHOIX DES TRANSISTORS DE SIGNAL

11 ■ 71 TRANSISTORS D'USAGE GÉNÉRAL NPN BOÎTIER TO 18

V_{ceo} V_{cer}* (V)	h_{FE} à I_c min/max	(mA)	Type	$V_{ce(sat)}$ à I_c/I_b max (V)	(mA)	f_T min (MHz)	t_s (ns)	P_{tot} (mW)	Équivalent
55	50/–	50	BSX33	0,3	150/15	60	800	500	
25	75/260	100	BC377	0,7	500/50	300 typ.	–	375	
40	75/260	100	BC378	0,7	500/50	300 typ.	–	375	
30	100/300	150	2N2222	1,6	500/50	250	225	500	2N2221
40	100/300	150	2N2222A	1	500/50	250	225	500	2N2221A
50*	100/300	150	2N956	1,5	150/15	70	–	500	2N718A
55	60/180	150	BFR18	0,25	150/15	60	–	500	
80	40/–	150	2N720A	5	150/15	50	–	500	
80	100/300	150	2N3700	0,5	500/50	100 typ.	–	500	2N3302

11 ■ 72 TRANSISTORS D'USAGE GÉNÉRAL PNP BOÎTIER TO 18

V_{ceo} (V)	h_{FE} à I_c min/max	(mA)	Type	$V_{ce(sat)}$ à I_c/I_b max (V)	(mA)	f_T min (MHz)	t_s t_{off}* max (ns)	P_{tot} (mW)	Équivalent
30	90/–	10	BFX48	0,3	50/5	400	160*	360	
40	50/–	10	BCY70	0,5	50/5	250	350	350	
40	100/300	10	2N3251	0,5	50/5	300	200	360	2N3250
40	150/300	10	2N4035	0,3	50/5	450	150*	360	
45	100/600	10	BCY71	0,5	50/5	200	–	350	BCY72
40	100/300	150	2N2907	0,4	150/15	200	80	400	
45	100/300	150	2N3504	0,4	150/15	200	40	400	2N3505
60	40/120	150	2N2906A	0,4	150/15	200	80	400	2N2906
60	100/300	150	2N2907A	0,4	150/15	200	80	400	

11 ■ 73 TRANSISTORS D'USAGE GÉNÉRAL NPN BOÎTIER TO 39

V_{ceo} V_{cer}* (V)	h_{FE} à I_c min/max	(mA)	Type	$V_{ce(sat)}$ à I_c/I_b max (V)	(mA)	f_T min (MHz)	t_s t_{off}* max (ns)	P_{tot} (mW)	Équivalent
40	40/250	100	BC140	0,35 typ.	500/50	50	850*	800	h_{FE} groups
60	40/250	100	BC141	0,35 typ.	500/50	50	850*	800	–6, –10, –16
30	40/–	150	BFY51	0,35	150/15	50	300 typ.	800	BFY52
30	100/300	150	2N2219	1,6	500/50	250	225	800	2N2218
35	30/–	150	BFY50	0,2	150/15	60	300 typ.	800	
40	50/250	150	2N3053	1,4	150/15	100 typ.	–	800	
40	100/300	150	2N2219A	1	500/50	300	225	800	2N2218A
50*	40/120	150	2N1613	1,5	150/15	60	–	800	
50*	100/300	150	2N1711	1,5	150/15	70	–	800	
55	40/120	150	BFY56A	0,25	150/15	60	–	800	BFY56
60	40/120	150	2N3108	0,25	150/15	60 typ.	1000*	800	2N3110
60	100/300	150	2N3107	0,25	150/15	70 typ.	1000*	800	2N3109
65	40/120	150	2N2102	0,5	150/15	60	30*	1000	
80	40/120	150	2N1893	1,5	150/15	50	–	800	
80	40/120	150	2N3020	0,5	500/50	80	–	800	
80	100/300	150	2N3019	0,5	500/50	100	–	800	

11.74 TRANSISTORS D'USAGE GÉNÉRAL PNP BOÎTIER TO 39

V_{ceo} (V)	h_{FE} à I_c min/max	(mA)	Type	$V_{ce\,(sat)}$ à I_c/I_b max (V)	(mA)	f_T min (MHz)	t_s t_{off}* max (ns)	P_{tot} (mW)	Équivalent
55	85/–	100	BFX38	0,5	500/50	100	350	800	BFX39
75	40/–	100	BFX41	0,5	500/50	100	350	800	
75	85/–	100	BFX40	0,5	500/50	100	350	800	
80	100/300	100	2N4033	0,5	500/50	150	350	800	2N4031/2
40	50/250	150	2N4037	0,3	150/15	100	110	700	
40	100/230	150	2N2905	0,4	150/15	200	80	600	
60	40/120	150	2N2904A	0,4	150/15	200	80	600	2N2904
60	100/300	150	2N2905A	0,4	150/15	200	80	600	
65	40/140	150	2N4036	0,65	150/15	60	700*	1000	

11.75 TRANSISTORS À HAUTE TENUE EN TENSION

V_{ceo} (V)	h_{FE} à I_c min/max	(mA)	Type	$V_{ce\,(sat)}$ à I_c/I_b max (V)	(mA)	f_T min (MHz)	P_{tot} (mW)	Polarité	Boîtier
150	40/–	10	BFW43	0,5	10/1	60	400	PNP	TO 18
180	30/–	10	BC394	0,3	10/1	50	400	NPN	TO 18
180	50/–	10	BC393	0,3	10/1	50	400	PNP	TO 18
200	40/–	30	BSS72S	0,5	50/5	200	500	NPN	
200	40/250	30	BSS75S	0,4	30/3	200	500	PNP	

11.76 TRANSISTORS D'USAGE GÉNÉRAL SUR MÊME SUBSTRAT

P_D (W)	V_{cbo} (V)	V_{ceo} (V)	I_c (mA)	Type	h_{FE} et $V_{ce\,(sat)}$ à I_c min	max (V)	(mA)	f_T min (MHz)	Polarité	Boîtier	Brochage
1,9	60	40	500	MPQ2222	100	0,4	150	200	NPN	DIP-14	(A)
1,9	60	40	600	MPQ2907	100	0,4	150	200	PNP	DIP-14	(B)

DIP-14

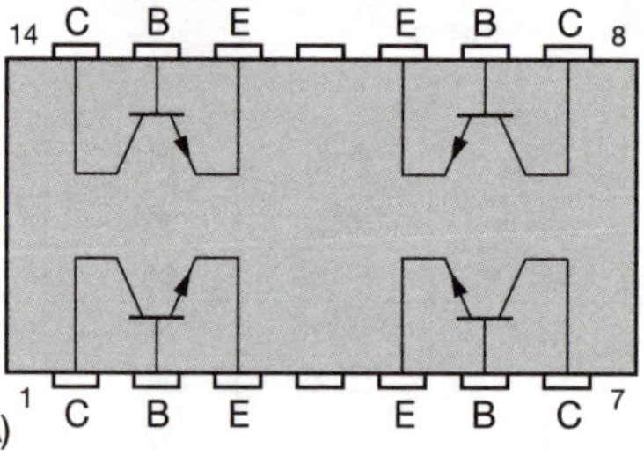

(A)

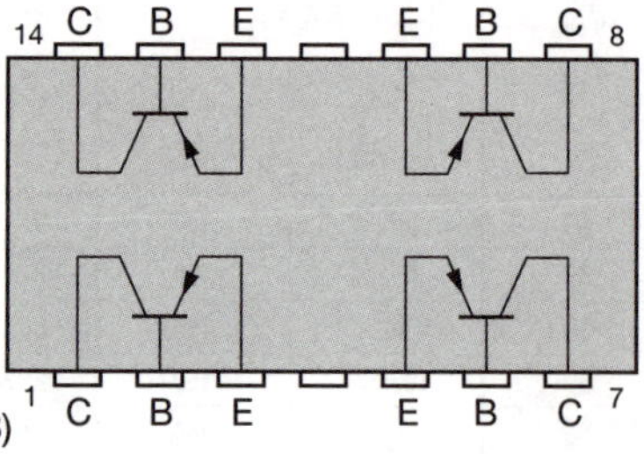

(B)

BOÎTIERS STANDARD

TO-18

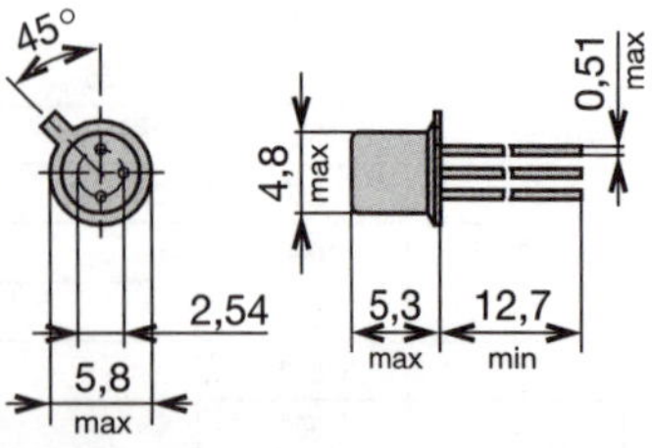

TO-72

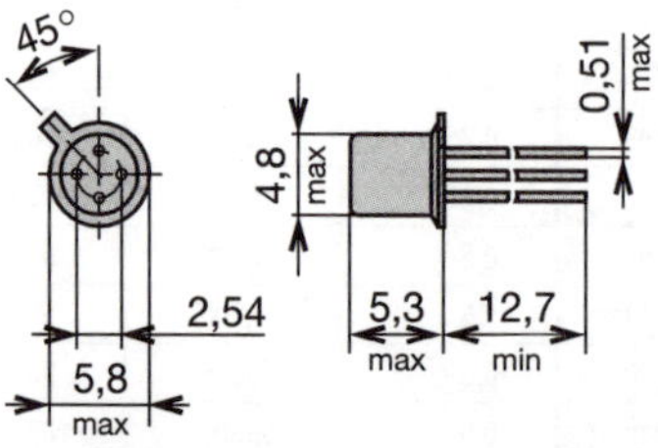

TO-39

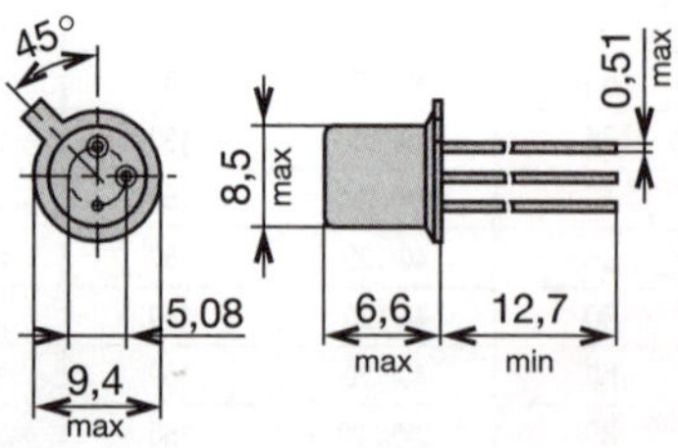

11 ▪ 77 TRANSISTORS HAUTE FRÉQUENCE

V_{ceo} (V)	I_c (mA)	P_{tot} (mW)	Type	Utilisation	Trans. Fréq. f_T à I_c (MHz)	(mA)	Noise figure NF à I_c/f_T (dB)	(mA)	(MHz)	Gain P_G à f (dB)	(MHz)	Polarité	Boîtier
15	40	200	2N2857	VHF/UHF amp./osc.	1 200	5	3,8	1,5	450	16	450	NPN	TO 72
12	50	200	2N5179	VHF amp./osc.	1 400	5	3	1,5	200	21	200	NPN	TO 72
15	50	200	BFX89	UHF amplifier	1 200	25	5	2	500	12	500	NPN	TO 72
25	50	225	BFR99A	UHF amplifier	1 400	10	5	3	800	10	800	PNP	TO 72
25	50	225	BFR99	UHF amplifier	2 000	10	3,5	3	800	12	800	PNP	TO 72
25	150	700	BFW16A	CATV-MATV amplifier	1 200	150	6	30	200	6,5	800	NPN	TO 39
25	150	700	BFW17A	CATV-MATV amplifier	1 100	150	–	–	–	16	200	NPN	TO 39
20	500	3 500	2N4427	VHF power amplifier	500	50	–	–	–	10	175	NPN	TO 39
30	500	3 500	2N3866	UHF/VHF power amplifier	500	50	–	–	–	10	400	NPN	TO 39
15	25	200	BFY90	VHF amplifier	1 400	25	4,5	2	800	8	800	NPN	TO 72
15	50	200	2N918	UHF amplifier	900	4	3,5	1	60	22	200	NPN	TO 72
15	50	200	BFX73	VHF amplifier	900	100	6	1	60	18	200	NPN	TO 72
20	200	600	2N3137	VHF amplifier	750	50	–	–	–	7	250	NPN	TO 39
30	200	800	BFR36	CATV-MATV amplifier	1 200	100	4	30	200	16	200	NPN	TO 39
20	400	1 000	2N5109	CATV-MATV amplifier	1 400	50	3	10	200	14	200	NPN	TO 39

11 ▪ 78 TRANSISTORS NPN DE COMMUTATION RAPIDE

V_{ceo} (V)	h_{FE} à I_c min/max	(mA)	Type	$V_{ce(sat)}$ à I_c/I_b max (V)	(mA)	f_T min (MHz)	t_s t_{off}* (ns)	P_{tot} (mW)	Boîtier
12	30/120	10	BSX28	0,25	30/3	400	13	360	TO 18
15	30/120	10	2N708	0,4	10/1	300	75*	360	
15	30/120	10	2N914	0,7	200/20	300	20	360	
15	40/120	10	BSX20	0,6	100/10	450	13	360	
15	40/120	10	2N2369	0,25	10/1	500	13	360	
15	40/120	10	2N2369A	0,2	10/1	500	13	360	
15	30/120	30	BSX26	0,5	300/30	350	18	360	
20	30/120	30	2N3014	0,18	100/10	350	18	360	
20	40/120	30	BSX39	0,28	100/10	350	18	360	
15	25/–	100	2N3013	0,5	300/30	350	18	360	
30	60/150	100	2N4013	0,20	100/10	300	60*	500	
30	30/120	150	2N2845	0,4	150/15	350	40*	360	

11 ▪ 79 TRANSISTORS PNP DE COMMUTATION RAPIDE

V_{ceo} (V)	h_{FE} à I_c min/max	(mA)	Type	$V_{ce(sat)}$ à I_c/I_b max (V)	(mA)	f_T min (MHz)	t_s t_{off}* (ns)	P_{tot} (mW)	Boîtier
12	30/120	30	BSX29	0,2	30/3	400	90	360	TO 18
12	40/120	30	2N2894	0,2	100/10	400	90	360	
20	30/120	30	2N3209	0,2	30/3	400	90	360	

11 ■ 8 TRANSISTORS BIPOLAIRES ET BRUIT

Le bruit est composé de plusieurs composantes.

$$E_i^2(f) = E_g^2(f) + E_b^2(f) + I_b^2(f)\,(R_g + R_{bb'})^2 + \frac{I_c^2(f)}{gm^2} + I_F^2(f).(R_g + R_{bb'})^2$$

Le bruit est représenté par sa densité spectrale de puissance.

$E_g^2(f) = 4.kTR_g$: bruit thermique de r_g.

$E_b^2(f) = 4.kTR_{bb'}$: bruit thermique de $r_{bb'}$.

$I_b^2(f) = 2qI_B$: bruit de grenaille dû à la base.

$I_c^2(f) : 2qI_C$: bruit de grenaille dû au collecteur.

$I_F^2(f) = 2qI_B.\frac{f}{f_L}$: bruit flicher, basse fréquence.

q : $1{,}6.10^{-19}$ C.

k : constante de Boltzmann $1{,}38.10^{-23}$.

T : température en °K.

La plupart du temps, les fabricants donnent :

$E_n^2(f)$, $I_n^2(f)$, F : facteur de bruit du quadripôle global,

ce qui permet d'appliquer au quadripôle les relations générales sur les amplificateurs et le bruit.

Schéma équivalent simplifié

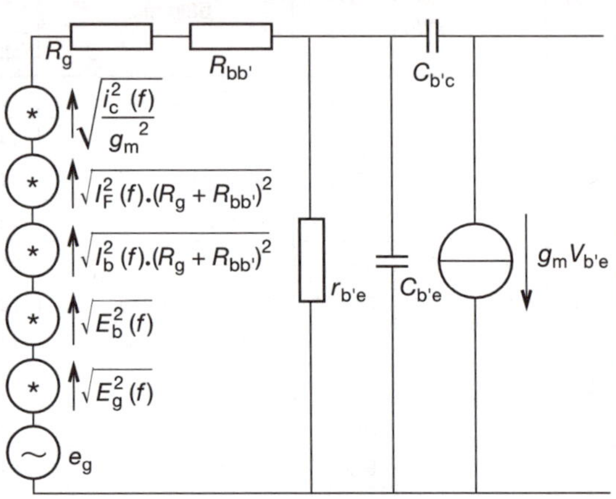

Densité spectrale de puissance à l'entrée

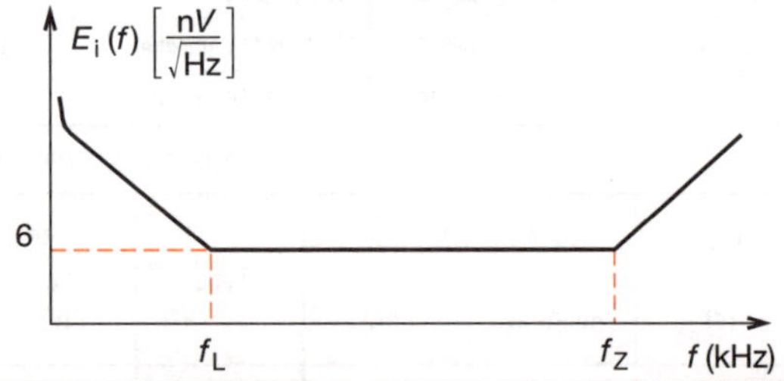

Quadripôle équivalent

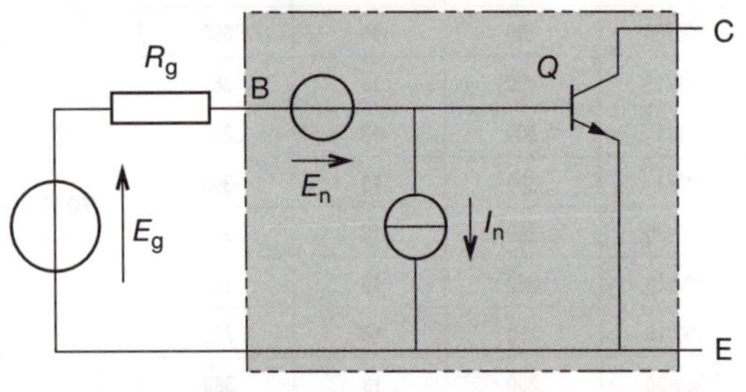

Densité spectrale du générateur de tension de bruit

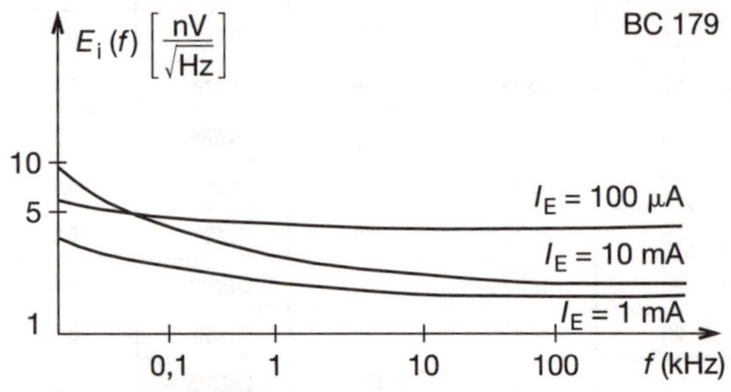

Densité spectrale du générateur de courant de bruit

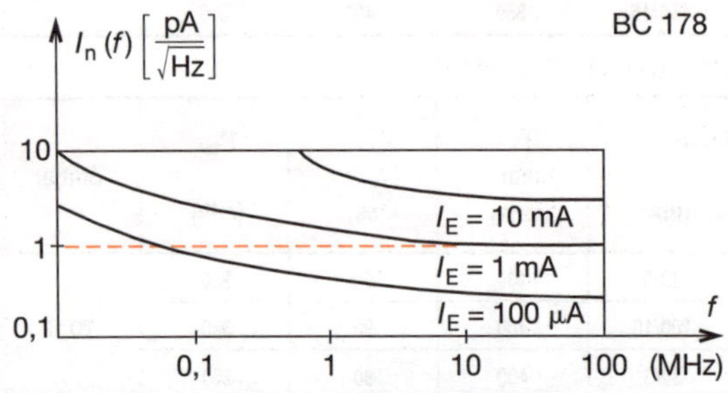

Facteur de bruit du quadripôle

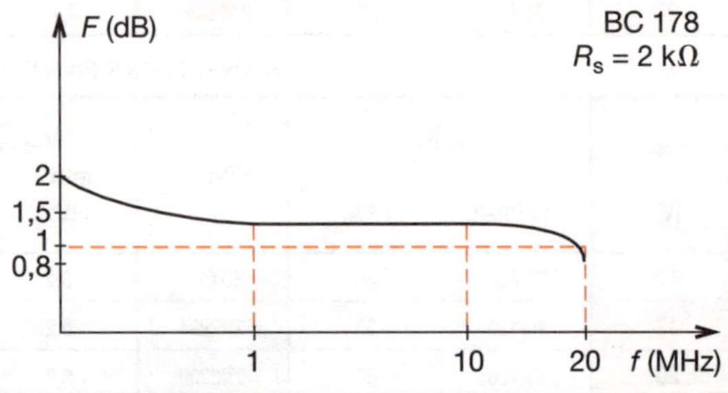

Facteur de bruit de l'ensemble

$$F = \frac{E_i^2(f)}{4hT_0R_g} = \frac{\text{carré du bruit total ramené à l'entrée}}{\text{carré du bruit dû à la source}}$$

$E_i^2(f) = E_g^2(f) + E_n^2(f) + R_g I_n^2(f)$,

avec $E_n^2(f)$ et $I_n^2(f)$ décorrélés.

Il est à noter que F dépend essentiellement de la résistance d'entrée du transistor $r_{bb'}$.

$$F = 1 + \frac{T}{T_0} \cdot \frac{r_{bb'}}{R_g}.$$

F : facteur de bruit [10 lg 10 [F], donne F en dB].

T_0 : température, 273 K.

T : température du transistor K.

Il est à noter que R_g a une influence énorme sur le facteur de bruit du quadripole, les constructeurs donnent souvent les cercles de bruit qui permettent à partir de Y_G de déterminer F.

CERCLES DE BRUIT POUR $Y_S = G_S + jB_S$

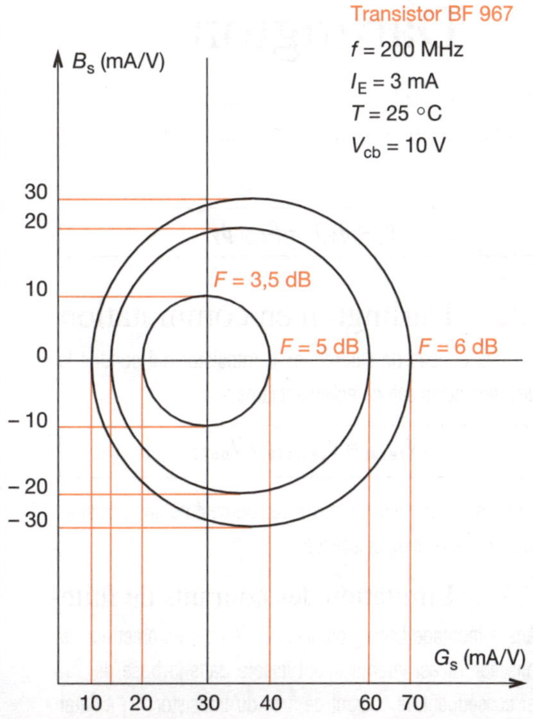

TRANSISTORS FAIBLE BRUIT (NPN, BOÎTIER TO 18)

V_{ceo} (V)	h_{FE} à I_c / h_{FE} à 1 kHz min/max	(mA)	Type	$V_{ce\,(sat)}$ à I_c/I_b max (V)	(mA)	f_T min (MHz)	F max (dB)	P_{tot} (mW)	Équivalent
45	100/300	0,01	2N930	1	10/0,5	30	3	300	
60	100/500	0,01	2N2484	0,35	1/0,1	60	3	360	
60	130/–	0,01	BFR17	0,35	1/0,1	70	3	360	
60	150/300	1	BFY76	0,35	1/0,1	100	3	360	
20	110/800	2	BC108	0,6	100/5	100	10	300	
20	200/800	2	BC109	0,6	100/5	100	4	300	
45	110/450	2	BC107	0,6	100/5	100	10	300	
45	120/630	2	BCY59	0,7	100/2,5	100	6	360	BCY58

TRANSISTORS FAIBLE BRUIT (PNP, BOÎTIER TO 18)

V_{ceo} (V)	h_{FE} à I_c / h_{FE} à 1 kHz min/max	(mA)	Type	$V_{ce\,(sat)}$ à I_c/I_b max (V)	(mA)	f_T min (MHz)	F max (dB)	P_{tot} (mW)	Équivalent
45	250/500	0,01	2N3964	0,25	10/0,5	50	2	360	2N3965
80	70/230	0,01	BFX37	0,4	50/5	40	3,5	360	
80	100/300	0,01	2N3963	0,25	10/0,5	40	3	360	2N3962
25	125/500 (1)	2	BC178	0,25	10/0,5	200 typ.	10	300	BC179
45	120/460	2	BCY79	0,8	100/2,5	180 typ.	6	390	BCY78
45	125/500 (1)	2	BC177	0,25	10/0,5	200 typ.	10	300	
40	110/450	2	BC478	0,25	10/0,5	150 typ.	6	360	BC479
80	110/250	2	BC477	0,25	10/0,5	150 typ.	10	360	

(1) Ces caractéristiques peuvent subir des variations de 100 %.

12 Montages Darlington

Un montage Darlington est une association de transistors qui permet d'avoir une amplification en courant élevé.

$$i_c = \beta_0 \cdot i_b.$$

$$\beta_0 = \beta_1 \beta_2 + \beta_1 + \beta_2$$

12 ▪ 1 Darlington en commutation

Lors des phases de saturation, le transistor qui conduit la puissance ne se sature réellement jamais.

$$V_{ce\,sat} = V_{ce\,sat\,T1} + V_{be\,T2}$$

Le montage commute donc plus rapidement qu'un transistor, mais dissipe plus de puissance.

12 ▪ 11 Limitation des courants de fuite

Dans le montage Darlington simplifié, le courant émetteur du transistor T_1 est intégralement injecté dans la base de T_2. Par conséquent, le courant de fuite du transistor T_1, à l'état bloqué, est amplifié par le transistor T_2 ; il en résulte un courant de fuite de l'ensemble plus élevé.

Les résistances R_{be_1} et R_{be_2} servent à limiter le courant de fuite $i_{c_{20}}$ qui, s'il n'est pas limité, provoque un échauffement important du montage.

$$R_{be_2} \cdot i_{e_{10}} < V_{be_2} \text{ seuil}$$

$$R_{be_1} \cdot i_{e_0} < V_{be_1} \text{ seuil.}$$

Les résistors de stabilisation réduisent le gain statique en courant du montage. Si l'on suppose que R_{be1} fait partie du circuit d'attaque, on voit que la présence de R_{be2} se traduit par l'apparition d'un terme soustractif dans l'expression du gain :

$$\beta_0 = \beta_1 + \beta_2\beta_1 + \beta_2\left(1 - \frac{V_{be2}}{R_{be2} \cdot I_{B1}}\right).$$

12 ▪ 12 Données constructeurs

P_{tot} : valeur maximale de la puissance dissipable.

I_{cm} : valeur maximale du courant répétitif.

$$\beta_{sat} = b_{FEsat} = \frac{I_c}{i_{b\,sat\,mini}}.$$

V_{cex} : valeur maximale de la tension « blocable » pour V_e en inverse.

V_{cew} : tension directe maximale « blocable ».

SYMBOLES

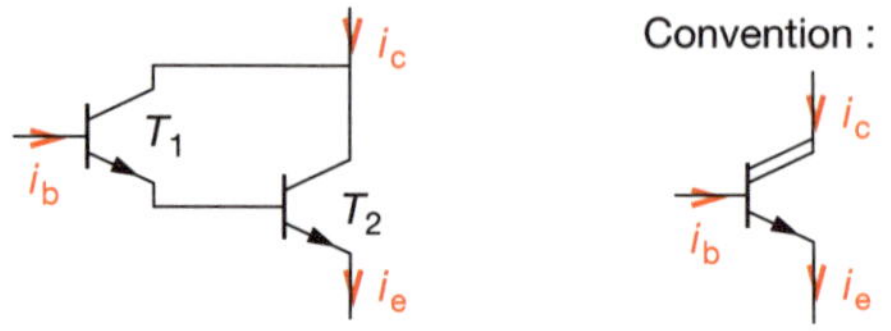

AMÉLIORATION DES TEMPS DE COMMUTATION

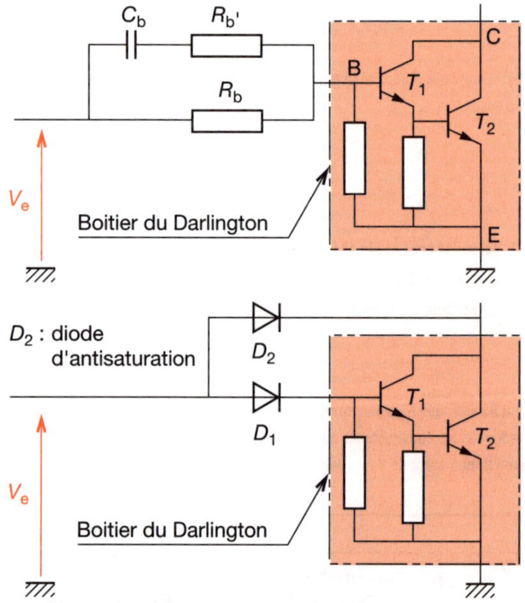

DARLINGTON ET COURANTS DE FUITE

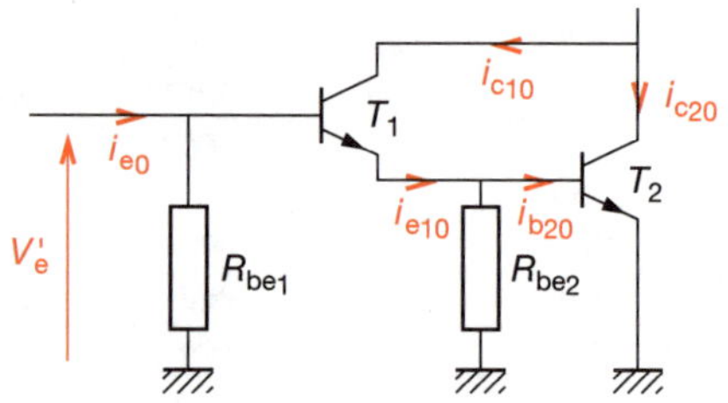

AIRE DE SÉCURITÉ

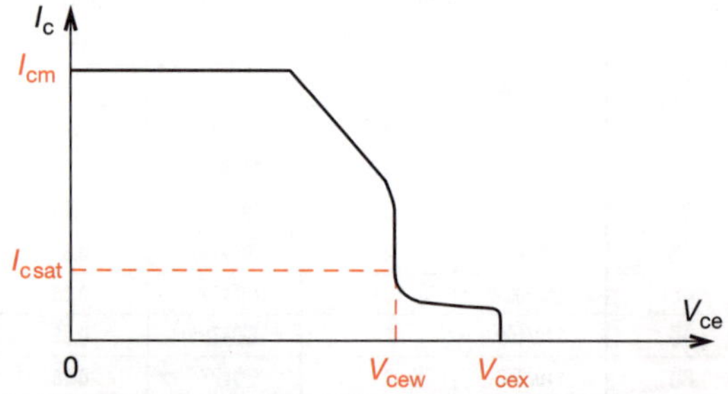

12.2 DARLINGTON EN RÉGIME LINÉAIRE (MODÈLES ÉQUIVALENTS)

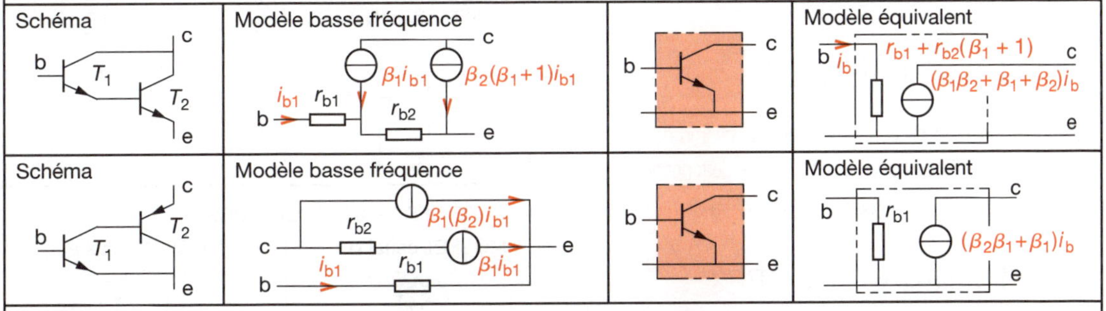

12.3 EXEMPLES DE DARLINGTONS

Types NPN et PNP.
Vitesse de commutation moyenne.
F_t = (2 à 20 MHz).

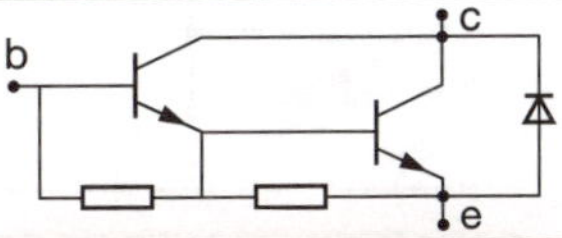

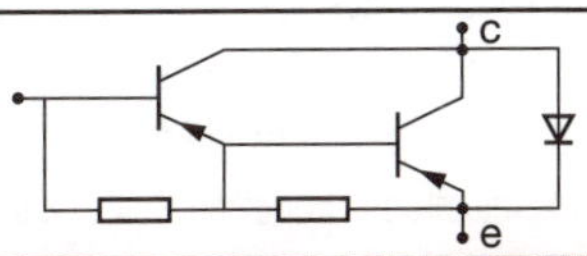

V_{cbo} (V)	V_{ceo} (V)	I_c (A)	P_{tot} (W)	Boîtier	Type NPN	Type PNP	h_{FE} à I_c/V_{ce} min	(A)	(V)	$V_{ce(sat)}$ à I_c/I_b (V)	(A)	(mA)
40	40	4	40	TO-126	2N6037	2N6034	500	0,5	3	2	2	8
45	45	10	100	TO-3	BDX85	BDX86	1000	3	3	2	4	16
45	45	10	70	TO-220	BDX33	BDX34	750	4	3	2,5	4	8
45	45	12	120	TO-3	BDX87	BDX88	1000	5	3	2	6	24
45	45	12	80	TO-220	BDW93	BDW94	750	5	3	2	5	20
45	45	2	40	TO-126	BD675	BD676	750	1,5	3	2,5	1,5	30
45	45	4	40	TO-126	BD675A	BD676A	750	2	3	2,8	2	40
45	45	6	50	TO-220	BDW23	BDW24	750	2	3	2	2	8
45	45	8	60	TO-220	BDX53	BDX54	750	3	3	2	3	12
60	60	10	100	TO-3	BDX85A	BDX86A	1000	3	3	2	4	16
60	60	10	125	SOT-93	TIP140	TIP145	1000	5	4	3	10	40
60	60	10	150	TO-3	MJ3000	MJ2500	1000	5	3	2	5	20
60	60	10	70	TO-220	BDX33A	BDX34A	750	4	3	2,5	4	8
60	60	12	120	TO-3	BDX87A	BDX88A	1000	5	3	2	6	24
60	60	12	125	SOT-93	BDV65	BDV64	1000	5	4	2	5	20
60	60	12	80	TO-220	BDW93A	BDW94A	750	5	3	2	5	20
60	60	16	150	TO-3	MJ4033	MJ4030	1000	10	3	4	16	80
60	60	2	50	SOT-82	SGS110	SGS115	1000	1	4	2,5	2	8
60	60	2	50	TO-220	TIP110	TIP115	1000	1	4	2,5	2	8
60	60	20	160	TO-3	2N6282	2N6285	750	10	3	3	20	200
60	60	30	200	TO-3	MJ11012	MJ11011	1000	20	5	4	30	300
60	60	4	40	TO-126	2N6038	2N6035	500	0,5	3	2	2	8
60	60	4	40	TO-126	BD677	BD678	750	1,5	3	2,5	1,5	30
60	60	4	40	TO-126	BD677A	BD678A	750	2	3	2,8	2	40
60	60	4	40	TO-126	MJE800	MJE700	100	4	3	3	4	40
60	60	4	40	TO-126	MJE801	MJE701	100	4	3	3	4	40
60	60	5	65	SOT-82	SGS120	SGS125	1000	3	3	2	3	12
60	60	5	65	TO-220	TIP120	TIP125	1000	3	3	2	3	12
60	60	6	50	TO-220	BDW23A	BDW24A	750	2	3	2	2	8
60	60	6	60	SOT-82	BD331	BD332	750	3	3	2	3	12
60	60	8	60	TO-220	BDX53A	BDX54A	750	3	3	2	3	12
60	60	8	65	SOT-82	SGS130	SGS135	1000	4	4	2	4	16
60	60	8	70	TO-220	TIP130	TIP135	1000	4	4	2	4	16
60	60	8	75	TO-220	2N6043	2N6040	1000	4	4	2	4	16
60	60	8	80	TO-220	TIP100	TIP105	1000	3	4	2	3	6
60	60	8	90	TO-3	MJ1000	MJ900	1000	3	3	2	3	12
80	80	10	100	TO-3	BDX85B	BDX86B	1000	3	3	2	4	16
80	80	10	125	SOT-93	TIP141	TIP146	1000	5	4	3	10	40
80	80	10	150	TO-3	MJ3001	MJ2501	1000	5	3	2	5	20

Boîtier - voir page 83.

13 Transistors FET*

13 ■ 1 Transistors JFET

Le transistor JFET est un transistor à effet de champ dont la grille n'est pas isolée. Le transistor est capable de fonctionner dans deux types d'état, « bloqué-passant » et linéaire.

13 ■ 2 Transistors MOSFET

Le transistor MOSFET désigne un transistor à effet de champ à enrichissement à canal N ou P à grille isolée (MOSFET : Metal Oxyde Semiconductor Field Effect Transistor). On distingue trois électrodes appelées Grille, Drain et Source. Le passage de l'état bloqué à l'état passant du composant est réalisé par polarisation de la grille (équivalente à un condensateur entre Grille et Source). À l'état passant, entre Drain et Source, le transistor se comporte comme une résistance pure. La tension Drain-Source est proportionnelle au courant. Ce facteur de proportionnalité est appelé Résistance à l'état passant ($R_{DS\,on}$).

De par sa constitution, le transistor MOSFET possède une diode parasite montée en inverse entre Drain et Source.

13 ■ 3 Principales caractéristiques

Un transistor FET est caractérisé par les grandeurs suivantes :

- le type de transistor (MOSFET ou JFET),
- le type de canal (N ou P),
- la tension de claquage entre Drain et Source à $V_{GS} = 0$ (V_{DSS}),
- le courant de drain maximal (I_D),
- la tension Drain-Source maximale (V_{DS}),
- la résistance à l'état passant ($R_{DS(on)}$),
- la puissance de dissipation maximale (P_{tot}),
- la capacité d'entrée (C_{iss}),
- le temps de mise en conduction ($t_{d(on)}$),
- le temps de descente (t_f),
- le temps de blocage ($t_{d(off)}$),
- le temps de recouvrement de la diode inverse (t_{rr}),
- la charge recouvrée de la diode inverse (Q_{rr}),
- la tension grille source de blocage (V_T ou $V_{GS\,off}$),
- la tension d'avalanche grille Source, Drain en l'air ($V_{GS\,0}$),
- la tension d'avalanche grille Drain, Source en l'air ($V_{GD\,0}$).

* FET : Field Effet Transistor.

SYMBOLES

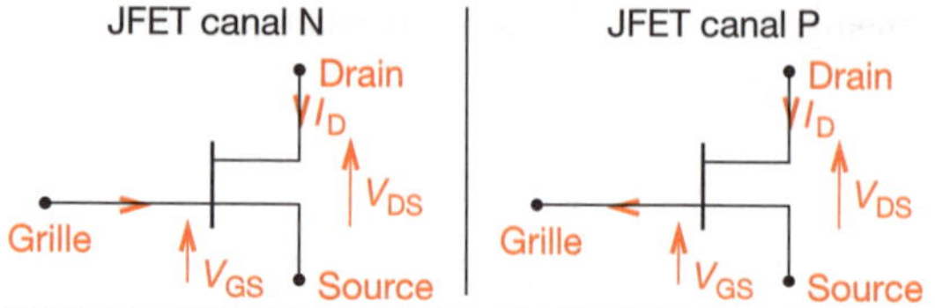

SYMBOLES DES TRANSISTORS MOSFET

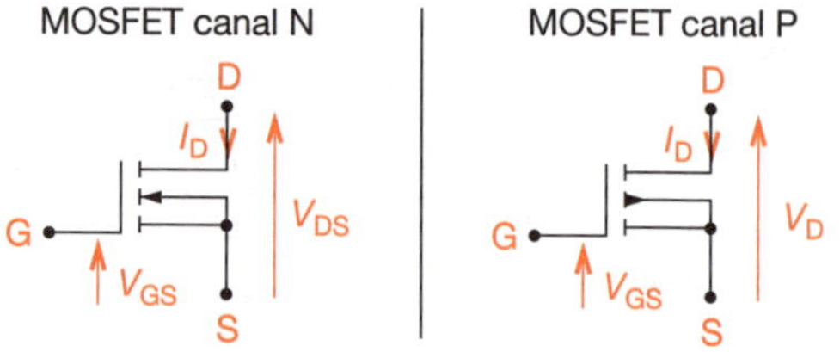

CARACTÉRISTIQUES DE SORTIE $I_D = f(V_{DS})$ À V_{GS} DONNÉ : (MOSFET CANAL N)

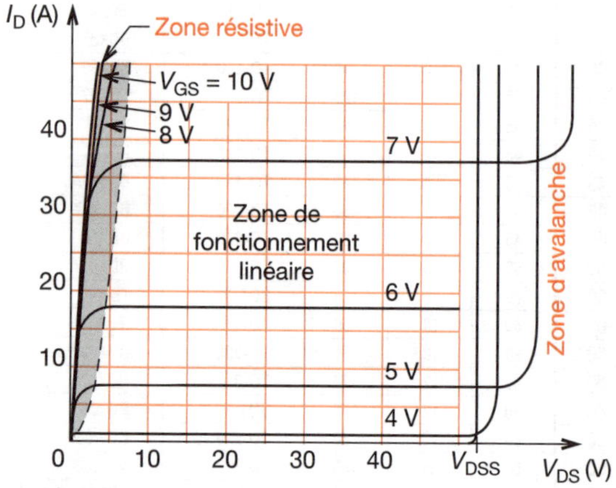

CARACTÉRISTIQUE DE TRANSFERT $I_D = f(V_{GS})$: (MOSFET CANAL N)

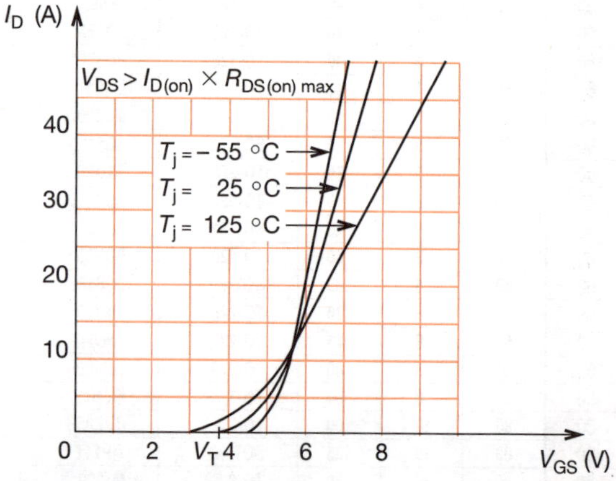

Symbole NFC 03205	Symbole au standard IEEE	Polarité en amplificateur	Caractéristique $I_D(V_{GS})$, $V_{DS} > V_{DS\,sat}$	Caractéristique $I_D(V_{DS})$, V_{GS} = constant
JFET canal N 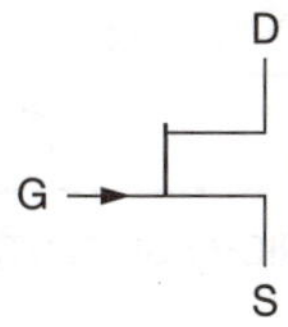	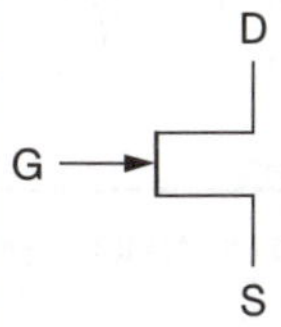	$V_{DS} > 0$ $I_D > 0$ $V_T \leqslant V_{GS} \leqslant 0$	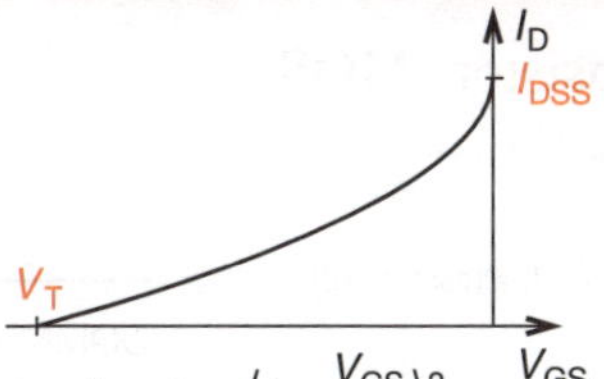 $I_D = I_{DSS}\left(1 - \frac{V_{GS}}{V_T}\right)^2$	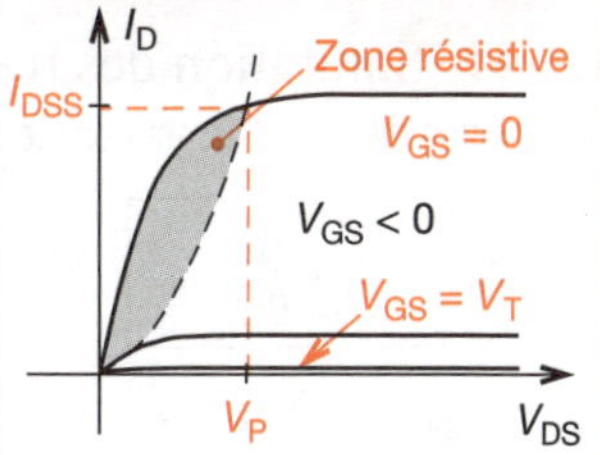
JFET canal P 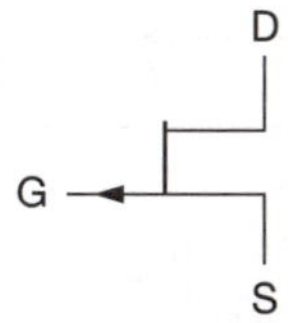	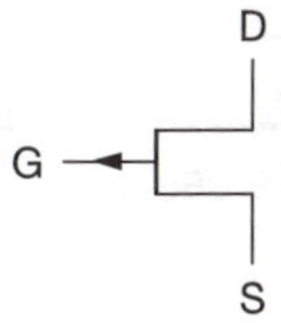	$V_{DS} < 0$ $I_D < 0$ $0 \leqslant V_{GS} \leqslant V_T$	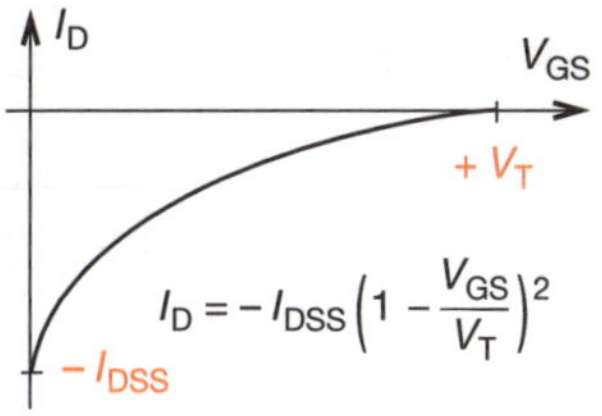 $I_D = -I_{DSS}\left(1 - \frac{V_{GS}}{V_T}\right)^2$	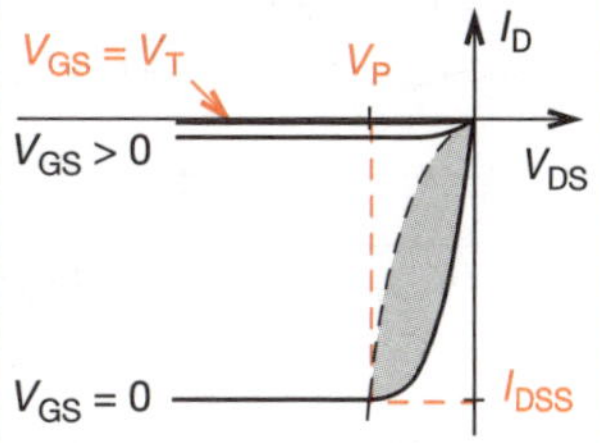
NMOS à enrichissement 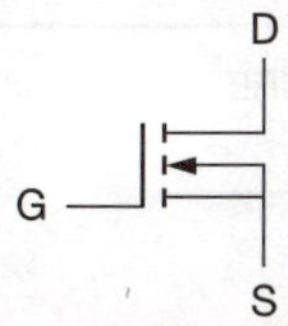	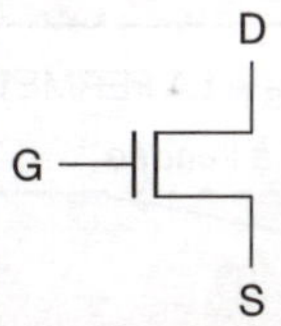	$V_{DS} > 0$ $I_D > 0$ $V_{GS} > V_T$	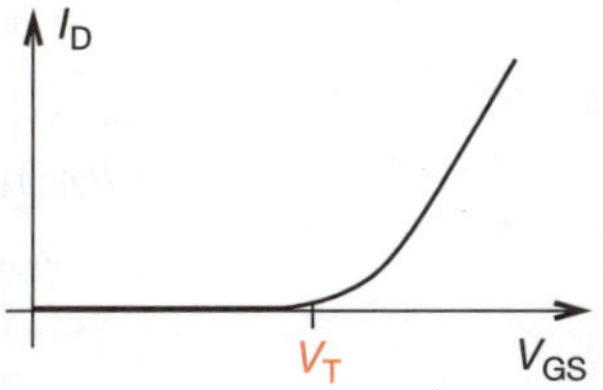 $I_D = k\,(V_{GS} - V_T)^2$	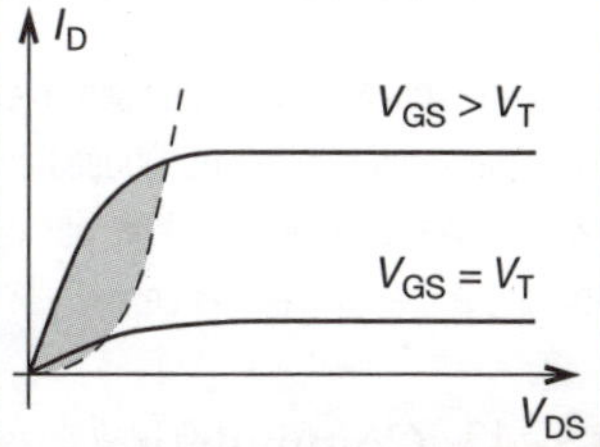
PMOS à enrichissement 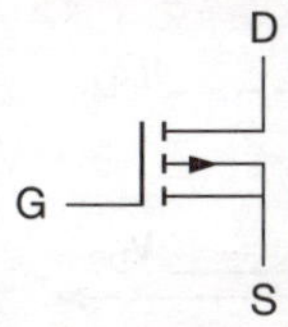	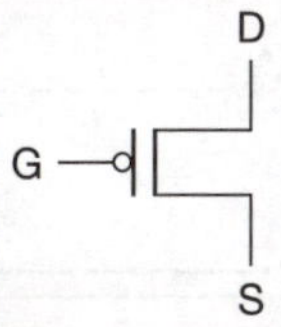	$V_{DS} < 0$ $I_D < 0$ $V_{GS} < -V_T$	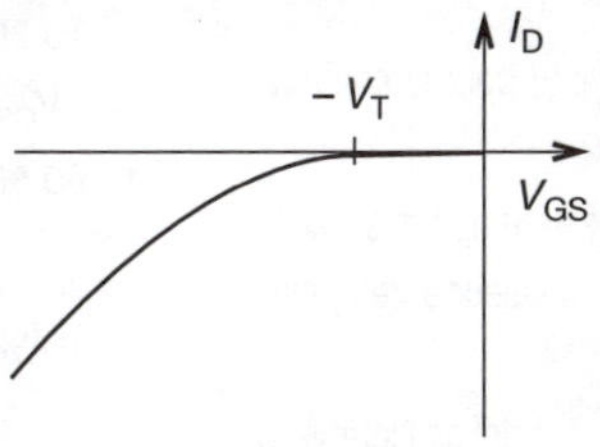	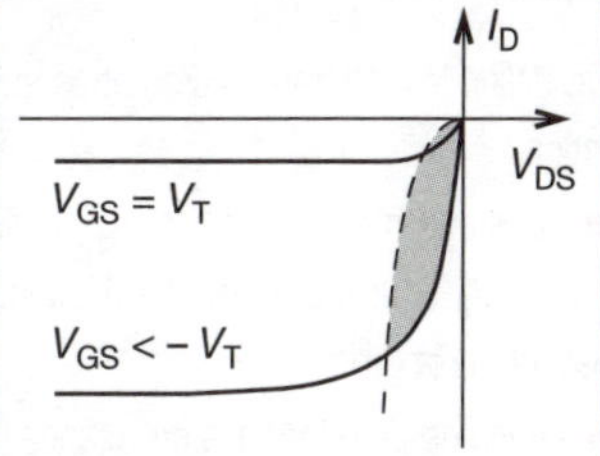
NMOS à appauvrissement 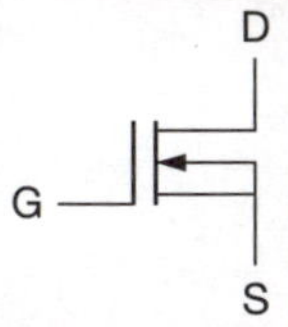	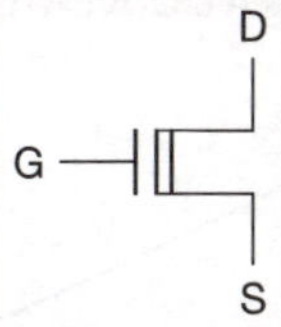	$V_{DS} > 0$ $I_D > 0$ $V_{GS} \geqslant -V_T$	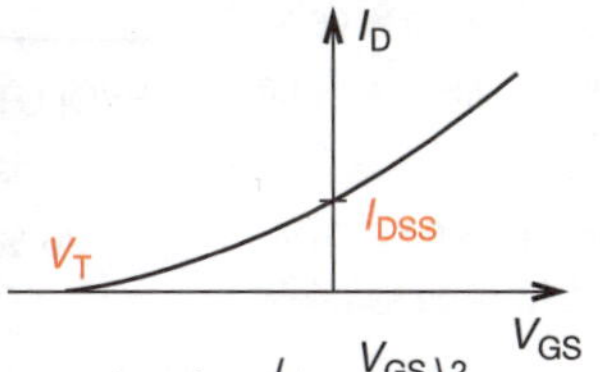 $I_D = I_{DSS}\left(1 - \frac{V_{GS}}{V_T}\right)^2$	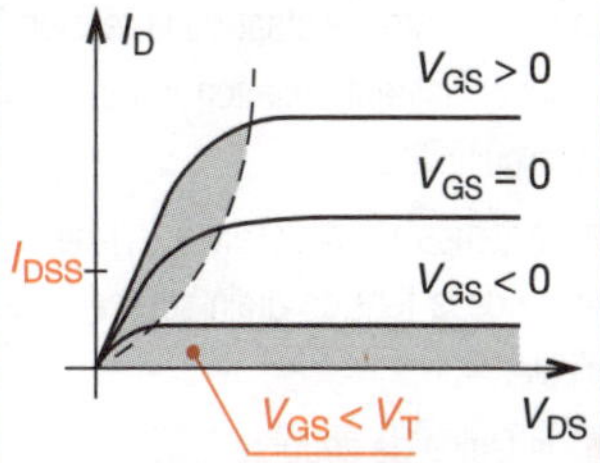
PMOS à appauvrissement 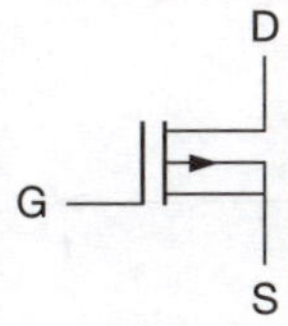	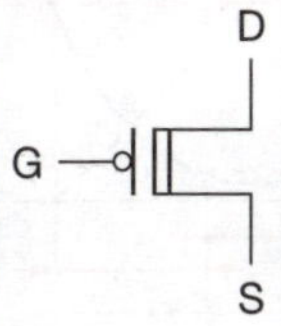	$V_{DS} < 0$ $I_D < 0$ $V_{GS} < V_T$	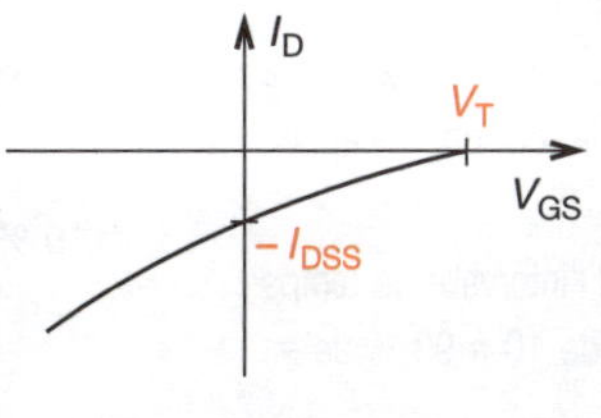	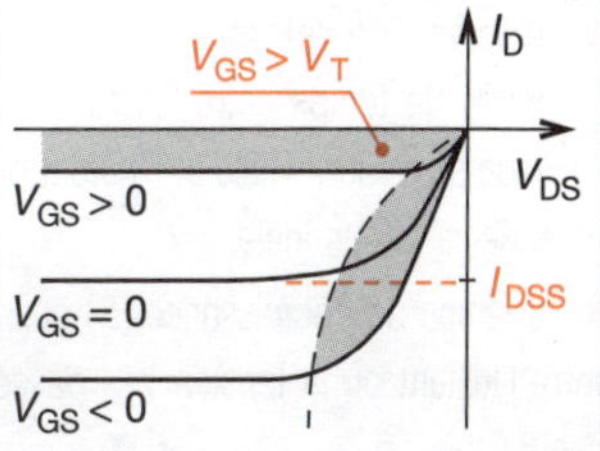

13 ■ 4 Transistors MOS en commutation

13 ■ 41 Saturation des transistors MOS

La condition de saturation est donnée pour V_{GS}, par :

$$V_{GS_1} \geqslant V_T + \frac{I_D}{g_m}$$ (NMOS à enrichissement).

V_T : tension de seuil (V).

I_D : courant de drain.

g_m : transconductance (voir les FET en régime linéaire) A/V.

La condition de blocage est :

$$V_{GS2} < V_T$$ (NMOS à enrichissement).

13 ■ 42 Protection de l'entrée des MOS

Les transistors MOS sont très sensibles à l'électricité statique et aux tensions inverses appliquées sur la grille ; pour cela, il est nécessaire de les protéger par des diodes Zener positionnées entre grille et source.

13 ■ 43 Commutation

On définit les différents paramètres suivants pour la commutation :

- le temps d'établissement (t_{on}) définit le temps mis par le courant I_D pour passer de 0 à 90 % de sa valeur après polarisation de la grille,
- le temps de retard à la croissance ($t_{d(on)}$) définit l'intervalle de temps entre l'instant où la tension V_{GS} atteint 10 % de sa valeur et l'instant où la tension V_{DS} est descendue à 90 % de sa valeur initiale,
- le temps de croissance (t_r) définit le temps de décroissance de la tension drain-source de 90 à 10 % de sa valeur initiale,
- le temps de coupure (t_{off}),
- le temps de retard à la décroissance ($t_{d(off)}$) définit l'intervalle de temps entre l'instant où la tension V_{GS} atteint 90 % de sa valeur initiale et l'instant où la tension V_{DS} atteint 10 % de sa valeur finale,
- le temps de décroissance (t_f) définit l'intervalle de temps entre l'instant où la tension V_{DS} passe de 10 à 90 % de sa valeur finale.

CARACTÉRISATION DES ÉTATS

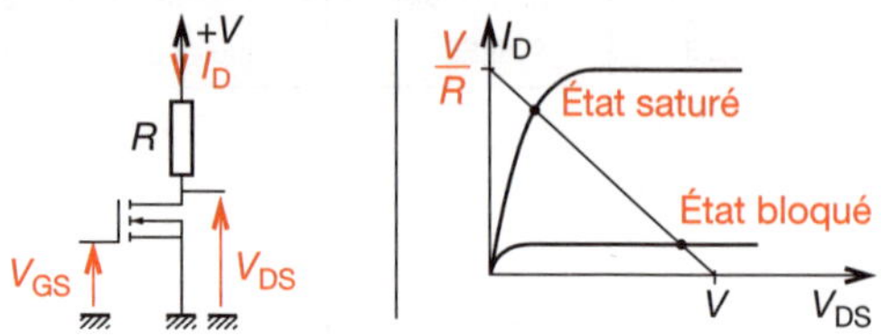

COMMANDE DE GRILLE D'UN NMOS (ENRICHISSEMENT)

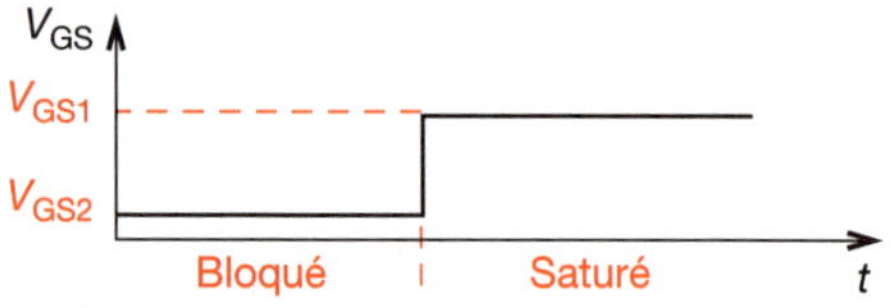

PROTECTION DE L'ENTRÉE DES MOS

ÉVOLUTION DE V_{DS} ET V_{GS} À LA FERMETURE

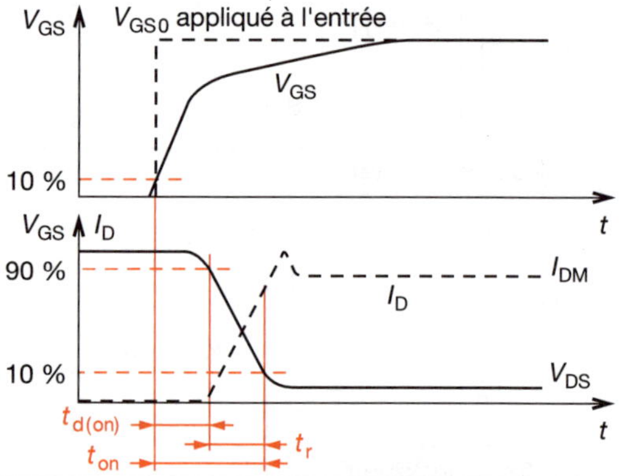

ÉVOLUTION DE V_{DS} ET V_{GS} À L'OUVERTURE

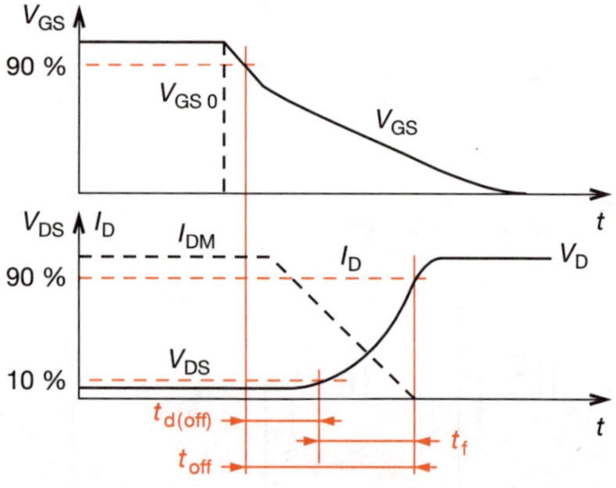

13 ■ 44 Puissance dissipée

L'énergie dissipée dans le transistor se décompose en :
l'énergie dissipée à la mise en conduction :

$$W_{on} = \int_{t_1}^{t_2} i(t) \times v(t)\, dt$$

l'énergie dissipée pendant la conduction :

$$W_{cond} = \int_{t_2}^{t_3} i(t) \times v(t)\, dt$$

l'énergie dissipée au blocage :

$$W_{off} = \int_{t_3}^{t_4} i(t) \times v(t)\, dt$$

L'intervalle de temps $t_2 - t_1$ correspond à la donnée t_{ir}.
L'intervalle de temps $t_3 - t_2$ correspond au temps de mise à 1.
L'intervalle de temps $t_4 - t_3$ correspond à la donnée t_{ir}.

Mise en conduction du transistor :
L'évolution de la tension aux bornes du transistor peut présenter plusieurs cas :

■ Maintien de la tension V_{DD} pendant la croissance de I_D.
L'énergie dissipée est donc égale à :

$$W_{on} = \int_{t_0}^{t_{ir}} I_{DM} \times \frac{t}{t_{ir}} \times V_{DD}\, dt$$

■ Décroissance de la tension V_{DD} pendant la croissance de I_D.
L'énergie dissipée est donc égale à :

$$W_{on} = \int_{t_0}^{t_{ir}} I_{DM} \cdot \frac{t}{t_{ir}} \cdot V_{DD} \cdot \left(1 - \frac{t}{t_{ir}}\right) dt$$

■ Décroissance brutale de la tension V_{DD} avant la croissance de I_D.
L'énergie dissipée est donc égale à :

$$W_{on} = \int_{t_0}^{t_{ir}} I_{DM} \cdot \frac{t}{t_{ir}} \cdot V_{C\,conduction} \cdot dt$$

Blocage du transistor :
Les différents cas vus lors de la mise en conduction restent valables pour le blocage.
État passant du transistor :

$$W_{cond} = I^2_{DM} \cdot R_{DS(on)} \cdot t_{cond}$$

FORME DU COURANT DRAIN-SOURCE

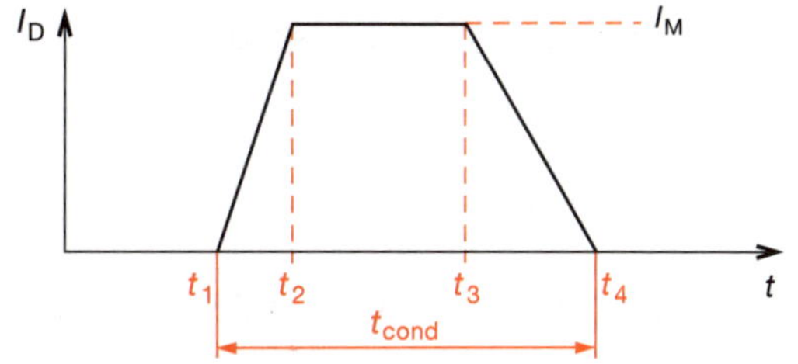

1er CAS : MAINTIEN DE LA TENSION V_{DD}

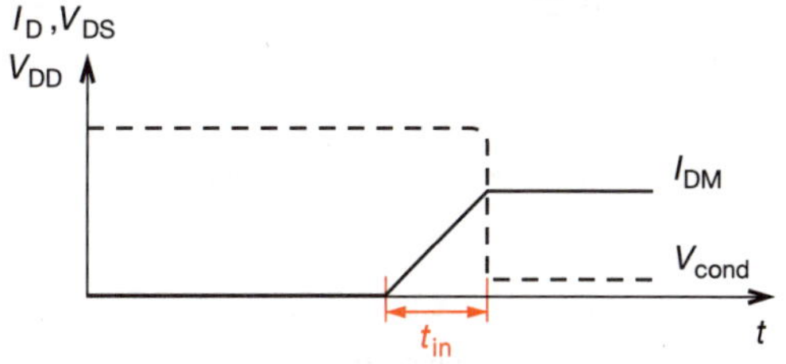

$$W_{on} = \frac{I_{DM} \times V_{DD} \times t_{ir}}{2}$$

2e CAS : DÉCROISSANCE DE V_{DD}

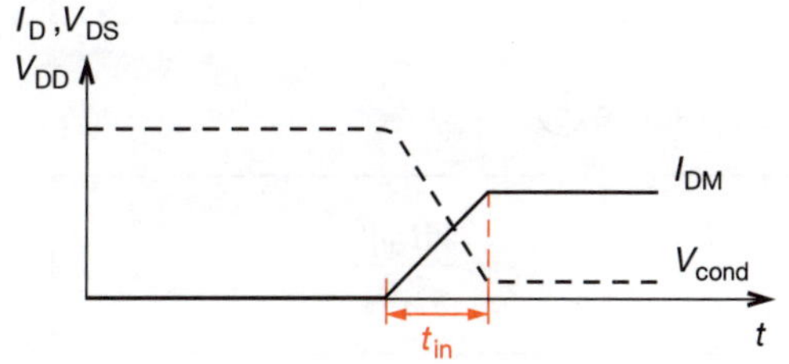

$$W_{on} = \frac{I_{DM} \times V_{DD} \times t_{in}}{6}$$

3e CAS : DÉCROISSANCE BRUTALE DE V_{CC}

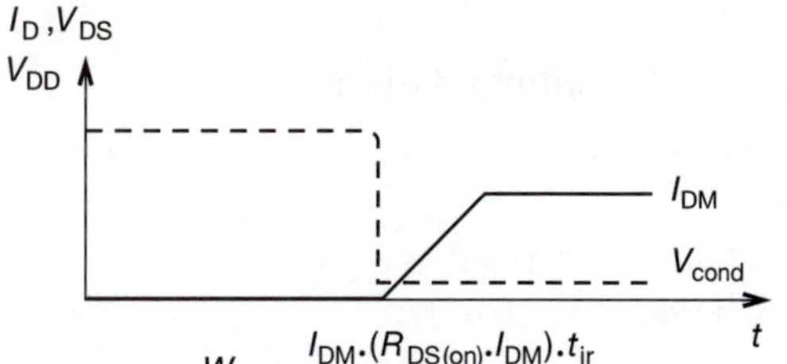

$$W_{on} = \frac{I_{DM} \cdot (R_{DS(on)} \cdot I_{DM}) \cdot t_{ir}}{2}$$

PUISSANCE DISSIPÉE TOTALE

Si T_c est la période de fonctionnement :

$$P_{tot\ moy} = \frac{W_{on} + W_{cond} + W_{off}}{T_{cond}}$$

13■45 Aire de sécurité

La température de jonction d'un transistor est le paramètre le plus important et il est donc impératif de bien choisir le système de dissipation afin de rester dans les limites du constructeur. Le choix du dissipateur dépendra de la puissance dissipée pendant le fonctionnement.

13■46 Dispositifs de commande

- Appliquer une tension nulle au blocage.
- Assurer à l'état conducteur une tension suffisante permettant de « saturer » le montage.
- Assurer la charge électrique nécessaire à la fermeture.
- Éviter d'appliquer des tensions négatives.
- Penser que le transistor est sensible aux parasites.

Calcul de montage (a)

$$t_{on} = 2{,}3\, R_G\, C_e$$

$$C_e \approx C_{iss} \text{ (cf. modèle linéaire)}$$

Calcul de montage (b)

$$L_G \approx \frac{4\,(t_{off})^2}{\pi^2 . C_e}$$

$$R_G \leqslant \frac{2\, t_{off}}{\pi . C_e}$$

13■47 Recommandations

- Diminuer l'inductance de câblage par des connexions courtes.
- Réduire l'influence du bruit sur la grille.
- Découpler l'entrée et la sortie :

- par constitution d'un écran entre commande et puissance ;
- par une perle ferrite sur la grille qui diminue la fréquence de résonance de la maille.

13■48 Aide à la commutation

Du fait des très courtes durées des transitions, un C.A.L.C. n'est pas nécessaire.

AIRE DE SÉCURITÉ D'UN IRF540

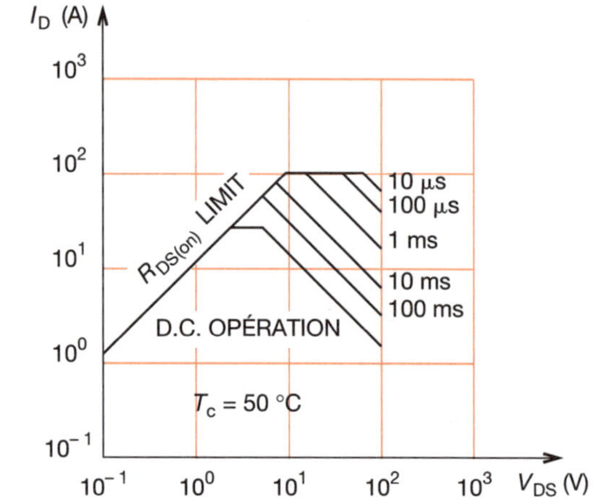

COMMANDE DE GRILLE

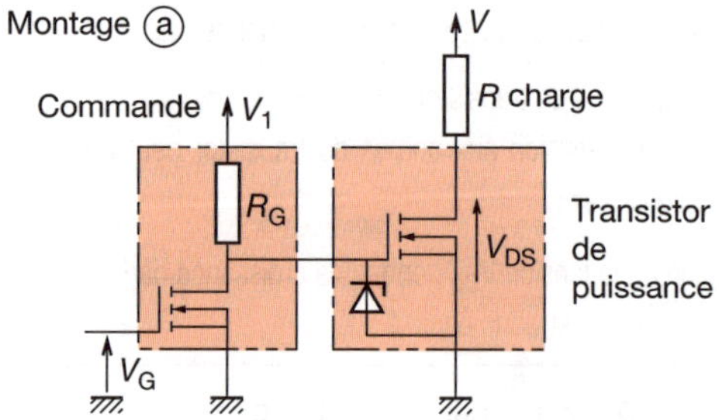

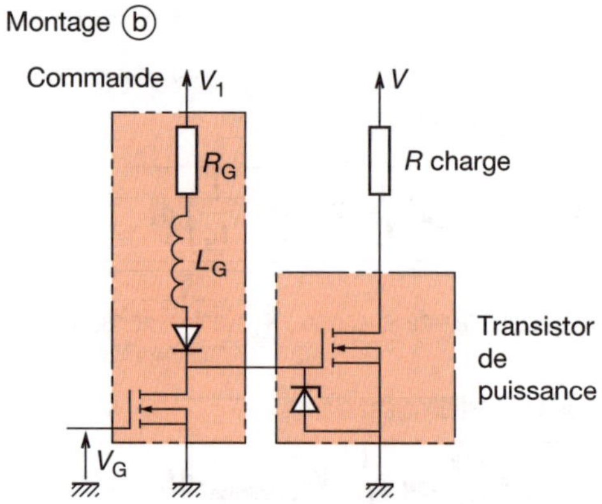

DÉCOUPLAGE DE LA COMMANDE

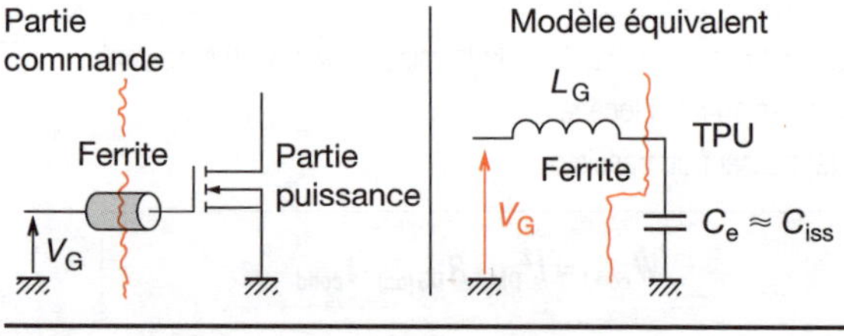

13 ■ 5 EXEMPLES DE TRANSISTORS MOS DE PUISSANCE

P_{tot} (W)	$V_{(BR)DSS}$ (V)	$R_{DS(on)}$ à I_D (max) (Ω)	(cont) (A)	Boîtier	Type	Caractéristiques en avalanche: I_{AR} $T_J = 25\,°C$ (A)	E_{AS} $T_J = 25\,°C$ (mJ)	E_{AR} $T_J = 25\,°C$ (mJ)	I_{AR} $T_J = 100\,°C$ (A)
400	50	0,006	200	ISOTOP	TSD200N05	60	720	90	35,6
65	50	0,023	40	ISOWATT218	STH60N05FI	60	720	90	35,6
125	50	0,023	52	TO-220	STVHD90	52	540	73	31
150	50	0,023	60	TO-218	STH60N05	60	720	90	35,6
125	50	0,028	35	TO-220	IRFZ40	35	245	60	20,8
150	50	0,028	40	TO-3	SGSP592	40	260	31	23,4
150	50	0,028	40	TO-218	SGSP492	40	260	35	23,4
125	50	0,03	45	TO-3	BUZ15	45	400	100	26,4
40	50	0,035	24	ISOWATT220	IRFZ42FI	35	245	60	20,8
125	50	0,035	35	TO-220	IRFZ42	35	245	60	20,8
35	50	0,04	20	ISOWATT220	BUZ11FI	30	180	45	17,6
75	50	0,04	30	TO-220	BUZ11	30	180	45	17,6
125	50	0,04	39	TO-3	BUZ14	39	300	75	23
75	50	0,06	25	TO-220	BUZ11A	25	125	30	15
100	50	0,06	28	TO-220	SGSP382	28	135	33	16,5
125	50	0,06	30	TO-218	SGSP482	30	150	38	17,6
40	50	0,08	16	ISOWATT220	STLT29FI *	25	108	26	15,2
70	50	0,08	20	TO-220	BUZ10	20	80	20	11,4
100	50	0,08	25	TO-220	STLT29 *	25	108	26	15,2
30	50	0,10	12	ISOWATT220	BUZ71FI	14	39	10	8,2
30	50	0,10	12,5	ISOWATT220	IRFZ20FI	15	45	12	8,8
40	50	0,10	14	TO-220	BUZ71	14	39	10	8,2
40	50	0,10	15	TO-220	IRFZ20	15	45	12	8,8
30	50	0,12	11	ISOWATT220	BUZ71AFI	13	33	8,5	7,6
30	50	0,12	12	ISOWATT220	IRFZ22FI	15	45	12	8,8
40	50	0,12	13	TO-220	BUZ71A	13	33	8,5	7,6
40	50	0,12	14	TO-220	IRFZ22	15	45	12	8,8
75	50	0,12	17	TO-220	BUZ10A	17	58	14,5	10
50	50	0,13	10	SOT-82	SGSP222	10	17	4	5,8

* Low Threshold Power Mos (Logic Level (+ 5 V) CMOS/TTL Compatible Input)

D'après SGS–Thomson.

BOÎTIERS

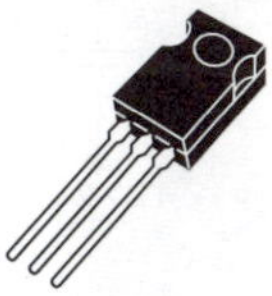

SOT-82

SOT-93

ISOWATT 218

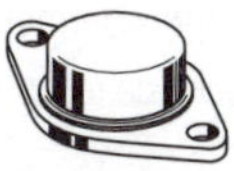

TO-3

ISOWATT 220

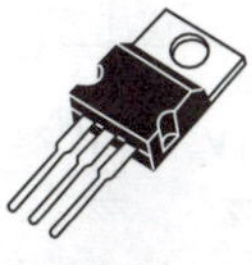

TO-220

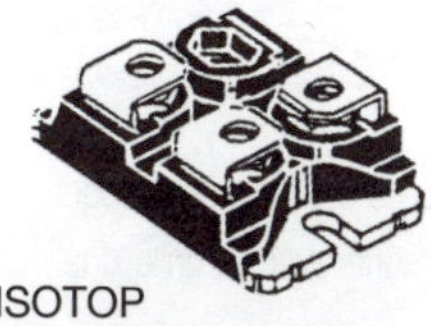

ISOTOP STANDARD VERSION

SOT-194

13■6 FET en régime linéaire

13■61 Polarisation des montages à JFET

■ Polarisation par deux sources

Cette polarisation nécessite deux sources continues, elle permet une grande dynamique du signal, mais implique une grande dispersion du point de repos.

Impératif : $V_{GS} < 0 \qquad (R_S I_D > E)$

■ Polarisation automatique

La plus utilisée.

Le courant entrant dans la grille est nul.

$$V_{GS} = -R_S I_D \qquad \text{et} \qquad R_G \approx \text{qq. M}\Omega.$$

Le point de fonctionnement est déterminé par

$$-\frac{V_{GS}}{R_S} = I_{DSS}\left(1 - \frac{V_{GS}}{V_T}\right)^2.$$

■ Polarisation par source de courant

Ce montage permet la fixation du courant I_0 qui fixe I_D et rend le montage indépendant de I_{DSS} et V_P. La source de courant peut être aussi à transistor bipolaire.

13■62 Polarisation des MOSFET à appauvrissement

Ils sont polarisés pour $V_{GS} = 0$ puisqu'ils sont conducteurs avec $I_D = I_{DSS}$ dans ces conditions ($R_G \approx$ qq. MΩ et $I_G = 0$).

13■63 Polarisation des MOFSET à enrichissement

■ Polarisation par bouclage

Nous imposons par ce montage $V_{DS} = V_{GS}$.

Cette polarisation permet de compenser les variations possibles du point de repos.

$$V_{DS} = E - R_D I'_D.$$

$$I_D \nearrow \Rightarrow V_{DS} \searrow \Rightarrow V_{GS} \searrow \Rightarrow I_D \searrow .$$

$$R_G \approx \text{qq. M}\Omega.$$

■ Polarisation par pont

Il faut faire attention à garder l'impédance d'entrée du montage élevée ; pour cela, on met souvent en série avec la grille une résistance importante.

$$R_G \approx \text{qq. M}\Omega.$$

POLARISATION DE JFET

Polarisation à deux sources

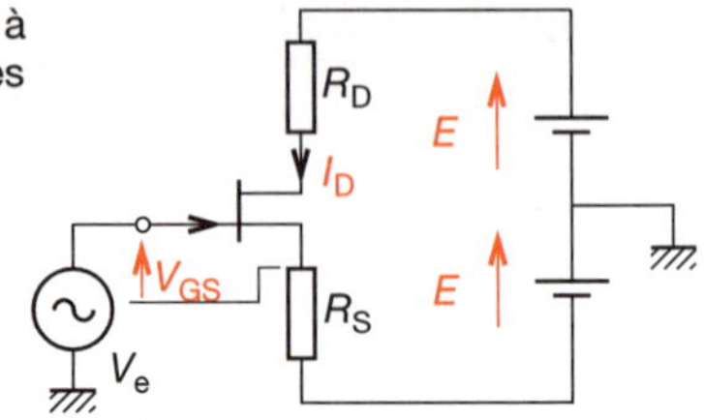

Polarisation automatique

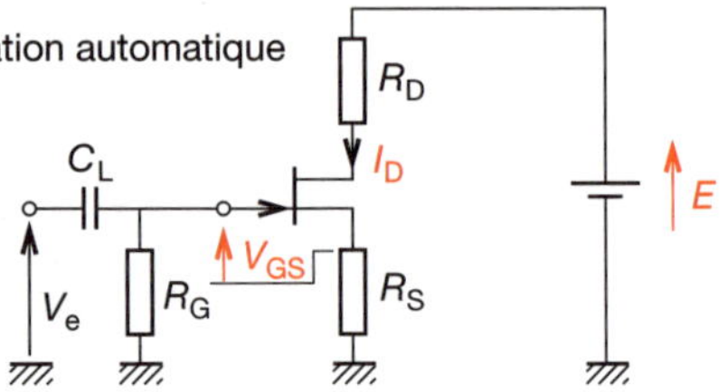

Polarisation par source de courant de courant

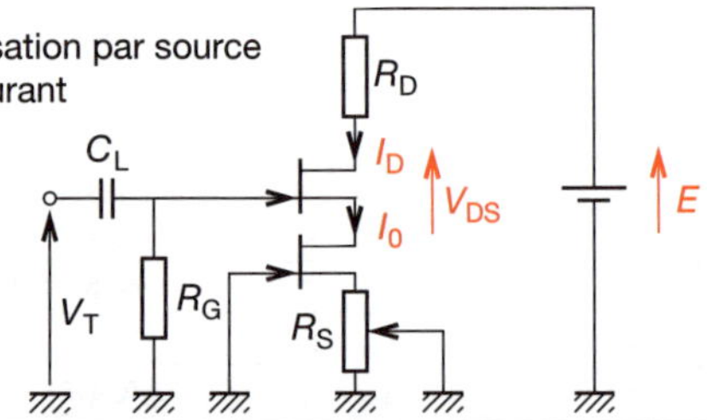

POLARISATION DES MOSFET À APPAUVRISSEMENT

Polarisation automatique

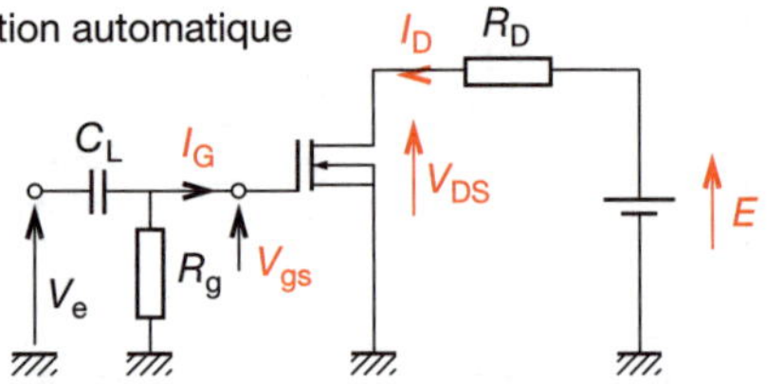

POLARISATION DES MOSFET À ENRICHISSEMENT

Polarisation par bouclage

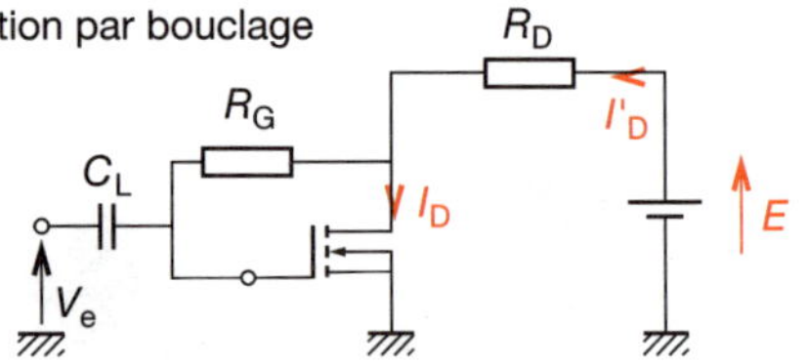

Polarisation par pont

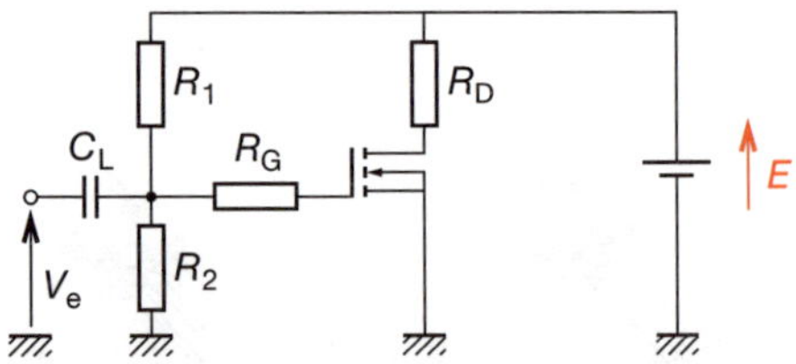

C_L : capacité de liaison de l'entrée.
V_e : tension d'entrée alternative.

13 ■ 7 Fonctionnement en résistance variable

13 ■ 71 Principe

Description complète de la relation $I_D\,(V_{DS})$.

$$I_D = I_{DSS}\left[\left(1 - \frac{V_{GS}}{V_T}\right)^2 - \left(1 - \frac{V_{GS} - V_{DS}}{V_T}\right)^2\right]$$

I_D : courant de drain (A).
I_{DSS} : courant maximal drain source pour $V_{GS} = 0$ (A).
V_{GS} : tension grille source (V).
V_T : tension définissant le seuil de conduction (V).
V_{DS} : tension drain source (V).

On reste dans une zone $V_{DS} < V_P$.

L'obtention de l'expression de r_{DS} passe par le développement et la linéarisation par rapport à la variable $\left(\frac{V_{DS}}{V_{GS}}\right)$ de la relation $I_D\,(V_{DS})$.

$$R_{DS} = \frac{V_{DS}}{I_D} = \frac{V_T}{-2\,I_{DSS}\left(1 - \frac{V_{GS}}{V_T}\right)}$$

V_T, V_{GS} : sont des expressions négatives (V).

$$R_{DSon} = \frac{V_T}{-2\,I_{DSS}}$$

(R_{DS} pour $V_{GS} = 0$).

CARACTÉRISTIQUE $I_D\,(V_{DS})$ pour un JFET

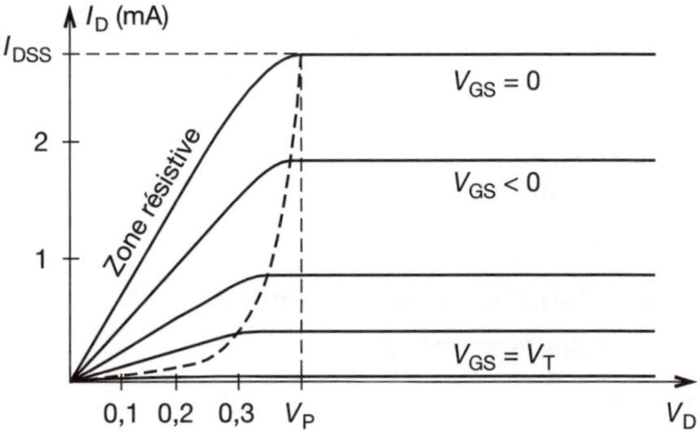

MODÈLE DE LA RÉSISTANCE VARIABLE

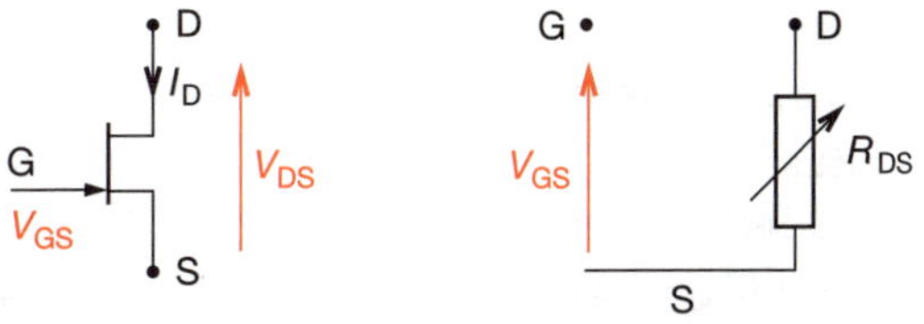

ATTÉNUATEUR COMMANDÉ

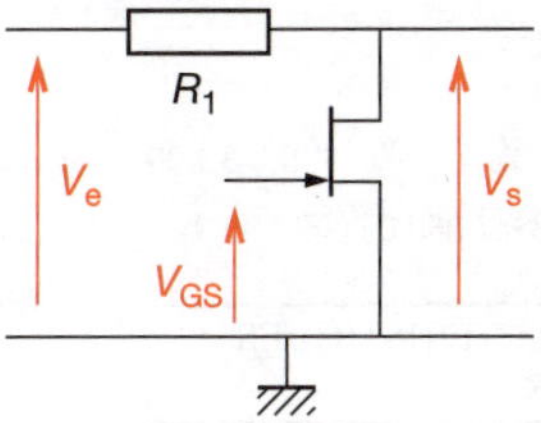

$$V_s = \frac{V_e \cdot R_{DS}}{R_1 + R_{DS}}$$

ATTÉNUATEUR FAIBLE DISTORSION

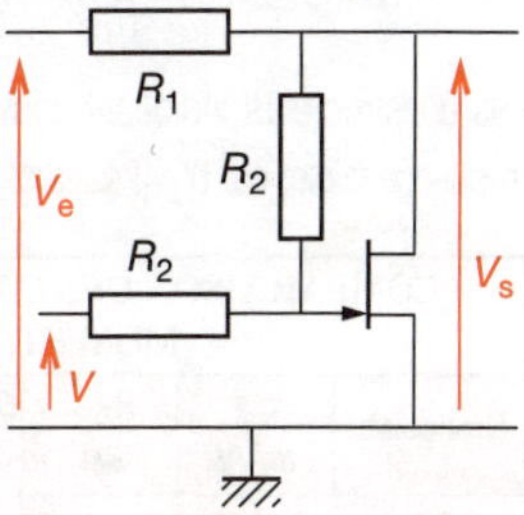

Amplificateur à gain variable à faible distorsion	Amplificateur à transistor à gain variable	Filtre à fréquence de coupure variable
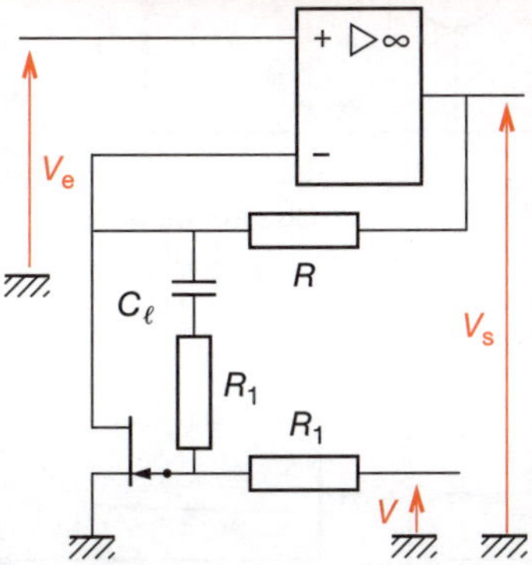 C_ℓ : capacité de liaison.	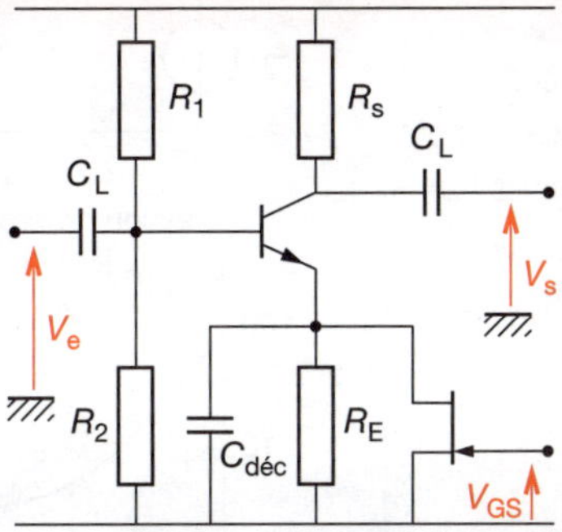 C_{dec} : capacité de découplage. g_m change avec la variation de R_{DS}.	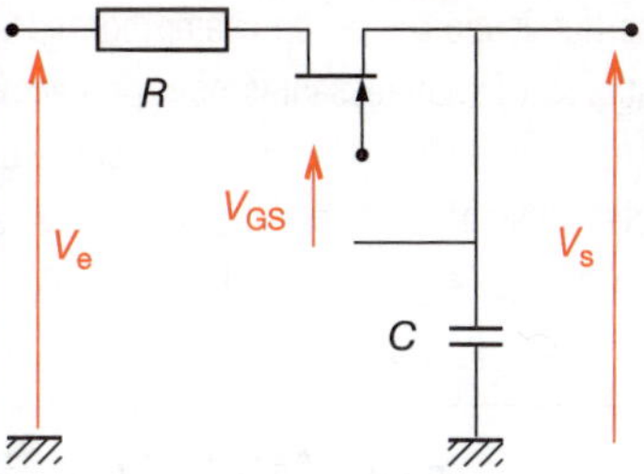 $\tau = (R + R_{DS})\,C$

13 ■ 8 Modélisation linéaire des FET

13 ■ 81 Modèle basse fréquence

■ **Pour un JFET**

$$g_m = -2\frac{I_{DSS}}{V_T}\left(1 - \frac{V_{GS}}{V_T}\right).$$

■ **Pour un MOSFET**

$$g_m = -2k(V_{GS} - V_T).$$

13 ■ 82 Modèle haute fréquence

■ **Les constructeurs donnent :**

$C_{iss} = C_{GS'} + C_{GD'}$.
$C_{rss} = C_{GD'}$.
$C_{oss} = C_{D'S'} + C_{GD'}$.
C_{iss} : capacité d'entrée en source commune.
C_{rss} : capacité de rétroaction en source commune.
C_{oss} : capacité de sortie en source commune.

■ **Paramètres *Y***

Quand la modélisation s'adresse au modèle simplifié.

$Y_{is} = Y_{11s} = j\omega(C_{GD} + C_{GS}) = g_{is} + jb_{is}$.
$Y_{rs} = Y_{12s} = -j\omega C_{GD} = |Y_{rs}|, \varphi_{yrs}$.
$Y_{fs} = Y_{21s} = g_m - j\omega C_{GD} = |Y_{fs}|, \varphi_{fs}$.
$Y_{os} = Y_{22s} = j\omega C_{GD} + \dfrac{1}{R_{DS}}$.

Les constructeurs indiquent souvent $Y_{21s} = Y_{fs} = g_m$ à une fréquence faible, car $|Y_{21s}|$ dans ce cas est peu différent de g_m.

COMPARAISON DES CARACTÉRISTIQUES MOSFET, JFET					
Grandeurs	**g_m mA/V**	**$R_{D'S'}$ kΩ**	**$C_{GS'}$, C_{GD} pF**	**$C_{D'S'}$ pF**	**$R_{DD'}$, $R_{SS'}$ Ω**
JFET	0,1 à 10	100 à 1 500	1 à 15	< 1	10
MOSFET	0,1 à 25	10 à 100	1 à 15	< 1	10

13 ■ 9 FET et bruit

Les transistors à effet de champ possèdent des caractéristiques très intéressantes pour de l'amplification basse fréquence, faible bruit. Ils sont adaptés dans les cas de fortes résistances internes des générateurs appliqués.

i_N a 10 kHz ≈ 10 FA / $\sqrt{Hz}$ (FA = 10^{-15} A), ce qui est inférieur à i_N pour un transistor.

$$F = 1 + \frac{\bar{e}_N^2(f) + \bar{i}_N^2(f)R_G}{4kTR_G}$$

$$NF\ (F \text{ en dB}) = 10\log_{10}(F)$$

F : facteur de bruit.

MODÈLE PETITS SIGNAUX BASSE FRÉQUENCE

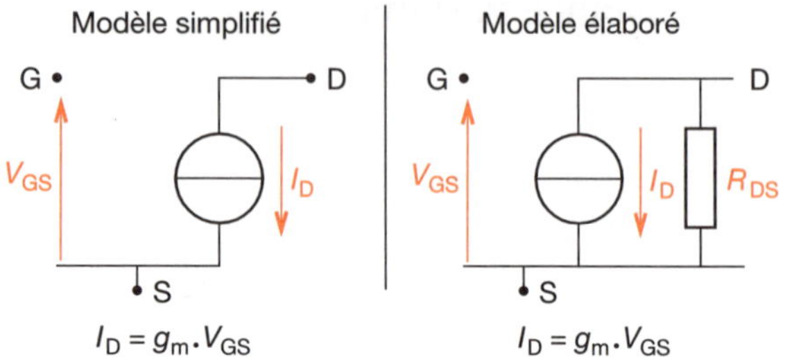

MODÈLE PETITS SIGNAUX HAUTE FRÉQUENCE

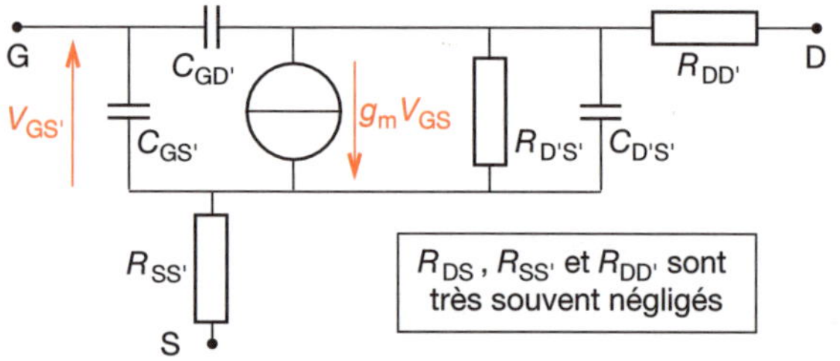

TRANSISTORS FET ET PARAMÈTRES *Y*

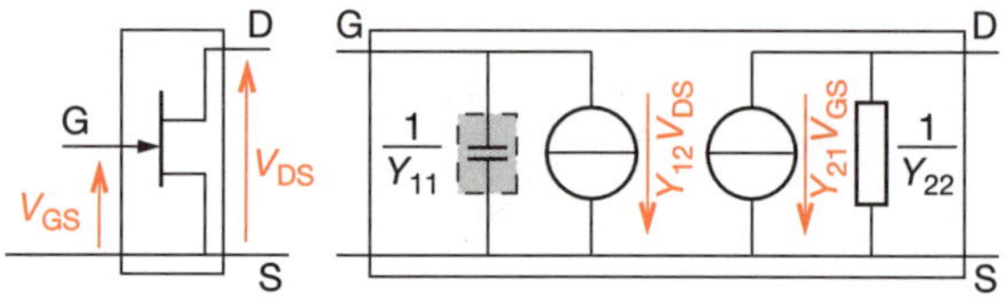

MODÈLE DE BRUIT D'UN JFET

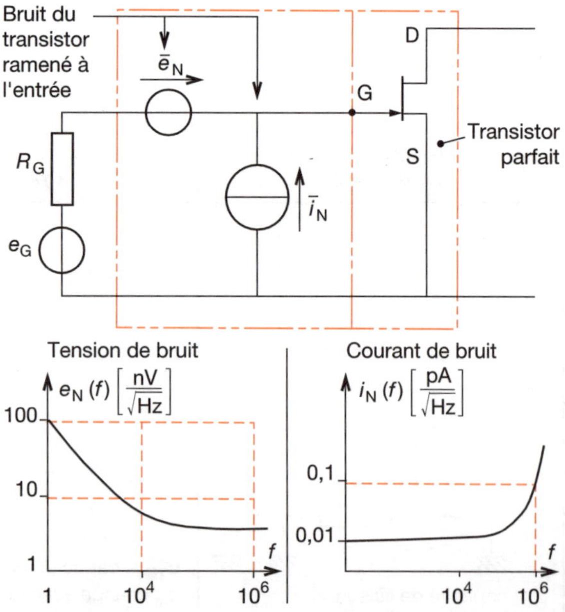

13 ▪ 10 TRANSISTORS FET

JET CANAL P ET CANAL N EN INTERRUPTEURS

Boîtier TO	Type	R_{DS} (on) max (Ω)	I_D (µA)	V_T min (V)	V_T max (V)	I_{DSS} min (mA)	V_{BR} min (V)	C_{iss} max (pF)	C_{rss} max (pF)	T_{on} max (ns)	T_{off} max (ns)	Canal
72	2N3993	150		4	9,5	10	25	16	4,5			P
72	2N3994	300		1	9,5	2	25	16	4,5			P
92	MPF 4091	30	1	5	10	30	40	16	5	25	40	N
92	J111	30	1	3	10	20	35	10	5	13	25	N
92	J112	50	1	1	5	5	35	10	5	13	35	N
92	2N5639	60	1	-	8	25	30	10	4	14	30	N
92	MPF4093	80	1	1	5	80	40	16	5	60	80	N
92	2N5640	100	1	-	6	5	30	10	4	18	45	N
92	J113	100	1	0,5	3	2	35	10	5	13	35	N
92	J108	8	-	3	10	80	25	-	-	-	-	N

JFET CANAL P ET CANAL N EN AMPLIFICATEURS FAIBLE FRÉQUENCE, FAIBLE BRUIT

Boîtier TO	Type	g_m min (m mho)	g_{DS} max (µ mho)	C_{iss} max (pF)	C_{rss} max (pF)		V_{BR} min (V)	V_T min (V)	V_T max (V)	I_{DSS} min (mA)	I_{DSS} max (mA)	Canal
72	2N3909	1	100	32	16		20	0,3	7,9	0,5	15	P
92	2N5464	1,5	75	7	2		60	0,8	4,5	2	9	P
92	2N5462	2	50	7	2		40	1,8	9	4	16	P
72	2N5270	2,5	75	7	2		60	2	6	7	14	P
92	MPF109	0,8	75	7	3		25	0,2	8	0,5	24	N
72	2N3821	1,5	10	6	3		50	-	4	0,5	2,5	N
72	2N4221	2	20	5	2		30	-	6	2	6	N
92	BF244/45	3	40	3	0,7		30	0,5	8	7	12	N
72	2N3822	2	20	6	3		50	-	6	2	10	N

MOSFET EN AMPLIFICATEURS BASSE FRÉQUENCE, FAIBLE BRUIT

Boîtier TO	Type	g_m min (m mho)	g_m max (µ mho)	C_{iss} max (pF)	C_{rSS} Max (pF)		V_{BR} min (V)	V_T min (V)	V_T max (V)	I_{DSS} min (mA)	I_{DSS} max (mA)	Canal
72	3N155A	1	60	5	1,3		- 3,5	- 1,5	- 3,2	-	- 0,25	P
72	2N4351	1	-	5	1,3		25	1	5	-	10	N

MOSFET EN INTERRUPTEURS

Boîtier TO	Type	V_{DS} max max (V)	I_D max (mA)	$R_{DS (on)}$ max (Ω)	V_{GS} (V)	I_D (mA)	P_{max} max (mW)	g_m (m mho)	V_T min (V)		Canal
92	BSN12	50	150	50	2,5	10	830	30	0,4		N
92	BSN107	200	200	28	2,6	20	1 500	90	0,8		N
92	BSN304	300	300	6	10	300	1 000	400	0,8		N

BOITIERS ET DIMENSIONS

Brochage

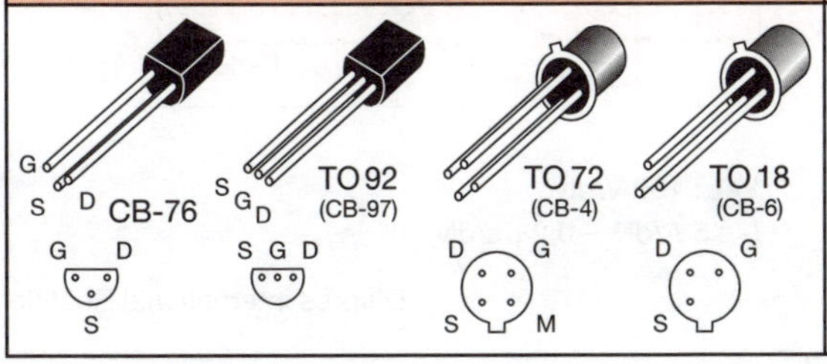

Dimensions

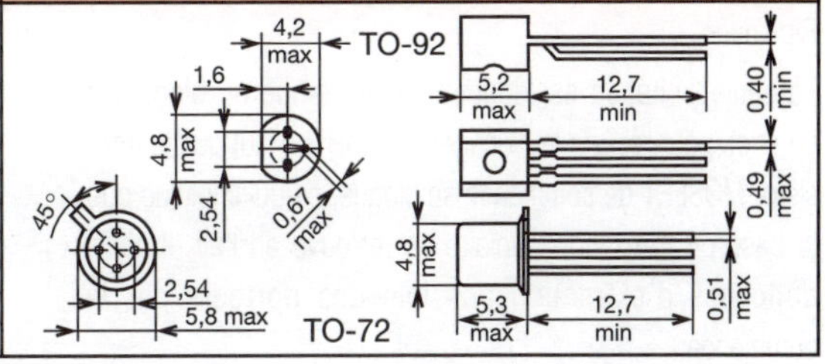

14 Transistors IGBT

Le transistor IGBT (Insulated Gate Bipolar Transistor) désigne un transistor bipolaire à grille isolée. On distingue trois électrodes appelées Grille, Émetteur et Collecteur. L'IGBT est réalisé en associant un transistor MOSFET en commande et un transistor bipolaire en sortie puissance. Le passage de l'état bloqué à l'état passant du composant est réalisé par polarisation de la grille (équivalente à un condensateur entre Grille et Émetteur). Ce type de transistor associe les avantages du transistor bipolaire pour le $V_{CE\,sat}$ et les avantages des transistors MOSFET pour la commande.

Il existe deux modes de réalisation d'IGBT :
La structure épitaxiale (ou PT-IGBT) et la structure homogène (ou NPT-IGBT) mise au point par Siemens.

14 ■ 1 Caractéristiques principales

Un transistor IGBTest caractérisé par les grandeurs suivantes :

- la tension de claquage entre Collecteur et Émetteur à $V_{GE} = 0$ ($V_{CE\,max}$),
- le courant de Collecteur maximal (I_{CM}),
- la tension Grille Émetteur maximale (V_{GE}),
- la tension à l'état passant ($V_{CE(on)}$),
- la puissance de dissipation maximale (P_{tot}),
- la capacité d'entrée (C_{iss}),
- le temps de mise en conduction ($t_{d(on)}$),
- le temps de descente (t_f),
- le temps de blocage ($t_{d(off)}$),

S'ajoutent à ces données les caractéristiques sous forme de graphe :

- caractéristiques de sortie $I_C = f(V_{CE})$, à la température spécifiée.

14 ■ 2 Caractéristiques de commutation

Les caractéristiques de commutation des IGBT sont à rapprocher des caractéristiques des transistors MOS ou Bipolaires.

La seule limitation est donnée par le temps de blocage ; en effet, pour réaliser le blocage d'un IGBT, il faut que le transistor MOSFET de commande se bloque, ce qui implique que la base du transistor bipolaire se retrouve en l'air, il n'y a donc pas d'extraction possible des porteurs par la commande.

SYMBOLES

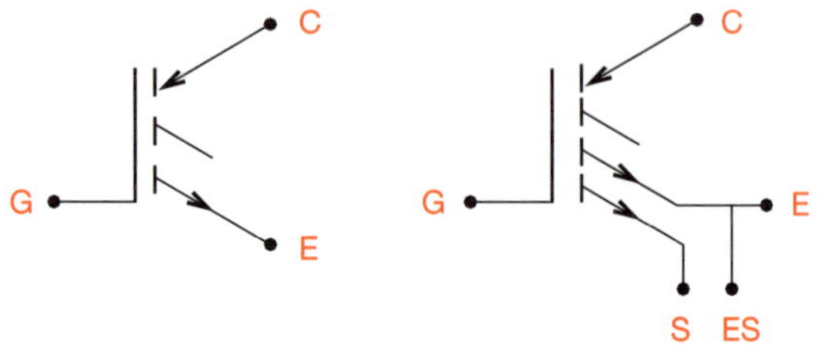

IGBT simple — IGBT à lecture de courant

CARACTÉRISTIQUES DE SORTIE $I_C = f(V_{CE})$

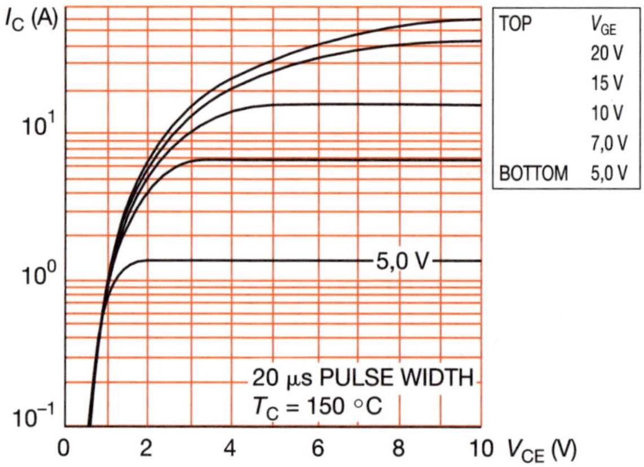

D'après International Rectifier

ÉVOLUTION DU V_{CE} ET DE I_C À L'OUVERTURE

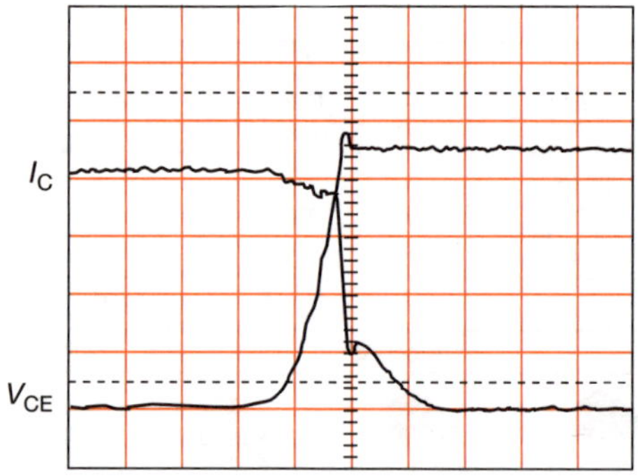

V_{CE} : 100 V/div.
I_C : 5 A/div. - 0,2 µs/div.

D'après international Rectifier

14 ▪ 3 Commande d'un IGBT avec lecture de courant

Des constructeurs (HARRYS) se sont intéressés à la protection rapprochée des composants de puissance ; en ce qui concerne les IGBT, un deuxième émetteur est intégré en parallèle avec l'émetteur principal. Cette technique permet de connaître le courant dans le composant par un rapport des courants traversant les deux émetteurs. Cette technique réduit les pertes en conduction en comparaison d'un système de contrôle par shunt dans l'émetteur principal.

14 ▪ 31 Les courts-circuits

Dans les circuits convertisseurs, les transistors doivent être en mesure de résister sans dommage à des courts-circuits.

Il faut distinguer deux types de courts-circuits :

▪ Le premier type est celui, par lequel le transistor est mis en conduction à cause d'un court-circuit de la commande. La vitesse de montée du courant dépend alors des caractéristiques du transistor, des conditions de commande et de l'inductance de fuite *L* du circuit de charge. Ce cas est considéré comme peu grave puisque le courant se stabilise rapidement sans pic à la valeur dite de régime permanent et déterminée par I_{cp} :

$$I_{cp} = \frac{E}{R_{charge}}.$$

▪ Le second type de court-circuit est plus critique. Il s'agit du cas où l'on applique un court-circuit à un transistor saturé. Le courant de court-circuit traverse alors le transistor. La vitesse initiale de montée du courant est déterminée uniquement par l'inductance de fuite du circuit. Il faut dans ce cas utiliser une résistance de contrôle du courant (voir ci-dessus).

RÉPONSE EN COURT-CIRCUIT

Transistor NPT-IGBT 15 A - 1 200 V

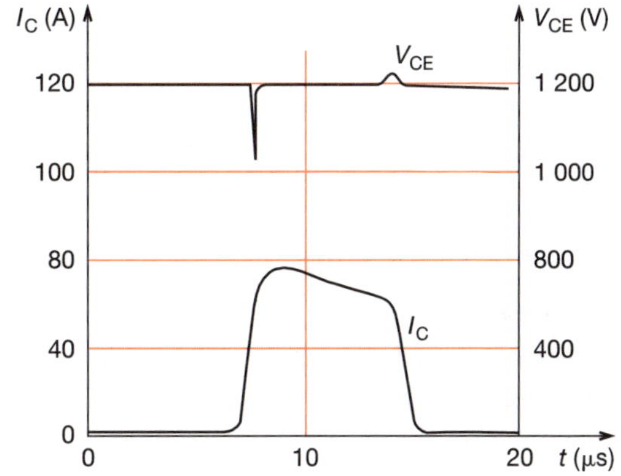

IGBT AVEC CONTRÔLE DU COURANT INTÉGRÉ

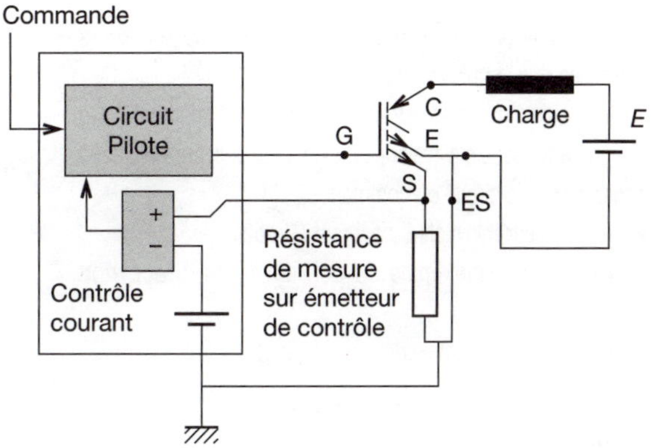

14 ▪ 4 EXEMPLE DE TRANSISTORS IGBT

Ne sont données dans ces tableaux que les principales caractéristiques permettant le choix du composant

TRANSISTORS IGBT $V_{CE(MAX)}$ = 600 V CARACTÉRISTIQUES À T_J = 150 °C

$P_{D max}$ (W)	Type	I_{cont} (A) à T_C 25 °C	100 °C	$V_{CE on (max)}$ (V)	$V_{GE (th) min}$ (V)	t_{on} (ns)	t_r (ns)	t_f (ns)	$R_{th (j-c)max}$ (°C/W)	Boîtier
60	IRGBC20S	19	10	2	3	26	30	1 800	2,1	TO-220AB
100	IRGBC30S	34	18	1,9	3	26	25	1 500	2,1	TO-220AB
200	IRGPC50S	70	41	1,6	3	26	58	1 100	2,1	TO-P3
60	IRGBC20F	16	9	2,8	3	25	18	600	1,2	TO-220AB
100	IRGBC30F	31	17	2,1	3	25	21	590	1,2	TO-220AB
200	IRGPC50F	70	39	1,7	3	25	49	410	1,2	TO-P3
60	IRGBC20U	13	6,5	3	3	23	13	20	0,64	TO-220AB
100	IRGBC30U	23	12	3	3	24	15	200	0,64	TO-220AB
200	IRGPC50U	55	27	3	3	24	27	130	0,64	TO-P3

Boîtiers et dimensions, voir page 93.

D'après International Rectifier.

15 Thyristors

Le thyristor est un semi-conducteur à conduction unidirectionnelle commandée, le blocage s'effectuant lors de la disparition du courant direct. Le thyristor permet la circulation d'un courant dans un seul sens (fonctionnement unidirectionnel). Ce composant est aussi appelé Semiconductor Controlled Rectifier (S.C.R.).

15 ■ 1 Thyristor standard

Un thyristor standard est caractérisé par les mêmes données techniques que pour une diode de redressement complétées par les données ci-dessous :

- le courant de maintien (I_H) (valeur minimale nécessaire pour la conduction),
- le courant d'accrochage (I_L) (valeur minimale à maintenir pendant une durée précise après disparition de l'impulsion de commande),
- la tension (V_{GT}) et le courant (I_{GT}) d'amorçage (valeurs minimales des impulsions de commande),
- la tension minimale (V_{GD}) et le courant minimal (I_{GD}) d'amorçage possible (valeurs maximales des perturbations générées par le circuit de commande),
- I_{TAV} : valeur minimale du courant I_T moyen,
- I_{TSM} : valeur maximale du courant I_T en direct, non répétitif,
- $I^2{}_T$: valeur maximale de $\int_{t_0}^{t_0+T} (I_T)^2\,dt$ associée à l'énergie qu'il faudra dissiper,
- $\left(\frac{di_T}{dt}\right)_{Cr}$: vitesse limite maximale de croissance du courant (destructif),
- $\left(\frac{dv_d}{dt}\right)_{Cr}$: vitesse limite maximale de croissance de la tension à l'état bloqué (amorçage involontaire).

SYMBOLE

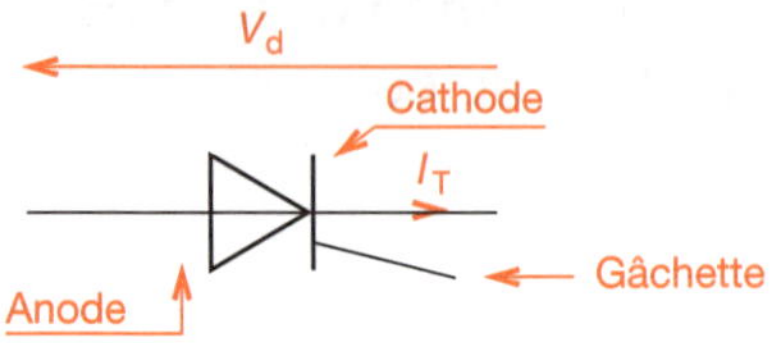

CARACTÉRISTIQUES TENSION-COURANT

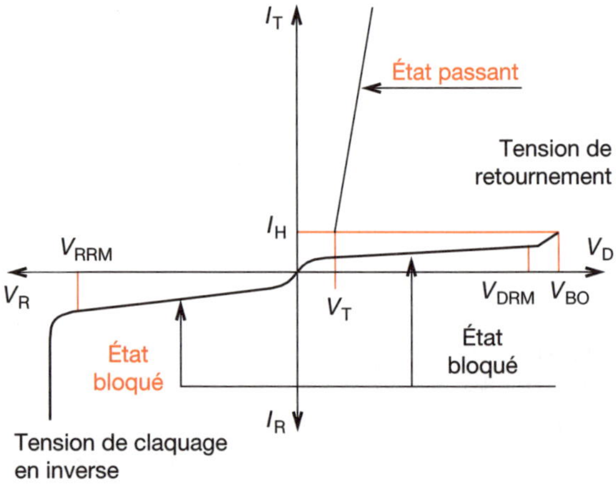

MONTAGE DE DÉFINITION

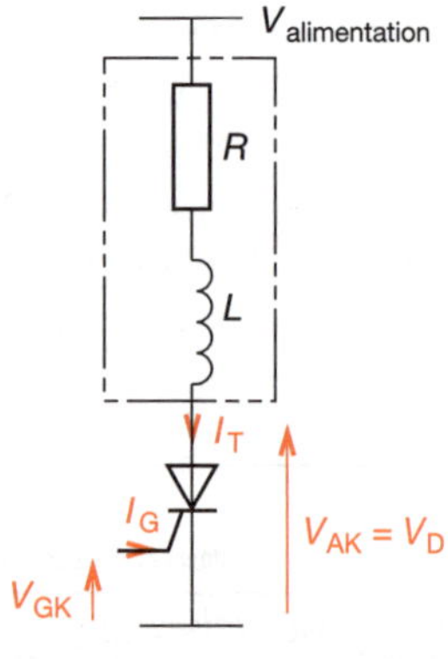

Circuit de déclenchement	Caractéristiques $V_{GK} = f(I_G)$	Modèle gachette cathode
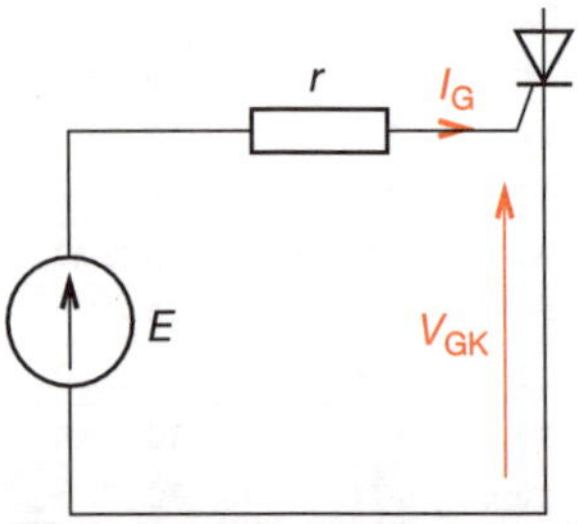	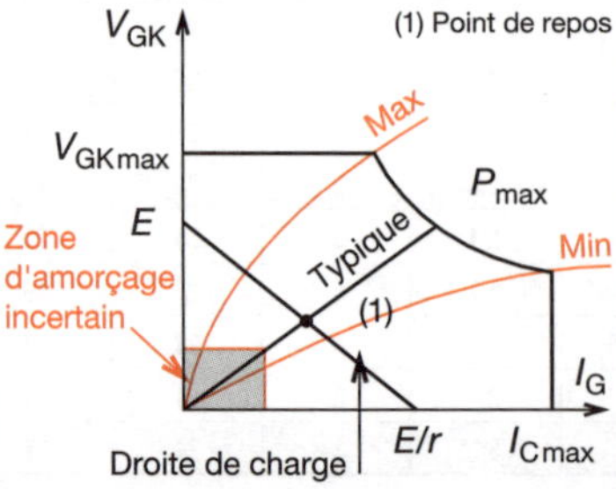	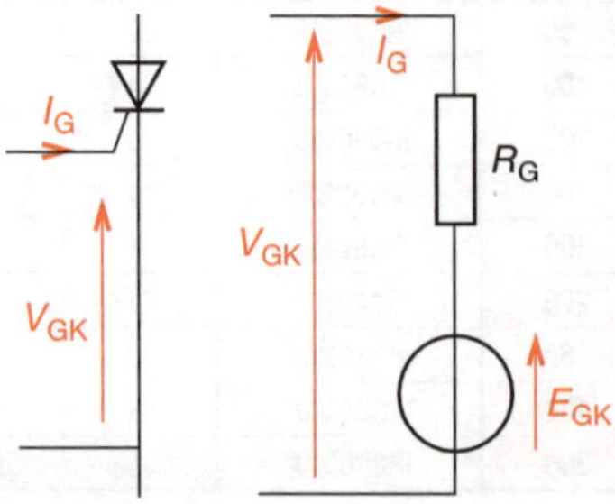

15 ▪ 2 Thyristor rapide

Un thyristor rapide est caractérisé par les données des thyristors standard auxquelles s'ajoutent les caractéristiques des diodes rapides et les données spécifiques suivantes :

- Temps de retard à la croissance commandée par la gâchette (t_{gd}) définissant le temps mis par la tension directe à atteindre 90 % de sa valeur initiale à partir de l'impulsion de gâchette.
- Temps de croissance commandée par la gâchette (t_{gr}) définissant le temps mis par la tension directe pour passer de 90 % à 10 % de sa valeur initiale.
- Temps de désamorçage (t_q) définissant le temps minimal à partir du passage par zéro du courant I_T et l'apparition entre anode et cathode d'une tension positive sans amorçage intempestif du thyristor.

Le temps de désamorçage dépend de la température de jonction et de la tension inverse V_{RM} appliquée pendant la phase de blocage.

Si une diode est montée en antiparallèle sur le thyristor, la tension inverse n'est que de quelques volts, le temps t_q doit être affecté d'un coefficient multiplicateur de 1,2 environ.

15 ▪ 3 Protection des thyristors

- Protection contre les $\dfrac{di_T}{dt}$

La protection s'effectue en choisissant correctement l'inductance série.

$$L > \frac{V}{\left(\dfrac{di_T}{dt}\right) C_r}$$

- Protection contre les $\dfrac{dV_d}{dt}$

Le protection s'effectue en adjoignant un condensateur et une résistance en parallèle sur le thyristor.

$$R < \frac{L}{V}\left(\frac{dV_d}{dt}\right) C_r$$

$$C = \frac{4L}{(R_C + R)^2}$$

TEMPS D'AMORÇAGE

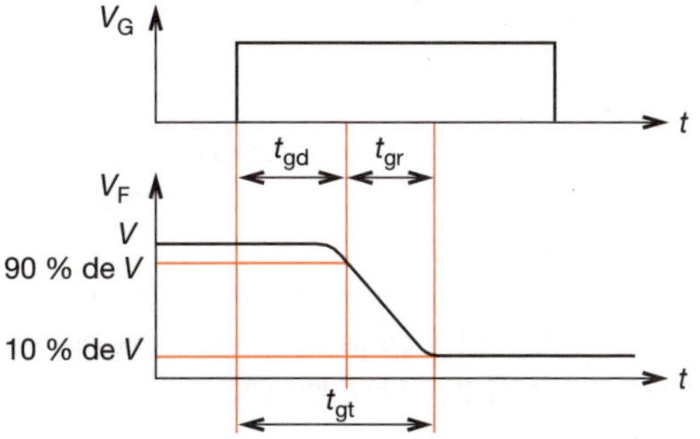

TEMPS DE DÉSAMORÇAGE

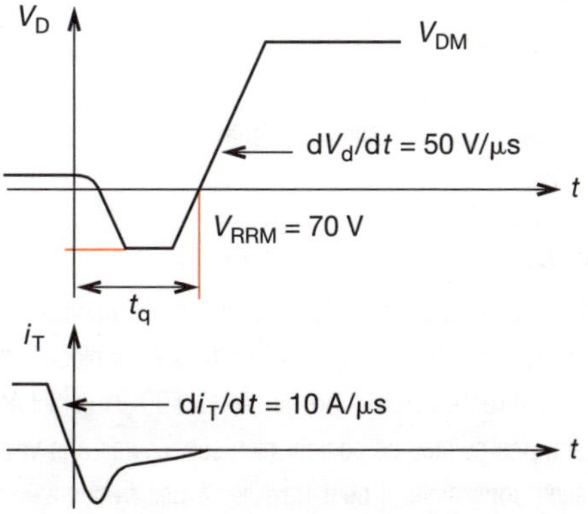

PROTECTION CONTRE LES $\dfrac{di_T}{dt}$

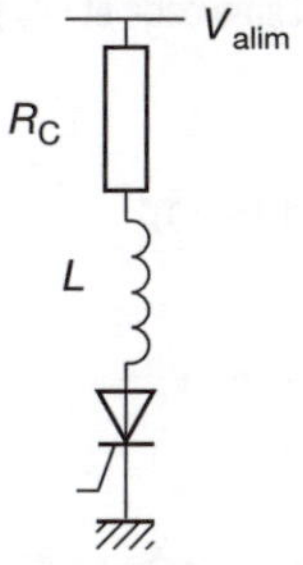

PROTECTION CONTRE LES $\dfrac{dV_d}{dt}$

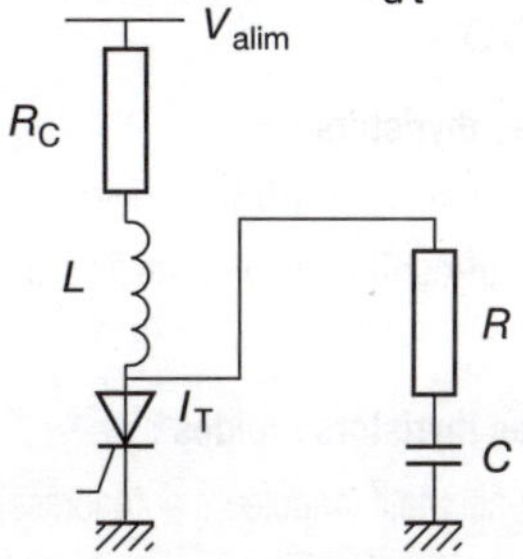

15 ■ 4 Commande

Les constructeurs donnent les caractéristiques suivantes :
V_{GT} : tension d'amorçage par gâchette
I_{GT} : courant d'amorçage par gâchette.
La commande se fait par train d'onde, le blocage du thyristor ne se produira en l'absence de commande que lorsque le courant i_T sera nul ou lorsque $i_T < I_H$.
Les diodes D_Z et D_1 servent à évacuer l'énergie emmagasinée dans le transformateur lors de la phase de conduction.
Le transformateur TI est un transformateur d'impulsions souvent à noyau ferrite.
La diode D_2 évite, lors de la phase de blocage, qu'un courant i_G inverse ne se crée.
Il faut respecter :

- un temps t_c de cycle minimal,
- une fréquence de commande variant de 10 kHz à 30 kHz maximum.

REMARQUE :

Le GTO (Gate Turn Off) est un thyristor qui s'amorce et se bloque par la gâchette. Le GTO supporte, à l'état bloqué, des tensions directes très importantes (1 500 V) et à l'état passant, des pointes de courant bien supérieures à la valeur moyenne admissible. Il peut travailler à des fréquences de commutation élevées (> 25 kHz). Sa commande est obtenue par un faible courant de gâchette, avec une tension positive (1,5 V entre gâchette et cathode) pour l'amorçage et négative (− 5 V à − 10 V) pour le blocage.

COMMANDE D'UN THYRISTOR

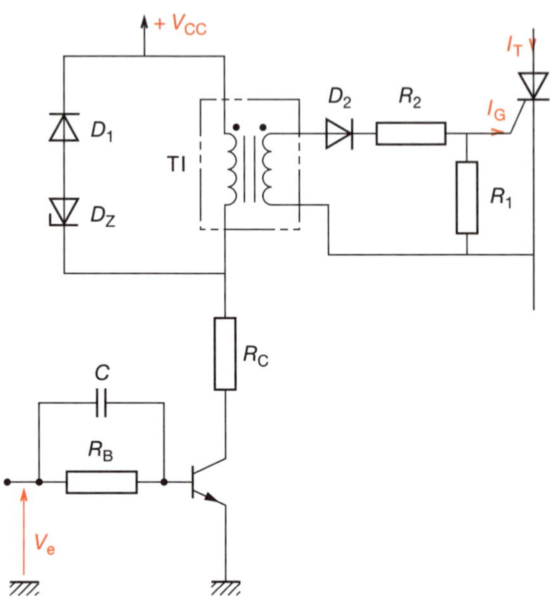

FORME $V_e(t)$

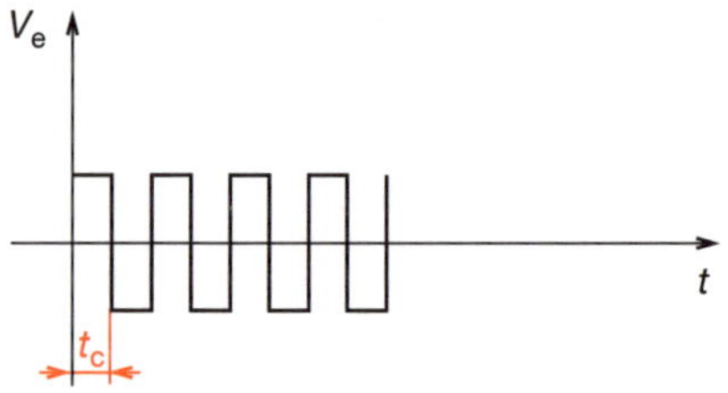

15 ■ 5 Choix d'un thyristor

Il dépend principalement :

- du courant moyen dans le semi-conducteur,
- du courant de pointe répétitif,
- de la tension inverse répétitive,
- des temps d'amorçage et de désamorçage.

15 ■ 6 Utilisation

Utilisations typiques des thyristors :

- convertisseurs alternatif-continu contrôlés complets,
- convertisseurs alternatif-continu semi-contrôlés (ponts mixtes).

Utilisations typiques des thyristors rapides :

- convertisseurs continu-alternatif (onduleurs autonomes),
- convertisseurs continu-continu (hacheurs).

LETTRES DES SYMBOLES

Lettre de symbole	Initiale du mot anglais	Traduction française
AV	average	moyen
D	direct	continu
F	forward	sens direct
G	gate	gâchette
H	holding	maintien
M	maximum	maximal
N	negative	négatif
P	peak	pointe
R (1re position)	reverse	inverse
R (2e position)	recurrent	récurrent
S	surge	accidentel
T	thyristor	thyristor
W	working	de service

15 ■ 7 EXEMPLES DE THYRISTORS

THYRISTORS STANDARD ET RAPIDES

I_{RMS}/I_{TAV} (A)	V_{RRM} (V)	I_{TSM} 10 ms (A)	Référence	V_{GT} max (V)	I_{GT} max (mA)	I_H max (mA)	V_{TM} à I_{TM} max (V) à (A)	t_q max (µs)	t_j max (°C)	I^2_t 10ms A^2s	Boîtier
3/2	100 à 800	70	TL 1006 à TL 8006	1,5	15	20	1,9 à 6		110	25	TL
6/3,8	50 à 1 000	70	TL 056 à TL 1006	1,5	15	30	1,6 à 12		110	24,5	TO-220AB
12/8	50 à 1 000	100	TYN 510 à TYN 1010	1,5	15	30	1,6 à 20		110	72	TO-220AB
20/13	50 à 800	250	TYN 682 à TYN 692	1,5	25	40	1,4 à 50		110	310	TO-220AB
25/16	200 à 1 000	250	TYN 225 à 1025 BTW 39200 à 1200	1,5 1,5	40 80	50 50	1,6 à 50 2,2 à 50		110 125	310 200	TO-220AB TO-48
25/16	600 à 1 200	250	BTW30600 à 1200	1,5	200	70	3 à 50	12 à 20	125	200	TO-48
35/22,5	600 à 1 200	400	BTW68600 à 1200 2N5204 à 2N5207	1,5 1,5	50 40	75 100	2,2 à 70 2,3 à 70		125 125	800 545	TOP-3 TO-48
35/22,5	100 à 400	200	2N3650 à 3658	1,5	180	70	2,05 à 25	10 à 15	120	200	TO-48
50/32	200 à 1 200	500	BTW69200 à 1200 BTW48200 à 1200	1,5 1,5	80 60	150 30	1,9 à 100 1,8 à 100		125 125	1 250 1 250	TOP-3 TO-48
63/40	200 à 1 200	910	BTW50200 à 1200	1,5	150	50	3 à 500		125	4 150	TO-65
63/40	200 à 600	920	TFG149200 à 600	1,5	150	200	3 à 500	40	125	2 245	TO-65

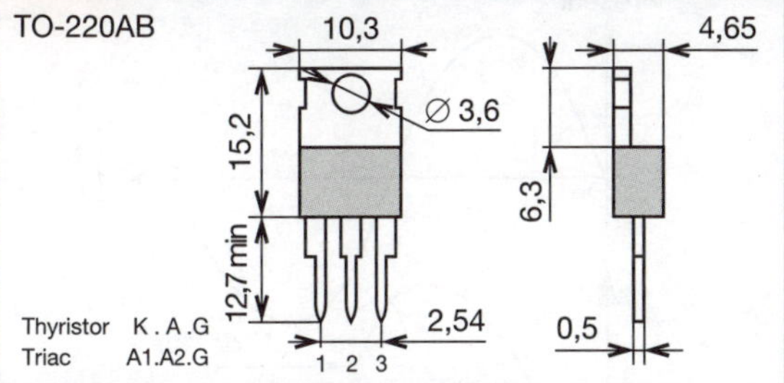

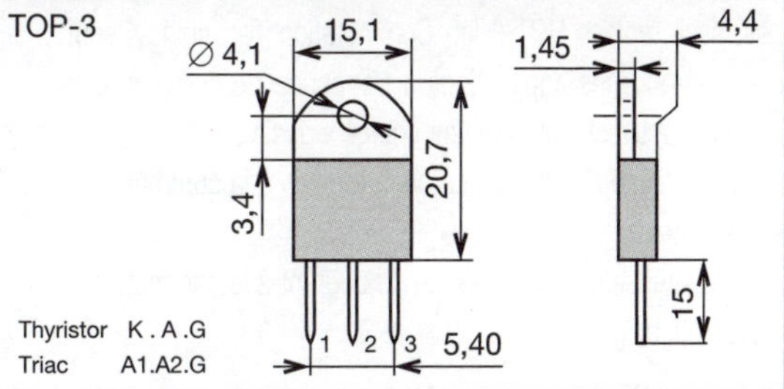

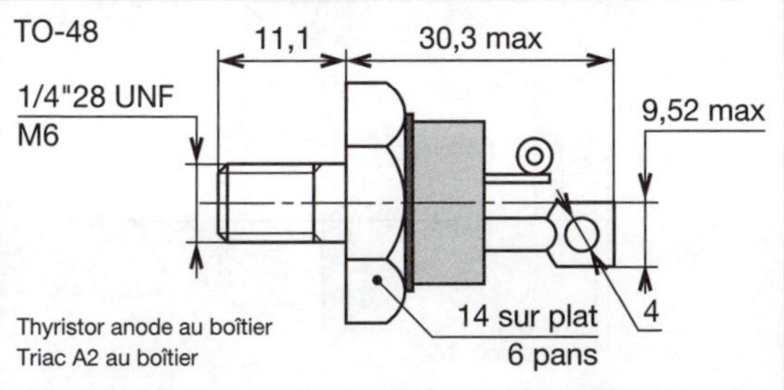

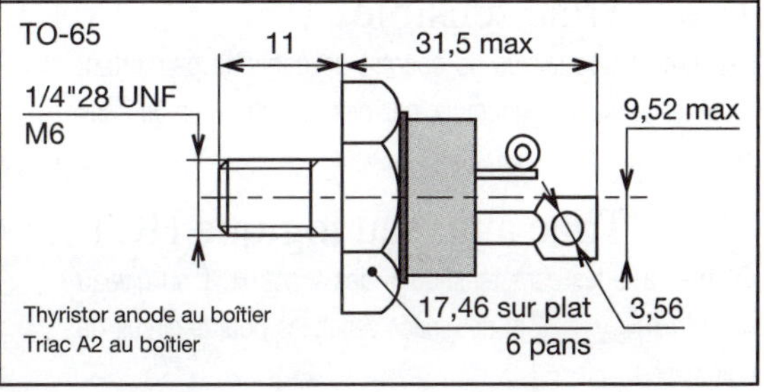

16 Triacs

Le triac (Triode Alternatif Current) est un semi-conducteur à conduction bidirectionnelle commandée, le blocage s'effectuant lors de la disparition du courant direct. Le triac est équivalent à deux thyristors montés en opposition.

Il n'existe qu'une gâchette G et deux anodes A1 et A2 non identiques.

16■1 Triac standard

Un triac standard est caractérisé par les mêmes données techniques que pour une diode de redressement et un thyristor standard.

La caractéristique nouvelle est le signe du courant de gâchette :

- le circuit de gâchette peut amorcer le triac dans les quatre quadrants de fonctionnement suivant une polarité définie ci-dessous.

Quadrant	Signe de $V_{A2, A1}$	Signe de V_{GA1}	Valeur de I_{GT}	Rapport I_L/I_H
Q I	+	+	Faible	1
Q II	+	–	Moyen	2 à 5
Q III	–	–	Moyen	1
Q IV	–	+	Élevé	1,5 à 3

Suivant le quadrant d'amorçage, la commande du triac devra satisfaire aux données sur le courant I_{GT} et le rapport I_L/I_H.

I_L = courant continu d'accrochage.

I_H = courant hypostatique.

16■2 Triac rapide HCT

Les triacs rapides HCT (High Commutation Technology) sont réservés pour les applications à fréquence de commutation élevée et peuvent supporter sur charge inductive :

- une vitesse de croissance de la tension à la commutation élevée $(dv/dt)_c$,
- une vitesse de décroissance du courant à la commutation élevée $(di/dt)_c$.

16■3 Triac sensible

Les valeurs très faibles du courant de gachette permettent d'utiliser ce semi-conducteur par des circuits intégrés sans interfaçage.

16■4 Triac à niveau logique HCT

Ce triac allie les caractéristiques des triacs HCT au niveau des $(di/dt)_{commutation}$ et des triacs sensibles pour le circuit de commande.

SYMBOLE

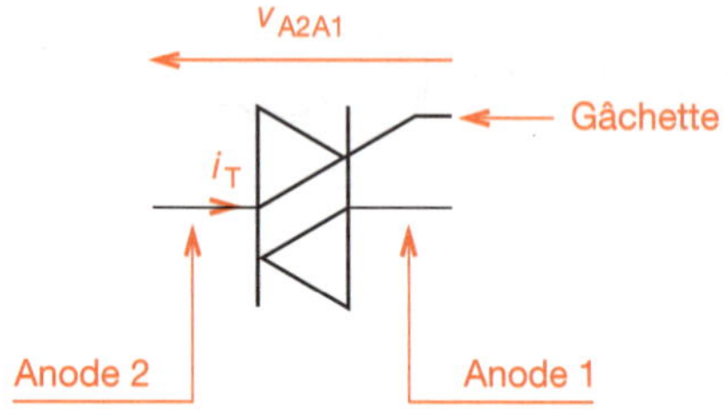

CARACTÉRISTIQUES TENSION-COURANT

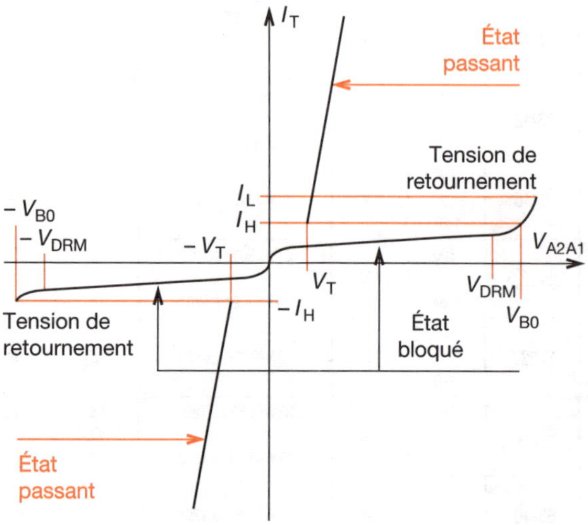

FONCTIONNEMENT SUR CHARGE INDUCTIVE

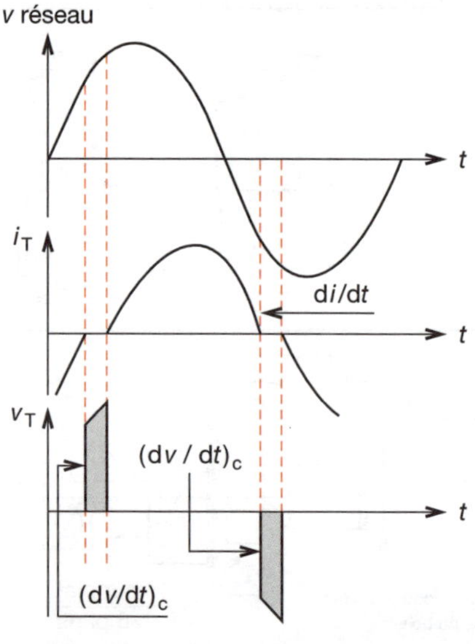

16■5 Commande des triacs

16■51 Commande par diac

Le dispositif de commande d'un triac doit fournir alternativement une impulsion positive et une impulsion négative synchronisée avec la tension alternative qui alimente le circuit de puissance du triac.

16■52 Diode de déclenchement (diac)

Le diac est une diode qui présente la particularité de devenir conductrice dans les deux sens.

Il est utilisé pour réaliser un circuit de déclenchement dans les circuits de commande par triac tel qu'une commande de puissance.

V_{BO} : tension de retournement.

I_{BO} ou I_R : courant de retournement.

SYMBOLE D'UN DIAC

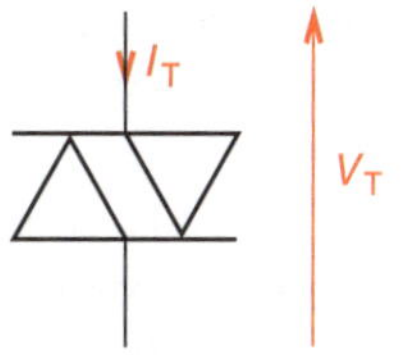

CARACTÉRISTIQUE D'UN DIAC

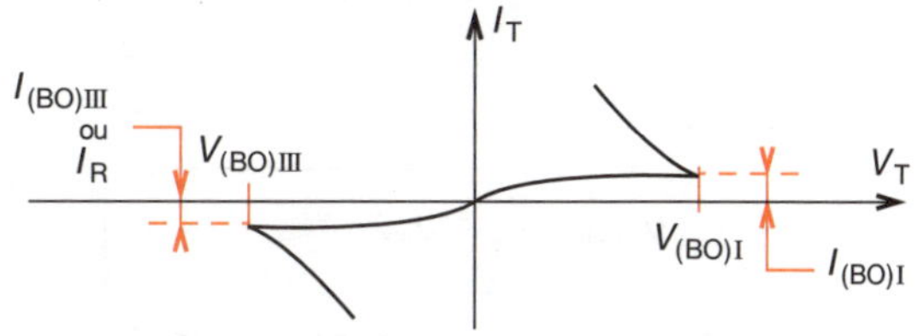

16■53 PRINCIPALES CARACTÉRISTIQUES DES DIACS

Tension de retournement min	nom	max	Symétrie (V)	Courant de retournement $I_{R max}$ (μA)	Référence (D0 35)
28	32	36	± 3	100	DB 3
35	40	45	± 3	100	DB 4
56	60	70	± 4	100	DB 6
30	34	38	± 3	50	DC 34
35	38	42	± 3	50	DC 38
39	42	45	± 3	50	DC 42
28	32	36	± 3	100	BR 100

DO 35

16■54 SCHÉMAS DE COMMANDES

Commande par DIAC

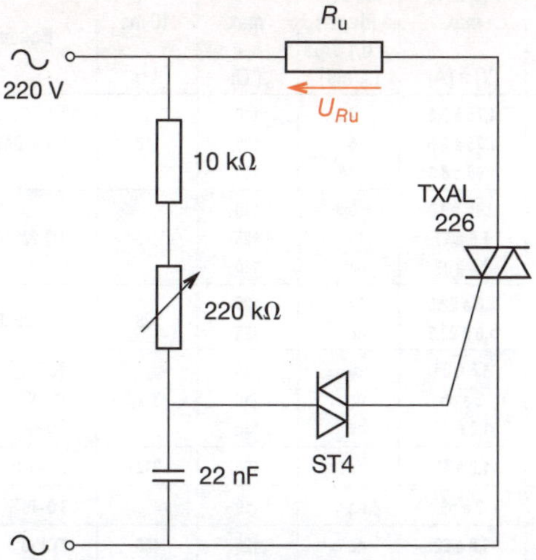

Commande par photocoupleur

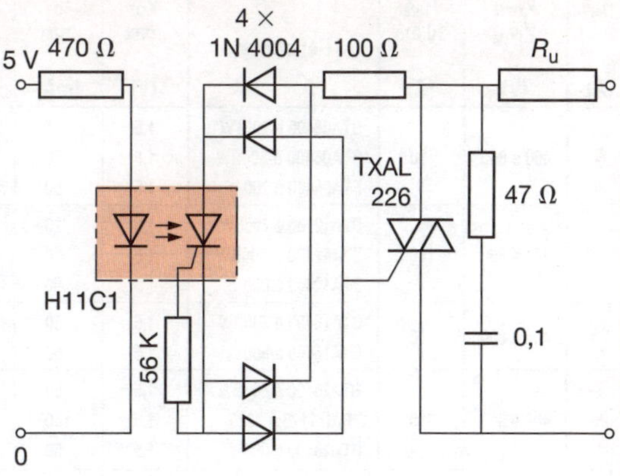

Ce montage permet de commander un circuit de puissance en partant d'un signal logique de type TTL. L'isolation avec le circuit de commande peut être très élevée (> 2 500 V).

Pour ces deux montages : $U_{RUeff} = \frac{U_{max}}{\sqrt{2\pi}} . \sqrt{\pi - \alpha + 0,5.\sin 2\alpha}$ **avec α : retard à l'amorçage.**

16■55 Commande par CI

On distingue deux types de commande :
- le dispositif à contrôle de phase,
- le dispositif à contrôle de rafale (burst-control).

Le dispositif à contrôle de phase fournit des impulsions dont le déphasage par rapport à la tension secteur peut être contrôlé progressivement de 0° à 180°.

Les dispositifs à contrôle de rafale laissent passer des suites d'arches entières de sinusoïde entrecoupées par des moments de blocage total du courant.

Pour ces montages on a :

$$U_{RU\,eff} = \frac{n.T_a}{T_e}\,U_{eff}$$

n : nombre d'alternances passantes dans chaque période T_e.

T_e : période d'échantillonnage.

T_a : période du réseau (EDF = 20 ms).

U_{eff} : tension efficace du réseau.

RÉGULATEURS DE TEMPÉRATURE UAA1016/2016 (Motorola)

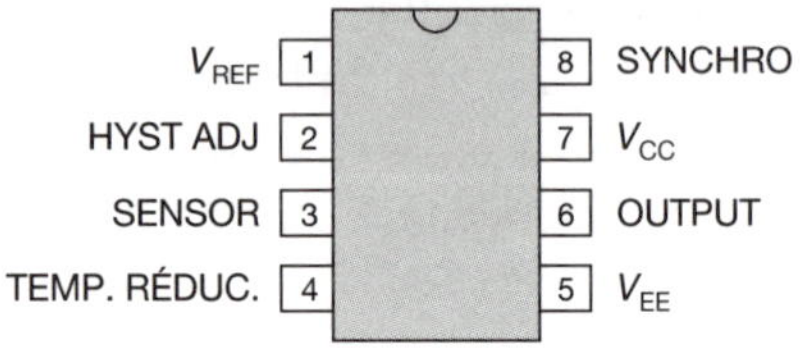

- Les circuits UAA1016 et UAA2016 sont des drivers de triacs permettant d'effectuer de la régulation de température.
- Commutation du zéro volt pour triacs jusqu'à 2 kW.
- Opèrent directement sur ligne secteur.
- Peu de composants externes.
- Fonctions : communication intelligente, hors gel, économie d'énergie, courbe d'hystérésis ajustable pour le UAA2016.

RÉGULATEUR DE TEMPÉRATURE

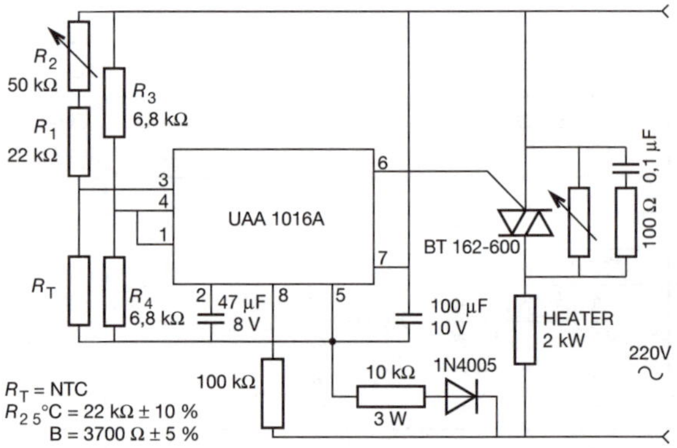

16■6 Choix des triacs

Il dépend :
- du courant efficace dans le semi-conducteur,
- du courant de pointe répétitif,
- de la tension directe maximale répétitive,
- des vitesses critiques des courants et tensions.

16■7 CARACTÉRISTIQUES DES TRIACS

I_{TRMS} (A)	V_{DRM} V_{RRM} (V)	I_{TSM} 10 ms (A)	Référence	V_{GT} max (V)	I_{GT} max (mA)	I_H max (mA)	V_{TM} à I_{TM} max (V) à (A)	$(di/dt)_c$ à $(dv/dt)_c$ = 0,1 V/µs (A/ms)	T_j max (°C)	F_t 10 ms (A²s)	Boîtier
6	400 à 800	60	BTA06400 à 700TW	1,5	5	15	1,75 à 8,5	2,7	110	18	TO-220AB
			BTA06400 à 800BW	1,5	50	50	1,75 à 8,5	5	125		
			BTA06400 à 700	1,5	50	50	1,65 à 8,5	nc	110		
12	400 à 800	120	BTA12400 à 700SW	1,5	10	25	1,75 à 17	5,3	110	72	TO-220AB
			BTA12400 à 800BW	1,5	50	50	1,6 à 17	12	125		
			BTA12400 à 800	1,5	50	50	1,5 à 17	nc	110		
16	400 à 800	160	BTA16400 à 800BW	1,5	50	50	1,6 à 22,5	22	125	128	TO-220AB
			BTA16400 à 800	1,5	50	50	1,6 à 22,5	nc	125		
25	400 à 800	250	BTA26400 à 800BW	1,5	50	75	1,8 à 35	26	125	312,5	TOP-3
			TRAL 1125 à 3825	1,5	100	100	2 à 35	nc	110		TO-48
			BTA26400 à 800	1,5	50	80	1,7 à 35	nc	125		TOP-3
30	400 à 800	250	BTA25400 à 800B	1,5	50	80	1,8 à 42	nc	125	312,5	RD91-to3
35	400 à 1000	500	TRAL1135 à 3835	1,5	100	100	2 à 53	nc	110	450	TO-48
40	400 à 800	300	BTA41400 à 800B	1,5	50	100	1,8 à 60	nc	125	450	TOP-3
		350	TPDV640 à 1240	1,5	200	50	1,8 à 60	142	110	610	RD91-to3
60	400 à 1000	500	TGAL604 à 610	1,5	150	100	2 à 100	nc	125	1 250	TO-65
			TGDV606 à 612	1,5	200	50	2 à 65	213			

* $(di/dt)_c$ donné pour $(dv/dt)_c$ = 10 V/µs famille des « Alternistors » pour charge inductive.

(D'après SGS-THOMSON.)

17 Refroidissement des semi-conducteurs

17 ▪ 1 Résistances thermiques

Résistance thermique, en degrés par watt (°C/W), jonction-ambiante d'un composant :

$$R_{thJA} = \frac{T_J - T_A}{P_d}$$

Résistance thermique du radiateur à associer à un composant (diode, transistor, régulateur, etc.).

$$R_{thRA} = \frac{T_J - T_A}{P_d} - R_{thJC} - R_{thCR}$$

R_{thCR} : résistance thermique du contact case-radiateur (boîtier-radiateur).

R_{thJC} : résistance thermique jonction-case.

R_{thRA} : résistance thermique du radiateur à implanter.

T_J : température de jonction maximale du composant.

T_A : température ambiante donnée par le cahier des charges.

P_d : puissance dissipée par le composant.

17 ▪ 2 Résistance thermique de contact

Pour la résistance thermique du contact boîtier-radiateur, plusieurs valeurs peuvent être envisagées selon que le contact se fait avec ou sans graisse silicone d'une part et mica isolant d'autre part (voir tableau 1, 2 et 3).

17 ▪ 3 Puissance dissipable par un semi-conducteur

La puissance dissipée maximale par un semi-conducteur dépend de la température du boîtier (T_C).

Elle est définie conventionnellement pour une température ambiante de 25 °C ; nous avons :

$$P_{tot} = \frac{T_{Jmax} - 25}{R_{thJC}} = \text{Constante}$$

Si la température dépasse la valeur de T_{Jmax}, la puissance dissipable est nulle. Il y a destruction de la jonction. Pour maintenir une température ambiante acceptable, il est nécessaire de monter le composant sur un dissipateur ou radiateur ; nous avons :

$$P_d = \frac{T_{Jmax} - T_{amb}}{R_{thJA}}$$

MODÈLE ÉQUIVALENT PERMETTANT DE SITUER LES RÉSISTANCES THERMIQUES

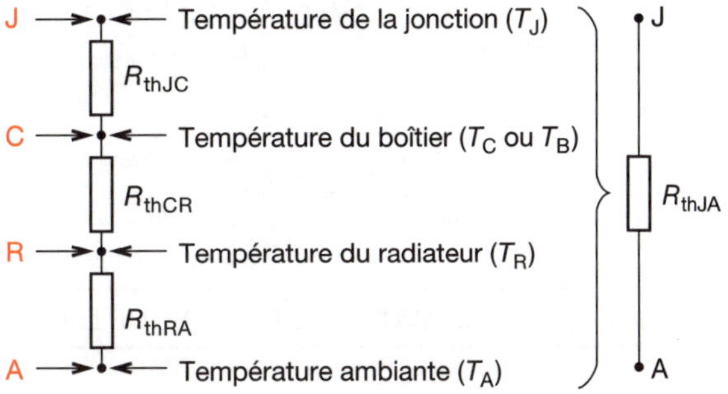

TABLEAU 1

Résistances thermiques boîtier ambiante en air calme (typique) (°C/W)

Boîtier	TO 3	TO 5	TO 61	TO 63	TO 66	TO 126	TO 220
R_{thCA}	30	180	45	30	45	80	60

TABLEAU 2

Valeurs maximales de la résistance thermique de contact boîtier-radiateur

Boîtier	TO 3	TO 66	TO 61	TO 63	
Couple de serrage	3	1,5	5	10	m^N
Montage à sec	0,25	0,9	0,25	0,17	°C/W
Montage graisse	0,15	0,6	0,15	0,10	°C/W

TABLEAU 3

Résistances thermiques de contact boîtier-radiateur avec interposition d'un mica (°C/W)

Épaisseur du mica (µm)	Montage à sec		Montage avec graisse	
	50	100	50	100
Boîtier TO 3	1,25	1,5	0,35	0,6
TO 66	2,25	3	1	1,5
TO 126	8	10	4	6

PUISSANCE MAXIMALE DISSIPABLE

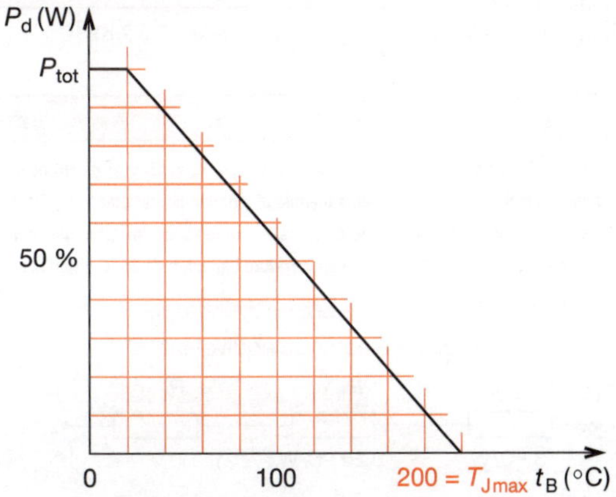

17 ■ 4 EXEMPLES DE MONTAGES D'UN COMPOSANT SUR UN DISSIPATEUR (boîtier TO 3)

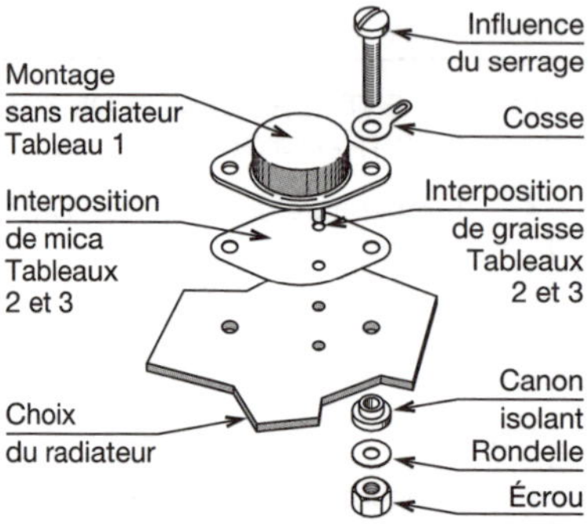

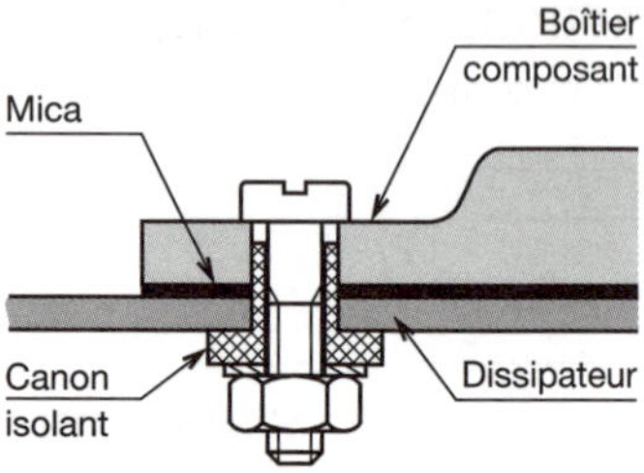

17 ■ 5 RÉSISTANCE THERMIQUE D'UNE PLAQUE MÉTALLIQUE CARRÉE

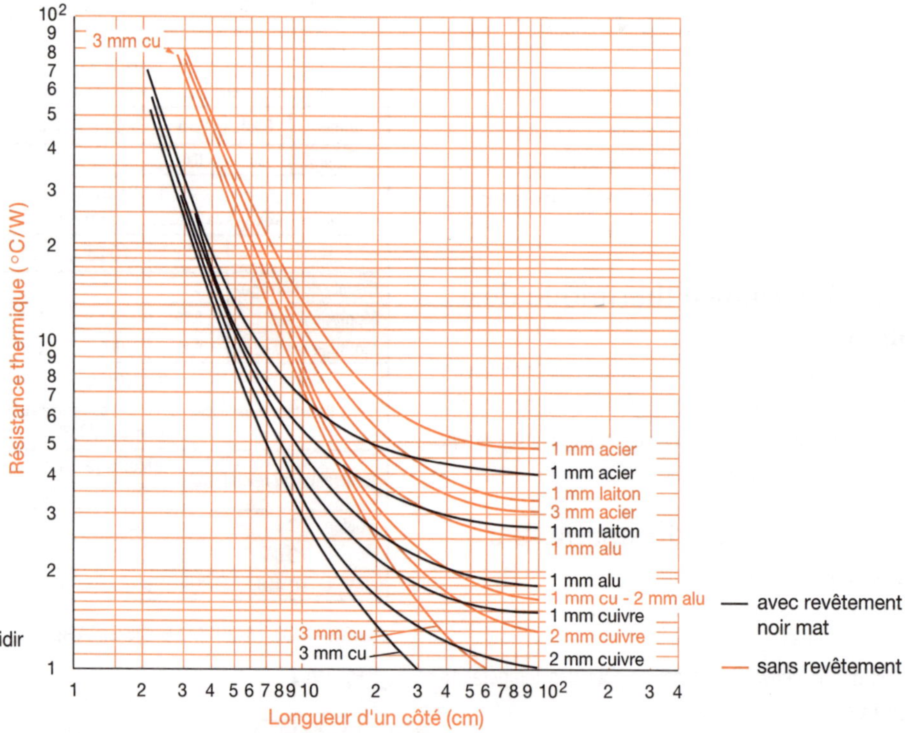

L'élément à refroidir monté au centre
Plaque verticale

Exemple

Soit un régulateur de tension $V_s = 5$ V alimenté sous $V_e = 15$ V et délivrant un courant maximal de 1 A. La résistance thermique jonction boîtier étant de 3 °C/W (boîtier TO 3), déterminons le type de radiateur nécessaire au montage pour maintenir son boîtier à 65 °C avec une température ambiante de 25 °C (montage à sec soit $R_{thBR} = 0{,}25$ °C/W).

Modèle électrique équivalent

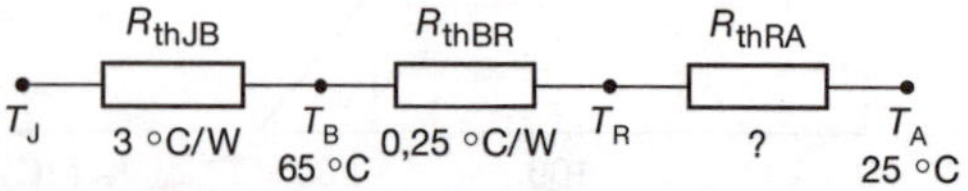

Puissance dissipée par le régulateur $P_d = (V_e - V_s) \times I_s = (15 - 5) \times I = 10$ W.

$$R_{thRA} = \frac{T_B - T_A}{P_d} - R_{thBR} = \frac{65 - 25}{10} - 0{,}25 = 3{,}75 \text{ °C/W}.$$

On choisira dans le guide de choix des radiateurs, le dissipateur pour boîtier TO 3, R_{thRA} 1,5 °C/W ou une plaque de cuivre noircie de 9 × 9 cm de côté et de 3 mm d'épaisseur.

La température maximale de la jonction sera avec ce radiateur :

$T_J = P_d\,(R_{thJB} + R_{thBR} + R_{thRA}) + t_A = 10 \times (3 + 0{,}25 + 1{,}5) + 25 = 72{,}5$ °C.

soit $T_B = T_J - (P.R_{thTR}) = 72{,}5 - (10 \times 3) = 42{,}5$ °C.

17 ■ 6 DIFFÉRENTS TYPES DE REFROIDISSEURS

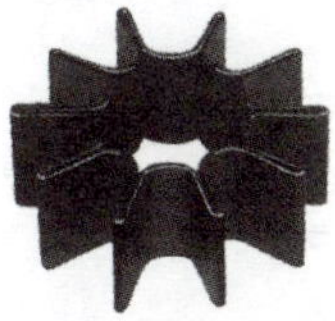

Boîtiers TO 5 - TO 99
R_{th} 60 °C/W

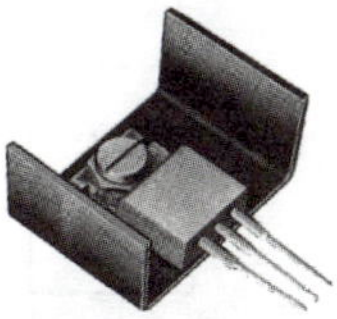

Boîtier TO 220
R_{th} 15 °C/W

Boîtiers TO 3 - TO 66
R_{th} 7,7 °C/W

Boîtiers TO 220 - TO 3
R_{th} 7 °C/W

Boîtier TOP 3
R_{th} 5 °C/W

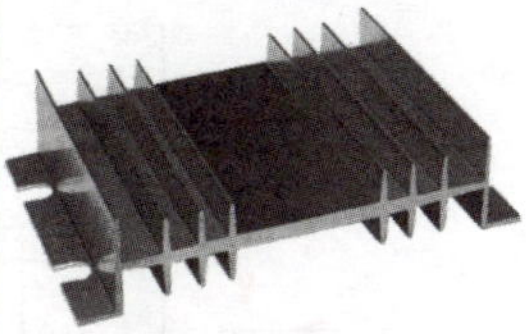

Boîtier TO 3
R_{th} 1,5 °C/W

Longueur standard 19 mm
Dual in line
R_{th} 24 °C/W

Boîtiers CI 8,
14, 16, 20, 24, 40 broches
R_{th} 42 à 20 °C/W

Profilés (longueur 1 m)

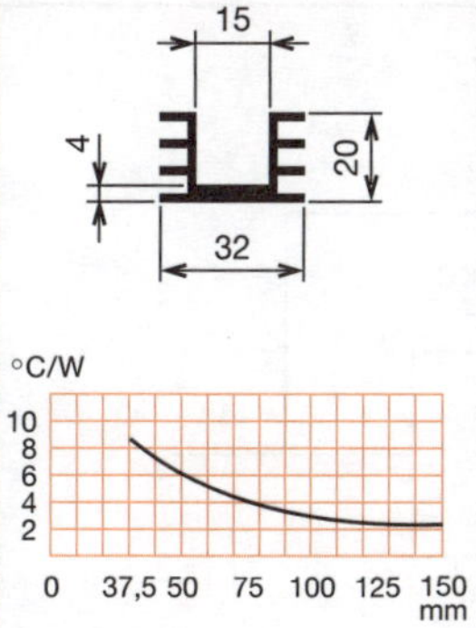

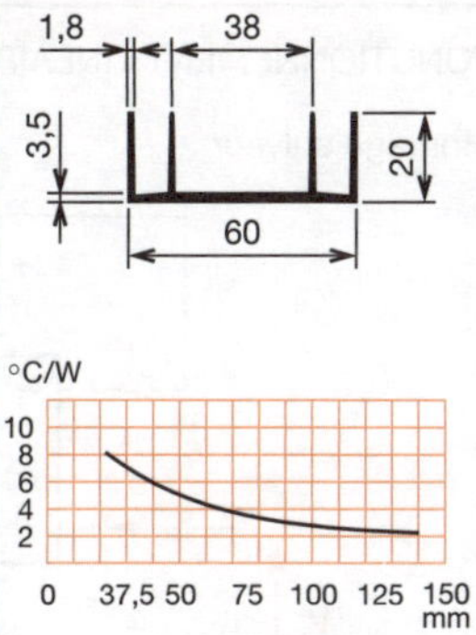

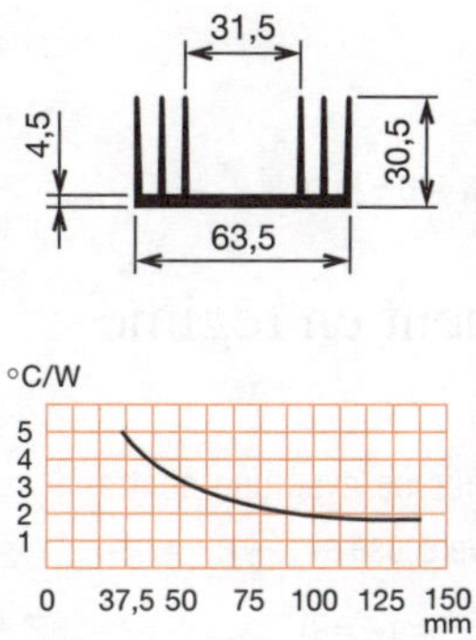

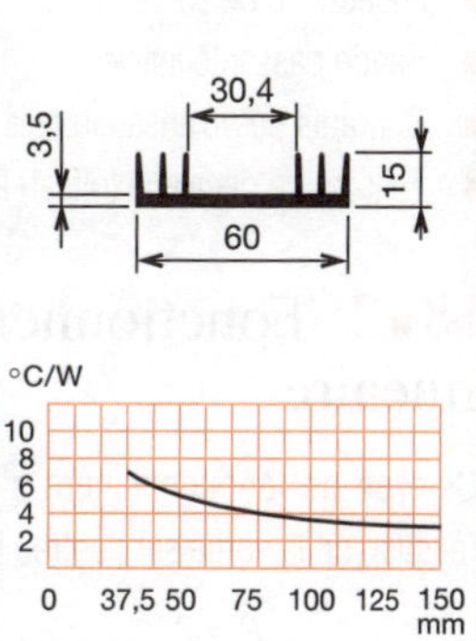

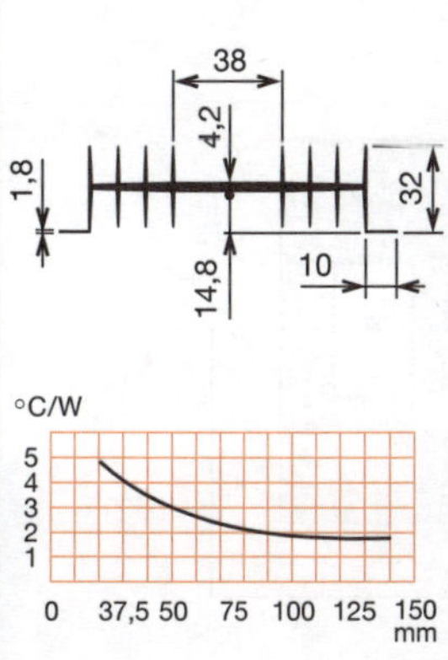

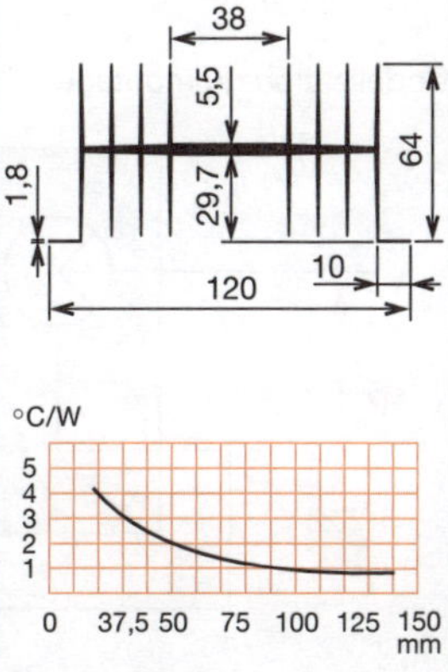

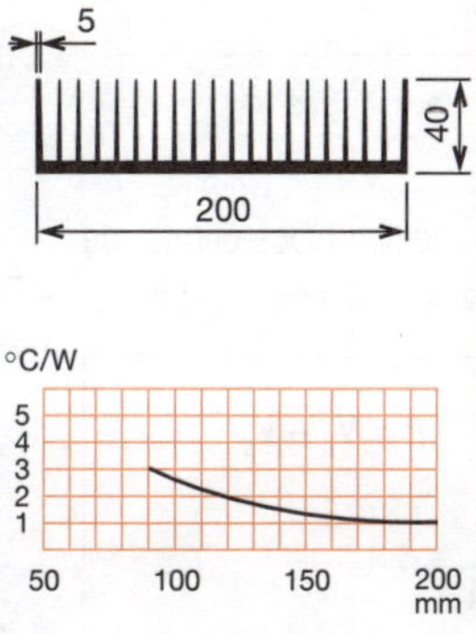

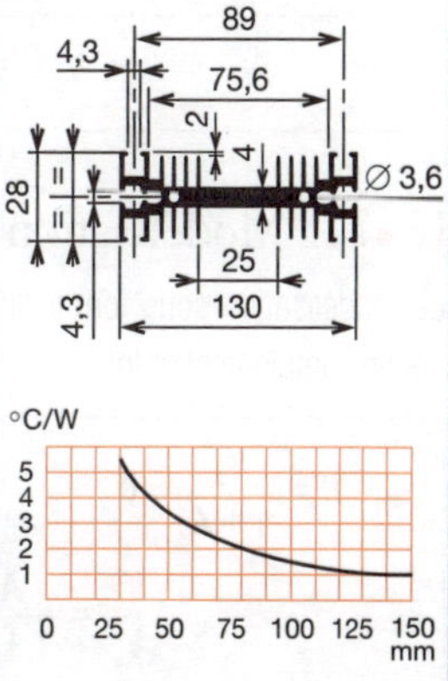

18 Amplificateurs linéaires intégrés (ALI)

Un ALI précédemment appelé AOP (Amplificateur Opérationnel) est un ensemble électronique qui réunit les propriétés suivantes :

- Amplificateur en tension Ao élevée (10^4 à 10^8).
- Grande impédance d'entrée (> 10 MΩ).
- Faible impédance de sortie < 250 Ω.
- Transmission d'une tension en continu.
- La capacité d'être rebouclé sur l'entrée ⊖ sans devenir instable.

18 ▪ 1 Modèle idéal

- Amplification en tension : $V_s/\mathcal{E} = A \approx \infty$.
- Impédance d'entrée différentielle infinie.
- Impédance de sortie nulle.
- Bande passante infinie.
- Courants de polarisation nuls.
- Tension de décalage (offset) à la sortie nulle si $e^+ = e^-$.

18 ▪ 2 Fonctionnement en régime linéaire

Ce type de fonctionnement s'effectue avec une contre-réaction de la sortie sur l'entrée inverseuse e^- (⊖).

$$\mathcal{E} = 0 \qquad\qquad i^+ = i^- = 0$$

dans le cas du montage suiveur :

$$\mathbf{V_s = V_e}$$

18 ▪ 21 Modélisation

La modélisation sous forme de schémas blocs permet de décrire simplement le fonctionnement en régime linéaire.

$$\mathcal{E} = \frac{V_e}{1 + A} \approx 0 \qquad\qquad \mathcal{E} = V_e - V_s$$

$$\frac{V_s}{V_e} = \frac{A}{1 + A} \approx 1$$

SYMBOLES

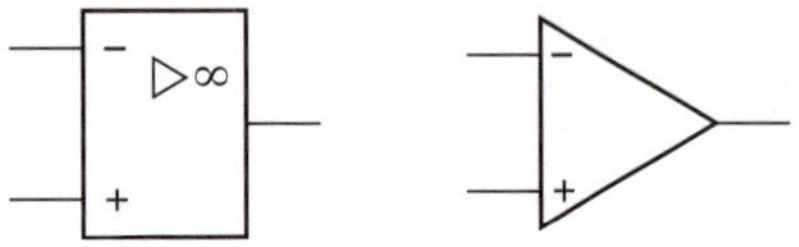

MODÈLE IDÉAL

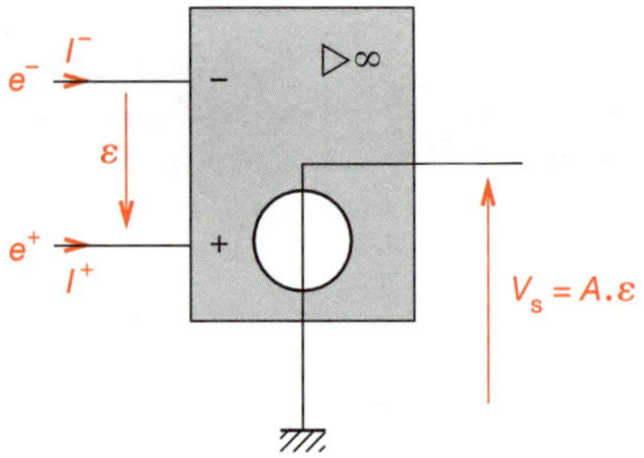

FONCTIONNEMENT LINÉAIRE

Montage suiveur

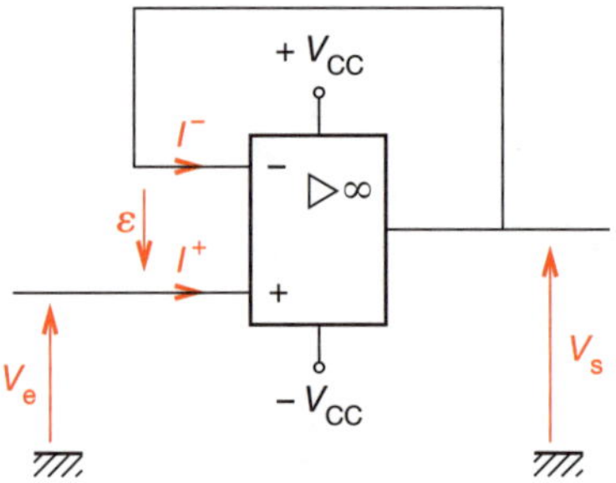

Modélisation du montage

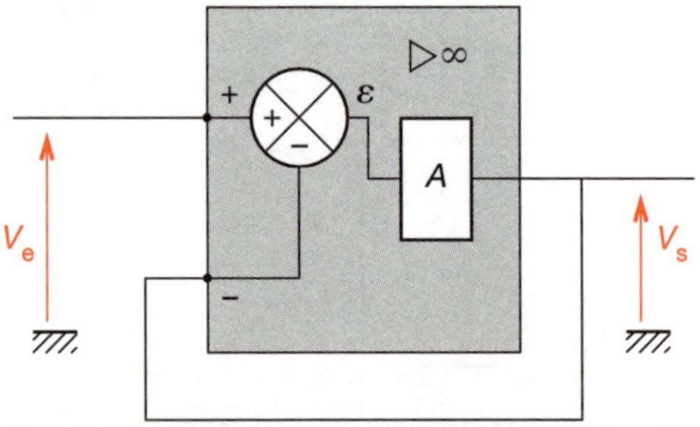

18.3 Fonctionnement en régime non linéaire

Le rebouclage s'effectue sur la broche ⊕ ou bien le circuit est en boucle ouverte. (Circuit utilisé en comparateur.)
Dans ce cas, $\varepsilon \neq 0$ et $i^+ = i^- = 0$.

La sortie commute entre $+V_{sat}$ et $-V_{sat}$; dans la réalité, ces tensions sont différentes de $\pm V_{CC}$.

$+V_{sat}$: tension de saturation haute :

$$+V_{sat} < +V_{CC}.$$

$-V_{sat}$: tension de saturation basse :

$$-V_{sat} > -V_{CC}.$$

Pour un LM 741, pour $V_{CC} = \pm 15$ V.

V_{sat} est donné par la variation maximale de la tension en sortie (output voltage swing).

La valeur typique est donnée pour une résistance de charge ($R_{ch} \geqslant 2$ kΩ).

$$V_{sat} = \pm 13 \text{ V}.$$

FONCTIONNEMENT EN COMPARATEUR

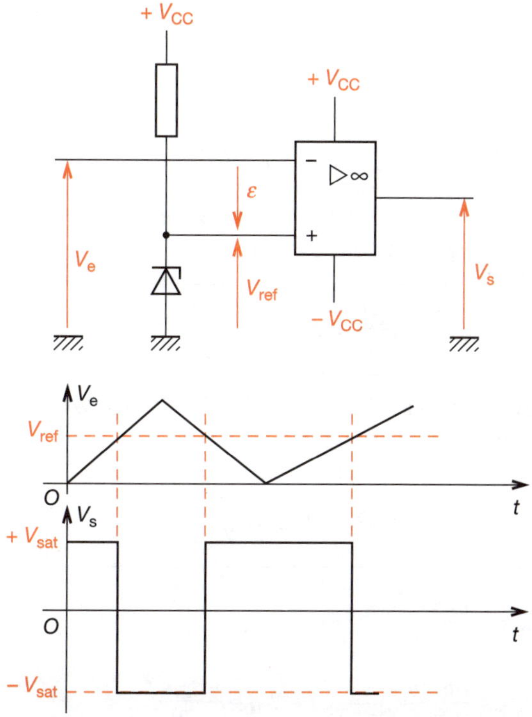

18.4 ALI, imperfections en comportement linéaire

■ Z_{ed} : impédance d'entrée différentielle (input differential impedance).

LM 741 : $Z_{ed} = r_{ed} + \dfrac{1}{jC_{ed}\,\omega}$

$$r_{ed} = 2 \text{ M}\Omega \quad ; \quad C_{ed} = 1{,}4 \text{ pF}.$$

■ Z_{MC} : impédance d'entrée de mode commun (impedance common mode).

Pour un LM 741, cela n'est pas précisé, de façon générale $|Z_{ed}| \gg |Z_{MC}|$, un facteur 10^3 existe entre les deux.

■ R_s : résistance de sortie (output resistance).

$R_s \approx 150\ \Omega$.

■ A : amplification de l'ALI (large signal voltage gain).

LM 741, pour $R_{CA} \geqslant 2$ kΩ.

$$A = 200\,000 = 106 \text{ dB},$$

les constructeurs précisent souvent la bande passante pour un gain **unitaire** ($A = 0$ dB).

(B_W : unity gain bandwidth. $B_W = 1$ MHz.)

Gain unitaire :

Amplification × bande passante = constante.

Exemple : 1 MHz × ① = 200 000 × 5 Hz.

IMPERFECTIONS EN COMPORTEMENT LINÉAIRE

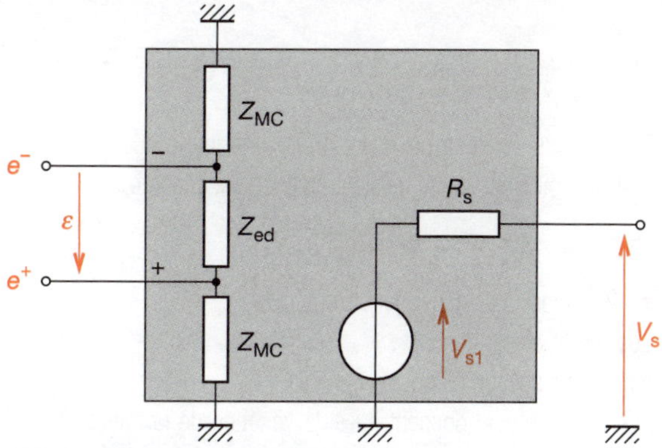

COMPORTEMENT FRÉQUENTIEL DE *A*

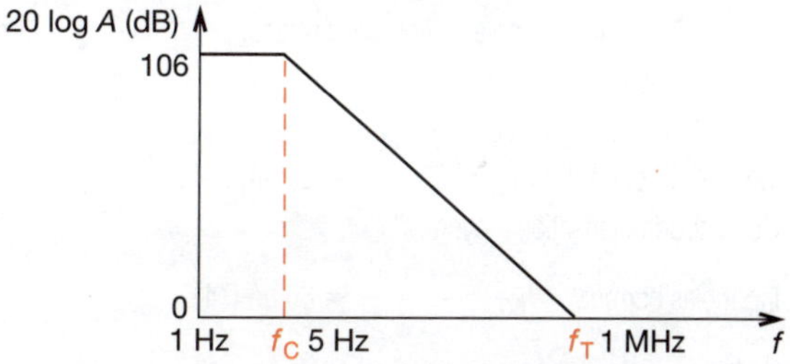

■ TRMC (Taux de Réjection du Mode Commun)

Ce taux traduit comment la tension de sortie de l'amplificateur dépend de la tension dite de mode commun $\left(\frac{e^+ + e^-}{2}\right)$.

La relation générale de V_s est :

$$V_s = A_d\,(e^+ - e^-) + A_C\left(\frac{e^+ + e^-}{2}\right).$$

A_d : amplification en boucle ouverte (mode différentiel).

A_C : amplification du mode commun.

$$\mathbf{TRMC} = 20 \log_{10} \left|\frac{A_d}{A_C}\right|$$

Les constructeurs définissent un « CMRR » (Common Mode Rejection Ratio) par la relation :

$$\mathbf{CMRR} = 20 \log_{10} \frac{V_{CM}}{V_{e\,CM}}$$

$$V_s = A_d\left[(e^+ - e^-) + \frac{1}{A/A_C}\left(\frac{e^+ + e^-}{2}\right)\right]$$

$$V_{e\,CM} = \frac{A_C}{A_d} \cdot \frac{e^+ + e^-}{2} \qquad V_{CM} = \frac{e^+ + e^-}{2}$$

$V_{e\,CM}$ est la tension due au mode commun ramenée à l'entrée.

ex. : $A = 2.10^5$ $V_{CM} = 7{,}5$ V CMRR = 90 dB (741)

$V_{eCM} = 0{,}23$ mV.

Dans le cas où nous devons extraire une information de quelques millivolts, cette tension ramenée est gênante.

18 ■ 5 ALI et polarisation

■ V_d : tension de décalage (offset).

Les constructeurs donnent :

Input offset voltage : 8 mV pour un 741.

Les constructeurs donnent aussi la variation de la tension d'offset avec la température :

Input offset voltage drift : 15 µV/°C.

■ i^+, i^- courants de polarisation des entrées.

Les constructeurs donnent :

Courant de décalage en entrée :

Input offset current : $I_{OC} = i^+ - i^- = 20$ nA (741).

Courant de polarisation moyen :

Input bias current : $I_{BC} = \frac{i^+ + i^-}{2} = 80$ nA (741).

Variation avec la température : 0,5 nA/°C^2.

TENSION DE SORTIE DE MODE COMMUN RAMENÉE EN ENTRÉE

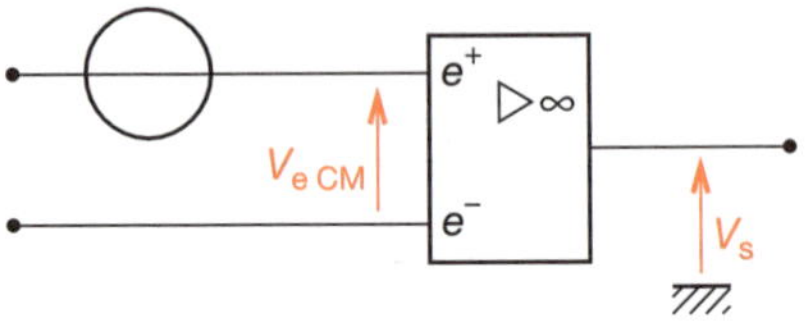

IMPERFECTIONS STATIQUES

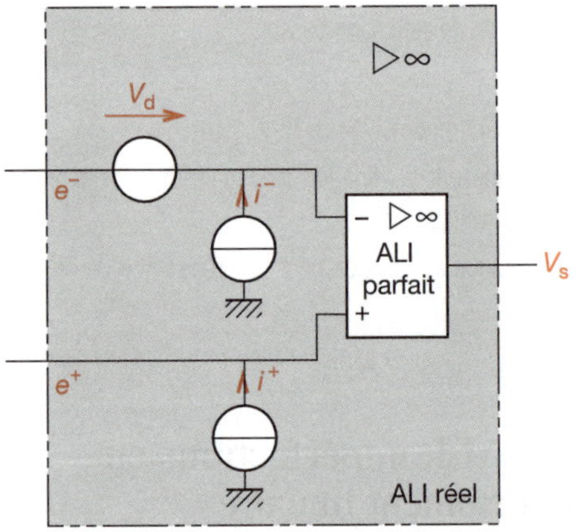

COMPENSATION DES OFFSETS

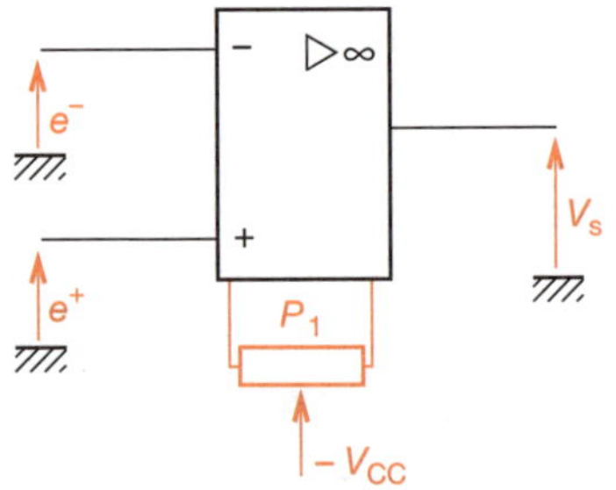

La compensation s'effectue par réglage de P_1.

PROTECTION CONTRE LES SURTENSIONS À L'ENTRÉE

Les phénomènes de « Latch Up » (conduction de la jonction base-collecteur de la paire différentielle d'entrée) sont ainsi annulés.

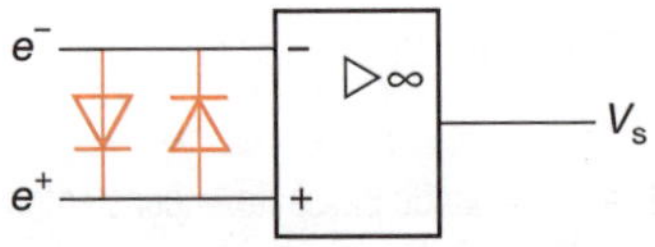

18.51 Sensibilité aux variations de l'alimentation

Le « supply sensitivity » est défini par le rapport de la variation de tension à appliquer à l'une des entrées pour maintenir la tension de sortie à zéro, la seconde entrée étant à la masse, à la variation de tension de l'une des sources d'alimentation.

Sensibilité à la variation de la source $+V_{CC}$

$$\Delta V_{e+}/\Delta + V_{CC} \quad (-V_{CC} \text{ constant}).$$

Sensibilité à la variation de la source $-V_{CC}$

$$\Delta V_{e-}/\Delta - V_{CC} \quad (+V_{CC} \text{ constant}).$$

Ordre de grandeur : quelques dizaines de μV/V.

18.6 Compensation des problèmes de polarisation

18.61 Compensation sur montage inverseur

$$V_s = -R_2 i^- + \frac{R_3}{R_1}(R_1 + R_2)\, i^+,$$

la valeur minimale de V_s est obtenue pour :

$$R_3 = \frac{R_1 R_2}{R_1 + R_2}.$$

18.62 Compensation sur montage intégrateur

Pour le cas du montage représenté ci-contre :

$$V_s = -\frac{i^-.t}{C},$$

la tension de sortie va évoluer jusqu'à saturation. Pour limiter cet effet, la fonction intégration est toujours réalisée sous forme d'un pseudo-intégrateur en ajoutant une résistance (R_C) en parallèle sur le condensateur C. Cette résistance sera choisie pour que $\omega_C = \dfrac{1}{R_C C}$ soit inférieur (avec un facteur 10), à la pulsation du signal à intégrer. Un intégrateur simple ne peut être utilisé que dans une boucle déjà existante.

18.7 ALI et problèmes dynamiques

- Vitesse maximale de montée du signal de sortie, aussi appelée « Slew Rate » = 0,5 V/μs (pour le 741).
- Dépassement dans le cas de la réponse à l'échelon.

- Rise Time : temps de montée : 0,8 μs (741),
- Overshoot : dépassement : 6 % (741).

Ces mesures sont faites sur un montage suiveur (T_A = 25 °C).

- Bande passante (B_w) définie au § 17.4.

COMPENSATION DES COURANTS i^+ ET i^-

Montage inverseur

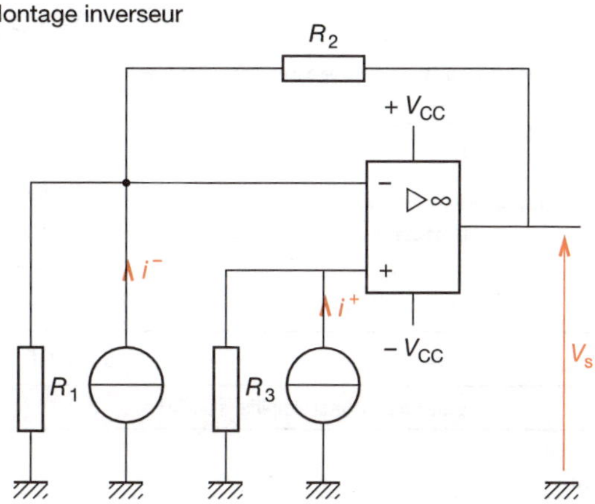

Montage intégrateur

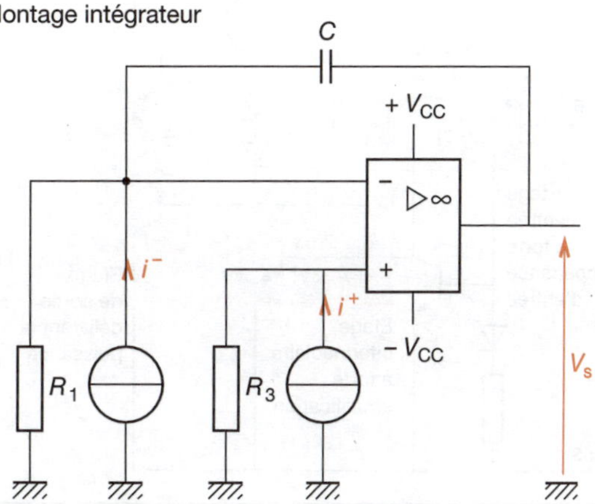

SLEW RATE (741)

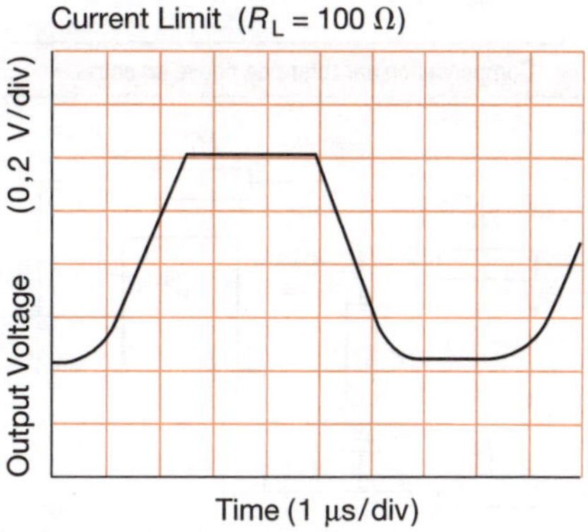

R_L : R_{Load} ou résistance de charge.

Time : temps.

Outpout Voltage : V_s.

18 ■ 8 DISTORSION DES ALI

La distorsion est due à l'étage de sortie qui est une classe B ou AB.

$$D\,\% = \frac{\sqrt{A_2^2 + A_3^2 + \ldots + A_n^2}}{A_1} \times 100.$$

A_1 : amplitude du premier harmonique.

$A_2, A_3, \ldots, A_n$: amplitude des harmoniques de rang n.

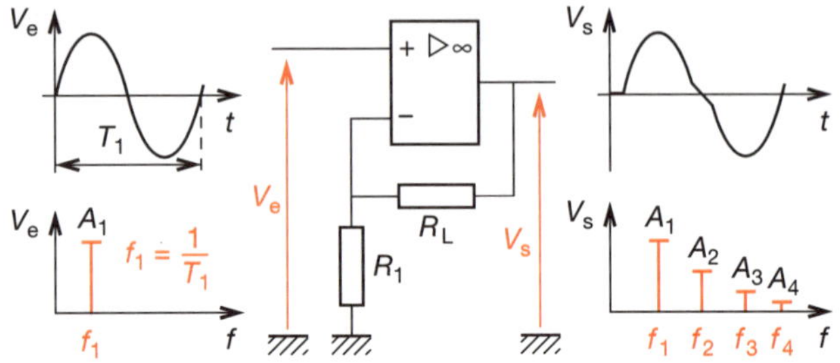

18 ■ 9 STABILITÉ DES ALI

Schéma structurel simplifié d'un 741

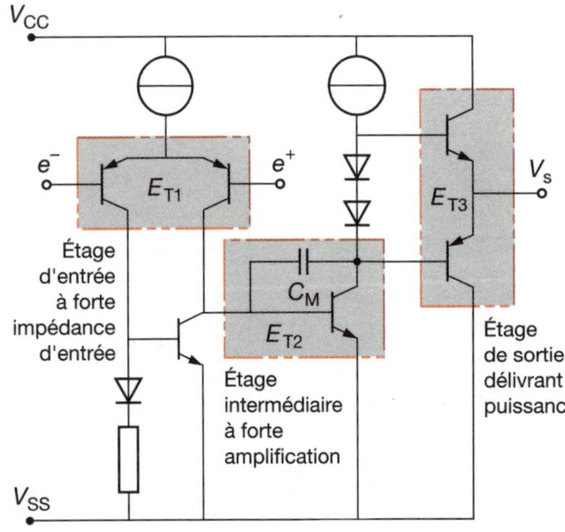

Réponse en fréquence

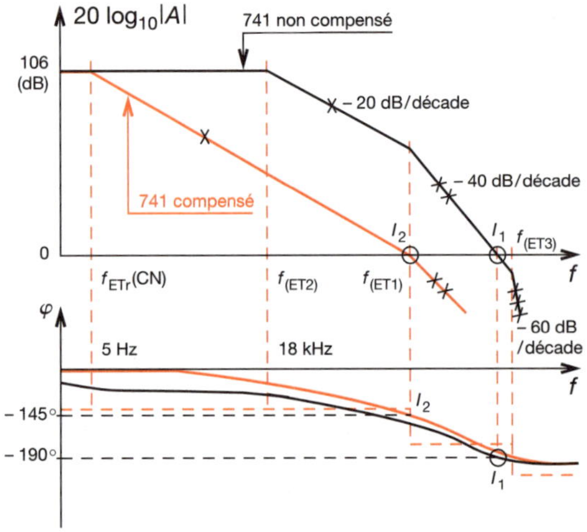

■ **La compensation en fréquence dans les ALI tels le 741 ou le TL 081 se fait par capacité Miller C_M (C_M = 30 pF) sur l'étage E_{T2}.**

■ **La caractéristique du 741 sans C_M montre au point I_1 (0 dB, − 190°) une instabilité.**

■ **La caractéristique du 741 compensé montre au point I_2 (0 dB, − 145°) la stabilité.**

Compensation par retard de phase en entrée

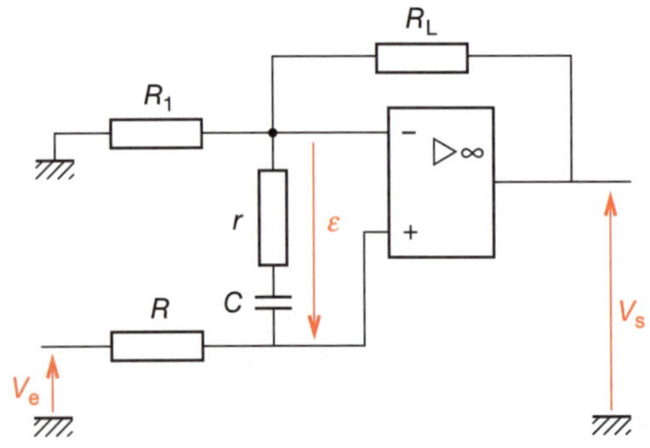

Réponse fréquentielle

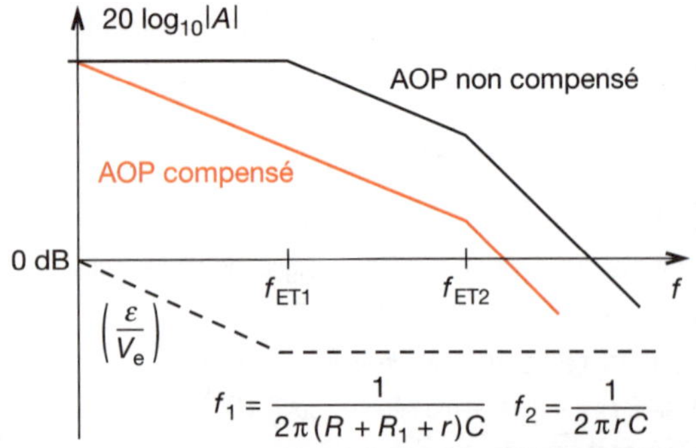

■ **En boucle ouverte :** $\dfrac{V_s}{V_e} = \dfrac{V_s}{\varepsilon} \cdot \dfrac{\varepsilon}{V_e} = A \cdot \dfrac{1 + rC_p}{1 + (R + R_1 + r)\,C_p}$.

■ **La compensation par avance de phase est caractérisée par $\left(\dfrac{\varepsilon}{V_e}\right)$, elle permet de stabiliser l'ALI par un montage extérieur.**

Comparaison des compensations

Après attaque d'un montage non inverseur par un signal carré, nous pouvons constater que la réponse des ALI compensés par Capacité Miller en interne présente un dépassement de l'ordre de 6 % (741) alors que dans le cas d'une compensation par retard de phase, la réponse est plus lente, mais sans dépassement.

Réponse à un échelon du montage non inverseur

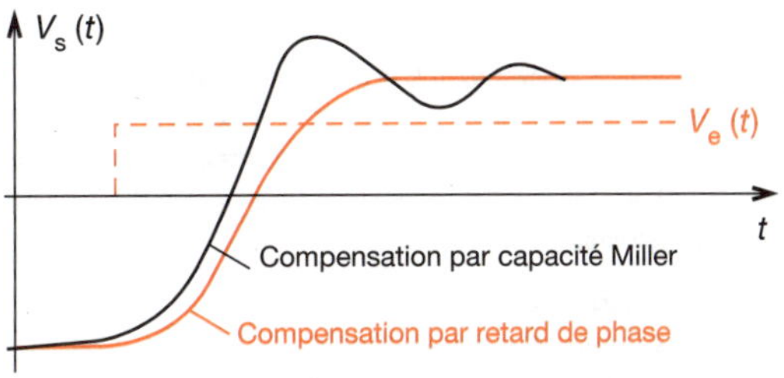

18 ■ 10 MODÈLES ÉLECTRIQUES ÉQUIVALENTS

18 ■ 101 MODÈLE À « NULLATEUR »

L'ALI parfait est constitué d'un « nullateur » et d'un « norateur ».

- **Nullateur : il possède un courant d'entrée nul et une tension nulle à ses bornes.**
- **Norateur : il se laisse imposer tension et courant par les éléments extérieurs.**

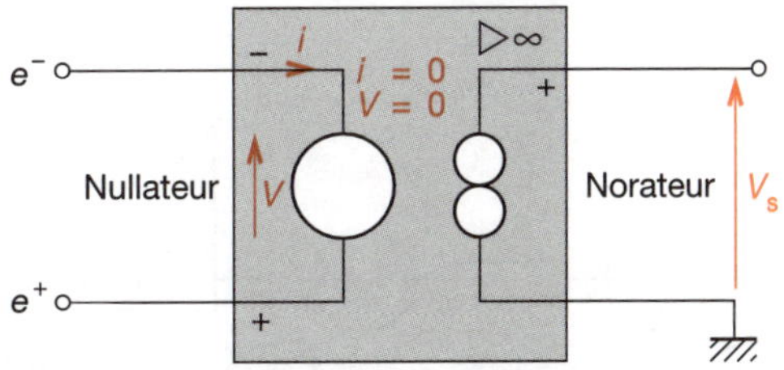

18 ■ 102 SCHÉMA COMPLET À « NULLATEUR » UTILISÉ EN CAO (Conception Assistée par Ordinateur)

LM 741

Z_{Mc} = 10 MΩ
Z_d = 1 MΩ
R_1 = 1 Ω
R_2 = $|A|.r_1$
Z_S = 200 Ω
A = 2.10^5
C = $\frac{1}{2\pi F_T T_1}$

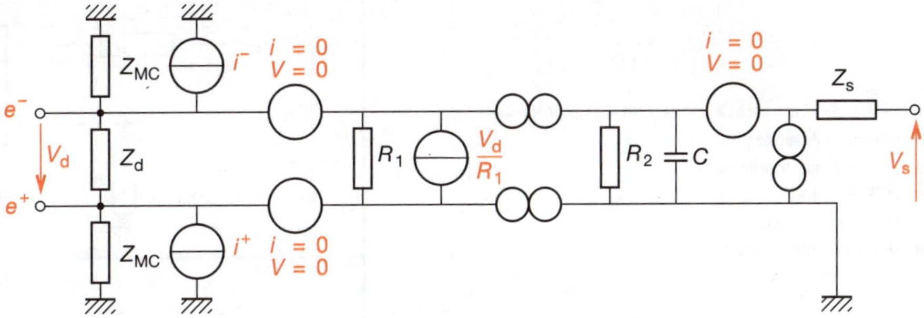

18 ■ 103 MODÈLE SPICE DES LM 148, LM 149 ET LM 741

C_M = 6 pF si LM 319

g_m = 5,9 n℧
g_a = 150,8 μ℧
g_b = 247,5 m℧
g_c = 46,96 ℧
β_1 = 112
β_2 = 144
I_S = 8.10^{-16}

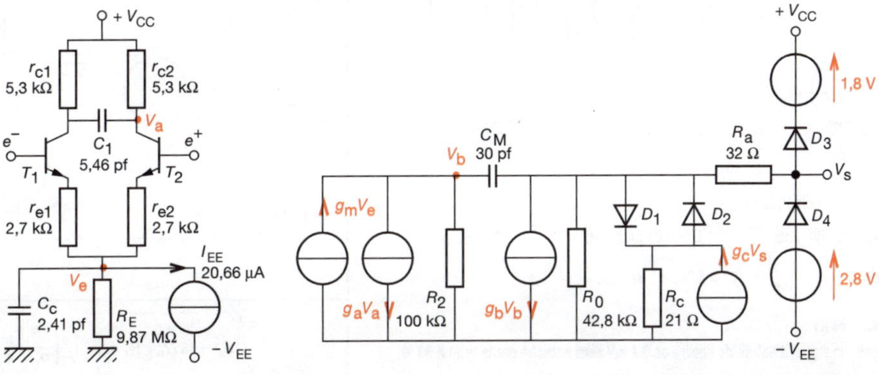

Note : ℧ = Ω^{-1}.

18■11 BRUIT DES ALI

Les constructeurs donnent U_n et I_n densités spectrales de bruit, qui sont exprimées en $V/\sqrt{Hz}$ et en $A/\sqrt{Hz}$. Les ALI à entrées biFET ont un courant de bruit nettement inférieur aux ALI à entrées bipolaires, pour une tension de bruit équivalente. Les règles suivantes sont généralement appliquées pour le choix d'une technologie.

$R_{source} > 10\ k\Omega$: choix d'ALI à entrée FET.

$R_{source} < 10\ k\Omega$: choix d'ALI à entrées bipolaires.

Densité spectrale de bruit d'un TL O81

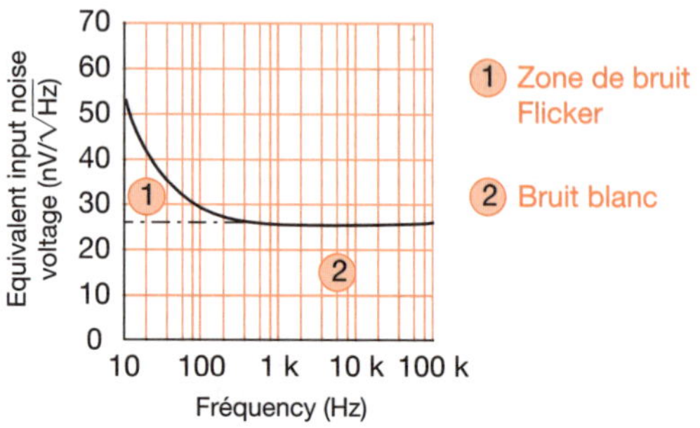

MONTAGE SUIVEUR ET BRUIT

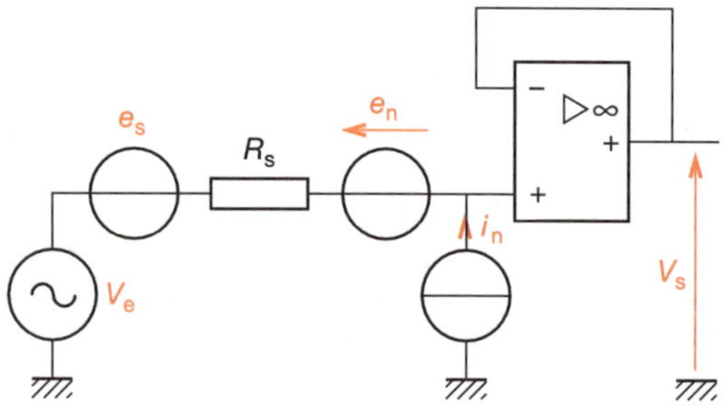

$$V_n = \sqrt{(R_s^2 i_n^2 + 4kTR_s + e_n^2)B}$$

V_n : tension de bruit ramenée à l'entrée (c'est une valeur efficace).

R_s : résistance de source (Ω).

e_n, i_n : densité spectrale de bruit.

k : $1{,}38.10^{-23}$ J/K.

T : température ou (K).

B : bande équivalente de bruit.

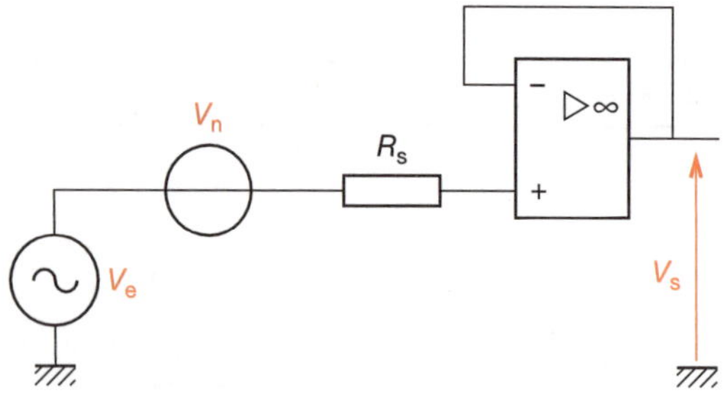

Ex. : pour un TL 081 :

$V_n = 25\ nV/\sqrt{Hz}$ $\quad i_n = 0{,}01\ pA/\sqrt{Hz}$ $\quad R_s = 50\ \Omega$.

$B = \frac{\pi}{2}.B_w = \frac{\pi}{2}.4.10^6 = 6{,}28.10^6$ Hz.

$V_n = 63\ \mu V$:

soit, un signal d'entrée de l'ordre de 0,1 mV sera entaché par le bruit à 63 %.

Modèle de bruit d'un ALI

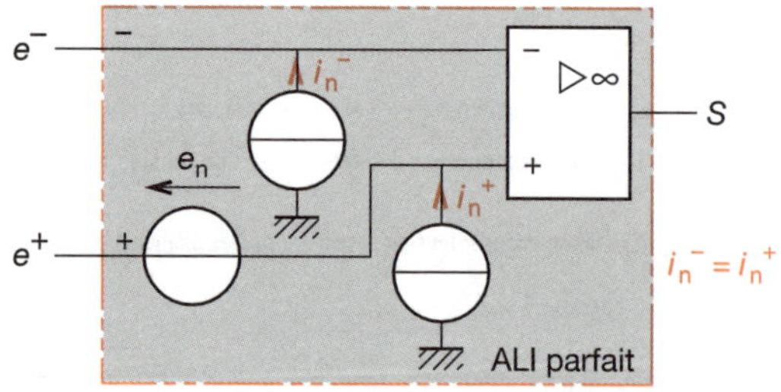

Montage non inverseur (tension de bruit ramenée à l'entrée)

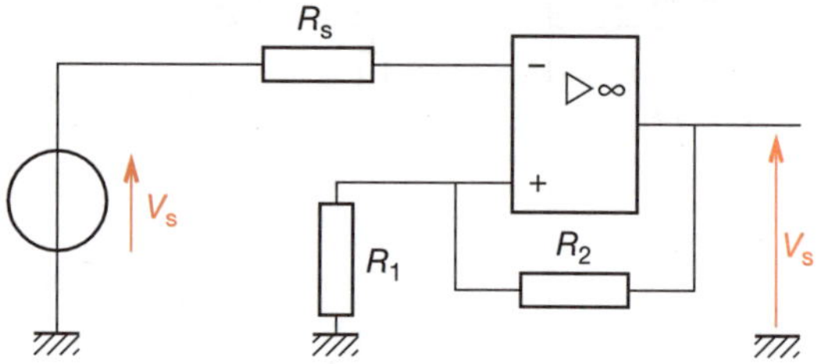

Modèle avec bruit

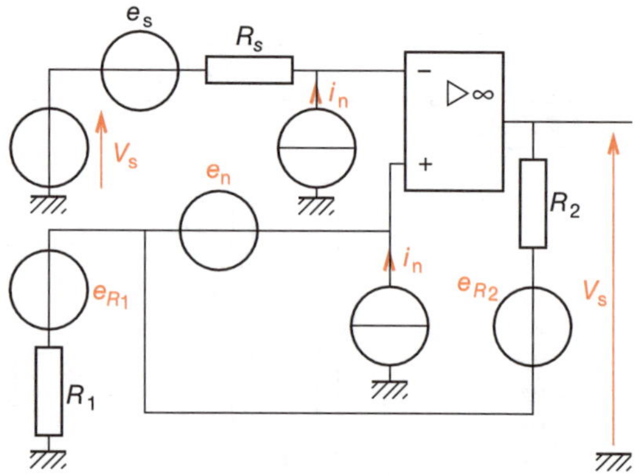

$$V_n = \sqrt{\left[e_n^2 + 4kTr_s + R_s^2 i_n^2 + i_n^2\left(\frac{R_1R_2}{R_1+R_2}\right)^2 + 4kT\frac{R_1R_2}{R_1+R_2}\right]B}$$

18 ■ 12 Technologie des ALI

18 ■ 121 Technologie à transistors bipolaires

C'est la première technologie mise en œuvre. Elle possède d'excellentes caractéristiques au niveau bande passante et tension de bruit.

$Z_i \approx 10^6\ \Omega$.
$I_{BC} \approx 0{,}5$ nA à 30 nA.
$S_R \approx 0{,}5$ à 70 V/µs.
$B_w \approx 0{,}5$ à 15 MHz.
$V_n \approx 25$ à 30 nV/$\sqrt{\text{Hz}}$.

Ex. : LM 741, LM 148, LM 49.

18 ■ 122 Technologie à entrées JFET

La paire différentielle d'entrée est constituée par des transistors FET. Les courants de polarisation sont beaucoup moins importants que dans la technologie bipolaire, et son impédance d'entrée différentielle est beaucoup plus importante.

$Z_i \approx 10^{12}\ \Omega$.
$I_{BC} \approx 10$ pA.
$S_R \approx 10$ à 13 V/µs.
$B_w \approx 3$ à 4 MHz.
$V_n \approx 25$ à 30 nV/$\sqrt{\text{Hz}}$.

Ex. : TL 081, TL 071, etc.

REMARQUE :

■ Dans le cas du TL 081 et du TL 071, l'étage de sortie étant un vrai classe AB, la distorsion est très faible.

18 ■ 123 Technologie CMOS

La technologie CMOS à l'origine considérée comme trop instable a été reprise par Texas et tend à se développer. Elle est appelée Lin CMOS. Elle remplace les ALI bipolaires et les ALI à entrées JFET, dans les applications classiques.

$Z_i > 10^{12}\ \Omega$.
$I_{BC} \approx 1$ pA.
$S_R \approx 0{,}6$ à 4,5 V/µs.
$B_w \approx 0{,}7$ à 2,3 MHz.
Bruit ≈ 30 à 70 nV/Hz.

Ex. : TLC 271, TLC 277, TLC 1078, TLC 251, TLC 2201.

ENTRÉE À TRANSISTORS BIPOLAIRES

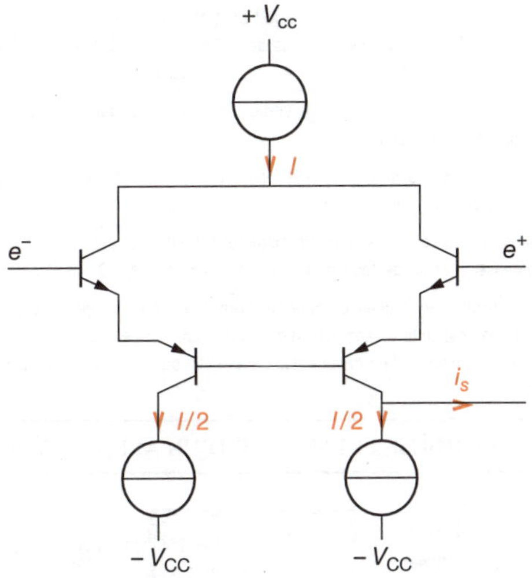

ENTRÉE À JFET

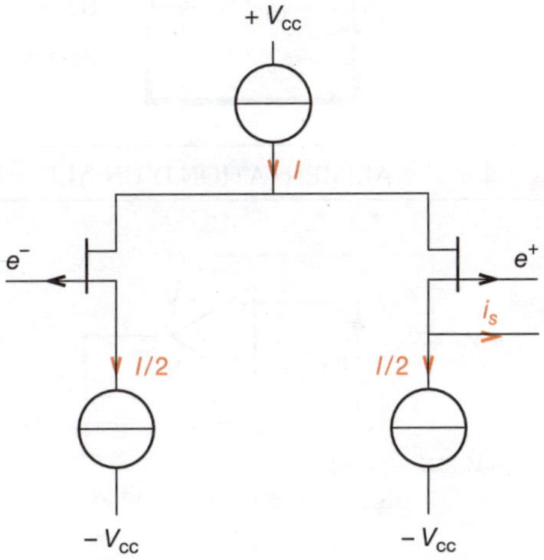

PROTECTION EN COURANT DE LA SORTIE

La protection s'effectue par transistors.

Protection en courant :
Le transistor T_2 prélève le courant dans la base de T_1, lorsque le courant est trop important dans l'émetteur de T_1.

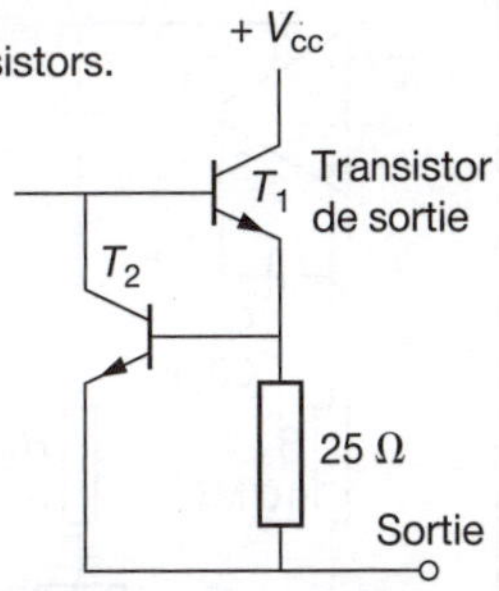

Le 741 n'est protégé que sur la sortie positive, les TL 081 le sont sur les deux.

18■13 CONNEXIONS D'UN ALI

■ Broches V^+, V^- : alimentation. Les ALI sont pour la plupart destinés à être alimentés par des sources symétriques de ± 5 V à ± 35 V. Entrée et sortie du montage sont référencées par rapport à la masse de l'alimentation.

■ Entrée inverseuse E^- : le signal de sortie sera déphasé de 180° par rapport au signal appliqué à cette entrée.

■ Entrée non inverseuse E^+ : le signal de sortie sera en phase avec le signal appliqué sur cette entrée.

■ Compensation de la tension de décalage (offset nul) : ces entrées permettent de compenser le décalage des entrées + et – afin d'obtenir $V_s = 0$ V si $V^+ = V^-$.

■ Compensation en fréquence : pour améliorer la courbe de réponse d'un ALI, on utilise une capacité de compensation. Cette capacité peut être à l'extérieur du boîtier de l'amplificateur comme dans le LM 101 ou intégrée comme dans le LM 741.

18■131 BOÎTIER STANDARD D'UN ALI (741, TL 081)

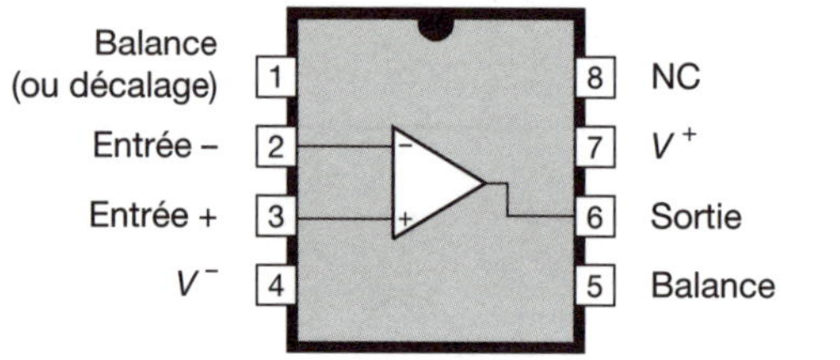

18■14 ALIMENTATION D'UN ALI

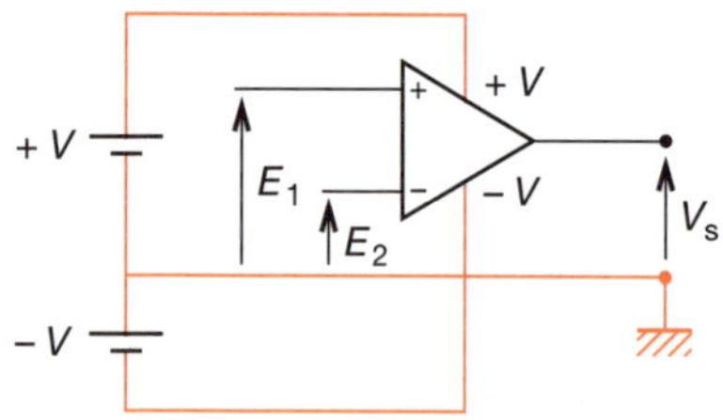

18■15 EXEMPLE DE COMPENSATIONS (LM 101)

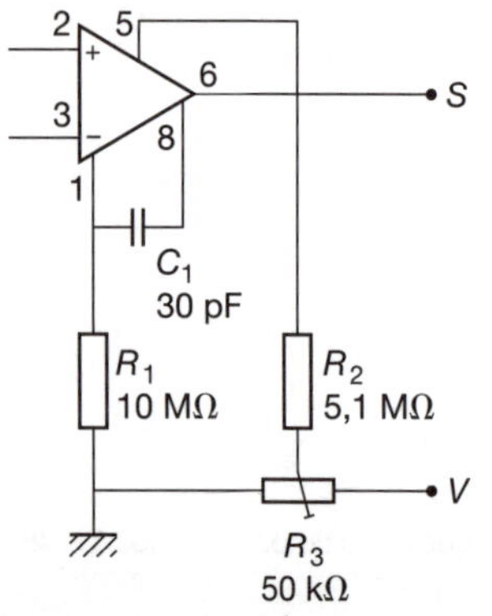

Le LM 101 possède une compensation externe en fréquence par le condensateur C_1 qui se monte entre les broches 1 et 8.

ALI type TL 081 (entrées JFET)

Caractéristiques (features)

■ Internally trimmed offset voltage	15 mV
■ Low input bias current	50 pA
■ Low input noise voltage	25 nV/$\sqrt{\text{Hz}}$
■ Low input noise current	0,01 pA/$\sqrt{\text{Hz}}$
■ Wide gain bandwidth	4 MHz
■ High slew rate	13 V/μs
■ High supply current	1,8 mA
■ High input impedance	10^{12} Ω
■ Low total harmonic distortion $A_V = 10$, $R_L = 10$ kΩ, $V_0 = 20$ Vp-p, $B_W = 20$ Hz – 20 KHz.	< 0,02 %
■ Low 1/f noise corner	50 Hz
■ Fast setting time to 0,01 %	2 μs

Schéma simplifié (Simplified Schematic)

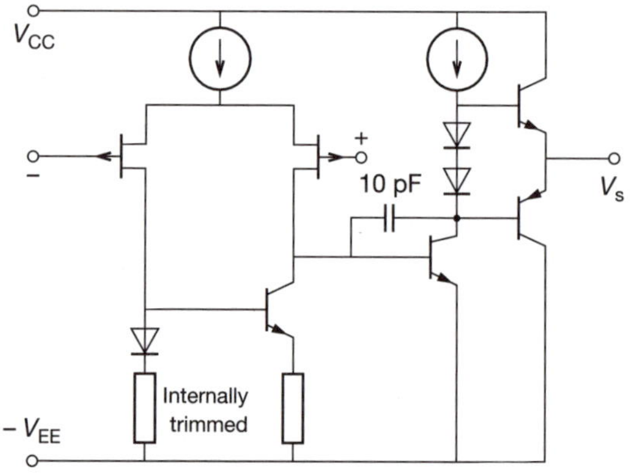

Montage typique (Typical Connection)

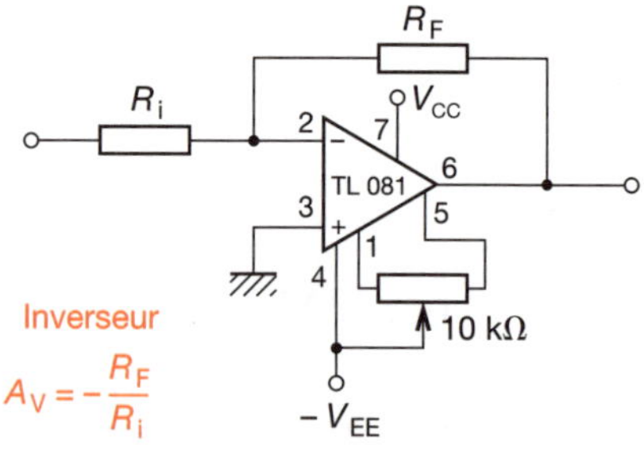

Inverseur

$$A_V = -\frac{R_F}{R_i}$$

Brochage

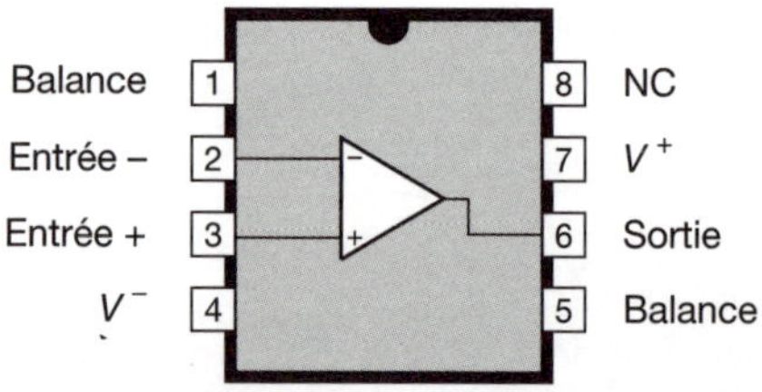

18 ■ 16 AMPLIFICATEUR AUDIO TYPE LM 833

Caractéristiques (features)

■ Wide dynamic range	> 140 dB
■ Low input noise voltage	4,5 nV/$\sqrt{Hz}$
■ High slew rate	7 V/µs (typ)
	5 V/µs (min)
■ High gain bandwidth product	15 MHz (typ)
	10 MHz (min)
■ Wide power bandwidth	120 KHz
■ Low distortion	0,002 %
■ Low offset voltage	0,3 mV
■ Large phase margin	60°

Schéma interne (Schematic Diagram)

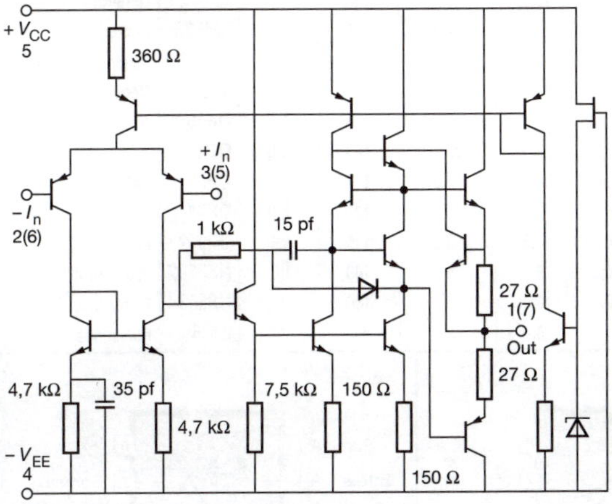

Brochage (Connection Diagram)

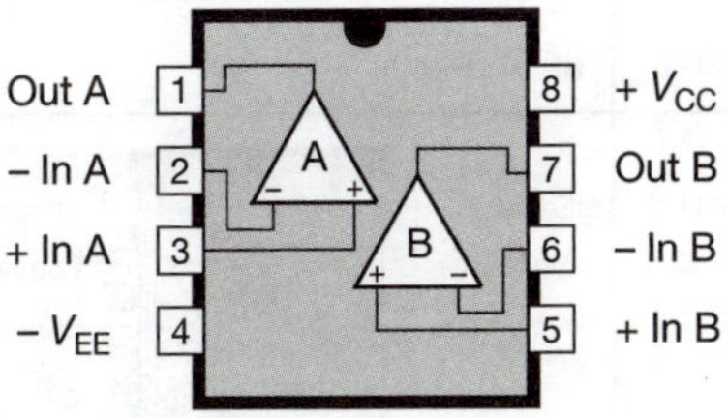

Préamplificateur audio

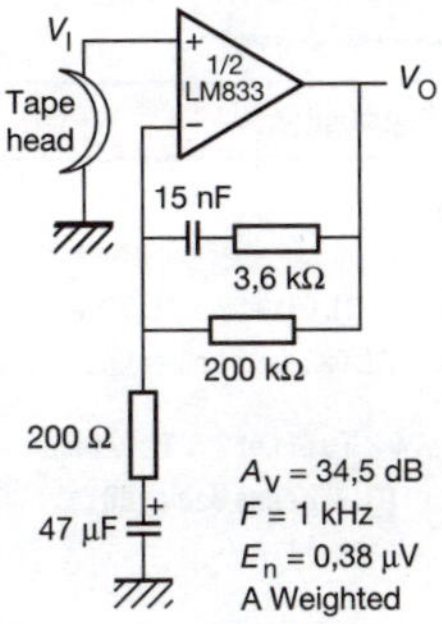

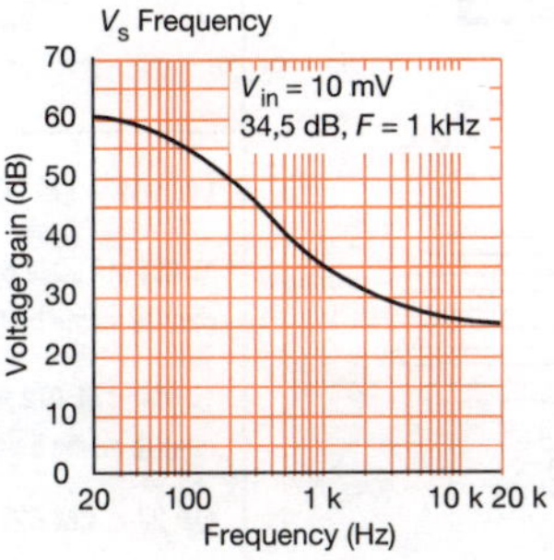

18 ■ 17 AMPLIFICATEUR RF TYPE LH 4117

Caractéristiques (features)

- ■ 150 MHz bandwidth
- ■ 9 ns settling time to 0,2 %
- ■ 3,3 ns rise and fall times
- ■ Output current to 200 mA
- ■ FET-input, low bias current
- ■ 2 500 V/µs slew rate (100 Ω load)
- ■ ± 0,3 dB gain flatness (A_V = 20)

Schéma interne

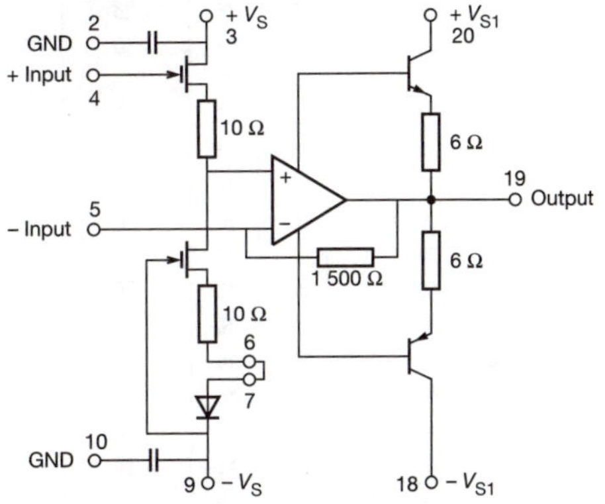

Brochage

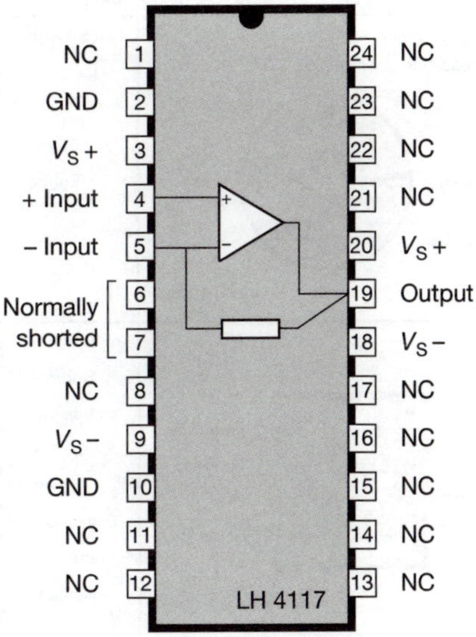

Amplificateur HF

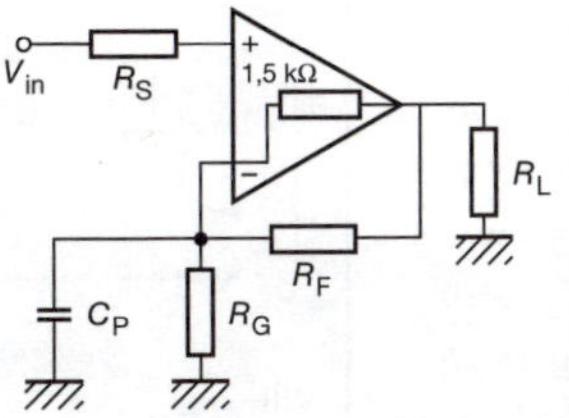

A_V	C_P
1	–
2	–
5	1,2
10	3,9
50	25
100	100

C_P (pF)

$$A_V = 1 + \frac{R'_F}{R_G}$$

$$R'_F = \frac{1\,500 \times R_F}{1\,500 + R_F}$$

18 ■ 18 PRINCIPALES CARACTÉRISTIQUES

Tension d'alimentation symétrique min ± V	Tension d'alimentation symétrique max ± V	Tension d'alimentation asymétrique min ± V	Tension d'alimentation asymétrique max ± V	Tension d'entrée $U_a = \pm 15$ V plage − V	Tension d'entrée $U_a = \pm 15$ V plage + V	Tension d'entrée limite ± V	Courant de sortie max (+ mA) $U_a = \pm 15$ V	Tension offset ± mV	R_e MΩ	Taux de montée V/µs	Bruit d'entrée nV/√Hz	Gain en boucle ouverte dB	Boîtier	Type	Utilisation
2	18	4	36	13	15,5	15	16	2	2	10	15	104	I, II	301	Non compensé
1,5	16	3	32	15	13,5	15	40	2	2	0,5	–	100	V	324	Faible consommation
2	18	4	36	13	13	15	25	1	2	0,5	20	106	I, II	741	Général
2	18	4	36	13	13	15	25	1	1	0,5	45	104	III	1458	Général
2	18	4	36	13	13	15	25	0,5	5	1	10	110	VI	4136	Général
2	18	4	36	8	8	23	10	5	1,5	9	40	100	I, II	CA3140	
3	18	6	36	12	15	15	15	3	1	12	20	106	I, II	LF356	Général
3	18	6	36	15	15	15	15	3	1	50	20	106	I, II	LF357	Gain mini (5)
5	18	10	36	11	15	15	13	2	10^6	15	25	106	I, II	LF411	Général
6	18	12	36	11,5	14,5	15	13	1	10^6	15	25	106	III	LF412	Général
5	18	10	36	14	14	15	6,5	0,3	–	7	4,5	110	III	LM833	Audio
5	18	10	36	10	10	15	20	3	10^6	13	18	106	V	TL074	Faible bruit
5	18	10	36	10	10	15	20	5	10^6	13	25	106	V	TL084	Général
3	18	6	36	10,5	10,5	16	6,5	0,5	10^6	5	20	106	I, II	OP15	
3	18	6	36	10,5	10,5	16	6,5	0,5	10^6	9	20	106	I, II	OP16	
4	22	8	44	15	15	15	17	0,03	2 000	4,5	3,8	115	I, II	OP27	Faible bruit
3	22	6	44	14	14	15	12	0,04	2 000	0,3	10	138	I, II	OP77	
4	22	8	44	15	15	15	17	0,06	2 000	2,8	3,8	115	VII	OP227	Faible bruit
9	22	18	44	13	13	15	38	0,5	0,3	9	5	100	III	NE5532	Faible bruit
9	22	18	44	13	13	15	38	0,5	0,3	13	4	100	II	NE5534	Faible bruit
2	18	4	36	18	18	18	3 000	10	4	5	3	83	VIII	L165	Puissance

①⑤ Réglage offset
⑧ Compensation pour LM 301

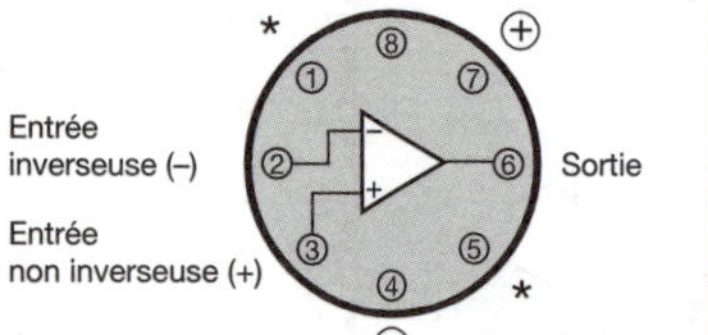

I

①⑤ Réglage offset

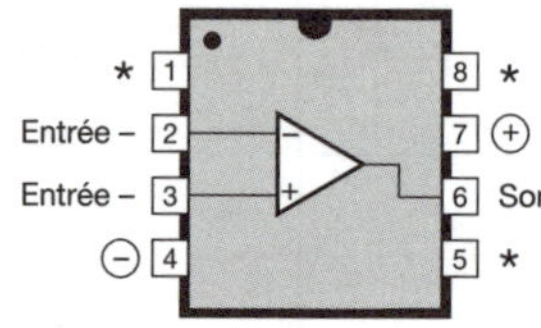

II ⑧ Compensation pour LM 301

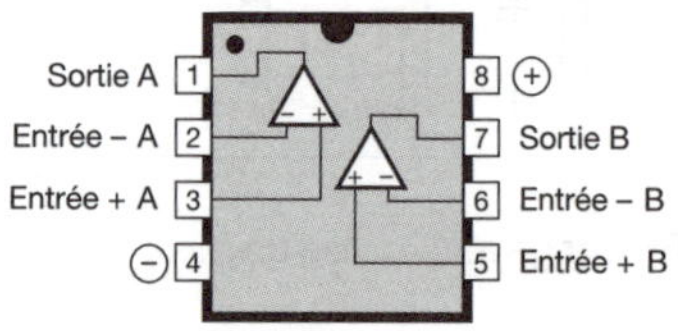

III

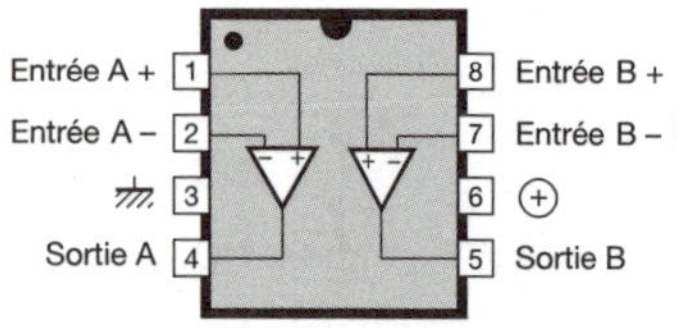

IV

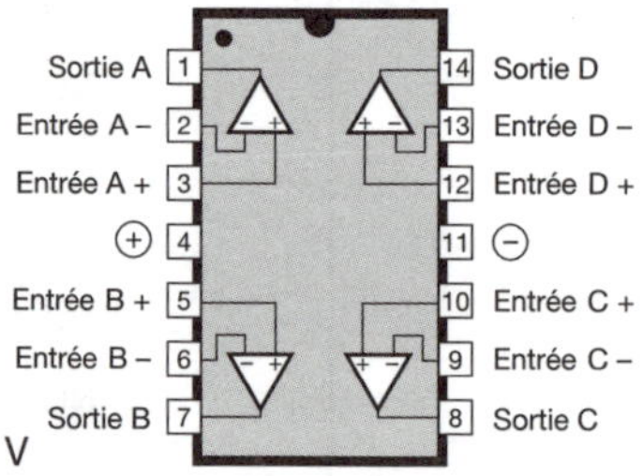

V

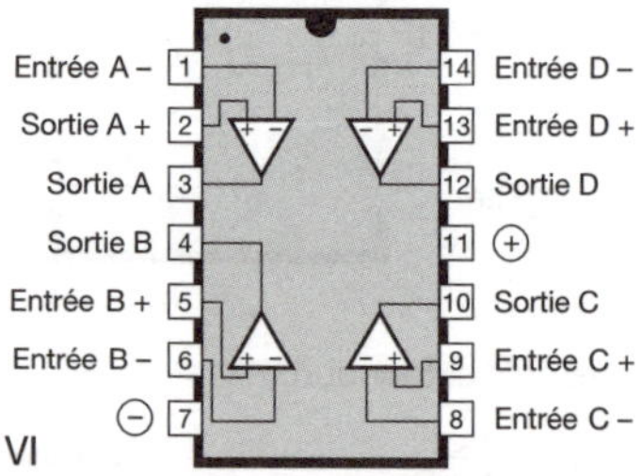

VI

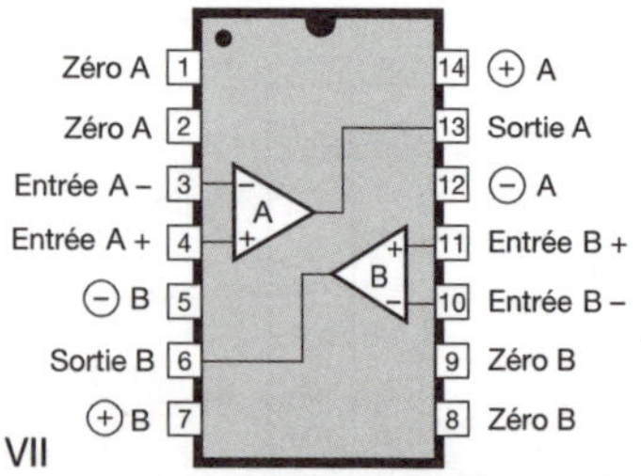

VII

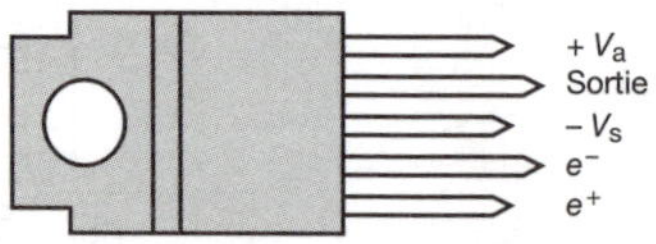

VIII

Spécificités

LM 101 ≡ LM 301

TL 084 et TLO82 sont 4 × TL 081 et 2 × TL 081 mis dans le même boîtier ; (TL 082 dans boîtier III) .

TL 074 et TL 072 sont 4 × TL 071 et 2 × TL 071 mis dans le même boîtier ; (TL 072 dans boîtier III) .

OP 27 ≡ LM 627

18 ■ 19 ALI LARGE BANDE

Type	Slew Rate V/µs (typ)	GBW MHz (typ)	V_{os} mV (max)	I_s mA (max) (Note 1)	Notes
GBW ⩾ 4 MHz, T_A = 25 °C					
LH4117	2 500	400	20	± 45	FET Input, Current Feedback
LH4118A	2 400	300	2	± 25	Low V_{OS}, Current Feedback
LH4004	600	200	15	± 40	FET Input, Current Feedback
LH0024	500	70	4	± 15	
LH0032	500	70	5	± 20	FET Input
LH4124	400	70	8	± 15	Low Cost LH0024
LH4161A	300	50	1	± 6,5	Trimmed LM6161
LH4162A	300	50	2	± 13	Dual LH4161A
LM6161	300	50	7	6,8	Unity Gain Stable, VIPTM
LM6164	300	175	4	6,8	Min Gain of 5, VIP
LM6165	300	725	3	6,8	Min Gain of 25, VIP
LH4101	250	40	15	± 40	Medium Power JFET
LH4106	170	34	20	± 20	Drives 50 Ω Loads
LM6313	250	35	20	23	Hi Speed Hi Power
LM6218	140	17	3	7	Fast Settling Dual, VIP
LF400	70	16	0,5	12	Fast Settling JFET
LF401	70	16	0,2	12	Precision Fast Settling JFET
LH0003	70	30	3	± 3	
LH0062	70	15	5	± 8	FET Input
LM118	70	15	4	7	
LF157	50	20	2	7	Min Gain of 5, JFET
LH4104	40	18	10	± 25	Medium Power Fast Settling JFET
LH4105	40	18	2	± 25	Trimmed LH4104
LM359	30	30	–	22	Dual Current Mode (Norton) Amp
LF411	15	4	0,5	2,8	JFET
LF412	15	4	1,0	5,6	Dual JFET
LF147	13	4	5	11	Quad JFET
LF451	13	4	5	3,4	SO Pkg
LF453	13	4	5	6,5	SO Pkg Dual
LF351	13	4	10	3,4	JFET
LF353	13	4	10	6,8	Dual JFET
LF156	12	4,5	2	7	JFET
LM833	7	15	5	8	Dual Low Noise

18 ■ 20 SÉLECTION DES ALI À FAIBLE COURANT DE POLARISATION

⩽ 5 pA	⩽ 20 pA	⩽ 50 pA	⩽ 100 pA		⩽ 200 pA		
T_A = 25 °C				LF441		LF411A/411	LH0084
LH0022	LMC668	LH0032A	LH0032	LF442	LF401A	LF355/356	LH0084C
	LMC660	LF155A/156A/	LF155/156/	LF444	LF401	LF357	LH4104
	LMC662	LF157A	LF157	LM11C	LF400A	LF147/347B/347	LH4104C
	LH0022C	LF355A/356A/	LF255/256/		LF400	LF353	LH4105
LH0052	LH0042	LF357A	LF257	LH0101	TL081	LF412A/412	LH4105C
LH0052C	LH0042C	LF441A/LM11	LF355B/356B/	LH0086	LH0032AC	LF13741	LH4117
LH0062	LH0062C	LF442A/LF444A	LF357B	LH0086C	LF351	LM11CL	LH4117C

19 Amplificateurs à transconductance OTA

Un OTA (Opérationnal Transconductance Amplifier) est un ALI dont le coefficient d'amplification est variable et dont la sortie délivre un courant commandé par la tension différentielle d'entrée. Le coefficient d'amplification (g_m) de l'OTA est appelé transconductance, il est exprimé en mA/V, g_m est proportionnel à I_{abc} (amplifier bias current).

$$g_m = \frac{I_{abc}}{2V_T}$$ **(hors polarisation des diodes de linéarisation)**

I_{abc} : courant de polarisation de l'étage d'entrée.

$V_T = \frac{kT}{q} \approx 25$ mV à 25 °C. g_m : transconductance (mA/V).

Symbole constructeur

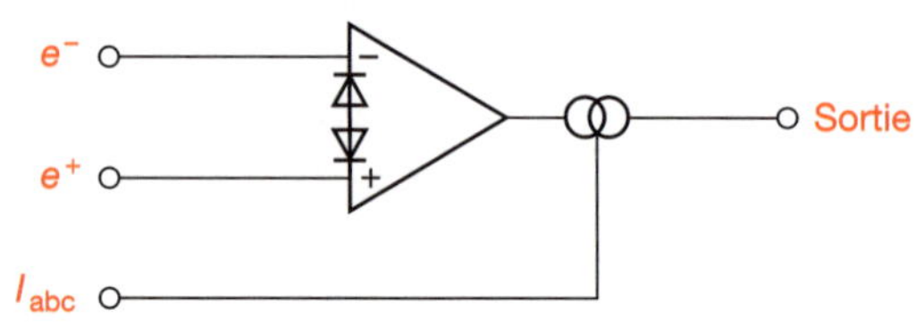

Modèle simplifié

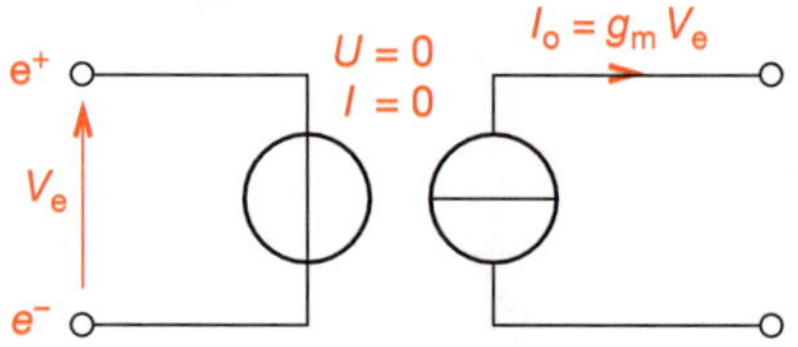

19 ■ 1 SCHÉMA STRUCTUREL D'UN OTA LM 13 600

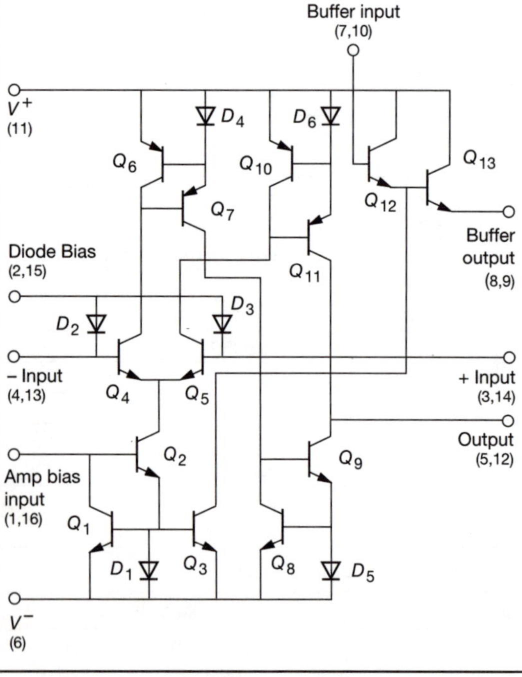

19 ■ 2 MODÈLE SIMPLIFIÉ DU LM 13 600

Dans ce cas, les diodes de linéarisation sont polarisées.

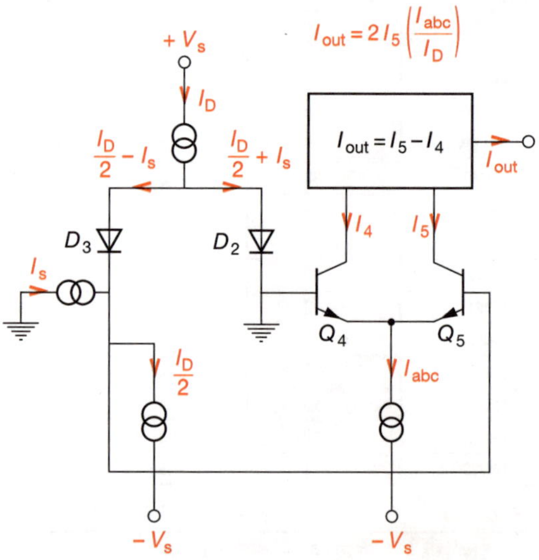

I^+ ; I^- ; entrée de mode différentiel.
Diode Bias : entrée de polarisation des diodes de linéarisation.
Amp bias input : entrée de polarisation de la source de courant principale permettant de fixer le gain de l'OTA.
Output : sortie.
Buffer Input : entrée de l'amplificateur de courant.
Buffer Output : sortie de l'amplificateur de courant.

I_D : est fixé par un dipôle extérieur au circuit.
I_S : courant d'entrée du circuit fixé par le modèle de Norton du circuit de commande.
I_{abc} : courant de polarisation de la structure différentielle.

19■3 UTILISATION EN AMPLIFICATEUR CONTRÔLÉ EN TENSION

Schéma du montage	Modèle
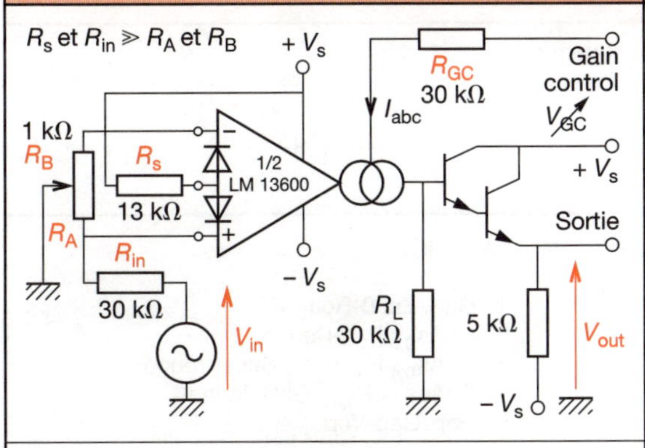	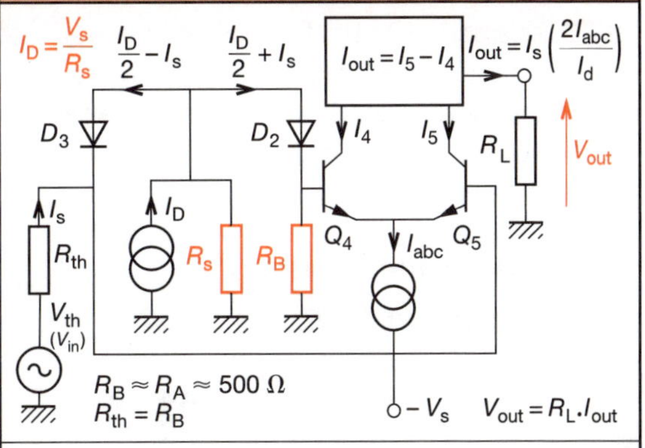
Pour $V_{GC} = V_S$ $\dfrac{V_{out}}{V_{in}} = 4\,\dfrac{R_L}{R_B}\cdot\dfrac{R_S}{R_{GC}}$.	$\dfrac{V_{out}}{V_{in}} = 2\,\dfrac{R_L}{R_B}\left[\dfrac{V_{GC}+V_S-1{,}2}{R_{GC}} \times \dfrac{R_S}{V_S}\right]$ V_{out} varie comme V_{GC}.

19■4 CARACTÉRISTIQUES TECHNOLOGIQUES

La tension d'alimentation : 36 V ou ± 18 V.
La tension maximale d'entrée différentielle : ± 5 V.
$I_{D\,max}$: 2 mA et $I_{abc\,max}$: 2 mA.
I sortie buffer maximale : 20 mA.
La puissance dissipable maximale : 570 mW.
V offset typique : 0,4 mV.
I offset typique : 0,1 µA.
Input résistance : résistance d'entrée.
Output résistance : résistance de sortie.
Transconductance : g_m pour les brochés 2 et 15 ouvertes.
Bande passante : 2 MHz.
Slew rate : 50 V/µs (très bon).
CMRR typique : 110 dB.

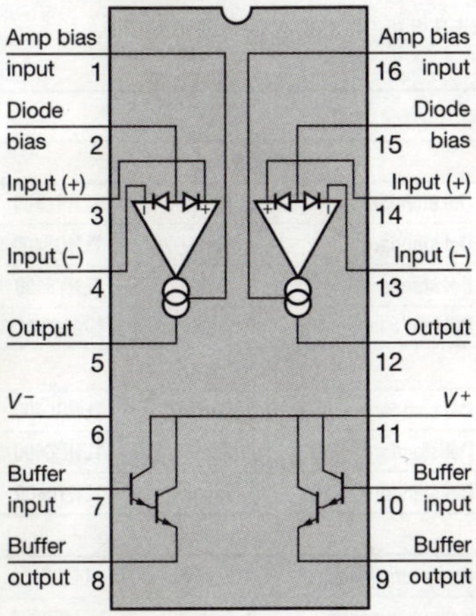

Caractéristiques $[g_m, R_{in}, R_{out}, C_{in}, C_{out}] = f(I_{abc})$

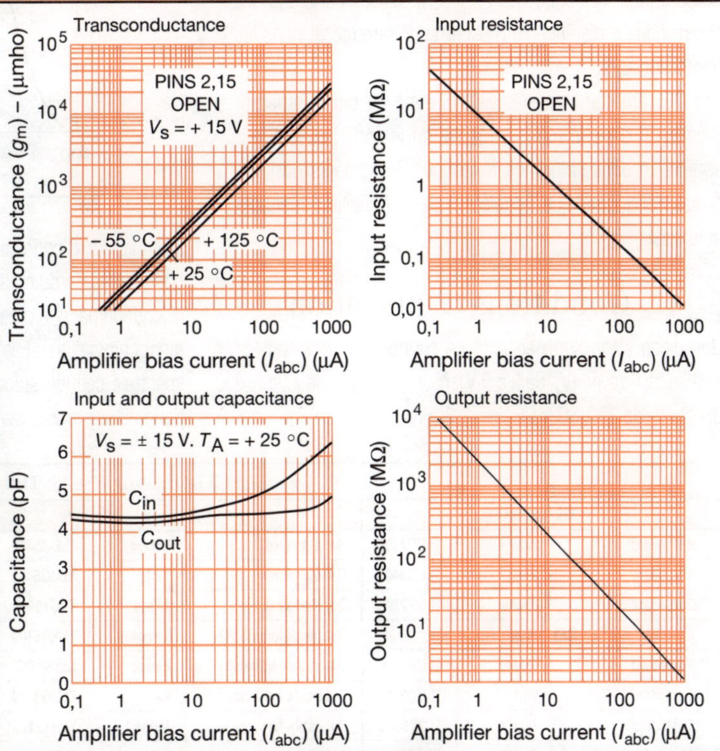

CHOIX DES OTA

Type	Slew Rate	g_m	Diodes de linéarisation
CA 3080	50 V/µs	9,6 ms	Non
LM 13700 - I buffer indépendant I_{abc}	50 V/µs	9,6 ms	Oui

20 Diodes électroluminescentes

Les DEL (en anglais, LED : Ligh Emitting Diode) sont des diodes électroluminescentes émettant une radiation électromagnétique, lorsqu'elles sont polarisées en direct. Le spectre d'émission est très étroit et la longueur d'onde d'émission dépend du matériau.

SYMBOLE

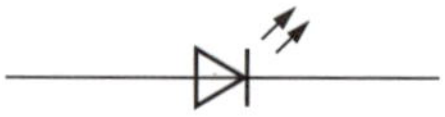

SPECTRE D'ÉMISSION

1 GaP/Zn, 0-Rouge
2 $GaAs_{0,6}\ P_{0,4}$-Rouge
3 $GaAs_{0,4}\ P_{0,6}$/GaP-Super rouge
4 $GaAs_{0,15}\ P_{0,85}$/GaP-Jaune
5 Gap/Gap-Vert

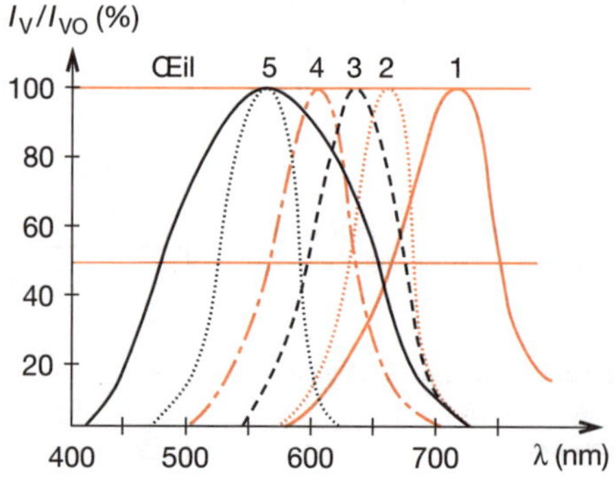

20 ■ 1 Matériaux utilisés

On utilise pour la fabrication des DEL :

- L'arséniure de gallium GaAs (lumière infrarouge).
- Le phosphorure d'arséniure de gallium GaAsP (lumière rouge ou jaune).
- Le phosphorure de gallium GaP (lumière verte).
- Le nitrure de gallium GaN (lumière bleue).

20 ■ 11 Utilisation

Les DEL émettant dans le proche infrarouge (GaAs) sont utilisées pour la lecture des bandes et cartes perforées, les commandes à distance, la mesure en infrarouge et dans les photocoupleurs.

Les DEL émettant dans le visible, avec un pic du spectre d'émission dans le rouge, le jaune ou le vert, trouvent leur application dans l'affichage numérique 7 segments ou l'affichage alphanumérique, le téléphone, l'appareillage ménager et le jouet.

20 ■ 2 Conditions d'utilisation

Une diode électroluminescente ne supporte, ni une tension inverse très élevée (V_R de 3 à 5 V), ni une trop grande intensité directe (I_F de 20 à 50 mA).

La longueur d'onde du rayonnement émis est liée à la largeur de la bande interdite du matériau. Cependant, la lumière émise au niveau de la jonction par une diode électroluminescente n'est pas rigoureusement monochromatique. Elle est caractérisée, en réalité, par une distribution spectrale centrée autour de la fréquence la plus probable λp correspondant approximativement à la largeur de la bande interdite.

DIODES ÉLECTROLUMINESCENTES								
DEL 1,8 mm			**DEL 5 mm**			**DEL 8 mm**		
Del standard	**Rouge**	**TLUR2400**	**Del standard**	**Rouge**	**TLUR5400**	**Del standard**	**Rouge**	**TLHR8400**
Del standard	**Vert**	**TLUG2400**	**Del standard**	**Vert**	**TLUG5400**	**Del standard**	**Vert**	**TLHG8400**
Del standard	**Jaune**	**TLUY2400**	**Del standard**	**Jaune**	**TLUY5400**	**Del standard**	**Jaune**	**TLHY8400**
DEL 3 mm			**Del haute luminosité**	**Rouge**	**TLHR5100**	**Del haute luminosité**		**L7935SRCC**
Del standard	**Rouge**	**TLUR3400**	**Del haute luminosité**	**Rouge**	**L53SRCC**	**DEL 10 mm**		
Del standard	**Vert**	**TLUG3400**	**Del haute luminosité**	**Vert**	**TLHG5100**	**Del standard**	**Rouge**	**TLHR0400**
Del standard	**Jaune**	**TLUY3400**	**Del haute luminosité**	**Jaune**	**TLHY5100**	**Del standard**	**Vert**	**TLHG0400**
Del haute luminosité	**Rouge**	**CQX25N**	**Del clignotante 2 pattes**	**Rouge**	**CQY21**	**Del standard**	**Jaune**	**TLHY0400**
Del haute luminosité	**Jaune**	**CQX27N**	**Del clignotante 2 pattes**	**Vert**	**V622P**	**DEL 13 mm**		
Del haute luminosité	**Vert**	**CQX26N**	**Del clignotante 2 pattes**	**Jaune**	**V623P**	**Haute luminosité**	**Rouge**	**HLMP8150**
Del bicolore 2 pattes	**Rouge/Vert**	**L934EG**	**Del clignotante 3 pattes**	**Rouge**	**CQX22**	**Haute luminosité**	**Ambre**	**HLMP8200**
Del bicolore 2 pattes	**Vert/Jaune**	**L934GY**	**Del bicolore 2 pattes**	**Rouge/Vert**	**MV5491A**			

21 Afficheurs

21 ■ 1 Afficheurs à DEL

Ils sont obtenus par association dans un même boîtier, d'un certain nombre de segments LED permettant la représentation de chiffres ou de lettres.

Avec la même technologie, on a des afficheurs 7, 9, 16 segments ainsi que des afficheurs à matrice de points qui permettent, la représentation de caractères alphanumériques.

Ces afficheurs peuvent être à cathodes ou anodes communes.

21 ■ 2 Afficheurs à cristaux liquides (LCD)*

Sous l'influence d'un champ électrique, les molécules (des cristaux liquides) s'orientent dans le sens du champ. Les modifications qui apparaîtront dans l'orientation des modules traduiront un changement des propriétés optiques de la substance et plus particulièrement affecteront la transmission de la lumière.

21 ■ 21 Mode visualisation

■ **Afficheurs transmissifs :**

L'afficheur est éclairé par l'arrière.

■ **Afficheurs réflectifs :**

Une feuille réfléchissante est placée derrière l'afficheur. Cet afficheur s'utilise uniquement en lumière ambiante. Ce mode de fonctionnement présente une très bonne lisibilité et un contraste élevé.

■ **Afficheurs transflectifs :**

Une feuille semi-transparente est placée derrière l'analyseur d'un afficheur transmissif. Cette feuille transmet environ 47 % de la lumière incidente et en réfléchit environ 52 %.

21 ■ 22 Limites d'utilisation

■ La composante continue de la tension alternative ne doit pas dépasser 100 mV pour éviter toute réduction de la durée de vie de l'afficheur.

■ La limite inférieure de la fréquence de la tension de commande est de 30 Hz pour éviter tout scintillement.

■ La limite supérieure de la fréquence d'utilisation est donnée par les limites de consommation que l'on se fixe.

Entre 30 Hz et 1 kHz, l'afficheur LCD peut être considéré comme une charge capacitive, le courant augmente linéairement avec la fréquence.

* **LCD** Liquide Crystal Display.

EXEMPLES D'AFFICHEURS

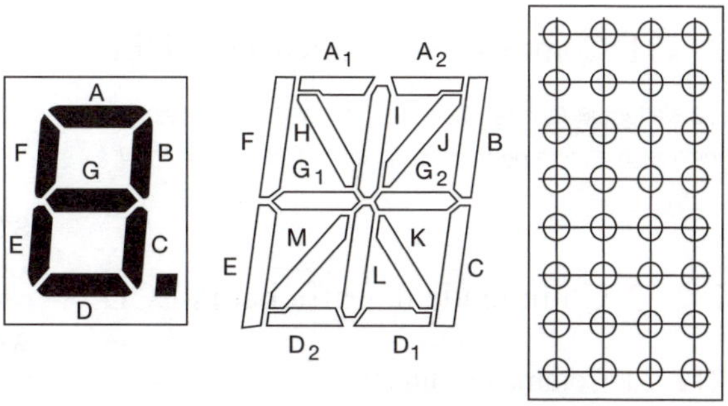

MODE DE VISUALISATION DES AFFICHEURS LCD

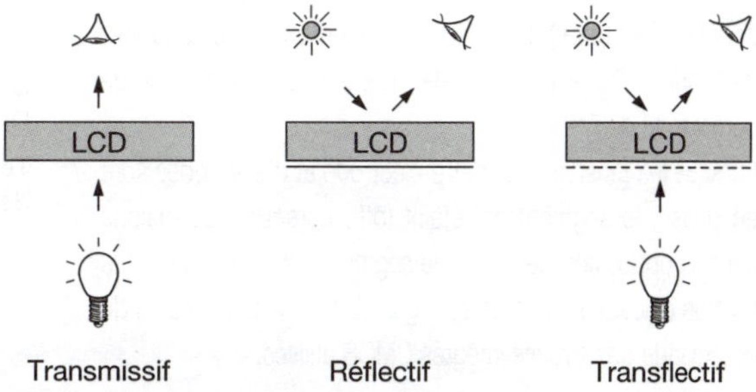

On distingue deux sortes d'afficheurs :

- les afficheurs avec **contraste positif**,
- les afficheurs avec **contraste négatif** : les segments apparaissent clairs sur fond sombre.

MODÈLE ÉLECTRIQUE D'UN AFFICHEUR LCD

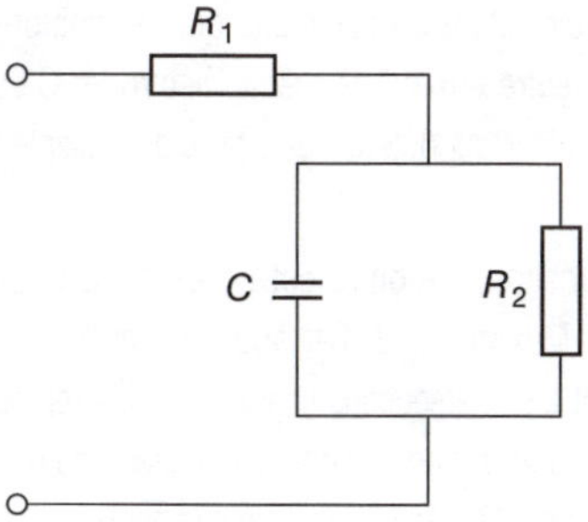

R_1 : résistance série des électrodes (10^4 Ω).

R_2 : résistance du cristal liquide (10^6 Ω).

C : capacité de la substance nématique (1,5 nF/cm^2).

21 ■ 3 Commande

21 ■ 31 Commande des afficheurs à DEL

Elle s'effectue généralement par un niveau de tension en commande directe ou multiplexée (off = 0 V ; on = 1,2 V à 1,6 V).

21 ■ 32 Commande des afficheurs LCD

21 ■ 321 Commande directe

Chaque segment est connecté séparément. On utilise une commande par inversion de phase. Un signal carré est appliqué au commun (contre-électrode), le même signal en phase ou en opposition de phase est appliqué sur chaque segment (électrode). La différence de tension entre la contre-électrode et les électrodes détermine le niveau de tension de commande de l'afficheur.

Lorsque les tensions de contre-électrode et d'électrodes sont en phase, le segment est éteint (off). Lorsque les tensions sont en opposition de phase, le segment est allumé (on) et la tension efficace résultante est égale à deux fois la tension de commande des circuits intégrés CMOS utilisés.

REMARQUE :

Ce mode de commande est généralement utilisé pour les afficheurs comprenant un nombre limité d'informations.

21 ■ 322 Commande multiplexée

Ce mode de commande a pour but de réduire le nombre de connexions. La configuration des liaisons de l'afficheur est conçue pour avoir autant de communs que de nombre de segments reliés entre eux par la même électrode. C'est le nombre de communs qui détermine le taux de multiplexage (MUX).

Le schéma représenté ci-contre est un exemple d'arrangement pour un Mux de 1 : 3. Cet arrangement équivaut à une matrice dont les intersections lignes-colonnes représenteraient les segments à commander. Les lignes figurent les communs et les colonnes les groupes de segments.

REMARQUE :

Ce mode de commande a pour but de réduire le nombre de connexions. Le multiplexage est utilisé en particulier pour les afficheurs alphanumériques à matrice de points.

MÉTHODE DE COMMANDE DIRECTE D'UN AFFICHEUR LCD

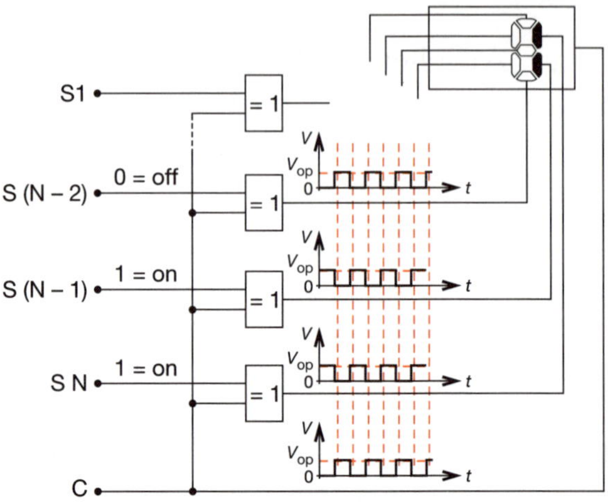

MÉTHODE DE COMMANDE MULTIPLEXÉE 1: 3 D'UN AFFICHEUR LCD

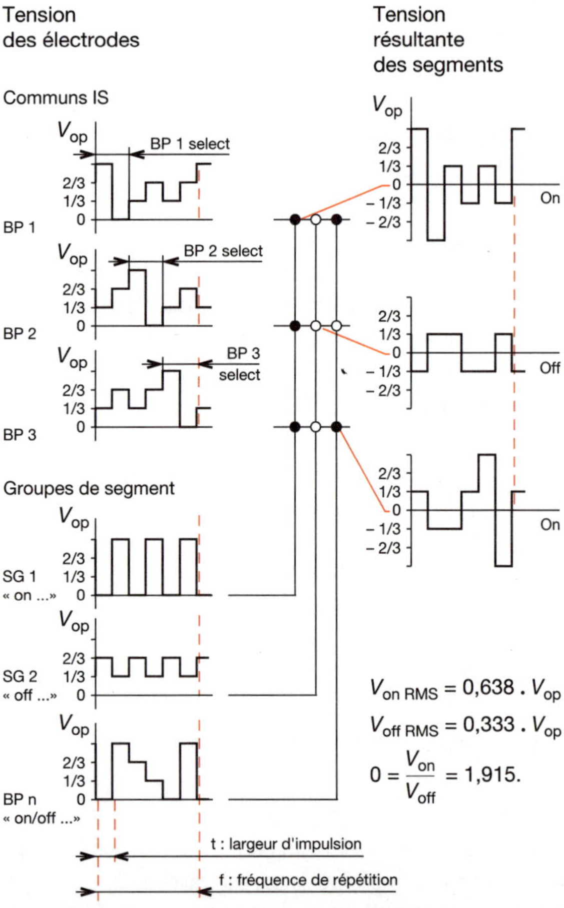

$V_{on\ RMS} = 0{,}638 \, . \, V_{op}$

$V_{off\ RMS} = 0{,}333 \, . \, V_{op}$

$0 = \dfrac{V_{on}}{V_{off}} = 1{,}915.$

21■4 EXEMPLES D'AFFICHEURS DEL

Anode commune	Cathode commune	Couleur	Taille mm	Boîtiers
MAN 3910	MAN 3940	Rouge	7,5	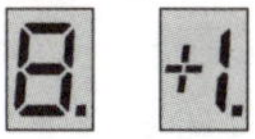 3930
MAN 3610	MAN 3640	Orange		
MAN 3810	MAN 3840	Jaune		
MAN 3410	MAN 3440	Vert		
MAN 3990		Rouge		
MAN 4910	MAN 4940	Rouge	10	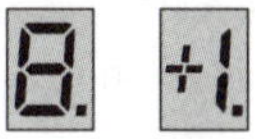 4705
MAN 4610	MAN 4640	Orange		
MAN 4810	MAN 4840	Jaune		
MAN 4705	MAN 4705c	Rouge		
MAN 6460	MAN 6480	Vert	14	
MAN 6660	MAN 6680	Orange		
MAN 6960	MAN 6980	Rouge		
MAN 6410	MAN 6440	Vert	14	
MAN 6610	MAN 6640	Orange		
MAN 6910	MAN 6940	Rouge		
MAN 8410	MAN 4440	Vert	20	
MAN 8610	MAN 6640	Orange		
MAN 8910	MAN 8940	Rouge		

BROCHAGES

N° PIN	MAN 3.10	MAN 3.40	MAN 4.10	MAN 4.40	MAN 6.60	MAN 6.80	MAN 6.10	MAN 6.40	MAN 8.10	MAN 8.40	N° PIN	MAN 3.10	MAN 3.40	MAN 4.10	MAN 4.40	MAN 6.60	MAN 6.80	MAN 6.10	MAN 6.40	MAN 8.10	MAN 8.40
1	A	F	A	F	E	E	E1	E1	NC	NC	10	C		C		G	G	B2	B2	Point	Point
2	F	G	F	G	D	D	D1	D1	A	A	11	G	NC	G	NC			A2	A2	D	D
3	Anode		Anode		Anode	Cathode	C1	C1	F	F	12		Cathode		Cathode			F2	F2	Anode	Anode
4		Cathode		Cathode	C	C	P1	P1	Anode	Anode	13	B	B	B	B			Anode2	Cathode2	C	C
5					Point	Point	E2	E2	E	E	14	Anode	A	Anode	A			Anode1	Cathode1	G	G
6	NC	E	NC	E	B	B	D2	D2			15							B1	B1	B	B
7	E	D	E	D	A	A	G2	G2	E	E	16							A1	A1		
8	D	C	D	C	Anode	Anode	C2	C2			17							G1	G1	Anode	Anode
9	Point	Point	Point	Point	F	F	P2	P2	D	D	18							F1	F1		

AFFICHEURS ALPHANUMÉRIQUES À 4 CARACTÈRES

Les afficheurs HDSP-2000, -2001, -2002 sont constitués de quatre réseaux de 5 × 7 DEL, de 3,8 mm de hauteur. Ils permettent de visualiser des informations alphanumériques. Ils sont disponibles en rouge standard, jaune et rouge haut rendement. Ils se présentent sous la forme d'un boîtier de 4 caractères avec 12 sorties DUAL-IN-LINE. Un registre à décalage à 7 bits SIPO (entrée série-sortie parallèle) associé à chaque caractère commande les étages pilotes à courant constant des lignes de DEL. L'affichage d'un caractère complet est réalisé par multiplexage extérieur de chaque colonne.

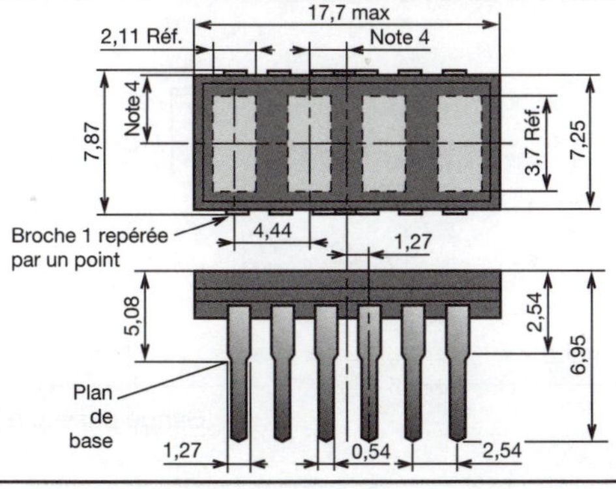

Notes :
1. Dimensions en mm.
2. Sauf spécifications contraires, toutes les dimensions sont données à ± 0,38 mm.
3. Bornes de sortie en alliage de cuivre doré.
4. Les caractères sont centrés à ± 0,13 mm.

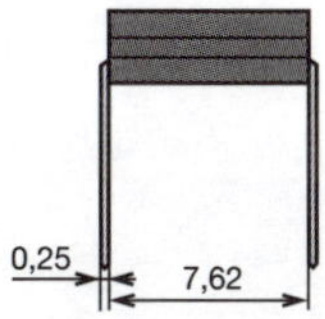

Broche	Fonction
1	Colonne 1
2	Colonne 2
3	Colonne 3
4	Colonne 4
5	Colonne 5
6	Connexion int.*
7	Sortie données
8	V_B
9	V_{CC}
10	Horloge
11	Masse
12	Entrée données

* Ne pas utiliser ou connecter.

22 Opto-coupleurs

Un opto-coupleur est un dispositif composé de deux éléments électriquement indépendants, mais optiquement couplés, à l'intérieur d'une enveloppe, parfaitement étanche aux influences lumineuses extérieures.

Les deux éléments constitutifs de ce dispositif sont à l'entrée, un photo-émetteur, dans le visible ou l'infrarouge et, à la sortie un photo-récepteur, photodiode ou le plus souvent photo-transistor.

L'émetteur d'entrée est alimenté sous un courant I_F, provoquant une émission radiative, récupérée par la base du phototransistor pour donner à la sortie un courant collecteur I_C.

De nombreux opto-coupleurs possèdent une structure interne plus complexe, avec compensation en température, ou circuit logique de commande, diode Schottky, triac, etc., mais le but est toujours identique, seul l'usage diffère. Ils peuvent également être plusieurs dans le même boîtier, jusqu'à constituer un véritable réseau d'opto-coupleurs.

22 ■ 1 Caractéristiques

Chaque opto-coupleur fait l'objet d'une fiche caractéristique donnée par les constructeurs.

Cette fiche donne les courbes caractéristiques qui permettent de déterminer les conditions de fonctionnement de l'opto-coupleur.

Les caractéristiques spécifiques d'un opto-coupleur sont principalement :

- la tension d'isolement entrée-sortie,
- le courant résiduel en obscurité sous tension de travail,
- le taux du transfert en courant,
- la vitesse de transfert (bande passante),
- le courant maximum en sortie,
- la puissance maximum que peut dissiper le boîtier.

22 ■ 2 Applications

- Relais statique haut isolement.
- Commande de thyristors et de triacs.
- Interfaces de circuits logiques.

SYMBOLES

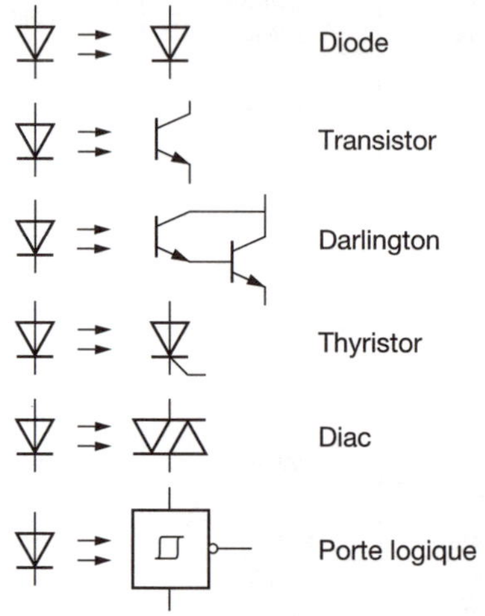

CARACTÉRISTIQUE $I_C = f(I_d)$ DE L'OPTO-COUPLEUR TIL 113

Courant collecteur en fonction du courant diode

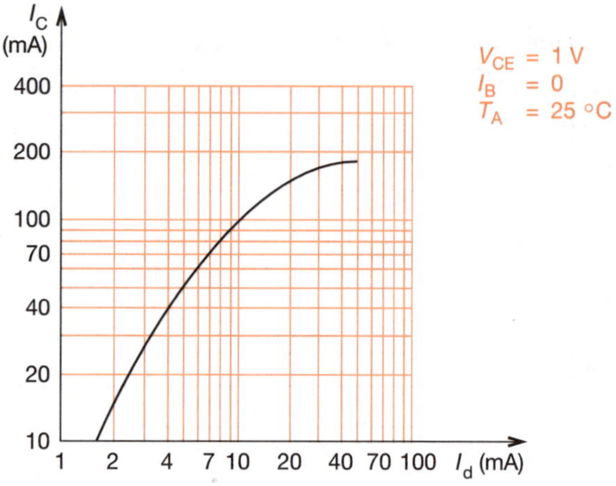

PRINCIPALES CARACTÉRISTIQUES

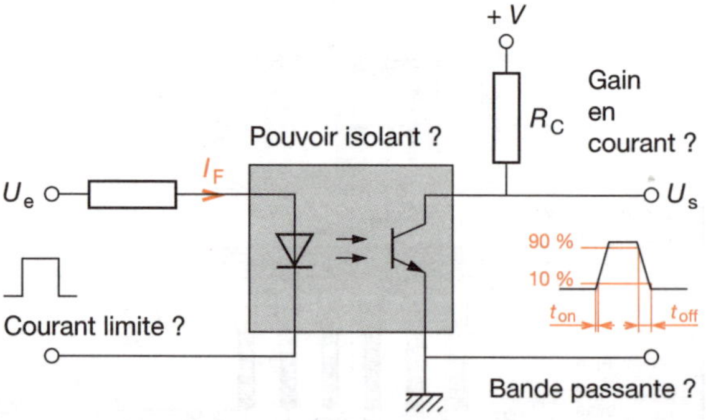

22 ■ 4 PRINCIPALES CARACTÉRISTIQUES

- Opto-coupleurs composés d'une del au GaAs et d'un phototransistor NPN silicium.
- Compatibles avec les circuits intégrés TTL standard.
- Valeur élevée du CTR. (Taux de transfert I_C / I_D).

Intensité d'entrée : I_C = 100 mA
Puissance totale : 250 mW
Temps de commutation : – 10 µs max en phototransistor – 1 µs max en photodiode
Isolement : 2 500 V

Opto-coupleurs
TIL 114
TIL 116
TIL 117

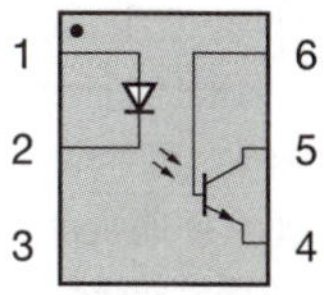

- Opto-coupleurs composés d'une del au GaAs et d'un phototransistor Darlington NPN silicium.
- Valeur élevée du CTR : 300 % min à 10 mA.

Intensité d'entrée : I_C = 100 mA
Puissance totale : 250 mW
Isolement : 1 500 V
Connexion de base accessible sur le TIL 113
Pas de connexion de base sur le TIL 119 (pour environnements perturbés EMI).

Opto-coupleurs
TIL 113
TIL 119

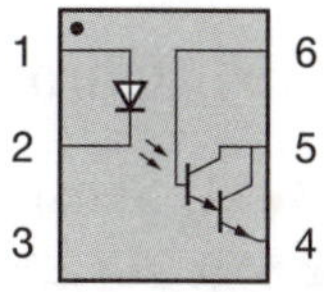

- Opto-coupleurs composés de 2 dels au GaAs montées tête-bêche et d'un phototransistor Darlington NPN silicium.
- Entrée pour signal en courant alternatif.

Valeur élevée du CTR : 500 % min (I_F = 10 mA) - 1 500 % min (I_F = 2 mA)
Intensité d'entrée : I_C = 100 mA
Puissance totale : 250 mW
Isolement élevé : 3 535 $V_{crête}$ (2 500 V_{eff})
Pas de connexion de base sur le TIL 188.

Opto-coupleurs à entrée pour courant alternatif
TIL 187
TIL 188

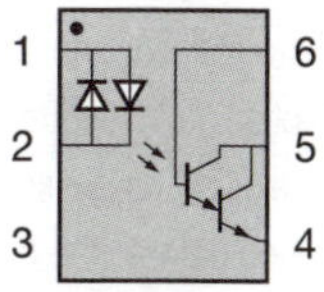

- Opto-coupleurs composés d'une del au GaAs et d'un triac au silicium (interrupteur bilatéral).
- Sortie « driver » 400 V (pour utilisation 220 V c.a.).

Intensité de déclenchement : 5 mA max
Puissance totale : 330 mW
Isolement élevé : 7 500 $V_{crête}$ = MOC 3023
Isolement standard : 3 750 $V_{crête}$ = TIL 3023

Opto-coupleurs triacs
MOC 3023
TIL 3023

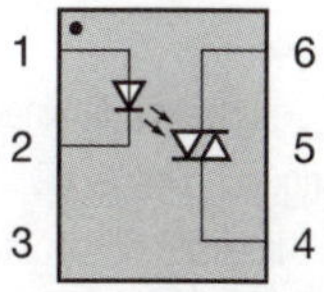

- Opto-coupleurs composés d'une del au GaAs et d'un photodétecteur silicium monolithique qui incorpore une photodiode, un ampli linéaire et un trigger de Schmitt à hystérésis.
- Sortie compatible TTL/LSTTL.
- Sortance de 8 charges TTL.

I_F : 10 mA ; V_{CC} = 5 V
Puissance totale : 250 mW
Vitesse de transmission : 200 Kbaud
Temps de commutation : 70 ns max
Haute immunité aux bruits
Isolement : 3 540 $V_{crête}$

Opto-coupleurs
OP 18012
OP 18013

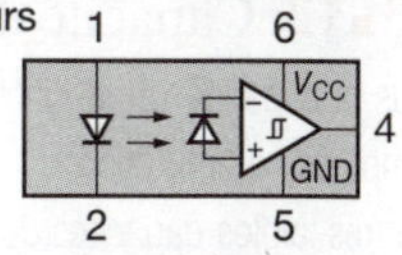

OP 18014
OP 18015

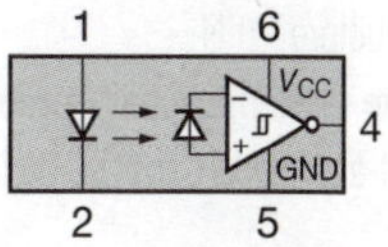

- Photocoupleurs pour interfaçage entre CA/CC et logique, à détection de seuil de courant ou de tension. Disponibles en version standard (HCPL-3700) et faible consommation (HCPL-3760).
- Entrée continue ou alternative.
- Tensions de seuil programmables par l'adjonction de résistances extérieures.
- Hystérésis.
- Sortie compatible TTL ou CMOS.

Courant de seuil à l'entrée : I_{TH}+ = 2,5 mA ; I_{TH}– = 1,3 mA (typ.)
Tension de seuil à l'entrée : – c.c. : V_{TH}+ = 3,7 V ; V_{TH}– = 2,6 V (typ.) – c.a. : V_{TH}+ = 4,9 V ; V_{TH}– = 3,7 V (typ.)
Courant d'entrée : 3 à 4,4 mA (courant moyen max 50 mA)
Tension d'alimentation V_{CC} : 2 à 18 V
Puissance totale dissipée par le boîtier : 305 mW max
Fréquence de fonctionnement : 0 à 4 KHz
Isolement entrée/sortie : 3 000 V c.c. 2 500 V c.a./1 mn (UL)

Opto-coupleurs continu ou alternatif à détection de seuil
HCPL-3700
HCPL-3760

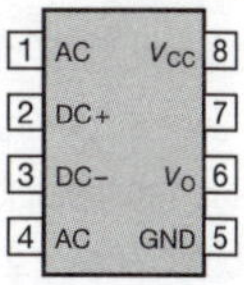

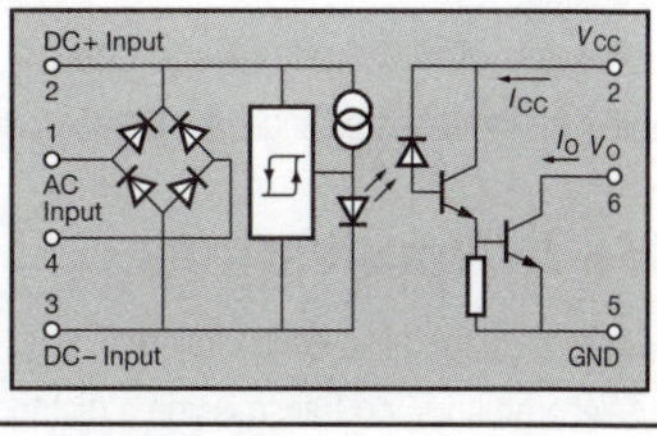

23 Photodiodes

Les photodiodes sont des diodes au silicium qui fonctionnent en polarisation inverse.
Sous éclairement, les photons arrivent au voisinage de la jonction et libèrent des paires d'électron-trou. Ils tendent à accroître le courant inverse, proportionnellement à l'intensité lumineuse incidente.

23 ■ 1 Caractéristiques

23 ■ 11 Sensibilité

Les ondes lumineuses sont de longueurs d'onde différentes, toutes les cellules ne répondent pas de manière identique à ces différentes longueurs d'onde. Le constructeur d'une photodiode donne une courbe de réponse de l'élément en fonction de la longueur d'onde de la lumière reçue.
On exprime la sensibilité σ du détecteur, pour une longueur d'onde déterminée de la radiation incidente, en ampères par watt.

$$\sigma_\lambda = \frac{\Delta i}{\Delta P_\lambda}.$$

P_λ : puissance lumineuse incidente évaluée en watts pour la longueur d'onde λ.
i : intensité du courant en ampères.

23 ■ 12 Capacité de jonction

Plus la capacité de la jonction est faible, plus faible sera le temps de commutation.
De très faibles capacités de jonction sont obtenues avec une structure P.I.N.
Une tension inverse élevée élargit la zone désertée et de ce fait abaisse la capacité de la jonction.

23 ■ 13 Directivité et détectivité

C'est la possibilité plus ou moins grande qu'offrent les diodes pour déceler des rayonnements de faible intensité. Ele est liée à la technologie du détecteur et à la forme du boîtier. Une photodiode est d'autant plus sensible que sa directivité est grande.
Les constructeurs donnent une courbe de directivité du capteur en fonction de l'angle de réception de la lumière.

23 ■ 2 Applications

- Mesure quantitative de la lumière.
- Télécommande ou transmission à distance.

SYMBOLE

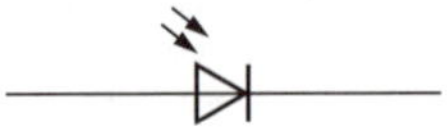

CARACTÉRISTIQUES (BPW 50)

Rendement en fonction de λ

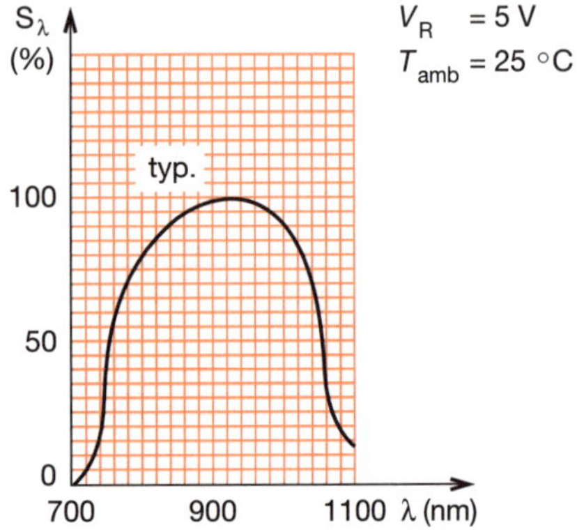

Directivité

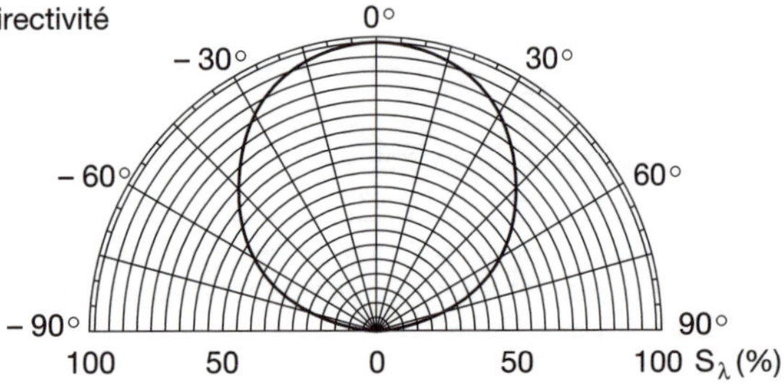

EXEMPLES DE PHOTODIODES	
Photodiode PP 506-1 (Stanley)	
Large bande spectrale.	**Tension inverse (V_R) : 30 V**
Temps de réponse rapide.	**I_L (V_R = 5 V ; H = 0,5 mW/cm^2) : 5,5 µA**
Cette photodiode est très utilisée dans les communications, détecteurs de fumée, systèmes auto-focus ou systèmes de téléguidage.	**I_D (V_R = 10 V) : 10 nA max**
	**T_R / T_F : 100 ns**
	Réponse angulaire : 130°
	Réponse spectrale : 100 % à 950 nm
	Puissance dissipée max : 100 mW
	Température d'utilisation : - 30 °C à + 85 °C
Photodiode SD 5421-002 (Honeywell)	
Photodiode au silicium.	**I_L (V_R = 20 V ; H = 5 mW/cm^2) : 40 µA min**
	**I_D (V_R = 20 V ; H = 0) : 20 nA max**
	BV_R (I_R = 10 µA) : 75 V min
	T_R : 5 ns max
	Réponse angulaire : 18°
	Température d'utilisation : - 55 °C + 125 °C.

24 Phototransistors

Un phototransistor est un composant qui possède la même structure qu'un transistor bipolaire classique, mais dont la jonction collecteur-base peut être éclairée par un rayonnement lumineux.

Le phototransistor peut être utilisé soit de manière classique (base polarisée), soit « base en l'air » qui est l'application la plus fréquente.

Le comportement dynamique du phototransistor est moins bon que celui de la photodiode à cause du mécanisme d'amplification.

24 ■ 1 Caractéristiques

24 ■ 11 Sensibilité et directivité

Même principe que pour les photodiodes (§ 23.11).

Les photodarlingtons se caractérisent par une sensibilité très élevée.

24 ■ 12 Amplification

L'amplification en courant du phototransistor varie normalement de 100 à 1 000. Il varie avec l'éclairement.

Les constructeurs donnent des courbes représentant $I_{C(L)}$ en fonction de V_{CE} pour un éclairement défini (E) et ceci pour différents courants de base.

24 ■ 13 Temps de commutation (fréquence de coupure)

Les temps de commutation T_R et T_F sont fonction de la fréquence de transition f_T, de la résistance de charge, de la capacité collecteur-base, et du gain ; ils sont de l'ordre de 1 à 30 μs sur charge résistive de 1 kΩ.

24 ■ 14 Courant d'obscurité

Le courant d'obscurité noté I_D est plus important dans les phototransistors et photodarlingtons que dans les photodiodes. Il est de l'ordre de 100 nA (1 à 10 nA pour les photodiodes).

24 ■ 2 Utilisation

Les phototransistors sont utilisés comme détecteurs photoélectriques dans les systèmes de commande et de régulation et trouvent d'importantes applications dans la lecture des bandes et cartes perforées.

SYMBOLE

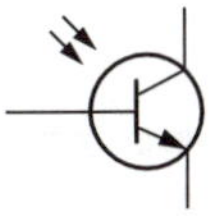

CARACTÉRISTIQUES

Phototransistor type BPW 71

Valeurs typiques

T_{amb} = 25 °C
E (mW/cm^2) = 3
p = 110 mW
Source = 930 nm

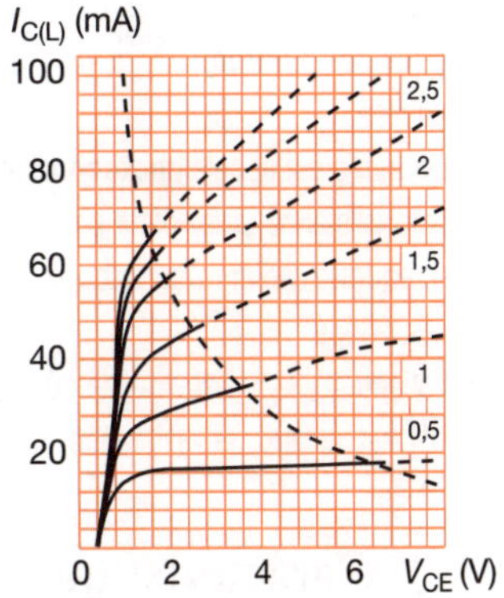

Valeurs typiques

T_{amb} = 25 °C
E (mW/cm^2)
p = 110 mW
Source = 930 nm

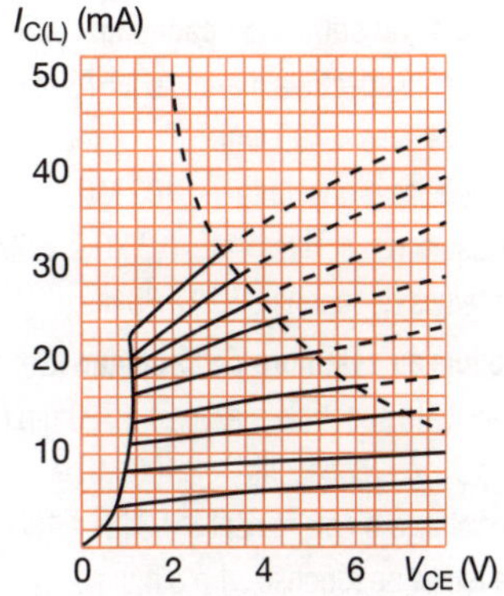

EXEMPLES DE PHOTOTRANSISTORS	
Phototransistor SD 5443-002 (Honeywell)	
	**I_L (V_{CE} = 5 V ; H = 5 mW/cm^2) : 4 mA min**
	I_D (V_{CE} = 10 V ; H = 0) : 100 nA max
	BV_{CEO} (I_C = 100 μA) : 30 V min
	BV_{ECO} (I_C = 100 μA) : 5 V min
	T_R (R_L = 1 kΩ : V_{CC} = 5 V ; I_L = 1 mA) : 4 μs typ.
	Réponse angulaire : 18°
	Température d'utilisation : - 55 °C à + 125 °C
Photo-Darlington SD 1410-003L (Honeywell)	
	**Boîtier hermétique**
	I_L (V_{CE} = 5 V ; H = 0,2 mW/cm^2) : 4 mA min
	I_D (V_{CE} = 10 V ; H = 0) : 250 nA max
	BV_{CEO} (I_C = 100 μA) : 15 V min
	BV_{ECO} (I_C = 100 μA) : 5 V min
	T_R (R_L = 100 Ω : V_{CC} = 5 V ; I_L = 1 mA) : 75 μs typ.
	~~Réponse angulaire : 24°~~

25 Photorésistances (LDR)*

Si l'on éclaire un semi-conducteur, on constate que sa conductivité augmente considérablement.
L'action des photons produit sur un semi-conducteur du type N, un transfert des électrons qui sont introduits dans la bande de conduction. Il y a une augmentation de la conductibilité.
Ce phénomène est appelé **photoconduction.**
Une photorésistance utilise cette propriété. Elle est constituée d'une plaquette isolante sur laquelle on dépose un semi-conducteur dopé.
Dans l'obscurité, la résistance de l'élément est très élevée. Dès qu'il est éclairé, la résistance diminue en fonction de l'éclairement.

SYMBOLE

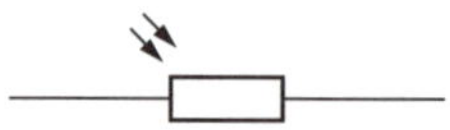

CARACTÉRISTIQUES

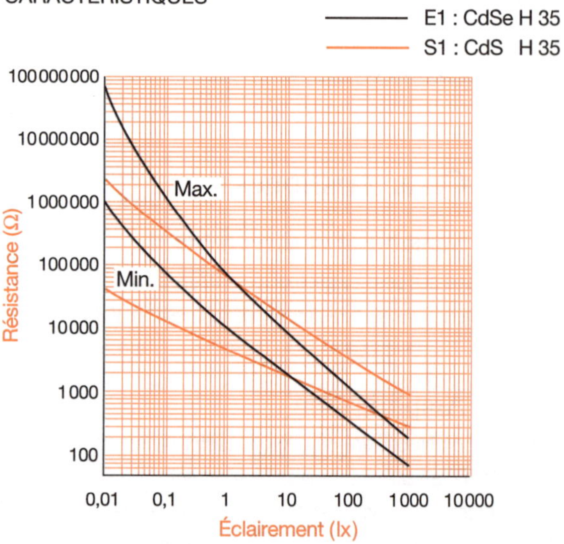

25 ■ 1 Caractéristiques des LDR

Cellules au sulfure de cadmium (CdS, couleur marron)
Sensibilité spectrale maximale à 575 nm
(400 < visible < 800 nm).
Résistance d'obscurité : 100 MΩ.
Résistance d'éclairement : 0,3 kΩ à 1 000 lux.
Le temps de réponse : 10 à 30 ms.

Cellule au séléniure de cadmium (CdSe)
Sensibilité spectrale maximale à 730 nm (rouge).
Résistance d'obscurité : 100 MΩ.
Résistance d'éclairement : 0,3 kΩ à 1000 lux.
Le temps de réponse : 1 à 3 ms.

Cellules au sulfoséléniure de cadmium
(CdSSe couleur noire)
Sensibilité spectrale maximale à 600 nm.
Résistance d'obscurité : 100 MΩ.
Résistance d'éclairement : 0,3 kΩ à 1000 lux.
Temps de réponse : 10 à 20 ms.

Cellule au sulfure de plomb (PbS)
Sensibilité spectrale maximale à 1800 ou 2500 nm (infrarouge).
Résistance d'obscurité : 1 MΩ.
Résistance d'éclairement : 0,8 kΩ à 1000 lux.
Temps de réponse : 0,1 à 0,25 ms.

DIFFÉRENTS MODÈLES

Types NORP 12 - NSL 19-M51

- **Photorésistances au sulfure de cadmium (CdS), dont la réponse spectrale est similaire à celle de l'œil humain.**
- **Encapsulées dans un boîtier plastique rempli d'époxy résistant à l'humidité, avec une fenêtre plastique transparente.**

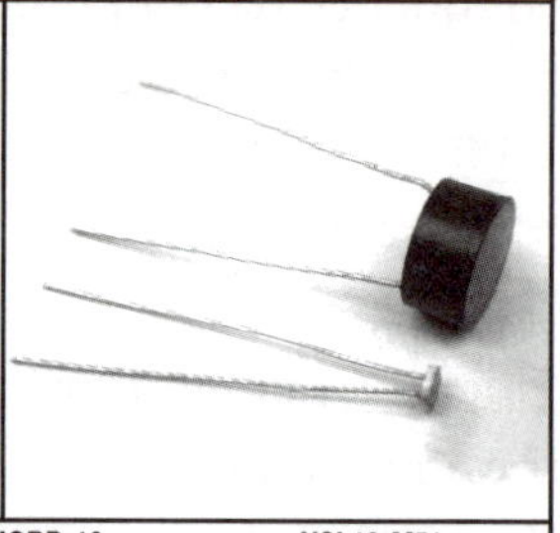

Type	NORP-12	NSL19-M51
Pointe de réponse spectrale (nm) :	530	550
Résistance de la cellule - à 10 lux : - à 1 000 lux :	 9 kΩ 400 Ω	 20-100 kΩ 5 kΩ
Résistance d'obscurité (min) :	1 MΩ	20 MΩ
Tension max :	320 Vc.c. ou c.a.	100 Vc.c. ou c.a.
Dissipation max à 25 °C :	250 mW	50 mW
Temps de montée (typ.) :	18 ms	45 ms
Temps de descente (typ.) :	120 ms	55 ms
Dimensions (mm) :	∅ 12,8 × h 6,3	L 4,2 × ℓ 3,55 × h 1,46
Température d'utilisation :	- 60 °C à + 75 °C	

25 ■ 2 Applications

- Alarme.
- Commande d'éclairage.
- Photographie.

* **LDR** Light Dependant Resistor.

26 Exemples d'utilisation des composants opto-électroniques

26.1 VISUALISATION DE L'ÉTAT DE SORTIE D'UNE PORTE LOGIQUE

- Porte logique CMOS ; Del CQY 24 ($V_F = 2{,}1$ V).
- Tension d'alimentation 5 V.
- R sortie état HAUT = 600 Ω.
- R sortie état BAS = 800 Ω.

Pour $S = H$, I_S est négatif (il sort de la porte) :

$$I_{SH} = \frac{V_F - V_a}{600} = -4{,}8 \text{ mA}.$$

Pour $S = L$, I_S est positif (il pénètre dans la porte) :

$$I_{SH} = \frac{V_a - V_F}{800} = -6{,}6 \text{ mA}.$$

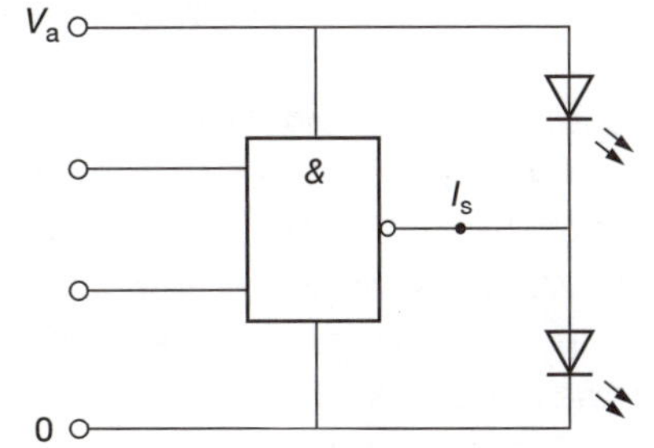

26.2 COMMANDE DE TRIAC PAR PHOTOCOUPLEUR

Le courant d'amorçage négatif offre une meilleure caractéristique de déclenchement qu'un courant positif. La résistance R_2 fixe le courant de déclenchement :

$$R_2 < \frac{U_{C3} - U_{GT} - U_{CE}}{I_{GT}}.$$

U_{C3} : tension minimale aux bornes de C_3 (14 V).
U_{GT} : tension maximale de déclenchement (3 V).
U_{CE} : tension de saturation collecteur émetteur de T_2 (0,5 V).
I_{GT} : courant de déclenchement maximal (80 mA).

La résistance R_3 limite le courant dans le phototransistor.

R_4 assure la polarisation correcte de T_2. Il faut aussi tenir compte du rapport de transfert en courant dans le photocoupleur pour déterminer le circuit de commande :

$$C_{TR} = \frac{\text{courant dans le phototransistor}}{\text{courant dans la diode}} = \frac{I_C}{I_F}.$$

Le courant I_F qui doit circuler dans la diode pour provoquer l'amorçage du triac sera :

$$I_{F\max} > I_F > \frac{U_{C3}}{C_{TR} . R_2 . \beta}.$$

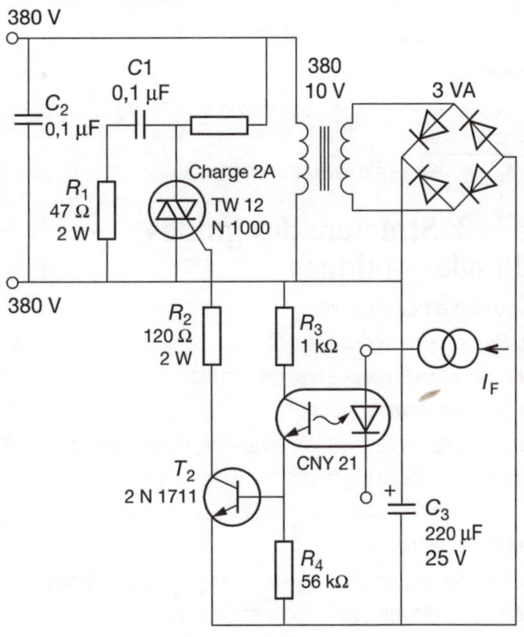

26.3 INTERFACE ENTRE CIRCUITS LOGIQUES

Nous avons $$R_e = \frac{V_{CC1} - V_F - V_{OL}}{I_F}.$$

avec $$R_1 < \frac{V_{CC2\min} - V_{OH}}{I_{OH\max} + I_{iH}}.$$

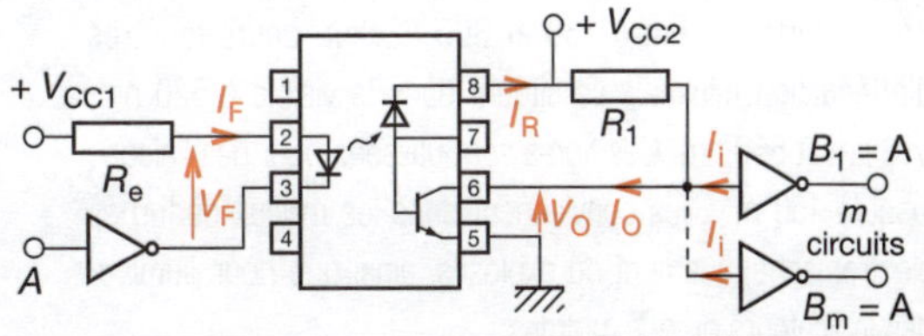

27 Fibre optique

27 ■ 1 Constitution des guides d'ondes optiques

Le conducteur optique est constitué d'un matériau transparent d'indice n_1 (cœur) qui assure le cheminement de la lumière, entouré d'un matériau d'indice n_2 (gaine) qui permet la réfraction de la lumière à condition de respecter la relation $n_2 < n_1$.

Lorsque le rayon lumineux *RO* rencontre la face *POP'* du guide sous un angle θ, il est diffracté selon une direction *OED* faisant avec la direction du plan d'entrée un angle α ; la loi sur la réflexion totale précise que la valeur maximale de cet angle est telle que $\sin \alpha = n_2/n_1$ pour que le rayon lumineux soit refléchi suivant une direction *ED'* avant de se perdre.

Si α augmente, le rayon lumineux suit la trajectoire *EE'*, se réfléchit denouveau et ainsi de suite avec une perte dépendant de la pureté du milieu n_1 et de la qualité de l'interface n_1/n_2. On caractérise l'angle maximum d'acceptance du cœur du guide optique θ par la relation $\sin \theta = n_1 \cos \alpha$, ce qui donne :

$$\cos \alpha = \sqrt{1 - \left(\frac{n_2}{n_1}\right)^2} \quad \text{ou} \quad \sin \theta = n_1 \sqrt{1 - \left(\frac{n_2}{n_1}\right)^2}.$$

$\sqrt{n_1^2 - n_2^2}$ est appelé ouverture numérique.

27 ■ 2 Structure des guides d'ondes optiques

On distingue trois structures :

- Structure multimodes à saut d'indice.
- Structure multimodes à gradient d'indice.
- Structure monomode.

Le choix dépend de l'émetteur de lumière, du produit largeur de bande passante par la longueur de la transmission et du nombre de connexions qui diminue la bande passante du guide d'ondes optiques.

La gaine possède un indice de réfraction n_2 de 0,5 à 10 % plus petit que l'indice de cœur n_1 pour les structures multimodes.

Fibres plastiques : ces fibres ont un prix de revient très inférieur à celui des fibres « tout silice ». Leur atténuation est très importante, entre 150 et 300 dB/km. Leurs fenêtres d'atténuation minimale se situent dans le visible à 520 nm, 570 nm et 650 nm. Ces fibres sont utilisées pour des liaisons jusqu'à 150 m. Elles conviennent dans les milieux perturbés électromagnétiquement ou explosifs, ainsi que pour illuminer des indicateurs ou des cadrans.

PROPAGATION D'UNE ONDE OPTIQUE

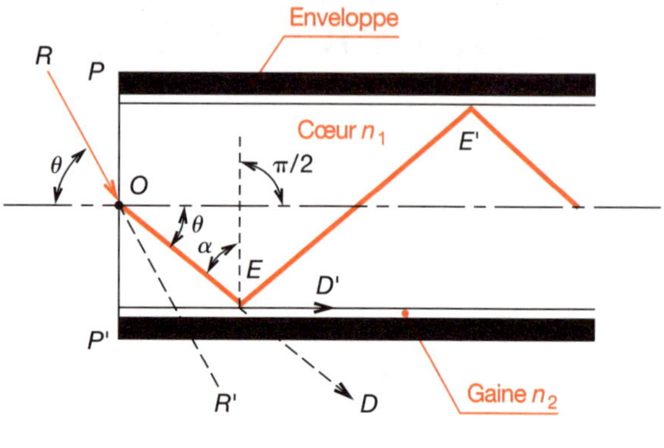

STRUCTURES DES GUIDES D'ONDES

MONOMODE

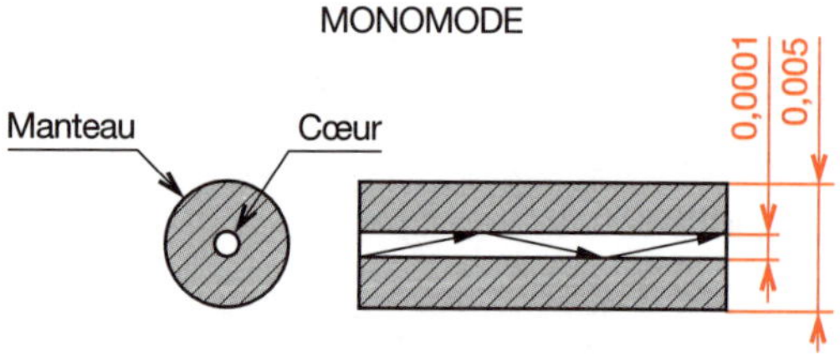

Φ du cœur ≈ λ longueur d'onde de la lumière à transmettre 0,8 à 1,3 μm, ce qui donne une capacité de transmission de l'ordre de 1000 Mbits/s.

MULTIMODE

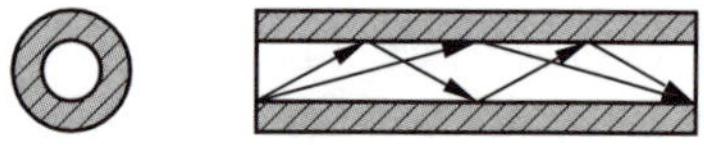

Saut d'indice

Φ du cœur très supérieur à λ.
Capacité de transmission ≈ 100 Mbits/s.
α = 10 à 100 dB/km pour les verres, 2 à 5 dB/km pour la silice.

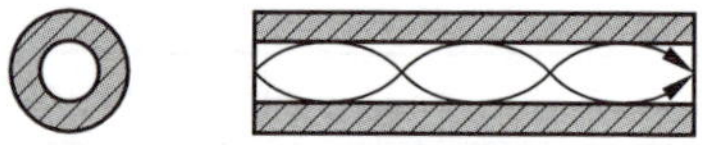

Gradient d'indice

Φ du cœur très supérieur à λ, mais pas de discontinuité brutale d'indice.
Capacité de transmission ≈ 500 Mbits/s.
α = 10 à 100 dB/km pour les verres, 2 à 5 dB/km pour la silice.

27 ■ 3 Temps de propagation

■ Dans un guide multimodes à saut d'indice, le temps de propagation par unité de longueur entre le trajet le plus long et le trajet le plus court est défini par :

$$t = \frac{L}{C} \times \frac{n_1}{n_2}(n_1 - n_2).$$

L : unité de longueur.
C : vitesse de la lumière.

Pour $n_1 - n_2 = 1$ %, nous avons $t = 50$ ns/km soit une bande passante < 20 MHz pour 1 km.

■ Dans un guide multimode à gradient d'indice (ou variation continue d'indice), le profil devant répondre à une loi quasiment parabolique, on égalise les temps de transfert des différents trajets de forme hélicoïdale, à $t < 1$ ns d'où une bande passante < 1 GHz.

27 ■ 4 Composants électroniques de liaison

27 ■ 41 Les émetteurs

Dans les gammes de longueur d'onde, où les guides présentent une atténuation minimale à 0,9 µm et 1,06 µm, on dispose de trois types de sources. Les DEL à base d'arséniure de gallium émettent entre 0,8 et 0,94 µm, le laser à néodyne (laser YAG) (grenat d'yttrium-aluminium) émettent à 1,06 µm.

Les critères de choix d'un émetteur sont :

- longueur d'onde,
- spectre d'émission,
- diagramme d'émission (angle solide d'émission),
- dimensions,
- puissance émise en fonction du courant,
- temps de réponse,
- durée de vie,
- reproductibilité,
- variation en température.

27 ■ 42 Les photorécepteurs

Leurs rôles consistent à mesurer la conversion photon-électron, leurs caractéristiques sont essentiellement leur sensibilité, leur courant d'obscurité et leur temps de réponse. On distingue :

- les photodiodes P.I.N. qui ne présentent pas de gain interne et nécessite une tension d'alimentation de 10 à 15 V. Seuil de détection : – 40 dBm (≈ 100 nW) ;
- la photodiode PπPN qui donne un gain interne important et utilise une tension appliquée de 50 à 300 V. Seuil de détection : – 54 dBm (≈ 3 nW).

ATTÉNUATION LINÉAIRE

Exemple pour un guide d'ondes à 100 MHz de bande passante

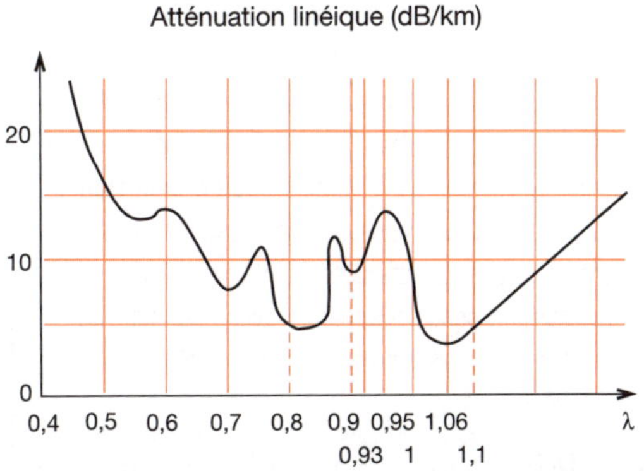

Les différents pics sont dus soit à des impuretés, soit aux pertes par diffusion de RAYLEIGH inhérentes au matériau.

CARACTÉRISTIQUES TYPIQUES DES ÉMETTEURS

Type	λ (µm)	ΔλΔ	P émission (mW)	α (°) émission	Temps montré	Pertes couplage	Durée vie heures
DEL	0,8 à 0,93	200 Å	1 pour 100 mA	≅ 180°	5 ns	6 à 20 dB	10^5
Laser	0,85 à 0,93 et 1,06	20 Å	10 pour 200 mA 100 mW crête pour $I_c = 1$ A	α // inf 20° α ⊥ 40°	0,2 ns	3 dB à 5 dB	10^4

EXEMPLE DE TRANSMISSION PAR FIBRE OPTIQUE

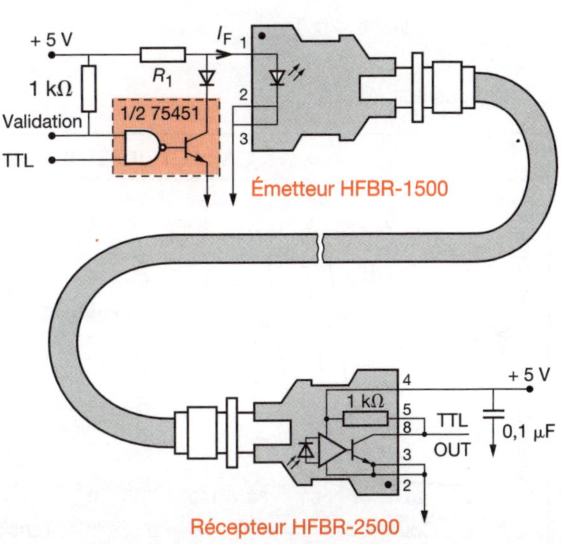

D'après Hewlett Packard.

28 Laser*

28 ■ 1 Laser à semi-conducteur

Un diode laser est constituée par une jonction PN dont la région active forme une cavité électromagnétique résonnante. La plus grande partie de l'énergie est concentrée dans cette cavité et la lumière est émise parallèlement à la jonction.

En dessous d'un certain seuil, appelé **seuil d'émission induite**, la diode laser fonctionne comme une diode électroluminescente. Dès que l'on atteint le seuil d'émission induite, le mode d'émission principal apparaît, avec une intensité relative très élevée. L'émission peut être considérée comme monochromatique.

28 ■ 2 Principaux types de laser solide

Rubis : cristal d'alumine transparente (Al_2O_3).

Peu encombrant : L = 10 à 20 cm, ∅ = 1 cm.

Rayonnement rouge : 694,3 nm.

Puissance de crête : quelques dizaines de joules pour des durées d'impulsion de l'ordre de la milliseconde.

Utilisation : médecine, télémétrie de satellite, militaire.

Verre au néodyme : (verre dopé par des ions néodyme).

Barreau L = 10 à 20 cm, ∅ = 10 cm.

Rayonnement infrarouge : 1 060 nm.

Forte puissance : 10 à 20 J/cm^2.

Utilisation : télémétrie, étude des plasmas chauds.

YAG (**Yttrium Aluminium Garnet** grenat d'yttrium et d'aluminium).

Barreau $L \leqslant$ 10 cm, ∅ < 10 cm.

Rayonnement infrarouge : 1 060 nm.

Puissance : 10 J/cm^2 en relaxé.

Utilisation : usinage, militaire.

SYMBOLE

EXEMPLES DE DIODES LASER

TOLD-9211 (remplace CQL 80 D) 5 mW

- **Puissance optique d'émission continue : 5 mW.**
- **Courant de fonctionnement : 40 mA pour 5 mW.**
- **Diode de monitoring intégrée.**
- **Cône d'émission : 8 × 31°.**
- **Boîtier SOT 148 D (type TO 5 avec fenêtre).**
- **Dimensions : ∅ 6,7 × 5 mm.**

(Équivalent : CQL-80 PHILIPS.)

TOLD-9215 10 mW

- **Puissance optique d'émission continue : 10 mW.**
- **Courant de fonctionnement : 35 mA pour 10 mW.**
- **Diode de monitoring intégrée.**
- **Cône d'émission : 8 × 28°.**
- **Boîtier SOT 148 D (type TO 5 avec fenêtre).**
- **Dimensions : ∅ 6,7 × 5 mm.**

TOLD-9140 20 mW

- **ROUGE visible 685 nm.**
- **Puissance optique d'émission continue : 20 mW.**
- **Courant de fonctionnement : 40 mA pour 10 mW.**
- **Diode de monitoring intégrée.**
- **Cône d'émission : 8 × 23°**
- **Boîtier SOT 148 D (type TO 5 avec fenêtre).**
- **Dimensions : ∅ 6,7 × 5 mm.**

BROCHAGE

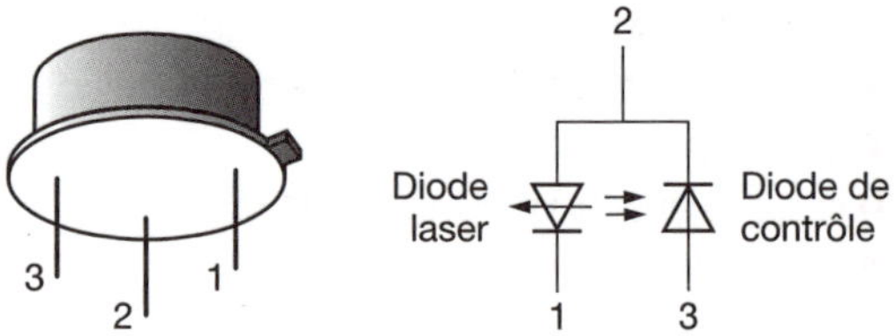

28 ■ 3 CARACTÉRISTIQUES DE LA DIODE TOLD 9211

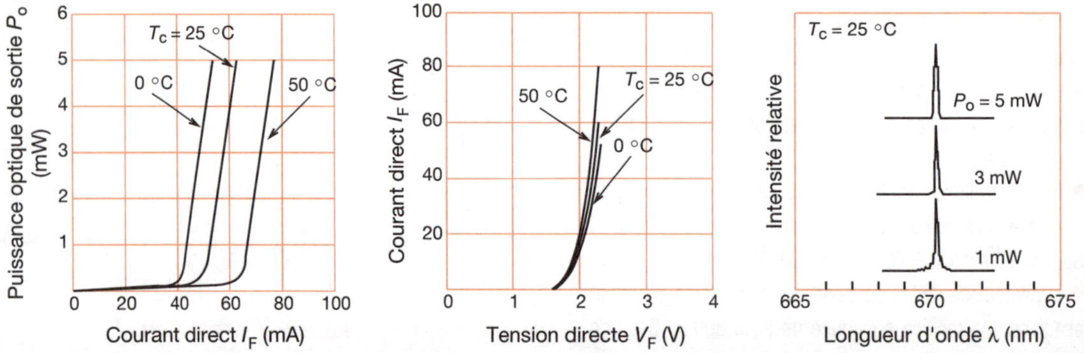

* **Laser** Light Amplification by Stimulated Emission of Radiation signifiant : amplification de lumière par émission stimulée de radiations.

28 ■ 4 Précautions d'emploi

Une diode laser est très sensible aux décharges électrostatiques. L'anode et la cathode seront par conséquent toujours court-circuitées quand la diode laser est déconnectée.

Les diodes laser émettent des radiations qui sont visibles pour l'œil humain. Quand elle est en service, ne jamais regarder l'intérieur de la diode. Une observation dans l'axe d'émission de la diode laser peut provoquer une lésion au niveau de l'œil, essentiellement avec les lentilles collimatées.

Les lasers sont classés en 5 classes en fonction du niveau de risque qu'ils représentent.

Classe 1 : sans danger.

Classe 2 : émettent uniquement un rayonnement visible et sont de puissance suffisamment faible pour que le réflexe palpébral protège l'œil.

Classe 3A : puissance 5 fois plus élevée que la classe 2 dans le domaine visible de sorte que l'œil soit encore protégé par le réflexe palpébral. On trouve également les lasers à rayonnement non visible ne dépassant pas 5 fois la puissance des lasers de classe A.

Classe 3B : lasers dangereux pour la vue en rayonnement direct, mais non pour la peau et non en rayonnement indirect.

Classe 4 : laser dangereux pour l'œil et pour la peau.

28 ■ 5 EXEMPLE DE COMMANDE

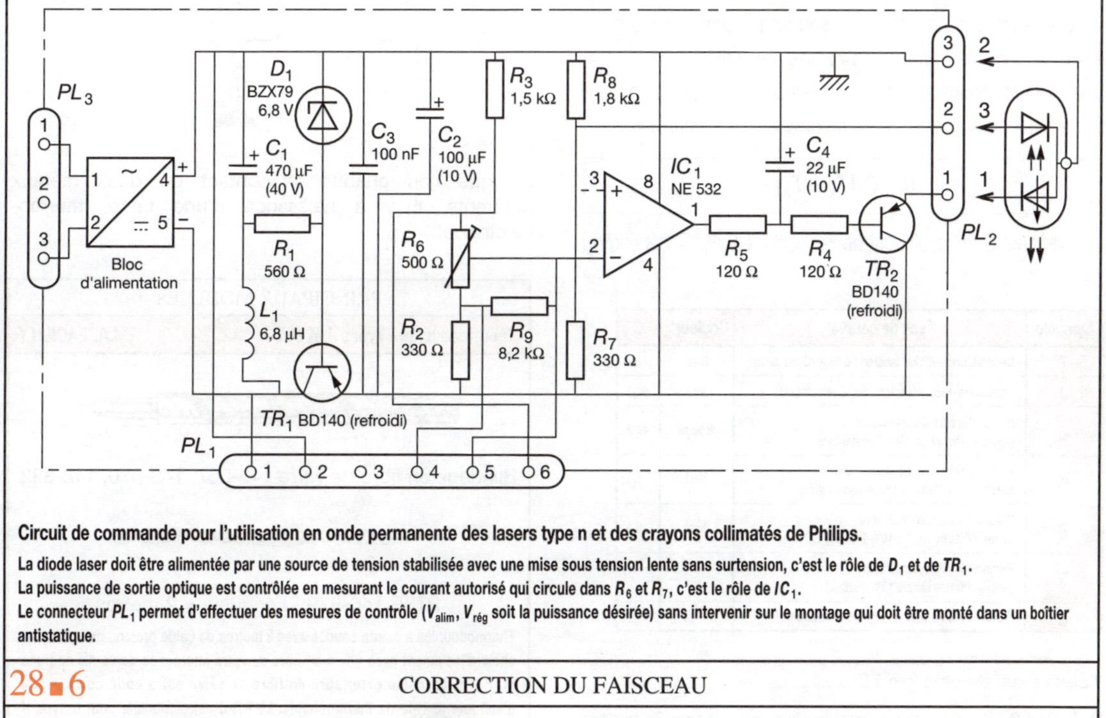

Circuit de commande pour l'utilisation en onde permanente des lasers type n et des crayons collimatés de Philips.

La diode laser doit être alimentée par une source de tension stabilisée avec une mise sous tension lente sans surtension, c'est le rôle de D_1 et de TR_1.

La puissance de sortie optique est contrôlée en mesurant le courant autorisé qui circule dans R_6 et R_7, c'est le rôle de IC_1.

Le connecteur PL_1 permet d'effectuer des mesures de contrôle (V_{alim}, $V_{rég}$ soit la puissance désirée) sans intervenir sur le montage qui doit être monté dans un boîtier antistatique.

28 ■ 6 CORRECTION DU FAISCEAU

Exemple de dispositif de collimatage

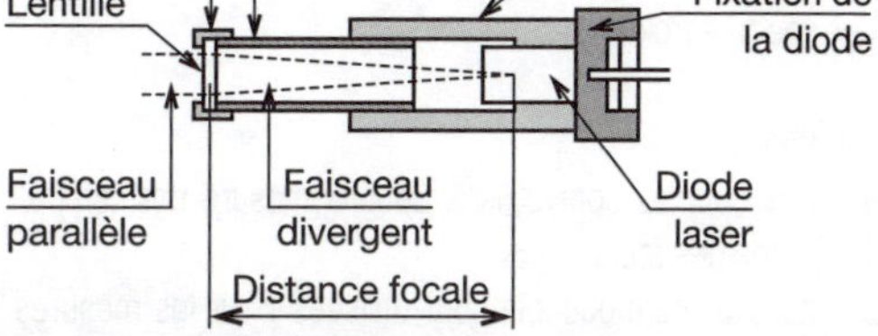

Toutes les diodes doivent être collimatées pour avoir un faisceau très fin et par conséquent une tache très fine (l'angle de divergence est en moyenne de 10° pour le faisceau parallèle et de 30° pour le faisceau perpendiculaire).

29 Capteurs de température

29 ■ 1 Thermocouples

Un thermocouple est constitué de deux conducteurs métalliques de natures différentes reliés à leurs extrémités. En portant les soudures à des températures différentes, on constate l'apparition d'un courant (effet **Seebeck**). Par conséquent, en ouvrant le circuit à un endroit quelconque, généralement à l'un des contacts, ce dernier se comporte comme un générateur dont la f.é.m. dépend de la nature du couple et de la différence de la température entre les jonctions de mesure. Par convention, on appelle **soudure chaude** la jonction de mesure, et **soudure froide** la jonction de référence bien qu'à ce niveau il n'y ait pas de contact.

Si la soudure chaude est portée à la température T_x et la soudure froide à la température T_a, la f.é.m. délivrée par le couple vaut :

$$U = C \cdot (T_x - T_a)$$

Le coefficient C (dit coefficient de Seebeck), en µV/°C, dépend du couple (voir tableau).

Symbole	Type de couple*	Couleur**	C
T	Cuivre/Cuivre-Nickel (ancien : Cuivre-Constantan)	Bleu	42,8
J	Fer/Cuivre-Nickel (ancien : Fer-Constantan)	Noir	52,3
E	Nickel-Chrome/Cuivre-Nickel (ancien : Nickel chrome-Constantan)	Rouge	40,8
K	Nickel-Chrome/Nickel-Aluminium (ancien « N » Nickel chrome-Nickel allié)	Vert	6,4
S	Platine-10% Rhodium/Platine (ancien Platine rhodié 10%-Platine)	Vert	6,4
R	Platine-13% Rhodium/Platine (ancien Platine rhodié 13%-Platine)		
B	Platine-30% Rhodium/Platine 6% Rhodium		

* Le premier élément cité est toujours l'élément positif du couple.
** L'élément positif est repéré à l'aide de la couleur jaune.

Si T_a vaut 0 °C, on lit, après amplification, directement la température T_x sur un galvanomètre.

Si T_a est constante, on effectue une compensation fixe (compensation de soudure froide).

Applications

■ Les thermocouples sont utilisés pour la mesure des températures internes des fours.

■ Les sondes à thermocouple sont utilisées pour les mesures des températures de surface ou pour contrôler la température à l'intérieur des cuves (ou de canalisations) contenant des corps liquides ou gazeux.

SYMBOLE

PRINCIPE DU THERMOCOUPLE

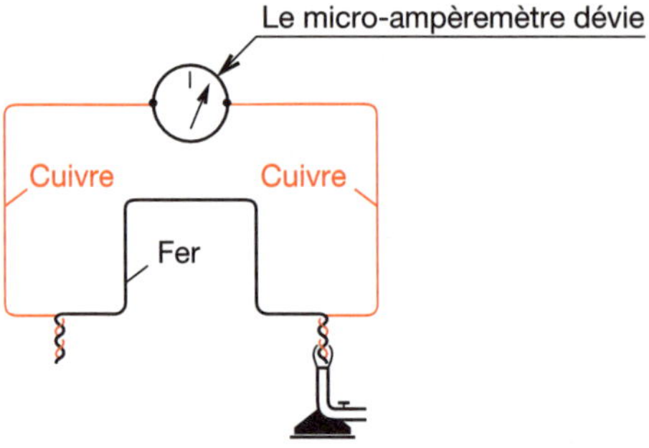

Lorsque l'on chauffe le contact de deux métaux différents, il y a naissance d'une f.é.m. thermo-électrique.

PRINCIPAUX MODÈLES

Thermocouples - Types J, K et T — **LABFACILITY**

Blindage en fibre de verre 146-067, 146-070, 148-832

PTFE 146-879 - Longueur = 2 mètres

Thermocouples à pointe soudée avec 2 mètres de câble prolongateur dans un choix d'isolement avec gaine en fibre de verre imprégnée de vernis épargne ou PTFE. La gaine extérieure en fibre de verre est à code couleur afin d'indiquer le type de thermocouple. Le PTFE est disponible pour le type K uniquement et ne comprend pas de gaine extérieure.

	Isolement fibre de verre			PTFE
	Type J (148-832)	Type K (146-067)	Type T (146-070)	Type K (146-879)
Diamètre câble	1/0,315	1/0,315	1/0,315	1/0,2
Diamètre hors tout	1,5 mm	1,5 mm	1,5 mm	1,3 mm
Sortie f.é.m.	50 µV/°C	40 µV/°C	40 µV/°C	40 µV/°C
Domaine de températures	- 50 à + 350 °C	- 50 à + 350 °C	- 50 à + 350 °C	- 50 à + 250 °C
Branche positive	Fer	Chrome nickel	Cuivre	Chrome nickel
Branche négative	Constantan	Aluminium nickel	Constantan	Aluminium nickel
Gaine extérieure	Noir	Rouge	Bleu	-
Couleur branche positive	Jaune	Marron	Blanc	-
Couleur branche négative	Bleu	Bleu	Bleu	-

29■2 Capteur au silicium

29■21 Capteur KTY 10

Ce capteur de température au silicium comporte un cristal de silicium dopé N. Lors d'une variation de la température, ce composant se comporte comme un élément résistif à coefficient de température positif (CTP).

La ligne caractéristique du KTY 10 est légèrement courbe et sa pente est de l'ordre de 14 Ω/°C. Ce dispositif est contenu dans un boîtier T0 92.

CAPTEURS KTY 10, KTY 11, KTY 12*		
Suffixe	**Résistance nominale à 25 °C**	
3	1 910 Ω ± 1 %	
4	1 940 Ω ± 1 %	
5	1 970 Ω ± 1 %	
6	2 000 Ω ± 1 %	
7	2 030 Ω ± 1 %	
8	2 060 Ω ± 1 %	
9	2 090 Ω ± 1 %	
A	2 000 Ω ± 1 %	
B	2 000 Ω ± 2 %	
C	2 000 Ω ± 5 %	Boîtier T0 92
D	2 000 Ω ±10 %	sous gaine

* Siemens

29■22 Capteur de température LM 135

Les LM 135 ou TD 135 sont des capteurs de température de précision qui peuvent être facilement étalonnés. Ils fonctionnent comme une diode Zener dont la tension de claquage est directement proportionnelle à la température absolue (10 mV/°C). Calibré à 25 °C, le LM 135 a une erreur typique inférieure à 1 °C sur une plage de température de 100 °C.

Paramètres	Conditions de mesure	TDC TDE Typ.	TDB Typ.	Unités
Variation de la tension de sortie en fonction du courant	400 µA < I_R < 5 mA à température constante	2,5	3	mV
Impédance dynamique	I_R = 1 mA	0,5	0,6	Ω
Dérive en température de la tension de sortie		+ 10	+ 10	mV/°C
Constante de temps	Air calme	80	80	s
	Air 0,5 m/s	10	10	
	Huile agitée	1	1	
Stabilité dans le temps	T_C = + 125 °C	0,2	0,2	°C/kh

BROCHAGES DES LM 135

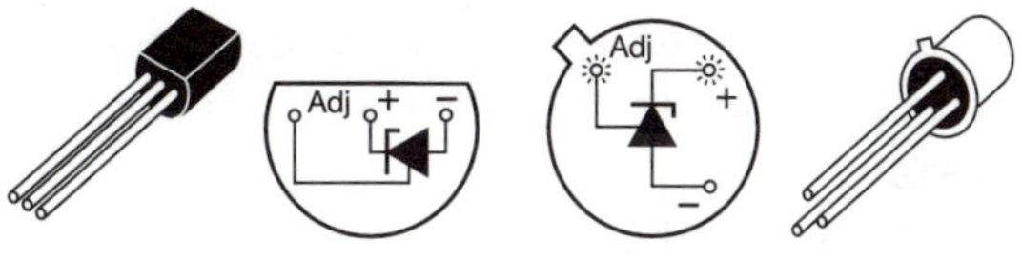

EXEMPLES D'APPLICATIONS DES LM 135

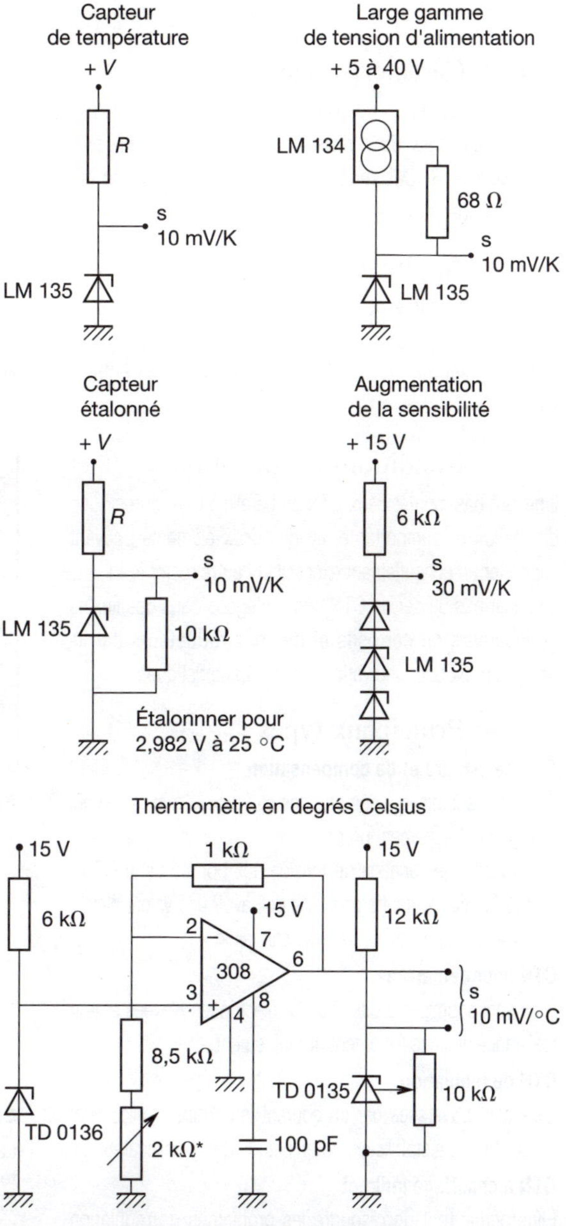

* Ajuster pour avoir 2,73 V à la sortie du 308.

29 ▪ 3 Thermistances CTN

Les thermistances à coefficient de température négatif (CTN) sont des résistances dont la résistance, à dissipation nulle (sans passage de courant), diminue lorsque la température augmente.

La température varie en fonction :

- du passage d'un courant dans l'élément,
- de la variation de la température ambiante,
- de la combinaison de ces deux moyens.

29 ▪ 31 Caractéristique

La loi de variation du coefficient de température est exponentielle. La valeur de la résistance dépend des coefficients appelés *A* et *B*. Ces renseignements se trouvent sur les catalogues des fabricants.

29 ▪ 32 Applications

- Mesure et contrôle de la température.
- Limiteur d'appel de courant.
- Compensation de la dérive thermique des circuits à transistors.

29 ▪ 33 Conditions d'utilisation

Il ne faut pas monter deux CTN en parallèle pour obtenir une dissipation plus importante, un des deux éléments pouvant supporter un échauffement excessif et l'autre rester froid.

Il ne faut pas utiliser de CTN non protégées dans des fluides conducteurs ou corrosifs et des gaz réducteurs car ils peuvent provoquer une variation des caractéristiques.

29 ▪ 34 Principaux types

CTN de mesure et de compensation

Elles sont soumises à des charges électriques faibles, ce qui évite leur échauffement propre.

On mesure une variation de tension aux bornes de la CTN ; pour éviter son échauffement, elle doit avoir une valeur élevée afin que le courant qui la traverse soit faible.

CTN pour démarrage

Elles sont soumises à des charges électriques élevées et leur résistance diminue fortement et rapidement.

CTN de régulation

Elles sont traversées par un courant important et elles sont utilisées pour la stabilisation d'amplitude des amplificateurs.

CTN à chauffage indirect

Elles permettent de résoudre les problèmes de régulation lorsque le poste de commande est séparé de l'appareil.

SYMBOLE

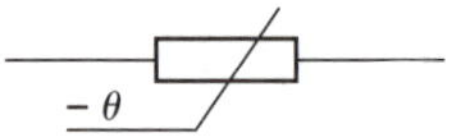

CARACTÉRISTIQUE *R* EN FONCTION DE θ

(Valeurs typiques)

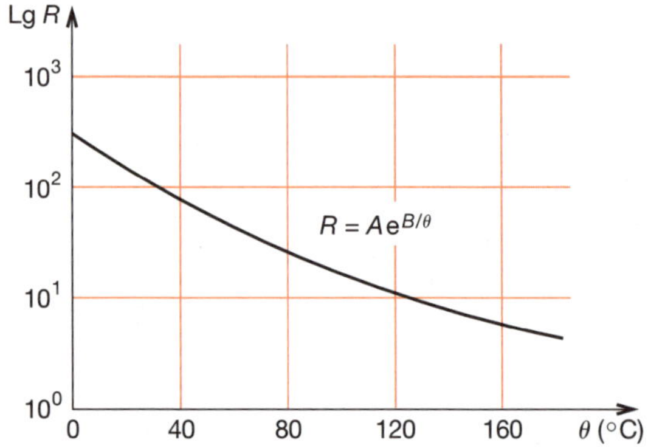

R : résistance à la température θ.

A et *B* : constantes pour une résistance donnée.

e : 2,718.

PRINCIPAUX TYPES	
Série 642-0,5 W Philips Composant	
Valeur à 25 °C (série E3)	
100 Ω à 100 kΩ	
Série miniature NTH 4 G Murata	
Valeur à 25 °C (kΩ) (± 1 %)	
2 ; 5 ; 10 ; 20 ; 50 ; 100	
CTN en CMS série NTH 5 G Murata	
Valeur à 25 °C (kΩ) (± 5 %)	
4,7 ; 6,8 ; 10 ; 15 ; 22 ; 33 ; 47 ; 68	

EXEMPLE D'APPLICATION

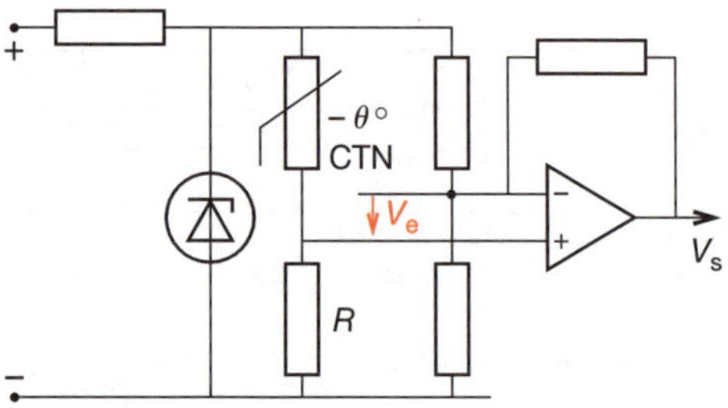

Capteur de température

La tension de sortie V_s du montage est proportionnelle à la tension d'entrée V_e obtenue à l'aide du pont diviseur CTN-R. Si la CTN change de valeur par l'action de la chaleur, la tension de sortie changera dans les mêmes proportions.

29.4 Thermistances CTP

Les thermistances à coefficient de température positif (CTP) sont des éléments dont la résistance, à dissipation nulle, augmente avec la température.

La variation de température est obtenue :

- par passage d'un courant dans la CTP,
- par une variation de la température ambiante,
- par une combinaison de ces deux moyens.

29.41 Caractéristique

En général, les CTP ont, pour les basses températures, un coefficient de température nul ou négatif. En se déplaçant vers les températures plus hautes, ce coefficient devient positif et de valeur élevée jusqu'à 150 °C environ. Au-dessus de cette température, le coefficient décroît et devient négatif.

29.42 Applications

- Stabilisation du courant dans les postes téléphoniques.
- Protection de ligne (surtensions et courts-circuits).
- Compensation de température des circuits à transistors.
- Capteur de température.
- Protection thermique des moteurs.

29.43 Conditions d'utilisation

Ne pas appliquer une tension supérieure à V_{max} à une CTP car ceci peut amener la destruction de la résistance.

Ne pas connecter deux ou plusieurs CTP en série dans le but de pouvoir utiliser de plus hautes tensions ou puissances ; ceci conduit à la destruction de la CTP qui s'échauffera le plus rapidement.

29.44 Principaux types

Disques (usage général)

Ces CTP sont utilisées pour la limitation de courant, pour la désaimantation de tubes-images couleur, etc.

Posistor (marque déposée par Murata)

Ces CTP sont utilisées pour la protection des transistors et des thyristors contre les emballements thermiques.

Spéciale téléphonie (TPJ)

Ces CTP sont utilisées pour la stabilisation de courant afin de compenser les variations de résistance de ligne téléphonique. R à 25 °C = 120 Ω ± 15 %, tension maximale 34 V.

SYMBOLE

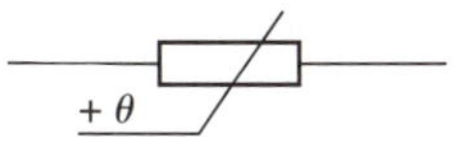

CARACTÉRISTIQUE R EN FONCTION DE θ

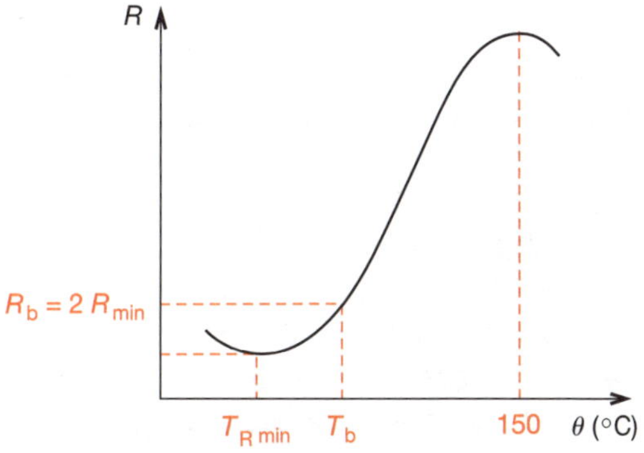

T_b : température de basculement.
R_b : résistance de basculement.

PRINCIPAUX TYPES	
Série 2322 Philips Composant	
Valeur à 25 °C (Ω) (± 20 %)	
5 ; 6 ; 11 ; 12 ; 13 ; 48 ; 260 ; 1 900	
Série PTH 487A Murata	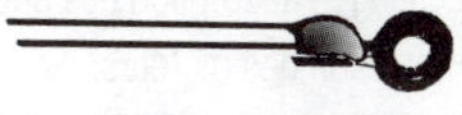
Valeur à 25 °C (Ω)	
100 ; 330 ; 470 ; 1 500 ; 2 200	
Série 67298001 RTC	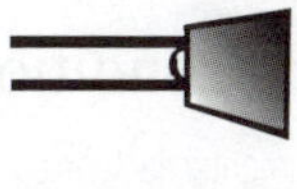
Pour ligne PTT (disque)	
Valeur à 25 °C (115 Ω) (± 25 %)	
Tension nominale 33 V	

EXEMPLE D'APPLICATION

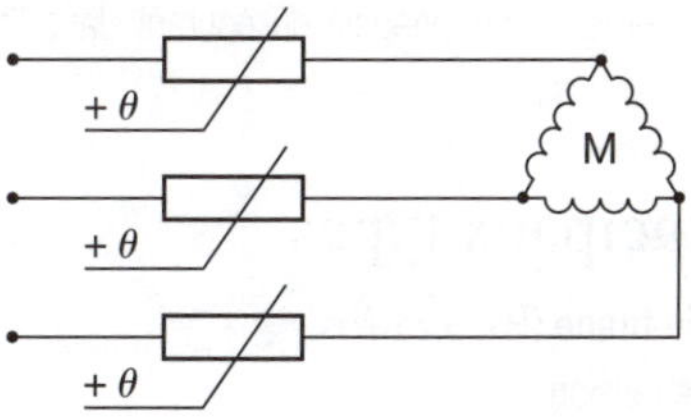

Protection de petits moteurs contre les surchauffes

Les CTP sont placées dans les bobinages. À la température limite d'utilisation du moteur, leur résistance devient très élevée, le moteur s'arrête et ne peut repartir qu'après refroidissement. On peut protéger de la même façon des transformateurs, des électro-aimants, des électrovannes, etc.

30 Varistances

Les varistances aussi appelées VDR (Voltage Dependant Resistor) sont des éléments dont la résistance varie en fonction de la tension appliquée à leurs bornes.

30 ■ 1 Principales caractéristiques

■ Tension d'écrêtage

C'est la tension résiduelle maximale V_P qui s'établit aux bornes d'une varistance lorsque celle-ci est traversée par un courant I_P. Elle constitue une indication sur l'aptitude de la varistance à la fonction protection.

■ Courant crête admissible.

C'est la valeur du courant de crête admissible pour un modèle de varistance et un type d'onde donnée (8 × 25 µs, 10 × 1 000 µs, etc.) qui correspond à une variation maximum autorisée de 10 % de la tension après un choc de courant.

REMARQUE :

Si on applique une tension sinusoïdale aux bornes d'une varistance, le courant n'est plus de forme sinusoïdale.

30 ■ 2 Application

- Stabilisation d'une tension.
- Écrêtage ; absorption des phénomènes transitoires.
- Protection des moteurs.
- Utilisation en parafoudre.

30 ■ 3 Conditions d'utilisation

Pour augmenter la tension ou la puissance admissible, il est possible de monter des VDR en série. Le montage en parallèle n'est pas recommandé car la tolérance sur les caractéristiques peut conduire à une répartition inégale du courant dans les varistances.

30 ■ 4 Principaux types

VDR à l'oxyde de titane ($P < 0{,}25$ W)

Utilisées en basse tension.

VDR à l'oxyde de zinc ($P < 0{,}8$ W)

Usage général, bon comportement en fréquence.

Éléments de protection CTP/VDR (EPZ Produits Philips-RTC)

Ces éléments constituent une protection à la fois contre les surtensions, qu'elles soient transitoires ou de longue durée, et contre les surintensités.

SYMBOLE

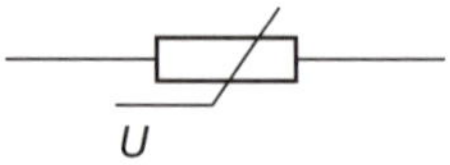

CARACTÉRISTIQUE U EN FONCTION DE I
(Valeur typique)

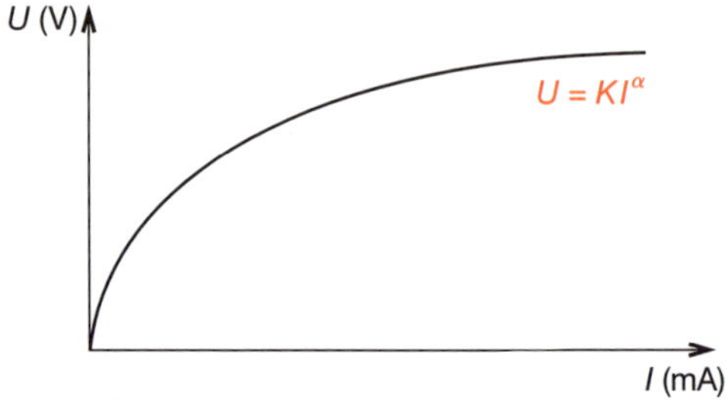

K : constante dépendant de la technologie utilisée.
α : coefficient de non-linéarité ($0{,}1 < \alpha < 0{,}5$).

EXEMPLES DE CAPTEURS	
Série 592 à 595 Philips Composant	
Tension de service efficace : 60 à 460 V_{eff}	
Tension de service continue : 85 à 615 V	
Série VP 07 à VP 24 LCC Thomson	
Tension de service efficace : 25 à 575 V_{eff}	
Tension de service continue : 32 à 910 V	
Série PA/MA/LA/ZA Harris	
Tension de service efficace : 4 à 660 V_{eff}	
Tension de service continue : 5,5 à 850 V	

EXEMPLE D'APPLICATION

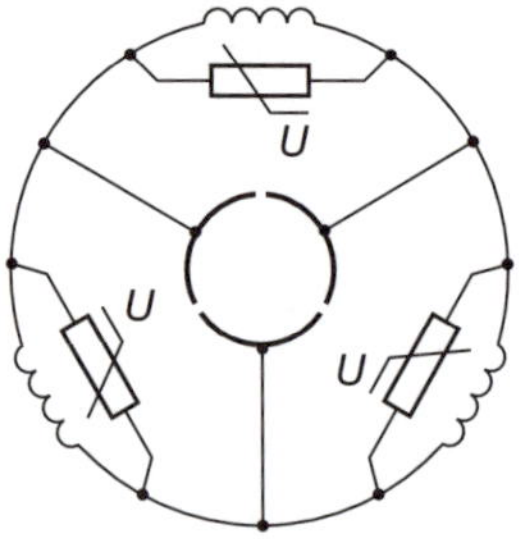

Protection des collecteurs des petits moteurs à courant continu

Lorsque le balai d'un collecteur passe de l'une à l'autre lamelle du collecteur, le phénomène d'extra-courant de rupture prend naissance et une étincelle jaillit entre le balai et la lamelle abandonnée. Des varistances placées entre deux bornes du collecteur absorbent les surtensions produites.

31 Capteurs magnétiques

31.1 Effet Hall

Un échantillon semi-conducteur en forme de parallélépipède rectangle reçoit des électrodes métalliques sur ses faces opposées ABCD et A'B'C'D'. Un générateur relié à ces électrodes fait circuler, dans l'échantillon, un courant continu d'intensité *I*. Si on branche, entre les points opposés M et M', un voltmètre, celui-ci n'indique aucune tension.

En plongeant l'échantillon dans une induction magnétique *B* perpendiculaire aux faces ABA'B' et CDC'D', une d.d.p. U_H, dite tension de Hall, apparaît entre M et M'.

$$U_H = Rh \frac{I.B}{e}$$

Rh : constante de Hall suivant le semi-conducteur.

I : intensité du courant (A).

B : intensité de l'induction (T).

e : largeur du barreau (m).

31.2 Capteur à effet Hall

On distingue deux genres de senseurs à effet Hall :

- les senseurs linéaires,
- les capteurs digitaux unipolaires ou bipolaires.

Les capteurs digitaux sont constitués d'un préamplificateur, d'un étage trigger et d'un amplificateur de commutation, le tout étant intégré sur une puce de silicium.

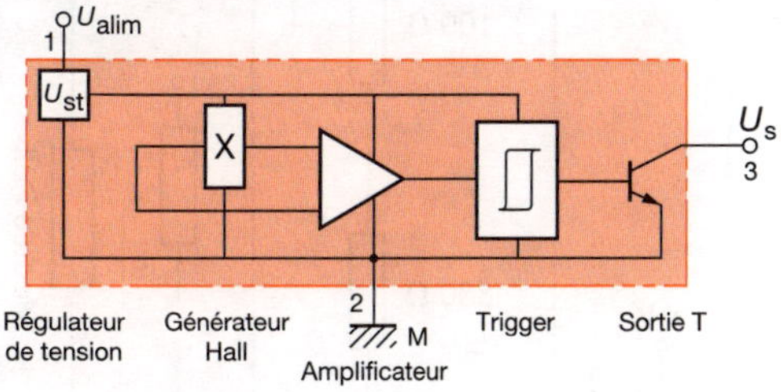

31.3 Applications

- Le courant de commande est maintenu constant. La tension de Hall mesure alors le champ magnétique.
- La tension de Hall est influencée par un champ variable. Un courant de commande *I* haute fréquence appliqué à un générateur à effet Hall peut être modulé avec un champ de commande oscillant (modulation d'amplitude).
- Instrumentation : détecteur de dépassement, compteur, boussole, etc.

SYMBOLE

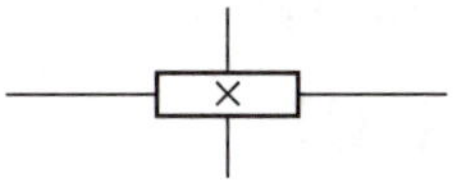

PRINCIPE

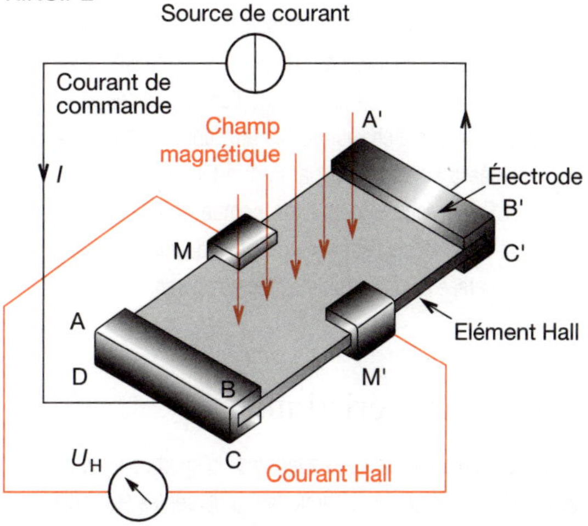

EXEMPLES DE CAPTEURS

Série UGN31xx - Allegro
Unipolaire, collecteur ouvert
U alimentation 4 à 24 V
U sortie (off) 25 V
I sortie (on) 25 mA
UGN313OU 15 mT, 3140 20 mT 3120 35 mT, 3113 45 mT, 3119 50 mT
UGN3503U - Allegro
Linéaire, *U* alimentation 8 V
Sensibilité 0,75-1,3 mV/0,1 mT
Résistance de sortie 50 Ω

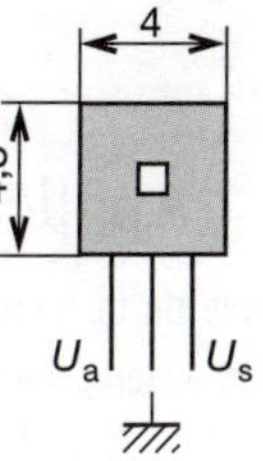

EXEMPLE D'APPLICATION

Commande d'un triac par détection magnétique

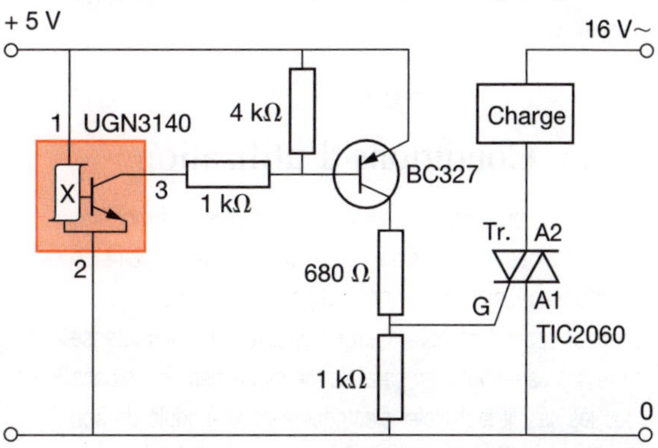

32 Modules Peltier

Un élément à effet Peltier comporte deux branches semi-conductrices, une neutre et une alimentation. Les extrémités des deux branches sont reliées par un pont en cuivre. Si on applique un courant sur un tel élément, l'une des faces va se refroidir et absorber la chaleur de l'air ambiant ; cette énergie sera restituée à l'air ambiant par l'autre face de l'élément. L'élément Peltier fait donc effet de pompe à chaleur en la transférant d'une face à l'autre. La direction du flux de chaleur peut être inversée par inversion du sens du courant.

32 ■ 1 Caractéristiques

Chaque constructeur définit des familles de courbes (plus ou moins simples à interpréter) permettant d'utiliser les éléments Peltier de sa fabrication.
Ces courbes nous permettent de définir le courant traversant le module pour transférer une quantité d'énergie exprimée en watts.

32 ■ 2 Applications

- Contrôle de température de composants électroniques (régulation de température de diode laser, etc.).
- Régulation en température d'enceinte thermostatées (oscillateurs).
- Génération d'énergie électrique. Il faut pour cela disposer de deux sources différentes de température (détecteurs d'incendies).

32 ■ 3 Conditions d'utilisation

En pratique, on rassemble sur un élément plusieurs modules Peltier, chaque module étant connecté en série du point de vue électrique, mais en parallèle du point de vue thermique.
On peut cependant obtenir un refroidissement plus intense en reliant les modules en parallèle thermiquement, mais dans tous les cas, il faut isoler électriquement le module de son support, on utilise pour cela de la céramique métallisée.

MODULE À EFFET PELTIER

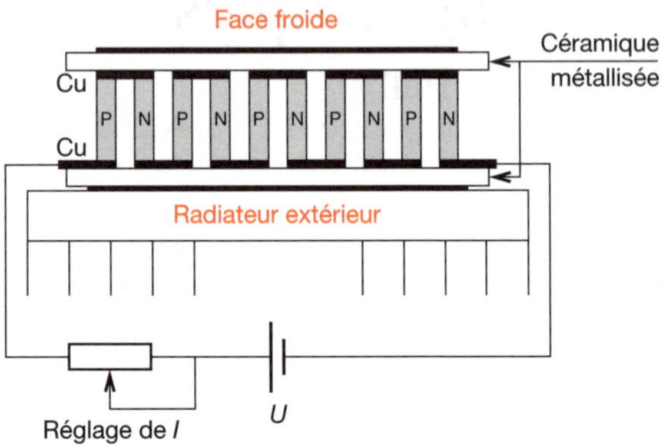

DIFFÉRENTS MODÈLES

Module Melcor type :	FCO-6-4	CP2-31	CP1-4
Capacité de rayonnement (W)	0-32	8-18	8-68
Température maximale (°C)	67	70	65
Courant maximal (A)	1 - 2	9	5 - 8
Tension maximale (V)	0 - 48	3 - 75	4 - 15
Hauteur (mm)	2,7	5,6	2,7
Largeur (mm)	4,2	30	40
Longueur (mm)	4,2	30	40

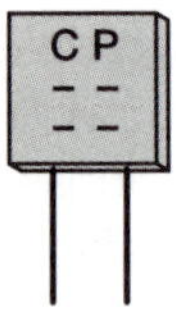

EXEMPLE D'APPLICATION

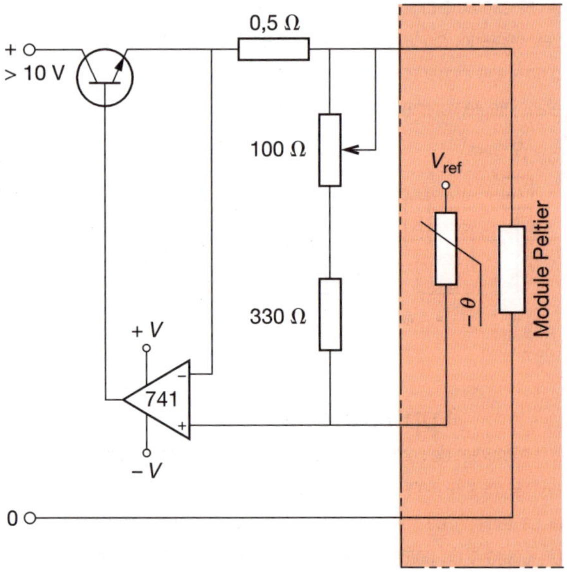

Régulation de température

Ce dispositif permet de réguler le courant dans le module Peltier et par conséquent la température.

33 Transducteurs ultrasonores

Un transducteur sonore est principalement constitué d'un élément piézo-électrique présentant la propriété d'osciller sur une fréquence ultrasonique qui est généralement de 40 kHz. La bande passante est de l'ordre de 4 kHz.

Les transducteurs sonores sont réversibles et de ce fait peuvent aussi bien fonctionner en émetteur qu'en récepteur.

33 ■ 1 Applications

- Télécommande.
- Transmission de données.
- Détecteur de niveau.
- Système de détection (alarmes, détection d'obstacles, etc.)

33 ■ 2 Détecteurs de chocs

Les détecteurs de chocs sont des dispositifs piézo-électriques qui délivrent une tension proportionnelle à l'accélération de l'impact ou de la vibration.

EXEMPLES :

Impact à 60 g, $U_s = 2$ V ;

impact à 100 g, $U_x = 60$ V.

Ils sont utilisés pour détecter les chocs sur portes, vitres, fenêtres, etc.

SYMBOLE

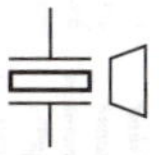

TRANSDUCTEURS ULTRASONIQUES

STS Mercator type SCS 401 Émetteur - type SCS 401 A Récepteur

- **Transducteurs ultrasoniques haute sensibilité.**
- **Fréquence d'utilisation 40 kHz.**
- **Détection jusqu'à 5 mètres.**

	Émetteur	Récepteur
Sensibilité :	106 dB	– 65 dB
Fréquence de résonance :	40 ± 1 kHz	
Angle directionnel :	20° environ	
Tension d'entrée :	20 V_{RMS}	
Impédance :	500 Ω	30 kΩ
Capacitance :	1 100 pF ± 20 %	
Dimensions corps (mm) :	*h* 12 × ∅ 16	
Dimensions broches (mm) :	*L* 10 × ∅ 1,2	
Température d'utilisation :	– 20 °C à + 60 °C	

DÉTECTEUR DE CHOCS

Murata PKS1-4A1

- **Technologie : utilisation d'un diaphragme type « unimorph », disque céramique piézo-électrique sur disque métal.**
- **Sortie sur câble (2,70 m) deux conducteurs avec cosses.**

Tension de sortie : 40 mVp/G (à 25 °C, 10 Hz à 1 kHz)
Capacité : 10 000 pF ± 30 % (25 °C, 1 kHz)
Résistance d'isolement : 30 MΩ min (100 V_{CC})
Diamètre : 24 mm
Entraxe de fixation : 29 mm
∅ trou de fixation : 2,2 mm
Largeur (avec oreilles) : 34,4 mm
Épaisseur : 4,5 mm

33 ■ 3 EXEMPLE D'APPLICATION

Émetteur-récepteur ultrasonique

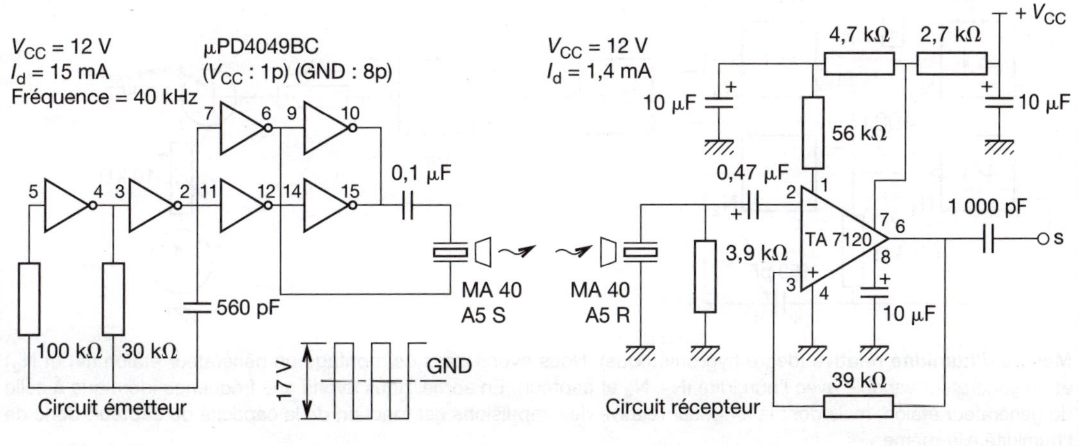

D'après Murata.

34 Capteurs d'humidité

SYMBOLES

34 ▪ 1 Capteur d'humidité HOS 201 (Murata)

Ce capteur d'humidité contrôle parfaitement les grands taux d'humidité. L'élément résistif est basé sur le principe d'un film détecteur dont la résistance décroît à partir d'un fort taux d'humidité.

34 ▪ 2 Capteur d'humidité RTCH1 (Philips-RTC)

L'humidistance RTCH1 est constituée d'un petit condensateur composé d'un film isolant (le diélectrique) sur lequel on a vaporisé une fine couche d'or (les plaques du condensateur). En raison de l'extrême finesse de cette couche d'or, les molécules d'eau peuvent la traverser et modifier de ce fait les caractéristiques du diélectrique. Dans ces conditions, une augmentation de l'humidité se traduit par une augmentation de la capacité. Ce changement de capacité prend un certain temps ; il faut ainsi quelques minutes avant que l'humidistance ne traduise effectivement 90 % de la nouvelle valeur de l'humidité relative. Ce capteur ne convient pas pour les mesures d'humidité relative inférieure à 10 % ; au-delà de 90 % d'humidité, la condensation risque de rendre inutilisable la mesure.

DIFFÉRENTS TYPES DE CAPTEURS
Capteur HOS 201 Murata
Tension d'utilisation : 1 V_{CC} (alternatif)
Fréquence d'utilisation : 50 Hz à 1 kHz
Résistance : 1 MΩ
Plage d'humidité : 0 à 100 %
Plage de température : 0 à + 50 °C
Capteur RTCH1 Philips-RTC
Tension d'utilisation : 15 V_{CC} (alternatif)
Fréquence d'utilisation : 1 kHz à 1 MHz
Capacité : 120 pF
Sensibilité : 0,4 pF/%H
Plage d'humidité : 10 à 90 %

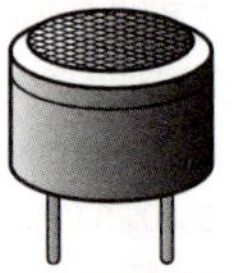

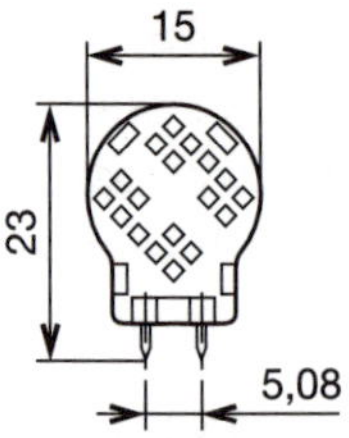

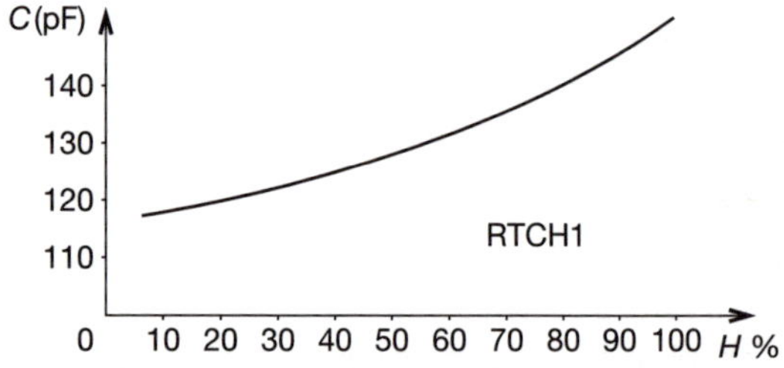

34 ▪ 3 EXEMPLE D'APPLICATION

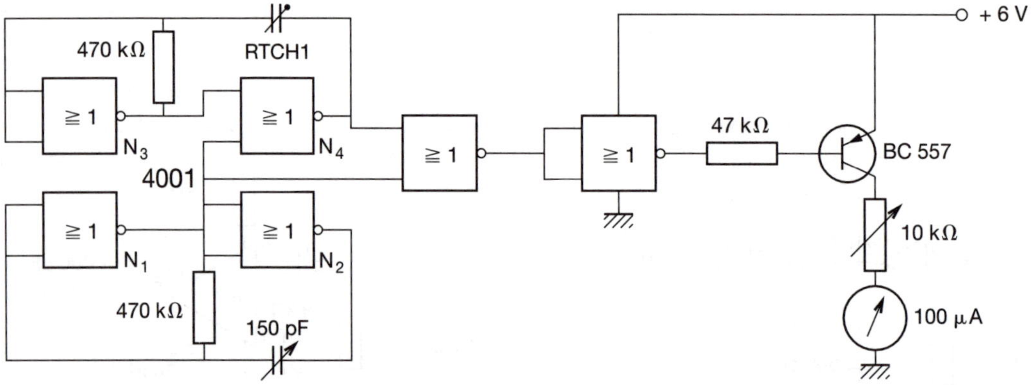

Mesure d'humidité relative (degré hygrométrique). Nous avons dans ce montage un générateur étalon (N_1 et N_2) et un générateur variable avec l'humidité (N_3, N_4 et capteur). En sortie, nous avons une fréquence identique à celle du générateur étalon, mais dont la longueur relative des impulsions est fonction de la capacité du capteur, donc de l'humidité elle-même.

35 Capteurs de pression

35 ■ 1 Capteurs à membrane

Ils sont généralement constitués d'une petite membrane métallique. La pression provoque le déplacement longitudinal d'une tige liée à la membrane, cette tige provoque elle-même un contact mécanique.

Ces capteurs de pression sont appelés **pressostat** et peuvent réagir pour une pression absolue ou différentielle.

35 ■ 2 Capteurs électroniques

La capsule manométrique est réalisée à partir de deux microplaquettes de silicium entre lesquelles on a eu le soin de laisser une cavité. Dans cet espace a été pratiqué un vide poussé. Par ailleurs, la plaquette détectrice est pourvue de quatre résistances du type piézo-électrique, qui, fonctionnant en jauge de contrainte, sont montées en pont de Wheatstone. Sous l'influence d'une pression extérieure, la membrane supérieure va se déformer entraînant de ce fait le déséquilibre du pont de Wheatstone.

La technologie avancée de ces capteurs leur confère une haute sensibilité, une grande fiabilité, une faible hystérésis, un temps de réponse très court et une longue stabilité dans le temps. Ils permettent des mesures de pression par rapport au vide parfait ou de mesurer la différence entre deux pressions.

DIFFÉRENTS MODÈLES		
Capteurs à membrane		
Pressostats à piston télémécanique		 XMG-B002
Type de fluide : huiles, eau, vapeur d'eau, fluides corrosifs, pâteux jusqu'à + 160 °C		
Contact unipolaire à action brusque		
Type XMG pour régulation entre 2 seuils Écart réglable 0,01... 500 bar		
Type XMJ pour surveillance d'un seuil Écart non réglable 0,22... 500 bar		
Capteurs électroniques		
KPY 10/12/14/16 Siemens		 KPY 10
Tension d'alimentation : 24 V		
Résistance du pont : 7 kΩ		
Sensibilité : KPY 10/12 - 13 mV/V bar KPY 14/16 - 4 mV/V bar		
Température : – 40 °C à + 150 °C		
Mesures : P_a = absolue P_d = différentielle	**KPY 10 Pa KPY 12 Pd 0 à 2 bar**	
	KPY 14 Pa KPY 16 Pd 0 à 10 bar	

35 ■ 3 EXEMPLE D'APPLICATION

Capteur de pression (application du KPY 10 - Siemens)

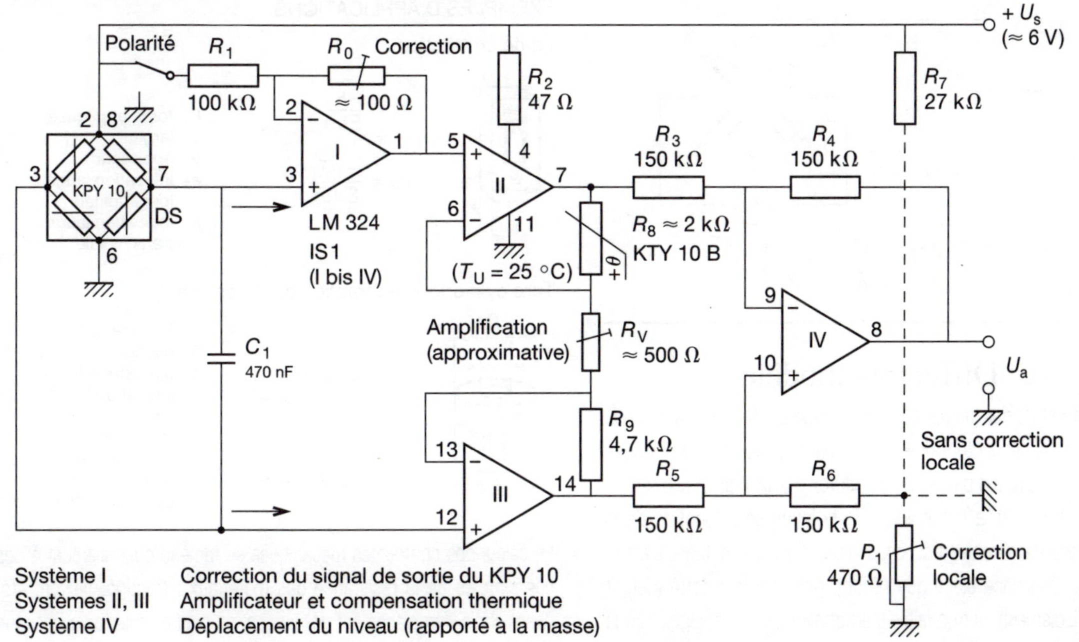

Système I — Correction du signal de sortie du KPY 10
Systèmes II, III — Amplificateur et compensation thermique
Système IV — Déplacement du niveau (rapporté à la masse)

36 Jauges d'extensiométrie

Par des dispositifs mécaniques, on peut provoquer la déformation d'une pièce « corps d'épreuve » qui peut être, par exemple, un cylindre en compression ou une lame fléchie. Des jauges d'extensiométrie collées sur ce corps d'épreuve et convenablement groupées transforment ces déformations en variations de résistances.

En pratique, on utilise la loi de Bidgman pour les calculs des déformations.

$\frac{\Delta R}{R} = k.\varepsilon$ ou $\varepsilon = \frac{\Delta \ell}{\ell}$

$$\frac{\Delta \boldsymbol{R}}{\boldsymbol{R}} = \boldsymbol{k}\,\frac{\Delta \ell}{\ell}$$

k est le facteur de jauge qui dépend du matériau de celle-ci.

36.1 Applications

- Mesures de déformation.
- Mesures des masses, de forces.
- Détections de déformations, de chocs, etc.

Qu'elle soit métallique ou en matériau semi-conducteur, une jauge d'extensiométrie reste un composant résistif que l'on place généralement dans un pont de Wheatstone afin de connaître sa résistance électrique.

MONTAGE EN PONT

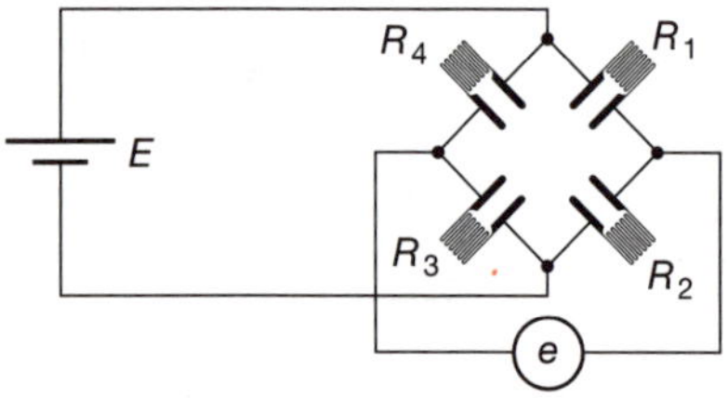

$$e = \frac{\Delta E}{4}\left(\frac{\Delta R_1}{R_1} - \frac{\Delta R_2}{R_2} + \frac{\Delta R_3}{R_3} - \frac{\Delta R_4}{R_4}\right)$$

36.2 Différents modèles

La nature des jauges est caractérisée par le métal ($k = 2$) ou le semi-conducteur ($k > 100$) et par le support. Ces données sont imposées par les températures d'utilisation.

La forme et la technologie de la jauge sera fonction de la mesure à effectuer (traction, compression, flexion, torsion, etc.).

La résistance électrique ne doit pas être trop forte (défaut d'isolement) ou trop faible (perturbation sur le câblage), 120 Ω est une valeur moyenne.

SYMBOLE

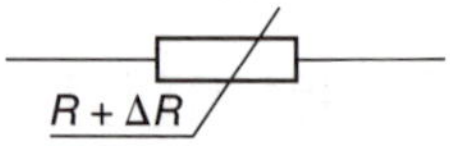

DIFFÉRENTS MODÈLES

Jauges de contraintes - Graphtec	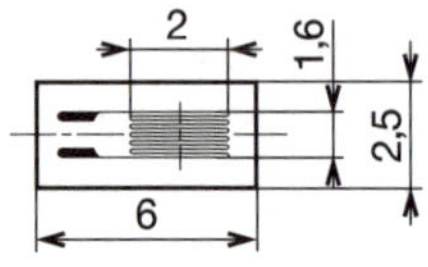
Effort mesurable : 5 N	
Facteur de jauge nominal : 2	
Résistance : 150 Ω ± 0,5 %	
Alliage cuivre nickel sur polyamide	

Jauges précâblée - Micromesure
Applications générales
Type EA. XX......
Caractéristiques suivant demande

On représente ici trois géométries classiques de jauges résistives, de gauche à droite : jauge simple, jauge de torsion et cisaillement, capteur de pression.

EXEMPLES D'APPLICATIONS

Lame en traction

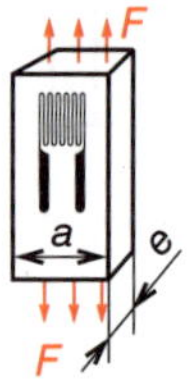

$$\varepsilon_1 = \frac{F}{Eae}$$

$$\varepsilon_2 = \frac{-\mu F}{Eae}$$

- F force appliquée
- a largeur
- e épaisseur
- ε_1 indication jauge longitudinale
- ε_2 indication jauge transversale

Tore cylindrique en traction compression

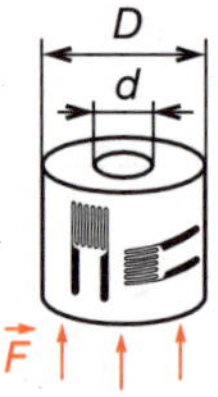

$$\varepsilon_1 = \frac{4F}{\pi E(D^2 - d^2)}$$

$$\varepsilon_2 = \frac{-4\mu F}{\pi E(D^2 - d^3)}$$

- F force répartie
- D diamètre extérieur
- d diamètre intérieur
- ε_1 indication jauge longitudinale
- ε_2 indication jauge transversale
- E module d'élasticité
- μ coefficient de Poisson

Le calcul des contraintes mécaniques se ramène généralement à des cas simples de la résistance des matériaux : traction, flexion, etc. Ayant choisi l'emplacement des jauges, on peut calculer pour chacune d'elles la déformation avec son signe.

37 Alimentations à courant continu

Une alimentation sert à fournir de l'énergie à un montage sous forme de courant continu. La tension de sortie de l'alimentation est continue et possède la propriété de demeurer constante quelle que soit la charge appliquée.

37 ■ 1 Description

FS 1 : sert à convertir une tension sinusoïdale en une autre tension sinusoïdale. Elle est assurée par un transformateur.

FS 2 : sert à convertir une tension sinusoïdale en une tension unidirectionnelle, nous avons un redresseur.

FS 3 : sert à stocker l'énergie de façon à lisser la tension de sortie du redresseur.

FS 4 : quand il faut réduire l'ondulation de la tension de sortie du redresseur, on place ici un filtre de type passe-bas, qui permet de réduire l'amplitude de la composante alternative de la tension V_{SO}.

FS 5 : sert à maintenir constante la tension de sortie. C'est un régulateur de tension qui permet également une réjection de l'ordre de 70 dB de la tension d'ondulation. Il remplit donc aussi le rôle de la fonction FS 4.

37 ■ 2 Calcul des alimentations

1. La charge impose V_s et I_s.
2. Détermination du régulateur.
3. Détermination de V_{so} et de V_p.
4. Dimensionnement de C.
5. Calcul du transformateur.
6. Calcul du radiateur sur lequel doit être monté le régulateur.

DÉTERMINATION DU FILTRE - FS 4

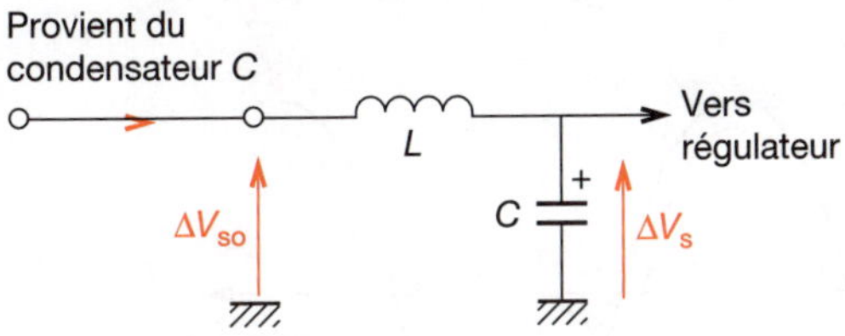

L'objectif est de minimiser le fondamental de ΔV_{so}

$$|\Delta V_s| = \frac{1}{1 - LC\omega^2}\,|\Delta V_{so}|$$

SCHÉMA FONCTIONNEL D'UNE ALIMENTATION

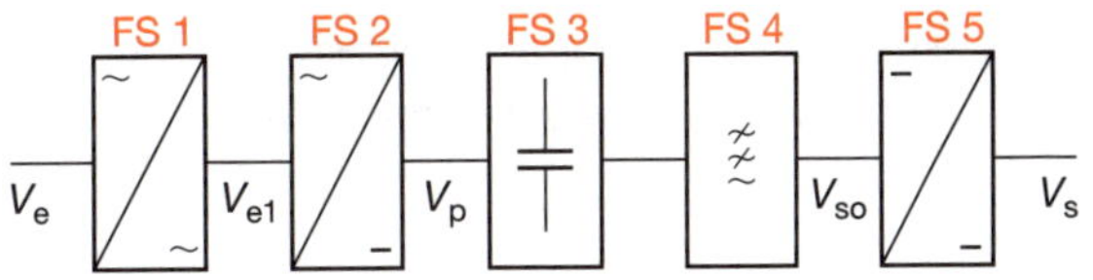

$V_e = V_{max} \sin \omega t$: tension sinusoïdale

V_s = tension constante

SCHÉMA STRUCTUREL SIMPLIFIÉ

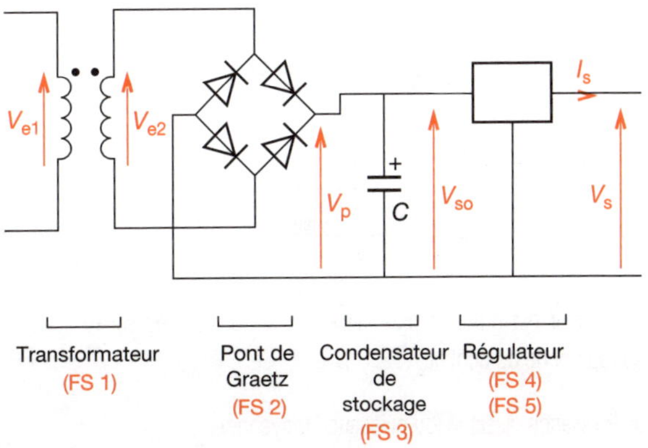

CHRONOGRAMMES

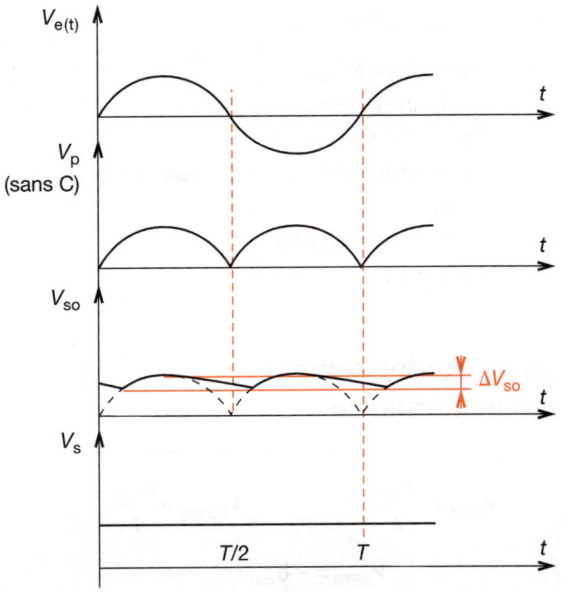

38 Redressement

La fonction redressement consiste en la transformation d'une tension bidirectionnelle en une tension unidirectionnelle.

38 ▪ 1 Grandeurs caractéristiques

- Valeur moyenne d'un signal

$$V_{moy} = \frac{1}{T}\int_0^T v(t)\,dt.$$

- Valeur efficace

$$V_{eff} = \sqrt{\frac{1}{T}\int_0^T v^2(t)\,dt}.$$

- Facteur d'ondulation

$$F_o = \frac{\sqrt{V_{eff}^2 - V_{moy}^2}}{V_{moy}}.$$

Ce facteur est d'autant plus faible que la tension redressée se rapproche du continu.

- Puissance dissipée (ou puissance moyenne)

$$P = \frac{1}{T}\int_0^T u(t)\,i(t)\,dt$$

pour les montages redresseurs.

$V_{BO\,eff}$: valeur efficace de V_{BO}.
$V_{BO\,moy}$: valeur moyenne de V_{BO}.
V_{dRRM} : tension Reverse Ripple Max, soit tension Répétitive Inverse Maximale de la diode.
I_{FRM} : Curent Forward Ripple Max courant répétitif direct maximal.

38 ▪ 2 Redressement monoalternance

$$V_{BO\,eff} = \frac{U_{max}}{2} \qquad V_{BO\,moy} = \frac{U_{max}}{\pi}$$

$$V_{dRRM} = -U_{max}$$

VALEUR MOYENNE

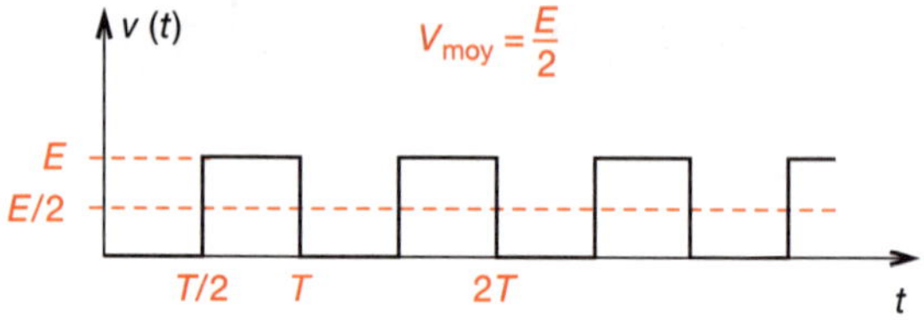

VALEUR EFFICACE

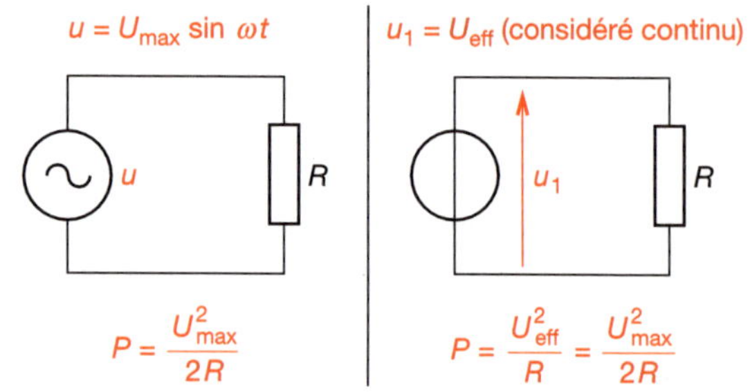

PUISSANCE DISSIPÉE

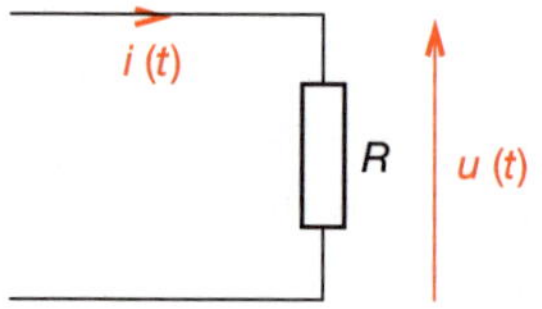

MONTAGES REDRESSEURS

$$V_{AO} = U_{max} \sin \omega t$$

pour tous les montages.

Redressement monoalternance

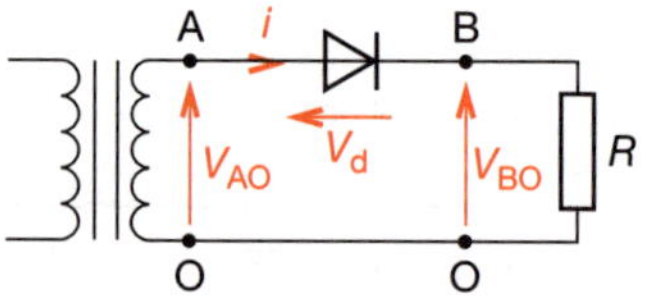

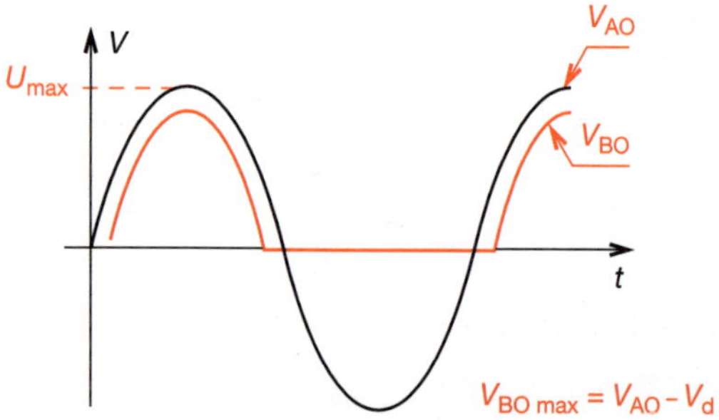

38■3 Redressement double alternance

38■31 Transformateur à point milieu

$$V_{BO\,eff} = \frac{U_{max}}{\sqrt{2}} \qquad V_{BO\,moy} = \frac{2\,U_{max}}{\pi}$$
$$V_{d\,RRM} = -\,2U_{max}$$

TRANSFORMATEUR À POINT MILIEU

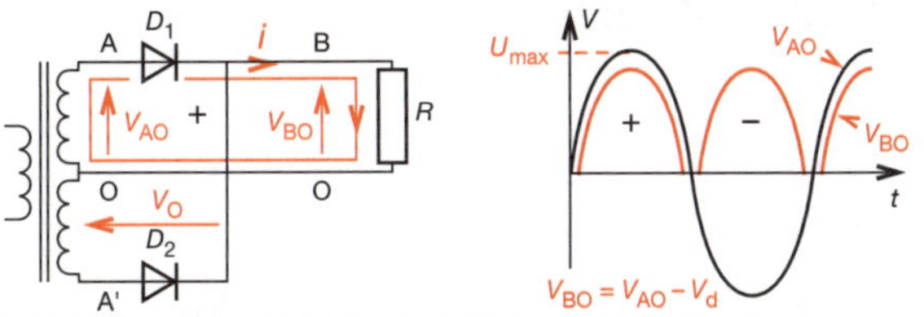

38■32 Pont de Graetz

$$V_{BO\,eff} = \frac{U_{max}}{\sqrt{2}} \qquad V_{BO\,moy} = \frac{2\,U_{max}}{\pi}$$
$$V_{d\,RRM} = -\,U_{max}$$

PONT DE GRAETZ

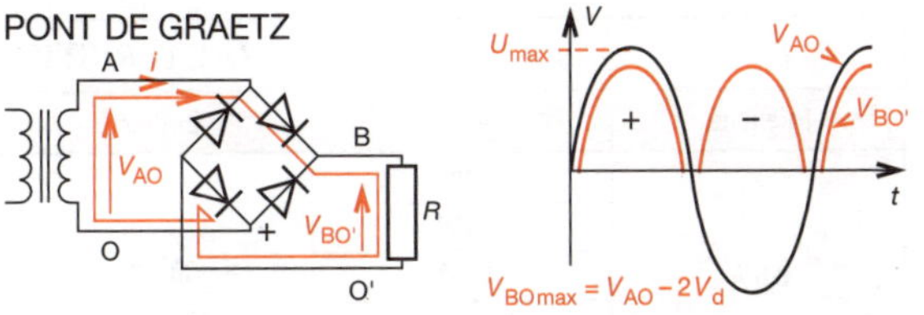

38■4 TABLE DE CALCUL POUR LES MONTAGES REDRESSEURS

Schéma du convertisseur		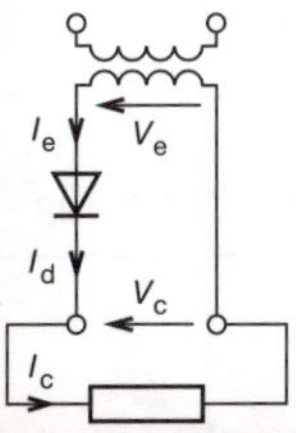	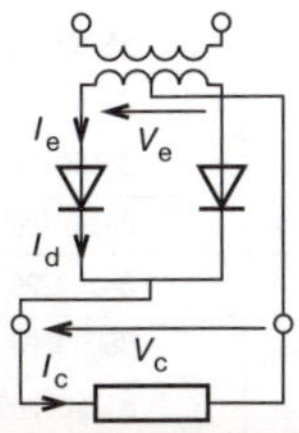	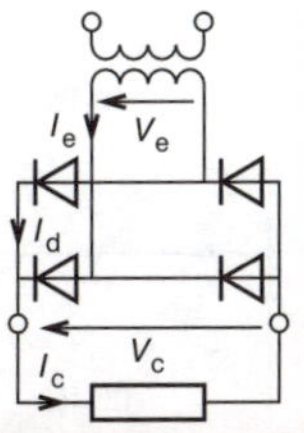	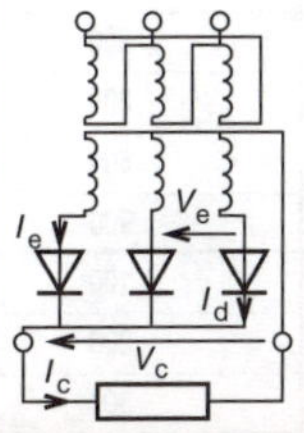	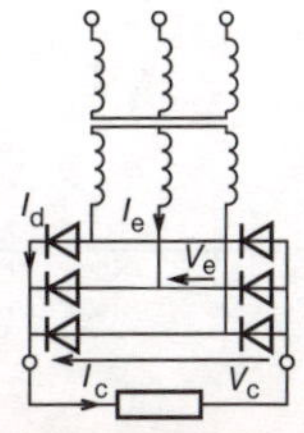
Nom de convertisseur	**Rapport**	**Montage P1**	**Montage P2**	**Montage PD2**	**Montage P3**	**Montage PD3**
Symbole CEI		E1	M2	B2	M3	B6
Rapport entre la fréquence f_r d'entrée et la fréquence f_o de sortie	$\frac{f_r}{f_o}$	1	2	2	3	6
Tension de sortie à vide	$\frac{V_c}{V_{e0}}$	0,45	0,45	0,90	0,67	1,35
Tension inverse aux bornes d'une diode	$\frac{V_{RRM}}{V_c}$	3,14	3,14	1,57	2,10	1,05
Facteur de forme de la tension redressée F	$\frac{V_{d\,eff}}{V_d}$	1,57	1,11	1,11	1,017	1,001
Taux d'ondulation de la tension redressée B	$100\sqrt{F^2-1}$	121 %	48 %	48 %	18,3 %	4,2 %
Courant moyen par diode	$\frac{I_{d\,moy}}{I_c}$	1	0,5	0,5	0,33	0,33
Courant efficace par diode	$\frac{I_{d\,eff}}{I_c}$	1,57	0,79	0,79	0,59	0,59
Courant efficace dans un enroulement	$\frac{I_{e\,eff}}{I_c}$	1,57	0,79	1,11	0,59	0,82
Courant de crête répétitif par diode	$\frac{I_{FRM}}{I_c}$	3,14	1,57	1,57	1,21	1,05
Puissance apparente au secondaire du transformateur en VA	$\frac{P_s}{V_c \cdot I_c}$	3,50	1,75	1,23	1,48	1,05
Puissance apparente au primaire en VA	$\frac{P_p}{V_c \cdot I_c}$	2,68	1,23	1,23	1,22	1,05
Puissance de dimensionnement du transformateur en VA	$\frac{P}{V_c \cdot I_c}$	3,09	1,49	1,23	1,35	1,05

Les rapports sont donnés en fonction de la tension moyenne de sortie V_c ou du courant moyen dans la charge I_c.

38 ■ 5 Choix des diodes de redressement

Il est fonction de :

- la valeur maximale du courant direct répétitif (I_{FRM}),
- la valeur maximale de la tension inverse répétitif (V_{dRRM}),
- la valeur moyenne du courant dans la diode.

$$I_{moy} = \frac{P}{V_d}.$$ V_d = tension moyenne après redressement.

PUISSANCE MOYENNE DISSIPÉE DANS UNE DIODE
$P = \frac{1}{\pi} \cdot \frac{V_d . U_{max}}{R}$ $\quad V_d \approx 0{,}6\ V$

38 ■ 6 PRINCIPALES CARACTÉRISTIQUES DES PONTS REDRESSEURS

Intensité	V_{RRM}	Boîtier	Références
0,6 A	100	CB-198	B40C600
	200		B80C600
	300		B125C600
	600		B250C600
	900		B380C600
1 A	100	CB-198	B40C1000
	200		B80C1000
	300		B125C1000
	600		B250C1000
	900		B380C1000
3 A	100	CB-199	B40C3200
	200		B80C3200
	300		B125C3200
	600		B250C3200
	900		B380C3200
10 A	100	CB-200	BA36931
	200		BB36931
	400		BD36931
	600		BF36931
	1 000		BJ36931
35 A	100	CB-200	BA39931
	400		BD39931
	1 000		BJ39931
50 A	600	CB-200	FB5006

CB-198

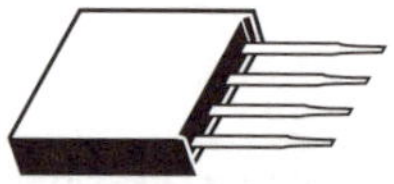

CB-199

CB-199

PONTS MONOPHASÉS GRANDE PUISSANCE

Types	Tensions max V_{eff} (rms) (V)	Tensions max V_d (V)	Tensions recommandées V_{eff} (rms) (V)	Tensions recommandées V_d (V)	I_{DSM} t_{amb} = 40 °C (A) 10 s	1 min	5 min	I_d 40 °C (A)	Diodes (Types)
220 A / t_{amb} = 25 °C - 310 A / 1m/s - $I^2.t$ = 80 000 A^2.s.									
BB 68.363	140	125	72	64					SA2002 R
BD 68.363	280	250	140	125					SA2004 R
BE 68.363	420	380	210	190					SA2006 R
BH 68.363	560	500	280	250	560	470	350	185	SA2008 R
BL 68.363	840	760	425	380					SA2012 R
BN 68.363	990	890	500	450					SA2014 R
BO 68.363	1 130	1 015	570	510					SA2016 R
BP 68.363	1 410	1 270	710	640					SA2020 R

38 ■ 7 Redressement sur charge capacitive

La charge capacitive a pour but d'augmenter la valeur moyenne de la tension redressée, c'est-à-dire de la rendre continue.

Le condensateur joue le rôle d'un **réservoir** d'énergie qui la restitue en partie durant la demi-période pendant laquelle le redresseur ne conduit pas.

■ Calcul de ΔU_R dans le cas d'un redressement monoalternance. Nous allons considérer une constante de temps de décharge grande devant T. Nous faisons l'hypothèse simplificatrice que la décharge commence à $T/4$, que Δt est négligeable et que la décharge de C est linéaire.

$$U_{R\text{moy}} = V_{R\text{max}} - \frac{I_{\text{moy}}}{2C} \cdot T \qquad I_{\text{moy}} = \frac{U_{R\text{moy}}}{R}.$$

	Simple alternance	Double alternance
$U_{R\text{moy}}$	$\dfrac{U_{R\text{max}}}{1+\dfrac{1}{2fRC}}$	$\dfrac{U_{R\text{max}}}{1+\dfrac{1}{4fRC}}$
ΔU_R	$\dfrac{U_{R\text{moy}}}{fRC}$	$\dfrac{U_{R\text{moy}}}{2fRC}$
Expression simplifiée		
ΔU_R	$\dfrac{I_{\text{max}}}{50\,C}$	$\dfrac{I_{\text{max}}}{100\,C}$

Pour diminuer ΔU_R, il faut augmenter C au maximum, mais nous sommes limités par l'intensité de charge et l'encombrement.

38 ■ 8 Exemple d'application

Réaliser une alimentation 15 V/80 mA avec un redressement double alternance en pont.

SOLUTION :

■ Schéma classique (voir ci-contre).

■ Choix du transformateur. Le condensateur réservoir se charge à U_{max} soit une tension efficace au secondaire du transformateur de : $U_{\text{eff}} = U_{\text{max}}/\sqrt{2} = 15/\sqrt{2} = 10{,}6$ V.

Compte tenu des chutes de tension dues aux diodes, on choisit **U_{eff} secondaire = 12 V, U_{eff} primaire 220 V et I_{eff} = 0,1 A** (0,1 A au lieu de 0,08 A pour des raisons de sécurité).

■ Choix des diodes. Le courant d'utilisation étant de 80 mA, on choisit des diodes supportant un courant de **I_{moy} = 0,1 A** et de tension inverse **$V_R = U_{\text{max}} = 12 \times \sqrt{2} = 17$ V** (pont du type B40C 1000 car il n'y en a pas pour V_R moins que 100 V).

■ Choix du condensateur. Pour une alimentation de qualité, on prend $\Delta U/U = 0{,}01$:

soit $\Delta U = 0{,}15$ V, d'où $C = I_{\text{max}}/100\,\Delta U$ soit $C = 666$ µF.

Valeur normalisée **C = 1 000 µF, 35 V.**

REDRESSEMENT SUR CHARGE CAPACITIVE

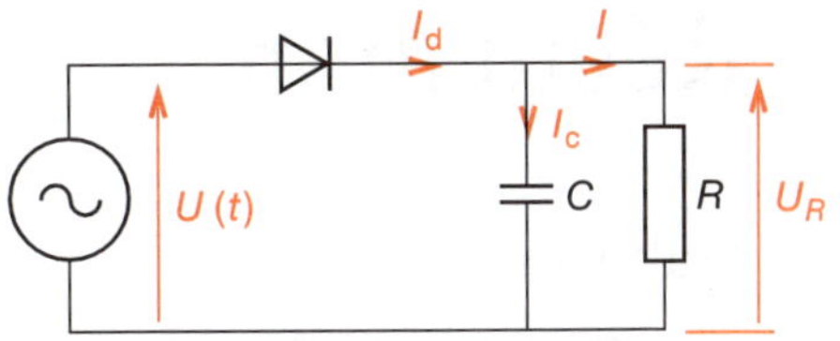

ALLURE DE $U_R(t)$

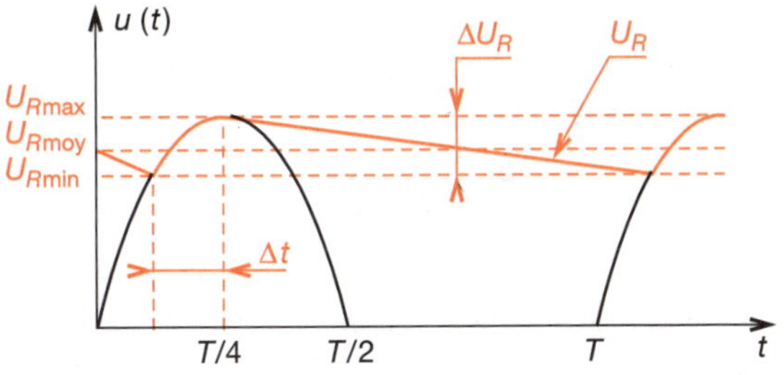

ALLURE DE $I_d(t)$ ET DE $I_c(t)$

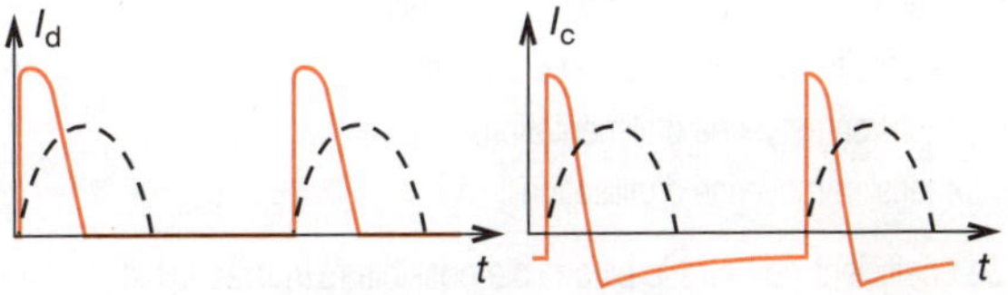

REDRESSEMENT DOUBLE ALTERNANCE

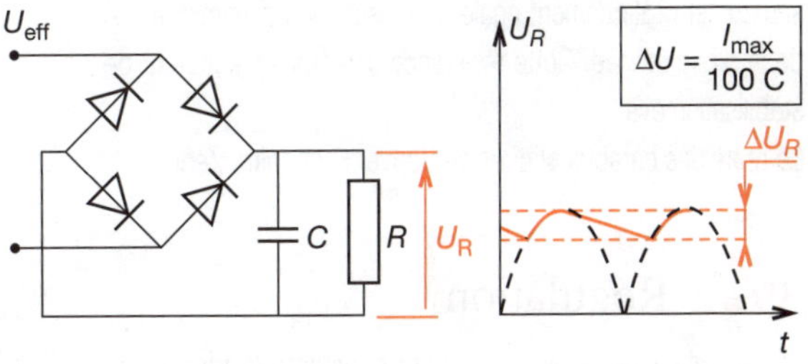

EXEMPLE D'APPLICATION

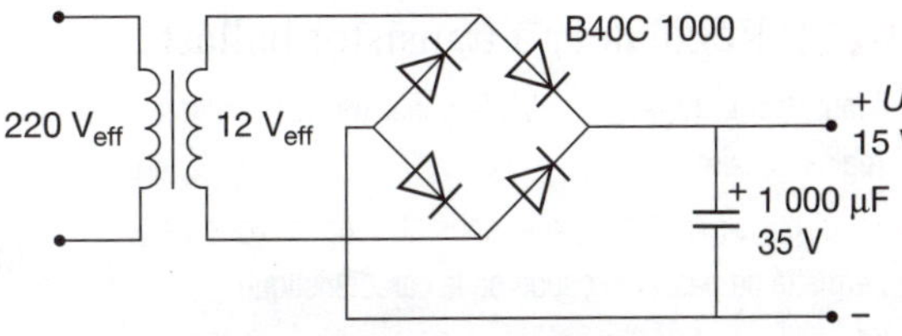

Alimentation 15 V / 80 mA

39 Stabilisation - Régulation

39 ■ 1 Stabilisation

Dans les montages qui ne nécessitent pas une grande précision de la tension ainsi qu'une forte réjection des fluctuations de la tension d'entrée, l'utilisation d'un montage à diode stabilisatrice est suffisant.

La régulation amont de ce montage est donnée par la relation :

$$\frac{\Delta u_U}{\Delta u_A} = \frac{r_Z . I_m}{U_A - U_U}$$

Δu_U : valeur instantanée de la composante variable de l'utilisation.
Δu_A : valeur instantanée de la composante variable de l'alimentation.
r_Z : résistance dynamique de la diode Zener.
I_m : intensité maximale dans la diode Zener.
U_A : tension moyenne d'alimentation.
U_U : tension moyenne d'utilisation.

Ce coefficient doit être le plus faible possible (Δu_U très faible par rapport à Δu_A).

La résistance interne d'une source de tension à diode stabilisatrice est pratiquement égale à la résistance dynamique (r_Z) de la diode utilisée. Cette résistance caractérise le facteur de stabilisation aval.
Le reste des caractéristiques se trouve au chapitre Zener.

39 ■ 2 Régulation

Le régulateur de tension maintient constante la tension de sortie en réagissant de façon à compenser ses variations.

39 ■ 21 Régulateur à transistor ballast

■ Il faut $V_e > V_s$ ($V_{CEmin} \approx 2$ V), le transistor doit fonctionner en régime linéaire.

■ Il faut choisir R_p telle que le courant dans la diode Zener lui permette de passer le coude de la caractéristique.

■ Il faut calculer la puissance dissipée dans le composant :

$$P_D = V_{CE} . I_{ch} \quad (i_b \text{ négligeable}).$$

STABILISATION PAR DIODE ZENER

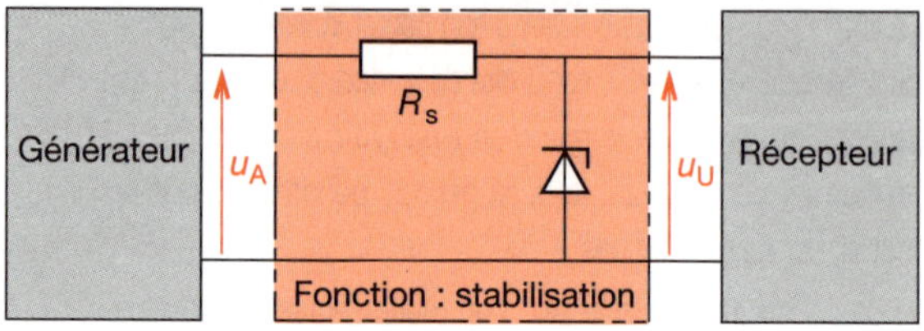

RÉGULATION À TRANSISTOR BALLAST

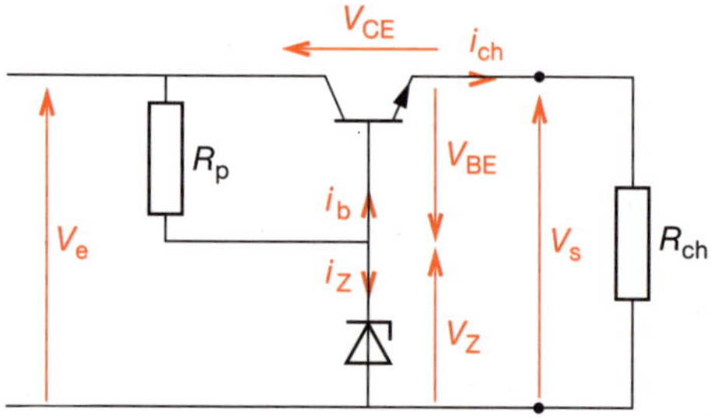

MODÉLISATION : PETITS SIGNAUX, FAIBLES VARIATIONS

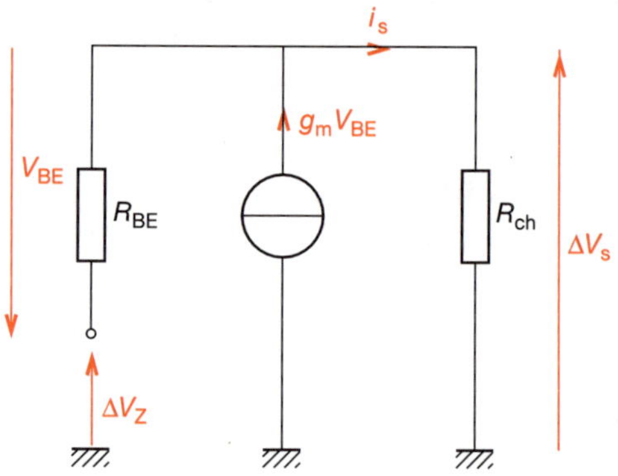

SCHÉMA FONCTIONNEL

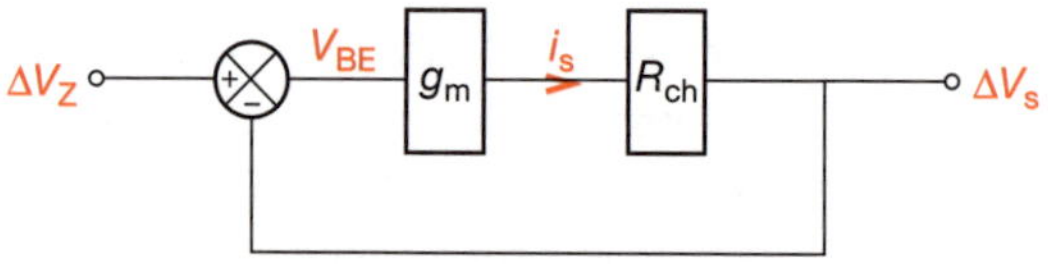

Montrons la régulation :

$$\Delta V_s \nearrow, \; V_{BE} \searrow, \; i_s \searrow, \; \Delta V_s \searrow$$

39 ■ 22 Régulateurs intégrés type série

Les régulateurs intégrés type série se présentent sous forme d'un boîtier trois broches ; ils possèdent une tension V_s (V_{out}) très stable et réjectent efficacement les variations de la tension d'entrée.

39 ■ 221 Caractéristiques technologiques

Il existe différents types de régulateurs série.

■ Les régulateurs positifs

Ils effectuent la conversion d'une tension positive en une tension positive de valeur inférieure.

■ Les régulateurs négatifs

Ils effectuent la conversion d'une tension négative en une tension négative de valeur supérieure.

■ Les régulateurs bitension

Ils sont composés d'un régulateur positif et d'un régulateur négatif.

■ Les régulateurs ajustables

Leur boucle de contre-réaction est externe et permet des plages de variation de V_s allant de 1,2 V à 47 V.

I_{ADJ} est souvent négligeable.

$$V_s = V_{ref}\left(1 + \frac{R_2}{R_1}\right)$$

Les caractéristiques sont :

■ Dropout voltage $\left(V_{DV\,min} = (V_e - V_s)_{min}\right)$

C'est la différence de potentiel minimale entre entrée et sortie pour que le régulateur fonctionne.

■ Line régulation (0,01 %/V pour un LM 117) : 5 V indique en %/V les variations de la tension V_s pour une variation de V_e en régime établi.

■ Load régulation (0,3 %/A pour un LM 117) : R_0 indique en % les variations de V_s pour une variation de I_u en régime établi.

■ Output Noise Voltage (0,003 % de V_s) valeur efficace de la tension de bruit en sortie.

■ Maximum power dissipation

Puissance maximale dissipable par le régulateur.

Puissance dissipée par le régulateur série.

$$P = V_{DV} \cdot I_{ch}$$

RÉGULATEUR INTÉGRÉ TYPE SÉRIE

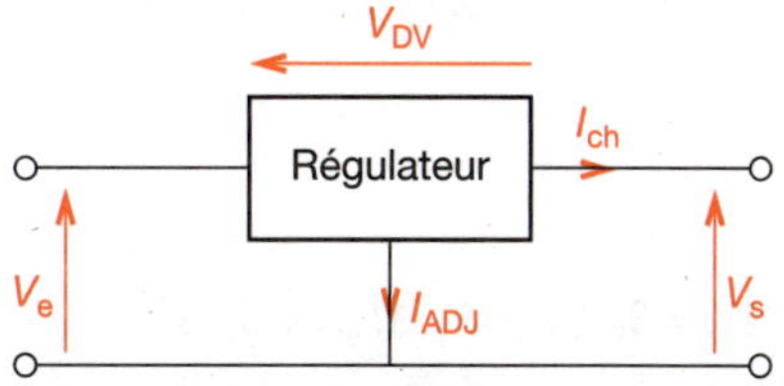

RÉGULATEUR SÉRIE, PRINCIPE DE FONCTIONNEMENT

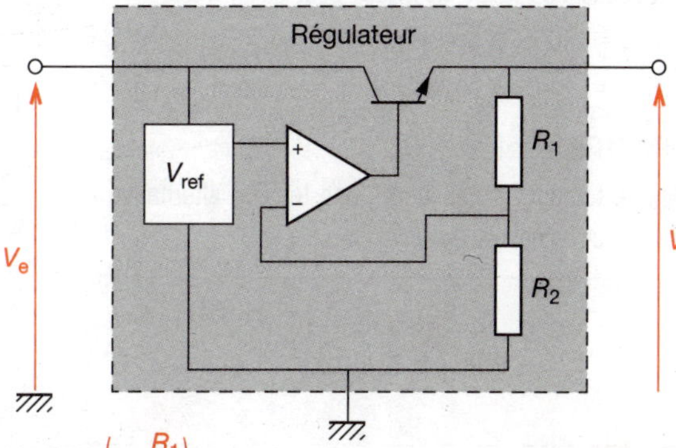

$$V_s = V_{ref}\left(1 + \frac{R_1}{R_2}\right)$$

RÉGULATEUR AJUSTABLE, LE LM 117

$$V_s = V_{ref}\left(1 + \frac{R_2}{R_1}\right) + I_{ADJ}R_2$$

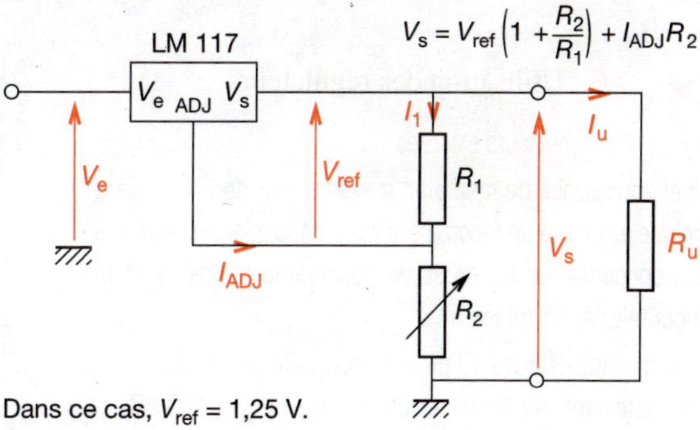

Dans ce cas, V_{ref} = 1,25 V.

DROPOUT VOLTAGE, LOAD REGULATION = $F(\theta)$ LM 117 EN CHARGE

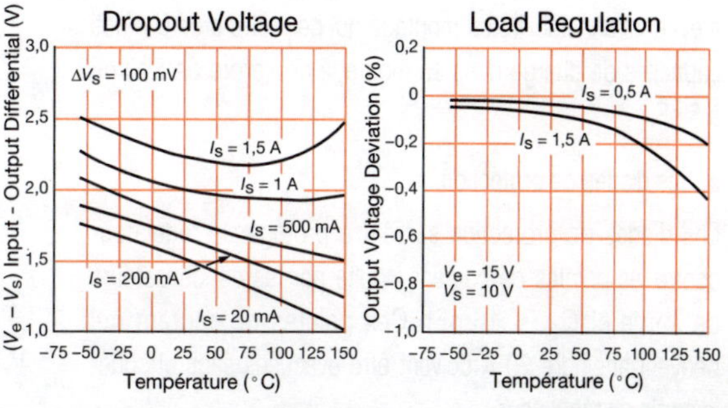

(D'après NSC.)

■ Température Stability : S_T

Variation de la tension de sortie en fonction de la variation de température.

Variation totale de la sortie :

$$\Delta V_s = S_V . \Delta V_e + R_o . \Delta I_{load} + S_T . \Delta \theta$$

■ Les constructeurs donnent aussi pour les LM 117H

R_{thja} = 140 °C/W boîtier type H

et R_{thjc} = 12 °C/W boîtier type H.

■ Ripple Rejection Ratio : RRR = 80 dB

C'est le facteur de rejection d'une tension alternative à l'entrée due à l'ondulation de V_e.

$$RRR_{dB} = 20 \lg \frac{|\Delta V_s|}{|\Delta V_e|}$$

$\Delta V_e = \Delta V_{max} . \sin \omega t.$

$\Delta V_s = \Delta V_{smax} . \sin \omega t.$

39 ■ 222 Utilisation des régulateurs

■ Les condensateurs externes

Il est nécessaire de mettre un condensateur de 0,1 µF céramique à l'entrée de façon à éliminer l'ondulation HF ainsi que un condensateur C_L de sortie polarisé au tantale de 1 µF pour réjecter les transitoires.

Un condensateur de 10 µF est nécessaire sur la sortie ADJ (Adjustement) de façon à obtenir un RRR_{dB} = 80 dB, ce condensateur est au tantale solide pour ses qualités de tenue en fréquence.

Attention ! le condensateur de sortie (C_L) de 1 µF sert aussi à éviter une instabilité du montage qui peut être créé par des capacités de charge dues au montage de l'ordre de 500 pF à 5 nF.

■ Les diodes de protection

Les diodes de protection servent à protéger le régulateur contre les pointes de courant induite par les condensateurs de sortie et C_2 (≈ 10 pF). Ces pointes de courant qui peuvent atteindre 20 A doivent être évacuées sans attaquer la sortie du régulateur.

COEFFICIENT DE TEMPÉRATURE ET LIMITE EN COURANT

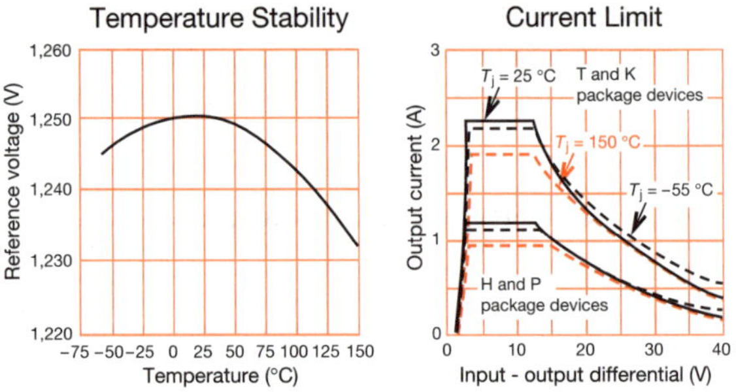

RÉJECTION DE L'ONDULATION DE V_e - LM 117

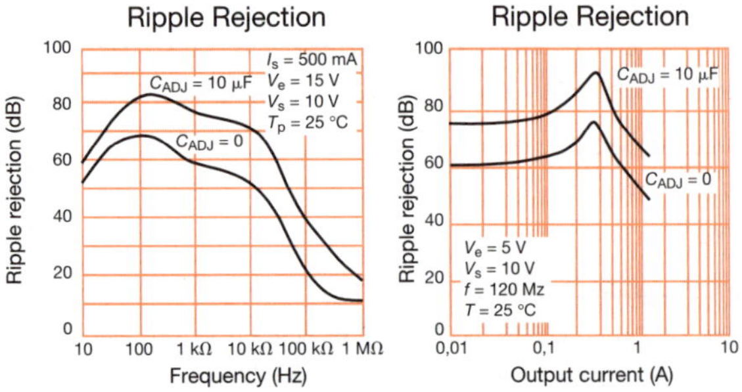

INFLUENCES DE C_{ADJ} ET DE C_L SUR LA RÉPONSE À L'ÉCHELON ET LA RÉJECTION - LM 117

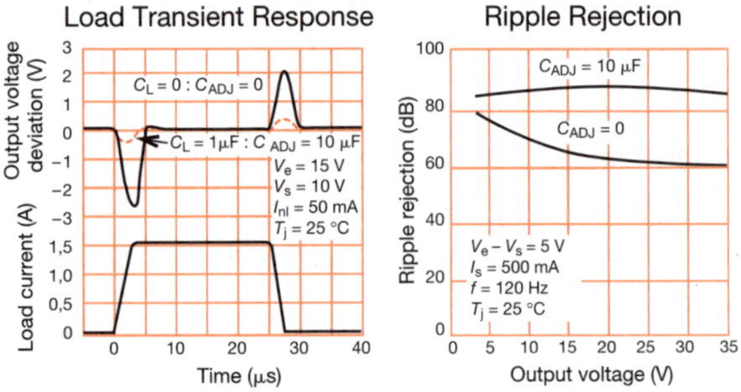

ÉLÉMENTS EXTERNES DES RÉGULATEURS

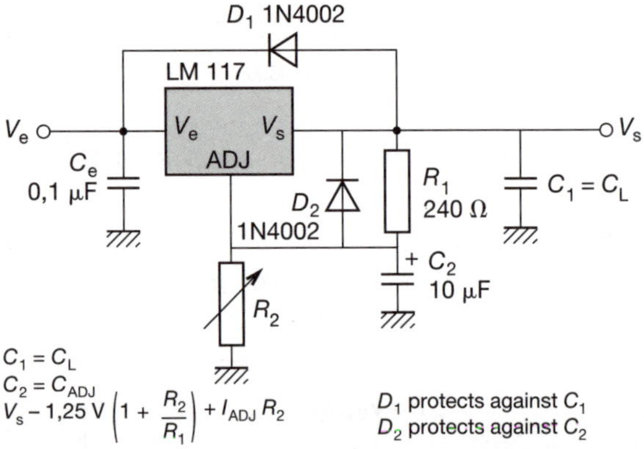

Régulateur 10 V haute stabilité

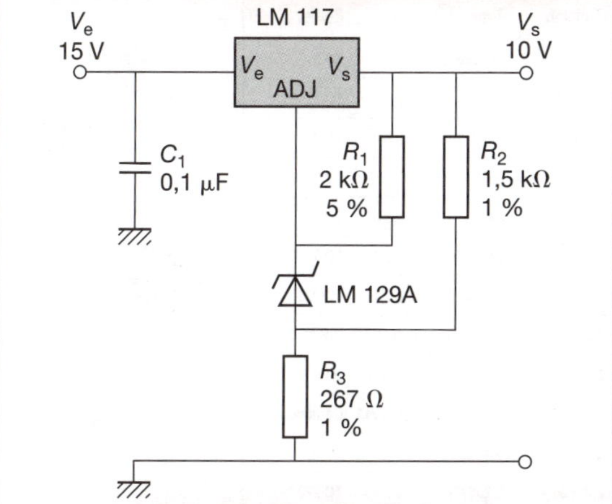

Alimentation 5 V à coupure électronique

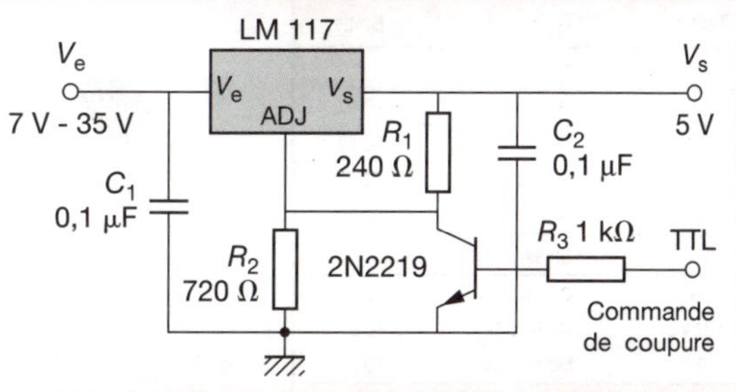

Source de courant commandée

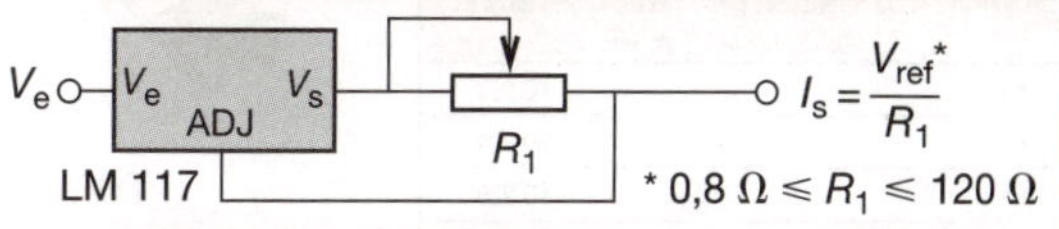

Régulateur ajustable à fort courant de sortie

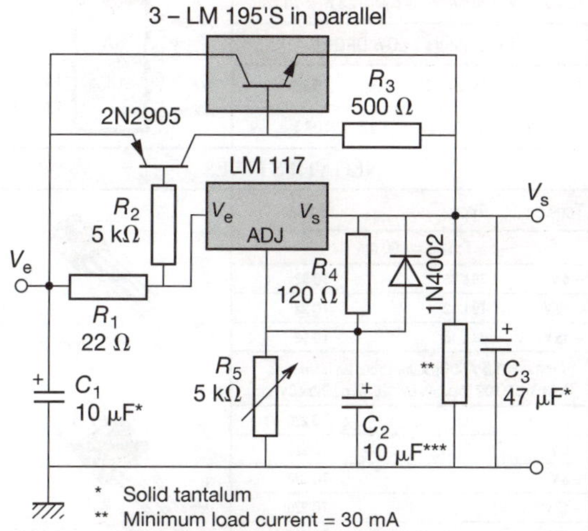

* Solid tantalum
** Minimum load current = 30 mA
*** Optinal-improves ripple rejection

Alimentation bitension

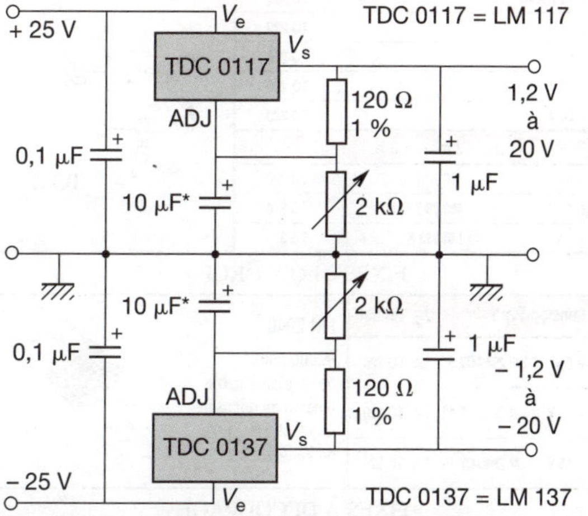

* La capacité de 10 µF est facultative pour améliorer la réjection ligne.

Alimentation de laboratoire à tension de sortie et limitation de courant ajustable

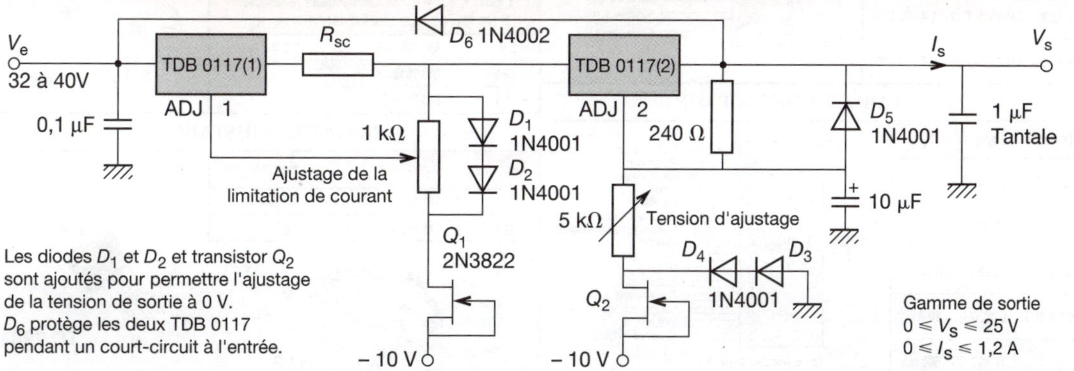

Les diodes D_1 et D_2 et transistor Q_2 sont ajoutés pour permettre l'ajustage de la tension de sortie à 0 V.
D_6 protège les deux TDB 0117 pendant un court-circuit à l'entrée.

39 ■ 224 CHOIX D'UN RÉGULATEUR

POSITIFS FIXES

Tension	Type	Boitier
***I* max. = 100 mA**		
+ 5 V	78 L 05	TO 92
+ 8 V	78 L 08	TO 92
+ 12 V	78 L 12	TO 92
+ 15 V	78 L 15	TO 92
***I* max. = 1 A**		
+ 5 V	MC 7805 CK	TO 3
+ 12 V	MC 7812 CK	TO 3
+ 15 V	MC 7815 CK	TO 3
***I* max. = 1,5 A** (Sauf indication contraire) Disponibles sous références : MC 78xx CT, SFC 28xx EC, L 78xx CV, LM 340 T xx, etc.		
+ 5 V		TO 220
+ 6 V		TO 220
+ 8 V		TO 220
+ 8,5 V (L 4885 CV)		TO 220
+ 9 V (2 A) TO 220		
+ 10 V (2 A)		TO 220
+ 12 V		TO 220
+ 15 V		TO 220
+ 18 V		TO 220
+ 24 V		TO 220
***I* max. = 3 A**		
+ 5 V	MC 78 T 05 CT	TO 220
+ 12 V	MC 78 T 12 CT	TO 220
+ 5 V	LM 323 K	TO 3

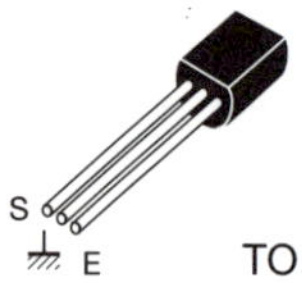

TO 92

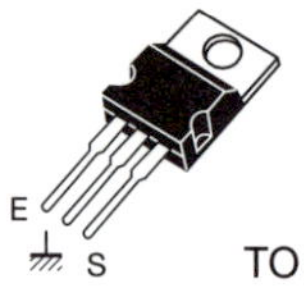

TO 220

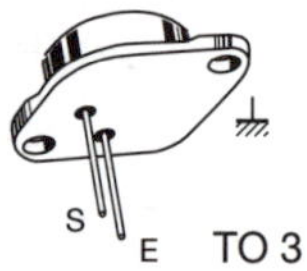

TO 3

FIXES « LOW DROP »

Tension	Type	I_S	Boitier
+ 5 V	LM 2940 CT 5	1 A	TO 220
+ 12 V	LM 2940 CT 12	1 A	TO 220
+ 15 V	LM 2940 CT 15	1 A	TO 220

LM 2940

Régulateurs de tension à faible tension de déchet régulent à partir de V_{nom} + 0,5 V

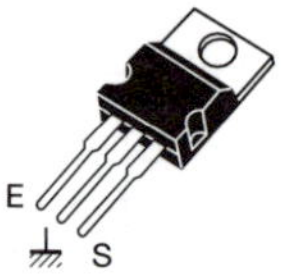

FIXES À DÉCOUPAGE

Tension	Type	I_S	Boitier
+ 5 V	LM 2575-T 5	1 A	TO 220
+ 12 V	LM 2575-T 12	1 A	TO 220
+ 15 V	LM 2575-T 15	1 A	TO 220

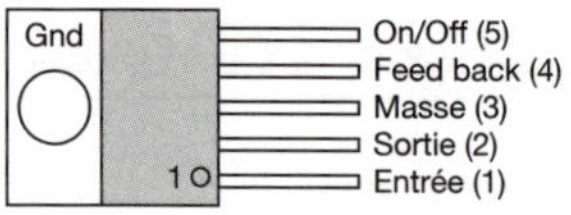

AJUSTABLES À DÉCOUPAGE

Tension	Type	I_S
1,23 à 37 V	LM 2575-T	1 A
1,23 à 37 V	LM 2576-T	3 A
5,1 à 40 V	L 296	4 A
5,1 à 40 V	L 4970 A	10 A
	TL 497 CN	500 mA

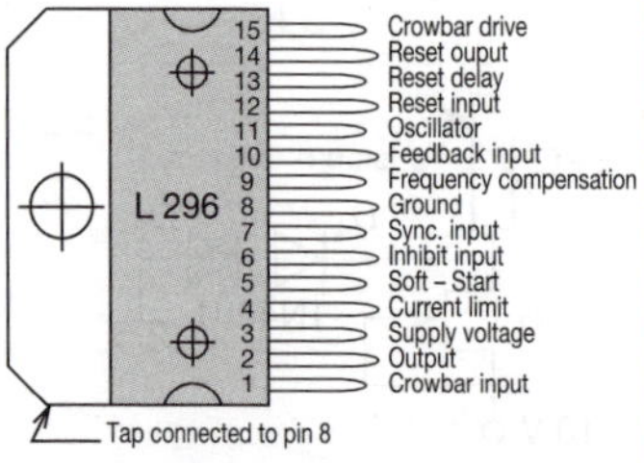

POSITIFS AJUSTABLES

Tension	Type	I_S	Boitier
1,2 à 15 V	LM 396 K	10 A	TO 3
1,2 à 32 V	LM 350 K	3 A	TO 3
1,2 à 32 V	LM 338 K	5 A	TO 3
1,2 à 37 V/2 W	LM 317 HP	0,5 A	TO 39
1,2 à 37 V	LM 317 T	1,5 A	TO 220
1,2 à 37 V	LM 317 K	1,5 A	TO 3
1,2 à 125 V	TL 783 C	0,7 A	TO 220
1,3 à 16 V	ICL 7663 CPA	40 mA	DIP 8
2 à 37 V	µA/LM 723	150 mA	DIP 14
2 à 37 V	µA/LM 723	150 mA	Céramique 14
2 à 37 V	µA/LM 723	150 mA	TO 5
2,9 à 36 V	L 200 CV	0 à 2 A	TO 220
HIP 5600IS – Haute tension			
1,2 V à 320 V	10 mA (30 mA pointe) 2,8 W		TO 220
Régulateurs « LOW DROP »			
5 à 20 V	LM 2941 CT	1 A	TO 220
1,2 à 34 V	LT 1083 CP	7,5 A	TOP 3

TO 39

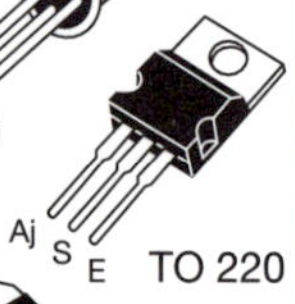

TO 220

TO 3P

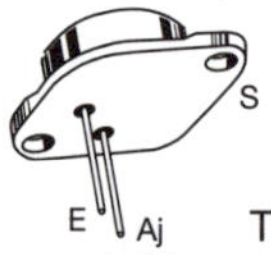

TO 3

Régulateur micropuissance

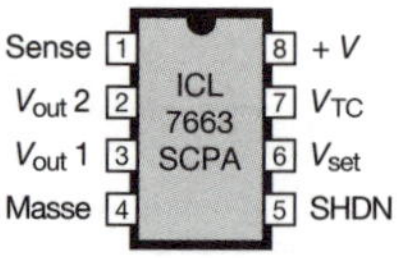

NÉGATIFS FIXES

Tension	Type	Boitier
***I* max. = 100 mA**		
– 5 V	79 L 05	TO 92
– 12 V	79 L 12	TO 92
– 15 V	79 L 15	TO 92
***I* max. = 1,5 A** (Disponibles sous les références : MC 79xx CT, TDB 29xx SP, LM 320 T xx, L 79xx CV, etc.)		
– 5 V		TO 220
– 6 V		TO 220
– 8 V		TO 220
– 12 V		TO 220
– 15 V		TO 220
– 18 V		TO 220
– 24 V		TO 220
***I* max. = 1,5 A** (Disponibles sous les références : MC 79xx CK, TDB 29xx KM, LM 320 K xx, etc.		
– 5 V	MC 7905 CK	TO 3
– 12 V	MC 7912 CK	TO 3
– 15 V	MC 7915 CK	TO 3

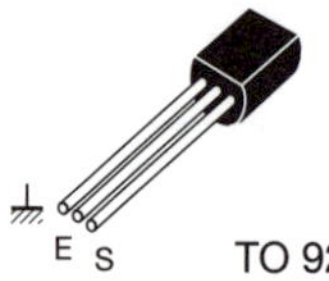

TO 92

TO 220

TO 3

NÉGATIFS AJUSTABLES

Tension	Type	I_S	Boitier
– 37 à – 1,2 V	LM 337 T	1,5 A	TO 220
– 37 à – 1,2 V	LM 337 K	1,5 A	TO 3

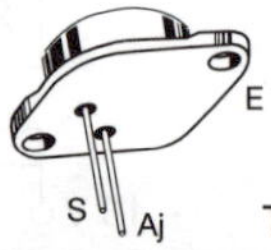

TO 3

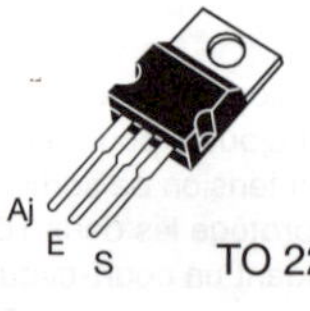

TO 220

* D'après National semiconducteur.

39 ▪ 23 Régulateurs de type shunt

Les régulateurs intégrés de type shunt se présentent sous forme d'une diode Zener dont on pourrait régler la tension Zener de sortie.

Le régulateur présente l'avantage par rapport aux régulateurs série d'être moins sensible aux surtensions d'entrée, et ne renvoie pas de courant de charge transitoire sur l'alimentation.

39 ▪ 231 Caractéristiques technologiques données par un LM 431

- V_{ref} : référence voltage : 2,495 V.

C'est la tension de référence.

- V_{dev} : variation maximale de V_{ref} avec la température : 17 mV.
- $\frac{\Delta V_{ref}}{\Delta V_D}$: influence de la variation de V_{ref} sur la variation de V_s : 2 mV/V max.
- I_{ref} : courant d'entrée de la référence.

$$I_{ref} = 4\ \mu A.$$

- $I_{s(min)}$: courant minimum dans la cathode permettant au montage de fonctionner $I_{s(min)} = 1$ mA.
- $r_s = \frac{\Delta V_s}{\Delta I_d}$: résistance dynamique de sortie $r_s = 0,75\ \Omega$.

SYMBOLE (DIODE STABILISATRICE PROGRAMMABLE)

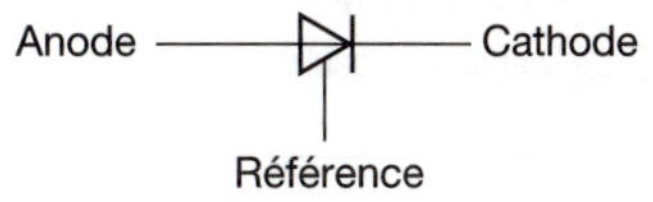

SCHÉMA FONCTIONNEL INTERNE

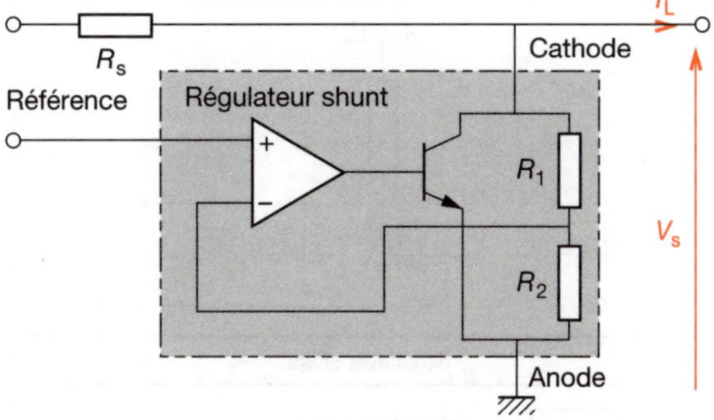

MONTAGE DE BASE

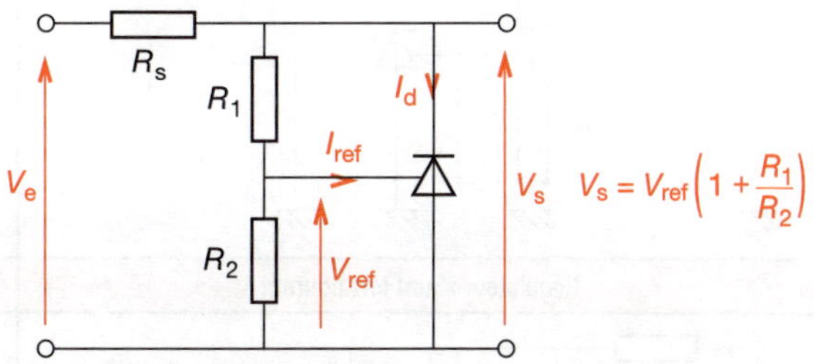

MONTAGE DE TEST DIODE : STABILISATRICE, DIODE ZENER		COMPARAISON DES CARACTÉRISTIQUES AVEC UNE ZENER
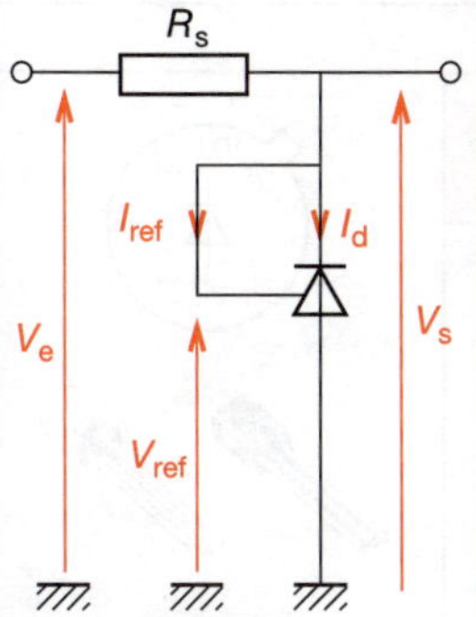	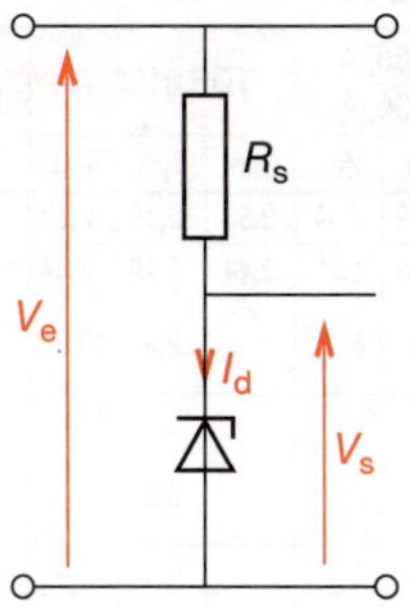	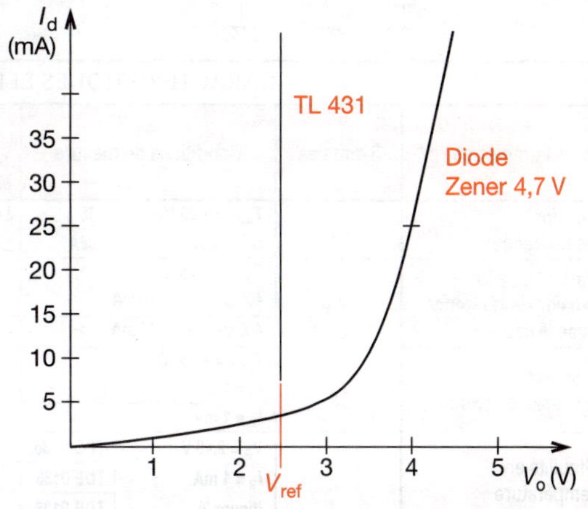

39 ■ 232 Utilisation

Ces diodes peuvent être employées dans tous les montages de référence de tension. Les constructeurs donnent dans leurs notices techniques des applications particulières.

39 ■ 233 EXEMPLES

Utilisation en comparateur

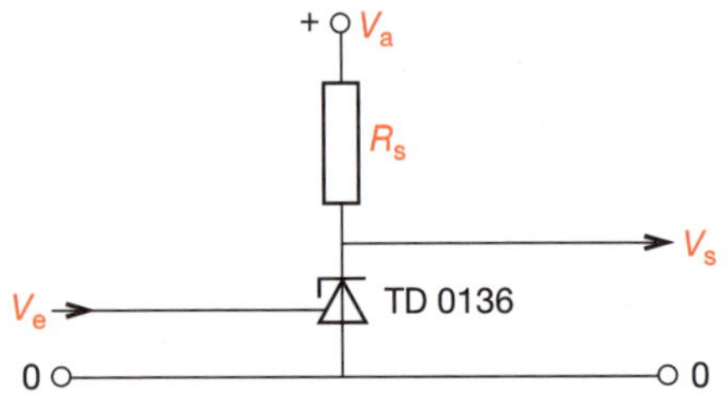

Régulateur shunt

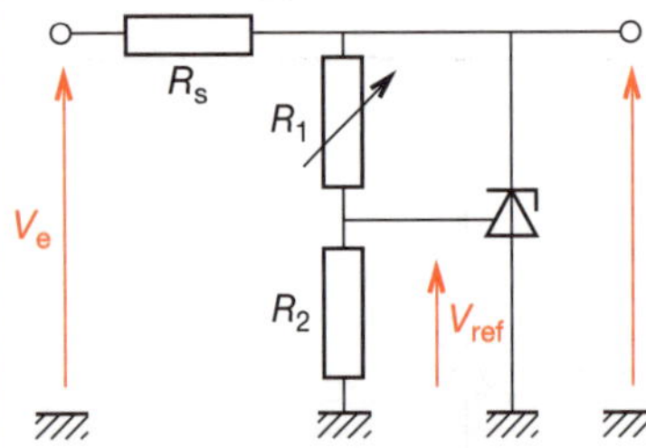

$$V_s = V_{ref}\left(1 + \frac{R_1}{R_2}\right)$$

Régulateur série

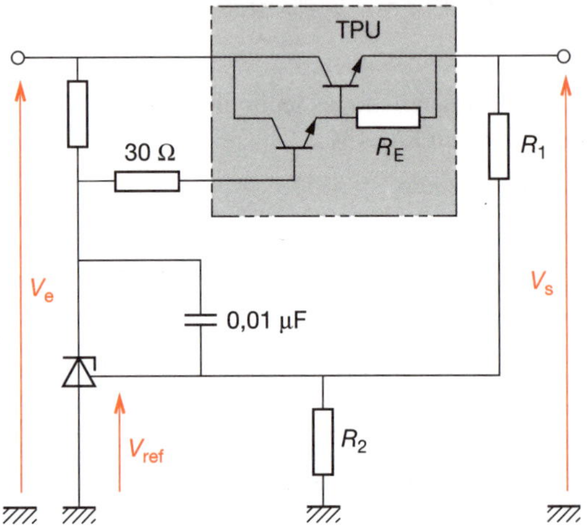

$$V_s = V_{ref}\left(1 + \frac{R_1}{R_2}\right)$$

Régulateur shunt fort courant

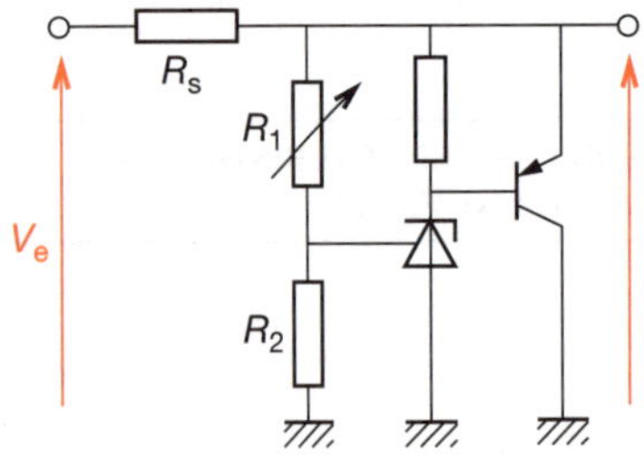

$$V_s = V_{ref}\left(1 + \frac{R_1}{R_2}\right)$$

Limitation en courant

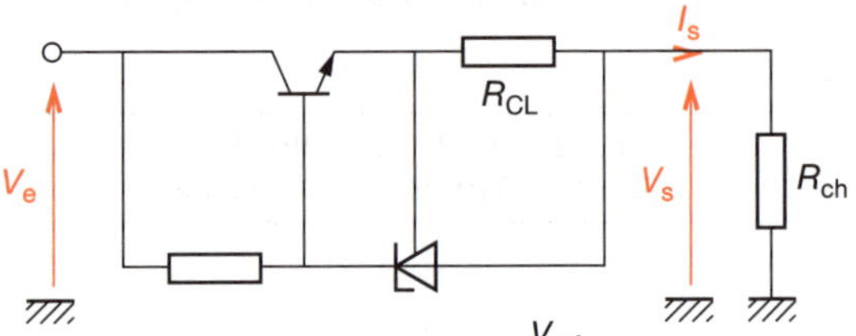

Butée de courant $I_{s\,max} = \frac{V_{ref}}{R_{CL}}$

CARACTÉRISTIQUES ÉLECTRIQUES TD 0136 (LM 136)

Paramètres	Symboles	Conditions de mesure		TDC 0136, A / TDE 0136, A Min.	Typ.	Max.	TDB 0136, A Min.	Typ.	Max.	Unités
Tension de référence	V_{ref}	T_{amb} = + 25 °C	136	2,44	2,49	2,54	2,39	2,49	2,59	V
		I_R = 1 mA	136A	2,465	2,49	2,515	2,44	2,49	2,54	
Variation de la tension de référence avec le courant	ΔV_{ref}	T_{amb} = + 25 °C 400 µA ⩽ I_R ⩽ 10 mA			2,6	6		2,6	10	mV
		400 µA ⩽ I_R ⩽ 10 mA			3	10		3	12	
Impédance dynamique inverse	Z_D	T_{amb} = + 25 °C I_R = 1 mA			0,2	0,6		0,2	1	Ω
		I_R = 1 mA			0,4	1		0,4	1,4	
Stabilité en température		V_R = 2,49 V	TDC 0136		12	18				mV
		I_R = 1 mA	TDE 0136		3,5	9				
		(figure 2)	TDB 0136					1,8	6	
Stabilité dans le temps	K_{VH}	T_{amb} = + 25 °C ± 0,1 °C I_R = 1 mA			20			20		ppm

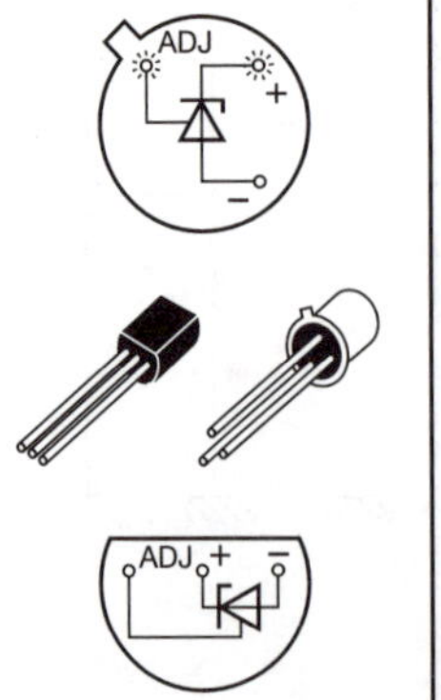

D'après Thomson.

40 Sources de courant

Une source de courant est un dipôle actif qui fournit un courant dont l'intensité est indépendante de la résistance de charge.

40 ▪ 1 Source de courant à transistor

Le courant I_C dans la charge en indépendant de R_C et ne dépend que de V_Z et de R_E.

$$I_C \approx I_E = \frac{V_Z - V_{BE}}{R_E} = \text{Cte}$$

40 ▪ 2 Source à miroir de courant

40 ▪ 21 Source de base

L'entrée se fait sur T_1, la sortie sur T_2.

$$I_2 = I_1\left(\frac{1}{1 + \frac{2}{\beta}}\right) \approx I_1\left(1 - \frac{2}{\beta}\right),$$

soit $I_2 \approx I_1$.

Résistance de sortie dynamique

$r_s \approx r_{CE}$ de T_2

$r_s \approx 120\ \text{k}\Omega$.

Pour mettre en œuvre un tel générateur, il faut prendre des transistors dont la surface de l'émetteur est identique. Dans le cas de montage en éléments discrets, nous prendrons un réseau de transistors sur même substrat.

40 ▪ 22 Sources multiples

$$I_2 = I_1\left(1 - \frac{3}{\beta}\right) \approx I_1.$$

Le transistor T_3 multiémetteurs se rencontre beaucoup dans les structures intégrées ; ce montage est à double émetteur et possède un courant de collecteur :

$$I_3 = 2I_1\left(1 - \frac{3}{\beta}\right) \approx 2I_1.$$

SOURCE DE COURANT À TRANSISTOR

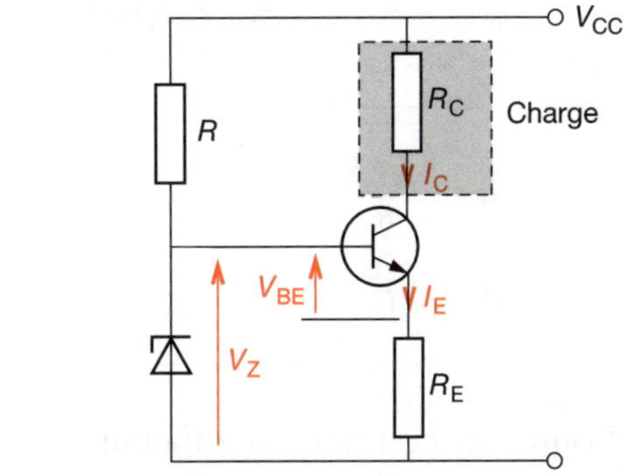

SOURCE À MIROIR DE COURANT

Montage de base

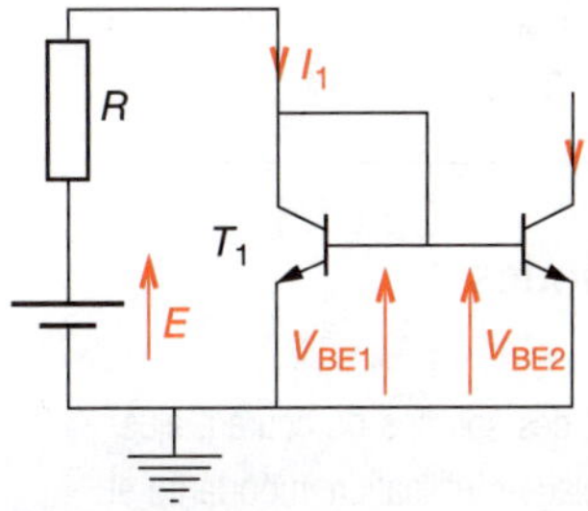

$$I_1 = \frac{E - V_{BE}}{R}$$

$$I_1 \approx I_2$$

SOURCES MULTIPLES

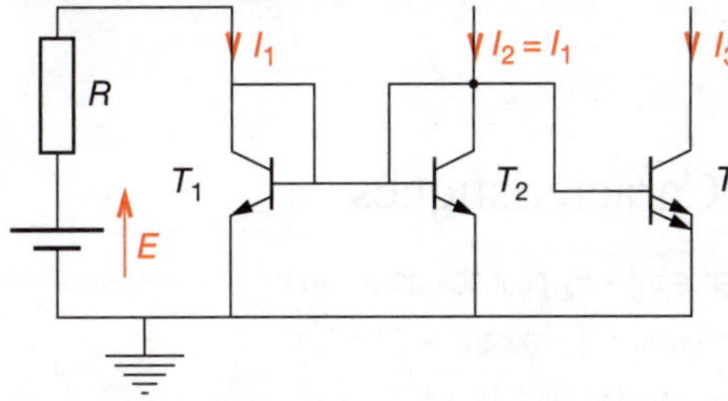

MIROIRS DE PRÉCISION

Miroir amélioré

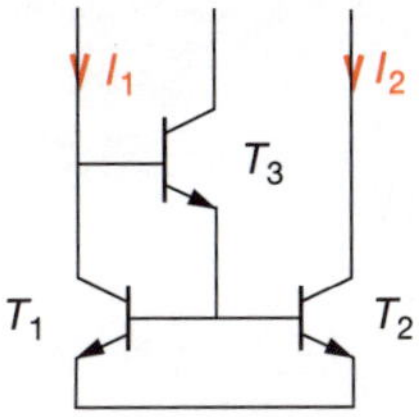

- $I_2 = I_1\left(1 - \frac{2}{\beta^2}\right) \approx I_1$
- $r_s \approx r_{CE}$

Miroir type Wilson

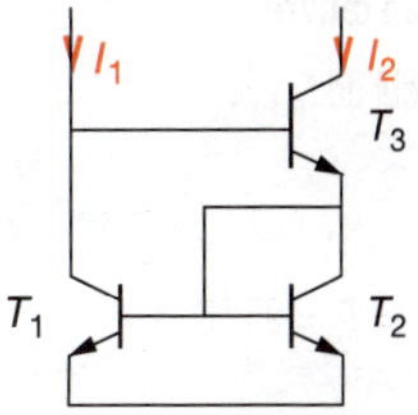

- $I_2 = I_1\left(1 - \frac{2}{\beta^2}\right) \approx I_1$
- $r_s \approx r_{CE} \cdot \frac{\beta}{2}$

40 ■ 3 Source de courant à ALI

Dans ce montage I^- étant considéré comme nul, le courant I_E est fixé par V_e, V_{CC}, R.

$$I_E = \frac{V_{CC} - V_e}{R}$$

$$\text{et} \quad I_E \approx I_S$$

40 ■ 31 Source de courant à régulateur de tension

I_{ADJ} étant considéré comme négligeable :

$$I_L = \frac{V_{ref}}{R_1}$$

40 ■ 32 Sources à diodes programmables

Les LM 134, 234 et 334 sont des sources de courant ajustables, caratérisées par une plage d'utilisation importante et programmable par une résistance externe. Il est à noter que le courant de sortie est très sensible aux variations de température.

40 ■ 4 Caractéristiques

- La différence $V_e^+ - V_e^-$ peut aller de 1 à 40 V.
- Taux de régulation du courant de 0,02 %/V.
- Programmation de 1 µA à 10 mA.
- Variation de I_{set} en fonction de la température (≈ 4 %).

Mise en œuvre

- Calcul de I_{set}

$$I_0 = I_{set} = \frac{67{,}7}{R_{set}} \text{ mV},$$

pour $T_j = T_0 = 25$ °C.

- Proportionnalité par rapport à la température

$$I_{set} = I_0 \cdot \frac{T}{T_0},$$

T et T_0 exprimés en kelvins.

SOURCE AVEC ALI

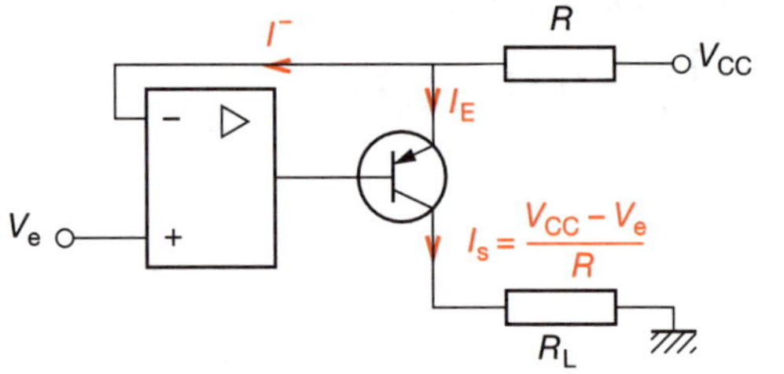

SOURCE 1A AVEC RÉGULATEUR DE TENSION

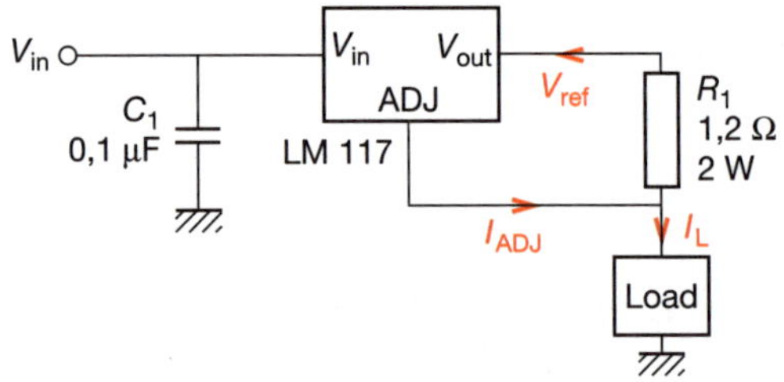

LM 134 MONTAGE DE BASE

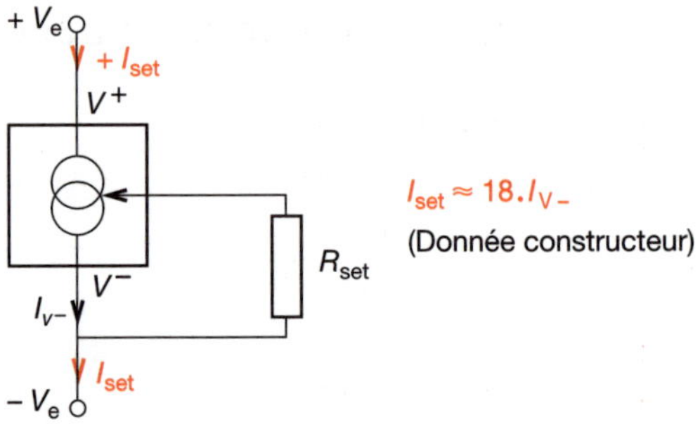

SOURCE DE COURANT COMPENSÉE EN TEMPÉRATURE

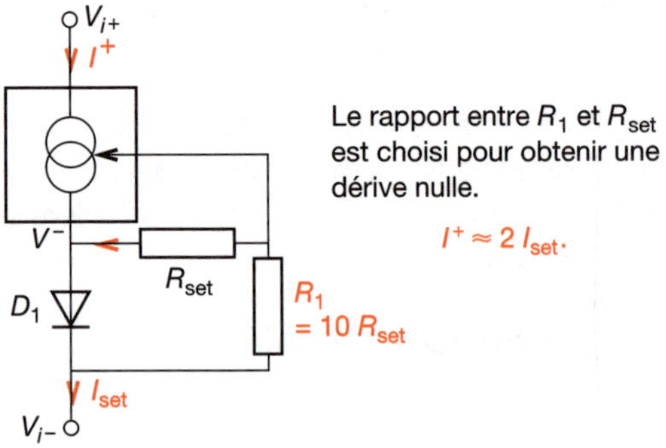

BROCHAGE, VUE DE DESSOUS

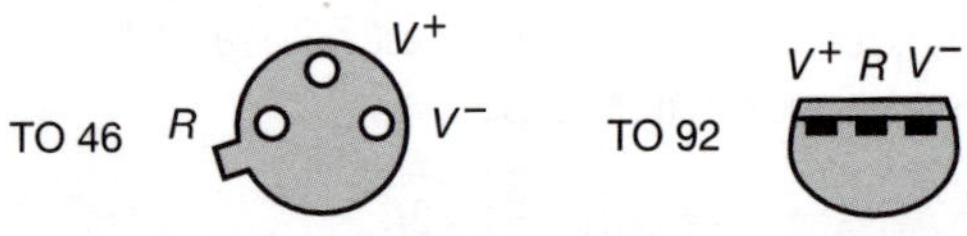

41 Sources et tension de précision

On utilise pour cette fonction des éléments de stabilisation ou de régulation.

41 ■ 1 Référence de tension à diode Zener

La tension aux bornes de la diode (V_Z) constitue la tension de référence. Cette technique est peu satisfaisante car les variations de courant dans la diode stabilisatrice provoquent une erreur de la tension de référence. On utilise généralement un générateur de courant à transistor qui minimise l'influence de la résistance dynamique de la diode Zener, et réduit la variation de V_{ref} par rapport aux variations de température grâce au coefficient de température positif de la diode Zener qui équilibre le coefficient de température négatif du transistor.

41 ■ 2 Références de tension à transistor

Elles sont surtout utilisées dans les montages intégrés et le multiplieur de V_{BE}, la source de courant est souvent réalisée à l'aide de miroirs de courant.

41 ■ 3 Sources de tensions par diodes programmables

Souvent réalisées par des régulateurs de type shunt, ils possèdent certainement les meilleures caractéristiques en terme de précision et dérive (voir stabilisation, régulation).

41 ■ 4 Sources de tensions à diode Zener thermostatée

Pour un courant d'utilisation de faible intensité, on peut stabiliser une source de tension à l'aide d'une diode Zener thermostatée (LM 199) et d'un ALI. L'emploi d'un tampon permet d'obtenir n'importe quelle valeur de tension régulée. Ici, un gain de 1,45 déterminé par les deux résistances de 20 kΩ et de 9 kΩ permet d'obtenir une tension de 10 V.

- Coefficient de température : 3.10^{-6} %/°C.
- Bruit : 20 µV (valeur efficace).
- Stabilité pour 1 000 heures 20 ppm.

REFÉRENCE DE TENSION À DIODE ZENER

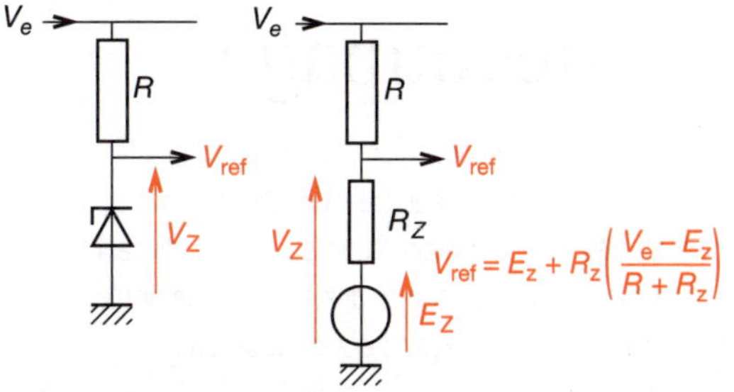

RÉFÉRENCE À DIODE ZENER ET SOURCE DE COURANT

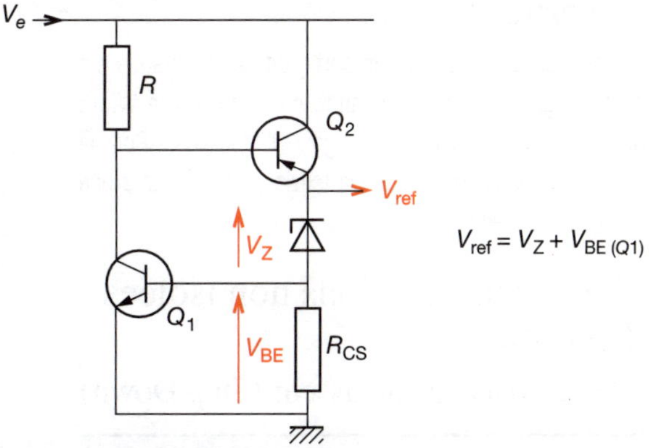

MULTIPLIEUR DE V_{BE}

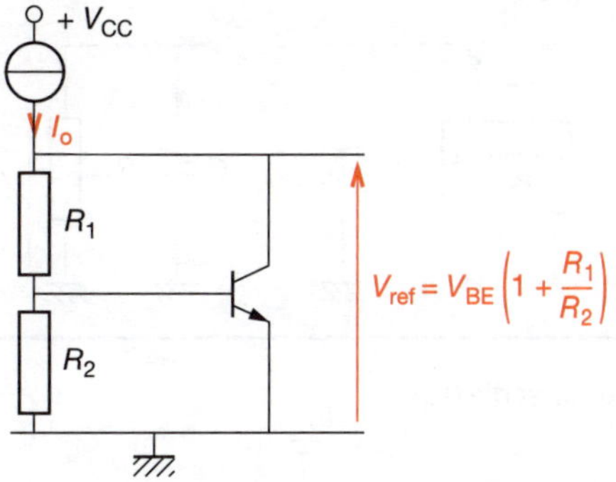

SOURCE À DIODE ZENER THERMOSTATÉE ET ALI

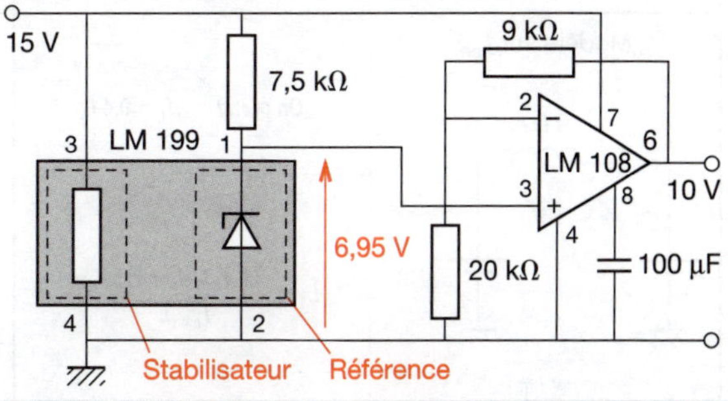

42 Convertisseurs à découpage

Les convertisseurs à découpage sont constitués d'un interrupteur (transistor) et permettent de créer des alimentations qui possèdent un très bon rendement (supérieurs au rendement des convertisseurs série) ainsi que des tensions de sortie supérieures à la tension de source ou isolées de la source.

42 ▪ 1 Variation de la tension de sortie

La variation de la tension de sortie de ces montages est obtenue grâce à une commande en PWM (Pulse Width Modulator) ou modulation de largeur d'impulsions. Pour la plupart de ces convertisseurs, la tension est asservie à une tension de référence.

42 ▪ 2 Alimentations non isolées de la source

42 ▪ 21 Montage abaisseur (Step Down)

SCHÉMA DE PRINCIPE

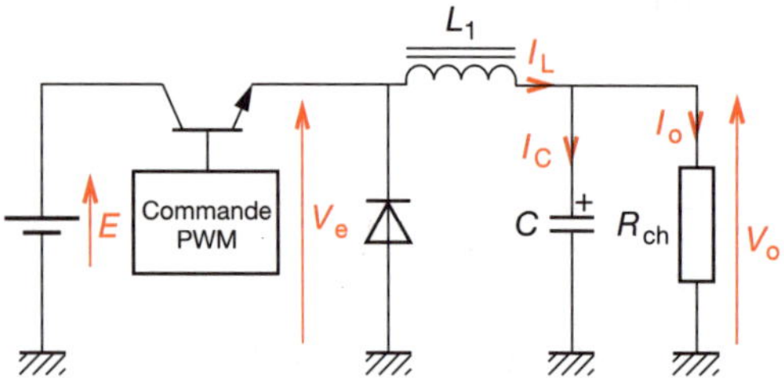

Tension de sortie (V_o)

$$V_{om} = \frac{E \cdot t_{on}}{T}.$$

MODULATION DE LARGEUR D'IMPULSION PWM

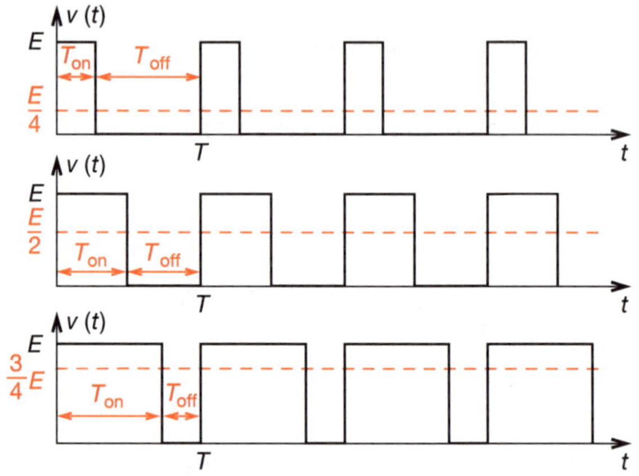

La modulation de largeur d'impulsion se caractérise par une variation de la valeur moyenne du signal $<v(t)> = E \cdot \frac{t_{on}}{T}$

CHRONOGRAMMES DU MONTAGE ABAISSEUR

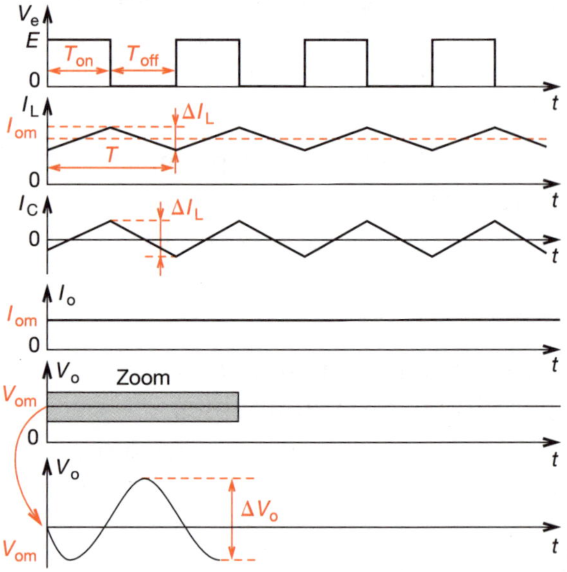

CALCUL DE L'INDUCTANCE L_1		CALCUL DU CONDENSATEUR C	
Modèle sur t_{on} 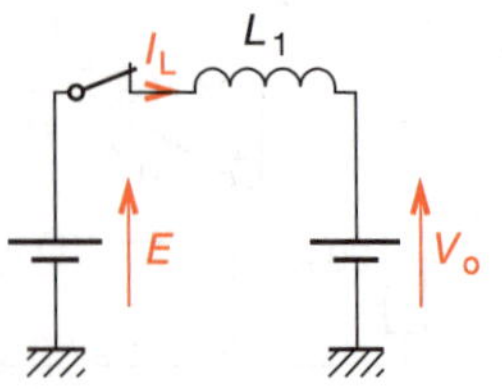	On prend $\Delta I_L = 0{,}4\, I_o$ $\frac{dI_L}{dt} = \frac{E - V_{om}}{L_1}$ $L_1 = \frac{2{,}5\, V_{om}(E - V_{om})}{I_{om} \cdot E} \cdot T.$	Modèle de la sortie par rapport aux variations de I_L 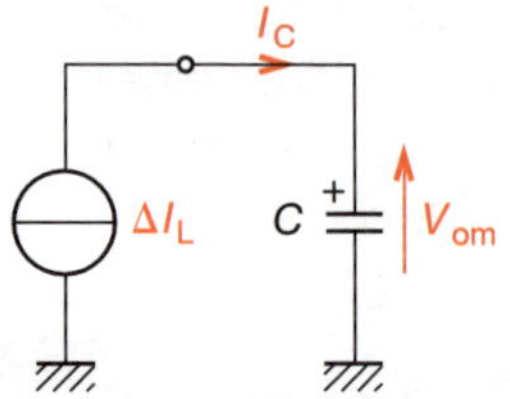	$\Delta V_o = \frac{1}{C}\int_{\frac{T}{4}}^{\frac{3T}{4}} I_C(t)\,dt$ soit $C = \frac{1}{\Delta V_o} \cdot \frac{T}{4} \cdot \Delta I_L$ **ΔV_o fixé par cahier des charges.**

42 ▪ 22 Montage élévateur (Step Up)

SCHÉMA DE PRINCIPE

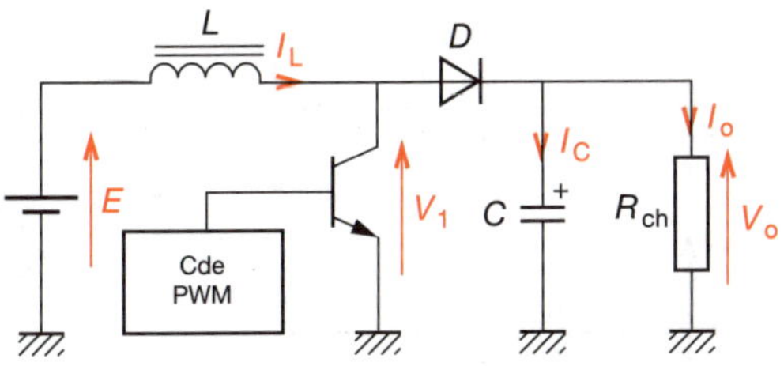

Expression de la tension de sortie V_o

$$\Delta I_L = \frac{E.t_{on}}{L} = \frac{(V_{om} - E)}{L}.t_{off}$$

$$V_o = E\left(1 + \frac{t_{on}}{t_{off}}\right).$$

Expression de I_{om} par rapport à I_{Lmoy}

En considérant un rendement de 100 %

$$P_{in} = P_{out}$$

$$I_{Lmoy}.E = I_{om}.E\left(1 + \frac{t_{on}}{t_{off}}\right)$$

$$I_{om} = I_{Lmoy}.\frac{E}{V_o}.$$

CHRONOGRAMMES DU MONTAGE ÉLÉVATEUR

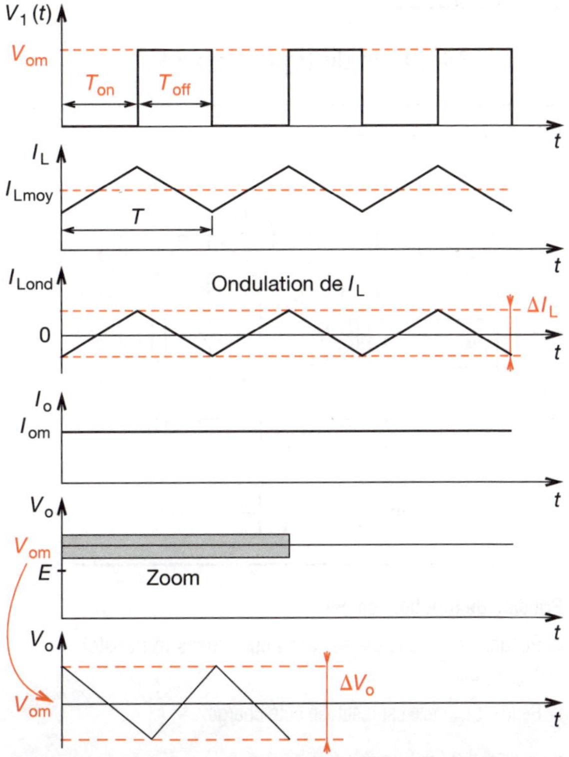

La constante de temps du circuit $R_{ch}C$ est suffisamment grande pour que la charge et la décharge de C se fassent à courant constant.

CALCUL DU CONDENSATEUR C

Modèle utilisé pendant t_{on}

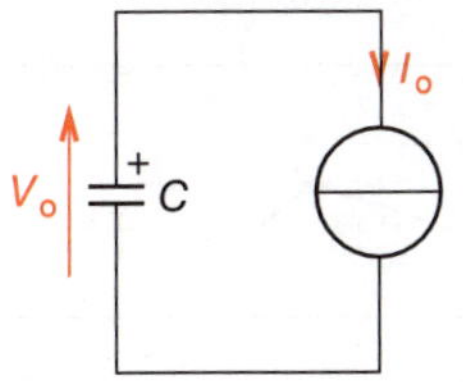

$$\Delta V_o = \frac{I_{om}.t_{on}}{C_o}$$

$$C_o = \frac{I_{omoy}.T(V_{omoy} - E)}{\Delta V_o.V_{omoy}}$$

CALCUL DE L'INDUCTANCE L

Modèle utilisé pendant t_{on} à l'entrée

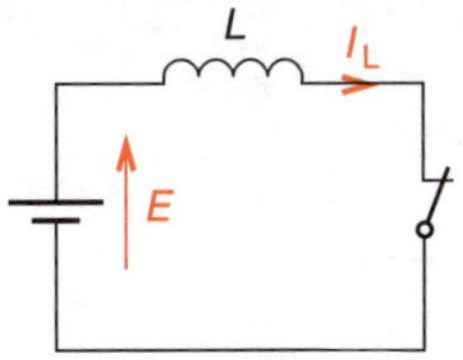

$$L = \frac{E.t_{on}}{\Delta I_L}$$

$$\Delta I_L = 0{,}4\, I_{Lmoy}$$

$$L = \frac{2{,}5\, E\,(V_{om} - E)}{I_{omoy}.V_{om}}.T$$

42 ▪ 23 MONTAGE INVERSEUR (INVERT)

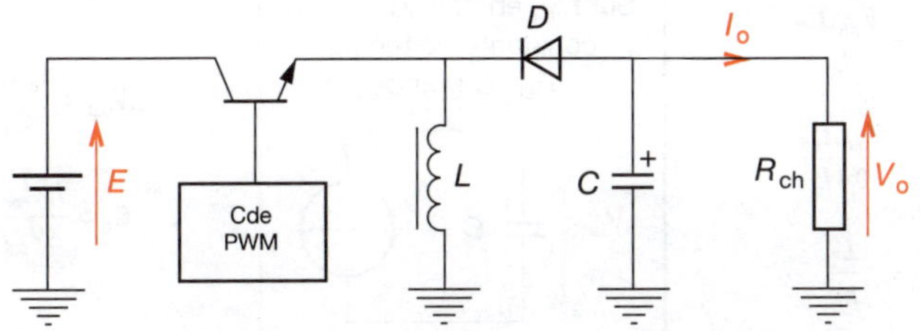

Fonctionnement et tension de sortie

Dans ce cas, la charge (R_{ch}) et la source ne sont jamais directement connectées, l'énergie est transférée par l'intermédiaire de l'inductance L.

$$V_{om} = -\frac{E.t_{on}}{T - t_{on}}.$$

42■3 Alimentations isolées de la source

42■31 Montage de type Flyback

SCHÉMA DE PRINCIPE

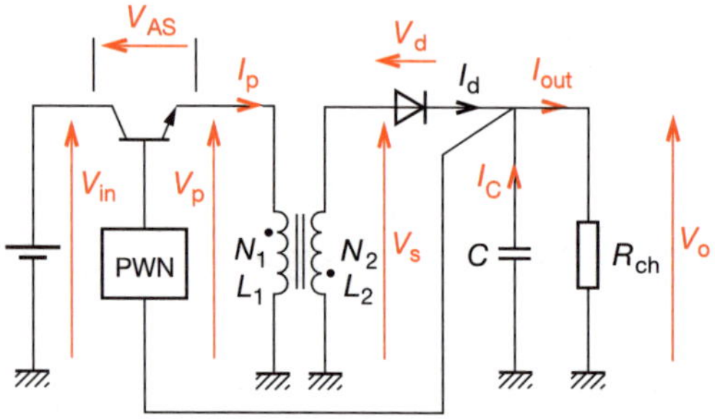

$$m = \frac{N_2}{N_1} = \sqrt{\frac{L_2}{L_1}}$$

Principe de fonctionnement

- Pendant t_{on}, l'énergie est accumulée dans le transformateur côté entrée.
- Pendant t_{off}, elle est restituée côté charge.

Expression de V_{out}

En supposant un rendement de 100 %

$$\frac{V_{in}^2}{L_1} \cdot \frac{t_{on}^2}{2} = \frac{V_{out}^2}{L_2} \cdot \frac{t_{off}^2}{2}$$

$$V_o = \frac{N_2}{N_1} \cdot \frac{t_{on}}{t_{off}} \cdot V_1 = m\,\frac{t_{on}}{t_{off}} \cdot V_1.$$

Calcul de I_{peak}

$$I_{peak} = I_{bias} + \underbrace{\frac{V_{in} \cdot t_{on}}{L_1}}_{\Delta I_P}.$$

CHRONOGRAMMES

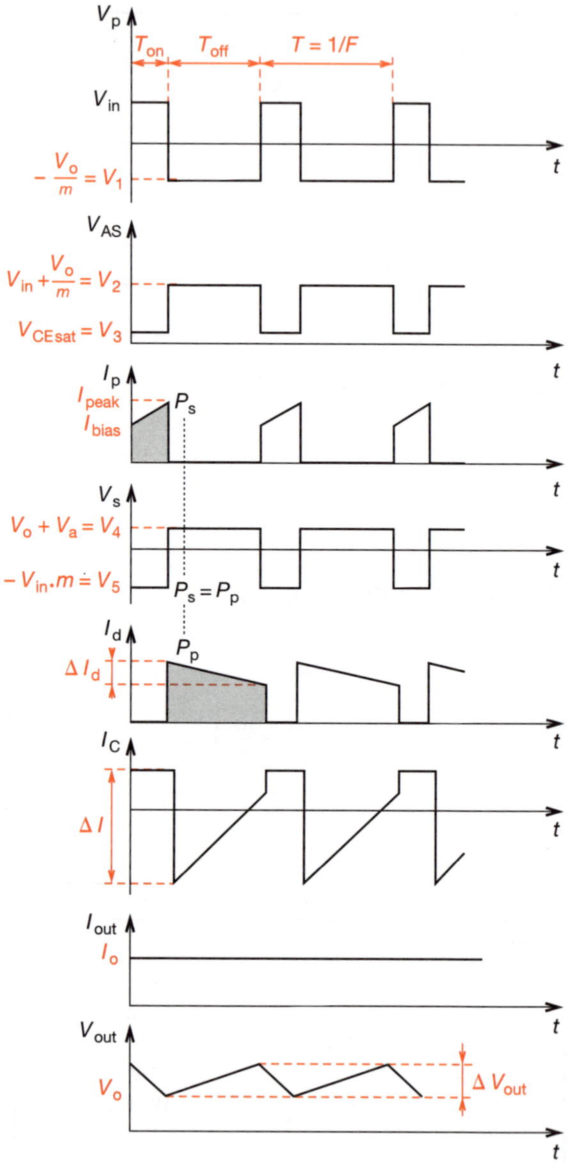

CALCUL DU TRANSFORMATEUR		CALCUL DU CONDENSATEUR	
$\Delta I_d < 40\ \%\ I_o$ Modèle 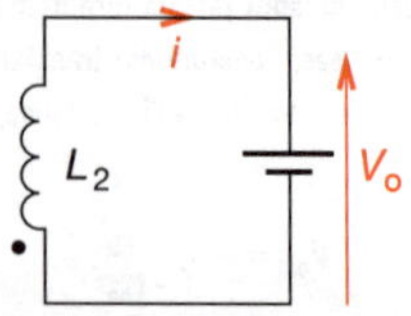	$\Delta I_d = \frac{V_{out} \cdot t_{off}}{L_2}$ $L_2 = \frac{V_{out} \cdot t_{off}}{0{,}4\,I_o}$ $L_1 = \frac{L_2}{m^2}$	Sur t_{off}, en considérant la constante de temps $R_{ch} . C$ grande 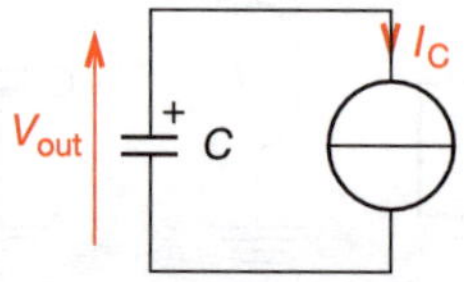	$\Delta V_{out} = \frac{I_o \cdot t_{on}}{C_o}$ $C_o = \frac{I_o \cdot t_{on}}{\Delta V_{out}}$

42■32 Montage de type Forward

SCHÉMA DE PRINCIPE

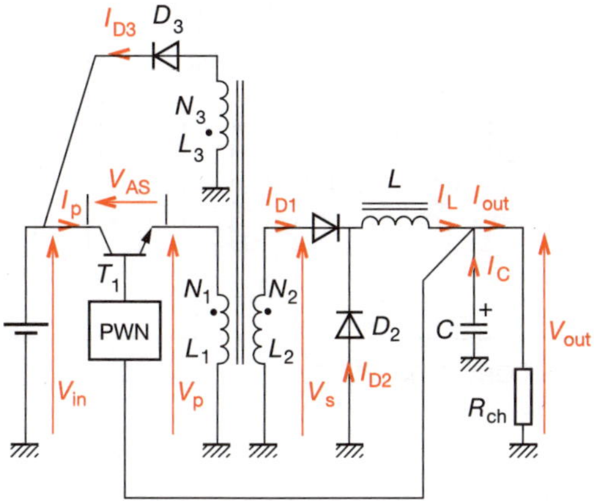

$$m_2 = \frac{N_2}{N_1} = \sqrt{\frac{L_2}{L_1}} \qquad m_3 = \frac{N_3}{N_1} = \sqrt{\frac{L_3}{L_1}}$$

$$m_{32} = \frac{N_3}{N_2} = \sqrt{\frac{L_3}{L_2}}$$

Principe de fonctionnement

■ Lors de la phase de conduction de T_1 (t_{on}), l'énergie est transmise à l'inductance d'accumulation L et à la charge.

■ Lors de la phase de blocage t_{off}, du côté charge, l'inductance L fournit l'énergie nécessaire à la charge par D_2.

L'énergie qui a servi à la magnétisation du transformateur est évacuée par l'enroulement de démagnétisation N_3.

Tension de sortie V_o

En supposant le rendement égal à 100 %

$$V_o = \frac{N_2}{N_1} V_{in} \cdot \frac{t_{on}}{T}.$$

CHRONOGRAMMES

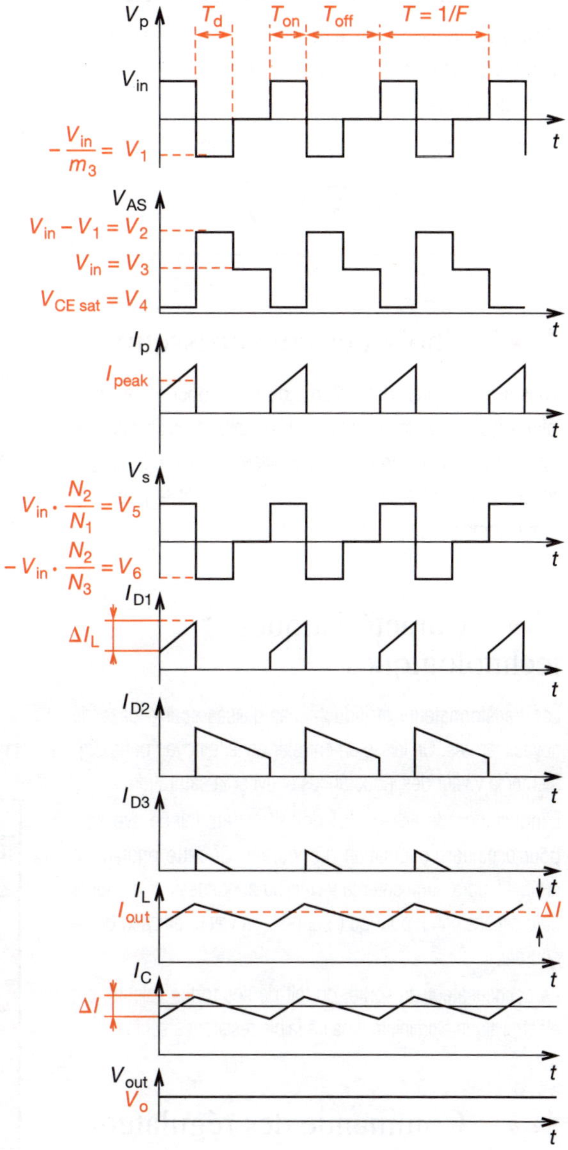

CALCUL DE L'INDUCTANCE L		CALCUL DU CONDENSATEUR C	
Modèle utilisé 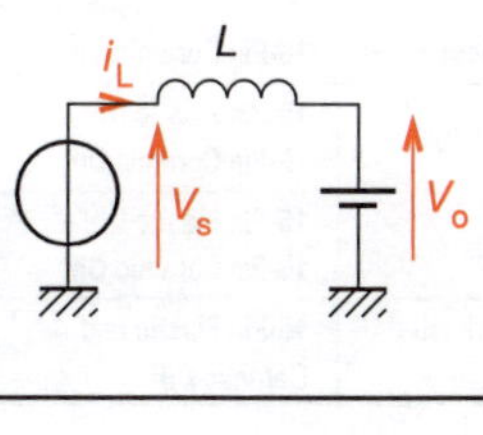	$E = L\frac{\Delta I_L}{\Delta t}$ soit $L = \left[V_{in} \cdot \frac{N_2}{N_1} - V_o\right] \times \frac{t_{on}}{\Delta I}$ avec $\Delta I = 0{,}4\,I_o$.	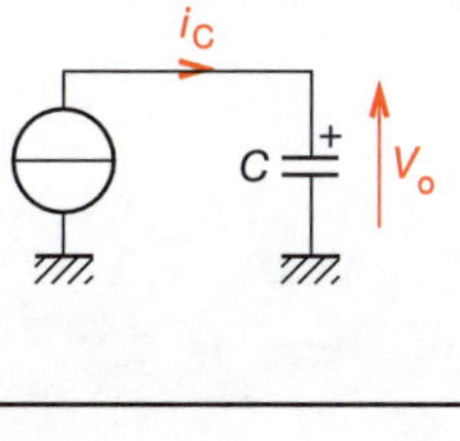	**Le calcul est le même que pour le montage abaisseur.** **Pour** $\frac{t}{t_{on}} = 4$ $C = \frac{1}{\Delta V_o} . T . \frac{\Delta I_L}{8}$. **$\Delta V_o$ fixé par le cahier des charges.**

42 ▪ 33 Montage de type push-pull Fonctionnement et tension de sortie

Chaque transistor est mis en conduction alternativement, la démagnétisation s'effectue automatiquement par la mise en conduction du transistor opposé.

$$V_o = \frac{t_{on}}{T} \cdot V_{in} \cdot \frac{N_2}{N}$$

MONTAGE TYPE PUSH-PULL

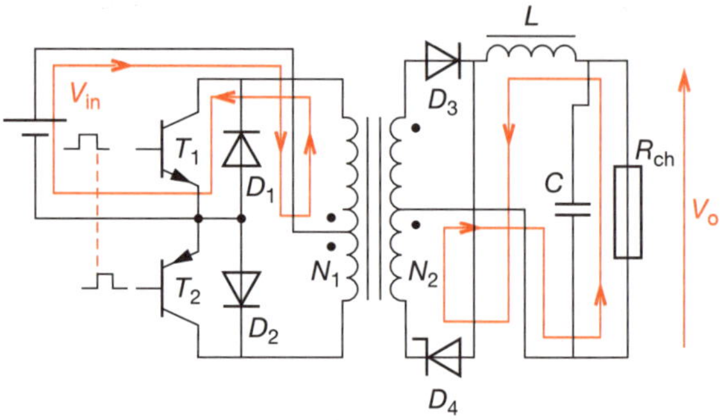

42 ▪ 4 Choix des convertisseurs

Nous allons donner des critères de choix pour les alimentations isolées de la source. Pour les faibles puissances, le type Flyback qui est très simple convient très bien. En ce qui concerne les fortes puissances, le Forward et le push-pull sont recommandés.

CHOIX DES CONVERTISSEURS

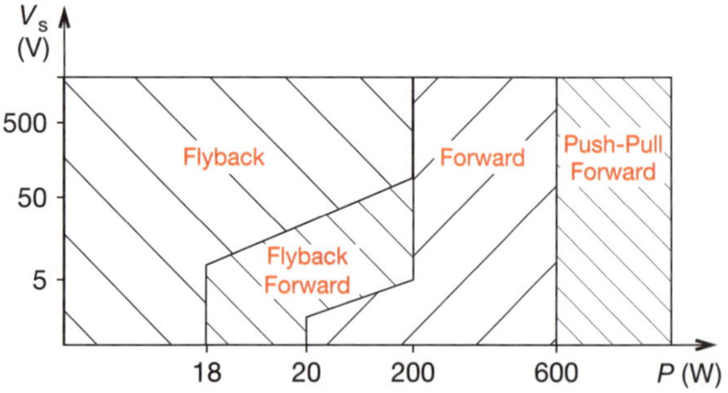

D'après RTC.

42 ▪ 5 Caractéristiques technologiques

Les transformateurs et inductances utilisés sont à base de noyaux ferrites. On laisse un entrefer dans le noyau pour augmenter la valeur des inductances et éviter la saturation.

L'inductance de lissage (L) doit être déterminée ave soin pour diminuer l'ondulation du courant. Si cette ondulation croît, il faudra augmenter la valeur du condensateur de sortie et le dimensionner pour qu'il supporte la valeur efficace de ce courant.

Le condensateur de sortie, du fait de ses fortes valeurs, est électrolytique aluminium type I à faible résistance série.

42 ▪ 6 Commande des régulateurs

La commande de ce genre de régulateurs se fait dans la plupart des cas par des circuits spécialisés (HS 7107 National semi-conducteur, TEA 1001-SP Thomson).

Le tableau ci-contre donne les circuits de National Semiconducteur.

RÉGULATEURS DE TENSION À DÉCOUPAGE

Courant Amps	Type Device	Montages pilotes Operation Modes	$V_{entrée}$ V_{in} Range	Boîtier Package
7,0	HS 7107CK HS 7067CK	Step-Down, Invert, Flyback Step-Down, Invert, Flyback	10 V-100 V 10 V-60 V	TO-3 TO-3
5,0	LH 1605CK	Step-Down		TO-3
3,0	LM 2579	Step-Up, Step-Down, Invert	2 V-50 V	TO-220
1,5	LM 78S40CN	Step-Up, Step-Down, Invert	2,5 V-40 V	16-Pin DIP
1,0	LM 1575-5.0	Step-Down	8 V-40 V	TO-220
0,75	LM 1578H LM 2578H, N LM 3578N, H, M	Step-Up, Step-Down, Invert, Flyback	2 V-40 V	TO-39 8-Pin DIP SO-8
0,05	LMC 7660IN	Invert	1,5 V-10 V	8-Pin DIP

RÉGULATEURS UNIVERSELS À DÉCOUPAGE

Type Device	Fonction Title	Boîtier Package
LM 1524/2524/3524	Switching Regulator (régulateur à découpage)	16-Pin Plastic DIP, SO-16 16-Pin Ceramic DIP
LM 1525A/3525A	Switching Regulator	16-Pin Plastic DIP 16-Pin Ceramic DIP
LM 1527A/3527A	Switching Regulator	16-Pin Plastic DIP 16-Pin Ceramic DIP
LM 494	Pulse Width Modulated Control Circuit	16-Pin Plastic and Ceramic DIP

42▪61 FONCTIONNEMENT DES RÉGULATEURS À DÉCOUPAGE

Chronogrammes

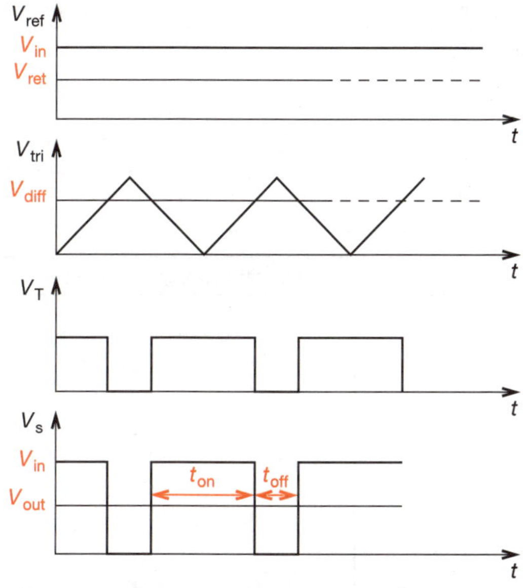

DESCRIPTION DU FONCTIONNEMENT

La tension V_{diff} construite à partir de la différence entre V_{ref} et V_{ret} est comparée à une tension triangulaire V_{tri} ; la tension issue de cette comparaison V_T vient commander un amplificateur commandant le transistor TPU.

Le système est bouclé, la boucle est fermée grâce aux éléments extérieurs R_1, R_2 qui viennent prélever une partie de V_{out} pour la comparer à V_{ref}.
L'ensemble se comporte comme un ALI de puissance.

$$V_{out} = V_{ref} \cdot \left(1 + \frac{R_2}{R_1}\right).$$

STRUCTURE

Montage abaisseur

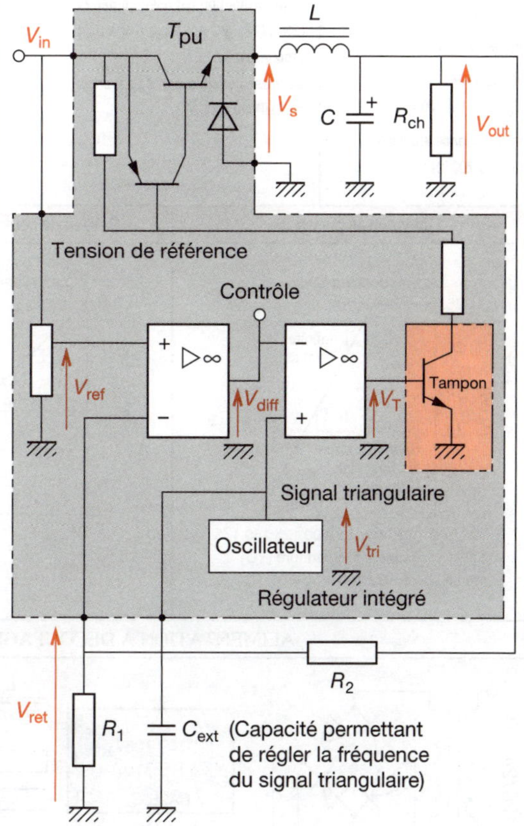

42▪62 CONVERTISSEUR HS 4067 (régulateur à découpage 7 ampères, multimode)

■ **Description des signaux.**

- **5 (Input) : broche d'application de V_{in}.**
- **6 (Lock) : broche de sortie d'horloge.**
- **4 (Timing cap) : broche d'application de C_{ext}.**
- **1 (PWM control) : broche se situant sur V_{diff} et permettant de placer un correcteur ou un contrôle par inhibition.**
- **3 (Error amp input) : broche d'application de la résistance de retour (R_2), dans le montage R_1 est interne.**
- **8 (Output) : sortie (V_s).**

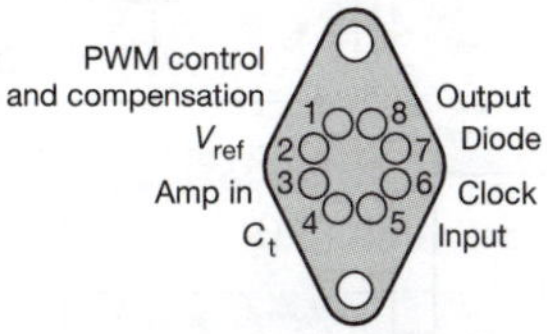

Vue de dessus
Top view

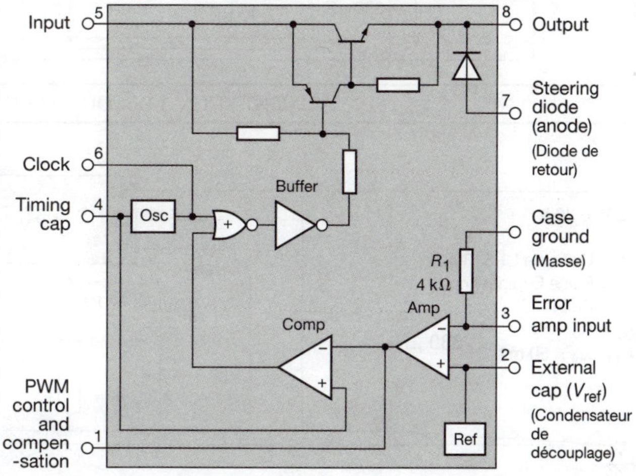

42■63 UTILISATION DU CONVERTISSEUR HS 7067/HS 7107

CHOIX DES ÉLÉMENTS EXTÉRIEURS

Caractéristiques électriques

- **HS 7067**
  V_{in} de 10 V à 60 V.
- **HS 7107**
  V_{in} de 10 V à 100 V.
- **Fréquence ajustable jusqu'à 200 kHz.**

Protection en courant

Cette protection est assurée par T_1 (2N 5772) qui applique 0 V sur la broche (1).
Ceci est possible car Z_{out} (sortie) de AMP est de 5 MΩ.

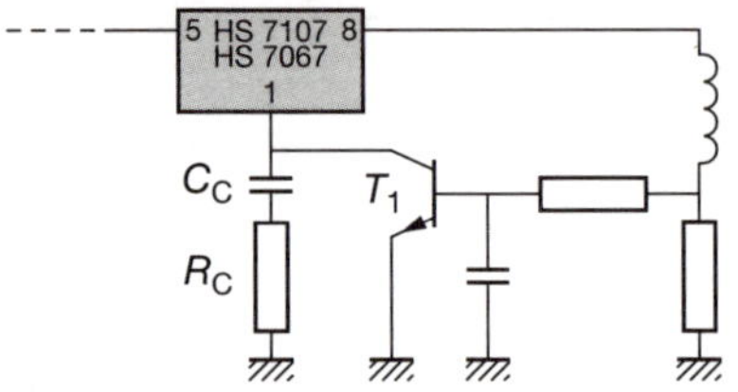

Démarrage

Pour obtenir un démarrage lent de l'alimentation, il est recommandé de placer un condensateur C_{ref} (broche 2) $T_{démarrage} = 10^3$.

Limitation en puissance

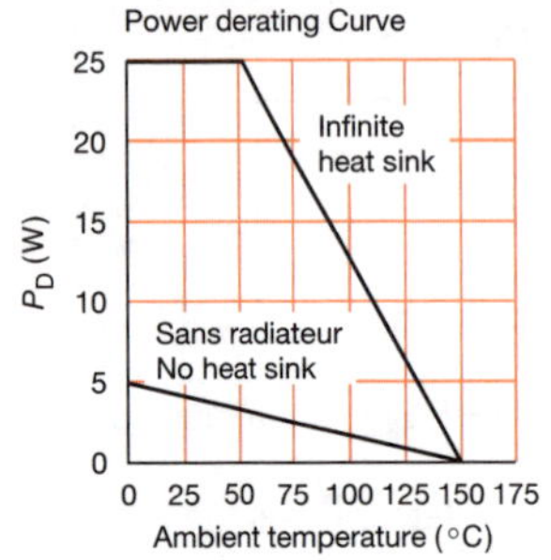

$\theta_{JC} = 4$ °C / W - $\theta_{JA} = 35$ °C / W

Réseau de compensation (broche 1)

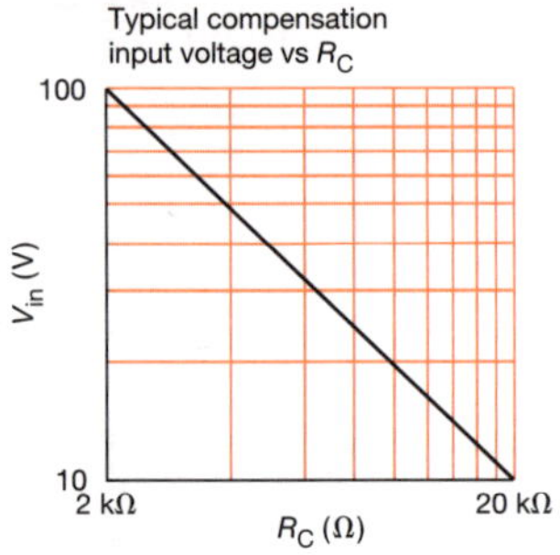

$R_C = \left[\frac{200\ \text{k}\Omega}{V_{in\,(max)}}\right] \Omega \quad C_C = \frac{\sqrt{LC} \times \sqrt{10}}{R_C}$ F

Capacité de réglage de la fréquence

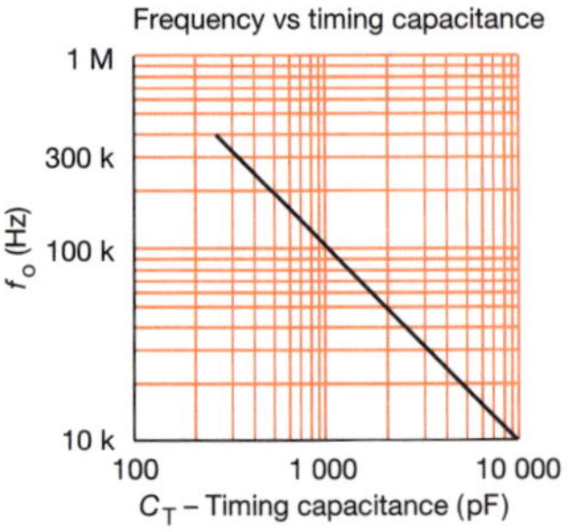

$f_o = \frac{1}{10\ \text{k} \times C_T}$

ALIMENTATION À DÉCOUPAGE TYPE ABAISSEUR (STEP DOWN)

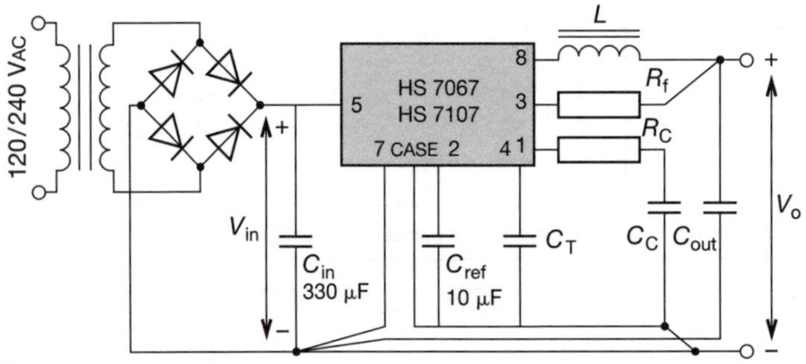

f_0	25 kHz	200 kHz
L	86 µH	21 µH
C_T	0,0039 µF	330 pF
C_C	0,2 µF	0,068 µF
R_f	4 kΩ	4 kΩ
R_C	5,7 kΩ	5,7 kΩ
C_{out}	1 500 µF	680 µF

V_{in} = 10 V to 35 V
V_{out} = 5 V
I_{out} = 1 A to 6 A.

Régulation en charge = 40 mV
Régulation ligne = 5 mV

ALIMENTATION À DÉCOUPAGE TYPE FLYBACK

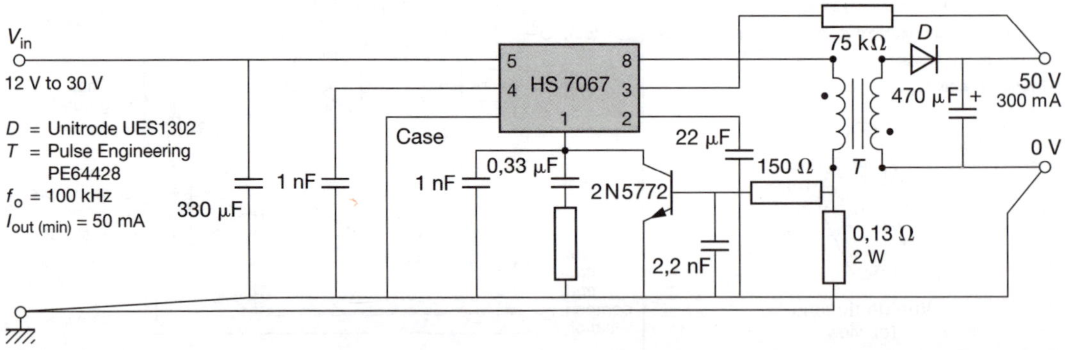

D = Unitrode UES1302
T = Pulse Engineering PE64428
f_o = 100 kHz
$I_{out\,(min)}$ = 50 mA

ALIMENTATION TYPE FORWARD

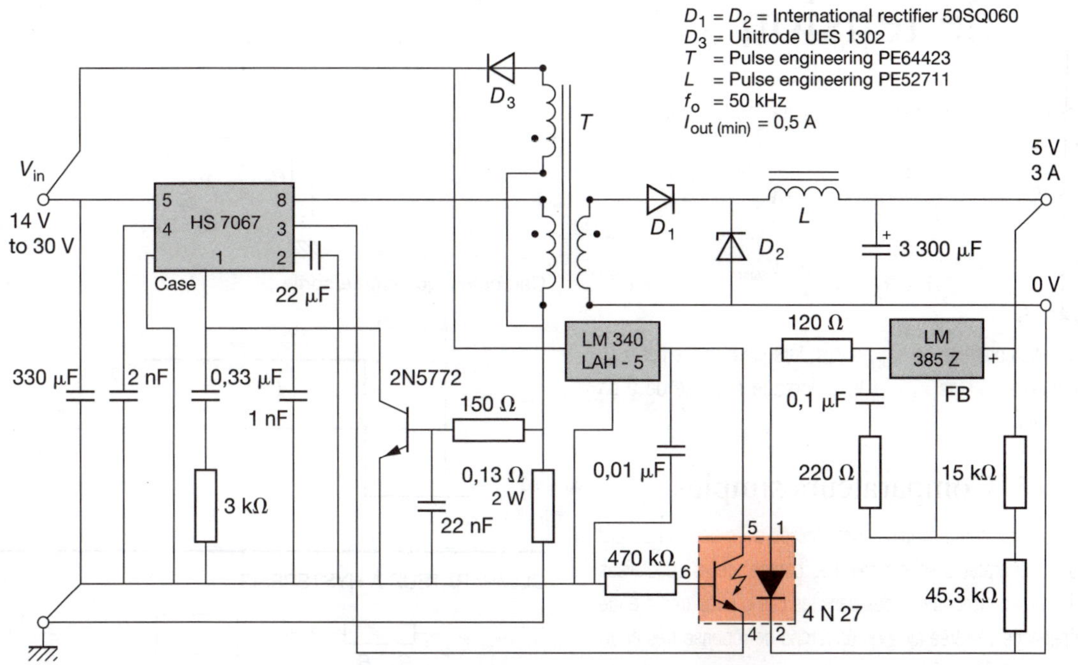

42 ■ 7 CONVERTISSEURS À CONDENSATEUR

Ce principe est utilisé pour obtenir deux tensions de polarité opposée (+ *E* et - *E*) et par association, une tension double de la tension d'alimentation.

Schéma de principe

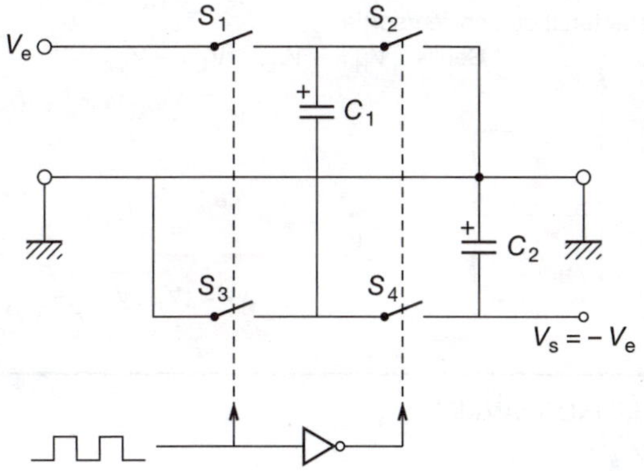

Fonctionnement

Dans ce montage (voir ci-dessus), initialement S_1 et S_3 sont fermés et S_2 et S_4 sont ouverts, le condensateur C_1 se charge sous la tension V_e. Le pôle positif se trouvant du côté de S_1. À la phase suivante, S_1 et S_3 sont ouverts et S_2 et S_4 sont fermés. C_1 se décharge alors dans C_2 mais le pôle positif de C_2 se retrouve du côté de la masse.

ALIMENTATIONS À CONVERTISSEURS CAPACITIFS

Convertisseur 5 V en 9 V

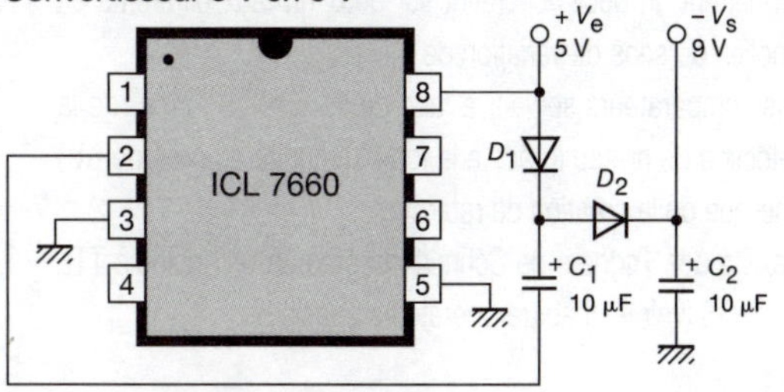

Convertisseur 3 V en 50 V

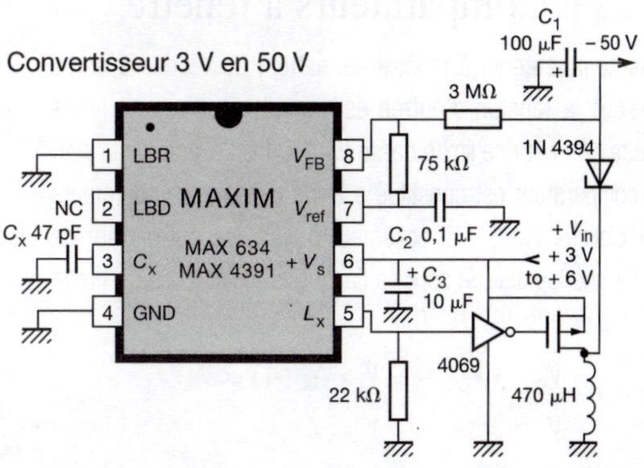

43 Comparateurs de tension

Ces comparateurs donnent le résultat de la comparaison entre deux tensions :

- Si $V_e > V_{ref} \dfrac{R_2}{R_1 + R_2}$ $\quad V_s = +V_{sat}$.
- Si $V_e < V_{ref} \dfrac{R_2}{R_1 + R_2}$ $\quad V_s = -V_{sat}$.

RAPPEL :

La sortie commute de V_{sat+} à V_{sat-} lorsque ε passe par 0 en décroissant et de V_{sat-} à V_{sat+} lorsque ε passe de 0 en croissant.

43 ▪ 1 Comparateurs simples

Les comparateurs simples sont réalisés avec des ALI ou par des comparateurs spécialisés. Les comparateurs spécialisés (LF 311) sont recommandés dans les cas où une très grande impédance d'entrée ainsi qu'un temps de réponse très court sont demandés (< 200 ns).

43 ▪ 2 Comparateurs à hystérésis

Ces comparateurs également appelés « Trigger de Schmitt » permettent un déclenchement sur deux niveaux différents en fonction du sens de variation de V_i.

Ces comparateurs servent à faire de la mise en forme, de la détection de niveau (grâce à la forte immunité au bruit de ΔV) ainsi que de la création de retards.

Il existe des Triggers de Schmitt intégrés en technologie TTL et CMOS (voir le chapitre opérateurs spéciaux).

43 ▪ 3 Comparateurs à fenêtre

Les comparateurs à fenêtre permettent de valider la sortie lorsque la tension d'entrée est comprise entre une limite haute (V_{UL}) et une limite basse (V_{IL}). Dans l'exemple qui suit, le comparateur est constitué à l'aide de deux comparateurs spécialisés LM 311 à collecteur ouvert, ce qui permet de créer une logique de sortie à l'aide des résistances de tirage (R_T) et des diodes (D_1, D_2).

$$V_o \approx +V_{CC} \qquad V_i > V_{UL} \text{ ou } V_i < V_{IL}.$$

$$V_o \approx 0 \qquad V_{IL} < V_i < V_{UL}.$$

Ils sont essentiellement utilisés pour de la détection.

COMPARATEUR À ALI

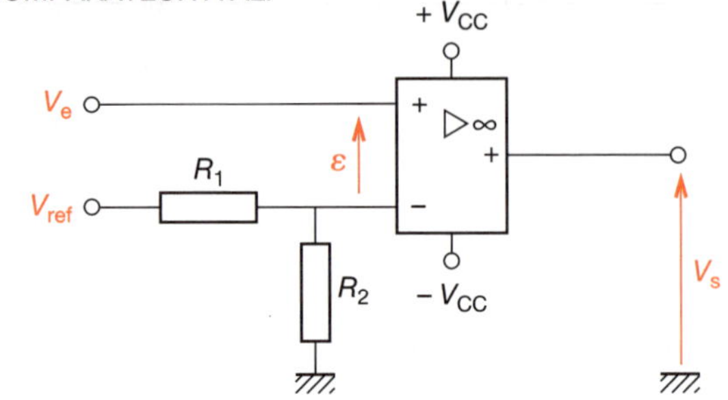

Caractéristique entrée/sortie

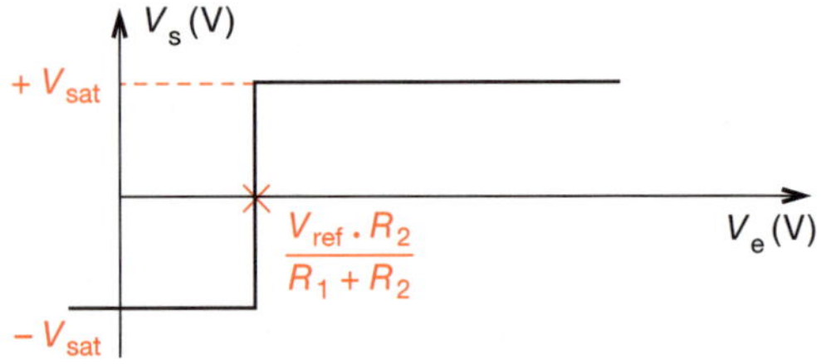

COMPARATEUR À HYSTÉRÉSIS

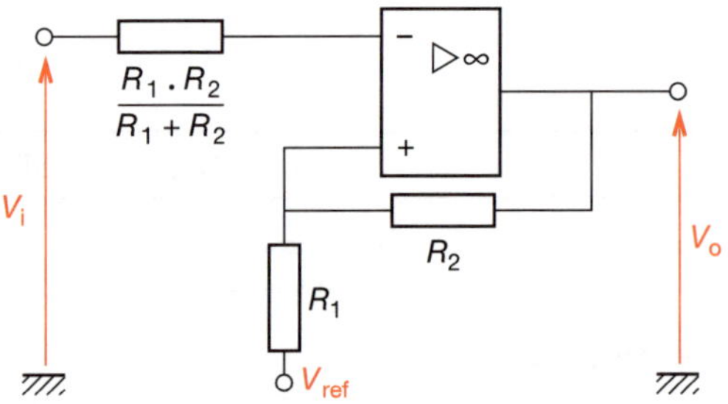

Caractéristique entrée/sortie

Seuils : $V_H = +V_{sat}$ $\quad V_L = -V_{sat}$

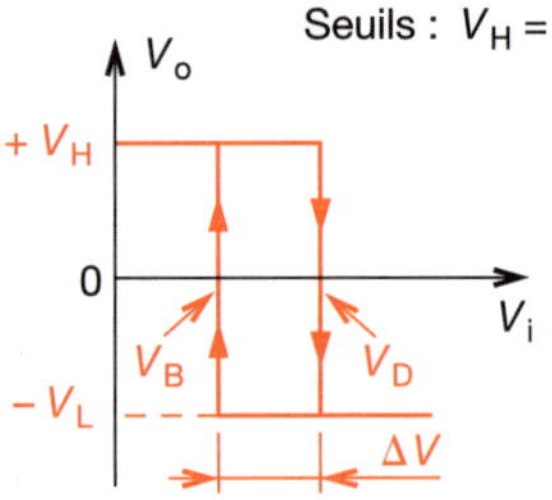

$$V_D = \frac{V_{sat} R_1 + V_{ref} R_2}{R_1 + R_2}$$

$$V_B = \frac{-V_{sat} R_1 + V_{ref} R_2}{R_1 + R_2}$$

$$\Delta V = (V_H - V_L) \frac{R_1}{R_1 + R_2}$$

CHRONOGRAMMES

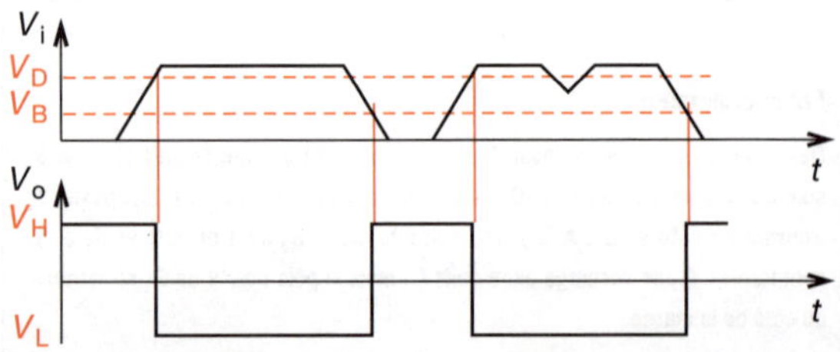

COMPARATEUR À FENÊTRE	DÉTECTEUR DE PASSAGE PAR ZÉRO
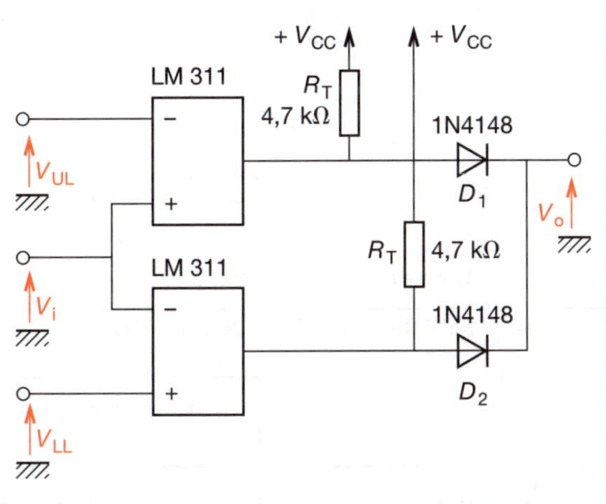	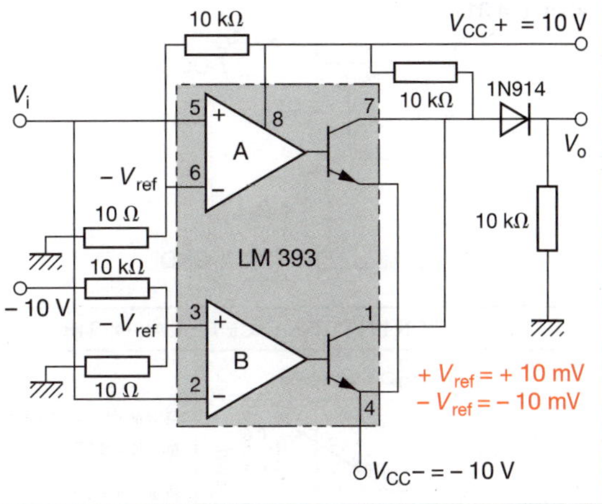

Caractéristique entrée/sortie

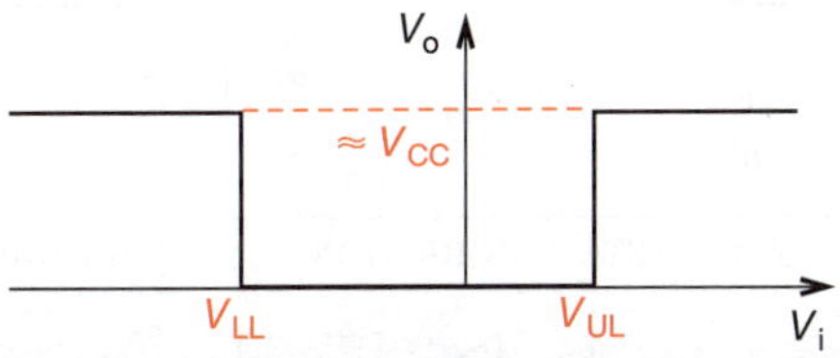

Réponse temporelle

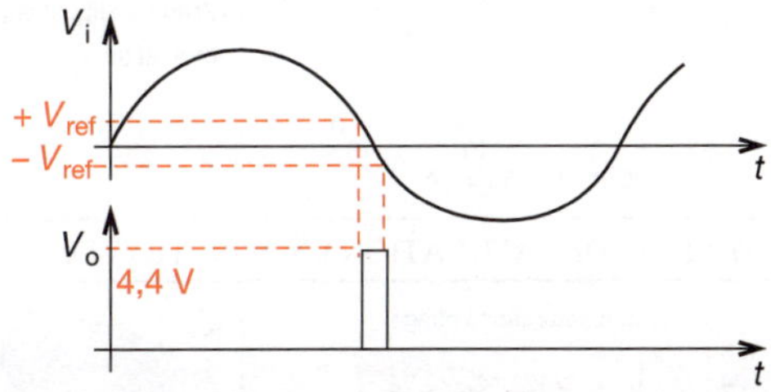

43 ■ 4 COMPARATEURS INTÉGRÉS

Ces comparateurs se caractérisent (par rapport aux ALI classiques) par une très forte impédance d'entrée (10^{10} à 10^{12} Ω) et des temps de réponse inférieurs à 200 ns. La structure de sortie de ces montages est très souvent un transistor à collecteur ouvert.

LF 311 À SORTIE POSITIVE $0 \leqslant V_O < V_{CC}$

Comparaison par rapport à 0 V

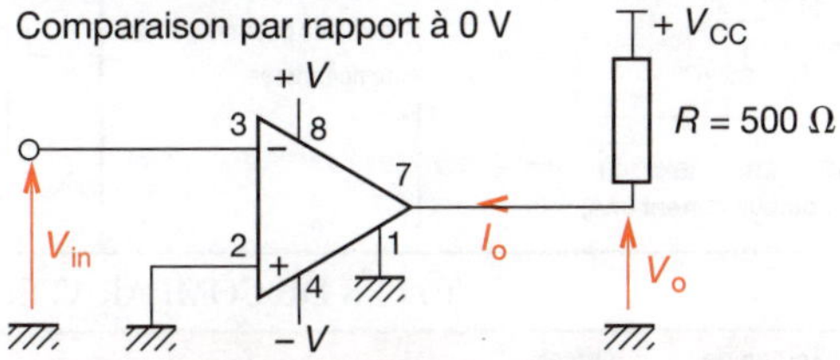

Caractéristiques technologiques des LF 311

Les LF 311 sont des LM 311 à entrées FET, ils possèdent un collecteur ouvert à la sortie.

- Alimentation : + 15 V, – 15 V.
- Courant de polarisation : 25 pA typique.
- Courant d'offset : 5 pA typique.

$V_o = V_{CEsat}$ sortie, pour $I_{out} \leqslant 8$ mA : 0,23 V typique.

$I_o = I$ sortie pour $V_{alim} = 10$ V : 40 mA.

- Temps de réponse : 200 ns typique.

TEMPS DE RÉPONSE EN CONSIDÉRANT QUE V_{IN} DÉPASSE LE 0 V DE 2 mV, 5 mV, 20 mV

Response time for various Input overdrives

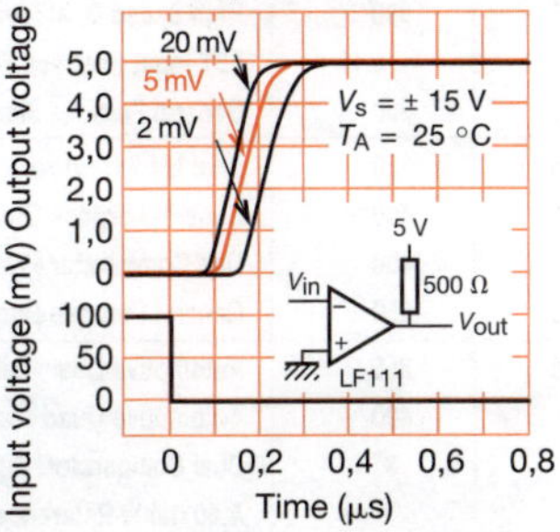

Response time for various Input overdrives

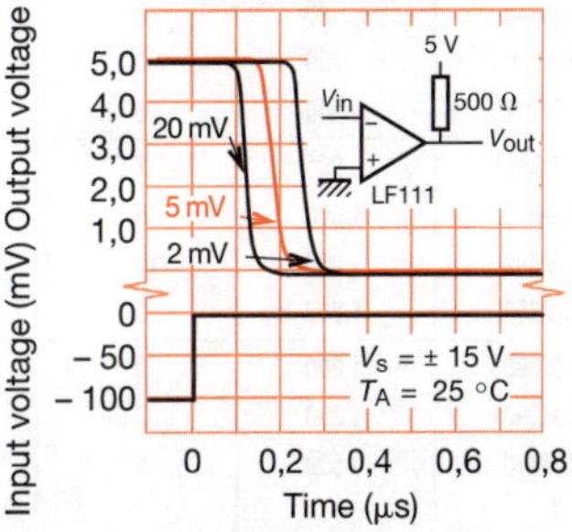

STRUCTURE DE L'ÉTAGE DE SORTIE DU LF 311

Idem LM 311

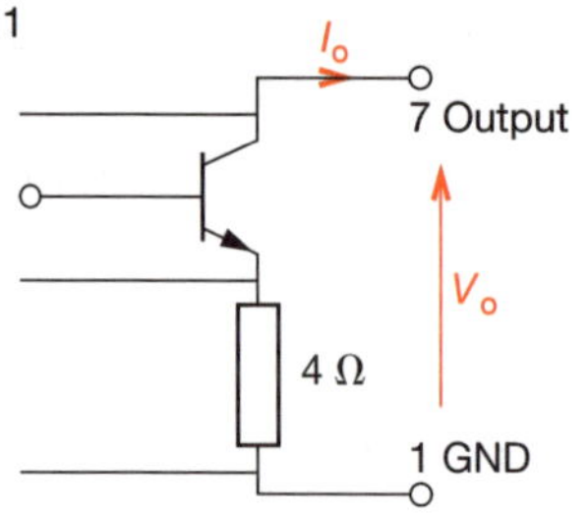

LF 311 À SORTIE SYMÉTRIQUE

Idem LM 311

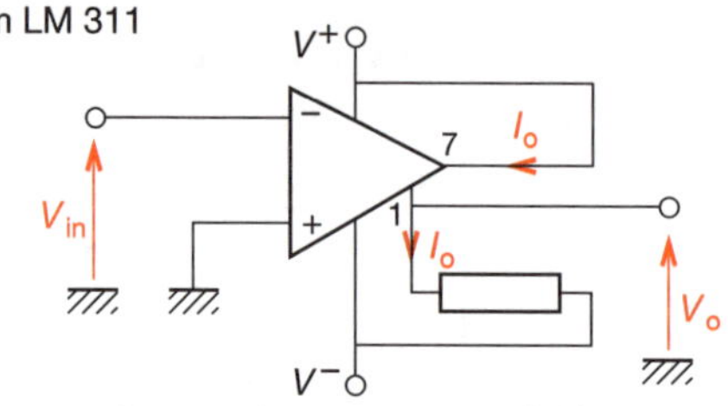

Comparaison par rapport à 0 V

LIMITATION EN PUISSANCE DE LA SORTIE

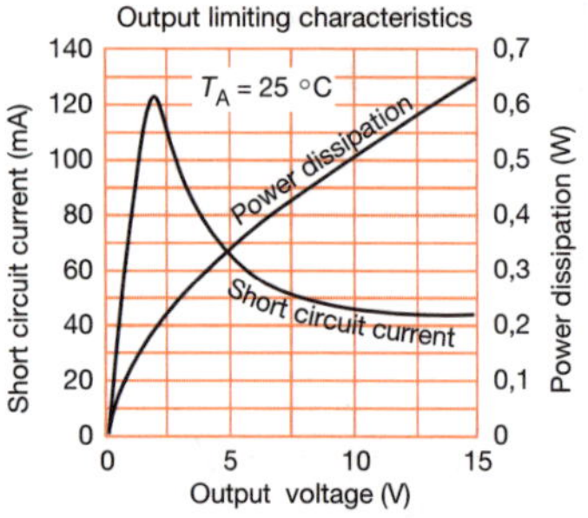

Mêmes caractéristiques que pour le LM 311.

Power dissipation : puissance dissipée.

Short Circuit Current : courant de court-circuit.

TEMPS DE RÉPONSE EN CONSIDÉRANT QUE V_{IN} DÉPASSE LE 0 V DE 2 mV, 5 mV, 20 mV

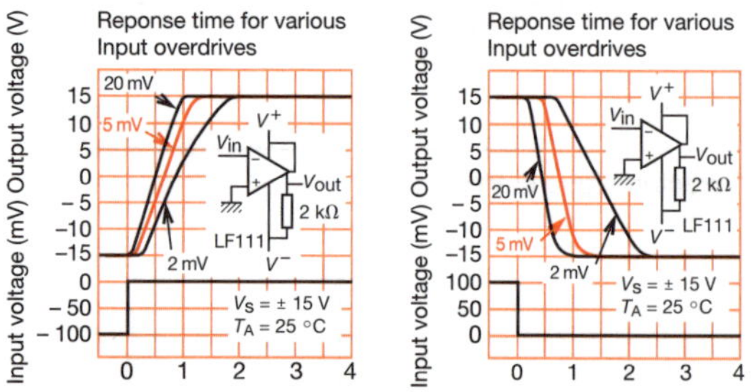

TENSION DE SATURATION EN FONCTION DE I_o

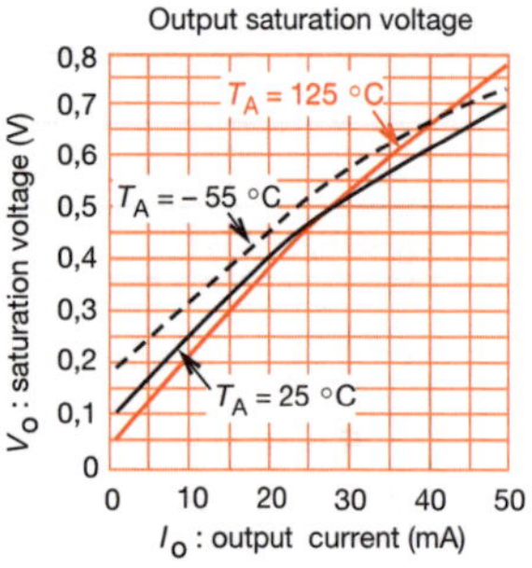

Mêmes caractéristiques que pour le LM 311.

Les caractéristiques sont données pour différentes températures.

RÉGLAGE OFFSET

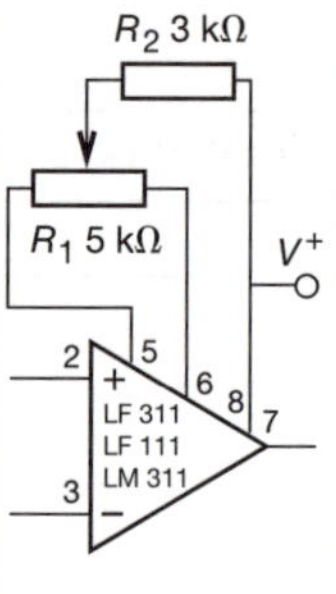

INHIBITION

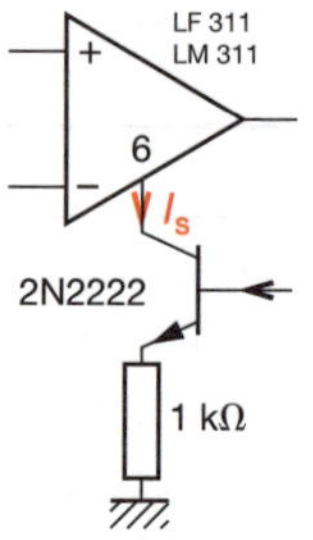

BROCHAGE

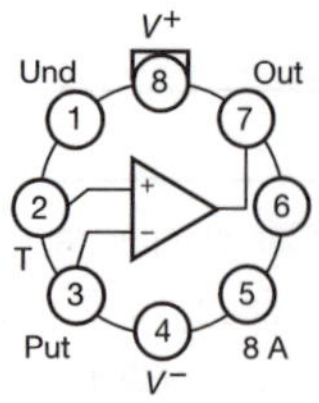

Vue de dessus
Boîtier métal

43 ■ 5 TYPES DE COMPARATEURS INTEGRÉS

Type	Temps de réponse (ns)	Offset (mV)	$I_{o\,max}$ (mA)	$I_{polarisation}$ (nA)	Particularités
LM361	12	5	25	30,000	High Speed w/Strobes : grande vitesse, inhibition
LM360	16	5	32	20,000	High Speed, Complementary Outputs : grande vitesse, sorties complémentaires
LM306	40	5	10	25,000	High Speed, High Drive : grande vitesse
LM319	80	8	12,5	1000	High Speed Dual : grande vitesse, double
LF311	200	10	7,5	0,15	FET Input : entrées FET
LM311	200	10	7,5	300	General Purpose Single : utilisation générale, simple
LH2311	200	7,5	7,5	250	Dual LM 311 : double LM 311
LM339	1 300	5	2	400	General Purpose Quad : général
LM392	1 300	10	1	400	One Comparator Plus One Op Amp : un comparateur et un ALI
LM393	1 300	5	2,5	250	General Purpose Dual : général, double
LM2903	1 300	5	2,5	250	Automotive Dual : faible consommation, faible offset, double
LM2901	1 300	7	2	400	Automotive Quad : faible consommation, faible offset, quadruple
LM613	1 500	5	1	35	Dual Comparator, Dual Op Amp and : double comparateur et double Adjustable Reference : référence ajustable.

44 Multiplicateur de tension

Un multiplicateur de tension permet d'obtenir une haute tension continue à partir d'une basse tension alternative.

44.1 Doubleur de Latour

Fonctionnement :

Sur l'alternance positive de U_{AB}, la diode D_1 conduit, à $t \approx \frac{T}{4}$, $U_{C1} = U_{max}$.

Sur l'alternance négative , la diode D_1 se bloque, la diode D_2 conduit et à $t \approx \frac{3T}{4}$, $U_{C2} = U_{max}$ pendant ce temps, le condensateur C_1 est resté chargé et a gardé $\approx U_{max}$ à ses bornes. La tension de sortie $U_s = U_{C1} + U_{C2} = 2U_{max}$.

Grandeurs caractéristiques :

$U_s = 2U_{max}$	$U_{inv} = 2U_{max}$
$U_{C1} = U_{C2} = U_{max}$	

(U_{inv} = tension inverse des diodes.)

DOUBLEUR DE LATOUR

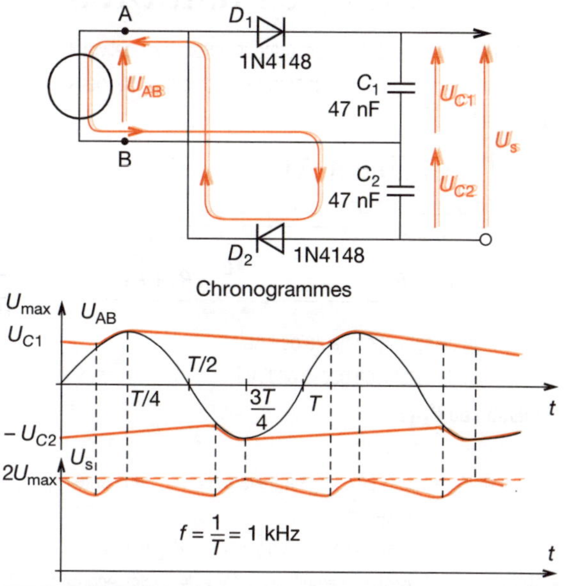

44.2 Doubleur de Schenkel

Fonctionnement sur l'alternance négative :

$0 < t < \frac{T}{4}$: D_1 bloquée, D_2 conduit, U_{C1} suit U_{AB}, à $t = \frac{T}{4}$ $U_{AB} = U_{max}$, C_2 conserve sa charge.

$\frac{T}{4} < t < \frac{3T}{4}$: D_1 bloquée, D_2 conduit, U_{C2} suit $(U_{AB} + U_{C1})$.
pour $t = \frac{3T}{4}$: $U_{AB} = U_{max}$, donc :

$$U_{C2} = U_{AB} + U_{C1} = U_{max} + U_{max} = 2U_{max}.$$

$\frac{3T}{4} < t < T$: D_1 et D_2 sont bloquées, C_2 conserve sa charge et $U_{C2} = 2U_{max}$.

Grandeurs caractéristiques :

$U_s = 2U_{max}$	$U_{inv} = 2U_{max}$
$U_{C1} = U_{max}$	$U_{C2} = 2U_{max}$

DOUBLEUR DE SCHENKEL

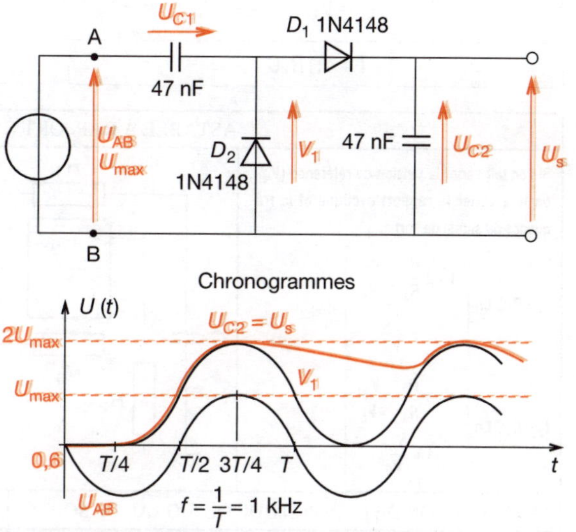

44.3 Multiplicateur de tension

L'association de plusieurs doubleurs permet d'obtenir un multiplicateur de tension.

Grandeurs caractéristiques :

$U_s = 2nU_{max}$	$U_{C1} = U_{max}$
$U_{C2} = 2U_{max}$	

n = nombre de cellules composées d'un condensateur et d'une diode.

MULTIPLICATEUR DE TENSION

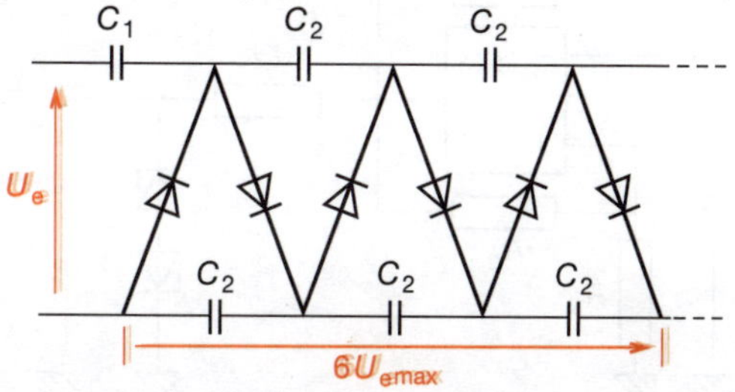

45 Montages astables

Un montage astable est un générateur autonome, délivrant une tension rectangulaire, périodique, évoluant entre deux états instables.

45 ■ 1 Astable à ALI

L'ALI est monté en comparateur à hystérésis.

$$V_D = \frac{V_H . R_3}{R_2 + R_3} \qquad V_B = \frac{V_L . R_3}{R_2 + R_3}$$

V_H : tension de saturation haute de l'ALI.

V_L : tension de saturation basse de l'ALI.

Évolution de V_{AM} :

$V_S = V_{AM} + R_1 C\, dV_{AM}/dt$.

- $V_1 < 0$, $V_S = V_H$, C se charge à travers R_1, V_{AM} augmente.
- $V_{AM} = V_D$, V_1 devient positif, $V_S = V_L$.
- $V_1 > 0$, $V_S\ V_L$, C se décharge à travers R_1, V_{AM} décroît.
- $V_{AM} = V_B$, V_1 devient négatif, $V_S = V_H$, le cycle recommence.

Si $R_3 = R_2$ et $V_H \approx - V_L \approx V_A$, $V_D = V_A/2$, $V_B = - V_A/2$.

$$T = 2{,}1 R.C$$

CARACTÉRISTIQUES D'UN ASTABLE

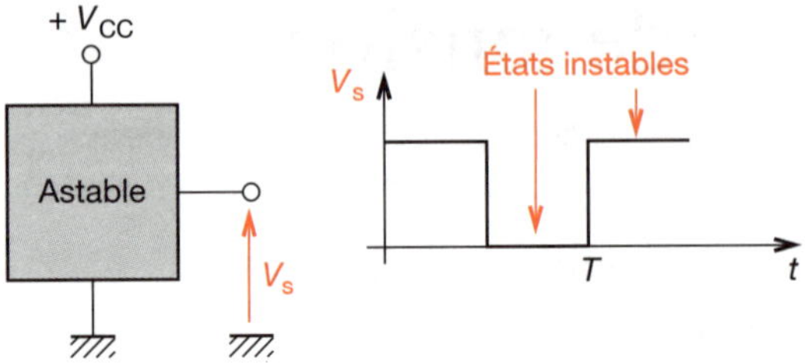

RELAXATEUR AVEC ALI

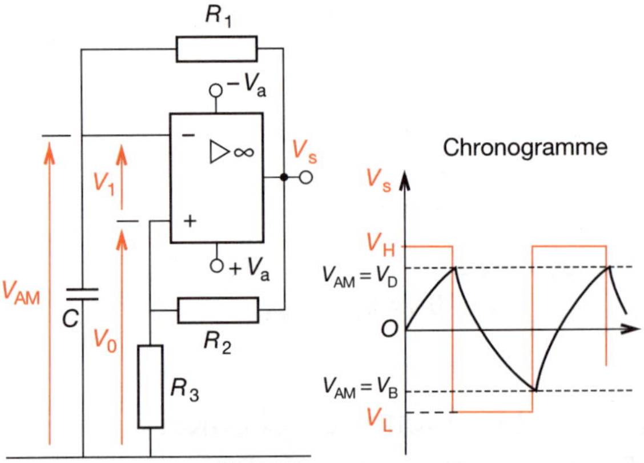

ASTABLE À RAPPORT CYCLIQUE COMMANDÉ

Si l'on fait varier la tension de référence (V_{ref}), on fera varier le rapport cyclique et la fréquence du signal de sortie.

$$t_1 = R_1 C \,\mathrm{Ln}\left[\frac{1 + 2\dfrac{R_2}{R_3} - \dfrac{V_{ref}}{V_H}}{1 - \dfrac{V_{ref}}{V_H}}\right].$$

$$t_2 = R_1 C \,\mathrm{Ln}\left[\frac{1 + 2\dfrac{R_2}{R_3} + \dfrac{V_{ref}}{V_L}}{1 + \dfrac{V_{ref}}{V_L}}\right].$$

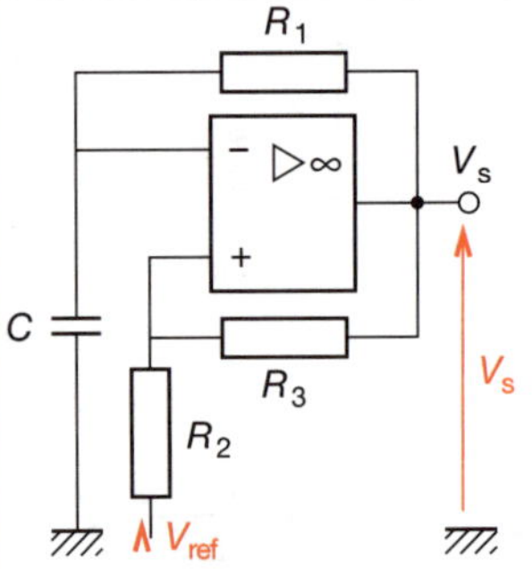

Si $V_{ref} = 0$ V
et : $V_H \approx + V_a$
$V_L \approx - V_a$

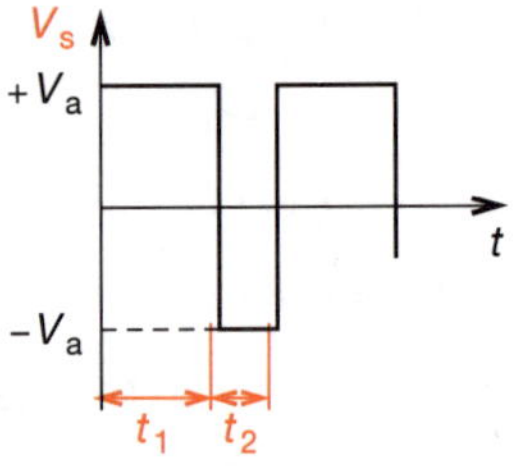

$$t_1 = t_2 = R_1 C \,\mathrm{Ln}\left(1 + 2\frac{R_2}{R_3}\right)$$

MODIFICATION DE L'AMPLITUDE DU SIGNAL DE SORTIE

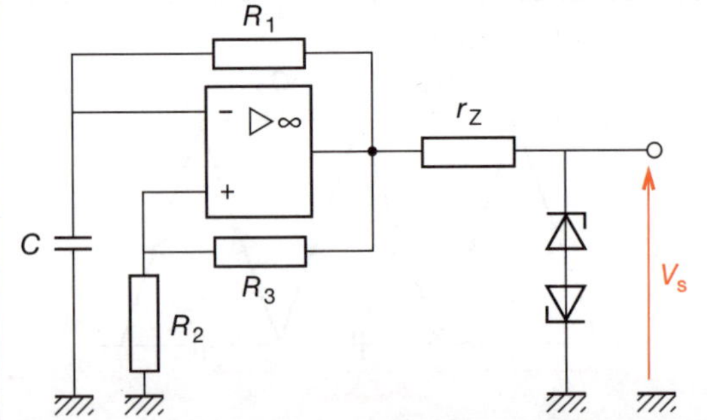

SYNCHRONISATION PAR IMPULSION

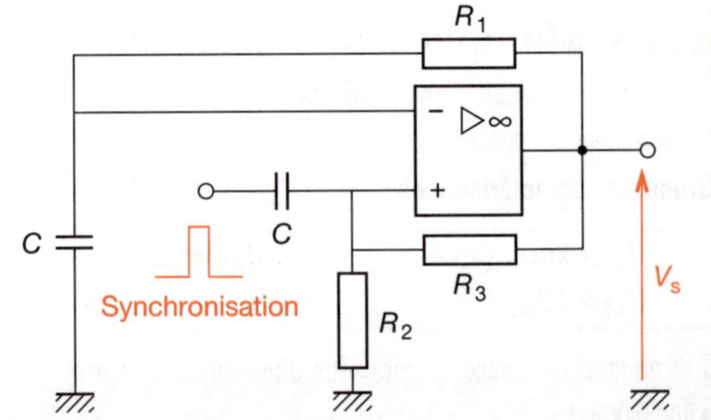

45 ■ 2 Astable à comparateur rapide

Ces astables permettent un fonctionnement supérieur à 100 kHz. Le temps de montée et de descente du signal de sortie V_s est de 10 ns environ.

45 ■ 3 Astable avec le 555

45 ■ 31 Règle d'emploi du 555

■ **Borne 1 :** masse.

■ **Borne 2 :** déclenchement. Cette borne est une entrée à haute impédance donc très sensible aux parasites. Le déclenchement s'effectue sur le front descendant d'une impulsion, c'est-à-dire que le niveau de repos est le niveau haut. Le seuil de déclenchement est égal à 1/2 V_{ref}, soit 1/3 de V_{CC} lorsque la borne 5 n'est pas utilisée. La tension de référence interne peut être modifiée en agissant sur la borne 5.

■ **Borne 3 :** sortie. L'étage de sortie utilisé permet des courants élevés (200 mA) aussi bien au niveau bas qu'au niveau haut.

■ **Borne 4 :** remise à zéro. En raison de son impédance relativement élevée, il est conseillé de relier cette borne à + V_{CC} lorsqu'elle n'est pas utilisée afin d'éviter des déclenchements parasites. Elle permet, lorsqu'on lui applique une tension inférieure à V_{BE}, de décharger la capacité. En même temps, elle ramène la bistable interne en position de repos c'est-à-dire la sortie à l'état bas.

■ **Borne 5 :** tension de référence. Cette borne permet d'imposer la tension de référence à l'aide d'un circuit extérieur. On peut ainsi faire varier la durée de la temporisation (modulateur de largeur d'impulsions).

■ **Borne 6 :** entrée du comparateur. Pendant la charge du condensateur, pour de très fortes valeurs de R, le courant d'entrée peut ne pas être négligeable devant le courant de charge et donner lieu à une erreur dans le calcul de la temporisation. On ne peut dépasser, pour la résistance de charge du condensateur $R = 20\ \text{M}\Omega$.

■ **Borne 7 :** décharge du condensateur (collecteur ouvert).

■ **Borne 8 :** alimentation. Le circuit fonctionne de + 5 V à + 15 V.

ASTABLE À COMPARATEUR RAPIDE

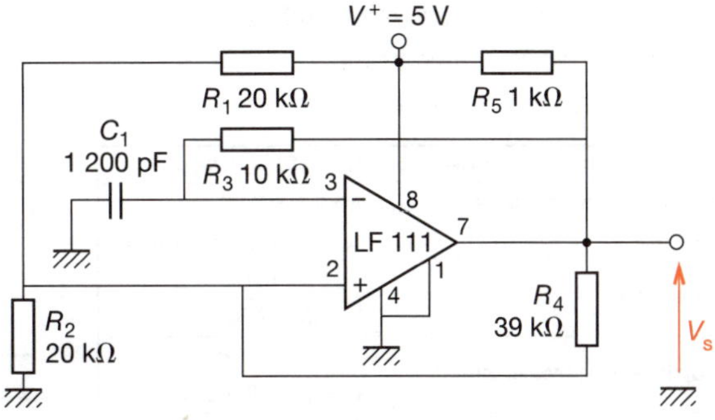

NE 555

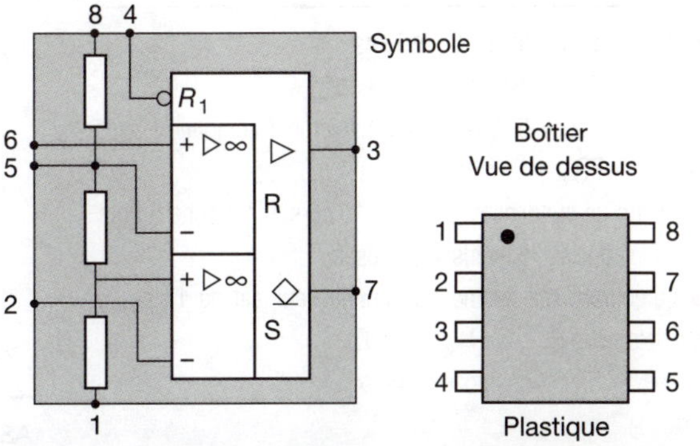

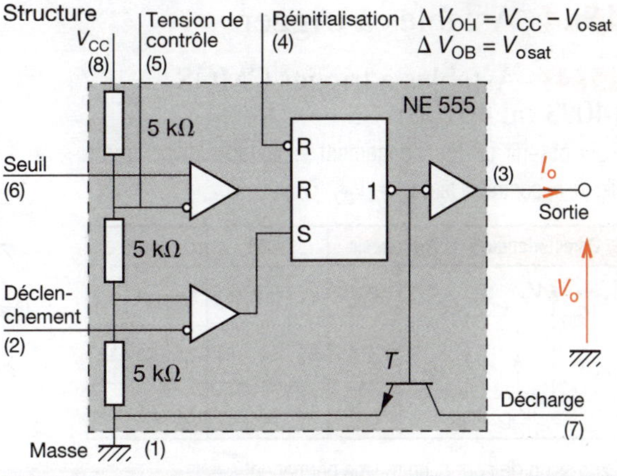

TENSION DE DÉCHET

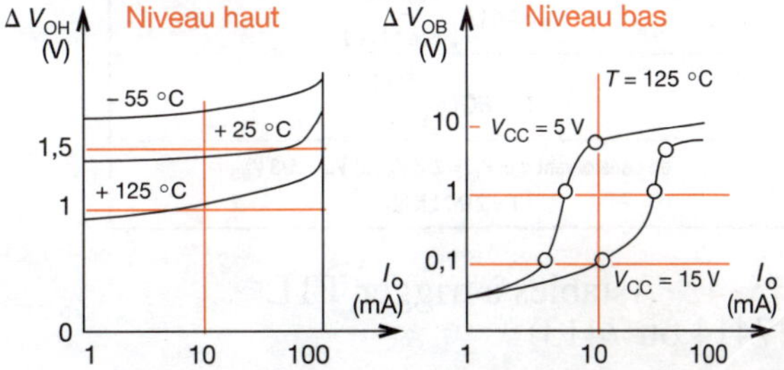

45.32 Montage du 555 en astable

Si l'on relie l'entrée de déclenchement, broche 2, à la broche 6, nous avons réalisé un montage astable.

- Détermination de la fréquence de sortie.

Durée de l'impulsion au niveau haut t_H :	$t_H = 0{,}693\,(R_a + R_b)\,C$
Durée de l'impulsion au niveau bas t_L :	$t_L = 0{,}693\,(R_b)\,C$
Période :	$t_H + t_L = 0{,}693\,(R_a + 2\,R_b)\,C$
Fréquence :	$f = \dfrac{1{,}44}{(R_a + 2\,R_b)\,C}$
Cycle de commande en sortie :	$\dfrac{t_L}{t_H + t_L} = \dfrac{R_b}{R_a + 2\,R_b}$
Rapport niveau haut à niveau bas :	$\dfrac{t_L}{t_H} = \dfrac{R_b}{R_a + 2\,R_b}$

- Temps de montée de V_S : 100 ns.
- Temps de descente de V_S : 100 ns.
- Alimenté en + 5 V, le 555 est totalement compatible avec la logique TTL.
- Mettre un condensateur de 1 à 10 nF sur la broche 5 pour éviter les déclenchements intempestifs.
- Le courant consommé sur l'entrée seuil est de 1 µA, ce qui détermine $R_{max}\,C$ (R_{max} = 2 MΩ).
- Le NE 556 est composé de deux NE 555.

45.4 Astables à trigger

45.41 Astables à trigger CMOS (4093 ou 40106)

Pour obtenir un fonctionnement en astable des triggers (figure ci-contre), il faut $V_e = V_{DD}$.

Caractéristiques de l'hystérésis		4093			40106		
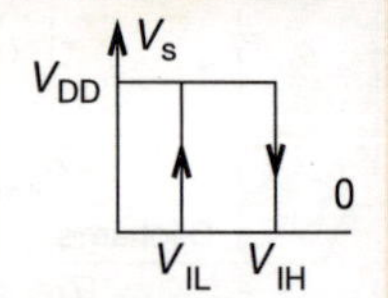	V_{DD}	5 V	10 V	15 V	5 V	10 V	15 V
	V_{IH} (V)	2,9	5,2	7,3	3,2	5,8	8,3
	V_{IL} (V)	2,2	4,2	6	2,2	4,5	6,5

Expression de t_1 et t_2 en régime permanent :

$t_2 = RC\,\text{Ln}\left[\dfrac{V_{DD} - V_{IL}}{V_{DD} - V_{IH}}\right]$
$t_2 = RC\,\text{Ln}\left(\dfrac{V_{IH}}{V_{IL}}\right)$
en considérant que $V_{IH} = 2/3\,V_{DD}$ et $V_{IL} = 1/3\,V_{DD}$ $T = 2\,RC\,\text{Ln}\,(2)$

45.42 Astables à trigger TTL (7414 ou 7413)

Même structure et chronogramme qu'en technologie CMOS.

ASTABLE AVEC 555

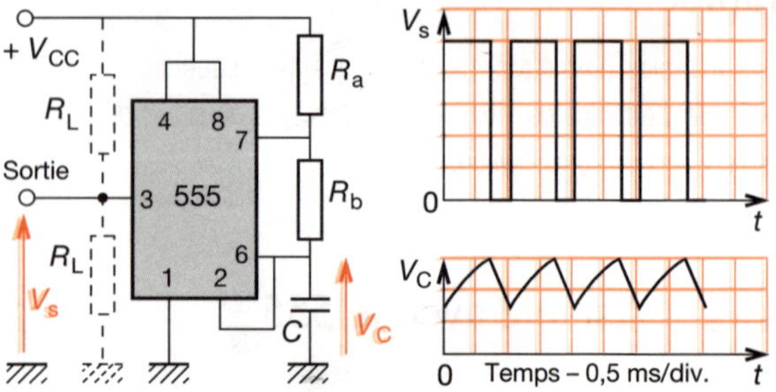

ASTABLE AVEC CIRCUIT LOGIQUE CMOS

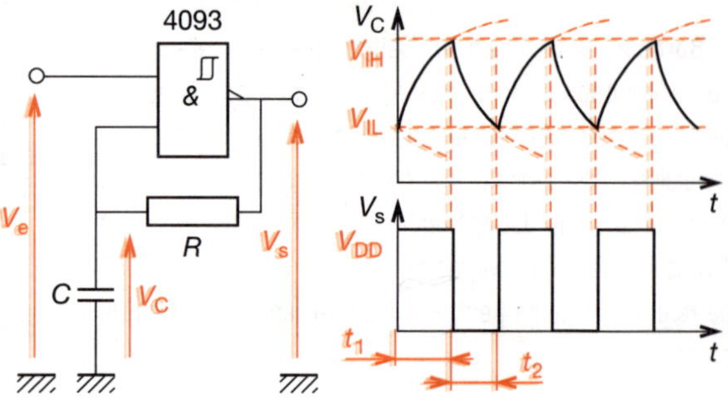

ASTABLE AVEC CIRCUIT LOGIQUE TTL

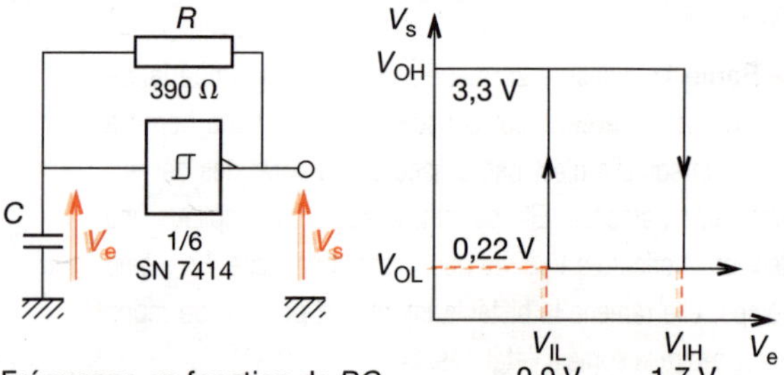

Fréquence en fonction de RC

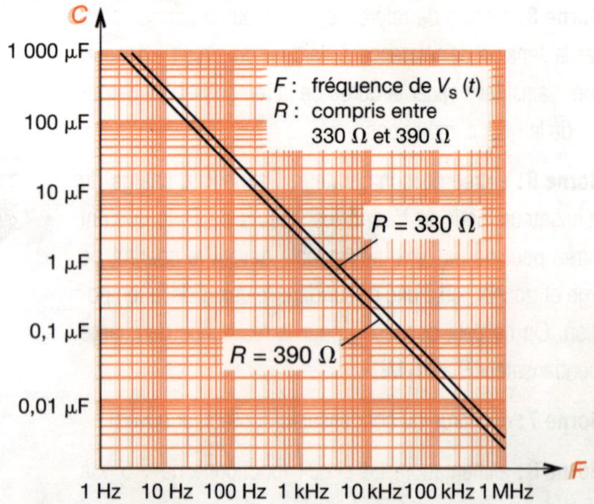

45 ■ 5 ASTABLES À PORTES LOGIQUES

ASTABLES À CIRCUIT LOGIQUE CMOS

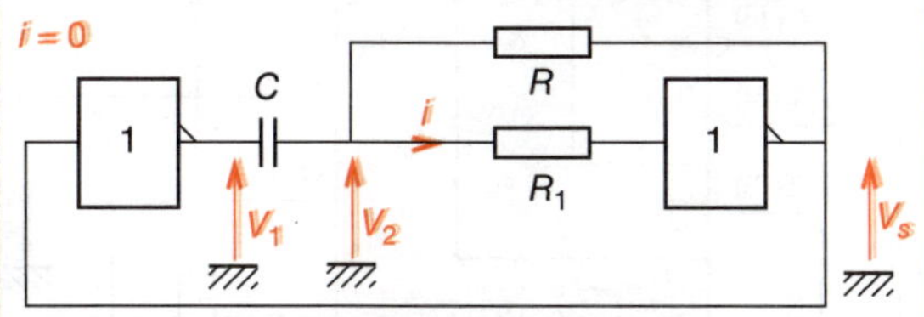

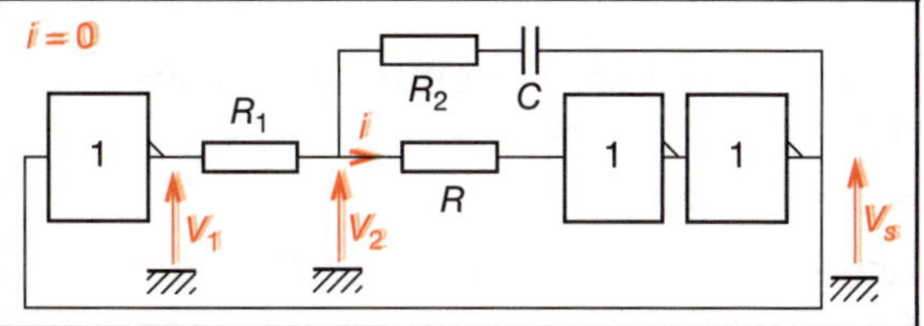

Les portes CMOS possèdent la propriété de commuter pour $V_{TH} = \frac{V_{DD}}{2}$

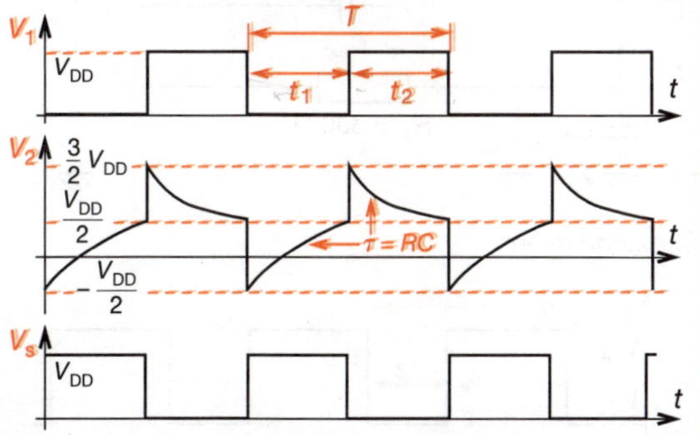

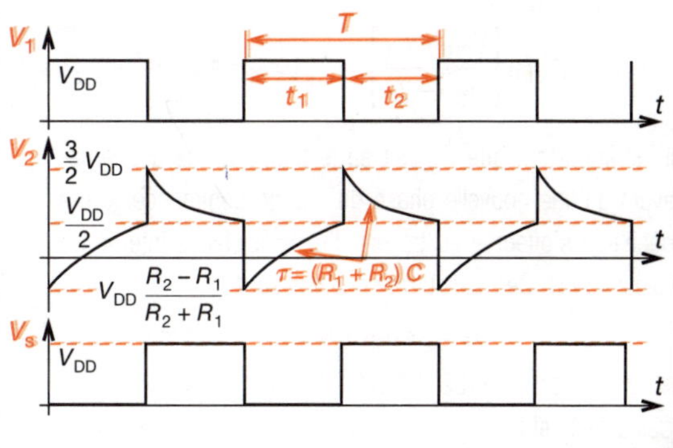

$$t_1 = t_2 = RC \,\mathrm{Ln}\left(\frac{2\,V_{DD} - V_{TH}}{V_{DD} - V_{TH}}\right) \text{ avec } V_{TH} = \frac{V_{DD}}{2}$$

$$T \approx 2{,}2\,RC$$

$$t_1 = t_2 = (R_1 + R_2)\,C \,\mathrm{Ln}\left[1 + \frac{2\,R_1}{R_1 + R_2}\right]$$

ASTABLES À CIRCUIT LOGIQUE TTL

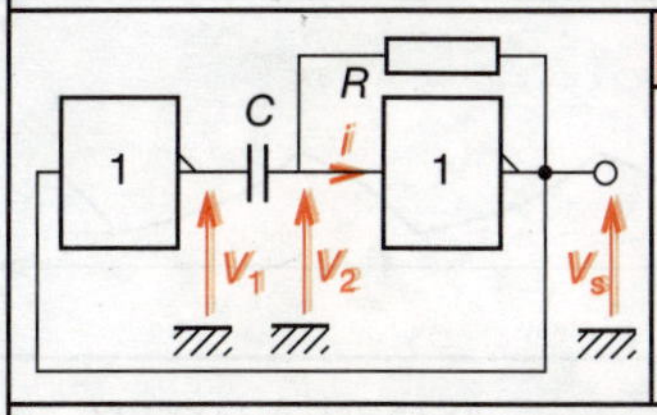

Caractéristiques E/S de l'inverseur

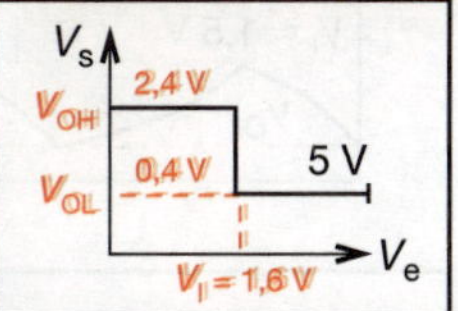

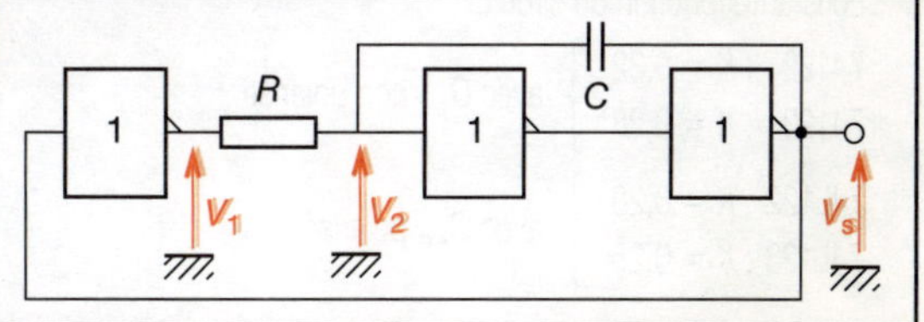

i est considéré comme négligeable

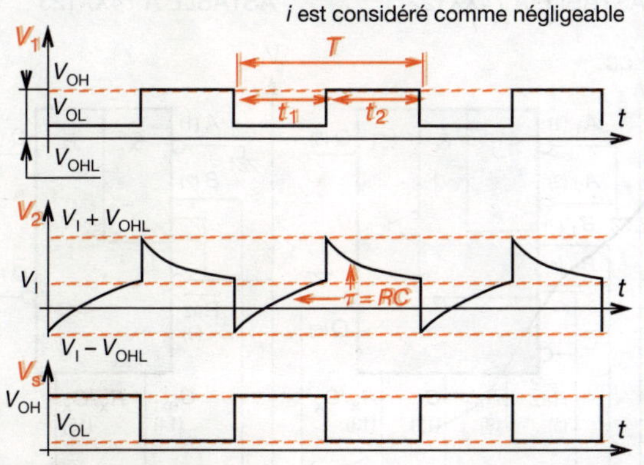

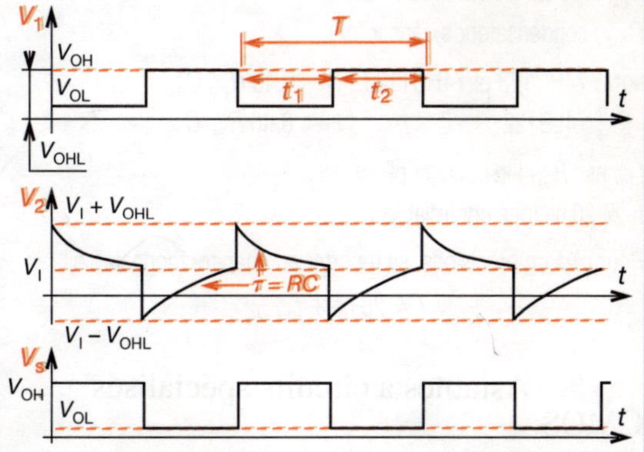

$$t_1 = RC \log_e\left[\frac{2V_{OH} - V_l - V_{OL}}{V_{OH} - V_l}\right] \qquad t_2 = RC \log_e\left[\frac{V_{OH} + V_l - 2V_{OL}}{V_l - V_{OL}}\right]$$

$t_1 \approx 1{,}25\,RC$ $\quad T \approx 2{,}2\,RC \quad$ $t_2 \approx 0{,}98\,RC$

$$t_1 = RC \log_e\left[\frac{V_{OH} + V_l - 2V_{OL}}{V_l - V_{OL}}\right] \qquad t_2 = RC \log_e\left[\frac{2V_{OH} - V_l - V_{OL}}{V_{OH} - V_l}\right]$$

$t_1 \approx 0{,}98\,RC$ $\quad T \approx 2{,}2\,RC \quad$ $t_2 \approx 1{,}25\,RC$

45■6 Astables à structure intégrée monostable

45■61 Astables à circuits spécialisés TTL

■ Emploi du 121

NOTA : le 221 est un circuit comportant deux 121.

Calcul de t_1 et t_2.

$$t_1 = R_{ext}\, C_{ext}\, \mathrm{Ln}\,(2)$$

$$t_2 = R_1\, C_1\, \mathrm{Ln}\left[\frac{V_{OH} - V_{OL}}{V_{OH} - V_T}\right] \qquad V_T \approx 1{,}5\ \mathrm{V}.$$

il est important que C_{ext} ait eu le temps de se décharger avant qu'une nouvelle phase de charge commence. Cette décharge s'effectue au travers d'une résistance interne de valeur 750 Ω. Ceci induit une condition sur t_2 :

$$t_{2\,mini} > 5 \times 750\, C_{ext}.$$

■ Emploi des 74XX122 et 74XX123

Calcul de t_1 et t_2 :

$$\mathbf{t_1 = K\, R_{ext}\, C_{ext}\left(1 + \frac{0{,}7}{R_{ext}}\right)}$$

t_1 : durée de l'impulsion au niveau haut en (ns).

K : constante fonction du circuit.

74122 : $K = 0{,}32$
74123 : $K = 0{,}28$
} avec C_{ext} non polarisé.

74L122 : $K = 0{,}28$
74L123 : $K = 0{,}25$
} avec C_{ext} polarisé.

R_{ext} : résistance extérieure (kΩ).

C_{ext} : condensateur extérieur (pF).

NOTA : 74HC123 et 74HCT123 : $t_1 = 0{,}45\, R_{ext}\, C_{ext}$
74LS122 : $t_1 = 0{,}45\, R_{ext}\, C_{ext}$

t_1 : ns ; R_{ext} : kΩ ; C_{ext} : pF.

$t_2 \approx 20$ ns (pas contrôlable).

Pour plus de précisions, se reporter au chapitre monostable.

$$T = 20\ \mathrm{ns} + t_1.$$

45■62 Astables à circuits spécialisés CMOS

Ces circuits sont connus sous la dénomination 4528 et 4538, le passage en astable s'effectue aisément en reliant l'entrée B à la sortie $\overline{Q}$, l'entrée A étant positionnée à la masse et l'entrée $\overline{\text{Clear}}$ positionnée au $+ V_{DD}$.

ASTABLE À BASE DE 74XX121

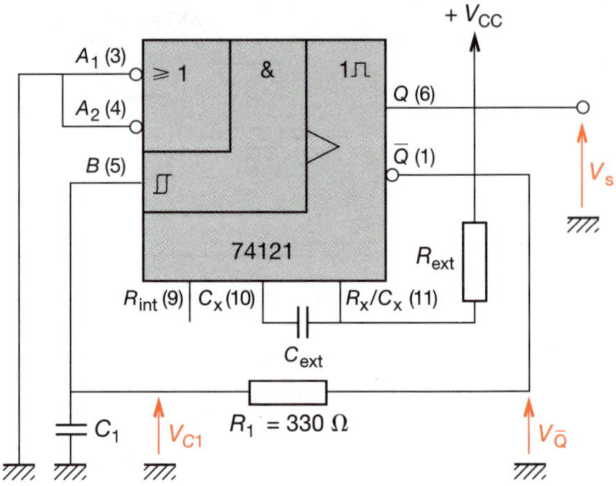

Chronogrammes

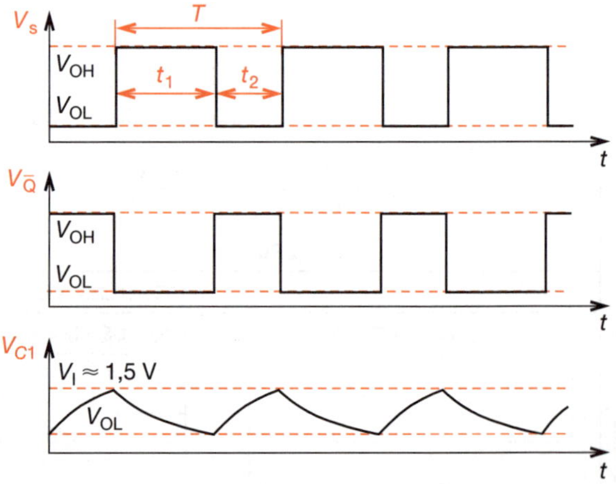

ASTABLE À 74XX122

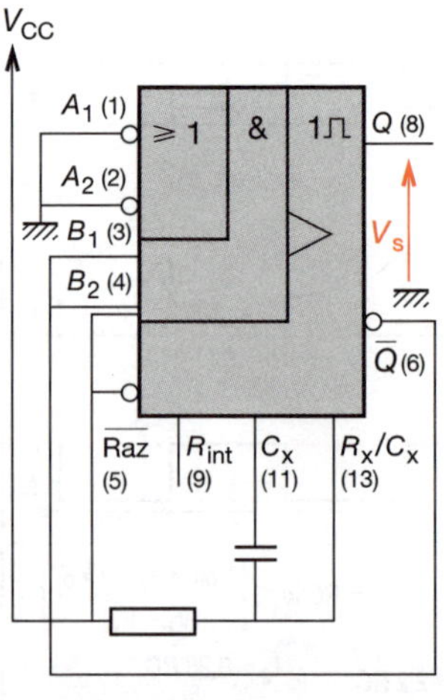

ASTABLE À 74XX123

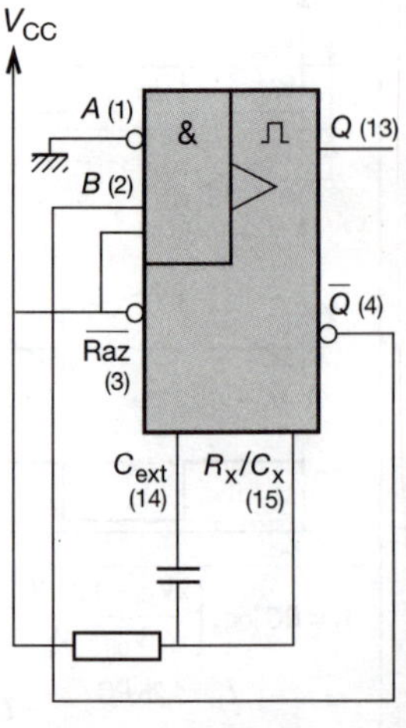

45 ▪ 63 Astables composés de deux monostables

Dans le cas des 74122 et 74123 pour pouvoir contrôler t_1 et t_2, nous sommes obligés d'utiliser deux circuits en rétro-couplage.

La durée de la période se calcule en utilisant t_1 et t_2, calculées respectivement à partir de R_1C_1 et R_2C_2 grâce aux formules du chapitre 6.1.

$$T = t_1 + t_2$$

ASTABLE À DEUX 74123

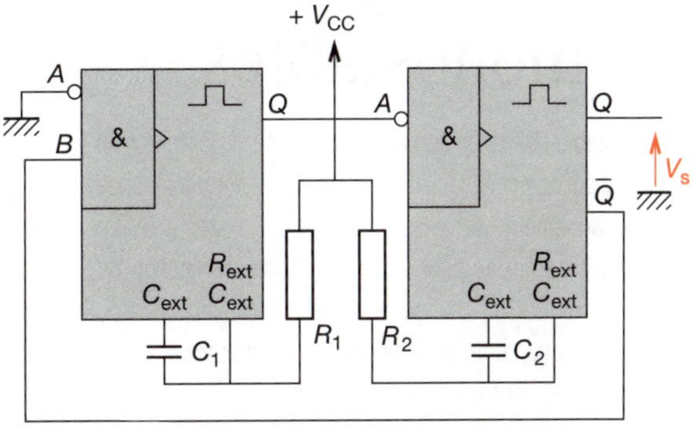

45 ▪ 64 Astables à retard de phase

Le circuit fonctionne par propagation des états logiques.

Le changement d'état de V_1 provoque le changement d'état de V_2 avec un temps de retard égal à T_{pd}. V_2 provoque un changement d'état de V_s avec un temps de retard égal à T_{pd}. Ce changement d'état va lui-même engendrer le changement d'état de V_1. Nous avons une succession d'états instables.

ASTABLE À RETARD DE PHASE

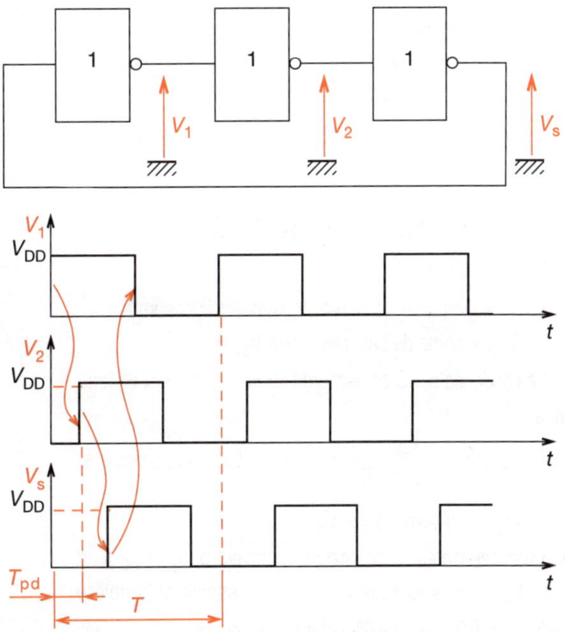

▪ **Fréquence de l'oscillateur**

$$F = \frac{1}{2nT_{pd}}$$

F : fréquence du signal de sortie (Hz).
n : nombre d'étages (forcément impair).
T_{pd} : temps de propagation d'une porte.

NOTA : T_{pd} est identique que nous passions de l'état bas à l'état haut ou de l'état haut à l'état bas.

▪ **Démarrage des oscillations**

Il faut considérer les trois étages comme étant des étages amplificateurs à amplification négative et phase linéaire. Le bruit interne des composants suffit à faire démarrer l'oscillateur.

▪ **Stabilité de l'oscillateur**

Ce genre d'oscillateur manque de stabilité par rapport à la température et ne se retrouve sur les montages que lors des erreurs de conception des circuits.

$T_{pd} = f(\theta)$

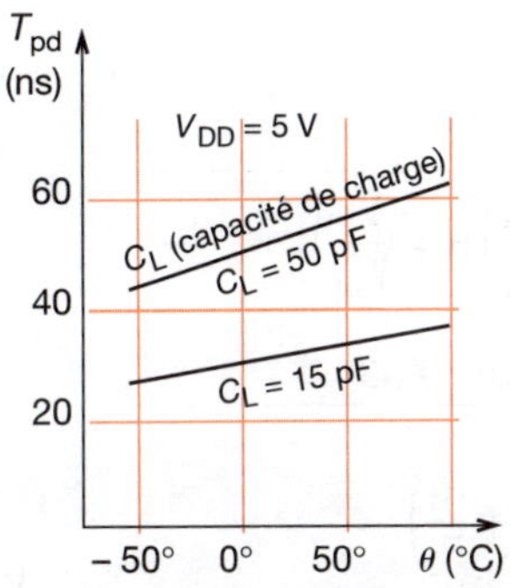

$T_{pd} = f$ (capacité de charge)

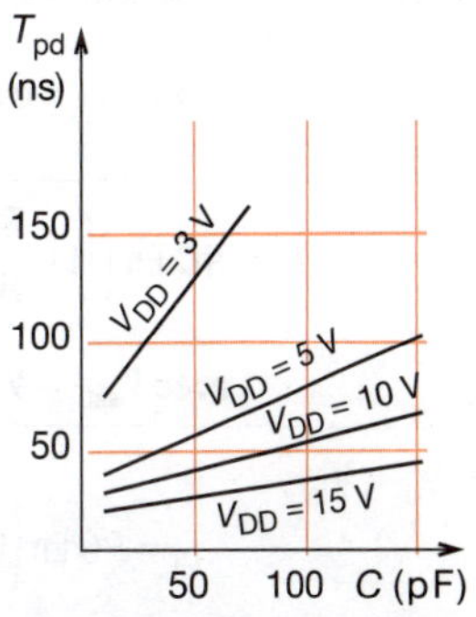

46 Montages monostables

Le monostable délivre en sortie une impulsion calibrée par un circuit RC qui lui est associé. Cette impulsion est déclenchée par un changement de niveau à l'entrée du monostable. Le changement de niveau peut être caractérisé en fonction du type de circuit par un changement d'état, une impulsion ou encore la détection d'un front montant ou descendant.

L'impulsion calibrée est appelée état instable.

Sur les graphiques ci-contre :

- le niveau haut caractérisé par T_1 est l'état instable,
- le niveau bas caractérisé par T_2 est l'état stable.

Il existe deux types de monostable :

- monostable redéclenchable,
- monostable non redéclenchable.

NOTA : réamorçable ou redéclenchable se dit en anglais rettriggerable.

MONOSTABLE

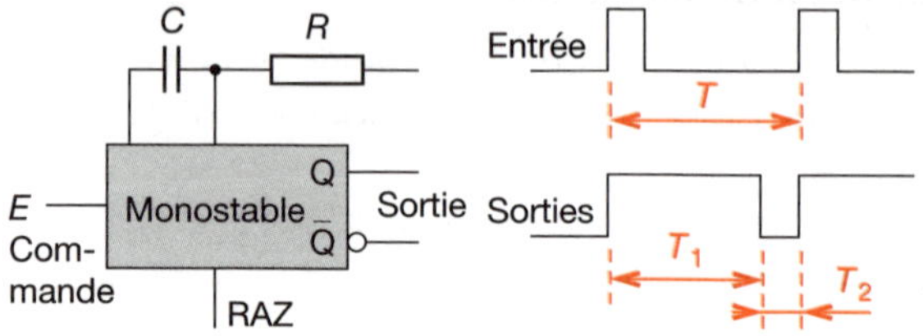

MONOSTABLES REDÉCLENCHABLE ET NON REDÉCLENCHABLE

Monostable non redéclenchable

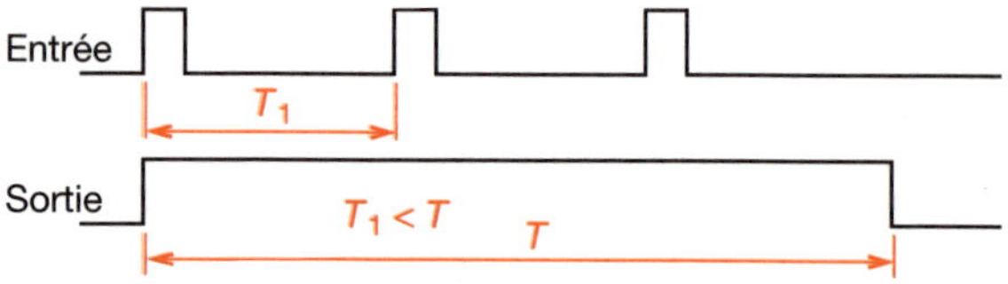

Monostable redéclenchable

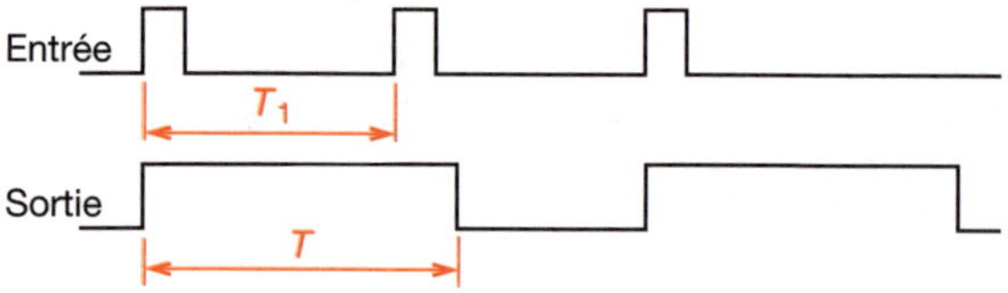

46 ■ 1 Monostable à ALI

- Fonctionnement

1. Lorsque l'impulsion d'entrée (V_e) devient inférieure à « 0 » ($e^+ < V_d$), la sortie de l'ALI bascule et $V_s = V_{sat}$.

2. Le condensateur C se décharge au travers de R et V_C tend vers V_{sat}.

3. Lorsque $V_C < \dfrac{V_{sat} - R_2}{R_1 + R_2} = V_B$ ($e^+ > V_C$), l'ALI bascule et la tension à ses bornes $V_s = V_{sat}{}^+$.

4. Le condensateur C se charge au travers de R et V_C tend vers $V_{sat}{}^+$, mais lorsque $V_C = V_d$, la tension se stabilise (grâce à la diode D_1 qui se met à conduire).

- Calcul de la période T_0

Équation fondamentale de la charge de C :

$$V_s = V_C + RC\,\frac{dV_C}{dt}.$$

$$\boldsymbol{T_0 = RC\,\mathrm{Ln}\left[\left(1 + \frac{R_1}{R_2}\right)\left(1 + \frac{V_d}{V_{sat}}\right)\right]}$$

avec $V_{sat}{}^- \approx V_{sat}{}^+ \approx V_{sat}$

Si $V_d \ll V_{sat}$:

$$T_0 = RC\,\mathrm{Ln}\left(1 + \frac{R_1}{R_2}\right).$$

- La résistance R_3 sert à limiter le courant de sortie de l'ALI.

MONOSTABLE À ALI

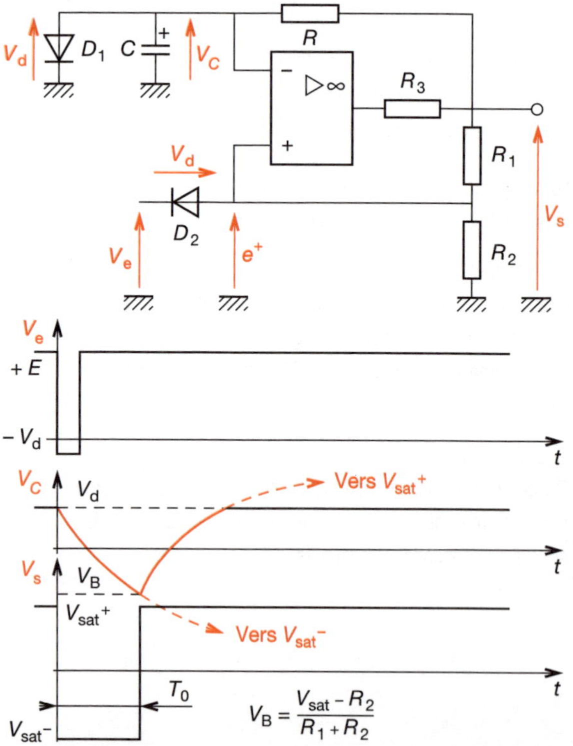

46■2 MONOSTABLE À NE 555 (Voir § 45.3)

46■21 FONCTIONNEMENT

1er temps : au temps T_0, le condensateur est déchargé. L'impulsion de déclenchement (tension inférieure à 1/3 de V_{CC}) appliquée sur la borne 2 met le bistable interne en position « charge », ce qui bloque le transistor *T* ; la sortie est à l'état haut.

2e temps : le transistor étant bloqué, le condensateur se charge à travers la résistance *R* selon la loi :

$$V_C = V_{CC}\left(1 - e^{-t/RC}\right)$$

jusqu'à ce que V_C soit égal à V_{ref} (2/3 V_{CC}).

3e temps : le comparateur 1 change d'état et ramène le bistable interne dans sa configuration initiale, ce qui entraîne la saturation du transistor, et la décharge de *C*. La sortie passe au niveau bas. Le circuit est revenu à son état initial.

Montage monostable avec 555

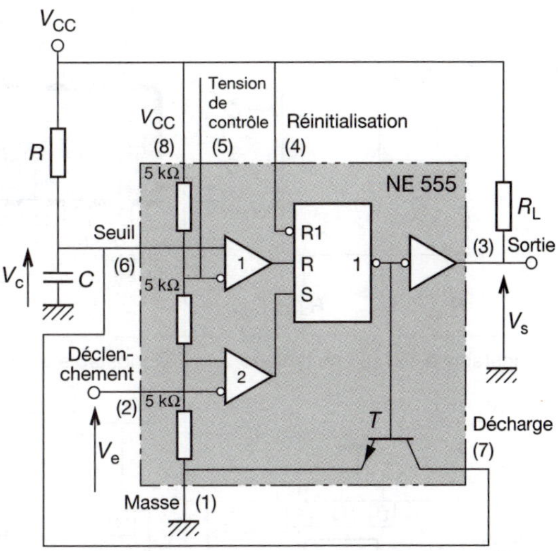

46■22 CALCUL DE *T*

$$T = 1{,}1\,RC = RC \ln 3$$

46■23 UTILISATION DU MONOSTABLE À NE 555

Chronogrammes

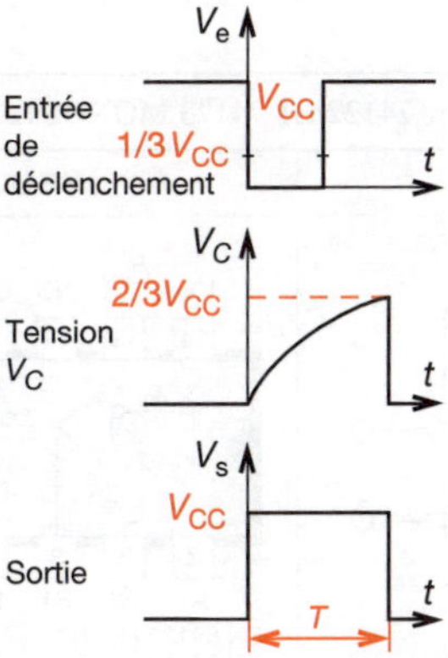

Symbole

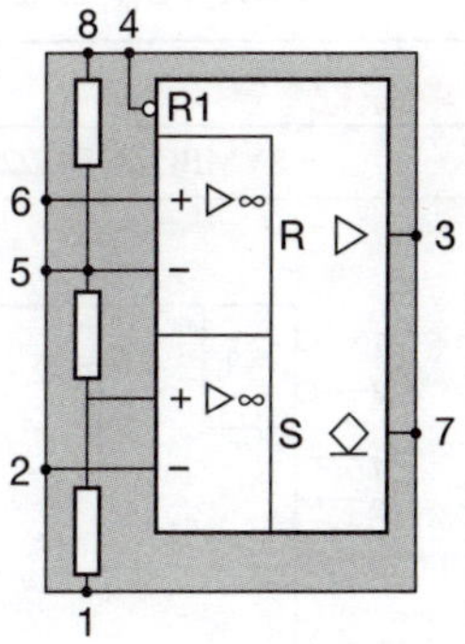

Diviseur de fréquence

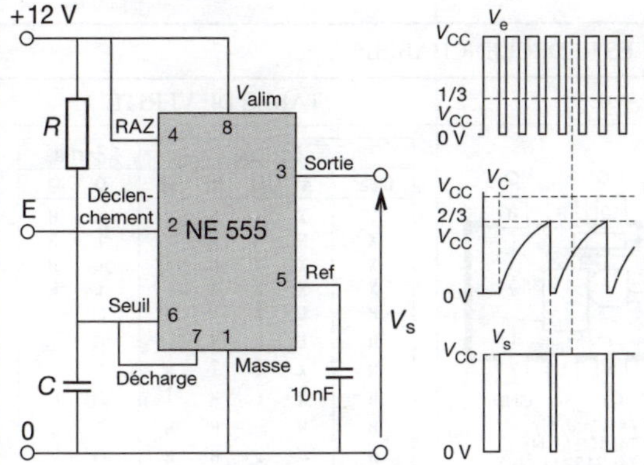

Détecteur de niveau

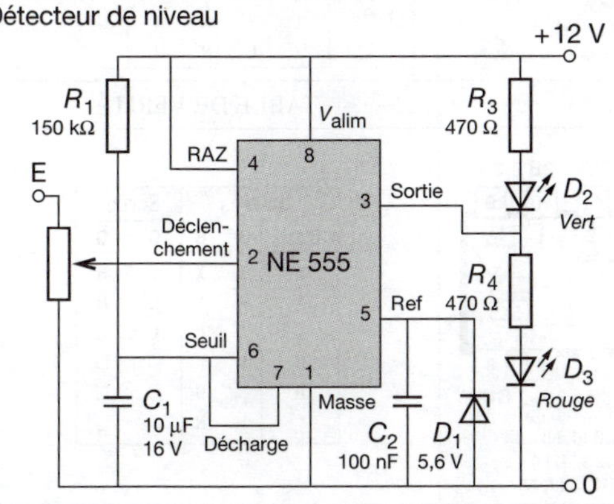

Modulateur de largeur d'impulsion

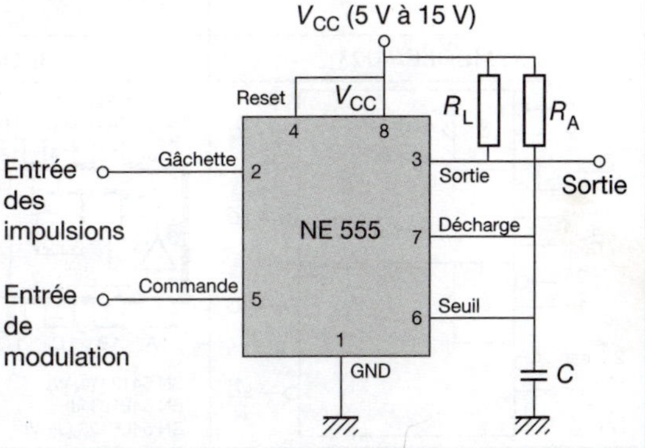

46■3 MONOSTABLES SPÉCIALISÉS

46■31 74121

SYMBOLE

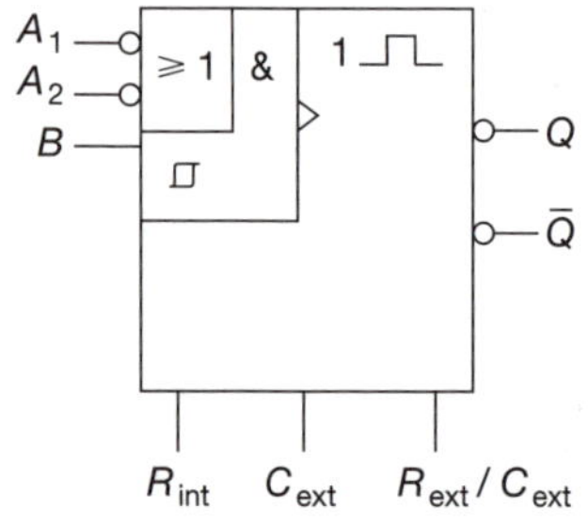

BROCHAGE

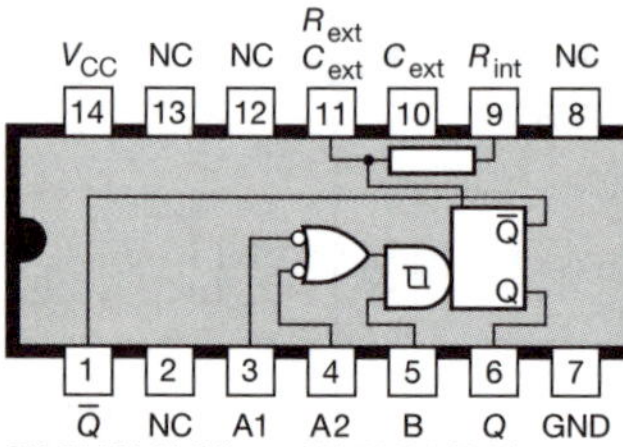

SN 54121 (J, W) SN 74121 (J, N)
SN 54L121 (J, T) SN 74L121 (J, N)

■ 121 . . . R_{int} = 2 kΩ nom
■ L121 . . . R_{int} = 4 kΩ nom

TABLE DE VÉRITÉ

Entrées			Sorties	
A1	A2	B	Q	$\bar{Q}$
L	X	H	L	H
X	L	H	L	H
X	X	L	L	H
H	H	X	L	H
H	↓	H	⊓	⊔
↓	H	H	⊓	⊔
↓	↓	H	⊓	⊔
L	X	↑	⊓	⊔
X	L	↑	⊓	⊔

L : état bas
H : état haut
↑ : front montant
↓ : front descendant
⊓ : impulsion positive
⊔ : impulsion négative

$0 < R_{ext} < 40$ kΩ   10 pF < C_{ext} < 1 mF

Monostable à 121, 35 ns typique

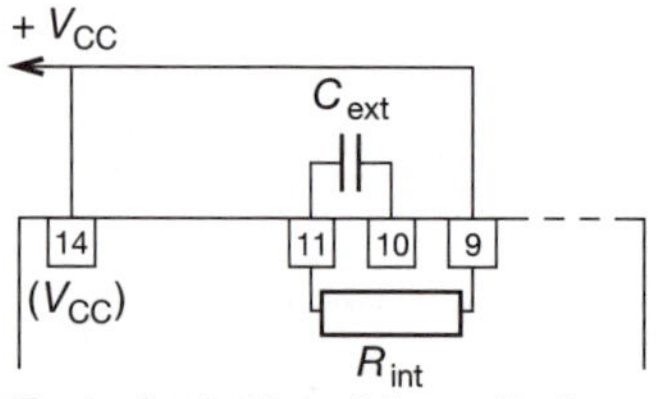

T : durée de l'impulsion calibrée.

$$T = R_{int} C_{ext} \operatorname{Ln}(2)$$

Monostable à 40 ns à 28 s

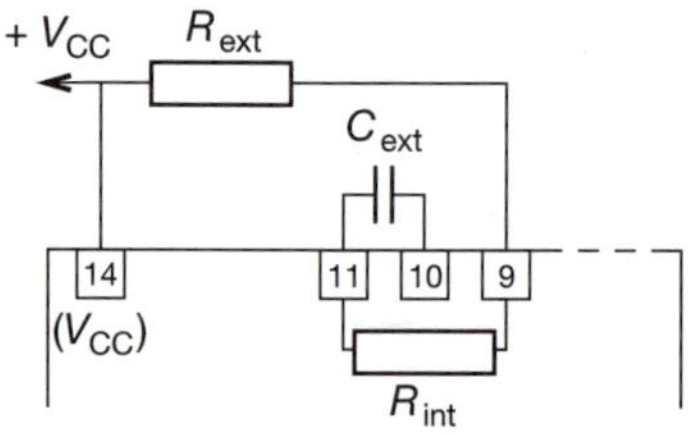

$$T = (R_{ext} + R_{int}) C_{ext} \operatorname{Ln}(2)$$

Monostable sans utilisation de R_{int}

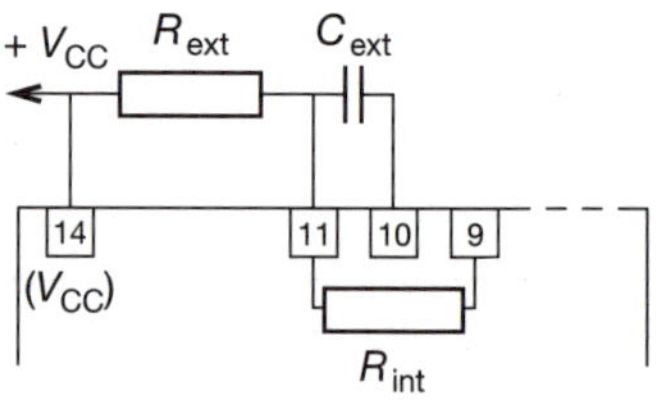

$$T = R_{ext} C_{ext} \operatorname{Ln}(2)$$

46■32 74122 ET 74123 MONOSTABLES REDÉCLENCHABLES

SYMBOLE 74122

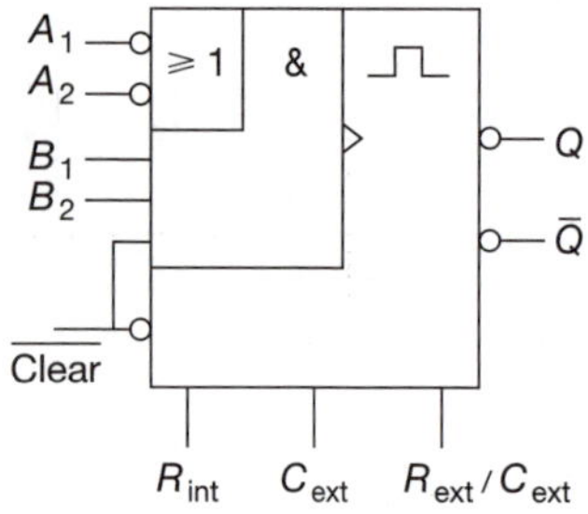

BROCHAGE

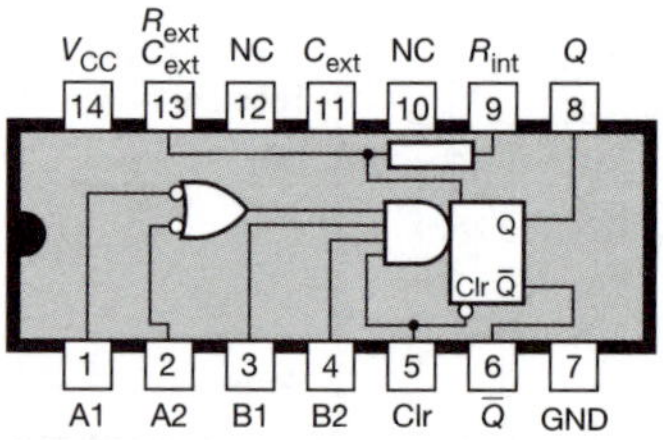

SN 54122 (J, W) SN 74122 (J, N)
SN 54L122 (J, T) SN 74L122 (J, N)
SN 54LS122 (J, W) SN 74LS122 (J, N)

■ 122 . . . R_{int} = 10 kΩ nom
■ L122 . . . R_{int} = 20 kΩ nom
■ LS122 . . . R_{int} = 10 kΩ nom

TABLE DE VÉRITÉ

Entrées					Sorties	
Clear	A1	A2	B1	B2	Q	$\bar{Q}$
L	X	X	X	X	L	H
X	H	H	X	X	L	H
X	X	X	L	X	L	H
X	X	X	X	L	L	H
H	L	X	↑	H	⊓	⊔
H	L	X	H	↑	⊓	⊔
H	X	L	↑	H	⊓	⊔
H	X	L	H	↑	⊓	⊔
H	H	↓	H	H	⊓	⊔
H	↓	↓	H	H	⊓	⊔
H	↓	H	H	H	⊓	⊔
↑	L	X	H	H	⊓	⊔
↑	X	L	H	H	⊓	⊔

SYMBOLE 74123

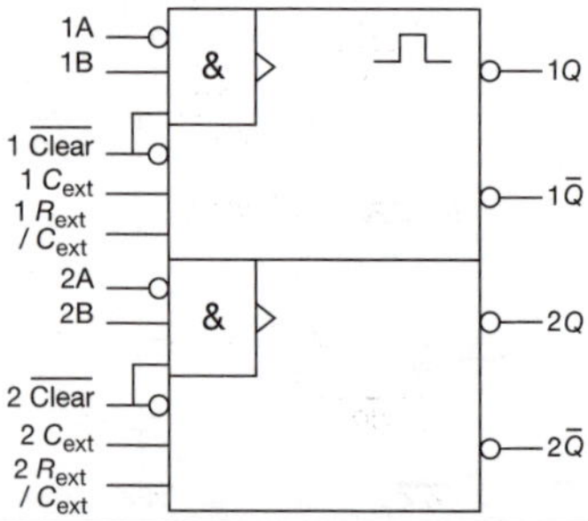

BROCHAGE

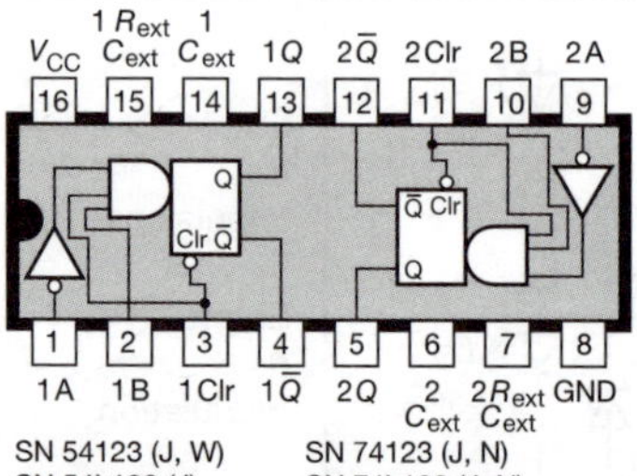

SN 54123 (J, W) SN 74123 (J, N)
SN 54L123 (J) SN 74L123 (J, N)
SN 54LS123 (J, W) SN 74LS123 (J, N)

TABLE DE VÉRITÉ

Entrées			Sorties	
Clear	A	B	Q	$\bar{Q}$
L	X	X	L	H
X	H	X	L	H
X	X	L	L	H
H	L	↑	⊓	⊔
H	↓	H	⊓	⊔
↑	L	H	⊓	⊔

DÉTERMINATION DE *T*, DURÉE DE L'IMPULSION

Circuits	R_x (kΩ), C_x (µF)	*T* (ns) avec R_x (kΩ), C_x (pF)
74121 74221	$C_x < 1\,000$ $1{,}4 < R_x < 40$	$T = 0{,}7\,R_x\,C_x$
74LS221	$C_x < 1\,000$ $1{,}4 < R_x < 100$	$T = 0{,}7\,R_x\,C_x$
74122	C_x non polarisée $5 < R_x < 50$	$T = 0{,}32\,R_x\,C_x\left(1 + \frac{0{,}7}{R_x}\right)$
74123	C_x non polarisée $5 < R_x < 50$	$T = 0{,}28\,R_x\,C_x\left(1 + \frac{0{,}7}{R_x}\right)$
74122	C_x polarisée $5 < R_x < 50$	$T = 0{,}28\,R_x\,C_x\left(1 + \frac{0{,}7}{R_x}\right)$
74123	C_x polarisée $5 < R_x < 50$	$T = 0{,}25\,R_x\,C_x\left(1 + \frac{0{,}7}{R_x}\right)$
74LS122	C_x sans limites $5 < R_x < 260$	$T = 0{,}45\,R_x\,C_x$
74LS123	C_x sans limites $5 < R_x < 260$	$T = K\,R_x\,C_x$

BRANCHEMENT DE R_x ET C_x SUR LES X122 ET X123

74122, 74123 — C_x non polarisée

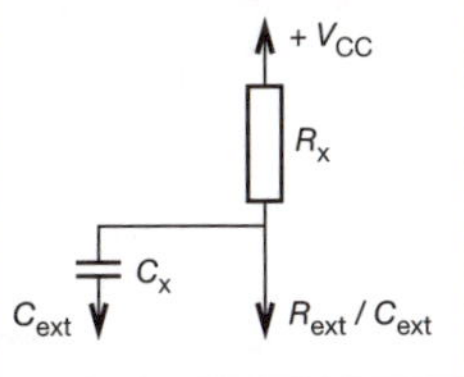

74122, 74123 — C_x polarisée

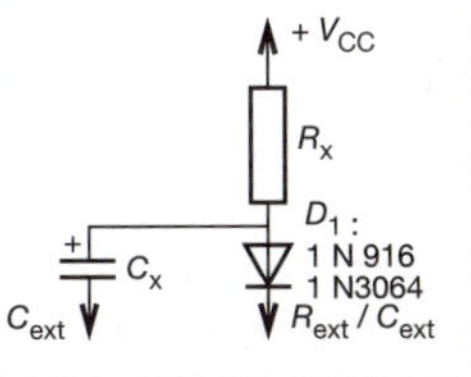

74LS122, 74LS123 — C_x quelconque

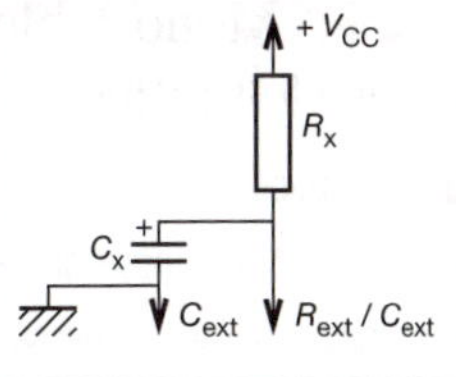

Détermination de C_x pour les 74122 et 74123

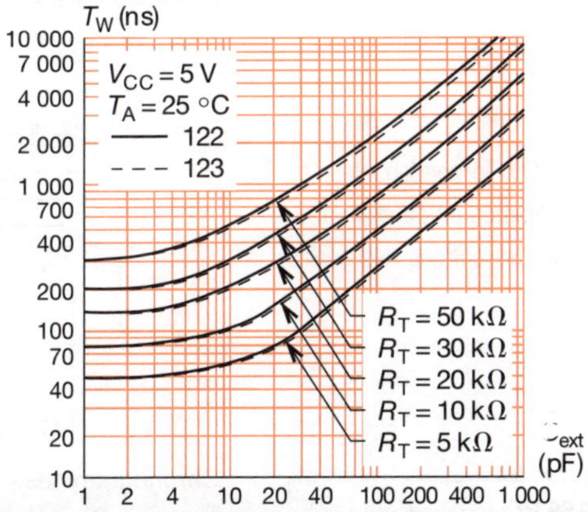

Détermination de *K* pour le 74LS123

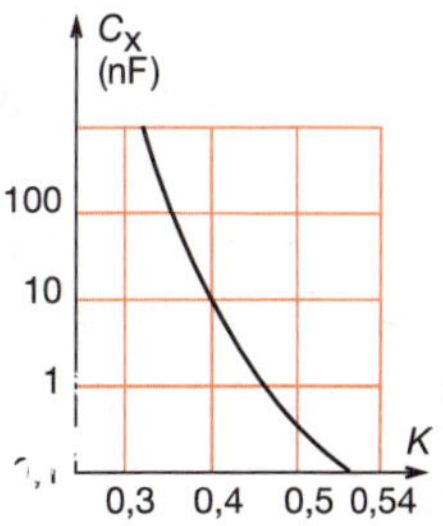

46■33 LE MONOSTABLE CMOS 4528, 4538

SYMBOLE 4528, 4538

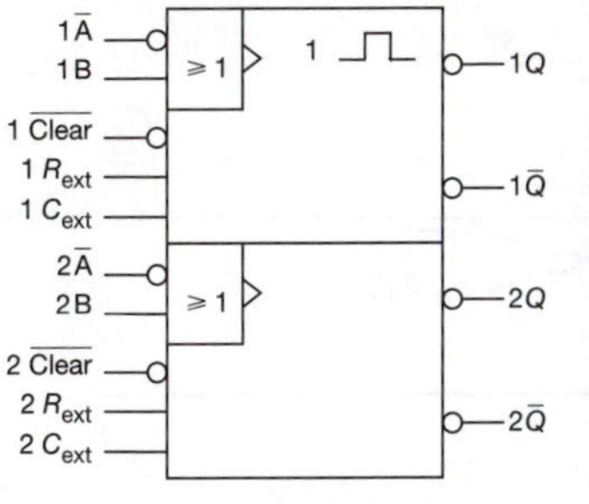

BROCHAGE

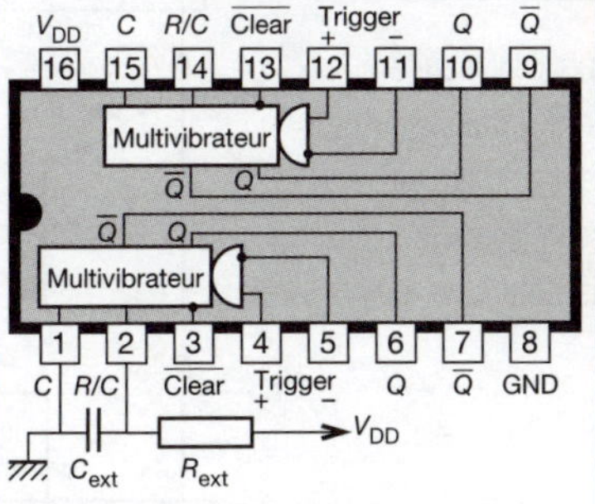

TABLE DE VÉRITÉ

Entrées			Sorties	
Ā	B	Clear	Q	Q̄
	L	H	⊓	⊔
H	↑	H	⊓	⊔
X	X	L	L	H

Durée de l'impulsion	4538
$T = K\,R_{ext}\,C_{ext}$	$K = 1$

4528	V_{DD}		
	5 V	10 V	15 V
K	0,42	0,32	0,3

46■4 TEMPORISATEUR PROGRAMMABLE LONGUE DURÉE

Il existe des temporisateurs programmables longue durée tel le SAB 0529 de Siemens qui permet une plage de programmation qui va de 1 s à 31,5 h, il permet une alimentation directe par le secteur et possède une sortie normalement prévue pour la commande de triac.

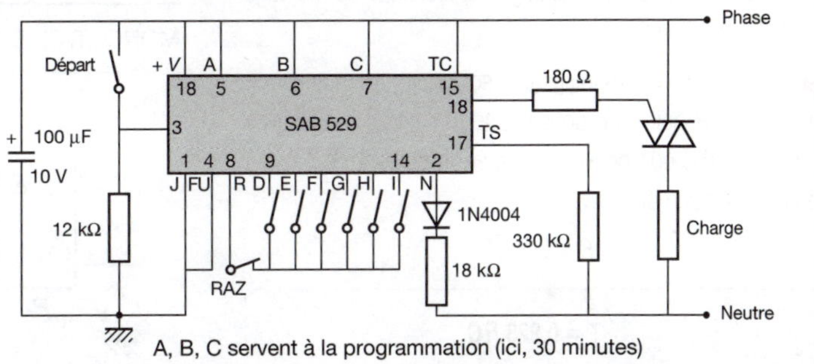

A, B, C servent à la programmation (ici, 30 minutes)

46 ▪ 5 Monostable à portes logiques

46 ▪ 51 Monostable à portes logiques CMOS

▪ Description du fonctionnement

1. Apparition de l'impulsion sur l'entrée ; V_e passe à Ov.

2. V_1 passe à V_{DD}, V_R passe à V_{DD}, V_s passe à « Ov ».

3. Le condensateur se charge par l'intermédiaire de R jusqu'à $V_{TH} \approx \dfrac{V_{DD}}{2}$.

4. À $V_{TH} = \dfrac{V_{DD}}{2}$, P_2 bascule et $V_s = V_{DD}$.

5. $V_s = V_{DD}$, P_1 bascule et $V_1 = $ Ov, le condensateur se décharge par l'intermédiaire de R montée en parallèle avec $R_p + R_n$ (R_n vient de la protection des entrées des portes logiques CMOS, interne).

▪ Durée de l'état instable

$$T = RC \operatorname{Ln} \frac{V_{DD}}{V_{TH}}.$$

$T \approx 0{,}69\, RC$
pour $V_{TH} \approx \dfrac{V_{DD}}{2}$

▪ [T décharge] est relativement important, pour le réduire nous pouvons soit : réduire de façon importante R_p (attention, le courant maximal admis dans D_1, D_2 et R_n est de l'ordre de 1 mA) ; soit court-circuiter R par une diode mise en parallèle à ses bornes (dans ce cas, attention à ne pas déteriorer la sortie de P_1).

46 ▪ 52 Monostable à portes logiques TTL

▪ Le fonctionnement du montage est identique au montage CMOS.

▪ Les limitations technologiques sont dues au dimensionnement de R qui, pour pouvoir imposer un zéro logique à l'entrée de P_2, doit pouvoir absorber un courant de 1,6 mA pour une tension de 0,8 V.

$$R < 0{,}5\ \text{k}\Omega.$$

$T = 0{,}223\, RC$

MONOSTABLE À PORTES CMOS

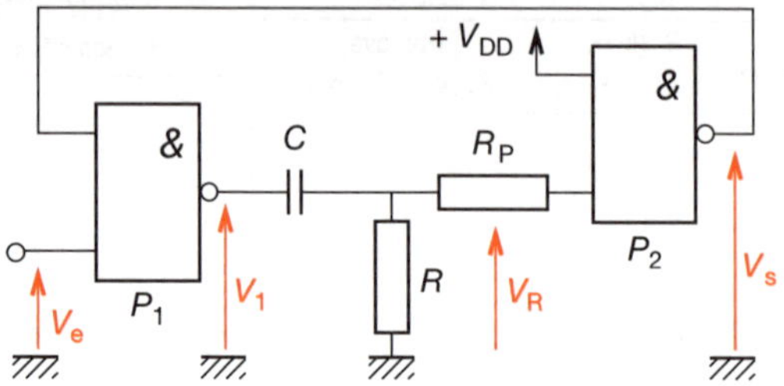

R_p : résistance de protection

Protection des entrées des CMOS de la série 4000

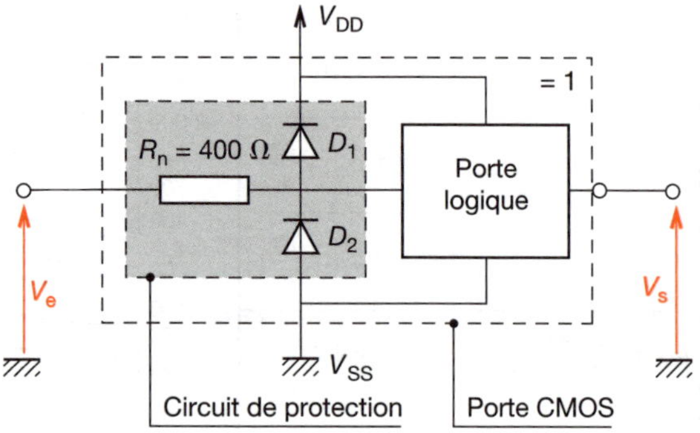

Chronogrammes

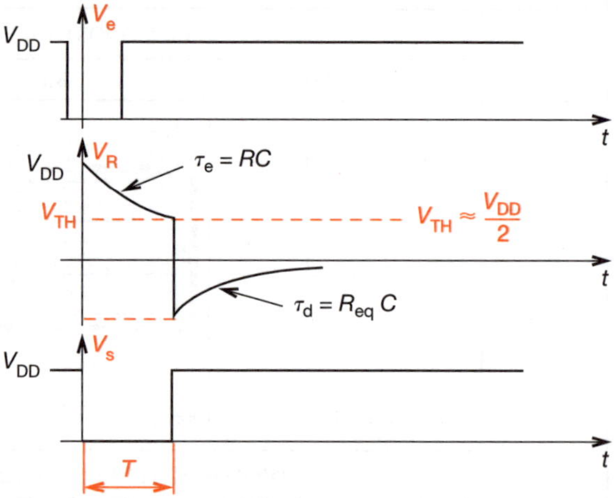

MONOSTABLE À PORTES TTL

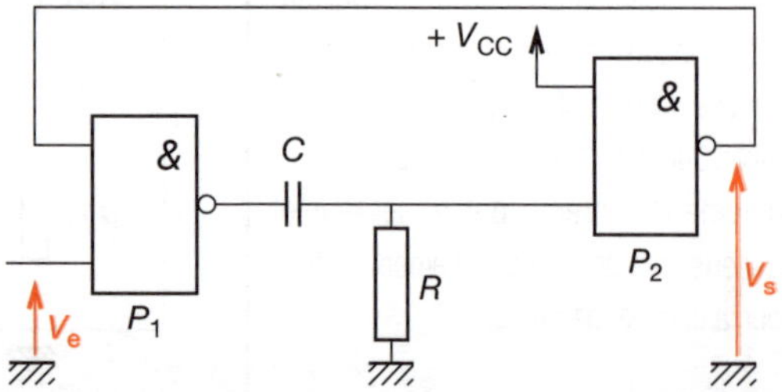

47 Générateurs de marches d'escalier

$V_e = -V_{CC}$, D_1 devient passante, D_2 se bloque, C_1 conserve la charge précédente, C se charge quasiment instantanément à V_{CC}.

$V_e = 0$ V, D_1 se bloque, D_2 devient passante, C_1 se charge quasiment instantanément $V_s = -V_{C1}$. Pour obtenir l'expression précise de V_{C1}, nous devons faire intervenir la conservation de la charge Q.

$$Q = CV_{CC} = C_1 V_C,$$

$$V_s = -V_C = -\frac{C}{C_1} V_{CC}.$$

Les marches obtenues par charge d'un condensateur ne sont pas très linéaires. On utilise plus souvent pour remplir cette fonction, des bascules du type JK ou des compteurs. Pour ces montages, chaque impulsion d'entrée fera changer d'état les bascules, ce qui permettra d'obtenir en sortie une tension croissante.

Nombre d'impulsion	Q_2	Q_1	V_s (V)
0	0	0	0
1	0	1	1
2	1	0	2
3	1	1	3
4	0	0	0

Si au lieu de deux bascules, on utilise n bistables, nous obtenons 2^n marches.

Avec deux compteurs binaires à 4 bits, soit 8 bits en tout nous aurons : $2^8 = 256$ marches,

ce qui signifie qu'avec un léger lissage (obtenu avec un petit condensateur en parallèle sur la charge), c'est une rampe pratiquement linéaire qui peut être obtenue.

ITÉRATEUR À MÉMOIRE

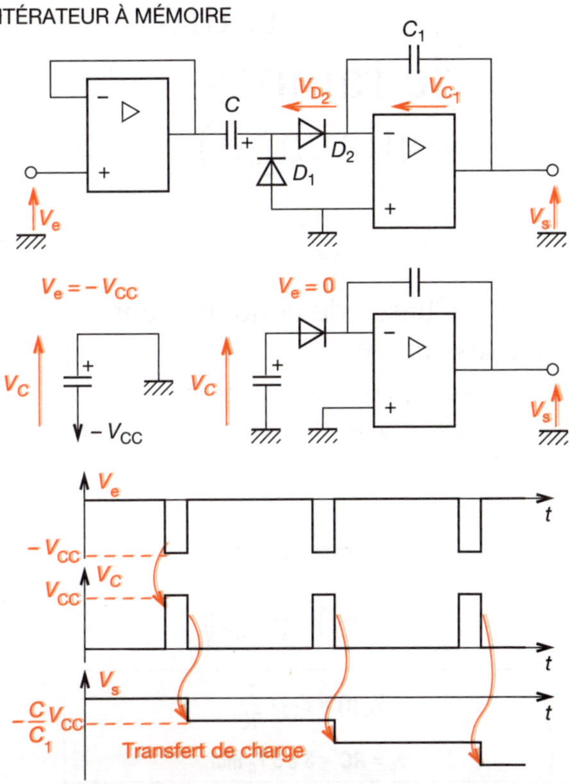

GÉNÉRATEUR DE MARCHES D'ESCALIER À BASCULES JK

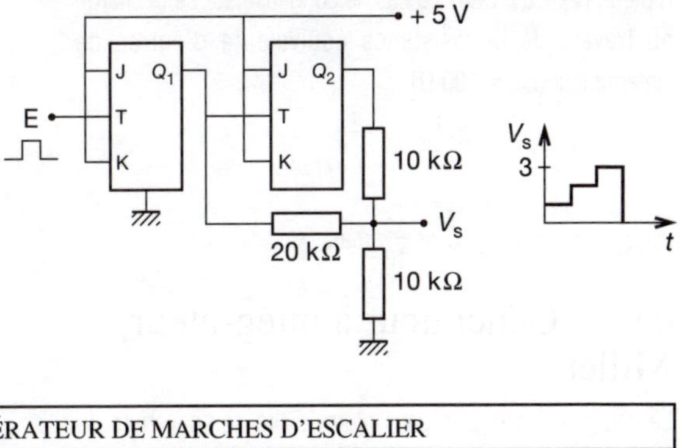

MONTAGE CLASSIQUE D'UN GÉNÉRATEUR DE MARCHES D'ESCALIER

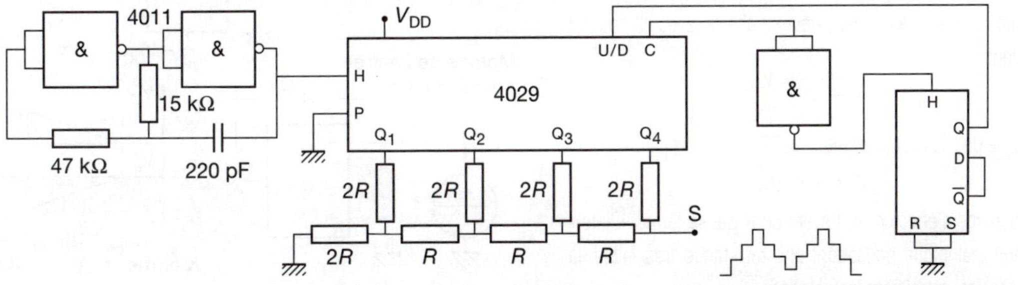

48 Générateurs de rampes (balayage)

La génération de rampe s'effectue au travers de charge ou de décharge de condensateur à courant constant.

48 ■ 1 Charge de condensateur par résistance

La charge est obtenue lorsque l'interrupteur est ouvert, ($V_i = 0$). Dans ce cas le condensateur se charge en respectant l'équation :

$$V_C(t) = V_{CC}\left(1 - e^{-\frac{t}{RC}}\right).$$

Comme pour avoir une rampe linéaire, il faut avoir sur T_0 $RC \gg T_0$:

$$V_C(t) = V_{CC}\left(1 - \left(1 - \frac{t}{RC}\right)\right).$$

$$\mathbf{V_C(t) = V_{CC} \cdot \frac{t}{RC}}$$

$$\boldsymbol{\tau_1 = RC \approx 3 \text{ à } 5\, T_0 \text{ min}}$$

La décharge obtenue par mise en conduction de l'interrupteur, ($V_i = E$). Dans ce cas, le condensateur se décharge au travers de la résistance équivalente d'entrée de l'interrupteur ($r_{on} \approx 100\ \Omega$).

$$V_C(t) = \frac{V_{CC} \cdot T_0}{RC} \cdot e^{-\frac{t}{r_{on} \cdot C}},$$

avec $\tau_2 = r_{on} \cdot C \approx \frac{T_0}{10}$ max.

48 ■ 2 Générateur à intégrateur Miller

La charge est effectuée par l'intermédiaire de l'ouverture de K. L'entrée de l'ALI comporte comme un générateur de courant constant, le condensateur se charge avec ce courant constant :

$$V_C(t) = \frac{I}{C} \cdot t = \frac{V_{CC}}{RC} \cdot t.$$

La sortie de l'ALI est inversée :

$$V_s = -V_C(t).$$

La décharge s'effectue au travers de K qui se ferme. L'interrupteur analogique possédant une résistance très faible, la décharge est quasiment instantanée.

CHARGE DE CIRCUIT RC

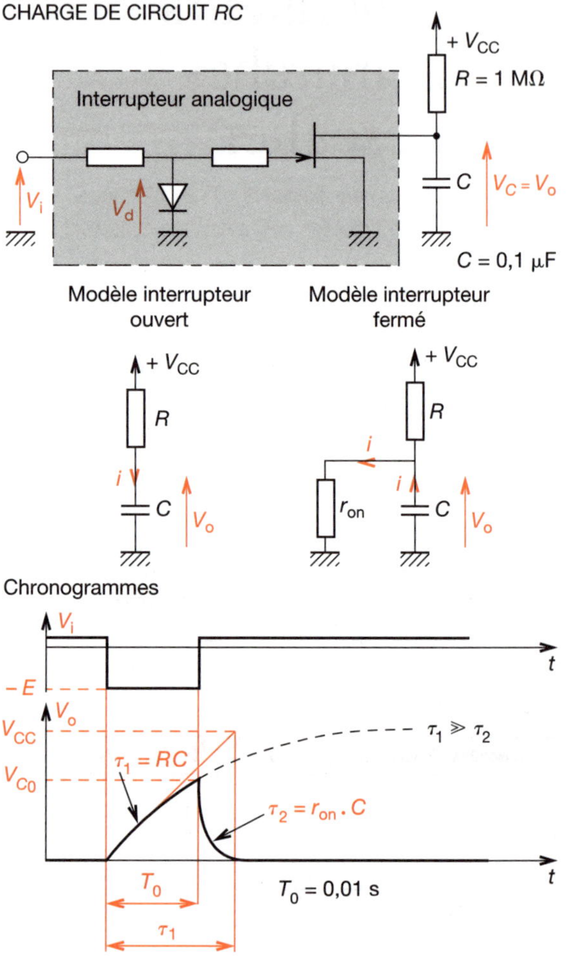

GÉNÉRATEUR À INTÉGRATEUR DE MILLER

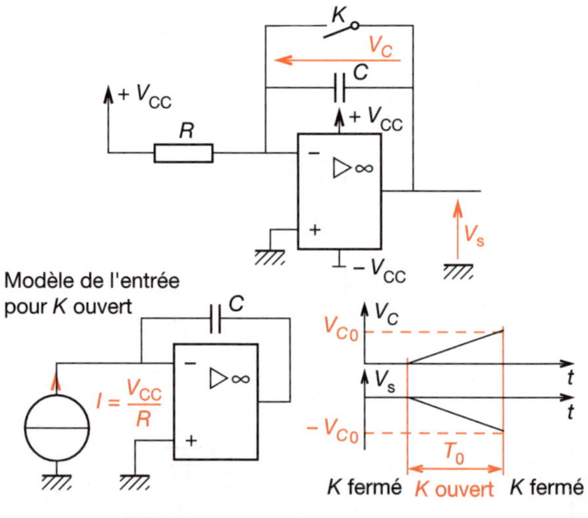

48 ■ 3 Générateur à montage bootstrap

■ K : fermé, le condensateur C se décharge quasiment instantanément au travers de K, C_1 se charge à V_{CC} et la sortie du montage V_o est au même potentiel que V_C (ALI monté en suiveur) ; $V_o = 0$ V.

■ K : ouvert, le condensateur C_1 reste chargé à V_{CC}, $V_o + V_{C1} = V_o + V_{CC} > V_{CC}$, la diode D_1 se bloque, comme $V_o = V_C$ (ALI monté en suiveur), le condensateur C se charge de façon linéaire.

Équation fondamentale (fig b) :

$$V_C + Ri_C - V_{C1} - V_o = 0\,,$$

$$V_o = V_C \quad ; \quad V_{C1} = V_{CC}\,,$$

$$RC\,\frac{dV_C}{dt} - V_{CC} = 0\,,$$

$$V_o\,(t) = V_C\,(t) = \frac{V_{CC}}{RC}\,.\,t\,.$$

Ce montage est appelé bootstrap parce que V_{C1} resté toujours chargé à V_{CC} et que $V_o + V_{CC} > V_{CC}$. Il présente une très bonne linéarité.

GÉNÉRATEUR BOOTSTRAP

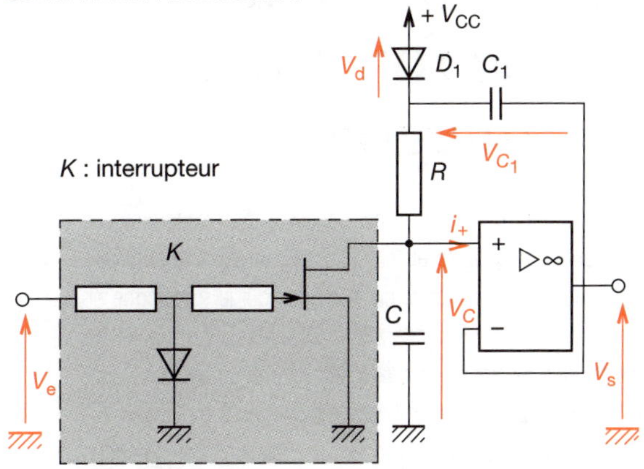

K : fermé (fig. a)
H : $r_{ds\ on} \approx 0$, V_d négligé

K : ouvert (fig. b)
la diode D_1 se bloque

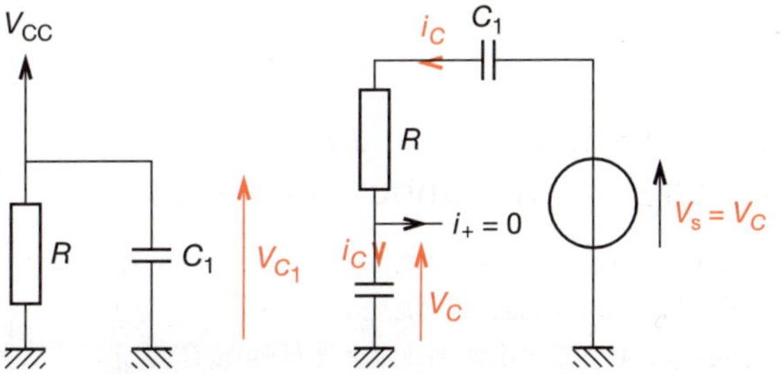

Chronogramme de $V_o\,(t)$

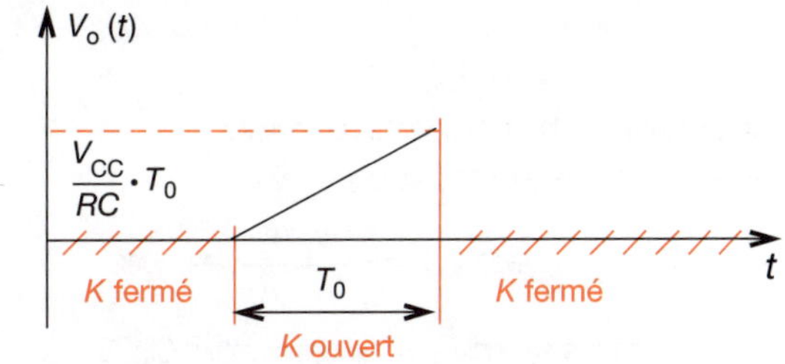

48 ■ 4 Générateur à NE 555

Pour ce montage, le transistor T_1 constitue un générateur de courant qui charge C. Lorsque C est chargé à $V_C = 2/3$ de V_{CC}, le temporisateur NE 555 se remet à zéro et le cycle recommence.
La période du signal est fonction du courant de charge du condensateur.

Calcul de T_0 :

$$I = \frac{\dfrac{V_{CC}.R_1}{R_1 + R_2} - V_{BE}}{R_e}\,.$$

$$V_C\,(t) = \frac{I}{C}\,t + \frac{1}{3}\,V_{CC} \quad \text{si } V_{BE} \text{ négligeable.}$$

$$\boldsymbol{T_o = \frac{1}{3}\,.\,C\,\frac{(R_1 + R_2)}{R_1}\,.\,R_e}$$

AN : $T_0 = \dfrac{1}{3} \times 47 \times 10^{-9} \times \left(1 + \dfrac{10}{4{,}7}\right) \times 47 \times 10^3$,

$T_0 = 1{,}56$ ms.

GÉNÉRATEUR À NE 555

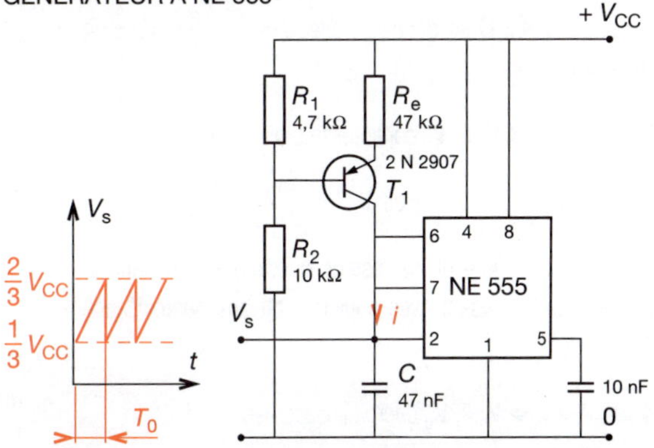

49 Générateurs de fonctions intégrés

Un générateur de fonctions est constitué d'un générateur de signaux rectangulaires et triangulaires. Le signal triangulaire est traité par un conformateur à diodes qui le transforme en signal sinusoïdal. Le générateur présente la possibilité de fournir trois tensions : carrée, triangulaire et sinusoïdale, dont la fréquence peut varier en fonction d'une tension d'entrée V_e, appelée « Wobulator input » (entrée modulation). Lorsque nous utilisons le générateur avec des variations continues de V_e, l'utilisation est dite en VCO (Voltage Control Oscillator) soit oscillateur commandé en tension.

49 ■ 1 Générateur triangle rectangle commandé en tension

Ce générateur est constitué d'un trigger inverseur (A, R_3, R_2, R_1, D_1, D_2), d'un commutateur inverseur CMOS (T_1, T_2), d'un montage suiveur (A_2) et d'un intégrateur de Miller (R, C_2, A_3).

Pour fonctionner, le montage demande

$$|V_C| < |V_D|$$

avec $V_D = V_Z + V_d$.

V_Z : tension Zener de la diode polarisée en inverse.

V_d : tension directe de la diode polarisée en direct.

1° $V_o = V_{ref}^-$ avec $V_{ref}^- = -\dfrac{V_D R_2}{R_1 + R_2}$, le trigger commute et impose à sa sortie $+V_D$, le commutateur CMOS commute et le suiveur impose $V_i = -V_C$; comme $V_o = -V_{CD}$, le condensateur C se décharge avec $I = -\dfrac{V_C}{R}$, V_o croît linéairement vers V_{ref}^+.

2° $V_{ref}^- < V_o < V_{ref}^+$, V_o continue sa croissance.

3° $V_o = V_{ref}^+$ avec $V_{ref}^+ = \dfrac{V_D R_2}{R_2 + R_1}$.

Le trigger commute et les mêmes opérations que dans la phase 1 se produisent avec pour résultat une décroissance linéaire de V_o.

4° $V_{ref}^+ > V_o > V_{ref}^-$, V_o décroît linéairement.

5° La phase 1 recommence.

DESCRIPTION FONCTIONNELLE D'UN GÉNÉRATEUR DE FONCTIONS

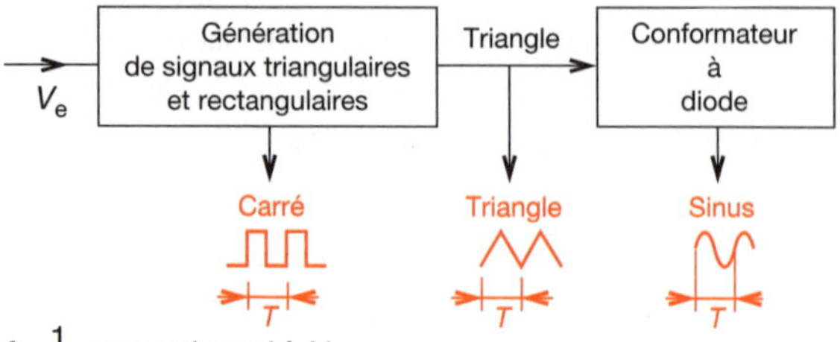

$f = \dfrac{1}{T}$ proportionnel à V_e.

GÉNÉRATEUR DE SIGNAUX TRIANGULAIRES COMMANDÉS EN TENSION

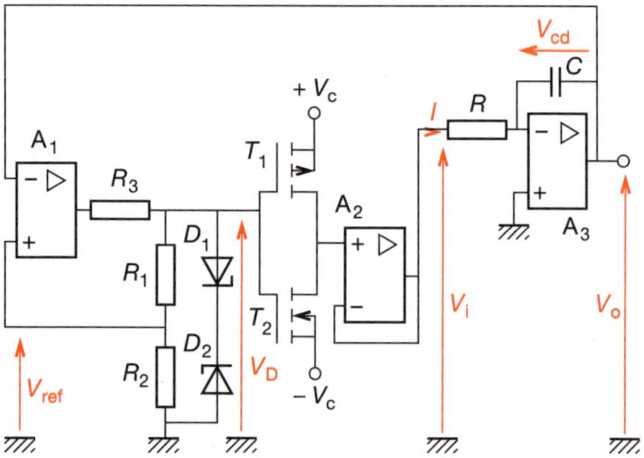

Chronogrammes

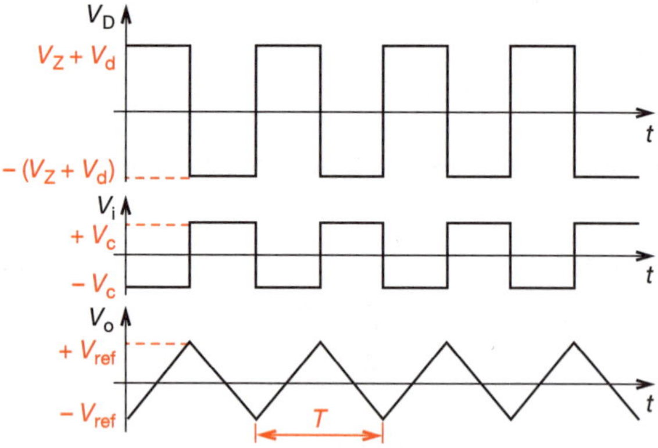

Calcul de $f = \dfrac{1}{T}$ $\quad V_{ref}^+ - V_{ref}^- = \dfrac{V_C}{RC} \cdot \dfrac{T}{2}$.

$$f = \frac{R_1 + R_2}{4RCR_2} \cdot \frac{V_C}{V_D}.$$

NOTA :

R_3 est dimensionné pour protéger la sortie de A_1 et permettre un courant suffisant pour polariser D_1 et D_2.

49■2 GÉNÉRATEUR TRIANGLE RECTANGLE TYPE I - 2I

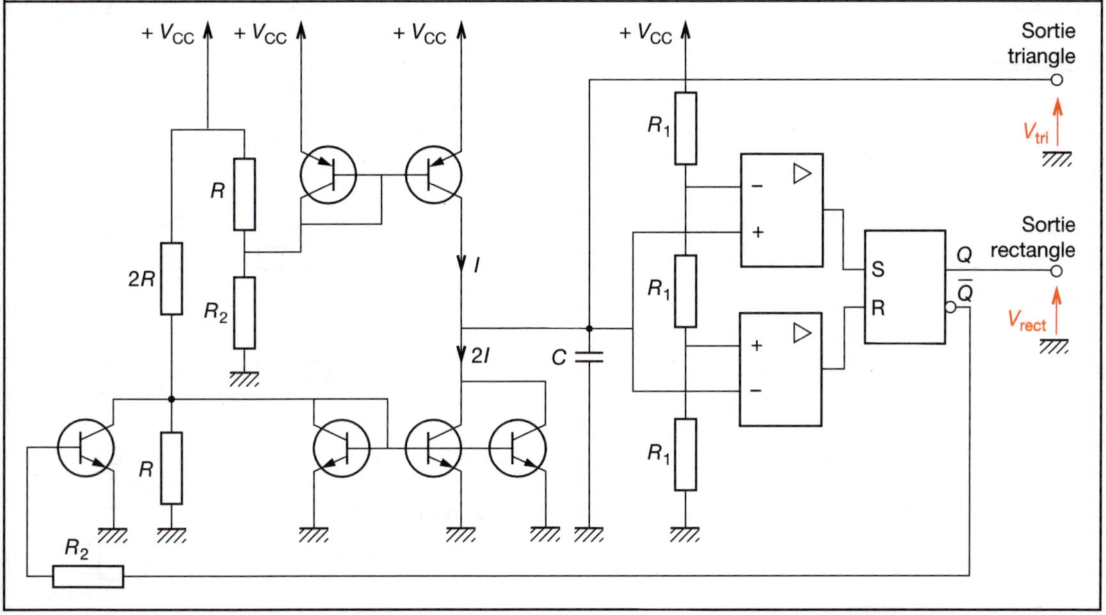

49■21 Description du fonctionnement

1° Phase ① : $V_{\overline{Q}} = V_{CC}$, K est ouvert.
C se charge à courant constant avec $i(t) = I$.

2° $V_C = \dfrac{2V_{CC}}{3}$, $\overline{Q}$ passe à 0, $V_{\overline{Q}} = 0$ V
l'interrupteur K se ferme, le courant dans C s'inverse et vaut

$$i(t) = -2I + I = -I.$$

3° Phase ② : $V_{\overline{Q}} = 0$ V, K fermé.
C se décharge à courant constant avec $i(t) = -I$.

4° $V_C = \dfrac{V_{CC}}{3}$, $\overline{Q}$ passe à 1, $V_{\overline{Q}} = +V_{CC}$
l'interrupteur K s'ouvre, le courant dans C s'inverse et vaut $i(t) = +I$.

5° Nous revenons à la phase ①.

■ Calcul de $f = \dfrac{1}{T}$ $(C\Delta V_C = I\Delta t)$

$$\frac{1}{3}V_{CC} = \frac{I}{C}\cdot\frac{T}{2}$$

$$f = \frac{3}{2}\,\frac{I}{C.V_{CC}}.$$

■ Calcul de I

$$I = \frac{V_{CC}}{2R}.$$

DIAGRAMME DE FONCTIONNEMENT

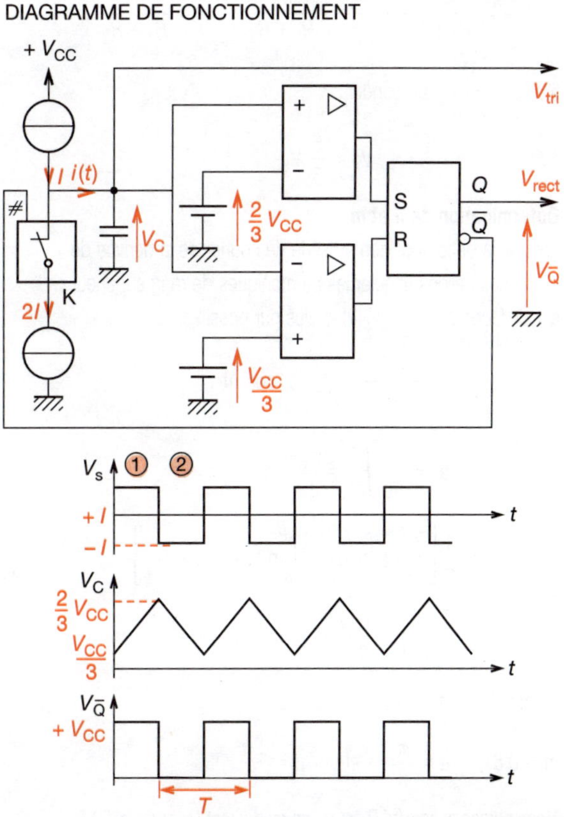

49 ▪ 3 Étude du conformateur à diode

Fonctionnement

Le signal triangulaire évolue de $-V_{CC}$ à $+V_{CC}$, avec une pente de $+1$ et -1, R_2 et $R_1 \gg R$.

La tension V_s respecte plusieurs paliers, lorsque :

1° $V_e < -\frac{3}{5}V_{CC}$, V_d sera toujours négligeable devant $\frac{V_{CC}}{5}$.

D_4 conduit et $V_s = -\frac{3}{5}V_{CC}$.

2° $-\frac{3}{5}V_{CC} < V_e < -K$, D_4 conduit, D_3 se bloque ; $K = \frac{2\alpha V_{CC}}{\pi}$

$$V_s = V_e\frac{R_2}{R_1+R_2} - \frac{V_{CC}}{5}\cdot\frac{R_1}{R_1+R_2} \qquad m = \frac{R_2}{R_1+R_2}.$$

3° $-K < V_e < +K$, toutes les diodes se bloquent.

$$V_e = V_s.$$

4° $K < V_e < \frac{3}{5}V_{CC}$, D_2 conduit.

$$V_s = V_e\frac{R_2}{R_1+R_2} + \frac{V_{CC}}{5}\cdot\frac{R_1}{R_1+R_2} \qquad m = \frac{R_2}{R_1+R_2}.$$

5° $V_e > \frac{3}{5}V_{CC}$, D_1 conduit.

$$V_s = \frac{3}{5}V_{CC}.$$

Détermination de α et m

Lors de la décomposition en série de Fourier de la dérivée de $V_s(\theta)$, nous allons annuler les harmoniques de rang supérieur à 1 de façon à obtenir $V_s(\theta)$ le plus pur possible.

$$\frac{dV_s(\theta)}{d\theta} = \sum_{n=1}^{+\infty} a_n \cos n\theta.$$

$$a_n = \frac{1}{\pi}\int_0^{2\pi}\frac{dV_s(\theta)}{d\theta}\cos n\theta\, d\theta.$$

$$a_n = \frac{4}{\pi}\left[\int_0^{\alpha}\cos n\theta\, d\theta + \int_{\alpha}^{\beta} m\cos n\theta\, d\theta + 0\right].$$

$$a_n = \frac{4}{\pi}\left[\frac{\sin n\alpha}{n}(1-m) + m\frac{\sin n\beta}{n}\right]$$

en annulant les harmoniques 3 et 5.

$$m = 0{,}61, \quad \alpha = \frac{\pi}{5} \quad \text{et} \quad \beta = \frac{2\pi}{5}.$$

Nous obtenons ensuite R_1 et R_2 en respectant R_2 et $R_1 > 30\,R$.

MONTAGE

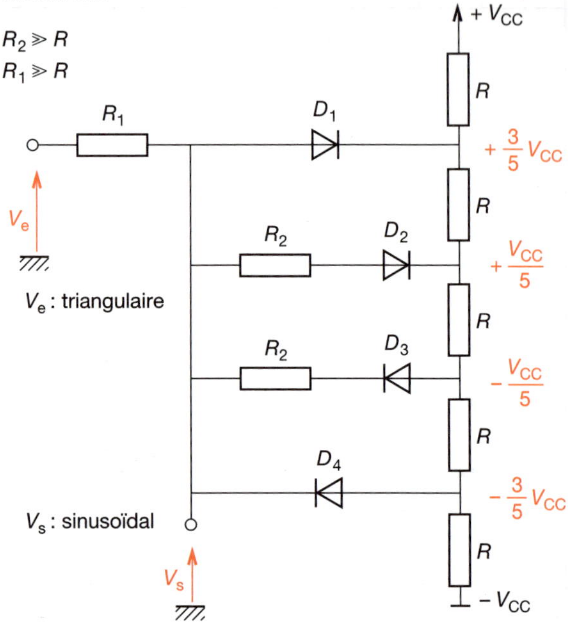

Chronogrammes

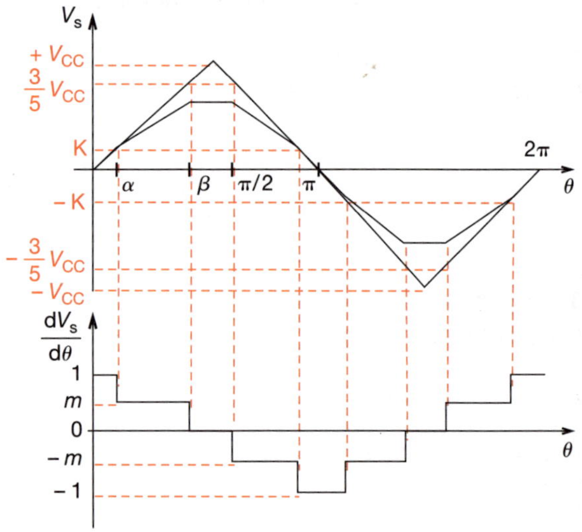

MODÈLE PERMETTANT LE CALCUL DE V_s

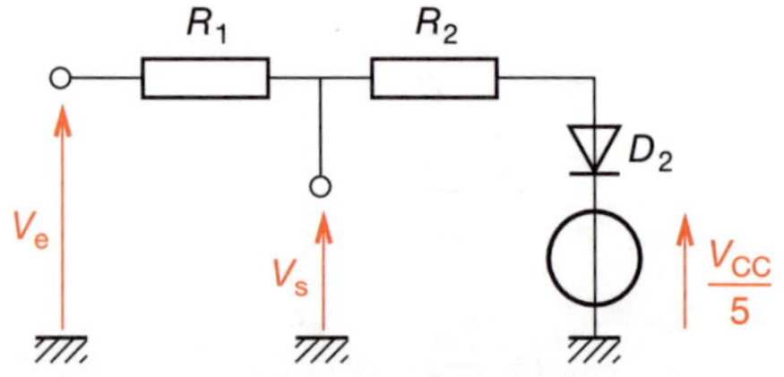

49 ▪ 4 Générateur ICL 8038

C'est un générateur de type I-2I.

Le générateur 8038 possède les principales caractéristiques suivantes :

- Délivrance simultanée des signaux sinusoïdaux, carrés et triangulaires.
- Faible dérive de fréquence en fonction de la température – 50 ppm/°C.
- Niveau de sortie variable du TTL à 28 V.
- Faible distorsion – 1 % pour $R_{charge} = 1\ \text{M}\Omega$.
- Bonne linéarité – 0,1 %.
- Large gamme de fréquence 0,001 Hz à plus de 1 MHz.
- Rapport cyclique variable de 1 à 99.
- Alimentation ± 18 V ou 36 V au total.
- Courant de sortie (broches 3 et 9) : 25 mA.
- Courant d'entrée (broches 4 et 5) : 25 mA.
- Modulation de fréquence (wobulation).

49 ▪ 41 Calcul des éléments extérieurs R_A, R_B et C

$$t_1 = \frac{5}{3} \cdot R_A \cdot C \qquad I_A = \frac{0{,}2\,V_{CC}}{R_A}.$$

$$t_2 = \frac{5}{3}\,\frac{R_A R_B}{2R_A - R_B} \cdot C \qquad I_B = \frac{2}{5}\,\frac{V_{CC}}{R_B} - I_A.$$

Un rapport cyclique de 50 % est obtenu pour $R_A = R_B = R$.

$$f = \frac{1}{t_1 + t_2} = \frac{0{,}3}{RC}.$$

- Limites sur R_A, R_B et I_A, I_B

$$500\ \Omega < R_A \text{ et } R_B < 1\ \text{M}\Omega.$$

$$10\ \mu\text{A} < I_A \text{ et } I_R < 1\ \text{mA}.$$

- Réduction de la distorsion de la sinusoïde par l'intermédiaire d'une résistance de 81 kΩ placée entre 11 et 12 ; pour minimiser encore cette distorsion et la rendre voisine de 0,5 %, nous avons intérêt de placer un potentiomètre entre 11 et 12.
- Modulation (wobulation)

– Modulations de faible amplitude ≈ 10 %

Le signal de modulation est appliqué directement sur la broche 8 par l'intermédiaire d'un condensateur de liaison. Une résistance entre 7 et 8 pourra être connectée pour augmenter l'impédance d'entrée de 8 qui, dans ce cas là, est de 8 kΩ.

– Modulations de fortes amplitudes

Pour ces modulations, le signal est appliqué directement sur la broche 8, le signal de modulation est $V_{md} = V_{CC} - V_e$.

$$f = K \cdot V_{md} \quad \text{et} \quad \frac{2}{3}\,V_{CC} < V_e < V_{CC}.$$

BROCHAGE DU 8038

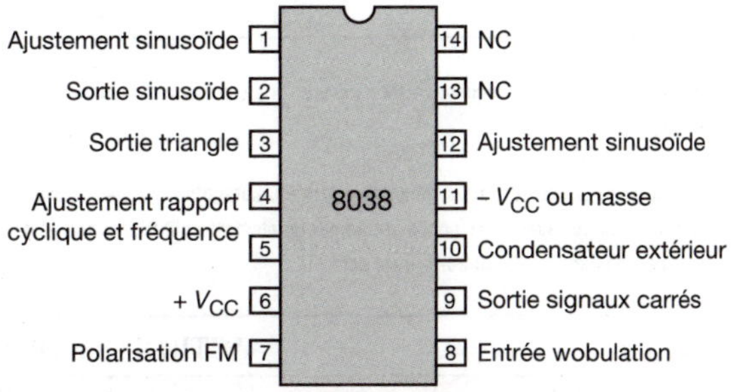

SIGNAUX DE SORTIE

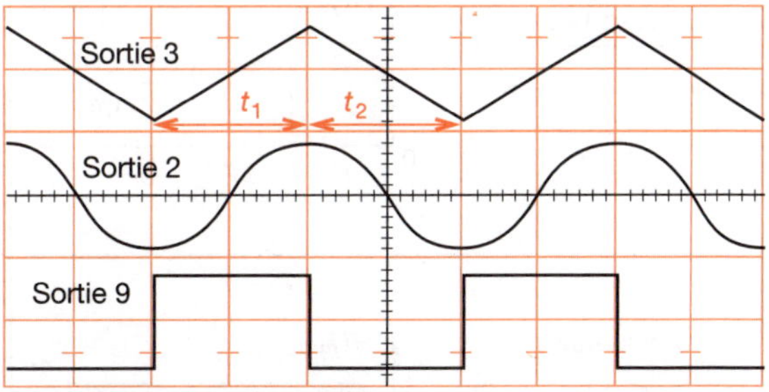

8038 MONTAGE DE BASE

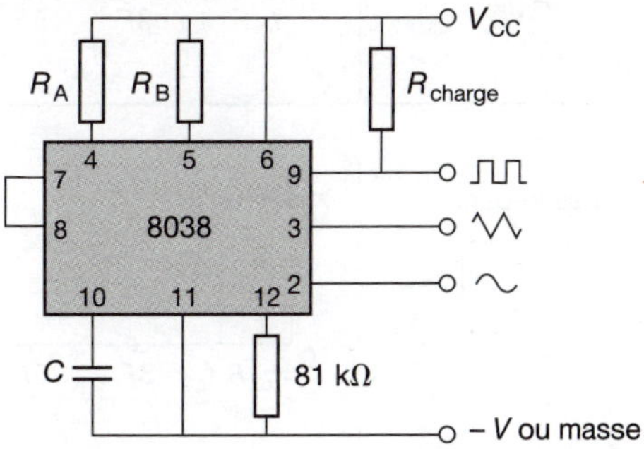

MONTAGE POUR MODULATIONS DE FORTE AMPLITUDE

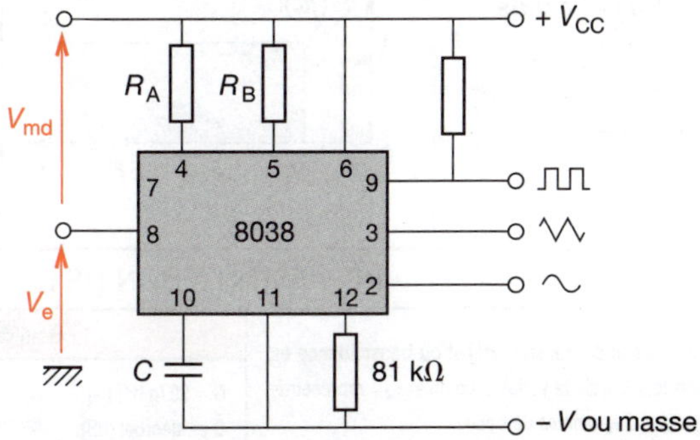

50 Filtrage analogique

La fonction filtrage de fréquence sert à assurer la suppression des signaux de fréquence non désirée.

Les filtres se présentent sous différentes formes. Lorsqu'il n'y a pas d'amplification de la puissance du signal d'entrée par un élément actif (transistor, ALI), il est passif ; dans le cas contraire, il est actif.

Filtre passif

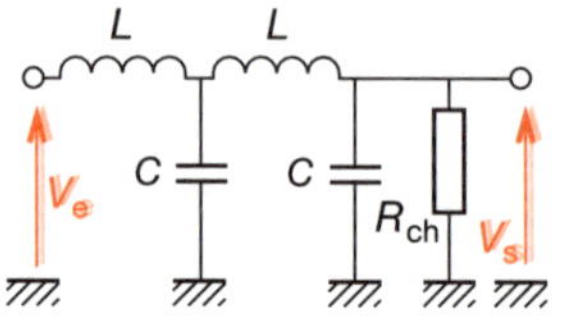

Filtre actif

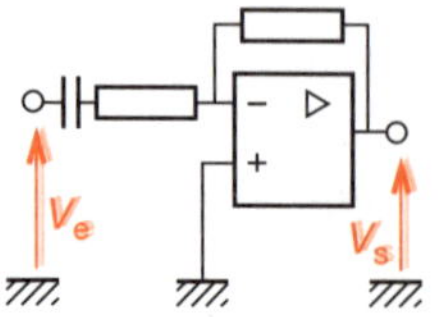

50■1 ACTION DES DIFFÉRENTS FILTRES

Symbole	Fonction de transfert idéalisée	V_e	V_s
Passe-bas 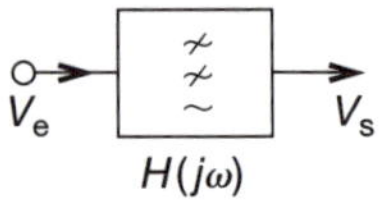	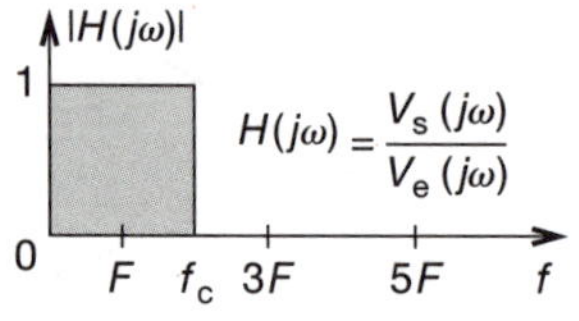	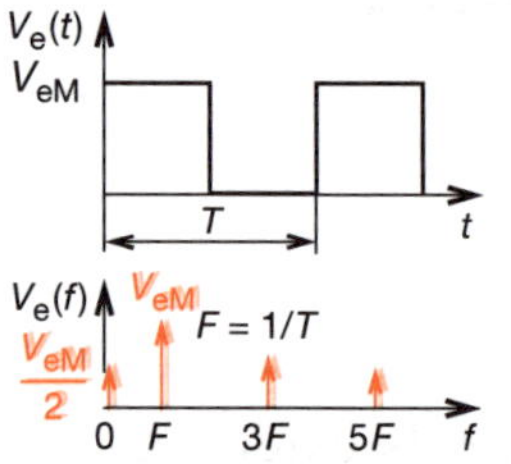	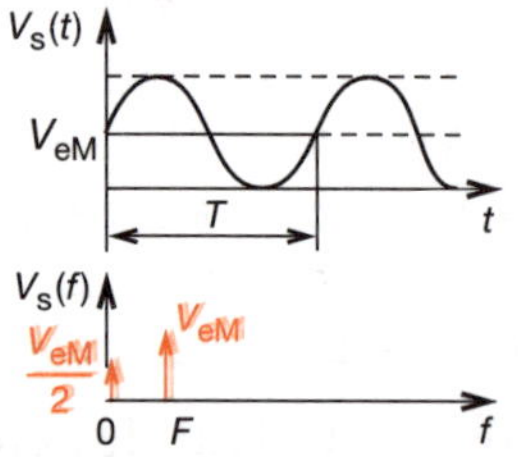
Passe-haut 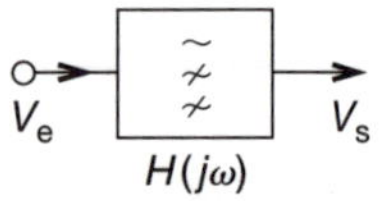	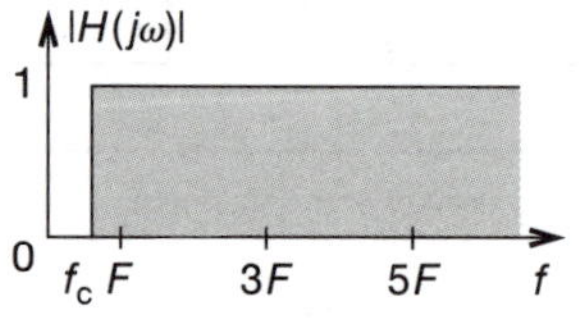	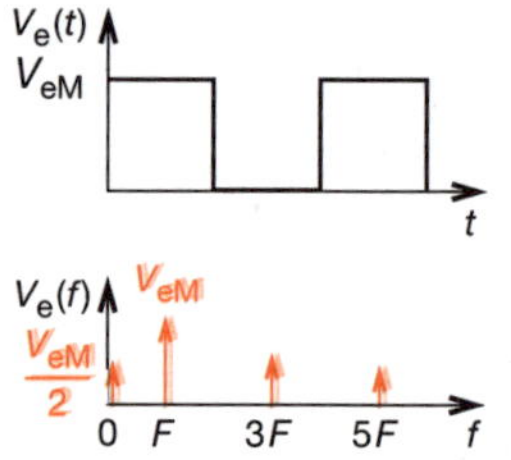	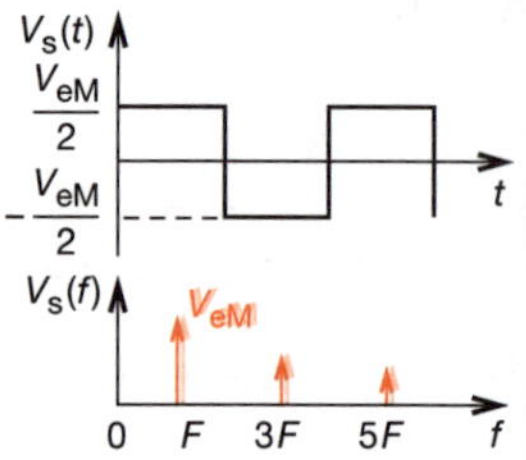
Passe-bande 	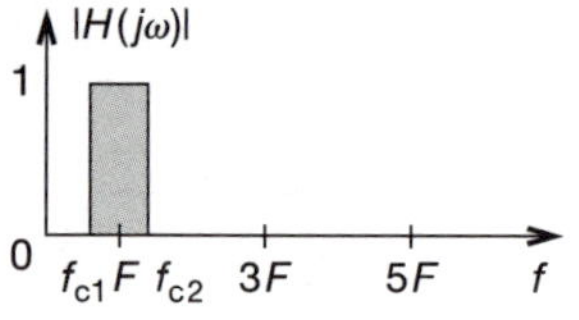	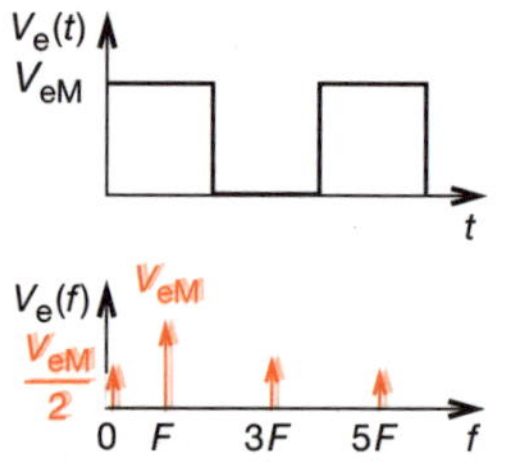	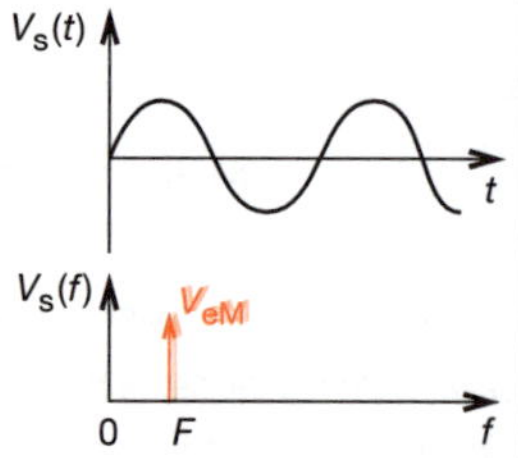
Coupe-bande 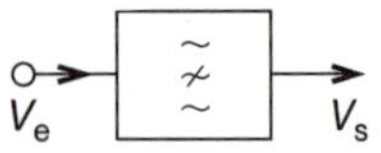	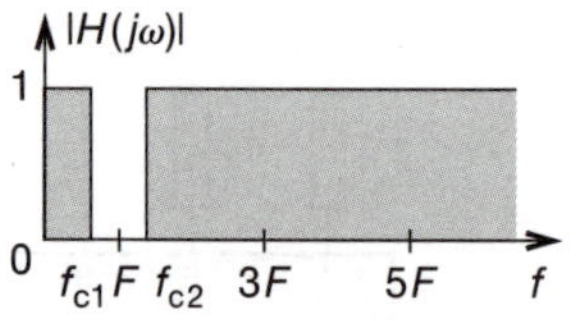	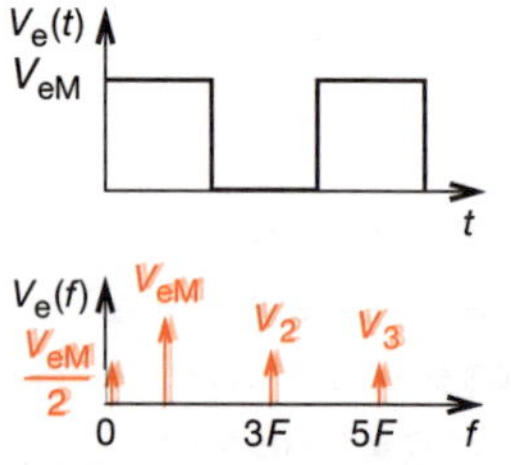	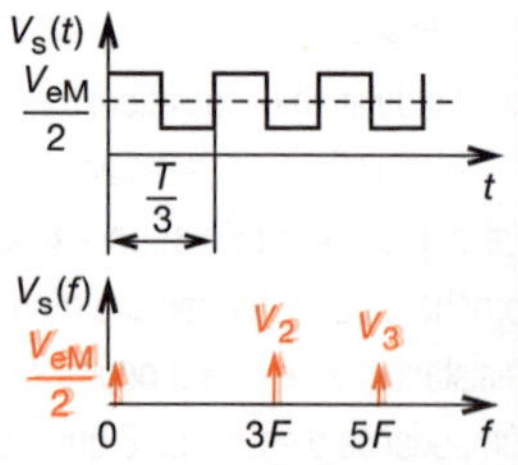

50■2 REPRÉSENTATION DE LA FONCTION DE TRANSFERT

La fonction de transfert $H(j\omega)$ ou transmittance est une fonction de la variable complexe $j\omega$ représentée par des diagrammes de bode.

Gain du filtre	Déphasage ramené par le filtre
$G = 20 \lg \lvert H(j\omega) \rvert$. G en décibel (dB). $\lvert H(j\omega) \rvert = \left\lvert \frac{V_s(j\omega)}{V_e(j\omega)} \right\rvert$.	φ = argument $\lvert H(j\omega) \rvert = (\varphi(V_s) - \varphi(V_e))$ φ : degré.

Il est à noter que les américains ne donnent pas G mais :

$$A = -20 \lg |H(j\omega)| .$$

■ Intérêt de cette représentation

Toute fonction de transfert $H(j\omega)$ est décomposable en produits d'éléments simples $H_1(j\omega)$, $H_2(j\omega)$, $H_3(j\omega)$, ... etc. Si, de plus, nous connaissons le module et l'argument de chaque élément simple ($|H_1(j\omega)|, \varphi_1$) ; $|H_2(j\omega)|, \varphi_2$) ..., il est aisé d'en déduire le module et l'argument de $H(j\omega)$.

$$* G = 20 \lg |H(j\omega)| = 20 \lg |H_1(j\omega)| + 20 \lg |H_2(j\omega)| + ...$$

$$* \varphi = \arg [H_1(j\omega)] + \arg [H_2(j\omega)] + ...$$

50■3 Caractérisation des filtres

Un filtre est décrit par un gabarit.

■ BW : bande passante (bandwidth), c'est la bande de fréquence décrite par ($f_2 - f_1$) pour laquelle l'affaiblissement est égal à 3 dB.

■ PR : ondulation dans la bande passante (passband ripple). C'est la différence entre l'atténuation minimum et maximum dans la bande passante.

■ ST : la bande atténuée (stopband) est spécifiée en dB pour une gamme de fréquences précise (BAT = $f_4 - f_3$).

Les constructeurs donnent souvent le facteur de forme (shape factor) SF :

$$SF = \frac{f_4 - f_3}{f_2 - f_1} .$$

■ RJ : la réjection hors bande.

C'est l'atténuation minimum dans la bande atténuée.

■ $\Delta\tau$: distorsion du temps de propagation de groupe (group delay distortion) ; c'est la différence entre le maximum et le minimum du temps de propagation de groupe dans une gamme de fréquences spécifiée.

$$\tau = \frac{d\varphi}{d\omega} .$$

Un signal qui passe au travers d'un filtre et dont les différentes harmoniques sont retardées du même temps τ ne subit pas de déformation si ces harmoniques sont situées dans BW. Ceci est un critère très important pour les signaux audio.

CARACTÉRISATION D'UN FILTRE PASSE-BANDE

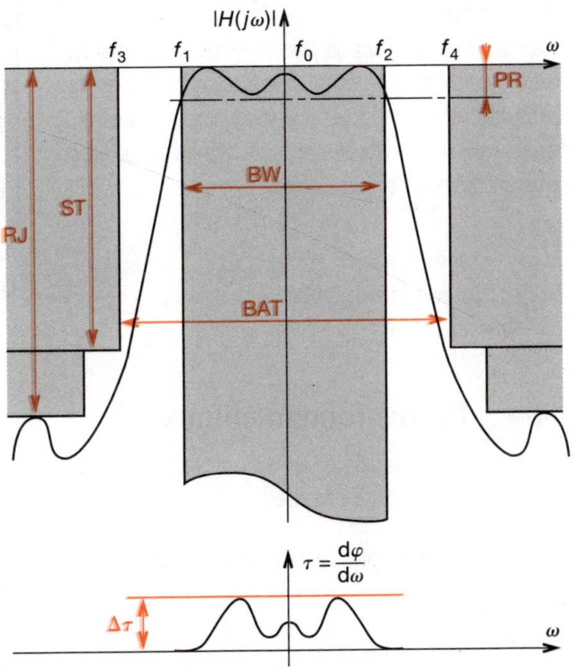

NORMALISATION DES GABARITS

Tous les filtres sont donnés par rapport au gabarit du passe-bas normalisé.

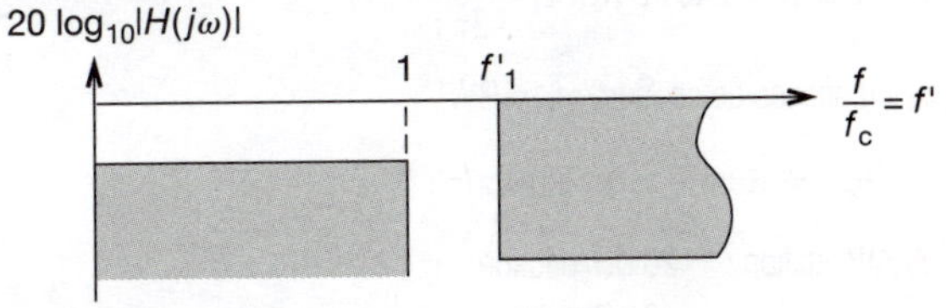

Filtres standard

Passe-haut

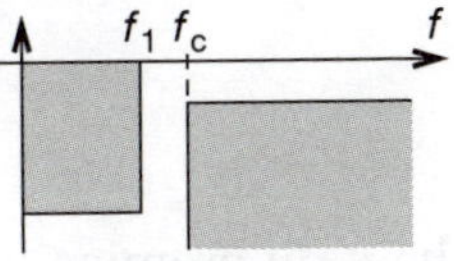

Passe-bande

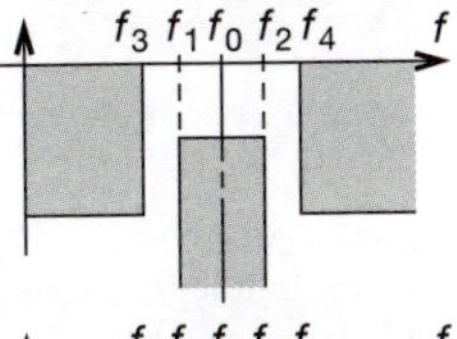

Coupe-bande

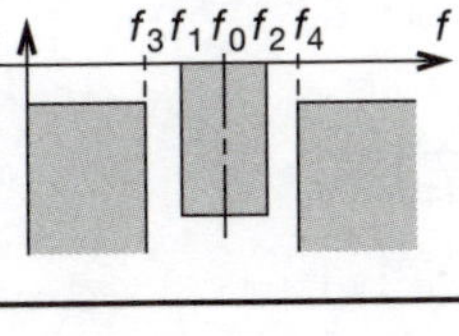

Formules de passage au passe-bas normalisé

Passe-haut : $f' = \frac{f}{f_c}$. $f'_1 = \frac{f_c}{f_1}$.

Passe-bande : $f' = \frac{f}{f_0}$; $f_0 = \sqrt{f_1 . f_2}$; $f'_1 = SF = \frac{f_4 - f_3}{f_2 - f_1}$

Coupe-bande : $f' = \frac{f}{f_0}$; $f_0 = \sqrt{f_1 f_2}$; $f'_1 = \frac{f_4 - f_3}{f_2 - f_1}$.

50 ▪ 4 Recherche de l'équation d'un filtre

Tous les filtres sont dans un premier temps transformés en passe-bas normalisé, l'équation de la fonction de transfert du passe-bas est ensuite trouvée. Cette équation sera dénormalisée pour trouver une enveloppe de filtre qui tombe dans le gabarit de départ, en le respectant.

NOTA :

En régime harmonique :

$j\omega = p$: p est la variable de Laplace.

(Les Américains utilisent couramment s pour p.)

50 ▪ 5 Filtres fondamentaux

L'ordre d'un filtre est rattaché au degré de l'équation différentielle qui permet de le caractériser.

50 ▪ 51 Filtres passe-bas du premier ordre

- Équation : $T(p) = \dfrac{1}{1 + \tau p}$.

τ : constante de temps du circuit.

p : variable de Laplace en régime harmonique.

$$p = j\omega.$$

- Bande passante : $\text{BW (Hz)} = \dfrac{1}{2\pi\tau}$.
- Fréquence de coupure : $f_c = \text{BW}$.
- Déphasage : $\varphi = -\arctan(2\pi f \tau)$.
- Atténuation : – 20 dB/décade ou – 6 dB/octave.

NOTA :

Une octave, écart entre f et $2f$,

une décade, écart entre f et $10f$.

50 ▪ 52 Filtres passe-haut du premier ordre

- Équation : $T(p) = \dfrac{\tau p}{1 + \tau p}$.
- Fréquence de coupure : $f_c = \dfrac{1}{2\pi\tau}$.
- Déphasage : $\varphi = \arctan\left(\dfrac{1}{2\pi f \tau}\right)$.
- Bande passante : $\text{BW} = [f_c, +\infty]$.

DÉNORMALISATION DES ÉQUATIONS	
La variable $j\omega$ est transformée	
Passe-haut	$j\omega \rightarrow \dfrac{1}{j\omega}$
Passe-bande	$j\omega \rightarrow \dfrac{f_0}{f_2 - f_1} \cdot \left(j\omega + \dfrac{1}{j\omega}\right)$
Coupe-bande	$j\omega \rightarrow \dfrac{f_2 - f_1}{f_0} \cdot \dfrac{j\omega}{(j\omega)^2 + 1}$

PASSE-BAS DU PREMIER ORDRE

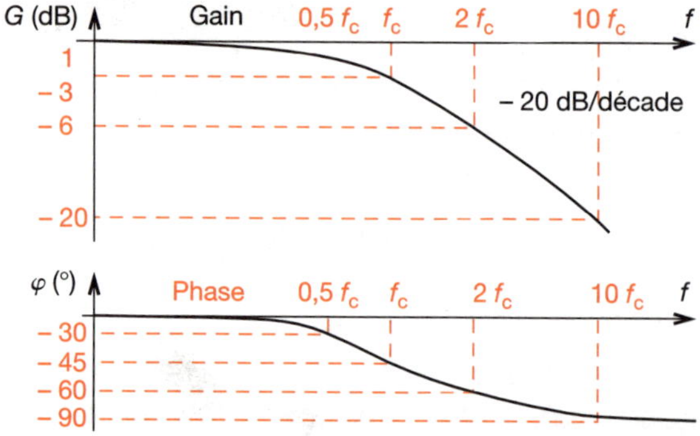

FILTRE *RC* PASSIF PASSE-BAS

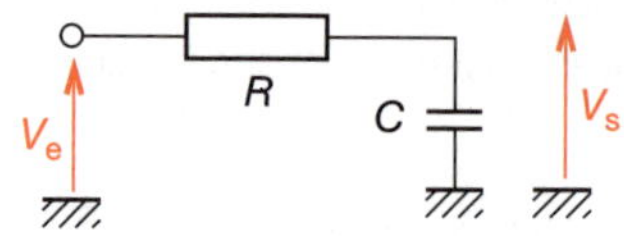

$$\frac{V_s}{V_e} = \frac{1}{1 + RCp}$$

$$\tau = RC$$

FILTRE *RC* ACTIF PASSE-BAS

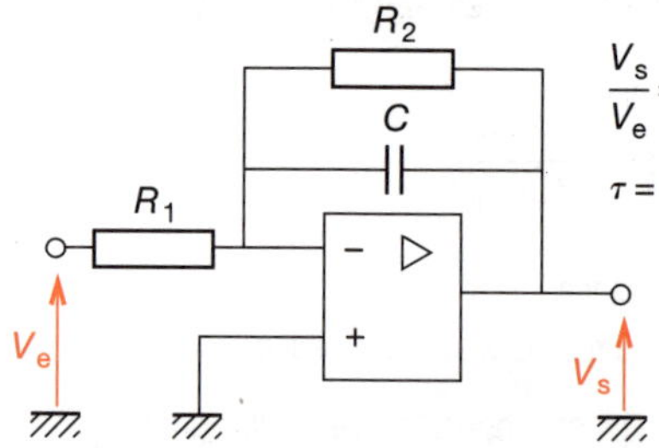

$$\frac{V_s}{V_e} = -\frac{R_2}{R_1} \cdot \frac{1}{1 + R_2 C p}$$

$$\tau = R_2 C$$

LE PASSE-HAUT DU PREMIER ORDRE

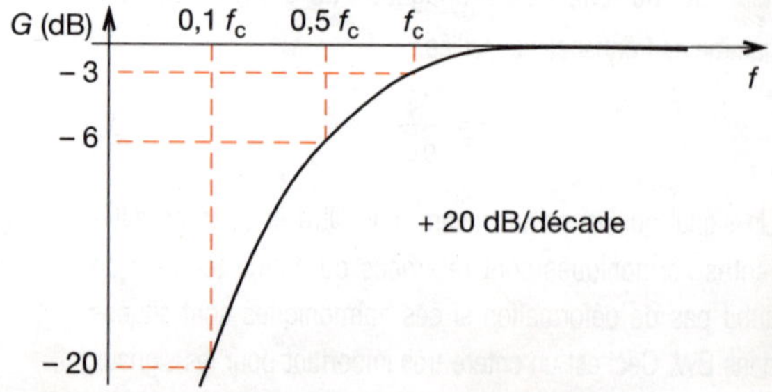

FILTRE PASSE-HAUT

■ **Atténuation :** – **20 dB par décade.**
– **6 dB par octave.**

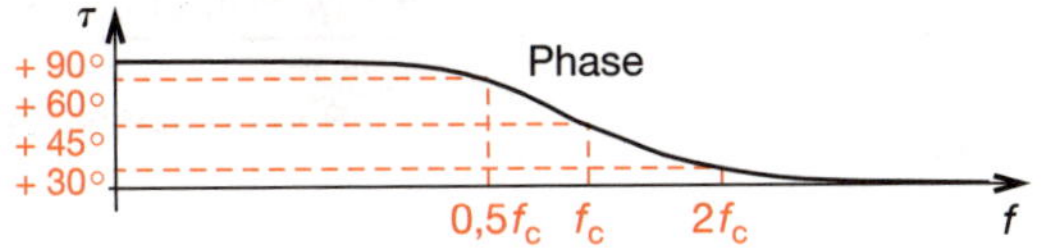

Passe-haut passif

$$\frac{V_s}{V_e} = \frac{RCp}{1 + RCp}$$

$\tau = RC.$

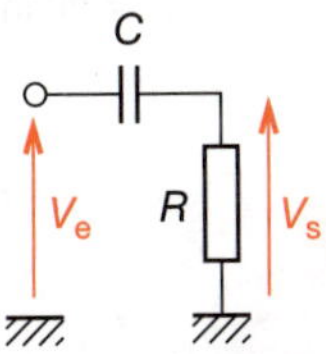

Passe-haut actif

$$\frac{V_s}{V_e} = \frac{-R_2}{R_1} \cdot \frac{R_1 Cp}{(1 + R_1 Cp)}$$

$\tau = R_1 C.$

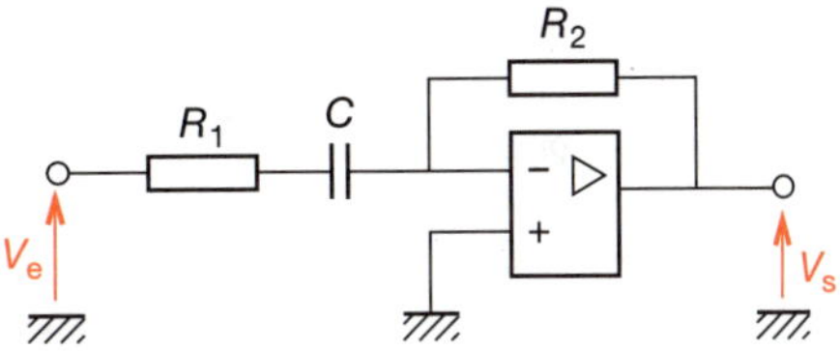

50■53 Filtres passe-bas du second ordre

■ Équation : $T(p) = \dfrac{1}{1 + \dfrac{2z}{\omega_0} p + \dfrac{p^2}{\omega_0^2}}$.

■ z : est appelé coefficient d'amortissement.

Il est à noter que pour $z < 0{,}7$ les caractéristiques $|T(p)|$ passent par un maximum, la valeur de ce maximum est exprimée par son facteur de résonance Q :

$$Q = \frac{1}{2z.\sqrt{1 - z^2}}$$

Attention à ne pas confondre ce Q avec q de l'expression :

$$T(p) = \frac{1}{1 + \dfrac{P}{q\omega_0} + \dfrac{P^2}{\omega_0^2}}.$$

où q est appelé coefficient de surtension :

$$q = \frac{1}{2z}.$$

■ ω_0 : est la fréquence de résonance pour $z = 0$.

Si $z \neq 0$, et $z < 0{,}7$, la fréquence de résonance ω_r est l'endroit où $T(p)$ est maximum :

$$\omega_r = \omega_0.\sqrt{1 - 2z^2}.$$

■ Déphasage : $\varphi = \arctan\left(\dfrac{2z.\dfrac{\omega}{\omega_0}}{1 - \left(\dfrac{\omega}{\omega_0}\right)^2}\right).$

FILTRE PASSE-BAS

Second ordre *RLC* passif

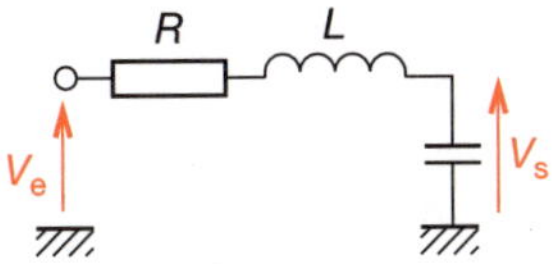

$$\frac{V_s}{V_e} = \frac{1}{1 + RCp + LCp^2}$$

Second ordre actif de type Rauch

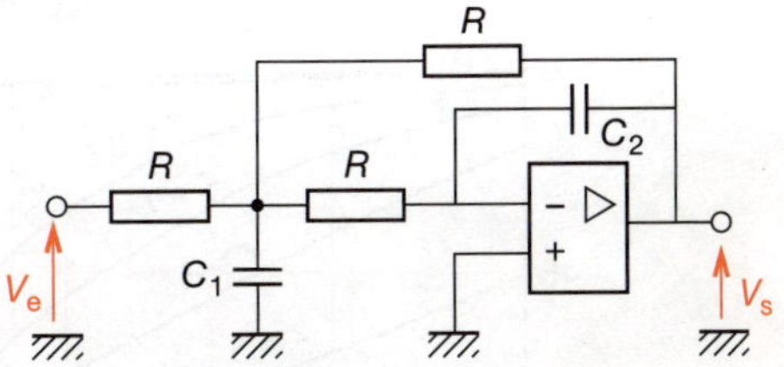

$$\frac{V_s}{V_e} = \frac{-1}{R^2 C_1 C_2 p^2 + 3R C_2 p + 1}$$

$$\omega_0 = \frac{1}{R\sqrt{C_1 C_2}} \quad \text{et} \quad q = \frac{1}{3}.\sqrt{\frac{C_1}{C_2}}.$$

Second ordre actif de type Sallen et Key

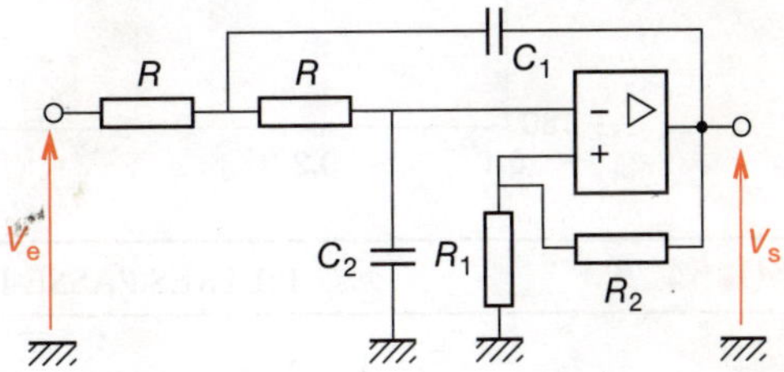

$$\frac{V_s}{V_e} = \frac{1 + \dfrac{R_2}{R_1}}{R^2 C_1 C_2 p^2 + R\left(2C_2 - C_1\left(\dfrac{R_2}{R_1}\right)\right)p + 1}$$

$$\omega_0 = \frac{1}{R\sqrt{C_1 C_2}} \qquad q = \frac{\sqrt{C_1 C_2}}{2C_2 - C_1 R_2/R_1}.$$

REPRÉSENTATION DE $T(p)$ POUR LE PASSE-BAS DU SECOND ORDRE

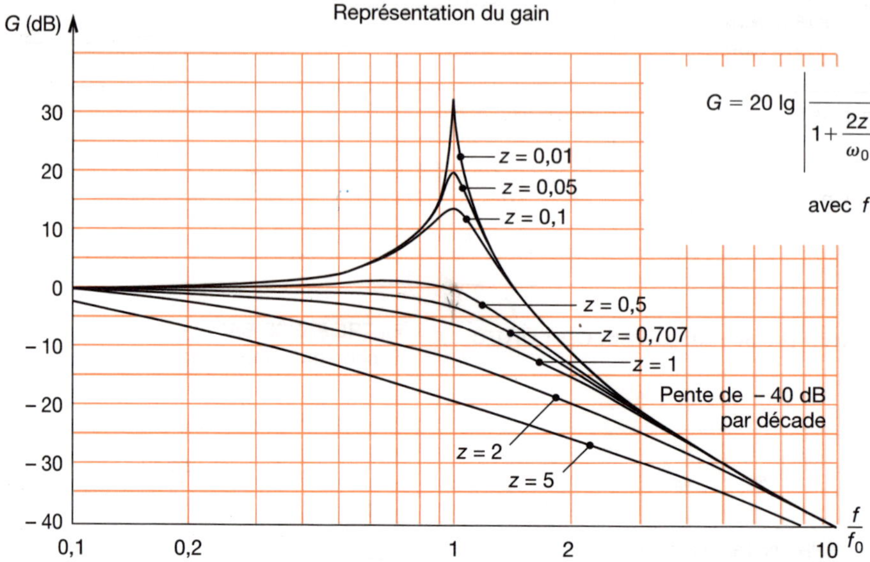

$$G = 20 \lg \left| \frac{1}{1 + \frac{2z}{\omega_0}p + \frac{p^2}{\omega_0^2}} \right|$$

avec $f_0 = \frac{\omega_0}{2\pi}$.

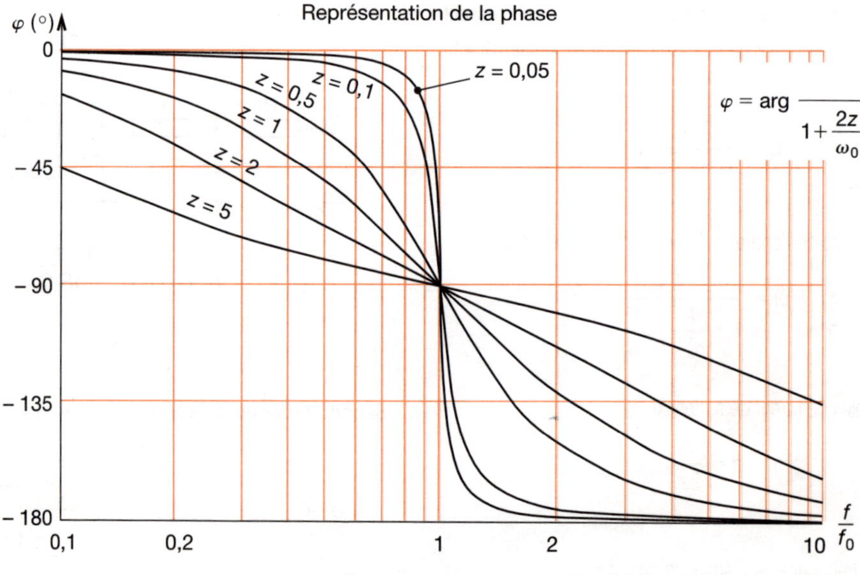

$$\varphi = \arg \frac{1}{1 + \frac{2z}{\omega_0}p + \frac{p^2}{\omega_0^2}}$$

50 ▪ 54 FILTRES PASSE-HAUT DE SECOND ORDRE

- **Équation** $T(p) = \dfrac{K \cdot \frac{1}{\omega_0^2} p^2}{1 + \frac{2z}{\omega_0}p + \frac{p^2}{\omega_0^2}}$ avec $z = \dfrac{1}{2q}$.

- **Pente de 40 dB par décade** $\dfrac{V_s}{V_e} = T(p) = \dfrac{LCP^2}{1 + RCp + LCp^2}$

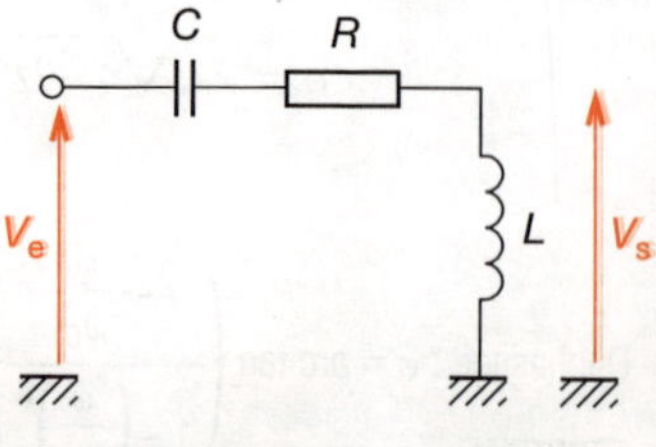

PASSE-HAUT ACTIF DU DEUXIÈME ORDRE DE TYPE RAUCH

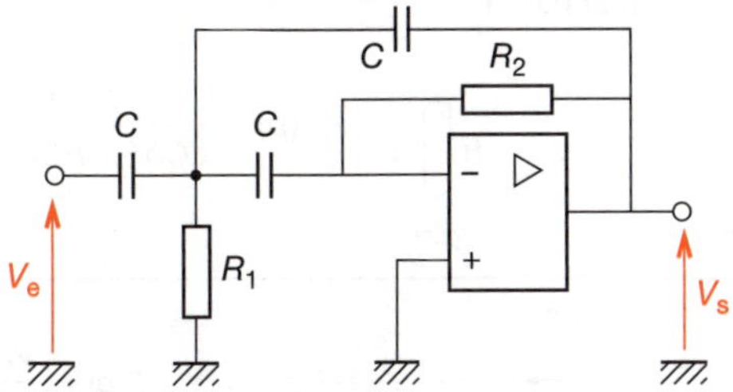

$$\frac{V_s}{V_e} = T(p) = \frac{-C^2 R_1 R_2 p^2}{1 + 3R_1 Cp + C^2 R_1 R_2 p^2}$$

$$A = -1 \qquad \omega_0 = \frac{1}{C\sqrt{R_1 R_2}} \qquad q = \frac{3}{2} \cdot \sqrt{\frac{R_2}{R_1}}$$

PASSE-HAUT ACTIF DU DEUXIÈME ORDRE TYPE SALLEN KEY

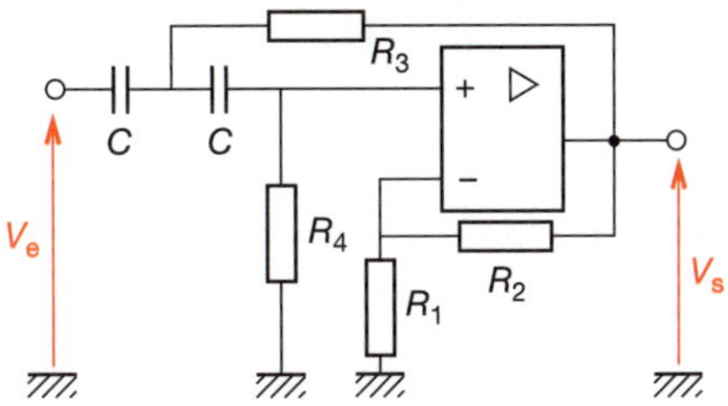

$$\frac{V_s}{V_e} = T(p) = \frac{(1 + R_2/R_1) \cdot R_3 R_4 C^2 p^2}{R_3 R_4 C^2 p^2 + C\left(2R_3 - \frac{R_4 R_2}{R_1}\right)p + 1}$$

$$A = 1 + \frac{R_2}{R_1} \qquad \omega_0 = \frac{1}{C\sqrt{R_3 R_4}} \qquad q = \frac{\sqrt{R_3 R_4}}{R_3 - R_4 \cdot R_2/R_1}$$

REPRÉSENTATION DE $T(p)$ POUR LE PASSE-HAUT DU SECOND ORDRE

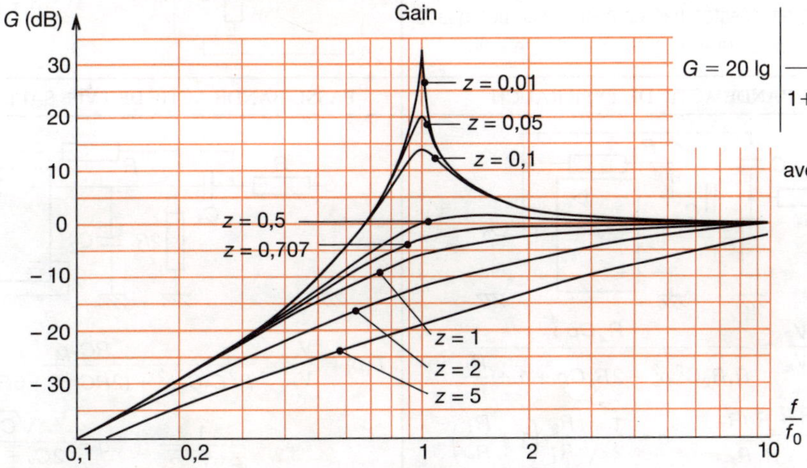

$$G = 20 \lg \left| \frac{\left(\frac{p}{\omega_0}\right)^2}{1 + \frac{2z}{\omega_0}p + \frac{p^2}{\omega_0^2}} \right|$$

avec $f_0 = \frac{\omega_0}{2\pi}$.

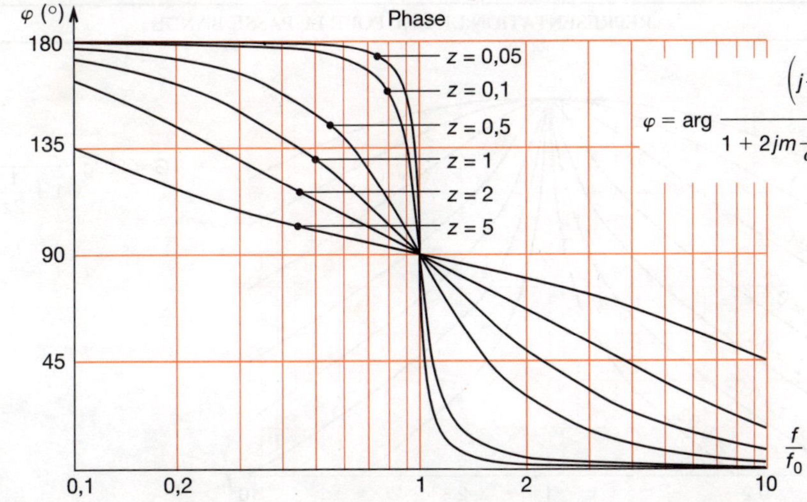

$$\varphi = \arg \frac{\left(j\frac{\omega}{\omega_0}\right)^2}{1 + 2jm\frac{\omega}{\omega_0} + \left(j\frac{\omega}{\omega_0}\right)^2}$$

50 ■ 55 FILTRES PASSE-BANDE

■ Équation $T(p) = \dfrac{2z\dfrac{p}{\omega_0}}{1 + 2z\dfrac{p}{\omega_0} + \dfrac{p^2}{{\omega_0}^2}}$.

Mise en forme de l'équation :

$$T(p) = \frac{1}{1 + \dfrac{1}{2z\dfrac{p}{\omega_0}} + \dfrac{1}{2z}\dfrac{p}{\omega_0}}.$$

Équation finale :

$$T(p) = \frac{1}{1 + \dfrac{1}{2z}\left(\dfrac{p}{\omega_0} + \dfrac{\omega_0}{p}\right)} \qquad q = \frac{1}{2z}.$$

■ Bande passante BW = $2z\,\omega_0$.

■ La phase est représentée par les mêmes courbes que le passe-bas du second ordre auxquelles on additionne + 90°.

Passe-bande passif

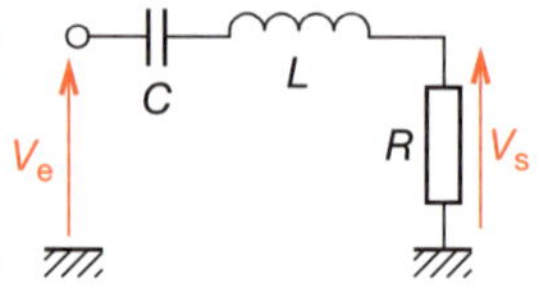

$$T(p) = \frac{RCp}{LCp^2 + RCp + 1}$$

Circuit bouchon

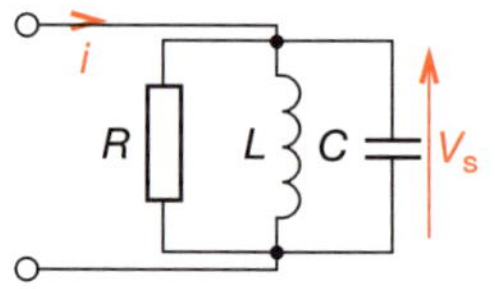

$$T(p) = \frac{V_s(p)}{i(p)}$$

$$T(p) = \frac{R}{1 + R\left(Cp + \dfrac{1}{Lp}\right)}$$

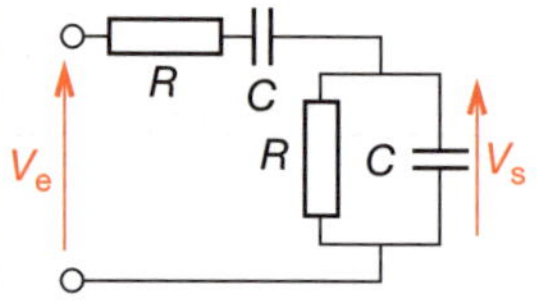

$$T(p) = \frac{1}{3 + \left(RCp + \dfrac{1}{RCp}\right)}$$

PASSE-BANDE ACTIF DE TYPE RAUCH

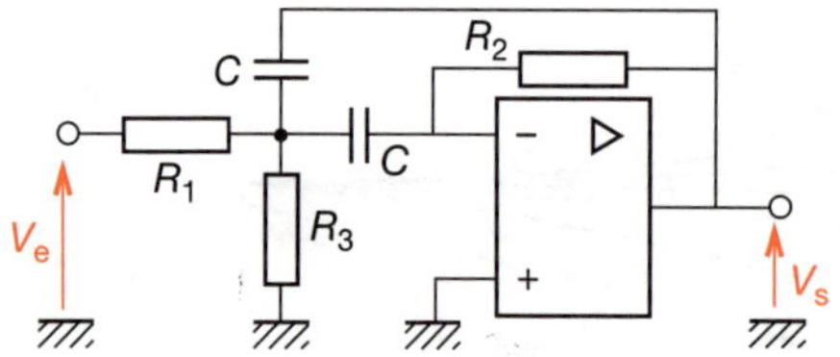

$$T(p) = \frac{V_s}{V_e} = \frac{-R_2Cp}{R_1R_2C^2p^2 + 2R_1Cp + 1 + \dfrac{R_1}{R_2}}$$

$$\omega_0 = \frac{\sqrt{1 + R_1/R_3}}{C\sqrt{R_1R_2}} \qquad q = \frac{1}{2}\sqrt{\frac{R_2}{R_1}\left(1 + \frac{R_1}{R_3}\right)}$$

PASSE-BANDE ACTIF DE TYPE SALLEN ET KEY

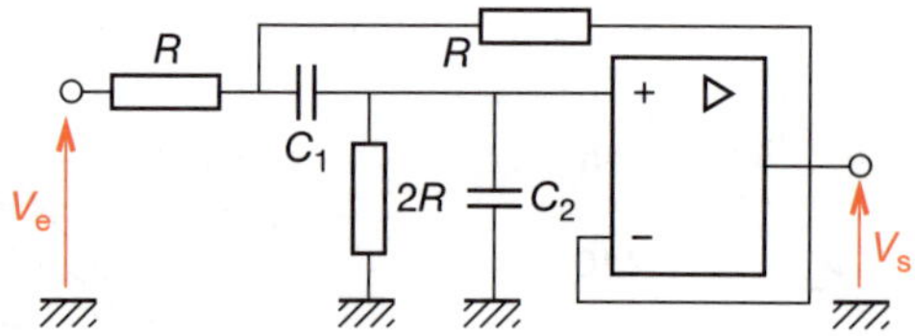

$$T(p) = \frac{V_s}{V_e} = \frac{RC_1p}{R^2C_1C_2p^2 + (2RC^2 + 1{,}5RC_1)p + 1}$$

$$\omega_0 = \frac{1}{R\sqrt{C_1C_2}} \qquad q = \frac{\sqrt{C_1C_2}}{2C_2 + 1{,}5C_1}$$

REPRÉSENTATION DE $T(p)$ POUR LE PASSE-BANDE

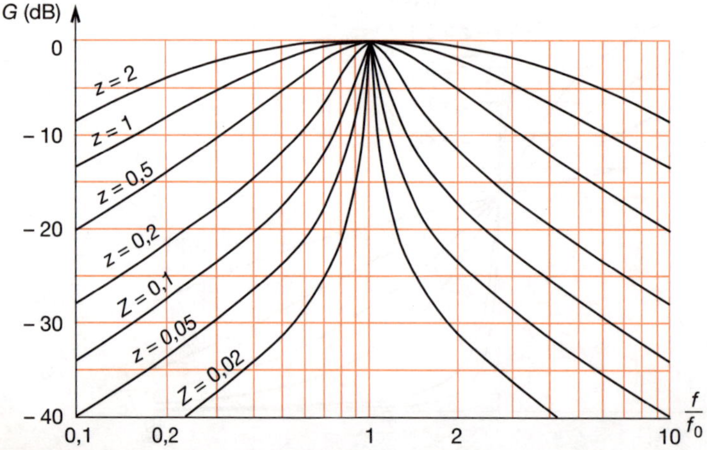

$$G = 20\lg\left|\frac{1}{1 + \dfrac{1}{2z}\left(\dfrac{p}{\omega_0} + \dfrac{\omega_0}{p}\right)}\right|$$

$$f_0 = \frac{\omega_0}{2\pi}.$$

50 ▪ 56 FILTRES COUPE-BANDE (RÉJECTEURS)

▪ Équation

$$T(p) = \frac{1 + \left(\dfrac{p}{\omega_0}\right)^2}{1 + 2z\dfrac{p}{\omega_0} + \dfrac{p^2}{\omega_0^2}} \qquad q = \frac{1}{2z}.$$

▪ Bande passante : BW = $2z\,\omega_0$.

Coupe-bande passif *RLC*

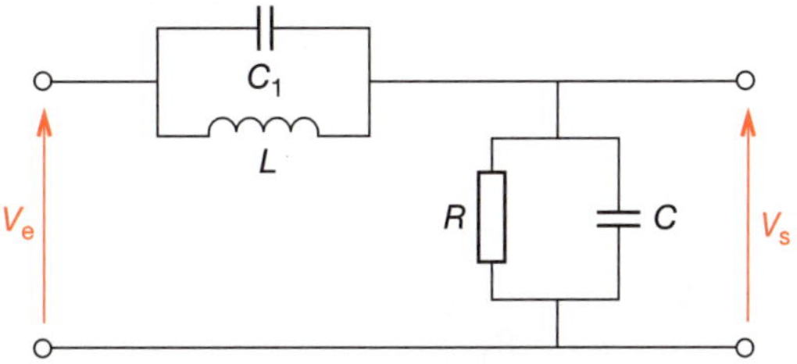

$$\frac{V_s}{V_e} = T(p) = \frac{LC_1p^2 + 1}{1 + L/Rp + L(C_1 + C_2)p^2}$$

COUPE-BANDE ACTIF

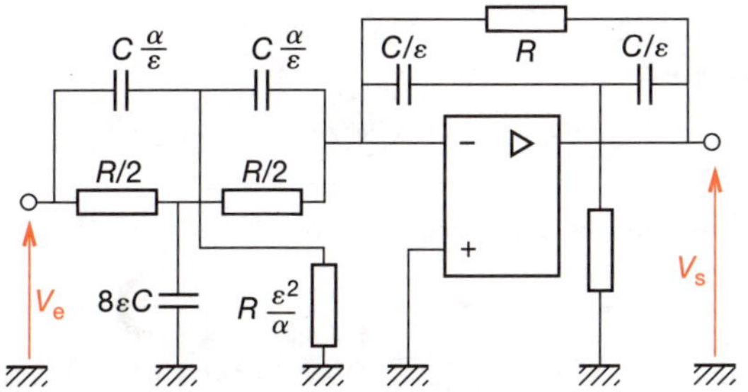

$$\frac{V_s}{V_e} = T(p) = \frac{1 + \alpha R^2C^2p^2}{1 + 2\,\varepsilon RCp + R^2C^2p^2}$$

Coupe-bande passif double *T*

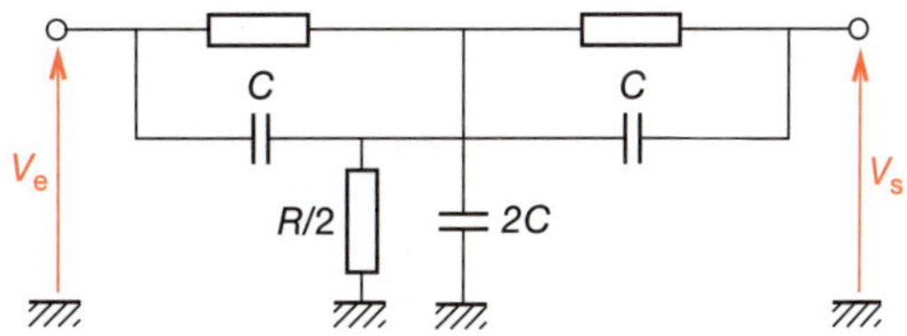

$$\frac{V_s}{V_e} = T(p) = \frac{1 + R^2C^2p^2}{1 + RCp + R^2C^2p^2}$$

RÉPONSE FRÉQUENTIELLE DU COUPE-BANDE

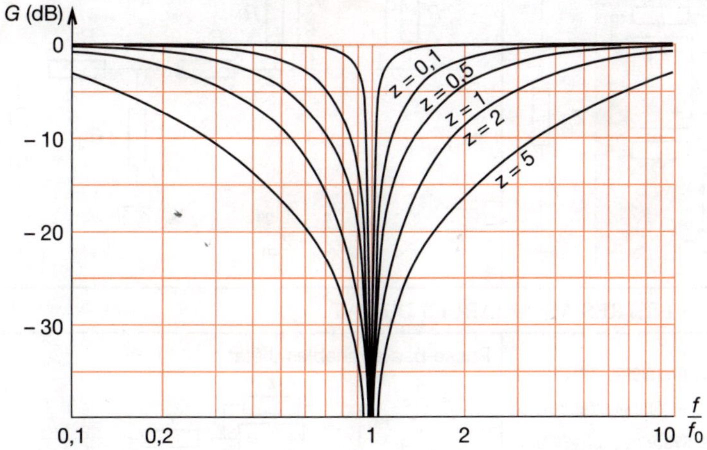

$$G = 20\log_{10}\left|\frac{1 + \left(\dfrac{p}{\omega_0}\right)^2}{1 + 2z\dfrac{p}{\omega_0} + \dfrac{p_2}{\omega_0^2}}\right|$$

$$f_0 = \frac{\omega_0}{2\pi}.$$

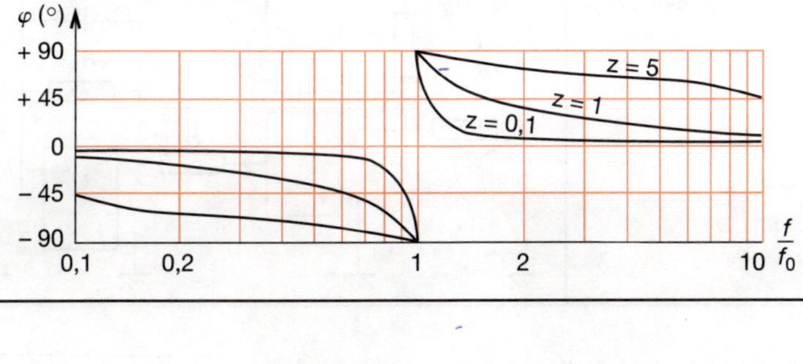

$$\varphi = \arg\frac{1 + \left(\dfrac{p}{\omega_0}\right)^2}{1 + 2z\dfrac{p}{\omega_0} + \dfrac{p^2}{\omega_0^2}}$$

50.57 Structures actives à gyrateur

■ Convertisseurs d'impédance négative (NIC, Négative Impédance, Calverter)

$$Z_e = \frac{V_e}{I_e} = -\frac{Z_{ch}}{K}.$$

■ Les gyrateurs

Caractéristiques $V_e = -R_{gir} \cdot i_s$
$V_s = R_{gir} \cdot i_e$.

R_{gir} : résistance caractéristique du gyrateur.

Un gyrateur sert lorsque l'on désire obtenir des inductances de valeurs importantes à partir de condensateurs et d'ALI.

$V_e = +R_{gir} \cdot jC\omega V_s$

$V_s = R_{gir} \cdot i_e$

$\frac{V_e}{i_e} = Z_e = jR_{gir}^2 C\omega.$

$L_{eq} = R_{gir}^2 C.$

CONVERTISSEUR D'IMPÉDANCE

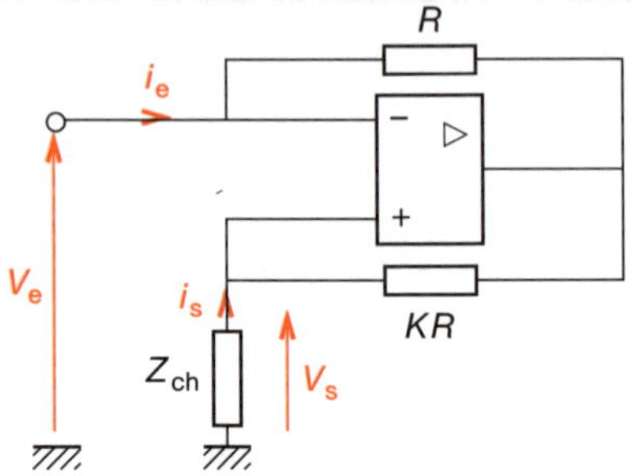

GYRATEUR
Modèle

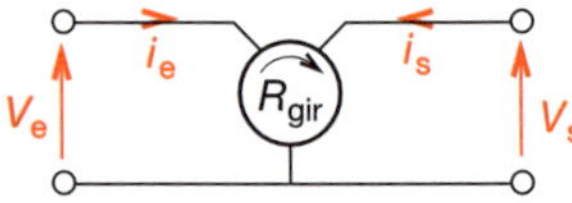

Transformation capacitive inductive

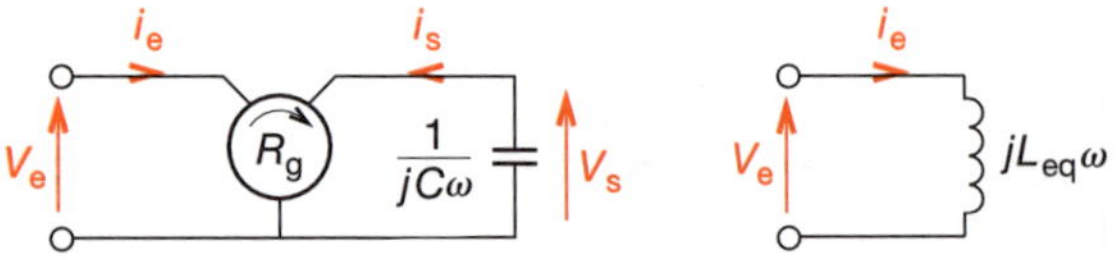

STRUCTURE D'UN GYRATEUR	MODÈLE SIMPLIFIÉ
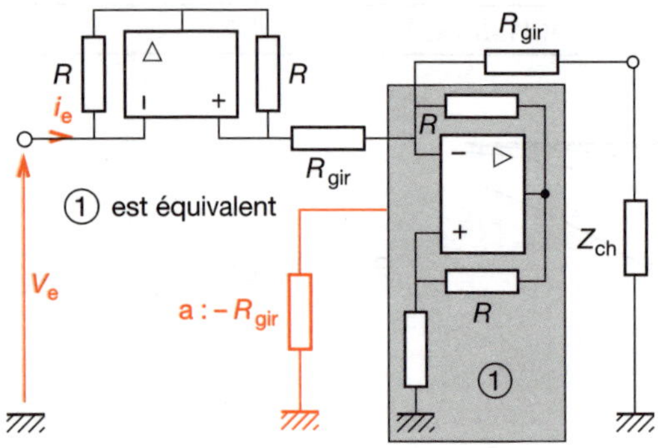	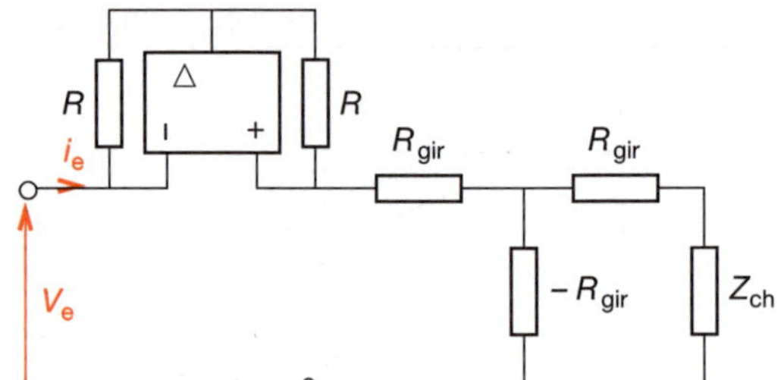

$$\frac{V_e}{i_e} = \frac{R^2_{gir}}{Z_{ch}}$$

50.58 FILTRES À VARIABLES D'ÉTAT

Ils sont appelés ainsi parce qu'issus des premières structures composées de sommateurs, intégrateurs et amplificateurs qui permettaient de simuler la réponse de systèmes physiques modélisés par des équations différentielles à coefficients constants.

■ Passe-bas à variables d'état

$$\frac{V_s}{V_e} = T(p) = A_0 \cdot \frac{1}{1 + 2z\frac{p}{\omega_0} + \frac{p^2}{\omega_0^2}}.$$

Passe-bas à variables d'état

$\omega_0 = \frac{1}{RC}$

$z = \frac{1}{2} \cdot \frac{R}{R_2}$

$A_0 = \frac{R}{R_1}$

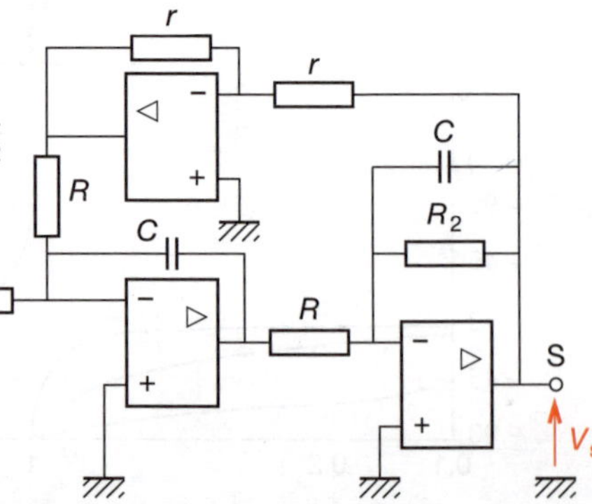

50 ■ 6 Fonctions d'approximation des filtres

Les fonctions d'approximation sont données pour des passe-bas.

■ Filtres de Butterworth

Filtres plats dans la bande passante (maximaly Flat).

Recherche de l'équation caractéristique du filtre

Cette équation répond à :

$$|T_n(p)|^2 = \frac{1}{1-(-1)^{n+1}.p^{2n}}$$

avec la pulsation de coupure ω_0 normalisée à 1.

$T_n(p)$: équation du filtre d'ordre n.

$p = j\omega$.

Pour un passe-bas, nous cherchons l'équation du dénominateur de $T_n(p)$ normalisé. Le numérateur est toujours égal à 1. Le dénominateur est appelé fonction de transmission.

Cette fonction est caractérisée par la décomposition en éléments simples de l'équation :

$$1-(-1)^{n+1}p^{2n} = 0.$$

Nous conservons ensuite les éléments simples dont la partie réelle des pôles est négative.

EXEMPLE :

Passe-bas du second ordre

$$\frac{1}{1+p^4} = \frac{1}{p^2+\sqrt{2}\,p+1} \cdot \frac{1}{p^2-\sqrt{2}\,p+1}$$

$$T(p) = \frac{1}{p^2+\sqrt{2}\,p+1}.$$

■ Filtres de Tchebytcheff

Ces filtres présentent une ondulation qui occupe toute la bande passante.

Ils répondent à l'équation :

$$|T_n(p)|^2 = \frac{1}{1+\varepsilon^2 X_n^2(p/j)}.$$

ε permet de déterminer PR :

$$\text{PR} = 1 - \frac{1}{\sqrt{1+\varepsilon^2}}.$$

X_n : polynôme de Tchebytcheff de degré n.

Équation de récurrence de X_n :

$$X_{n+1}(p/j) = 2\,p/j.X_n(p/j) - X_{n-1}(p/j).$$

RÉPONSE FRÉQUENTIELLE DE TYPE BUTTERWORTH

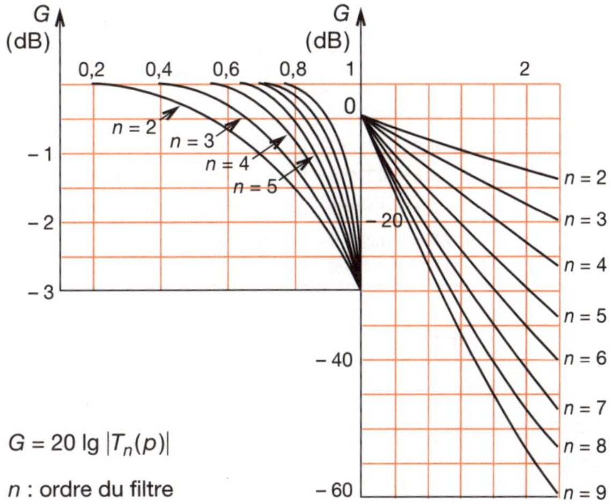

$G = 20\ \lg |T_n(p)|$

n : ordre du filtre

Ordre	Fonction de transmission
2	$p^2 + 1{,}414\,p + 1$
3	$(p^2 + p + 1)\,(p + 1)$
4	$(p^2 + 1{,}8477\,p + 1)\,(p^2 + 0{,}7653\,p + 1)$
5	$(p^2 + 1{,}618\,p + 1)\,(p^2 + 0{,}618\,p + 1)\,(p + 1)$
6	$(p^2 + 1{,}9318\,p + 1)\,(p^2 + 1{,}4142\,p + 1)\,(p^2 + 0{,}5176\,p + 1)$

RÉPONSES FRÉQUENTIELLES DE TYPE TCHEBYTCHEFF

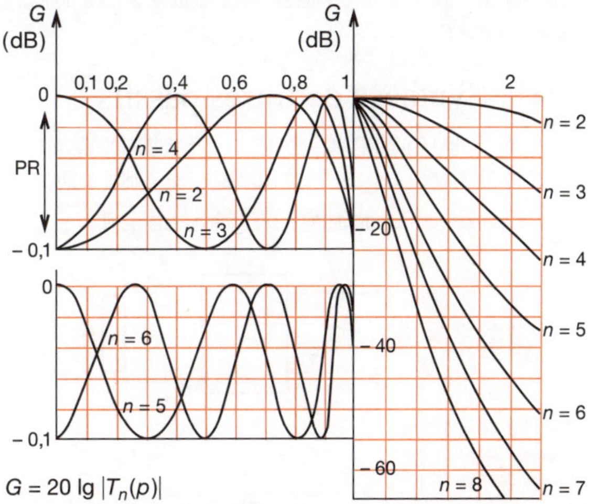

$G = 20\ \lg |T_n(p)|$

Ordre	Fonction de transmission
2	$(0{,}3017\,p^2 + 0{,}7158\,p + 1)$
3	$(0{,}5918\,p^2 + 0{,}5736\,p + 1)\,(1{,}031\,p + 1)$
4	$(0{,}9402\,p^2 + 0{,}3297\,p + 1)\,(2{,}8057\,p^2 + 2{,}3755\,p + 1)$
5	$(2{,}0974\,p^2 + 1{,}2296\,p + 1)\,(0{,}9654\,p^2 + 0{,}2161\,p + 1)\,(2{,}759\,p + 1)$
6	$(6{,}3695\,p^2 + 3{,}6917\,p + 1)\,(0{,}9774\,p^2 + 0{,}1518\,p + 1)$ $\times\,(1{,}6948\,p^2 + 0{,}7191\,p + 1)$

FILTRES DE BESSEL	
Ce sont les filtres à phase linéaire.	
Ordre	**Fonction de transmission**
2	$0{,}618\,p^2 + 1{,}3616\,p + 1$
3	$(0{,}4771\,p^2 + 0{,}9996\,p + 1)\,(0{,}756\,p + 1)$
4	$(0{,}3889\,p^2 + 0{,}7742\,p + 1)\,(0{,}4889\,p^2 + 1{,}3396\,p + 1)$
5	$(0{,}4128\,p^2 + 1{,}1401\,p + 1)\,(0{,}3245\,p^2 + 0{,}6215\,p + 1)\,(0{,}665\,p + 1)$
6	$(0{,}3887\,p^2 + 1{,}2217\,p + 1)\,(0{,}3504\,p^2 + 0{,}9686\,p + 1)$ $\times\,(0{,}2756\,p^2 + 0{,}5150\,p + 1)$

FILTRES DE CAUER $G_{max} = 0{,}1$ dB $G_{min} = 40$ dB	
Ce sont les filtres à coupure maximale. (60 dB par octave pour un quatrième ordre.)	
Ordre	**Fonction de transmission**
3	$\dfrac{(0{,}597\,p^2 + 0{,}541\,p + 1)\,(0{,}99\,p + 1)}{(0{,}0611\,p^2 + 1)}$
4	$\dfrac{(1{,}338\,p^2 + 1{,}8022\,p + 1)\,(0{,}774\,p^2 + 0{,}3290\,p + 1)}{(0{,}0447\,p^2 + 1)\,(0{,}234\,p^2 + 1)}$
5	$\dfrac{(1{,}251\,p^2 + 1{,}0307\,p + 1)\,(0{,}875\,p^2 + 0{,}1867\,p + 1)\,(1{,}491\,p^2)}{(0{,}2118\,p^2 + 1)\,(0{,}4633\,p^2 + 1)}$

50.7 Synthèse de filtres actifs

Phase 1 : chercher le gabarit du filtre souhaité en normalisant le gabarit de départ et en le transformant en passe-bas.

Phase 2 : une fois l'équation du passe-bas trouvée, il faut la dénormaliser (*cf.* § 50.4).

Phase 3 : une fois la dénormalisation en terme de type de filtre effectuée, il faut dénormaliser en fréquence ; pour cela :

$$j\omega \rightarrow \frac{j\omega}{\omega_0}.$$

Phase 4 : assembler autant de structures actives que nécessaire pour obtenir l'ordre de l'équation théorique, et identifier, terme à terme, l'expression théorique du filtre avec les équations des réponses fréquentielles des structures actives pour déterminer R et C.

50.8 Synthèse de filtres passifs

La recherche de l'équation se fait comme précédemment, une différence commence à apparaître lors de la phase 2 (filtre actif).

- Normalisation par rapport à une résistance de charge R_{ch}

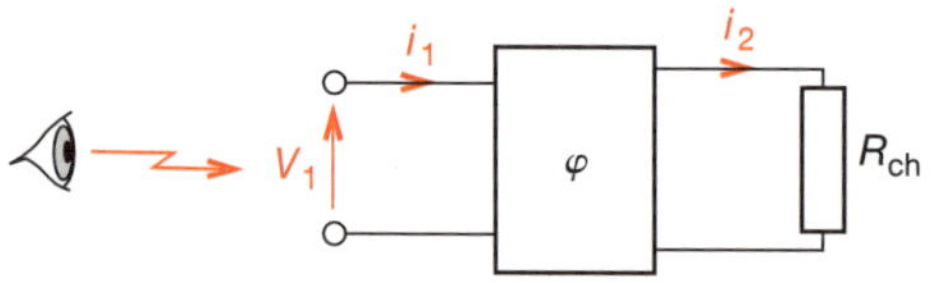

La résistance vue sera :

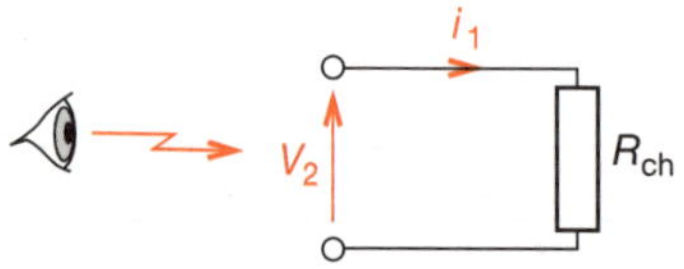

Pour obtenir cela, il faut se placer autour de la fréquence $f_0 = \dfrac{\omega_0}{2\,\pi}$, et appliquer les transformations.

$$L = \lambda . \frac{R_{ch}}{\omega_0} \quad \text{et} \quad C = \gamma . \frac{1}{R_{ch}\,\omega_0}.$$

Synthèse d'un passe-bas passif

Le quadripôle est caractérisé par :

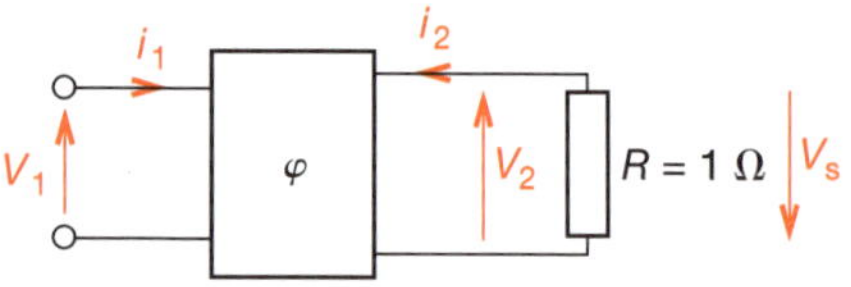

$$i_1 = Y_{11}\,V_1 + Y_{12}\,V_2$$

$$i_2 = Y_{21}\,V_1 + Y_{22}\,V_2 \qquad i_2 = -\,V_2 = V_s$$

$$\frac{V_s}{V_1} = T(p) = \frac{\underline{Y_{21}}}{1 + \underline{Y_{22}}}. \qquad \text{car } R = 1\,\Omega.$$

Comme le filtre est sans pertes, $\underline{Y_{21}}$ et $\underline{Y_{22}}$ sont purement imaginaires.

EXEMPLE :

Synthèse de $T(p) = \dfrac{1}{1 + 2\,p + 2\,p^2 + p^3}$

$p = j\,\omega$.

$$T(p) = \frac{\boxed{\dfrac{1}{2\,p + p^3}}}{1 + \boxed{\dfrac{1 + 2\,p^2}{2\,p + p^3}}}$$

– $\underline{Y_{21}}$: purement imaginaire

– $\underline{Y_{22}}$: purement imaginaire

$$Y_{22} = \frac{1}{\dfrac{2\,p + p^3}{1 + 2\,p^2}} = \frac{1}{\dfrac{p}{2} + \dfrac{1}{\dfrac{4}{3}\,p + \dfrac{2}{3\,p}}}.$$

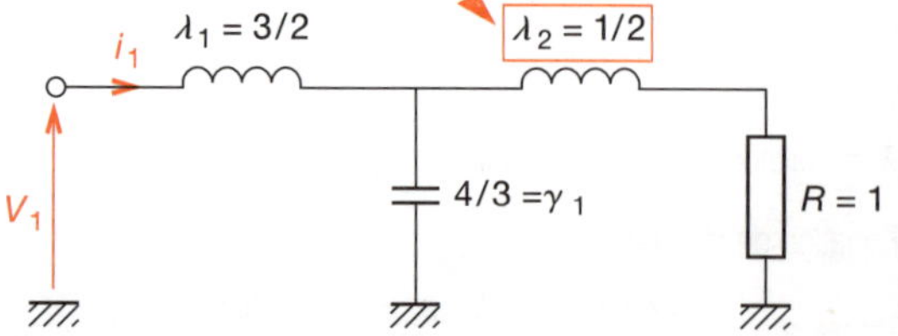

50 ■ 9 CHOIX DES FILTRES

Détermination de la technologie des filtres (d'après filtres actifs Éditions Radio).

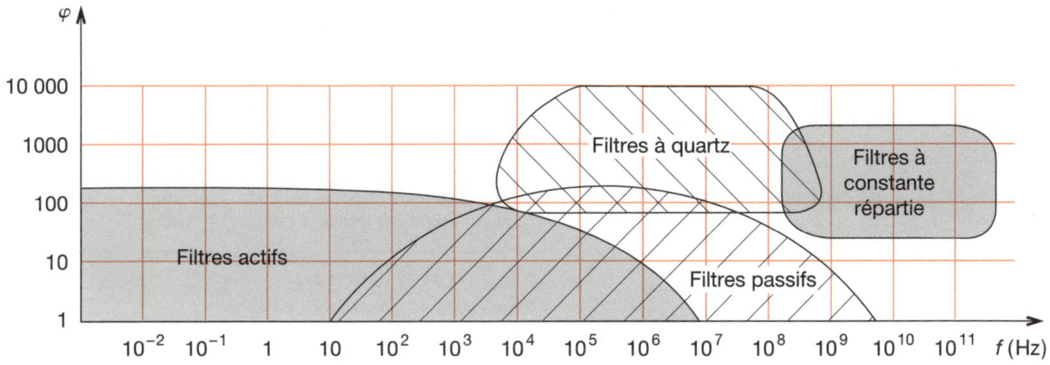

f (Hz) : représente la fréquence de coupure ou la fréquence centrale souhaitée.
φ : coefficient de surtension.

Détermination de la fonction d'approximation				Passe-bas		Passe-bande		
Type	Coupure	Transitoire	Dépendance Cst	PR	ST	PR	ST	B
Butterworth	Moyen	Moyen	Moyen	− 3 dB	Toutes valeurs	− 3 dB	Toutes valeurs	5 % à 100 %
Tchebytcheff	Bon	Moyen	Moyen	− 0,1 dB	Toutes valeurs	− 0,1 dB	Toutes valeurs	5 % à 100 %
Bessel	Mauvais	Très bon	Moyen	− 3 dB	Toutes valeurs	-	-	-
Cauer	Très bon	Bon	Mauvais	− 0,1 dB	− 40 dB	− 0,1 dB	− 40 dB	7 % à 100 %

Coupure : pouvoir de coupure après ω_c pour un passe-bas.
Transitoire : réponse aux transitoires, très utile lors de la transmission de signaux numériques.
Dépendance Cst : dépendance des caractéristiques du filtre à ses constituants.
***B* : largeur de bande relative** $B = \frac{f_2 - f_1}{f_0}$.

CHOIX DES STRUCTURES ACTIVES

Type de structure	φ	Sensibilité de φ	Nombre de composants	Intéraction entre les réglages	Rapport entre les valeurs des composants passifs	Sortie à basse impédance	Faible influence de la résistance de sortie du générateur d'attaque	Prix de revient (2nd ordre)
Contre réaction simple	Moyen	Bon	Moyen	Mauvais	Moyen	Bon	Mauvais	Moyen
Réseau à variable d'état	Bon	Très bon	Mauvais	Très bon	Très bon	Bon	Bon	Mauvais
Structure Sallen et Key	Très bon	Mauvais	Très bon	Mauvais	Mauvais	Très bon	Mauvais	Très bon
Structure de Rauch	Moyen	Mauvais	Moyen	Moyen	Mauvais	Bon	Mauvais	Moyen
Réseau à gyrateur	Bon	Bon	Moyen	Bon	Bon	Mauvais	Mauvais	Mauvais

50 ▪ 10 Filtres pour la CEM

La CEM (Compatibilité électromagnétique) est l'aptitude d'un système à fonctionner dans un environnement bruité sans produire d'autres perturbations gênantes pour les systèmes environnants (les parasites peuvent être conduits ou rayonnés).

La susceptibilité : elle définit la sensibilité du système aux parasites extérieurs.

L'émissivité : elle définit les perturbations produites par le système.

50 ▪ 101 Aspect normatif

À partir du 1er janvier 1996, la directive européenne 89/336/CEE impose la mise en application des règles de coexistence pacifique de l'ensemble des matériels.

Extrait de la norme NFC EN 55022

Norme réglementant la pollution électromagnétique produite par les appareils de traitement de l'information (ATI).

Appareils classe A : achat et vente soumise à restriction.

Appareils classe B : achat et vente sans restriction.

Limites des tensions perturbatrices V_{SIL} (nous nous limiterons à ce qui est conduit).

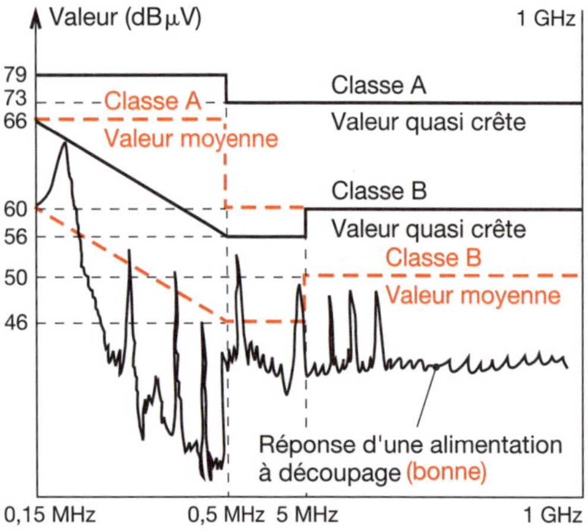

Grandeur caractéristiques : dB µV.

$$0 \text{ dB}\mu\text{V} = 20 \log_{10}(1\ \mu\text{V}/10^{-6}).$$

POLLUTION CONDUITE DE MODE COMMUN ET DE MODE DIFFÉRENTIEL

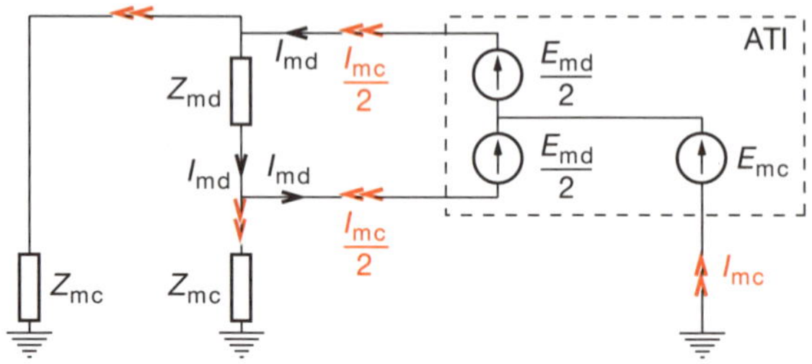

I_{mc}, E_{mc} : courant et tension de mode commun.
I_{md}, E_{md} : courant et tension de mode différentiel.

MESURE DE V_{SIL} AVEC R_{SIL}
(Réseau stabilisé d'impédance de ligne)

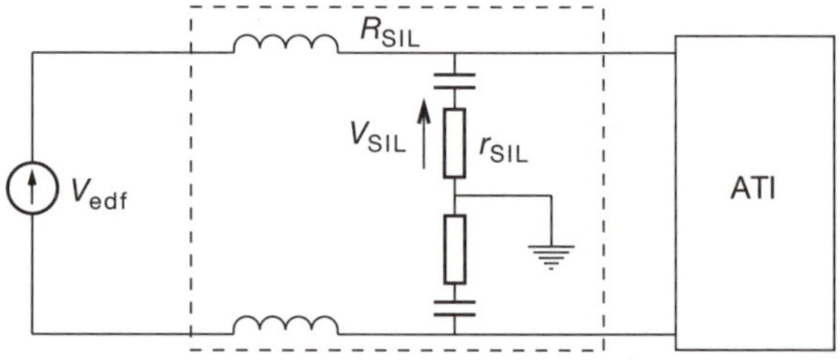

r_{SIL} : résistance stabilisée 50 Ω.

FILTRE DE RÉJECTION DES COURANTS DE MODE COMMUN ET DE MODE DIFFÉRENTIEL

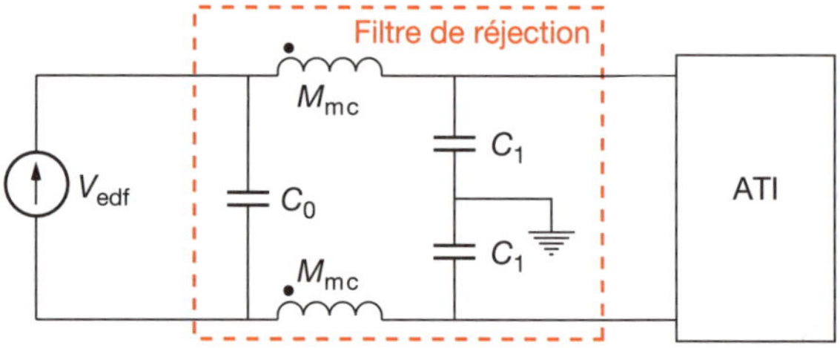

M_{mc} : inductance couplée d'élimination du mode commun (n'intervient pas en md) ;
C_0 : condensateur de filtrage du mode différentiel classe X, X2 ;
C_1 : condensateur de filtrage du mode commun classe Y (faibles fuites).

DISPOSITION DU FILTRE SUR LA CARTE ÉLECTRONIQUE (ATI)

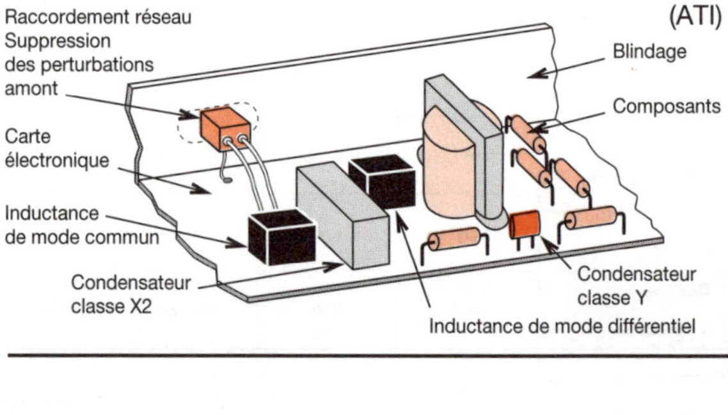

50 ■ 11 Les filtres programmables

La plupart du temps, ils sont constitués par des filtres à capacités commutées où la fréquence de coupure du filtre dépend de la fréquence de commande.

50 ■ 111 Principe du filtre à capacités commutées

Les interrupteurs S_1 et S_2 se ferment en alternance et la charge du condensateur C_1 se rapporte entièrement vers le condensateur C_2 :

$$I = \frac{\Delta\varphi}{\Delta t} = \frac{V_{in} C_1}{T} = V_{in} C_1 f_{horloge}.$$

$$\boldsymbol{R_{équivalent} = \frac{V_{in}}{I} = \frac{1}{C_1 . f_{horloge}}}$$

Constante de temps de l'intégrateur

$$\frac{V_{out}}{V_{in}} = \frac{1}{\tau p} = \frac{1}{\dfrac{C_2\, p}{C_1 . f_{horloge}}} = \frac{1}{R\text{ équivalent } C . p}$$

en régime harmonique, $p = j\omega$.

50 ■ 112 Principe du MF10

Le MF10 est constitué par un réseau à variables d'état du second ordre où les intégrateurs sont constitués par des intégrateurs à capacités commutées.

ou HP : sortie passe-haut,
BP : sortie passe-bande,
LP : sortie passe-bas.

50 ■ 113 Caractéristiques électriques

- Le boîtier contient deux structures complètes.
- Alimentation – 5 V, + 5 V.
- Fréquence de coupure maximale < 30 kHz.
- Fréquence d'horloge maximale : 1,5 MHz.

Entrée CI : mise au niveau haut, ($+ V_{CC}$), $f_0 = \dfrac{f_{CLKA}}{50}$

mise à $\Delta\ \dfrac{V_{CC}}{2}$, $f_0 = \dfrac{f_{CLKA}}{100}$.

Entrée LSh : en fonction du type d'alimentation LSh doit être mis au potentiel le plus bas.

Entrée CLKA : entrée de l'horloge qui peut être en fonction de l'alimentation TTC ou CMOS.

Entrée INVA : entrée du filtre en montage inverseur du circuit A.

STRUCTURE DE L'INTÉGRATEUR À CAPACITÉS COMMUTÉES

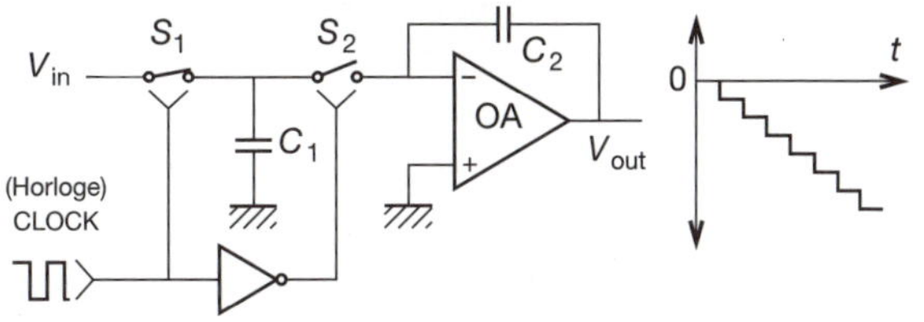

Intégrateur inverseur

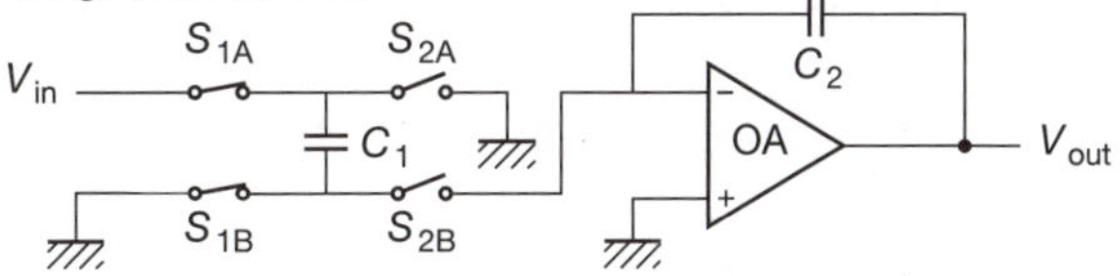

INTÉGRATEUR NON INVERSEUR À LA BASE DU MF 10

Modèle équivalent de l'intégrateur à capacité commutées

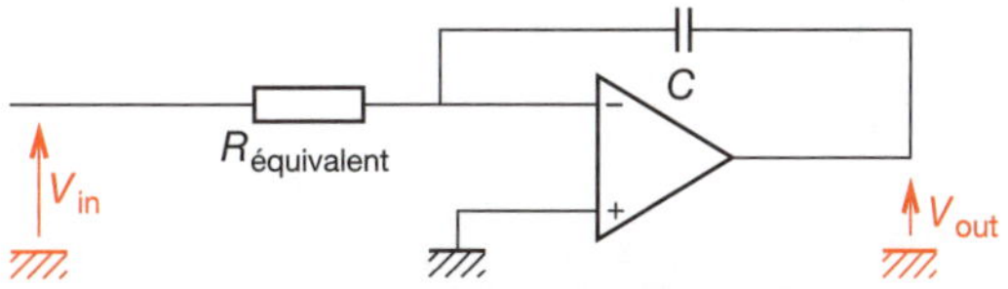

MODÉLISATION DE LA STRUCTURE INTERNE DU MF 10

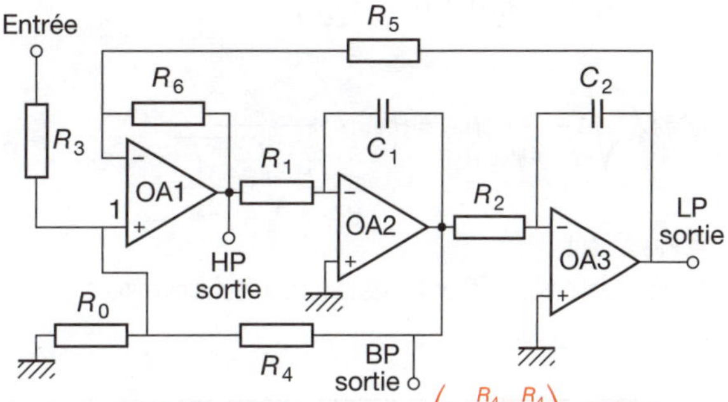

$$f_0 = \frac{1}{2\pi}\sqrt{\frac{R_6}{R_5}}\sqrt{\frac{1}{R_1 R_2 C_1 C_2}} \qquad Q = \left(\frac{1 + \dfrac{R_4}{R_3} + \dfrac{R_4}{R_0}}{1 + \dfrac{R_6}{R_5}}\right)\sqrt{\frac{R_6 R_1 C_1}{R_5 R_2 C_2}}$$

STRUCTURE INTERNE DE 1/2 DU MF 10

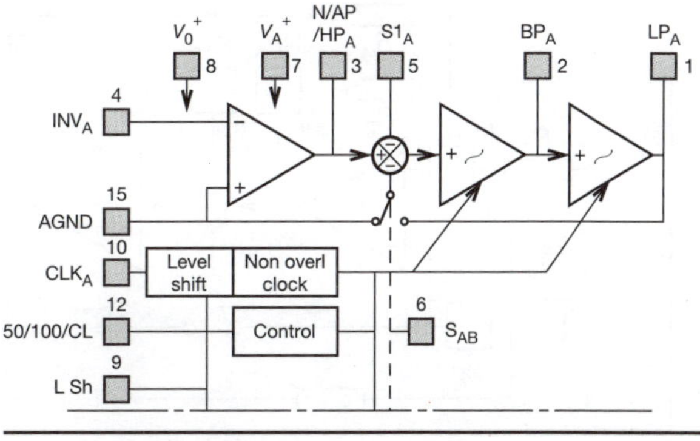

50■114 Description des termes utilisés

f_{CLK} : horloge de commutation des condensateurs internes.
f_0 : fréquence centrale du passe-bande.
φ : facteur de qualité du passe-bande.
H_{OBP} : gain à $f = f_0$ du filtre sur la sortie passe-bande.
H_{OLP} : gain du passe-bas dans sa bande passante.
H_{OHP} : gain du passe-haut dans sa bande passante.

Formules fondamentales

■ Passe-bande

$$\varphi = \frac{f_0}{f_H - f_L} \qquad f_0 = \sqrt{f_H . f_L}\,.$$

$$f_L = f_0\left(-\frac{1}{2\varphi} + \sqrt{\left(\frac{1}{2\varphi}\right)^2 + 1}\right).$$

$$f_H = f_0\left(\frac{1}{2\varphi} + \sqrt{\left(\frac{1}{2\varphi}\right)^2 + 1}\right).$$

■ Passe-bas

$$f_c = f_0 \cdot \sqrt{\left(1 - \frac{1}{2\varphi^2}\right) + \sqrt{1 - \left(\frac{1}{2\varphi^2}\right)^2 + 1}}$$

$$f_P = f_0 \cdot \sqrt{1 - \frac{1}{2\varphi^2}}\,,\; H_{OP} = H_{OLP} \times \frac{1}{\frac{1}{\varphi}\sqrt{1 - \frac{1}{4\varphi^2}}}$$

■ Passe-haut

Mêmes relations que pour le passe-bas, il faut simplement remplacer H_{OLP} par H_{OHP}.

BROCHAGE DU MF10

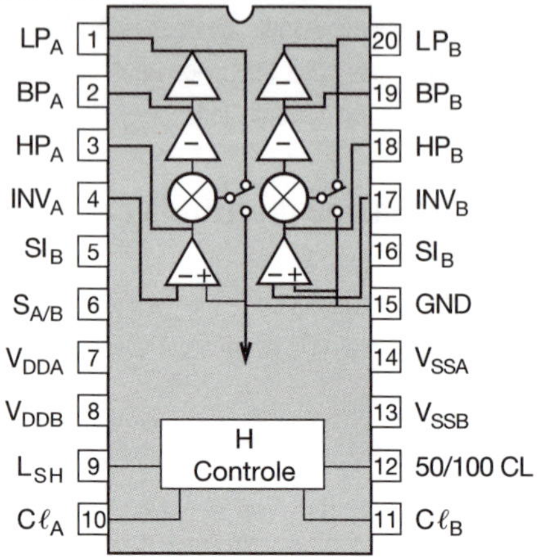

PASSE-BANDE (BANDPASS)

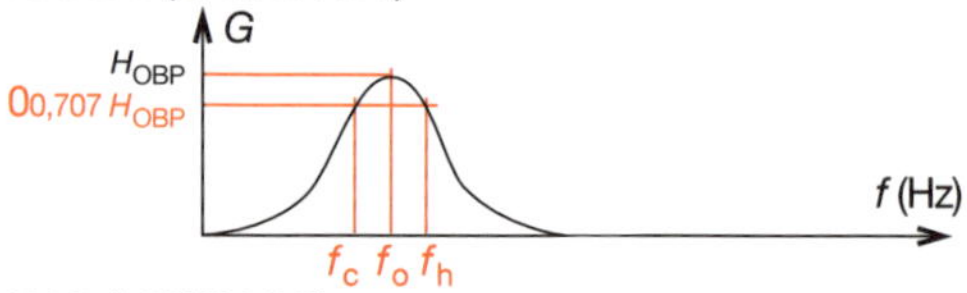

PASSE-BAS (LOWPASS)

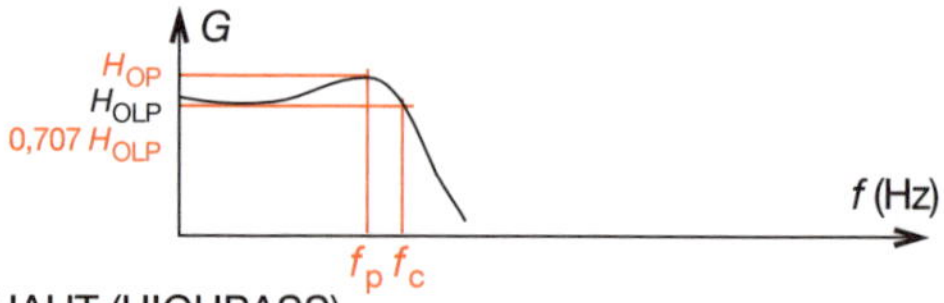

PASSE-HAUT (HIGHPASS)

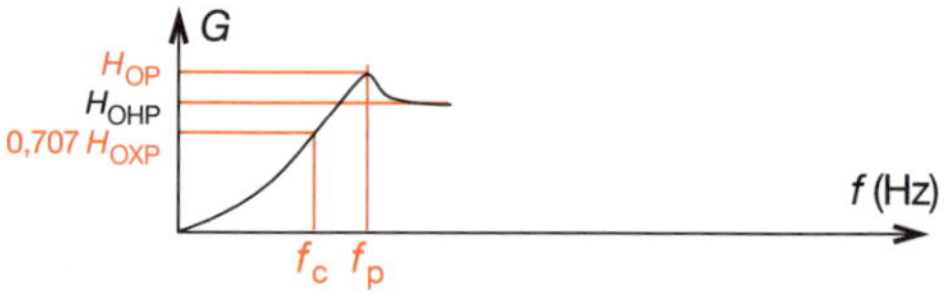

50■115 EXEMPLES D'APPLICATIONS

Passe-haut, passe-bande, passe-bas

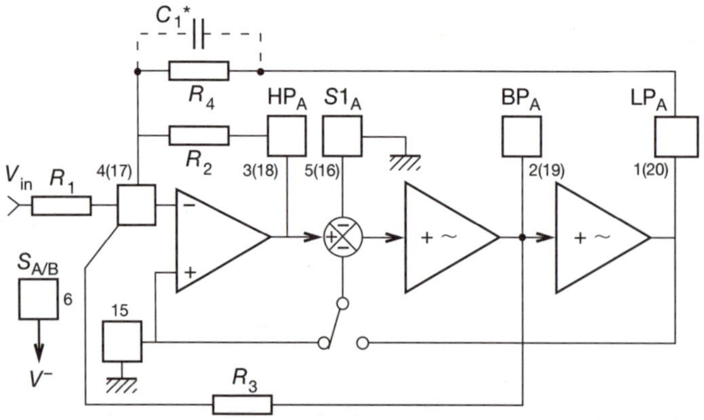

$$f_0 = \frac{f_{clock}}{100} \times \left(\frac{R_2}{R_4}\right)^{1/2} \text{ ou } f_0 = \frac{f_{clock}}{50}\left(\frac{R_2}{R_4}\right)^{1/2}$$

$$Q = \frac{R_3}{R_2}\left(\frac{R_2}{R_4}\right)^{1/2}$$

$$H_{highpass} = \frac{-R_2}{R_1}$$

$$H_{bandpass} = \frac{-R_3}{R_1}$$

$$H_{lowpass} = \frac{-R_4}{R_1}$$

$$H_{highpass} = H_{lowpass}$$

$$H_{lowpass} @ f_0 = Q \times H_{lowpass}$$

$$H_{bandpass} = (Q \times H_{highpass} \times H_{lowpass})^{1/2}$$

Mode 1 a : passe-bande, passe-bas non inverseur

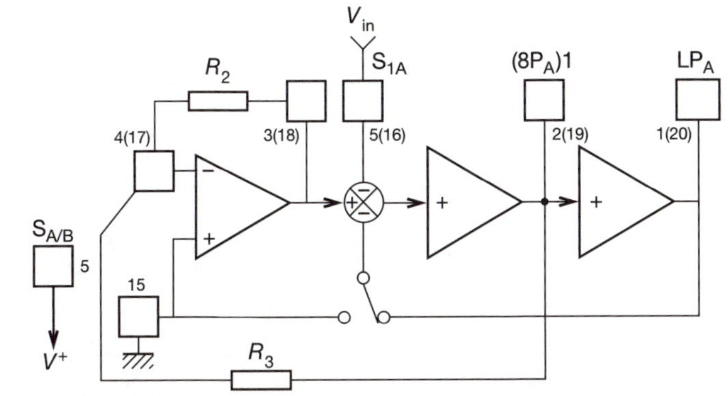

$$f_o = \frac{f_{CLK}}{100} \text{ ou } \frac{f_{CLK}}{50}$$

$$Q = \frac{R_3}{R_2}$$

$$H_{CLP} = 1 \,;\, H_{OLP\,(peak)} \equiv Q \times H_{OLP}$$

$$H_{CPS1} = -\frac{R_3}{R_2}$$

$$H_{OBP2} = 1 \text{ (non inversé)}$$

Circuit dynamique : $H_{OBP1} = Q$

Mode 2 : réjecteur 2, passe-bande, passe-bas ($f_{rej} < f_o$)

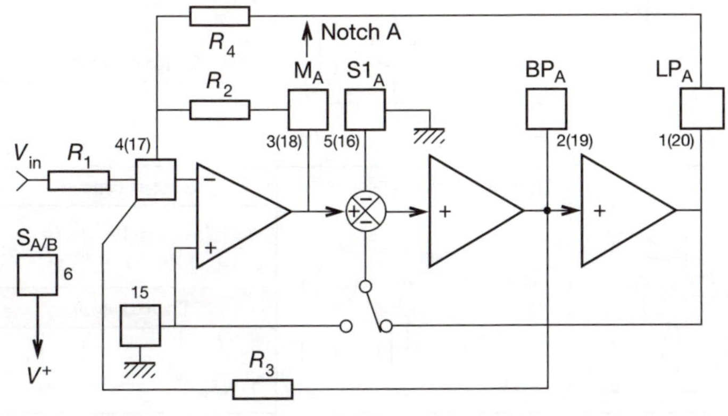

$$f_o = \frac{f_{clock}}{100}\left(\frac{R_2}{R_4}+1\right)^{1/2} \text{ ou } f_o = \frac{f_{clock}}{50}\left(\frac{R_2}{R_4}+1\right)^{1/2}$$

$$f_{notch} = \frac{f_{clock}}{50} \text{ ou } f_{notch} = \frac{f_{clock}}{100}$$

$$Q = \left(1+\frac{R_2}{R_4}\right)^{1/2}\frac{R_2}{R_3}$$

Notch : réjecteur

$$H_{lowpass} = \frac{-\frac{R_2}{R_1}}{\frac{R_2+1}{R_4}} \qquad H_{notch} = \frac{-\frac{R_2}{R_1}}{\frac{R_2+1}{R_4}}$$

50■116 Exemple

Soit à réaliser un filtre passe-bas du 4e ordre coupant à 2 kHz et sans ondulation dans la bande (filtre de Butterworth). Le gain dans la bande sera de 0 dB (1 V/V).

Le quatrième ordre peut être obtenu par mise en cascade de deux filtres du second ordre.

$Q = 0{,}541$, $f_0 = 2$ kHz et $Q' = 1{,}306$, $f_0 = 2$ kHz.

À cause du faible coefficient de surtension Q des deux filtres, la réponse dynamique du circuit est très bonne. Tout autre mode peut être utilisé, mais le mode 1 A est plus simple. Parce que, dans le premier filtre, la résistance la plus faible est R_3, la choisir < 5 kΩ. Si $R_3 = 10$ kΩ, $R_2 = 18{,}44$ kΩ. Pour le second filtre, choisir $R'_2 = 10$ kΩ et $R'_3 = 13{,}06$ kΩ. Les deux entrées horloge (broche 10, 11) peuvent être réunies et commandées par une simple horloge externe. Si le rapport $f_{clk}/100$ est choisi (broche 12 à la masse), avec une fréquence d'horloge de 200 kHz, la fréquence de coupure f_0 est de 2 kHz.

FILTRE PASSE-BAS DU 4e ORDRE DE BUTTERWORTH, 2 kHz

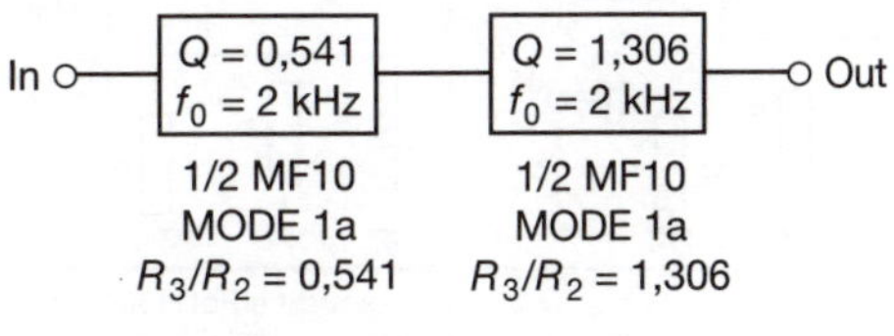

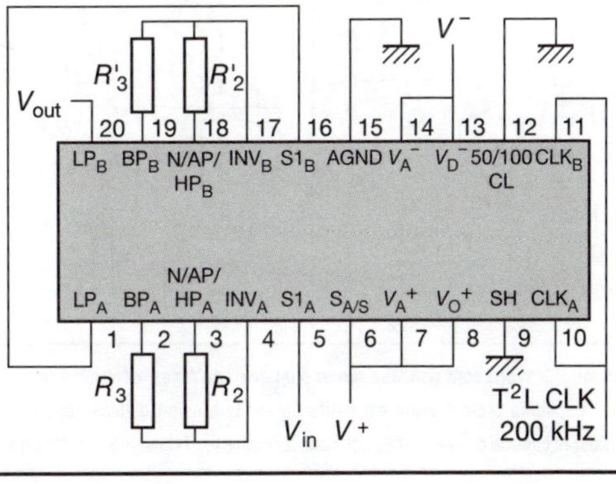

51 Amplificateurs

51 ■ 1 AMPLIFICATEURS

Un amplificateur de tension est un quadripôle actif qui multiplie une grandeur d'entrée V_e par un facteur d'amplification A_V ($|A_V|$, phase φ_{AV}) tel que :

$$V_s = A_V . V_e .$$

A_V est souvent exprimé uniquement par son module ou par le gain G_V.

$G_V = 20 \log_{10} |A_V|$; G_V en décibels.

$Z_e = R_e + jX_e$: impédance d'entrée $\left(\frac{V_e}{i_e}\right)$.

R_u est la résistance de charge extérieure.

$Z_s = R_s + jX_s$: impédance de sortie $\left(\frac{V_s}{i_s}\right)$ pour $V_e = 0$.

Modélisation simplifiée

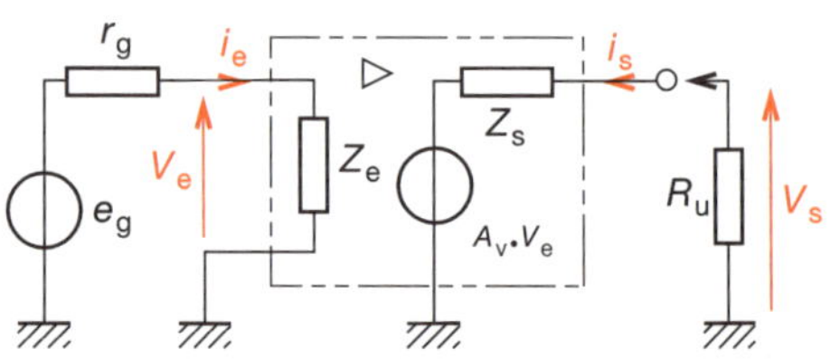

51 ■ 2 MONTAGES À LIAISONS CAPACITIVES

Émetteur commun

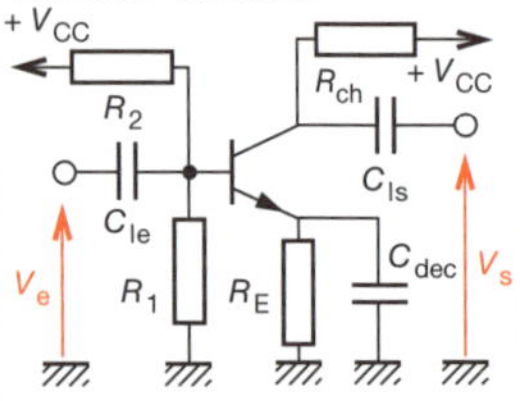

Source commune

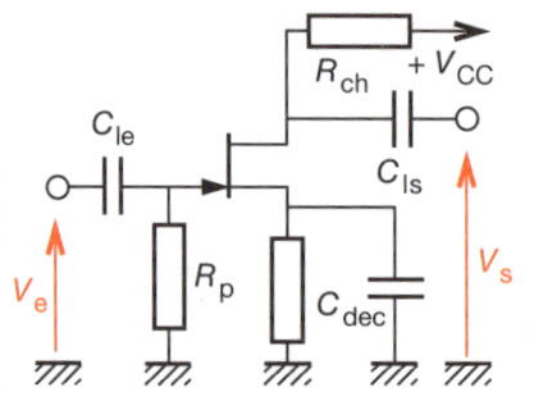

* Modélisation de l'émetteur commun

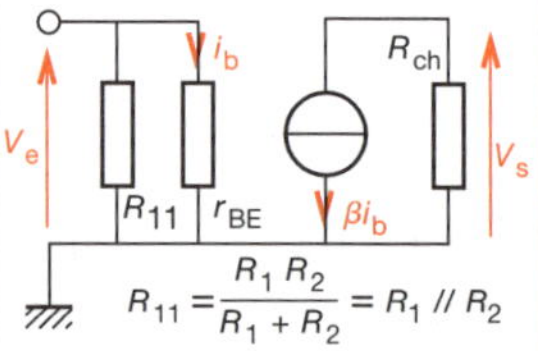

Collecteur commun

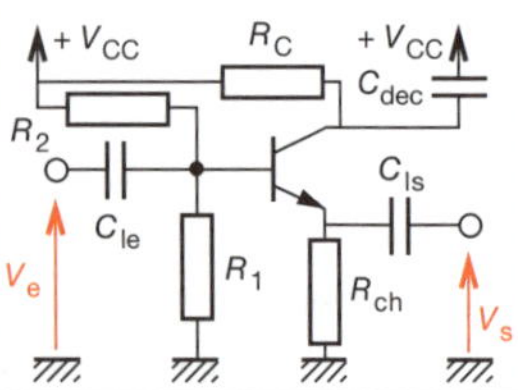

Drain commun

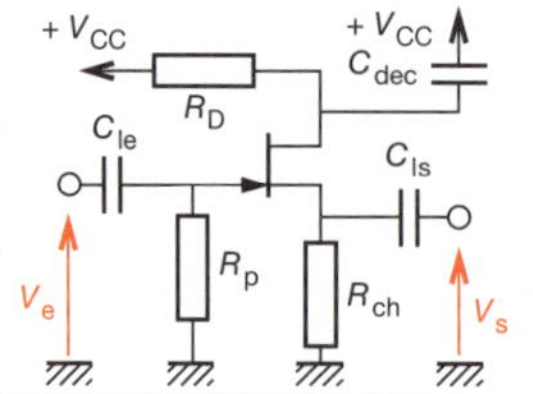

* Modélisation du collecteur commun

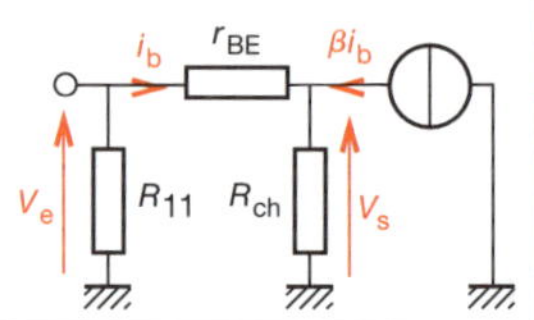

Base commune

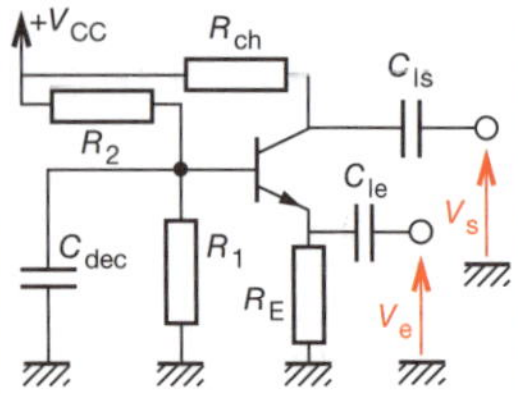

Grille commune

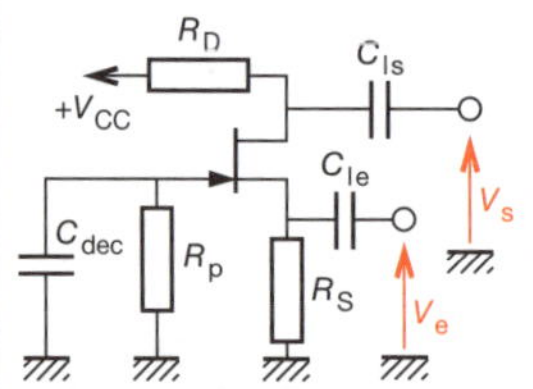

* Modélisation de la base commune

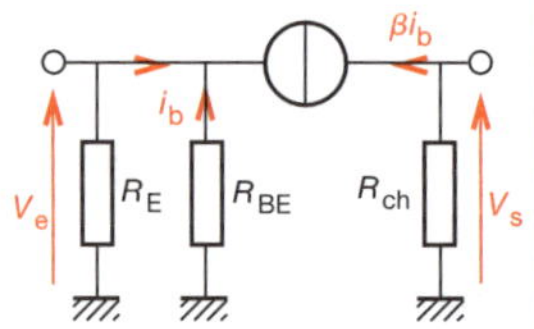

Cascode

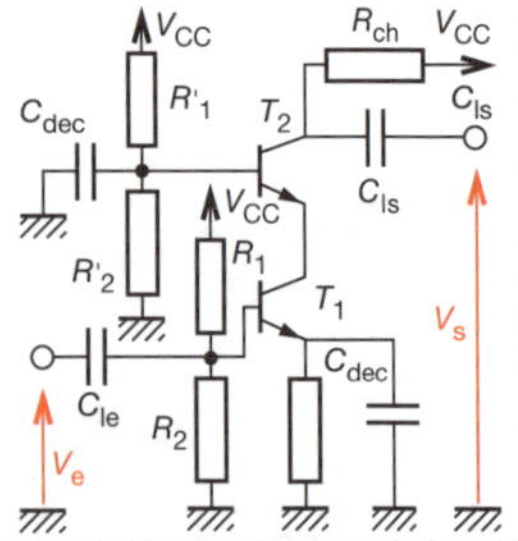

Cascode à Fet double grille

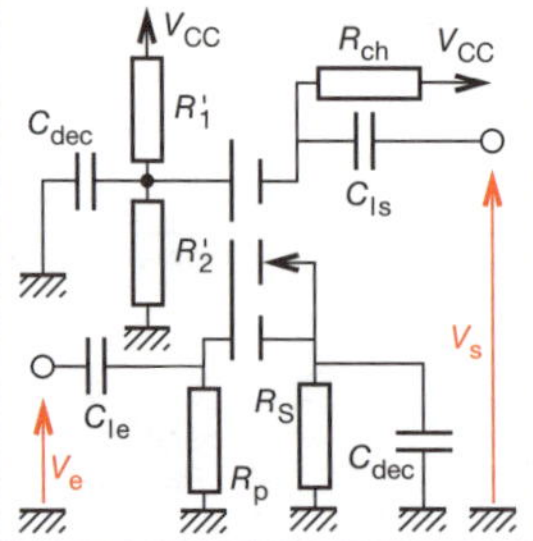

* Modélisation du cascode

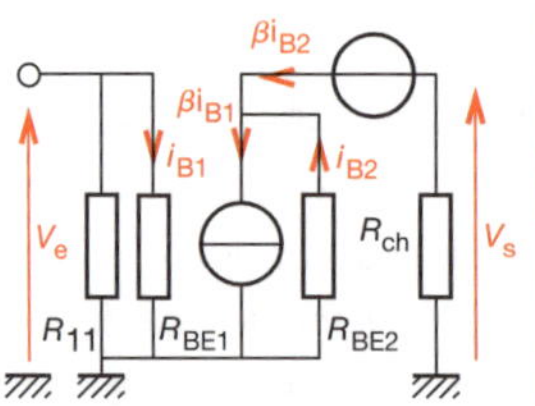

	A_V	R_e	R_s
Émetteur commun			
	$-\frac{\beta R_{ch}}{r_{BE}}$	$R_{11} // R_{BE}$	R_{ch}
Source commune			
	$-g_m R_{ch}$	R_p	R_{ch}
Collecteur commun			
	$\frac{R_{ch}(\beta+1)}{r_{BE}+R_{ch}(\beta+1)}$	$(R_{11}) // (r_{BE}+R_{ch}(1+\beta))$	$\frac{r_{BE}}{\beta+1} // R_D$
Drain commun			
	$\frac{g_m R_{ch}}{1+g_m R_{ch}}$	R_p	$\frac{R_{ch}}{1+g_m R_{ch}}$
Base commune			
	$\beta \frac{R_{ch}}{R_{BE}}$	$\frac{R_{BE} // R_E}{1+\frac{\beta}{r_{BE}}(R_{BE} // R_E)}$	R_{ch}
Grille commune			
	$g_m R_{ch}$	$\frac{R_s}{1+g_m R_s}$	R_{ch}
Cascode bipolaire			
	$-\frac{\beta R_{ch}}{R_{BE}}$	$R_{11} // R_{BE}$	R_{ch}
Cascode à Fet DG			
	$-g_m R_{ch}$	R_p	R_{ch}

* Les modélisations sont données autour d'un point de repos, déterminé par le circuit de polarisation du montage, pour un signal d'entrée sinusoïdal (V_{elt}) = $V_e \sin 2\pi f t$), dont l'amplitude crête à crête est petite devant la tension d'alimentation (V_{CC}). Les condensateurs de liaison (C_l) et les condensateurs de découplage (C_{dec}) sont considérés comme des court-circuits pour la fréquence f du signal d'entrée considérée lors de la construction du modèle.

51 ■ 21 AMPLIFICATEURS À LIAISONS CAPACITIVES EN HF

Calcul des condensateurs de liaison (C_ℓ).
Pour calculer C_ℓ à l'entrée et à la sortie, nous considérons que nous sommes en présence de filtres passe-hauts de type condensateur résistance (C-R) dont les fréquences de coupure sont :

$$f_{c\ \text{entrée}} = \frac{1}{2\pi\,(r_g + R_e)\,C_{\ell e}} \qquad f_{c\ \text{sortie}} = \frac{1}{2\pi\,(R_s + R_u)\,C_{\ell s}}$$

Calcul des condensateurs de découplage (C_{dec}).
C_{dec} est calculé en considérant que la différence de potentiel qui apparaît à ses bornes est très faible devant la tension qui apparaît devant r_{be} (pour le montage émetteur commun).

$$r_{be} \gg \left|\frac{\beta R_E}{1 + jR_E C_{dec}\,\omega}\right|$$

51 ■ 22 ÉTUDE HAUTE FRÉQUENCE DES MONTAGES À LIAISONS CAPACITIVES

Émetteur commun

Modélisation haute fréquence

Émetteur commun modélisé en utilisant le théorème de Miller

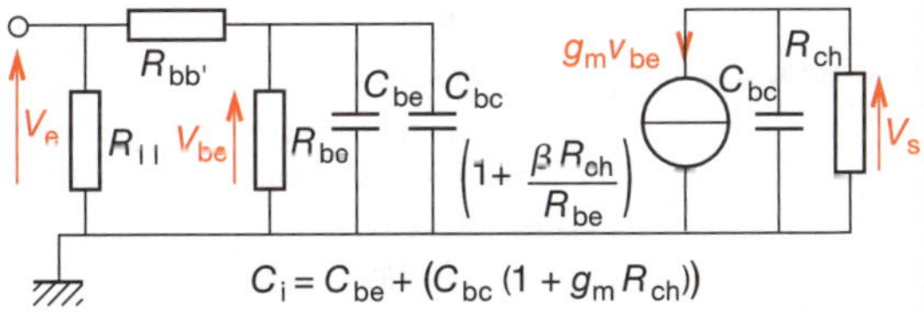

$$C_i = C_{be} + (C_{bc}\,(1 + g_m R_{ch}))$$

Principales caractéristiques

$$A = \frac{-g_m R_{ch} R_{be}}{(R_{bb'} + R_{be})} \cdot \frac{1}{(1 + jC_{bc}\,\omega\,R_{ch})} \cdot \frac{1}{\left(1 + \frac{jR_{bb'}\,R_{be}\,Ci\,\omega}{R_{bb'} + R_{be}}\right)}$$

$$Z_e = R_{11} /\!/ \left[R_{bb'} + \frac{R_{be}}{1 + jR_{be}\,[C_{be} + C_{bc}\,(1 + g_m R_{ch})]\,\omega}\right]$$

$$Z_s = \frac{R_{ch}}{1 + jR_{ch}\,C_{bc}\,\omega}$$

Utilisation

Grâce à sa résistance d'entrée élevée et à sa faible résistance de sortie pour une amplification importante, c'est le montage le plus utilisé en *BF*. Sa bande passante restreinte en fait un montage peu utilisé en HF.

Collecteur commun

Modélisation haute fréquence

Collecteur commun

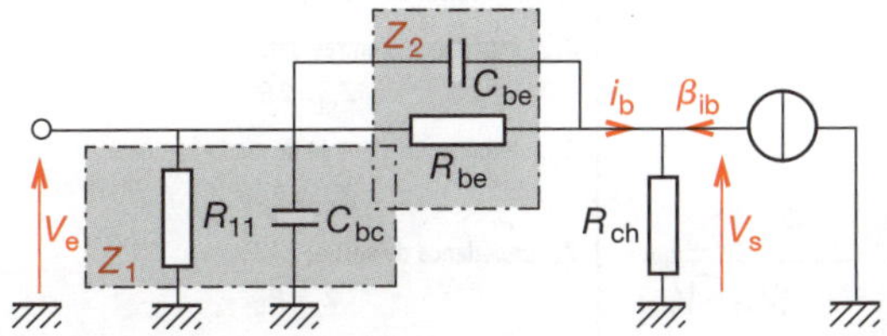

Principales caractéristiques

$$A = \frac{R_{ch}\,(\beta + 1)\left(1 + j\frac{R_{be}}{\beta}\,C_{be}\,\omega\right)}{(R_{be} + R_{ch}(\beta + 1))\left(1 + j\frac{R_{be}\,R_{ch}\,(\beta + 1)}{R_{be} + R_{ch}\,(\beta + 1)}\,C_{be}\,\omega\right)}$$

$$Z_e = Z_1 /\!/ (Z_2 + R_{ch}\,(\beta + 1))$$

$$Z_s = R_{ch} /\!/ Z_2$$

Utilisation

C'est le montage suiveur par excellence, grâce à sa forte résistance d'entrée et à son amplification de 1, il permet d'isoler deux montages l'un par rapport à l'autre en le plaçant au milieu.

Base commune

Modélisation haute fréquence

Base commune

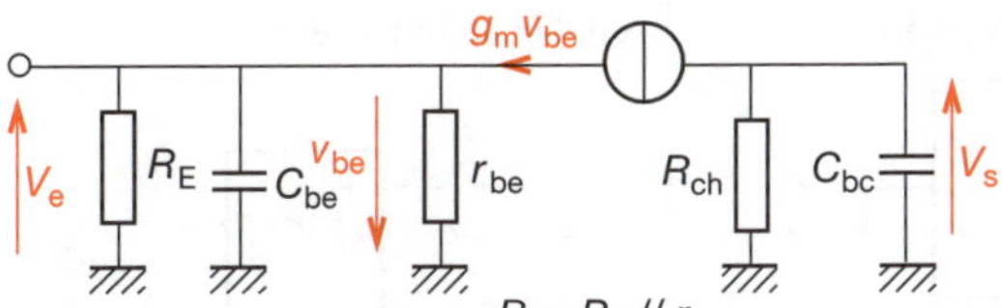

$$R_i = R_E /\!/ r_{be}$$

Principales caractéristiques

$$A = \frac{g_m R_{ch}}{1 + jC_{bc}\,\omega\,R_{ch}}$$

$$Z_e = \frac{R_i}{(1 + g_m.R_i) \times \left(1 + j\,\frac{R_i}{1 + g_m R_i}\,C_{\ell e}\,\omega\right)}$$

$$Z_s = \frac{R_{ch}}{1 + jC_{bc}\,R_{ch}\,\omega}$$

Utilisation

Sa faible résistance d'entrée en fait un montage peu apprécié en basse fréquence. Sa large bande passante et son amplification élevée en font un amplificateur apprécié en HF.

Cascode à transistors bipolaires

Modélisation haute fréquence

Cascode à transistors bipolaires

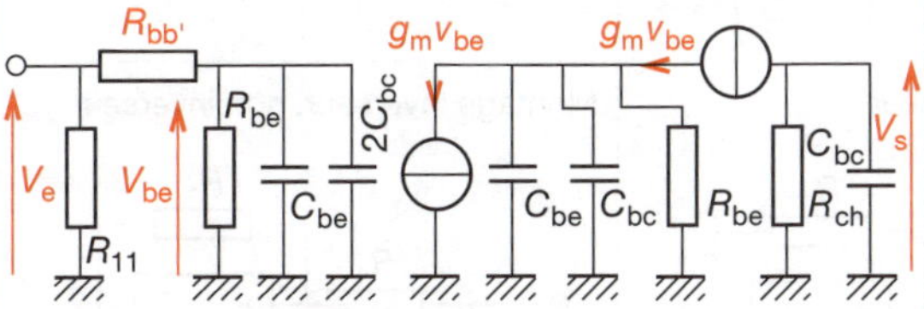

Principales caractéristiques

$$A = \frac{g_m R_{ch} R_{be}}{(R_{bb'} + R_{be})\,(1 + jC_{bc}\,R_{ch}\,\omega)\,(1 + j\,(C_{be} + C_{bc})\,\omega\,R_{be})\left(1 + j\,\frac{R_{be}\,R_{bb'}}{R_{be} + R_{bb'}}\,(C_{be} + 2\,C_{bc})\,\omega\right)}$$

$$Z_e = R_{11} /\!/ \left[R_{bb'} + \frac{R_{be}}{1 + jR_{be}\,(C_{be} + 2\,C_{bc})\,\omega}\right]$$

$$Z_s = \frac{R_{ch}}{1 + jR_{ch}\,C_{bc}\,\omega}$$

Ce montage qui possède une large bande passante et une amplification élevée est très apprécié en HF.

Théorème de Miller

La capacité de réaction d'un amplificateur de facteur d'amplification *A* peut être ramenée à l'entrée et à la sortie de celui-ci par :

$$C_1 = C\,(1 - A) \qquad C_2 = \left(1 - \frac{1}{A}\right) C.$$

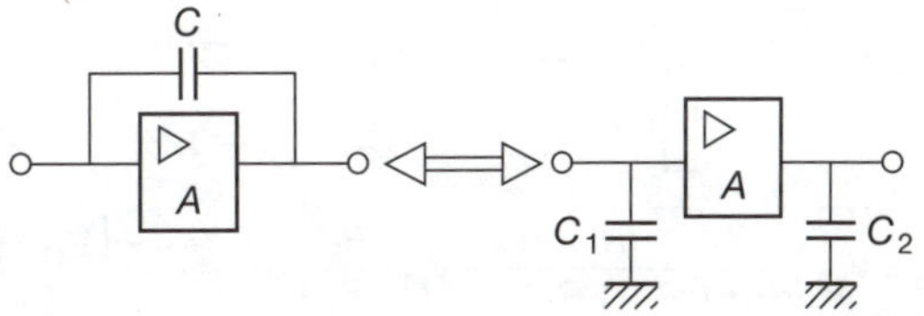

51 ■ 3 AMPLIFICATEURS À LIAISONS CONTINUES

Les amplificateurs à liaisons continues possèdent la propriété de laisser passer le continu et de ne pas nécessiter de condensateurs de liaisons entre étages.

Structure différentielle

Si $V_{E1} = V_{E2}$ alors $I_{E2} + I_{E1} = \dfrac{I_0}{2}$

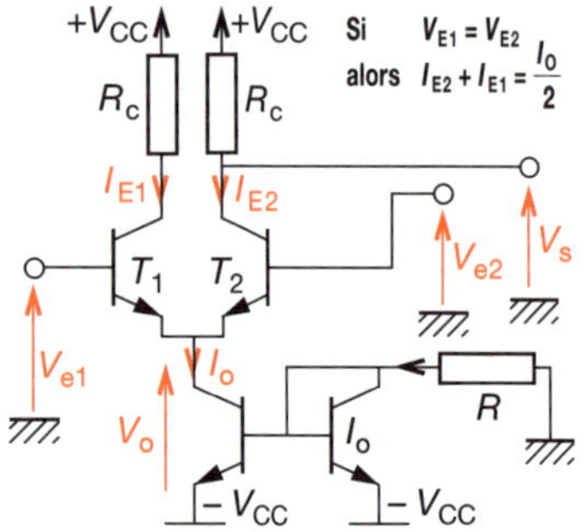

Modèle

$R_{be2} = R_{be1} = R_{be}$

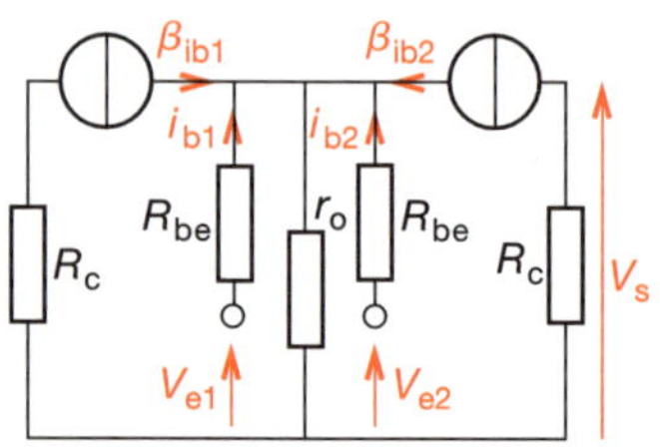

$r_0 = \dfrac{dV_0}{dI_0} = \rho$, résistance dynamique de sortie du miroir de courant.

Équations fondamentales

$$V_s = \underbrace{A_d(V_{e1} - V_{e2})}_{V_{ed}\text{ différentielle}} + \underbrace{A_c\,\frac{V_{e1} + V_{e2}}{2}}_{V_e\text{ mode commun}}$$

A_d : amplification différentielle

$$A_d = -\frac{\beta R_c}{2R_{be}} = \frac{g_m}{2}R_c.$$

A_c : amplification de mode commun

$$A_c = -\frac{\beta R_c}{r_{be} + 2\beta\rho}.$$

A_c ramène une tension parasite de mode commun à la sortie, cette tension doit être aussi petite que possible. On exprime souvent

$$\text{TRMC} = 20\lg\left|\frac{A_d}{A_c}\right|.$$

TRMC : taux de réjection du mode commun (souvent voisin de 100 dB).

Z_{ed} : impédance d'entrée différentielle

$$Z_{ed} = 2R_{bc}.$$

Z_{mc} : impédance d'entrée de mode commun

$$Z_{mc} = 2\rho\beta.$$

Z_s : impédance de sortie

$$Z_s = R_C.$$

Augmentation de l'amplification

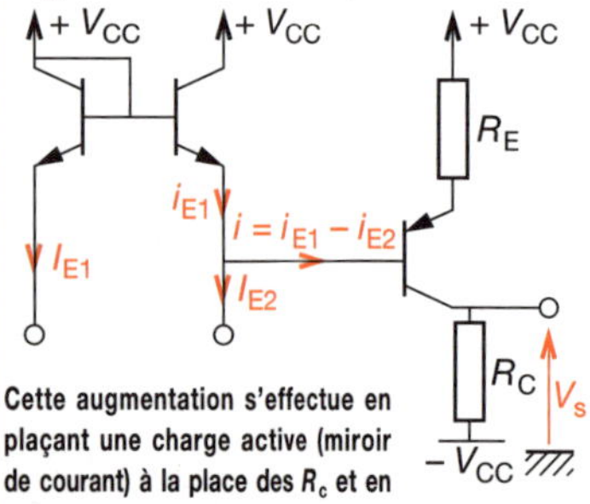

Cette augmentation s'effectue en plaçant une charge active (miroir de courant) à la place des R_c et en effectuant une sortie en courant.

$i = i_{E1} - i_{E2}$

Réponse en grands signaux

$$I_{E1} = \frac{I_0}{1 + e^{\frac{V_{\rho 2} - V_{ei}}{V_T}}} \qquad I_{E2} = \frac{I_0}{1 + e^{\frac{V_{e1} - V_{ec}}{V_T}}}$$

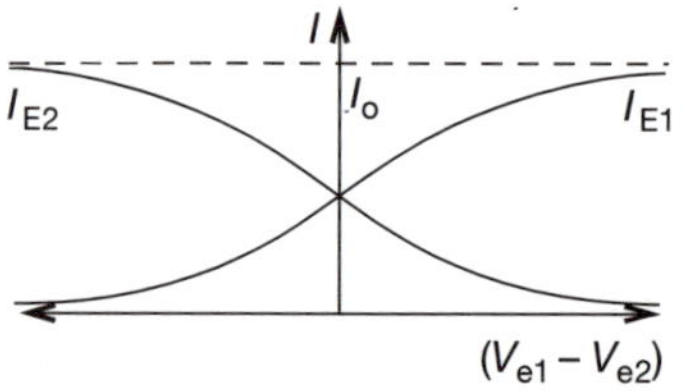

51 ■ 4 AMPLIFICATEURS À ALI

Amplificateur inverseur

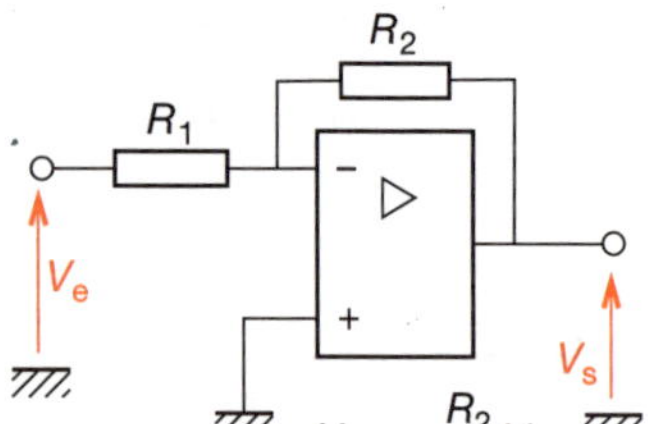

$$V_s = -\frac{R_2}{R_1}V_e$$

Amplificateur non inverseur

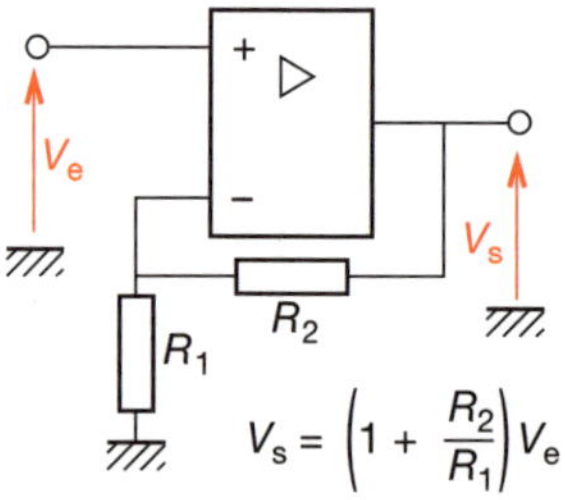

$$V_s = \left(1 + \frac{R_2}{R_1}\right)V_e$$

Amplificateur suiveur

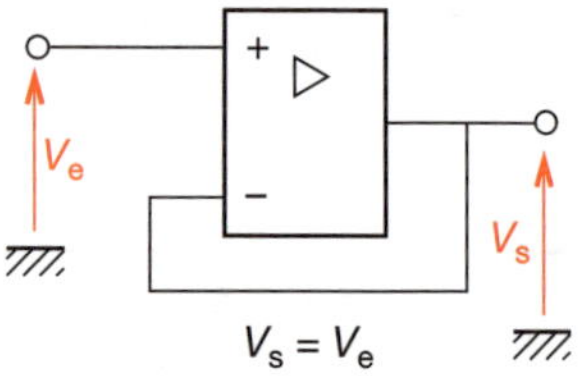

$$V_s = V_e$$

Amplificateur soustracteur

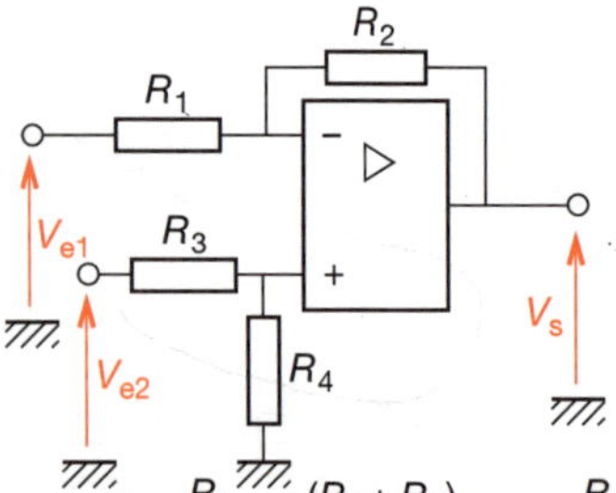

$$V_s = V_{e2}\,\frac{R_4}{(R_3 + R_4)}\cdot\frac{(R_1 + R_2)}{R_1} - V_{e1}\cdot\frac{R_2}{R_1}$$

Additionneur inverseur

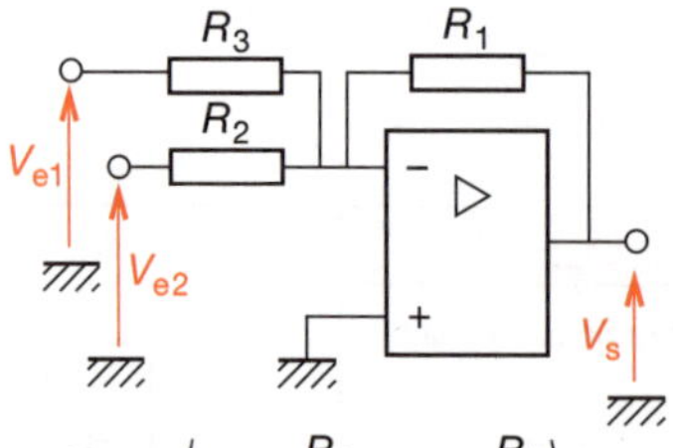

$$V_s = -\left(V_{e1}\cdot\frac{R_1}{R_3} + V_{e2}\cdot\frac{R_1}{R_2}\right)$$

Montage inverseur, non inverseur

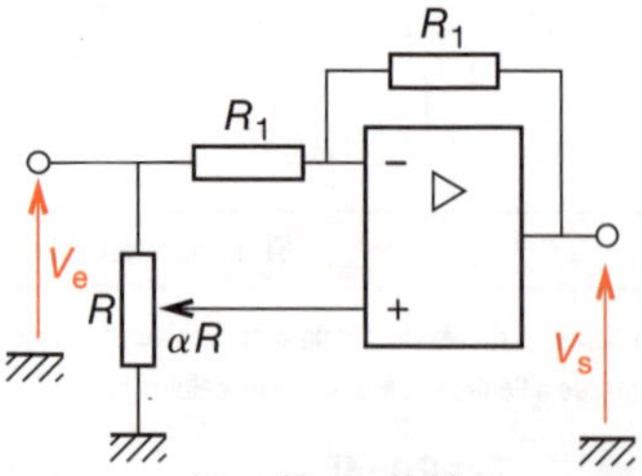

$$V_s = (2\alpha - 1)V_e$$

51 ▪ 5 Amplificateurs d'instrumentation

Ces amplificateurs sont destinés à amplifier des signaux directement issus de capteurs. La mesure à effectuer est la plupart du temps sur une tension différentielle de quelques microvolts en rejetant la tension de mode commun $\left(\frac{V_{e1}+V_{e2}}{2}\right)$ qui est souvent d'une amplitude très importante (quelques dizaines de V). On demande à ces amplificateurs d'être précis, stables, d'avoir une variation de la tension de sortie linéaire par rapport à la variation de la tension d'entrée différentielle et une impédance d'entrée élevée pour ne pas perturber la mesure. La tension de bruit ramenée à l'entrée doit être aussi faible que possible pour ne pas ramener trop de variations aléatoires sur le signal à mesurer.

STRUCTURE ÉLÉMENTAIRE

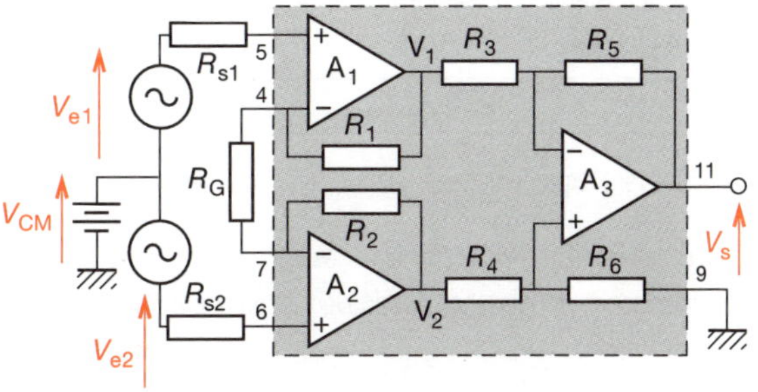

$R_3 = R_4 = R_5 = R_6 \qquad V_s = V_2 - V_1 \qquad R_1 = R_2$

$V_{e2} = \left(1 + \frac{R_2}{R_G}\right) V_{e2} - \frac{R_2}{R_G} V_{e1} + V_{CM} \qquad V_s = \left(1 + \frac{2R_1}{R_G}\right)(V_{e2} - V_{e1})$

51 ▪ 51 Amplificateur du type LH0036

Caractéristiques technologiques

- Taux de réjection de mode commun (CMRR = 100 dB pour $A_{vcl} = 100$).
- Impédance d'entrée $Z_i = 300$ MΩ.
- Alimentation ajustable de ± 1 à ± 18 V.
- Linéarité de l'amplification : 0,03 %.
- Expression de l'amplification

$$A_{vcl} = \frac{V_s}{V_{e2} - V_{e1}} = 1 + \frac{50\,000}{R_G}.$$

- Résistance de sortie $R_s = 0{,}5$ Ω.

LH 0036 (NATIONAL SEMICONDUCTEUR)

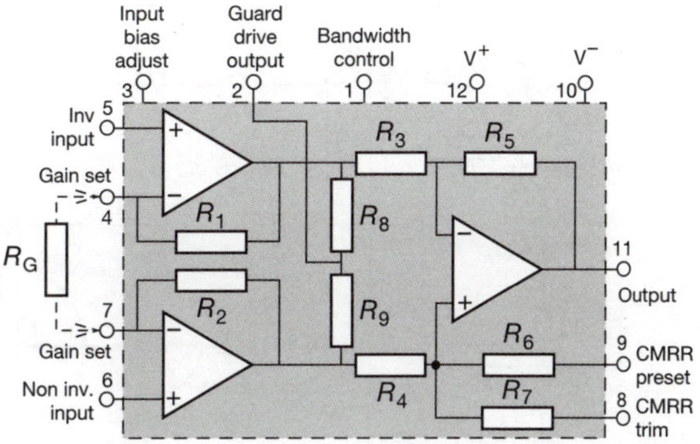

Bande passante en fonction de R_{BW}

R_{BW} se positionne entre la (1) et la masse.

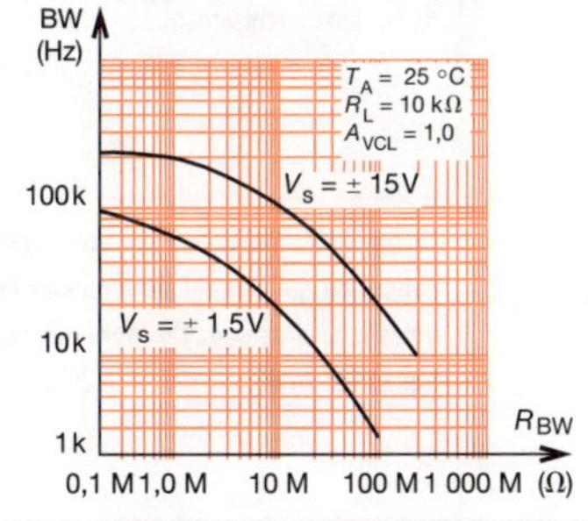

$G = 20 \lg |A_{vcl}|$

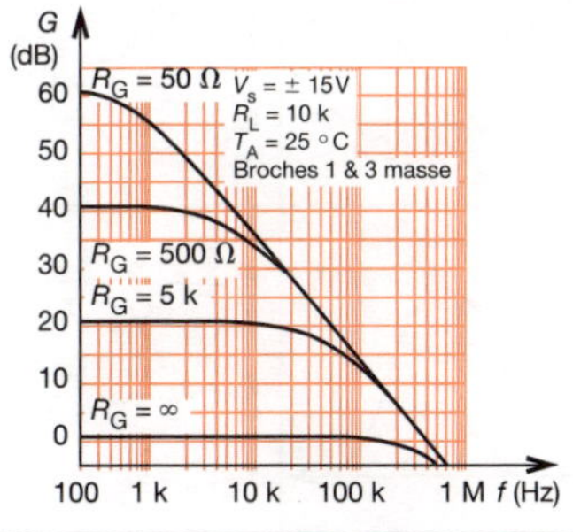

Bruit ramené à l'entrée

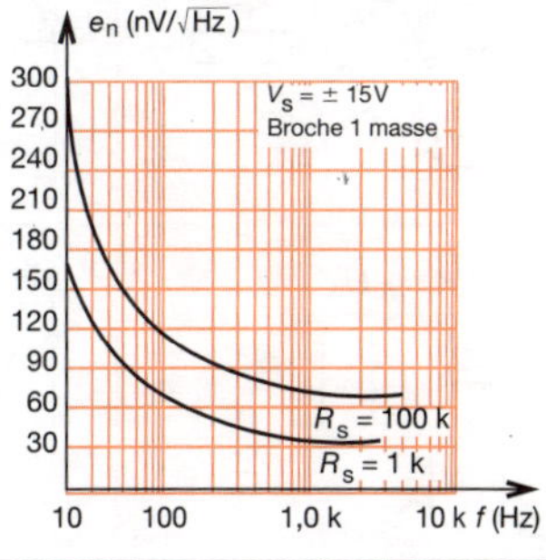

51 ▪ 52 PRINCIPALES CARACTÉRISTIQUES DES AMPLIFICATEURS D'INSTRUMENTATION

Type	Erreur d'amplification	Linéarité de l'amplification	CMRR mini (dB)	Courant de polarisation (nA) (max)
LH0036 μ Power	1 %	0,03 %	72	100
LH0038	0,3 %	0,0001 %	94	100
LH0084	0,1 %	0,002 %	76	0,500
LM363	2,5 %	0,01 %	90	10

51 ■ 6 Amplificateurs de puissance

Un amplificateur de puissance est un élément actif qui multiplie une grandeur d'entrée P_e par un facteur d'amplification A_p tel que :

$$P_s = A_p . P_e$$

A_p est souvent exprimé par son gain G_p : $G_p = 10 \lg \frac{P_s}{P_e}$

G_p en décibels (dB). Dans le domaine des hautes fréquences, et en téléphonie, la puissance est souvent exprimée en dB_m.

$$P dB_m = 10 \lg \frac{P}{10^{-3}} .$$

$P dB_m$: exprimée en dB milliwatt. P : exprimée en W.

EXPRESSION DE A_p SUR UN MODÈLE LINÉAIRE

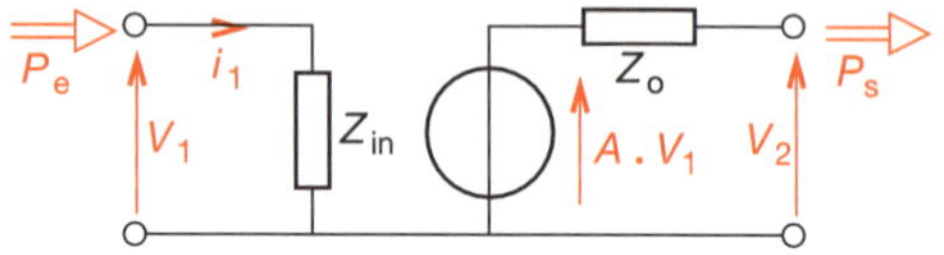

P_s : puissance maximale qu'il est possible de transmettre en sortie.

P_e : puissance transmise à l'entrée.

$$P_s = \frac{[|A_v| . V_{1eff}]^2}{4 R_e (Z_o)} \qquad P_{in} = \frac{V_{1eff}^2}{R_e (Z_{in})}$$

$$A_p = \frac{P_s}{P_{in}} = |A_{v1}|^2 . \frac{R_{in}}{4 R_{out}} .$$

51 ■ 61 MONTAGES AMPLIFICATEURS DE PUISSANCE

Type	Chronogrammes	Caractéristiques	Commentaires
Classe A à transformateur 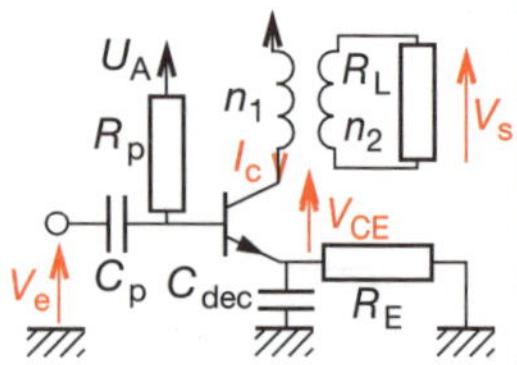	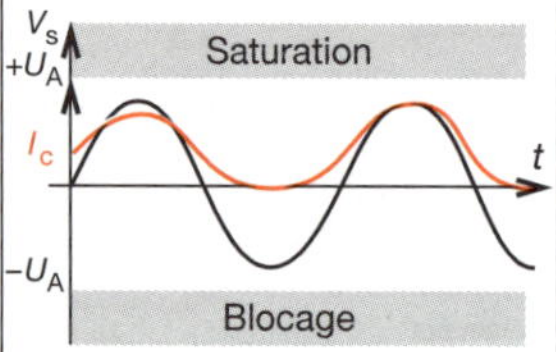	$P_{s\,max} = \frac{U_A^2}{2} \left(\frac{n_1}{n_2}\right)^2 . R_L$ P_T : puissance maximale dissipée dans le transistor. $P_T = 2 P_{s\,max}$ $V_{CE\,max} = 2 U_A$	Avec un rendement inférieur à 50 %, et une distorsion très faible, c'est un montage utilisé dans l'amplification audio.
Classe B 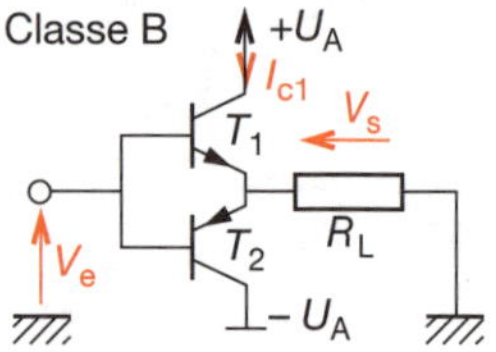	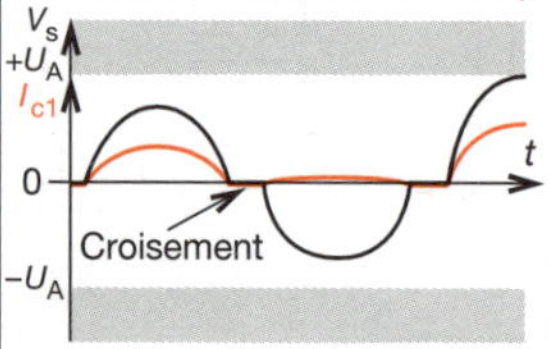	$P_{s\,max} = \frac{U_A^2}{8 R_L}$ $P_T = \frac{2}{\pi^2} . P_{s\,max}$ $V_{CE\,max} = U_A$	Du fait de la conduction de chaque transistor sur une alternance, le rendement devient voisin de 75 %, mais il apparaît une distorsion de croisement importante.
Classe AB 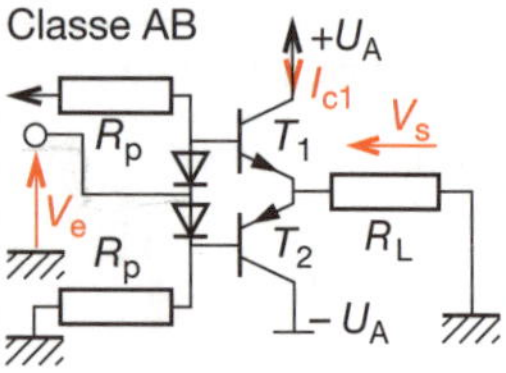	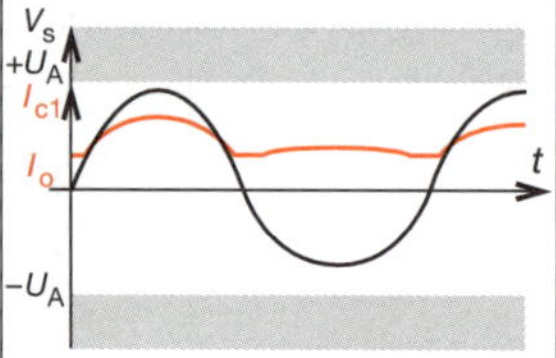	$P_{s\,max} = \frac{U_A^2}{8 R_L}$ $P_T = \frac{2}{\pi^2} . P_{s\,max} + 0{,}6 . I_o$ $V_{CE\,max} = U_A$	Les 2 transistors sont toujours polarisés avec un niveau de courant I_o faible. Ceci est suffisant pour réduire la distorsion de croisement.
Classe C 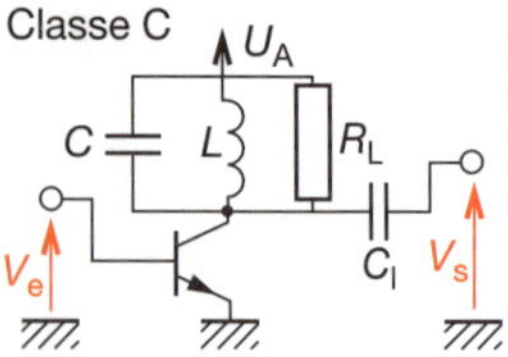	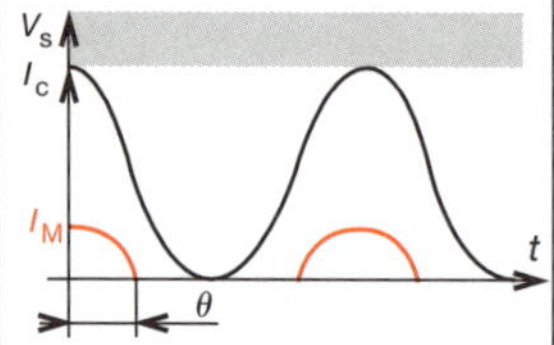	$P_{s\,max} = \frac{U_A}{\sqrt{2}} \frac{I_{max}}{\pi} . \frac{\theta - \sin\theta\cos\theta}{(1 - \cos\theta)}$ $P_T = U_A . I_{max} . \frac{\sin\theta - \theta\cos\theta}{1 - \cos\theta}$ $V_{CE\,max} = U_A$	Le transistor est utilisé sur une alternance, ce qui permet de diminuer la puissance dissipée. Ce montage est très utilisé en HF.
Classe D 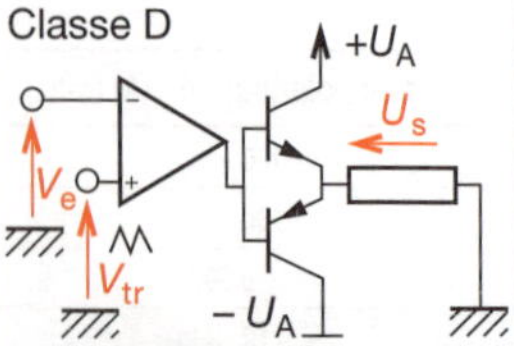	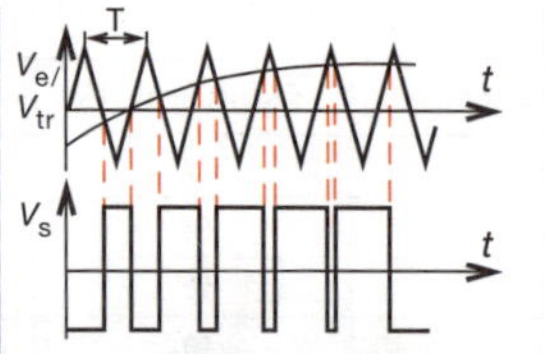	$I_{s\,max} = \frac{V_{CC}^2}{2R}$ $P_T = \frac{2 V_{CC}^2}{2S R_T}$ S : slew rate de l'ensemble	La modulation la plus utilisée est la pwM. Ce principe est difficile à mettre en œuvre dans les amplificateurs audios de qualité.

Nota : la distorsion est définie au chapitre générateurs de fonctions.

51 ■ 62 ALI DE PUISSANCE

LM675 DE NATIONAL SEMICONDUCTEUR

Les ALI ont habituellement une sortance en courant limitée. Ils intègrent un amplificateur de courant en sortie.

Structure

$$\frac{V_s}{V_e} = 1 + \frac{R_2}{R_1}$$

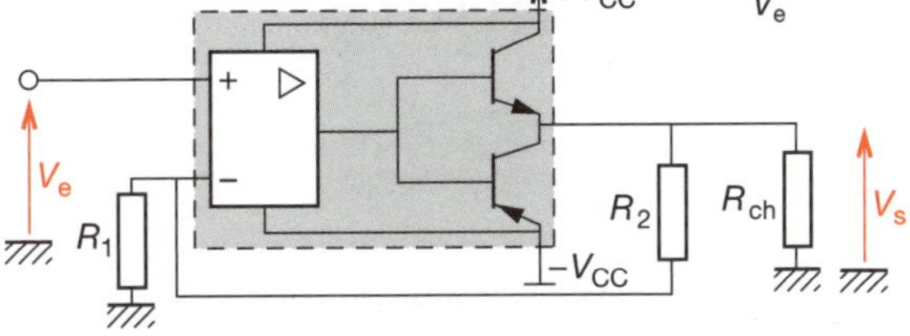

PRINCIPALES CARACTÉRISTIQUES

- **Courant de sortie maximal : 3 A.**
- **Produit gain-bande : 5,5 MHz.**
- **Slew rate : 8 V/µs.**
- **Tension d'alimentation : ⩽ 50 V.**
- **Protégé contre les courts-circuits.**
- **CMRR : 90 dB.**
- **Offset : 1 mV.**
- **Distorsion harmonique maximale :**
  - **R_L = 4 Ω — D = 0,1 %**
  - **R_L = 8 Ω — D = 0,05 %**

Brochage boîtier TO220

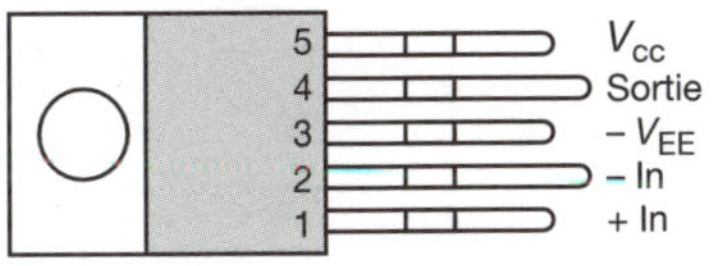

Vue de Face

$R_{th\,jc}$ = 2 °C/W avec T_j max. = 150 °C

$$A_V = \frac{V_s}{V_e} = 1 + \frac{R_2}{R_1}$$

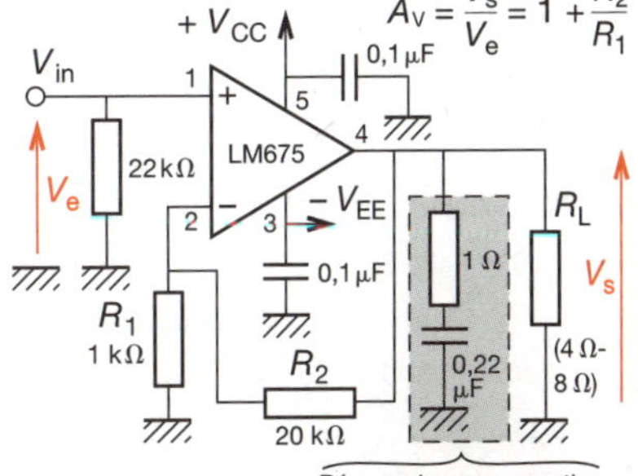

COMPENSATION PAR AVANCE DE PHASE DES ALI DE PUISSANCE

Une cause d'instabilité dans ce genre d'amplificateur est l'étage de sortie qui ramène un condensateur C' parasite en parallèle sur la sortie.

Modélisation

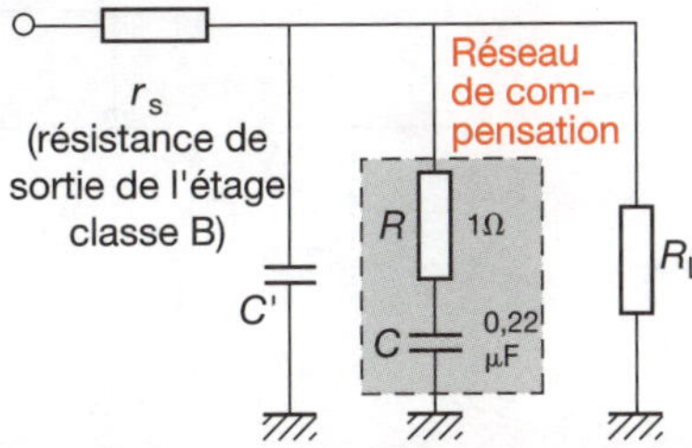

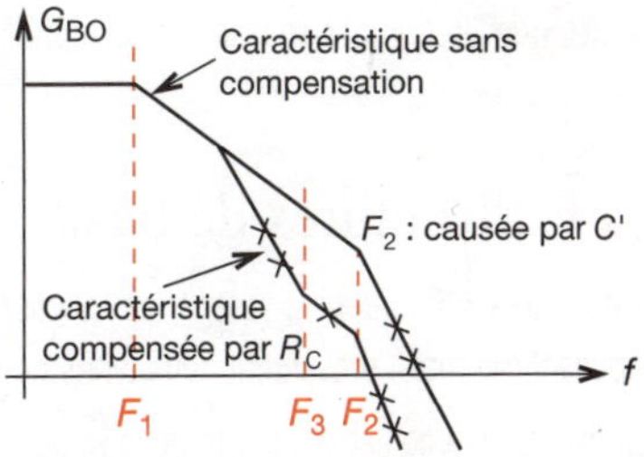

CARACTÉRISTIQUES DES ALI DE PUISSANCE (T ambiante = 25 °C)

Type	*I* sortie max (A)	V_{os} : tension d'offset max (mV)	I_s : courant d'alimentation du circuit (mA)	*S* : slew rate V/µs	Produit gain-bande (P_{max} en sortie)
LH4104	0,1	10	± 25	40	600 kHz
LH4101	0,1	15	± 40	250	8 MHz
LH4105	0,1	2	± 25	40	600 kHz
LH4118	0,1	2	± 25	2 400	55 MHz
LH0041	0,2	3	± 3,5	3	20 kHz
LH4141	0,2	6	± 4	3	20 kHz
LH4117	0,2	20	± 45	2 500	40 MHz
LH0061	0,6	4	± 10	70	1 MHz
LH0021	1,2	3	± 3,5	3	20 kHz
LH0101A	2,2	3	± 35	10	300 kHz
LH0101	2,2	10	± 35	10	300 kHz
LM675	3	10	50	8	-
LM12(L)	10	7	80	9	60 kHz
LM12C(L)	10	15	120	9	60 kHz

52 Amplificateurs logarithmiques

Cette famille comprend les amplificateurs logarithmiques et exponentiels.

Les amplificateurs logarithmiques permettent d'obtenir une tension de sortie V_s telle que :

$$V_s = K_0 . \mathrm{Ln}\,(V_e).$$

Les amplificateurs exponentiels permettent d'obtenir une tension de sortie V_s telle que :

$$V_s = K_1 .\, e^{V_e}.$$

La fonction exponentielle est obtenue grâce aux propriétés des semi-conducteurs.

La diode et le transistor bipolaire possèdent cette propriété, mais la caractéristique du transistor s'adapte mieux au modèle exponentiel.

La caractéristique de la diode s'en détache rapidement à cause de sa résistance interne qui prend une grande importance dès que le courant dépasse quelques milliampères.

52 ■ 1 Structures de base

Ces structures permettent d'obtenir les fonctions logarithme et exponentielle mais, présentent deux types de problèmes.

Le premier problème est la stabilité de la structure.

Le deuxième problème est dû à la forte dépendance des résultats par rapport aux variations de température.

$$I_{ss} = \alpha T^3 \text{ et } U_T = \frac{kT}{q} \approx 25 \text{ mV à } 20\ °\text{C}.$$

I_{ss} : courant inverse.

T : température en °C.

k : 1,38.10^{-23}.

q : 1,6.10^{-19} coulombs.

52 ■ 2 Stabilité des montages

L'étude est faite autour d'un point de repos, la tension V_e est considérée constante et n'intervient plus dans la modélisation.

C : capacité de compensation.

MODÈLE DU TRANSISTOR UTILISÉ

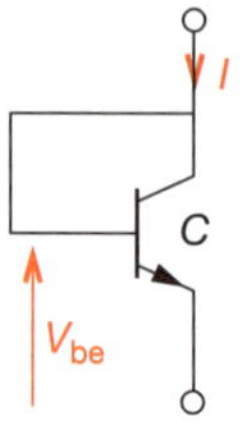

$$I = I_{ss}\, e^{\frac{V_{be}}{V_T}}$$

Avec : $V_{be} > V_T$ et $V_T = 25$ mV ($\theta = 25$ °C)

AMPLIFICATEUR LOGARITHMIQUE

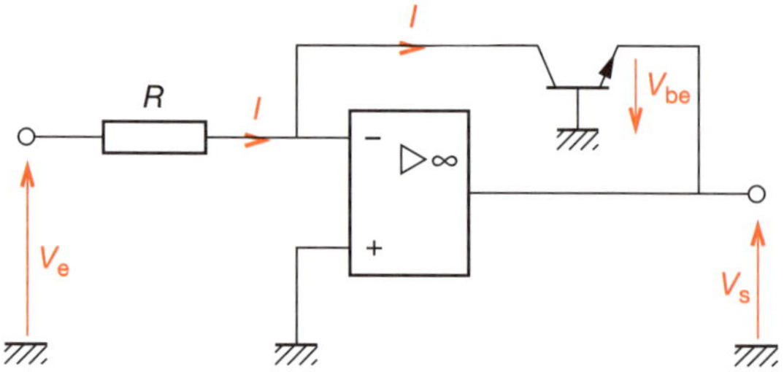

$$V_s = -V_T \,Ln\, \frac{V_e}{RI_{ss}}$$

AMPLIFICATEUR EXPONENTIEL

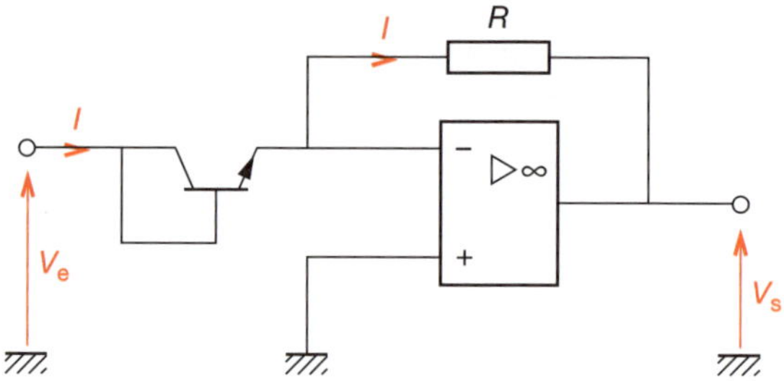

$$V_s = -RI_{ss}\, e^{V_e/V_T}$$

MODÉLISATION DE L'AMPLIFICATEUR LOGARITHMIQUE

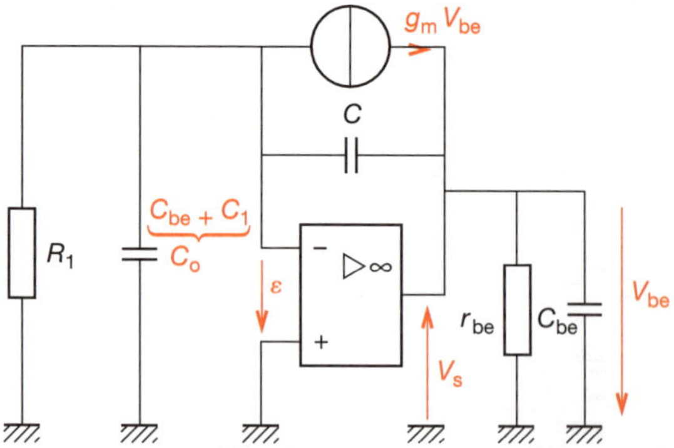

C_1 : capacité d'entrée de l'ALI.

Lors de la décomposition du modèle en blocs, il apparaît :

$$A(p) = \frac{A_0}{\left(1 + \frac{P}{\omega_0}\right)\left(1 + \frac{P}{\omega_1}\right)}.$$

A_0 : amplification de l'ALI.

ω_0, ω_1 : pulsation de coupure de l'ALI.

P : variable de Laplace.

$$B(p) = \frac{R_1 . g_m \left[1 + \frac{C}{g_m} P\right]}{1 + R_1 (C_0 + C) P}.$$

C se calcule de façon à ce que le système soit stable. Une relation approchée est donnée par :

$$C = \sqrt{\frac{g_m}{R_1}} \times \frac{1}{A_0 \omega_0}.$$

DÉCOMPOSITION EN BLOCS FONCTIONNELS

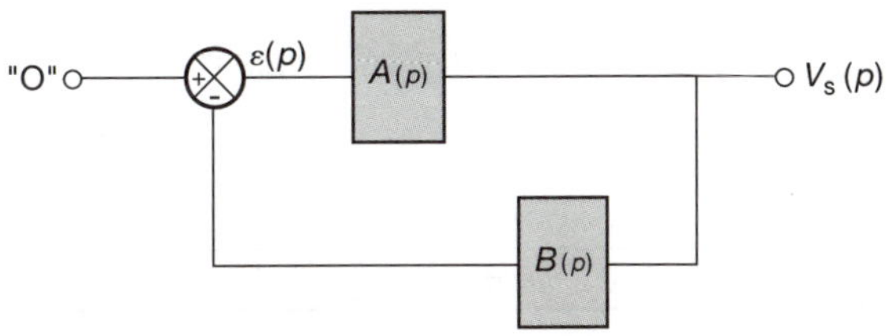

AMPLIFICATEUR COMPENSÉ

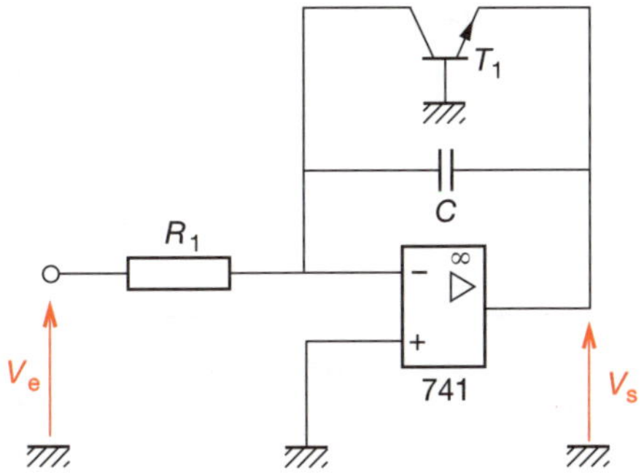

T_1 : 2N2222

C : 400 pF

R_1 : 10 kΩ

52 ■ 3 Compensation en température

Pour éliminer la dépendance en température des montages simples, les montages à structure différentielle sont souvent utilisés.

MONTAGE LOGARITHMIQUE

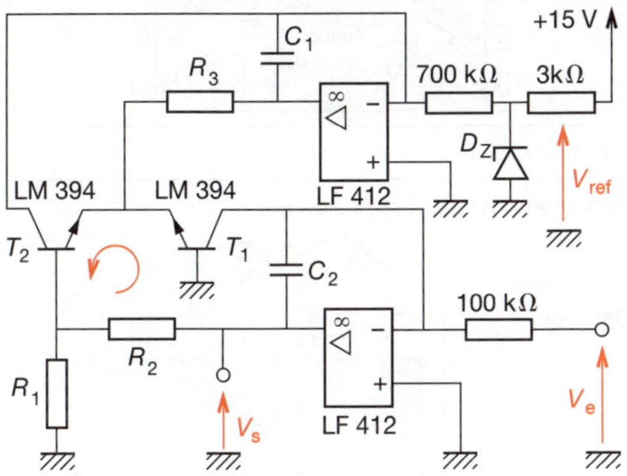

R_2 : 15,7 kΩ R_1 : 1 kΩ R_3 : 2 kΩ

C_1 : 33 pF C_2 : 220 pF D_Z : LM329 (V_{ref} = 6,9 V)

$$V_s = (V_{be2} - V_{be1}) \frac{R_1 + R_2}{R_1}$$

$$V_s = \left(1 + \frac{R_2}{R_1}\right) V_T \operatorname{Ln}\left[\frac{V_{ref}}{V_e} \cdot \frac{1}{7}\right]$$

MONTAGE EXPONENTIEL

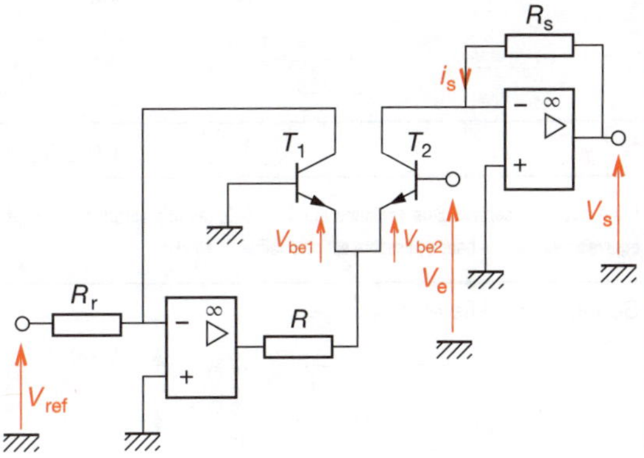

$V_e = V_{be2} - V_{be1}$

$V_s = R_s . i_s$

$$V_s = \frac{R_s V_{ref}}{R_r} . e^{V_e/V_T}$$

Les résistances utilisées pour ces deux montages sont à 1 % et les transistors sont issus du même boîtier (LM 394).

Dans les deux cas, I_{ss} a totalement disparu.

53 Convertisseurs multifonctions

Ce sont des convertisseurs qui permettent d'obtenir $V_s = V_y\left(\frac{V_z}{V_x}\right)^m$.

53 ■ 1 LE CIRCUIT AD 538

Caractéristiques

- **V_{CC} : tension d'alimentation ± 4,5 V à ± 18 V.**
- **$0{,}1 < m < 10$.**
- **Bande passante : 400 KHz, $m = 1$, $V_x \leq 10$ V et $V_y = 0{,}1$ V, $V_x = 0{,}1$ V.**

Bande passante du montage en fonction de V_x

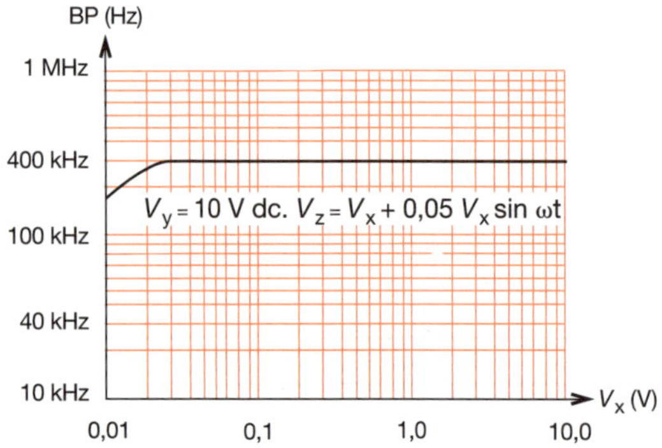

Description fonctionnelle

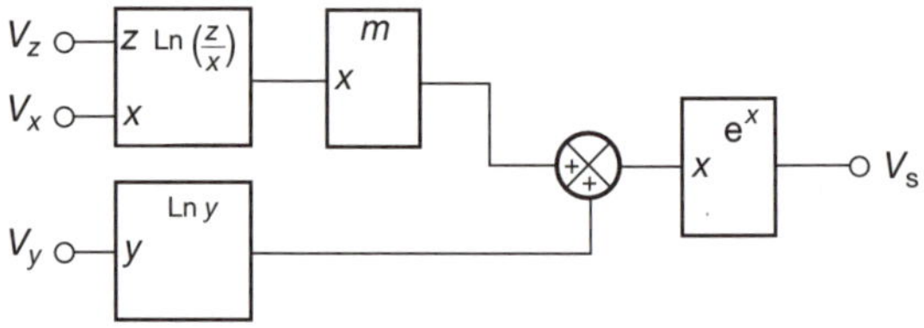

Structure interne

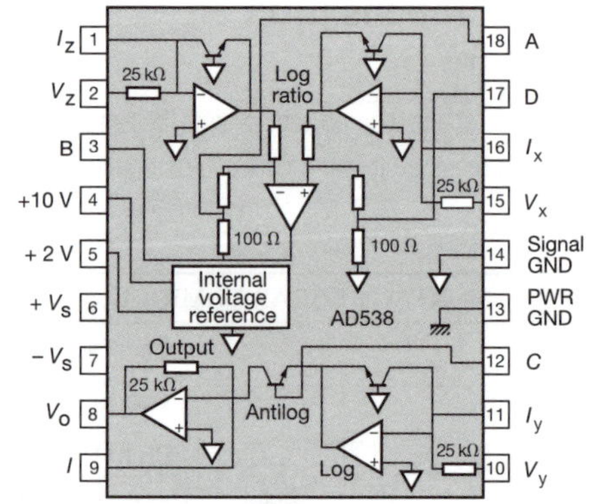

53 ■ 2 LE CIRCUIT LH 0094

Il est d'une conception plus ancienne que l'AD 538, les alimentations en sont équivalentes, mais la bande passante est plus faible (≈ 10 kHz).

Schéma simplifié et brochage

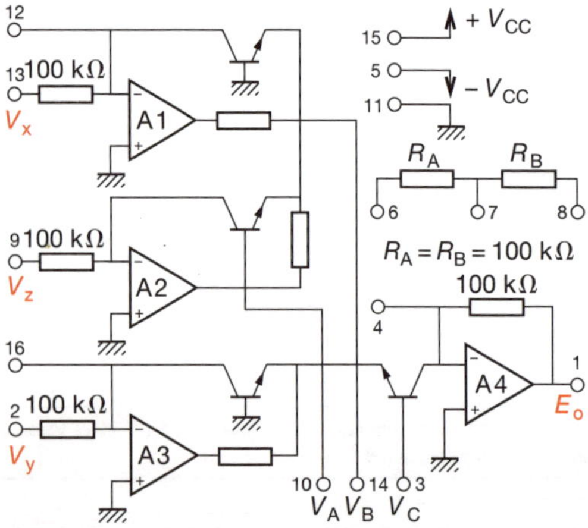

Montage diviseur et racine carrée

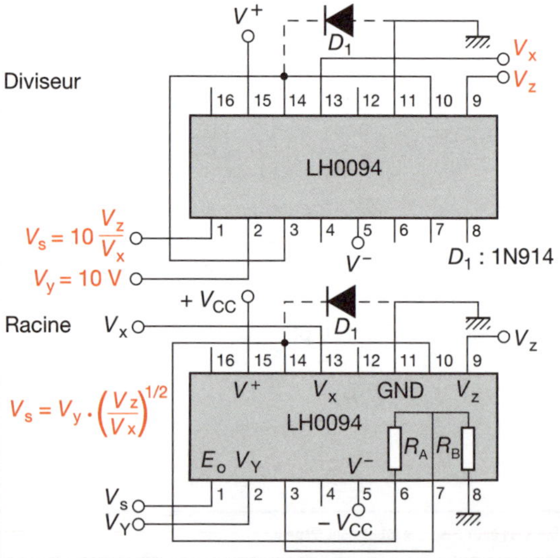

54 Multiplieurs analogiques

Les multiplieurs analogiques intégrés sont construits autour de paires différentielles.

Propriété des paires différentielles

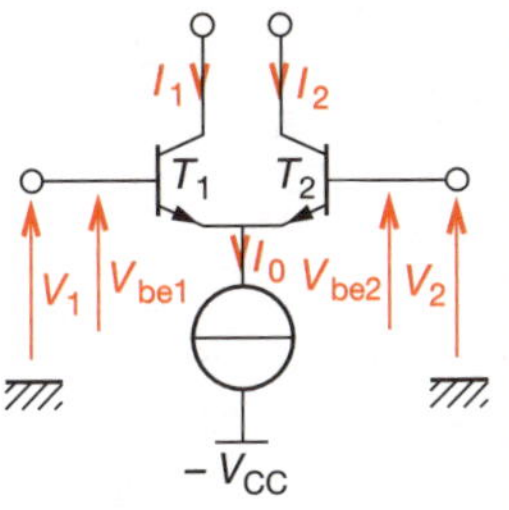

- $V_1 - V_2 = V_{be1} - V_{be2}$
- $I_1 = \dfrac{I_o}{1 + e^{\frac{V_2 - V_1}{V_T}}}$

  $V_T = \dfrac{kT}{q}$
- $I_2 = \dfrac{I_o}{1 + e^{\frac{V_1 - V_2}{V_T}}}$

54 ▪ 1 Multiplieurs faible niveau

Ce type de multiplieur est utilisé avec des niveaux d'entrées très faibles. Le MC1596 de Motorola est de ce type, il possède un facteur de gain réglable, et la dynamique des signaux d'entrée ne doit pas dépasser 120 mV crête-crête pour rester dans une zone de fonctionnement linéaire.

Étude du multiplieur

Sur un étage différentiel, lorsque $V_1 - V_2$ devient faible devant V_T, il est possible d'extraire un développement limité de I_1 et I_2.

Ramené au MC1596, nous avons :

- $I_2 = \dfrac{I_1 + i_y}{2}\left(1 + \dfrac{V_x}{2V_T}\right)$ $\quad I_3 = \dfrac{I_1 + i_y}{2}\left(1 - \dfrac{V_x}{2V_T}\right)$;
- $I_4 = \dfrac{I_1 - i_y}{2}\left(1 - \dfrac{V_x}{2V_T}\right)$ $\quad I_4 = \dfrac{I_1 - i_y}{2}\left(1 + \dfrac{V_x}{2V_T}\right)$;
- $V_o = R_L[(I_3 + I_5) - (I_2 + I_4)]$;
- $V_y = R_E I_y$ ($V_y \gg V_{beo} - V_{be1} \approx 0{,}1\ \mu V$).

$$V_o = -\frac{R_L . V_y V_x}{R_E . V_T}$$

- Principales caractéristiques

($V_{CC} = +12$ V, $V^- = 8$ V, $I_1 = 5$ mA) :

bande passante : 300 MHz ;
résistance d'entrée pour f = 5 MHz $\quad R_{icp} = 200$ kΩ ;
capacité d'entrée pour f = 5 MHz $\quad C_{icp} = 2$ pF ;
résistance de sortie (f = 5 MHz) $\quad R_{ocp} = 40$ kΩ ;
capacité de sortie (f = 5 MHz) $\quad C_{ocp} = 5$ pF.

SYMBOLES

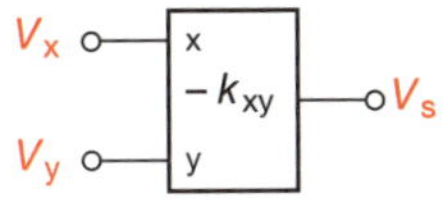

Multiplieur
$V_s = -k . V_x . V_y$
k : facteur de gain (V^{-1}).

MULTIPLIEUR MC 1596

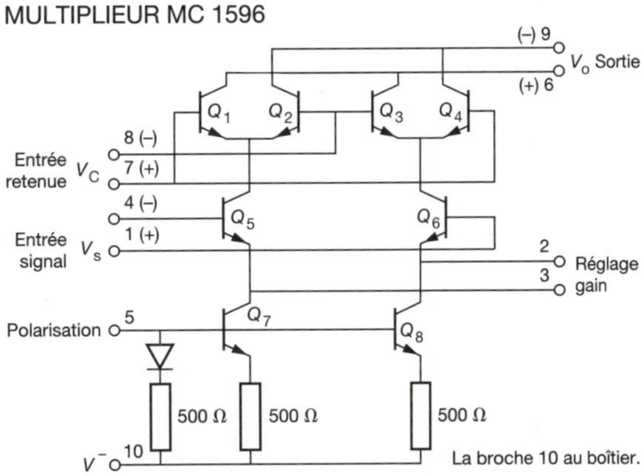

MODÉLISATION POUR ÉTUDE DU MC 1596

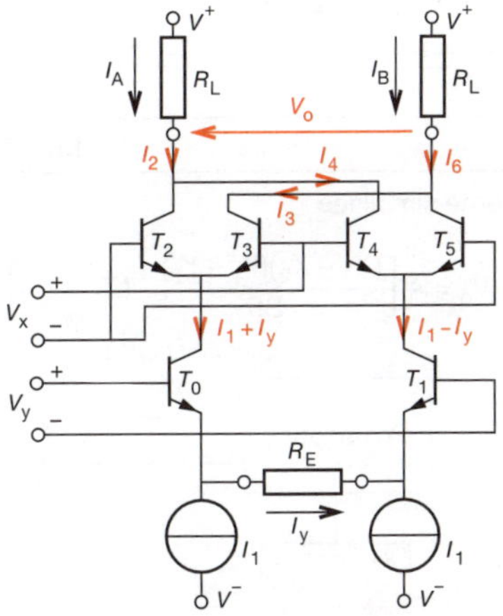

MONTAGE EN MODULATEUR

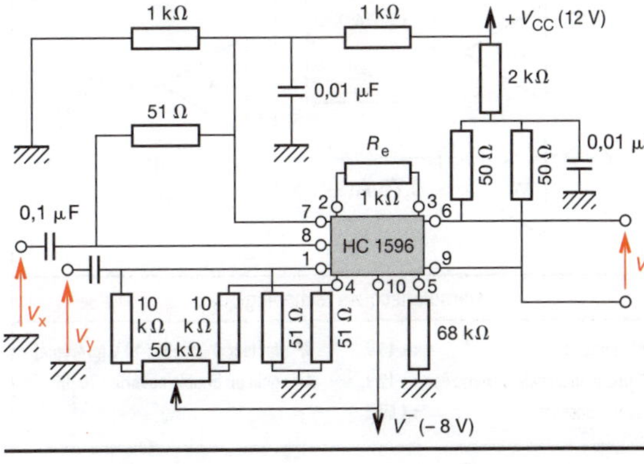

54 ■ 2 Multiplieurs à fort niveau

Ces multiplieurs aussi appelés multiplieurs de Gilbert permettent d'exécuter la multiplication quelle que soit l'amplitude des signaux à l'entrée du circuit.

Étude de la structure

- $I_1 - I_2 = 2\dfrac{V_x}{R_x}$. $I_9 - I_{10} = 2\dfrac{V_y}{R_y}$.
- $V_s = R\,[\,(I_4 + I_6) - (I_3 + I_5)\,]$.
- $\dfrac{I_2}{I_1} = \dfrac{I_3}{I_4} = \dfrac{I_6}{I_5}$.
- $I_3 - I_4 = \left[I + \dfrac{V_y}{R_y}\right] \cdot \dfrac{I_2 - I_1}{I_2 + I_1}$.
- $I_5 - I_6 = \left[I - \dfrac{V_y}{R_y}\right] \cdot \dfrac{I_1 - I_2}{I_2 + I_1}$.

$I_2 + I_1 = I$.

$$V_s = -2\,\frac{V_x V_y}{I\,R_x . R_y}\,R$$

MODÈLE D'ÉTUDE D'UNE STRUCTURE DE GILBERT

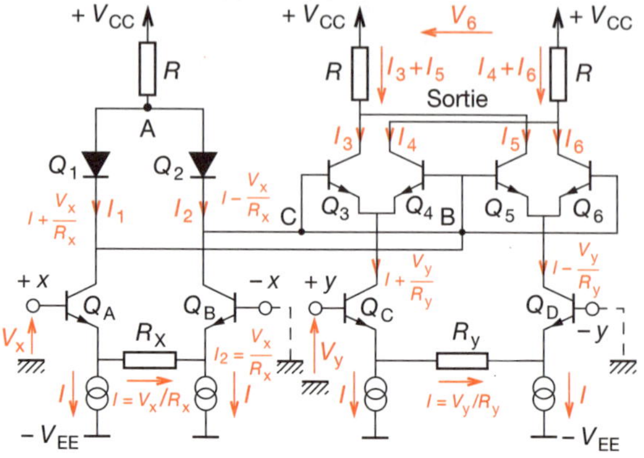

BROCHAGE DE L'AD 534

TO-100 (H-10A)

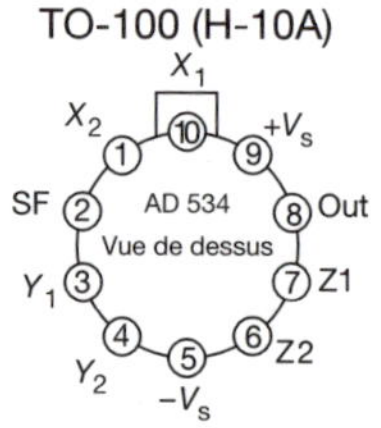

TO-116 (D14)

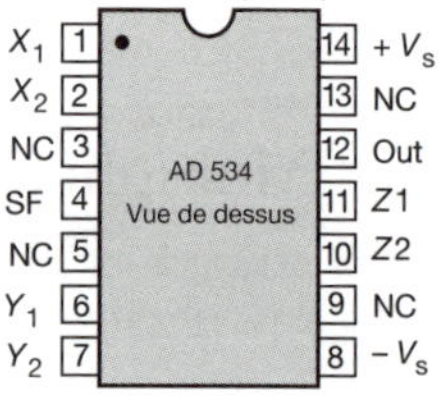

NC = non connecté

LE MULTIPLIEUR AD 534

Structure interne simplifiée

$$V_o = A\left[\frac{(X_1 - X_2)(Y_1 - Y_2)}{SF} - (Z_1 - Z_2)\right]$$

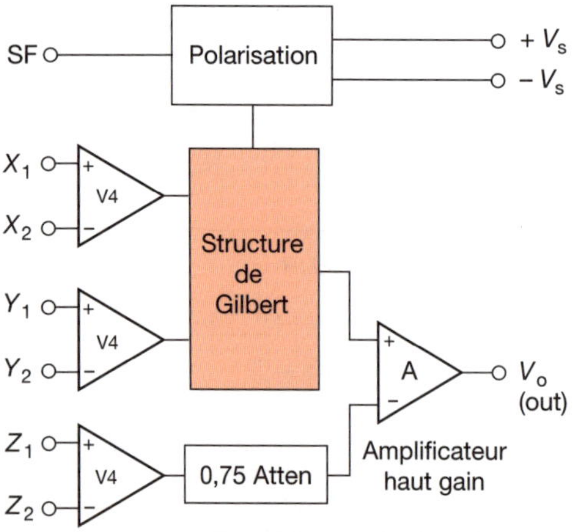

Utilisation en multiplieur

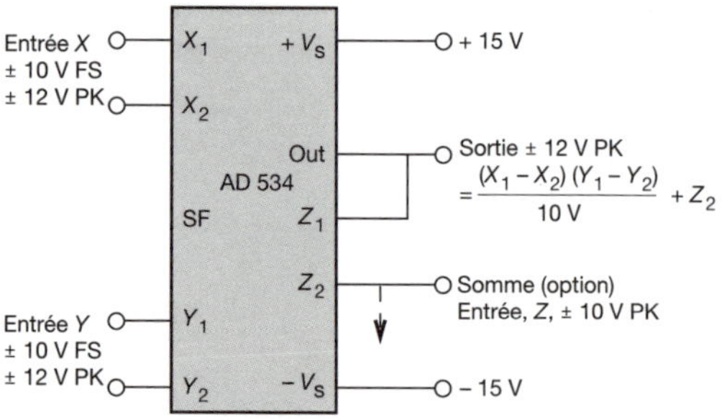

Utilisation en diviseur

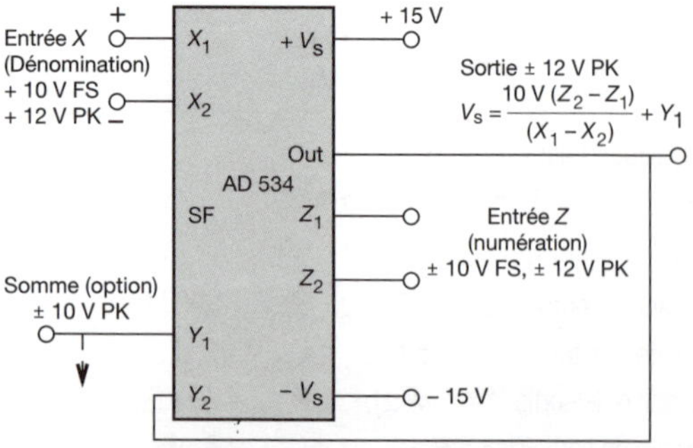

Caractéristiques technologiques

Alimentation : ± 18 V.	**SF : facteur d'échelle : 10 V (préréglé).**
Tension maximale aux entrées : ± 12 V.	**A : gain en boucle ouverte : 70 dB.**
Bande passante : 1 MHz.	

54 ■ 3 CARACTÉRISTIQUES DES MULTIPLIEURS INTÉGRÉS

Modèle	Bande passante (MHz)	Précision en % *SF* max (1)	Tension d'alimentation	Dynamique de sortie	Temps de montée (SR)	Bruit en valeur efficace (Bande 5 Hz, 5 MHz)	Principales caractéristiques
AD 834	> 500	± 2	+ 4 V à ± 9 V			*16 nV/√Hz	Multiplieur 4 quadrants rapide
AD 539	60	± 1,5 à 2,5	± 4,5 V à ± 15 V			620 µV	Multiplieur 2 quadrants rapide
AD 734	10	± 0,25 à 0,4	± 8 V à ± 16,5 V	± 12 V min	450 V/µs	*1 µV/√Hz	Multiplieur de très haute précision
AD 633	1	± 2	± 8 V à ± 18 V	± 11 V min	20 V/µs	1 mV	Multiplieur faible coût
AD 532	1	± 1 à 2	± 10 V à ± 22 V	± 10 V min	45 V/µs	3 mV	Multiplieur diviseur 4 quadrants
AD 632	1	± 0,5 à 1	± 8 V à ± 22 V	± 11 V min		1 mV	Haute précision, remplace AD532
AD 534	1	± 0,25 à 1	± 8 V à ± 22 V	± 11 V min	20 V/µs	1 mV	Haute précision
AD 538	0,4	± 0,5 à 1	± 4,5 V à ± 18 V	± 11 V	1,4 V/µs		Multifonctions

(1) *SF* : facteur d'échelle = 10 V pour l'AD 534. * Donné en densité spectrale.

54 ■ 4 TRANSPOSITION DE FRÉQUENCE ET MODULATIONS

Transposition à multiplieur

$$V_s = \frac{1}{2} K V_x V_y \sin\left(2\pi(f_x + f_y)T\right)$$

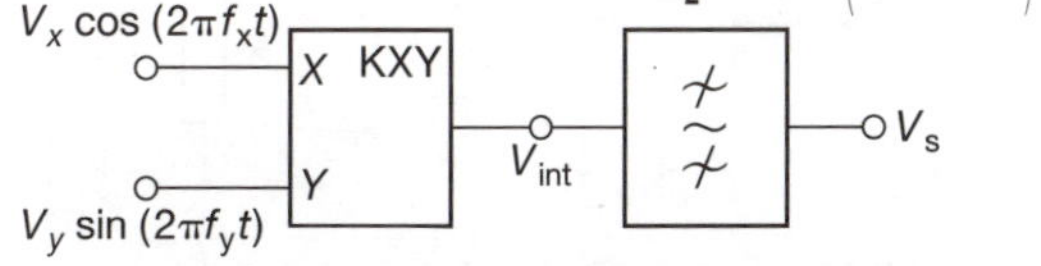

$$V_{int} = \frac{1}{2} K V_x V_y \left[\sin\left(2\pi(f_x - f_y)t\right) + \sin\left(2\pi(f_x + f_y)t\right)\right]$$

Représentation spectrale

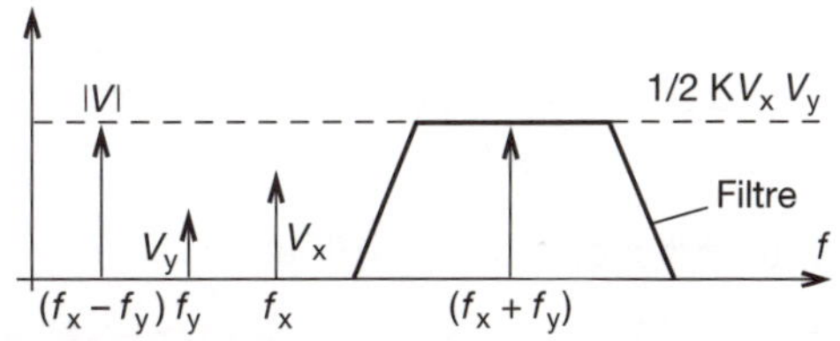

Transposition par variation du facteur d'amplification (montage modulateur d'amplitude)

T_{r1} et T_{r2} ont un rapport de transformation $m = 1$ modulable.

$$V_s = -\boxed{g_m}\, R_c V_x \cos 2\pi f_x . t$$

$$g_m = \frac{I_E}{V_T} \qquad V_T = \frac{KT}{q} \approx 25 \text{ mV à } T = 25\ °\text{C}.$$

$$I_E = \frac{V_{CC} - V_{be}}{R_E + \frac{R_p}{\beta}} - \frac{V_y \sin 2\pi f_y T}{R_E + \frac{R_p}{\beta}}$$

$$V_s = \frac{-1}{V_T}\left[R_C \cdot \frac{V_{CC} - V_{be}}{R_E + \frac{R_p}{\beta}} \cdot V_x \cos 2\pi f_x t - \frac{R_c V_x V_y \cos(2\pi f_x t)\sin(2\pi f_y t)}{R_E + \frac{R_p}{\beta}}\right]$$

Schéma de principe

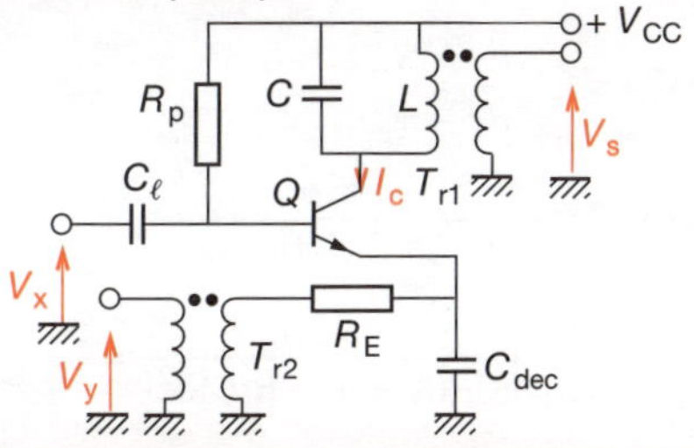

V_x : HF

V_y : BF

$I_C \approx I_E$

$\omega_0 = 2\pi(f_x)$

$\omega_0 = \frac{1}{\sqrt{LC}}$

$Q = \frac{\omega_0}{2\pi(2f_y)}$

Transposition par modulateur en anneau

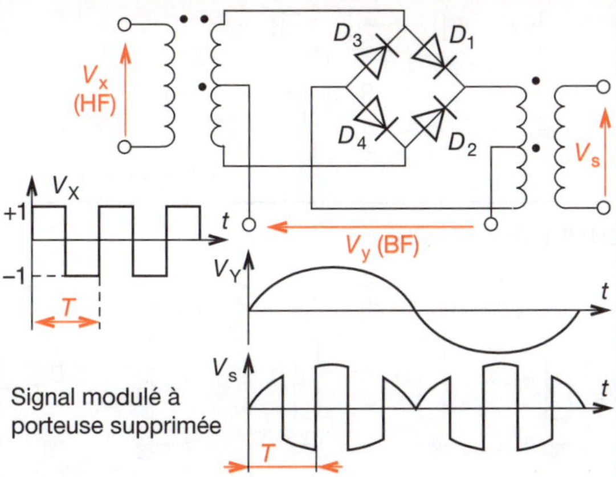

Comportement du modulateur sur l'alternance positive

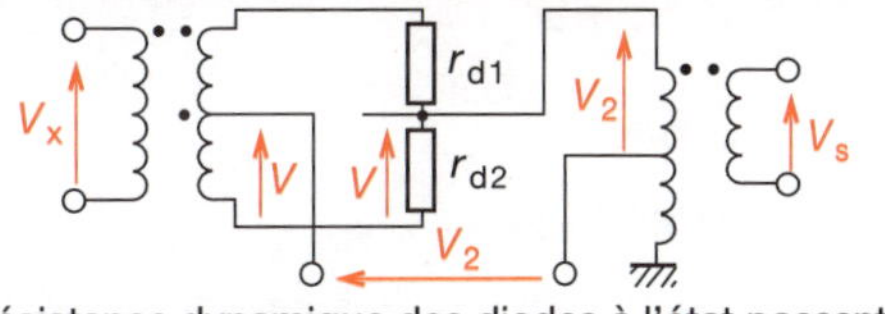

r_d : résistance dynamique des diodes à l'état passant.

Comportement du modulateur sur l'alternance négative

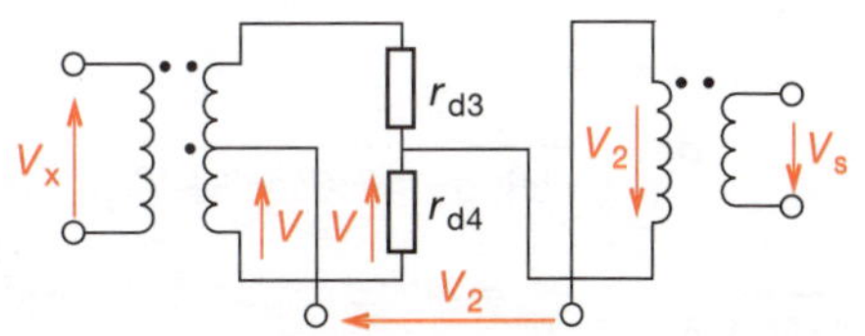

55 Oscillateurs sinusoïdaux

Un oscillateur est un système bouclé fonctionnant en régime d'instabilité. Il produit à sa sortie un signal quasisinusoïdal, de faible distorsion harmonique et de période stable.

- Conditions d'oscillations

$$A(j\omega).B(j\omega) = -1.$$

Critère de Barkhausen $A.B = 1$.

- Naissance des oscillations

Le « bruit » des composants est suffisant pour faire démarrer les oscillations. La sinusoïde est amplifiée, son amplitude augmente puis se stabilise à cause de la non linéarité de la chaîne directe (saturation des ALI ou des transistors).

- Condition limite de démarrage $|A(j\omega)\,B(j\omega)| > 1$.

55 ■ 1 Étude de l'oscillateur à pont de Wien

- Chaîne directe : $A = 1 + \dfrac{R_2}{R_1} = \dfrac{V_s}{V_e}$.

- Chaîne de retour : $B = +\dfrac{jRC\omega}{1 + 3jRC\omega + (jRC\omega)^2}$

$$A.B = +1 \text{ soit : } \left(1 + \frac{R_2}{R_1}\right) \frac{RC\omega}{3RC\omega - j(1 - R^2C^2\omega^2)} = 1.$$

- Fréquence des oscillations

Annulons la partie imaginaire :

$$f_0 = \frac{1}{2\pi RC}.$$

- Amplification minimale

$$1 + \frac{R_2}{R_1} = 3 \text{ soit } R_2^{min} = 2R_1.$$

55 ■ 2 Oscillateur à réseau déphaseur

$$A = -\frac{R_1}{R} \qquad B = \frac{(RCp)^3}{1 + 5RCp + 4R^2C^2p^2 + R^3C^3p^3}$$

- $f_0 = \dfrac{1}{2\pi RC\sqrt{6}}$ $\qquad \dfrac{R_1}{R} = 29.$

OSCILLATEUR

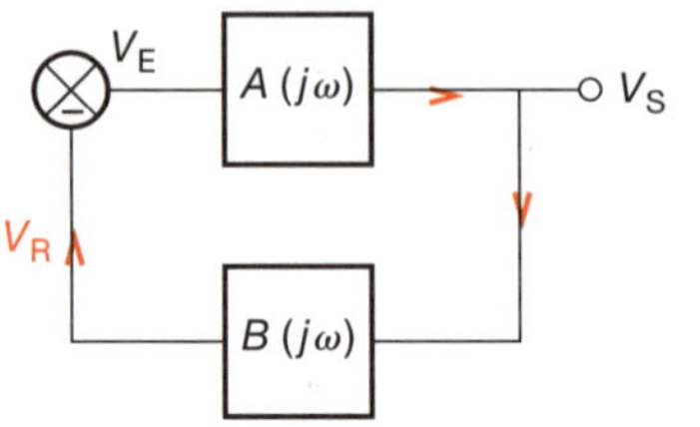

OSCILLATEUR À PONT DE WIEN

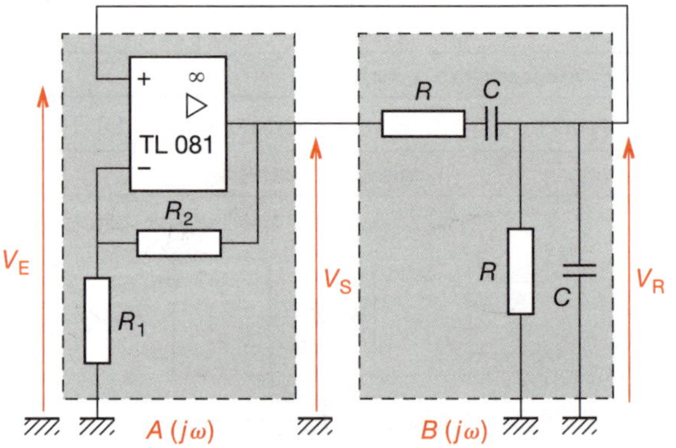

$f_o = 1\,540$ Hz

$R_2 = 22$ kΩ $\quad R_1 = 10$ kΩ $\quad R = 4{,}7$ kΩ $\quad C = 22$ nF

OSCILLATEUR À RÉSEAU DÉPHASEUR

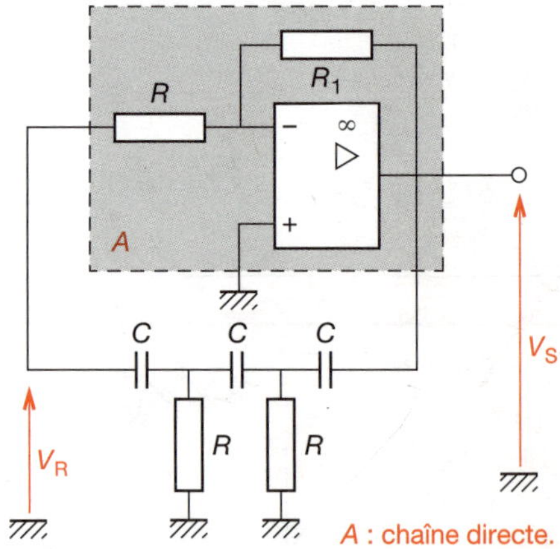

A : chaîne directe.

CHAÎNE DE RETOUR

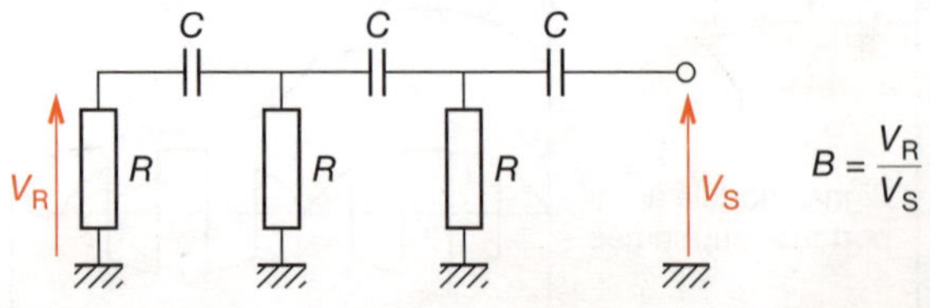

55 ▪ 3 Oscillateur Colpitts

55 ▪ 31 Colpitts à émetteur commun

C_ℓ et C_{dec} sont calculés pour avoir un court-circuit pour f_o

$$A(j\omega) = + g_m \frac{\left(jL\omega + \dfrac{r_{be}}{1 + jC_2 r_{be}\omega}\right)}{\left(1 + jC_1\omega\left(jL\omega + \dfrac{r_{be}}{1 + jC_2\omega r_{be}}\right)\right)}$$

$$B(j\omega) = \frac{\dfrac{r_{be}}{1 + jC_2 r_{be}\omega}}{jL\omega + \dfrac{r_{be}}{1 + jC_2 r_{be}\omega}}$$

$$A(j\omega)B(j\omega) = -1 = \frac{+ g_m r_{be}}{1 - LC_1\omega^2 + j[(C_1 + C_2)r_{be}\omega - C_1C_2 r_{be}\omega^3]}$$

▪ Fréquence des oscillations

$$f_o = \frac{1}{2\pi\sqrt{L\dfrac{C_1C_2}{C_1 + C_2}}}$$

▪ Condition sur l'amplification $g_m R_{be} = \beta = \dfrac{C_1}{C_2}$.

55 ▪ 32 Colpitts à base commune

Ce montage est préféré au précédent en HF, car le condensateur parasite C_{bc} du transistor n'est pas amplifié par l'effet Miller.

Le calcul sera effectué en utilisant les paramètres $[Y]$.

MATRICE [Y] DE L'ENSEMBLE : $[Y] = [CY_T] + [Y_R]$

$$\begin{pmatrix} i_1 \\ i_2 \end{pmatrix} = \begin{pmatrix} Y_{11T} + Y_{11R} & Y_{12T} + Y_{12R} \\ Y_{21T} + Y_{21R} & Y_{22T} + Y_{22R} \end{pmatrix} \begin{pmatrix} V_1 \\ V_2 \end{pmatrix}$$

SCHÉMA BLOC DE L'ENSEMBLE

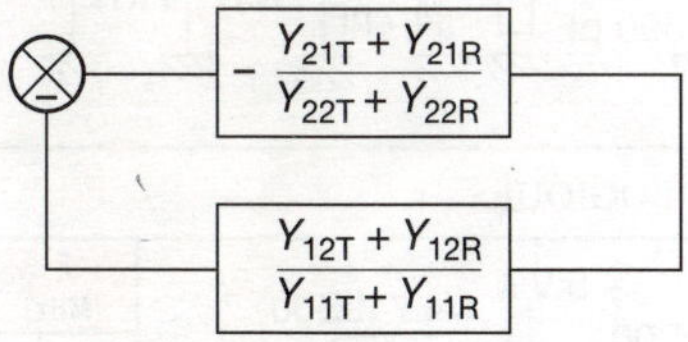

CONDITIONS D'OSCILLATIONS

$$0 = (Y_{21T} + Y_{21R})(Y_{12T} + Y_{12R}) - (Y_{22T} + Y_{22R})(Y_{11T} + Y_{11R})$$

Déterminant $[[Y_T] + [Y_R]] = 0$

COLPITTS À ÉMETTEUR COMMUN

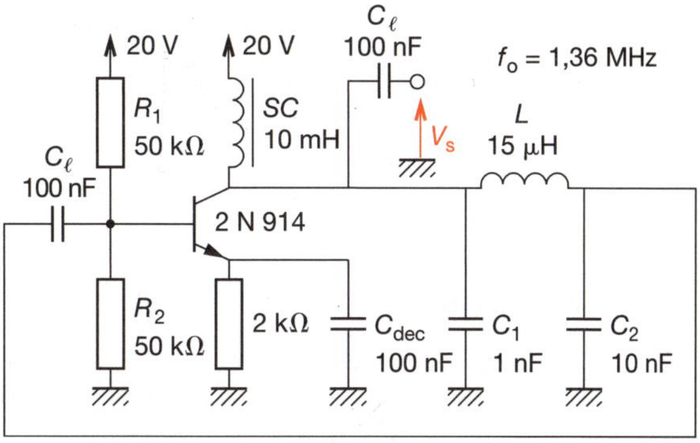

SC : self de choc, c'est une inductance qui à f_o présente une impédance très grande qui empêche le signal HF de "remonter" à l'alimentation.

MODÈLE DU COLPITTS À ÉMETTEUR COMMUN

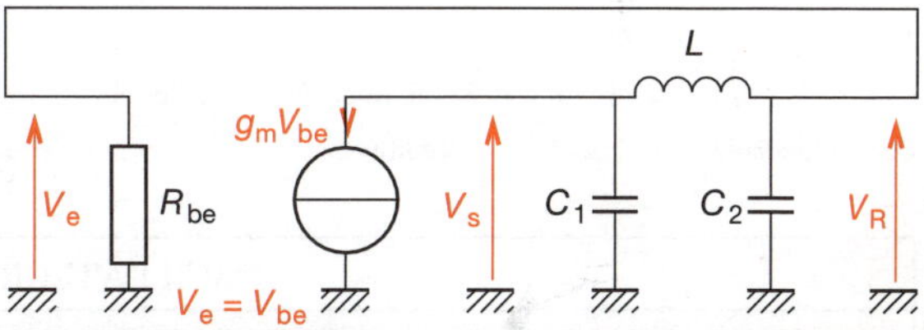

COLPITTS MONTÉ EN BASE COMMUNE

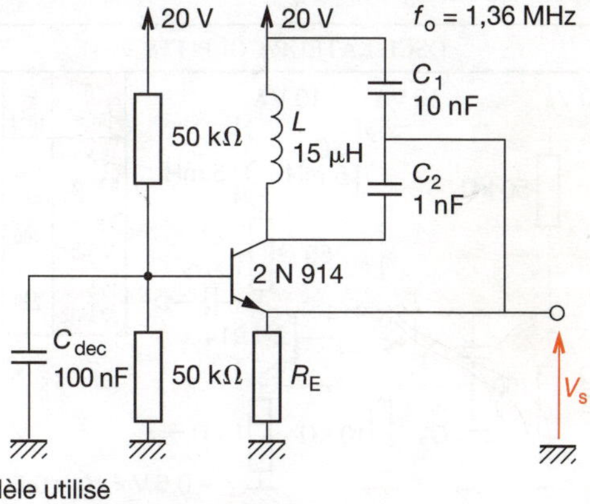

Modèle utilisé

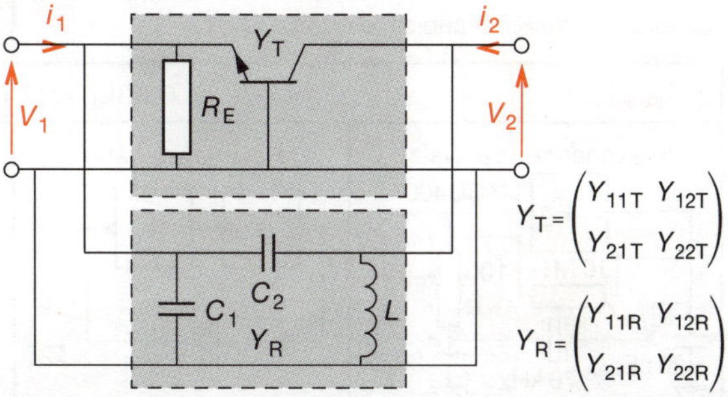

Calcul des conditions d'oscillation

$$[Y_T]=\begin{bmatrix}\dfrac{r_{be}+R_E+\beta R_E}{R_{be}.R_E} & 0\\ -g_m & 0\end{bmatrix}\quad [Y_R]=\begin{bmatrix} j(C_1+C_2)\omega & -jC_2\omega\\ -jC_2\omega & jC_2\omega+\dfrac{1}{jL\omega}\end{bmatrix}$$

Déterminant $[[Y_T]+[Y_R]]=0$, en annulant partie réelle et partie imaginaire.

■ Fréquence des oscillations

$$f_o=\frac{1}{2\pi\sqrt{L\,\dfrac{C_1C_2}{C_1+C_2}}}$$

■ Conditions sur l'amplification

$$\frac{C_1}{C_2}=\frac{r_{be}+R_E}{\beta R_E}.$$

■ Choix des condensateurs C_1 et C_2

Ils sont toujours le plus grand possible pour minimiser l'effet des condensateurs parasites du transistor.

OSCILLATEUR CLAPP

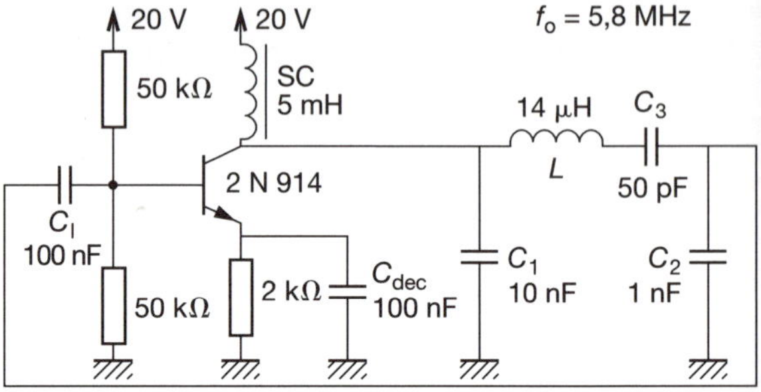

OSCILLATEUR HARTLEY

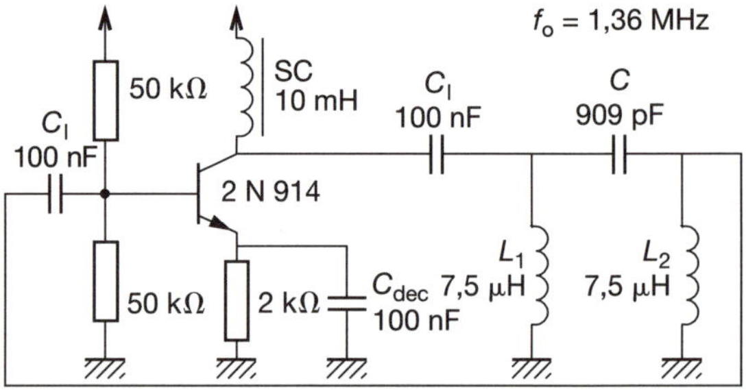

55 ■ 4 OSCILLATEURS À QUARTZ

Le quartz est utilisé pour son fort coefficient de surtension. Il est employé pour remplacer très avantageusement les inductances dans la plupart des montages.

OSCILLATEUR COLPITTS

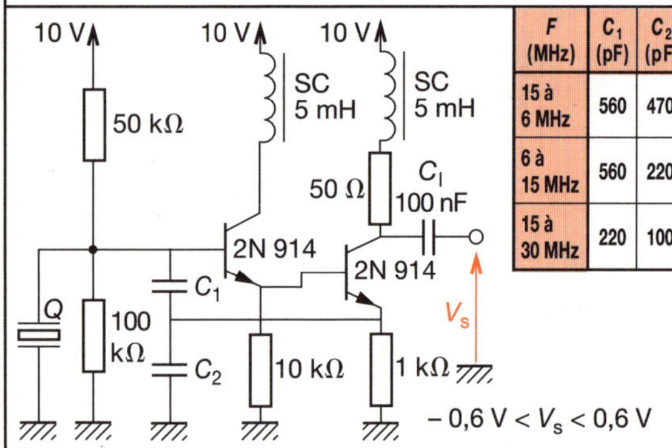

F (MHz)	C_1 (pF)	C_2 (pF)
15 à 6 MHz	560	470
6 à 15 MHz	560	220
15 à 30 MHz	220	100

En fonction de F, on choisit le quartz, C_1, C_2.

OSCILLATEUR PIERCE À SORTIE TTL

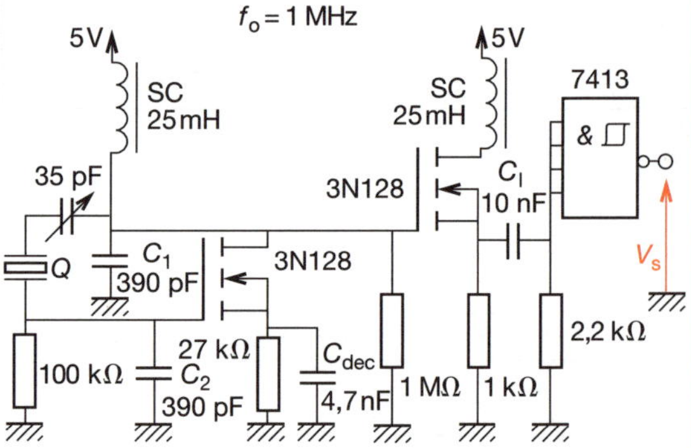

55 ■ 41 OSCILLATEURS À PORTES LOGIQUES

À résonance "parallèle"

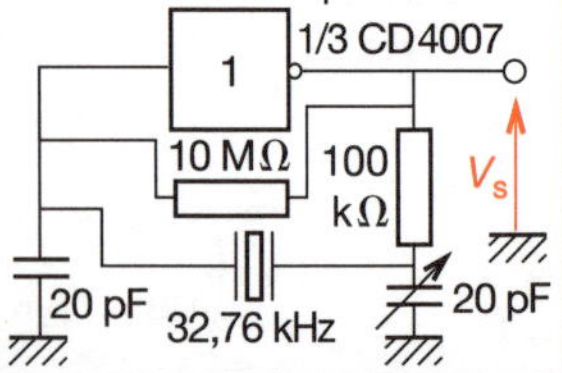

Résonance série

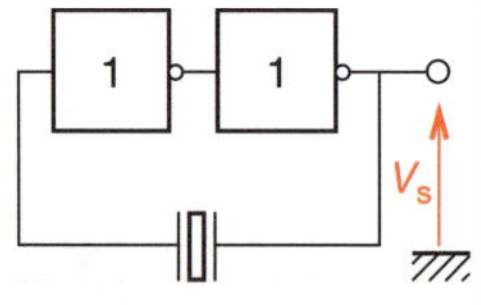

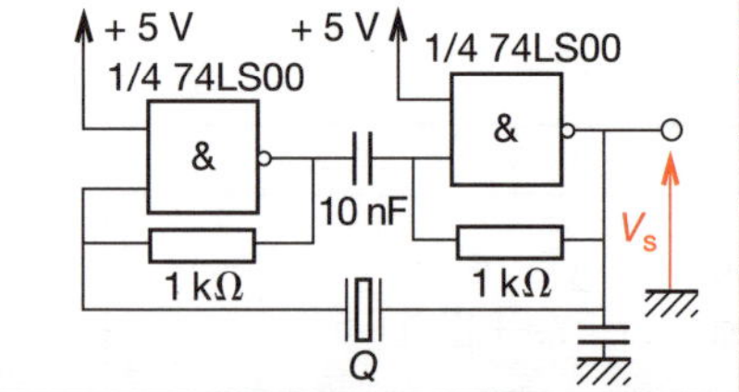

F (MHz)	C (pF)
0,2	3300
0,5	1200
1	680
2	330
5	120

55 ▪ 42 Oscillateurs à quartz intégrés

Les oscillateurs à quartz intégrés sont utilisés lorsque nous avons besoin de générer une fréquence de grande précision. Les conditions d'essais de ces oscillateurs correspondent aux normes CEI 679-1 et 679-2.

Un des problèmes essentiels des oscillateurs à quartz est leur sensibilité à la température ; pour pallier à cet inconvénient, les oscillateurs se déclinent en trois produits différents.

- PXO : oscillateurs à quartz

La dérive en fréquence et en température dépend essentiellement du quartz, selon la gamme de température, la variation de fréquence relative :

$$\frac{\Delta f}{f} = \pm\ 100 \text{ ppm } (1 \text{ ppm} = 10^{-6}) \text{ à } \pm\ 7 \text{ ppm.}$$

Utilisation : horloge pour microprocesseur.

- TCXO : oscillateurs à quartz compensés en température.

La dérive en fréquence due à la variation de température est compensée de façon analogique ou numérique. La stabilité en fréquence est de :

$$\frac{\Delta f}{f} = \pm\ 5 \text{ ppm à } \pm\ 0{,}5 \text{ ppm.}$$

Utilisation : télécommunication, navigation, appareils de mesures courants.

- OCXO : oscillateurs à quartz thermostatés.

L'oscillateur est maintenu à température constante dans une enceinte thermostatée. La stabilité en fréquence est de :

$$\frac{\Delta f}{f} = \pm\ 10^{-10} \text{ à } \pm\ 0{,}1 \text{ ppm.}$$

Utilisation : télécommunication satellite, mesure de grande précision.

SENSIBILITÉ $\frac{\Delta f}{f}$ FONCTION DE LA VARIATION DE TEMPÉRATURE

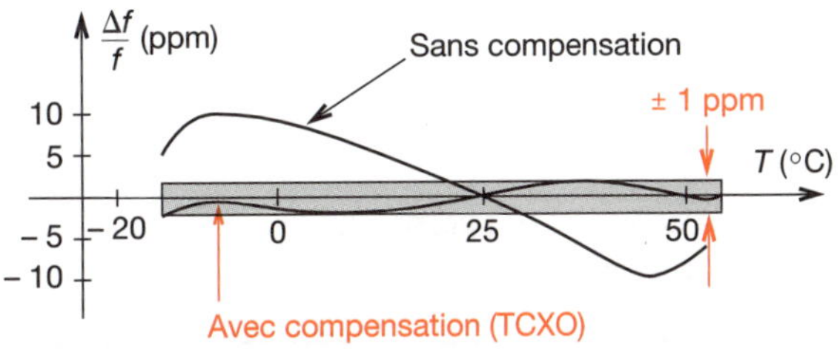

TABLE DE CHOIX DES OSCILLATEURS À QUARTZ

Type	Série	Fréquence 0,01	0,1	1	10	100 (MHz)
PXO	XO 500					
	XO 700					
	XO 710					
TCXO	TO – 100/200					
	TO – 210					
	TXXO – A					
	TCXO – F					
	TCXO – G					
OCXO	OCXO – A					
	OCXO – B					

CARACTÉRISTIQUES TECHNOLOGIQUES

Type	$\frac{\Delta f}{f_0}$	$\Delta\theta$ (°C)	Charge R_{ch}	$\frac{\Delta f}{f_0}$ ±5%V_{CC}	$\frac{\Delta f}{f_0}$ ±5%R_{ch}	Alim. V_{CC}	Signal sortie	Distorsion
XO701	$\pm 15.10^{-6}$	-45,+85	TTL CMOS	$\pm 3.10^{-6}$	$\pm 1.10^{-6}$	5 V	TTL CMOS	
XO703	$\pm 7.10^{-6}$	-10,+60	TTL CMOS	$\pm 3.10^{-6}$	$\pm 1.10^{-6}$	5 V	TTL CMOS	
XO711	$\pm 15.10^{-6}$	-45,+85	50 Ω	$\pm 3.10^{-6}$	$\pm 1.10^{-6}$	5 V	Sinus	> 26 dB
XO713	$\pm 7.10^{-6}$	-10,+60	50 Ω	$\pm 3.10^{-6}$	$\pm 1.10^{-6}$	5 V	Sinus	> 26 dB
TO201	$\pm 1.10^{-6}$	-25,+75	560 Ω	$\pm 0,5.10^{-6}$	$\pm 0,5.10^{-6}$	5 V	Sinus	
TO211	$\pm 1.10^{-6}$	-30,+80	TTL CMOS	$\pm 0,5.10^{-6}$	$\pm 0,5.10^{-6}$	5 V	TTL CMOS	
A101	5.10^{-8}	-30,+75	500 Ω	$\pm 5.10^{-9}$	$\pm 5.10^{-9}$	12 V	Sinus	
A121	5.10^{-8}	-30,+75	50 Ω	$\pm 5.10^{-9}$	$\pm 5.10^{-9}$	12 V	Sinus	
B102	1.10^{-7}	-30,+75	500 Ω	$\pm 5.10^{-9}$	$\pm 5.10^{-9}$	5 V	Sinus	

Brochage	Branchement du XO700, XO703, TO211	Branchement XO711, XO713	Branchement A121, B102
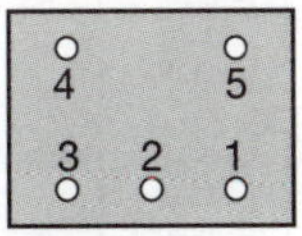	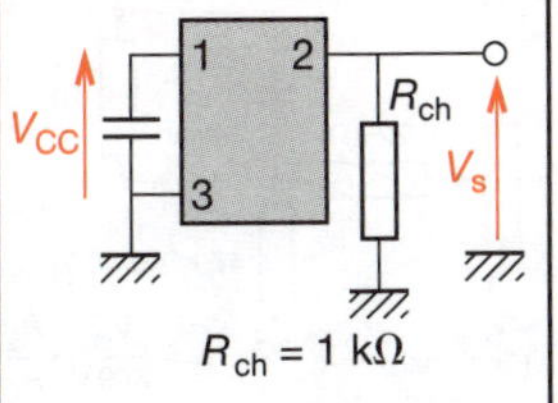	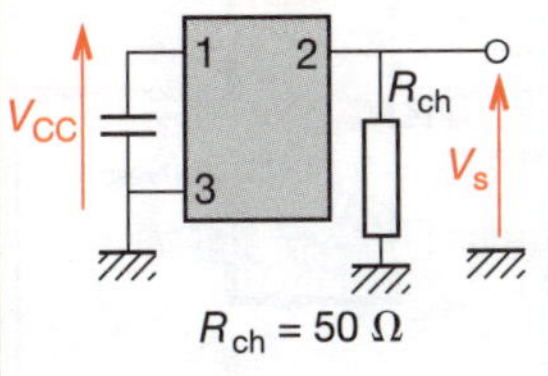	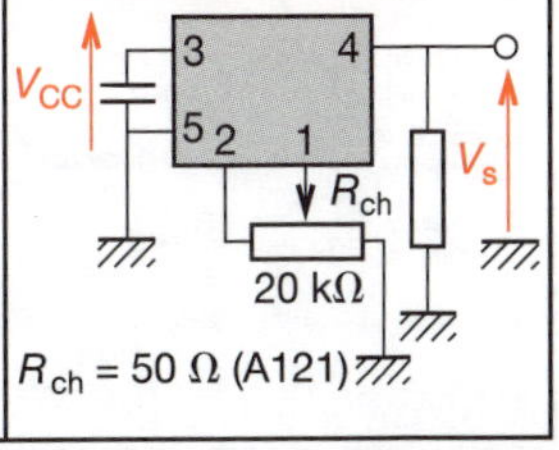

(* D'après la documentation KVG.)

56 OCT (ou VCO)

Un OCT est un oscillateur commandé en tension (l'appellation anglaise est VCO).

$$f_s = k\,V_{in}$$

f_j : fréquence du signal de sortie de l'OCT.
V_{in} : tension de commande de l'OCT.

Le principe consiste à faire varier la valeur d'un des condensateurs qui constitue la partie filtrage de l'oscillateur. Ceci est obtenu par l'adjonction en dérivation sur le condensateur d'une diode varicap dont on fait varier le niveau de polarisation avec V_{in}.

56■1 OCT À SORTIE TTL

Les circuits SN54S124 et 74S124 sont des OCT en technologie TTLS, de fréquence de sortie très stable, avec une variation de fréquence pouvant aller de 1 à 80 MHz.

BROCHAGE ET MISE EN ŒUVRE

Détermination de C_{ext}

$$f_s = \frac{5.10^{-4}}{C_{ext}}$$

Validation de l'OCT

L'OCT est en état de fonctionnement lorsque « Enable » est au niveau bas.

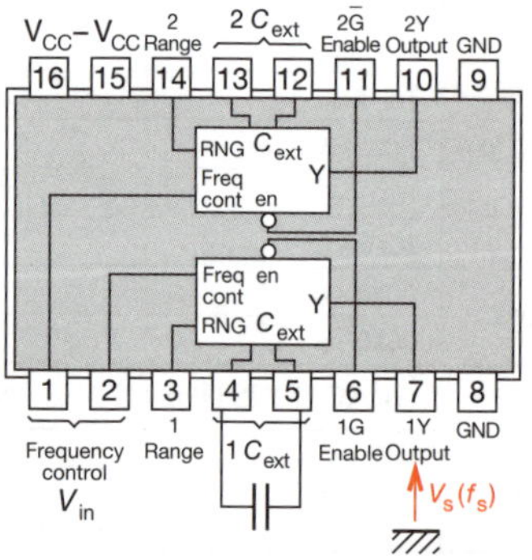

56■2 OCT À QUARTZ

Ils sont encore appelés VCXO, ils peuvent être ajustés de ± 50 ppm à ± 200 ppm.

Type	Gamme de fréquences	R_{ch}	V_{CC}	Brochage V500
V120	3 kHz - 35 MHz	CMOS ou 1 kΩ	5 V	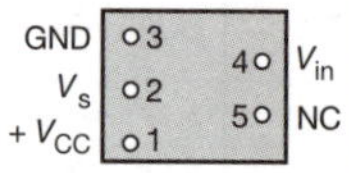
V210	3 kHz - 35 MHz	500 Ω	5 V	
V500	35 MHz - 180 MHz	1 kΩ	5 V	
V510	35 MHz - 180 MHz	50 Ω	5 V	(d'après KVG)

Brochage du LM131 - LM231

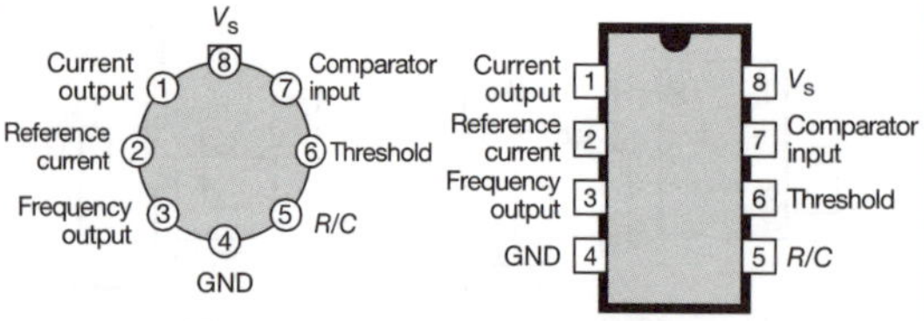

OCT à oscillateur Hartley

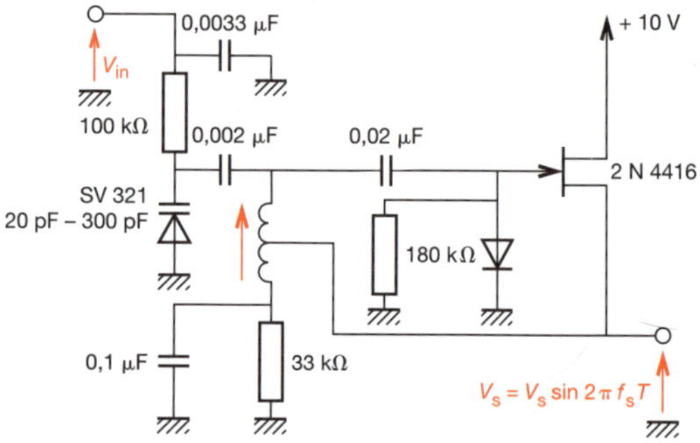

Variation de 50 kHz à 15 MHz

OCT à oscillateur Colpitts

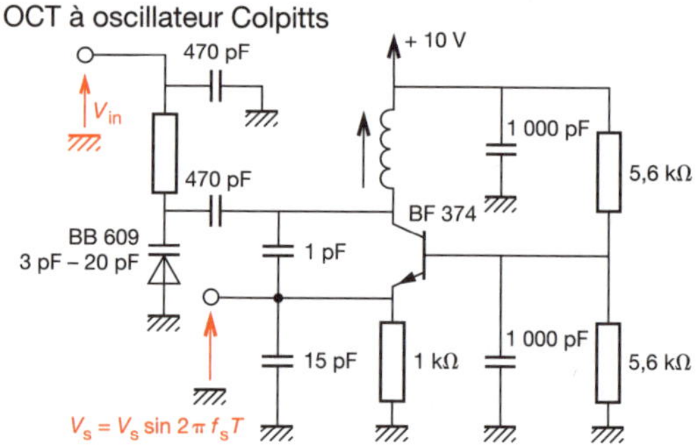

Variation de 50 MHz à 300 MHz

OCT Intégré de précision LM131 - LM231

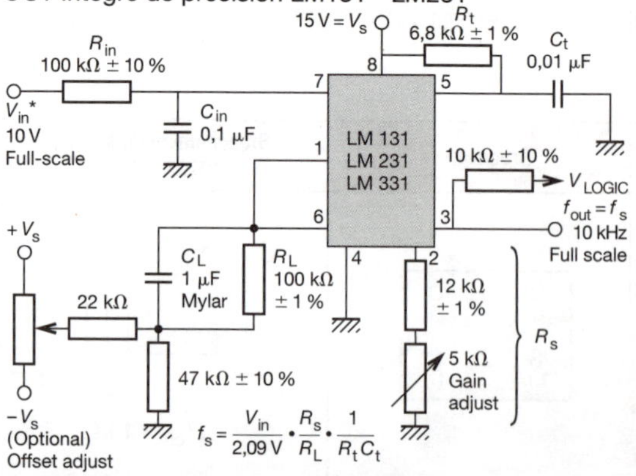

* Variation de 1 Hz à 10 kHz.

57 Détection – Démodulation

57 ■ 1 RÉCEPTEUR SUPERHÉTÉRODYNE

Description du récepteur

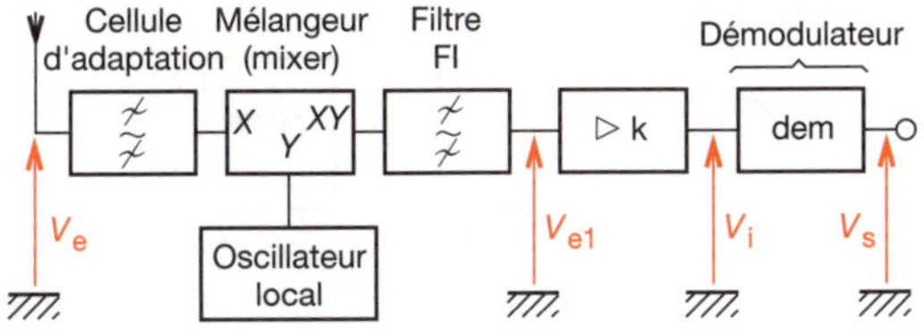

FI : fréquence intermédiaire.

Description fréquentielle de la réception superhétérodyne (application à la démodulation d'amplitudes dans la gamme G.O.).

$$V_e(t) = A(1 + m \sin 2\pi f_m t) \sin 2\pi f_e t$$

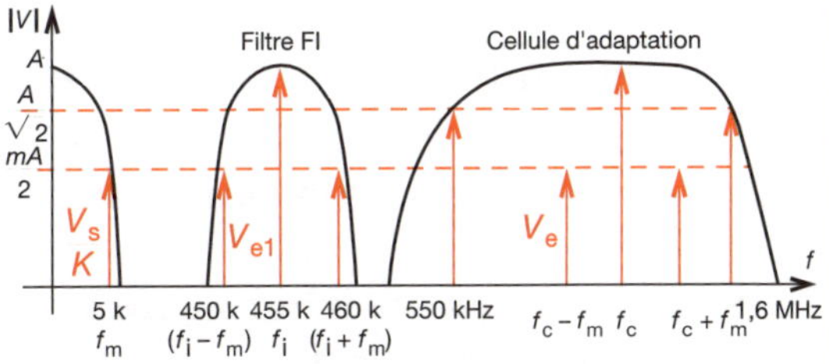

Signal démodulé : $V_s = \dfrac{KA}{2} . m . \sin 2\pi f_m t$

57 ■ 2 DÉMODULATION D'AMPLITUDE PAR DÉTECTEUR CRÊTE

Le signal à démoduler est pris après le filtre FI.

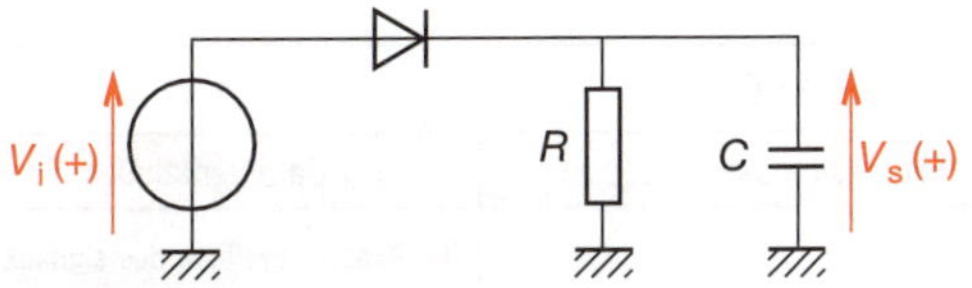

$$V_i(t) = KA(1 + m \sin 2\pi f_m t) \sin 2\pi f_i t$$

$$V_s(t) = \frac{mKA}{2} \sin 2\pi f_m t.$$

Détermination de RC

$$\frac{dV_{s\text{réel}}}{dt} > \frac{dV_s}{dt} \quad \text{soit} \quad \frac{1}{RC} > \left(\frac{-2m\pi f_m \cos 2\pi f_m t_o}{1 + m \sin 2\pi f_m t_o} \right)$$

$$f_c \gg \frac{1}{RC} > \frac{m.2\pi.f_m}{\sqrt{1 - m^2}}.$$

Détection crête

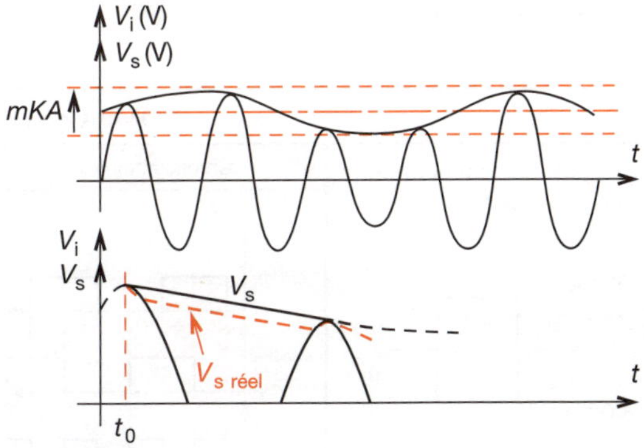

Pente de $V_s$réel : $\dfrac{dV_{s\text{réel}}}{dt} = -\dfrac{AK(1 + m \sin 2\pi f_m t_o)}{RC}$.

Pente de V_s : $\dfrac{dV_s}{dt} = AK\, 2m\pi f_m \cos 2\pi f_m t_o$.

57 ■ 3 DÉMODULATION DE FRÉQUENCE PAR DISCRIMINATEUR

Le principe est basé sur la transformation de la modulation de fréquence en une modulation d'amplitude. Le discriminateur réalise cette fonction, il est toujours précédé d'un amplificateur limiteur destiné à venir annuler les éventuelles variations de la grandeur d'entrée (V_{e1}). À la sortie du discriminateur, nous avons un signal modulé en fréquence et en amplitude, un détecteur crête va venir restituer le signal utile.

Le modulateur LM 3361

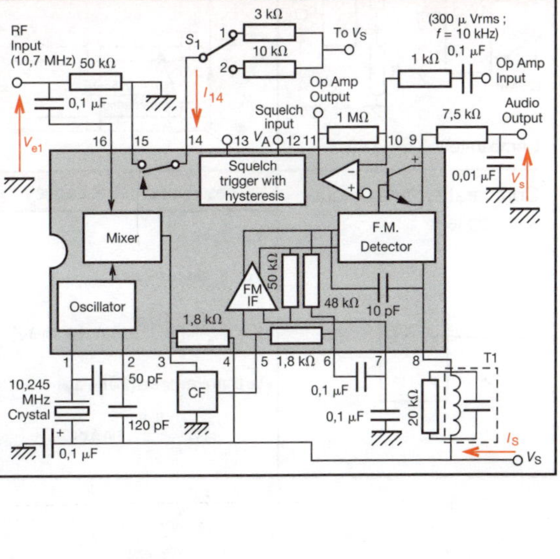

58 Boucles à verrouillage de phase

C'est un système dont les grandeurs asservies sont la phase et la fréquence. La dénomination anglaise est PLL : Phase Locked Loop.

58 ■ 1 Constitution

■ Le comparateur de phase : il élabore le signal d'erreur de la boucle. C'est le déphasage existant entre le signal d'entrée et le signal de sortie.

■ Le filtre : c'est un filtre passe-bas destiné à moyenner le signal issu du comparateur de phase. Il sert aussi de correcteur pour améliorer les performances de la boucle.

■ OCT : c'est l'oscillateur qui, commandé par la tension moyenne issue du filtre, va générer un signal de fréquence f_s qui lui est proportionnelle.

DESCRIPTION DE LA BOUCLE

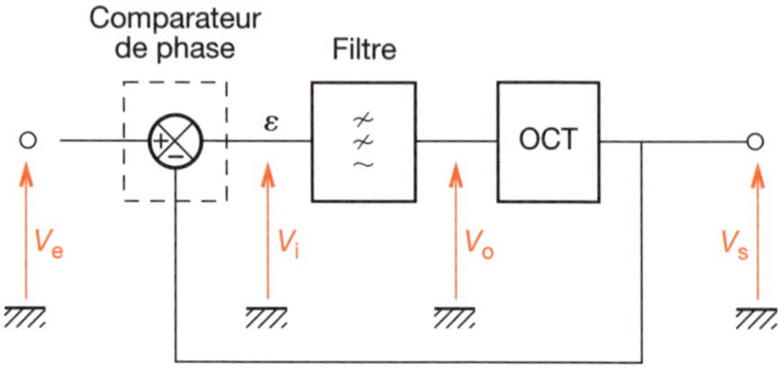

$V_e : V_{e\,max}, f_e, \varphi_e$ $\qquad V_s : V_{s\,max}, f_s, \varphi_s$

$$\varepsilon = \Delta\varphi = \varphi_e - \varphi_s$$

58 ■ 2 COMPARATEURS DE PHASES

	Chronogrammes	Expression de $V_o = f(\Delta\varphi)$	Caractéristiques
Comparateur numérique « ou » exclusif 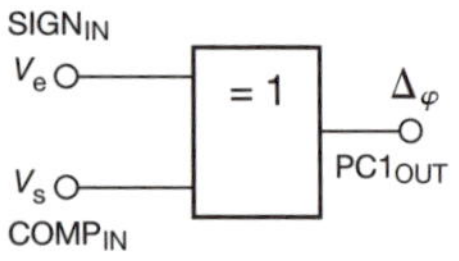 Comparateur 1 de la 4046	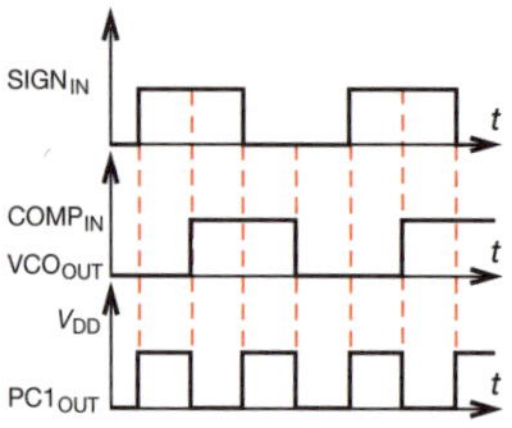	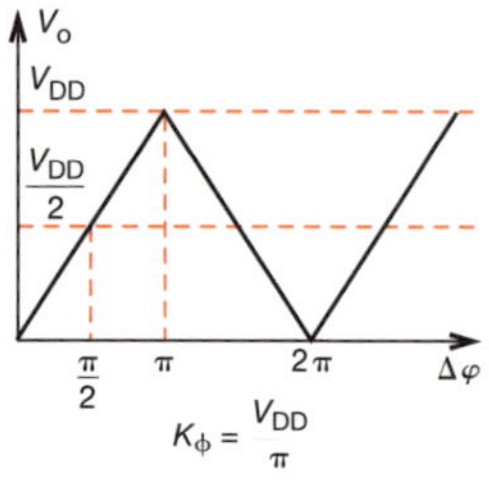 $K_\phi = \frac{V_{DD}}{\pi}$	■ Rapport cyclique des signaux de V_e et V_s de 0,5. ■ Pas de dissociation d'un déphasage positif ou négatif. ■ Il permet un accrochage sur des harmoniques de V_e.
Comparateur numérique séquentiel 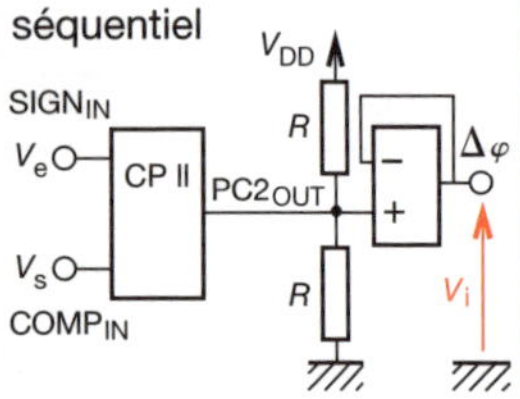 Comparateur 2 de la 4046	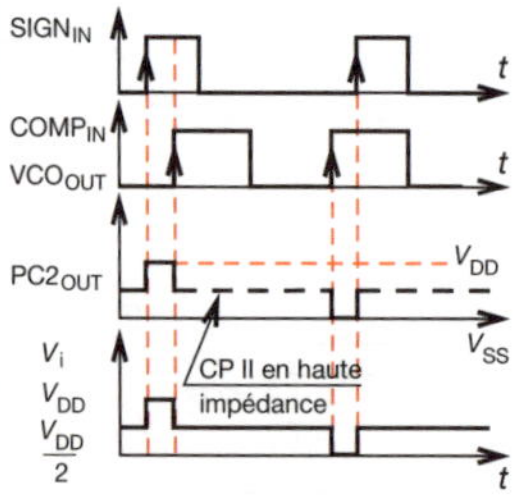	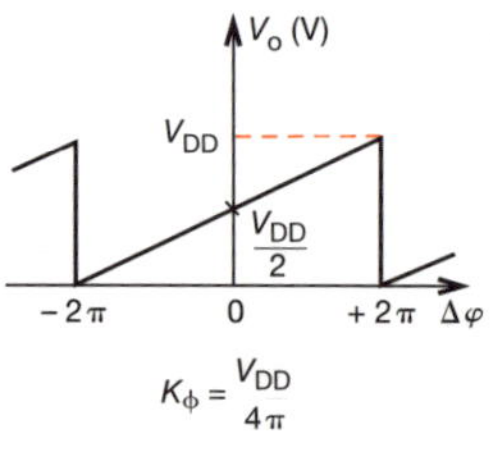 $K_\phi = \frac{V_{DD}}{4\pi}$	■ Rapport cyclique quelconque déclenchement sur front. ■ Dissociation déphasage positif et négatif. ■ Pas d'accrochage sur harmoniques. ■ Nécessité d'un pont pour fixer l'état haute impédance.
Comparateur analogique à multiplieur 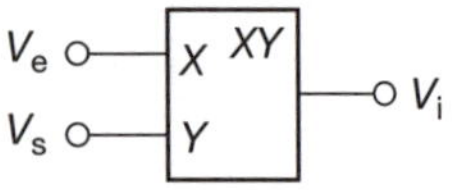	**Description mathématique** $V_e = V_e \sin \omega T$ $V_s = V_s \cos(\omega t + \Delta\varphi)$ $V_i = \frac{V_e V_s}{2}[\sin(2\omega t + \Delta\varphi) + \sin \Delta\varphi]$ Le filtre élimine $\sin(2\omega t + \Delta\varphi)$ $V_i = \frac{V_e V_s}{2}\sin \Delta\varphi$.	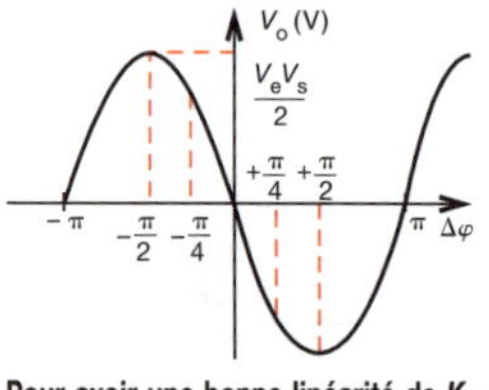 Pour avoir une bonne linéarité de K_ϕ, nous allons nous placer au voisinage de « 0 ». $\sin \Delta\varphi \approx \Delta\varphi$. $K_\phi = -\frac{V_e V_s}{2}$.	■ Lorsque la boucle sera verrouillée, elle aura sa sortie déphasée de $\frac{\pi}{2}$ par rapport à l'entrée. ■ Le domaine de linéarité de K_ϕ est faible $\left(-\frac{\pi}{4} < \Delta\varphi < \frac{\pi}{4}\right)$. ■ K_ϕ dépend de l'amplitude de V_e et V_s.

58 ■ 3 Modélisation

■ Le comparateur de phase est modélisé par un coefficient d'amplification K_ϕ qui permet d'obtenir une relation linéaire entre $\Delta\varphi$ et V_0.

$$V_0 = K_\phi . \Delta\varphi.$$

■ Le filtre est modélisé par sa fonction de transfert $H(p)$.

■ L'OCT est modélisé par un facteur de proportionnalité K_V, qui permet de lier de façon linéaire $\omega_s = 2\pi f_s$ à V_0.

$$\omega_s = K_V V_0.$$

■ La modélisation est faite autour du point de repos, boucle verrouillée.

58 ■ 4 Stabilité et erreur

■ $H(p) = \dfrac{1}{1 + \tau_p}$ (passe-bas).

La boucle est stable, la marge de phase est difficilement réglable dans le cas du comparateur de phase à multiplieur. Il existe des risques d'instabilité si l'OCT introduit un retard non négligeable. La réponse à un échelon de fréquence donne une erreur nulle, alors que la réponse à une rampe de fréquence présente une erreur constante.

■ $H(p) = \dfrac{1 + \tau_2 p}{1 + \tau_1 p}$ (passe-bas et correcteur à avance de phase).

La boucle est stable avec une marge de phase importante (≈ 90°), elle est plus rapide que la précédente. Si τ_1 est grand, la boucle devient assimilable à $H_1(p)$.

$$H_1(p) = \frac{1 + \tau_2 p}{\tau_1 p}$$

dont la réponse à une rampe de fréquence génère une erreur nulle (intéressant pour la démodulation FM).

58 ■ 5 Plage de verrouillage, plage d'accrochage

■ Plage d'accrochage : c'est la plage de fréquence dans laquelle la boucle va venir s'accrocher, alors qu'elle était décrochée.

■ Plage de verrouillage : c'est la plage de fréquence dans laquelle la boucle restera accrochée quel que soit le type de variation de $\omega_e = 2\pi f_e$.

MODÉLISATION PAR RAPPORT À LA PHASE

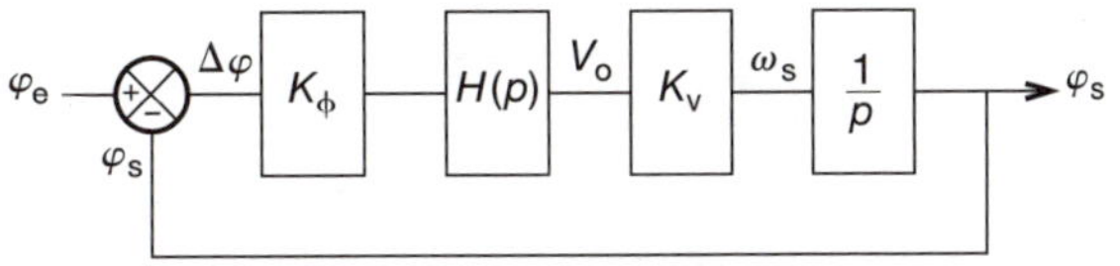

MODÉLISATION PAR RAPPORT À LA FRÉQUENCE

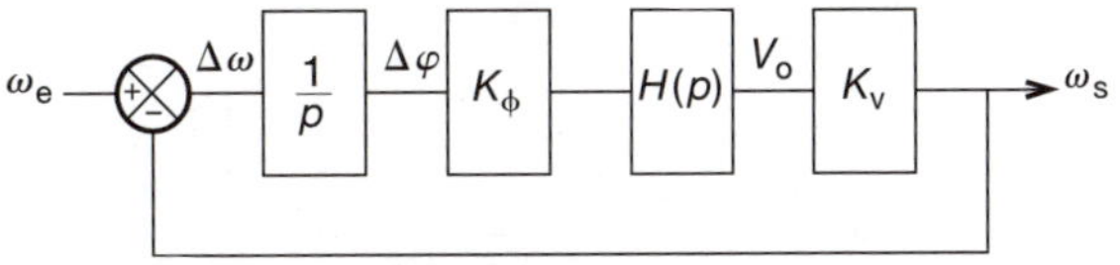

p : représente la variable de Laplace.

DIAGRAMME DE BODE DE LA BOUCLE OUVERTE

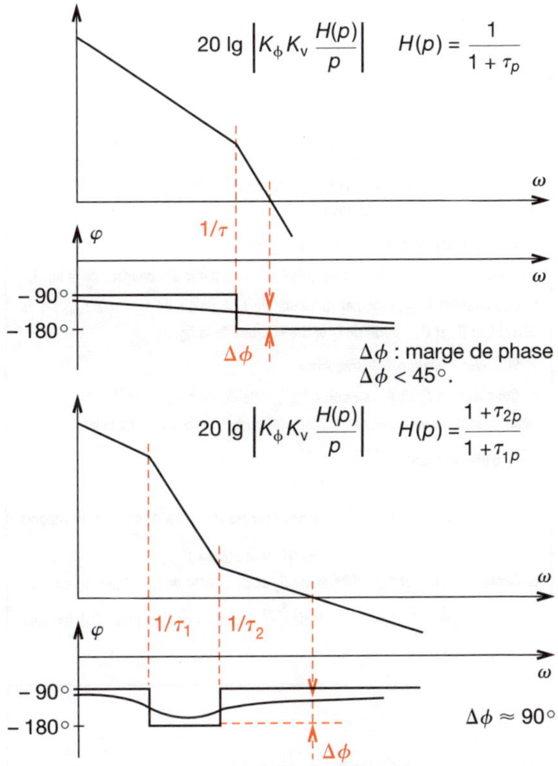

VERROUILLAGE ET DÉVERROUILLAGE

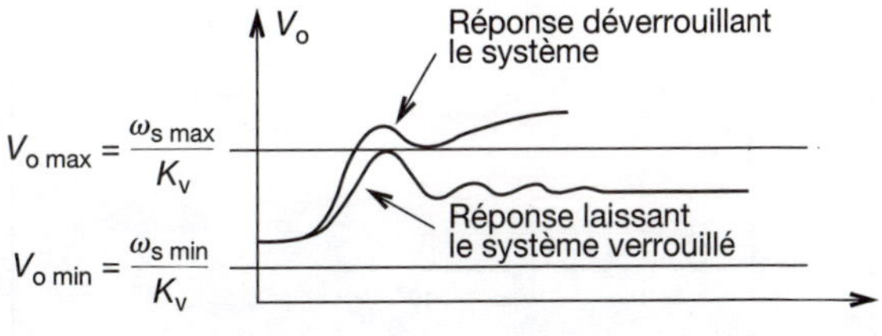

58 ■ 6 MISE EN ŒUVRE DE LA BOUCLE À VERROUILLAGE 4046 (CMOS)

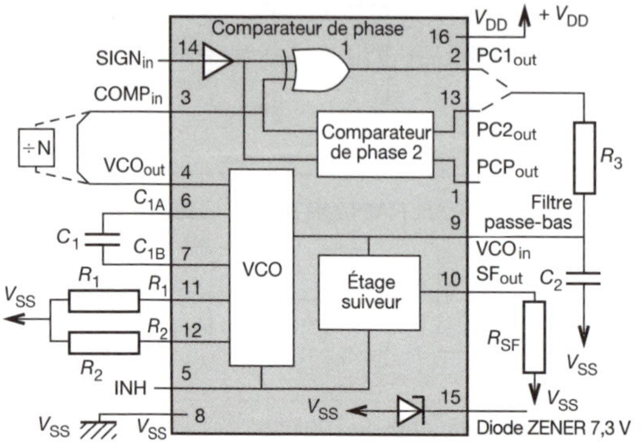

CARACTÉRISTIQUES TECHNOLOGIQUES

- **Tension d'alimentation de 3 V à 15 V.**
- **Fréquence maximale délivrée par l'OCT (VCO) : 2,7 MHz.**
- **Résistance d'entrée de $SIGN_{IN}$: 140 kΩ.**
- **Résistance d'entrée de VCO_{IN} : 106 MΩ.**

SÉLECTION DES COMPOSANTS DU VCO

Valeurs recommandées pour R_1 et R_2 : de 10 kΩ à 1 MΩ ; pour C_1 : 50 pF jusqu'à une valeur normalisée quelconque.

1. VCO sans déviation de la fréquence ($R_2 = \infty$)

a. Connaissant f_o, calculer la valeur de R_1 et C_1 à partir des courbes de la fig. 3.

b. Connaissant f_{max}, calculer la valeur de f_o à partir de $f_o = 1/2\ f_{max}$: puis déterminer R_1 et C_1 à partir de f_o et des courbes de la fig. 3.

2. VCO avec déviation de la fréquence

a. Connaissant f_o et f_1, calculer f_{min}, à l'aide de l'équation $f_{min} = f_o - f_L$; déterminer R_2 et C_1 à partir de f_{min} et des courbes de la fig. 2 ; calculer : $\frac{f_{max}}{f_{min}}$ d'après l'équation $\frac{f_{max}}{f_{min}} = \frac{f_o + f_L}{f_o - f_L}$;

puis à partir de l'équation $\frac{f_{max}}{f_{min}}$ et des courbes de la fig. 1, calculer le rapport R_2/R_1 pour obtenir R_1.

b. Connaissant f_{min} et f_{max}, déterminer R_2 et C_1 à partir de f_{min} et des courbes de la fig. 2 : calculer $\frac{f_{max}}{f_{min}}$; puis, à l'aide de $\frac{f_{max}}{f_{min}}$ et des courbes de la fig. 1, déterminer R_1/R_2 pour obtenir R_1.

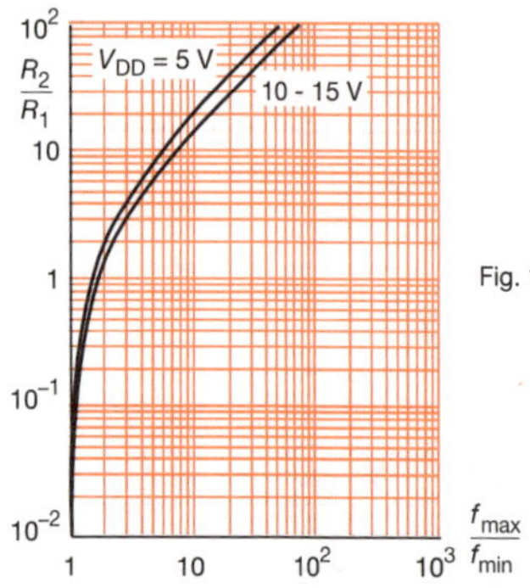

Fig. 1 : Rapport R_2/R_1 typique en fonction du rapport f_{max}/f_{min}.

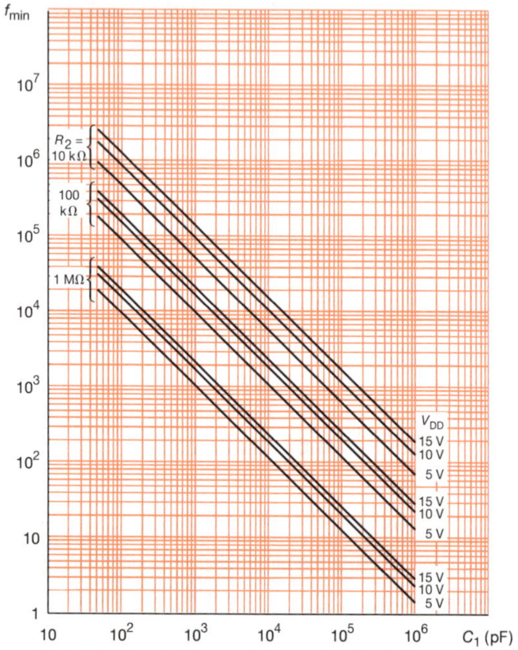

Fig. 2 : Déviation de fréquence typique en fonction de la capacité C_1 ; T_{amb} = 25 °C ; VCO_{IN} à V_{SS} ; INH à V_{SS} ; $R_1 = \infty$.

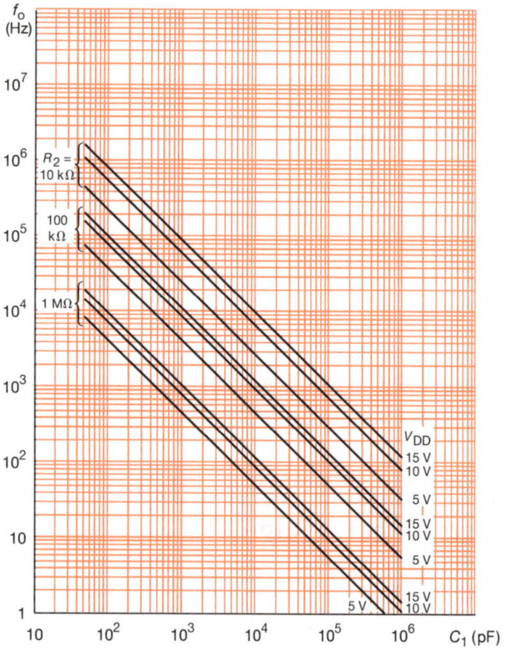

Fig. 3 : Fréquence centrale typique en fonction de la capacité C_1 ; T_{amb} = 25 °C ; VCO_{IN} à 1/2 V_{DD} ; INH à V_{SS} ; $R_2 = \infty$.

Pour que le VCO fonctionne, il faut que INH soit à V_{SS}.

58 ■ 7 UTILISATION DES BOUCLES À VERROUILLAGE

BOUCLE À VERROUILLAGE UTILISÉE EN SYNTHÉTISEUR DE FRÉQUENCE

Principe :

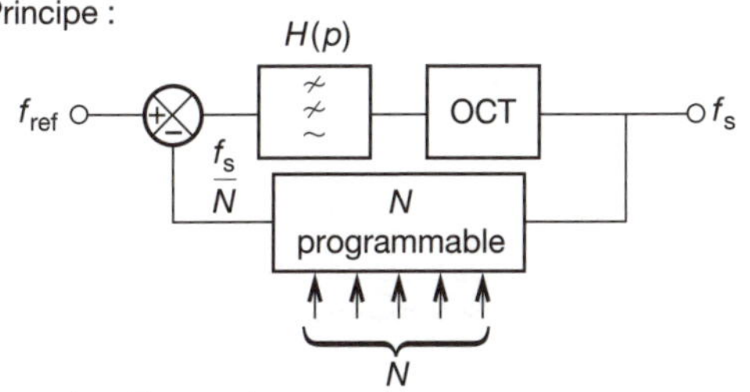

L'erreur de position est nulle.

$$\frac{f_s}{N} = f_{ref}$$

Pour cette application, $H(p) = \frac{1}{1+\tau p}$ est suffisant.

Pour de la démodulation de fréquence, un filtre avec correcteur à avance de phase est indiqué.

Synthétiseur TTL

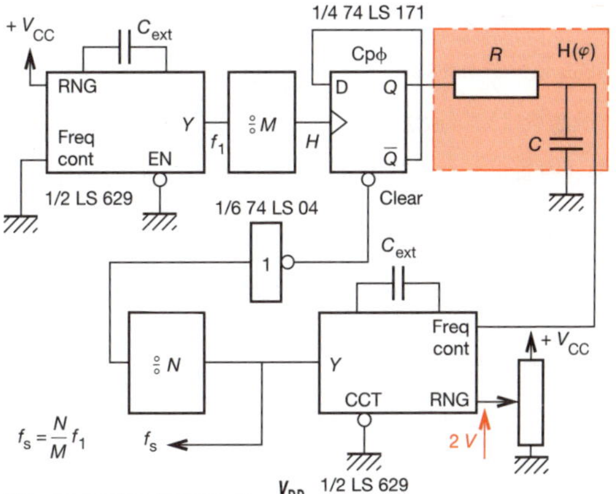

CP_ϕ : comparateur de phase : $K_\phi = \frac{V_{DD}}{2\pi}$.

SYNTHÉTISEUR DANS LES RÉCEPTEURS RADIO

Récepteur superhétérodyne

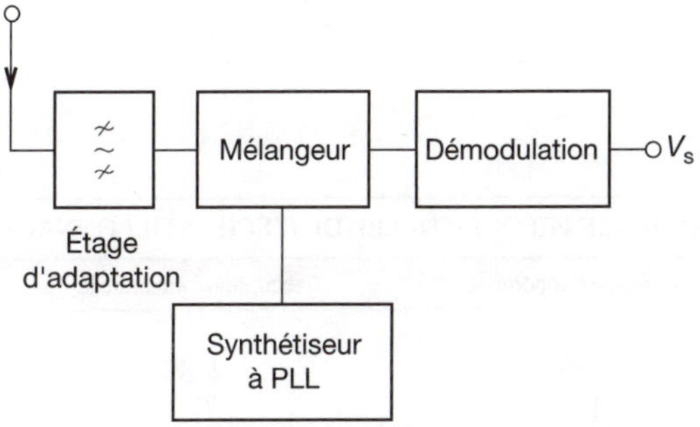

DS 8906 Synthétiseur AM/FM

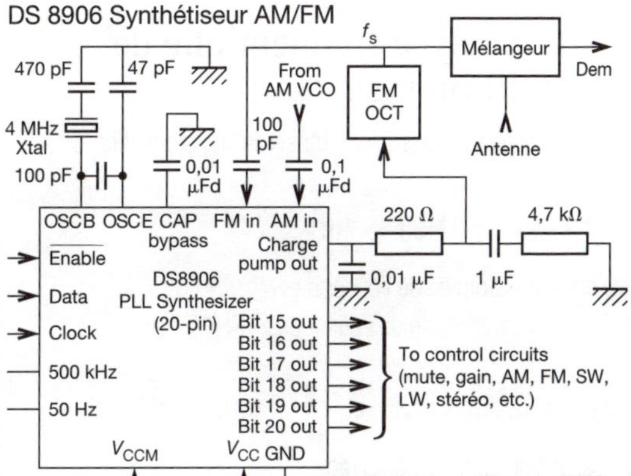

– Sur entrée AM 0,4 MHz < f_s < 8 MHz ;
– Sur entrée FM 60 MHz < f_s < 120 MHz.

BOUCLE À VERROUILLAGE UTILISÉE EN DÉMODULATEUR DE FRÉQUENCE

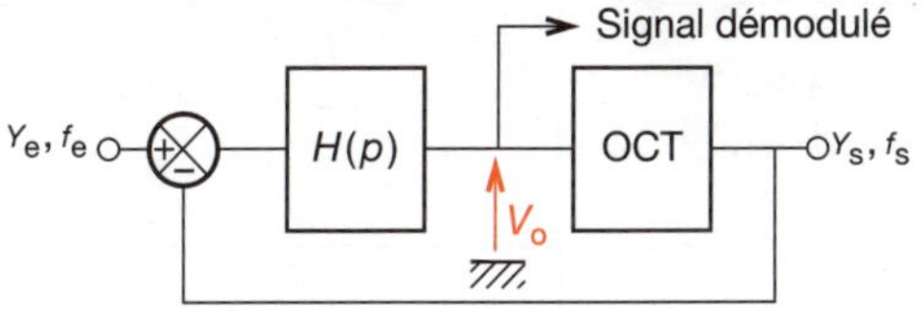

$$H_{BO}(p) = \frac{K_v K_\phi H(p)}{1 + K_v K_\phi H(p)} \quad f_e = f_c + \Delta f_c \cos(\Omega t) \; f_e = \frac{1}{2\pi} \frac{d\varphi_e}{dt}$$

Signal modulé

↓

$$Y_e = A \sin\left(2\pi f c t + \frac{2\pi \Delta f_e}{\Omega} \sin(\Omega t)\right) \qquad me = \frac{2\pi \Delta f_e}{\Omega}$$

$$Y_s = B \cos\left(2\pi f c t + me\,|H_{BO}(p)| \sin\left(\Omega t + \mathrm{Arg}\,(H_{BO}(p)\right)\right)$$

$$\Delta f_s = \Delta f_e\,|H_{BO}(p)| \cos\left(\Omega t + \mathrm{Arg}\,H_{BO}(p)\right)$$

Dans la bande passante de H_{BO}, $|H_{BO}(p)| = 1$.

$$\Delta V_0 = \frac{\Delta f_s}{K_v} = \frac{\Delta f_e}{K} \cos(\Omega t) \quad \leftarrow \text{signal démodulé.}$$

Structure interne du DS 8906

$\Delta\varphi > 0 : I_s = + 0,3$ mA ;
$\Delta\varphi < 0 : I_s = - 0,3$ mA.

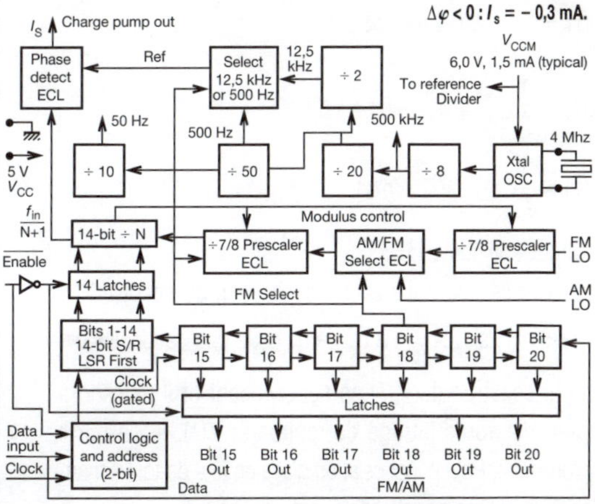

59 Contraintes pour la numérisation des signaux

59 ■ 1 Échantillonnage

L'échantillonneur est un commutateur qui se ferme tous les T_e. Lorsque $T_e > \frac{T}{2}$, nous avons la possibilité de faire passer par les points dont les abscisses sont T_e, $2T_e$, $3T_e$, etc. Une sinusoïde dont la fréquence $f_1 = \frac{1}{T_1}$ est différente de la fréquence $f = \frac{1}{T}$ du signal échantillonné $V(t)$. Pour éviter cette perte d'information, lorsque nous échantillonnons un signal, il faut veiller à ce que :

$$\mathbf{f = \frac{1}{T} < \frac{f_e}{2} = \frac{1}{2T_e}}$$

Ce résultat est plus connu sous l'appellation théorème de Shannon.

EFFETS DU SURÉCHANTILLONNAGE

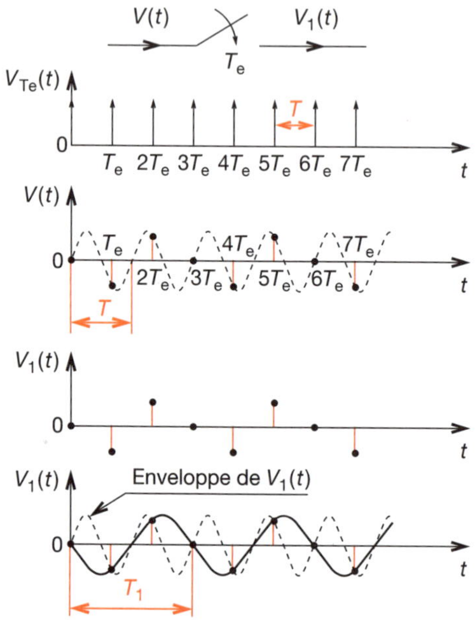

59 ■ 2 Analyse fréquentielle de l'échantillonnage

Pour cette analyse, nous allons utiliser la transformation de Fourier :

$$V(f) = \int_{-\infty}^{+\infty} v(t)\, e^{j2\pi ft} \mathrm{d}t.$$

$V(f)$ est la transformée de Fourier de $v(t)$.

$V_{Te}(f)$ est la transformée de Fourier de $v_{Te}(t)$.

avec :

$$v_{Te}(t) = \sum_{n=\infty}^{+\infty} \delta(t - nt_e) \quad \text{et} \quad \int_{-\infty}^{+\infty} \delta(t)\mathrm{d}t = \delta(0) = 1$$

$\delta(t)$ est appelée fonction de Dirac.

$$V_{Te}(f) = \frac{1}{T_e} \sum_{n=-\infty}^{+\infty} \delta(f - nf_e).$$

$$v_1(t) = \sum_{n=-\infty}^{+\infty} \delta(t - nT_e) \times v(t).$$

$$V_1(f) = \frac{1}{T_e} \sum_{n=-\infty}^{+\infty} (f - nf_e) * V(f).$$

$$V_1(f) = \frac{1}{T_e} \sum_{n=-\infty}^{+\infty} V(f - nf_e).$$

$*$: produit de convolution.

Nous voyons que nous avons duplication du spectre $V(f)$ tous les nf_e : si $f_e > \frac{f_e}{2}$, à cause de cette duplication, les différents spectres de $V(f)$ se superposent et il deviendra impossible après filtrage de récupérer $V(f)$, il y a perte d'information. Pour éviter cela, on place en tête de tout échantillonneur un filtre appelé filtre « anti-repliement ».

ANALYSE FRÉQUENTIELLE DE L'ÉCHANTILLONNAGE

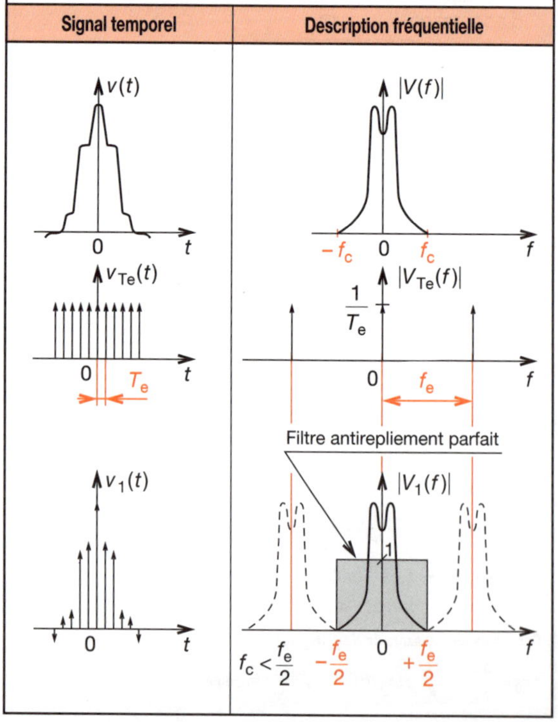

59 ■ 3 CHAÎNES DE NUMÉRISATION ET DE TRAITEMENT DU SIGNAL

Description d'une chaîne de traitement du signal

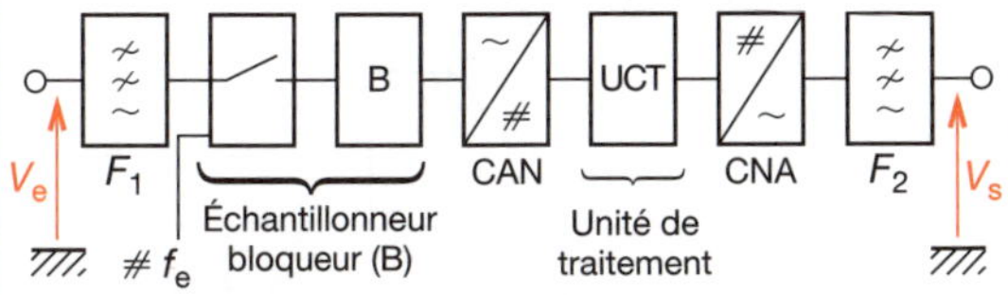

F_1 : filtre antirepliement F_2 : filtre de lissage.
CAN : convertisseur analogique numérique.
CNA : convertisseur numérique analogique.

Modélisation de la chaîne pour $f < \frac{f_e}{2}$

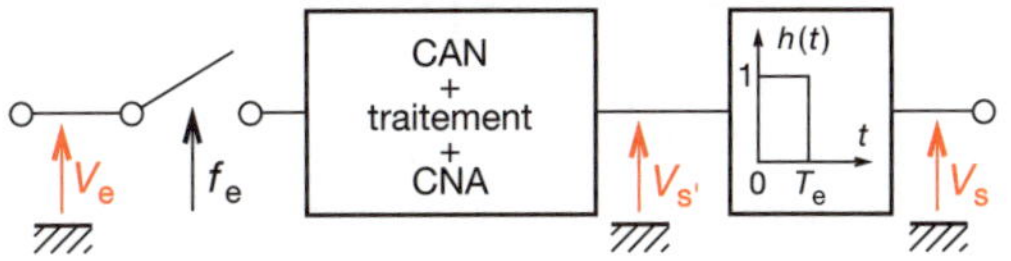

- $V_e(t) = V_{emax} \sin(2\pi f t)$.
- f_e : fréquence d'échantillonnage.
- $h(t)$: blocage de l'information restituée par le CNA (c'est la restitution de l'énergie électrique par un bloqueur).

59 ■ 4 Choix et caractéristiques des différents éléments

■ Le filtre antirepliement

Il sert à empêcher que la fréquence du signal d'entrée devienne supérieure à $f_e/2$. Il se dimensionne par :
Gain dans BW (bande passante) = 0 dB.
f_C = fréquence maximale du signal à numériser.
G_{max} : gain maxi à $\frac{f_e}{2}$.

■ Calcul de G_{max}

G_{max} est déterminé par la valeur efficace du bruit de quantification obtenu à la suite du CNA.

$$G_{max} = -20 \lg \frac{V_{\text{pleine échelle}}}{V_q \cdot \frac{1}{2\sqrt{3}}}.$$

EXEMPLE : calcul de G_{max} pour une chaîne qui comporte un CAN 8 bits et une excursion en tension à l'entrée de 2,56 V (ΔV_e) max à convertir.

1. Détermination du nombre de niveaux : N.

$$N = 2^8 = 256 \text{ niveaux.}$$

2. Valeur du pas de quantification (V_q).

$$V_q = 2{,}56/256 = 10 \text{ mV.}$$

3. Calcul de la valeur efficace du bruit de quantification :

$$\varepsilon = V_q/2\sqrt{3}$$
$$\varepsilon = 2{,}9 \text{ mV.}$$

4. $G_{max} = -59$ dB.

■ L'échantillonneur bloqueur

Il permet de bloquer les données pendant la conversion.

■ Le CAN : Convertisseur Analogique Numérique, il convertit la valeur analogique en donnée numérique.

■ Le CNA : Convertisseur Numérique Analogique, il convertit les données numériques traitées en valeurs analogiques, en leur communiquant de l'énergie.

■ Le filtre de lissage. Il va venir lisser les paliers de sortie du CNA.

CARACTÉRISTIQUES FRÉQUENTIELLES DU FILTRE ANTIREPLIEMENT

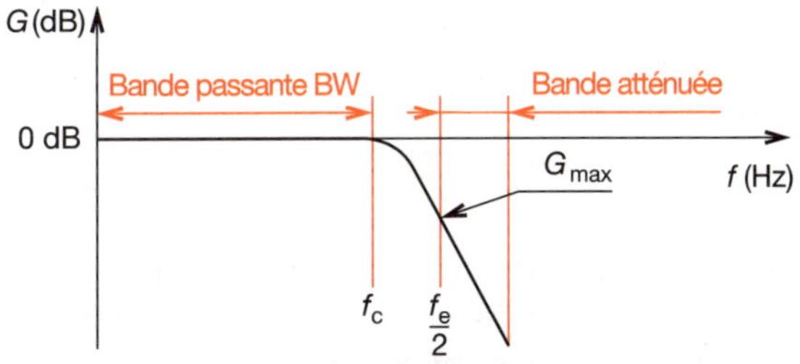

EFFETS FRÉQUENTIELS DUS AU BLOQUEUR ($h(t)$)

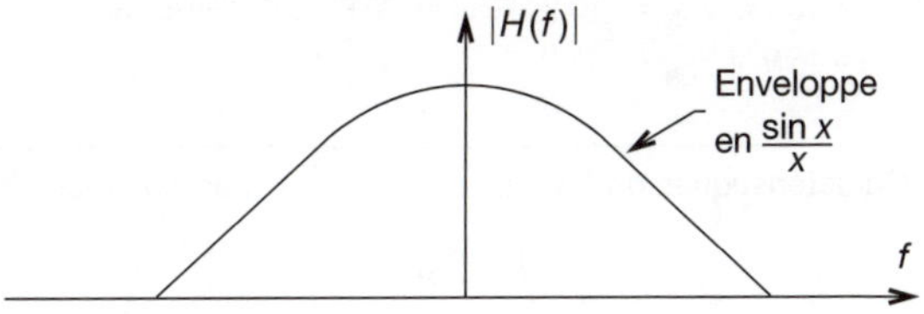

$H(f)$ est la transformée de Fourier de $h(t)$

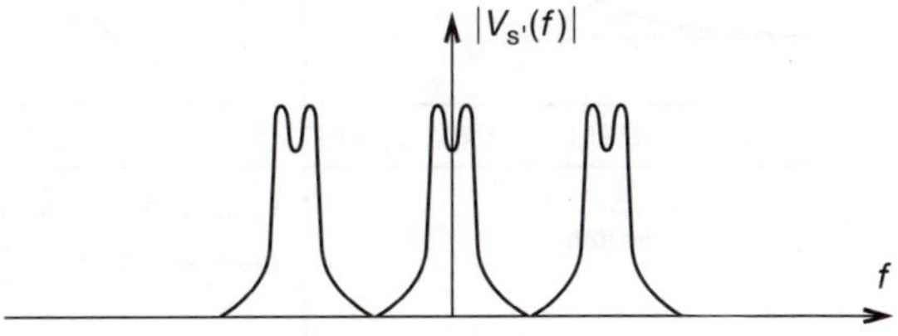

$V_{s'}(f)$ est la transformée de Fourier de $V_{s'}(t)$

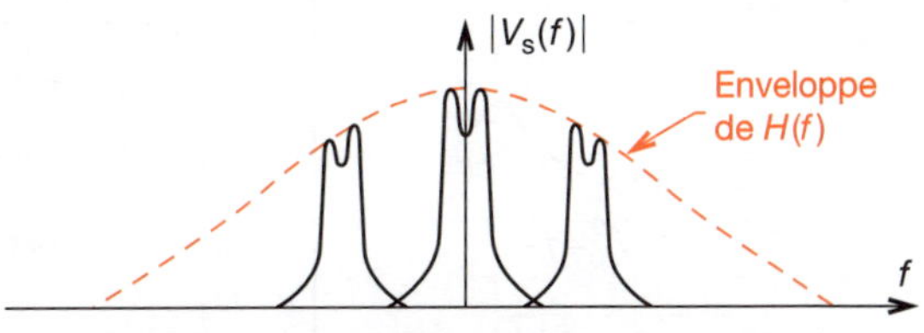

$V_s(f)$ est la transformée de Fourier de $V_s(t)$

60 Commutateurs analogiques

Un commutateur analogique sert à réaliser un court-circuit entre deux points afin de transmettre dans de bonnes conditions un signal analogique. Il comporte deux positions, un état fermé (ON) et un état ouvert (OFF), qui basculent en fonction d'un état logique de commande.

60 ■ 1 Commutateurs à JFET

Le commutateur conduit lorsque $V_{GS} = 0$.

1. $V_{G1} > V_e$, D_1 est polarisée en inverse, le transistor JFET se comporte comme un court-circuit.
2. $V_{G1} < -V_p + V_e$, le transistor JFET est bloqué.

$-V_p$: tension de seuil du JFET.

Modèle équivalent du commutateur en court-circuit

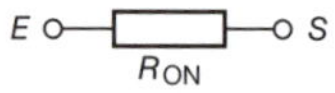

60 ■ 2 Commutateurs à MOSFET

Pour éviter des problèmes de non-linéarité de R_{ON}, ces commutateurs sont constitués par deux transistors MOS complémentaires, PMOS et NMOS, commandés par leurs grilles.

Pour $V_{SS} = -15$ V, l'état ouvert est caractérisé par $V_{GP} = +15$ V et $V_{GN} = -15$ V ; l'état fermé est caractérisé par $V_{GP} = -15$ V et $V_{GN} = +15$ V.

COMMUTATEUR ANALOGIQUE

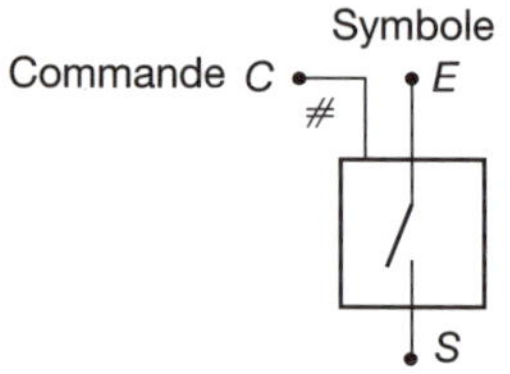

Montage à JFET

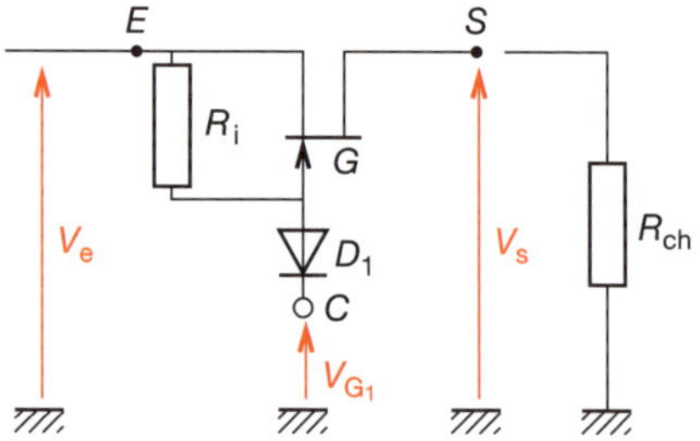

La résistance R_i est assez élevée $R_i \approx 500$ kΩ

Montage CMOS

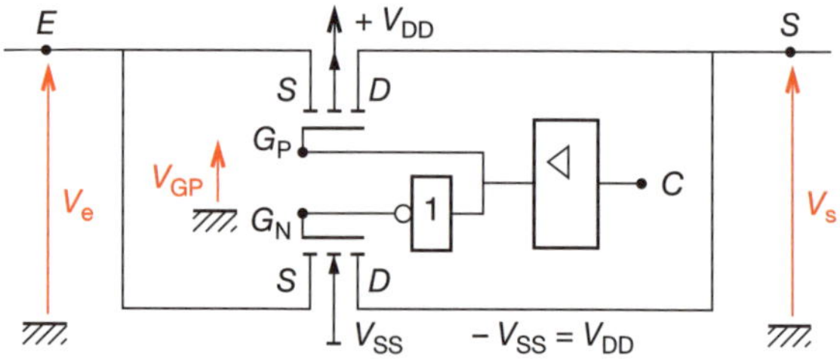

Caractéristiques du PMOS	Caractéristiques du NMOS	Caractéristiques du commutateur état fermé
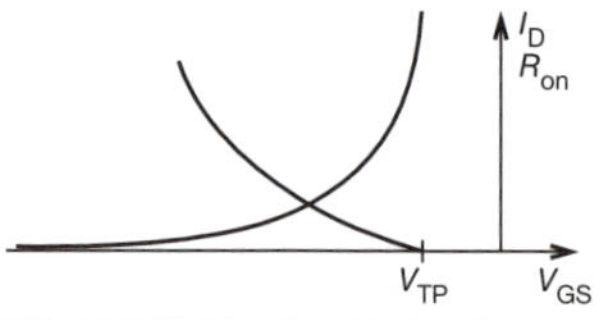	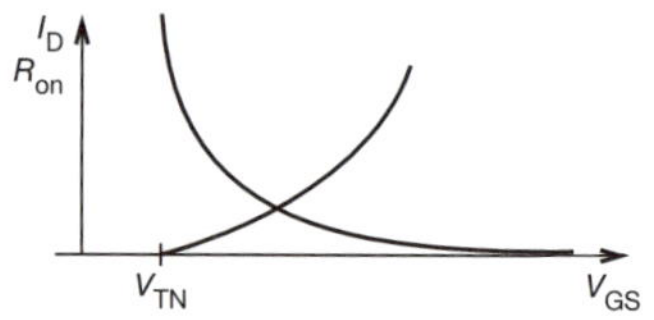	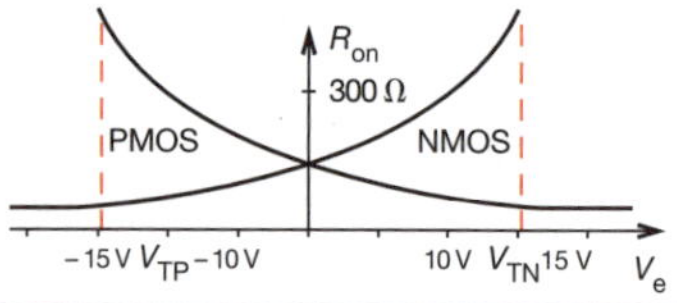

PRINCIPALES CARACTÉRISTIQUES D'ENTRÉE SORTIE DU MULTIPLEXEUR ANALOGIQUE 4529

$R_{on} = f(V_e)$ à l'état fermé (ON)	Bande passante du commutateur à l'état fermé $G = 20 \lg \left\| \frac{V_s}{V_e} \right\|$	Tension équivalente de bruit du commutateur ramenée à l'entrée
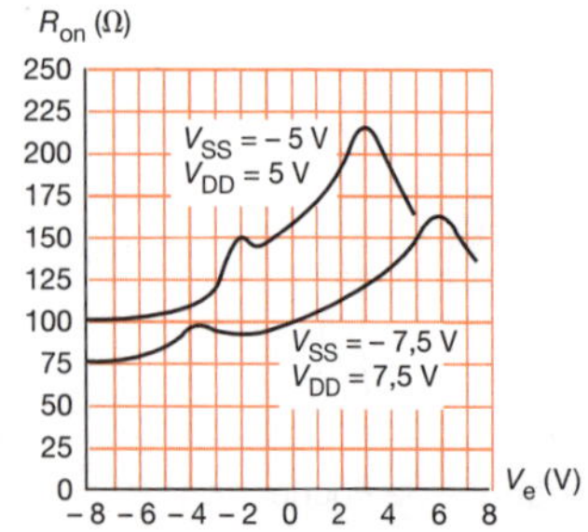	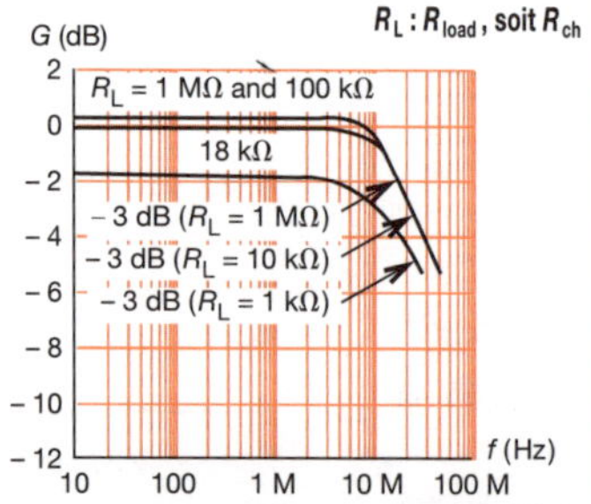	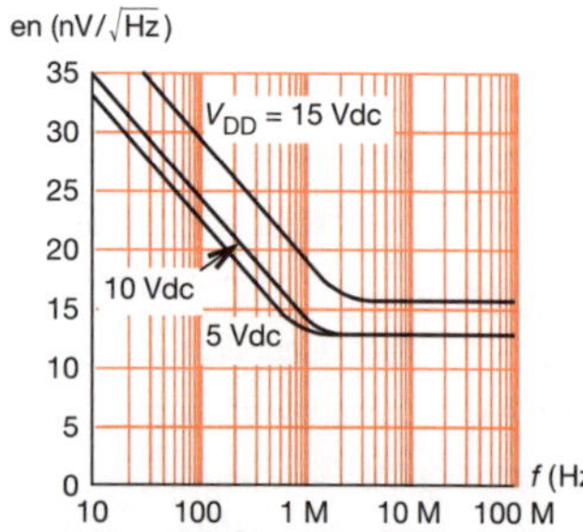

60 ■ 3 EXEMPLE DE COMMUTATEURS ANALOGIQUES

CD 4066 QUADRUPLE COMMUTATEUR

Structure d'un commutateur (SWA)

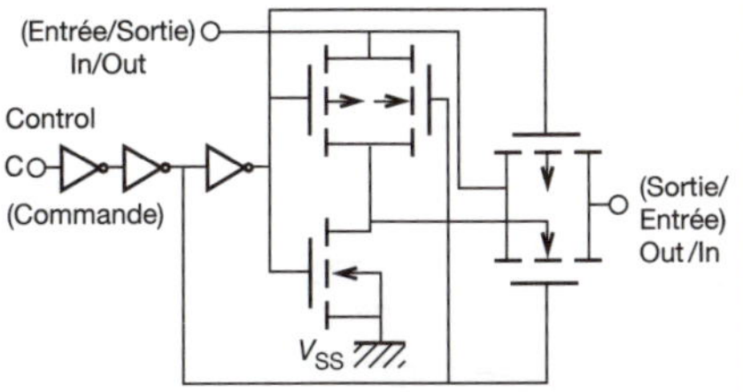

Constitution et brochage

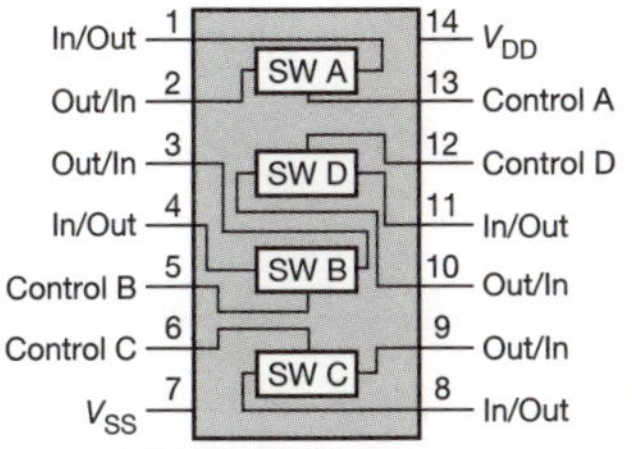

Principales caractéristiques

R_{on} = 80 Ω pour V_{DD} = 15 V. Bande passante état fermé : 40 MHz.

Commande : TTL ou CMOS en fonction de V_{DD}.

L CD 4529 DOUBLE MULTIPLEXEUR ANALOGIQUE

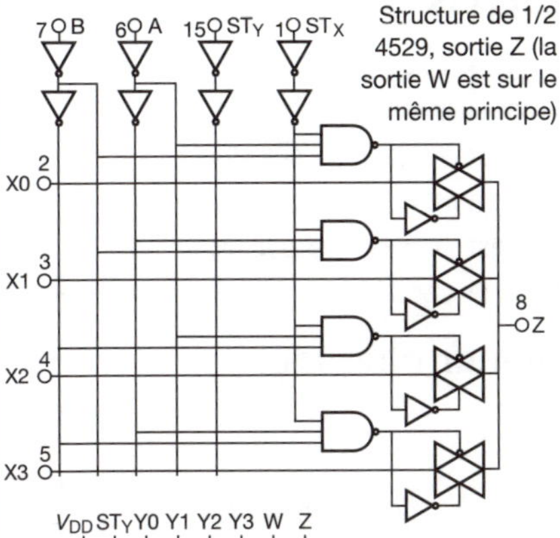

Structure de 1/2 4529, sortie Z (la sortie W est sur le même principe)

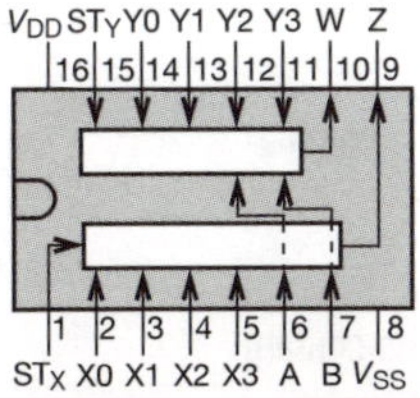

Brochage

Le 4529 possède deux sorties multiplixées Z et W. Le choix du mode multiplixé se fait par ST_X et ST_Y.

Table de vérité

ST_X	ST_Y	B	A	Z	W
1	1	0	0	X0	Y0
1	1	0	1	X1	Y1
1	1	1	0	X2	Y2
1	1	1	1	X3	Y3
1	0	0	0	X0	
1	0	0	1	X1	
1	0	1	0	X2	
1	0	1	1	X3	
0	1	0	0	Y0	
0	1	0	1	Y1	
0	1	1	0	Y2	
0	1	1	1	Y3	
0	0	X	X	Haute impédance (trois états)	

X : signifie « aucune importance ».

R_{on} (Ω)	Pouvoir de coupure V/I	Type	V_e (V) niveau de commande	V alimentation (V) Typ	Temps de réponse T_{on} : fermeture T_{off} : ouverture
QUAD SPST (quadruple commutateur)					
100	15 mA	AH5011	15 V TTL, CMOS		150/300 ns
150	5 mA	AH5012	TTL, CMOS		150/300 ns
200	± 10 V	LF11201	TTL	± 15	90/500 ns
200	± 10 V	LF11202	TTL	± 15	90/500 ns
200	± 10 V	LF11331	TTL	± 15	90/500 ns
200	± 10 V	LF11332	TTL	± 15	90/500 ns
200	± 10 V	LF11333	TTL	± 15	90/500 ns
250	± 10 V	LF13201	TTL	± 15	90/500 ns
250	± 10 V	LF13202	TTL	± 15	90/500 ns
250	± 10 V	LF13331	TTL	± 15	90/500 ns
250	± 10 V	LF13332	TTL	± 15	90/500 ns
250	± 10 V	LF13333	TTL	± 15	90/500 ns
280	± 7,5 V	CD4066	CMOS	± 7,5	50/50 ns
850	± 7,5 V	CD4016	CMOS	± 7,5	20/20 ns
TRIPLE SPDT (triple commutateur)					
280	± 7,5 V	CD4053	CMOS	± 7,5	150/150 ns
DUAL SPDT (double commutateur)					
150	5 mA	AH5020	TTL, CMOS		150/300 ns
4 - CHANNEL (multiplexeur quatre canaux)					
100	15 mA	AH5009	15 V TTL, CMOS		150/300 ns
150	5 mA	AH5010	TTL, CMOS		150/300 ns
4 - CHANNEL DIFFERENTIAL (multiplexeur différentiel quatre canaux)					
280	± 7,5 V	CD4052	CMOS	± 7,5	150/150 ns
350	12, – 15 V	LF11509	TTL	± 15	1/0,2 µs
270	± 7,5 V	CD4529B	CMOS	± 7,5	50/50 ns
8 - CHANNEL (multiplexeur huit canaux)					
250-400	± 5 V	AM3705	TTL	– 15,5	300/600 ns
350	12, – 15 V	LF11508	TTL	± 15	1/0,2 µs
270	± 7,5 V	CD4529B	CMOS	± 7,5	50/50 ns
280	± 7,5 V	CD4501	CMOS	± 7,5	150/150 ns

61 Échantillonneurs bloqueurs

La fonction échantillonnage blocage (sample and hold) permet de maintenir une grandeur analogique, principalement une tension, constante pendant une durée t_h, afin qu'elle soit numérisée. Le maintien de la tension est réalisé grâce à un condensateur dont la charge est commandée par un commutateur analogique piloté par un signal logique.

61 ■ 1 Échantillonneur bloqueur idéal

Il possède :

■ un étage d'entrée A_1 d'impédance d'entrée infinie et d'impédance de sortie nulle ;

■ un commutateur analogique Com de R_{on} nulle, à commutation instantanée et à pouvoir de coupure très grand ;

■ un condensateur de maintien C sans pertes ;

■ un étage de sortie d'impédance d'entrée infinie, de courant de polarisation nul et d'impédance de sortie nulle.

61 ■ 2 Échantillonneur bloqueur réel

Du fait de l'imperfection de tous les éléments précédents, les constructeurs donnent :

Les données numériques qui suivent sont celles du LF198.

■ t_a : temps d'acquisition (acquisition time).

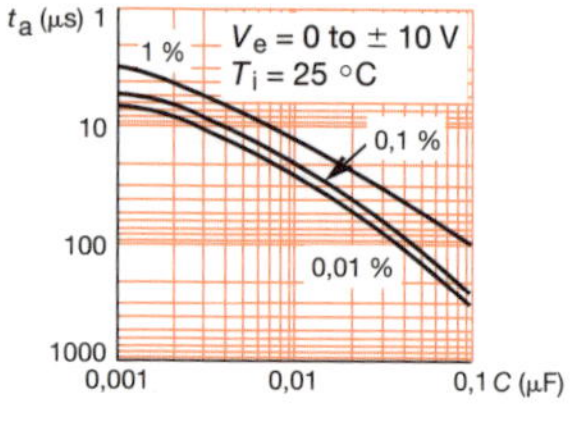

■ t_0 : temps d'ouverture (Aperture Time), c'est le temps que met le commutateur à s'ouvrir, en générant une erreur de tension ε, dont l'amplitude dépend de la vitesse de croissance du signal V_e (Slew rate).

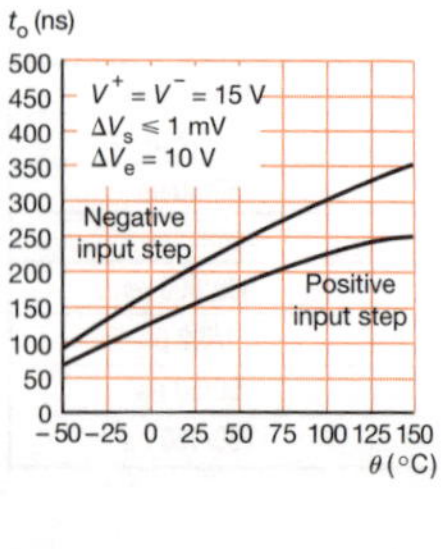

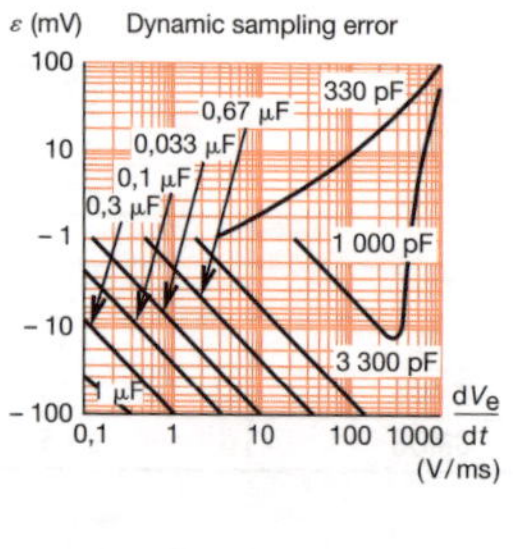

ÉCHANTILLONNEUR BLOQUEUR

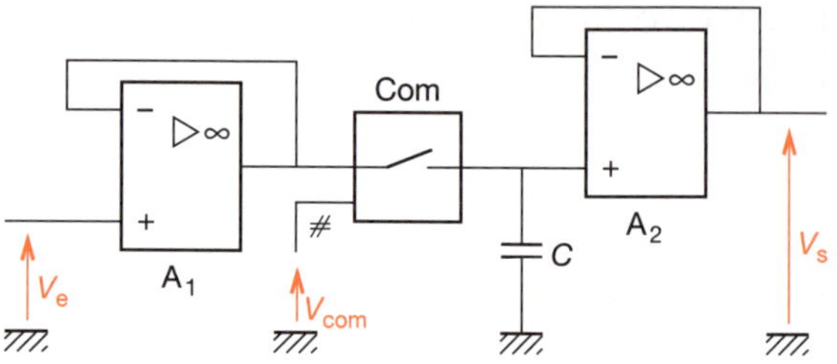

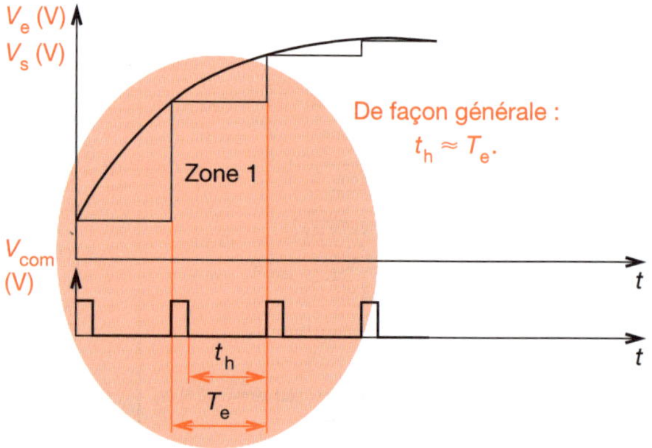

Dilatation de la zone 1

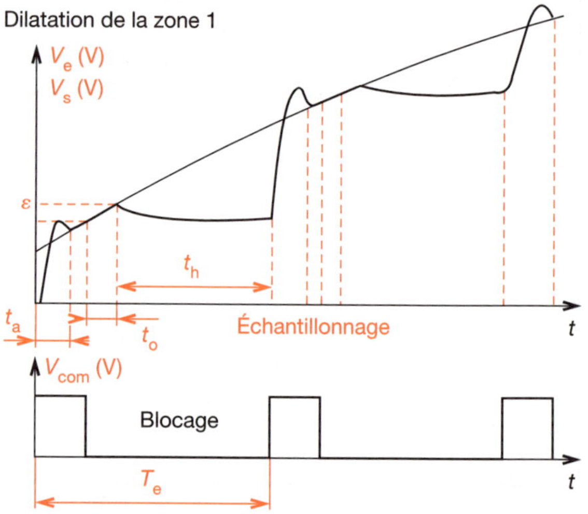

DENSITÉ SPECTRALE DE BRUIT À LA SORTIE DU LF 198

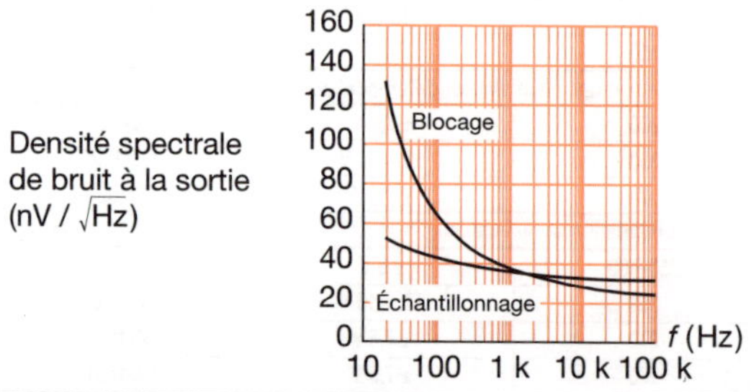

61 ■ 3 Choix du condensateur de maintien (C)

La valeur est choisie en utilisant les caractéristiques :

$$t_a = f(C).$$

Le condensateur choisi sera à faibles pertes. Les condensateurs type polycarbonate métallisé, polypropylène et polystyrène remplissent cette condition.

61 ■ 4 Échantillonneurs types : LF198, LF298, LF398

■ Fonctionnement

K_2 modélise les diodes D_1 et D_2, les diodes deviennent passantes dans la phase blocage, ce qui permet à la sortie de A, de suivre V_e pendant que V_s est bloquée.

Lorsque K_1 devient passant, K_2 se bloque, c'est la phase d'acquisition et $V_s = V_e$.

Dans la phase d'acquisition, le commutateur K_1 fait partie de la chaîne directe du montage, ceci permet d'éliminer à la sortie la chute de tension créée par son R_{on}.

■ Principales caractéristiques électriques

Alimentation (V^+, V^-) ± 5 V à ± 18 V.

V_{com} compatible TTL, CMOS.

BROCHAGE DES LF198/298/398

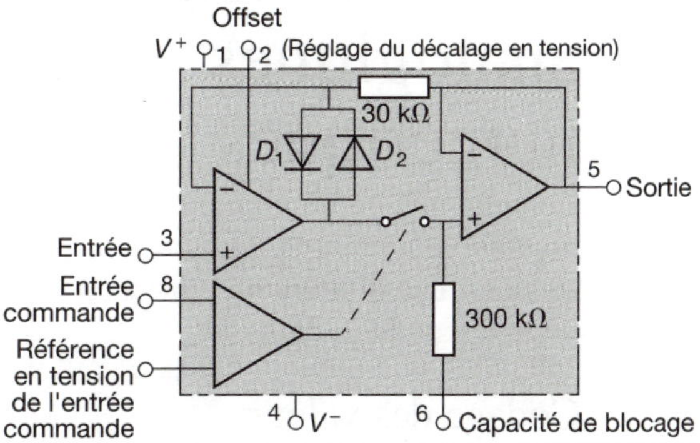

SCHÉMA DE PRINCIPE

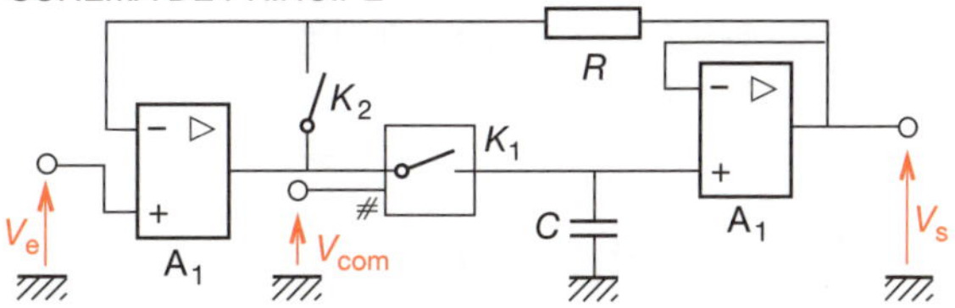

MONTAGE DE BASE

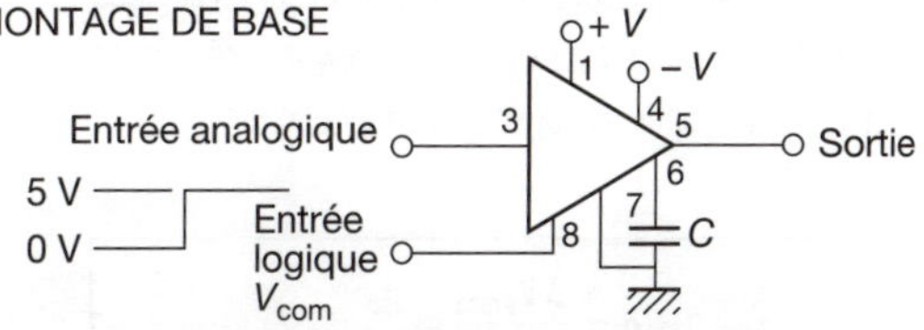

COMMANDE PAR DES SIGNAUX TTL ET CMOS

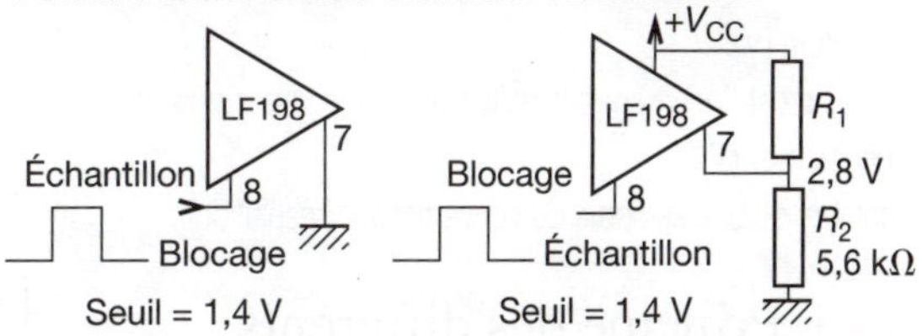

61 ■ 5 PRINCIPALES CARACTÉRISTIQUES DES ÉCHANTILLONNEURS BLOQUEURS

Type	LF198A	LF398A	LF198	LF398	LH0023	LH0023C	LH0043	LH0043C
Précision (% max) Gain/offset error	0,01	0,01	0,02	0,02	0,01	0,02	0,1	0,3
Tension d'offset (mV) max	2	3	5	10	20	20	40	40
Droop rate (mV/s, 25 °C) C_H = 1 000 pF C_H = 10 000 pF	30 3	30 3	30 3	30 3	100 10	100 10	10 1	10 1
Temps d'acquisition t_a (µs, 25 °C) C_H = 1 000 pF C_H = 10 000 pF	4 20	4 20	4 20	4 20	10 50	10 50	10 50	10 50
t_o (ns, 25 °C)	25	25	25	25	150	150	20	20
Gamme de température (°C)	− 55 to + 125	0 to + 70	− 55 to + 125	0 to + 70	− 55 to + 125	− 25 to + 85	− 55 to + 125	− 25 to + 85
Commentaires	Faible dérive	Faible dérive	Usage général	Usage général	Faible dérive	Faible dérive	Vitesse moyenne	Vitesse moyenne

62 Convertisseurs analogiques numériques

Un convertisseur analogique numérique est chargé de transformer une variation continue de tension en une série de valeurs mathématiques (sans énergie) codées.

62 ■ 1 Codage des valeurs

Les codages les plus couramment utilisés sont :

- le binaire naturel, pour les nombres non signés ;
- le complément à deux pour les nombres signés ;
- le code binaire signé.

62 ■ 2 Quantification

C'est l'opération qui consiste à associer une valeur analogique à la plus petite variation mesurable entre deux valeurs codées distinctes en sortie. Cette valeur est appelée quantum.

- Code non signé

$$q = \frac{\Delta V_{e\,max}}{2^n}$$

q : quantum (V).

$\Delta V_{e\ max}$: c'est l'écart entre la valeur mini et la valeur maxi de V_e à numériser (V).

n : nombre de bits en sortie du convertisseur (résolution).

62 ■ 3 Principe des différents convertisseurs

62 ■ 31 Convertisseurs parallèles

Ils sont aussi appelés convertisseurs « Flash ».

Une chaîne de 2^{n+1} résistances détermine un échelonnement de valeurs distantes de q et comprises entre V_{max} et V_{min} (sauf pour la première, qui est distante de $q/2$). Chaque valeur est appliquée à l'une des entrées des 2^n comparateurs. Le potentiel V_e est appliqué sur la deuxième entrée de chaque comparateur et tous les comparateurs correspondant à des niveaux inférieurs ou égaux à V_e basculent simultanément. Le codage est ensuite effectué instantanément par un codeur.

Inconvénient : il faut 256 comparateurs pour 8 bits.

Avantage : très grande vitesse de conversion.

SYMBOLE D'UN CAN

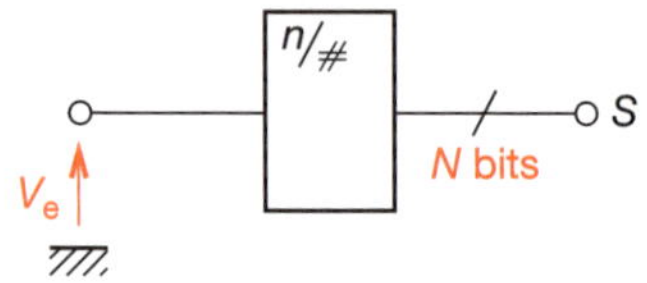

CODAGE DES VALEURS

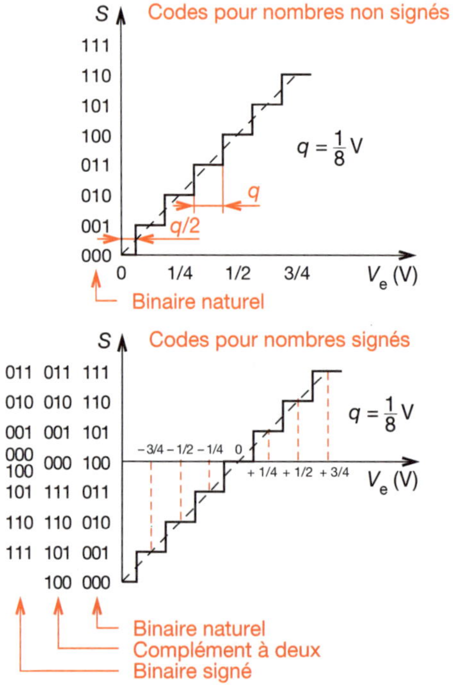

CONVERTISSEUR PARALLÈLE

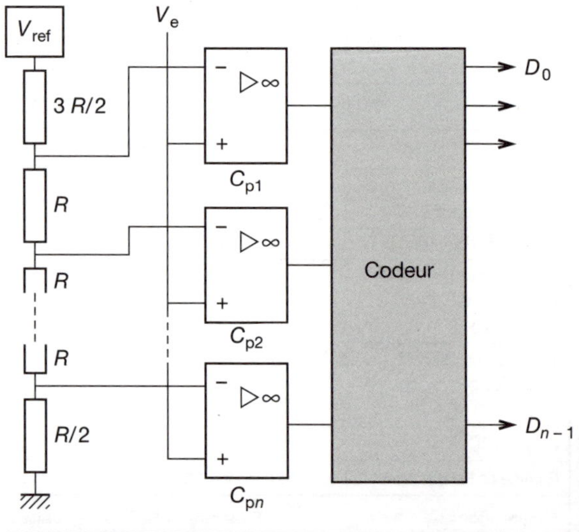

62 ■ 32 Convertisseurs série

Ce convertisseur vient élaborer une suite de valeurs successives grâce aux commutateurs S_{W1}, ..., S_{Wn} et aux résistances R. Il compare ensuite les différentes valeurs obtenues à V_e, au moment où une des valeurs appliquées est supérieure à V_e, le comparateur C_p bascule et impose un niveau bas à l'entrée « horloge » du compteur, ce qui le bloque. La sortie S indique la dernière valeur numérique N_1 bloquée lors de la mise en arrêt du compteur (N_1 est donné sur N bits).

62 ■ 33 Convertisseurs à pesées successives

Ce convertisseur est appelé ainsi puisqu'il fonctionne comme une balance. Le convertisseur, par l'unité des prépositions, impose une valeur égale à $\frac{2^n.q}{2}$ à une entrée du comparateur, si la réponse de celui-ci est positive, on vient rajouter $\frac{2^{n-1}.q}{2}$ à la valeur précédente. Nous réalisons encore le test, si la réponse est négative, nous venons soustraire $\frac{2^{n-2}.q}{2}$ à la valeur précédente. Cette opération est réitérée jusqu'à ce que les N bits de sortie soient tous affectés par un état logique.

■ Avantage : temps de conversion (t_c) constant.

EXEMPLE :

CAN 8 bits, il y a 8 pesées, $t_c = 8.T_H$.

Poids : 128, ± 64, ± 32, ± 16, ± 8, ± 4, ± 5, ± 1.

62 ■ 34 Convertisseurs double rampe

La tension E analogique à convertir est appliquée à l'entrée du générateur de rampe. Ce circuit intègre (première rampe) cette tension durant un temps prédéterminé. Un compteur mesure ce temps, soit N_1 impulsions. Ensuite la logique de commande commute l'entrée du générateur de rampe sur une tension de référence E_{ref} de polarité opposée à la tension E. La tension de sortie décroît linéairement (deuxième rampe) jusqu'à s'annuler. Un compteur mesure la durée de cette décroissance, soit N_2 impulsions.

La valeur de la tension E à convertir est donnée par la relation :

$$E_{ref} = V_e \frac{N_1}{N_2} \quad \text{soit} \quad N_2 = N_1 \frac{V_e}{E_{ref}}.$$

Dans ce type de convertisseur :

■ la première rampe est **à temps constant** ;

■ la seconde à **pente constante**.

STRUCTURE DES CONVERTISSEURS À RÉACTION

Convertisseur série

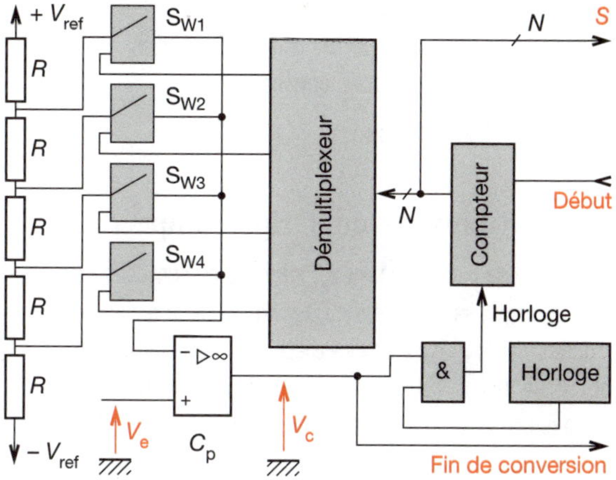

Convertisseur à pesées successives

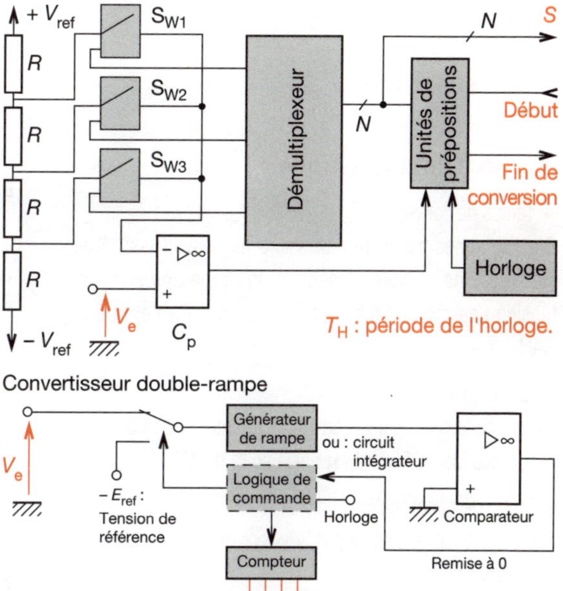

Convertisseur double-rampe

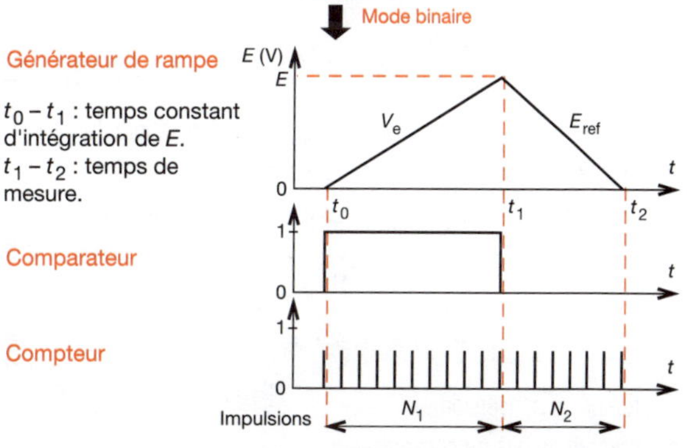

■ Caractéristiques technologiques

Le comparateur est à entrées BIFET ou BIMOS pour des raisons de faible courant de polarisation.

Le condensateur est à très faibles pertes diélectriques, nous prendrons un téflon ou un polypropylène.

■ Avantage : bonne précision.

62 ■ 35 Convertisseurs triple rampe

Le principe de fonctionnement est identique au convertisseur double rampe, sauf que lors du démarrage de la phase de croissance de V_{CM}, le comptage s'effectue en deux temps. Dans un premier temps, nous avons un comptage large avec S_{W2} fermé et une tension de référence V_{r1}, lorsque $V_{CM} = V_G$, S_{W2} s'ouvre et S_{W3} se ferme. Nous avons un comptage plus long et plus précis des faibles valeurs avec V_{r2}.

$$S\,(\text{binaire}) = 100\,n_1 + n_2\,.$$

n_1, n_2 : nombres binaires.

62 ■ 36 Caractéristiques

■ Temps de conversion T_c

C'est le temps minimum nécessaire au convertisseur pour stabiliser une donnée numérique en sortie après qu'une tension analogique stable ait été appliquée à l'entrée du CAN.

■ Erreur de linéarité

Elle se caractérise par l'écart maximal entre la courbe réelle et la droite idéale. Elle est exprimée en % de $\Delta V_{e\,max}$.

■ Erreur de quantification

Elle est souvent exprimée par la valeur efficace du signal ε_q qui représente cette erreur.

$$\varepsilon_q\,\text{eff} = \frac{q}{2\sqrt{3}}\,.$$

■ Vitesse maximale de variation de $V_e(t)$ admise par le convertisseur au cours d'une phase de conversion.

Pendant cette phase, le signal ne doit pas varier de plus de q.

$$\left(\frac{dV_e}{dt}\right)_{max} = \frac{\Delta V_{e\,max}}{2^n . T_c}\,.$$

T_c : temps de conversion.

n : nombre de bits du convertisseur.

CONVERTISSEUR TRIPLE RAMPE

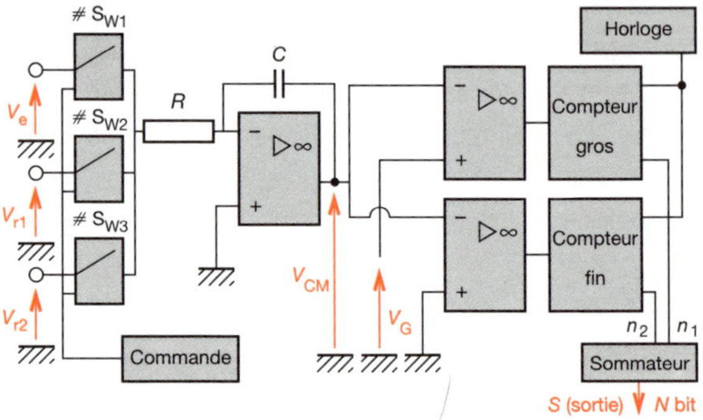

CHRONOGRAMMES

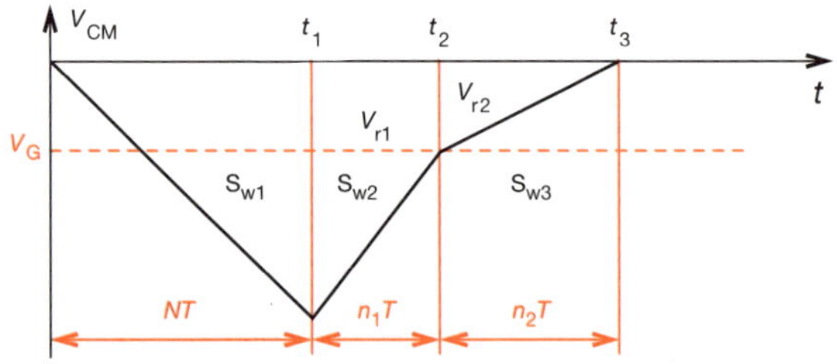

ERREURS DANS LES CONVERTISSEURS

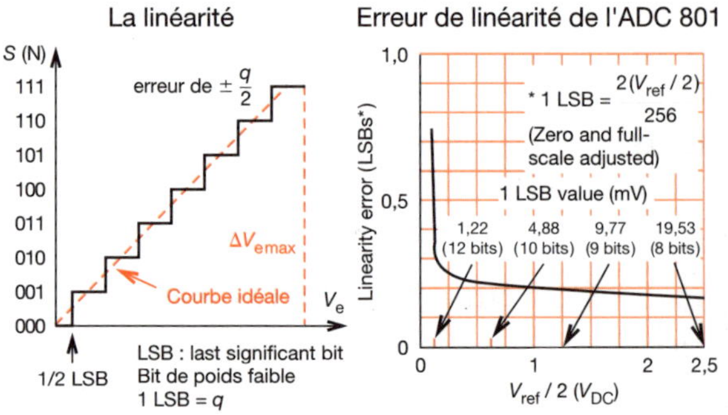

ERREUR DE QUANTIFICATION

PRÉCISION DES CONVERTISSEURS

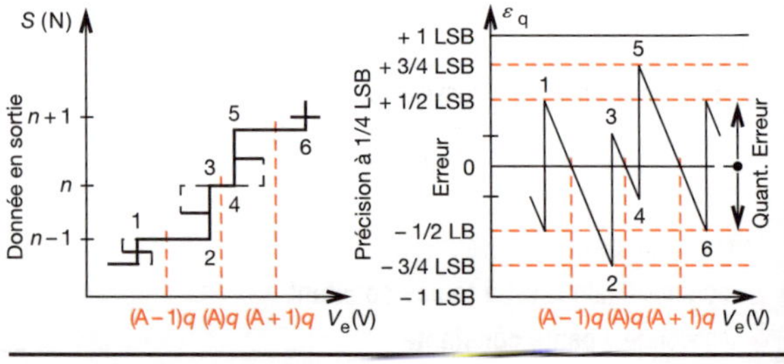

62 ■ 37 Convertisseur ADC 1225

■ Caractéristiques technologiques

Résolution : 12 bits.

Erreur de linéarité : ± 1/2 LSB (q) ou ± 1 LSB (q).

Temps de conversion : T_c : 100 µs.

Alimentation : A_{VCC} et D_{VCC} = 6,5 V ; V^- = – 0,3 V à – 15 V.

Faible consommation ≈ 25 mW.

■ Description des entrées sorties

- $V_{in}(+)$, $V_{in}(-)$: entrées positive et négative.
- V_{OS} : entrée permettant de régler le zéro.

■ Réglage du zéro

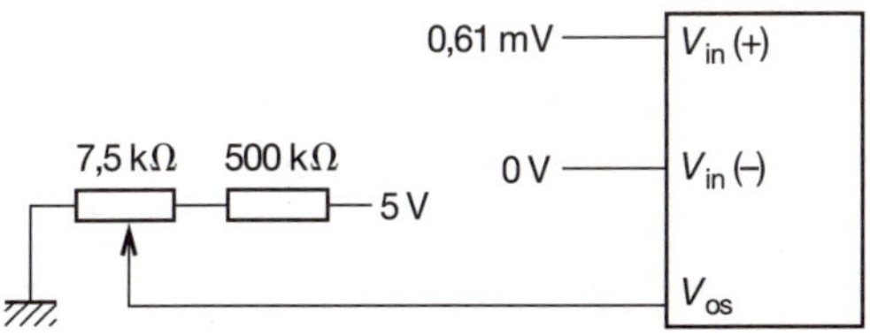

- D_{GND}, A_{GND} : masse analogique et masse numérique.
- D_{VCC}, A_{VCC} : alimentation positive numérique et analogique.
- CLK in : entrée horloge :

  f_{CLKmin} = 0,3 MHz ; f_{CLKmax} = 1,5 MHz.
- $\overline{CS}$: sélection du boîtier (entrée).
- $\overline{RD}$: demande de lecture.
- $\overline{WR}$: écriture.
- Ready out : indique que les données sont disponibles.
- $\overline{INT}$: à l'état bas que la conversion est finie, lors d'une demande de lecture ($\overline{RD}$), $\overline{INT}$ remonte à l'état haut.
- V_{ref} : permet de définir l'écart de tension maximal entre $V_{in}(+)$ et $V_{in}(-)$. La résistance d'entrée est égale à 4 kΩ.

Il est recommandé, pour mettre en œuvre le circuit, de découpler les alimentations avec des condensateurs de faible inductance au tantale de 1 µF.

62 ■ 38 Convertisseur ADC 0809

C'est un CAN 8 bits à 8 entrées multiplexées.

■ Caractéristiques technologiques.

- Résolution : 8 bits.
- Temps de conversion 100 µs (t_c).
- Sortie trois états bufferisées.
- Alimentation V_{CC} = 6,5 V.
- Impédance d'entrée de $V_{ref}(+)$ et $V_{ref}(-)$ = 2,5 kΩ.
- Linéarité : ± 1/2 q à 25 °C.

DIAGRAMME FONCTIONNEL DE L'ADC 1225

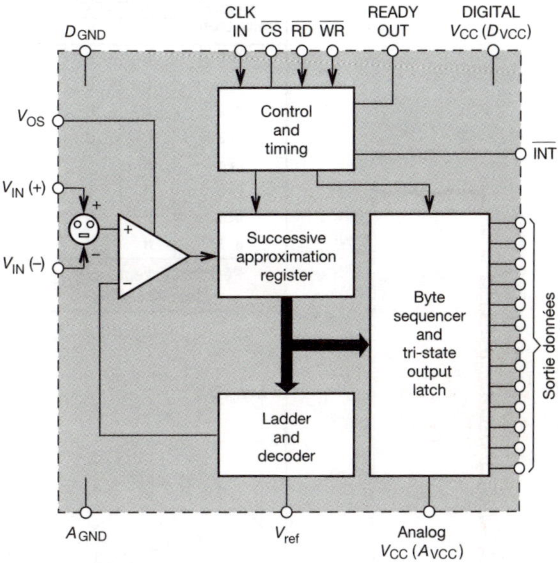

BROCHAGE

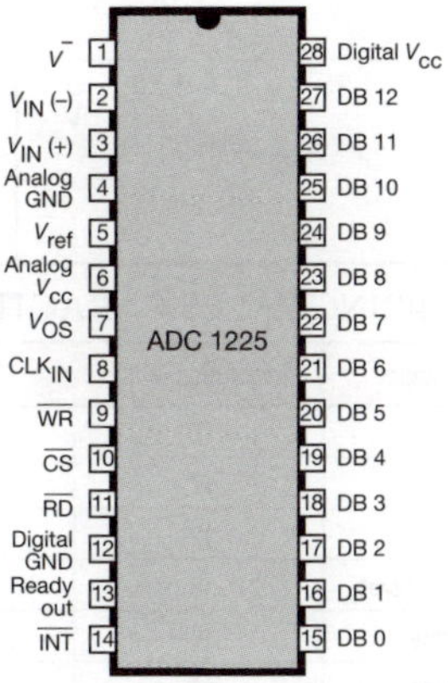

Lecture de la sortie

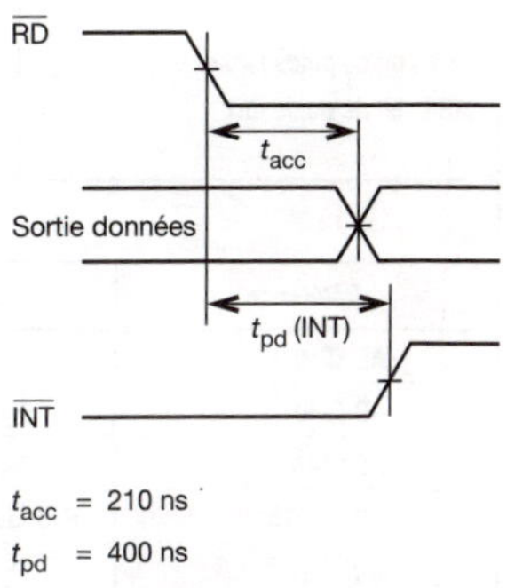

DIAGRAMME FONCTIONNEL DE L'ADC 0808 – 0809

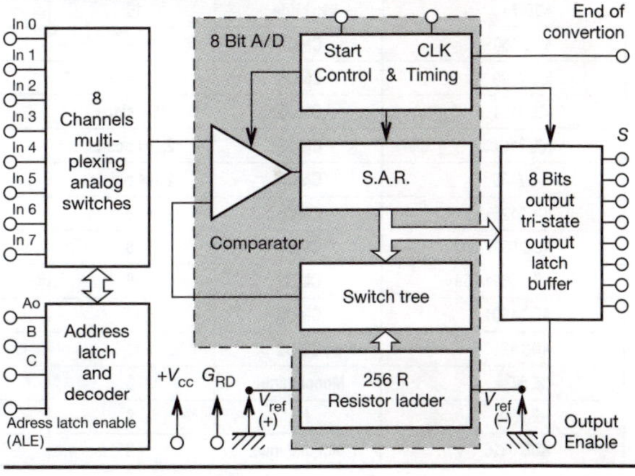

Brochage du ADC 0809	Adressage des entrées analogiques	Diagramme des temps (valeurs typiques)

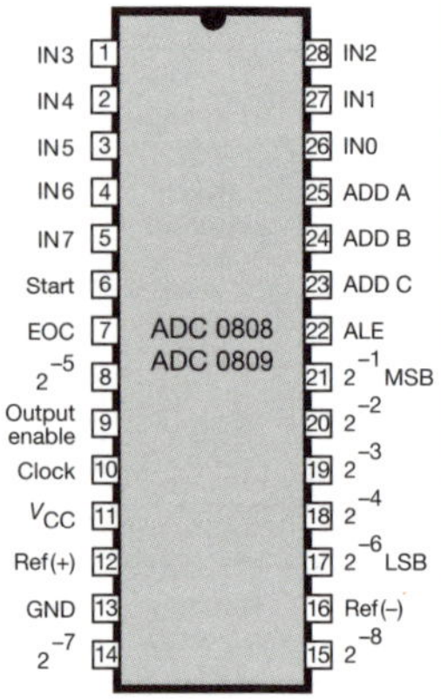

LSB : bit de poids faible.
MSB : bit de poids fort.

Selected Analog Channel	Lignes d'adresses		
	C	B	A
IN 0	L	L	L
IN 1	L	L	H
IN 2	L	H	L
IN 3	L	H	H
IN 4	H	L	L
IN 5	H	L	H
IN 6	H	H	L
IN 7	H	H	H

Résistance d'entrée (R_{on}) des entrées IN_X

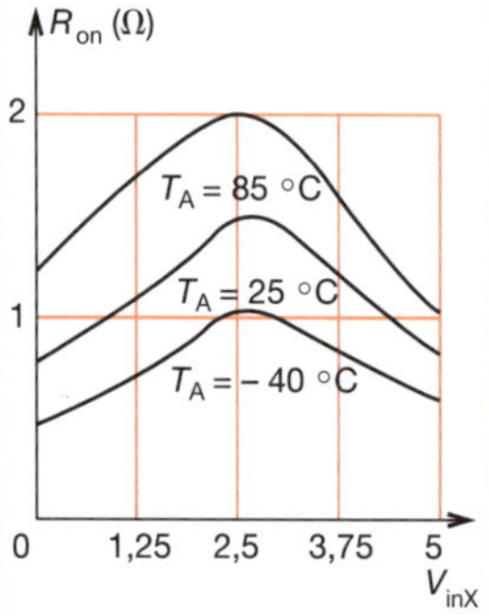

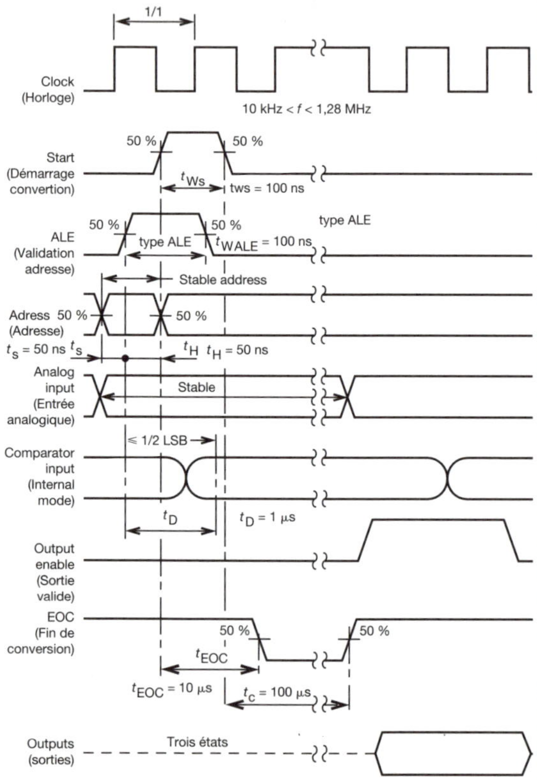

62 ■ 39 PRINCIPALES CARACTÉRISTIQUES DES CAN

Référence	Technologie	Résolution (bits)	T_c (µs)	Linéarité	Consommation (mW)	Constructeur
AD 5210	Hybride	12	13	± 0,5 q	575	Analog Device
AD 5240	Hybride	12	5	± 0,012 %	775	Analog Device
AD 574A	Hybride	12				Analog Device
ADC 73/731	Hybride + discret	16	170	± 0,00075 %		Burr-Brown
ADC 76	Hybride	16	15	± 0,003 %		Burr-Brown
ADC 10 HT	Hybride	12	50	± 0,012 %	250	Burr-Brown
ADC 72	Hybride	16	50	± 0,003 %		Burr-Brown
ADC 71	Hybride	16	50	± 0,003 %		Burr-Brown
ADC 0601	CMOS	8	100	± 0,25 *q*	6,5	Intersil
ICL 7109	CMOS	12 + signe	10^4	± 1 *q*	3,5	Intersil
ICL 7104	CMOS	16 + signe	$3{,}3.10^5$	± 1 *q*		Intersil
ICL 71C03	CMOS	2,104 points	$3{,}3.10^4$	± 1 *q*		Intersil
ICL 7135	CMOS	2,104 points	66.10^3	± 1 *q*	9	Intersil
ICL 7126	CMOS	2,103 points	330.10^3	± 1 *q*		Intersil
ADC 080L/804	CMOS	8	100	± 0,25 *q* / ± 1 *q*	10	National-SC
ADC 0831/838	CMOS	8	40/80	± 0,5 *q* / ± 1 *q*	15	National-SC
ADC 1001	CMOS	10	200	± 0,5 *q* / ± 1 *q*	10	National-SC
ADC 1210	CMOS	12	100	± 0,5 LSB	135	National-SC
NE 5034	Monolithique	8	17	± 0,5 *q*	220	Philips
NE 5036	I_2L	6	23	± 0,25 *q*	70	Philips
ADC 0816	Monolithique	8	100	± 0,5 *q*	15	Texas

63 Convertisseurs numériques analogiques

Un CNA traduit une entrée numérique N codée sur n bits en une grandeur de sortie analogique telle que :

$$V_s = q \cdot N + D.$$

q : quantum ou LSB (V).

N : grandeur numérique.

D : décalage en tension, offset (V).

63 ■ 1 Caractéristique des CNA

■ Temps de conversion (T_c)

C'est le temps minimum nécessaire à la stabilisation de V_s après une transition.

■ Résolution

Elle est donnée par la valeur du quantum q(V). La sortie V_s va augmenter de q lorsque N augmentera de « 1 ».

Si $D = 0$, alors $\quad V_s = q.N$.

■ Excursion

L'excursion E est la différence entre V_s donné pour N_{min} et V_s donné pour N_{max} si N est codé sur n bits : $N_{max} = 2^n - 1$.

$$E = q\,(2^n - 1).$$

■ Précision (accuracy)

ε_M est l'écart maximal entre la sortie théorique et la sortie réelle.

$$\text{Précision} = \frac{\varepsilon_M}{E} = \frac{\text{Erreur max}}{\text{Excursion}} \text{ en \%.}$$

■ Erreur de décalage (offset error)

La courbe moyenne réelle est décalée d'une grandeur (V_{ed}) constante par rapport à la courbe de réponse théorique. (Cette erreur est essentiellement due aux tensions de décalage et courants de fuite de partie analogique du CNA.)

■ Erreur de gain

La réponse théorique V_s et la réponse réelle n'ont pas la même pente.

$$V_{réelle} = K \cdot q \cdot N \qquad K = 1 + \Delta G.$$

ΔG est l'erreur de gain.

SYMBOLE

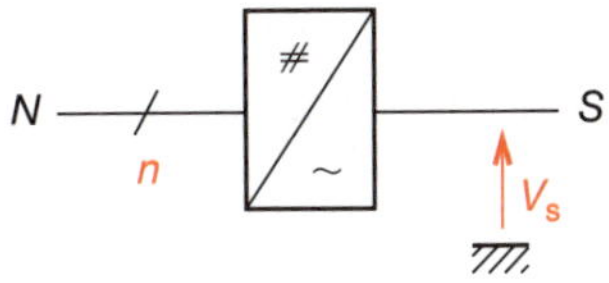

CARACTÉRISTIQUE IDÉALE D'UN CNA

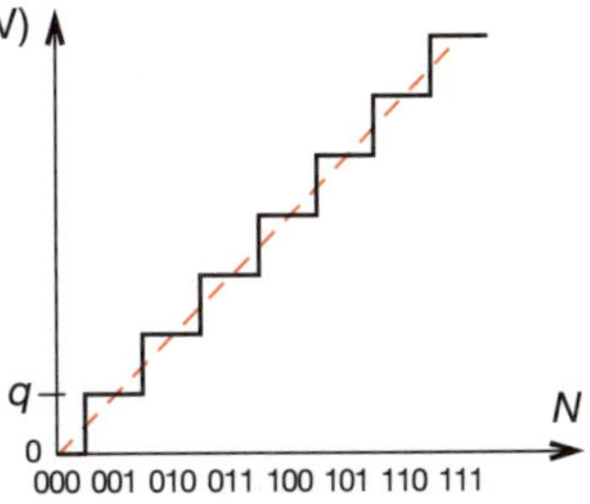

CARACTÉRISTIQUE AVEC UN OFFSET DE 1/2 LSB (q)

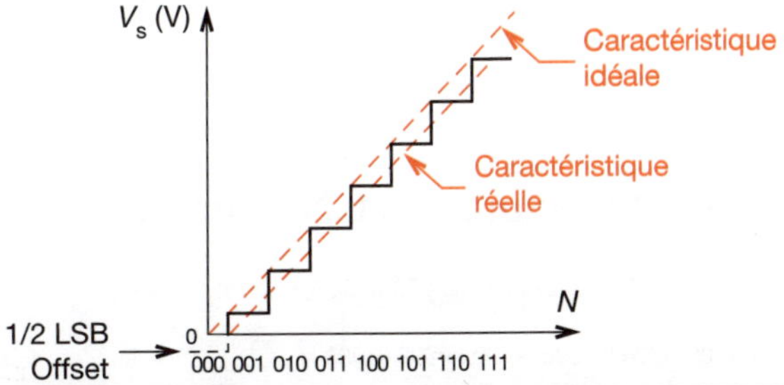

CARACTÉRISTIQUE AVEC UN DÉCALAGE DE 1 LSB

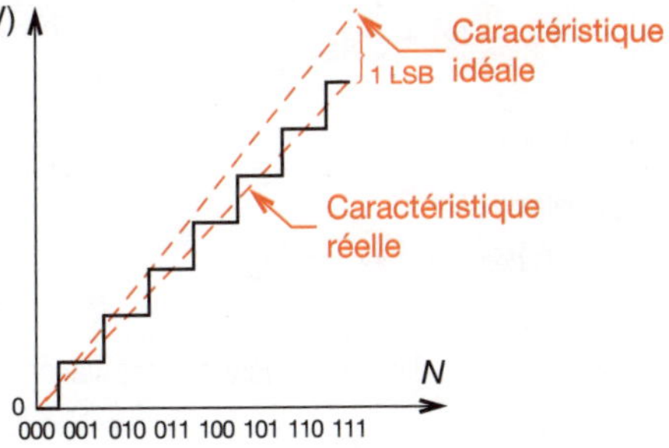

MONOTONICITÉ

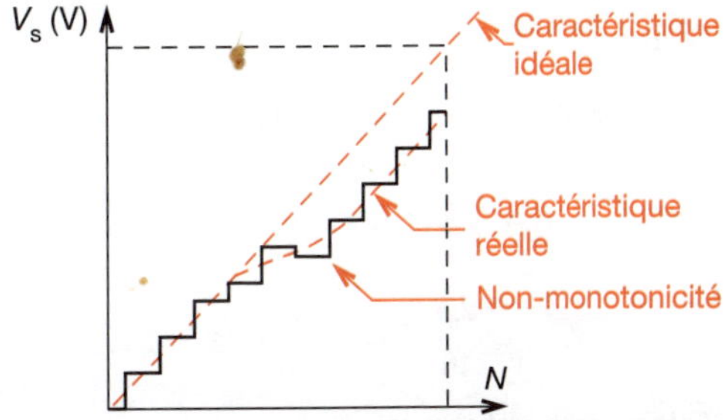

- Erreur de linéarité

C'est la variation autour de la sortie théorique de la sortie réelle. Cette erreur est donnée en LSB ou en %.

$$\varepsilon\,\% = \frac{\varepsilon_{q\,max}\,(V)}{E\,(V)} \times 100.$$

$\varepsilon_{q\,max}$: c'est l'erreur maximale entre la valeur théorique et la valeur réelle de N.

- Équation d'un CNA réel

$$V_s = q\,(1 + \Delta G)\,[a_0\,(1 + \Delta P_0) + 2\,a_1\,(1 + \Delta P_1) + \dots + 2^{n-1}\,a_{n-1}\,(1 + \Delta P_{n-1})]\,.$$

a_i : état du bit i.
ΔP_i : erreur de linéarité rapportée au bit i.

63 ■ 2 Structure des CNA directs

- Convertisseur à résistances pondérées

Pour un convertisseur 4 bits, nous avons :

$$V_s = -\,R\,I\,.$$

$$V_s = -\,V_{ref} \cdot \frac{1}{2}\left(a_3 + \frac{1}{2}\,a_2 + \frac{1}{4}\,a_1 + \frac{1}{8}\,a_0\right).$$

Inconvénients :

- Défauts de l'ALI.
- Défauts des commutateurs (R_{on}).
- Imperfection de V_{ref}.
- Obtention très difficile et chère des résistances R, $2R$, $4R$, $8R$, $16R$...

- Les réseaux R-$2R$

On a :

$$V_s = -\,2R\,(a_3\,i_3 + a_2\,i_2 + a_1\,i_1 + a_0\,i_0).$$

$$i_3 = \frac{V_{ref}}{4R}\,,\quad i_2 = \frac{V_{ref}}{8R}\,,\quad i_1 = \frac{V_{ref}}{16R}\,,\quad i_0 = \frac{V_{ref}}{32R}\,.$$

$$V_s = -\,\frac{V_{ref}}{16}\,(8a_3 + 4a_2 + 2a_1 + a_0)\,.$$

I débité par V_{ref} est constant.

DIFFÉRENTES NON-LINÉARITÉS

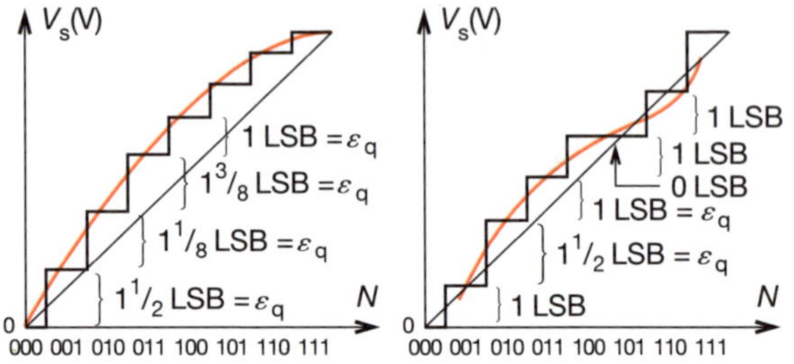

—— : caractéristique idéale.

CONVERTISSEUR À RÉSISTANCES PONDÉRÉES

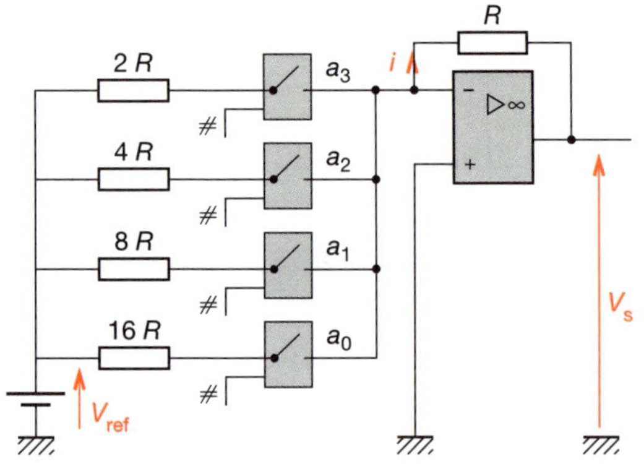

CONVERTISSEUR À RÉSEAU $R - 2R$

Convertisseur unipolaire

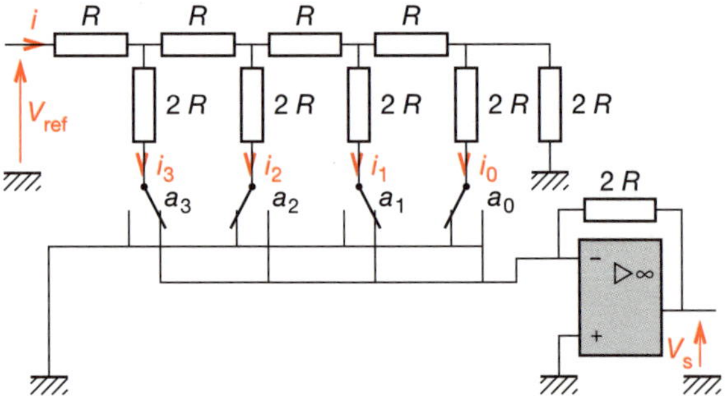

CONVERTISSEUR BIPOLAIRE (code binaire décalé)

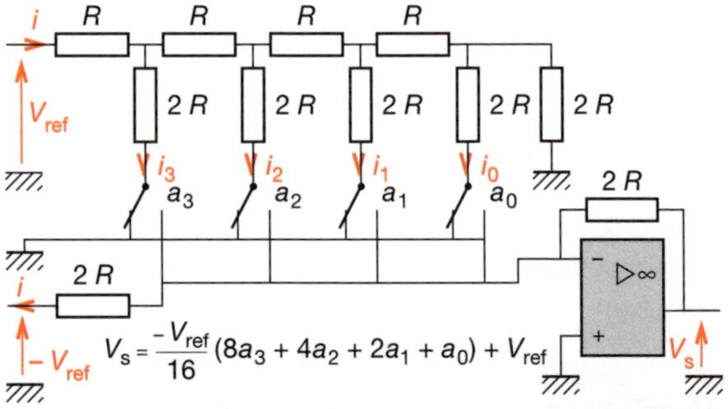

■ Convertisseur à échelle et miroirs de courant

Il s'agit ici d'une « échelle inversée ».
La résistance $R' = 4/3\ R$.

$$V_s = \frac{V_{ref}}{16}\,(8\,a_3 + 4\,a_2 + 2\,a_1 + a_0).$$

L'utilisation des miroirs de courant permet de rendre le système plus performant au niveau rapidité et précision.

■ Convertisseur à miroirs de courant

Dans les résistances, suivant la position des interrupteurs, sur V_{ref} ou sur V_{CC}, nous avons des miroirs de courant qui absorbent :

$\frac{I}{2}$, I, $2I$, $4I$.

$$V_s = \frac{V_{ref}}{16}\,(8\,a_3 + 4\,a_2 + 2\,a_1 + a_0).$$

REMARQUE :

Nous devons limiter le nombre de bits à 4, car l'augmentation du nombre de transistors dans les miroirs augmente les courants des bases et « dissymétrise » le montage.

63 ■ 3 Convertisseur DAC 800

C'est un convertisseur numérique analogique à 8 bits. La sortie est une sortie en courant, il faudra donc rajouter un convertisseur courant-tension à l'extérieur. Nous reconnaissons un convertisseur à échelle et miroir de courant.

■ Principales caractéristiques

- Tension d'alimentation : ± 18 V ou 36 V.
- T_c : 100 ns.
- Erreur maximale pleine échelle ± 1 LSB (q).
- Non-linéarité par rapport à la température ± 0,1 %.
- Consommation = 174 mW max.
- $V_{alim} = \pm\ 15$ V à $I_{ref} = 2$ mA.
- Directement compatible CMOS, TTL, sur les entrées numériques.
- Courant de référence $I_{ref} = 5$ mA (sur V_{ref} ±).
- Variation du courant de sortie par rapport à la température : ± 10 ppm/°C.
- Convertisseur unipolaire et bipolaire.

CONVERTISSEUR À ÉCHELLE

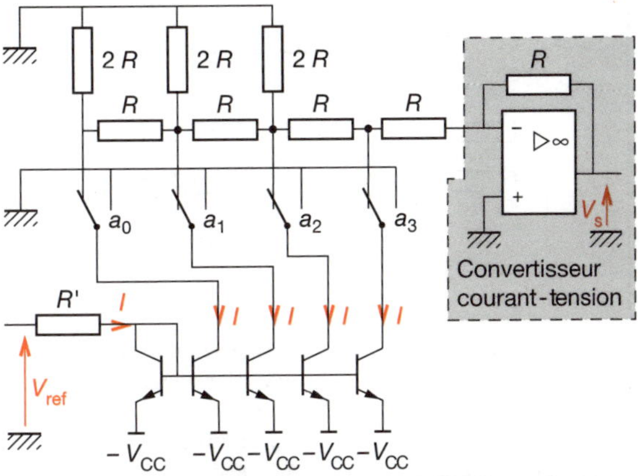

CONVERTISSEUR À MIROIRS DE COURANT

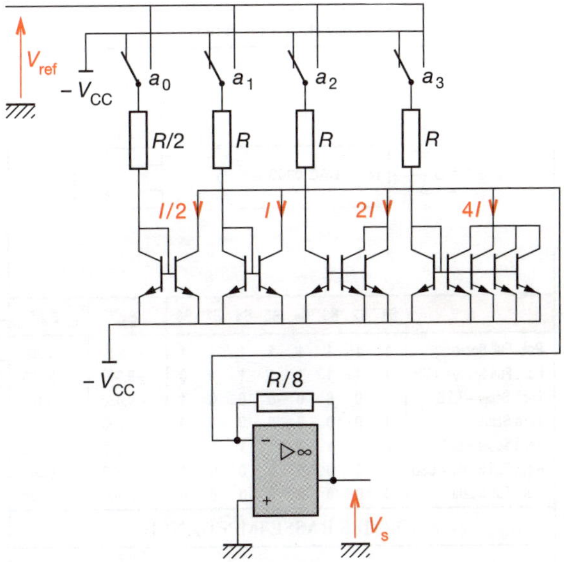

STRUCTURE DU DAC 800

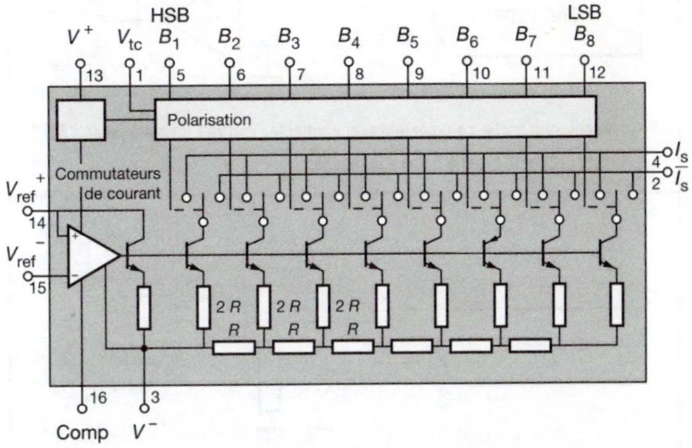

CÂBLAGE À RÉFÉRENCE POSITIVE DE BASE

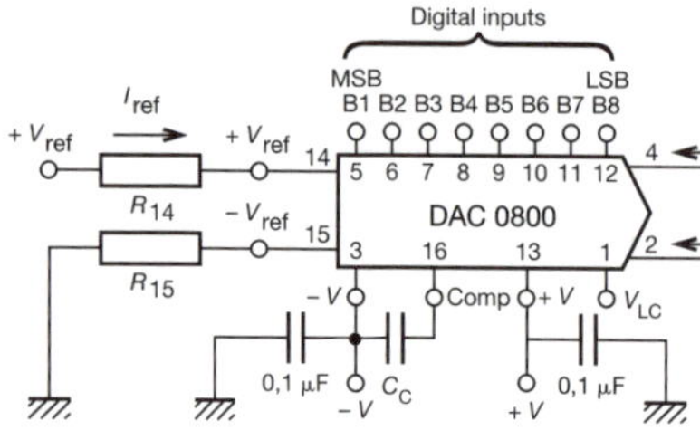

$$I_{FS} = \frac{+V_{ref}}{R_{ref}} \times \frac{255}{256}$$

$I_o + \overline{I_o} = I_{FS}$
pour tous les états logiques

En TTL, pour fixer la référence, les valeurs typiques sont :

V_{ref} = 10 V,
R_{ref} = 5 000 kΩ,
R_{15} = R_{ref},
C_C = 0,01 µF,
V_{LC} = 0 V (Ground).

BRANCHEMENT À SORTIE UNIPOLAIRE

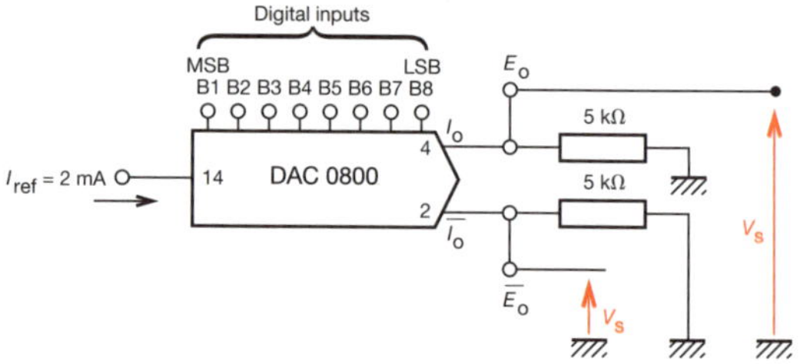

	B1	B2	B3	B4	B5	B6	B7	B8	I_o mA	$\overline{I_o}$ mA	E_o	$\overline{E_o}$
Full Scale	1	1	1	1	1	1	1	1	1,992	0,000	- 9,960	0,000
Full Scale - LSB	1	1	1	1	1	1	1	0	1,984	0,008	- 9,920	- 0,040
Half Scale + LSB	1	0	0	0	0	0	0	1	1,008	0,984	- 5,040	- 4,920
Half Scale	1	0	0	0	0	0	0	0	1,000	0,992	- 5,000	- 4,960
Half Scale - LSB	0	1	1	1	1	1	1	1	0,992	1,000	- 4,960	- 5,000
Zero Scale + LSB	0	0	0	0	0	0	0	1	0,008	1,984	- 0,040	- 9,920
Zero Scale	0	0	0	0	0	0	0	0	0,000	1,992	0,000	- 9,960

SORTIE BIPOLAIRE

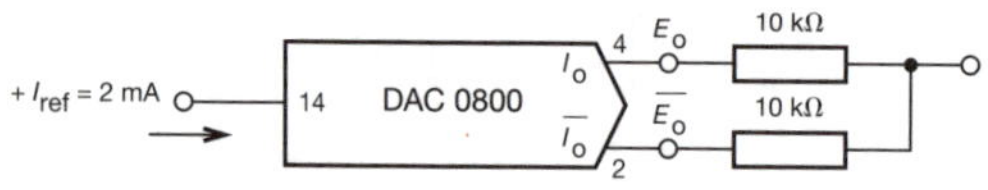

	B1	B2	B3	B4	B5	B6	B7	B8	E_o	$\overline{E_o}$
Pos. Full Scale	1	1	1	1	1	1	1	1	- 9,920	+ 10,000
Pos. Full Scale - LSB	1	1	1	1	1	1	1	0	- 9,840	+ 9,920
Zero Scale + LSB	1	0	0	0	0	0	0	1	- 0,080	+ 0,160
Zero Scale	1	0	0	0	0	0	0	0	0,000	+ 0,080
Zero Scale - LSB	0	1	1	1	1	1	1	1	+ 0,080	0,000
Neg. Full Scale + LSB	0	0	0	0	0	0	0	1	+ 9,920	- 9,840
Neg. Full Scale	0	0	0	0	0	0	0	0	+ 10,000	- 9,920

SORTIE EN BINAIRE DÉCALÉ

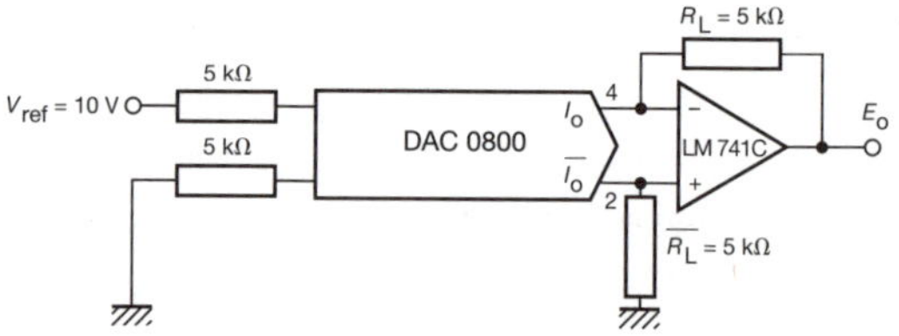

If $R_L = \overline{R_L}$ within ± 0,05 %, output is symmetrical about ground.

	B1	B2	B3	B4	B5	B6	B7	B8	E_o
Pos. Full Scale	1	1	1	1	1	1	1	1	+ 9,920
Pos. Full Scale - LSB	1	1	1	1	1	1	1	0	+ 9,840
(+) Zero Scale	1	0	0	0	0	0	0	0	+ 0,040
(-) Zero Scale	0	1	1	1	1	1	1	1	- 0,040
Neg. Full Scale + LSB	0	0	0	0	0	0	0	1	- 9,840
Neg. Full Scale	0	0	0	0	0	0	0	0	- 9,920

SORTIES BASSE IMPÉDANCE

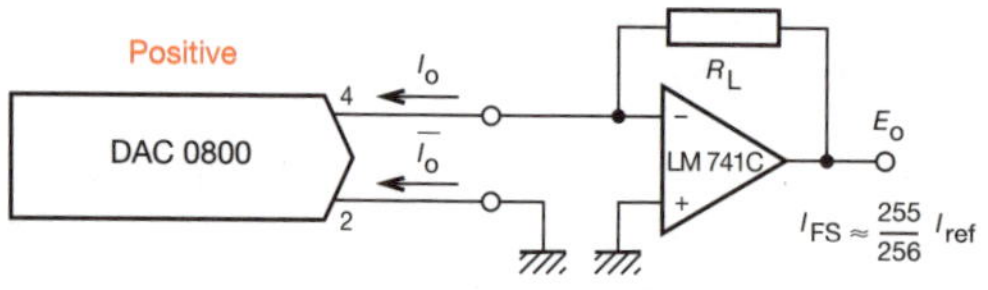

Pour obtenir une sortie complémentaire, connecter l'entrée inverseuse de l'ALI à la broche $\overline{I_o}$ (2) et la broche I_o (4) à la masse.

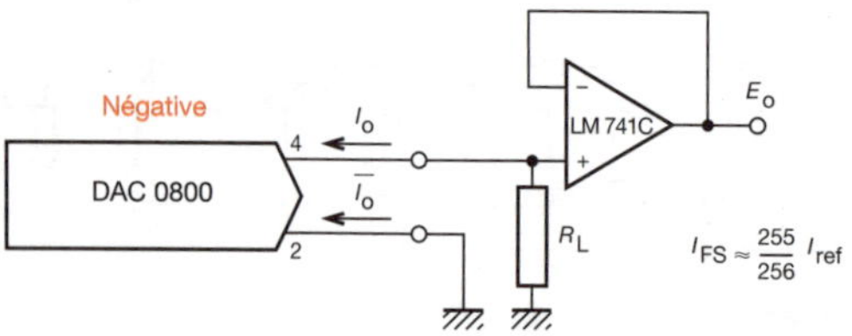

BROCHAGE

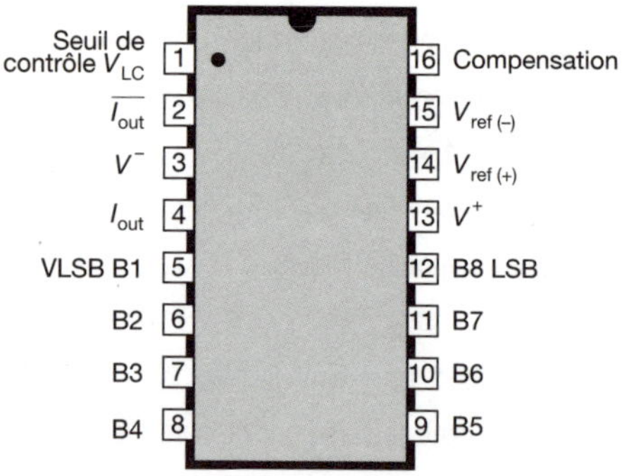

63 ■ 4 DAC 1208-1209

Caractéristiques

- **CNA 12 bits.**
- **Alimentation, 0, + 17 V.**
- **Tension applicable à V_{ref} : ± 25 V.**
- **Erreur de linéarité : 0,024 % de la pleine échelle.**
- **Entrées numériques compatibles TTL.**
- **Monotonicité sur les 12 bits.**
- **Temps de conversion T_c = 1 µs.**

Schéma de principe

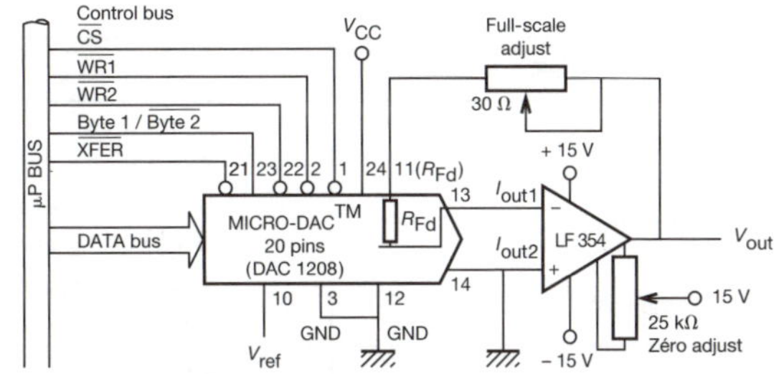

Brochage

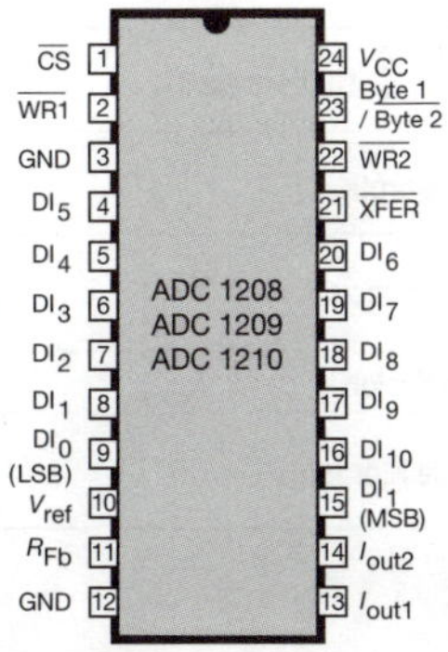

R_{fd} en interne ≈ 20 kΩ.

Chronogrammes

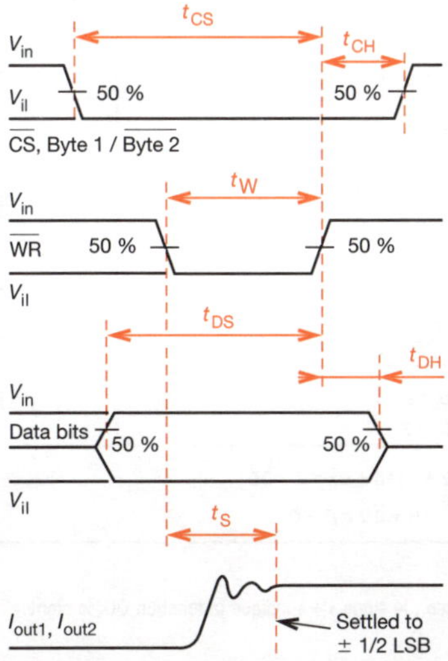

Structure interne hors partie analogique

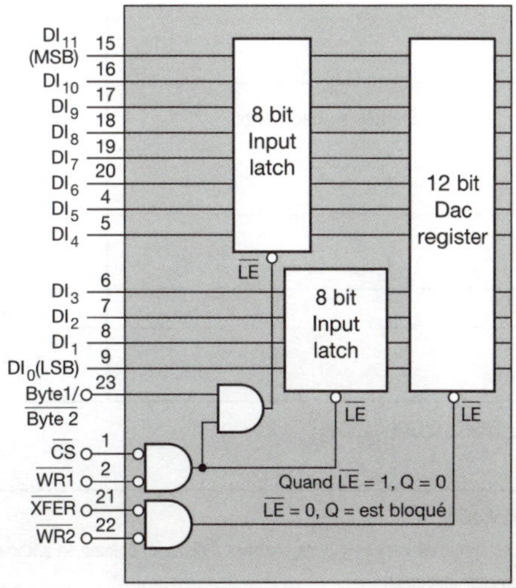

63 ■ 5 PRINCIPALES CARACTÉRISTIQUES DES CNA COURANTS

Référence	Technologie	Résolution (bit)	T_c (µs)	Linéarité	Consommation (mW)	Constructeur
ADDAC 100	Monolythique	10	0,375	± 0,05 %	250	Analog Device
AD 370	Hybride	12	25	± 0,5 *q*	150	Analog Device
AD 567	Monolythique	12	0,5	± 0,5 *q*	495	Analog Device
AD 7527	CMOS	10		± 0,5 *q*		Analog Device
AD 7545	CMOS	12		± 0,5 *q*	0,5	Analog Device
DAC 800	Monolythique	12	3	± 0,5 *q*		Burr Brown
DAC 63	Monolythique	12	0,035	± 0,5 *q*		Burr Brown
DAC 72	Hybride	16	5	± 0,003 %		Burr Brown
DAC 71	Hybride	16	5	± 0,003 %		Burr Brown
ICL 7134	CMOS	14	0,9	± 0,003 %	12	Intersil
AD 7541	CMOS	12	1	± 0,01 %	30	Intersil
AD 7521	CMOS	12	0,5	± 0,05 %	30	Intersil
AD 7520	CMOS	10	0,5	± 0,05 %	30	Intersil
AD 7523	CMOS	8	0,15	± 0,05 %	1,5 max	Intersil
DAC 0830	CMOS	8	0,5	± 0,05 %	30	National Semiconducteur
DAC 1000	CMOS	8	0,5	± 0,05 %	30	National Semiconducteur
DAC 1208	CMOS	12	1	± 0,012 %	30	National Semiconducteur
DAC 1280	Hybride	12	*I* = 0,3 ; *V* = 2,5	± 0,5 *q*	450	National Semiconducteur

64 Algèbre de Boole

Propriétés		Théorèmes
Commutativité	$a + b = b + a$ $a \cdot b = b \cdot a$	
Associativité	$(a + b) + c = a + (b + c)$ $(a \cdot b) \cdot c = a \cdot (b \cdot c)$	
Distributivité	$a \cdot (b + c) = (a \cdot b) + (a \cdot c)$ $a + (b \cdot c) = (a + b) \cdot (a + c)$	
Éléments neutres	$a + 0 = a$ $a \cdot 1 = a$	Des bornes universelles
Complémentation	$a + \bar{a} = 1$ $a \cdot \bar{a} = 0$	De non contradiction
	$a + a = a$ $a \cdot a = a$	$1 + 1 = 1$ $1 \cdot 0 = 1$ D'idempotence
Éléments absorbants	$a \cdot 0 = 0$ $a + 1 = 1$	$1 \cdot 0 = 0$ $0 + 1 = 1$ Du tiers exclus
	$a + (a \cdot b) = a$ $a \cdot (a + b) = a$	D'absorption
	$(\bar{\bar{a}}) = a$ $(\bar{\bar{\bar{a}}}) = \bar{a}$	D'involution
	$ab + a\bar{b} = a$	D'inclusion
	$\overline{a + b} = \bar{a} \cdot \bar{b}$ $\overline{a \cdot b} = \bar{a} + \bar{b}$	De de Morgan

EXEMPLES D'APPLICATIONS :

$$(a + b)(a + c) = a + bc$$
$$a + \bar{a}b = a + b$$

REMARQUE

Les symboles « + » et « . » ne sont pas utilisés ici comme en arithmétique ; le signe « + » indique la fonction OU, le signe « . » la fonction ET, et non une addition ou une multiplication.

Réduction par tableau de Karnaugh

Le tableau doit être construit de telle sorte qu'entre une case et les cases adjacentes une seule variable change d'état.

Pour chaque combinaison des variables, on note dans la case correspondante 1 ou 0 (1 si le terme est donné, 0 dans le cas contraire). Le principe de la simplification consiste pour une fonction exprimée sous forme de « somme de produits », à rechercher les groupements de 2, 4, 8 variables qui changent d'état.

cd \ ab	00	01	11	10
00				
01				
11				
10				

Tableau de Karnaugh à 4 variables

Exemple : soit à simplifier $f = \bar{a}b\bar{c} + ab\bar{c} + a\bar{b}c + abc$.

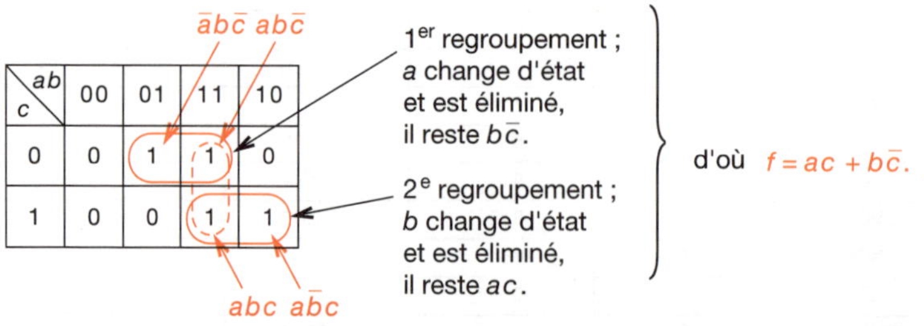

Pour éviter les aléas de continuité, effectuer des recouvrements (groupement en pointillé). $F = ac + b\bar{c} + ab$.

65 Opérateurs logiques

65 ■ 1 FONCTIONS LOGIQUES DE BASE

Colonnes : Table de vérité | Symboles | Exemples de circuits (TTL, MOS)

Fonction : OUI

a	L
0	0
1	1

$L = a$

Fonction : OUI

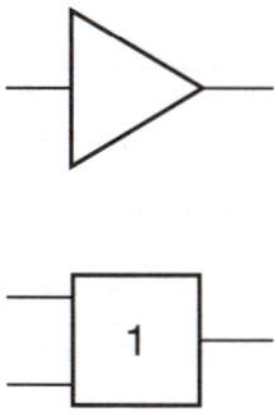

TTL — 7407 Six amplificateurs, C.O.
7417

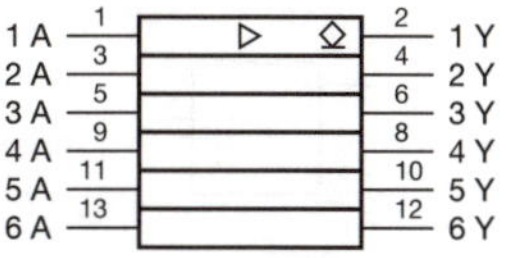

17 - Interface TTL - CMOS
Tension de sortie : 07 = 30 V, 17 = 15 V
Boîtier DIL 14 - V_{CC} 14 - GND 7

MOS — 4010 Six amplificateurs

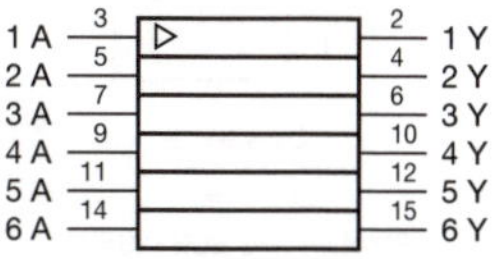

Boîtier DIL 16 - V_{DD} 16 - V_{SS} 8 - V_{CC} 1

Fonction : NON

a	L
0	1
1	0

$L = \bar{a}$

Fonction : NON

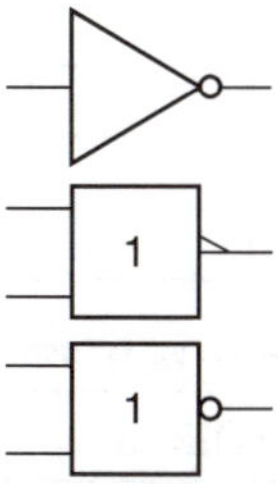

TTL — 7404 Six inverseurs

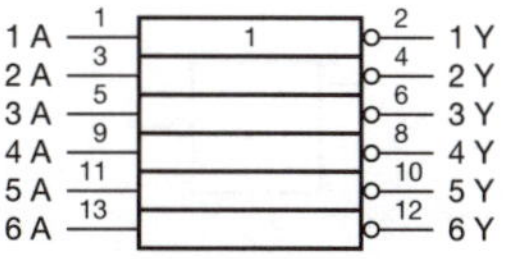

Boîtier DIL 14 - V_{CC} 14 - GND 7

MOS — 4049 Six amplificateurs-inverseurs convertisseurs CMOS-TTL

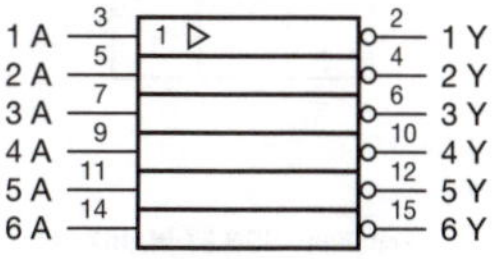

Sortance : 2 TTL Std ; 9 TTL LS
Boîtier DIL 16 - V_{DD} 1 - V_{SS} 8

Fonction : ET

a	b	L
0	0	0
0	1	0
1	0	0
1	1	1

$L = a . b$

Fonction : ET

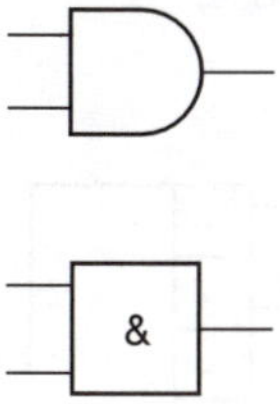

TTL — 7408 Quatre portes ET à 2 entrées

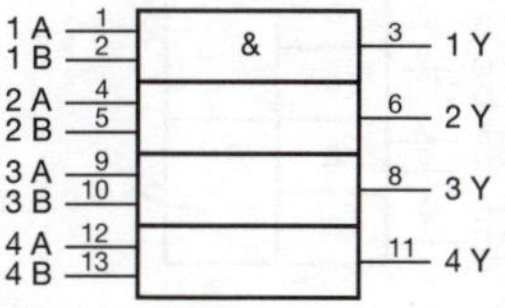

Boîtier DIL 14 - V_{CC} 14 - GND 7

MOS — 4081 Quatre portes ET à 2 entrées

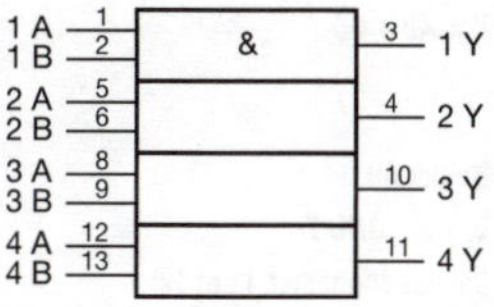

Boîtier DIL 14 - V_{DD} 14 - V_{SS} 7

Fonction : OU

a	b	L
0	0	0
0	1	1
1	0	1
1	1	1

$L = a + b$

Fonction : OU

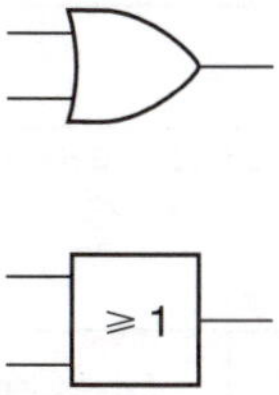

TTL — 7432 Quatre portes OU à 2 entrées

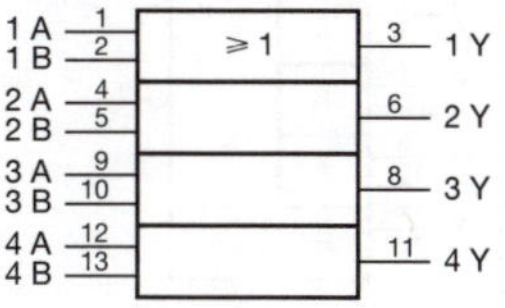

Boîtier DIL 14 - V_{CC} 14 - GND 7

MOS — 4071 Quatre portes OU à 2 entrées

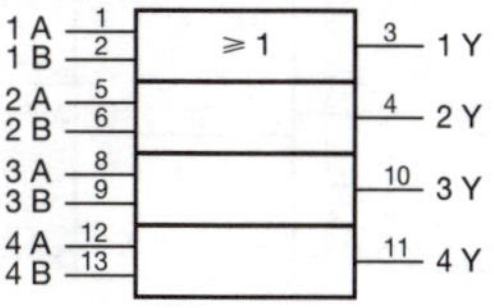

Boîtier DIL 14 - V_{DD} 14 - V_{SS} 7

Fonction : OU EX

a	b	L
0	0	0
0	1	1
1	0	1
1	1	0

$L = a \oplus b$

Fonction : OU EX

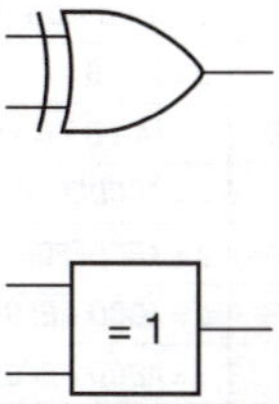

TTL — 7486 Quatre portes OU-EXCLUSIF à 2 entrées

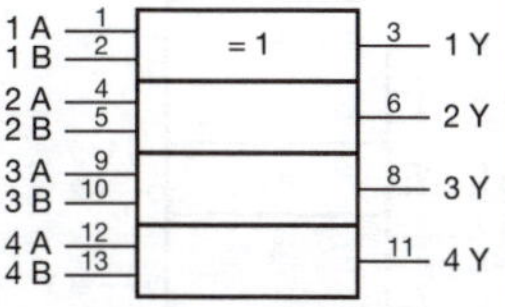

Boîtier DIL 14 - V_{CC} 14 - GND 7

MOS — 4030 Quatre portes OU EXCLUSIF à 2 entrées

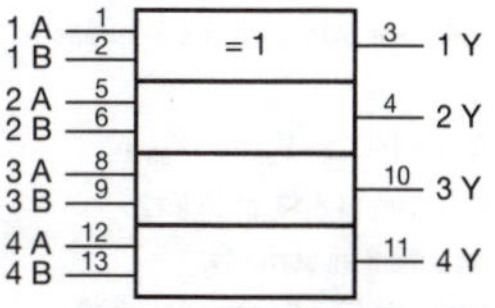

Boîtier DIL 14 - V_{DD} 14 - V_{SS} 7

65 ■ 1 FONCTIONS LOGIQUES DE BASE (SUITE)

Table de vérité	Symboles	Exemples de circuits – TTL	Exemples de circuits – MOS
(voir ci-dessous : NOR)		7402 Quatre portes OU-NON à 2 entrées	4001 Quatre portes OU-NON à 2 entrées
(voir ci-dessous : NAND)		7400 Quatre portes ET-NON à 2 entrées	4011 Quatre portes ET-NON à 2 entrées

a	b	L
0	0	1
0	1	0
1	0	0
1	1	0

$L = \overline{a + b}$

$L = \bar{a}.\bar{b}$

Fonction : OU NON (NOR)

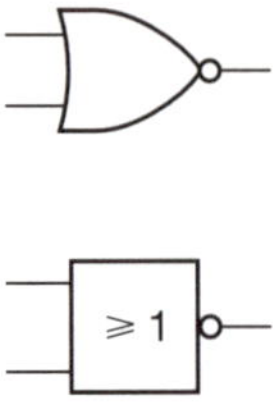

7402 Quatre portes OU-NON à 2 entrées

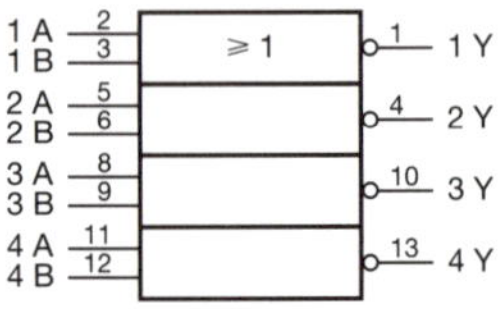

Boîtier DIL 14 - V_{CC} 14 - GND 7

4001 Quatre portes OU-NON à 2 entrées

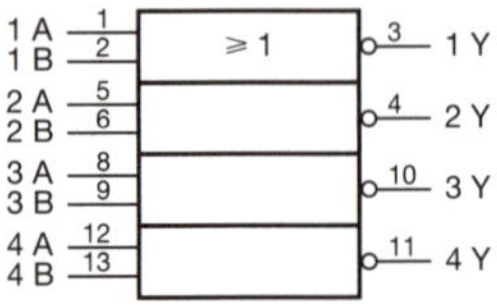

Boîtier DIL 14 - V_{DD} 14 - V_{SS} 7

a	b	L
0	0	0
0	1	1
1	0	1
1	1	1

$L = \overline{a.b}$

$L = \bar{a} + \bar{b}$

Fonction : NON ET (NAND)

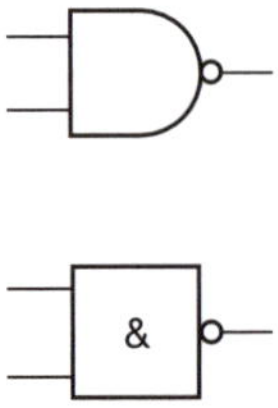

7400 Quatre portes ET-NON à 2 entrées

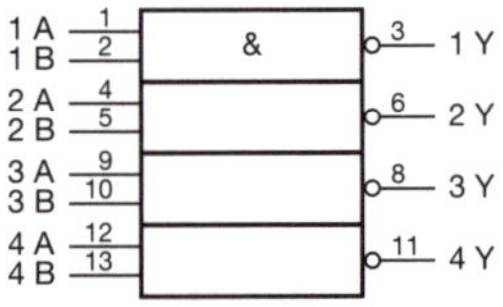

Boîtier DIL 14 - V_{CC} 14 - GND 7

4011 Quatre portes ET-NON à 2 entrées

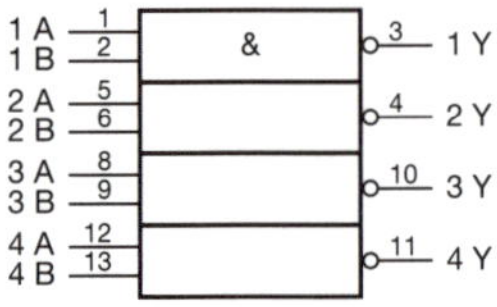

Boîtier DIL 14 - V_{SS} 7 - V_{DD} 14

65 ■ 2 CIRCUITS COMBINATOIRES

7451 Deux portes ET-OU-NON à 2 × 2 entrées

$Y = \overline{AB + CD}$

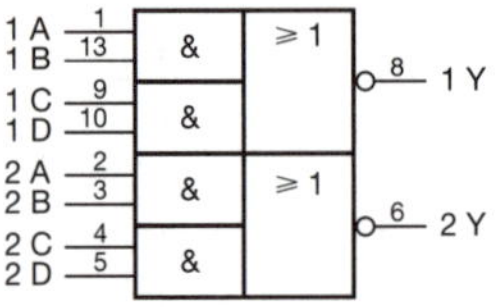

Boîtier DIL 14

V_{CC} 14 - GND 7

(ne pas connecter 11 et 12)

7460 Deux expanseurs à 4 entrées

7453 Une porte OU-NON avec 4 ET à 2 entrées

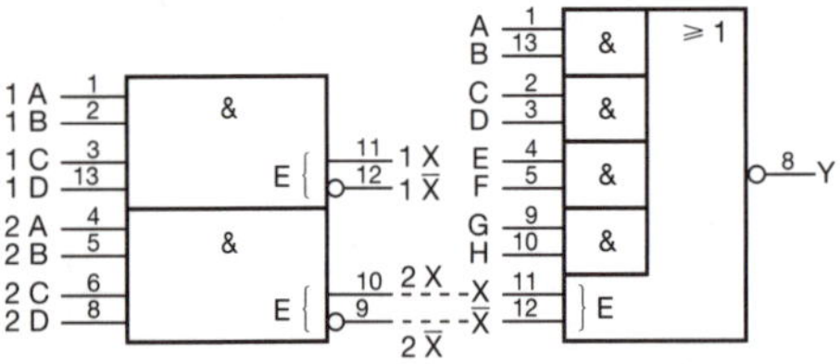

7460 7453

$X = \overline{ABCD}$ $Y = \overline{AB + CD + EF + GH + X}$

Boîtier DIL 14 - V_{CC} 14 - GND 7

4501 Deux portes ET-NON à 4 entrées

Une porte OU/OU-NON à 2 entrées

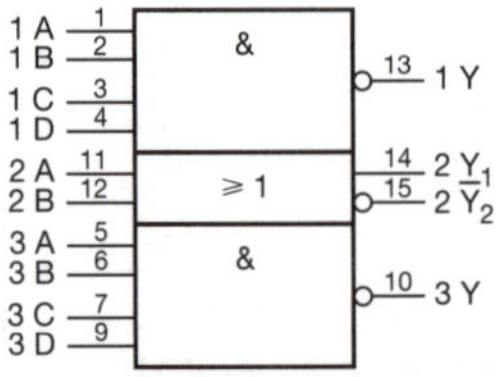

Boîtier DIL 16 - V_{DD} 16 - V_{SS} 8

En reliant 11 à 13, et 10 à 12, on obtient en sortie 14, une porte ET à 8 entrées et en 15 une porte ET.NON à 8 entrées.

4086 Porte ET/OU-NON à 4 × 2 entrées

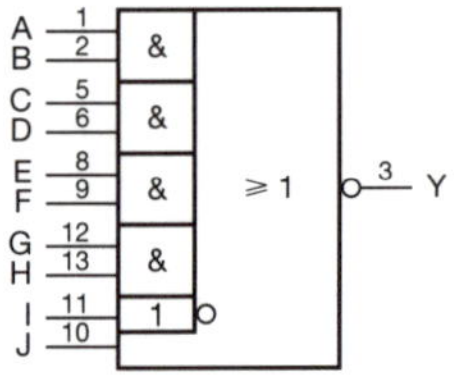

$Y = \overline{A.B + C.D + E.F + G.H + \bar{I} + J}$

Boîtier DIL 14

V_{DD} 14 - V_{SS} 7

4048 Porte multifonction expansible à 8 entrées

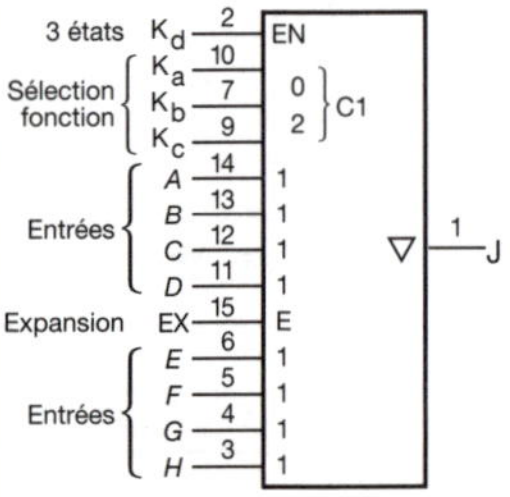

Boîtier DIL 16

V_{DD} 16 - V_{SS} 8

Fonction de sortie	Expression booléenne	Ka	Kb	Kc	Entrées inutilisées
NOR	$J = \overline{A + B + C + D + E + F + G + H}$	0	0	0	V_{SS}
OR	$J = A + B + C + D + E + F + G + H$	0	0	1	V_{SS}
OR/AND	$J = (A + B + C + D).(E + F + G + H)$	0	1	0	V_{SS}
OR/NAND	$J = \overline{(A + B + C + D).(E + F + G + H)}$	0	1	1	V_{SS}
AND	$J = ABCDEFGH$	1	0	1	V_{DD}
NAND	$J = \overline{ABCDEFGH}$	1	0	1	V_{DD}
AND/NOR	$J = \overline{ABCD + EFGH}$	1	1	0	V_{DD}
AND/OR	$J = ABCD + EFGH$	1	1	1	V_{DD}

Kd = 0 - sorties « haute impédance ». Entrée d'expansion = 0.

66 Codage

66 ▪ 1 Convention

Par convention, l'écriture d'un nombre N s'effectue par la juxtaposition de chiffres possédant chacun un poids défini comme étant une puissance entière de la base de numération. Soit :

$$N = a_{n-1}B^{n-1} + a_{n-2}B^{n-2} + \ldots\ a_0B^0 + a_{-1}B^{-1} + \ldots\ a_{-(m+1)}B^{-(m+1)}$$

- Les coefficients a sont des chiffres de l'alphabet numérique.
- B est la base de numération, exprimée en décimal.

Lorsque $B = 2$ (chiffres 0 et 1), le mode de représentation est nommé **binaire naturel**.

EXEMPLE :

$241{,}5_{(10)} = (2 \times 10^2) + (4 \times 10^1) + (1 \times 10^0) + (5 \times 10^{-1})$.

66 ▪ 2 Conversions de codes

66 ▪ 21 Conversion en décimal

Pour **convertir un nombre d'une base quelconque en son équivalent décimal**, on le développe en somme de puissances de la base.

EXEMPLE :

Soit à convertir en décimal le nombre $1011{,}01_{(2)}$:

$1011{,}01_{(2)} = (2^3 + 0\times2^2 + 1\times2^1 + 1\times2^0 + 0\times2^{-1} + 1\times2^{-2}$
$= \mathbf{11{,}25_{(10)}}$.

66 ▪ 22 Conversion en base quelconque

Pour **convertir un nombre décimal en une base quelconque** on divise le nombre par la base, puis le quotient ainsi obtenu par la base, etc. Le nombre cherché est donné par les restes successifs.

EXEMPLE :

Soit à coder en binaire le nombre $36{,}07_{(10)}$:

36 | 2 → 16 | 18 → reste **0**
18 | 2 → reste **0** | 9
9 | 2 → reste **1** | 4
4 | 2 → reste **0** | 2
2 | 2 → reste **0** | 1

Sens de lecture

$\mathbf{36_{(10)} = 100100_{(2)}}$

Pour la partie fractionnaire, il faut multiplier cette partie par la base. Le nombre cherché est donné par la partie entière du produit.

Soit : $0{,}07_{(10)}$

0,07 × 2 = **0**,14
0,14 × 2 = **0**,28
0,28 × 2 = **0**,56
0,56 × 2 = **1**,12

Sens de lecture

$\mathbf{36{,}07_{(10)} = 100100{,}0001_{(2)}}$

66 ▪ 23 Conversion binaire en octal

On divise le nombre binaire en tranches de 3 bits que l'on convertit en octal par simple sommation pondérée.

EXEMPLE :

Binaire	101	110	001
Octal	5	6	1
Transformation inverse			
Octal	7	6	3
Binaire	111	110	011

66 ▪ 24 Conversion binaire en hexadécimal

On divise le nombre binaire en tranches de 4 bits et l'on effectue la sommation pondérée.

EXEMPLE :

Binaire	1101	1001	0011
Hexadécimal	D	9	3
Transformation inverse			
Hexadécimal	E	9	4
Binaire	1110	1001	1010

66 ▪ 25 Conversion du binaire naturel en binaire réfléchi

Pour trouver l'expression d'un nombre binaire dans le code réfléchi, on l'additionne **sans retenue** avec lui-même en le décalant d'un rang vers la gauche et on abandonne le chiffre du plus petit poids.

EXEMPLE :

7 en binaire naturel vaut 111

Conversion 111
+ 111
1001 (dernier 1 barré)   7 en binaire réfléchi est 100

REMARQUE :

Les règles de l'arithmétique binaire ne s'appliquent plus au binaire réfléchi. Il faut dans ce cas convertir le BR en BN.

66 ▪ 26 Conversion du binaire réfléchi en binaire naturel (BR en BN)

On part de **gauche à droite** et on transcrit le chiffre tel quel, **ou** on le remplace par son complément si le chiffre précédent, obtenu de l'équivalent binaire naturel, est 1.

EXEMPLES :

13 en BR est 1011, conversion 1011 BR
↓↓↓↓
1101 BN

Pour 8, on aura : 1100 BR
↓↓↓↓
1000 BN.

66 ■ 3 EXEMPLES DE CODES

N	Codes 2 parmi 5	Code + 3 XS3
0	11000	00011
1	00011	00100
2	00101	00101
3	00110	00110
4	01001	00111
5	01010	01000
6	01100	01001
7	10001	01010
8	10010	01011
9	10100	01100

N	Binaire pur $2^3 2^2 2^1 2^0$	Binaire réfléchi ou code Gray	Binaire signé signe $2^2 2^1 2^0$	Complément à 1 signe $2^2 2^1 2^0$	Complément à 2 signe $2^2 2^1 2^0$
+ 7	111	0100	0 111	0 111	0 111
+ 6	110	0101	0 110	0 110	0 110
+ 5	101	0111	0 101	0 101	0 101
+ 4	100	0110	0 100	0 100	0 100
+ 3	11	0010	0 011	0 011	0 011
+ 2	10	0011	0 010	0 010	0 010
+ 1	1	0001	0 001	0 001	0 001
+ 0	0	0000	0 000	0 000	0 000
- 0	Non codé	Non codé	1 000	1 111	0 000
- 1			1 001	1 110	1 111
- 2			1 010	1 101	1 110
- 3			1 011	1 100	1 101
- 4	Non codé	Non codé	1 100	1 011	1 100
- 5			1 101	1 010	1 011
- 6			1 110	1 001	1 010
- 7			1 111	1 000	1 001
- 8					1 000

66 ■ 4 CODE HEXADÉCIMAL

6		5		4		3		2		1	
H	D	H	D	H	D	H	D	H	D	H	D
0	0	0	0	0	0	0	0	0	0	0	0
1	1 048 576	1	65 536	1	4 096	1	256	1	16	1	1
2	2 097 152	2	131 072	2	8 192	2	512	2	32	2	2
3	3 145 728	3	196 608	3	12 288	3	768	3	48	3	3
4	4 194 304	4	262 144	4	16 384	4	1 024	4	64	4	4
5	5 242 880	5	327 680	5	20 480	5	1 280	5	80	5	5
6	6 291 456	6	393 216	6	24 576	6	1 536	6	96	6	6
7	7 340 032	7	458 752	7	28 672	7	1 792	7	112	7	7
8	8 388 608	8	524 288	8	32 768	8	2 048	8	128	8	8
9	9 437 184	9	589 824	9	36 864	9	2 304	9	144	9	9
A	10 485 760	A	655 360	A	40 960	A	2 560	A	160	A	10
B	11 534 336	B	720 896	B	45 056	B	2 816	B	176	B	11
C	12 582 912	C	786 432	C	49 152	C	3 072	C	192	C	12
D	13 631 488	D	851 968	D	53 248	D	3 328	D	208	D	13
E	14 680 064	E	917 504	E	57 344	E	3 584	E	224	E	14
F	15 728 640	F	983 040	F	61 440	F	3 840	F	240	F	15
Octet 3				Octet 2				Octet 1			

Pour convertir de l'hexadécimal en décimal, on localise chaque digit hexadécimal et son équivalent décimal, et l'on fait la somme des équivalents.

EXEMPLE :

D3A2 = 53248 + 768 + 160 + 2 = 54178

(prendre 2 colonne 1, A colonne 2, etc.).

Pour passer du décimal à l'hexadécimal :

- Rechercher la plus forte valeur décimale possible et revenir à son équivalent hexadécimal.
- Faire ensuite la différence : valeur décimale d'origine – valeur décimale trouvée.
- Continuer de la même façon avec chaque reste successif.

EXEMPLE : $624_{(10)}$ = 512 + 112 + 0

$624_{(10)}$ 2 7 0

$624_{(10)}$ = $270_{(6)}$

H = hexadécimal. D = décimal. Octet = 8 bits (binaires).

66 ■ 5 CODE DE CARACTÈRES ASCII (American Standard Code for Information Interchange)

b7 →					0	0	0	0	1	1	1	1
b6 →					0	0	1	1	0	0	1	1
b5 →					0	1	0	1	0	1	0	1
b4	b3	b2	b1	Colonne / Ligne	0	1	2	3	4	5	6	7
0	0	0	0	0	NUL	DLE	SP	0	@	P	,	p
0	0	0	1	1	SOH	DC1	1	1	A	Q	a	q
0	0	1	0	2	STX	DC2	«	2	B	R	b	r
0	0	1	1	3	ETX	DC3	#	3	C	S	c	s
0	1	0	0	4	EOT	DC4	$	4	D	T	d	t
0	1	0	1	5	ENQ	NAK	%	5	E	U	e	u
0	1	1	0	6	ACK	SYN	&	6	F	V	f	v
0	1	1	1	7	BEL	ETB	'	7	G	W	g	w
1	0	0	0	8	BS	CAN	(	8	H	X	h	x
1	0	0	1	9	HT	EM	)	9	I	Y	i	y
1	0	1	0	A	LF	SUB	*	:	J	Z	j	z
1	0	1	1	B	VT	ESC	÷	;	K	[	k	{
1	1	0	0	C	FF	FS	,	<	L	\	l	/
1	1	0	1	D	CR	GS	.	=	M	J	m	}
1	1	1	0	E	SO	RS	,	>	N	Δ	n	~
1	1	1	1	F	SI	US	/	?	O	O	o	DEL

Nul	Nul
SOH	Début d'en-tête
STX	Début de texte
ETX	Fin de texte
EOT	Fin de transmission
ENQ	Interrogation
ACK	Acquittement
BEL	Sonnerie ou Alarme
BS	Espacement arrière
HT	Tabulation horizontale
LF	Changement de ligne
VT	Tabulation verticale
FF	Alimentation papier
CR	Retour de chariot
SO	Changement de type de caractères
SI	Changement de type de caractères
DLE	Échappement de liaison de données
DCl	Contrôle dispositif 1
DC2	Contrôle dispositif 2
DC3	Contrôle dispositif 3
DC4	Contrôle dispositif 4
NAF	Acquittement négatif
SYN	Synchronisation au repos
ETB	Bloc de fin de transmission
CAN	Annuler
EM	Fin de support
SUB	Remplacer
ESC	Échappement
FS	Séparateur de fichiers
GS	Séparateur de groupes
RS	Séparateur d'enregistrements
US	Séparateur d'unités
SP	Espace
DEL	Effacement

Pour composer le code d'un caractère sur 7 bits, on place les bits correspondants notés b1 à b7 dans l'ordre : b7, b6, b5, b4, b3, b2, b1.

EXEMPLE : D se code 1000100 soit 44 en base 16 ; j se code 1101010 soit 6A en base 16.

67 Codage et détection de l'erreur

67 ■ 1 CODE DE PARITÉ

Il est essentiellement utilisé dans les transmissions de type série. Il consiste en l'adjonction d'un bit supplémentaire dit de parité à chaque émission d'un ensemble de sept à huit bits.

ÉMISSION, RÉCEPTION

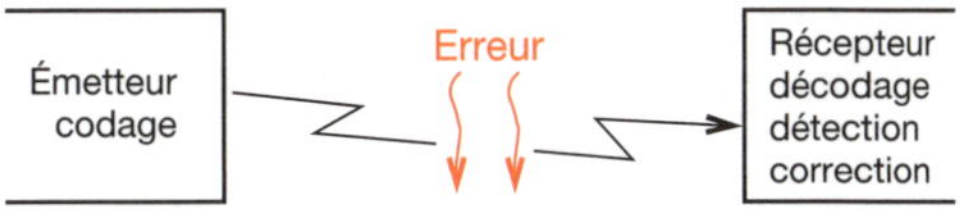

CODAGE DU MESSAGE

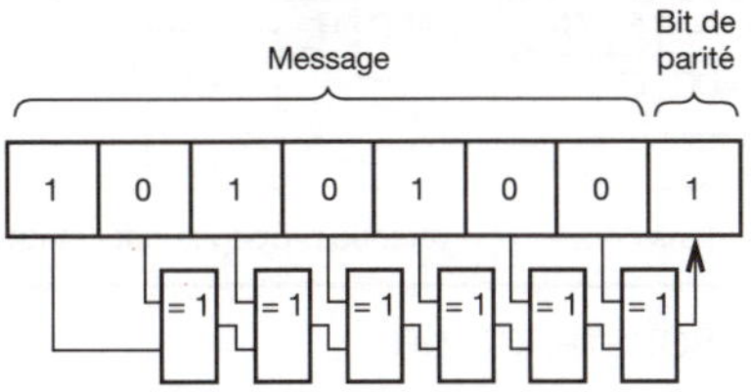

La parité de l'ensemble est paire, quatre bits à 1 (bit de parité compris).

DÉCODAGE ET DÉTECTION

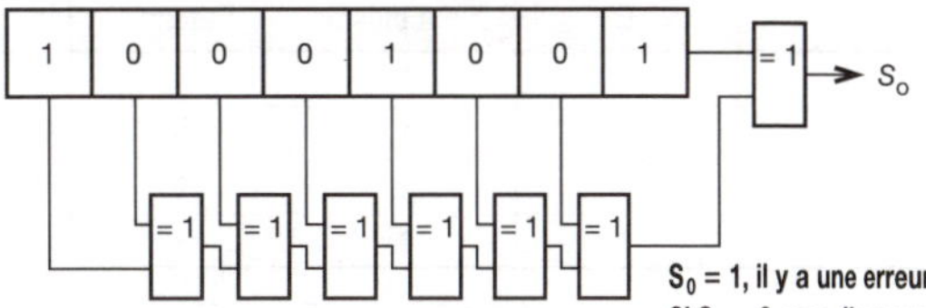

$S_0 = 1$, il y a une erreur.
Si $S_0 = 0$, pas d'erreur.

⚠ Ce système permet de détecter une erreur sans corriger.

67 ■ 2 CODAGE DÉTECTION ET CORRECTION PAR CODE DE HAMMING

Ce type de codage rallonge le message à envoyer de plusieurs bits. Il est basé sur la « distance » qu'il existe entre les messages envoyés. Pour pouvoir corriger, cette distance doit être au minimum de 2.

Distance entre deux nombres binaires :

d_i 0000
d_j 0011] deux bits différents : distance $(d_i, d_j) = 2$.

Construction de P_1, P_1, P_3

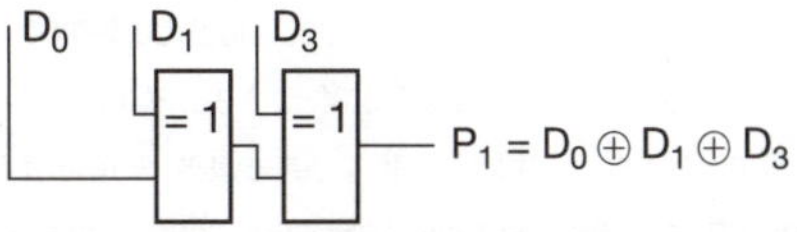

$$P_2 = D_0 \oplus D_2 \oplus D_3$$
$$P_3 = D_1 \oplus D_2 \oplus D_3$$

Bits de données (D_i)	Bits à rajouter (P_j)	Bits à expédier
4 (D_1, D_2, D_3, D_4)	3 (P_1, P_2, P_3)	7
11	4	15
26	5	31

Pour 4 bits de données, le message à expédier est :

$$P_1\,P_2\,D_0\,P_3\,D_1\,D_2\,D_3$$

⚠ Avec ce type de codage, nous détectons et corrigeons un seule erreur.

Détection et correction

La détection se fait par la construction d'un syndrome (S_0, S_1, S_2)

$$S_0 = P_1 \oplus D_0 \oplus D_1 \oplus D_3$$
$$S_1 = P_2 \oplus D_0 \oplus D_2 \oplus D_3$$
$$S_2 = P_3 \oplus D_1 \oplus D_2 \oplus D_3$$

Si – $S_0 = S_1 = S_2 = 0$: pas d'erreur.
– S_0, S_1, S_2 non nuls, alors ils indiquent la présence d'une erreur, ainsi que sa position.

67 ■ 3 CODAGE, DÉTECTION ET CORRECTION PAR CRC (CODE À REDONDANCE CYCLIQUE)

Ce type de codage est basé sur les principes de l'algèbre modulo [2], la description des messages se fait sous forme polynômiale.

$d_1 = 1011 \qquad d_1(X) = X^3 + X + 1$.

Addition :

$$X^6 + X^5 + 0 + 0 + X^2 + 0 + 1 = 1100101$$
$$X^5 + X^4 + X^3 + X^2 + 0 + 0 = 111100$$
$$\overline{X^6 + 0 + X^4 + X^3 + 0 + 0 + 1 = 1011001}$$

Multiplication :

$$(X^7 + X^6 + X^5 + X^2 + 1)\,(X + 1) = (11100101) \times 11$$
$$X^8 + X^7 + X^6 + 0 + 0 + X^3 + 0 + X + 0 = 111001010$$
$$X^7 + X^6 + X^5 + 0 + 0 + X^2 + 0 + 1 = 011100101$$
$$\overline{X^8 + 0 + 0 + X^5 + 0 + X^3 + X^2 + X + 1 = 100101111}$$

Nota: En algèbre modulo [2], addition et soustraction sont identiques.

Codage : envoi de $M(X)$

On choisit un polynôme générateur $P(X)$.

EXEMPLE : $P(X) = X^5 + X^4 + X^2 + 1$

$$M(X) = P(X).Q(X) + R(X)$$

$R(X)$ est un polynôme d'ordre 5 au maximum.
Message à envoyer $M'(X)$.

$$M'(X) = X^5.M(X) + R(X).$$

Réception et décodage

$$M'(X) = P(X).Q'(X) + R'(X).$$

Si – $R'(X) = 0$: pas d'erreur.
– $R'(X) \neq 0$: détection erreur et correction.

68 Circuits arithmétiques

68 ▪ 1 Additionneur

C'est un circuit qui réalise l'addition de deux éléments binaires.

Table de vérité de l'addition :

A	B	S = A plus B	Retenue
0	0	0	0
0	1	1	0
1	0	1	0
1	1	0	1

Soit les équations : $S = A \oplus B$ et $R = A.B$.

Pour réaliser l'addition de 2 nombres binaires, il faut tenir compte lors de l'addition de 2 bits de rang (n) de la retenue de rang (n – 1).

Les performances d'un additionneur dépendent du temps de calcul de la retenue et du nombre d'étages à traverser, soit de la taille des nombres à additionner. Pour éviter le retard de propagation on anticipe, (on recalcule), pour chaque étage la retenue en fonction des éléments binaires précédents. Nous obtenons alors un additionneur à retenue anticipée du type 74283 en TTL ou 4008 en CMOS.

68 ▪ 2 Soustracteur

Pour effectuer la différence de 2 nombres A et B, on additionne A avec le complément logique de B, et on applique **1 sur la retenue initiale.**

$$A - B = A + B' + 1.$$

EXEMPLE :

5 – 2 = 3

A	101	A	101
B	– 010	B' +	101
	= 011	=	1010
		+	└→1 Retenue initiale
		=	011

NOTE :

Le complément logique s'obtient en inversant tous les éléments binaires.

(A = 1011 ; A' = 0100.)

Pour réaliser un soustracteur, on utilise donc un inverseur (circuit NON) et un additionneur.

DEMI-ADDITIONNEUR

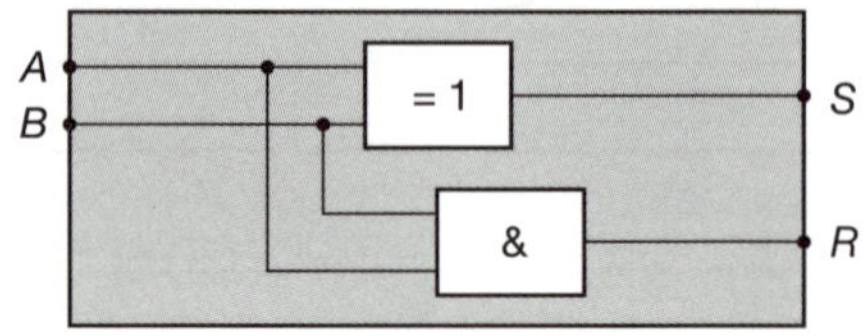

ADDITIONNEUR

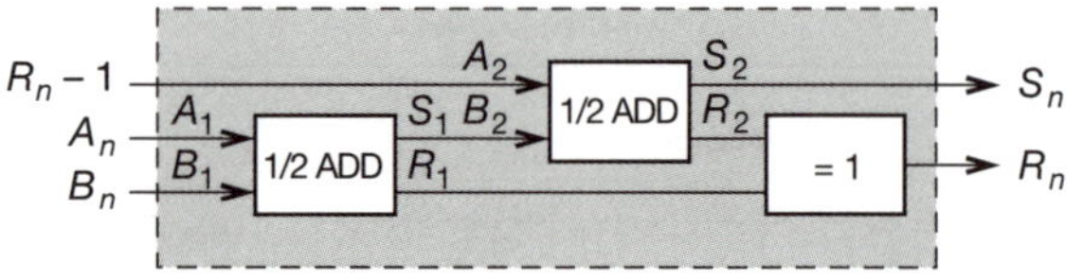

R_1 : retenue générée dans l'étage. R_2 : retenue propagée par l'étage.

ADDITIONNEUR – SOUSTRACTEUR

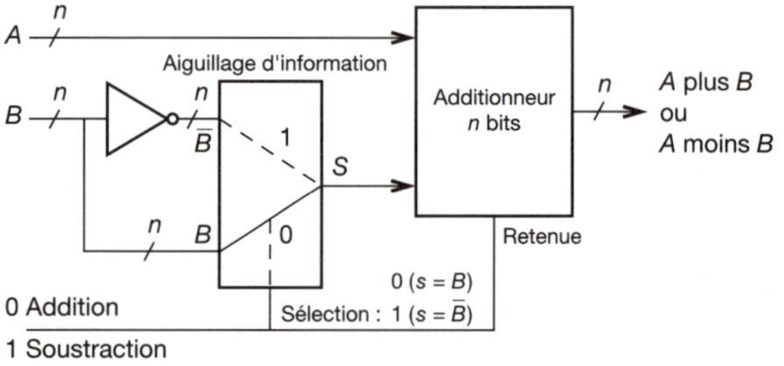

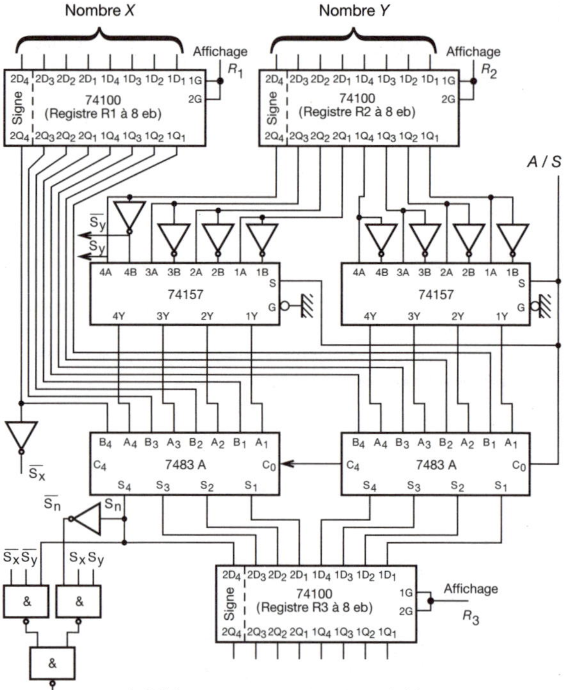

Additionneur – soustracteur 8 bits

68 ■ 3 Comparateur

Ces circuits permettent de comparer 2 mots de *n* bits chacun en indiquant sur leurs sorties si le premier mot est plus grand, plus petit ou égal au second.

EXEMPLE DE CIRCUIT :

Le 4085 (ou le 7485 en TTL) comporte huit entrées de comparaison (A3, B3 à A0, B0), trois sorties (A < B, A = B, A > B) et trois entrées qui permettent d'étendre la comparaison à 8, 12, 16... 4*n* bits. Lorsque le 4085 est employé seul, les entrées de mise en cascade sont connectées comme suit : (A < B) et (A > B) = niveau bas, (A = B) = niveau haut.

EXEMPLE D'APPLICATION :

Soit à reconnaître une adresse parmi 16, dans le cas d'un décodage du bus d'adresses d'un microsystème, vers une sortie S.

La sortie S sera active quand :

$$A0 = B0, \quad A1 = B1, \quad A2 = B2, \quad A3 = B3.$$

L'adresse B sélectionnée par les interrupteurs sera « reconnue » par le comparateur quand il y aura identité entre A et B.

EXEMPLE DE COMPARATEUR

Entrées de comparaison				Entrées de mise en cascade			Sorties		
A3, B3	A2, B2	A1, B1	A0, B0	A > B	A < B	A = B	A > B	A < B	A = B
A3 > B3	X	X	X	X	X	X	H	L	L
A3 < B3	X	X	X	X	X	X	L	H	L
A3 = B3	A2 > B2	X	X	X	X	X	H	L	L
A3 = B3	A2 < B2	X	X	X	X	X	L	H	L
A3 = B2	A2 = B2	A1 > B1	X	X	X	X	H	L	L
A3 = B3	A2 = B2	A1 < B1	X	X	X	X	L	H	L
A3 = B3	A2 = B2	A1 = B1	A0 > B0	X	X	X	H	L	L
A3 = B3	A2 = B2	A1 = B1	A0 < B0	X	X	X	L	H	L
A3 = B3	A2 = B2	A1 = B1	A0 = B0	H	L	L	H	L	L
A3 = B3	A2 = B2	A1 = B1	A0 = B0	L	H	L	L	H	L
A3 = B3	A2 = B2	A1 = B1	A0 = B0	L	L	H	L	L	H
A3 = B3	A2 = B2	A1 = B1	A0 = B0	X	X	H	L	L	H
A3 = B3	A2 = B2	A1 = B1	A0 = B0	H	H	L	L	L	L
A3 = B3	A2 = B2	A1 = B1	A0 = B0	L	L	L	H	H	L

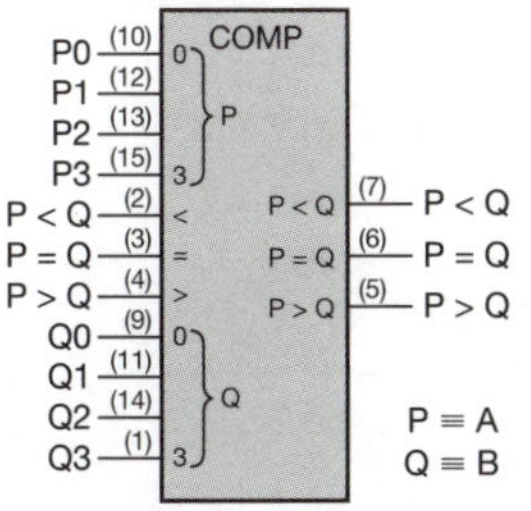

Exemple d'application

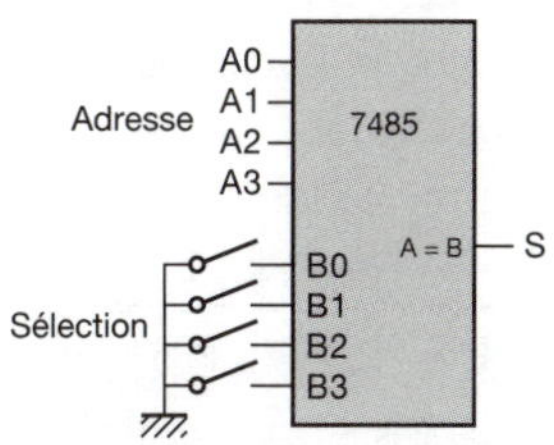

68 ■ 32

ASSOCIATION DES COMPARATEURS
COMPARATEURS SUR 24 BITS AVEC 6 CIRCUITS DE 4 BITS

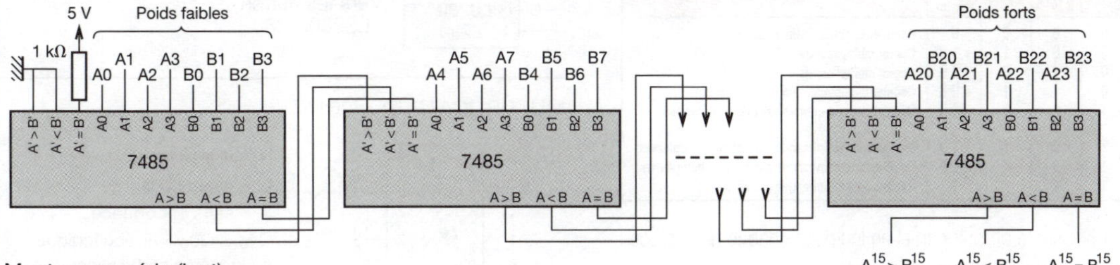

Montage en série (lent)

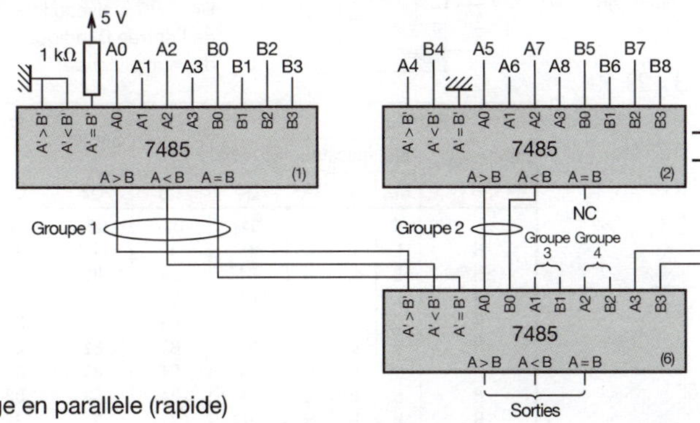

Montage en parallèle (rapide)

68 ■ 4 Contrôleur de parité

Pour contrôler l'échange de l'information entre différents sous-ensemble, on introduit un bit de parité ou d'imparité à l'aide d'un « **générateur de parité** » du type 74280 en TTL ou 40101 en CMOS (§ 67).

68 ■ 5 Multiplicateur

On utilise généralement pour cette fonction des U.A.L. ou encore les circuits TTL du type 74261.

Le 74261 est destiné aux multiplications en parallèle. Il effectue la multiplication binaire en second complément, deux bits à la fois.

Ce mode de multiplication procure un gain de temps et de puissance. Il utilise l'algorithme de deux bits à la fois, suivi d'une sommation par un arbre de Wallace.

MÉTHODE :

1. Examiner deux bits du multiplicateur M plus le bit inférieur suivant.

Le bit suivant inférieur du premier produit partiel est 0

$2^{15}\ 2^{14}\ 2^{13}\ 2^{12}\ 2^{11}\ 2^{10}\ 2^{9}\ 2^{8}\ 2^{7}\ 2^{6}\ 2^{5}\ 2^{4}\ 2^{3}\ 2^{2}\ 2^{1}\ 2^{0}\ 0$

PP8 PP7 PP6 PP5 PP4 PP3 PP2 PP1

2. Générer le produit partiel (PP) comm indiqué par le tableau ci-après :

Bits du multiplicateur depuis l'étape 1			Symbole d'opération	Pour obtenir le produit partiel
2^{21+1}	2^{21+2}	2^{21+3}		
0	0	0	0	Remplacer multiplicande par zéro
0	0	1	+ 1 B	Copier multiplicande
0	1	0	+ 1 B	Copier multiplicande
0	1	1	+ 2 B	Décaler multiplicande d'un bit à gauche
1	0	0	- 2 B	Décaler second complément du multiplicande d'un bit à gauche
1	0	1	- 1 B	Remplacer multiplicande par second complément
1	1	0	- 1 B	Remplacer multiplicande par second complément
1	1	1	0	Remplacer multiplicande par zéro

3. Disposer le produit partiel en indexant chaque deux places par rapport au produit de poids inférieur suivant.

4. Placer le bit de poids fort du produit partiel à la place du bit de signe du produit final avec sa valeur.

Exemple d'algorithme pour M × B avec M = 26 ; B = 29

M = 29 = 011101 B = 26 = 011010

010 → + 1B → 00000011010
110 → – 1B → 111100110
011 → + 2B → 0110100
= 01011110010

Bit de signe

La somme des produits partiels donne le résultat soit :

26 × 29 = 754 = 01011110010.

EXEMPLE DE GÉNÉRATEUR/VÉRIFICATEUR DE PARITÉ 74280

Nombre d'entrées A et I au niveau haut	Sorties	
	Σ Even	Σ Odd
0, 2, 4, 6, 8	H	L
1, 3, 5, 7, 9	L	H

Even = pair ; Odd impair.

Table de vérité

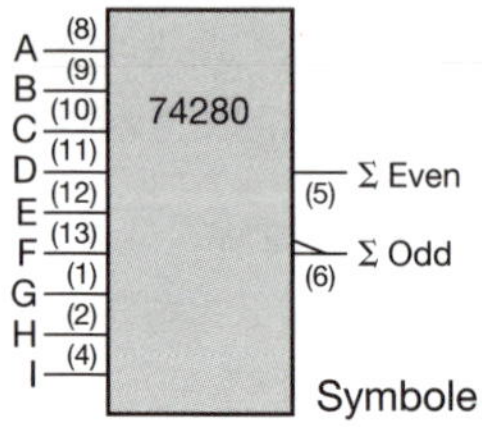

Symbole

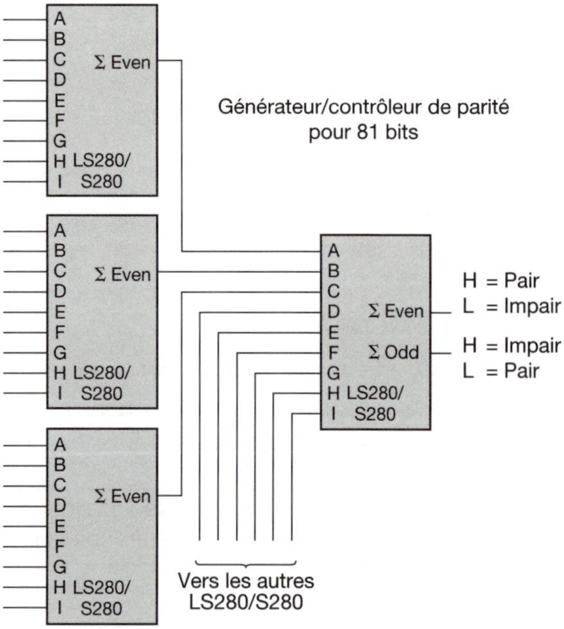

Générateur/contrôleur de parité pour 81 bits

MULTIPLICATEUR 74261

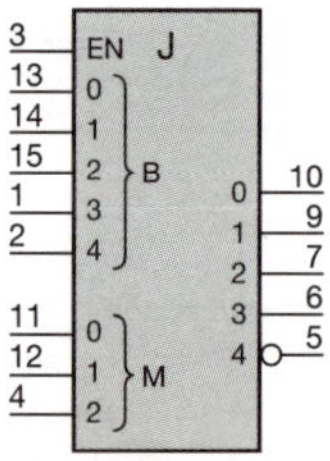

H = niveau haut.
L = niveau bas.
X = sans importance.
$Q4_0$… $Q0_0$ = niveau logique de la même sortie avant la transition négative de G.
B4… B0 = niveau logique de l'entrée B indiquée de multiplicande.

Entrées				Sorties				
Validation du verrou G	Multiplicateur							
	M2	M1	M0	$\overline{Q4}$	Q3	Q2	Q1	Q0
L	X	X	X	$\overline{Q4}_0$	$Q3_0$	$Q2_0$	$Q1_0$	$Q0_0$
H	L	L	L	H	L	L	L	L
H	L	L	H	$\overline{B4}$	B4	B3	B2	B1
H	L	H	L	$\overline{B4}$	B4	B3	B2	B1
H	L	H	H	$\overline{B4}$	B3	B2	B1	B0
H	H	L	L	B4	$\overline{B3}$	$\overline{B2}$	$\overline{B1}$	$\overline{B0}$
H	H	L	H	B4	$\overline{B4}$	$\overline{B3}$	$\overline{B2}$	$\overline{B1}$
H	H	H	L	B4	$\overline{B4}$	$\overline{B3}$	$\overline{B2}$	$\overline{B1}$
H	H	H	H	H	L	L	L	L

68 ■ 6 Unité Arithmétique et Logique (UAL)

Les trois principales opérations arithmétiques : l'addition, la soustraction et la comparaison, ainsi que les opérations logiques combinatoires : AND, OR, NAND, NOR et XOR (OU exclusif) sont regroupées dans un même circuit afin de constituer l'unité arithmétique et logique (ALU). Cet organe de calcul est une partie intégrante des unités centrales des microprocesseurs.

L'opération à effectuer est sélectionnée par des entrées de commande. La majorité des circuits possède trois ou quatre entrées de sélection. Si le circuit permet des opérations sur quatre éléments binaires, quatre bits de sortie donnent le résultat de l'opération effectuée. Un entrée « retenue entrante » pour les montages en cascade, une sortie « retenue sortante » poids fort et une sortie de débordement complètent le brochage de l'ensemble des circuits.

Exemple avec le circuit ALU 74181 TTL ou 40181 CMOS (même fonction et même brochage)

Le circuit 74181 est une unité logique et arithmétique à 4 bits contrôlée par les entrées de fonction S0 à S3 et un mode de contrôle M. Pour M = 1, le circuit effectue les 16 opérations logiques ; si M = 0, il effectue 32 opérations arithmétiques différentes.

	Sélection				M = H	M = L : opérations arithmétiques	
	S3	S2	S1	S0	Fonctions logiques	C_n = L (sans retenue)	C_n = H (avec retenue)
Tableau 1 : données actives au niveau bas (L)	L	L	L	L	$F = A$	F = A moins 1	F = A
	L	L	L	H	$F = \overline{AB}$	F = AB moins 1	F = AB
	L	L	H	L	$F = \overline{A} + B$	F = $A\overline{B}$ moins 1	F = $A\overline{B}$
	L	L	H	H	$F = 1$	F = moins 1 (2e compl.)	F = zéro
	L	H	L	L	$F = \overline{A + B}$	F = A plus $(A + \overline{B})$	F = A plus $(A + \overline{B})$ plus 1
	L	H	L	H	$F = \overline{B}$	F = AB plus $(A + \overline{B})$	F = AB plus $(A + \overline{B})$ plus 1
	L	H	H	L	$F = \overline{A \oplus B}$	F = A moins B moins 1	F = A moins B
	L	H	H	H	$F = A + \overline{B}$	$F = A + \overline{B}$	F = $(A + \overline{B})$ plus 1
	H	L	L	L	$F = \overline{A}B$	F = A plus (A + B)	F = A plus (A + B) plus 1
	H	L	L	H	$F = A \oplus B$	F = A plus B	F = A plus B plus 1
	H	L	H	L	$F = B$	F = $A\overline{B}$ plus (A + B)	F = $A\overline{B}$ plus (A + B) plus 1
	H	L	H	H	$F = A + B$	F = (A + B)	F = (A + B) plus 1
	H	H	L	L	$F = 0$	F = A plus A*	F = A plus A plus 1
	H	H	L	H	$F = A\overline{B}$	F = AB plus A	F = AB plus A plus 1
	H	H	H	L	$F = AB$	F = $A\overline{B}$ plus A	F = $A\overline{B}$ plus A plus 1
	H	H	H	H	$F = A$	F = A	F = A plus 1
Tableau 2 : données actives au niveau haut (H)	L	L	L	L	$F = \overline{A}$	F = A	F = A plus 1
	L	L	L	H	$F = \overline{A + B}$	F = A + B	F = (A + B) plus 1
	L	L	H	L	$F = \overline{A}B$	$F = A + \overline{B}$	F = $(A + \overline{B})$ plus 1
	L	L	H	H	$F = 0$	F = moins 1 (2e compl.)	F = zéro
	L	H	L	L	$F = \overline{AB}$	F = A plus $A\overline{B}$	F = A plus $A\overline{B}$ plus 1
	L	H	L	H	$F = \overline{B}$	F = (A + B) plus $A\overline{B}$	F = (A + B) plus $A\overline{B}$ plus 1
	L	H	H	L	$F = A \oplus B$	F = A moins B moins 1	F = A moins B
	L	H	H	H	$F = A\overline{B}$	F = $A\overline{B}$ moins 1	F = $A\overline{B}$
	H	L	L	L	$F = \overline{A} + B$	F = A plus AB	F = A plus AB plus 1
	H	L	L	H	$F = \overline{A \oplus B}$	F = A plus B	F = A plus B plus 1
	H	L	H	L	$F = B$	F = $(A + \overline{B})$ + AB	F = $(A + \overline{B})$ plus AB plus 1
	H	L	H	H	$F = AB$	F = AB moins 1	F = AB
	H	H	L	L	$F = 1$	F = A plus A*	F = A plus A plus 1
	H	H	L	H	$F = A + \overline{B}$	F = (A + B) plus A	F = (A + B) plus A plus 1
	H	H	H	L	$F = A + B$	F = $(A + \overline{B})$ + A	F = $(A + \overline{B})$ plus A plus 1
	H	H	H	H	$F = A$	F = A moins 1	F = A

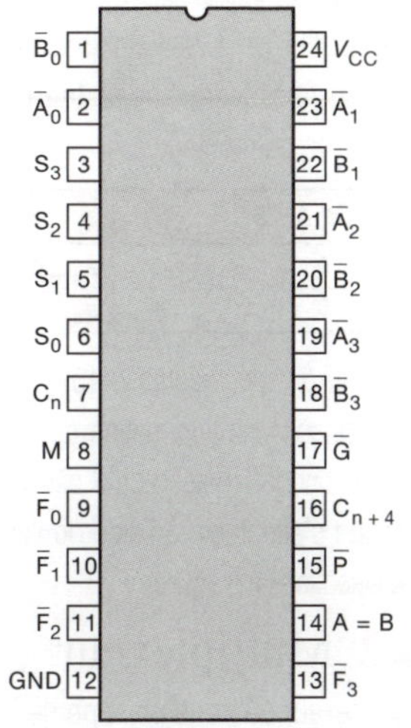

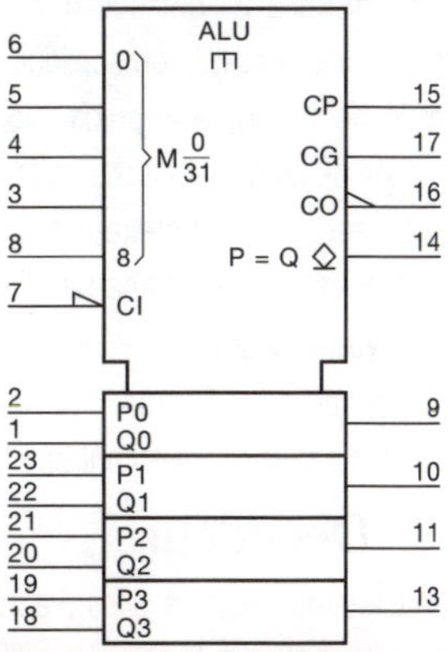

Donnée active niveau haut			Donnée active niveau bas		
Entrée C_n	Sortie C_{n+4}	Grandeur	Sortie C_n	Entrée C_{n+4}	Grandeur
1	1	A ⩽ B	0	0	A ⩽ B
0	1	A < B	1	0	A < B
1	0	A > B	0	1	A > B
0	0	A ⩾ B	1	1	A ⩾ B

* Chaque bit est décalé à la position suivante plus significative.

69 Multiplexeur démultiplexeur

Si l'on envoie à distance les informations issues d'un grand nombre de sources différentes, on multiplexe l'information pour la transmettre en série sur une seule liaison. À l'autre extrémité, un équipement assure le démultiplexage et restitue l'information sur des récepteurs homologues des émetteurs. Des circuits multiplexeurs réalisent le multiplexage, et des décodeurs les fonctions de démultiplexage.

69 ▪ 1 Aiguillage d'une information

La sélection d'une information est réalisée par les produits A_1 sel A et B_1 sel B, etc. et la réunion par le OU de ces produits.

EXEMPLES : a. On peut réaliser une sélection à l'aide d'un circuit combinatoire formé de porte ET ou bien du type 7451. Table de vérité du montage :

a_n	b_n	Sel A	Sel B	S_n	a_n	b_n	Sel A	Sel B	S_n
a_n	b_n	0	0	0	a_n	b_n	1	0	a_n
a_n	b_n	0	1	b_n	a_n	b_n	1	1	$a_n + b_n$

b. À l'aide de 2 multiplexeurs 74157, on peut aiguiller vers une sortie 8 bits soit une information de 8 bits venant d'un montage A, soit une information de 8 bits venant d'un montage B. La sélection s'effectuera à l'aide de l'entrée d'inhibition et de l'entrée sélection (voir figure).

69 ▪ 2 Multiplexeur

Un multiplexeur utilise le principe de l'aiguillage.

C'est un circuit à 2^n entrées d'information, n entrées d'adresse et une sortie. Si on applique une adresse i sur BA (B étant le poids fort, A le poids faible), l'état de l'entrée d'information de rang i est affiché en sortie.

Généralement, un multiplexeur comporte un décodeur d'adresse et des portes permettant l'aiguillage.

EXEMPLES DE MULTIPLEXEURS :

74151 : 8 entrées vers 1 sortie TTL.

4539 : double multiplexeur 4 entrées 1 sortie MOS.

69 ▪ 3 Décodeur

C'est un circuit à n entrées dites d'adresse et 2^n sorties où une seule est active à la fois. Le rang de la sortie active correspond à la valeur binaire affichée sur les entrées d'adresses. Ce circuit s'utilise essentiellement pour choisir un seul élément parmi 2^n.

EXEMPLES DE DÉCODEURS :

74154 : décodeur 4 vers 16 TTL.

4514 : décodeur 1 vers 16 MOS.

EXEMPLES D'AIGUILLAGES

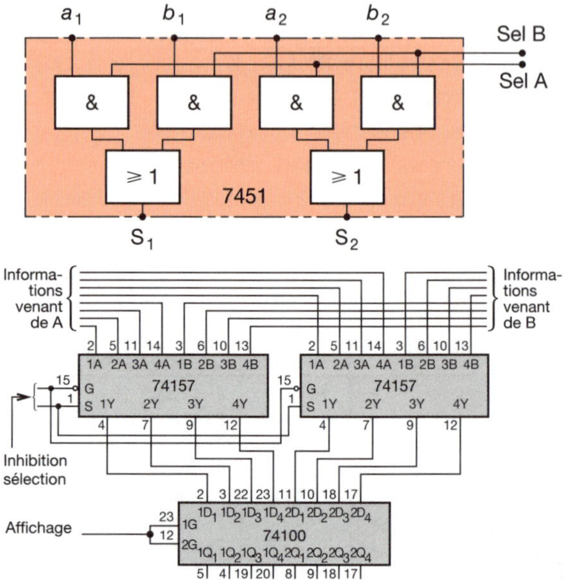

PRINCIPE D'UN MULTIPLEXEUR

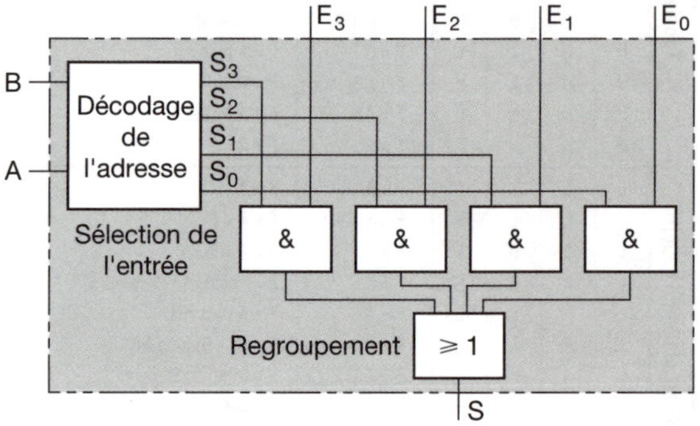

PRINCIPE DU DÉCODAGE

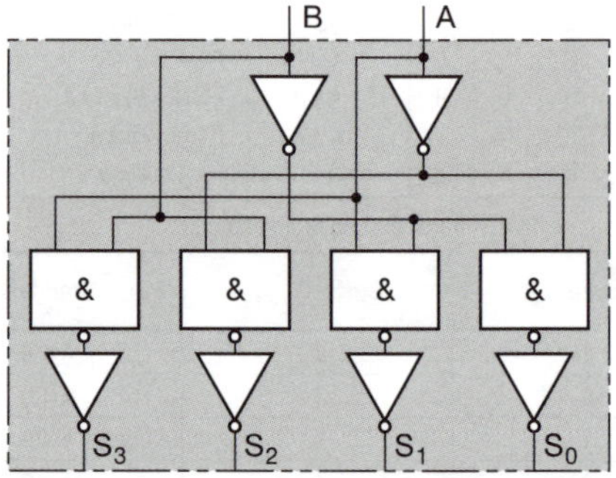

69 ■ 4 Démultiplexage

On utilise pour cette fonction des décodeurs-démultiplexeurs.

EXEMPLE DE DÉMULTIPLEXAGE :

Utilisation du boîtier 74155 en décodeur ou démultiplexeur 3 vers 8.

En réunissant entre elles les entrées 1C et 2C ainsi que les entrées 1G et 2G, on réalise un décodeur démultiplexeur 3 vers 8 (voir figure).

Table de vérité du montage :

Entrées				Sorties							
Adresses			Inhibition données								
1C/2C	B	1G/2G	1G/2G	$2Y_0$	$2Y_1$	$2Y_2$	$2Y_3$	$1Y_0$	$1Y_1$	$1Y_2$	$1Y_3$
X	X	X	1	1	1	1	1	1	1	1	1
0	0	0	0	0	1	1	1	1	1	1	1
0	0	1	0	1	0	1	1	1	1	1	1
0	1	0	0	1	1	0	1	1	1	1	1
0	1	1	0	1	1	1	0	1	1	1	1
1	0	0	0	1	1	1	1	0	1	1	1
1	0	1	0	1	1	1	1	1	0	1	1
1	1	0	0	1	1	1	1	1	1	0	1
1	1	1	0	1	1	1	1	1	1	1	0

EXEMPLE DE MULTIPLEXEUR 74151

EL = entrée de validation du verrou.
- En mode décodeur (X/Y), $\overline{E}$ est une entrée de validation.
- En mode démultiplexeur (DMUX) $\overline{E}$ est l'entrée de la donnée.

Boîtier DIL 24
V_{DD} 24
V_{SS} 12

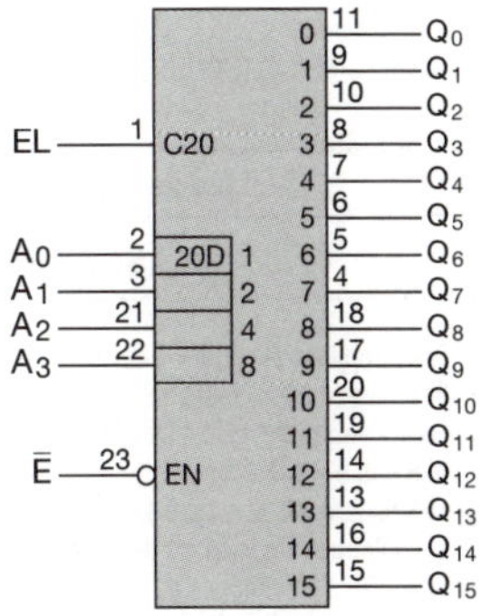

SYMBOLE NORMALISÉ 74155

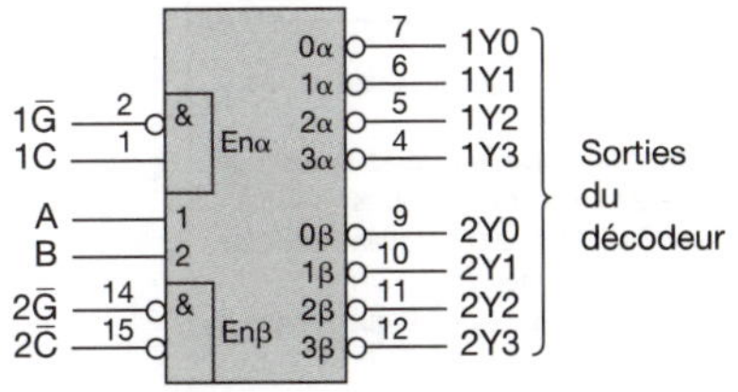

Trigger de Schmitt

C'est un circuit de mise en forme des signaux logiques à front lent.

La caractéristique entrée-sortie de l'inverseur trigger de Schmitt forme un cycle d'hystérésis.

APPLICATIONS :

- mise en forme d'un signal,
- horloge, oscillateur (voir § 45.4),
- circuit de retard.

APPLICATION PARTICULIÈRE : remise à 0 d'un système logique.

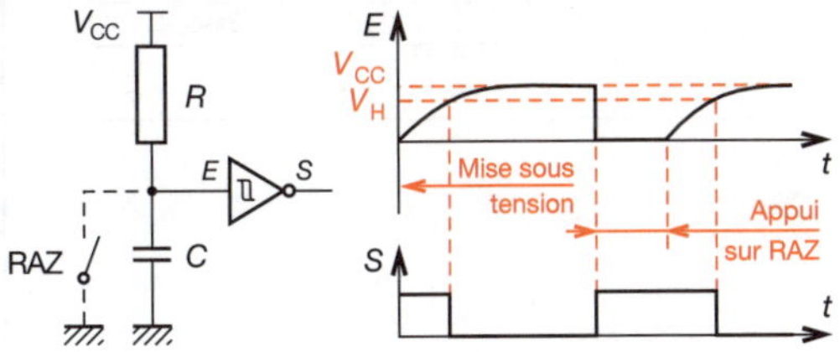

À la mise sous tension, la capacité C se comportant comme un court-circuit, la tension d'entrée du trigger est nulle, la sortie est au niveau haut. La capacité C se charge à travers R sous la tension V_{CC} et lorsque le niveau de basculement V_h du trigger est atteint, la sortie retombe à 0. Le système logique a donc reçu, à la mise sous tension, une impulsion de remise à zéro.

TRIGGER DE SCHMITT

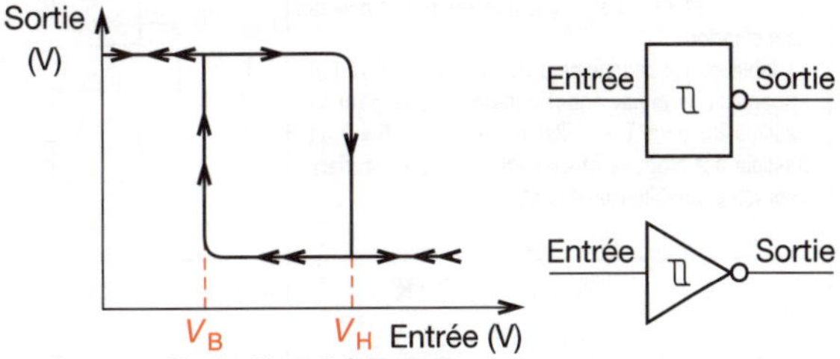

Cycle d'hystérésis

Élimination des signaux parasites

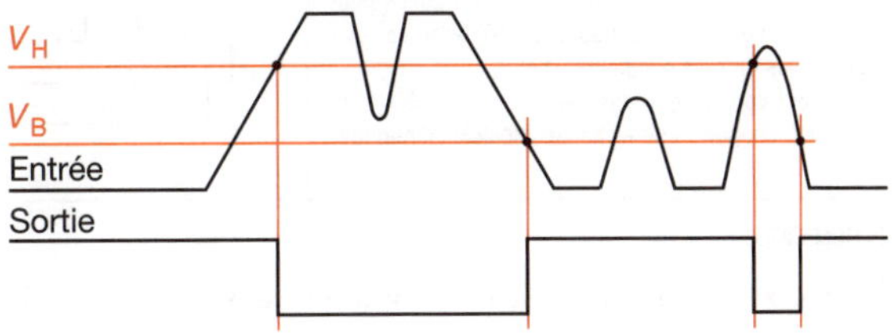

Utilisation en interface

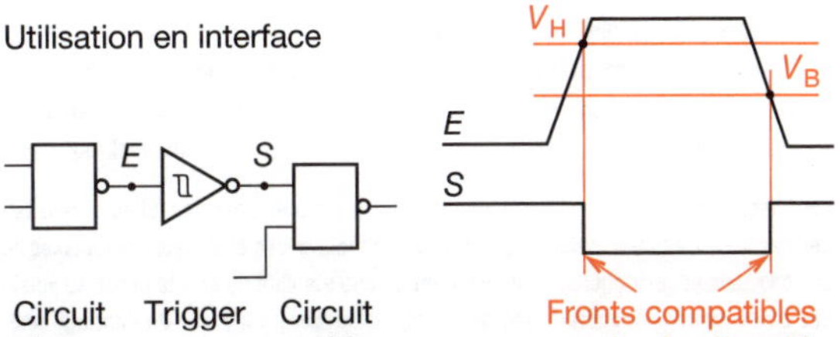

70 Bascules

Les bascules ont pour rôle de mémoriser une information élémentaire. Ce sont des mémoires élémentaires.

Type de bascule	Schéma	Table de vérité

70 ■ 1 BASCULE RS

Si on applique R = 1, S = 0 Q = 0.
Si R revient à 0, Q reste à 0.
R est l'entrée de mise à 0 de la bascule (Reset).
Si R = 0, S = 1 Q = 1.
Si S revient à 0, Q reste à 1.
S est l'entrée de mise à 1 de la bascule (Set).
Si R = S = 1, on impose aux deux sorties l'état 0 ; ce cas est inutilisable.

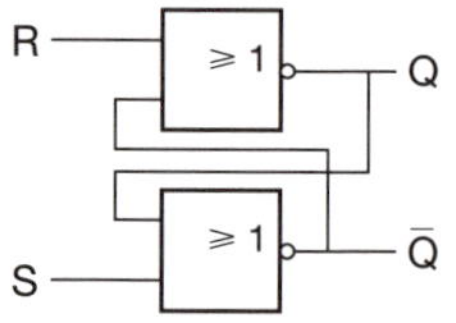

R	S	Q_n
1	1	Indéterminé
1	0	0
0	1	1
0	0	Q_n

70 ■ 2 BASCULE D

Cette bascule ne possède qu'une seule entrée D (DATA).
La sortie Q prend la valeur de l'entrée D quand le signal d'horloge est à 1 pour les bascules « D-latch » ou sur le front montant (ou descendant) pour les bascules de type « edge triggered ».
Il ne peut y avoir mémorisation de D que lorsque H est repassé à 0.

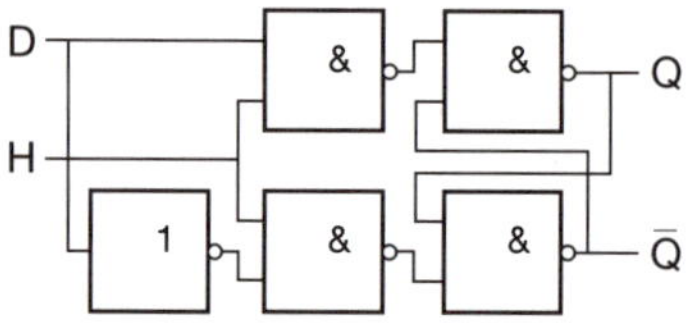

D	H	Q_n
X	0	Q_{n-1}
X	1	Q_{n-1}
0	↑	0
1	↑	1

70 ■ 3 BASCULE RST

La bascule RST peut être synchronisée par un niveau haut d'horloge.
La table de fonctionnement de la bascule RST fait apparaître le même fonctionnement que pour la bascule RS pour T = 1. Par contre, pour T = 0, la bascule est bloquée et conserve sa sortie initiale pour toute combinaison des entrées.

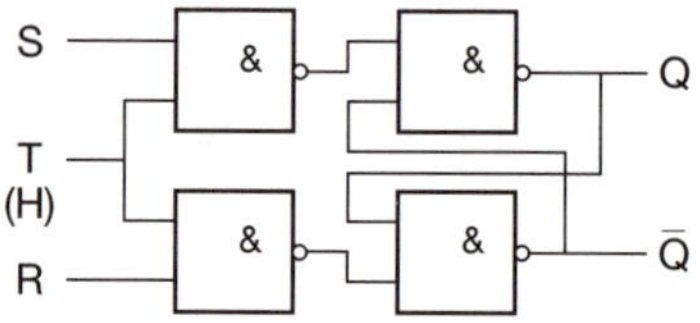

T	S	R	Q_n
0	X	X	Q_{n-1}
1	0	0	Q_{n-1}
1	0	1	0
1	1	0	1
1	1	1	Interdit

70 ■ 4 BASCULE JK MAÎTRE-ESCLAVE

Pour lever l'indétermination de la bascule RST (R = S = 1), on complémente R et S. On utilise pour cela les sorties de la bascule RST esclave. Les nouvelles entrées s'appellent J et K.
On peut vérifier que dans le cas de J = K = 1, la sortie Q change d'état à chaque impulsion d'horloge.

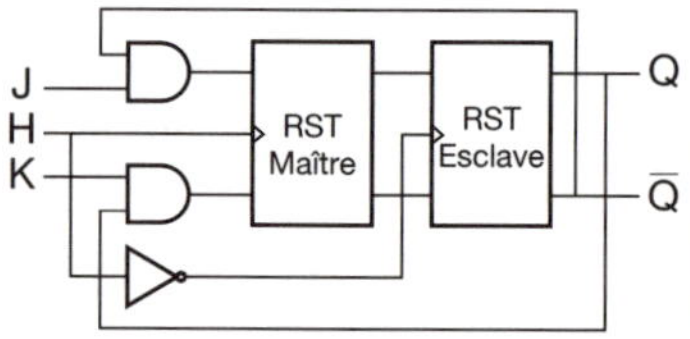

H	J	K	Q_n
X	X	X	0
↑	0	0	Q_n
↑	1	0	1
↑	0	1	0
↑	1	1	Bascule

REMARQUE :

À la lecture des catalogues des circuits intégrés, nous trouvons :

- des bascules maître-esclave,
- des bascules à entrées multiples diverses,
- des bascules déclenchées par un front montant (positives edge-triggered),
- des bascules déclenchées par un front descendant (négatives edge-triggered),
- des bascules avec verrouillage de la sortie (edge-triggered et data lock-out).

Les bascules maître-esclave correspondent aux premières bascules. Elles nécessitent une information sur les entrées J et K stable pendant toute la durée de l'horloge.
Les bascules à entrées multiples permettent de réaliser des compteurs complexes non intégrés.
Les bascules edge-triggered ne demandent qu'une stabilité de courte durée au voisinage d'un front.
Les bascules edge-triggered avec data lock-out élaborent à partir de l'horloge une commande d'affichage sur le front descendant. On retrouve le fonctionnement en maître-esclave avec deux temps séparés, ce qui évite les problèmes de phase des horloges.

Diagramme des temps	Symboles	Exemples de circuits	

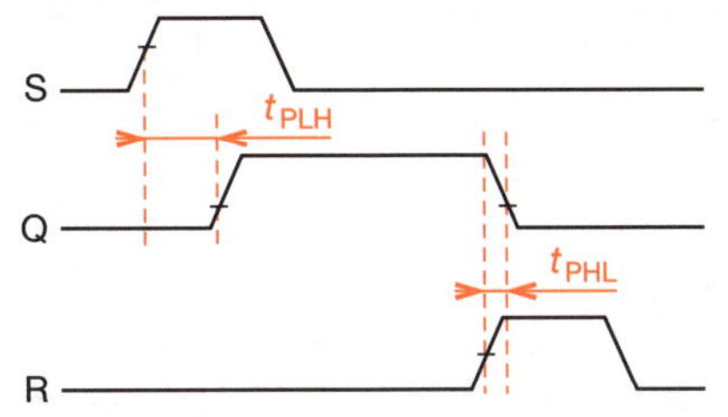

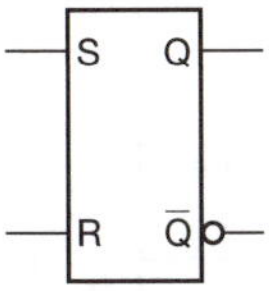

74279

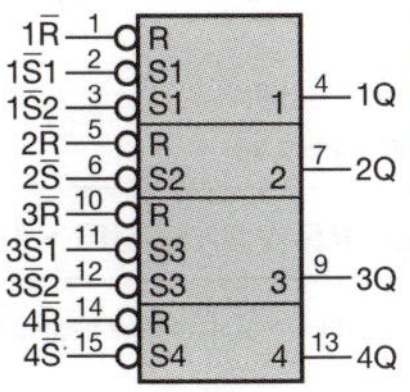

4044

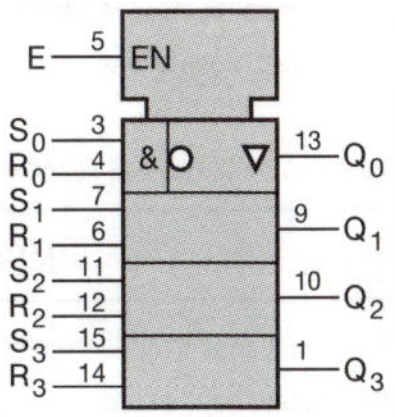

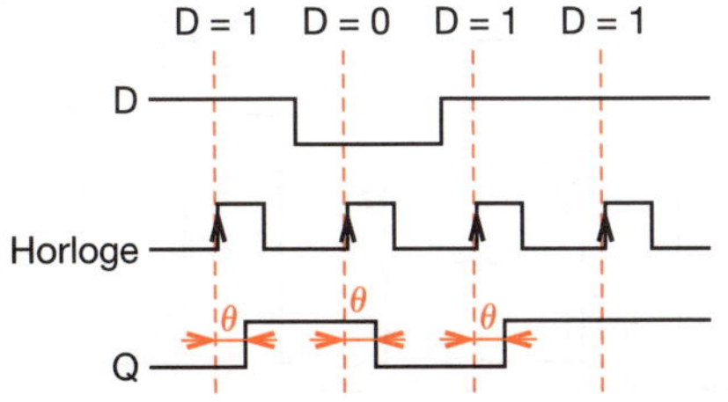

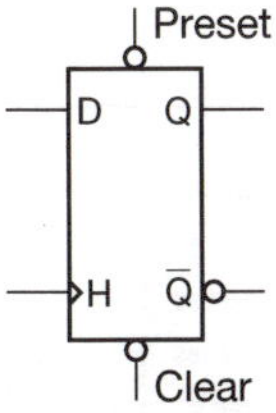

7474

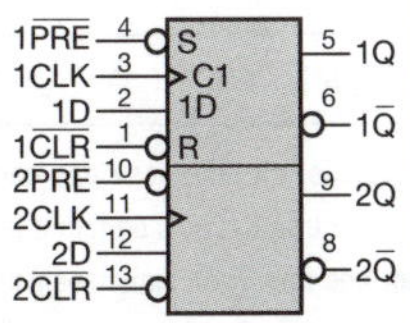

4013

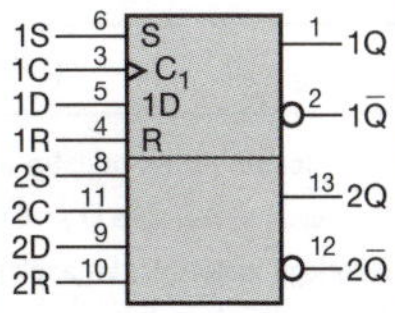

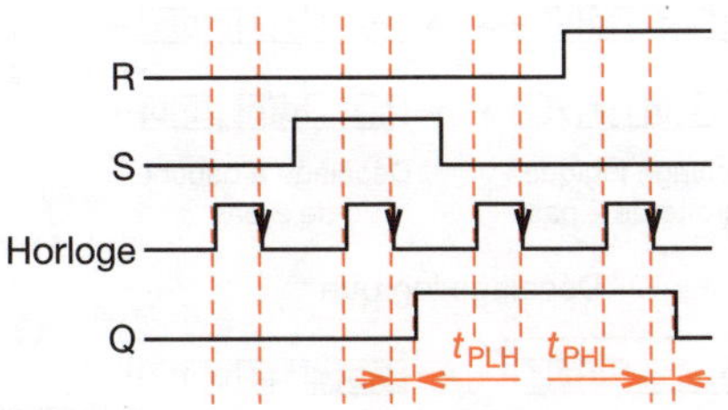

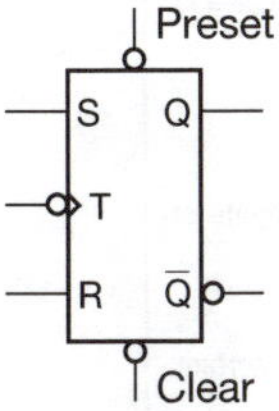

Ces bascules ne sont pas réalisées en circuits intégrés monolithique.

Pour leur réalisation, les concepteurs utilisent des portes logiques classiques.

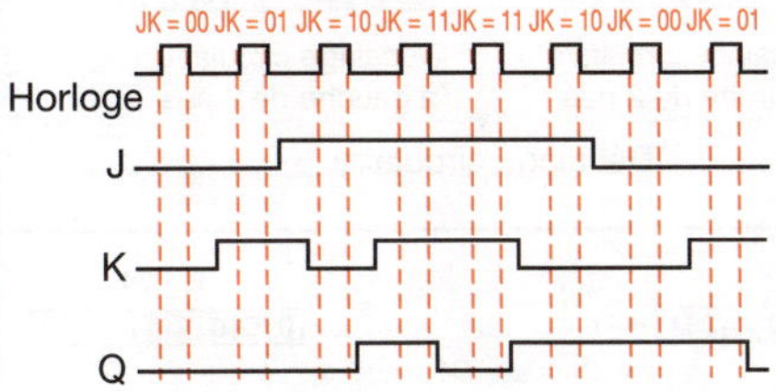

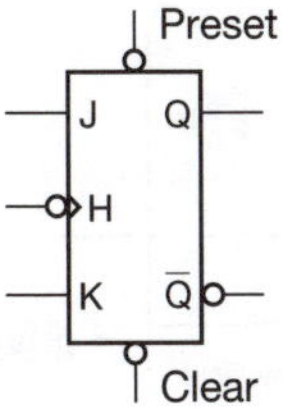

74110

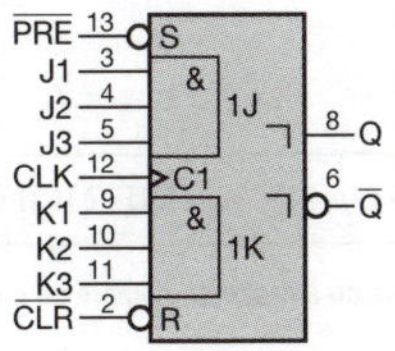

4027

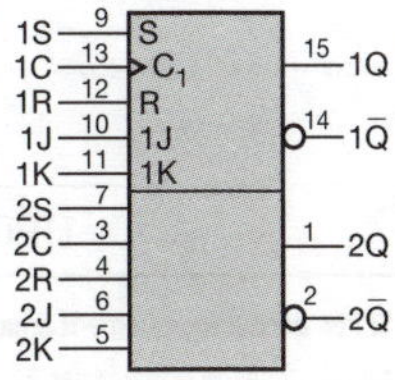

Commande edge triggered sur front positif

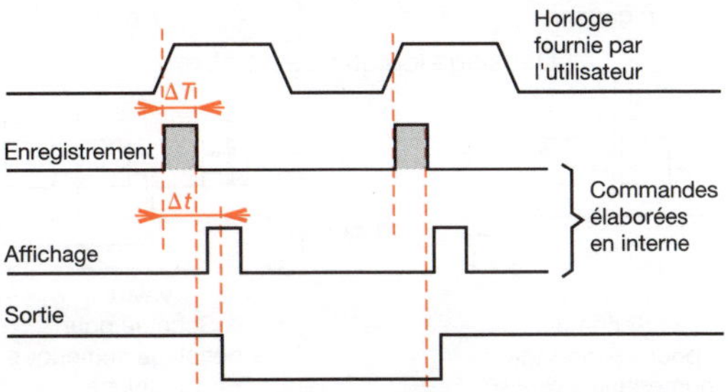

Commande edge triggered et data lock-out

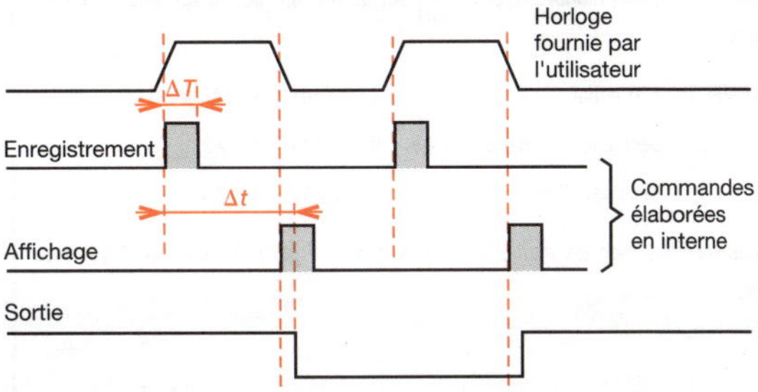

71 Registres

71 ■ 1 REGISTRE DE MÉMORISATION

71 ■ 11 REGISTRE À BASCULES D

En coïncidence avec le front montant du signal d'horloge appliqué sur les entrées d'horloges, nous avons :

$$Q_i = D_i = a_i.$$

La sortie de la bascule recopie l'information a_i.

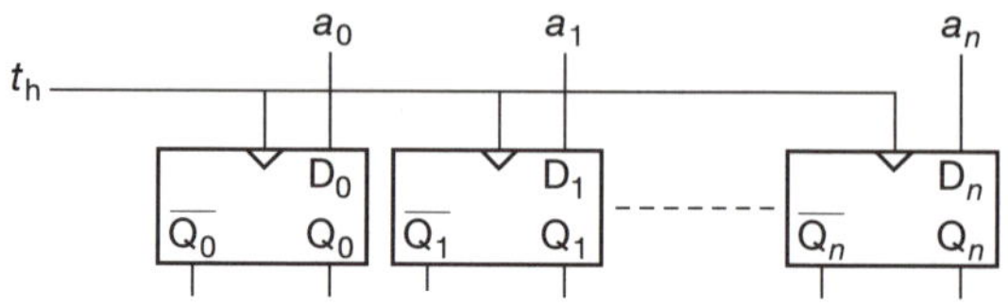

71 ■ 12 REGISTRE À BASCULES JK

En coïncidence avec le front montant du signal d'horloge appliqué sur les entrées d'horloges, nous avons :

$a_i = 0$ $J_i = 0$, $K_i = 1$ $Q_i = 0$

$a_i = 1$ $J_i = 1$, $K_i = 0$ $Q_i = 1$.

La sortie de la bascule recopie l'information a_i.

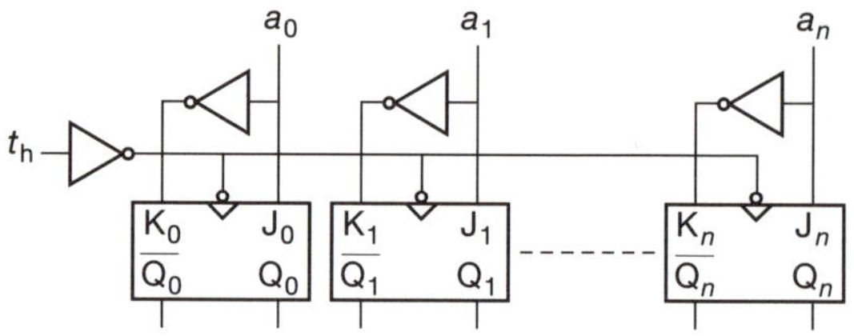

71 ■ 2 REGISTRE À DÉCALAGE

Pour constituer un registre à décalage, on juxtapose des cellules mémoires (bascules) et l'on relie la sortie S_1 à l'entrée E_2, puis on réunit toutes les entrées d'horloge ensemble. En appliquant une impulsion simultanément sur toutes les entrées d'horloge, le contenu de la cellule X – 1 passe dans la cellule X et celui de la cellule X dans la cellule X + 1, etc.

La fonction décalage consiste donc à faire glisser l'information d'une cellule à la suivante et ceci pour l'ensemble des cellules du registre.

On distingue différents modes de décalage :

Le décalage à droite qui consiste à faire avancer l'information vers la droite et inversement pour le décalage à gauche.

Le décalage circulaire à droite ou à gauche qui réinjecte à l'entrée les bits sortant du registre.

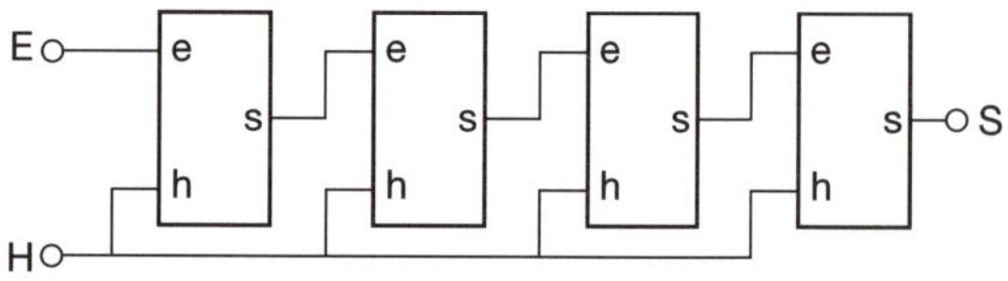

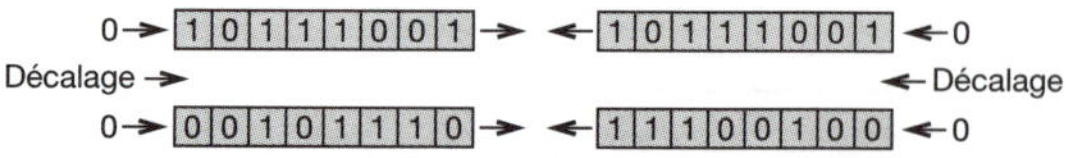

Décalage logique à droite de 2 pas

Décalage à gauche de 2 pas

Décalage logique

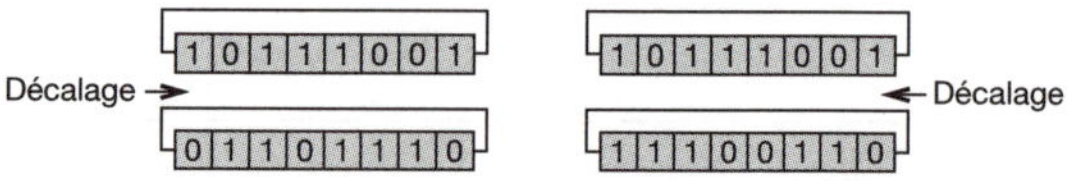

Décalage circulaire à droite de 2 pas

Décalage circulaire à gauche de 2 pas

Décalage circulaire

71 ■ 3 DÉCALAGE NUMÉRIQUE

Si l'on décale logiquement à gauche ou à droite un nombre de n pas, on multiplie ou l'on divise le nombre par 2^n.

Pour conserver le signe du nombre à décaler, de façon à ne pas transformer un nombre positif en nombre négatif, on peut utiliser un rebouclage pour le bit de signe.

EXEMPLE :	état initial	0 0010101	→	$21_{(10)}$
	décalage d'un pas à gauche	0 0101010	→	$42_{(10)}$
	décalage d'un pas à droite	0 0001010	→	$10_{(10)}$

Nous vérifions bien les multiplications et divisions par puissance de 2 au reste près.

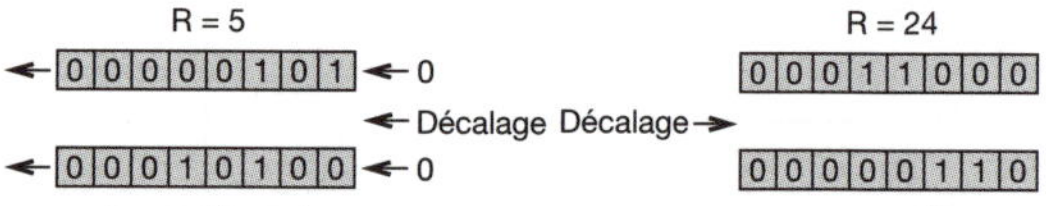

$R = 5.2^2 = 20$
Décalage de 2 pas à gauche

$R = 24.2^{-2} = 6$
Décalage de 2 pas à droite

Décalage logique de nombre

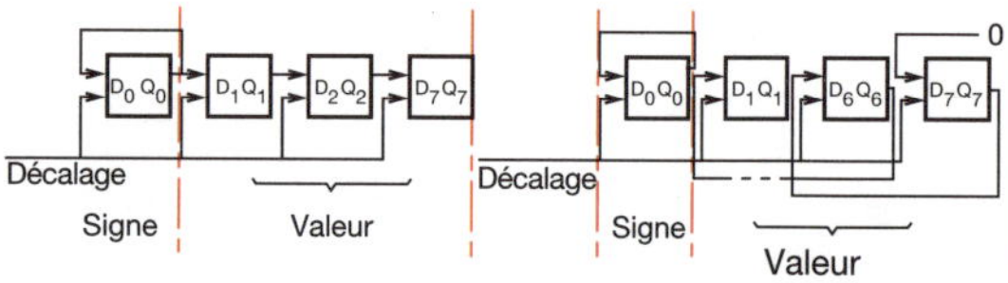

Schéma pour le décalage numérique à droite

Schéma pour le décalage numérique à gauche

71 ■ 4 EXEMPLE DE REGISTRE À DÉCALAGE

REGISTRE À DÉCALAGE 8 BITS BIDIRECTIONNEL 74198

Ce registre à décalage bidirectionnel comporte des entrées parallèle, deux entrées série pour décalage à droite et à gauche, des sorties parallèle, deux entrées de commande de mode de fonctionnement, une entrée d'effacement (Clear) et une entrée d'horloge.

Les registres disposent de quatre modes de fonctionnement :

- **Chargement parallèle de 4 bits.**
- **Inhibition d'horloge (aucune action/ verrou temporaire des données).**
- **Décalage à droite de Q_A vers Q_H.**
- **Décalage à gauche de Q_H vers Q_A.**

Table de vérité

Entrées							Sorties				
Clear	Mode		Clock	Série		Parallèle	QA	QB	...	QC	QD
	S1	S0		Gauche	Droite	A ... H					
L	X	X	X	X	X	X	L	L		L	L
H	X	X	L	X	X	X	Q_{A0}	Q_{B0}		Q_{G0}	Q_{H0}
H	H	H	↑	X	X	a ... h	a	b		g	h
H	L	H	↑	X	H	X	H	Q_{An}		Q_{Fn}	Q_{Gn}
H	L	H	↑	X	L	X	L	Q_{An}		Q_{Fn}	Q_{Gn}
H	H	L	↑	H	X	X	Q_{Bn}	Q_{Cn}		Q_{Hn}	H
H	H	L	↑	L	X	X	Q_{Bn}	Q_{Cn}		Q_{Hn}	L
H	L	L	X	X	X	X	Q_{A0}	Q_{B0}		Q_{G0}	Q_{H0}

H = niveau haut (stable). L = niveau bas (stable). X = sans importance. 1 = transition positive (de bas en haut). a, b, ... h = niveaux stables des entrées A, B ... H.
Q_{A0}, Q_{B0}, ... Q_{G0}, Q_{H0} = niveaux de Q_A ... Q_G avant que les nouvelles conditions stables ne soient établies.
Q_{An}, Q_{Bn}, ... Q_{Gn}, Q_{Hn} = niveaux de Q_A, Q_B, ... Q_G, Q_H avant la plus récente transition d'horloge.

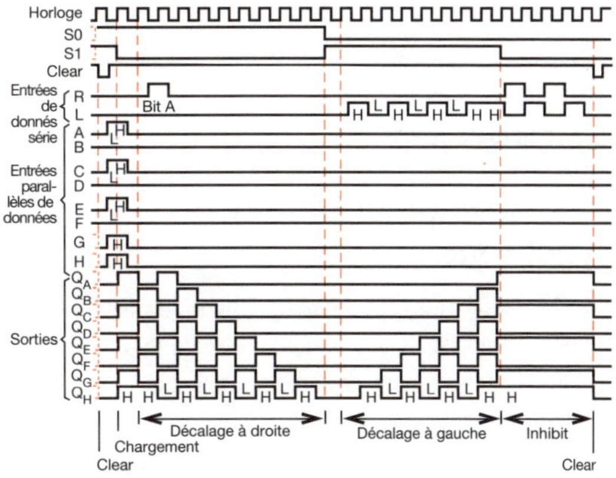

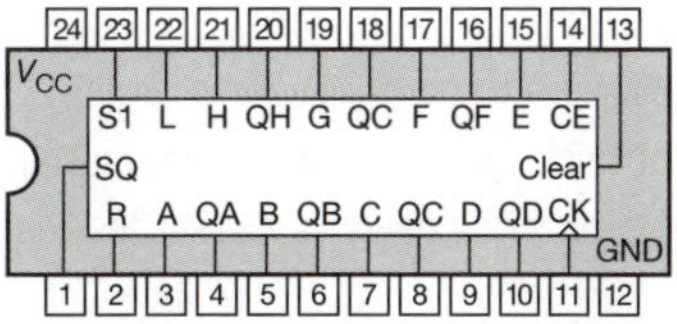

REGISTRE À DÉCALAGE 8 BITS À VERROUILLAGE 4094

Ce registre à décalage série comporte 8 étages.

À chaque étage est associé un verrou de stockage, chargé de transmettre les données de l'entrée série aux sorties trois états parallèles. Les sorties parallèle peuvent être connectées directement à des lignes de bus standard.

Il comporte deux sorties série O_s (front montant) et O'_s (front descendant) pour permettre la mise en cascade de plusieurs circuits.

Table de vérité

Entrées				Sorties parallèle		Sorties série	
CP	EO	STR	D	O_0	O_n	O_s	O'_s
⟋	L	X	X	Z	Z	O'_6	nc
⟍	L	X	X	Z	Z	nc	O_7
⟋	H	L	X	nc	nc	O'_6	nc
⟋	H	H	L	L	O_{n-1}	O'_6	nc
⟋	H	H	H	H	O_{n-1}	O'_6	nc
⟍	H	H	H	nc	nc	nc	O_7

H = état HAUT (tension la plus positive). L = état BAS (tension la moins positive). X = état indifférent.
⟋ = front montant. ⟍ = front descendant. Z = état haute impédance. nc = sans changement.
O'_6 = donnée stockée dans le septième étage du registre à décalage.

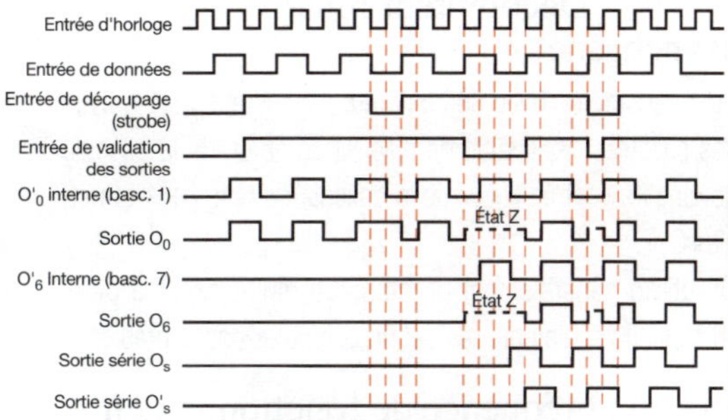

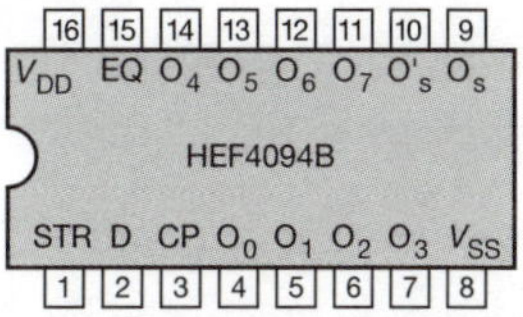

REGISTRE UNIVERSEL 40194

Ce circuit est un registre universel avec des entrées parallèle, des sorties parallèle, un décalage à droite ou à gauche, des entrées série et une entrée directe de remise à zéro quel que soit l'état des autres entrées.

Table de vérité

Fonctionnement	Entrées					Sorties			
	S1	S2	SR	SL	P0-P3	Q0	Q1	Q2	Q3
Blocage	0	0	X	X	X	Q0	Q1	Q2	Q3
Décalage à gauche	1	0	X	0	X	Q1	Q2	Q3	0
Décalage à gauche	1	0	X	1	X	Q1	Q2	Q3	1
Décalage à droite	0	1	0	X	X	0	Q0	Q1	Q2
Décalage à droite	0	1	1	X	X	1	Q0	Q1	Q2
Parallèle	1	1	X	X	0	0	0	0	0
Parallèle	1	1	X	X	1	1	1	1	1

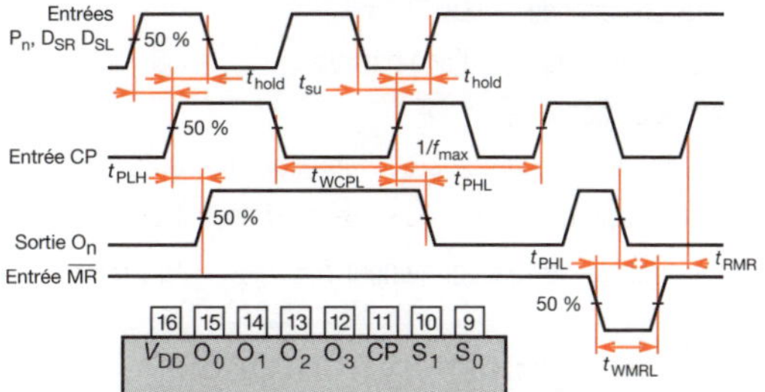

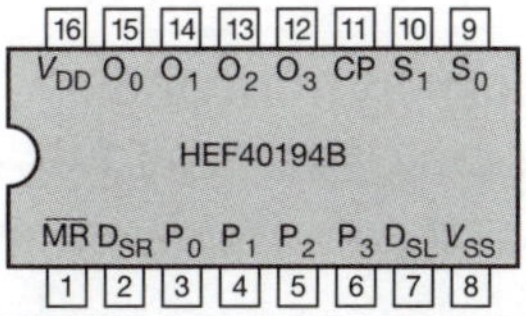

72 Compteurs

Les compteurs binaires sont classés en deux catégories :

- Les **compteurs asynchrones**.
- Les **compteurs synchrones**.

72.1 Compteur binaire asynchrone

Dans ce type de structure, l'impulsion de progression du compteur est appliquée sur l'entrée d'horloge du premier étage, les entrées d'horloge des autres bascules reçoivent le signal de sortie de l'étage précédent.

Ce basculement en cascade présente deux inconvénients :

- la lenteur du compteur : temps de réponse d'un bascule multiplié par le nombre de bascules ;
- entre deux combinaisons stables, il peut apparaître une combinaison sans signification à cause des temps de propagation.

72.11 Décompteur binaire asynchrone

Pour décompter, avec un compteur asynchrone réalisé avec des bascules JK, il suffit de relier la sortie $\overline{Q}_i$ de la bascule de rang i à l'entrée H_{i+1} de la bascule de rang $i + 1$ et non plus Q_i.

On utilise généralement un montage multiplexeur à deux entrées une sortie pour réaliser un compteur-décompteur.

72.12 Fréquence de fonctionnement

Temps de propagation du bit de poids le plus fort (dernière bascule) :

$$T = D_p \times N$$

T : temps en seconde.

D_p : temps de propagation d'une bascule.

N : nombre de bascules.

Si D_p est de 15 ns, un compteur modulo 16 (4 bascules) aura un retard propre de $T = 15 \times 4 = 60$ ns soit une fréquence maximale de fonctionnement $f = \dfrac{1}{2T} = 8{,}3$ MHz.

72.2 Compteurs synchrones

Dans la structure synchrone, l'horloge est la même pour tous les étages : le basculement de toutes les bascules se fait en même temps.

COMPTEUR ASYNCHRONE

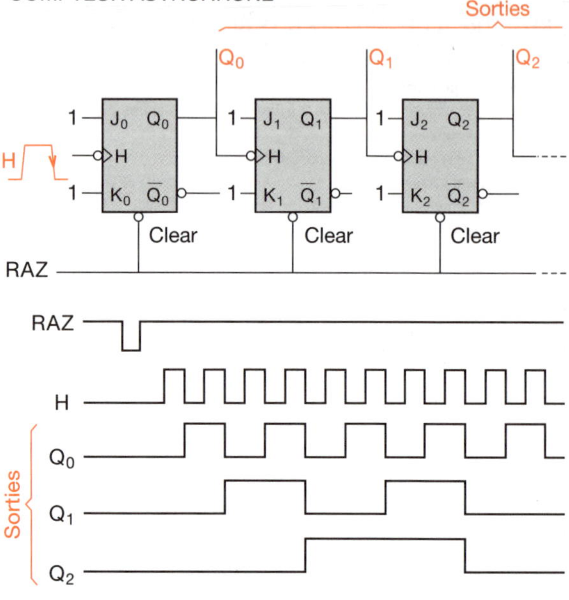

Compteur asynchrone avec bascule JK

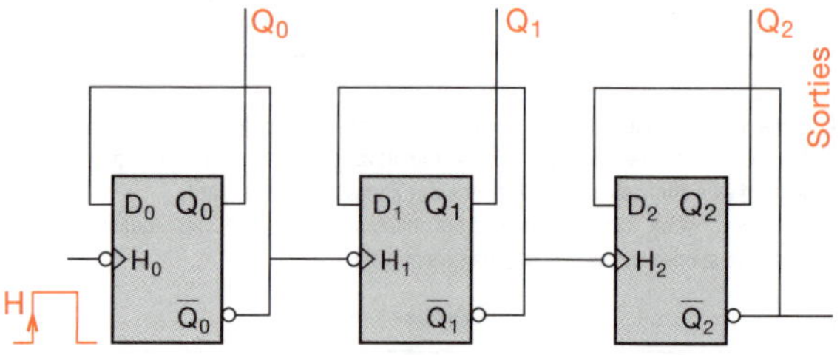

Compteur asynchrone avec bascule D

COMPTEUR-DÉCOMPTEUR

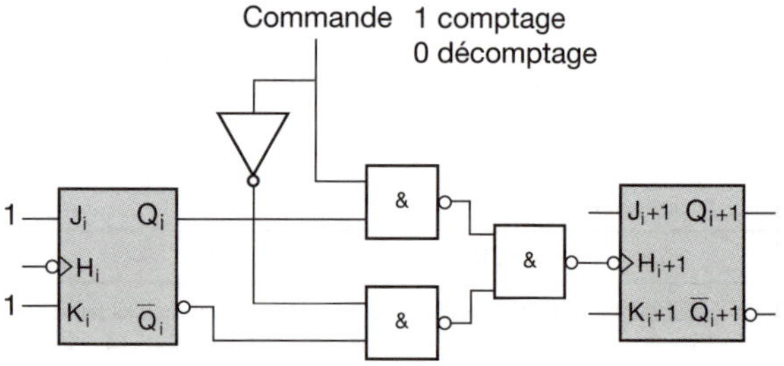

COMPTEUR SYNCHRONE

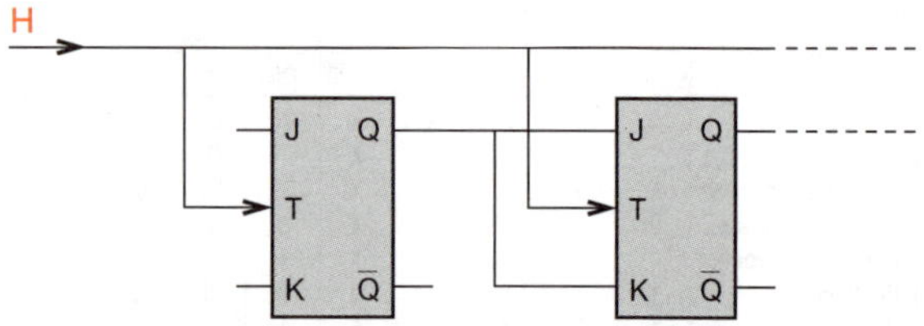

72 ■ 3 Diagramme des temps

Le compteur asynchrone présente des états transitoires au moment des commutations. Ainsi pour aller de C = 1 à C = 2, on passe pendant un temps Φ par l'état C = 0.

Apparemment, le compteur synchrone ne connaît pas d'états transitoires puisque les étages basculent en même temps. En fait, il n'en est rien, et l'on observe également des états transitoires. Le retard Φ est égal à t_{pHL} pour Q_0 et t_{pLH} pour Q_1 valeurs souvent différentes.

REMARQUE : dans un compteur à progression synchrone, on trouve des entrées auxiliaires (chargement, mise à 0, ...) dites synchrones ou asynchrones.

■ Si l'entrée de remise à zéro (Clear) d'un compteur est asynchrone, cela signifie qu'elle agit sur les Clear de chaque bascule, indépendamment de l'horloge. Un signal appliqué à cette entrée met aussitôt (au retard des portes internes près) tous les étages à zéro.

■ Si l'entrée Clear est synchrone, elle agit sur les entrées synchrones (D, JK) de chaque bascule. Le signal appliqué sur Clear déconnecte la chaîne de retenue et fournit 0 sur D ou 01 sur JK, de façon à provoquer le passage à 0 de tous les étages dès que l'impulsion d'horloge se produira.

72 ■ 4 Automodification

Elle s'effectue en utilisant les sorties Q_A, Q_B, Q_C, Q_D du compteur avec ou sans décodage et en appliquant directement les conditions calculées sur les entrées de chargement de remise à zéro (load, clear) ou de données A B C D.

EXEMPLE : lorsque le contenu du compteur 74163 (ou 40163) atteint la valeur 7, il passe à la valeur 3, si une condition externe C est présente ; dans le cas contraire, le compteur enchaîne les états successifs 8, 9, 15... 0, 1, 2, etc.

72 ■ 5 Emplois des compteurs intégrés

Il importe pour se servir correctement des compteurs intégrés, de bien connaître leurs caractéristiques :

■ comptage synchrone ou asynchrone ;

■ diagramme des temps : commute-t-il sur un front montant ou descendant, retenue, minimum, maximum ? etc. ;

■ les entrées sont-elles synchrones asynchrones ?

■ bien examiner les caractéristiques de commutation ($t_{set\ up}$, t_{hold}) ;

■ voir les problèmes de distribution d'horloge pour les grands compteurs.

DIAGRAMME DES TEMPS

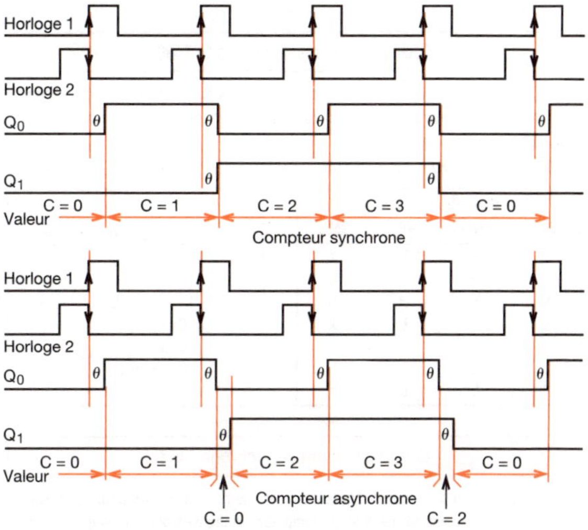

CYCLE INCOMPLET

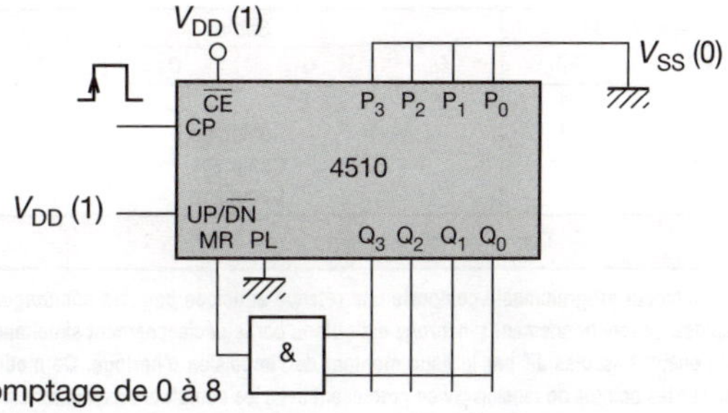

Comptage de 0 à 8

AUTOMODIFICATION DU COMPTEUR ..163

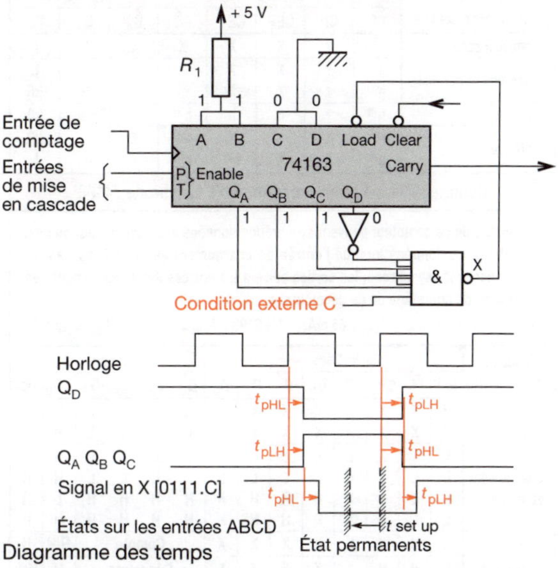

Diagramme des temps

72 ■ 6 EXEMPLES DE COMPTEURS TTL

TYPE DE COMPTEUR	DIAGRAMME LOGIQUE

Compteur décimal asynchrone 7490

Ce compteur comporte quatre bascules JK et une porte auxiliaire pour constituer un compteur diviseur par deux et un compteur binaire de trois étages qui permet un comptage par cinq.

7490 : f_{max} = 30 MHz ; I_{max} = 30 mA. 74LS90 : f_{max} = 42 MHz ; I_{max} = 9 mA.

Reset/Set entrées				Sorties			
MR_1	MR_2	MS_1	MS_2	Q_0	Q_1	Q_2	Q_3
H	H	L	X	L	L	L	L
H	H	X	L	L	L	L	L
X	X	H	H	H	L	L	H
L	X	L	X	Comptage			
X	L	X	L	Comptage			
L	X	X	L	Comptage			
H	L	L	X	Comptage			

H = HIGH voltage level. L = LOW voltage level. X = don't care.

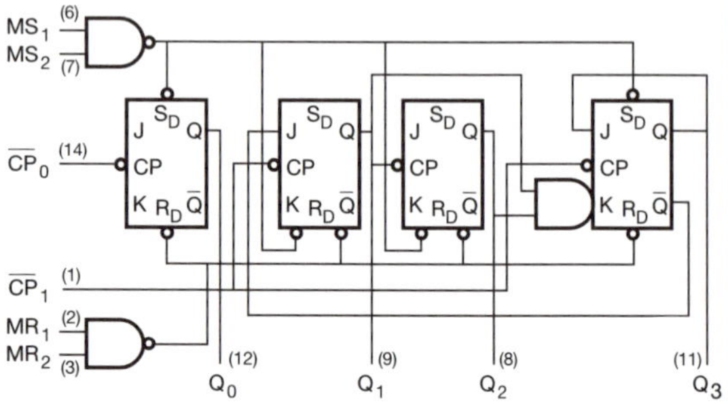

Compteur binaire asynchrone 7493

Ce compteur comporte quatre bascules JK et une porte auxiliaire pour constituer un compteur diviseur par deux et un compteur binaire de trois étages qui permet un comptage par huit.

7493 : f_{max} = 40 MHz ; I_{max} = 28 mA. 74LS93 : f_{max} = 42 MHz ; I_{max} = 9 mA.

Reset entrées		Sorties			
MR_1	MR_2	Q_0	Q_1	Q_2	Q_3
H	H	L	L	L	L
L	H	Comptage			
H	L	Comptage			
L	L	Comptage			

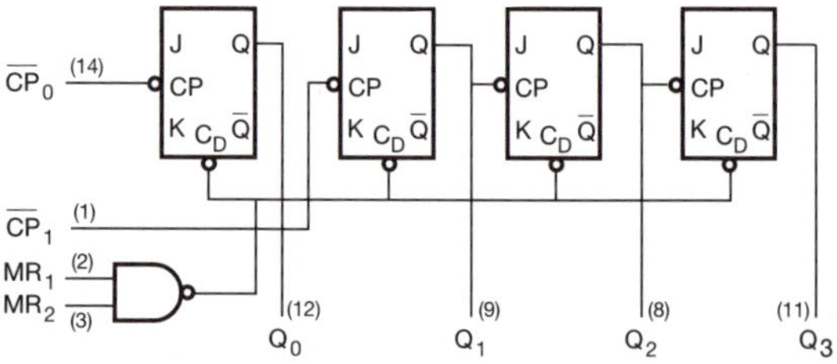

Compteur binaire synchrone 74163

Ce compteur programmable comporte une retenue anticipée pour les comptages rapides. Le fonctionnement synchrone est obtenu par le déclenchement simultané des quatre bascules JK par le flanc montant de l'impulsion d'horloge. Ce mode élimine les pointes de tension qui se produisent avec les compteurs asynchrones.

74163 : f_{max} = 32 MHz ; I_{max} = 61 mA. 74LS163 : f_{max} = 32 MHz ; I_{max} = 19 mA.

Mode de fonctionnement	Entrées						Sorties	
	$\overline{CP}$	CP	CEP	CET	$\overline{PE}$	D_n	Q_n	TC
Remise à zéro	↑	↑	X	X	X	X	L	L
Chargement parallèle	h(f) h(f)	↑ ↑	X X	X X	↑ ↑	↑ h	L H	L (d)
Compte	h(f)	↑	h	h	h(f)	X	Compte	(d)
Retenue	h(f) h(f)	X X	l(e) X	X l(e)	h(f) h(f)	X X	q_n q_n	(d) L

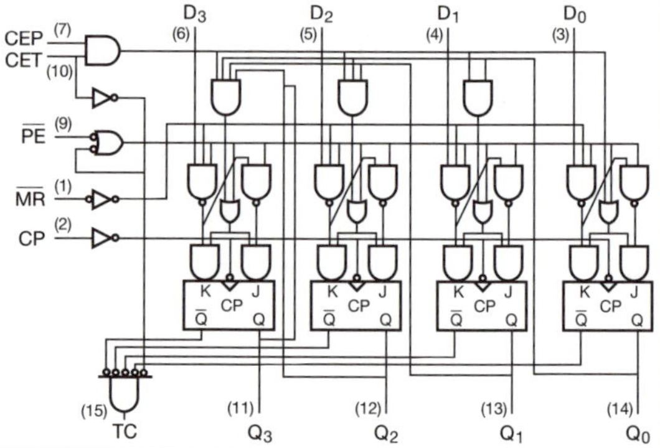

Compteur/décompteur programmable synchrone 74193

Les sorties de ce compteur peuvent être prépositionnées à un niveau haut ou bas, en entrant les données lorsque l'entrée de chargement est au niveau bas. Le chargement est asynchrone, les sorties suivent les entrées indépendamment des impulsions de comptage ou de décomptage.

74193 : f_{max} = 32 MHz ; I_{max} = 65 mA. 74LS193 : f_{max} = 32 MHz ; I_{max} = 19 mA.

Mode de fonctionnement	Entrées								Sorties					
	MR	$\overline{PL}$	CP_U	CP_D	D_0	D_1	D_2	D_3	Q_0	Q_1	Q_2	Q_3	$\overline{TC}_U$	$\overline{TC}_D$
Remise à zéro	H	X	X	L	X	X	X	X	L	L	L	L	H	L
	H	X	X	H	X	X	X	X	L	L	L	L	H	H
Chargement parallèle	L	L	X	L	L	L	L	L	L	L	L	L	H	L
	L	L	X	H	L	L	L	L	L	L	L	L	H	H
	L	L	L	X	H	H	H	H	H	H	H	H	L	H
	L	L	H	X	H	H	H	H	H	H	H	H	H	H
Compte	L	H	↑	H	X	X	X	X	Compte				H(c)	H
Décompte	L	H	H	↑	X	X	X	X	Décompte				H	H(d)

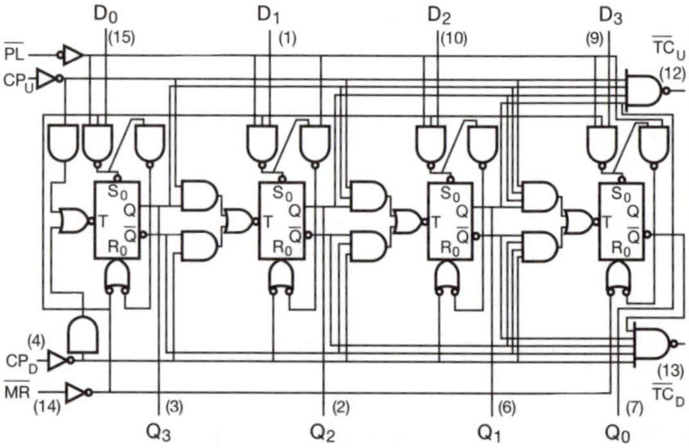

72 ■ 7 EXEMPLES DE COMPTEURS MOS

TYPE DE COMPTEUR	DIAGRAMME LOGIQUE

Compteur décimal cinq étages 4017

Ce compteur Johnson à cinq étages comporte 10 sorties décodées actives à l'état haut. Un trigger de Schmitt dans le circuit d'entrée d'horloge, active sur le front montant, permet une mise en forme des impulsions.

MR	CP_0	$\overline{CP}_1$	Opération
H	X	X	$O_0 = \overline{O}_{5\text{-}9}$ = H ; O_1 à O_9 = L
L	H	⟍	Incrémentation du compteur
L	⟋	L	Incrémentation du compteur
L	L	X	Sans changement
L	X	H	Sans changement
L	H	⟋	Sans changement
L	⟍	L	Sans changement

f_i : 12 MHz à 5 V, 24 MHz à 10 V, 30 MHz à 15 V.

H = état HAUT (tension positive).
L = état BAS (tension positive).
X = état indifférent.
⟋ = front montant.
⟍ = front descendant.

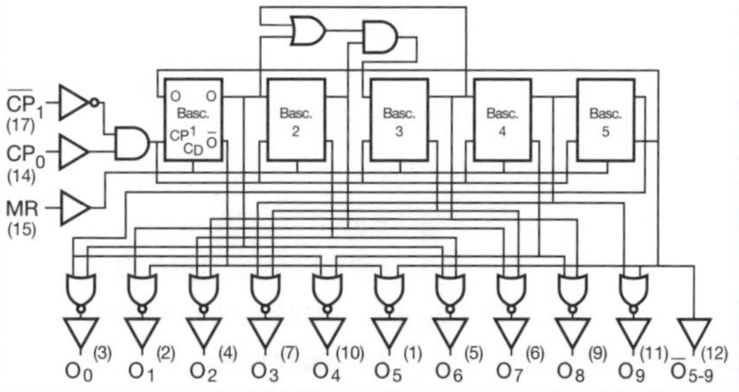

Compteur binaire douze étages 4040

Ce compteur binaire comporte un circuit de mise en forme des impulsions et 12 étages constitués de bascules maître-esclave. Chaque compteur avance de un à la transition négative de l'impulsion d'entrée. Toutes les sorties sont tamponnées. f_i : 20 MHz à 5 V, 30 MHz à 10 V, 50 MHz à 15 V.

BROCHAGE

$\overline{CP}$: entrée d'horloge (déclenchée sur le front descendant).
MR : entrée de remise à zéro générale (active à l'état HAUT).
O_0 à O_{11} : sorties parallèles.

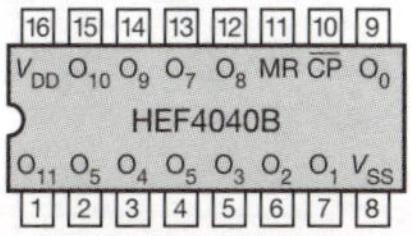

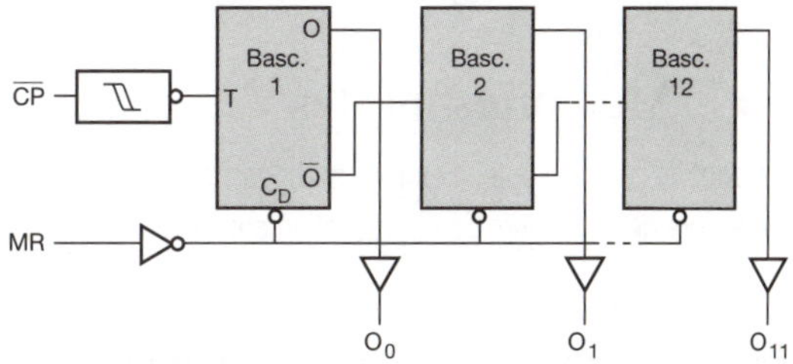

Compteur programmable diviseur par *n* 4059

Ce compteur/diviseur peut être programmé pour diviser une fréquence d'entrée par un nombre *n* de 3 à 15 999. Le signal de sortie est une impulsion d'un cycle d'horloge égal à la fréquence d'entrée divisé par *n*. La sortance est TTL. La programmation s'effectue par 16 entrées de présélection.

f_i : 7 MHz à 5 V, 15 MHz à 10 V, 20 MHz à 15 V.

Entrés de validation du verrou	Entrées de sélection de mode			Première section de comptage			Dernière section de comptage			Plage du compteur	
EL	K_a	K_b	K_c	Mode division par	État de prépos.t max.	Entrées de prépos.t utilisées	Mode division par	État de prépos.t max.	Entrés prépos.t utilisées	Normale	Étendue
X	H	H	H	2	1	J_1	8	7	$J_2J_3J_4$	15 999	17 331
X	L	H	H	4	3	J_1J_2	4	3	J_3J_4	15 999	18 663
X	H	L	H	5	4	$J_1J_2J_3$	2	1	J_4	9 999	13 329
X	L	L	H	8	7	$J_1J_2J_3$	2	1	J_4	15 999	21 327
X	H	H	L	10	9	$J_1J_2J_3J_4$	1	0	-	9 999	16 659
H	L	H	L	10	9	$J_1J_2J_3J_4$	1	0	-	9 999	16 659
L	L	H	L	Inhibition du prépositionnement			Inhibition du prépositionnement			Fixe 10 000	-
X	X	L	L	Prépositionnement général			Prépositionnement général			-	-

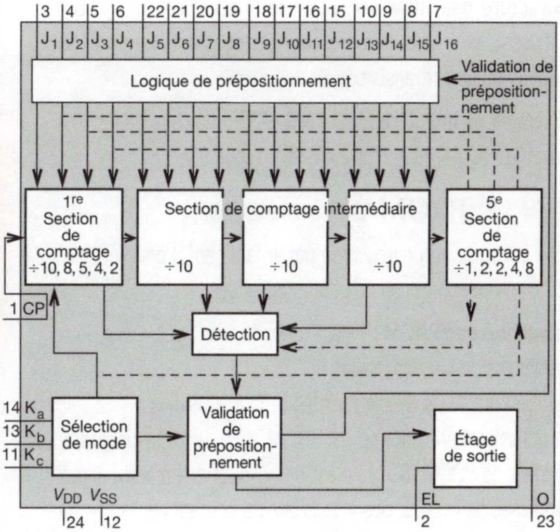

Compteur/décompteur programmable 4510

Ce compteur BCD est constitué de quatre bascules synchrones D. Il peut être programmé à toutes les valeurs binaires présentes aux entrées P en portant la ligne de chargement (Load) au niveau haut.

f_i : 10 MHz à 5 V, 24 MHz à 10 V, 34 MHz à 15 V.

MR	PL	UP/DN	CE	CP	Mode
L	H	X	X	X	Chargement parallèle
L	L	X	H	X	Sans changement
L	L	L	L	⟋	Décomptage
L	L	H	L	⟋	Comptage
H	X	X	X	X	Remise à zéro

BROCHAGE

PL : entrée de chargement parallèle (active à l'état HAUT).
P_0 à P_3 : entrées parallèle.
$\overline{CE}$: entrée de validation du compteur (active à l'état BAS).
CP : entrée d'impulsion d'horloge (active à l'état BAS).
UP/$\overline{DN}$: entrée de commande de comptage/décomptage.
MR : entrée de remise à zéro générale.
$\overline{TC}$: sortie de retenue (active à l'état BAS).
O_0 à O_3 : sorties parallèle.

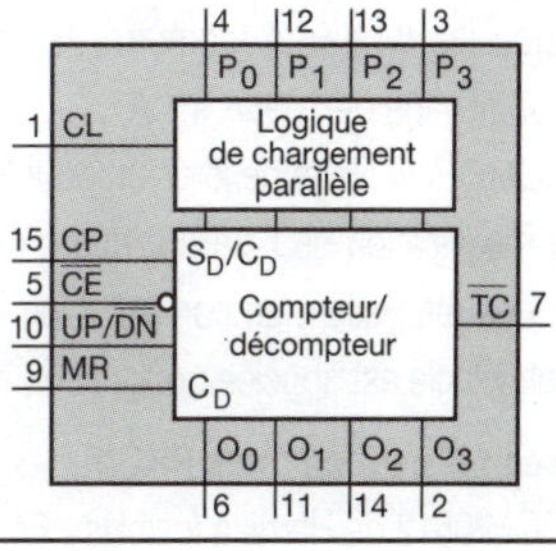

73 Mémoires

Une mémoire est un dispositif permettant de stocker des informations (données). Lorsque l'on veut accéder à une donnée, celle-ci se trouvera à une adresse dans le dispositif.

On distingue deux types de mémoires :

- Les mémoires à accès aléatoire (mortes ou vives).
- Les mémoires à accès séquentiels. Dans ces mémoires, on n'accède pas directement au mot cherché. Les informations doivent défiler jusqu'à ce qu'on arrive au point recherché. Par exemple les disquettes (Floppy Disk), les disques durs.

73 ▪ 1 Mémoires mortes

Elles sont à lecture seule. Les informations ne sont pas perdues lors de la coupure de l'alimentation des circuits.

73 ▪ 11 ROM (read-only-memory)

Elle a été programmée par le fabricant et son programme ne peut être modifié.

Structure des ROM : on utilise le principe des matrices à diodes. L'interrupteur d'adressage est constitué par un interrupteur statique (transistor).

Exemple de mémoire ROM TMS 4732 : mémoire de technologie MOS de 4096 × 8 bits, alimentée sous 5 V.

73 ▪ 12 PROM (programmable ROM)

Elle est livrée non enregistrée par le fabricant. Lorsque celle-ci est programmée, on ne peut plus l'effacer.

Structure des PROM : il existe deux technologies, donc deux méthodes de programmation :

- Destruction de fusible pour les PROM à fusibles

L'utilisateur programme sa PROM à l'aide d'un programmateur de PROM. Son rôle est d'appliquer à la mémoire, aux adresses désignées, des impulsions de courant par le bus de données qui détruiront les fusibles là où l'on veut modifier les états des points de connexions.

Selon les types de mémoire, la valeur de l'impulsion de courant varie de 10 mA à 1 A.

- Court-circuitage de jonction pour les PROM à jonctions

La modification de l'état logique d'un point de connexion se fera en établissant un contact là où il n'y en avait pas. Cette technologie est appelée : **migration par avalanche induite.**

Exemple de mémoires PROM :

PROM 0512 de Harris à fusibles : 64 mots de 8 bits.

ORGANISATION D'UNE MÉMOIRE

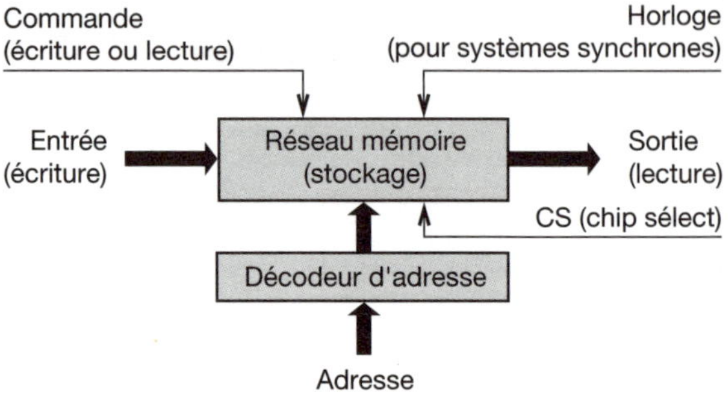

STRUCTURE D'UNE ROM

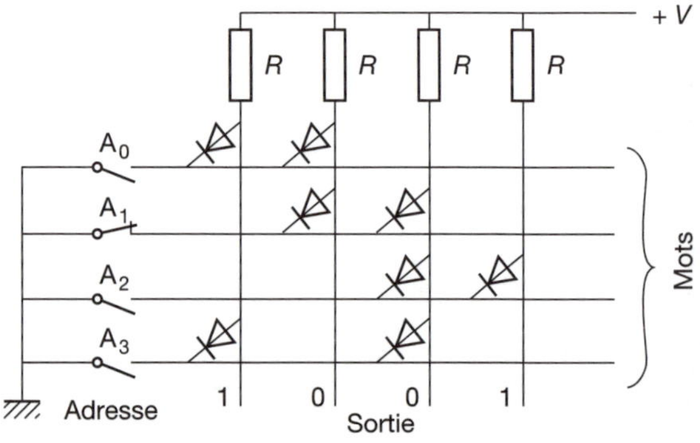

Le mot n° 2 qui a été sélectionné (adresse A_1) restitue l'information de sortie 1001

SYMBOLE DE LA ROM TMS 4732

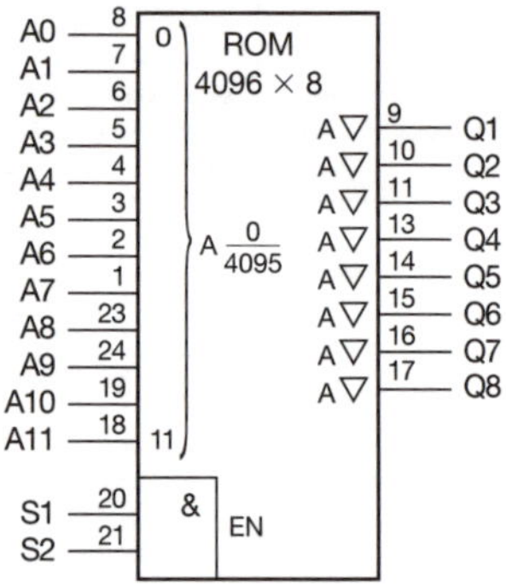

STRUCTURE DES PROM

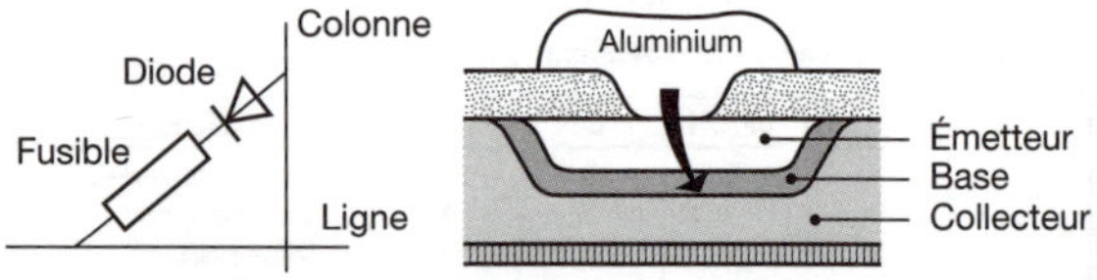

PROM à fusible — PROM à jonction

73 ■ 13 EPROM (erasable PROM : PROM effaçable)

C'est une PROM effaçable par un rayonnement ultraviolet intense.

Structure des EPROM (REPROM) : une EPROM est une mémoire morte qui se programme à l'aide d'un programmateur de PROM. Le point mémoire est réalisé à l'aide de transistor FAMOS (Floating gate Avalanche injection MOS). C'est un transistor MOS canal P dans lequel la grille n'est reliée à aucun conducteur.

Si on soumet les électrodes Source-Drain à une tension impulsionnelle, un effet d'avalanche se produit entre le drain (P) et le substrat (N) et par effet « tunnel » des électrons sont injectés dans la grille (flottante).

Lorsque l'impulsion disparaît, les électrons qui se trouvent piégés dans la grille ne peuvent s'écouler tout seuls. C'est comme si le transistor était commandé, la grille « polarisée » produit un canal P et le transistor est passant (S = 0).

Soumise à un rayonnement ultraviolet, elle s'efface.

Exemple de mémoire EPROM :

2516 : 16 kilobits (2048 × 8). 2532 : 32 kilobits (4096 × 8).

2564 : 64 kilobits (8192 × 8).

Mémoires MOS alimentées sous 5 V.

Brochage compatible avec les ROM 4732.

Entrée/sortie compatible TTL.

Consommation 50 mW en veille, 400 mW en fonction.

Sortie 3 états (bus commun E/S).

En programmation, des signaux TTL de durée 50 ms et une tension de 25 V sont nécessaires.

73 ■ 14 EEPROM (electrically EPROM)

Elles sont programmables et effaçables électriquement par l'utilisateur.

Structure des EEPROM (EAROM) : on utilise pour ces mémoires un transistor spécial, le MNOS qui se sature exactement de la même façon que le transistor FAMOS, mais qui se bloque par effet « tunnel » lors d'un effacement sous l'effet d'une impulsion électrique.

On utilise l'EEPROM dans tous les systèmes où l'on est contraint de modifier, relativement souvent, les paramètres dans un programme comme : caisses enregistreuses, pompes à essence, etc.

Exemple de mémoire EEPROM - 5213 :

La mémoire 5213 est une EEPROM de 2 k × 8 bits alimentée sous 5 V.

Une application pendant 5 ms de la donnée est nécessaire lors de la programmation de la mémoire. Le temps d'effacement est inférieur à 10 ms.

MÉMOIRES EPROM 2516 ET 2532

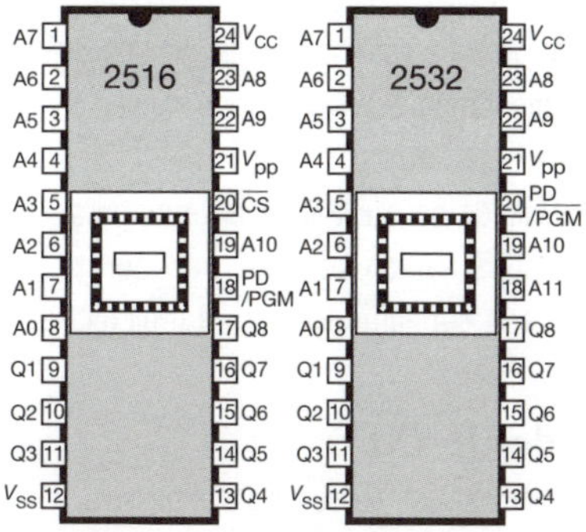

Broches	Fonctions
A0 - A09 (A11 pour la 2532)	Adresses
$\overline{CS}$	Sélection boîtier
PD / PGM (PD / $\overline{PGM}$ pour 2532)	Commande basse Consommation et programmation
Q1 – Q8	Entrées / Sorties
V_{CC}	+ 5 V
V_{pp}	+ 25 V (en programmation)
V_{SS}	0 V (masse)

FONCTION ET NUMÉRO DE BROCHE DU CIRCUIT (V_{CC} à + 5 V et V_{SS} à 0 V)

Mode de fonctionnement	Type de circuit	2516 / 2532	PD/PGM (18) / PD/$\overline{PGM}$ (20)	V_{pp} (21) / V_{pp} (21)	$\overline{CS}$ (20)	Qi (9 à 11 et 13 à 7) / Qi (9 à 11 et 13 à 17)
Lecture	2516		0	+ 5	0	Sorties
	2532		0	+ 5		Sorties
Inhibition circuit lors de la lecture	2516		Indiff.	+ 5	+ 5	Haute impédance
	2532		+ 5	+ 5		Haute impédance
Inhibition circuit faible consommation	2516		+ 5	+ 5	Indiff.	Haute impédance
	2532		+ 5	+ 5		Haute impédance
Programmation	2516		impulsion 0 → + 5, 50 ms	+ 24	+ 5	Entrées
	2532		impulsion + 5 → 0, 50 ms	+ 24		Entrées
Inhibition circuit lors de la programmation	2516		0	+ 24	+ 5	Haute impédance
	2532		+ 5	+ 24		Haute impédance
Vérification programmation	2516		0	+ 24	0	Sorties

MÉMOIRE EEPROM 5213

Tableau de fonctionnement de la 5213

FONCTION ET NUMÉRO DE BROCHE DU CIRCUIT

Mode de fonctionnement	$\overline{CE}$ (18)	$\overline{OE}$ (20)	$\overline{WE}$ (21)	I/O (9-11) (13-17)
Lecture	0 V	0 V	+ 5 V	Sorties
Inhibition (lors de la lecture)	+ 5 V	Indiff.	+ 5 V	Haute impédance
Effacement d'un octet (10 ms)	0 V	+ 5 V	0 V	Entrées (+ 5 V)
Programmation d'un octet (5 ms)	0 V	+ 5 V	0 V	Entrées
Effacement du circuit (10 ms)	0 V	+ 15 V	+ 15 V	Entrées (+ 5 V)
Inhibition lors de la programmation ou de l'effacement	+ 5 V	Indiff.	Indiff.	Haute impédance

BROCHAGE

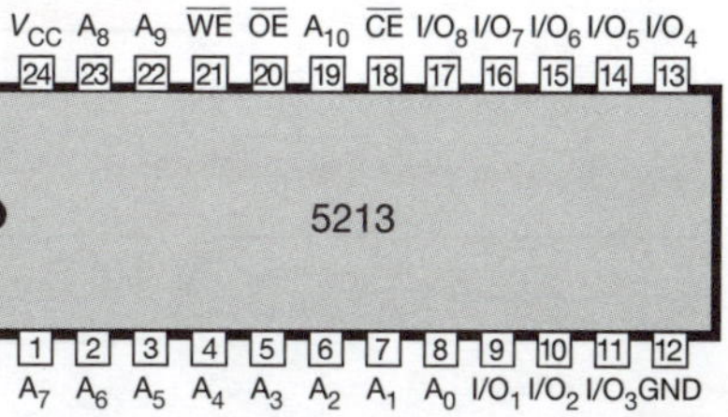

73 ■ 2 Mémoires vives

Les informations seront perdues à la coupure de l'alimentation.

RAM statiques. La cellule de base est une bascule. Il suffit de maintenir la tension d'alimentation du circuit pour conserver l'information.

RAM dynamiques. La cellule de base est la capacité de grille-source d'un transistor MOS. Si on ne veut pas perdre l'information (décharge de la capacité), il faut « rafraîchir » périodiquement cette cellule.

73 ■ 21 Structure des RAM

- RAM statique : le point mémoire est réalisé avec une bascule.
- RAM dynamique : chaque point mémoire est réalisé autour d'un condensateur chargé (niveau 1) ou déchargé (niveau 0). Pour éviter de perdre l'information (décharge du condensateur), un système va lire le niveau de tension aux bornes du condensateur qui le rechargera éventuellement. C'est le processus de rafraîchissement que réalisera ce système.

Exemple de mémoire RAM : HEF 4505B (RTC)

Le circuit 4505 est une mémoire vive de 64 bits, 1 bit/mot, totalement décodée et entièrement statique. La lecture ou l'écriture en mémoire n'est possible que si l'entrée d'échantillonnage (ST) et les entrées de validation du circuit (CE_1 et CE_2) sont simultanément à l'état HAUT. Les données de sortie ne sont disponibles sur les sorties de données (D_{out}) que lors d'une lecture ou d'une écriture en mémoire, lorsque l'entrée de lecture/écriture ($R/\overline{W}$) est à l'état HAUT et à la fin du temps d'accès en lecture. La sortie 3 états est initialement invalidée et passe toujours à l'état BAS avant la validation des données. La sortie est invalidée à l'état impédance, si aucune lecture/écriture n'est en cours ou si $R/\overline{W}$ est à l'état BAS. $R/\overline{W}$ peut rester à l'état HAUT pendant un cycle de lecture ou à l'état BAS pendant un cycle d'écriture. Les données de sortie ont la même polarité que les données d'entrée.

STRUCTURE D'UNE RAM

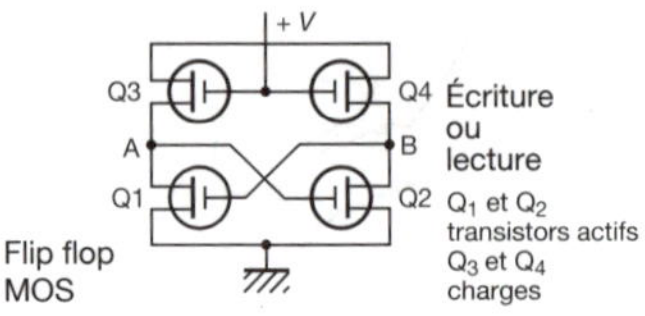

Point mémoire d'une RAM Mos (principe)

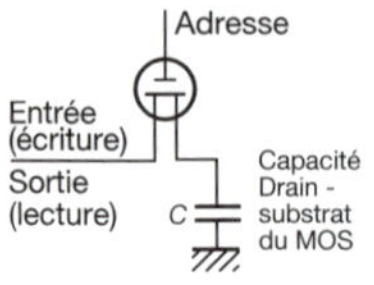

RAM dynamiques

SYNOPTIQUE D'UNE MÉMOIRE (RAM 4505)

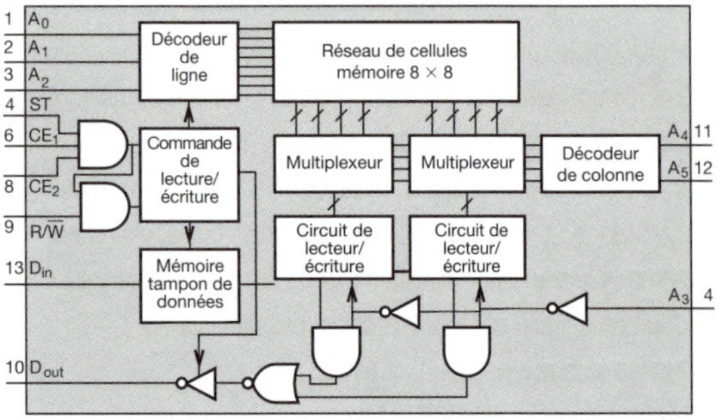

BROCHAGE

A_0 à A_5 : entrées d'adresse.
CE_1, CE_2 : entrées de validation.
$R/\overline{W}$: entrée de lecture/écriture.
ST : entrée d'échantillonnage (strobe).
D_{in} : entrée de données.
D_{out} : sortie de données.

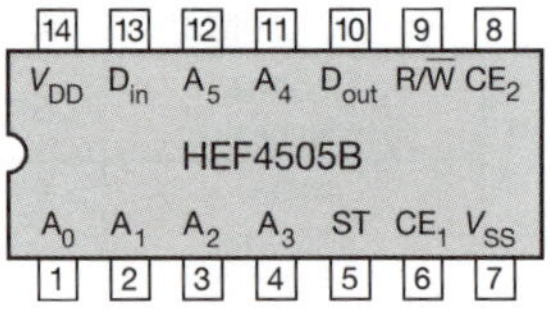

TABLE DE FONCTION

ST, CE_1, CE_2	$R/\overline{W}$	D_{out}	Mode
L	L	Z	Invalidé
H	L	Z	Écriture
L	H	Z	Invalidé
H	H	Égal aux données de mémoire	Lecture

H = état HAUT (tension la plus positive). L = état BAS (tension la moins positive).
Z = état haute impédance.

Chronogramme du cycle d'écriture

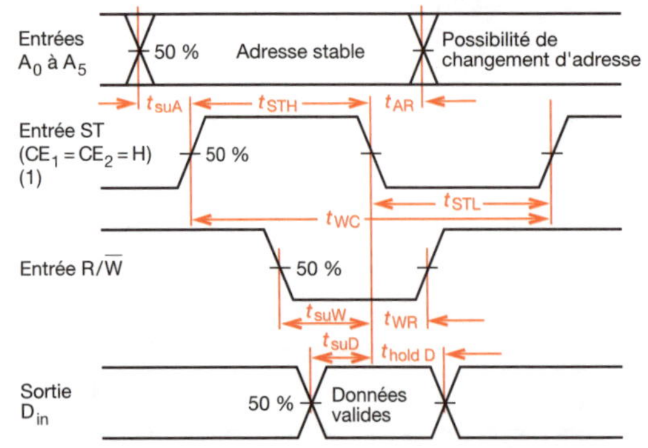

(1) $t_{STH\,min} = t_{WC\,max} - t_{STL\,min}$.

Chronogramme du cycle de lecture

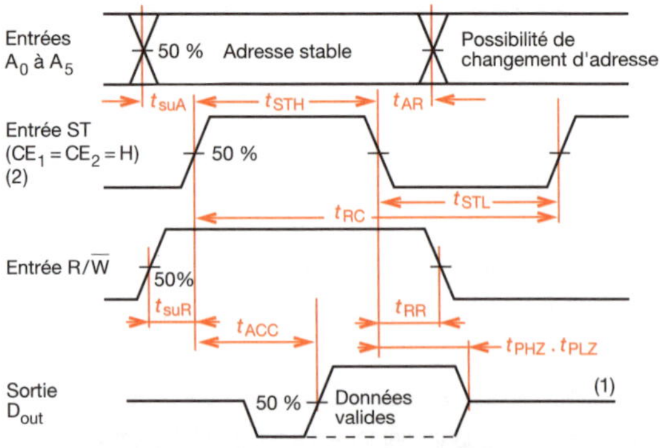

(1) Sortie à l'état haute impédance. (2) $t_{STH\,min} = t_{RC\,max} - t_{STL\,min}$.

73■3 Piles

Les piles sont des mémoires formées par un empilage de **registres de mémorisation**. Quatre registres superposés de 8 bits constituent une pile de 4 mots de 8 bits. Ce qui différencie les diverses piles, c'est la façon d'introduire puis d'en extraire les informations. On distingue :

- **La pile FIFO** (First In-First Out) dans laquelle la première information introduite est la première extraite. On l'appelle également « file d'attente ».
- **La pile LIFO** (Last In-First Out) dans laquelle la dernière information introduite est la première extraite. Puisqu'on empile par le haut (arbitrairement) et qu'on la vide également par le haut, cette pile a été baptisée « pile à empilement ».

Exemples de mémoires FIFO

Mémoire 16 × 4 bits 74222 - 224 - 227 - 228.

Ces mémoires sont des réseaux organisés en seize mots de 4 bits chacun. Ils peuvent être étendus en multiples de 15 (m + 1) mots ou 4n bits (où n est le nombre de circuits en colonnes verticales et m le nombre de circuits en rangs horizontaux), mais des portes externes sont nécessaires.

PILES

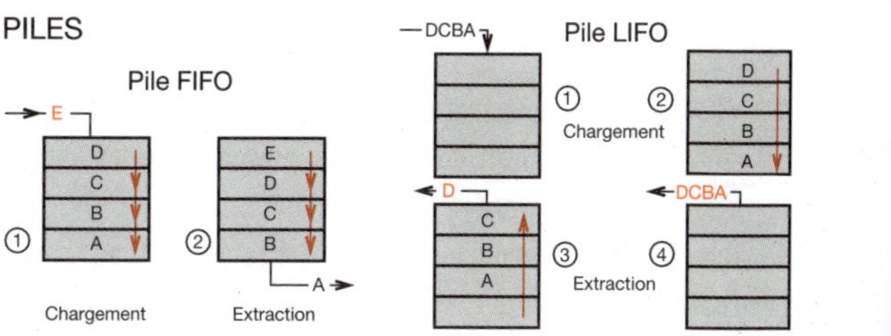

FIFO – BROCHAGES

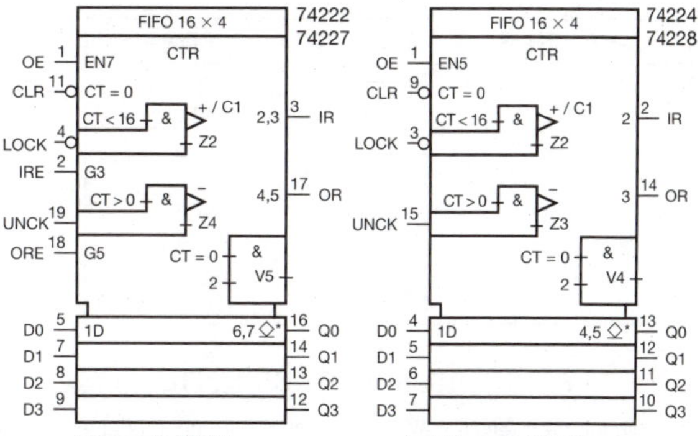

APPLICATION

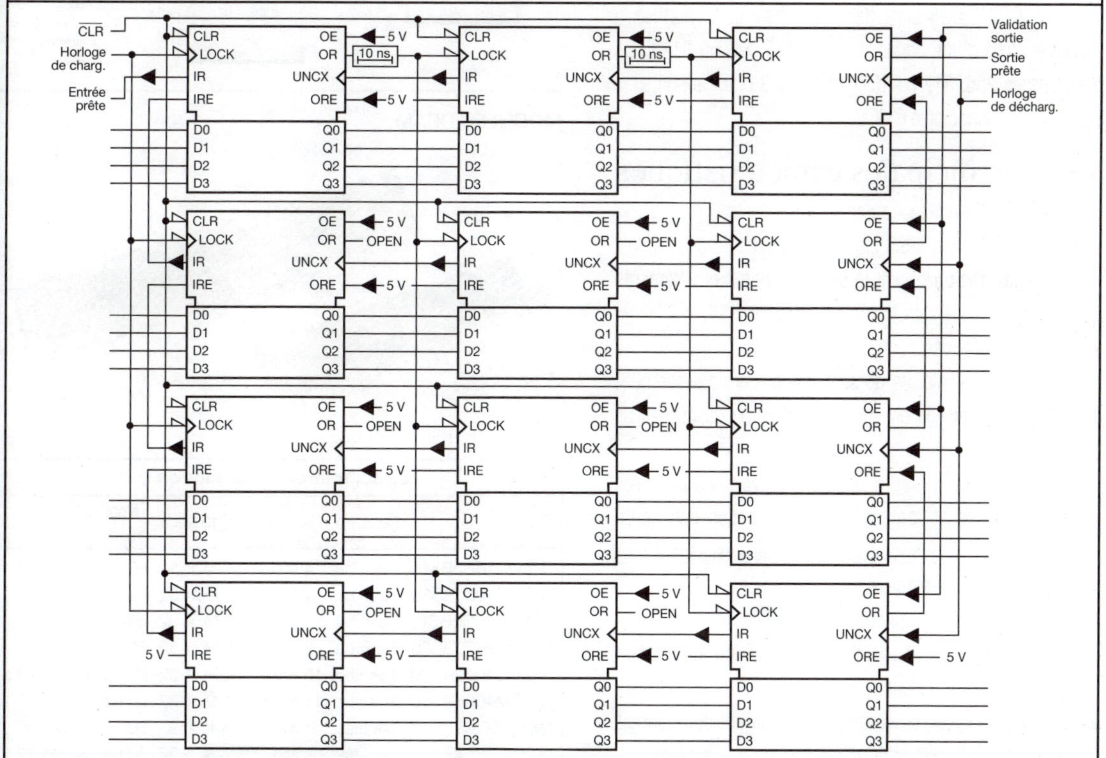

Extension à 48 mots de 16 bits avec des LS222. ⊢—⊣ = Retard non inverseur ⩾ 10 ns (par ex. 2 portes LS04) ; 2 pièces.

73 ■ 4 SRAM ZEROPOWER RAM

(SGS Thomson)

Ces RAM statiques non volatiles en CMOS possèdent une cellule intégrée au lithium qui assure la préservation des données (durée de la cellule lithium : 11 ans).

Cycle d'écriture conventionnel. Peuvent être utilisées en remplacement des RAM et EPROM classique.

Exemple de mémoire SRAM : MK 48Z18

Table de vérité

V_{CC}	$\overline{E}$	$\overline{G}$	$\overline{W}$	Mode	DQ	État
$< V_{CC\,max}$	V_{IH}	X	X	Repos	Z	Standby
	V_{IL}	X	V_{IL}	Écriture	D_{in}	Active
$> V_{CC\,min}$	V_{IL}	V_{IL}	V_{IH}	Lecture	D_{out}	Active
	V_{IL}	V_{IH}	V_{IH}	Lecture	Z	Active
$< V_{PFD\,max}$ $> V_{SO}$	X	X	X	Repos	Z	CMOS standby
$\leqslant V_{SO}$	X	X	X	Repos	Z	Sauvegarde par cellule

73 ■ 5 Mémoires à accès série

Il s'agit, ici, de mémoires externes à accès via une interface sérielle. Cette interface basée sur un bus bifilaire permet une communication bidirectionnelle entre différents appareils.

Les ST24C02/04/08 sont des mémoires non volatiles à lecture/écriture d'une capacité de 2048, 4096 ou 8192 bits organisés en 256, 512 ou 1024 mots de 8 bits, ce sont des EEPROM en technologie CMOS.

73 ■ 6 Principales caractéristiques

On caractérise une mémoire par :

■ **Sa capacité :** nombre d'éléments binaires stockés.

■ **Son organisation :** nombre de mots, nombre d'éléments par mot.

■ **Son mode d'accès :**

a. Accès aléatoire : l'ordre de succession des adresses peut être quelconque et l'on accède à l'information désirée en un temps constant.

b. Accès séquentiel : l'ordre de la succession des adresses est prédéterminée et l'on accède à l'information désirée en un temps d'autant plus long que l'adresse désirée est plus éloignée de l'adresse actuelle.

■ **Sa vitesse :** on distingue deux paramètres.

a. Le temps d'accès, durée d'obtention d'une information après une demande de lecture.

b. Le temps de cycle, durée minimum séparant deux appels successifs à la mémoire pour une lecture ou une écriture.

■ **Son mode d'adressage.**

SRAM : MK 48Z8 8k × 8

Nom des broches

$A_0 \ldots A_{12}$	Entrées des adresses
$\overline{E}$	Validation du circuit
$\overline{W}$	Validation d'écriture
$\overline{G}$	Validation des sorties
$DQ_0 \ldots DQ_7$	Entrées / sorties des données
V_{CC}	Alimentation 5 V
GND	Masse
NC	Non connectée

V_{PFD} : tension minimale de fonctionnement
V_{SD} : tension de mise en service de la cellule lithium (3 V)

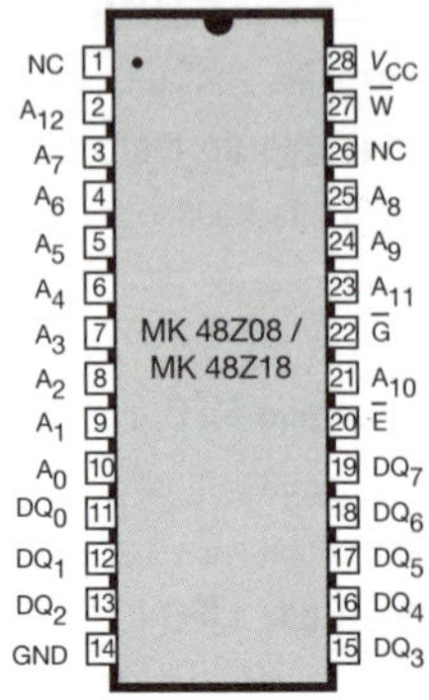

MÉMOIRES À ACCÈS SÉRIEL POUR BUS I^2C

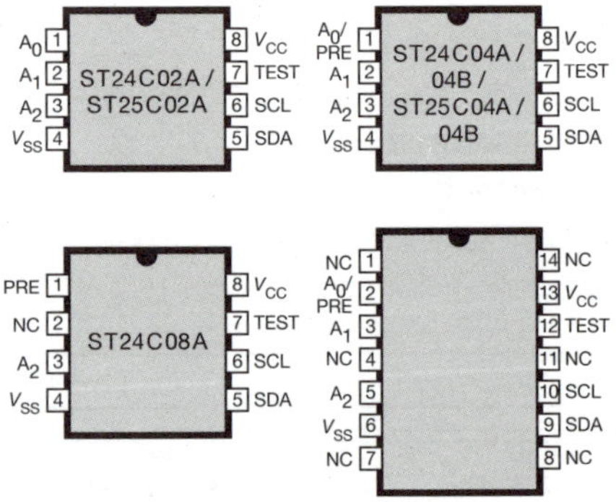

256 × 8 bits (2 × CO2)
2 pages de
256 × 8 bits (2 × CO4)
4 pages de
256 × 8 bits (24 × CO8)

A_0 = entrée d'adresse
A_1 = entrée d'adresse
A_2 = entrée d'adresse
V_{SS} = masse
SDA = données sérielles
SCL = horloge sérielle
TEST = entrée de test
V_{CC} = tension d'alimentation

MODULES DRAM

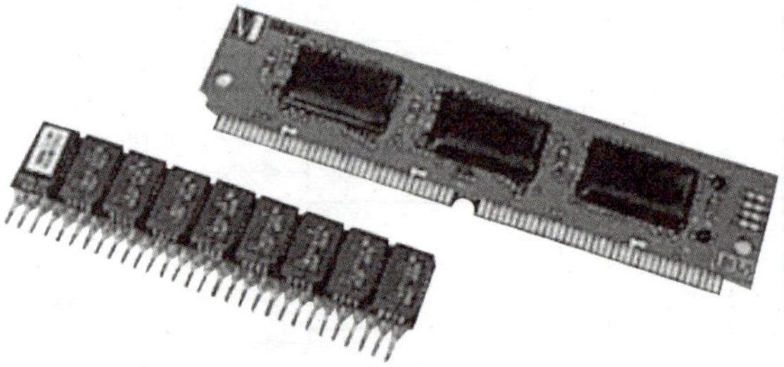

Spécifications techniques

Réf.	Fabricant	Capacité	Organisation	Temps d'accès	Boîtier
THM3210B5BS60	Toshiba	4 Mo	1 M × 32	60 ns	SIMM 72
THM321000BS30	Toshiba	4 Mo	1 M × 32	70 ns	SIMM 72
THM3220C5BS60	Toshiba	8 Mo	2 M × 32	60 ns	SIMM 72
THM322020BS60	Toshiba	8 Mo	2 M × 32	70 ns	SIMM 72
THM324000BS60	Toshiba	16 Mo	4 M × 32	60 ns	SIMM 72
THM324005BS60	Toshiba	16 Mo	4 M × 32	60 ns	SIMM 72
1MX9-60NS	Topless	1 Mo	1024 K × 9	60 ns	SIMM 30
1MX36-70NS	Topless	4 Mo	1024 K × 36	70 ns	SIMM 72
TM024EAD9-8	Texas	1 Mo	1024 K × 9	80 ns	SIL 30

73 ■ 7 EXEMPLES DE MÉMOIRES

PROM

Capacité	Référence	Fabricant	Organisation	V_{CC} (V)	Temps d'accès (ns)	I_C (mA)	Boîtier
256	82S123AN	Philips	32 × 8	5	25	96	DIP 16
1 k	82S129AN	Philips	256 × 4	5	27	120	DIP 16
2 k	82S131AN	Philips	512 × 4	5	30	140	DIP 16
4 k	82S147AN	Philips	512 × 8	5	45	155	DIP 20
9 k	82S181AN	Philips	1 024 × 8	5	55	175	DIP 24
16 k	82S191AN	Philips	2 048 × 8	5	55	175	DIP 24
32 k	82HS321AN	Philips	4 096 × 8	5	35	175	DIP 24

EPROM

Capacité	Référence	Fabricant	Technologie	Organisation	V_{CC} (V)	Temps d'accès (ns)	Consommation (mA)		V_{PP} (V)	Boîtier
							repos	travail		
16 k	M2716	SGS	NMOS	2 K × 8	5	450	25 mA	100 mA	25	DIP 24
32 k	M2732AF1	SGS	NMOS	4 K × 8	5	450	35 mA	125 mA	21	DIP 24
64 k	M27C64A-20F1	SGS	CMOS	8 K × 8	5	200	100 µA	30 mA	12,5	DIP 28
128 k	M27128AF1	SGS	NMOS	16 K × 8	5	250	40 mA	85 mA	12,5	DIP 28
256 k	M27256F1	SGS	NMOS	32 K × 8	5	250	40 mA	100 mA	12,5	DIP 28
512 k	AM27C512-200DC	AMD	CMOS	64 K × 8	5	200	1 mA	50 mA	12,75	DIP 28
1 M	TMS27C010-15JL	T.I.	CMOS	128 K × 8	5	150	100 µA	30 mA	13	DIP 32
2 M	AM27C020-200DC	AMD	CMOS	256 K × 8	5	200	1 mA	60 mA	12,75	DIP 32
4 M	AM27C040-200DC	AMD	CMOS	512 K × 8	5	200	100 µA	60 mA	12,75	DIP 32

EEROM

Capacité	Référence	Fabricant	Organisation	V_{CC} (V)	Consommation (mA)		Boîtier
					repos	travail	
Accès série							
128	X24C00P	Xicor	16 × 8	2,7 à 5,5	100	3	DIP 8
256	NM93C06M8	MSC	16 × 16	5	50	2	SO-8
1 k	X24C01P	Xicor	128 × 8	3 à 5,5	100	2	DIP 8
1 k	93LC46BP	Microchip	128 × 8 ou 64 × 16	2 à 6	100	3	DIP 8
2 k	ST24C02AB1	SGS	256 × 8	3 à 5,5	100	2	DIP 8
2 k	93LC56BP	Microchip	256 × 8 ou 128 × 16	2 à 6	100	3	DIP 8
4 k	ST24C04B1	SGS	512 × 8	3 à 5,5	100	2	DIP 8
32 k	24LC32P	Microchip	4 K × 8	2,5 à 6	50	3	DIP 8
64 k	X25640P	Xicor	8 K × 8	5	200	5	DIP 8
Accès parallèle							
16 k	X2816CJ12	Xicor	2 048 × 8	5	50	110	PLCC 32
256 k	X28C256J25	Xicor	32 K × 8	5	2	60	PLCC 32
512 k	X28C512D12	Xicor	64 K × 8	5	3	50	DIP 32

RAM STATIQUE (SRAM)

Capacité	Référence	Fabricant	Organisation	V_{CC} (V)	Temps d'accès (ns)	Consommation (mA)		Boîtier
						repos	travail	
8 k	CMS3-67140L45	Matra MHS	1 k × 8	5	45	40	150	PLCC 52
16 k	HM3-65728BH-5	Matra MHS	2 k × 8	5	25	20	100	DIP 24
32 k	CY7B138-35JC	Cypress	4 k × 8	5	35	90	210	PLCC 68
36 k	CY7B139-35JC	Cypress	4 k × 9	5	35	90	210	PLCC 68
64 k	CMSR-67024L45	Matra MHS	4 k × 16	5	45	40	290	PLCC 84
128 k	CMSR-67025L45	Matra MHS	8 k × 16	5	45	40	260	PLCC 84
256 k	HM62256LP-8	Hitachi	32 k × 16	5	80	3	70	DIP 28
1 M	GM76C8128ALL-85	Goldstar	128 k × 8	5	85	3	45	DIP 32
4 M	TC554161FTL-70L	Toshiba	256 k × 16	5	70	0,060	10	DIP 54

RAM DYNAMIQUE (DRAM)

Type	Fabricant	Organisation	Temps d'accès	Consommation	Technologie	Broches
TMS4116	TEXAS	16384 × 1	150 ns	100/4 mA	MOS	16
TMS4416	TEXAS	16384 × 4	150 ns	25/3 mA	MOS	18
TMS4164	TEXAS	65536 × 1	120 ns	25/3 mA	MOS	16
TMS41256	TEXAS	262144 × 1	120 ns	80/5 mA	MOS	16
TC514800	TOSHIBA	524288 × 8	70 ns	500/2 mA	CMOS	28

74 Interfaces

Dans tous les processus industriels de fabrication, il faut :

- adapter électriquement les signaux ;
- protéger les usagers et les matériels contre les chocs électriques ;
- éliminer les signaux parasites (environnement bruyant) etc.

La résolution de tels problèmes fait appel aux circuits d'interfaçage.

74 ■ 1 Adaptation MOS/TTL ou TTL/MOS

Le circuit HCT (CMOS rapide 74 HCT xx) est compatible avec les circuits TTL et MOS. Il peut servir d'interface, il suffit de remplacer le circuit TTL ou CMOS par ce circuit ou en utiliser un comme interface. Pour avoir une sortance plus importante, on utilise des circuits « buffers » qui sont des amplificateurs de charge inverseurs ou non inverseurs (4049 ou 4050 par exemple). On peut également utiliser un circuit à collecteur ouvert qui permet d'avoir une tension différente de V_{CC} pour l'alimentation du circuit commandé 7405, 06, 07, etc. Lorsque le circuit n'existe pas en collecteur ouvert, on utilise un transistor de liaison.

Circuits spéciaux : ce sont des circuits qui comportent en général une porte CMOS ou TTL en entrée et un transistor à la sortie. On leur demande :

- une fréquence élevée de fonctionnement ;
- une compatibilité avec des tensions couramment utilisées (5 à 48 V) ;
- un fort courant de sortie.

Exemples de circuits : SN 75450, SN 75460 de T.I.

EXEMPLES D'ADAPTATION

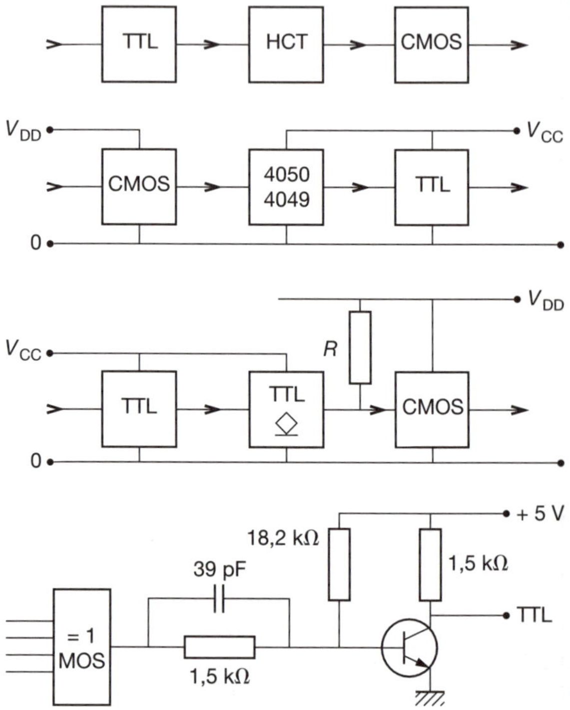

Circuit
SN 75450
de T.I.

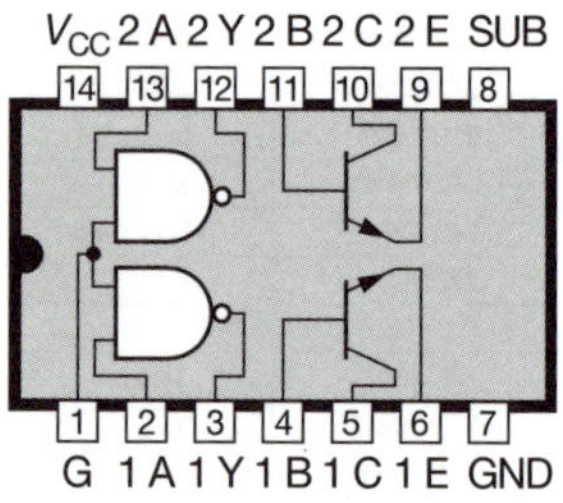

74 ■ 2 INTERFACE LVT (3,3 V) – TTL 5 V

À partir de	à TTL/ABT/HCT/ACT 5 V	à CMOS sorties HC/AC 5 V	Sortie forcée à 5 V
LV-HCMOS/LVC/HLL/ALVC 3 V	Directe	Résistor de charge	Non
LVT 3 V	Directe	Résistor de charge	Oui

À partir de	à LV-HCMOS et LVC/HLL/ALVC liaison 3 V	à LVT et LVC/HLL/ALVC inverseur de puissance 3 V
CMOS 5 V	Vers translateur de niveau en résistor et diode	Directe
Drain ouvert 5 V	Résistor de charge, alimentation de 3 V	Résistor de charge avec $V_A < 5{,}5$ V
Totem-pole sortie 5 V	Directe	Directe

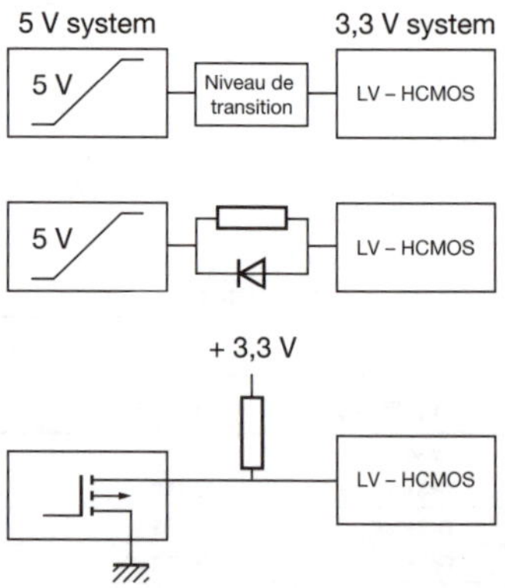

D'après Philips.

75 Transmission de données série

75 ■ 1 Le message

Description du caractère émis en mode asynchrone

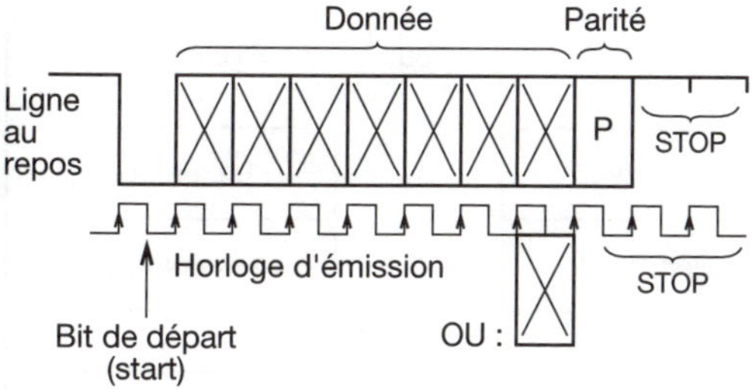

■ Le message est explicité en niveaux logiques.

■ Le message est synchronisé sur une horloge d'émission, il est émis au rythme de celle-ci.
À la réception, l'horloge de réception se recale sur le bit de départ.

■ Le bit de parité permet de détecter qu'une erreur s'est introduite durant la phase de transmission.

Positionnement du bit de parité

Le bit de parité est positionné à « 1 » si le nombre de « 1 » constituant la donnée (bit de parité compris) est pair.

■ La vitesse de transmission est évaluée en bits de donnée transmis par seconde (bit/s), ce qui est inférieur à la vitesse réelle de transmission, car pour 7 bits de donnée, 11 bits sont envoyés.

75 ■ 2 EXTRAIT DES NORMES DE TRANSMISSION EIA

Paramètres	RS232	RS423	RS422A	RS485
Fonctionnement	Asymétrique	Asymétrique	Symétrique	Symétrique
Émetteurs	1	1	1	32
Récepteurs	1	10	10	32
Longueur câble	15 m	1 200 m	1 200 m	1 200 m
Débit max. (baud)*	20 k	100 k	10 M	10 M
V_{max} en mode commun	± 25 V	± 6 V	± 7 V	12 V à - 7 V
V_{max} sortie émetteur avec charge	± 15 V	± 6 V	± 5 V	± 5 V
Charge émetteur	3 k à 7 k	450 Ω (mini)	100 Ω (mini)	60 Ω (mini)
Résistance d'entrée récepteur	3 à 7 kΩ	4 kΩ	4 kΩ	12 kΩ
Sensibilité récepteur	± 3 V	± 0,2 V	± 0,2 V	± 0,2 V

* Codage utilisé NRZ sans modulation : 1 baud = 1 bit/s.

TRANSMISSION SÉRIE ASYNCHRONE

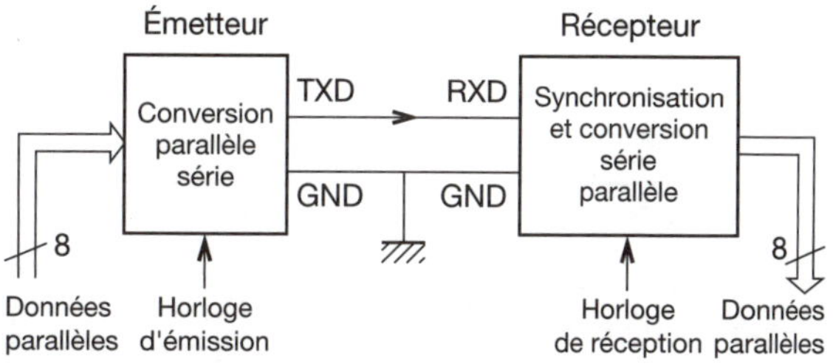

Le mode asynchrone ne transmet pas l'horloge.

BRANCHEMENT DES ÉMETTEURS ET RÉCEPTEURS

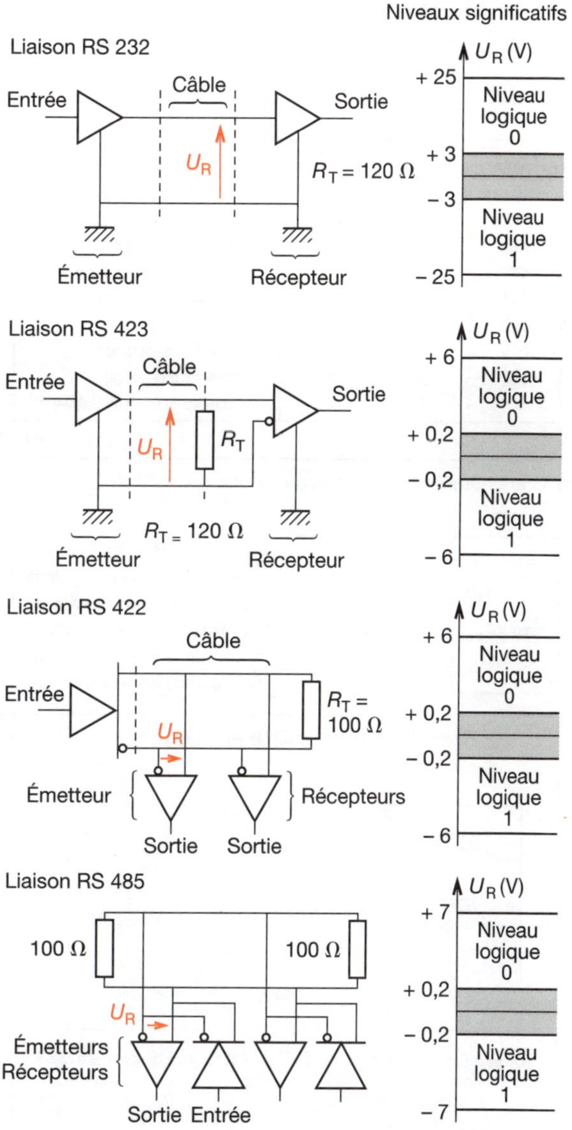

75 ■ 3 COMMUNICATION ENTRE SYSTÈMES

Liaison simplex

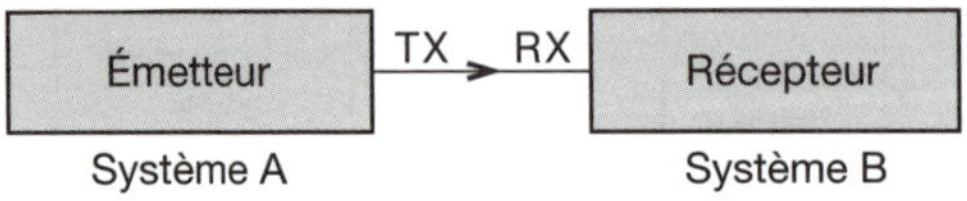

Liaison full duplex

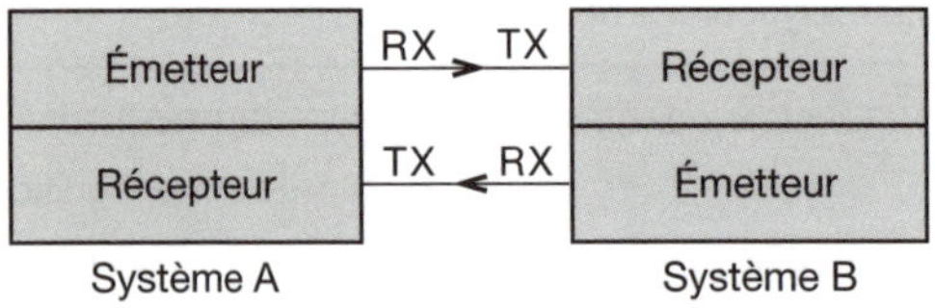

Liaison half-duplex

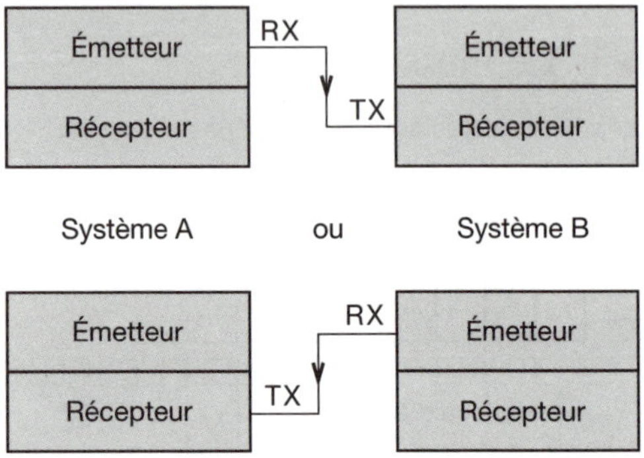

BROCHAGE DES CONNECTEURS STANDARD

Signal	n° DB 9	n° DB 25	Description (DTE)
TD	3	2	Sortie donnée série
RD	2	3	Entrée donnée série
RTS	7	4	Demande d'émission (sortie)
CTS	8	5	Accord réception (entrée)
DSR	6	6	Émission prête (entrée)
GND	5	7	Masse des signaux
DCD	1	8	Détection de porteuse
DTR	4	20	Terminal prêt (sortie)
RI	9	22	Drapeau de sonnerie (entrée)

Connecteur DB 25

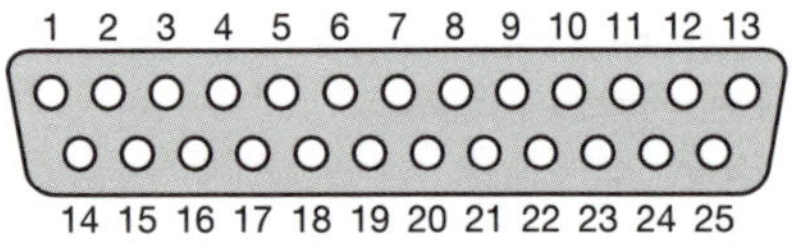

Connecteur DB 9

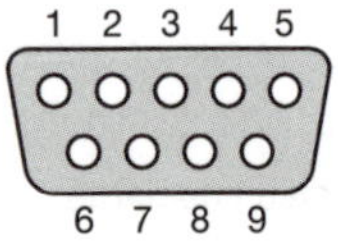

LIAISONS ET PROTOCOLES

Branchement asynchrone à protocole Xon/Xoff

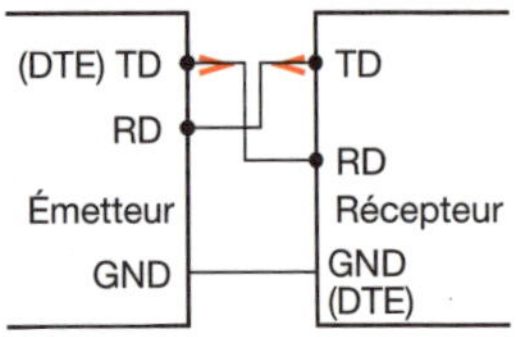

La liaison est Full-duplex. Lorsque le récepteur ne peut plus recevoir de données, il émet le caractère Xoff sur TD, l'émetteur s'arrête. Il n'aura l'autorisation de reprendre l'émission que lorsqu'il aura reçu le caractère Xon.

Branchement asynchrone à protocole DTR/DSR

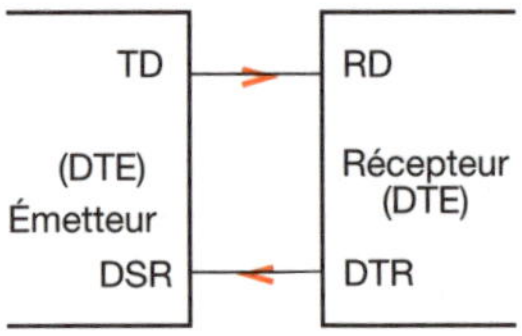

La liaison est half-duplex. Lorsque le récepteur ne peut plus recevoir de données, il désactive l'émetteur par DTR (état Haut).

Liaison normalisée entre un DTE et un DCE

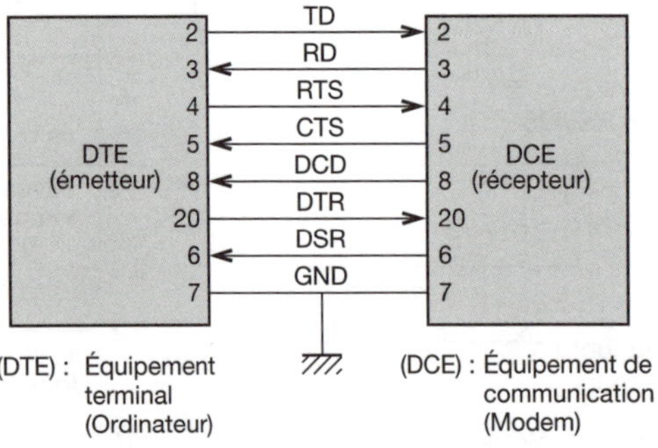

(DTE) : Équipement terminal (Ordinateur)

(DCE) : Équipement de communication (Modem)

Chronogrammes

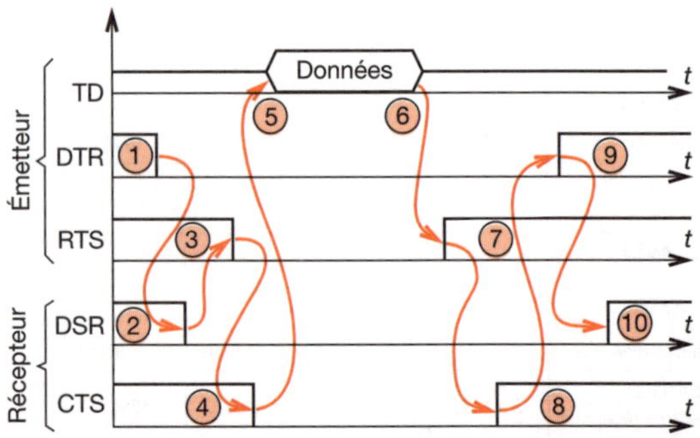

La procédure est appelée « hand shake ».

75 ■ 4 MISE EN ŒUVRE

Le support de la transmission est un câble type : paire torsadée blindée d'impédance caractéristique Zc = 100 Ω.

ÉMETTEUR RS232 : 75188

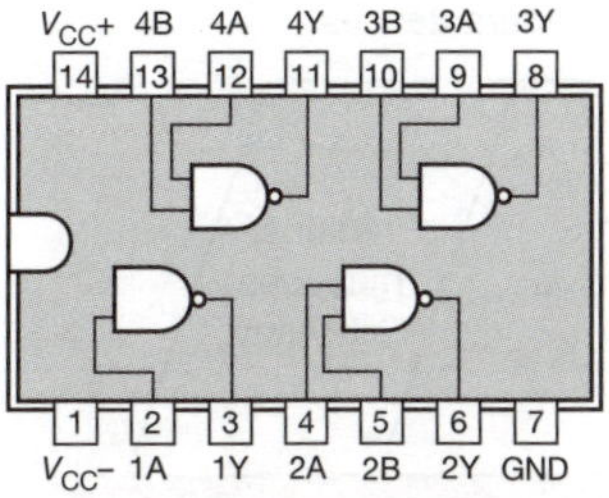

Logique positive : $Y = \overline{AB}$

Principales caractéristiques

- **$V_{CC}^+ = +15$ V ; $V_{CC}^- = -15$ V.**
- **Courant maximal en sortie : 10 mA.**
- **Résistance de sortie : 300 Ω min.**

RÉCEPTEUR RS232 : 75189

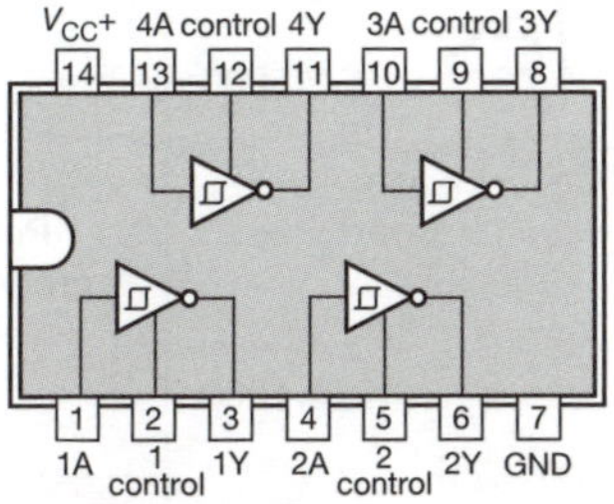

Logique positive : $Y = \overline{A}$

Principales caractéristiques

- **$V_{CC\,max} = 10$ V.**
- **Tension d'entrée max. : ± 30 V.**
- **Résistance d'entrée : 3 kΩ à 7 kΩ.**

MISE EN ŒUVRE

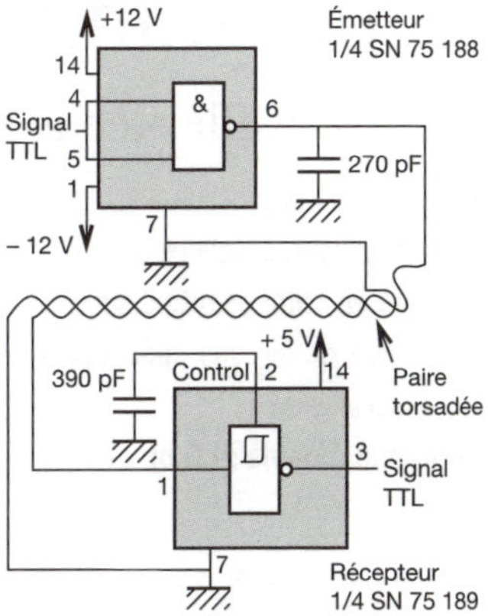

ÉMETTEUR RÉCEPTEUR RS232 : ICL 232

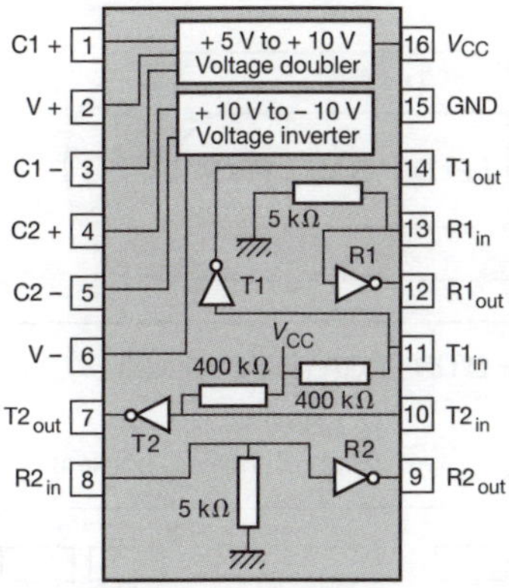

Ce circuit en monoalimentation (5 V)

STRUCTURE INTERNE DE L'ICL 232

Émetteur RS232

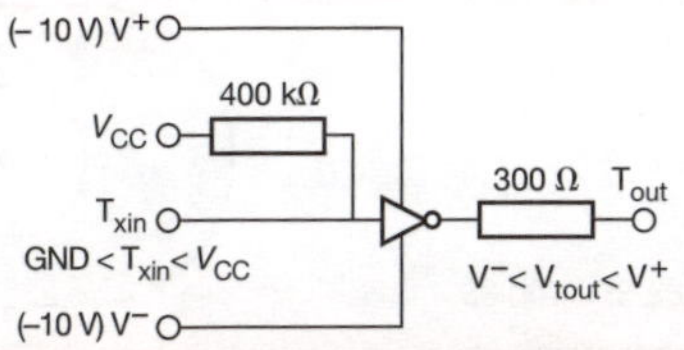

Récepteur RS232

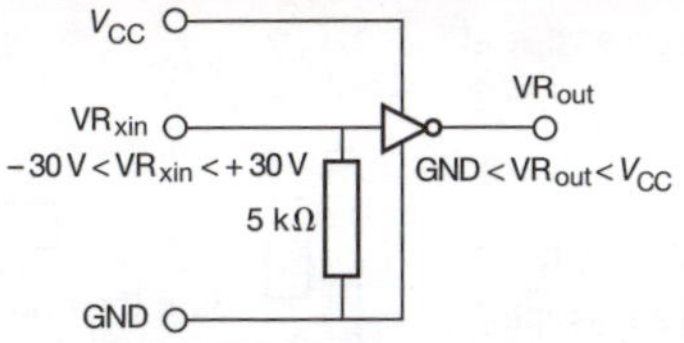

MISE EN ŒUVRE

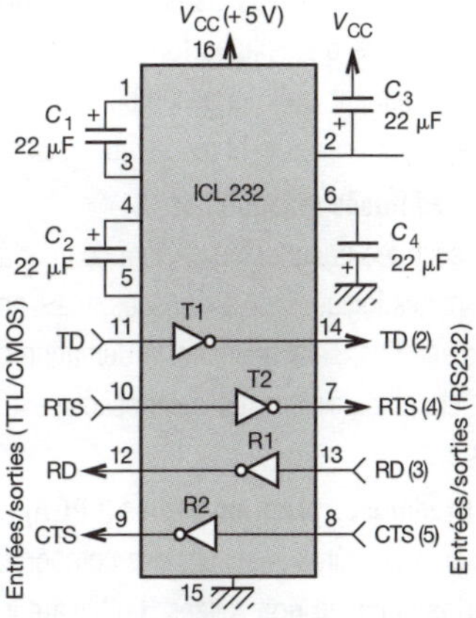

ÉMETTEUR RS422 : MC 3487

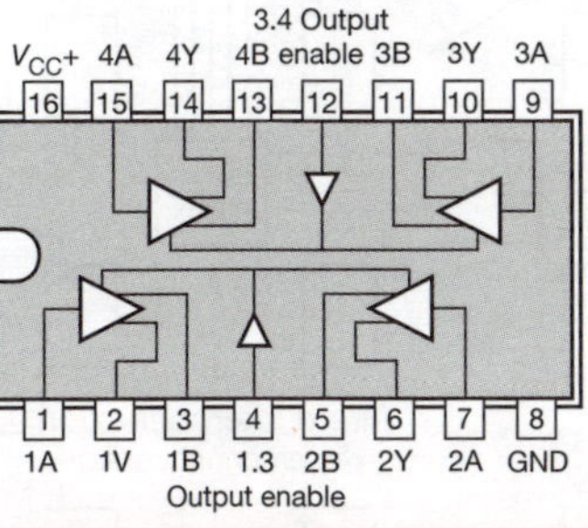

Caractéristiques

- **Alimentation : $V_{CC} = 5$ V.**
- **Tension différentielle min. $|\Delta V_{DD\,min}| = 2$ V.**

RÉCEPTEUR RS422 : MC 3488

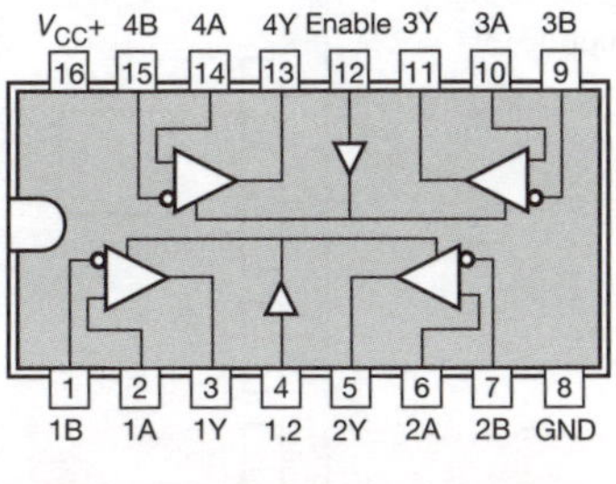

Caractéristiques

- **Alimentation : $V_{CC} = 5$ V.**
- **Tension d'entrée différentielle max. : ± 6 V.**
- **Tension d'entrée de mode commun max. : ± 7 V.**

MISE EN ŒUVRE

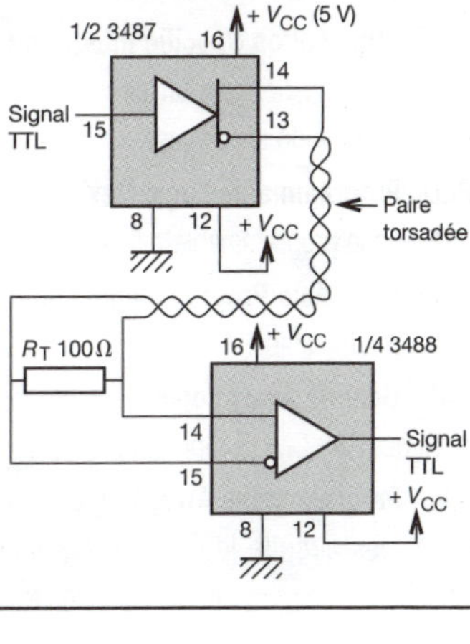

76 Circuits logiques programmables

76 ■ 1 Nouvelles technologies

Pour réaliser une application électronique, il est possible de choisir entre plusieurs technologies :

- **Montage en composants discrets**
- **Fabrication de circuits spécifiques** à l'application (ASIC) de type précaractérisé
- **Programmation de PLD ou de FPGA**

Le choix de la technologie à utiliser se fera en fonction de la complexité du circuit et du nombre de circuits à fabriquer (coût).

■ **Circuits précaractérisés**

Le concepteur utilise dans la phase de conception une bibliothèque de cellules fonctionnelles précaractérisées électriquement qu'il va assembler. Le fabricant devra tout intégrer sur le silicium et rendre un circuit testé.

■ **Prédiffusés masquables**

Ce sont des tranches de silicium comportant des ensembles de portes logiques déjà diffusées, mais non connectées. Le câblage final sera réalisé à la demande du client, par une couche d'aluminium. Le composant sera livré encapsulé et testé.

■ **Prédiffusés programmables (FPGA)**

Ce sont des circuits encapsulés comportant des réseaux de portes logiques non reliées. L'utilisateur réalise les interconnexions nécessaires par programmation ou destruction de fusibles en fonction de ses besoins.

■ **ASIC : Application Specific Integrated Circuit**

Cette appellation désigne un circuit sur silicium configuré pour une application spécifique.

■ **PLD : Programmable Logic Device**

Circuit logique programmable.

■ **EPLD : Erasable Programmable Logic**

PLD reprogrammables.

■ **GAL : Generic Array Logic**

Ce sont des PAL CMOS reprogrammables.

■ **PAL : Programmable Array Logic**

Ce sont des circuits logiques programmables dont les fonctions ET sont programmables et les fonctions OU fixes.

UTILISATION DES ASIC

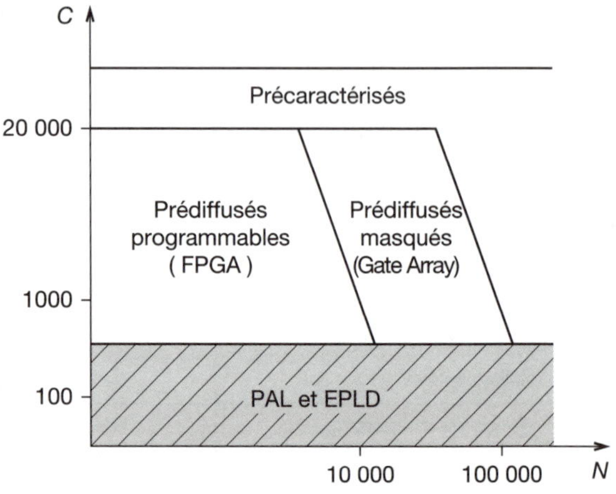

C : complexité (nombre de portes).
N : volume (nombre de circuits fabriqués).

FAMILLE PLD

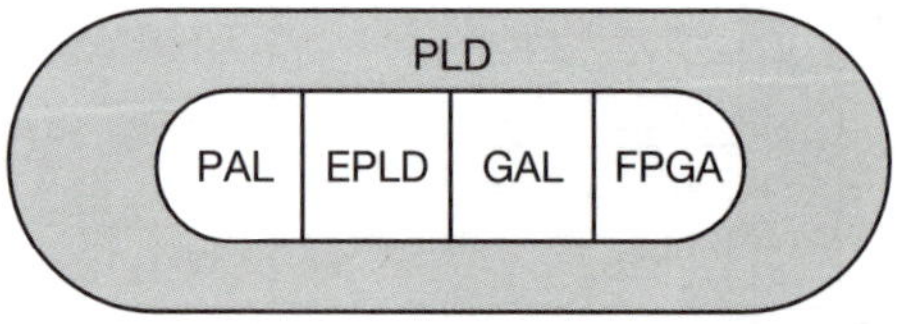

STRUCTURE INTERNE D'UN FPGA (TYPE XILINX)

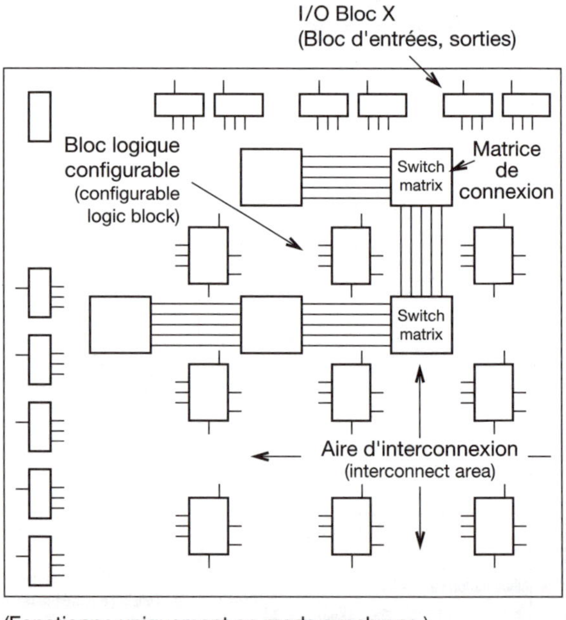

(Fonctionne uniquement en mode synchrone.)

76.2 PAL

76.21 PROGRAMMATION

■ **La programmation du PAL consiste à faire fondre les fusibles indésirables, pour ne laisser que ceux qui permettent de réaliser la fonction souhaitée.**

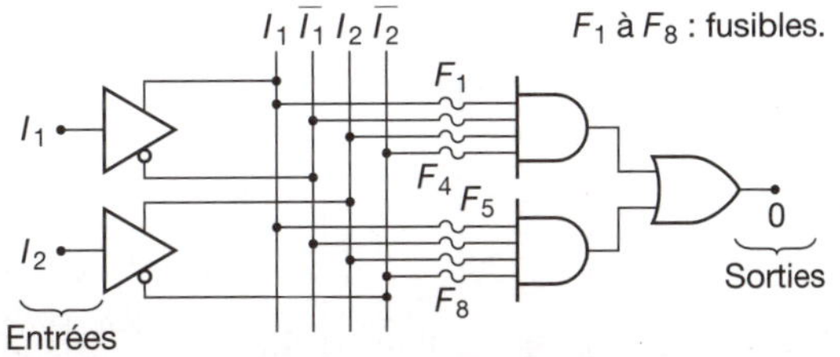

Représentation d'un PAL	Fonction à réaliser	PAL programmé pour réaliser un « OU exclusif »

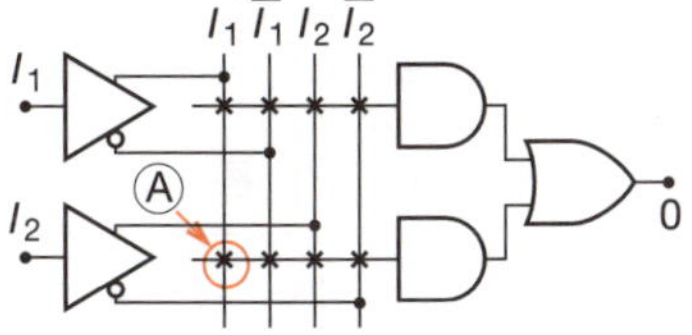

Le PAL est non programmé ; le point A représente un fusible intact.

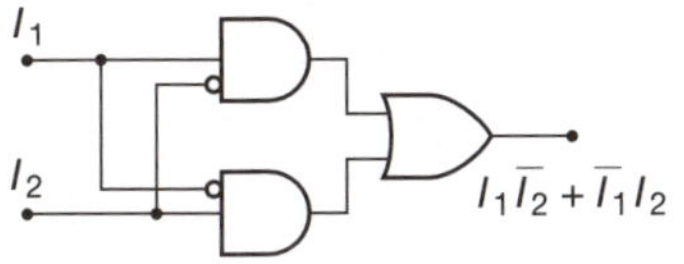

La fonction à implanter dans le PAL précédent est un « OU exclusif », elle est décrite par l'équation en sortie.

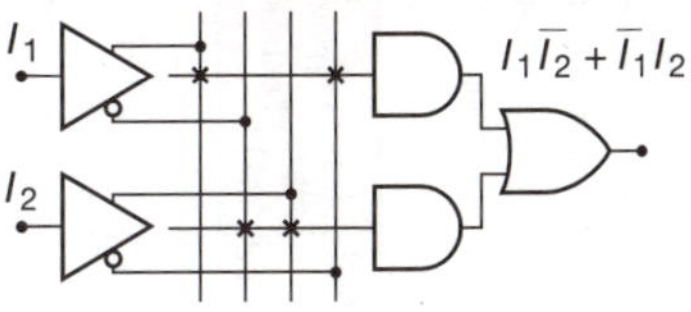

✱ Fusible intact (liaison existe) — + Fusible fondu (liaison coupée)

■ **L'opération de programmation se fait par un programmateur de laboratoire qui obéit à un fichier transmis au standard JEDEC.**
Ce fichier est produit par un outil de développement type PALASM ou VIEWPLOT, qui permet de saisir les équations de programmation du PAL et d'en simuler le fonctionnement.

■ **La tension qui sert à programmer les PAL est 12 V.**

■ **Dans certains PAL, il est possible de les interdire de relecture en faisant fondre un fusible appelé « security fuse » ou « security bit ».**

Désignation des PAL

(B,C,E) PAL (CE) 16 R 8 H 15 PC

- PC → Type de boîtier
- 15 → Vitesse (TP en ns)
- H → Consommation (demi-puissance)
- 8 → Sorties (8)
- R → Registre (structure de sortie)
- 16 → Nombre d'entrées (16)
- (CE) → Facultatif, chez AMD indique CMOS
- PAL → PAL
- (B,C,E) → Facultatif, apparaît chez Texas indique la famille : bipolaire, CMOS, Ecl.

76.22 BROCHAGE ET STRUCTURES DE SORTIES

PAL 20 broches - Produits 0 à 31

Broche	Signal	Broche	Signal
1	OD	20	V_{CC}
2	I_0	19	O_0
3	I_1	18	O_1
4	I_2	17	O_2
5	I_3	16	O_3
6	I_4	15	A_0
7	I_5	14	A_1
8	I_6	13	A_2
9	I_7	12	L/R
10	GND	11	Clock

PAL 20 broches - Produits 32 à 63

Broche	Signal	Broche	Signal
1	Clock	20	V_{CC}
2	I_0	19	L/R
3	I_1	18	A_0
4	I_2	17	A_1
5	I_3	16	A_2
6	I_4	15	O_0
7	I_5	14	O_1
8	I_6	13	O_2
9	I_7	12	O_3
10	GND	11	OD

PAL 24 broches - Produits 0 à 39

Broche	Signal	Broche	Signal
1	OD	24	V_{CC}
2	I_0	23	O_0
3	I_1	22	O_1
4	I_2	21	O_2
5	I_3	20	O_3
6	I_4	19	O_4
7	I_5	18	NC
8	I_6	17	A_2
9	I_7	16	A_1
10	I_8	15	A_0
11	I_9	14	L/R
12	GND	13	Clock

PAL 24 broches - Produits 40 à 79

Broche	Signal	Broche	Signal
1	Clock	24	V_{CC}
2	I_0	23	L/R
3	I_1	22	A_0
4	I_2	21	A_1
5	I_3	20	A_2
6	I_4	19	NC
7	I_5	18	O_0
8	I_6	17	O_1
9	I_7	16	O_2
10	I_8	15	O_3
11	I_9	14	O_4
12	GND	13	OD

Sortie combinatoire

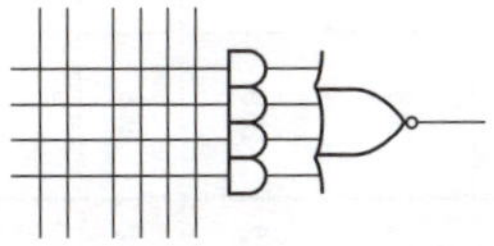

Sortie combinatoire trois états

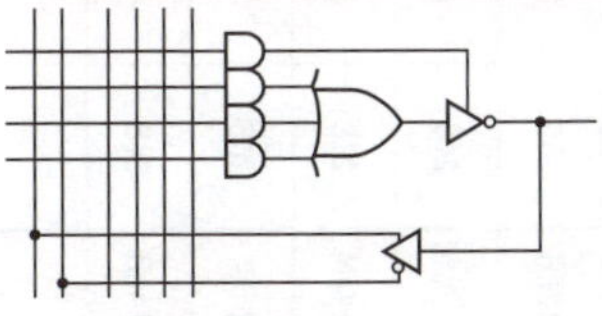

Sortie à registres

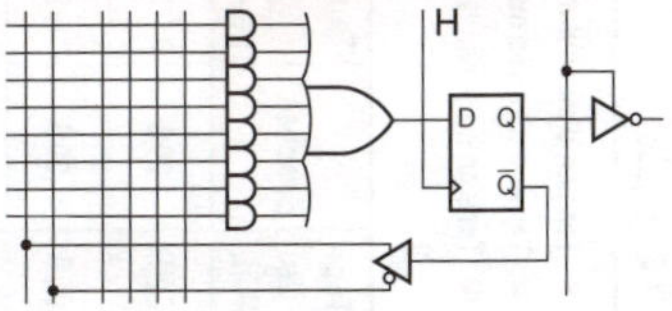

(D'après National Semiconducteur.)

76 ■ 23 PRINCIPALES CARACTÉRISTIQUES (séries 20, 20A et 24 de National Semiconductor)

- Tension d'alimentation maximum : 7 V.
- Tension d'entrée maximum : 5,5 V.
- Tension de sortie typique à l'état haut : 5 V.
- Tension de sortie typique à l'état bas : 0,5 V.
- Gamme de températures : – 65 °C < θ < + 150 °C.

Type de PAL	Broches*	Temps de propagation max. (TP en ns) Standard	Série A	Série B	I_{CC} max. (mA)	Nombre d'entrées	Nombre de sorties et de configurations
10H8	20 S	35	25		90	10	8 × 
10L8	20 S	35	25		90	10	8 × 
12H6	20 S	35	25		90	12	4 ×  2 × 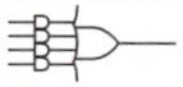
12L6	20 S	35	25		90	12	4 ×  2 × 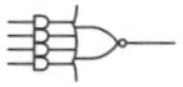
12L10	24 S	40			100	12	10 × 
14H4	20 S	35	25		90	14	4 × 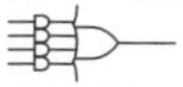
14L4	20 S	35	25		90	14	4 × 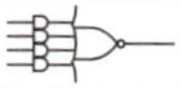
14L8	24 S	40			100	14	6 ×  2 × 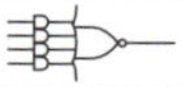
16C1	20S	35	25		90	16	1 × 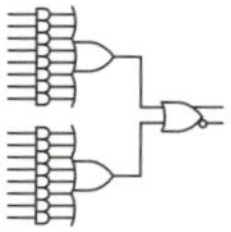
16H2	20 S	35	25		90	16	2 × 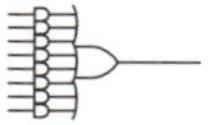
16L2	20 S	35	25		90	16	2 × 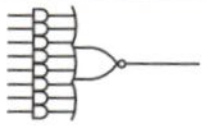
16L6	24 S	40			100	16	2 ×  4 × 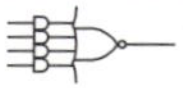
16L8	20 M	35	25	15	180	16-10	6 × 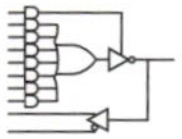 2 × 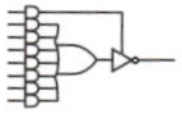

Mode de programmation normal

- Tension d'alimentation : 12 V.
- Tension d'entrée : 12 V.

Programmation du « security fuse »

- Tension d'alimentation : 7 V.
- Tension d'entrée : 22 V (circuit 20 broches, uniquement sur 1 et 11)
(circuit 24 broches, uniquement sur 1 et 13).

Type de PAL	Broches*	Temps de propagation max. (TP en ns) Standard	Série A	Série B	I_{CC} max. (mA)	Nombre d'entrées	Nombre de sorties et de configurations
16R4	20 M	35/25	25/15	15/8	180	12-8	4 × 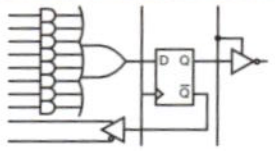 4 × 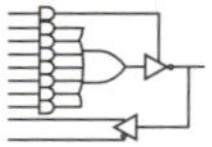
16R6	20 M	35/25	25/15	15/8	180	10-8	6 × 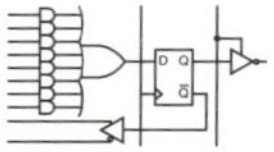 2 × 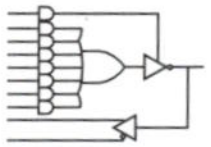
16R8	20 M	35/25	25/15	15/8	180	8	8 × 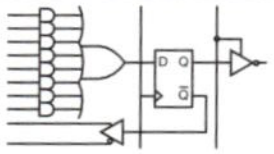
18L4	24 S	40			100	18	2 × 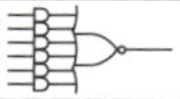 2 × 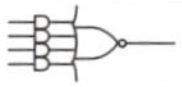
20C1	24 S	40			100	20	1 × 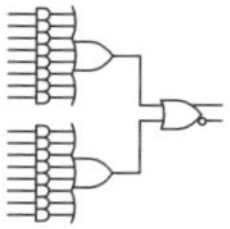
20L2	24 S	40			100	20	2 × 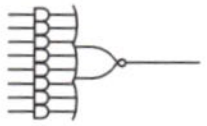
20L10	24 M	50			165	20-12	8 × 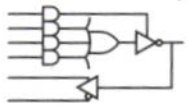 2 × 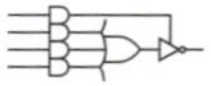
20×4	24 M	50/30			180	16-10	4 × 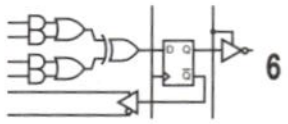 6 × 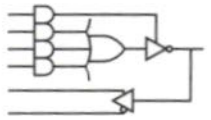
20×8	24 M	50/30			180	12-10	8 × 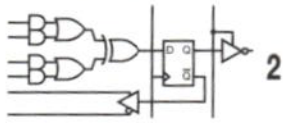 2 × 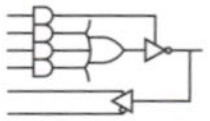
20×10	24 M	50/30			180	10	10 × 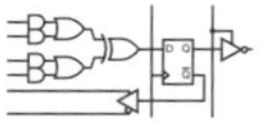

* Nombre de broches du boîtier et taille (S : small (petit), M: médium (moyen)).

77 Familles logiques

77 ■ 1 Caractéristiques principales d'une porte logique

77 ■ 11 Sortance, entrance

■ Sortance ou $f_{an\text{-}out}$: nombre de charges qu'une sortie peut commander.

■ Entrance ou $f_{an\text{-}in}$: nombre de charges que le circuit représente en entrée pour une sortie l'alimentant.

Bien que la famille Cmos rapide possède de faibles valeurs de courant d'entrée, elle est capable de fournir le même courant de sortie que la TTL LS.

Sortance à l'état bas

$$S_L = \frac{I_{OL\,min}}{I_{IL\,max}} \text{ en LS} \quad ; \quad S_L = \frac{8}{1,6} = 5 \text{ UL.}$$

Sortance à l'état haut

$$S_H = \frac{I_{OH\,max}}{I_{IH\,max}} \text{ en LS} \quad ; \quad S_H = \frac{400}{40} = 10 \text{ UL.}$$

Entrance à l'état bas

$$E_L = \frac{I_{IL\,max}}{1,6 \text{ mA}} \text{ en LS} \quad ; \quad E_L = \frac{0,36}{1,6} = 0,25.$$

Entrance à l'état haut

$$E_H = \frac{I_{IH\,max}}{40 \; \mu\text{A}} \text{ en LS} \quad ; \quad E_L = \frac{20}{40} = 0,5.$$

SORTANCE – ENTRANCE

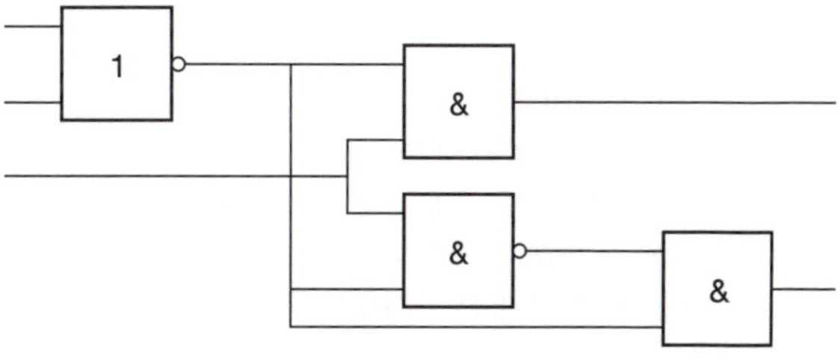

La porte 1 alimente trois charges, chaque entrée représente une charge.

TEMPS DE PROPAGATION D'UN SIGNAL

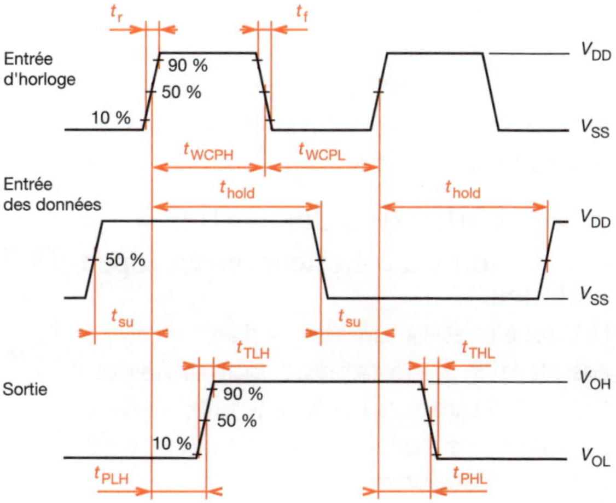

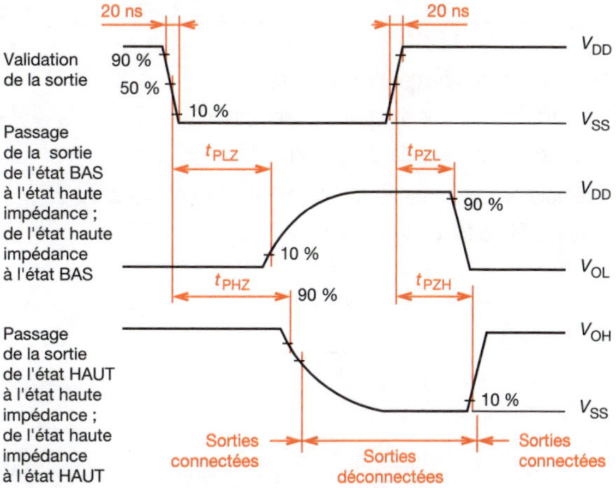

Temps de propagation des sorties 3 états.

77 ■ 12 Immunité au bruit (Vn)

Elle se caractérise par l'amplitude du signal entrant qui provoque un changement d'état à la sortie du circuit. Si l'on prend le pire des cas, l'immunité au bruit est de $V_{OH} - V_{IH}$ sur le niveau 1 et $V_{IL} - V_{OL}$ sur le niveau 0 (elle est de 0,4 V pour une porte TTL). Il s'agit de l'immunité statique. En pratique, on dépasse ces valeurs si le signal parasite est suffisamment bref.

77 ■ 13 Temps de retard d'une porte

Les retards notés t_{PLH} et t_{PHL} correspondent aux transitions bas (Low) vers haut (High) et inversement. Les temps sont mesurés en prenant comme instants origine et fin, le moment où les signaux E et S passent par un potentiel V spécifié dans les catalogues de constructeur.

77 ■ 14 Temps de montée et de descente

Les temps de montée (t_{rise}) ou de descente (t_{fall}) sont mesurés entre 10 et 90 % de l'amplitude du signal.

77 ■ 15 Niveau de fonctionnement

Le constructeur définit des minima et maxima pour les niveaux des signaux 1 et 0 entrant et sortant.

V_{IH} et V_{IL} sont les niveaux haut et bas du signal d'entrée (V_{IH} : voltage input high) et bas (V_{IL} : voltage input low).

V_{OH} et V_{OL} sont les signaux de sortie.

77 ■ 16 Puissance

Lors du changement d'état de la sortie d'une porte MOS, la puissance consommée augmente. Ceci est dû à la charge et la décharge des capacités réparties. La puissance consommée **par porte** est donc proportionnelle à la fréquence du signal d'entrée :

$$P_d = C_T . V_{DD}^2 . f_h .$$

C_T : capacité totale ≈ 0,1 pF.

V_{DD} : tension d'alimentation.

f_h : fréquence de l'horloge.

En pratique, cette puissance doit être accrue de 10 à 15 % pour tenir compte du fait que, les flancs d'attaque n'étant pas raides, une certaine conduction simultanée de deux MOS se produit lors de la transition.

77 ■ 2 Utilisation des sorties

77 ■ 21 Sortie à collecteur ouvert (open collecteur)

Le circuit à collecteur ouvert permet d'avoir une tension différente de V_{CC} pour l'alimentation du circuit commandé.

Ces circuits ont une haute impédance de sortie, ils montrent une capacité de charge importante et demandent un composant supplémentaire.

Calcul de R_C

$$R_{C\min} = \frac{V_{CC\max} - V_{OL}}{I_{OL} - N_{2L}.1{,}6\,(\text{mA})} \quad ; \quad R_{C\max} = \frac{V_{CC\min} - V_{OH}}{N_1 . I_{OH} + N_{2H} . 0{,}04\,(\text{mA})} .$$

N_1 : nombre de charges commandées.

N_{2L} : nombre d'unités de charge à l'état bas = $N_1 \times E_L$.

N_{2H} : nombre d'unités de charge à l'état haut = $N_1 \times E_H$.

Exemple de calcul de R_C pour un 74LS03 commandant 4 autres 74 LS avec : $V_{CC\max} = 5{,}25$ V ; $V_{CC\min} = 4{,}75$ V

$V_{OL} = 0{,}5$ V ; $V_{OH} = 2{,}4$ V

$I_{OL} = 8$ mA ; $I_{OH} = 100$ µA.

$N_1 = 4$ $N_{2L} = 4 \times 0{,}25 = 1$ UL,

$N_{2H} = 4 \times 0{,}5 = 2$ UL.

$$R_{C\min} = \frac{5{,}25 - 0{,}5}{(8 - 1{,}6)10^{-3}} = \mathbf{752\ \Omega.}$$

$$R_{C\max} = \frac{4{,}75 - 2{,}4}{(0{,}4 + 0{,}08)10^{-3}} = \mathbf{4{,}9\ k\Omega.}$$

NIVEAUX LOGIQUES

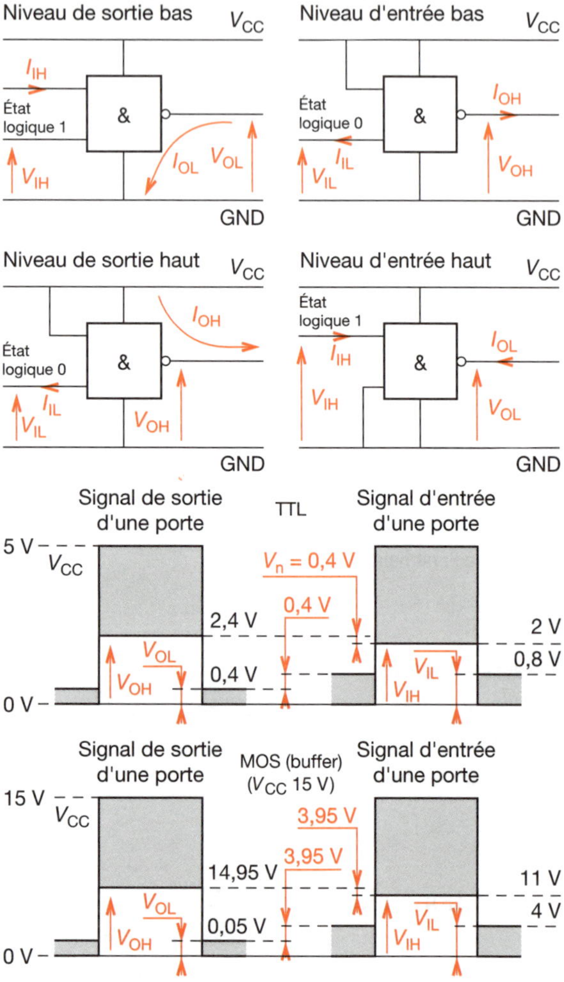

PUISSANCE DISSIPÉE

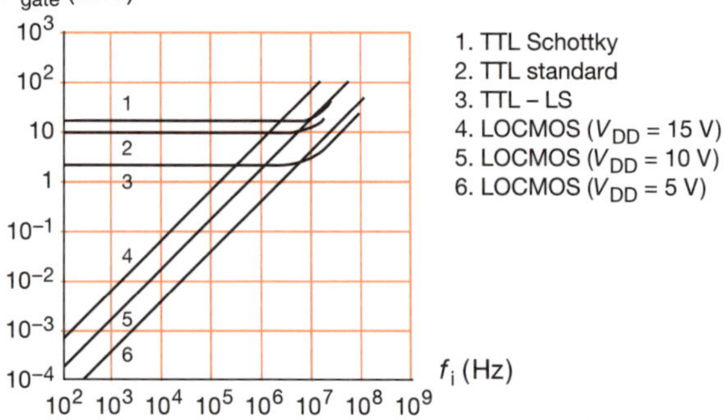

Valeurs typiques de la puissance consommée par porte en fonction de la fréquence d'entrée pour diverses familles logiques.

77 ■ 22 Utilisation des C.O.

Les circuits à collecteur ouvert permettent une adaptation entre différentes technologies (interfaces).

Ils permettent également de réunir plusieurs sorties et de réaliser un ET ou un OU câblé en fonction de la convention logique adoptée (voir figure).

77 ■ 23 Sortie bufférisée

Ces circuits possèdent un amplificateur de sortie. La présence de ces étages tampons permet d'améliorer l'immunité au bruit statique. La mise en forme des impulsions est favorisée par le fait que les changements de niveaux (transition) de la sortie sont pratiquement indépendants des temps de montée et de descente de l'entrée.

77 ■ 24 Sortie trois états (3 state output)

Dans une porte classique, l'un des deux transistors du montage « totem pôle » est conducteur. Dans une porte 3 états, il est possible par l'entrée de validation EN (EN = 0) de bloquer simultanément les deux transistors, on dispose alors de trois états en sortie.

- État haut : T_1 passant, T_2 bloqué.
- État bas : T_1 bloqué, T_2 passant.
- État 3 ou état haute impédance (Z) : T_1 et T_2 bloqués.

Le courant de charge est alors négligeable, il est réduit au courant de fuite des transistors.

77 ■ 3 Précautions d'emploi

77 ■ 31 Tension d'alimentation

Pour éviter les perturbations de fonctionnement dues aux pointes de tension des alimentations, il est nécessaire de découpler l'alimentation avec des condensateurs (céramiques) de 0,1 µF à 1 µF pour 4 à 6 boîtiers de circuits intégrés.

77 ■ 32 Manipulation

Couper l'alimentation avant toute manipulation des boîtiers montés sur un câblage imprimé.

Protéger les circuits CMOS de l'électricité statique.

77 ■ 33 Entrées non utilisées

De façon à éviter que les signaux parasites perturbent le fonctionnement du circuit par des entrées inutilisées, on ne laisse pas d'entrées en l'air. Il est préférable de les relier sur une entrée utilisée ou sur un niveau logique stable (+ V_{CC} ou 0 V).

FONCTIONS CÂBLÉES

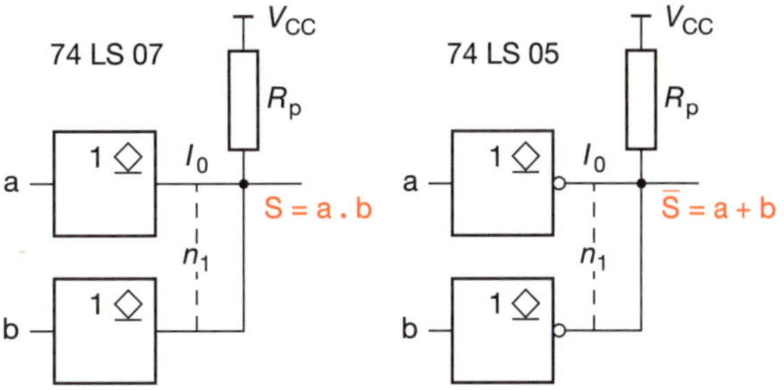

SORTIES BUFFÉRISÉES

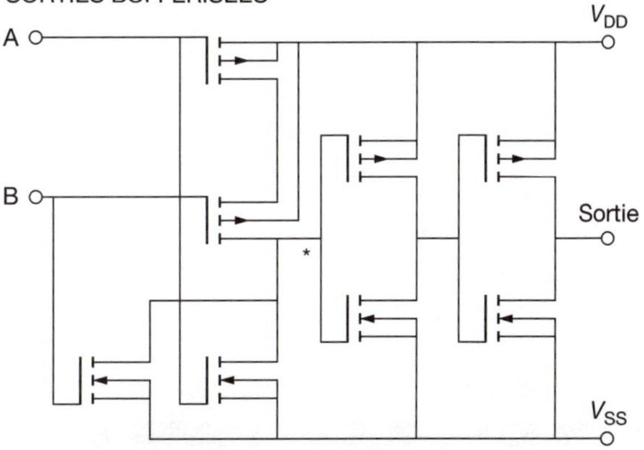

Porte OU-NON bufférisée. Dans le cas d'un circuit non bufférisé, la sortie coïncide avec le point marqué *.

SORTIE TROIS ÉTATS

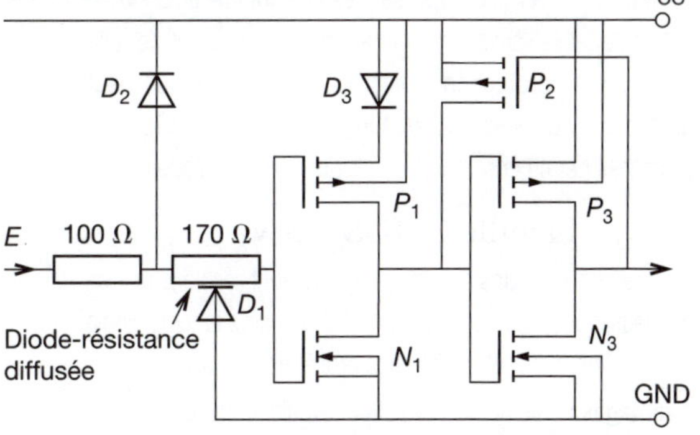

ENTRÉES NON UTILISÉES

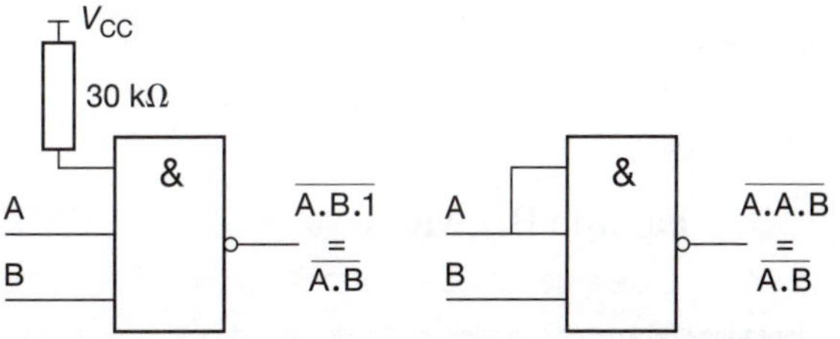

77 ▪ 4 Familles logiques

77 ▪ 41 Logique à éléments discrets

On utilise dans cette famille des diodes ou des transistors.

Inconvénients :

- Dégradation du signal de sortie.
- Forte consommation.
- Nombre d'entrées limité.

77 ▪ 42 Logique TTL (Transistors Transistors Logic)

Les circuits d'entrée et de sortie sont réalisés avec des transistors. Toutes les entrées sont réalisées par un transistor multiémetteurs. L'impédance de sortie reste faible quel que soit le niveau logique.

Cette famille propose actuellement le plus grand choix de circuit.

77 ▪ 43 Famille CMOS (Complementaire Metal Oxyde Semiconductor)

On distingue dans cette famille :

- CMOS classique 74 C xx (même technologie que la série 4000).
- CMOS rapides (High-speed CMOS) 74 HC xx et 74 HCT xx.

Pour un même numéro de type de circuit, la fonction et le brochage sont identiques ; la tension d'alimentation est compatible pour toute la série. Les circuits 74 C peuvent fonctionner avec une tension comprise entre 3 V et 18 V.

Protection des entrées

L'entrée d'un transistor MOS se présente comme un condensateur de faible valeur (1 pF) et à très faible courant de fuite (1 pA). Sans protection, l'électricité électrostatique peut détériorer le dispositif. Aussi toutes les entrées MOS sont protégées par un ensemble de résistances et de diodes.

77 ▪ 44 Famille CMOS 3,3 V

Pour reculer les limites de l'intégration qui sont liées à la tension de claquage (0,5 μm pour V_{CC} = 5 V), on utilise la technologie 3,3 V qui permet d'atteindre sans problème 0,3 μm.

Avantages : Très haute intégration (circuits complexes).

Fonctionne sous piles ou accumulateurs.

Plus économique (boîtier plastique au lieu de céramique).

Inconvénients : Toutes les fonctions ne sont pas disponibles.

Ne possèdent pas assez de puissance pour la commande des interfaces.

77 ▪ 45 Famille BICMOS

Constituée par une entrée CMOS et une sortie bipolaire.

Avantages : faible consommation, haute vitesse, forte sortance.

ÉLÉMENTS DISCRETS

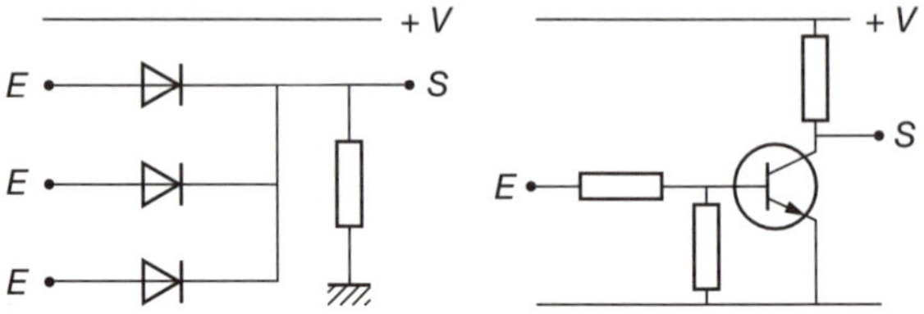

Diodes Fonction OU Transistor Fonction NON

TECHNOLOGIE TTL

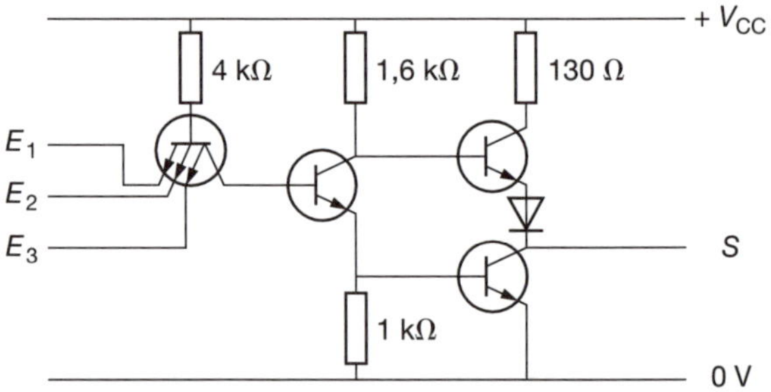

Fonction NAND

TECHNOLOGIE CMOS

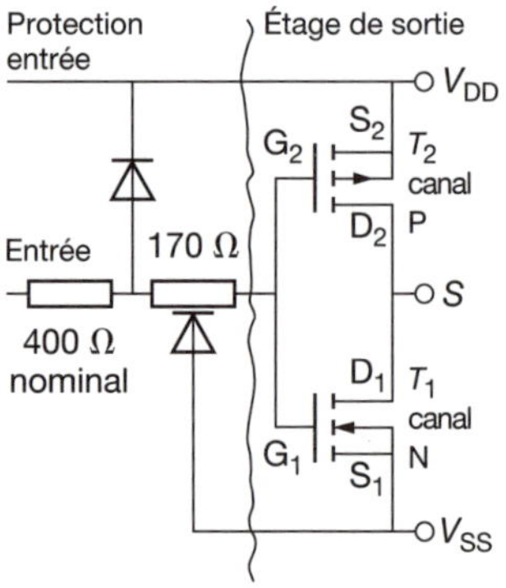

1) E = 0 V (niveau bas)

V_{G1S1} = 0 V → T_1 bloqué : le transistor T_1 est équivalent à une résistance très grande.

$V_{G2S2} = -V_{DD}$ → T_2 conducteur, le circuit se réduit à T_2 en série avec une grande résistance S = 1 ($V_S = V_{DD}$).

$V_{D2S2} < 0$.

2) $E = V_{DD}$ (niveau haut)

$V_{G1S1} = V_{DD}$ → T_1 conducteur.

$V_{D1S1} > 0$.

V_{G2S2} = 0 V → T_2 bloqué → S = 0 (V_S = 0 V).

TECHNOLOGIE BI CMOS

Étage de sortie en technologie ABT

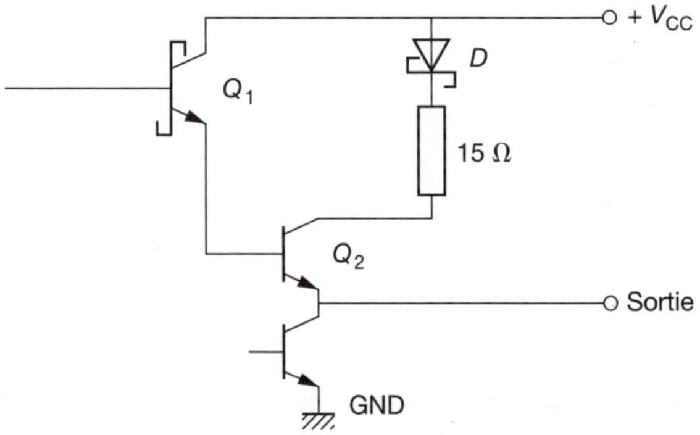

77 ■ 5 COMPARAISON ET CLASSIFICATION DES FAMILLES

54/74 TTL	Standard (54 militaire ; 74 commercial)
54/74 L	Low power (faible consommation)
54/74 S	Schottky logic (rapide)
54/74 LS	Low-power schottky (rapide)
54/74 LVT	Low-power BICMOS
54/74 LVC	Low-voltage CMOS technology
54/74 LV	Low-voltage CMOS
54/74 HC/HCT	High speed CMOS logic Le T de HCT indique que les entrées sont compatibles TTL
74 F	Fast logic
74 BCT	BICMOS technology
74 AS	Advanced schottky Logic
74 ALVC	Advanced low-voltage CMOS
74 ALS	Advanced low-power schottky logic
74 ALB	Advanced low-voltage BICMOS
74 AHC/AHCT	Advanced high speed CMOS
74 AC/ACT	Advanced CMOS logic
74 ABT	Advanced BICMOS technology

Maturation et évolution des technologies dans le temps

Cycle de vie des Technologies (d'après Texas)

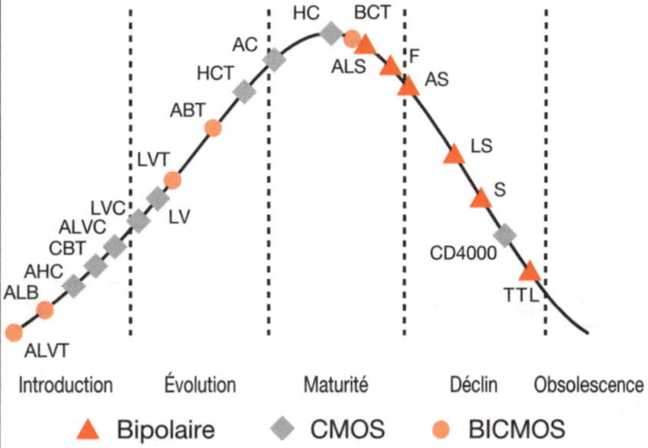

Sortance et rapidité des familles

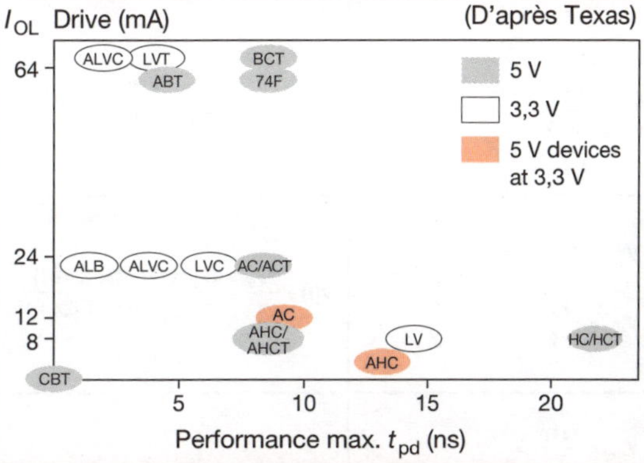

77 ■ 6 PUISSANCES DISSIPÉES ET MODE DE CALCUL

$$P_T = P_{stat} + P_{dyn}$$

P_T : puissance Totale dissipée.

P_{stat} : puissance dissipée en statistique.

P_{dyn} : puissance dissipée en dynamique.

$$P_{stat} = V_{CC} . I_{CC} .$$
$$P_{stat} \approx 0 \quad \text{en CMOS.}$$

V_{CC} : tension d'alimentation.

I_{CC} : courant dissipée en statistique (curent consomption).

$$P_{dyn} = C_{pd} . F_1 . N_{sw} . V_{CC}^2 + \sum_{i=1}^{N} (C_{Li} \times f_{Oi}) . V_{CC}^2$$

C_{pd} : condensateur équivalent du circuit.

F_1 : fréquence maximale de commutation du circuit.

N_{sw} : nombre de sorties qui basculent (voies).

V_{CC} : tension d'alimentation.

C_{Li} : capacité de charge d'une sortie *i*.

f_{Oi} : fréquence de commutation de la sortie *i*.

N : nombre de sorties sur le circuit.

Exemple de calcul de puissance

74 LV 244 : 2 × 4 amplificateur de ligne.

$C_{pd} = 40$ pF $\quad I_{CC} = 20\ \mu$A $\quad f = 50$ MHz .

Calcul pour 4 amplificateurs

$C_L = 10$ pF

$P_{stat} = 66$ uW

$P_{dyn} = (21{,}7 \text{ mW} + 5{,}4 \text{ mW}) \times 4 = 108{,}4$ mW .

Interfaces et technologies

Niveaux de tensions des différentes technologies (d'après Texas)

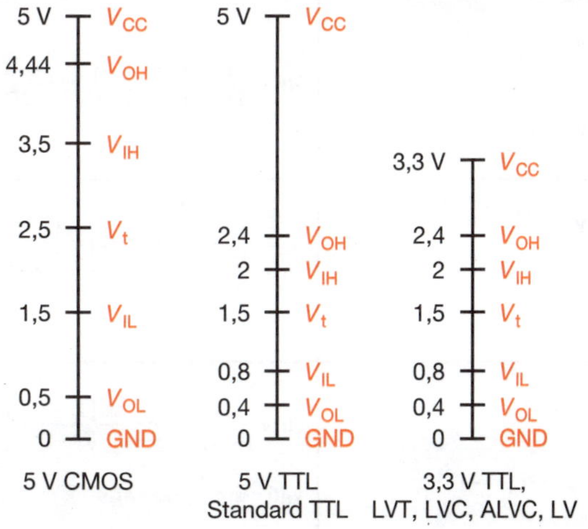

78 Valeur moyenne, valeur efficace, décomposition en série de Fourier

Signal $v(t)$ périodique, de période T

Valeur moyenne : $V_{moy} = \frac{1}{T}\int_0^T v(t)\,dt.$

Valeur efficace : $V_{eff} = \sqrt{\frac{1}{T}\int_0^T v^2(t)\,dt}.$

Décomposition en série de Fourier

$v(t) = a_0 + \sum_{i=1}^{\infty}(a_i \cos i\omega t + b_i \sin i\omega t).$

$a_0 = \frac{1}{T}\int_0^T v(t)\,dt\ ;\ a_i = \frac{2}{T}\int_0^T v(t)\cos i\omega t\,dt\ ;\ b_i = \frac{2}{T}\int_0^T v(t)\sin i\omega t\,dt.$

Valeurs moyenne et efficace	Décomposition en série de Fourier	Courbe
$V_{moy} = 0$ $V_{eff} = v_0$	$v(t) = \frac{4v_0}{\pi}\sum_{n=0}^{+\infty}\frac{1}{2n+1}\sin[(2n+1)\omega t]$	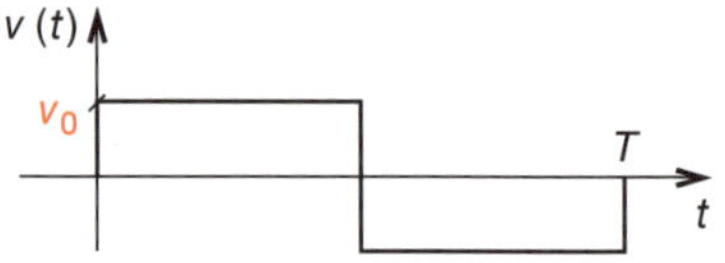
$V_{moy} = 0$ $V_{eff} = \frac{v_0}{\sqrt{3}}$	$v(t) = \frac{8}{\pi^2}v_0\sum_{n=0}^{+\infty}\frac{(-1)^n}{(2n+1)^2}\sin[(2n+1)\omega t]$	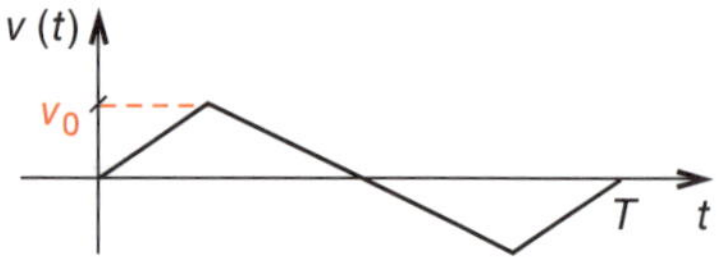
$V_{moy} = \frac{2}{\pi}.v_0$ $V_{eff} = \frac{v_0}{\sqrt{2}}$	$v(t) = \frac{2v_0}{\pi} - \frac{4v_0}{\pi}\sum_{n=1}^{+\infty}\frac{\cos(2n\omega t)}{(2n-1)(2n+1)}$	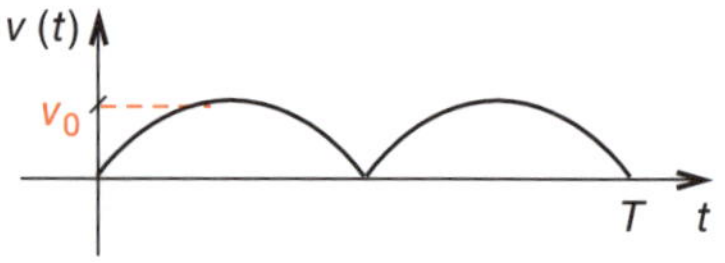
$V_{moy} = \frac{v_0 t_1}{T}$ $V_{eff} = v_0\sqrt{\frac{t_1}{T}}$	$v(t) = \frac{v_0 t_1}{T} + \frac{2v_0}{\pi}\sum_{n=1}^{+\infty}\frac{1}{n}\sin\frac{n\pi t_1}{T}.\cos[n\omega(t-t_0)]$	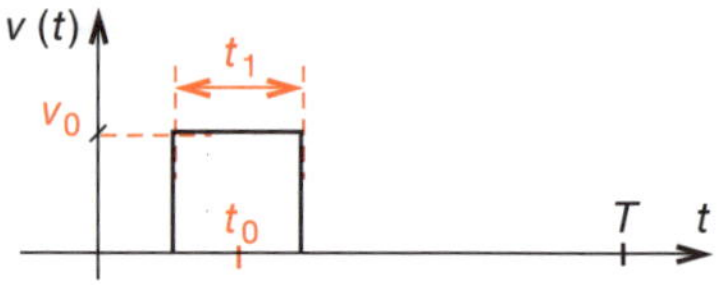
$V_{moy} = \frac{v_0 t_1}{2T}$ $V_{eff} = v_0\sqrt{\frac{t_1}{3T}}$	$v(t) = \frac{v_0 t_1}{2T} + \frac{4v_0 T}{t_1\pi^2}\sum_{n=1}^{+\infty}\frac{1}{n^2}\sin^2\frac{n\omega t_1}{2T}.\cos[n\omega(t-t_0)]$	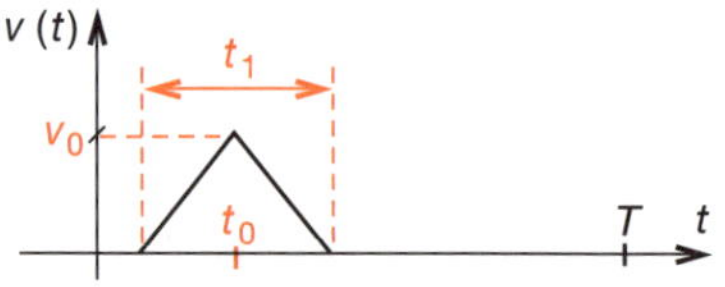
$V_{moy} = \frac{v_0}{\pi}$ $V_{eff} = \frac{v_0}{2}$	$v(t) = \frac{v_0}{\pi} + \frac{2v_0}{\pi}\sum_{n=1}^{+\infty}\frac{\cos\left(\frac{n\pi}{2}\right)}{1-n^2}.\cos[n\omega(t-t_0)]$	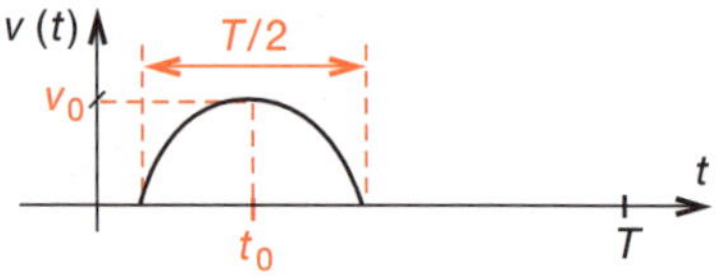
$V_{moy} = 0$ $V_{eff} = v_0\sqrt{1-4\frac{t_2+2t_1}{3T}}$	$v(t) = \frac{2v_0 T}{(t_1-t_2)\pi^2}\sum_{n=1}^{+\infty}\frac{\sin[(2n+1)\omega t]}{(2n+1)^2}.v_1(t)$ $v_1(t) = \sin n\omega t_1 - \sin n\omega t_2$	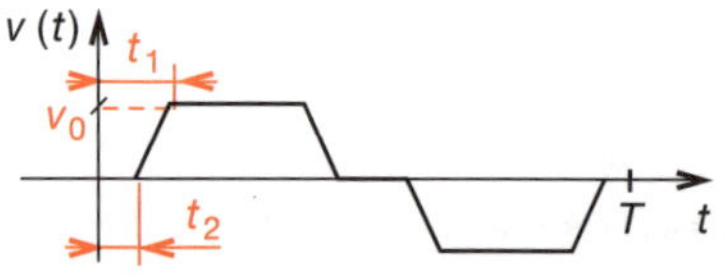

79 Circuits fondamentaux du premier ordre

Intégrateur	Dérivateur	Intégrateur actif	Dérivateur
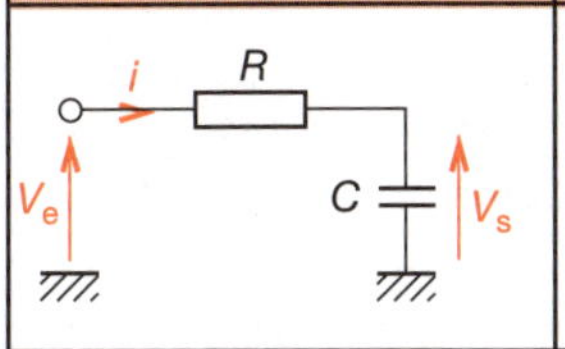	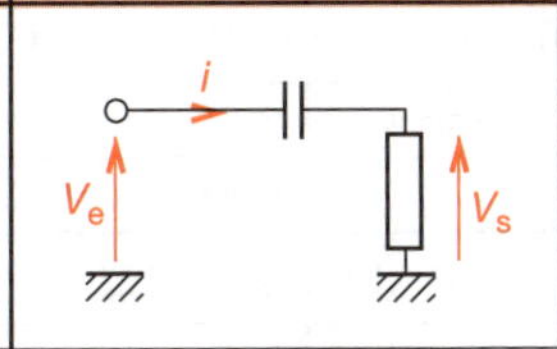	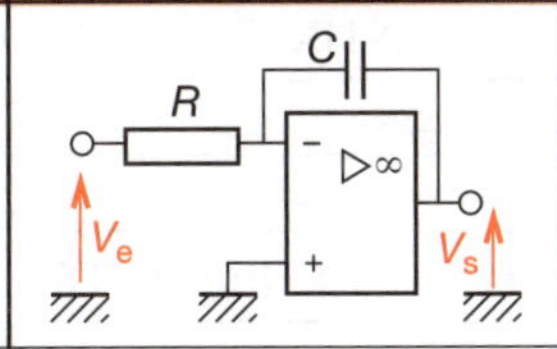	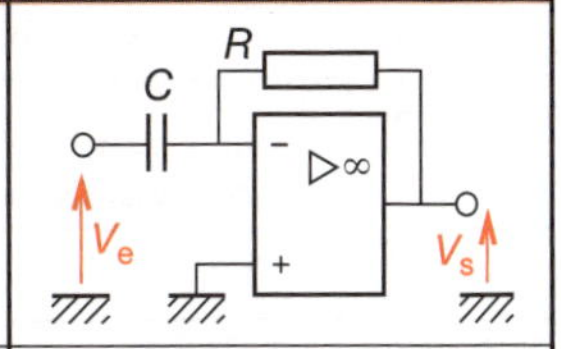
$V_s = \frac{1}{RC}\int_0^t V_e(t)\,dt$ $t < RC$	$V_s = RC\,\frac{d(V_e - V_s)}{dt}$	$V_s = -\frac{1}{RC}\int_0^t V_e(t)\,dt$	$V_s = -RC\,\frac{dV_e}{dt}$

RÉPONSE TEMPORELLE À UN ÉCHELON

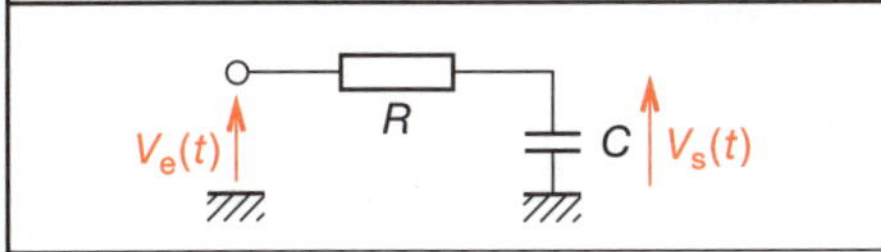

$$\tau\,\frac{dV_s}{dt}(t) + V_s(t) = V_e(t)$$

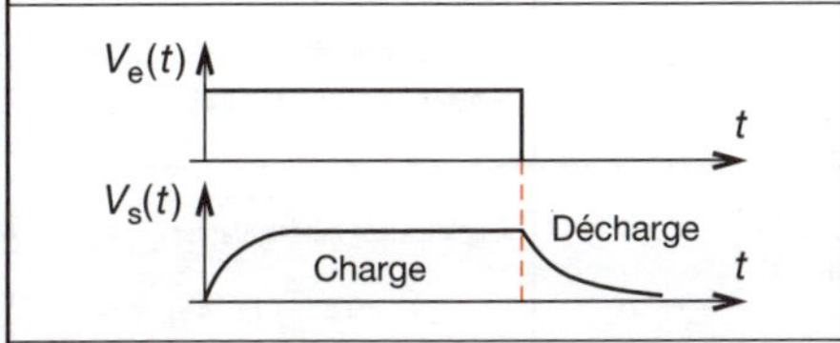

Charge

$$\text{Tension relative} = \frac{\text{Tension considérée} - \text{Tension initiale}}{\text{Tension asymptotique} - \text{Tension initiale}}$$

Décharge

$$\text{Tension relative} = \frac{\text{Tension considérée} - \text{Tension asymptotique}}{\text{Tension initiale} - \text{Tension asymptotique}}$$

Tension considérée = tension que l'on souhaite obtenir aux bornes de C (U_C).

Tension initiale = tension résiduelle aux bornes de C.

Tension asymptotique = tension maximale d'alimentation (E).

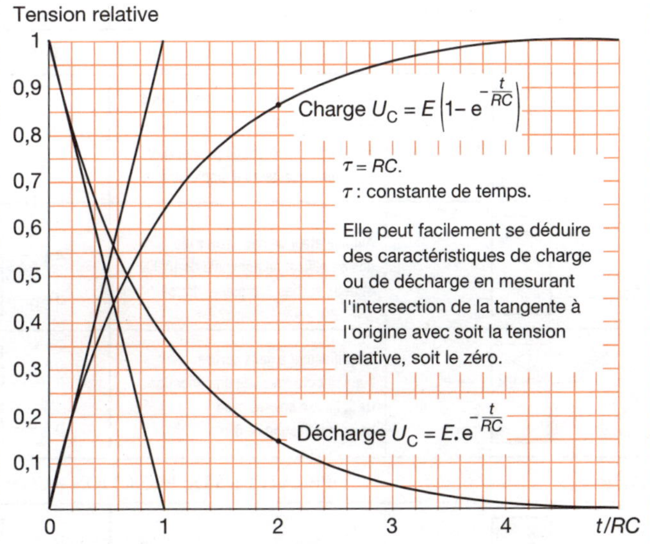

CIRCUIT DU SECOND ORDRE, RÉPONSE TEMPORELLE

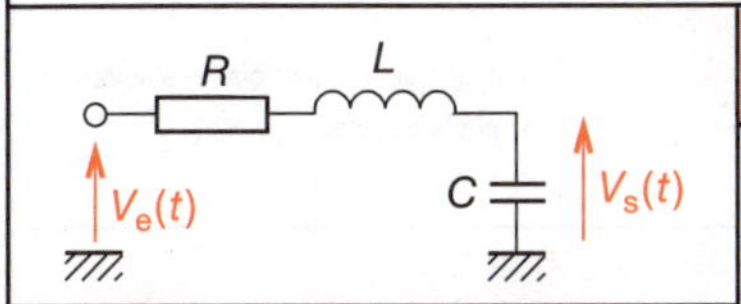

Équations caractéristiques

$$LC\,\frac{d^2V_s(t)}{dt^2} + RC\,\frac{dV_s(t)}{dt} + V_s(t) = V_e(t).$$

$$\frac{V_s(p)}{V_e(p)} = \frac{1}{1 + \frac{2z}{\omega_n}p + \frac{p^2}{\omega_n^2}}.$$

p : variable de Laplace.

z : coefficient d'amortissement.

ω_n : pulsation propre non amortie.

Réponse à un échelon unitaire

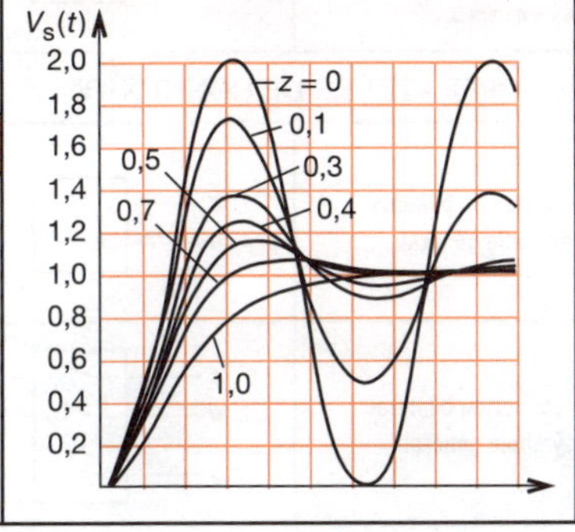

Dépassement en fonction du coefficient d'amortissement

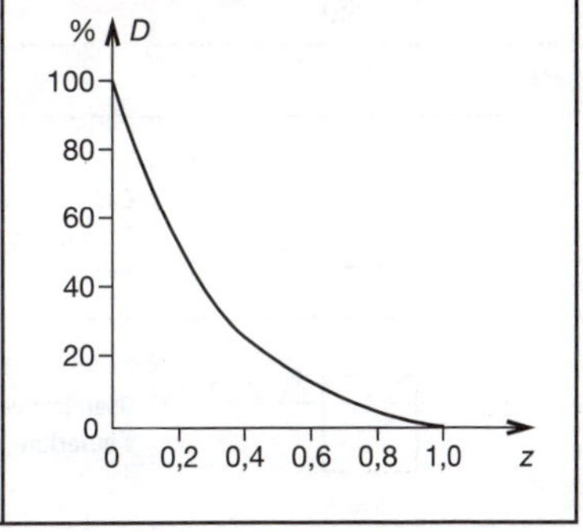

80 Symboles pour opérateurs analogiques

NF C 03-213

80.1 SYMBOLES DISTINCTIFS POUR IDENTIFICATION DES SIGNAUX

Symbole	Légende	Symbole	Légende
∩	Symbole d'identification des signaux analogiques	#	Symbole d'identification des signaux binaires ou numériques

80.2 SYMBOLES DISTINCTIFS POUR AMPLIFICATEURS

Symbole	Légende	Symbole	Légende
Σ	Sommation	∫	Intégration
log	Logarithme	F	Compensation de la caractéristique en fonction de la fréquence
$\frac{d}{dt}$	Différentiation	I	État initial, valeur analogique de l'intégration
C	Commande : l'état 1 autorise l'intégration	R	Remise à zéro : l'état 1 remet la sortie à zéro
H	Maintien : l'état 1 maintient la valeur atteinte	S	Mise à l'état initial : l'état 1 met la sortie à la valeur initiale

80.21 AMPLIFICATEURS

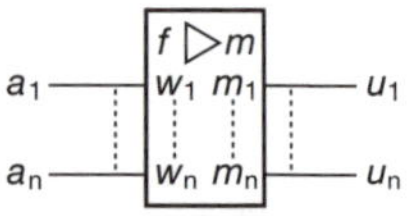

Amplificateur pour calcul analogique. Symbole général.

$w_1 \ldots w_n$: facteurs de pondération.
$m_1 \ldots m_n$: facteurs d'amplification.

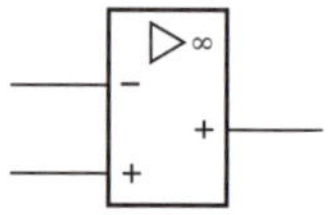

Exemples :
Amplificateur différentiel de haut gain (amplificateur opérationnel).

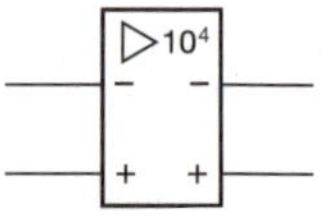

Amplificateur de haut gain avec une amplification nominale de 10 000 et deux sorties complémentaires.

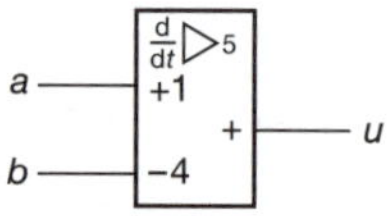

Amplificateur différentiateur

$$u = 5\,\frac{d}{dt}\,(a - 4b).$$

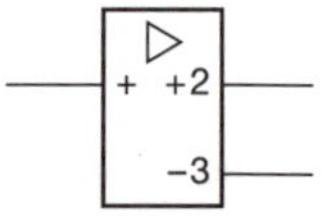

Amplificateur à deux sorties, l'une directe avec une amplification de 2, l'autre inverse avec une amplification de 3.

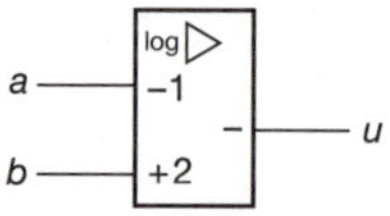

Amplificateur logarithmique

$$u = -\log(-a + 2b).$$

80.22 OPÉRATEURS DE FONCTION – CONVERTISSEURS

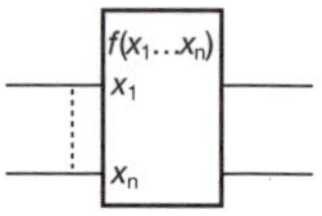

Opérateur de fonction, symbole général.

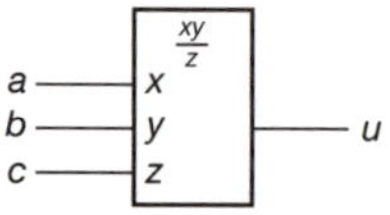

Multiplicateur-diviseur

$$u = \frac{ab}{c}.$$

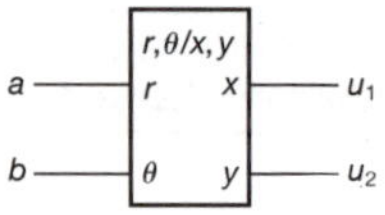

Convertisseur de coordonnées polaires en coordonnées rectangulaires.

$u_1 = a \cdot \cos b$
$u_2 = a \cdot \sin b.$

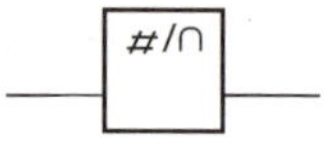

Convertisseur numérique-analogique. Symbole général.

80.23 OPÉRATEURS DE CONNEXION

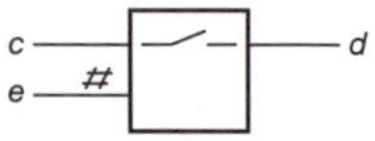

Opérateur de connexion bilatéral à fermeture, symbole général.

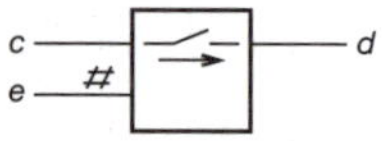

Opérateur de connexion unilatéral à fermeture. Le signal analogique peut passer dans le seul sens indiqué par la flèche tant que le signal binaire sur l'entrée e est dans l'état 1.

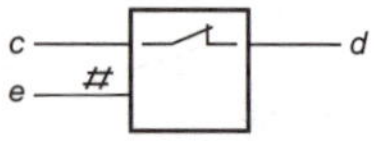

Opérateur de connexion bilatéral à ouverture, symbole général.

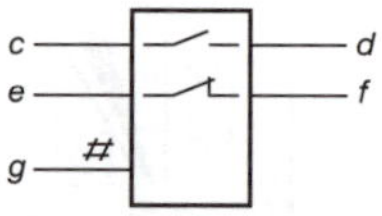

Opérateur de connexion bilatéral à fermeture et opérateur bilatéral à ouverture, indépendants, commandés par le même signal binaire.

81 Symboles graphiques pour schémas

Symbole	Légende	Symbole	Légende	Symbole	Légende
	Courant continu		Propagation de signaux dans un seul sens		Fusible
 50 Hz	Courant alternatif		Propagations simultanées dans les deux sens		Fusible interrupteur
	Courant redressé avec composante alternative		Propagations non simultanées dans les deux sens		Éclateur
AC	Tension alternative	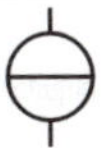	Source idéale de courant		Parafoudre
DC	Tension continue		Source idéale de tension		Tube à gaz limiteur de tension
UC	Tension continue et alternative		Borne	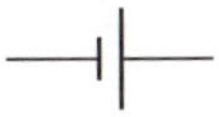	Élément de pile
	Appareil : utilisable en continu ou en alternatif	2 | 3 | 4 | 5	Barrette à bornes	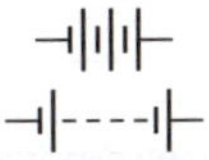	Batterie de piles
	Tension dangereuse	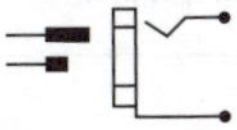	Fiche et jack	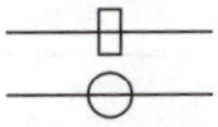	Guide d'ondes (section rectangulaire ou circulaire)
	Conducteur	N	Neutre		Guide d'ondes flexible
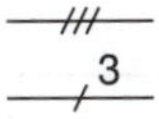	3 conducteurs	P	Phase		Guide d'ondes en torsade
	Dérivations	+	Polarité positive	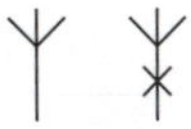	Antenne
	Conducteur flexible	–	Polarité négative	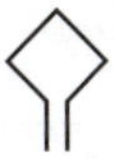	Cadre
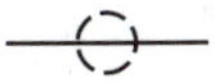	Conducteur sous écran	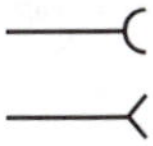	Prise de connecteur		Doublet
	Conducteurs torsadés		Fiche de connecteur		Contrepoids
	Conducteurs dans un câble	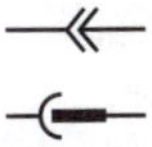	Fiche et prise		Station spatiale
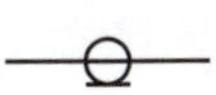	Paire coaxiale	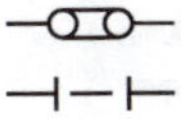	Barrette de connexion	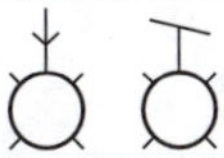	Station spatiale a) active, b) passive

Symbole	Légende	Symbole	Légende	Symbole	Légende
	Contact à fermeture		Diode à semi-conducteur		Amplificateur
	Contact à ouverture		Diode à capacité variable	dB	Affaiblisseur
	Contact à fermeture à retour automatique		Diode tunnel		Filtre
	Contact à fermeture à position maintenue		Diode à effet de claquage dans un seul sens		Filtre passe-haut
	Élément de commutateur à *n* directions		Diode à effet de claquage dans les deux sens		Filtre passe-bas
	Élément de commutateur à *n* directions avec chevauchement		Diode symétrique (DIAC)		Filtre passe-bande
	Lampe		Thyristor		Filtre à élimination de bande
	Dispositif lumineux clignotant		Thyristor blocable (gâchette non spécifiée)	φ	Déphaseur
	Voyant électromécanique		Triac		Dispositif à seuils Écrêteur
	Photorésistance		Transistor (PNP)		Redresseur
	Photodiode		Transistor à jonction unique		Onduleur
	Cellule photovoltaïque		Transistor à effet de champ		Ligne à retard
	Phototransistor (PNP)		Transistor à effet de champ à grille isolée	#/∩	Convertisseur
	Diode laser	F K G A	Tube électronique f : filament ; K : cathode G : grille ; A : anode	G ~	Générateur (sinusoïdal)
	Diode électroluminescente		Émetteur de lumière pour fibre optique	W	Wattmètre enregistreur
	Fibre optique		Récepteur de lumière pour fibre optique		Galvanomètre

Symbole	Légende	Symbole	Légende	Symbole	Légende
	Résistor		Inductance		Sonnerie
	Résistor variable		Inductance à noyau magnétique Inductance à noyau magnétique avec entrefer		Avertisseur sonore
U	Varistance		Inductance avec prises fixes	X	Générateur de Hall
	Résistor variable Résistor variable avec coupure		Inductance variable	− +	Thermocouple
	Potentiomètre Potentiomètre avec ajustage		Perle de ferrite		Capteur (sensible à effleurement)
	Résistor avec prises fixes		Cristal piézoélectrique Cristal piézoélectrique à 3 électrodes		Organe de commande d'un relais
	Shunt		Électret avec connections		Organe de commande d'un relais thermique
	Élément chauffant		Microphone Microphone électrostatique		Transformateur à 2 enroulements
	Condensateur		Récepteur téléphonique		Autotransformateur
	Condensateur de traversée	4	Combiné		Transformateur de courant Transformateur d'impulsion
+	Condensateur polarisé		Haut-parleur		Transformateur à couplage réglable
	Condensateur variable Condensateur ajustable		Tête de transducteur		Transformateur triphasé, couplage étoile-triangle
θ u	Condensateur variable avec la température Condensateur variable avec la tension		Tête mécanique (écriture ou lecture)	Z	Impédance
	Terre Terre sans bruit Terre de protection		Tête de lecture optique	R	Résistor non réactive
	Masse Masse mise à la terre	×	Tête d'effacement		Résistor à ajustabilité prédéterminée
	Équipotentialité		Hydrophone (émetteur-récepteur d'ultrasons)	− θ °C	Thermistance CTN ou CTP

82 Symboles logiques

(NF C 03-212)

82 ■ 1 FORMATION DES SYMBOLES

Un symbole comprend un cadre ou un groupement de cadres complété de symboles distinctifs.

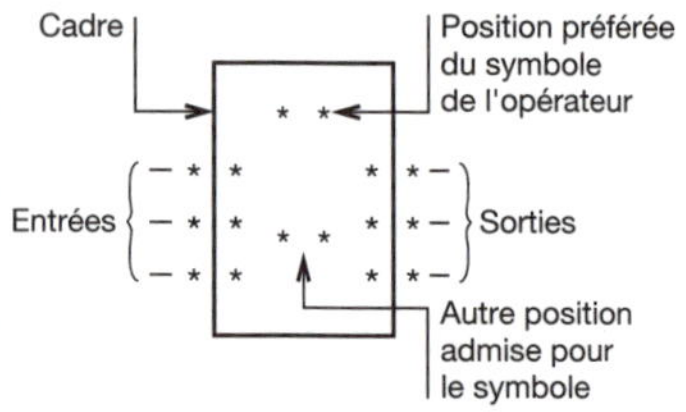

Cadre d'opérateur

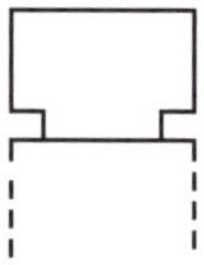

Cadre du symbole des communs

Cadre d'opérateur commun de sortie

82 ■ 2 ASSOCIATION DES SYMBOLES

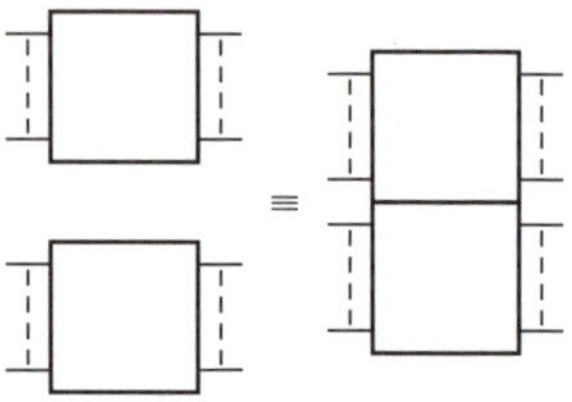

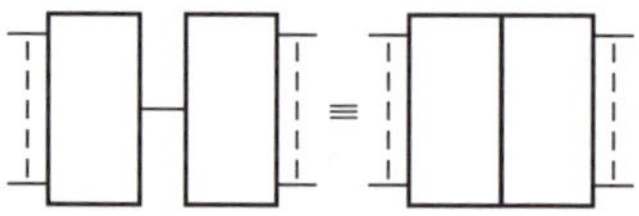

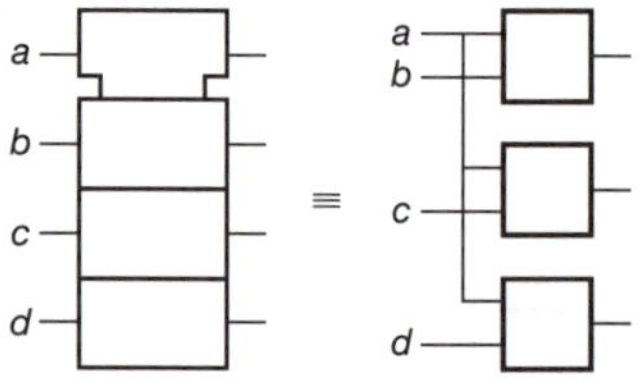

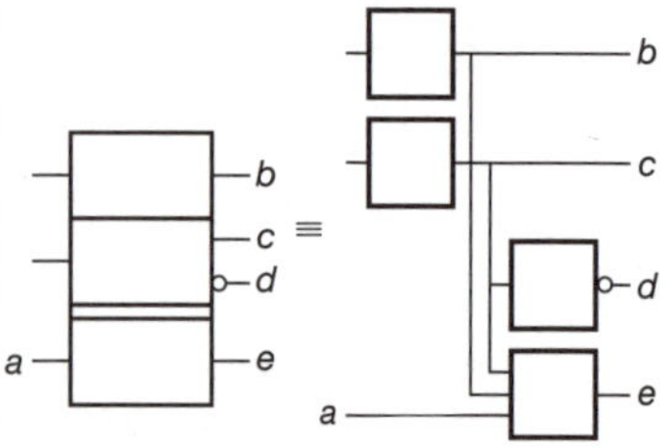

Entrée commune

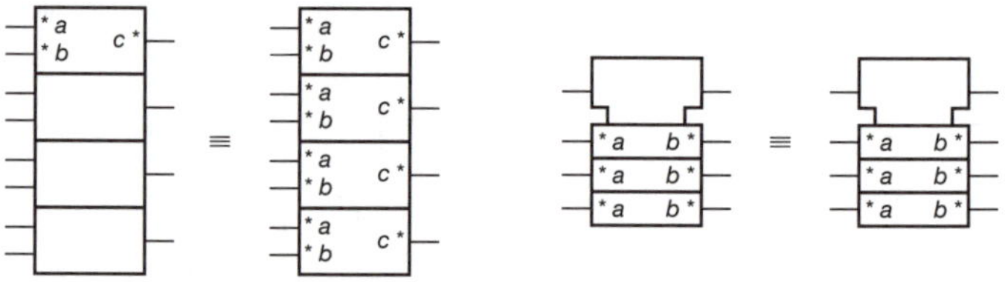

Groupement d'opérateurs identiques

82 ■ 3 NOTATION DE DÉPENDANCE

Type	Symbole littéral	Effet sur l'accès influencé si l'accès influençant est à : l'état 1	l'état 0
Adresse	Am	Action permise (adresse sélectionnée)	Action bloquée (adresse non sélectionnée)
Commande	Cm	Action permise	Action bloquée
Validation	ENm	Action permise	- Action de la sortie influencée bloquée - État externe « haute impédance » imposé à une sortie à circuit ouvert ou à une sortie 3 états (état interne d'une sortie 3 états non influencé) - État 0 imposé aux autres sorties
ET	Gm	Action permise	État 0 imposé
Mode	Mm	Action permise (mode sélectionné)	Action bloquée (mode non sélectionné)
Négation	Nm	État interne complémenté	État interne non modifié
Mise à zéro	Rm	État interne de la sortie influencée comme pour S = 0, R = 1	État interne non modifié
Mise à un	Sm	État interne de la sortie influencée comme pour S = 1, R = 0	État interne non modifié
OU	Vm	État 1 imposé	Action permise
Interconnexion	Zm	État 1 imposé	État 0 imposé

82■31 EXEMPLES DE DÉPENDANCE

Dépendance ET noté G

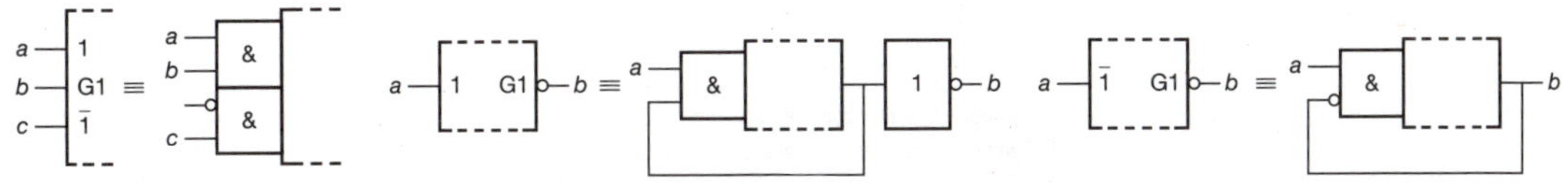

Dépendance OU noté V

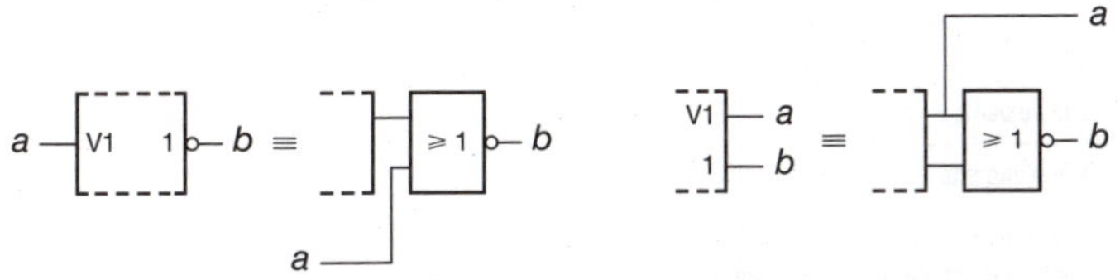

Dépendance NON noté N

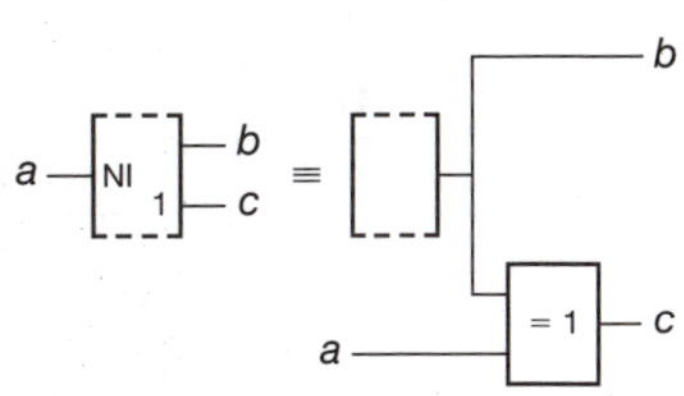

Note :

Quand $a = 0$, $c = b$

et quand $a = 1$, $c = b$.

Dépendance de mise à 1 symbole S

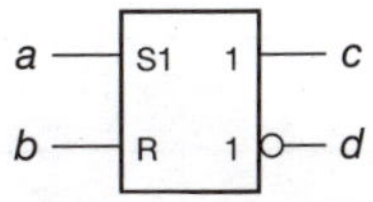

a	b	c	d
0	0	Inchangés	
0	1	0	1
1	0	1	0
1	1	1	0

Dépendance de mise à 0 symbole R

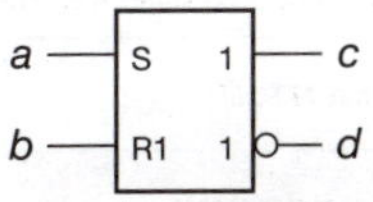

a	b	c	d
0	0	Inchangés	
0	1	0	1
1	0	1	0
1	1	0	1

Dépendance de validation symbole EN

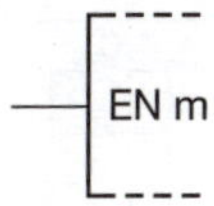

Sélection de mode

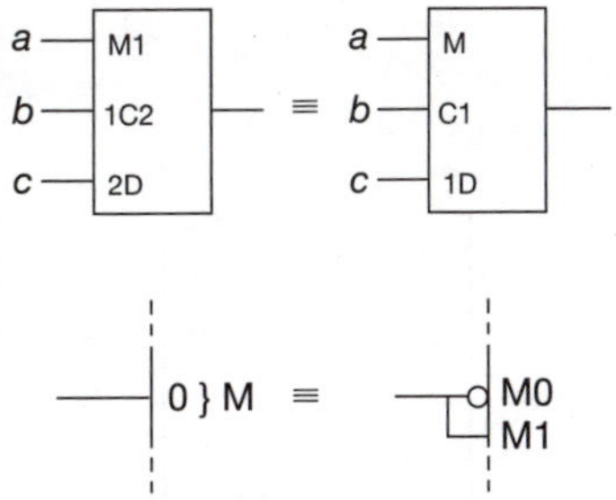

M	Fonction
0	Bascule D statique
1	Bascule D dynamique

Sélection d'adresse

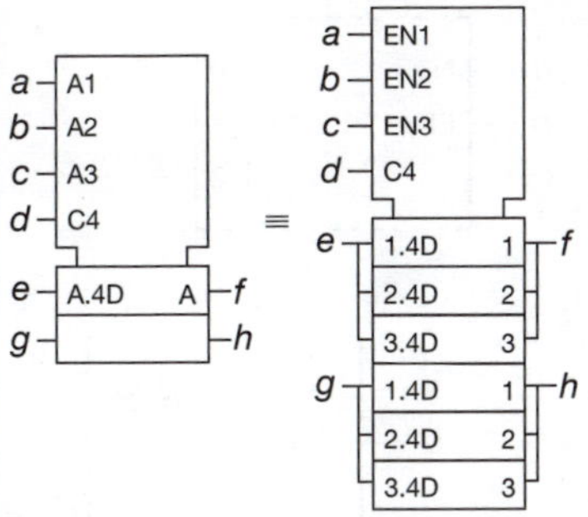

Dépendance d'interconnexion symbole Z

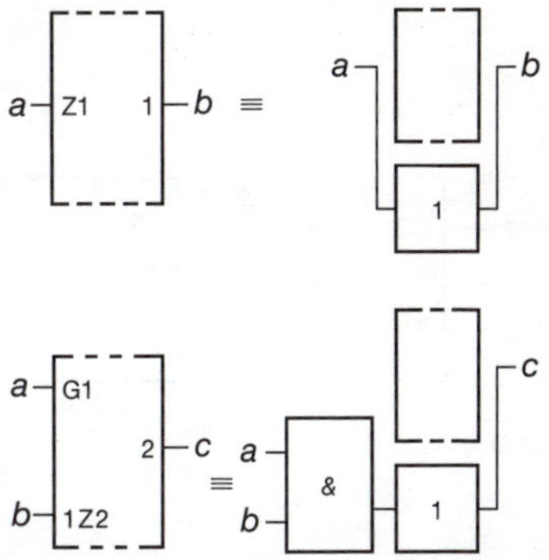

82 ■ 4 SYMBOLES DISTINCTIFS DES OPÉRATEURS

Plusieurs symboles peuvent concerner un même opérateur. La fonction principale doit être placée en tête.

Symbole	Légende
$\geqslant m$	Symbole du « seuil logique » (au moins *m*) Symbole « OU » pour le cas limite *m* = 1
$= m$	Symbole de la fonction « *m* et seulement *m* » Symbole « OU exclusif » pour le cas limite *m* = 1
=	Symbole » d'identité logique » : la sortie est à 1 si toutes les entrées sont dans le même état logique
$> n/2$	Symbole de « majorité logique » : la sortie est à 1 si les entrées dans l'état 1 sont en majorité
1	Symbole « OUI » L'opérateur « NON » utilise ce symbole complété du symbole de négation en sortie
&	Symbole « ET »
2*K*	Symbole de parité
2*K* + 1	Symbole d'imparité
▷	Symbole de puissance Lorsque le courant fourni est supérieur à : - 20 mA pour la série H - 4 mA pour la série L - 8 mA pour la série LS - 16 mA pour la série N - 20 mA pour la série S des circuits TTL - 2,6 mA à 20 V pour les séries A et B des circuits CMOS
	Symbole « effet de seuil »
	Monostable redéclenchable
1 	Monostable non redéclenchable dit « monocoup »
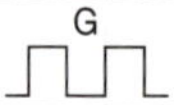	Astable, symbole général
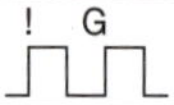	Astable synchronisé au démarrage
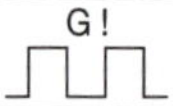	Astable synchronisé à l'arrêt

Marquage des entrées

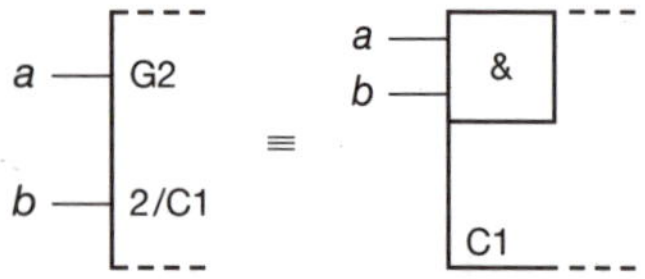

Marquage des sorties

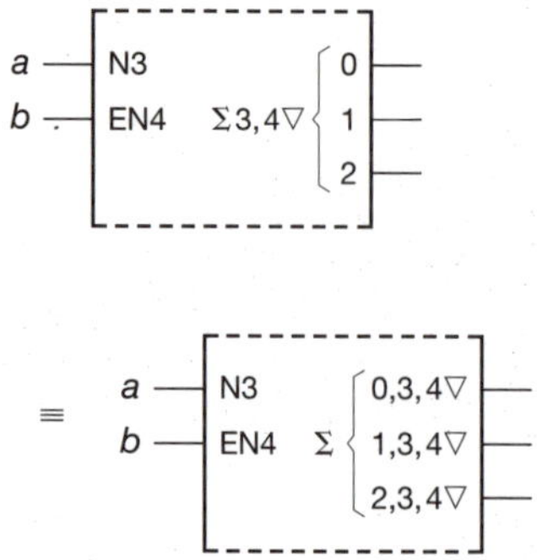

Symbole commun

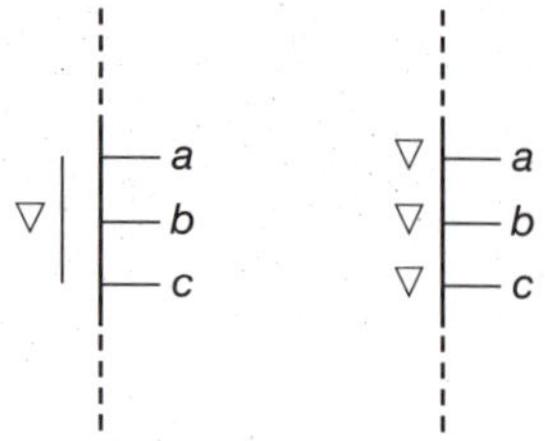

82 ■ 5 SYMBOLES DISTINCTIFS ASSOCIÉS AUX ENTRÉES, SORTIES ET AUTRES CONNEXIONS

Symbole	Légende
	Négation logique en entrée (un 0 externe produit un 1)
	Négation logique en sortie (un 1 interne produit un 0)
	Entrée active à l'état bas
	Sortie active à l'état bas
	Connexion interne
	Indique un trajet des informations
	Indique un trajet des informations BIDIRECTIONNEL
×	Accès sans transmission d'information (constante RC)
∩	Entrée concernée par des signaux analogiques
#	Entrée concernée par des signaux numériques
* **	Accès bilatéral avec notation de dépendance
	Entrée dynamique (front actif montant)
	Entrée dynamique (front actif descendant)
	Sortie amplifiée
	Symbole d'effet différé sur une sortie
	Sortie à circuit ouvert de type H
	Sortie à circuit ouvert de type L
	Sortie 3 états
	Entrée à seuil, entrée avec hystérésis
EN	Entrée d'autorisation (validation)
E	Entrée (ou sortie) d'expansion
D, R, S, T, K, J	Symboles signalant une bascule classique interne (ici appliqué pour signaler une bascule D interne)
D	
→ *m*	Entrée de décalage d'un registre « à droite »
← *m*	Entrée de décalage d'un registre « à gauche »
+ *m*	Entrée de comptage
− *m*	Entrée de décomptage
?	Entrée d'interrogation d'une mémoire associative
!	Sortie de comparaison d'une mémoire associative
P	Entrée d'opérande, entrée P figurée
>	Entrée (ou sortie) « plus grand que » d'un comparateur
<	Entrée (ou sortie) « plus petit que » d'un comparateur
=	Entrée (ou sortie) d'égalité d'un comparateur
CI	Entrée d'une retenue
CG	Entrée (ou sortie) de la retenue générée
CO	Sortie de la retenue d'un opérateur
CP	Entrée (ou sortie) de la retenue propagée
CT	Sortie indiquant que l'opérateur a atteint la valeur indiquée
CT = *m*	Entrée imposant un contenu (si *m* = 0, utiliser R)
1	Entrée (ou sortie) en mode fixe
	Symbole de groupement de liaisons

83 Abréviations distinctives d'opérateurs

Nom	Anglais	Français
ACC	Asynchro. communicat. controller	Contrôleur de communications asynchrones
ACIA	Asynchro. communicat. interface adapter	Adaptateur d'interface
ADLC	Advance data link controller	Commande de procédure de transmission de données
ALU	Arithmetic. logic unit	Unité arithmétique et logique
ART	Asynchro. receiver transmitter	Émetteur récepteur asynchrone
CAM	Content addressable memory	Mémoire associative adressable par le contenu
CIR	Circulation	Mémoire vive à recirculation
CLK	Clock	Horloge
CPG	Carry propagated and generated	Générateur de retenue anticipée
CPU	Computer unit	Microcalculateur
CRTC	CRT controller	Contrôleur de tube cathodique
CTR	Counter	Compteur
CTRDIV	Counter divider	Compteur diviseur
DMC	Dynamic memory controller	Contrôleur de mémoire dynamique
DMX	Demultiplexer	Démultiplexeur
DPY	Display	Afficheur
EDC	Error detection and correction	Détecteur correcteur d'erreurs
EPROM	Erasable programmable ROM	Mémoire PROM reprogrammable
EEPROM	Electrical erasable programmable ROM	Mémoire PROM reprogrammable effaçable électriquement
FDC	Floppy disk controller	Contrôleur de disque souple
FIFO	First in-first out	Mémoire premier entré premier sorti
HPRI	Highest priority encoder	Codeur de priorité
IORAM	Input output random access memory	Coupleur d'entrée/sortie avec mémoire à accès aléatoire
LIFO	Last in-first out	Mémoire dernier entré premier sorti
MAC	Multiplier accumulator	Multiplicateur accumulateur
MAP	Mapper	Contrôleur de pagination mémoire
MC	Microprogram controller	Séquence de microprogramme
MEM	Memory	Mémoire
MOD	Modulator	Modulateur
MODEM	Modulator demodulator, modem	Modulateur démodulateur, modem
MPU	Microprocessing unit	Microprocesseur
MULDEX	Multiplexer-demultiplexer	Multiplexeur démultiplexeur
MUX	Multiplexer	Multiplexeur
PCI	Programmable communication interface	Interface de communication programmable
PIA	Peripheral interface adapter	Adaptateur d'interface de périphérique
PIC	Programmable interruption controller	Contrôleur d'interruptions programmable
PLA	Programmable logic array	Réseau logique programmable
PPC	Programmable protocol controller	Contrôleur de protocole programmable
PROM	Programmable read only memory	Mémoire ROM programmable
PTM	Programmable timing module	Temporisateur programmable
RAM	Random access memory	Mémoire à accès aléatoire (mémoire vive)
RAMC	Random access memory controller	Contrôleur de mémoire à accès aléatoire
REG	Register	Registre
RMS	Root mean square	Dispositif de calcul de valeur efficace
ROM	Read only memory	Mémoire à lecture seule (mémoire morte)
RTC	Real time clock	Horloge à temps réel
SAR	Successive approximate register	Registre à approximations successives
SIO	Serial input output	Contrôleur d'entrée sortie série
SRG	Shift register	Registre à décalage
SSDA	Synchronous serial data adapter	Adaptateur de données séries synchrones
TDSR	Transmitter data shift register	Registre à décalage de données émises
UART	Univ. asyn. receiver/transmitter	Émetteur-récepteur asynchrone universel
USART	Univ. sync. async. receiver/transmitter	Émetteur-récepteur synchrone, asynchrone universel
USRT	Univ. sync. receiver/transmitter	Émetteur-récepteur synchrone universel

Nom	Anglais	Français
ACK	Acknowledge	Suffixe indiquant qu'une demande est acceptée
A/D	Address data bus	Bus d'adresses et de données
ABUS	Address bus	Bus d'adresses
ALE	Address latch enable	Validation d'adresse par bascule
BA	Bus available	Bus disponible
BACK	Bus acknowledge	Reconnaissance de bus
BRQ	Bus request	Demande de bus
BUSY	Busy	Occupé
CAS	Column address select	Sélection adresse de colonne
CEN	Chip enable	Validation du boîtier
CLK	Clock	Entrée/sortie d'horloge
CLKEN	Clock enable	Validation d'horloge
CS	Chip select	Sélection du boîtier
CTS	Clear to send	Prêt à émettre
DACK	DMA acknowledge	Demande de DMA acceptée
DBEN	Data bus enable	Activation de bus de données
DBUS	Data bus	Bus de données
DCD	Data carrier detect	Détection de porteuse
DMA	Direct memory access	Accès direct de mémoire
DPEN	Data port enable	Validation des données
DRQ	DMA request	Demande de DMA
DRTS	Delayed request to send	Demande pour émettre retardée
DSR	Data set rady	Poste de données prêt
DTR	Data terminal ready	Terminal de données prêt
EN	Enable	Validation, utilisable comme suffixe
ERR	Error	Erreur
FLT	Fault	Faute
HALT	Halt	Arrêt
HLDA	Hold acknowledge	Reconnaissance de maintien
HOLD	Hold	Maintien
HRQ	Hold resquest	Demande de maintien
INT	Interrupt	Interruption
INTA	Interrupt acknowledge	Reconnaissance d'interruption
INTEN	Interrupt enable	Validation d'interruption
IRQ	Interrupt request	Demande d'interruption
MEN	Memory enable (RAM)	Validation de mémoire
MR	Master reset	Remise à zéro générale
MRDY	Memory ready	Mémoire prête
NMI	Non maskable interrupt	Interruption non masquable
NPB	No parity bit	Absence de bit de parité
NSB	Number of stop bits	Nombre de bits de stop
PA	A peripheral (B, C)	Périphérique A, (B, C)
R	Reset	Remise à zéro
RACT	Receiver active	Réception en cours valide
RAS	Row address select	Sélection d'adresse de rangée
RD	Read	Lecture
RD/W	Read/write	Lecture/écriture
RDA	Receiver data available	Données reçues disponibles
RDEN	Received data enable	Validation données reçues
RDY	Ready	Prêt
RFE	Receiver framing error	Erreur de trame réception
ROR	Receiver over run	Chevauchement de mots réception
RPE	Receiver parity error	Erreur parité réception
RS	Register select	Sélection de registre
RSA	Receiver status available	Mot d'état réception valide
RSOM	Receiver start of message	Début de message réception
RTS	Request to send	Demande pour émetteur

Nom	Anglais	Français
RX	Receiver serial (SID)	Entrée série réception
RXCLK	Receiver clock	Horloge de réception de données
START	Start	Début
STB	Strobe	Échantillonnage, utilisable comme suffixe
TACT	Transmitter active	Transmission en cours valide
TBMT	Transmitter buffer empty	Tampon émission vide
TEOM	Transmitter end of message	Fin de message émission
TIM	Timer	Temporisation
TSA	Transmitter status available	Mot d'émission valide
TSC	Three-state control	Commande du 3e état
TSOM	Transmitter start of message	Début de message émission
TX	Transmitter serial (SOD)	Sortie série émission
TXCLK	Transmitter clock	Horloge d'émission des données
VMA	Valid memory address	Adresse mémoire valide
VPA	Valide peripheral address	Adresse périphérique valide
W	Write	Écriture
WAIT	Wait signal	Attente
WEN	Write enable	Validation écriture
XTAL	0, xtal, extal clock	Horloge externe du microprocesseur

EXEMPLES DE SYMBOLES

ET-OU-NON

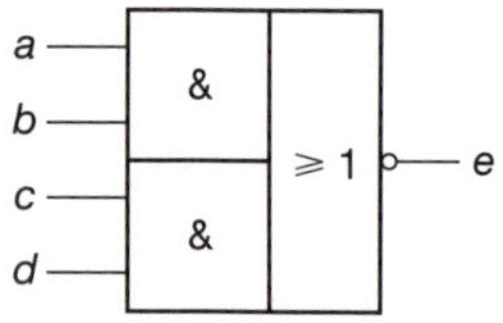

$e = \overline{ab + cd}$

ET-NON

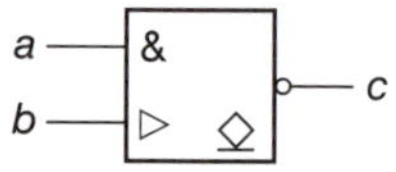

$c = \overline{ab}$

Amplificateur de charge à collecteur ouvert

Compteur

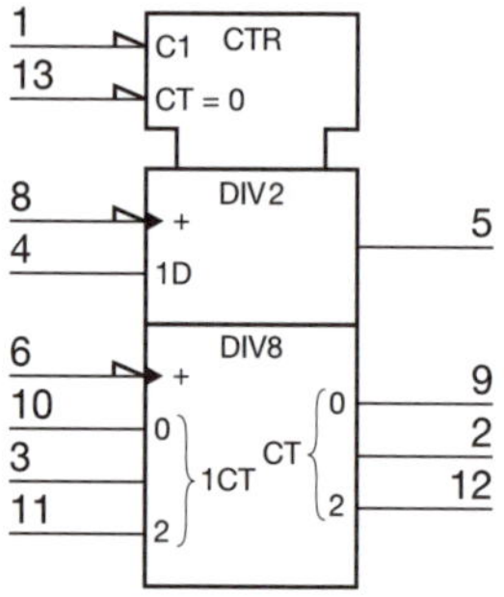

Symbole	Broche	Description
CTR		: compteur
1 → C = 1	Broche 1	: dépendance de commande (chargement) active à l'état bas
13 → CT = 0	Broche 13	: entrée imposant 0 en sortie (remise à 0)
DIV2		: diviseur par 2 (sortie broche 5)
8 → ▷ +	Broche 8	: entrée du compteur actif sur front descendant
4 → 1D	Broche 4	: entrée d'une bascule D (chargement du compteur)
DIV8		: diviseur par 8
6 → ▷ +	Broche 6	: entrée du compteur actif sur front descendant
10 → 0 } 1CT	Broche 10	: } entrées du compteur pour prépositionnement
3 → } 1CT	Broche 3	: } entrées du compteur pour prépositionnement
11 → 2 } 1CT	Broche 11	: } entrées du compteur pour prépositionnement
CT { 0 → 9	Broche 9	: } sorties du compteur
CT → 2	Broche 2	: } sorties du compteur
CT { 2 → 12	Broche 12	: } sorties du compteur

C'est donc un compteur programmable à 4 bits. Ce compteur est composé d'une première bascule (comptage par 2) et d'un deuxième compteur composé de 3 bascules (comptage par 8) avec remise à 0. Le premier compteur est indépendant de second (compteur du type 74197).

REMARQUE : l'alimentation du circuit n'est pas représentée.

Imprimé en France par Jean-Lamour – 54320 Maxéville
Dépôt légal 31071-01/2003 – Collection n° 53 – Edition n° 06
16/7586/7

708803 - (I) - (5,2) - OSB-Prem 60g - IGS (JoE)

Achevé d'imprimer sur les presses de
Snel
Z.I. des Hauts-Sarts - Zone 3
Rue Fond des Fourches 21 – B-4041 Vottem (Herstal)
Tél +32(0)4 344 65 60 - Fax +32(0)4 286 99 61
Juillet 2011 – 54709

Dépôt légal : Août 2011

Imprimé en Belgique